龙顺宇 —— 编著

深入浅出
STC8增强型
51单片机
进阶攻略

Explanation of Advanced Strategies
of STC8 Enhanced 51 Microcontroller
in Simple Language

清華大學出版社
北 京

内 容 简 介

本书以宏晶科技公司 STC8 系列增强型 51 单片机作为讲述核心,深入浅出地介绍该系列单片机片内资源及应用,其内容可在 STC8A、STC8F、STC8C、STC8G 及 STC8H 等系列单片机中应用。本书以各种巧例解释相关原理,以资源组成构造学习脉络,选取主流开发工具构建开发环境,利用实战项目深化寄存器理解,注重"学"与"用"的结合,帮助读者朋友们快乐入门、进阶,筑牢基础,将相关理论知识应用到实际产品研发之中。

本书根据 STC8 系列单片机的资源脉络及初学者的学习需求,按照梯度设定 22 章,从内容组成上分为"无痛入门基础篇"和"片内资源进阶篇"。

无痛入门基础篇从第 1 章到第 8 章,主要讲解单片机的发展、学习方法、STC8 系列单片机家族成员、软/硬件开发环境搭建及调试、I/O 资源使用和配置、LED 器件控制、A51 和 C51 语言开发差异及特点、常见字符/点阵型液晶模块的驱动、独立按键/矩阵键盘交互编程的相关知识和应用。

片内资源进阶篇从第 9 章到第 22 章,主要讲解单片机的内部存储器资源、时钟源配置、中断源配置、基础型定时/计数器、高级型定时/计数器、UART 异步通信接口、SPI 同步串行外设接口、I²C 串行通信、模数转换器 A/D 资源、电压比较器资源、片内看门狗资源、电源管理及功耗控制、ISP/IAP 应用、EEPROM 编程和 RTX51 实时操作系统的相关知识及应用。

本书可作为应用型高等院校电子信息类相关专业的授课教材或教辅用书,也可作为技术院校、单片机培训机构、电子协会、社团和电子类学科竞赛的辅助教材,还可以作为工程技术人员和单片机爱好者的自学参考用书。

图书在版编目(CIP)数据

深入浅出 STC8 增强型 51 单片机进阶攻略/龙顺宇编著.—北京:清华大学出版社,2022.5
ISBN 978-7-302-60324-5

Ⅰ.①深… Ⅱ.①龙… Ⅲ.①微控制器 Ⅳ.①TP368.1

中国版本图书馆 CIP 数据核字(2022)第 042433 号

责任编辑:杨迪娜 薛 阳
封面设计:徐 超
责任校对:李建庄
责任印制:朱雨萌

出版发行:清华大学出版社
      网   址:http://www.tup.com.cn,http://www.wqbook.com
      地   址:北京清华大学学研大厦 A 座   邮   编:100084
      社 总 机:010-83470000   邮   购:010-62786544
      投稿与读者服务:010-62776969,c-service@tup.tsinghua.edu.cn
      质量反馈:010-62772015,zhiliang@tup.tsinghua.edu.cn
印 装 者:北京嘉实印刷有限公司
经   销:全国新华书店
开   本:185mm×260mm   印   张:48   字   数:1353 千字
版   次:2022 年 6 月第 1 版   印   次:2022 年 6 月第 1 次印刷
定   价:178.00 元

产品编号:081497-01

序言
FOREWORD

　　21世纪全球进入了计算机人工智能的新时代,而其中的一个重要分支就是以单片机为代表的嵌入式应用系统。在单片机发展的历史长河中,Intel MCS-51内核单片机堪称经典,该类型的单片机拥有四十多年的应用历史,架构成熟、资源丰富,因此非常适合专业技术人员、初级工程师、高校学生及电子爱好者们入门学习。国内大部分的工科院校开设有"单片机原理及应用"类课程,有数以万计的技术人员熟悉该内核应用,市面上有大量的实战项目、视频教程、书籍文献和硬件电路可以直接套用,从而大幅度地降低了研发难度和开发风险,提高了开发效率,这也就是STC公司基于MCS-51内核推出相关单片机产品的优势所在。

　　当然,Intel MCS-51技术诞生于20世纪70年代,不可避免地面临着落伍的危险,如果不对其进行大规模创新,我国的单片机教学与应用就会陷入被动局面。为此,STC对经典MCS-51内核单片机进行了全面的技术升级与创新,经历了STC89/90、STC10/11、STC12、STC15直到现在的STC8系列产品。研发过程中累积了上百种产品,全部采用Flash技术(可反复编程10万次以上)和ISP/IAP(在系统可编程/在应用可编程)技术,芯片抗干扰能力强,保密性好,不断优化指令系统后指令速度相比传统51单片机最快提高了24倍,创新集成了USB、12位A/D(15通道)、CCP/PCA/PWM(PWM还可当作D/A使用)、高速同步串行通信端口SPI、I²C接口、高速异步串行通信端口UART(4组)、定时器、看门狗、内部高精准时钟(±1%温漂,−40～+85℃)、内部高可靠复位电路(可彻底省掉外部复位电路)、大容量SRAM、大容量EEPROM、大容量Flash程序存储器等片上资源,最新推出的STC8A8K64D4单片机还集成了DMA功能,支持4个串口、SPI、ADC和彩屏8080接口。

　　STC一直在推陈出新,现在STC8系列单片机本身就是一个仿真器,极大地简化了教学,针对实时操作系统RTOS推出了不可屏蔽的16位自动重载定时器,并且在最新的STC-ISP烧录软件中提供了大量的贴心工具(如范例程序、定时器计算器、软件延时计算器、波特率计算器、头文件、指令表、Keil仿真设置等)。新品单片机产品的封装形式多样,性价比高,极大地方便了客户选型和设计。从2021年开始,STC的16位8051单片机STC16F12K128已对外送样,片上资源十分丰富,还增加了32位硬件乘除法器及单精度浮点运算器。采用V8架构的新M4/M3内核32位单片机STC32M4也在研发之中,预计在2022年量产。

　　STC大学计划正在如火如荼地进行中,STC长期赞助全国大学生电子设计竞赛,对使用STC单片机获得奖项的学生和指导教师都给予奖励。从第十五届开始,全国大学生智能车竞赛已指定STC8G2K64S4、STC8H8K64U、STC8A8K64D4系列单片机为大赛推荐控制器,全国数百所高校、上千支队伍参赛。STC还与国内多所大学建立了STC高性能单片机联合实验室,多位知名学者使用STC 1T 8051创作的全新教材也在陆续推出中,龙顺宇老师花费了一年多时间利用专业知识认真编著的这本《深入浅出STC8增强型51单片机进阶攻略》就是非常优秀的教材,这是一本充满"干货"的知识宝库。

　　作为 STC 创始人也作为一个技术工作者,当我看到龙顺宇老师的新书目录和章节内容时还是有较大触动的,书籍的内容相当充实,脉络也很清晰,非常适合入门和进阶,是单片机从业人员不可多得的必备书籍。我们现在主要的工作是在推进中国的工科非计算机专业微机原理、单片机原理课程改革。研究成果的具体化,就是大量高校教学改革教材的推出,龙顺宇老师的这本书就是我们研究成果的杰出代表。希望能有更多像龙顺宇老师这样优秀的一线教学者、一线工程师编著出更多这样的好书,在我们这一代人的努力下,让我国的嵌入式单片机系统设计全球领先。

　　感谢 Intel 公司发明了经久不衰的 MCS-51 体系结构,感谢龙顺宇老师的新书保证了中国 40 年来的单片机教学与世界同步,龙顺宇老师的这本书是 STC 大学计划推荐教材、STC 高性能单片机联合实验室单片机原理上机实践指导教材、STC 杯单片机系统设计大赛参考教材,是 STC 官方推荐的全国智能车大赛和全国大学生电子设计竞赛 STC 单片机参考教材,采用本书作为教材的院校将优先免费获得我们可仿真的 STC 高性能单片机实验箱的支持(主控芯片为 STC 可仿真的 STC8A8K64D4-45I-LQFP64 或 STC8H8K64U-45I-LQFP64)。

　　明知山有虎,偏向虎山行!

STC MCU Limited:Andy. 姚永平

www. STCMCUDATA. com

2022 年 4 月

前言 PREFACE

仅以此书献给各位志同道合的读者朋友们！
也献给我的家人、导师、同事和我可爱的学生们！

1. "一盘好菜，与君共享"写书初衷

亲爱的读者朋友们，感谢天赐的缘分让您翻开了本书与我相逢。我是一个普通的高校教师，一直以来，我的工作都是讲授单片机嵌入式应用相关的课程，带领学生们参加各类学科竞赛，或者泡在实验室与学生们一起学习和交流。日复一日，年复一年，我也从当年的"小鲜肉"变成了"老腊肉"，青春期虽然过了，但青春痘还挂在脸上。

授课的日子里我走访过很多企业、高校，站在学生的角度，我看到了不少单片机初学者的难处。很多初学者朋友在单片机学习的道路上苦于"四难"，第一是难找到适合自己入门的引导书，第二是难找到适合自己的开发板，第三是难找到循序渐进、层次分明的开发例程及项目，第四是难于树立坚持不懈、永不倦怠的决心。

于是，我有了写书的冲动，我想将我自己对单片机的拙见表述出来，提供给初学者朋友们，哪怕能解答和减少初学者朋友们一丁点儿的疑惑也是好的。市面上从来都不缺单片机原理类的书籍，也不缺芯片手册或参考资料，所以我想按照我的风格写一本初学者能够"消化"的书，就像是一道"开胃菜"，让读者朋友们"吃好，喝好，用好，玩好"！

2. "食谱一本，任君品尝"内容安排

在辅导孩子们学科竞赛的过程中我接触到了宏晶科技公司生产的 STC8 系列单片机，该系列单片机的性价比较高，片上资源较为丰富，开发流程比较简单，非常适合学过早期 MCS-51 内核单片机的朋友们进阶学习。STC8 系列单片机是一个 8 位微控制器平台，其下有 STC8A、STC8F、STC8C、STC8G 和 STC8H 等子系列产品。

这么多的子系列总要挑选一个"代表"出来讲解吧？没错，本书主要讲解 STC8H 系列单片机。其实 STC8 各系列单片机中的资源都是相似的，知识点都有共性和相通的地方，所以读者朋友如果顺利"拿下"了 STC8H 系列单片机，自然也能掌握其他系列单片机的使用。

以 STC8H 系列单片机为例，这只 4 面都是脚的"小蜘蛛"可是很厉害的，在"小蜘蛛"内部拥有非常丰富的片上资源，有输入/输出引脚资源、内部存储器资源、时钟源、中断控制单元、基础型/高级型定时/计数器单元、电源管理单元、电压比较器单元、看门狗资源、通信接口资源、模拟/数字转换单元等。这些资源就好比一本"菜谱"，读者朋友们需要做的就是端起菜谱认真学习，哪里不会点

哪里，等到把菜谱都"吃了个遍"的时候，就可以抛开菜谱仰天长啸："So easy，妈妈再也不用担心我的STC8单片机学习！"

本书根据STC8系列单片机的资源脉络及初学者的学习需求，按照梯度设定了22章，从内容的组成上分为"无痛入门基础篇"和"片内资源进阶篇"。

无痛入门基础篇从第1到8章，主要讲解了单片机的发展、学习方法、STC8系列单片机家族成员、软/硬件开发环境搭建及调试、I/O资源的使用和配置、LED器件控制、A51和C51语言开发差异及特点、常见字符/点阵型液晶模块的驱动、独立按键/矩阵键盘交互编程的相关知识和应用。

片内资源进阶篇从第9到22章，主要讲解了单片机的存储器资源、时钟源配置、中断源配置、基础型定时/计数器、高级型定时/计数器、UART异步通信接口、SPI同步串行外设接口、I^2C串行通信接口、模数转换器ADC资源、电压比较器CMP资源、片内看门狗资源、电源管理及功耗控制、ISP/IAP技术应用、EEPROM资源编程和RTX51实时操作系统的相关知识及应用。

3. "色香味全，客官慢用"本书特点

食客们一般都从色、香、味这三方面去评价一盘好菜。笔者编写此书时也力求做到"色香味俱全"，结合本书内容和书写风格，笔者认为本书具备以下3个特点。

第1个特点是"食材新鲜，营养健康"。目前市面上以MCS-51架构作为内核的8位微控制器占有较大比例，本书讲解的STC8系列单片机是宏晶科技公司推出的增强型51内核微控制器，产品较新，其片上资源非常丰富，产品的性价比、功耗、保密性较好，非常适合于学习完早期51单片机的朋友们进阶学习。本书以STC8系列单片机官方最新手册（芯片数据手册、官方库函数、官方实验箱代码）等内容作为参考文献，紧跟STC最新表述，可以让读者朋友们少走弯路，轻松"消化"相关知识，吸取"营养"。

第2个特点是"烹调用心，易于吸收"。枯燥乏味的原理和知识会让初学者们望而生畏，为了让初学者们"易于吸收"，全书22章之中均引入了小故事、小趣闻、小笑话和各种小比喻，读者朋友们翻翻目录一看便知。书籍中的例程均配有详尽的注释、结构图，电路原理图均有详细的分析，实验现象均有详细的说明，这样就可以帮助读者朋友们加深理解，迅速拿下相关资源。

第3个特点是"科学配比，成分均衡"。在知识点的构成上，基础章节占30%，进阶章节占70%，知识点无缝衔接，章节中安排了实践环节，在实践环节中又细分为基础项目和进阶项目，本书基础项目66个，进阶项目23个，全书共计89个梯级实践项目。有了难易分明的实践项目就可以帮助我们由浅入深、由简入繁地理解和掌握相关知识。

4. "食无定味，适口者珍"书籍适用

"川鲁粤淮扬，闽浙湘本帮"，乍一听是不是感觉有点儿像化学元素周期表？这里说的主要是中国的菜系，不同的菜系口味不同，做法差异也很大，不同菜系来自于不同的地方，不同人群的口味和对菜肴的喜爱程度都是不一样的。打住！吃货写书的特点就是经常"跑偏"。回到正题，同一道菜给不同的人品尝，得到的评价往往褒贬不一，所谓"食无定味，适口者珍"就是这个道理。这个道理用在读书、评书是一样的，书籍不分优劣，适合自己的书就是现阶段对于自己来说最好的书。所以，不同学习阶段和层次的读者朋友们对本书内容的感觉必然是不同的。

菜肴是物质层面，补充能量，是人类生理成长的需求，书籍是精神层面，补充认知，是人类心灵

成长的需求。本书也有适用的读者范围：本书主要针对 STC8 单片机初学人员，面向在校学生、初级工程师、单片机程序开发人员等。本书可作为应用型高等院校电子信息类相关专业的授课教材或教辅用书，也可作为技术院校、单片机培训机构、电子协会、社团和电子类学科竞赛的辅助教材，还可以作为工程技术人员和单片机爱好者们的自学参考用书。

5. "盘中之餐，粒粒辛苦"致谢

"烹制"这本"开胃菜"的路上充满了辛苦，编书之路远比我预想的要艰难，原理讲出来要吸引人，例程给出来要看得懂，开发板做出来要用得上，章节安排还得有梯度。这一路走来都离不开家人、导师、同事、学生、业内朋友和清华大学出版社的帮助、建议和鼓励。

感谢我的家人，特别是我的父亲和母亲，正是因为有他们作为我坚实的后盾，在我写书过程中给予鼓励和支持，这本书才能如期完成。

感谢清华大学出版社的杨迪娜编辑，在编书过程中给予了指导和答疑，使本书得以保质保量地出版。

感谢为本书提出意见和建议的业内前辈们，他们是：《手把手教你学 51 单片机》作者、单片机培训专家宋雪松，乐拓 LOTO 示波器市场总监邱斌，上海灵动微电子（深圳）有限公司嵌入式软件工程师黄埼洪，松果派开源硬件创始人董程森，深圳市小二极客科技有限公司（小 R 科技机器人）CEO 刘辉，小马哥四轴飞行器开发学习平台创始人马仲伟，国产 PCB 设计工具立创 EDA 软件创始人贺定球，以及国产 RT-Thread 物联网操作系统大学计划负责人罗齐熙等。

书籍在创作过程中还参考了不少外文资源，在资源的解读和研究上还得感谢笔者任教单位（海南热带海洋学院）的留学生朋友们，他们凭借对专业的热爱和熟练的语言能力进一步丰富了本书的知识点，他们是来自佛得角共和国的 Eguer Zacarias Moniz Moreira（艾戈）、Wilker Edney Semedo Rocha（魏尔克）、Liane Margarete Andrade Goncalves（莉雅）、Osvaldina Gomes Sanches（娜迪雅）、Flavia Jennifer Da Costa Silva（玫瑰）、Leonardo Rocha Inacio（里昂）、Gilberto Soares De Carvalho（杰尔）和 Edivaldo Jose Da Luz Monteiro（韦德）。

最后感谢试读章节和验证项目例程的学生们，正是有了你们的辛苦付出，本书才能广纳意见进行修正，为的就是让读者朋友们"读得懂，用得上"，这些可爱的思修电子工作室的同学和电子爱好者协会的技术骨干成员分别是谢华尧、李毅、邝国旺、许禄枝、林道锦、何程、周仁佳、傅啟才、李泽芳、周振宇、乔祚、叶名锟、吴倩咪、冯雅男、韦时钤、卓书昊、王淞仕、洪光新、吴建奇、唐福海、陈显宇、陈长宏、刘柱、黄金贵、彭淑丽、符史鸿、杜政、樊运辉、钟旭启、刘阳、魏舒婷、金崇强、谢皇燕、郝昊、丁子靖、刘琦、赵明哲、彭梦泽、彭瀛宇、杨祎杰、付东伟、罗兰兰等。

本书系海南省 2021 年高等学校教育教学改革研究项目（Hnjg2021-84）、海南省 2020 年教育发展专项资金项目（Hnjg2020-91）和海南热带海洋学院 2020 年校级教育教学改革研究项目（RHYjgzd2020-04）的研究成果。

6. "食客交流，美滋美味"学习交流

限于小宇老师的"厨艺水平"，加之时间仓促，书中难免会有些许不足和疏漏，对于 STC8 系列单片机的精髓和原理可能存在一些没讲透或认知较为肤浅的地方，在此恳请读者朋友们海涵。我们都是单片机的爱好者、电子技术的学习者，恳请读者朋友们提出宝贵意见，使得本书能够查漏补缺，臻于完善。

小宇老师是您忠实的书童，陪学、陪练、陪交流！读者朋友们可以通过笔者的电子邮箱 adfly@

qq.com 或 tlongsy@163.com 与笔者进行交流,可以提出书籍修改意见或者项目合作交流等,为了方便联络,本书提供书友交流 QQ 群,群号为 976473406,B 站名称为"书童哥龙顺宇",书中提供的硬件平台可登录 https://520mcu.taobao.com 进行咨询和购置。

龙顺宇

2022 年 4 月

于海南三业

思修电子工作室的"小厨师"们一路前行,感谢有你!

该书是一本难得的嵌入式行业书籍，作者的表述风趣幽默，行文流畅，语言通俗易懂，并搭配了较多的图文类比，详细地介绍了 STC8 系列单片机的片上资源和外设电路，详细剖析了相关结构的工作原理，把一些晦涩抽象的 MCU 知识点以形象的类比进行了展开讲解，书籍内容能迅速激发初学者的兴趣，是一本不可多得的好书。每个章节的知识点由浅入深，注重理论积累，又能联系实际与工程项目相结合，案例源码规范清晰，既能助力初学者学到理论知识，又能动手搞实验增加实操水平。综上，该书值得广大嵌入式工程师、电子爱好者参考、借鉴、研究和实践。

上海灵动微电子(深圳)有限公司嵌入式软件工程师　黄埼洪

STC8 系列 MCU 是国芯科技生产的新一代增强型 8051 单片机。该单片机在市场上具有非常广阔的应用前景，深受广大电子爱好者和工程师的喜爱。在学习 STC8 系列单片机时，一本好书将会大大加快学习进程。相比于其他技术书籍，龙老师的这本书用生动有趣的语言将原本枯燥乏味的技术知识以一种全新的方式讲述出来，让读者产生极大兴趣。同时书中还配有大量程序案例，能够方便读者一边学习一边实验。愿此书能带领更多人进入单片机的殿堂！

松果派开源硬件创始人　董程森

本书内容全面，几乎囊括 STC8 系列单片机的所有资源，可以作为实战"宝典"去使用，书中的案例精彩，可供读者朋友们边学边练，有助于提高实操技能和单片机理论水平。书中有很多知识点都是各类单片机的"共性"干货，很有必要深入学习。本书文笔精炼，形象幽默，文不在深，能把道理讲透是关键，由浅入深，即使自学也能轻松上手。龙老师的幽默风格让书籍的阅读倍感轻松，更像是朋友间的交流，看起来不犯困，学起来不觉累，是我的直观感受。不同基础的朋友们都可以在本书中找到所需内容，确实是一本入门、进阶、提高的好书。

乐拓 LOTO 示波器市场总监　邱　斌

《深入浅出 STC8 增强型 51 单片机进阶攻略》是一本内容丰富且非常具备实用价值的书籍。站在单片机工程师的角度上，学习单片机的目标就是成为电子技术开发工程师。该书内容直截了当，简明扼要，结构上由浅入深、循序渐进，使读者既知其然，又知其所以然，可以从实际的应用中彻底理解和掌握单片机，真正达到学以致用的目的。难能可贵的一点是这本书把理论知识点用通俗的语言讲出来了，这是初学者学习单片机最有效的途径。

《手把手教你学 51 单片机》作者，单片机培训专家　宋雪松

作为一个资深的创客和创客教育产品生产厂家,我觉得龙老师的这本书把单片机学习的精髓和创客教育完美地结合起来了。一直以来,创客教育乃至电子相关专业,"入门门槛高"和"理论无法学以致用"是制约行业发展和学生进步的最大难点,而本书正好把这两个痛点都解决了,作者用深入浅出的手法,将STC8系列单片机的知识体系梳理得一清二楚,同时又结合了大量实操实验,让学生学有所得、学有所用。希望这本书可以为即将进入电子世界的初学者们打开一扇新世界的大门。

深圳市小二极客科技有限公司(小R科技机器人)CEO　刘　辉

我一直在思考一个问题:如何让新手尽可能快地学会某一款相对陌生的单片机?结合我自己的学习经历以及与许多业内朋友交流的心得,我总结出了一个"以项目为主导的学习方法",方法本质就是把单片机知识点与应用场景相结合。但当前市面上大部分的单片机书籍过于偏重原理,缺乏实践动手环节。龙老师的这本书在每个章节中都配备了实战项目,与我提出的项目式学习方法不谋而合。相信朋友们跟着这些小项目能够更快地学会单片机,理解其结构及机制,进而达到触类旁通,基于STC8系列单片机快速上手各类主流MCU产品。

小马哥四轴飞行器开发学习平台创始人　马仲伟

《深入浅出STC8增强型51单片机进阶攻略》是一部良心作品,也是一本非常接地气的专业技术书籍。本人曾经也是一名一线教师,长期从事电子信息类教学和研究,深知学生们在学习过程中的难点与困惑,学生们需要更多优质的学习资源快速成长。龙老师用通俗易懂的语言分解了单片机技术难点,让学生们从诙谐的武侠风中学到东西,引导学生从入门到进阶而不是从入门到放弃,本人也为该书能够务实写作、不随大流感到难能可贵。STC8系列单片机的用户群与销售量较大,所以面向的人群也很广泛,希望该书能带领更多的学习者掌握主流单片机技术,为其日后步入行业打好基底。

国产PCB设计工具立创EDA软件创始人　贺定球

看了龙老师的书稿我感触良多,书中诙谐的语言,漫画式的原理插图打破了我对传统单片机技术类书籍的认知!现在的学生们比我们那时候幸福太多,只要想学,资源是非常丰富的。书籍通过这种表现形式,把枯燥无味的技术干货变为通俗易懂的经验之谈,深入浅出地把STC8系列单片机知识点讲懂、讲透,同时又配有丰富的工程案例,把数电、模电、电路、C语言、汇编语言、微机原理、接口技术等内容进行了大融合,非常适合"打基础""重应用",是学习单片机、嵌入式技术不可多得的良书!

国产RT-Thread物联网操作系统大学计划负责人　罗齐熙

目 录
CONTENTS

无痛入门 基 础 篇

无痛入门

基 础 篇

亲爱的读者朋友们，开篇快乐！感谢您对小宇老师的支持，选择本书伴您一起学习 STC8 系列单片机。基础篇包含 8 章，从入行心态和学习基础两方面开始给读者"打底子"，介绍了宏晶科技有限公司的相关产品及单片机系统常规电路，单片机开发流程及相关工具的使用，帮助读者掌握 I/O 资源特性及运用。还介绍了编程方式差异及热门创客平台，在基础知识之上熟悉常用的人机交互类器件及编程。这些内容不限于 STC8 系列单片机的使用，而是任何一种微控制器的必备基础，所以读者一定要重视。

- 不用烦心书籍像"砖头"，每一章的内容其实只有十几页，实在看着厚，那干脆拿把菜刀切开再看，怎么看着爽就怎么做。希望这些内容能让读者少走弯路，这就是本书的初衷。
- 不要害怕内容很"复杂"，每位读者的基础不一定相同，"大神级"的跳着看，"进阶级"的选着看，"入门级"的按顺序看，书籍内容是按照知识梯级排列的，编写时已经考虑了知识点的衔接和扩展，希望每个文段、每个项目讲解的内容都能带给读者不一样的理解，这就是本书的作用。
- 不要着急学习的"进度"，打基础就像是长骨头、修地基，付出时间才能打得牢固，不要心急火燎地看完本书，草草地过一遍还不如放慢速度仔细做一遍，等待羽翼丰满之时不管是什么型号、什么架构、什么公司的单片机都能"分分钟"搞定！这就是本书的意义。

本篇寄语：万丈高楼平地起，基础不牢、地动山摇！

第1章

"麻雀虽小，五脏俱全"开门见山讲单片机

章节导读：

开篇快乐！欢迎读者朋友们选择本书与小宇老师一起学习 STC8 系列单片机。为了让大家更加快乐地开始学习旅程，小宇老师专门设立了本章，其意义并不是急着道出 STC8 单片机的知识点，而是通过几个小节讲清楚单片机是什么、用在哪里、怎么去学习，去除初学者的一些疑虑和浮躁，明确学习的路线。本章共分为 4 节。1.1 节讲解了集成电路的起源和发展；1.2 节讲解了单片机的相关应用，将其比作现代电子产品中的"七窍玲珑芯"；1.3 节是与读者一起分享单片机的修行方法，以我自己的开发经验和学习心得去介绍入行准备、电子基础、编程语言、学习资源、实践平台、学习方法这 6 个重要的修行方面；1.4 节专门写给入行过程中徘徊不定的学生朋友，以我的拙见给大家提出一些学习建议和"歪理"，尽最大的努力为大家入门解惑和坚定信心。愿朋友们学有所成！

1.1 "一沙一起源，一芯一世界"集成电路的国度

感谢读者朋友们选择本书和小宇老师一起走进"STC8 单片机王国"。佛家有云："一花一世界，一叶一菩提。"可见世间万物的奇妙，哪怕是一朵小小的花，一片小小的叶子之中都蕴藏着无限境界。所以，选择电子行业也是如此。来！现在就跟着我念一遍："爱一行，做一行，学一行，行一行，一行行，行行行。"小宇老师当年也是和如图 1.1 所示的情形一样，N 年前来到了电子行业的大门口，驻足良久在门外观望，心里有很多疑虑，不停地在问自己适合学习电子吗？学电子难吗？学了电子能做什么呢？在短暂的迷茫之后我遇到了良师益友，有好书、好板陪伴，一头扎了进去，来到了电子的神奇国度，与单片机结下了特殊的缘分，直至今日心生感慨："一沙一起源，一芯一世界。"

有朋友可能要说了，这搞工科的作者还搞起了"文艺范儿"。确实如此，学习电子也该有种情怀，用兴趣引导自己，在学习的过程中不断积淀，收获快乐，累积经验，回首付出，才能无悔入行。

回到正题，我们先看看"一沙一起源"的含义。在初/高中的物理课上我们其实就接触了绝缘体、

图 1.1　N 年前小宇老师眼中的电子行业

导体、半导体、超导体的相关知识,也了解过一些原子受最外层电子数的影响会表现为不同的特性。这些内容其实就是半导体物理学的基础,半导体的发展实现了"电"的可控,技术工作者们发现了各种适合制造"芯片"的半导体材料,如常见的硅、锗、砷化镓、氮化镓和碳化硅等。但是这些材料从哪里来,又和单片机的制造有什么联系呢?

要搞清这个问题就要看看集成电路的"最初形态",其实制作芯片的主要材料来源就是人们熟悉的"沙子"。有朋友会说:"真的假的啊?我工地上有几大麻袋沙子,那我们现在就做芯片呗!"这可没那么简单,沙子的主要成分是二氧化硅,自然界中的沙子不能直接利用,需要选料,然后净化、除杂再熔融、还原,提纯后得到精度很高的单晶硅锭,接着对硅锭进行精密切割才能得到晶圆片的基材,然后还需要抛光、电路的激光印刻、注入离子、多次蚀刻、金属沉积和电路搭建等三十多道工序,最后进行成品晶圆的切割、封装、测试和编带,整了一大圈之后才能得到可以量产和应用的集成电路芯片。说到这里,要是有机会能去晶圆厂实地参观一番就好了,要是没有机会也没事,可以看看 CPU 生产巨头 Intel 公司推出的一个视频短片,视频名称为 *From Sand to Silicon the Making of a Chip*,这个视频就用简短的 3D 动画讲解了 CPU 产品的制作过程。

了解了芯片的起源之后,再体会下"一芯一世界"的含义。学电子的人会接触型号众多、功能各异的芯片,这些芯片多以硅、锗等半导体材料作为基材设计其晶圆,所以电子这个行业有时候也可以称为半导体产业。目前的智能手机、平板计算机、个人计算机、工业计算机、消费类电子产品中都有成百上千的集成电路,正是因为材料、工艺、技术的飞速发展,集成电路的应用才造就了一个新的世界。

我们接触的单片机其实就是集成电路中的一种,其外形常见双列直插和扁平四面贴片封装。以四面贴片封装为例,其外形就类似于一个长脚的"小蜘蛛",这个"小蜘蛛"的核心就是晶圆,晶圆上通过相关工艺和技术搭建了成百上千个晶体管、二极管、电阻单元和电容单元等,这些单元通过金属线路互连在一起,形成了集成电路的功能本体。有了本体还不够,还得考虑如何批量和应用,于是产生了封装技术,通过封装过程将晶圆进行包裹,最后通过绑定技术把晶圆上的功能点位引出至功能引脚,最后就形成了人们看到的芯片形态,其制作过程如图 1.2 所示。

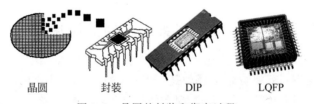

晶圆　　　　封装　　　　DIP　　　　LQFP

图 1.2　晶圆的封装和绑定过程

有的读者可能对"封装"颇感兴趣,这里的封装其实就是给半导体集成电路晶圆加个外壳,有了这个外壳就可以安放、固定、密封,保护晶圆不受外力损坏。封装也是门大学问,比如封装成什么样式都有讲究,封装的过程、工艺、类型都有要求,有的电路板上也用环氧树脂对芯片进行"简封装",在外形上看就是个黑色的水滴状凸面,行业内也将其称为"牛屎堆"。读者如果对这一块的知识感兴趣,可以稍加拓展。

集成电路的制造和普及改变了传统电子产品的形态,使得电子元件向着微型化、低功耗和高可靠性的方面发展。举个例子,如图 1.3(a)所示,这是一台我国 1970 年左右生产的红灯 2701 晶体管收音机,这个型号是为了纪念 1970 年 4 月 24 日中国第一颗卫星上天而生产的收音机,在原来那个年代称它为"话匣子",足以见得它的稀罕。一台这样的收音机价格不菲,现在看来却已经是"古董"了。如图 1.3(b)所示是红灯 2701 收音机的内部电路板,很明显可以看到调谐旋钮、短波微调及波段转换拨动开关。这台我国早期生产的 7 管三波段晶体管收音机在那个年代可是热销货。它的电路板上板载了变频管、磁性天线线圈、天线谐振线圈、调频变压器、可调电容、晶体管、二极管、自动增益控制电路、低频放大器等单元，这些电路多是以分立元器件搭建的，体积庞大且一致性差，光是焊接、组装和调试就要花费不少工夫。

(a)　　　　　　　　　　　　(b)

图 1.3　红灯 2701 收音机实物及内部电路

现在就不同了，集成电路的飞速发展使得芯片功能越来越强大，体积也在变小，价格也在下降。如图 1.4(a)所示，这也是一台收音机，整机质量才几十克，一节干电池就可以续航一周多。看到这里，读者就能明显地感觉到科技的飞速发展。图 1.4(b)就是这台收音机的核心模块，其实就是一个锐迪科微电子生产的 RDA5807M 芯片做的转接板(体积比 1 元硬币还小)。RDA5807M 系列芯片是一种单芯片广播调频立体声收音机调谐器，芯片内部集成了中低频数字音频处理器、中频选择器、RDS/RBDS 信号解调器和 MPX 解码器。芯片采用 CMOS 工艺制造，体积小巧，支持多种通信接口，外围几乎不需要额外的辅助器件，支持 50～115MHz 的调频范围。

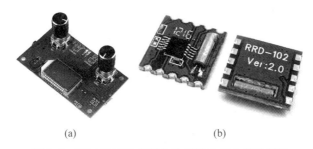

(a)　　　　　　　　　　　　(b)

图 1.4　RDA5807M 方案的收音机及核心模组实物

集成电路可以有很多种分类，按照处理信号的类型可以将其大致分为模拟集成电路、数字集成电路和混合信号集成电路(即电路内部可以处理模拟和数字信号)。

模拟集成电路主要处理模拟信号，大多涉及模拟信号的产生、变换、放大和其他处理，也可以把它称为线性集成电路。我们将信号数值随时间域连续变化的信号叫作模拟信号(例如，反应压力变化、温度变化的电信号等)。这种集成电路在学习模拟电子技术的时候会遇到很多，运算放大器芯片、锁相环芯片、低压差稳压芯片、模拟乘法器芯片、功率放大器芯片、电压比较器芯片等都属于这个大类。

数字集成电路主要处理数字信号，大多涉及数字信号的编码、解码、运算、存储和其他处理，也可以把它称为离散信号处理电路。我们将信号数值随时间域离散变化的信号叫作数字信号(例如，突变的高低电平信号)。这种集成电路在学习数字电子技术的时候会遇到很多，触发器、加法器、计数器、译码器、数值比较器、编码器、锁存器、逻辑门等都属于这个大类。

混合信号集成电路就要复杂一些，片上既有处理模拟信号的单元又有处理数字信号的单元，我们要学习的单片机芯片就属于这一类。在某些情况下，数字信号与模拟信号之间需要转换，例如，麦克风采集到的声音信号需要存储到计算机中，这就需要处理单元将模拟信号量化为数字信号并存储；再如我们要打开计算机播放音乐，这就需要将数字信号转换成模拟信号，从硬盘上读取该歌曲的二进制信息进行模拟信号转换,产生的声音波形经过放大器后最终驱动扬声器发声。在这样的实际需求下,模拟/数字转换器(ADC)和数字/模拟转换器(DAC)就产生了,这样的器件也属于混合信号集成电路。

介绍了这么多,读者应该对"集成电路的国度"有了大致的了解。我们知道了芯片的来源和制造流程,看到了集成电路带来的巨大便捷,明白了集成电路的分类,看看手边的单片机像不像是一只自己专属的"宠物"呢?请一定要学懂它,用它做出更多实用功能的电子产品,用我们的设计和努力让这个世界更加美好!

1.2　追寻电子界的神物"七窍玲珑芯"

在学习STC8单片机之前,小宇老师要问问大家,读者见过哪些微控制/微处理芯片呢?这些芯片都用在了哪些地方呢?话刚说完,有朋友举手了,他起身说:"龙老师,你说的是啥芯片?我从没见过哪儿有微控制/微处理芯片!要是不学电子,我压根儿不知道啥是单片机!"我镇定地听完这位朋友的回答,微笑着拿出了我的40米大刀。

其实微控制/微处理芯片就在你我身边,不管学不学电子,它就在我们的周围,让我们放下书本,环顾四周,找一找哪里有它们的影子。我们要当小神探,去追寻和挖掘电子界的神物"七窍玲珑芯"。

如果你在家里,清晨的阳光洒进窗台,智能手环震动起来了,提示你起床,下床后去卫生间洗漱一番,拿着电动牙刷开始清洁牙齿,电动剃须刀充电显示100%,剔掉胡须看看镜子里帅气的自己,走到厨房发现昨晚预约的豆浆机已经打磨加热完毕,倒出豆浆给自己补充一天的好营养,穿好衣服来到客厅发现窗帘自动打开了,出门前对着AI智能音箱问一句:"今天天气如何?"AI音箱回答:"室外温度18摄氏度,可能有雨,别忘了带伞!"带上了雨伞的你走出了家门。感觉如何?这段话里有"七窍玲珑芯"的影子吗?

如果你来到办公室,看着技术部的大门开开合合,到来的同事们面带笑容排队在指纹机上打卡,饮水机上显示着当前烧水或者保温的状态指示。你拿起遥控打开了中央空调,中央空调的控制面板上显示了当前室内的温度、风速和制冷/制热模式。走进办公区坐在自己的位置上,发现空气加湿器在自动工作,空气净化器的指示灯也变成了绿色,用以指示室内空气的质量等级,看着桌面上的日程表,打开计算机,开始处理今天的工作。感觉如何?这段话里有"七窍玲珑芯"的影子吗?

如果你去了图书馆,刚一进门就看到彩色的点阵屏上写着新书到货的信息,走进大门发现计数器自动在增加,回头一看旁边的小液晶上显示今天早上已经有五千多人进馆学习了,按动电梯按钮上了3楼自然科学图书馆,走进了充满书香的走廊,走廊的灯感应到人的到来后纷纷打开了。你来到书架前被一本叫作《深入浅出STC8增强型51单片机进阶攻略》的书籍吸引了,取下来坐在凳子上翻了起来,最后带着这本书走向借阅台准备借阅,拿出了自己的借书卡在借阅机上刷卡后愉快地走出了图书馆。感觉如何?这段话里有"七窍玲珑芯"的影子吗?

从上面的讲述中,读者肯定都看到了微控制/微处理芯片的身影,这些电子产品在生活中随处可见,可以看出"七窍玲珑芯"是多么的必要,正是有了它,电子产品才更为实用、更为智能。如图1.5所示,微控制/微处理芯片已经广泛应用在各行各业了。要是拿单片机和计算机做个全球数量比较,单片机的数量

图1.5　"七窍玲珑芯"的应用领域

肯定远远超过计算机。

说到这里,要是有的读者还是没有直观的感受,仍然不知道微控制/微处理芯片的样子,那小宇老师就不得不使出超级无敌厉害的"撒手锏"了。现在就请拿出手机,在5楼以上高度的房间里把手机向着窗外抛出一个漂亮的弧线(要确保手机不会砸到楼下的人和物,也不能破坏花花草草,最好是掉在水泥地上,这样才能听到真理的声音),冲下楼看看满地的碎片,你会惊讶地发现,这是电阻、这是电容、这叫PCB、这叫屏蔽罩、这是按键、这是锂电池、这是微控制器、这是摄像头、这是液晶、这是Wi-Fi模组、这是SIM卡。你的手机就这样像花儿一样"绽放"在面前,但最好还是别这样尝试了,毕竟这朵花有点贵。

本书研究和学习的对象是宏晶科技公司生产的STC8系列单片机芯片,这里说的单片机就是混合集成电路芯片中的一种,也是"七窍玲珑芯"中的一类。随着技术的不断发展,单片机也从SCM(Single Chip Microcomputer)的叫法,过渡到了MCU(Micro Controller Unit)的叫法。在SOC(System on Chip)形式的发展趋势下,单片机已经不再限定于做简单控制了,现在的单片机主频越来越高,资源越来越多,价格越来越低,按这个势头发展下去,MCU(Micro Controller Unit)和MPU(Micro Processor Unit)的界限也会越来越模糊。

回归到MCU本身,其实就是在一个小小的晶圆上做好了中央处理器(CPU)、随机存取存储器(RAM)、只读存储器(ROM)、多种I/O通道、中断系统、定时器/计数器、功能外设等资源,这就很有意思了,这一个微小的芯片就相当于是个"小而完善"的微型计算机系统。计算机有的东西在单片机里基本上也有,但是单片机更加偏重于"微控制""微处理""高性价比"的应用场合。

1.3 "师傅领进门,修行靠个人"单片机的修行路

这位读者请留步,老夫看你天庭饱满,地阁方圆,根骨奇佳,身具慧根,天赋异禀,实属百年不遇的"搞机"奇才啊!来,我这里有本武林绝学《深入浅出STC8增强型51单片机进阶攻略》,今天你我有缘,就呈给您阅读了!秘籍在你手上了,如图1.6所示,接下来只需勤加修习,必成大器。

学习的过程就是自我提升的过程,学习不可能是一直轻松快乐的,学习的难度对不同人而言都不相同,学习的内容和深度也会让人产生不同的感受和感悟。举个最简单的例子就能明白了,假设让你在一周内要看完一本1000页的《哈利·波特》和看完1000页的《高等数学》,绝对是不一样的感受。

学习讲究有始有终,既然选择了要学,就要坚定不移地走下去,不忘初心方得始终。老话讲得好:师傅领进门,修行靠个人。希望这本书可以成为大家学习STC8单片机的好帮

图1.6 STC8单片机修行"秘籍"

手,小宇老师愿意一直陪着你,当一个称职的"小书童"。接下来,我们就从入行准备、电子基础、编程语言、学习资源、实践平台和学习方法这6个重要的修行方面展开讲解。

1.3.1 "戒躁求实"入行准备

入门单片机学习的主体人群一般是高校电子信息类学生、行业工程师、跨行技术人员、电子爱好者等。入行人群的来源很多,目的和心态也不同,对单片机学习后的期望也各有差异。但不管是什么人群来源,入行之初都会表现出不一样的疑惑和浮躁。这一节将总结这些问题,目的在于让读者审视自己是不是有如下问题,如果有,那么一定要像本节标题一样"戒躁求实"。

在本书出版之前小宇老师还写了一本书,书名为《深入浅出STM8单片机入门、进阶与应用实

例》，该书出版后由我本人录制了相关教学视频，设计了 STM8"小王子"开发板。在书籍答疑和开发板售后期间，我接触到了形形色色的学习者，了解到了方方面面的需求，结合本人在企业、高校任教的工作经历，我将单片机入门者常见的疑惑和迷茫问题分为 6 大类，读者朋友们可以审视自己和调整心态，这是入行前必要的准备。

第一类是"未知无解类"。问题常见形式为：我学了这个能找到多少薪资的工作？你感觉我多久能学完？我适合学单片机吗？51 什么时候淘汰，新的单片机出来了怎么办？我要精通 51 需要多久？我学了你这本书，我能找到 6000 以上工资的工作吗？此类问题往往要看你的付出过程才能知道最终结果，常问此类问题的朋友属于信心不足和稍许急躁，面对这种问题，能够给出答案的只有你自己。

第二类是"慵懒妄想类"。问题常见形式为："跪求"××模块源码？谁能给我××型号中文手册？谁能帮我写××代码？他们都说单片机很难，我室友都放弃了，我感觉学技术始终不是长久之计，我感觉学了也不一定能找到工作，我总感觉我自己学不会，我一看书就累怎么办？我什么都没学过，感觉不是这块料。此类问题的提出者可能连最为基本的问题也懒得去尝试解决，这就显得非常的浮躁和懒惰。很多朋友还没有开始学就已经打退堂鼓了，属于稍有兴趣但是顾虑太多、想法太多、理由太多的，这类朋友一定要克服惰性，明确"主干"路线，开拓自己的眼界，看清行业的需求。

第三类是"缺乏意义类"。问题常见形式为：51 和 ARM 哪个更好？现在哪种单片机最主流？51 可以替代 ARM 吗？C 语言可以替代汇编语言吗？ARM 会击垮 51 市场吗？学硬件好还是学软件好？学单片机好还是学嵌入式好？此类问题的提出者往往没有去全面了解过相关技术，比较爱跟风，一有风吹草动就爱琢磨，但是提出的问题大多都没有什么深度，在技术工程师眼中此类问题缺乏意义，所以此类问题一经提出后，一般都会石沉大海无人搭理。

第四类是"跟风盲目类"。问题常见形式为：我听说 51 淘汰了，我感觉没必要学了，我学长说叫我直接学 32，我老师说寄存器是古董，让我们直接学库函数，我学长说让我看×××的 C 语言学习才行，他们都买了×××的板子，我也要买。此类问题的提出者没有树立自己的研究方向和"主干"路线，适合别人的路不一定适合自己，往往容易东一下西一下，看似接触面很广，但最终都没有自己的特长和研究积淀。

第五类是"迷茫无助类"。问题常见形式为：请问学单片机有捷径吗？请问没有 C 语言基础如何编程？我缺失电子前导课程可否开始学习？学习路线和时间如何安排？先后顺序是什么？如何进阶？我是外专业，我能学吗？我想学×××，相关教程和书籍去哪里找？此类问题的提出者比较多，属于入门比较迷茫且没有学习思路的朋友，迷茫不用怕，因为小宇老师在你身边和你一起学，要想走路，就要先迈开腿！

第六类是"基础缺失类"。问题常见形式为：这个电路的三极管是什么作用？我上个大学连示波器、万用表的基本使用都不会怎么办？这个语句实现什么功能？啥叫交流信号、直流信号？啥是模拟信号、数字信号？此类问题的提出者对一些常识不太理解，往往又不肯看书给自己"充电"。小宇老师在给学生上课的时候经常说："基础不牢，地动山摇！"基础缺失并不可怕，可怕的是没有意识到基础的稳固程度决定了后续学习的难易程度，出来混迟早都要还，入电子迟早都要补啊！

以上问题在读者朋友们的身上是不是也有？如果有，那就从今天起尝试克服！

入门阶段，如果朋友们需要榜样的力量激励成长，不妨去电子发烧友的电子工程师社区论坛中搜索下"社区之星"有关的帖子，每个帖子都是一个优秀工程师的心路历程，有了榜样，是不是决心更加坚定了一些呢？

进阶阶段，小宇老师毛遂自荐当你的书童，陪着你好好地啃下这本书。

实战阶段，以社会中行业的具体需求为导向，对照自己，缺啥补啥，紧跟行业需求和人才要求，做合格的电子工程师,等待翅膀硬了再转型发展。

做一行,爱一行,一个人在一个行业不断探索,追求真理,敢于创新,那就是这个行业的佼佼者,准备好了吗? 从今天开始入行吧!

1.3.2 "根骨奇佳"电子基础

入行前的"根骨"就是指在电子技术方面的基础功底,"根骨"并非生来就有,也要靠后天的学习和积累。在入行前就完全具备单片机所需的前导知识是不现实的,所以要在学习过程中按照"需求"逐步获取并"吸收"相关内容。小宇老师强调"做中学"和"玩儿中补",这样才有意思,吸收得也最快。个别朋友在入行前产生了"先把××前导课程学精通再学××"的想法,执行了一段时间后就会发现普遍效率不高。

那么这里的电子技术基础具体指什么呢? 其实就是简单的模拟电子技术(模电)、数字电子技术(数电)、仪器仪表的了解和使用、电子线路基础(电子线路)、电路原理基础(电路)、微机原理与接口技术基础(微原)等。

听到这里,肯定有不少的朋友"头都大了",甚至产生了"学电子挺好的,就是头皮有点凉"的感觉。其实这些课程对于在校学生来讲并不陌生,这些课程是本科阶段就会开设的,有的高职高专院校也一样具备。还有一些朋友之前没有学习过这些课程,或者已经在工作岗位上遗忘了这些内容,其实也不要紧,这些内容完全可以通过自学或者挑重点温习即可。此类课程的视频教程、书籍、网络笔记和应用文章是非常多的,只要你有想"充电"的想法,那么到处都是"充电桩"。

但是说来说去,这些电子技术基础课与单片机这门课程有什么关联呢? 其实它们就是学习单片机技术的前导和铺垫。我们学习单片机的最终目的是设计出有价值、有意义的产品,但凡能称之为"产品"的东西,肯定需要多方面的设计,绝对不可能单独依靠一个单片机完成。所以这些课程的内容又与单片机技术相辅相成,其关系如图 1.7 所示。单片机原理及应用课程就像是"金丝线",而各个前导课程就是"珍珠",有了线和珍珠就具备了做"项链"的材料,通过合理的串联和编织,才能把相关的知识进行融合变成最终的产品。

图 1.7 单片机技术与前导课程的关联

不少读者尝试购买过很多单片机原理及应用类书籍,发现这种书籍特别难"啃",看了头晕不说,有的地方看几遍都不懂,为啥呢? 是因为这些书籍或多或少都会涉及单片机的内部结构,一上来就看到处理器架构、存储结构、CPU 运算器、CPU 控制器、指令系统、I/O 资源、总线、中断等名词。这时候就会觉得非常"头疼",这都是因为缺乏微机原理与接口技术课程的前导知识导致的。本书虽不可能全部细化展开,但至少会说明到哪里可以找到这些知识点。

例如,我们要用单片机设计一个交流调光系统,单片机的编程倒还好说,关键是交流信号的过零脉冲怎么得到? 查阅资料后得知,原来是要设计过零检测电路。那可控硅的导通角怎么控制? 原来是要配合过零信号进行斩波调节,这些内容属于单片机课程吗? 肯定不是! 那就需要去补充模拟电子技术中的相关内容。除了这些小例子之外,还可能要做电力载波模块、串行通信模块、程控信号处理模块、电压调控模块、数据检测模块、参量采集模块、信号驱动模块等,这些模块都不能单单依靠单片机去做,涉及的知识点都蕴藏在"模拟电子技术""数字电子技术""电子线路""电路原理"和其他相关的课程之中,所以用到了就要补起来。

哎呀算了算了,按你这么说,我离踏上单片机修习路还有很远的距离！要是这样想就大错特错了,要知道,很多时候我们的知识体系都不可能健全,都是缺了就补的,我们这辈子都会生活在碰到问题和尝试解决问题的过程之中。学习知识最快、最有效率的时刻往往都是在遇到了问题之后,那种身心的煎熬和对知识的渴望就会转换为我们摄取知识的巨大动力。比如有一天早上起来,你的额头长了超级多的痘痘,你绝对会从床上跳起来,立刻百度这是怎么回事,为啥长痘？为啥是额头？额头长痘是啥原因？痘痘在面部的分布代表了什么信息？一大堆的搜索词条、一大堆的网页、一大堆的新知识,这就叫作"问题导入学习法"。

所以静下心来,缺啥补啥。特别是学习像模拟电子技术、数字电子技术、电子线路、电路原理这种课程的时候,就像是在啃"硬骨头",一本书怎么也啃不完的时候就要分多次慢慢啃,这样就可以看完它。小宇老师推荐大家对于"干货"书籍可以先大致过一遍,在实际运用中碰到不懂的再倒回去继续加深。要是书籍太厚太重看着心烦时就干脆拿菜刀按照章节切开,你会惊讶地发现一本大书变成了小册子,这样心里就舒服多了。日有所长,日有所进,才能保证好的"根骨"。

1.3.3 "能说会道"编程语言

我们的生活中会有很多能说会道的朋友,这些朋友善于利用语言进行问题描述和事务沟通,我们常羡慕他们的"口才",羡慕他们能把词汇和语句组织得清晰干练。那生活中的"语言"与单片机技术中的"语言"有什么相似呢？如果用生活语言与单片机"交流"肯定是不现实的,毕竟"芯片"听不懂人类的话语。

所以我们需要掌握一种用于机器的编程语言,利用程序语句的编写,将我们的"思想"和解决问题的"方法"进行"程序化"的表达,然后再"灌输"给单片机平台,让单片机可以按照某种逻辑执行动作,能对特定的事情采取相应的行为。这种用在机器上的"语言"就是我们需要深入学习的嵌入式系统程序设计语言(如汇编语言、C 语言、C++语言、Python 语言、microPython 语言和 JavaScript语言等)或者是硬件描述语言(如 VHDL、Verilog 语言等)。

单片机系统在实际运行时还会有一些信息"反馈"给我们,这时候我们也要能正确接收和理解单片机想说给我们的"话",这样才能形成交互。可见,学好一门能与机器"对话"的语言是必要的,只有提升自己的编程水平和编程语言功底才能避免如图 1.8 所示的尴尬。

为单片机编写的程序最终都会变成"0101"这种二进制机器码。如果直接用这种二进制机器语言开发程序是不合适的,机器码的衔接容易出错不说,对编程者而言可读性也很差,整体程序写完后,若想修改就会非常困难。所以编程者们都在思索和找寻新的程序设计语言。有人尝试把相关指令进行"符号化",然后把相关操作进行"语句化",最后再用编译器和解释器对语句和资源进行"整合"和"转译",最终变成机器码。

在这种思想之下最先产生了类似"MOV R0,♯66H;"这样的编程语句,这样的语句相对于机器码来说可读性提升了很多。"MOV"这个英文符号让我们联想到了"搬运、转移",在语句中的作用就是"数据转移"类操作。"R0"是单片机内部的寄存器名称,"♯66H"就是一个立即数(由 8 位二进制组成,译码过来就是 01100110),整个语

图 1.8　人机交流的"语言"

句的作用就是把 0x66 这个立即数传送到 R0 寄存器中去。这种采用"助记符"和"操作对象"相结合的语言就是汇编语言(即 A 语言),也可以称其为"符号语言"。汇编语言编写好的程序源码需要送到汇编器中,经过转换最终变成二进制机器码,汇编语言与硬件联

系极为密切,属于低级语言中的一种。

汇编语言的优点是很明显的,每条语句涉及的指令十分明确,代码体积小,执行效率很高,通过优化后的程序,在时间复杂度和空间复杂度上的表现都很不错。经过汇编器得到的机器码"固件",体积非常小巧,通常应用于单片机内存有限或者对实时性要求很高的场合。当然,汇编语言也有缺点,因为汇编语言与硬件联系过于紧密,导致了程序移植性很差,写好的代码要想"搬运"到另外一个平台的难度基本上等同于重写。这是因为不同单片机的硬件结构和指令体系差别很大,汇编程序要进行"大改"后才能适配到新的单片机上。除此之外,汇编语言的语句比较底层,有的时候,一个简单的操作要变成 N 条底层语句去完成,这样一来,程序语句就很冗长,结构就会变得复杂。程序的冗长带来的就是可读性的下降和修改难度的提升。

那这么说,汇编语言也有短板!编程者们又开始思考,能不能把程序设计语言变得简单化、数理逻辑化、易于表达化、描述便捷化? 能不能添加一些数据类型、一些程序结构、一些库函数的支持、一些用户自定义的数据类型和结构呢? 经过不断的探索,C 语言出现在了大家的面前。它是一种"中间级语言",既具备低级语言对硬件的可操作性,又兼顾高级语言对数据处理的灵活性,具备很强的数据处理能力,语法结构上非常灵活,可移植性也很好,带有非常多的库函数支持(例如,数学运算、输入/输出、字符串处理等)。基于以上的优点,C 语言的使用者越来越多。

我们在学习"C 语言程序设计"课程时,都是学习的 C89 标准或者 C99 标准的标准 C(即 ANSI C)程序设计,标准 C 语言和用在单片机中的 C 语言其实不太一样。就拿现在要学习的 STC8 系列单片机来说,它的本质是一款增强型的 8051 内核单片机,我们把 51 单片机上用的 C 语言称为"C51"语言,这种语言在某些方面对标准 C 进行了改动和扩充,例如,"sbit"关键字在标准 C 中是不存在的,这个关键字用于"定义特殊功能寄存器的位变量"。所以,小宇老师推荐读者朋友们先学好标准 C,有了标准 C 的功底再去看单片机的 C51 语言即可。

编程语言的功底很大程度上决定了单片机程序设计的顺利程度,所以希望大家一定要不断补充相关知识。好在编程语言的"词汇量"比生活语言少多了,所以学习难度并不大,相关的语法和结构也是固定的,所以初级编程并不算难事。在初学阶段多看别人写的程序,尝试消化每一条语句,经过知识的"内化"之后再尝试创新。

1.3.4 "武功秘籍"学习资源

回想自己学习单片机的时候市面上的书籍还是比较少的,大多数的书籍都是讲解单片机的原理和结构,写书的风格和《微机原理与接口技术》差不多,有的书籍干脆就叫《微机原理与单片机接口技术》,普遍都是用汇编语言编程,重在讲解内部结构和指令操作。很少能见到 C 语言编程的图书,视频教程就更少了,实验用的硬件也是比较落后的,我们还停留在 AT89S52 的年代。我老师学单片机的时代就更为"古老"了,她们那个年代还是基于单板机编程,而我是用的实验箱,还要到处去找并口线或者 ISP 烧录器才能编程,手捧英文的数据手册,敲着汇编语句,在伟福编译器中进行编写和调试,现在想想那个时代已经过去了。

近年来,51 单片机的书籍进入了"暴增"阶段,单片机原理类、单片机技能培训类、单片机趣味制作类、单片机行业应用类、单片机仿真类的图书层出不穷。这么多的书籍组成了一个"知识宝库",如图 1.9 所示,每一本书都是单片机修行路上的"武功秘籍"。每每走进图书馆,看到书架上的单片机类书籍越来越多,心里就在想,要是我起誓把这些书全看完、看懂再走出图书馆,那我这辈子估计就要在这儿了! 所以修行没有尽头,微笑着摸摸自己日益稀疏的头发,坚定地说:"扶我起来,我还能学!"

玩笑归玩笑,要想把单片机学会、学好,只能不断地为自己"充电"。获取相关单片机的学习资源途径有很多,接下来小宇老师就来谈谈自己对知识获取途径的感触,愿与大家分享,解除大家的疑

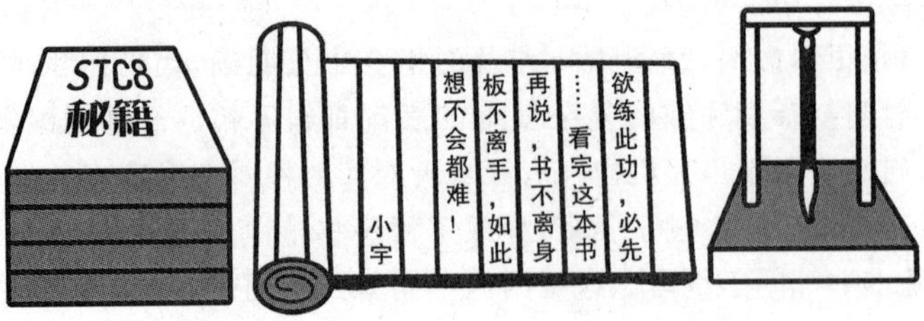

图 1.9 单片机学习资源"武功秘籍"

惑,避免大家走弯路。

1．单片机生产商的官方手册或应用笔记必须有

我们用的 STC8 系列单片机是什么呢？从本质上来说,它属于 STC 公司的集成电路产品,既然是"产品"就肯定有产品说明书(即数据手册或其他文档),这些文档资料就是我们的"一手"材料,必须要过一遍才行。官方手册是对单片机做出的权威解释和描述,市面上的书籍也都是基于单片机的官方手册去讲解,不管手册是中文版本(国产单片机几乎都具备中文版本)还是英文版本(主要指国外单片机)都需要备在手边,需要时及时翻阅。若时间允许,最好细看一遍。有的朋友惧怕英文手册,直接变身"伸手党",抛出"谁能给我××的中文手册"的问题,这样其实不对。对于国外生产的单片机而言,有的手册就算是配有中文翻译版也要随时对比英文原版使用才行,因为只有英文版本的手册才是保持官方最新勘误的。

2．综合考量后选择适合自己的书籍,数量别太多

书籍都有适用人群,有的书籍偏重原理和结构、有的书籍偏重初学和进阶、有的书籍偏重工程案例分解和实战、有的书籍偏重经验分享。对于不同的阶段,需要有偏重地选择书籍。初学者在选择书籍时最好是自己看看目录和书籍简介,把高手们的"推荐"作为辅助参考,选择适合自己的书籍即可。在选择同类型书籍时可以偏重选择 3 本以内,这样可以有个对比,防止出现一本书看不懂就动摇学习信念的情况发生,多做对比,尝试在不同作者之间吸收各家所长,融汇为自己学习的方法。很多情况下,A 书没有讲清楚的地方在 B 书上有实验过程,这就很好。

3．要是有开发板就要"物尽其用"

小宇老师还是学生的时候,单片机平台大多都是实验箱形式的,实验箱体积庞大,还需要专门的下载器,一个人提着银白色的实验箱从学校银行取款机旁走过,周围的同学总是投来怪异的目光。现在好了！笨重的实验箱基本是教学上用,自己完全可以购买到小巧轻便的单片机开发板了,市面上的很多开发板厂家都配套了文档、视频、软件、例程等,这些内容是开发板的"精髓",一定要仔细过一遍。来,有开发板的朋友们跟着我念:"要把铜皮都学透、要把排针都学锈！"

4．提问也要讲技巧,合理利用交流平台

现在学习单片机非常方便,因为学习平台非常丰富,单片机的论坛、书籍、教程、文档特别多,微信上也有很多公众号可以关注,每天都会推送相关文章;Bilibili(简称 B 站)上也有很多视频专辑,UP 主亲自授课,弹幕交流生动有趣;微博上也有很多技术大咖,他们善于把自己的工程经验写成漂亮的博文;QQ 群里更是热闹,一群志同道合的朋友齐聚一堂,聊技术、聊产品、聊合作、谈理想。现在的网络生态是多样的,遇到了单片机的"疑难"一般都可以自行解决,如果网上都查不到答案,要么就是问题比较深入,要么就是这个问题本身就是问题,所以提问也有学问,要把真实的"问题"描述出来本身也是要有技巧的。

举个例子,上一本书《深入浅出 STM8 单片机入门、进阶与应用实例》出版后,我结交了很多技术友人,有很多朋友都向我提出过技术问题,挑选两个代表讲解下吧。有个朋友 A 向我提问:"为什么我的 ST-Link 下载不了程序？"然后我开始了长达几页篇幅的回答，帮他分析驱动、下载器连线、Windows 7/Windows 10 版本的驱动兼容问题、更换 ST-Link 和杜邦线、更换 USB 口为台式计算机后置接口，升级 IAR 软件等，花费了一早上后还是没有解决，中午吃饭的时候，朋友 A 打来了电话，兴奋地说："龙老师，我下载进去了。"我仔细询问了原因后，他说："我只给 ST-Link 设备供电了，忘了给开发板上电！"我已经记不清我是怎么吃完的午饭回到了实验室，我只觉得有点"脑壳痛"。

再说个朋友 B，他是来自祖国宝岛台湾的朋友，他向我发来了一封"有特色"的提问邮件，在邮件中他写了 6 部分的内容，先是寒暄问好和自我介绍，接着说明问题，然后说明这个问题发生前的情况，再说明他尝试过哪些方法去解决，接着提出了他的猜测和实验测试数据，最后表示感谢和提供了实测照片。这份邮件我足足看了 3 遍，不是因为这个问题有多复杂，只是因为这邮件的内容让我很"享受"，越看越舒服，当天下午我就把隐匿发件人信息的截图放在了我日常教学的 PPT 中，带着截图给授课班级的学生们展示了"如何提问"。

所以，提问需要方法和技巧，少用"出大事了"或者"冒烟了，谁知道怎么办"又或者"跪求答案，在线等"等字眼，一个描述清晰的提问更能激发"高手"们的回应，否则就会"石沉大海"，能把问题描述清楚，就相当于解决了问题的一半。

5. 资料不是"定心丸"，不可过分积累

有时候发现开发板商在商品页中宣传"附送 10GB 资料"，打开一看全是网络上的视频、文档和软件的胡乱拼凑。这样的资料其实意义不大，很多朋友也养成了这样的习惯，学习单片机的过程中大量囤积资料，各种视频都下载，但就是不去看，硬盘里装不下了才发现资料从来就没去看过，这样的资料与"良性病毒"差不多。删了吧，觉得可惜，不删吧，拿来也没啥用。所以，我们要把官方手册、配套书籍、开发板官方资料作为一手资料，及时"消化"，不可眼大肚皮小。

1.3.5　"武器装备"实践平台

古时候有文官和武将，文官伏案提笔著治国方略，笔墨纸砚就是他们的宝贝，武将战场驰骋保家国安泰，刀枪利刃就是他们的武器。那对于我们这种搞单片机的工程师应该怎么办呢？我们就要像图 1.10 那样"高举开发板"！随着电子器件的普及，电子模块和产品的价格更加亲民，学习单片机所需的硬件平台和软件平台都可以自行购买，市面上的单片机开发板、最小系统、下载器、仿真器等工具都在百元上下，这就意味着学习单片机的门槛在降低。

对于熟悉单片机的电子爱好者或者初级工程师而言，要自己动手设计一款单片机核心板并不复杂，再加上一些外围模块就可以轻松搭建自己的单片机应用平台，所以单片机最小系统会是他们的最佳选择。但是对于初学者而言，要让他们在短期内设计出符合学习要求的开发板是存在困难的，这时候可以网购一款适合自己的学习平台，虽说现在的单片机开发板价格都在百元上下，但是功能和风格还是有差异的，如何选择一款适合于初学者入门、进阶的开发平台呢？小宇老师也从以下 3 点谈谈自己的想法。

图 1.10　完备的平台是学习的利器

1. 资源体现主角功能，实验难易区分梯级

购买开发板之前需要明确这个板子的"主角"是谁？有的开发板送一大堆的东西，加个 TFT 液晶,显示些"抢眼"的图片,这些都不是突出"主角"。开发板就应该为了主体单片机而设计,外围电路的搭建也要充分配合"主角"的需要。要让学习者能从板子上迅速掌握核心单片机,在此基础之上再去考虑搭建复杂的芯片、外围和接口,要知道,主体单片机先要"玩儿转"才能把外围"拿下"。主体单片机都没学懂,怎么可能驱动其他功能模块呢?

开发板的例程代码应该由浅入深,区分梯度,不要上来就是复杂的实验,这样会严重打击初学者信心,也不能一半以上都是验证性的简单实验,这样学完了也没学到什么有用的知识,最好是基础资源验证实验30%、简单外设驱动实验30%、进阶融合实验20%、案例实战实验20%,这个占比就会让初学者有自信心,也会有挑战感。

2. 接口类型丰富易用,电路通断灵活调配

我们需要注意,开发板并不是产品,开发板本该用来调试和扩展,所以开发板不适合采用封闭式设计,很多开发板连单片机核心功能引针都不具备,在后续扩展实验中会显得非常麻烦,所以开发板的接口类型应该丰富易用,例如,常见的通信接口、外设扩展接口、下载/调试接口、电源接口等都应该具备,有时候忘记设计一个小小的接口,带来的是非常复杂的工作(有时甚至要从芯片引脚上飞线引出)。

有的开发板设计得非常精致,为了减少学习者的连线时间,将核心单片机的引脚与外部电路直接相连,用户在验证厂家例程时非常简单,但是在制作自主实验时就会发现资源冲突和占用的问题,这样设计是不灵活的,开发板应该采用"积木式"连接,在一些资源和引脚之间做短路帽、短接焊盘、拨动开关式连接,这样就可以灵活地接入/断开相关资源,让用户在做自主实验时摆脱硬件束缚。

3. 软硬资料齐全有序,书籍/视频/板卡搭配

一个好的开发板应该具备详细的开发资料,开发板的使用文档、硬件电路原理图、芯片的数据手册、工具软件、配套例程、理论教学视频、实验效果视频等都要齐全。学习开发板时最好有一本与之配套的书籍和一套视频教程,这样配合起来学习会快捷很多。

说了这么多,开发板就是个"练手"的平台,开发板也终有一天会"吃灰",等到学习者掌握核心单片机之后,就会逐渐"脱离"开发板自行尝试搭建和构造软硬件体系,最后实现"实验平台"到"产品雏形"的改变,到那时候开发板就会转移到板卡堆里了。

1.3.6 "内功心法"学习方法

单片机技术属于实践性课程,何为实践?就是必须"动手"。也就是说,单片机课程是在"做中学""玩中练"。这就和学车考驾照似的,不可能让你刚考完交通规则就直接上路,要是只懂理论就敢开车,那就真的是送自己"上路"了。

单片机学习过程中不要一开始就尝试创新,有的朋友才点亮一个发光二极管就开始忙着创新,自己写了一堆语句,一编译就发现很多错误和很多警告,心里就开始犯嘀咕,觉得自己受到了打击,这样的学习进度会很慢。

具备开发板后,小宇老师推荐大家按照"先行接受""尝试理解""琢磨现象""尝试修改""尝试融合""结合创新"的过程去学习。拿到板子先要熟悉板卡,然后从最简单的例程开始学习,先不要考虑那么多,按照例程的要求写程序,先行接受它的思想,然后理解语句为什么要这么写,接着下载程序到板子上,看看有什么现象,多数情况下"现象"才是最能吸引我们的,看到现象要和程序做"对比",思考一下,是什么语句导致了现象的产生,然后尝试修改关键语句,看看现象是不是会变化,每个实验都这么做一遍后,基本的单片机资源就掌握了。这时候尝试把自己会的程序进行融合,例如,之前做了一个按键状态在数码管上显示的实验,等到学完液晶模块后,就尝试把按键状态在液晶上显示，再等到学完 ADC 模/数转换实验后，就尝试把外部电压采集与液晶结合起来，做成"电压数显表头"，等到学习的资源慢慢变多，对单片机越来越熟悉的时候，就尝试把"模电""数电"等电学基础知识结合进来，做一个"数控直流稳压电源"，这样的学习过程就能步步为营，稳扎稳打。每一次成功的实验就强化了一次从业的信心，当心中的"火"越燃越旺的时候，恭喜你！你也入了电子的行了。

不管是在学校还是在单位，我们接触的单片机绝对不止一种，国产的、国外的单片机层出不穷、眼花缭乱。很多情况下，我们对单片机的"选型"有不同的要求，有时注重价格，有时注重资源，有时注重功耗，有时又注重保密性能。国内的 8 位单片机产品超级多，如新唐单片机、义隆单片机、合泰单片机、中颖单片机、笙泉单片机、赛元单片机、应广单片机、松翰单片机、远翔（飞凌）单片机、汉芝单片机、新茂单片机、麦肯单片机、晟矽微单片机、芯圣单片机、沁恒微单片机、东软载波单片机、锦锐单片机、佑华单片机、九齐单片机、辉芒微单片机，等等。这些单片机各有偏重，很多产品中都有它们的"身影"，列举的这些单片机产品中很多都是我国台湾生产的单片机（业内常称"台系"/"台产"单片机/晶圆）。

但是话又说回来，不管是什么单片机，内部资源都存在相似性，单片机的开发套路、开发工具、下载/调试方法以及应用模式也都大同小异。假设我们工作了，公司老板给你一款从没学过的单片机，并且让你一周内调试出结果，这时候就要考验你的单片机运用功底了。任务面前肯定不能轻易认怂，不可能下午就起草"辞职信"给老板吧！这时候就要将"已学"应用到"未知"，在短时间内掌握一款之前并不熟悉的微控制器，这才叫"功底"。

综合以上 6 方面，就是小宇老师结合自己的学习之路得到的一些较为浅薄的认识和感悟，在本书的第 1 章中拿出来与各位读者朋友们一起分享，希望能对大家的学习起到一定的帮助作用。

1.4 小宇老师的"毒鸡汤"和大学寄语

注意了同学们！小宇老师要放大招了，先来几碗原创的"毒鸡汤"给大家喝一喝，让大家体会下其中的深意。如图 1.11 所示，先拿出小宇老师给大一"小孩儿"授课必讲的"3 格电歪理"，先把我们大家比作一个 4 格电的"电池"，生下来就是满格，电量用尽就是人生的终点。假设人均寿命是 75 岁，以 25 年为一个电量小格子，我们从小到大求学，大学毕业再入行找工作，平均下来就到了 25 岁的年龄，我们傲娇地自称为"宝宝"，因为还有 3 格电等着我们去大放异彩。但是你的父母呢？他们可能只剩下 1 格电了，你的时间确实多，但是留给你孝顺、陪伴父母的时间却不多了，所以我们要在该学习的时候好好把握。

咋样？鸡汤味道可还好？再来一碗吧！看看图 1.12，现在搬出小宇老师的"3 条线歪理"。一进大学大家都如释重负，突然间不知道该干吗了！教室后门的玻璃窗上再也不会出现班主任"诡异"的笑容了，也不知道是谁说的"到了大学你们就解放了"，大一就开始陷入了迷茫，我们用 3 个月的时间（高考完后填报志愿）定了未来 4 年要走的路（大学专业学习），产生迷茫是正常的，那咋办呢？接下来大学中的孩子们统统符合"3 条线歪理"，A 类孩子奋发图强，既然选择了这个专业我就

图 1.11 小宇老师原创"3 格电歪理"图示

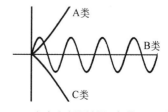

图 1.12 小宇老师原创"3 条线歪理"图示

努力地学好学透,我就不相信好好学出来找不到我要的生活!撸起袖子加油干,遇到挫折我也不退缩,别人笑我我也不在乎,于是,成功在不经意间来到了他的身边。C类孩子的迷茫期越发的长,不想上课不想看书,只想游戏只想恋爱,为了专业学习唆使父母买的品牌计算机成了男生的"游戏机",成了女生的"影碟机"。打游戏的孩子,要是网速好计算机不卡,能在床铺上玩到大小便失禁都不下床,谈恋爱的孩子,一个对象一只宠物,提前在大学里过上了老年生活。B类孩子犹豫不决,努力与堕落反反复复,这就是典型的 sin() 函数啊!这类朋友总是这样:努力学习吧,太难了,算了,放弃吧,努力减肥吧,吃了这口再说嘛!努力通过 CET、NCRE 考试吧,算了,下次还有机会!

怎么样?喝不下去了吗?最后再来一碗吧!看看图 1.13,这是小宇老师的"类似二极管伏安特性曲线的从业歪理"。好多同学说专业难学,我非常理解,但是我想反问大家:如果一个行业的诀窍和技巧你用 1 天就能学懂学会,这样的行业你学成之后有任何价值与竞争力吗?所以专业有难度是好事,就和二极管一样,必须有个"开启电压"才能导通,同学们学专业也是一样,必须经过"入门考验",必须凭借努力跨过门槛才能在专业方向上越来越符合从业要求。若只是一味地抱怨,以消极态度对待专业学习,那你将会偏离专业方向,久而久之也就不会吃专业这碗饭了。

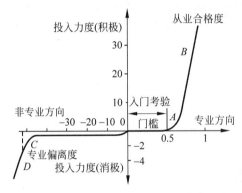

图 1.13　小宇老师原创"类似二极管伏安特性曲线的从业歪理"图示

我们试着描述一下个别同学"颓废"的大学生活。从小到大好不容易念到了高三,通过高考来到了大学,期盼着"男神""女神"的你终于来到了工科的"和尚庙"。上课玩着手机,下课打着游戏,做实验三心二意,导线揉来揉去,示波器不会看,万用表不会用,实验箱开开合合,实验课就结束了,实验报告没自己写过,寝室哥们做个"模板",相当于全寝室都"写"完了。到了大学从不预习课本,一支中性笔没有用完过(买来过几天就找不到了),一本专业书没有看完过,一本单词书没有背完过(从 a 开始背,然后就没有然后了),经过四年这样的生活和退化,毕业时学士帽往天上这么一扔才猛然发现:我这辈子知识量达到顶峰的时候居然是高考前一晚上!

所以,小宇老师希望读者朋友们好好学,做出点东西来,在专业路上积极探索,敢于创新,毛主席说"星星之火,可以燎原",从电子专业来说,"星火"就是你的兴趣,兴趣激发你的研究动力和钻研精神,当你收获知识和实验效果时这团星火就会越烧越旺,激发你更大的热情和求知欲,到了那时你再回首,一定会有不一样的感触!

如果读者朋友是在校学生,应该把握好在校的每一天,大学四年除去寒暑假,除去毕业实习和毕业设计,真正的学习时间是远远小于 4 年的,单片机的学习是"玩"的过程,玩的越多越厉害,别怕冒烟,别怕失败,别怕花钱。你可以用 51 入门,勤做实验,定期网购感兴趣的外设模块,定期动手搭建当前水平下的功能电路,从小实践中培养自己的"学习自觉、实践自主、技术自信、作品自恋",然后慢慢成长,终究会从菜鸟成长为"老菜鸟"(因为知识无穷无尽)。

"搞机"这条路上遇到挫折并不可怕,总不能说你做什么实验都能一次性成功,要有信心去积累,终有一天你的羽翼会丰满。进了大学产生专业迷茫和方向迷茫也不要太担心,既然选了这个专业,何不努力奋斗一番？也别受所谓的"学风"和寝室环境影响,别在"该奋斗的年纪想得太多,做得太少"。来个小结吧,小宇老师想给身处大学的你如下一些建议。

1. 勤自修：得给自己的大学"加点料"

如果想让自己的大学生活变得充实,应当在课余时间提前自修专业有关的课程,不要等着专业老师给你上课,有的学校甚至把实践性很强的专业课安排到了大三才上,等你到了大三再学这些课就凉透了。小宇老师给个建议,在我们能够正常接受学期内课程的前提下,大一上期自学"C语言程序设计""数字电子技术""模拟电子技术"等课程,在大一下学期自学"单片机原理及应用""数据结构与算法""操作系统"等课程,在大二上学期自学"高级语言程序设计""嵌入式系统应用""自动控制原理""传感器原理"等课程。尽量抽时间完成这些基础课的学习。有的朋友可能要问："我应该去哪儿学习这些内容呢？"现在网上的学习资源太多了,一搜就是一大把,这些已经不算问题了。

2. 讲方法：别把读书当听书,课前不预习＋课后不复习＝没上课

对于那些大学课堂上不咋听课的孩子们,大学老师更像是"说书先生",看老师在台上"打了鸡血"似的手舞足蹈,台下的孩子们就是没有反应和共鸣,这样的授课无疑是可悲的。小宇老师总结了,很多同学课前不预习加上课后不复习就相当于没上课。"不预习"就不知道老师要讲什么,跟课压力就大,最后把读书变成了听书。"不复习"就记不住讲了什么,知识就在大脑遗忘曲线中消失了。这哪儿是灌输知识嘛？这就是干了一碗"孟婆汤"。

3. 找途径：积极走进实验室,跟着导师"搞事情"

大学里尽量把寝室当作晚上睡觉的"小窝",通过努力走进实验室,融入专业相关的学生社团或协会,课余时间就在实验室跟着学长、学姐做实验,进而跟着导师做项目。这就是专业学习的"捷径",综合培养自己的工程能力和社交水平,记住小宇老师说的话：越努力、越幸运。

4. 敢挑战：习惯性地给自己挑战,只是为了更好地认识自身

学习知识是一种成长,对学习过程的阶段性考核非常重要。同学们要经常给自己"挑战",看看自己是不是真的学会了、掌握了。举个例子,学习了"C语言程序设计"课程后是不是可以自行编写一个简单的学生信息录入与查询程序,是不是可以顺便通过NCRE二级C语言考试,是不是可以顺便参加个"蓝桥杯"之类的C语言程序设计竞赛？这个挑战过程不用刻意地安排和进行,就像小宇老师说的,一定要"顺便",当你的能力足够了,这些专业认证和学科竞赛就跟玩一样了。

5. 信未来：坚定方向,阔步向前

在大学就怕碌碌无为,爱好专业的同学们一定要付出努力,不忘初心,专业知识学好了不愁以后的就业和路子。所谓的"学生抱怨就业难,企业反映招不到人"的怪现象大多都是毕业生的专业知识达不到企业要求造成的。当然,毕业之路千万条,那些不走专业方向的同学们也要找个事做,为自己规划好以后的路,一定不能荒废自己的青春。

最后说点啥呢？学吧朋友！看看你面前这本书,你在抱怨它厚实的同时想想笔者,我是咋写完的？你是看书,我是敲键盘写书,写的过程更为痛苦,所以,百元内就能学到知识并收获快乐,还有什么理由不学呢？

第2章

"国芯科技，百花齐放" STC增强型8051单片机

章节导读：

本章将详细介绍 STC 主流单片机产品系列及特色，共分为 6 节。2.1 节介绍了 STC 江苏国芯科技/宏晶科技发展过程及产品系列；2.2 节讲解了单片机相关参数的含义，相当于知识铺垫，便于读者理解相关名词并通过后续介绍迅速了解一款单片机的基本特性；2.3 节～2.5 节介绍了 STC 推出的 STC89/90 系列、STC15 系列及最新的 STC8/STC16 系列单片机，小宇老师通过 15 方面介绍了它们的不同和各自的特点；2.6 节又从 5 方面教会读者如何搭建一个稳定可靠的单片机最小系统，特别对于引脚含义、电源品质、可靠复位、时钟电路、外围接口等方面做了更加实用的偏工程化讲解，希望可以带给大家些许助益。

2.1 宏晶科技 20 载，STC 家的微控制器

亲爱的读者朋友们，当你翻开本章时，就开始正式学习 STC 家族单片机了。在学习具体产品之前很有必要了解下 STC 单片机这一"国芯"的缔造者及奋斗史。

宏晶科技是 STC 单片机创始人姚永平先生及其团队于 1999 年在深圳创立的研发中心，该公司致力于 8051 单片机的改革与创新。随着业务的发展需要，宏晶科技又把主体业务转至江苏南通，并于 2011 年 3 月成立了江苏国芯科技有限公司，所以不管是"深圳宏晶科技有限公司"还是"江苏国芯科技有限公司"，都是孕育 STC 单片机的创新基地。

该公司生产的 STC 系列单片机在中国的 8051 单片机市场上占有很大比例，在教学、科研、产品设计和应用制造中，几乎都可以看到 STC 的身影。宏晶科技现已成长为全球最大的 8051 单片机设计公司，对外提供专用 MCU 设计服务。需要说明的是，这里的"8051"是指 Intel 公司在 1981 年生产的一款 8 位微处理器芯片，8051 系列就采用了 MCS-51 内核架构[此处的 MCS 是 Micro Computer System（微型计算机系统）的缩写，51 是系列号]，凡是符合该架构和内核体系的单片机都可以统称为"8051 单片机"或者直接简称为"51 单片机"。市面上 51 单片机的生产厂家有很多，型号数以万计，各厂家生产的 51 单片机片内资源、电气特性、引脚数量、封装形式均不相同，所以要学一款"典型"，以熟悉的一款芯片作为基础去使用陌生的芯片并融会贯通。朋友们投身工作后，是否熟悉单片机开发之道就看能不能基于所学在短时间内"拿下"一款相对陌生的单片机，能不能快速上手并应用。

江苏国芯科技/宏晶科技 STC 家族传承了 MCS-51 内核经典，并在其基础上不断创新和发展，随着技术的创新、理念的升级，STC 的产品线路越来越多，各产品功能丰富又各有特色，这让笔者

想到了一首童年里无比熟悉的歌:"葫芦娃葫芦娃,一根藤上七朵花,风吹雨打都不怕,啦啦啦啦。"在影视作品《金刚葫芦娃》中大娃力气大,二娃是千里眼、顺风耳,三娃铜头铁脑,四娃会吐火,五娃会吐水,六娃能隐身,七娃有宝葫芦,兄弟之间各有所长又一脉相承,如图2.1所示,宏晶科技STC家的各系列单片机也像是一根藤上的"宝葫芦",经历风雨并茁壮成长。

图 2.1 宏晶科技 STC 一路走来勇于创新

有的朋友可能好奇,宏晶科技为什么给自己的单片机产品起名为"STC"呢?这3个字母其实是从System on Chip中提取得到的,其含义是在一个有限体积的晶圆上设计并制造出一个功能较为完备的片上系统,经过封装后形成一个单片微控制器芯片,引出相关引脚和功能资源,以便于用户使用该芯片制造各种微控制产品。

目前,宏晶科技已经先后推出了 STC89/STC90 系列、STC10/STC11 系列、STC12 系列、STC15 系列,以及 STC8/STC16 系列单片机产品(2022 年后还计划推出 STC32 系列单片机)。每个单片机系列中按照片内资源、引脚数量、封装形式和仿真功能的区别又细分为很多具体型号,朋友们在上手后可以进行细致选型并最终应用到自己的设计中,从而实现产品化、批量化。

宏晶科技的单片机系列都具备详细的芯片数据手册,该手册是学习和开发过程中必备的文档,手册中详细描述了单片机的型号特点及资源组成,最新的数据手册需要读者朋友们登录宏晶科技的官方网站 www.stcmcudata.com 下载即可。

2.2 "大白话"单片机啥参数,咋选型

亲爱的读者朋友们,作为初学者,要想拿下一款单片机,首先要看得懂单片机产品介绍,起码能够理解相关名词含义才行,好多朋友的基础和起点并不相同,一上来就被陌生的名词吓怕了,就会出现这种场景:当我们信心满满地打开了单片机数据手册,看了看目录,映入眼帘的是"1T 型、SRAM、Flash、EEPROM、ISP、IAP、IRC、WDT、T/C、SPI、I^2C、CCP、CMP、PWM、PCA、ADC、UART、LIN、CAN、USB、HID",心里感慨:"这都是啥玩意儿啊!"于是我们单击数据手册文件微笑地按下了 Delete 键,从此实现了"单片机从还没入门就彻底放弃"的全过程。小宇老师不是在逗朋友们笑,这是完全真实的,所以学习单片机之前必须要理解相关名词和指标,这些基础知识不仅关系到学习的顺利程度,也会关系到应用阶段、研发阶段的单片机选型能力。

市面上单片机的指标和相关名词实在很多,为了方便大家无痛理解和掌握,小宇老师从以下 9个大类展开单片机通用名词解析,完全不涉及技术难点,以最直白简单的方式让大家明白"为啥会有这个词"和"这个词是干啥用的"。

1. 内核、指令集及处理性能

每种单片机微控制器都有自己的架构和芯片设计,这里的内核就是 IC 设计中的核心部分,内核包含指令系统、运算单元、控制单元、内部总线、相关资源、中断系统、相关接口和存储器的结构规划等,好比是要做一个开发区的规划蓝图,内核的优劣直接关系到单片机的性能上限。

市面上单片机的内核非常多样,有我们将要学习的 MCS-51 内核,还有其他公司自行研发的高性能内核。对于 STC 单片机来说,内核都是基于 MCS-51 内核结构的,但是不同的产品系列基于原有内核做了应用改进和资源添加。MCS-51 内核的 8051 系列单片机能够经久不衰也从正面肯

定了这个经典内核的实用性和价值。

STC 系列单片机具备一套完整的指令系统,这关乎芯片的整体功能。啥叫"指令"呢?就是 CPU 用来指挥各功能部件完成某一动作的指示和命令。众多的指令构成集合,各种集合又构成指令系统,例如,数据传送类、算术操作类、逻辑操作类、控制转移类、布尔变量操作类等指令。指令的种类也从侧面反映出了单片机数据处理的灵活性与功能性。

2. 电气指标及运行参数

每种 IC 都有特定的运行参数和电气指标,IC 的数据手册上还会有一些极限参数,作为即将要走向电子研究道路的我们一定要重视指标才能设计出稳定可靠的产品,有的时候刚插上电芯片就发热冒烟了,测量后才发现是由于外部电路的灌电流大于引脚能承受的极限值导致的。有的时候 ADC 读数突然为"0"了,检查后才发现是引脚由于承受了高压脉冲导致了损坏。有的时候发现同一批芯片做出的产品参数居然不一致,检查后才发现是由于供电电压往复波动导致参考电压不准所致。有的产品安装在寒风"嗷嗷吹"的大东北后发现参数差异很大,检查后才发现是环境温度影响了芯片运行。所以说,做实验和做产品不一样,电气指标必须要遵循,手册上的参数必须要考虑。

3. 存储器资源及特性

单片机系统为什么要在内部做存储器呢?还搞了个什么 ROM 和 RAM,这是啥意思?且听小宇老师道来。把单片机和通用计算机做类比,ROM 是程序存储器,就好比是计算机的硬盘,我们的操作系统就是装在计算机硬盘之中,每次开机后都是启动硬盘中的程序,单片机也是一样的,每次上电复位后单片机都开始从 ROM 中取出程序内容开始执行。那 RAM 呢? RAM 是数据存储器,其实就和计算机中的内存差不多,是程序运行的临时空间,因为构造和工艺不同,ROM 中的数据掉电是不会丢失的,但是读写速度比不上 RAM,RAM 区域的数据掉电后就会丢失,所以是个"临时场所"。再发散思维,RAM 好比是办公室,上班时间有人(临时数据、中间数据),下班后就没人了(掉电丢失),ROM 好比是住房,是我们真正的容身之所(程序本身或者常量、固定数据等,掉电非易失)。

自从 8031 单片机(不带片内 ROM)推出之后,单片机的存储器资源就开始多样化,单片机制造商逐渐把 ROM 单元做到单片机里面,同时也提升 RAM 大小,ROM 和 RAM 的容量越大,单片机价格越高,其容量单位一般用字节描述。ROM 存储器种类很多,如掩膜 ROM、PROM(也可称为OTP 型)、EPROM、EEPROM、Flash 等。目前单片机中的 ROM 单元多采用 Flash 结构(闪存型)。相比 ROM,RAM 的种类就更多了,如 DRAM、SRAM、VRAM、FPM DRAM、EDO DRAM、BEDODRAM、MDRAM、WRAM、RDRAM、SDRAM、SGRAM、SB SRAM、PB SRAM、DDR SDRAM、SLDRAM、CD RAM、DDRII、DR DRAM 等,单片机中的 RAM 单元多采用 SRAM 结构(静态随机存取存储器型)。看完这些是不是觉得头大?这就对了,你看!电子之路确实有意思。

4. 时钟及复位方式

跳个舞要伴奏,唱个歌要节拍,单片机也是一样,单片机最核心的需求就是供电和时钟了,时钟为单片机的每个动作和功能提供"节拍"。在合理的范围内,工作时钟频率越高则单片机的处理速度就越快,从本质上讲,时钟频率升高,机器周期就变短,执行指令所需的时间也变短,处理能效就提升了。当然,凡事都有个合理的取值范围,要是把 DJ 的节奏用在太极拳上,老爷爷的胳膊都脱臼了,反之把夕阳红的节奏用在街舞上,小伙子的大腿也得抽筋。

说起"复位"就要联系到"数字电子技术"这门课程,单片机的构成上就有数字电路部分,要细究单片机的一些内部结构就要掌握"数电"中学习的组合逻辑电路、触发器和时序逻辑电路的相关知识。这部分单元中就有"复位"这一说,"复位"的目的就是为了让功能单元从不定状态或者其他状态恢复到设定的默认状态,对于数字单元电路来说,一个确定的初态是十分必要的。理解了复位就可以理解程序默认从哪里开始执行，引脚上电后默认什么电平或模式等问题。通俗地说，复位动作就是让单片机里的各单元回归初始并让程序从头开始运行。引起复位的方法可以多样，种类不唯一也反映了单片机的灵活性，综合市面上的单片机，常见的复位方式有上电复位、软件复位、异常复位、低压监测复位等。

5. 中断系统及中断源

以生活中的小事为例，我正在看报纸，忽然电话响了，我肯定要放下报纸去接听电话，我正聊着"电话煲"呢，厨房的粥煮开了，溢出到了灶台上触发燃气报警了，那我现在只得放下电话去厨房关火，不然就要出大事了。这里就有两个中断源，两次断点，三个优先级，一个中断嵌套，至于这些名词的具体含义现在不作展开，等到朋友们阅读到本书中断章节咱们再好好分析。这种能根据任务的"轻重缓急"灵活处理突发事件的机制就是单片机的中断系统。中断源越多，一定程度上说明单片机的资源越丰富，中断机制也会越健全和灵活。单片机的中断源一般都是片上资源构成的，产生的请求也就是一些状态变化和动作事件，从某种程度上说，中断就是让单片机变得智能化的方法。

6. 片上数字及模拟资源

一个完备的产品需要多方面的支持，就以单片机板卡来说，也要分为单片机片上资源和片外设备。单片机之所以叫"单片"，就是因为要实现很多资源、功能、通道的整合，实现真正意义上的SOC，所以说单片机的片上资源一定程度上反映了单片机的性能。片上资源一般分为数字资源和模拟资源，数字类资源一般包含I/O控制、定时/计数器、通信单元及接口、时钟源、存储器、各类总线等，模拟资源一般包含内部电压调整、低压检测、复位阈值设定、电压比较器、ADC或者DAC单元等。综合以上也能看出，单片机其实是一种混合信号处理核心。

7. 运行管理与功耗控制

单片机的具体应用非常广泛，特别是便携式产品或者消费类设备用量极大，这类产品一般是用电池供电的，用户急切希望电池能"耐用"一些，但是待机时长也不光看电池，因为电池的容量相对固定，就算是可以充电，也希望充电不要太频繁，所以应该把产品的整机功耗做得尽可能最低。影响功耗的方面很多，单片机主控就是其中一个，一般来说，单片机的运行电流为mA级，待机或者停机电流一般在μA或者nA，这几个单位相差很大，所以运行控制与功耗控制是非常必要的，有的单片机将其称为"运行模式"或"电源管理"。

8. 封装形式及引脚配置

一款IC从设计到流片没有想象的那么简单，晶圆加工完成后其实不能直接使用，需要进行绑定打线引出引脚再进行封装和测试，最终形成IC并投产使用。宏晶科技就具备非常成熟的$0.13\mu m$、$0.18\mu m$、$0.35\mu m$和$90nm$的高阶数模混合集成电路设计技术。STC单片机产线目前都是在我国台湾积体电路制造公司（TSMC，简称"台积电"），上海分部进行流片生产，然后再到南通富士通微电子公司进行芯片的测试和封装。封装的形式非常多样，常见的STC单片机标准化封装形式有PDIP（封装效率低下，真正产品化的时候不建议使用该封装）、SOP、TSSOP、QFN、LQFP等。理想情况下，封装面积与晶圆面积应该接近$1:1$，这样封装效率最高，所以量产时一般选择贴片形式，尽量不用直插，且贴片形式的内部打线和引脚距离相对较短，也利于抗干扰能力的提升，还有就是贴片封装一般都很薄，也利于芯片工作的散热以保证电路运行的稳定。封装形式不同则芯片价格、占用PCB大小、贴装/焊接工艺、机械/物理特性和适用场合也会有所差异，可以在量产前合理选择。

小宇老师总结了，一款单片机的引脚功用通常分为4个种类，即电源类引脚（含ADC参考电压引脚）、I/O类引脚（即普通或者复用功能的输入/输出通道）、外部时钟类引脚（一般也可以变更为普通I/O引脚）和特殊功能类引脚（如复位引脚或者特殊下载/调试扩展引脚等）。引脚的具体分布往往和晶圆设计及产品系列的引脚兼容有关。引脚的个数往往与封装形式和资源丰富度有关。

9. 产品命名规则及含义

STC生产的每款芯片都有自己的命名规则和含义,这些特定的字符会用丝印法或者光刻法印制在封装后的芯片表面。这些印字是由一些字母构成,表示了产品系列、工作电压、ROM大小、RAM大小、串口数量、ADC精度、工作频率、温度范围、封装类型、管脚数量、出产时间及批次、芯片版本号等。学习单片机,必须要能理解这些"字符串"背后的含义,这对于日后的选型、采购、投料生产都是非常必要的。

2.3 "经典创新"STC89/STC90 系列单片机

早在2004年的时候宏晶科技就推出了STC89C52系列单片机,该系列单片机的推出很大程度上挤压了AT89S52系列单片机在国内市场的占有率,开发者们直接用串口就可以烧录程序到单片机内部,无须使用专门的下载器,进一步简化了开发。随着工艺的提升和STC89C52系列单片机的进一步创新,宏晶科技又在2007年推出了STC90C52系列单片机。STC90系列可以完美替换STC89系列单片机,且抗干扰能力更强,性价比也更高。

STC89/STC90系列单片机是STC推出的新一代抗干扰/高速/低功耗的单片机,以STC89C52型号单片机为例,该系列芯片的组成单元及特色功能如图2.2所示。朋友们是不是对框图中的有些单元不理解?这很正常,且听小宇老师分9方面一一道来。

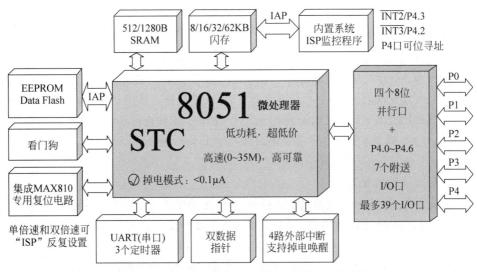

图2.2 STC89C52单片机组成单元及特色功能框图

1. 内核、指令集及处理性能

该系列单片机是STC基于经典的MCS-51内核研发的,其内部指令代码完全兼容传统的8051单片机,单片机的机器周期可以配置为12个时钟/机器周期(即12T型,速度较慢)和6个时钟/机器周期(即6T型,时钟比12T快了一倍,速度明显提升),具体的时钟周期配置方法需要用到第3章介绍的STC-ISP软件,此处不做展开。

2. 电气指标及运行参数

该系列单片机拥有两个不同的工作电压版本,凡是芯片型号中带有"C"标识的都是5V工作电压的单片机,例如"STC89C52",该类型号可以支持3.8~5.5V的工作电压,若型号中带有"LE"标识的则为3V工作电压的单片机,例如STC89LE52,该类型号可以支持2.4～3.6V的工作电压。芯片做了ESD保护且通过了EFT测试,芯片经过可靠制造和烘烤老化,商业级的可以用在消费类电子产品中,可工作在0～+75℃环境,工业级的更耐恶劣条件,可以工作在-40～+85℃环境。

每个I/O口的电平标准都是一致的,0.8V及以下被认为是低电平,2.0V及以上被认为是高电平,复位阈值电压是在3.0V以上有效。对于该系列5V单片机而言,P1～P4端口组每个I/O口的拉电流可达到220μA,灌电流可达到6mA(P0端口组默认是开漏结构,故而其灌电流比其他端口要大一些,可以达到12mA)。对于该系列3V单片机而言,P1～P4端口组每个I/O口的拉电流可达到70μA,灌电流可达到4mA(P0端口组可以达到8mA),在I/O连接外部器件时推荐添加限流电阻,避免I/O引脚直接与VCC或者GND连通。从参数上看,该系列芯片的I/O驱动能力并不算强,在搭建实际电路时可以考虑外加上拉电阻、搭建三极管驱动电路、添加三态缓冲器芯片或者连接达林顿管驱动芯片等方法增强I/O驱动能力。

3. 存储器资源及特性

程序存储器(Flash)用于存储用户程序,根据具体型号的不同,可以支持4KB、8KB、12KB、14KB、16KB、32KB、40KB、48KB、56KB、62KB等大小。数据存储器(SRAM)用于提供程序运行所需的临时空间,容量支持512～1280B。支持在线编程ISP方式更新用户程序,无须编程器和专用下载器,可以用串口直接烧录程序。

4. 时钟及复位方式

STC89/STC90系列单片机的工作频率范围是0～35MHz,相当于普通8051单片机的0～70MHz频率,但是时钟频率越是接近极限值,稳定性就会越低,芯片功耗也会越高。所以建议合理选择,满足基本要求后必须考虑运行稳定性。芯片具备看门狗单元,内部集成了MAX810专用复位电路,当时钟频率低于12MHz时,内部复位电路的运行是可靠的,若高于12MHz时钟频率,可在RESET复位引脚添加阻容复位电路或者专用的复位芯片以保证单片机的可靠工作。

5. 中断系统及中断源

该系列单片机具备3类常规中断源,分别是外部中断类、定时/计数器中断类和通信接口中断类(主要指串口的收/发数据中断)。芯片内部的中断源种类不多,个数也比较少,一般是5个左右。

6. 片上数字及模拟资源

该系列单片机片内共有3个16位的定时/计数器,定时/计数器0也可以拆分为两个8位定时器使用,具备1个异步串行接口UART。具备看门狗资源,最多可以拥有39个I/O引脚,具备4路外部中断,可以支持掉电唤醒。有的朋友看到这里会觉得资源很少,这属于经典架构的早期产品,资源不多但是实用。

7. 运行管理与功耗控制

该系列单片机在正常工作模式下的功耗是4～7mA,若切换到掉电模式后典型功耗可以低于0.1μA,几乎就等于切断电源了,这种特殊模式可以用在功耗严格的电池供电设备中,如水表、气表、手持便携设备中,这种模式下可以由外部中断唤醒,重新恢复至正常工作模式。

8. 封装形式及引脚配置

STC89/STC90系列单片机的封装形式非常多样和灵活,该系列常见封装有LQFP44、PDIP-40、PLCC-44和PQFP-44等,其中,PLCC-44和PQFP-44封装太过落后,使用上还需要专门的座子与之配合,所以已经很少选用了,主流推荐LQFP44(实物样式如图2.3(b)所示)和PDIP-40(实物样式如图2.3(a)和图2.3(c)所示),读者在选型时一定要确定型号和封装,仔细选择。

以往经典的AT89S52系列单片机只有4组I/O端口,分别是P0、P1、P2和P3,每个端口组有8

图 2.3　常见封装的 STC89/90C52 系列单片机实物图

个引脚，P1～P3 端口组的引脚默认是准双向/弱上拉(即传统 8051 单片机的 I/O 口模式)，其中，P0 端口组很特殊，其模式默认为开漏输出(也就是灌电流可以大一些，拉电流几乎没有，无法直接输出高电平，需要外接上拉电阻才行)，P0 端口组在用作总线扩展时不用加上拉电阻，但是在用作 I/O 口时需要添加上拉电阻(阻值一般取 4.7～10kΩ)。

单片机还具备电源引脚和单独的复位引脚，除此之外，还有 3 个功能引脚(EA、ALE 和 PSEN)，这些功能引脚多与内部资源选择及外设器件的扩展与控制有关，随着单片机片内资源的完善，这些引脚已经很少使用了，所以 STC89C52 系列单片机兼顾经典并不断创新，在原有基础上又推出了两个子版本，如果芯片丝印最后一行末尾有"HD"字样，则与经典的 AT89S52 系列单片机一样，具备这 3 个功能引脚(实物样式如图 2.3(a)上方芯片所示)。如果是"90C"字样，则原有的 3 个引脚功能变更为 P4 端口组的 3 个引脚(P4.4、P4.5 和 P4.6)。这样一来，同样引脚数量的单片机就相当于多出 3 个 I/O 口了(实物样式如图 2.3(a)下方芯片所示)。需要注意的是，STC90C52 系列单片机没有区分版本，默认添加了 P4 端口组的 3 个引脚(P4.4、P4.5 和 P4.6)，实物样式如图 2.3(c)所示。

所以在使用 STC 具体单片机产品时一定要留意对应型号的"版本"信息，然后找到官方的数据手册，核对引脚分布、引脚功能及片上资源的差异。

9. 产品命名规则及含义

STC 不同的产品系列具备各自的型号命名规则，为了方便读者理解型号字串的含义，假定有字符串"STC-89-x1-x2-x3-x4-x5-x6-x7"，按照顺序拆解这些字段含义如表 2.1 所示，请读者按照规则自行解读型号为"STC89C52RC-40I-LQFP44"的单片机具备哪些基本特征及资源呢？动手写在书籍旁边吧！

表 2.1　STC89 系列单片机命名规则

字　　段	字段可选参数及其含义
STC	厂家名称：该芯片由宏晶科技设计制造
89	系列名称：89 系列对应型号可用 90 系列替换，属 6T/12T 型单片机
x1	芯片工作电压：C 表示 3.8～5.5V 电压，LE 表示 2.4～3.6V 电压
x2	程序存储器大小(Flash)：51 表示 4KB，52 表示 8KB，53 表示 13KB，54 表示 16KB，58 表示 32KB，516 表示 64KB
x3	数据存储器大小(RAM)：RC 表示片内 RAM 为 512B，RD＋表示片内 RAM 为 1280B，若无 RC 或 RD＋标识则表示片内 RAM 为 256B
x4	工作频率：25 表示可达 25MHz，40 表示可达 40MHz，50 表示可达 50MHz
x5	工作温度范围：I 表示工业级－40～＋85℃，C 表示商业级 0～＋70℃
x6	封装类型：如 PDIP、LQFP、PLCC、PQFP(推荐用 LQFP)
x7	管脚数量：如 40、44

2.4 "实力强者"STC15 系列单片机

2010 年宏晶科技推出了 STC15 系列单片机，又在国内单片机应用市场上掀起了热潮，STC15 系列单片机可以完胜 STC89/STC90 系列，各方面的资源和性能都提升很多。起初的 STC15F 系列属于 5V 供电单片机，STC15L 系列属于 3V 单片机，经过不断创新和对芯片设计的优化，宏晶科技又在 2014 年推出了支持宽工作电压(2.5～5.5V)且高性价比的 STC15W 系列单片机，其芯片组成单元及特色功能如图 2.4 所示。接下来就以 STC15W 系列的全能型 STC15W4K56S4 单片机为例展开特色讲解。

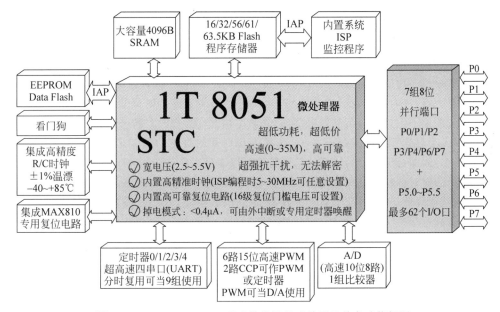

图 2.4 STC15W4K56S4 系列单片机组成单元及特色功能框图

1. 内核、指令集及处理性能

该系列单片机在 MCS-51 内核基础上做了大量的创新和性能提升，采用 STC-Y5 超高速 CPU 内核，是宽电压、高速、高可靠、低功耗、强抗干扰的新一代增强型 8051 单片机，芯片采用 STC 第 9 代加密技术，保密性较好，单片机的机器周期为单时钟/机器周期(即 1T 型，速度较快)，指令代码完全兼容传统的 8051 单片机且具备硬件乘法/除法指令，芯片的整体速度比传统 8051 单片机快 8～12 倍，在相同的时钟频率下，速度又比 STC 早期的 1T 型单片机(如 STC10、STC11、STC12 系列)快 20%。

2. 电气指标及运行参数

STC15W 系列单片机属于宽电压单片机，可以支持 2.5～5.5V 的工作电压，芯片做了 ESD 保护且通过了 EFT 测试，芯片经过可靠制造和烘烤老化，支持宽温度范围，可轻松工作在－40～＋85℃环境。

每个 I/O 口的电平标准都是一致的，0.8V 及以下被认为是低电平，2.0V 及以上被认为是高电平，复位阈值电压是在 2.2V 以上有效。每个 I/O 口的驱动能力(拉电流和灌电流)均可达到 20mA，这个参数比传统的 STC89/STC90 系列单片机提升了不少，但是使用的时候一定要注意，在 I/O 连接外部器件时推荐添加限流电阻，应避免 I/O 引脚直接连到 VCC 或者 GND 的情况，如果是

40 个引脚以上的单片机,其整体工作电流之和应小于 120mA,对于 16 个引脚及以上或 32 个引脚及以下的单片机,其整体工作电流之和应小于 90mA,这里的工作电流之和是指从 VCC 引脚流入芯片最终从 GND 引脚连接到地的总电流。

3. 存储器资源及特性

该系列单片机的程序存储器可以支持 16KB、32KB、40KB、48KB、56KB、58KB、61KB、63.5KB 大小,可擦写次数 10 万次以上。数据存储器(SRAM)比原来的 STC89/STC90 系列提升了很多,片内的最大容量可以做到 4096B,其中包括常规的 256B 的 RAM(idata 区域)和内部扩展的 3840B 的 RAM(xdata 区域)。RAM 和 ROM 变大后整个性能都会有很大提升,我们利用该系列新品可以轻松加载轻量级的 RTOS 操作系统,也可以移植一些简单协议和数据内容,好比是"住房"和"办公室"变大,居住质量和办公环境也相应提升了。支持在线编程 ISP 方式更新用户程序,无须编程器和专用下载器,串口就能直接烧录程序。

4. 时钟及复位方式

该系列单片机芯片支持片内时钟源(高精度 RC 时钟源)和外部时钟源(石英晶体振荡器)。两种时钟源各有特点,片内时钟源启动速度快,达到稳定振荡所需的时间短,功耗相对较低,但是振荡频率精度一般比不上外部石英晶体振荡器,其频率精准度为 $\pm0.3\%$,若遇到温度变化,时钟频率也会产生温漂,当芯片工作温度在 $-40\sim+85$℃ 范围时片内时钟的温漂是 $\pm1\%$,常规温度范围内 $(-20\sim+65$℃$)$ 温漂是 $\pm0.6\%$,这样的精度特性可以满足大多数应用。

若实际产品对时钟精准度和稳定度要求不高,可以选择片内时钟源,这样就不需要再搭建外部晶振电路,从而降低造价,还能节省产品设计时的 PCB 空间,若产品需要产生高精度、高稳定的信号输出或者高速率持续通信,则用外部时钟源较好。

该系列单片机的工作频率范围是 $5\sim30$MHz,相当于普通 8051 单片机的 $60\sim360$MHz 频率,ISP 编程时可以直接配置内部时钟源作为工作时钟,频率支持 $5\sim35$MHz,可省掉外部晶振与复位电路,芯片具备看门狗单元,片内集成了 MAX810 专用复位电路,ISP 编程时拥有 16 级复位门槛电压可选。

5. 中断系统及中断源

随着该系列单片机片内资源集成度的增加,中断种类和中断源数量也明显增多,STC 传统的 STC89/STC90 系列片内中断源才 5 个左右,到了 STC15W4K32S4 系列已经增长至 21 个中断源了,中断源数量增多一定程度上反映了单片机性能、资源数量、操作灵活性、整体功能的提升。当然,STC15 系列单片机还有很多不同的型号和子系列,中断源的个数差异还是很大的。以 STC15W4K32S4 系列单片机的 21 个中断源为例,这些中断源也可以大致分为 5 类,分别是外部中断 $0\sim4$、定时/计数器中断 $0\sim4$、通信接口中断(串口 $1\sim4$ 和 SPI 收/发中断)、模拟输入检测或转换类中断(ADC 中断、比较器中断和低压检测中断)、信号输出/比较类中断(PWM/CCP/PCA 中断和 PWM 异常检测中断)等。

6. 片上数字及模拟资源

STC 的产品一代一代地升级,资源配置已经和传统的 STC89/STC90 系列有了明显的不同。STC15W4K32S4 系列单片机片内有 5 个 16 位可重装载定时/计数器,均可实现时钟输出,芯片还支持系统时钟对外分频后输出,2 路 CCP 单元也可以当作两个定时/计数器来使用,这样算来,最多可以有 7 个定时/计数器单元,这就非常强大了。芯片具备 WDT 硬件看门狗资源,采用 LQFP64 封装的单片机最多可以拥有 62 个 I/O 口引脚,可以支持多种方式将单片机从掉电状态进行唤醒(外部中断方式、专用唤醒定时器方式)。

该系列芯片还具备 6 路 15 位 PWM 和 2 路 CCP,稍加编程也可以形成 8 路 PWM 输出,若用作直流电机调速或者 LED 调光是很方便的，很多朋友要做电机控制、灯光控制、舵机姿态控制就可以用到。在要求不高的情况下，这 8 路 PWM 还可以经过两阶 RC 滤波电路当作 8 路简易 D/A（数模转换器）使用。芯片还具备 8 路高速 10 位 A/D 转换通道（最高转换速度 30 万次/秒），具备 4 组高速异步串行通信端口（UART1、UART2、UART3、UART4）和 1 组高速同步串行通信端口 SPI，还具备 1 组比较器单元（也可以当成 1 路简化的 A/D 使用），特别适合于多串行口通信、电机控制、强干扰场合应用。

7. 运行管理与功耗控制

该系列单片机具备 3 种低功耗模式，它们分别是低速模式、空闲模式和掉电模式。在正常工作模式下该系列单片机的一般功耗是 2.7～7mA，低功耗模式中的低速模式是以降低工作频率为代价从而降低功耗，工作频率越低就越省电，空闲模式下的典型功耗是 1.8mA 左右，若切换到掉电模式后典型功耗可以低于 0.1μA，这种特殊模式可以用在对功耗有严格要求的设备中，进入相关模式之后，可由外部中断唤醒即可重新恢复至正常工作模式。

8. 封装形式及引脚配置

STC15 系列单片机的封装形式非常多样和灵活，该系列常见的封装有 LQFP64L、LQFP64S（这里的 L 和 S 类似于衣服的尺码，其实就是芯片的封装尺寸不一样）、QFN64、LQFP48、QFN48、LQFP44、LQFP32、SOP28、SKDIP28、PDIP-40、TSSOP20、SOP16、SOP8 等，该系列仍然具备双列直插封装 PDIP-40，其实物样式如图 2.5(a)所示，实际产品用得比较多的是 LQFP64S 封装，其封装面积仅 $12 \times 12 mm^2$，非常适合应用在电路板上进行表面装贴，其实物样式如图 2.5(b)所示，读者在选型时可按需选择相应封装。

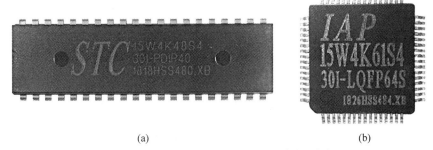

(a)　　　　　　　　　　　　　　(b)

图 2.5　常见封装的 STC15W4K 系列单片机实物图

细心的朋友可能发现了，随着 STC 新产品的不断问世，其封装选择也变得愈加丰富，不仅拥有原来的双列直插 PDIP 和经典的四面薄型封装 LQFP，还不断推出了 TSSOP、QFN、SOP 等封装形式，这样就更加贴近应用所需。脚数不多且封装效率较高的单片机可以应用在对空间要求更为严苛的产品中，如穿戴设备（智能手环）、微型家电（电动牙刷）、手持设备（小型 POS 机）等环境。为了让大家更加熟悉 STC15 系列的子系列及实物样式，小宇老师列举了 STC15W204S 这颗宽电压的 8 脚单片机，采用 SOP8 样式，性价比超越了 STC15F10x 系列和 STC15W10x 系列，应用在简单控制上非常有优势，其实物样式如图 2.6(a)所示。再如 STC15W408AS 这颗芯片，"小小身板"还带有 8 通道 10 位分辨率 ADC 资源，其用量也非常大，常见封装有 SOP16（如图 2.6(b)所示）和体积更小、脚数更多的 TSSOP20 封装（如图 2.6(c)所示）。值得一提的是，STC15 系列的很多子系列虽然型号各有不同，但是在引脚分布上做了兼容处理，很多芯片的升级和替换甚至不需要改动原有 PCB 线路，这是非常好的，具体的芯片脚位需要读者自己参考数据手册进行查询。

STC15W 系列单片机的 I/O 利用率很高，一个单片机的引脚要是有 64 个，那么它的 I/O 引脚最多可以支持 62 个，固定占用的两个引脚一个是 VCC（电源正），另一个是 GND（电源负）。这样看

(a)　　　　　　　　　　(b)　　　　　　　　　　(c)

图 2.6　STC15W 系列单片机 SOP8、SOP16、TSSOP20 封装实物图

来,48 脚的可用 I/O 最大就有 46 个,以此类推。所有的 I/O 引脚均支持 4 种模式,即准双向口模式、推挽输出模式、开漏输出模式以及高阻输入模式,模式的多样性让单片机的应用更为灵活,可以利用模式的不同特点实现特殊功能。

　　从引脚的功能上讲,复位引脚和时钟输入引脚仍然配备,但这两个引脚也可以当作普通 I/O 去使用,不会造成功能性浪费。除此之外的多数引脚也都具备第二复用功能,有的引脚甚至可以把原有功能重映射到其他引脚,利用这些特性,电路设计将会更加简单,对于个别电路板的设计错误也可以方便地避开或者弥补,甚至还可以利用重新映功能实现资源的分时复用(类似于“移形换影”神功一样,把一个人分成多个人)。

9. 产品命名规则及含义

　　假定有字符串“xxx-15-W-4K-x1-S4-x2-x3-x4-x5”,按照顺序拆解这些字段含义如表 2.2 所示,请读者按照规则自行解读型号为“IAP15W4K61S4-30I-LQFP64”的单片机具备哪些基本特征及资源呢? 动手写在书籍旁边吧!

表 2.2　STC15W4K56S4 系列单片机命名规则

字　段	字　段　含　义
xxx	芯片类型:若为“STC”则表示用户不可将用户程序区的 Flash 当 EEPROM 使用,但有专门的 EEPROM。若为“IAP”则表示用户可将用户程序区的 Flash 当 EEPROM 使用。若为“IRC”则表示用户可将用户程序区的 Flash 当 EEPROM 使用,且使用内部 24MHz 时钟或外部晶振
15	系列号:15 系列采用 STC-Y5 超高速 CPU 内核,是 1T 型 8051 单片机
W	工作电压:支持宽电压 2.5～5.5 V
4K	数据存储器大小(RAM):支持 4KB＝4096B
x1	程序存储器大小(Flash):08 为 8KB,16 为 16KB,以此类推
S4	串口个数:S4 表示具备 4 个独立串口
x2	工作频率:例如,“30”表示可以工作在 30MHz 频率下
x3	工作温度范围:I 表示工业级－40～＋85℃,C 表示商业级 0～＋70℃
x4	封装类型:支持 LQFP、PDIP、TSSOP、SOP、QFN 等
x5	管脚数量:如 64、48、44、40、32、28、20、16、8 等

2.5　“再推新宠”STC8/STC16 系列单片机

　　讲了这么多,终于到了本书的主角上场了,STC8 系列微控制器是宏晶科技于 2016 年开始陆续推出的产品,该系列可以说是综合了以往各系列的优点形成的又一颗高性价比增强型 8051 单片机。该系列底下又有几个子系列,具体包括 STC8A 系列、STC8F 系列(在 2020 下半年改名为 STC8C 系列)、STC8G 系列和 STC8H 系列等。STC8 的子系列虽然多,但是核心结构和使用上是相似的,个别系列在工作电压、ADC 资源、时钟资源、增强型/高级型 PWM 资源、PCA 资源、硬件 USB 资源、触摸资源、LED 驱动器资源、RTC 实时时钟资源及引脚/封装配置上有点差异(整体相似度很高,差异并不太大,学习 STC8H 系列后就可以直接"玩转"A、F、C 和 G 系列,甚至可以直接上手 STC16 系列 16 位高性能单片机(STC16 系列单片机是宏晶科技于 2020 年年底推出的最新产品,其产品线和片上资源可能还会更新和变动,故而此处只做简单提及,感兴趣的朋友们可以到 STC 官网进行关注和了解))。

为了让朋友们更加清楚 STC8 子系列的命名规则及意义,小宇老师对其做简要介绍如下。

STC8A:这是 STC 公司最早推出的系列,该系列中的字母"A"代表 ADC 模/数转换器功能,是 STC 公司片上搭载 12 位分辨率高性能 ADC 的起航产品,该系列又于 2021 年 5 月后推出了 STC8A8K64D4 型号,该型号单片机支持批量数据传输 BMM(即 DMA 资源)。

STC8F:该系列单片机几乎和 STC8A 系列同时推出,但是该系列早期芯片不具备 ADC、PWM 和 PCA 功能,自 2021 年后该系列重新升级,升级后的产品仍与原先的 STC8F 管脚兼容,但内部设计做了优化和更新,这就导致程序上会有微小差异,用户在使用新版本时需要微调寄存器配置,所以重新命名为 STC8C 系列。

STC8C:该系列字母中的"C"就代表了改版,也就是早期 STC8F 芯片的升级版。

STC8G:该系列字母中的"G"最初是芯片量产时打错字了,虽然是个"小插曲",但批量了也没办法,于是将错就错,将 G 系列解释为"GOOD"系列,简单易学。

STC8H:该系列字母中的"H"取自"高"的英文单词首字母,表示该系列芯片具备"16 位高级 PWM"单元,有了这个单元就可以对接更多应用(特别是运动控制领域)。

推出多种系列的目的就一个,那就是满足更多适用的场合,让人们可以有更多的选择。接下来以 STC8H 系列的全能型 STC8H8K64U 单片机为例展开特色讲解。该系列芯片组成单元及特色功能如图 2.7 所示。

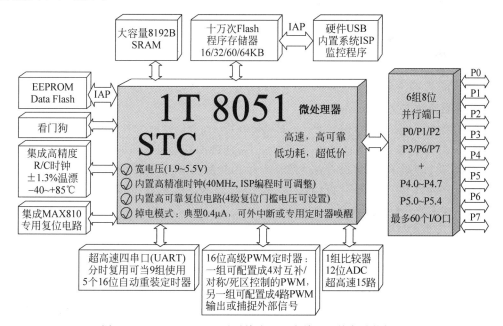

图 2.7 STC8H8K64U 系列单片机组成单元及特色功能框图

1. 内核、指令集及处理性能

STC8 系列单片机是 STC 生产的单时钟/机器周期(1T 型)的单片机,指令代码完全兼容传统的8051单片机,在相同的工作频率下,STC8系列单片机比传统的8051快约12倍(速度快11.2～13.2倍),按顺序依次执行完全部的111条指令仅需147个时钟,而传统8051单片机则需要1944个时钟。该系列单片机内部集成了增强型的双数据指针。通过程序控制,可实现数据指针自动递增或递减功能以及两组数据指针的自动切换功能。该系列单片机是支持在线仿真的集宽电压、高速、可靠、强加密、低功耗、抗静电、抗干扰等特色于一身的新一代8051单片机。

2. 电气指标及运行参数

该系列单片机内部具备低压差稳压LDO单元电路,可以支持1.9～5.5V供电范围,可以很好地匹配常见的2.5V、3.3V和5.0V系统。芯片经过可靠制造和烘烤老化,可以工作在-40～85℃的环境。

单片机每个I/O口的电平标准都是一致的,如果用5V给单片机供电,则1.32V及以下可被认为是输入低电平,1.54V及以上通常被认为是输入高电平,对于I/O电平的输入阈值有一点需要注意,那就是当端口开启或者关闭内部斯密特触发器单元时的电平阈值会有变化(也就是说,高电平和低电平不一定是1.54V及以上和1.32V及以下),具体的电平阈值可以查阅芯片数据手册的电气特性表格。复位阈值电压是在1.32V以上有效。

每个I/O口的驱动能力(拉电流和灌电流)均可达到20mA,在I/O连接外部器件时推荐添加限流电阻,应避免I/O引脚直接连到VCC或者GND的情况,使用的时候一定要注意,芯片整体工作电流之和应小于70mA(也就是从VCC引脚流入芯片最终通过GND引脚流到地去的电流总和)。

3. 存储器资源及特性

程序存储器最大支持到64KB,支持用户配置EEPROM区间和大小,擦写次数10万次以上,支持512B单页擦除。支持在线编程ISP方式更新用户程序,全系列都支持单芯片仿真,无须额外的仿真器和下载器。

数据存储器的内部直接访问RAM(data区域)为128B,内部间接访问RAM(idata区域)为128B,内部扩展RAM(片内xdata区域)支持2KB、4KB、8KB,外部最大可以扩展到64KB(外部xdata区域)。在STC8H8K64U系列单片机中还专门给硬件USB资源配备了1280B的USB数据RAM区域(这个空间不算在用户RAM容量之内)。

4. 时钟及复位方式

STC8H8K64U系列单片机内部有3个可选时钟源:内部高精度IRC时钟(具体频率值的设定可以在STC-ISP软件下载程序时调整)、内部32kHz的低速IRC时钟和外部4～45MHz晶振或外部时钟信号。通过程序代码,可以自由选择时钟源,时钟源选定后可再经过8位的分频器分频后再将时钟信号提供给CPU和各个外设(如定时/计数器、串口、SPI单元等),这样做是为了得到更多时钟频率值,这里的分频器相当于一个除法因子。

单片机内部集成高精度R/C时钟,常温+25℃下的精准度为±0.3%,-40～+85℃温度区间时的精准度为-1.35%～+1.3%,-20～+65℃温度区间时的精准度为-0.76%～+0.98%。ISP方式对单片机烧录程序时可以启用片内时钟源,从而省掉外部晶振及电路。

该系列单片机的复位方式分为硬件复位和软件复位两类,硬件复位主要包括上电复位、低压复位、复位脚复位和看门狗复位等。软件复位主要指写IAP_CONTR寄存器中的SWRST位时所触发的复位。该系列单片机内部已集成高可靠复位电路,故而无须用户添加额外的复位电路,用户用ISP方式对单片机编程时可以灵活地选择4级复位门槛电压。

5. 中断系统及中断源

STC8不同型号的中断源个数不一样多,中断源数量为16～22个,中断源来自于片上资源,中断源的数量一定程度上反映了单片机的灵活度和资源的丰富度,STC8 中断源支持 4 级中断优先级配置(但是也有特例,个别中断源固定为最低优先级中断)。

6. 片上数字及模拟资源

STC8 不同型号的资源配置不尽相同,数字外设部分具备 2~4 个高速串口、最多 5 个 16 位定时/计数器、最大 4 组 16 位 PCA 模块、最大 8 组 15 位增强型 PWM、高级型 16 位 PWM 资源、硬件 16 位乘/除法器 MDU16、I²C、SPI 接口以及硬件 USB 接口、触摸按键控制器、LED 驱动器以及 RTC 实时时钟(需要说明的是,这些资源在某些型号中不一定具备,在实际选型时需要加以注意)。

模拟外设部分具备最高 12 位 15 路的超高速 ADC(有的型号分辨率是 10 位且模拟通道数量也有变化)、硬件比较器等资源,部分数字外设功能可在多个管脚之间进行切换,可满足广大用户的设计需求。

7. 运行管理与功耗控制

STC8 系列单片机支持两种低功耗模式:IDLE 模式和 STOP 模式。在 IDLE 模式下(也可以叫待机模式/空闲模式),时钟单元停止给 CPU 提供时钟,CPU 停止执行指令,但所有的外设仍处于工作状态,此时功耗约为 1.3mA(6MHz 工作频率下)。STOP 模式即为主时钟停振模式,即传统的"掉电模式"、"停电模式"或"停机模式"(名称可能不同,但模式含义是一样的),该模式下 CPU 和全部外设都停止工作,功耗可降低到 0.1μA 以下。

8. 封装形式及引脚配置

STC8 不同型号的引脚数量差异很大,所有的 I/O 均支持 4 种模式,即准双向口模式、推挽输出模式、开漏输出模式以及高阻输入模式。

以 STC8H8K64U 型号单片机为例,该型号 LQFP64 封装的芯片最多可有 60 个 I/O 引脚给用户使用,分别是 P0.0~P0.7、P1.0~P1.7(没有 P1.2)、P2.0~P2.7、P3.0~P3.7、P4.0~P4.7、P5.0~P5.4(没有 P5.5~P5.7)、P6.0~P6.7、P7.0~P7.7。

整个 STC8 系列芯片的封装形式非常多样和灵活,该系列常见封装有 QFN64、QFN48、QFN32、QFN20、LQFP64S、LQFP48、LQFP44、LQFP32、PDIP40、TSSOP20、SOP16、SOP8 等。以 STC8A 系列中的 STC8A8K64S4A12 单片机为例,该型号常用的 LQFP64S 封装实物如图 2.8(a) 所示,该型号 LQFP48 封装实物如图 2.8(b)所示,LQFP44 封装实物如图 2.8(c)所示,不同封装下引脚数量和脚位功能存在差异,尺寸和功耗也不一样,读者在选型时一定要确定型号和封装,仔细选择。

(a) (b) (c)

图 2.8 STC8A8K64S4A12 单片机 LQFP 封装实物图

为了匹配不同产品的需求,STC8 系列单片机还推出了 SOP、TSSOP、QFN 系列封装,此类封装的尺寸更小,非常节约 PCB 面积。以 STC8G 系列中的 STC8G1K08 单片机为例,该型号 SOP8 封装实物如图 2.9(a)所示,SOP16 封装实物如图 2.9(b)所示,TSSOP20 封装实物如图 2.9(c)所示,QFN20 封装实物如图 2.9(d)所示。

图 2.9　STC8G1K08 系列单片机 SOP、TSSOP、QFN 封装实物图

9. 产品命名规则及含义

假定有字符串"STC-8x-xK-64-Sx/U-Ax-x1-x2-x3-x4",按照顺序拆解这些字段含义如表 2.3 所示,请按照规则自行解读型号"STC8A8K64S4A12-28I-LQFP64S"的单片机具备哪些基本特征及资源呢? 动手写在书籍旁边吧!

表 2.3　STC8 系列单片机命名规则

字　段	字　段　含　义
STC	厂家名称,表示该芯片由宏晶科技设计制造
8x	子系列,8F 表示 STC8F 系列(无 AVCC、AGnd、AVref 引脚),8A 表示 STC8A 系列(有 AVcc、AGnd、AVref 引脚),8H 表示 STC8H 系列
xK	数据存储器大小(SRAM),8K 表示 8KB,还具备 2KB
64	程序存储器大小(Flash),64 表示 64KB,还具备 32KB 和 16KB
Sx/U	Sx 表示串口个数,S4 表示具备 4 个独立串口,还具备 S2(2 个)和 S(1 个),U 表示该芯片具备硬件 USB 资源
Ax	ADC 精度,A12 表示 12 位 ADC,还具备 A10(10 位 ADC)
x1	工作频率:例如,"28"表示可以工作在 28MHz 频率下
x2	工作温度范围:I 表示工业级 $-40\sim+85$℃,C 表示商业级 $0\sim+70$℃
x3	封装类型:支持 LQFP、PDIP、TSSOP、SOP、QFN 等
x4	管脚数量:如 64、48、44、40、32、28、20、16、8 等

有的朋友买到 STC8 系列单片机后比较细心,可能在芯片表面的丝印最下方还能发现如 "1816A665573.XG"字样的一些字符串,这些字串又是什么含义呢? 为啥没有出现在官方命名中呢? 其实也简单,"1816"表示芯片生产年份和周数,也就是 2018 年的第 16 周,"A665573.X"是晶圆的批次号,这部分字符与芯片制造厂商有关系,最后的"G"表示当前芯片的内部版本号。

有的朋友还可能买到过"TST"起头的芯片,如"TST8H8K64U",乍一看还以为这不是 STC 公司生产的单片机呢。其实,“TST”起头的单片机是STC公司推出的工程测试样片,这种样片仅作为稳定量产前的测试,其中可能存在隐藏的Bug,只能说大体功能上是正常的,不建议用于实际产品。

有的朋友用过STC15系列单片机,其资源多、功能强,绝对可以称得上STC推出的主流型号,那现在即将要学习的“新宠”STC8系列又有哪些创新和进步呢?这个问题值得去讲解,小宇老师基于STC全系列单片机的使用心得简要归纳为以下15点供读者参考。

1. 指令升级,执行速度再上一个台阶

STC公司生产的单片机都是基于MCS-51内核的,但是经过内核调整与优化,也形成了自己的一套指令集版本。早期的STC89和STC90系列产品采用了STC-Y1版本指令集,大多数指令的执行需要花费至少12个CPU时钟周期,速度较慢。经过不断升级,STC10、STC11、STC12系列、STC15F104E、STC15F204EA等产品就开始用STC-Y3版本指令集,后来的STC15F2K60S2、STC15F408AD、STC15F104W以及STC15Wxx系列单片机就开始用STC-Y5版本指令集,现在学习的STC8全系列单片机就用如图2.10所示箭头所指的STC-Y6版本指令集。在STC-Y6版本指令集下,大多数的指令都只需花费1个CPU时钟周期即可执行完毕,运行速度确实有了较大提升。

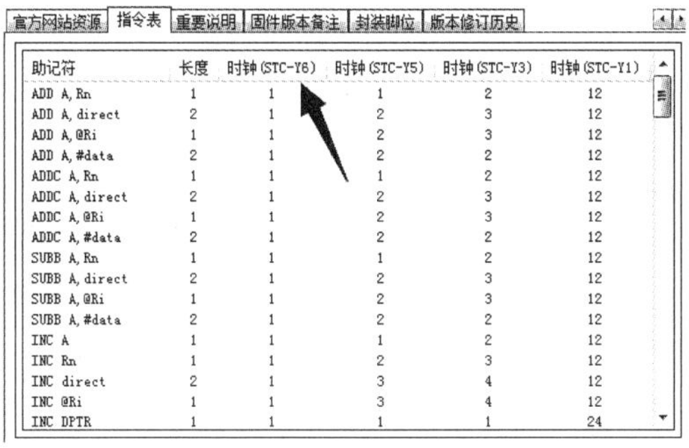

助记符	长度	时钟(STC-Y6)	时钟(STC-Y5)	时钟(STC-Y3)	时钟(STC-Y1)
ADD A,Rn	1	1	1	2	12
ADD A,direct	2	1	2	3	12
ADD A,@Ri	1	1	2	3	12
ADD A,#data	2	1	2	2	12
ADDC A,Rn	1	1	1	2	12
ADDC A,direct	2	1	2	3	12
ADDC A,@Ri	1	1	2	3	12
ADDC A,#data	2	1	2	2	12
SUBB A,Rn	1	1	1	2	12
SUBB A,direct	2	1	2	3	12
SUBB A,@Ri	1	1	2	3	12
SUBB A,#data	2	1	2	2	12
INC A	1	1	1	2	12
INC Rn	1	1	2	3	12
INC direct	2	1	3	4	12
INC @Ri	1	1	3	4	12
INC DPTR	1	1	1	1	24

图2.10 STC8全系列单片机采用STC-Y6指令表

2. 片上SRAM的容量大大提升

STC早期单片机的SRAM一般低于512B,到STC15系列的时候提升到了4KB,现在的STC8又提升到了8KB,SRAM提升后更加适用于结合轻量级RTOS的应用,装载一些用户协议和“跑跑”片上小系统都是没有问题的。

3. 强化了双数据指针DPTR的选择与控制

学习过单片机原理或者用汇编语言开发过8051单片机的朋友对“DPTR”绝对不会陌生,它是一个16位长度的专用地址指针寄存器,叫作数据指针,专门“奔波”在单片机的RAM和ROM区域提取数据进行地址指向、数据提取、数据暂存,好比是图书馆里的两个图书收纳员,也相当于一栋大楼中的两部电梯来回载客。通过程序控制,单片机可以在两组DPTR间灵活切换和选择。

4. 片内寄存器量级得到了扩展与提升

STC8系列单片机内部的特殊功能寄存器(SFR)得到了再次扩展,寄存器数量的增多直接反映出单片机整体功能的增强。引入扩展特殊功能寄存器(XSFR)后,片上的资源控制更为丰富。

5. 复位电路与复位信号的变化

在STC89、STC90、STC10、STC11、STC12、STC15、STC8A和STC8F系列单片机中,复位方式均采用高电平复位(即在RESET引脚上施加一定时长的高电平就能引起单片机复位,非复位状态

下的 RESET 引脚保持低电平）。现在学习的 STC8G 和 STC8H 系列单片机正好与之相反，它们的复位方式采用低电平复位（即在 RESET 引脚上施加一定时长的低电平就能引起单片机复位，非复位状态下的 RESET 引脚保持高电平）。

6. 中断源及优先级增多，嵌套处理更为灵活

随着片上资源的增加，需要让 CPU 处理的"事件"也随之变多，也就是中断源的数量在增加，整个单片机对突发事件处理的能力在提升，且 STC8 打破了传统 8051 的优先级设置，引入 4 个优先级等级控制，使得中断源可以灵活处理嵌套关系，让中断系统中的"轻重缓急"关系更为丰富。

7. I/O 结构及复用分布更为适用

STC8 系列单片机所有的 I/O 均支持 4 种模式，即准双向口模式、推挽输出模式、开漏输出模式和高阻输入模式。又在 I/O 单元内部强化了上拉电阻和施密特触发器的控制能力，部分型号的单片机 I/O 还支持转换速度、驱动电流、数字输入使能等配置。这样一来，就可以适配更多实际应用。I/O 的整体数量、引脚功能的复用和迁移（重映射）也都做了分布优化。

值得一提的是，在 STC 早期的单片机中（包括 STC15、STC8A 和 STC8F 系列在内），I/O 引脚上电后默认为准双向口模式，这种模式在某些场景下可能导致一些"问题"，例如，很多客户的系统中使用 I/O 引脚去驱动电机或者 LED 灯，上电的瞬间，由于 I/O 引脚电平的"不可控"，会导致电机突然转动或者 LED 灯闪烁，这样的产品体验多多少少有点不好。针对这些问题，在 STC8G 和 STC8H 系列单片机中，上电的瞬间除 P3.0 和 P3.1 引脚为准双向口模式之外，其余的所有 I/O 引脚均为高阻输入模式，这样一来就可以去除 I/O 引脚的"非稳定"状态，避免电机、LED、外围电路的误动作。

对于 STC8G 和 STC8H 系列单片机而言，I/O 引脚上电默认为高阻输入模式固然很好，但也导致很多初学者忽视了这一细节。这些朋友在编程时一上来就开始操作 I/O 引脚输出高低电平，结果发现程序控制不了 I/O 引脚，这是为啥呢？这是因为高阻输入模式下的拉电流/灌电流均为零，所以必须要先改变 I/O 引脚的模式才可以正常输出（这部分内容会在第 4 章展开讲解，此处不做赘述）。

8. 提升了 A/D 转换单元的综合性能

单片机片上 A/D 资源非常实用，目前很多消费/工业电子产品都需要接收和量化来自前端或者外围的模拟信号，例如，热电偶将温度高低转换为模拟电信号，送到单片机后就要进行量化和计算，再由人机界面或者其他方式反映出实际温度值，其中，实现模拟信号到数字信号转换的就是 ADC 单元。STC8 系列单片机的 A/D 资源与 STC15 系列相比有了进一步的提升，采样速率提高了，分辨位数也增加了，使得分辨率指标从 10 位提升到了 12 位。

9. 进一步增加 PWM/PCA/CCP 通道数量

PWM 的通道数量一旦增加，则输出信号的路数就可以得到扩展，在复杂的直流系统调光、调温、调速系统中就显得尤为必要，比如在多路电机/舵机控制时，缺少几个信号通道就会非常麻烦。PCA/CCP 的通道数量一旦增加，在一些需要进行信号捕获或者信号比较的场合就会变得非常方便，所以增加一些专用功能的通道数量是非常有益的。有的时候不借助专用芯片，仅依靠一片单片机就能完成系统功能是一件超级幸福的事情。需要注意的是，只有 STC8A、STC8G 系列才具备 PCA/CCP 功能，而在 STC8C、STC8H 系列单片机中没有该资源。

10. STC8 全系列单片机新增硬件 I²C 接口

早期的 STC 单片机进行 I²C 通信时一般是采用模拟时序的方法，每次通信都要选定两个 I/O 口产生通信时序，若遇到数据发送或者时钟产生时都要依赖 for() 循环或者移位运算，如此编程虽增加了对 I²C 通信过程的理解，但是操作比较烦琐，STC8 全系列单片机自带硬件 I²C 单元后大大

简化了开发的复杂度，让 I²C 接口可以连接更多的外围设备。

11. STC8H 系列部分单片机新增 16 位高级型 PWM 定时器，支持正交编码器

STC8H 系列部分单片机内部集成了 8 通道 16 位高级型 PWM 定时器，高级型的定时/计数器可以完成基本的定时，还能测量输入信号的脉冲宽度（即输入捕获功能），又能产生输出波形（即输出比较，PWM 和单脉冲模式），还能区分不同事件所导致的中断请求（例如，捕获、比较、溢出、刹车或触发等事件），还可以与 PWMB 或外部信号进行同步（例如，外部时钟、复位信号、触发或使能信号），堪称定时/计数器资源中的"功能王者"。

12. STC8H 系列部分单片机新增了硬件 USB 接口

STC8H8K64U 系列单片机中集成了 USB 2.0/USB 1.1 资源，兼容全速 USB，具备 6 个双向端点，支持 4 种端点传输模式（控制传输、中断传输、批量传输和同步传输），每个端点拥有 64B 的缓冲区。可以方便地对接其他 USB 外设，完成更多 USB 类应用。

13. STC8H 系列部分单片机新增了触摸控制器单元

STC8H 系列部分单片机中集成了一个触摸按键控制器（即"TSU"），最大可以连接 16 个按键，能够监测手指触摸在按键电极后导致的微小电容变化，最后得到一个 16 位数字量。从原理上讲，这个 TSU 单元和 16 位的 ADC 差不多，它们之间的差异仅是 ADC 是对电压进行量化，而 TSU 单元是监测电容大小的变化罢了。触摸按键控制器的引入是很有必要的，可以利用该功能制作电磁炉、煮茶器、电动牙刷、室内智能家居开关等产品的交互面板。

14. STC8H 系列部分单片机新增了 LED 控制器

STC8H 系列部分单片机中还集成了一个 LED 驱动器，这个驱动器包含一个时序控制器、8 个位引脚和 8 个段引脚。每个引脚有一个对应的寄存器使能位，能够独立地控制该引脚的使能状态，没使能的引脚可以当作普通 I/O 或其他功能的引脚。LED 驱动器支持共阴、共阳、共阴/共阳三种模式，可以同时选择 1/8～8/8 占空比来进行辉度控制（也就是显示亮度的调整），只需要改改程序就能调节数码管的显示效果和内容，使用起来非常方便。

15. STC8H 系列部分单片机新增了 RTC 实时时钟单元

STC8H 系列部分单片机中还集成了一个实时时钟控制电路，也就是平时说的 RTC 单元，该单元的功耗很低（工作电流小于 $10\mu A$），可以支持 2000—2099 年的定时，并可以自动判断闰年。支持一组闹钟设置，支持多种中断事件（例如，闹钟中断、日中断、小时中断、分钟中断、秒中断、1/2 秒中断、1/8 秒中断、1/32 秒中断等），还具备掉电唤醒功能。有时候想想，省去一个外部 RTC 芯片也是可以降低不少成本的，有了这个 RTC 单元，想要做个万年历、事件闹钟、长时间定时、家电预约启动等功能就会很方便。

2.6 "主角上场"搭建可靠的 STC8 最小系统

说起单片机最小系统可能大家都不陌生，也就是单片机芯片能够工作的必要外围电路，电路设计的原则是按照单片机引脚的分布和功能需求选择合适的器件构造出单片机工作所需的必要单元。好多学过早期 STC 单片机的读者一上来就开始搭建自己的小系统，看着看着发现一个类似于"AVref"的引脚就傻眼了，因为早期的 STC 单片机没有这样的引脚，需要连接什么资源和电路也不熟悉。所以基于这些问题，小宇老师单独写了这一节，目的很明确，就是解决这个脚叫什么，怎么用，如何搭建电源单元，怎样保证可靠复位，时钟电路为啥这样设计，接口外围有什么考虑等问题。

2.6.1　看懂单片机引脚分类和功能

熟悉一款单片机之前一定要知道这个"小蜘蛛"的脚都有什么作用、大致分为几大类、使用的时候怎么分配、不同封装下的脚位分布等。以 STC8H8K64U 系列单片机为例,该芯片支持表面贴片式封装(LQFP64S、LQFP48、QFN64、QFN48),贴片式 LQFP64S 封装引脚名称及分布如图 2.11 所示。

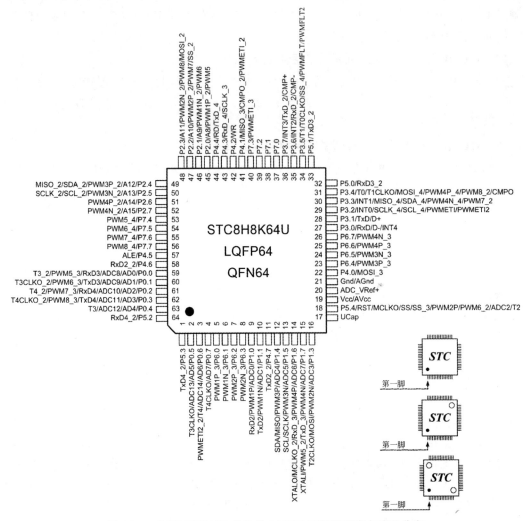

图 2.11　STC8H8K64U 单片机 LQFP64S 封装引脚名称及分布

为了方便大家浏览引脚资源,小宇老师列出了引脚编号、名称、类型及功能描述,如表 2.4 所示,请读者大致看一看,能不能自行解读表中的内容?

表 2.4　STC8H8K64U 系列单片机引脚说明

各封装引脚编号		引 脚 名 称	功 能 类 型	功 能 说 明
LQFP64 QFN64	LQFP48 QFN48			
1	1	P5.3	I/O	标准 I/O 口
		TxD4_2	O	串口 4 的发送脚

续表

各封装引脚编号		引脚名称	功能类型	功能说明
LQFP64 QFN64	LQFP48 QFN48			
2	2	P0.5	I/O	标准 I/O 口
		AD5	I	地址总线
		ADC13	I	ADC 模拟输入通道 13
		T3CLKO	O	定时器 3 时钟分频输出
3	3	P0.6	I/O	标准 I/O 口
		AD6	I	地址总线
		ADC14	I	ADC 模拟输入通道 14
		T4	I	定时器 4 外部时钟输入
		PWMETI2_2	I	PWM 外部触发输入脚 2
4	4	P0.7	I/O	标准 I/O 口
		AD7	I	地址总线
		T4CLKO	O	定时器 4 时钟分频输出
5	—	P6.0	I/O	标准 I/O 口
		PWM1P_3	I/O	PWMA 的捕获输入和脉冲输出正极
6	—	P6.1	I/O	标准 I/O 口
		PWM1N_3	I/O	PWMA 的捕获输入和脉冲输出负极
7	—	P6.2	I/O	标准 I/O 口
		PWM2P_3	I/O	PWMB 的捕获输入和脉冲输出正极
8	—	P6.3	I/O	标准 I/O 口
		PWM2N_3	I/O	PWMB 的捕获输入和脉冲输出负极
9	5	P1.0	I/O	标准 I/O 口
		ADC0	I	ADC 模拟输入通道 0
		PWM1P	I/O	PWM1 的捕获输入和脉冲输出正极
		RxD2	I	串口 2 的接收脚
10	6	P1.1	I/O	标准 I/O 口
		ADC1	I	ADC 模拟输入通道 1
		PWM1N	I/O	PWMA 的捕获输入和脉冲输出负极
		TxD2	I	串口 2 的发送脚
11	7	P4.7	I/O	标准 I/O 口
		TxD2_2	I	串口 2 的发送脚
12	8	P1.4	I/O	标准 I/O 口
		ADC4	I	ADC 模拟输入通道 4
		PWM3P	I/O	PWM3 的捕获输入和脉冲输出正极
		MISO	I/O	SPI 主机输入从机输出
		SDA	I/O	I^2C 接口的数据线
13	9	P1.5	I/O	标准 I/O 口
		ADC5	I	ADC 模拟输入通道 5
		PWM3N	I/O	PWM3 的捕获输入和脉冲输出负极
		SCLK	I/O	SPI 的时钟脚
		SCL	I/O	I^2C 的时钟线

各封装引脚编号		引脚名称	功能类型	功能说明
LQFP64 QFN64	LQFP48 QFN48			
14	10	P1.6	I/O	标准 I/O 口
		ADC6	I	ADC 模拟输入通道 6
		RxD_3	I	串口 1 的接收脚
		PWM4P	I/O	PWM4 的捕获输入和脉冲输出正极
		MCLKO_2	O	主时钟分频输出
		XTALO	O	外部晶振的输出脚
15	11	P1.7	I/O	标准 I/O 口
		ADC7	I	ADC 模拟输入通道 7
		TxD_3	O	串口 1 的发送脚
		PWM4N	I/O	PWM4 的捕获输入和脉冲输出负极
		PWM5_2	I/O	PWM5 的捕获输入和脉冲输出
		XTALI	I	外部晶振/外部时钟的输入脚
16	12	P1.3	I/O	标准 I/O 口
		ADC3	I	ADC 模拟输入通道 3
		MOSI	I/O	SPI 主机输出从机输入
		PWM2N	I/O	PWMB 的捕获输入和脉冲输出负极
		T2CLKO	O	定时器 2 时钟分频输出
17	13	UCap	I	USB 内核电源稳压脚
18	14	P5.4	I/O	标准 I/O 口
		RST	I	复位引脚
		MCLKO	O	主时钟分频输出
		SS_3	I	SPI 的从机选择脚(主机为输出)
		SS	I	SPI 的从机选择脚(主机为输出)
		PWM2P	I/O	PWMB 的捕获输入和脉冲输出正极
		PWM6_2	I/O	PWM6 的捕获输入和脉冲输出
		T2	I	定时器 2 外部时钟输入
		ADC2	I	ADC 模拟输入通道 2
19	15	Vcc	VCC	电源脚
		AVcc	VCC	ADC 电源脚
20	16	ADC_VRef+	I	ADC 外部参考电压源输入脚,要求不高时可直接接 MCU 的 VCC
21	17	Gnd	GND	地线
		AGnd	GND	ADC 地线
22	18	P4.0	I/O	标准 I/O 口
		MOSI_3	I/O	SPI 主机输出从机输入
23	—	P6.4	I/O	标准 I/O 口
		PWM3P_3	I/O	PWM3 的捕获输入和脉冲输出正极
24	—	P6.5	I/O	标准 I/O 口
		PWM3N_3	I/O	PWM3 的捕获输入和脉冲输出负极
25	—	P6.6	I/O	标准 I/O 口
		PWM4P_3	I/O	PWM4 的捕获输入和脉冲输出正极

各封装引脚编号		引 脚 名 称	功能类型	功 能 说 明
LQFP64 QFN64	LQFP48 QFN48			
26	—	P6.7	I/O	标准 I/O 口
		PWM4N_3	I/O	PWM4 的捕获输入和脉冲输出负极
27	19	P3.0	I/O	标准 I/O 口
		D—	I/O	USB 数据口
		RxD	I	串口 1 的接收脚
		INT4	I	外部中断 4
28	20	P3.1	I/O	标准 I/O 口
		D+	I/O	USB 数据口
		TxD	O	串口 1 的发送脚
29	21	P3.2	I/O	标准 I/O 口
		INT0	I	外部中断 0
		SCLK_4	I/O	SPI 的时钟脚
		SCL_4	I/O	I^2C 的时钟线
		PWMETI	I	PWM 外部触发输入脚
		PWMETI2	I	PWM 外部触发输入脚 2
30	22	P3.3	I/O	标准 I/O 口
		INT1	I	外部中断 1
		MISO_4	I/O	SPI 主机输入从机输出
		SDA_4	I/O	I^2C 接口的数据线
		PWM4N_4	I/O	PWM4 的捕获输入和脉冲输出负极
		PWM7_2	I/O	PWM7 的捕获输入和脉冲输出
31	23	P3.4	I/O	标准 I/O 口
		T0	I	定时器 0 外部时钟输入
		T1CLKO	O	定时器 1 时钟分频输出
		MOSI_4	I/O	SPI 主机输出从机输入
		PWM4P_4	I/O	PWM4 的捕获输入和脉冲输出正极
		PWM8_2	I/O	PWM8 的捕获输入和脉冲输出
		CMPO	O	比较器输出
32	24	P5.0	I/O	标准 I/O 口
		RxD3_2	I	串口 3 的接收脚
33	25	P5.1	I/O	标准 I/O 口
		TxD3_2	O	串口 3 的发送脚
34	26	P3.5	I/O	标准 I/O 口
		T1	I	定时器 1 外部时钟输入
		T0CLKO	O	定时器 0 时钟分频输出
		SS_4	I	SPI 的从机选择脚（主机为输出）
		PWMFLT	I	增 PWMA 的外部异常检测脚
		PWMFLT2	I	增 PWMB 的外部异常检测脚
35	27	P3.6	I/O	标准 I/O 口
		INT2	I	外部中断 2
		RxD_2	I	串口 1 的接收脚
		CMP—	I	比较器负极输入

各封装引脚编号		引 脚 名 称	功能类型	功 能 说 明
LQFP64 QFN64	LQFP48 QFN48			
36	28	P3.7	I/O	标准 I/O 口
		INT3	I	外部中断 3
		TxD_2	O	串口 1 的发送脚
		CMP+	I	比较器正极输入
37	—	P7.0	I/O	标准 I/O 口
38	—	P7.1	I/O	标准 I/O 口
39	—	P7.2	I/O	标准 I/O 口
40	—	P7.3	I/O	标准 I/O 口
		PWMETI_3	I	PWM 外部触发输入脚
41	29	P4.1	I/O	标准 I/O 口
		MISO_3	I/O	SPI 主机输入从机输出
		CMPO_2	O	比较器输出
		PWMETI_3	I	PWM 外部触发输入脚
42	30	P4.2	I/O	标准 I/O 口
		WR	O	外部总线的写信号线
43	31	P4.3	I/O	标准 I/O 口
		RxD_4	I	串口 1 的接收脚
		SCLK_3	I/O	SPI 的时钟脚
44	32	P4.4	I/O	标准 I/O 口
		RD	O	外部总线的读信号线
		TxD_4	O	串口 1 的发送脚
45	33	P2.0	I/O	标准 I/O 口
		A8	I	地址总线
		PWM1P_2	I/O	PWMA 的捕获输入和脉冲输出正极
		PWM5	I/O	PWM5 的捕获输入和脉冲输出
46	34	P2.1	I/O	标准 I/O 口
		A9	I	地址总线
		PWM1N_2	I/O	PWMA 的捕获输入和脉冲输出负极
		PWM6	I/O	PWM6 的捕获输入和脉冲输出
47	35	P2.2	I/O	标准 I/O 口
		A10	I	地址总线
		SS_2	I	SPI 的从机选择脚（主机为输出）
		PWM2P_2	I/O	PWMB 的捕获输入和脉冲输出正极
		PWM7	I/O	PWM7 的捕获输入和脉冲输出
48	36	P2.3	I/O	标准 I/O 口
		A11	I	地址总线
		MOSI_2	I/O	SPI 主机输出从机输入
		PWM2N_2	I/O	PWMB 的捕获输入和脉冲输出负极
		PWM8	I/O	PWM8 的捕获输入和脉冲输出

续表

各封装引脚编号		引脚名称	功能类型	功能说明
LQFP64 QFN64	LQFP48 QFN48			
49	37	P2.4	I/O	标准 I/O 口
		A12	I	地址总线
		MISO_2	I/O	SPI 主机输入从机输出
		SDA_2	I/O	I²C 接口的数据线
		PWM3P_2	I/O	PWM3 的捕获输入和脉冲输出正极
50	38	P2.5	I/O	标准 I/O 口
		A13	I	地址总线
		SCLK_2	I/O	SPI 的时钟脚
		SCL_2	I/O	I²C 的时钟脚
		PWM3N_2	I/O	PWM3 的捕获输入和脉冲输出负极
51	39	P2.6	I/O	标准 I/O 口
		A14	I	地址总线
		PWM4P_2	I/O	PWM4 的捕获输入和脉冲输出正极
52	40	P2.7	I/O	标准 I/O 口
		A15	I	地址总线
		PWM4N_2	I/O	PWM4 的捕获输入和脉冲输出负极
53	—	P7.4	I/O	标准 I/O 口
		PWM5_4	I/O	PWM5 的捕获输入和脉冲输出
54	—	P7.5	I/O	标准 I/O 口
		PWM6_4	I/O	PWM6 的捕获输入和脉冲输出
55	—	P7.6	I/O	标准 I/O 口
		PWM7_4	I/O	PWM7 的捕获输入和脉冲输出
56	—	P7.7	I/O	标准 I/O 口
		PWM8_4	I/O	PWM8 的捕获输入和脉冲输出
57	41	P4.5	I/O	标准 I/O 口
		ALE	O	地址锁存信号
58	42	P4.6	I/O	标准 I/O 口
		RxD2_2	I	串口 2 的接收脚
59	43	P0.0	I/O	标准 I/O 口
		AD0	I	地址总线
		ADC8	I	ADC 模拟输入通道 8
		RxD3	I	串口 3 的接收脚
		PWM5_3	I/O	PWM5 的捕获输入和脉冲输出
		T3_2	I	定时器 3 外部时钟输入
60	44	P0.1	I/O	标准 I/O 口
		AD1	I	地址总线
		ADC9	I	ADC 模拟输入通道 9
		TxD3	O	串口 3 的发送脚
		PWM6_3	I/O	PWM6 的捕获输入和脉冲输出
		T3CLKO_2	O	定时器 3 时钟分频输出

各封装引脚编号		引 脚 名 称	功能类型	功 能 说 明
LQFP64 QFN64	LQFP48 QFN48			
61	45	P0.2	I/O	标准 I/O 口
		AD2	I	地址总线
		ADC10	I	ADC 模拟输入通道 10
		RxD4	I	串口 4 的接收脚
		PWM7_3	I/O	PWM7 的捕获输入和脉冲输出
		T4_2	I	定时器 4 外部时钟输入
62	46	P0.3	I/O	标准 I/O 口
		AD3	I	地址总线
		ADC11	I	ADC 模拟输入通道 11
		TxD4	O	串口 4 的发送脚
		PWM8_3	I/O	PWM8 的捕获输入和脉冲输出
		T4CLKO_2	O	定时器 4 时钟分频输出
63	47	P0.4	I/O	标准 I/O 口
		AD4	I	地址总线
		ADC12	I	ADC 模拟输入通道 12
		T3	I	定时器 3 外部时钟输入
64	48	P5.2	I/O	标准 I/O 口
		RxD4_2	I	串口 4 的接收脚

这个表格的内容和描述应该比较直白,左侧两列代表 4 种封装下对应的脚位编号,LQFP64S/QFN64 的引脚最为全面,LQFP48/QFN48 封装的引脚相对少一些,这是因为有的功能引脚被裁剪掉了,在表格中就会出现"—"符号。

引脚名称中的 Px.y 表示第 x 组端口的第 y+1 个引脚(如 P1.0～P1.7)。稍微需要注意的是,Ax、ADx 和 ADCx(其中,x 表示具体的数值)的含义。Ax 和 ADx 均表示地址总线,不可理解为模数转换,此处的"A"是 Address(地址)的含义,此处的"D"是 Data(数据)的含义,综合起来就表示地址/数据线的第 x 位。ADCx 才表示模拟/数字转换的第 x 个通道,此处的"A"是 Analog(模拟信号)的含义,此处的"D"是 Digital(数字信号)的含义。引脚名称中还有类似"RxD4_2"这样的名称,符合"功能名称 x_y"的结构,其实就表示串口 4 接收功能脚的第 2 个可用引脚位置。

2.6.2　电源单元很重要

电源单元电路性能是整个最小系统工作的保障,必须考虑供电从哪里进? 用什么样的接口? 电源的通断控制需要怎么设计(考虑到 STC 系列单片机的烧录程序必须要断电再上电的过程)? 电源的多路电压产生应该如何考虑? 如何体现供电或者掉电的状态? 还得考虑必要的电压选择和电源部分引针的扩展问题。基于以上问题,小宇老师给出一个电源部分参考设计,如图 2.12 所示。

分析该电路图,USB1 为 mini USB 接口,这个接口是供电的输入端(后续还会讲解到下载电路,也用到了 USB 接口),由计算机提供输入,得到了 5V 电压的"VUSB"电气网络。S2 是拨动开关,控制后级全部电路的电源通断,D1 和 R2 组成电压指示电路,D1 为发光二极管。C1、R1、S1 和Q1 组成了实用的一键冷启动电路,C1 和 R1 组成了类似于 RC 高电平复位的电路,上电后会由高电平逐步下降至低电平,保持低电平常态时 Q1 开启(Q1 为 P 沟道 MOSFET),此时后级稳压芯片

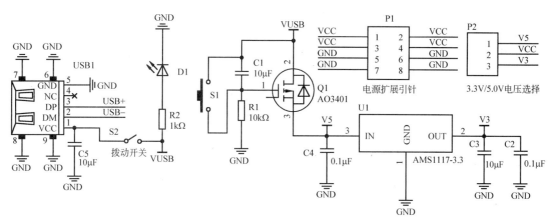

图 2.12 STC8 系列单片机最小系统电源电路原理图

得电工作,单片机系统正常运行,若此时按下 S1 则 Q1 关闭,此时稳压输出全部断开,单片机系统整体掉电。这样一来就非常方便了,当需要下载程序时不用再去频繁拨动 S2(毕竟拨动开关是机械的,存在使用寿命),只需要按下 S1 就可以实现断电后再上电的"冷启动"动作了。

U1 是一款 LDO 芯片(低压差稳压芯片),实现了 5V 到 3.3V 的稳压输出,经过 Q1 和 U1 后得到了"V5"和"V3"电气网络,分别代表 5V 及 3.3V 电压,这两个电压正好是 STC8 系列单片机在产品中应用时最为常用的两种供电电压。

为了保证使用灵活,又增设一个 3 针排针 P2,由一个短路跳线帽决定最终选择哪种电压成为单片机的工作电压(例如,V5 与 VCC 短接,则工作电压为 5V),这样一来,用户就可以轻松切换电压完成实际开发。最后,考虑实际实验时需要多个供电和共地的需求,再增设一个电源扩展引针 P1 方便开发者的应用。C5、C4、C3 和 C2 负责提供电源部分的滤波和去耦合作用,为后级电路的正常工作提供保障。在进行 PCB 设计时,应该将这类功用的电容尽量放置在单片机的供电引脚近端,以保障滤波和去耦的有效性。在电容的容值上通常取用 1 个 $10\mu F$ 电容和 1 个 $0.1\mu F$ 电容并联的形式,大容值电容负责平滑脉动成分,小容值电容负责旁路电源中的高频干扰,若单片机工作频率大于 20MHz,可以考虑再并联 1 个 $0.01\mu F$ 电容以保障电源的稳定和纯净。

在 STC8 系列单片机中除了基本的电源引脚(VCC 和 GND)外,其实还有一些 ADC 转换有关的电气引脚(如 AGnd、AVcc、ADC_VRef+引脚,其中,AGnd 和 AVcc 已经与 VCC 和 GND 引脚合并,所以 ADC 有关引脚主要是指 ADC_VRef+参考电压输入引脚),这些引脚也可以归属在电源类,处理的时候千万不能大意,若设计的外部参考电压存在波动或者引入了干扰就会直接影响到 ADC 转换后的数据精度及数据稳定性。如果在实际项目中对 ADC 转换精度要求不高,可以直接把 ADC 参考电压引脚连到 VCC 引脚,这样虽然省事、省钱,但是会降低精度。所以小宇老师推荐读者使用一些性价比较高的基准电压源方案,经过实际使用及方案论证,推荐如图 2.13 所示的

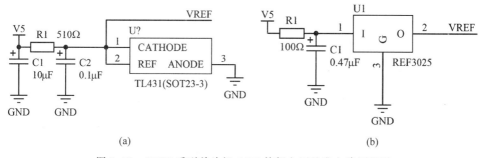

(a) (b)

图 2.13 STC8 系列单片机 ADC 外部电压基准电路原理图

TL431方案(图2.13(a))及REF3025方案(图2.13(b))供读者参考。

2.6.3　下载电路不可少

新买的组装计算机必须要安装操作系统才能用,新出的手机也要官方"刷机"后才能发行,单片机做产品也是一样的道理,必须要由我们事先对其"烧录"程序。这里的操作系统、刷机包、程序固件都属于软件部分,好比是给硬件灌注"思想",让设备拥有想法和生命。所以说,在设计单片机最小系统的时候务必要做好程序下载的相关电路及接口。

由于电源部分采用了最常见的USB接口作为接入件,所以需要找一款USB转TTL电平串口的功能芯片,这里就不得不介绍国内把USB相关应用做得热火朝天的沁恒微电子了,市面上绝大部分开发板用的CH340/CH341系列芯片就是该公司的代表作之一。基于该公司的免晶振USB转串口芯片CH340E作为核心的下载电路如图2.14所示。

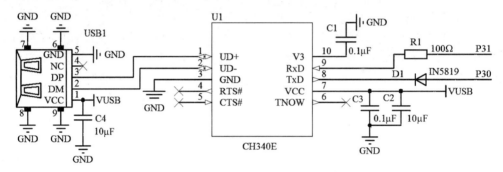

图2.14　USB转TTL电平串口下载电路原理图

分析下载电路可知,左侧为mini USB接口,将数据线DP和DM连接至CH340E的UD+和UD一引脚上即可,在设计PCB(印制电路板)时需要注意合理处理差分信号走线。CH340E是一个高性价比的USB总线转接芯片,用这个芯片就可以实现硬件全双工串口转换,芯片内置了收发缓冲区,支持50b/s~2Mb/s的通信速率,完全可以胜任STC单片机的程序烧录,多用于适配USB接口直接转换为串口的设备和应用。CH340E芯片内置时钟源,无须外部晶振,设计的时候可以采用黄豆般大小的MSOP-10封装形式,其电路构造简单且体积小巧。应用该芯片时应在计算机端预先安装驱动程序,读者可以访问沁恒微电子官网www.wch.cn进行下载和更多产品选型。

图2.14右侧电路非常重要,C1为CH340E内部稳压提供滤波,设计PCB时应将电容靠近引脚设计,R1为数据接收方向的限流电阻,取值100~300Ω都可以,"P31"电气网络连接至STC8系列单片机的P3.1引脚,D1为肖特基二极管,其作用是限制电流方向,避免CH340E反向为单片机供电造成单片机核心电路不能完全掉电的问题,D1阳极连接到单片机P3.0引脚。C2和C3是为CH340E进行供电滤波和去耦,以保证CH340E核心的稳定工作。

2.6.4　复位电路要搞好

如果学习过"数字电子技术"这门课程的相关内容就肯定知道触发器和时序逻辑电路章节中必学的"初态"和"次态"问题,简单来说就是需要明确电路之前的状态才能推导出后面的状态,由此可见,在数字电路(特别是时序电路)中一个已知的初始状态有多么重要。我们学习的单片机其实就是一个数字/模拟的混合系统,很多片内资源和相关寄存器都需要一个默认的起始状态。

现在讲的"复位",其作用就是通过相关电路产生"复位信号"让单片机能在上电后或者运行中恢复到默认的起始状态。"复位"动作之后单片机会产生一系列的重置操作,例如,I/O口默认的模式和状态、相关寄存器的默认取值、所有标志位的状态重置、通信/定时相关的数据内容设定等。由此可见,复位的意义就是让单片机相关单元进行初始重置且程序从内存起始地址重新执行。

要让单片机正确复位就需要在 RST 引脚(等同于 RESET 引脚)上产生符合复位要求的有效信号,STC89、STC90、STC10、STC11、STC12、STC15、STC8A 和 STC8F 系列单片机需要高电平复位信号,STC8G 和 STC8H 系列单片机需要低电平复位信号。以 STC 早期单片机所需的高电平复位为例,单片机正常运行时 RST 引脚应保持低电平,当需要复位时应拉高 RST 引脚的电平,并维持"系统时钟源、内部电路单元稳定周期＋两个机器周期"的时间长度(为保证有效复位,复位信号应持续 20～200ms 为宜)。在 12T 型单片机中,1 个机器周期等于 12 个时钟周期,时钟周期其实就是振荡周期,比如晶振频率是 12M,振荡周期就是 1/12 000 000s,由此可见,在设计具体复位电路时需要考虑单片机工作时钟频率后再去匹配复位电路的相关参数。

在早期的 51 单片机产品中,复位信号一般是由外部复位电路产生,所以很多经典的单片机原理类书籍将复位电路称作最小系统的必要组成,随着单片机技术的不断发展,很多单片机不再单独拿出一个 RST 引脚仅作复位之用,而是在晶圆设计时集成了片内上电复位 POR(Power On Reset)电路,STC8 系列单片机就都具备片上 POR 电路。POR 电路在芯片上电后会产生一个内部复位脉冲并使器件保持静态,直至电源电压达到稳定阈值后再释放复位信号。这样一来,用户就可以省略外部复位电路将 RST 引脚闲置或者当作普通 I/O 口使用。

如果读者实际应用的单片机不具备片上 POR 电路也没事,可以搭建符合复位要求的外置电路产生复位信号。一般来说,单片机复位电路主要有四种类型:微分型复位电路、积分型复位电路、比较器型复位电路和看门狗型复位电路。接下来,小宇老师就拿出相对简单的微分和积分型电路进行讲解,让读者能有一个直观的感受。

常见的阻容式微分复位电路如图 2.15(a)所示,电路中的"Reset"电气网络连接至单片机"RST"引脚。该电路上电后的波形如图 2.15(b)所示,其波形在上电后先是高电平,经过 100ms 后跌落到了 1V 以下最终保持低电平状态,我们常将其称为"高电平"复位电路。

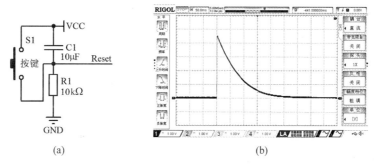

图 2.15 微分型高电平复位电路原理图

分析微分复位电路,该电路的组成十分简单,其核心实现仅由 1 个电阻和 1 个电容组成,外加的 S1 按键主要实现手动复位功能,当 S1 按下时"Reset"电气网络被强制拉高实现复位。在设计该电路时一定要先根据单片机工作的时钟频率去考虑阻容的取值,若系统选用 12MHz 石英晶振,则 1 个机器周期就是 1μs,复位信号的脉冲宽度最小也要在 2μs 以上,但是真正设计时最好不要贴近理论值去构造电路,复位信号脉冲宽度以 20～200ms 为宜。当晶振频率大于或等于 12MHz 时,常见取值 C1 为 10μF,R1 为 10kΩ。

当系统上电时,C1 相当于通路,"Reset"电气网络上电瞬间为高电平,随着 R1 不断泄放 C1 的电荷,"Reset"电气网络的电压逐渐降低,最终降到低电平区间。在放电的过程中"Reset"电气网络的高电平持续了 100ms 左右才跌落到 1V 以下,这远大于两个机器周期的复位时间要求,即复位有效。

若将图 2.15 中的电阻 R1 和电容 C1 互换位置就可以变成阻容式积分复位电路,电路原理图如图 2.16(a)所示。该电路上电后的波形如图 2.16(b)所示,其波形在上电后先是低电平,然后经过 50ms 左右就超过了 1.6V 并继续上升,最终保持在高电平电压区间,我们常将该电路称为"低电平"复位电路。当系统上电时 C1 相当于通路,故而"Reset"电气网络上电瞬间为低电平,随着电源通过 R1 不断地向 C1 充电,"Reset"电气网络的电位逐渐抬升并最终保持高电平。外加的 S1 按键主要实现手动复位功能,当 S1 按下时"Reset"电气网络被强制拉低实现复位。

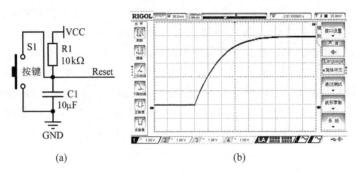

图 2.16　积分型低电平复位电路原理图

阻容式复位电路非常简单,成本也很低,但是可靠性如何呢?可能有的读者会说:市面上的开发板都用这个电路,我在实验室也用这个电路,从来没遇到过问题,而且这种经典电路每本书都这么讲的,你敢说不可靠?小宇老师得站出来说:这电路确实简单,但可靠性确实不高。首先来说,阻容器件本身存在器件误差,误差会直接导致 RC 时间常数和充放电时间的差异,批量制造时难以保证产品的一致性。其次,阻容器件存在老化现象和温漂问题,在长期使用或者严苛温度环境中容易造成较大误差导致失效。最后,简单的阻容复位电路会有电容的迟滞充放电问题,导致复位信号可能不满足复位电平阈值要求,且面对来自电源的波动或者快速开关机情况会出现无法复位的问题。

朋友们可能会说,器件参数误差、老化和温漂在一般产品中都可以接受,一致性问题也没有那么高要求,本着"能用就行"的原则,这个电路也凑合用吧! 也不是不行,但是可以稍微改进下,且看小宇老师做个实验。

以如图 2.15(a)所示的阻容式微分复位电路为例,若将电源周期性通断,其复位波形就不再完美了,实际波形如图 2.17(a)所示,复位波形由于电容的缓慢放电原因出现了下降迟缓且无法到达低电平阈值的问题(也就是复位电压"下不去"的情况),这种复位信号就不能保证单片机系统的有效复位,若工业控制有关的板卡遇到电源波动出现无法复位的情况,无疑是危险的。

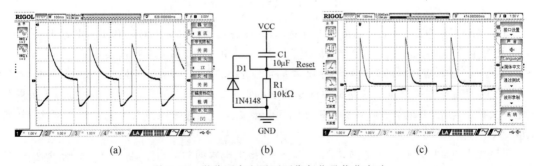

图 2.17　微分型高电平不可靠复位及优化实验

若将微分复位电路按图 2.17(b)改进,在电阻 R1 的两端并联一个 D1,再次将电源周期性通断,复位波形就会变成如图 2.17(c)所示的波形。从波形上看,电路改造后复位波形得到了明显的改善,图中波形下降迅速且可以下降到低电平阈值以下,不会出现频繁上电时复位电压"下不去"的情况。

这个"不起眼"的 D1 为电容 C1 在掉电情况下提供了一条迅速泄放电荷的通道,这样一来就可以保证在电源频繁波动或者周期性上电情况下的正常复位。有的朋友可能要说了,这个复位波形看起来还是很"怪异"啊!虽说是高电平复位波形,但是看起来和"毛刺"一样,就不能通过什么电路把复位信号搞成类似于高低电平的波形样式吗?

当然也是可以的,再把电路优化一次。添加三极管和二极管进去,最终搭建出一种阈值电压比较型高电平复位电路,如图 2.18(a)所示。电路的目的就是构造一个"复位阈值电压比较器",电路中的稳压二极管 D1(实际选用 3.3V 稳压管)和开关二极管 D2(实际选用 1N4148,导通压降为 0.6V 左右)决定了复位信号的电平阈值,大致就是 3.3V+0.6V=3.9V(朋友们也可以更替 D1 的稳压参数构成更多复位阈值)。电路中的三极管 Q1 及外围电路构成了一个简单的比较器电路,当电源波动的时候也可以有效地根据阈值比较完成复位动作。R2 的大小可以改变输出信号的驱动能力,R1 和 C2 一起决定了复位延时的长度,C1 是为了抑制和旁路电源中的高频噪声。该电路上电后的复位波形如图 2.18(b)所示,这样的波形总算是"漂亮"了。

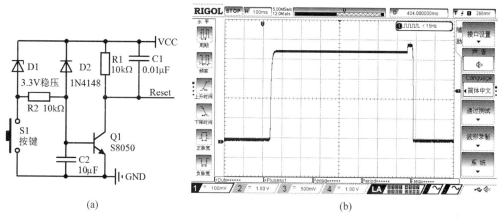

(a)　　　　　　　　　　　　　　　　(b)

图 2.18　一种阈值电压比较型高电平复位电路原理图

虽说如图 2.18(b)所示波形的高电平末端有个向上的小"凸起",但这并不影响复位信号的有效性,因为复位电压只要在 1.6V 以上就满足 STC 高电平复位系列单片机的复位要求了(STC 各系列单片机的复位电平阈值稍有差异,但是该电路可以在全系列 STC 单片机中适用),如果有朋友和小宇老师一样是个"强迫症",那也可以微调 R1 和 C2 的取值去优化波形。

基于如图 2.18(a)所示的高电平复位电路,也可以稍加变形做成如图 2.19(a)所示的"低电平复位电路",该电路适用于低电平复位的单片机,如 STC8G、STC8H 系列。该电路上电后的复位波形如图 2.19(b)所示,该波形相当于图 2.18(b)的取反波形。

由此可见,小电路也有很多讲究。此处的改进只是抛砖引玉,朋友们别被"抛出去的砖"砸晕了,复位电路还存在很多改进电路和一些实际问题,希望读者可以自行延展,单片机复位端口处还可并联 0.01~0.1μF 的瓷片电容,以抑制电源高频噪声干扰或配置施密特触发器电路,进一步提高单片机对串入噪声的抑制。

可能有的朋友还是不满意这种 RC 充放电电路产生的复位波形,能不能有什么电路或者器件使用简单又能产生类似方波一样的复位波形呢?答案是肯定的。想要高可靠复位单元可以选择专用的复位监控芯片,如飞利浦半导体、美信半导体公司均有此类产品,这些芯片的体积小、功耗低、门槛电压可选。集成度的提高使抗干扰能力和温度适应性都得到了大幅提高,可以保证系统

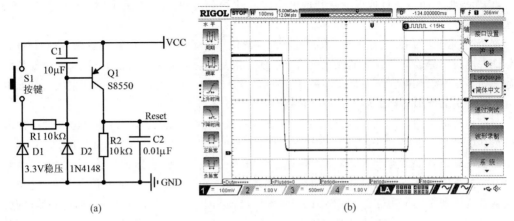

(a)   (b)

图 2.19   一种阈值电压比较型低电平复位电路原理图

在不同的异常条件下进行可靠的复位。其原理其实是通过确定的电压阈值启动复位操作,同时排除瞬间干扰的影响,又有防止单片机在电源启动和关闭期间的误操作效果,以保证程序的正常执行。

以美信公司生产的 MAX810 这款高电平复位电路专用芯片为例,搭建如图 2.20(a)所示电路,上电后测量"Reset"电气网络可以得到如图 2.20(b)所示波形,这个波形就堪称"完美"了。

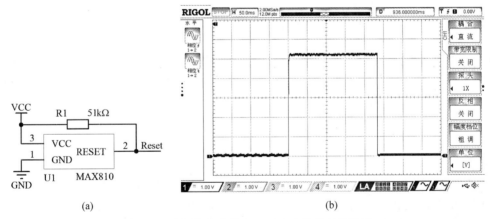

(a)   (b)

图 2.20   专用复位芯片 MAX810 电路及复位波形

常见的低电平复位电路有 MAX705、MAX706、MAX809、MAX811 等器件。高电平复位电路有 MAX810、MAX812 等器件。而 MAX707、MAX708、MAX813L 等器件同时有高、低电平复位输出信号和看门狗输出,在实际产品中经常会看到它们。需要注意的是,不同芯片的复位脉冲时间不一样,但是一般都可以达到 100～200ms,完全满足常见处理器对复位时间的需求,有的芯片还支持复位阈值设定、备份电池切换、看门狗定时器、门限值检测器、复位脉冲极性选择等更为高级的功能,此处就留给读者朋友们自行去研究了。

2.6.5   时钟电路真奇妙

小学的时候最喜欢做眼保健操,跟着旋律"1234,2234",这旋律控制着我的每一个动作,踩着节拍完成了整个过程。细细想来,单片机的工作也是一样,在一定的"节拍"下锁存和处理数据,产生不同的状态和时序,完成不同的功能。如果没有这个节拍,单片机就无法执行程序和体现功能,这里的"节拍"就是时钟信号,好比是单片机系统中的"心脏"。

在早期的 51 单片机产品中,时钟信号一般是由外部振荡电路产生,所以很多经典的单片机原理类书籍也将时钟电路当作最小系统的必要组成之一,随着单片机技术的不断发展,为了进一步降低产品的 EMI(Electro Magnetic Interference,电磁干扰),很多单片机在晶圆设计时内置了时钟源,片内 RC 时钟源的频率还支持多种选择,这样一来开发人员就可以省去外部时钟电路,单片机的时钟 I/O 引脚也可以节省出来当普通 I/O 引脚使用。

但是话又说回来,片上时钟源和外部时钟源还是有区别的,一般来说,片上时钟源的启动速度快,功耗适中,但是容易受到温度的影响产生频率偏差,若频率偏差严重就会影响程序运行(特别是通信类程序)。还有就是片上时钟的一致性难以保证,根据批次不一样或者制造上的差异性会导致芯片时钟频率不尽相同,但是对于要求不高的场合,使用内部时钟源倒也无妨。外部时钟源的启动需要一个稳定的时间,功耗也相对大一些,但是产生的时钟精度较高,不管是用无源石英晶体还是有源晶振,其信号的稳定度都较好,在持续性的通信应用上还是推荐外部时钟源作为单片机工作时钟。

有的朋友可能会有疑惑,为什么小宇老师刚刚说到"无源石英晶体"而不是"无源晶振"呢?我们平时将无源石英晶体说成"晶振"其实并不准确,无源晶体其实就是在石英晶片上电镀引出了电极,一般是两个脚,不用区分正反,在晶体结构外面装上了金属外壳,然后再在外壳上激光打字。无源晶体要想起振,一般还需要辅助外围电路才行。真正意义上的"晶振"是在晶体的基础之上额外添加了振荡、放大和整形电路后所形成的单元,常见的是 4 个脚,需要为其供电,然后从一个脚输出稳定可靠的时钟信号,这种就是我们说的有源晶振。

说了这么多,我们也不知道用于产生时钟信号的"心脏"长什么样子,接下来回到"电子工艺"课程,看看如图 2.21 所示的几个常用于产生时钟信号的器件实物。

图 2.21　常见时钟产生类元器件实物图

先来认识第一行的器件,从左至右首先是直插式圆柱状无源晶体,常见大小有 $2\text{mm} \times 6\text{mm}$ 和 $3\text{mm} \times 8\text{mm}$,常用于体积受限的场合,如 U 盘;接着是直插式 HC-49S 无源晶体,这种晶体外形最为常见;然后是直插式 HC-49U 无源晶体;最后是贴片式 HC-49S 无源晶体。第二行从左至右首先是贴片式晶振,单从样式上看是无法区分有源和无源的,用户可查阅产品手册后加以区分,这种贴片式晶振常见 2 脚和 4 脚的,常用的器件封装有 3225、3215、5032 等;接着是 MC-306 封装的晶振,常用的还有长条形的 MC-146;然后是温补晶振 TCXO,其体积稍大,内部设计有温度补偿电路和微调窗口,因其温度特性好、频率偏差小,价格也稍微贵一些,类似的还有恒温晶振 OCXO,价格就比 TCXO 还要贵一些;最后是 SiTime 公司推出的可编程晶振,该器件有别于传统器件,用户可以通过编程修改振荡频率,支持 $1 \sim 725\text{MHz}$ 内的频率调整,在一些特殊的应用场合会非常适用。

说到这里,我忍不住要问:石英晶体内部长什么样子呢?要解决这个问题很简单,我们干脆动手拆解一个直插式 HC-49U 无源晶体吧!朋友们是不是感觉有点"残忍"啊?那我们就选一个实验室里放了 N 年且引脚发生严重氧化的晶体来做实验,拆解的过程如图 2.22 所示。首先打开晶体的金属外壳后发现了内部有一层网状隔片,目的是为了让晶体与外部金属壳绝缘和防震,拆除这层隔片后就看到核心石英晶体和电极了,用手轻轻一掰,"咔"的一声就碎了,真是"嘎嘣脆"。通过这个破坏性实验我们学到了什么呢? 那就是晶体元器件在保存和使用时要避免磕碰,以免损坏内部石英晶体,焊接的时候也不要持续高温,以免晶体引脚升温太快引起内部电极与石英晶体片之间的碎裂,所以说,石英晶体这种器件是外表看着"皮实",但"内心"脆弱的器件。

图 2.22　HC-49U 无源晶体拆解过程

拆解完了晶体,心里就非常痛快了,接下来再看看振荡电路的相关知识。单一的石英晶体无法产生稳定的振荡信号,必须辅助相关电路,常见的晶体振荡电路可以用皮尔斯振荡电路、考毕兹振荡电路和克拉普振荡电路。而用在单片机上的电路几乎都是皮尔斯振荡器(Pierce Oscillator)结构。哦! 这个人我知道,就是那个打 NBA 的保罗·皮尔斯对吧? 错! 这里的"皮尔斯"是乔治·皮尔斯。他发明了一种电子振荡电路,特别适用于配合石英晶体振荡以产生振荡信号。皮尔斯振荡器衍生自考毕兹振荡器,其电路构成十分简单,我们自己也可以动手搭建,其电路原理如图 2.23(a)所示,用示波器测量"OUT"电气网络的输出波形如图 2.23(b)所示。

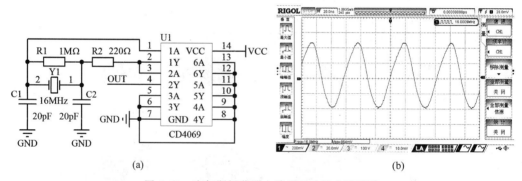

图 2.23　皮尔斯振荡器电路原理及输出波形图

分析该电路,电路采用单极性 5V 供电,U1 所选型号为 CD4069,该芯片是一款 CMOS 电平输入/输出的高速反相器(内含 6 个反相器单元),反相器在电路中等效于一个较大增益的放大器单元,在整个电路中只用了 CD4069 中的两个反相器单元,也就是 1A、1Y、2A 和 2Y 这 4 个功能引脚,其他的功能引脚都做了接地处理。

Y1 就是无源的石英晶体,这里选择的是标称振荡频率为 16MHz 的 HC-49S 晶体。R1 是反馈电阻,通常取值都在兆欧级别,有了这个电阻就可以使反相器在晶振振荡初始时处于线性工作区,可以帮助晶体起振。R2 可以调整驱动电位,以防止晶振被过分驱动而加速老化和造成晶体损坏。这两个电阻的取值非常关键,一旦取值不当就会产生高次谐波(一般是 3 次谐波,即 Y1 为 xMHz 时输出信号为 3xMHz),建议朋友们在搭建电路时合理考虑。

C1、C2 为负载电容,它们可以帮助起振,一般选用 20～30pF 且频率特性较好的电容(如瓷片电容、独石电容或 CBB 电容),其取值大小对振荡频率有微调作用(所以晶体的实际起振频率一般都不是绝对准确的标称频率)。负载电容的取值受两方面影响,一是晶体器件实际的电容参数,二是受 PCB 布线、焊盘和板层厚度等参数间接引入的寄生电容或杂散电容影响。所以在进行实际电容选取时不一定要与晶体器件数据手册中的负载电容参数完全等值,可以按照实际参数去做调整

(顺便说一下,有的单片机芯片时钟引脚单元内部甚至自带了不同挡位的负载电容,如TI公司生产的MSP430x2xxx系列单片机,该系列产品内部就支持1pF、6pF、10pF和12.5pF的四档负载电容可选,这种单片机时钟引脚上只接个晶体就行,无须外围辅助电路也能正常工作)。

经过电路搭建,CD4069芯片的第4脚输出的"OUT"就是时钟信号,原则上一个石英晶体振荡出的波形可以同时供给很多芯片使用,不一定是一个单片机就需要一个晶振,当然,也要考虑输出信号的负载驱动能力,还得考虑PCB上时钟走线带来的干扰。

学完皮尔斯振荡器的简单电路后,有的朋友又会产生更大的疑惑,大家会想STC单片机的时钟电路根本不用CD4069啊?哪儿来的什么R1和R2啊?我一般都是接一个晶体和两个负载电容就行了啊?确实如此,一般来说,XTAL1和XTAL2是STC系列单片机的振荡信号接入引脚(也可以仅由XTAL2单端接入时钟信号)。其模型仍然是皮尔斯振荡器,只不过将振荡所需的反相器和相关电阻内置到了单片机内部罢了,其电路结构如图2.24所示。

皮尔斯振荡器因结构简单,非常适用于各种数字IC的设计制造。很多IC在设计的时候就内建了高速反相器与电阻,只要在外部加上石英晶体与负载电容就可以工作。由于石英晶体频率稳定,故而电路成本较低,因此广泛用于各种消费电子产品之中。

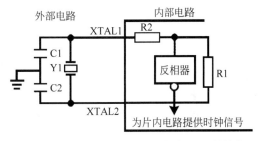

图2.24 STC系列单片机时钟单元内/外结构

电路讲完了就来看看"时钟信号"到底有什么作用?之前说了单片机是工作在一定"节拍"下的,最快最直接的"节拍"就是由外部晶体振荡电路或者内部RC振荡器提供的时钟源频率,这个时钟称为"振荡周期",在此基础之上还有状态周期、机器周期(CPU周期)和指令周期,所以"振荡周期"越小,则完成一条指令所需的时间就越短,简单来说就是给的"节拍"越快,单片机工作的处理速度就越高。但是时钟频率也要有个"度",受限于单片机内部电路的电气指标和门电路的动态特性,单片机时钟频率一般都有个范围,例如,STC8H系列单片机可以支持4～45MHz工作频率。

必须说明的是,晶体的标称频率不能随意选择,有些应用中对振荡频率是有要求的。举个例子,有个朋友做STC8串口通信程序的时候用的是外部石英晶体振荡电路,石英晶体选择的是12MHz,波特率是9600b/s,上电后单片机可以正常工作,串口助手也能连续收到单片机的字符数据,但是奇怪的是接收数据开始的时候是正常的,慢慢地就开始乱码,到后面居然不能正常接收了,他赶紧问小宇老师,这是为啥呢?我让他微调了程序并把晶振换成11.0592MHz后通信正常了!这是为啥?按理说12MHz晶体产生的振荡周期是$1\mu s$,而11.0592MHz晶体产生的振荡周期是$1.085\mu s$,这两个周期相差根本就不大,并不会过多影响单片机的执行速度,它们的主要差异是用在串口通信时,12MHz作为数值代入波特率计算后得到的偏差较大,在持续性通信过程中容易造成时钟的"累积误差",每次都"慢半拍"持续下去的话就不止"半拍"了。

所以在特殊的应用中产生了看似奇怪的石英晶体标称频率,相似的还有用在DTMF(双音多频)编/解码上的3.579 545MHz,又有用在RTC(实时时钟)上的32.768kHz,还有用在HF频段RFID(射频识别)上的13.56MHz等,这些频率值看似"怪异"实则有特殊的适用。所以,选择合适的晶体或者晶振非常重要,选型的时候一定要考虑好封装尺寸、负载电容、标称频率、温度范围、频率偏移、频率老化时长等参数。

2.6.6 接口外围要配套

本章最后一节要谈一谈单片机最小系统设计时应该怎样考虑接口和外围的问题。最小系统不同于开发板,资源设计过多显得"累赘",接口设计不合理又觉得"不灵活",所以在设计最小系统时一定要突显易用性、灵活性、扩展性。接下来小宇老师以 4 个主要内容展开讲解。

1. 电源类接口要够用

很多小系统设计的时候仅引出 1～2 对 VCC 和 GND 电气网络,后续在连接扩展模块时都不知道从哪里取电,这样的设计就比较头疼,故而电气类引针至少成对出现 5 对或以上,位置上可以零散分布。如果小系统用的是 USB 接口来承担串口通信和供电的双重"任务",必须要考虑 USB 的电流驱动能力。一般来说,笔记本电脑/台式 PC 的 USB 最大电流也就是 500～700mA,若小系统要外加驱动电路等就需要在供电接口上考虑增设 DC 插座或者排针。若设计的小系统是基于STC8 系列带 ADC 参考电压引脚的单片机,那就切记不要将 AVref 引脚固定连接到电源,推荐做"非固定连接"。例如,可以使用短接焊盘做连接处理,需要的时候可以点锡连接,不需要即可吸锡断开,推荐增设外部电压基准源以提升 ADC 数据精度。

2. 通信接口要做全

单片机小系统能做的事情很局限,我们需要将成组的 I/O 接口、SPI 接口、I²C 接口、串口等通信和扩展类有关的接口单独做出来,配合明显的丝印加以区分,这些接口能做的事情太多了。例如,有了成组的 I/O 接口就能驱动液晶或者外扩存储资源,有了 SPI 接口可以上手文件系统和操作SD 卡,有了 I²C 接口可以驱动收音机模块或者其他 I²C 设备,有了串口能与 PC 交互,或者用串口连接 ESP8266 等模块实现无线 AP 接入,又或者用蓝牙实现无线数据透传,又或者用合宙科技Air724 模组自己做个手机终端,再或者用 CH9121 芯片实现单片机到以太网的接入与数据收发等。

3. 特殊通道要引出

在 STC8 系列单片机中有很多信号输入/输出通道,例如,启用 ADC 转换时要将模拟信号连接至 ADCx 通道;又如,PWM 信号输出时要将 PWMx_y 通道引出连接至驱动单元;再如,外部脉冲周期测定时还需要将待测信号送至 CCP 输入通道进行捕获等。这些通道上最好不要设计固定电路,哪怕是 LED 驱动电路也不要加,否则会干扰通道的输出或者电压采集,实在要加也可以,一定要配备短路焊盘,方便将其分离。

4. 核心外围要考虑

作为"五脏俱全"的小核心应该配备必要的外围,起码要有 USB 转串口单元(可选择沁恒微电子的 CH340E 方案)、要有几个 LED 或者 1 颗 RGB 灯珠(用作基本 I/O 验证和色彩指示)、要有几个用户按键做交互、要具备复位按键或者一键下载电路(参考 2.6.2 节的电路设计),在基础外围之上还可以添加一些功能接口座子,如 nRF24L01 无线数传模块接口、蓝牙接口、ESP8266 模块接口、传感器模块接口、数码管模块接口、矩阵键盘模块接口、点阵/字库液晶模块接口等接口座子。若有需要,再添加一个一体化红外接收头、AT24Cxx 器件(以便学习 I²C 通信)、W25Qxx 器件(以便学习 SPI 通信)、MAX485 器件(以便学习 Modbus 协议及 RS485 通信)等都是可以的。

好了!强制打住,小宇老师一开讲就刹不住车了,啰唆了这么多,希望朋友们可以对 STC 系列单片机有一个初步的认识。搞清楚单片机选型时的相关名词,知道引脚的作用,拿到一款单片机后在脑海里就可以形成小系统的初步设计,把电源单元、下载电路、复位电路、时钟电路和接口外围都考虑好。学了这一章之后,朋友们能不能动手自己搭建一个 STC8 单片机小系统呢?要是有信心就开始网上买件儿搭建吧!要是还不满足那就学习下电路板设计,推荐用立创 EDA 软件设计一款属于自己的 PCB,哪怕再丑再困难也要搞出第一版试试看,留下自己的拙作是为了印证后续的成长!朋友们加油!

第3章

"搭筑高台，唱出好戏"软硬结合产出利器

章节导读：

本章将详细介绍 STC8 系列单片机软/硬件开发环境及调试的相关知识和应用,共分为 5 节。3.1 节主要讲解硬件开发平台的作用和相关选型,便于读者朋友们根据需求进行搭配学习和实战；3.2 节主要讲解了主流的 Keil C51 开发环境特色及工程建立的两种方法,并对单文件和模块化工程进行了优劣对比；3.3 节主要讲解了使用 STC-ISP 软件进行程序下载、将 STC8 系列单片机"改造"成仿真器芯片以及官方 STC-U8W 编程工具的运用等内容；3.4 节介绍了 STC-ISP 软件的诸多功能,目的是为了让朋友们在实际应用中更加得心应手；3.5 节介绍了三种在单片机学习过程中常用的仪器仪表。本章内容是学习 STC8 系列单片机开发的基础。朋友们务必要熟悉开发环境,学会调试和下载方法。

3.1 "抟土成人"量身打造 STC 专属硬件平台

我国有很多美丽的传说,有一则为："天地初开,女娲引绳于泥中,举以为人。"这是大家熟悉的"女娲造人",传说中的"泥"塑造了人的身躯,然后被赋予"神识"之后,泥人就成为真人。想一想这个过程和电子产品的制造其实差不多,在实际的项目中,软件工程师负责单片机产品的"灵魂"塑造,硬件工程师则负责整体系统的"躯干肢体"构建,一个产品的成功"问世"需要软件、硬件、机械、外观等多方面相结合,这些参与设计和研发的人员就是产品的"亲生父母"。

STC 系列单片机的学习之路是一条实践出真知的路,不仅需要朋友们掌握软件环境的搭建、程序语句的编写,还需要朋友们熟悉单片机硬件资源、开发板硬件平台,将 STC 系列单片机的强大功能发挥到极致、应用到实体。所以我们非常需要一个供我们"折腾"和"捣鼓"的硬件平台,以平台为研究对象摸索单片机资源的使用,在平台上观察现象、调试效果,最终修成"正果"脱离平台,以实际客户需求为导向去设计产品。

3.1.1 细说开发板的"那些事"

单片机的硬件开发平台其实就是我们平时说的"开发套件"或者"开发板",在学校里多是以实验箱的形式出现,在公司里多是以单片机生产商官方 Demo 板的形式出现。一听到"开发板"这 3 个字,朋友们的第一感觉就是"买买买"！且慢！请听小宇老师为您分析一番。现在市面上的开发平台琳琅满目,板子的设计风格、资源的丰富程度、板卡的实验偏重都不太一样。但是按照资源组成来看,可以把开发板大致分为 3 类,就是全集成开发板、全分立开发板和半集成积木式开发板。

这3类开发板的特点如表3.1所示。

表 3.1　开发板常见类型及特点分析

类　　型		开 发 板 特 色
全集成 开发板	优势	此类开发板的板上线路多为"固定"形式,核心主控单片机引脚分配已经定型,直接连接到了外围电路/模块单元上,通过板卡可以直接验证相关实验,无须自行连线,通过修改关键语句的参数就可以直观感受到实验效果的变化,特别适用于"验证性"实验的开展
	不足	在进行扩展性实验或者创新性实验时,原有分配的硬件引脚资源容易发生占用和冲突,受限于电路无法修改的情况,实验扩展变得困难,灵活性较差
全分立 开发板	优势	此类开发板偏重于资源的相互"独立",板载资源常用分块设计,引出相关的功能排针,对于自主实验而言,灵活度很高,类似于单片机小系统+功能模块拼板在一起的样子,硬件资源不限于单片机型号,可以重复在不同单片机核心上使用
	不足	初学者在做每一个实验之前都必须要翻阅接线说明,如果线路接错就会浪费大量时间,要求初学者比较熟悉板子的硬件资源之后再去使用。学习的进度比较缓慢,如果接错线路,可能损伤单片机引脚和其他功能芯片,若连线超过5～10条,出错的概率就会增加,若杜邦线存在松动和内部开路,则很难查错和调试
半集成 积木式 开发板	优势	此类开发板结合了全集成和全分立开发板的优点,对于外设电路进行了部分固定连接,对于基础的验证性实验而言无须手动连线,常用短路帽形式连接单片机引脚和外设资源,拔除短路帽后,外设资源就不再占用单片机引脚,可以灵活地在"集成"和"分立"间切换。注重"验证性"实验的简易程度,也考虑"自主性"实验的灵活程度
	不足	开发板的硬件设计复杂度增加了,对于设计者而言需要综合考虑实验的便捷和实际需求,采用半集成化设计后,要事先对有限的单片机引脚进行合理分配,尽可能降低占用和冲突的情况,还得考虑积木式模块接入时的功能接口问题,在设计PCB时布线难度可能增加。各资源布局和丝印标注必须适合学习者使用。稍加分析,这些"不足"和"难点"一般不用学习者去考虑,这是开发板商应该解决的问题

以上3类开发板各有特色,朋友们可以按需选择,都可以作为硬件开发平台去使用,但是稍加对比就会发现半集成积木式的开发板更适合作为初学平台。"开发板"终究是个中间平台,板子终有一天会"吃灰"然后"闲置",要是不"吃灰"也有可能挂"闲鱼"。

所以,随着单片机功底的提升,我们所需要的硬件平台也会发生变化,初学者喜欢功能全、抢眼球、体积大的开发板,这些开发板上做个"俄罗斯方块"或者"图片显示"就会让初学者们感觉到"高大上"。随着学习的深入,我们开始喜欢单片机最小系统,价格便宜不说,也没有什么冗余的功能!一个小而精的核心,灵活度是最大的,往洞洞板上一装,就可以开始DIY了。要是小项目积累多了,到了实际的公司和企业,我们就会更加偏爱自己做的硬件平台,因为自己会按照工作偏重选择外设资源,比如专门做运动控制的板卡、专门做蓝牙数传的板卡、专门做门禁识别的板卡、专门做无刷电机驱动的板卡、专门做数控电源的板卡等。这些板子会有行业偏重。这就是一个初学者从入门、进阶再到实战的过程。

3.1.2　思修电子STC"战将"系列开发平台简介

为了方便读者朋友们学习和实践,小宇老师也搭配本书设计了多款基于STC主流系列单片机作为控制核心的硬件开发平台,并为这个系列取名为思修电子STC"战将"系列,该系列板卡全部采用"半集成积木式"架构设计,非常灵活易用。

该系列下设战将经典DIP40核心板、战将百搭SOP8核心板、战将百搭SOP16核心板、战将百搭TSSOP20核心板、战将百搭LQFP32核心板、战将百搭LQFP48核心板、战将百搭LQFP64核心板以及战将 STC8"小王子"开发板。

"核心板"的功能精简,灵活度高,添加了基础外设,等同于灵活且实用的最小系统板。"开发板"适合从零学习,板载丰富的硬件资源,配备了详尽的教程和资料。这些板子可以缩短朋友们自行搭建硬件平台的时间,方便大家做实验。当然,如果时间充足,小宇老师还是建议朋友们搭建一个属于自己的小系统,或者直接使用立创 EDA 软件或者其他 PCB 设计软件自己画一个小系统来用,体会一次从零开始的乐趣,让自己的动手能力得到提升。

1. 思修电子 STC"战将"系列经典 DIP40 核心板

考虑到很多朋友对 STC 经典的 DIP40 封装单片机(特别是 STC89C52RC/STC90C52RC 核心和 STC12C5A60S2 核心单片机)还存在需求,或者是原有学习过程中用到的芯片就是 DIP40 双列直插封装的情况,本人设计了 STC"战将"系列的 DIP40 核心板,实物样式如图 3.1 所示。这款板子的电路可以兼容 STC89Cxx、STC89LExx、STC90Cxx、STC90LExx、STC12Cxx、STC12LExx 等系列的 DIP40 封装形式单片机。

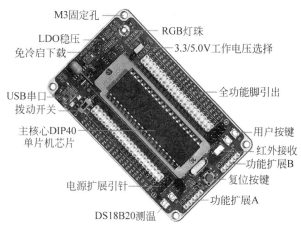

图 3.1 战将经典 DIP40 系列核心板实物图

经典 DIP40 核心板具备全自动下载电路(免除用户冷启动下载过程),通过 Mini USB 接口充当供电/通信/下载/调试的多功能一体化接口,板载南京沁恒微公司的 CH340G 芯片,实现了 USB到 TTL 电平格式串口的转换,具备电源的拨动开关,单片机的全部功能引针都有引出,板载 LDO低压差稳压单元,可以自由调配单片机的供电电压(支持 5V 和 3.3V 选择),板载一颗 RGB 灯珠,既可起到指示作用又可以做混色实验,具备板上复位电路和时钟电路,具备 DS18B20 单总线数字测温单元及 VS1838B 屏蔽壳式一体化红外解码单元,板载 4 个用户按键和 1 个手动复位按键,电源扩展引针均有引出,经常需要外扩的 I/O 引脚做了专门引出(即为图 3.1 中的功能扩展 A/B 接口),板子长、宽、高分别为 98mm、59mm、16mm,具备 4 个 M3 螺丝定位孔,配备了详尽的学习资料(文档、视频、电路图、工具软件等)。

2. 思修电子 STC"战将"系列百搭 SOP/TSSOP/LQFP 核心板

在实际产品应用的时候,对性价比要求非常高,很多设计中并不是要"引脚多",也不是要"容量大",更看重的是物尽其用,用低廉的成本选型合适的单片机,然后充分利用其资源,把片内资源和单片机引脚都"榨干",这样一来就不会造成主控芯片成本的浪费。

所以本人挑选了几款 STC 单片机的"热销"型号去做相应的核心板卡(覆盖了 8 脚、16 脚、20脚、32 脚、48 脚及 64 脚主流型号单片机),添加了必要的外设电路和外设资源,推出了 STC"战将"系列的百搭 SOP/TSSOP/LQFP 系列核心板。需要说明的是,这里的"SOP""TSSOP""LQFP"都是指核心单片机的封装形式,这些板卡既可以作为最小系统又可以作为功能转接板,非常易用和灵活,特别适用于程序移植和原型验证。

核心单片机脚位数量小于或等于 20 个的就是百搭 SOP/TSSOP 系列,百搭 SOP8 核心实物样式如图 3.2(a)所示,百搭 SOP16 核心实物样式如图 3.2(b)所示,百搭 TSSOP20 核心实物样式如图 3.2(c)所示,这些核心板可以对接 STC15F/L10x 系列、STC15W10x 系列、STC15W20x 系列、STC15W40x 系列、STC8F2Kxx 系列、STC8G1Kxx 系列、STC8H1Kxx 系列以及 STC8H3Kxx 系列对应封装的单片机。

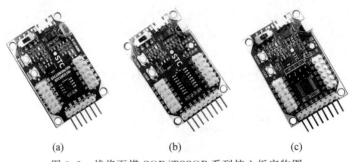

(a)　　　　　　　(b)　　　　　　　(c)

图 3.2　战将百搭 SOP/TSSOP 系列核心板实物图

百搭 SOP/TSSOP 系列核心板具备一键下载电路(需要在下载时触发一次下载按键"Down"),通过 Micro USB 接口充当供电/通信/下载/调试的多功能一体化接口,板载南京沁恒微公司的 CH340E 芯片(免晶振方案),实现了 USB 到 TTL 电平格式串口的转换,具备电源的拨动开关,单片机的全部功能引针都有引出,板载 LDO 低压差稳压单元,用户可以自由调配单片机的供电电压(支持 5V 和 3.3V 选择),板载 RGB 灯或不同颜色的 LED,既可起到指示作用又可以做混色实验,按需配备了复位电路,均采用单片机内部时钟,无须外部晶振,具备 VS1838B 屏蔽壳式一体化红外解码单元,板载 1 个用户按键和 1 个下载/复位按键,个别百搭 TSSOP 核心板具备 TL431 电压基准源电路(为了给 ADC 资源提供基准电压)。该系列核心板的长、宽、高分别为 45mm、30mm、12mm,具备 4 个 M3 螺丝定位孔,配备了详尽的学习资料(文档、视频、电路图、工具软件等)。

核心单片机脚位数量大于 20 个的则是百搭 LQFP 系列,百搭 LQFP32 核心实物样式如图 3.3(a)所示,百搭 LQFP48 核心实物样式如图 3.3(b)所示,百搭 LQFP64 核心实物样式如图 3.3(c)所示(经过考虑,最终没做 LQFP44 封装单片机的核心板,因为相比之下 LQFP48 封装的单片机更为主流和常用,STC 公司也推荐大家使用 LQFP48 封装去替换早期 LQFP44 封装的产品),这些核心板可以对接 STC8H1Kxx 系列、STC8C2Kxx 系列、STC8G2Kxx 系列、STC8H3Kxx 系列、STC8H8Kxx 系列、STC8A8Kxx 系列以及 STC16F40Kxx 系列对应封装的单片机。

大多数百搭 LQFP 核心板具备 TL431 电压基准源电路(为了给 ADC 资源提供基准电压),该系列核心板在百搭 SOP/TSSOP 系列核心板的基础上,还添加了外部石英晶体振荡器电路(支持时钟源的切换,以获得更高精度的时钟信号)、光敏电阻分压电路(为了做电压比较器或 ADC 环境光强采集实验)等附加外设单元,需要单独说明的是:因为 LQFP48、LQFP64 封装的 STC8H8K64U 单片机具备硬件 USB 资源(即 P3.0 和 P3.1 充当 USB 数据线的 D+ 和 D−),所以该型号单片机核心板上设计了两个 Micro USB 接口(一个是下载接口,固定连接 CH340E 电路,一个是 USB 资源接口,连接单片机的 D+ 和 D− 数据引脚)。该系列核心板载了 3 个用户按键和 1 个下载/复位按键,单片机功能引脚及电源扩展引针均有引出。百搭 LQFP 系列核心板的长、宽、高分别为 68mm、45mm、12mm,具备 4 个 M3 螺丝定位孔,配备了详尽的学习资料(文档、视频、电路图、工具软件等)。

3. 思修电子 STC"战将"系列"小王子"开发板

从进阶学习的深度和资源的丰富度上看,"战将"百搭系列核心板稍显"简单",板卡的灵活度虽

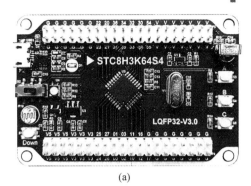
(a)

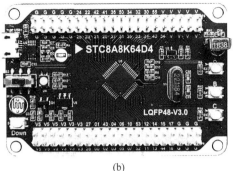
(b)

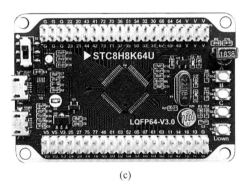
(c)

图 3.3 战将百搭 LQFP 系列核心板实物图

然很高但板载资源的丰富度稍有欠缺，肯定不能满足朋友们入门、进阶的过程需要。所以小宇老师还得设计一款具有代表性的开发/学习板，并为其取名为"战将"系列"小王子"开发板。这个开发板要选用什么单片机作为主控呢？

经过前期比较和选型，我在 STC8 众多子系列中挑选了性价比最高的 STC8H 系列，接着又从该系列中挑选了 LQFP64 封装的 STC8H8K64U 型号，该型号算得上是整个 STC8 系列单片机中的"功能王者"了，以其作为主控更具代表性，我们学懂了这个型号也就"拿下"了其他型号。思修电子STC"战将"系列"小王子"开发板的实物样式如图 3.4 所示。

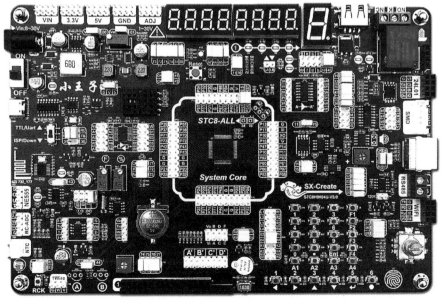

图 3.4 战将"小王子"开发板实物图

战将"小王子"开发板采用两层结构,上层是 PCB 印制电路板,下层是 3mm 厚度黑色磨砂亚克力底板(有了底板就可以避免实验过程中的底层电路短路问题,也保护 PCB 不被磨花),开发板的长、宽、高分别为 196mm、130mm、25mm,具备 4 个 M3 螺丝定位孔,配备了详尽的学习资料(文档、视频、电路图、工具软件等)。

该开发板的板载资源非常丰富,完全可以满足 STC8 系列单片机的学习(也可以适配到其他 8 位单片机或 32 位单片机学习中),板载资源大致可以分为 10 类共 52 种资源,这些资源的设定并不随意,每种电路的设计都是为了搭配单片机主控,都是为了验证或加深单片机资源的学习,说白了,这些资源都是为主控学习而服务的,并不是无限延展到各种应用(这样做是为了凸显学习中心和学习重点,我们先得把单片机本身的东西学会,下一步才能谈扩展),这个板子的设计初衷就是为了把主控"搞懂",所以资源的设立至关重要,既要考虑学习需求,又要考虑难度梯级,还得和本书所讲的知识点进行结合。前前后后经过了 3 次改版与修正,最终形成了如表 3.2 所示资源,供朋友们参考和学习。

表 3.2　思修电子 STC8 战将"小王子"开发板资源介绍

序号	类别	外设/电路名称	外设/电路功用
1	电源接口电路	XL1509-5.0 降压型开关稳压电路	开发板支持外部 8-30V 供电,支持外部 DC 头与板载 Type C USB 口的供电切换,即使同时供电也能自动选择
2		全自动下载电路	免除程序下载时必要的冷启动过程,简化用户操作
3		CH340G 串口通信转换电路	通过 Type C USB 接口充当供电/通信/下载/调试的多功能一体化接口,实现 USB 到 TTL 电平串口的双向转换
4		LM1117-3.3 低压差线性稳压电路	板载 5V 及 3.3V 电源,单片机工作电压可以手动切换,以方便连接外围 3.3V 低压器件/芯片/模组
5		SX1308 自动升降压电路	搭建 SEPIC 电路,利用板载 5V 自动升降压得到 1～30V 范围电压,用于开展电压表、比较器、积分式 ADC 实验
6		电源类引针电路	引出外部电压 VIN、板载 5.0V、板载 3.3V、板载 GND、板载 ADJ 可调电压源等电源类接口
7	单片机核心电路	单片机主控电路	主控选型为 LQFP64 封装的 STC8H8K64U,需要说明的是:市面上的该芯片有 A 版本和 B 版本之分,这两个版本内部资源有些许差异,但整体是相似的,差异之处按照官方芯片数据手册为准即可
8		单片机滤波电路	为单片机的 VCC、UCap 等重要电气引脚进行滤波
9		石英晶体振荡器电路	为单片机提供外部高精度时钟信号,可以按照实际需求更换不同标称频率的无源石英晶体
10		低电平复位电路	构造了一阶阻容式积分器电路,以便提供复位信号
11		TL431 电压基准源电路	通过 TL431 芯片获得稳定的 2.5V 基准电压,该电压用于电压测量校准或 ADC 参考电压(即 Vref＋引脚电压)
12		CCO 时钟信号输出测试点电路	开发板具备 P5.4 和 P1.6 两个 CCO 功能测试点,方便示波器测量输出时钟信号,观察波形并测量频率
13		单片机功能引针	引出了主控单片机的重要引脚,增强开发板的灵活度,方便接入各种功能模块
14	I/O 功能电路	6 通道斯密特反相器电路	反相器(即非门)可对 I/O 电平进行取反,同时也增强了 I/O 驱动能力,是各类项目中较为常用的资源
15		8 通道双向电平转换电路	电平转换用于适配不同电压系统的电平标准,如常见的 1.25V、1.8V、2.5V、3.3V、5.0V 等电平系统的转换互联
16		ULN2003 达林顿管芯片电路	适用达林顿管增强 I/O 驱动能力,便于外接步进电机、小马达、蜂鸣器、继电器等器件/模块

序号	类别	外设/电路名称	外设/电路功用
17	显示电路	双 LED 拉/灌电流验证电路	由两个绿色 LED 构成(一个共阳型接法，一个共阴型接法)，用于验证 I/O 引脚各模式下的拉/灌电流特性
18		流水灯电路	由 4 个红色 LED 构成(共阳型接法)，给低电平亮起
19		RGB 三色灯珠	由一颗 RGB 灯珠构成，可做单色/混色实验
20		1 位数码管电路	0.56 寸 1 位共阴红色数码管，可做单位数码静态显示
21		8 位数码管电路	双 0.36 寸 4 位共阳红色数码管，可做 8 位数码动态显示
22		1602 接口电路	16p 字符型 1602 液晶模块接口
23		12864 接口电路	20p 图形/点阵型 12864 液晶模块接口
24	交互电路	1 路触摸按键	由 PCB 触摸片和充电电路构成，用于验证开漏触摸功能
25		6 路独立按键	由 6 个轻触按键及上拉电路构成
26		4 路 ADC 按键	利用特定电阻串联分压构成"一线式"独立按键，亦可利用电路原理自行扩展得到"一线式"4×4 矩阵键盘
27		4×4 矩阵键盘	由 16 个按键组成矩阵键盘，用于验证"线反转式"解码
28		EC11 编码器	学习 EC11 便于开展液晶数据设定、选择、菜单实验
29		PS2 接口电路	用于连接 PS2 接口标准键盘(如电脑键盘、超市收银键盘或银行密码锁键盘等)，扩展键盘信息量和键值数
30	执行电路	蜂鸣器驱动电路	驱动有源蜂鸣器发声，高电平有效
31		继电器驱动电路	驱动一路电磁继电器吸合，高电平有效
32		MOS 管驱动电路	可驱动大功率负载，用于验证电子开关实验或 PWM 调速/调光/调热等实验，可接 USB 小风扇、小夜灯
33		TTS 语音合成与播报电路	为增添实验趣味性，小王子开发板板载了自研的 TTS 单元(本质是单片机＋音频数据库芯片＋功放芯片构成)
34	传感电路	NTC 热敏电阻电路	利用 NTC 负温度系数电阻采集环境温度
35		LDR 光敏电阻电路	利用光敏电阻分压电路体现环境光照强度
36		双通道单总线传感器接口电路	适配 1-Write 单总线传感器件，如 DS18B20 温度传感器或 DHT11 温湿度传感器
37		DHT20 温湿度采集电路	适配 DHT20 模组(通信使用 I^2C 接口)，用于做环境温湿度测量、温湿度阈值报警等实验
38		38kHz 一体化红外接收电路	采用一体化红外接收头得到红外解码数据，验证 NEC 标准红外编码数据并进行解码，可做红外遥控实验
39	时钟电路	NE555 方波发生器电路	采用 NE555 芯片搭建了方波发生器电路，方波频率和占空比可调，频率分为 4 档(根据不同的 RC 时间常数搭配得到不同的振荡频率)，可做信号发生器和脉冲源
40		DS1302 芯片 RTC 实时时钟电路	采用 DS1302 芯片搭建 RTC 实时时钟单元，可做定时器、闹钟、万年历等实验
41	功能接口	无线模组接口	适配 nRF24L01 模组实现 2.4GHz 无线通信、透传、遥控
42		WiFi 模组接口	适配 ESP8266 模组接口实现 WiFi 通信、透传、遥控
43		步进电机接口	适配 4 相 5 线小型步进电机，切相控制步进角度
44		超声波接口	适配 HC-SR04 超声模组，处理回波脉宽进行声学测距
45		RS485 接口电路	采用 SP485 芯片构造了 RS485 通信接口电路，便于扩展串口通信距离，还能进一步学习 Modbus 协议
46		自由扩展引针	板载 4 组自由扩展引针，解决某些引脚不够用的问题，用一根杜邦线接入后就能得到 3 路相同信号

序号	类别	外设/电路名称	外设/电路功用
47	功能外设	AT24C02 存储器芯片电路	学习 I²C 通信和 EEPROM 存储器操作,学习 AT24C02 芯片的单字节、多字节、页写入实验
48		W25Q16 存储器芯片电路	学习 SPI 通信和串行 Flash 存储器操作,学习 W25Q16 芯片的 ID 号读取、数据读写实验
49		一阶 RC 积分器 ADC 实验电路	通过积分器 ADC 实验加深对电压比较器和 ADC 采集的理解,深入学习 RC 时间常数、积分器零状态响应过程
50		二阶 RC 滤波器 DAC 实验电路	通过二阶 RC 滤波器将 PWM 信号转换为梯级模拟电压,相当于一个简易 DAC
51		梯级电压电路	通过不同电阻分压及接入控制得到待测电压的梯度变化,加深电压比较器理解,学习自动挡位判断方法
52		ECB02 蓝牙电路	板载蓝牙通信模块及 2.4GHz 天线(PCB 形式),支持蓝牙 APP 与开发板互动,实现蓝牙通信、透传、遥控

　　需要说明的是,读者朋友们即便没有这些硬件板卡依然可以开展本书的所有功能实验,因为本书的所有知识点讲解并不是绝对依赖于这些板卡的,书籍上的所有基础项目、进阶项目都可以单独实验,由读者朋友们自行移植和验证,这也是本书编写的初衷。之所以介绍这些板卡,是为了让读者朋友们多一个选择,如果在实际开发中不方便搭建实验电路时可以直接使用思修电子 STC "战将"系列开发板卡,以缩短大家搭建电路的时间,让初学者们可以更加快速的验证和掌握 STC 相关系列单片机的运用。

3.2　"塑造灵魂"软件环境搭建与工程配置

　　工欲善其事,必先利其器！单片机的开发和学习除了需要硬件板卡之外还需要软件的支持。软件开发环境的作用是创建工程、编写源码、调试仿真、完成配置、生成固件并最终烧录到目标单片机中。

　　本节重点讲解 STC 单片机开发所需的"软件开发环境",该环境可以为 STC 单片机"塑造灵魂",这里的"灵魂"就是 STC 单片机中的程序代码。每个程序在设计之初都应该经历需求分析、可行性分析、程序设计等阶段,开发人员要以实际的需求作为导向去编写程序,最终实现功能,然后量产,把软件环境输出的"固件"烧录到产品的主控中,此时的单片机就不再是"空白片",而是一个拥有"思想"的"小蜘蛛"了。

3.2.1　主流 IDE 之 Keil C51 简介

　　STC 系列单片机都是基于 MCS-51 内核的,市面上适用于 8051 内核单片机的编译器和软件开发环境其实有很多,但是最主流的当属 Keil C51(发展的过程中有很多叫法,官方也称之为 PK51,也有 Keil 8051、RealView C51 的叫法,实际上都表示一样的环境),该软件是一款集编辑、编译、调试、下载于一体且支持 C 语言和汇编语言的集成开发环境,软件的界面如图 3.5(a)所示,非常友好,易学易用。朋友们可以登录 ARM Keil 官方网站 www.keil.com,然后在网站的 Download Products 页面中下载适用于"8051"微处理器的软件产品。通过官网可以获取得到 Keil C51 最新版本的安装包文件(下载前需要简单填写使用者信息),以 Keil C51 Version 9.60a 为例,安装界面如图 3.5(b)所示,具体的安装过程不作赘述,一般都是单击"下一步"按钮就可以了,然后正常注册软件,获取使用权即可。

(a)   (b)

图 3.5 官方 Keil C51 安装包获取与安装

Keil C51 环境几乎可以开发所有主流的 8051 单片机产品，我们用它作为 STC 单片机的开发环境，除此之外，它也可以开发 Atmel(爱特梅尔)、Cypress Semiconductor(赛普拉斯)、NXP(恩智浦半导体)、Silicon Labs(芯科科技)、STMicroelectronics(意法半导体)、Texas Instruments(德州仪器)等公司的 8051 内核产品，所以说这个环境还是比较强大的。

Keil C51 环境中还包含大量的范例程序，可以帮助开发者们迅速上手最流行的嵌入式 8051 设备，调试环境下还能模拟 8051 设备的片上资源(例如，T/C、I^2C、CAN、UART、SPI、中断、I/O 端口、A/D 转换器、D/A 转换器和 PWM 模块等)，运行中想看变量或者某个寄存器的值都可以"抓"出来在特定的窗口进行观察。

在 Keil C51 环境下生成的目标代码质量较高，多数语句生成的汇编代码较为紧凑，容易理解。环境支持 C 语言开发，也可以用 C 语言和汇编语言进行混合编程，环境下还提供了一款实时性操作系统 RTX51(操作系统的内容会在第 22 章展开讲解)，在开发实战项目或者实时系统时更能体现出环境优势。环境下还提供了丰富的库函数和功能强大的调试工具，其软件启动界面与环境界面如图 3.6 所示。

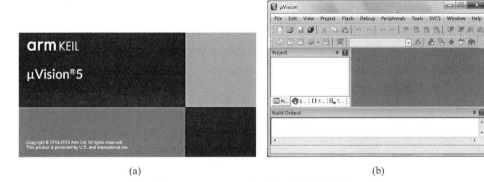

(a)   (b)

图 3.6 Keil C51 启动界面及环境界面

Keil C51 的官方软件虽然没有中文版本，却被我国 80% 以上的软/硬件工程师使用，足以说明该环境的普及度之广、用户群之多。在国内也可以通过深圳市米尔科技有限公司、上海亿道电子技术有限公司、周立功公司获得 Keil 相关开发环境的销售和技术支持，这些国内公司都是 ARM 公司的合作伙伴，也是国内领先的嵌入式解决方案提供商。

3.2.2 单文件与模块化工程建立方法及比较

在教大家使用 Keil C51 环境建立工程之前，我们要干一件大事，那就是把 STC 仿真器动态链接库文件和相关的头文件添加到我们的 Keil C51 根目录中去,只有这样才可以正常选择单片机型号、执行仿真和包含相关头文件。在进行具体操作之前,朋友们需要登录宏晶科技的官方网站 www. stcmcudata.com 下载最新版本的 STC-ISP 多功能下载软件(更多的功能介绍在本章后续展开)。

按照图 3.7(a)打开该软件,然后选择"Keil 仿真设置"选项卡,然后单击"添加型号和头文件到 Keil 中"按钮,随后会弹出如图 3.7(b)所示的"浏览文件夹"界面,此时需要指定 Keil C51 环境的安装根目录。需要注意的是,有的朋友喜欢把软件默认安装到非 C 盘的其他硬盘分区中,此处就要按照自己的实际安装位置去灵活选择,小宇老师的电子相关软件都喜欢装在 C 盘,所以这里就选择了 C:\Keil_v5 路径,若朋友们安装的不是 Keil C51 Version 9.60a 版本,有可能路径名称是 C:\Keil,要注意这些小细节。

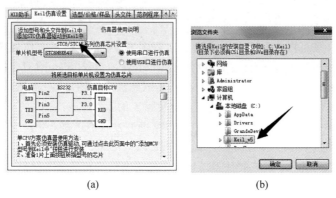

(a)　　　　　　　　　　(b)

图 3.7　利用 STC-ISP 向 Keil 环境中添加型号及头文件

选择好路径之后单击"确定"按钮,STC-ISP 软件会自动弹出"STC MCU 型号添加成功"的提示框,至此向 Keil C51 开发环境中添加 STC 仿真器动态链接库文件(默认路径一般是 C:\Keil_v5\C51\BIN,其中有个名为"stcmon51.dll"的文件)和相关头文件的操作就完成了,也可以打开 C:\Keil_v5\C51\INC\STC 路径去看看到底添加了哪些头文件,然后记住这些头文件的名字,又或者把它们复制出来待用。例如,STC8H8K64U 单片机的头文件并不叫"STC8H8K64U.H"而是叫"STC8H.H",所以引用的时候别写错了。

搞定了以上操作之后就可以开始建立工程了,建立工程一般常见"单文件工程"和"模块化工程"两种方式,我先教大家"单文件工程"建立方法,然后在其基础之上说说它的"缺点",最后再教大家建立"模块化""多文件"的工程结构。

创建工程之前先在桌面上新建一个文件夹并按需命名(例如,Project_Demo),该文件夹的作用是将后续产生的文件都约束在一个文件夹内,以免"散落"得到处都是。准备好文件夹后打开 Keil C51 软件,按照如图 3.8(a)所示那样单击 New μVision Project 命令创建新工程,在弹出的如图 3.8(b)所示界面中先选择桌面位置,再双击进入 Project_Demo 文件夹,最后在"文件名"文本框中输入自定义的工程名称(例如,test),最后单击"保存"按钮即可。

工程文件建立后 Keil C51 会弹出 Select Device for Target 界面,提示用户去选择具体的芯片型号,界面样式如图 3.9(a)所示。在 Device 选项卡中有两个数据库,第一个 Device Database 是 Keil C51 环境自带的,这个数据库中没有 STC 系列的单片机,好在我们建立工程之前就已经用 STC-ISP 软件导入了 STC 系列单片机的支持,此处可以直接选择 STC MCU Database 数据库,然后按需选择型号。此处小宇老师选了 STC8H8K64U(也可以根据实际情况选择其他型号或者性能接近的单片机),界面右边是该系列芯片的英文概述。选择型号后单击 OK 按钮后出现了如图 3.9(b)所示对话框,这是问我们要不要复制一个与单片机启动配置有关的 STARTUP.A51 文件到工程中

(a)　　　　　　　　　　　　　　(b)

图 3.8　新建工程和保存工程

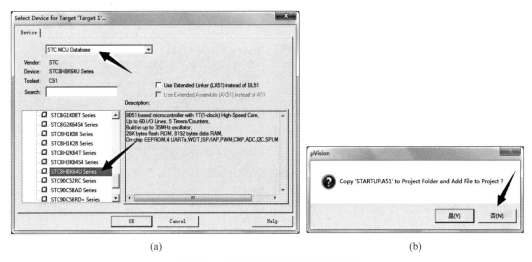

(a)　　　　　　　　　　　　　　(b)

图 3.9　选择单片机型号及启动文件

去,此处还用不到这个文件,直接单击"否"按钮即可。

　　这样一来工程就算是建立成功了,工程其实是为了更好地管理程序文件的,但是我们还没有程序文件,那咋办呢? 没事,自己逐步新建吧! 先单击如图 3.10(a)所示的"新建文件"图标,然后在源码编辑区域会出现一个"Text1"的文件样式,其实这个文件只能算是一个"文本文件",与实际需要的程序文件是不一样的类型。先别急,此处单击"保存"按钮后就会出现如图 3.10(b)所示的保存界面,仍然是选择在 Project_Demo 文件夹下保存文件,文件名的书写一定要注意了,名称可以自拟(如 main),但是文件扩展名一定要是".C"(C 语言程序源文件)或者".Asm"(汇编语言程序源文件)。此处需要用 C 语言开发具体程序,所以文件名实际填写了"main.C",最后别忘了单击"保存"按钮退出界面。

　　有了 C 语言的程序源文件之后就可以动手随便写个简单语句段如图 3.11(a)所示,文件中包含"STC8H.H"头文件(也可以按需换成"STC8.H"或"STC8G.H"),并且构造了 main()函数,这时候就可以单击"编译"按钮对工程进行编译,但是奇怪的事情发生了,调试区域的输出信息居然提示我们:工程并未编译通过,没有产生目标文件,这是为啥呢? 其实好多朋友都会出现这样的疏漏,那就是 C 语言的源文件只是新建成功了而已,压根儿就没有包含到工程中去,所以现在需要对

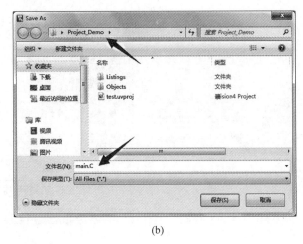

(a)　　　　　　　　　　　　　(b)

图 3.10　新建源文件并以.C 扩展名保存

Project 窗口中的 Source Group 1 单击右键,在如图 3.11(b)所示的弹出界面中选择 Add Existing Files 去添加具体的文件到工程列表中(注意:工程之外或没有包含关系的源文件不会参与编译过程)。

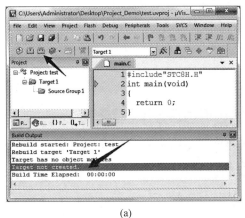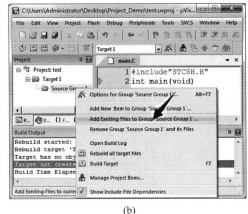

(a)　　　　　　　　　　　　　(b)

图 3.11　编写源码并包含源文件

　　添加外部文件的界面如图 3.12(a)所示,此时选择 Project_Demo 文件夹下的 main.C 文件(也就是我们自己定义的源码文件),然后单击 Add 按钮,有的朋友一直单击 Add 按钮,该界面也不会自动消失,这时应该单击 Close 按钮即可退出文件选择界面。此时可以看到如图 3.12(b)所示的样子,在工程 Source Group 1 文件夹下出现了"＋"号并正确包含 main.C 文件,重新编译工程后,在编译窗口中提示了"0 Error 和 0 Warning",即表示编译过程无错误和警告产生。

　　至此,"单文件工程"的框架就建立好了,朋友们有没有很开心啊? 我想是没有,因为这个工程与单片机程序烧录有啥关联呢? 确实如此! 自始至终都没有看到"固件"在哪儿。工程其实还没配置完成,还需要按照如图 3.13(a)所示单击 Options for Target 按钮(看起来像个魔术棒)进入如图 3.13(b)所示的工程选项配置界面,选择 Output 选项卡后勾选 Create HEX File 复选框即可,最后别忘了单击 OK 按钮。

　　配置好选项之后重新编译工程,如图 3.14(a)所示,此时就会看到调试窗口中多了一句话"creating hex file from…",这句话的含义就是工程已经生成了最重要的"固件文件",其格式是十六进制文件。如果想找到这个文件,也可以到工程文件夹目录下找到 Object 文件夹,双击进入后就能找到如图 3.14(b)所示的 test.hex 文件,这个文件到时候还需要导入 STC-ISP 软件中进行下载。

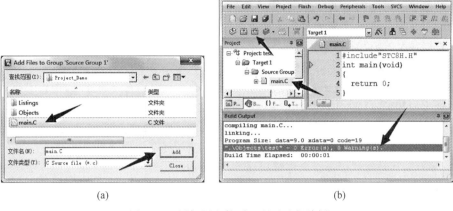

图 3.12　添加源文件到工程后重新编译

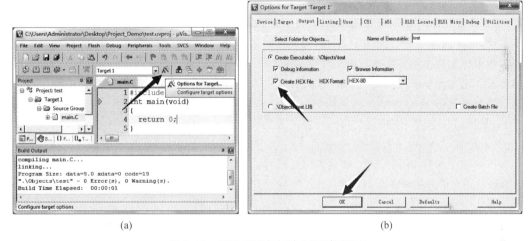

图 3.13　工程选项卡与输出"固件"配置

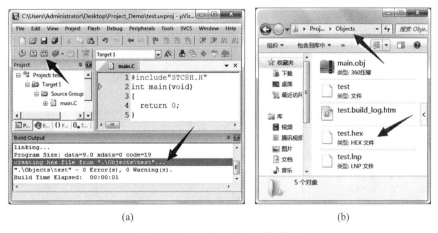

图 3.14　调试信息与"固件"路径

　　说到这里，"单文件工程"就建立完成了，建立方法非常简单。用一个源文件把程序写完是没有问题的，很多书上都是采用这种框架，写到书上之后读者们也容易接受，在一个".C"文件中放置多个功能函数也挺方便。

但仔细想想就觉得"单文件工程"有很多局限,举个例子,假设现在要开发一款"电动车的控制板",控制板中有个单片机,负责采集信号和显示参数,它需要控制一个段式液晶作为显示界面,那就应该有控制显示的函数和语句;它还要采集电池的电量提示使用者电量低了就要充电,那就应该有 A/D 转换和电池电量计算的函数及语句;它还要获取电动车灯光及报警状态,那就必须有外围开关量的获取或者中断服务函数和语句;它还得显示出电动车的行驶速度,那还要有脉冲信号的计量和速度换算函数和语句;为了人性化和具备良好的交互体验,有的电动车还要设计语音播报,停车后碰着了会说:"请别摸我,人家害羞",行驶中太快了会说:"老司机,超速了",电量不足了会说:"没吃饭,饿得慌",等等,那还要有语音合成或者语音播报的函数和语句。

大家想一想,要是把这些功能全部都放在一个文件中去写,会不会眼花缭乱? 会不会无从下手? 要是这个项目是你们公司上一任工程师离职前写的,现在这个项目移交给你,你得到的是一个四五千行语句的".C"文件,最恼火的是还没加注释,刚改动一个变量名就出来几十个报错信息。你是不是感觉整个人都不好了?

所以,实际的项目工程推荐采用"模块化工程",杜绝一个文件写到底的方法,虽然"模块化""多文件"形式在建立的时候觉得稍显复杂,但是在后续使用中会非常方便,所有的付出都会很值得。话不多说,现在就建立一个"模块化工程"的大致框架。

创建工程之前还是要建立工程文件夹(例如 Project_Demo),但是文件夹中不要空着,按照自己的需求再建立几个子文件夹,例如"system""header""application""firmware""help"等。还是以电动车控制板为例,可以将单片机片内资源初始化或功能程序源文件放在"system"中去(例如中断、A/D 转换、I/O 配置、串口通信等),对应的头文件全部放到"header"中(例如单片机头文件和其他".C"文件抽出来的函数声明头文件),可以把基于单片机做的应用层面上的程序放到"application"中去(例如语音播报、液晶界面显示等)。为了项目烧固件更加方便,还可以搞个专门的"firmware"文件夹装好各个版本的 HEX 文件及自定义的项目发布可执行文件(3.4.3 节再教大家自己做)。最后还要建立一个"help"文件夹,里面可以装一个"Read Me"或者"System Help"文本文档,里面写清楚这个工程是哪个公司的、针对什么产品、适用产品的哪个版本、具体采用的什么单片机作为核心、谁写的、联系方式是什么、谁审核和修改的、前后做了哪些版本的推进和改动、变量和函数都是什么含义,等等这些问题。Keil C51 工程建立完毕后再回到"Project_Demo"文件夹时就会看到如图 3.15 所示的构造,其中的"Listings"和"Object"是 Keil C51 默认建立的选项列表文件夹和目标输出文件夹。

图 3.15   模块化工程文件夹范例

啊？没有搞错吧！你说的"模块化工程"就是建立几个子文件夹分装文件而已吗？当然不是，底层结构先做好，接下来就开始 Keil C51 环境中的配置。新建工程后按照图 3.16(a)中操作右键单击 Target 1 文件夹，在弹出的列表中选择 Manager Project Items 选项，然后会弹出如图 3.16(b)所示的对话框，可以在 Project Targets 区域填写工程名称（如"电动车控制板工程"），然后在 Groups 区域填写上"system""application"和"help"即可（注意利用该区域的新建图标创建这些文件分组，"header""firmware"可以不用在分组上体现，因为这两个文件夹都是辅助），最后单击 OK 按钮退出相关界面即可。

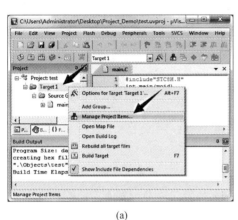

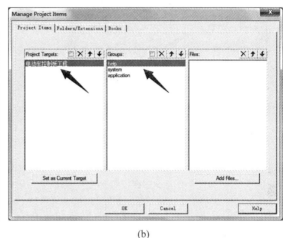

(a)　　　　　　　　　　　　　　　　(b)

图 3.16　进行项目管理及工程文件分组

完成了工程文件分组还不行，还需要在各个分组下填充"内容"。这些"内容"就是我们将要编写的程序源文件，常用的有".C"".H"".txt"文件。由于此处偏重于讲解工程框架建立过程，暂时不对源文件的编写过程进行展开，在"system"文件夹中放置了 adc.C 文件、interrupt.C 文件、io.C 文件、uart.C 文件以及 main.C 文件。又在"application"文件夹中放置了 battery.C 文件、display.C 文件和 tts.C 文件。最后在"help"文件夹中放置了 Read Me.txt 文件。然后重新打开 Manager Project Items 对话框，按照图 3.17(a)那样选中相应分组，然后在 Files 区域单击 Add Files 按钮进行文件的添加。添加完毕每个分组对应的文件之后单击 OK 按钮退出，最终得到的工程项目文件样式如图 3.17(b)所示。现在看来是不是比"单文件简易工程"清晰多了？每个文件都表示自己的含义，虽然功能被拆分，但是通过编译和链接又能形成最终的"固件"，每个文件都可以通过包含关系参与到工程中来，每个文件都可以非常方便地进行局部升级和接口调整，整个工程结构和资源分配简单明了，这将为后续的工作带来便捷。

哎呀我这个气啊！我看了半天以为自己要掌握"模块化工程"的建立方法了，结果小宇老师给我来了一句"我们暂时不对源文件的编写过程进行展开"，我这个强迫症不能忍啊！哈哈，小宇老师非常能理解大家激动和跃跃欲试的心情，但是模块化工程的细节配置和各文件编写过程是有很多细节的，此处仅仅是让朋友们对"模块化工程"建立有个认知罢了。实际上在做"多文件"结构的时候还会遇到很多问题，如".C"文件和".H"文件如何自行编写与互相包含，变量和数据结构的外部访问为什么受限，文件重复包含会有哪些错误，如何使用条件编译语句去调整文件包含，等等。这些问题会放在后续的视频教程和实战环节之中，朋友们也需要慢慢积累、培养程序风格。

说到这里，我们初步了解了"单文件工程"和"模块化工程"的区别和特点，从工程项目上去考虑，肯定是优先采用"模块化工程"结构。但是从写书和讲解程序上来说，这样的结构并不是太好，若书籍中采用"模块化工程"结构，则程序讲解就需要在多个文件中混合讲解和跳转讲解，这样可

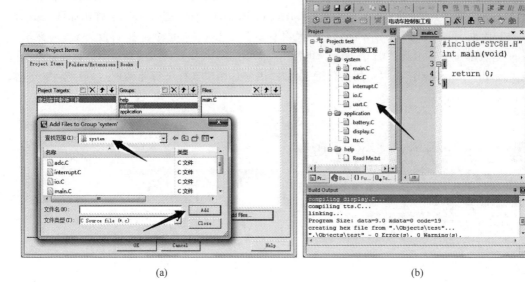

图 3.17　添加文件到分组并形成多文件结构模块化工程

能会给不少朋友带来头晕的感觉。所以小宇老师在本书后续章节中依然按照"单文件工程"的风格去讲解，也就是用一个文件写到底的方法，目的在于让读者朋友们可以较为直白地理解程序本身，基于清晰的理解后再去自行动手搭建专属的"模块化工程"即可。

3.3　"形神合一"程序烧录与软硬联调

一个完备的单片机产品必须软硬搭配，要将硬件的"躯干肢体"和软件的"灵魂"进行结合，最终做成"形神合一"的整体。若缺少了硬件实现的程序顶多算是个"仿真"的产物，缺少了软件控制的硬件板卡也只能算个"裸板"或半成品，这就是为什么很多手机 DIY 朋友害怕给自己的手机进行"刷机"，一旦刷错固件包（也就是手机主板上运行的软件系统），那么手机就变成"砖"了。类似的设备还有很多，例如 U 盘，其实就是个 U 盘主控芯片＋存储颗粒的结合，主控芯片出厂的时候就有程序，要是内部程序丢失，那么 U 盘就无法被计算机识别，这种情况下还能维修，可以打开 U 盘外壳，找到主控芯片的型号，用厂家的"U 盘量产工具"为主控重新烧写"灵魂"，这时候 U 盘就重新恢复"神识"了。

接下来谈一谈如何将软硬件"形神合一"。其实就是程序的下载和调试。程序下载的目的是将固件代码烧录到单片机内部的 Flash 存储器中（也就是 ROM 单元中）。程序调试的目的就是看看下载过程序的单片机系统在实际样机上的运行效果是否符合预期。例如，程序的功能是让样机显示出交流电能参数，但完成下载后，样机上什么信息都没显示，那就可能存在着问题。这时候就需要把计算机作为控制方，把程序代码做成调试内容，通过调试手段让程序一条一条地"受控"执行，一点一点地去看样机的运行效果，通过这样的过程去发掘隐藏在程序中的 Bug，找出 Bug 然后Debug！通过开发工程师不懈的努力最终构建一个"身体健康"且"心理健康"的好"孩子"，然后让"孩子"投入社会"好好工作"，这就是我们这些技术工程师一辈子的追求了。

3.3.1　如何用 STC-ISP 软件烧录程序

小宇老师记得在自己读大学那会儿还流行用 AT89S52 这种早期的 8051 单片机，这种单片机不支持串口方式的程序烧录，必须依靠计算机并口或者专门的下载器，但是像并口这种"古董"级接口真的是很难找到了，所以烧录程序的时候必须要单独买个 USB-ISP 下载器，在选用这种单片机做产品的时候还会下意识做好"烧录接口"电路，十分麻烦。但是 STC 系列单片机问世后，就可以通过计算机串口搭配上位机软件(STC-ISP 软件)轻松实现程序的下载了。STC-ISP 软件功能非常强大，可以登录 STC 官网并找到如图 3.18(a)所示的区域去下载最新版本，下载后的压缩包中除了最新版的 STC-ISP 软件之外一般还包含市面上常见的 USB 转串口芯片的驱动程序，STC-ISP 软件一般是几兆字节，可以复制到计算机桌面上使用，其图标样式如图 3.18(b)所示。

图 3.18 官方获取 STC-ISP 软件方法及软件图标

双击运行 STC-ISP 软件之后可以看到如图 3.19 所示界面(图中版本为 V6.88F，但后续还会经常更新，总体界面不会发生太大变化)，为了让朋友们迅速掌握下载步骤，小宇老师已经标注了操作序号，接下来就按照序号展开讲解。

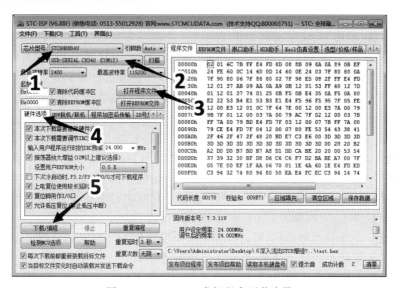

图 3.19 STC-ISP 常规程序下载步骤

1. 选对单片机型号

这一步直接关系到能否下载成功，型号一定不能选错。举个例子，有的朋友粗心大意地看了一眼芯片上写的"STC89C52"，然后就在 STC-ISP 软件中随手选了个"STC89C52RC"，结果肯定无法下载，这属于"芯片后缀"的差异。又比如芯片上写的是"STC8G1K08"，但是这个芯片是 TSSOP20 封装，具备 20 个引脚，结果朋友们随手选了个"STC8G1K08-8PIN"，这样也会导致下载失败，这属于芯片型号对应的引脚选择错误，应该选"STC8G1K08-20/16PIN"这个选项才对。"芯片型号"其实是个查询按钮，单击后可以输入型号去查找，十分方便，型号旁边的"引脚数"一般选 Auto 即可。

2. 选对串口号及波特率区间

要想虚拟出串口号必须先安装相关驱动，然后连接上目标板卡且正常上电，假设目标板卡使用了沁恒微电子的 CH340 系列芯片,此时会出现"USB-SERIAL CH340（COMx）"字样,这里的"x"不一定是图 3.19 中所示的"12",每个计算机都会自行分配串口号给设备,所以要灵活选择。有一种让人"无语"的情况必须要说明,那就是有些朋友在学习单片机时在计算机上接了不止一个USB 转串口设备,此时计算机里就虚拟出了好几个串口,导致程序下载时不知道选哪个才对,这时候应该移除多余的串口设备再仔细选择。波特率区间的选择最好保持默认,不可随意更改"最低波特率"配置,以免串口速度过高后导致程序下载失败。

3. 选定并载入程序文件

STC-ISP 软件一般支持 3 种形式文件的载入,一个是 STC 的项目工程文件,载入工程就相当于载入了程序文件和相关配置,这种文件一般是". STC"。还有两种是单片机常见的"固件"文件,一种是二进制文件". Bin",还有一种是十六进制文件". Hex"。程序文件载入之后在软件右侧的窗口中就会显示出"地址＋数据串"的固件内容,这些内容就是真实下载到单片机中的程序数据了。

4. 按需配置硬件选项

STC-ISP 软件可以修改目标单片机内部的一些硬件参数,不同型号的单片机有不同的硬件选项,这些选项的内容大致都是对单片机工作模式、片内时钟频率、振荡器放大增益、振荡器的启动频率高低、复位时间及引脚类型、低压复位门限及相关事件、看门狗使能及分频系数、擦除动作和区域、特殊引脚模式及电平判定等方面进行功能选择。每个配置项的含义都会联系到具体资源,要想全部掌握,就需要后续认真地学习。

5. 单击"下载/编程"并冷启动目标板卡

若以上 4 个操作都已配置完毕即可启动下载,单击"下载/编程"按钮之后需要"冷启动"目标板卡即可在 STC-ISP 右侧信息窗口中看到下载的相关记录信息及进度提示条。若目标板卡带有一键下载电路,则可以按下"一键下载"按键,有的板卡可能带有自动冷启动电路,则无须手动操作即可自动实现下载动作。

说到 STC 的"冷启动",为啥 STC 系列的单片机非要断电再上电一次才能烧录程序呢？其实这与 STC 系列单片机的片内 ISP 监控程序运行机制有关,要搞清楚这个问题首要先看懂图 3.20。

分析 ISP 的下载流程,开始的时候单片机一定要彻底掉电,然后再上电实现"冷启动"过程,其实每一次电源的冷启动过程,STC 系列单片机内置的 ISP 监控程序都会重新执行,这个特殊的监控程序主要用于检测 P3.0 引脚(也就是串口数据的接收引脚)上有没有出现合法的命令数据流(即 STC-ISP 软件通过串口向目标单片机发送的一长串具有特殊意义的十六进制数据),一般要检测几十毫秒到几百毫秒,如果发现了合法的下载数据流请求,就认定本次"冷启动"是想执行程序烧录任务,那就把用户程序引导到单片机内部的特定区域执行"烧录"过程(这也就是 STC 系列单片机为什么不需要专用编程器的原因),如果迟迟没有发现合法的下载数据流请求,那就认定本次"冷启动"属于常规的上电,单片机直接软复位后执行片内原有程序即可。

3.3.2 单片机自己能当仿真器,你逗我

阳光明媚的午后,我走进自己的工作室,拿出草稿纸和铅笔,迅速设计了一款小型四旋翼飞行器机械样式图,拿出所需要的器件搭建了电路,开始坐在计算机旁写程序,指尖敲打着

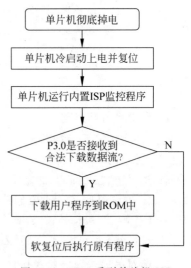

图 3.20　STC 系列单片机 ISP
下载程序流程图

键盘发出"啪啪啪"的声音，当我拿起四旋翼的硬件并将写好的代码烧录进去之后，四旋翼的空心杯电机转动了起来，它飞过了书桌，越过了窗台，飞向了蔚蓝的天空。这时，我听到了背后来自同事的深情呼唤："小宇啊！你醒醒！又在做白日梦了！"

想想确实是这样，哪个电子产品能这么简单地、一气呵成地就被设计出来呢？这确实是"白日做梦"了。哪个电子产品不是算了又写，写了又编，编了又改，改了又调，调了又修，修了又废呢？真是产品虐我千百遍，我待产品如初恋啊！既然一个成熟的产品要经过数次修改和调试，那是不是每次修改程序之后都要重新下载呢？要是这样的话，变个小参数也得重新烧录，单片机能扛得住吗？这样做既浪费时间也减少了单片机的烧录寿命(Flash 存储器也有烧写次数的极限)。那有没有什么好办法可以不把固件烧录进去就能快速验证修改后的效果呢？答案是肯定的，那就是"软硬结合"的综合仿真！

"软硬结合"的综合仿真不用每次都烧录程序到芯片，仅需要上位机(一般指计算机上的 Keil C51 仿真调试环境)控制下位机(一般指单片机及外围电路构成的板卡)中的程序执行即可。在"仿真"的过程中，上位机可以让程序单步执行，也可以指定运行到某处，更可以让程序全速执行，还可以随时暂停执行或复位。这样一想，仿真带来的好处可就不止一个了。第一，仿真可以让调试和验证的过程变得省时、省力，不浪费单片机烧写寿命。第二，仿真过程可以精细控制程序执行进度，可以排查潜藏 Bug 方便分析问题的根源。第三，仿真界面中可以轻松抓取变量和寄存器的参数，让程序执行的全过程变得"透明"和"可控"，便于朋友们观察执行细节。第四，仿真方式实现了上下位机的协同工作，便于对程序运行进行模拟，为工程调试提供了有效手段。

朋友们可能要说了：你说这些也没用啊！据我所知，STC 系列的单片机芯片都是用 STC-ISP 软件直接烧录，而且 Keil C51 提供的调试环境也是个软件仿真罢了，哪儿有你说的"硬软结合"的仿真啊！除非专门去买一个仿真器硬件替换掉板卡上的单片机才行啊！

非也非也，其实 STC 系列单片机从 STC15 系列推出之后已经有很多型号都支持"自己变成仿真器"功能了。单片机不用换，板卡也不用换，就是向单片机中预先写入特定固件就可以摇身一变成为仿真器，有的朋友可能觉得很神奇，其实也不用那么惊讶，就拿平时用的 U 盘来说吧，正常情况下 U 盘就是普通 USB 存储设备，但是经过一些软件配置和文件加载后(例如老毛桃 U 盘启动盘制作工具软件)就可以摇身变成"系统启动盘"去用，自己装个系统也能分分钟搞定，而且还能在启动盘的角色下正常读写原有数据。这里的 STC 单片机变身仿真器也是一样的道理，特定型号的单片机通过事先烧写"仿真固件"后就能变成专用的仿真芯片，再对 Keil C51 环境稍加配置，就可以完成"硬软结合"的仿真了！话不多说，怀着激动的小心情开始我们的仿真芯片大改造吧！

仿真芯片的改造需要很简单的 3 个步骤即可，下面按照顺序依次展开讲解。

(1) 完成 Keil C51 环境搭建且利用 STC-ISP 向 Keil C51 环境中添加 STC 仿真器动态链接库文件和相关头文件。这个步骤在 3.2.2 节已经讲述，此处就不再重复了。需要注意的是，STC 仿真器动态链接库文件默认路径一般是 C:\Keil_v5\C51\BIN，如图 3.21(a)所示，其中有个名为"stcmon51.dll"的文件，别小看这个文件，它就是 STC 公司做的 Monitor51 仿真驱动，这个动态链接文件中会有相关函数的接口和调用关系。相关头文件默认路径一般是 C:\Keil_v5\C51\INC\STC，添加内容如图 3.21(b)所示。

(2) 选定支持仿真的单片机型号放置于板卡并上电，如果用的是 STC15 系列的芯片，则 IAP15F2K61S2、IAP15L2K61S2、IAP15W4K58S4 或者 IAP15W4K61S4 这 4 种芯片型号都可以作为仿真芯片，如果使用的是 STC8 系列，则全部型号都可以。需要注意的是，STC89/90/10/11/12 等系列的相关型号是不支持作为仿真芯片的。确保单片机型号适合之后，就可以打开 STC-ISP 中"Keil 仿真设置"选项卡，其界面如图 3.22(a)所示，界面最上面是"添加型号和头文件到 Keil 中"按钮，这个按钮我们已经会用了。按钮下面是"单片机型号"下拉列表，列举了所有可作仿真器芯片的

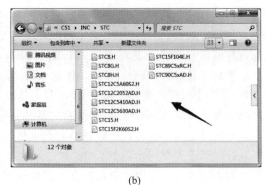

(a)　　　　　　　　　(b)

图 3.21　STC-ISP 向 Keil 中添加的文件路径及内容

型号,选择的时候一定要弄对。

　　此处以 STC8H8K64U 单片机为例,因为这个型号的单片机具备 4 个串口,而现在讲的"硬软结合"仿真正好就是用串口作为调试接口(STC 以后可能会用 USB 接口作仿真接口,此处仍以串口仿真进行讲解)。所以要指定用哪一个串口做调试,一般情况下默认选择用串口 1(P3.0/P3.1)作仿真口即可。

　　最下面的按钮是为了将仿真固件烧录到所选单片机中,使其变身为仿真芯片,单击该按钮后,调试界面会出现"正在检测目标单片机……"的字样,然后需要把目标板"冷启动"一次,这时就会出现如图 3.22(b)所示的烧录信息,这些信息中包含芯片检测、硬件配置等内容,只要看到最后的"操作成功!"语句,就算是大功告成了。

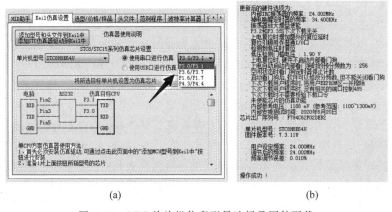

(a)　　　　　　　　　(b)

图 3.22　STC 单片机仿真型号选择及固件下载

　　有的朋友看到这里又要产生疑问了,这"仿真"的过程不应该是 Keil C51 把用户程序发送到单片机中去运行吗? 干吗还得先给单片机烧录个所谓的"仿真固件"呢? 这个道理其实很简单,还是用"U 盘作为系统启动盘"举例,一个普通的 U 盘根本不具备自启动和引导的功能,还是得需要专门"改造"一番才行,至少要在 U 盘中分割出一块特定的区域,用于存放专门的启动文件和管理文件。在用 STC 系列单片机制作仿真芯片时也是一样的道理,经过"改造"之后的单片机也会被"吃掉"一部分的空间用来存放仿真程序,这些仿真程序会去监视用户程序,发挥仿真效果。

　　实现 STC 单片机变成"仿真器"芯片的固件其实就是"STC 单颗 CPU 方案仿真器监控程序",这个程序是由 STC 公司自主研发的,需要"吃掉"6KB 左右的 Flash 空间(占有 0DC00H 至 0F3FFH 地址)和 768B 大小的 xdata 空间(也就是芯片内部的扩展 RAM,占有 0400H 至 06FFH 地址)。除了存储资源上需要有固定的占用之外还需要保证 P3.0 和 P3.1 两个引脚不被干扰(此处的"干扰"

可以理解为占用或者冲突，也就是说，用户不能使用与 P3.0 和 P3.1 相关的中断和功能，包括 INT4 中断、定时/计数器 2 的时钟输出、定时/计数器 2 的外部计数等），因为上/下位机仿真交互的时候其实就是用了串口通信，上位机（Keil C51）控制下位机（STC 仿真芯片）的程序运行。

（3）配置 Keil C51 调试信息。如图 3.23（a）所示，在工程名称上右击进入项目的 Option for Target... 对话框，其界面如图 3.23（b）所示，选择界面中的 Debug 选项卡，然后在右侧上方单击 Use，在仿真驱动下拉列表中选择 STC Monitor-51 Driver 选项，选项之下的复选框建议都勾上，这样可以体现调试中的相关功能。

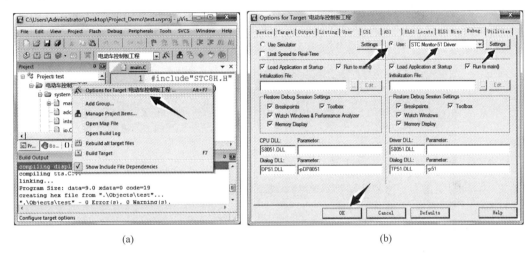

(a)   (b)

图 3.23 Keil C51 调试配置与仿真驱动选择

千万不要忘记在 Debug 选项卡的右上角还有个 Settings 按钮，这是至关重要的一个配置，直接关系到上位机和下位机的串口通信。在单击按钮之前一定要事先确定好目标单片机板的串口号是多少，这个信息可以在计算机的设备管理器中的"端口"项去查询，其虚拟设备名称和分配串口号如图 3.24（a）所示，需要说明的是，USB 转串口设备在计算机中的虚拟串口号是由计算机指定的，在做实验时不一定是"COM12"。确定好串口号后就单击 Settings 按钮，此时会弹出如图 3.24（b）所示的对话框，在对话框中指定好串口号，波特率默认 115200 即可，串口交互信息配置完毕后单击 OK 按钮退出界面即可。

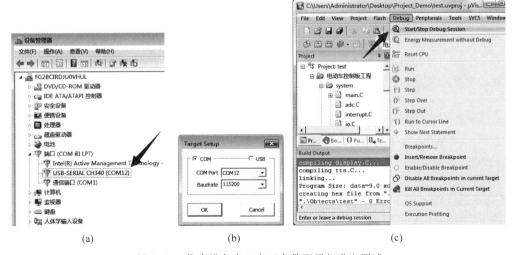

(a)   (b)   (c)

图 3.24 仿真设备串口交互参数配置与进入调试

做好这一步后就完成了 90% 的工作量了,在进入仿真调试之前还有三点需要说明,第一点是工程配置中的单片机型号必须要与目标单片机型号一致,第二点是在进入仿真之前务必要解除占用仿真串口的其他软件(包括 STC-ISP、串口调试助手等),第三点是目标单片机板务必要正常连接和上电,并保证没有其他器件和电路影响 P3.0 与 P3.1(串口收发引脚)的正常通信。如果以上三点都检查好了就直接按照如图 3.24(c)所示那样单击 Start/Stop Debug 按钮即可(也可以单击 Keil C51 环境中的一个像放大镜似的图标或者干脆使用快捷键 Ctrl+F5)进入调试/仿真界面。

正常进入调试界面之后会显示出如图 3.25 所示界面,这个界面的很多区域都有别于之前的源代码编辑界面,界面中包含调试动作选择、调试命令显示、相关寄存器观察、变量自定义查看、源码窗口及反汇编代码窗口等,这些操作和使用细节此处不做展开,介绍这个界面就是让读者朋友们心里有个感觉,那就是:Keil C51 远不像我们想象的那么简单!

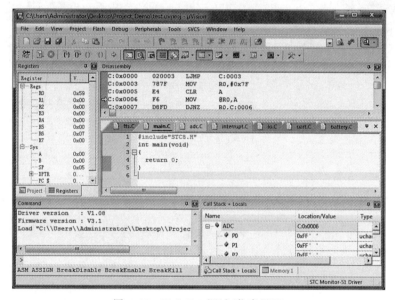

图 3.25　Keil C51 调试/仿真界面

通过以上 3 个步骤就可以完成 STC 系列单片机"硬软结合"的仿真功能了,该功能在学习单片机和调试小程序的时候特别有用,但是"仿真"也并非万能,在仿真过程中还会遇到一些"奇怪"的问题或者冲突,例如想要程序运行到某一句话就暂停,那就需要在程序中配置"断点",理论上断点的数量可设置任意个,但是实际上断点越多,调试就会越卡越慢越容易出错,所以在实际使用中断点数量一般以小于 20 个为宜,在仿真一些变化很快的现象时,仿真结果不一定准确,调试中断嵌套时有可能发生未知错误和异常现象,所以,"仿真"仅仅是一种手段,也不能完全依赖和信任,最终还是要软硬联调才行!

3.3.3　官方联机/脱机编程器 STC-U8W 咋用

会用 STC-ISP 软件下载用户之后我不禁有个疑问,对于单片机学习者来说,手头上的单片机也就一两片,数量不多的情况下也就用个几十秒就能搞定程序下载,要是以后做了产品进行批量,那数量可能就是成百上千个,这时候又该如何烧录程序呢?莫非要通宵加班一个一个地下载,然后"冷启动"板卡吗?所以数量一多,程序的烧录就成了问题,虽然市面上有"自动烧录机台(机械手)"或者"手动烧录架"这种批量烧录时所需的机械组件,但是也需要一个能联机/脱机运行的编程主控与之配合才行!基于这个需求,STC-U7/U8 系列联机/脱机编程器应运而生,STC-U8W 和 STC-U8W-mini 款的实物分别如图 3.26 所示。

目前来说，STC-U8W 编程器是 STC 官方推出的最新版本，其功能强大，可以支持 STC 全系列的单片机芯片进行程序烧录（同时支持 5V 电压与 3.3V 电压单片机芯片），编程器可以联机下载，还可以脱机下载（所谓"脱机"就是不用连接计算机，事先把待烧录固件存放在编程器中，用单独的编程器就可以完成芯片烧录，也可以放置于烧录机中去批量烧录芯片）。编程器中固件的下载、清除以及通信参数和供电控制都是使用 STC-ISP 软件配置，其配置界面如图 3.27 所示，具体的使用说明可通过官方网站获取，此处就不做展开了。

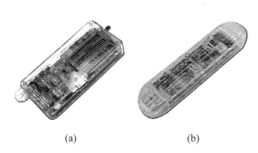

图 3.26 STC 官方 U8W/U8W-mini 脱机
下载器实物

图 3.27 U8W 编程器参数配置及
固件脱机下载界面

编程器在使用上也很简单，连接计算机时只需要一条 USB 线缆就可以了（线缆实现两个功能，第一是从计算机取电工作，第二是虚拟出串口进行数据传输）。对于 U8W 来说，下载用户程序时可以把芯片直接放到紧锁座上进行烧录，烧录的时候不一定非要那种 40 个脚的双列直插芯片，也可以少于 40 脚，只要把芯片按要求对齐一边，正确插入后就可以由编程器来识别了。当然，对于 SOP、TSSOP、LQFP 封装的贴片单片机也可以下载，只是需要自己去购买对应封装形式和脚位的"芯片烧录座"即可，其样式如图 3.28 所示。

图 3.28 芯片烧录座实物

如果已经把单片机芯片焊接到板卡上去了，无法得到芯片本身，也没关系，因为 U8W 还具备 ISP 下载接口，接口是个白色座子，由 4 个功能引针组成，分别是 VCC、P3.0、P3.1 和 GND 引针，说白了其实就是个串口而已。说了这么多，最后总结一下，U8W 的市面价格一般都在百元以下，性价比还是很高的，在实际项目开发中可以准备一个，有的时候交付给贴片厂商或者样品部门烧写芯片还是比较方便的。

3.4 "百宝之箱"话说 STC-ISP 的那些妙用

在好多初学者朋友的眼里 STC-ISP 软件也就是个下载工具罢了，但是仔细研究过这个软件的朋友会发现它很不简单，有了这个软件之后甚至都不需要再去登录官网下载东西了，有了这个软件也无须安装别的辅助工具了，这绝不是乱说。为了用好这个"百宝箱"，小宇老师单独编写本节简要介绍相关功能，希望朋友们能把它用熟练。

3.4.1　官方信息获取可以这么简单

一般来说,去官方网站最重要的就是两个事,一个就是看看 STC 公司最新推出了哪些型号,一个就是看看新产品的数据手册。其实这两个事情都可以在 STC-ISP 软件中办妥,就像是图 3.29那样,图 3.29(a)就可以灵活地进行芯片选型,图 3.29(b)就可以直接下载数据手册。

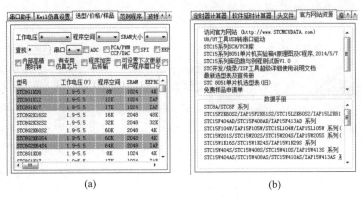

(a)　　　　　　　　　　　　(b)

图 3.29　获取芯片选型和数据手册

这样看来是不是很方便呢? 如果需要做个电机控制板的项目,需要的芯片工作电压是 3.3～5.0V,我要装载一些电机控制算法,至少需要 8KB 的 Flash 容量和 2KB 以上 SRAM 运行内存,且I/O 要多少个、串口要多少个、要不要具备 PCA/PWM/CCP/DAC 等资源、要不要 SPI 硬件接口和EEPROM 区间等的考虑都可以填写到选型表中,软件会匹配一些满足条件的型号供我参考,这样就极大地简化了选型工作,且最新的数据手册都会在"官方网站资源"选项卡中提供下载,这样就无须登录网站去查找,且不必担心下载到旧版本。

有的朋友问,那我要是 STC 单片机的新手,在选型之前也得掌握 STC 相关型号的使用才行啊! 老板给我这个项目的时间才 1 个月,我从哪里获取相关资源呢? 我连 STC 相关型号的资源驱动都不会啊! 不要急,不要慌,"人性化"的 STC-ISP 已经帮你准备好了官方的"范例程序"和"指令表",如图 3.30 所示。在范例程序中有很多程序代码,STC 单片机每个系列的代码都有,而且覆盖了全部的片上资源,这个代码集合特别实用,考虑到不同的工程师所用编程语言的差异,STC 公司还为每个例程提供了 C 语言版本和汇编语言版本,可谓是"用心良苦",每个例程可以单独保存为Keil 项目,也可以直接下载固件文件到实验箱板卡之中进行验证(若是用户自行开发的板卡,可复制代码出来进行修改后再用,毕竟硬件资源上是有差异的)。要是熟悉汇编语言,还可以在指令表

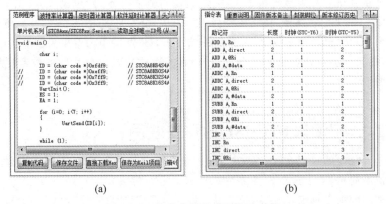

(a)　　　　　　　　　　　　(b)

图 3.30　获取范例程序及指令信息

中查询指令的格式和周期长度,连不同 STC 内核(STC 都是基于 MCS-51 内核做的创新,然后自定义了指令集版本名称)下的执行周期也都一一列举出来了(STC89/90 是基于 STC-Y1 指令集的,STC10/11/12 系列和 STC15F10xE/20xEA 系列是基于 STC-Y3 指令集的,STC15F2K60S2、STC15F408AD、STC15F104W、STC15Wxx 都是基于 STC-Y5 指令集的,而本书的主角 STC8 系列都是基于 STC-Y6 指令集的,不同的内核速度和资源配备均不同)。

有的朋友高高兴兴地收到了网上买的 STC 单片机芯片,拆了快递正准备自己动手做个单片机最小系统,但是发现这些芯片引脚的分布图和引脚名称都不知道,必须要先去下载数据手册才行,买的样片型号要是很多的话就得一个一个找对应的封装和脚位图,这个工作也很麻烦。好在 STC-ISP 软件立足需求又设计了如图 3.31(a)所示的封装脚位图,在下拉列表中先选好系列名称和对应型号,然后选择对应的封装形式,这时候在列表下方就会出现芯片引脚名称及分布图示,按照图示去搭建电路即可。若在电路测试时想查询是"哪个引脚"充当了"哪种功能"也可以使用这个图示,就没有必要去翻几百页的数据手册了。

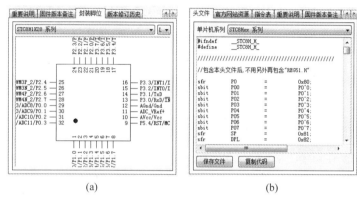

(a) (b)

图 3.31 获取封装脚位及头文件资源

做硬件的朋友肯定都要查询刚刚说的封装和脚位图,但是做软件的朋友就更为关心头文件和特殊功能寄存器的定义了,这些内容在 STC-ISP 中也准备好了,可以打开如图 3.31(b)所示的"头文件"选项卡,在这里就有 STC 所有系列的头文件,既可以全部导出,又可以复制部分。编程人员对于这个功能肯定是比较喜欢的。

STC-ISP 软件还有一些"信息通告"类功能,这些信息可以让用户第一时间获取到官方信息。例如我买到一批芯片,在下载的时候会提示芯片固件版本,我可以查询 STC-ISP 软件中如图 3.32(a)所示的"固件版本备注"选项卡,以了解最新固件版本获知芯片的内部信息,以此指导我在产品批

(a) (b)

图 3.32 获取芯片版本及芯片升级信息

量时候的选择。又如,新推出的单片机产品在使用上遇到问题,我也可以查询 STC-ISP 软件中如图 3.32(b)所示的"重要说明"选项卡,看看里面的内容能不能帮我解决疑难(主要是一些软件上和芯片功能上的变更和升级信息)。

再如 STC-ISP 本身的版本改进,可以查询软件中如图 3.33(a)所示的"版本修订历史"选项卡去获知,等等。对于国内相当"接地气"的 STC 公司来说,还把如图 3.33(b)所示的大学计划、学科竞赛、STC 教材等信息也放在了软件之中。综上,STC-ISP 值得研究。

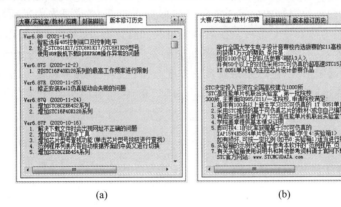

(a)　　　　　　　　　　　　(b)

图 3.33　获取软件修订及活动信息

3.4.2　资源配置与调试居然有助攻

小宇老师在大学任教这些年总结了很多同学在学习单片机课程时的瓶颈,课程一旦学习到中断、定时/计数器和串口章节的时候,总是有一部分人开始"神游四方"。究其原因有 3 点:第一就是对概念、机制和内部结构感到一头雾水,第二就是对计算和模式配置感到无从下手,第三就是对实验环节与理论联系感到混淆模糊。特别是计算过程,好多人感觉是在"开飞机",其实单片机资源涉及的计算难度也就是小学水平,所以一定要会算。

咦!我看了你说的这段话瞬间纠结了,题目叫"助攻",内容又让我们"自己算",这是啥意思?没错,我建议在初学阶段一定要自行掌握计算方法,尽量不要用"助攻",当你了解了方法之后就不必每个都自己算,这就是我常说的:"可以不用每次都自己算,但是我要保证自己会算!"

这里的"助攻"是什么呢?其实就是 STC 公司为了简化资源计算和配置过程所研发的辅助工具,这种工具直接屏蔽了资源内部结构和计算公式,利用现有参数和预期参数直接计算中间值,并且自动生成相关初始化函数、资源配置函数、资源功能函数和相关中断服务函数,用户编程就变成了 Ctrl＋C 和 Ctrl＋V 了,大大减少了配置耗时,这个功能在实际工作中还是比较实用的。

没有例子还是比较难理解"助攻"带来的便捷的,我们来个最简单的应用,我想要板卡上的引脚输出 $100\mu s$ 高电平再输出 $100\mu s$ 低电平怎么办?最重要的内容就是怎么得到这个 $100\mu s$ 的延时。这时候可以打开如图 3.34(a)所示 STC-ISP 软件中的"软件延时计算器"选项卡,只需要给出系统当前频率值(通常是板卡上的晶振频率值或者单片机实际选择的内部时钟频率值)和想要的定时长度就可以了,特别要注意的是选对定时长度单位和当前单片机型号对应的内核指令集版本名称(也就是 STC-Y1/Y3/Y5/Y6,可以看右上方的系列提示)。当填入参数后只要向屏幕吹口"仙气"然后单击软件中的"生成 C 代码"/"生成 ASM 代码"即可得到 C 语言/汇编语言编写好的函数实现/语句段。

怎么样?是不是感觉还行?再看一个例子,如果要启用定时/计数器 T0 资源实现 $100\mu s$ 的定时,想要获得定时时间就得计算定时"初值",但是这个"初值"的计算必须涉及相关公式,这些公式还得根据定时器的模式、定时器时钟频率、系统时钟频率等参数来具体选择，这就对学习者的理论深度提出了要求，好多朋友在初学的时候都会算错。但是有了"定时器计算器"功能之后，这些问题也迎刃而解了，简单填写参数后就可以直接生成代码了，其配置界面如图3.34(b)所示。

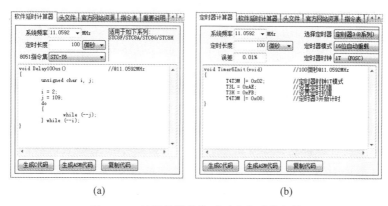

(a)   (b)

图3.34 轻松计算软件延时及定时器参数

这样一来就觉得轻松了很多，但是初学者如果一开始就依赖这种工具是不好的。说出这句话不是因为我是老师，而是从学习者的角度来说，要是连51单片机的定时/计数器计算都搞不懂，何谈复杂的单片机或其他微控制器呢？

再看几个"助攻"。在学习51单片机串口通信的时候也会涉及"类似"于定时/计数器的计算，这是为啥呢？因为异步串口通信也要有"速率"控制，这个速率的快慢也就是一种内部定时，说来说去还是会涉及定时/计数器资源。串口的配置还会涉及通信的端口、数据帧的结构、波特率的设定、定时器的时钟选择、波特率是否加倍等问题，这些东西对于初学者来说，样样都不好对付，当然，随着学习的深入这些都是"小菜一碟"。如果在后续的应用中需要快速配置串口并生成相关函数可以直接用如图3.35(a)所示的"波特率计算器"工具。人性化的STC-ISP甚至内置了如图3.35(b)所示的串口助手，这样一来就可以在计算机上灵活收发来自单片机的串口数据了，调试和交互都很方便。

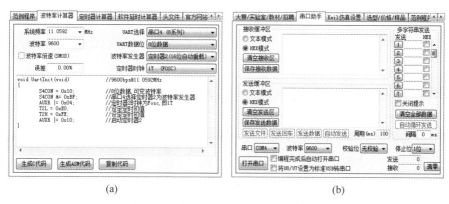

(a)   (b)

图3.35 轻松计算波特率及调试串口

针对STC8H系列单片机（具备USB资源），STC-ISP软件还专门为其添加了一个"HID助手"，该系列中的STC8H8K64U单片机内部集成了USB 2.0/USB 1.1协议的USB资源，可以编写相关程序利用该型号单片机做一个USB HID类的电子产品。

这里的USB HID是"Universal Serial Bus-Human Interface Device"的英文缩写，这是干啥的呢？其实就是一种基于USB协议的人机交互接口，这种设备很常见，我们基本天天都在用，看看我们的办公桌,上面摆放的 USB 键盘、USB 鼠标等设备都是 HID 设备,超市收银台的读卡机、扫码枪、摄像头也都是 HID 设备。其种类很多,涉及的产品类别很广,只要是符合 HID 类别规范的都算是 HID 设备。

有的朋友就搞不懂了,把单片机变成一个 USB HID 设备,然后用 USB 线插到计算机上,这有啥意义呢? 举个例子,假设我们用 STC8H8K64U 型号的单片机做了一个身份证读卡器,这个读卡器读到了卡号需要传给计算机,一般来说会用串口来做,需要在读卡器电路中添加一个 USB 转串口的芯片(我们常用南京沁恒微电子出产的 CH340 系列芯片),然后用 USB 线连接读卡器和计算机端,在连接读卡器之前还要在计算机上事先装好串口调试助手和 CH340 的驱动程序,在这个方案中计算机端必须具备驱动程序和串口通信软件,这就显得比较烦琐,一旦装错驱动就无法识别读卡器,要是打开错误的软件也不能接收卡号。

这个时候 USB HID 设备就显得极其方便了,经过编程后的 STC8H8K64U 单片机就是一个 USB HID 类的通用串行设备,无须在读卡器电路中额外添加 USB 转串口的芯片,直接把 STC8H8K64U 单片机的 D− 和 D+ 引脚用 USB 线接到计算机端即可。由于 Windows 操作系统是自带 HID 类设备的驱动程序的,所以不需要安装任何驱动程序。计算机端的上位机软件只要使用 API 进行调用即可完成通信(此处的 API 是应用程序编程接口,研究上位机软件开发的工程师会比较熟悉,研究单片机的朋友未必接触过,所以要做电子设备开发时需要不同的人员互相合作)。

图 3.36　轻松调试硬件 USB 资源的 HID 设备

为了方便大家对 USB HID 设备进行调试,STC-ISP 软件添加了如图 3.36 所示的 HID 助手,这样一来就省去了上位机开发和 API 操作,直接选定设备名称、报告类型、特征 ID 及长度即可对 HID 通信进行调试。

这些"助攻"都很实用,也看得出 STC 公司为了降低用户学习门槛和工作量所做的努力,朋友们需要在后续学习中快速上手并熟练应用。

3.4.3　固件升级可以自定发布程序

一般来说,公司的软件开发工程师编写出产品固件之后就会进行批量烧录,产品联调正常后就包装销售,但是销售出去的产品难免会有次品率,某些产品有可能出现单片机主控程序"丢失"的情况,若产品出口了或者地理位置较远不便寄回原厂烧录那怎么办呢? 一般情况下,原开发公司会给客户提供一些固件恢复工具,让客户自行尝试设备维修。这些软件应该易用且保密。最好是那种简单的可执行文件,一点"开始升级"就可以了,没有太多烦琐的操作,软件需要把真实的源码进行"保密封装",让使用者看不出其他"门道"。

什么意思呢? 小宇老师以宇宙飞船为例,假设我做了个宇宙飞船,然后客户开走了,现在飞船上的控制板固件由于某种干扰丢失了,回不了地球了,现在我就做个如图 3.37 所示的程序界面,把这个程序发送给飞船用户,让他们自己烧写程序,选好串口号之后单击"开始升级"按钮,随后冷启动控制板卡,程序就被重新烧录了,飞船终于恢复正常了。

怎么样? 这种程序还是比较实用吧? 但是作为单片机开发人员怎么去得到这种程序呢? 一般来说,朋友们

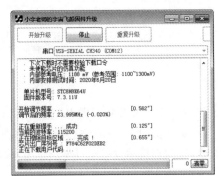

图 3.37　自定义固件升级程序

会想到用高级语言进行程序开发,但是我们也不会 Python、Java、Visual C++、C♯ 或者 Visual Basic 啊! 就算会点皮毛,也不知道怎么实现 STC 程序烧录和 API 接口编程啊! 这可就麻烦了。其实 STC-ISP 自带这个功能,我们将其称为"发布项目程序",其功能主要是将用户的程序代码与相关的 选项设置打包成为一个可以直接对目标芯片进行下载编程的可执行文件。想要生成专属的项目 程序只需要进行简单的几个步骤就可以了,让我们一起跟着如图 3.38 所示的步骤标号来制作。

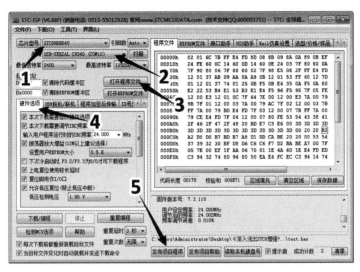

图 3.38 发布项目程序操作流程

首先选择目标芯片的型号,然后选择对应的串口号(不选择也可以,因为项目发布程序在其他 计算机上运行的时候也需要操作者根据实际情况选定具体的串口号),随后打开程序文件(也就 是:. Hex 或者. Bin 形式的固件文件)并设置好相应的硬件选项(如时钟频率、硬件配置等),最后单 击"发布项目程序"按钮,进入发布界面。整个操作非常简单,单击按钮后会弹出如图 3.39 所示的 "项目发布设置"界面。

在该界面中,用户可以自己定制相关信息,可以自行修改发布软件的标题、下载按钮、重复按 钮的名称,还可以校验硬盘号和芯片 ID,指定了目标 计算机的硬盘号后,便可以控制发布软件只能在指定 的计算机上运行(以防止烧录人员将程序轻易从计算 机上复制走或者通过网络发走),就算是通过其他办 法复制程序到了其他计算机,我们的发布软件仍不能 运行。同样地,当指定了芯片的 ID 后,那么用户 代码只能下载到具有相同 ID 的目标芯片中(特别是 单价昂贵的特殊产品,相当于对产品进行了单独的身 份认证),对于 ID 不一致的其他芯片,不能进行下载 编程。还可以隐藏真实芯片型号和相关信息,也可以 支持专用编程器(U7/U8/U8W)进行程序更新,还能选 择默认串口号。为了进一步增加发布软件的保密性, 还可以为软件添加启动密码,这些都是实用的小功能。

图 3.39 项目发布设置界面

3.4.4 居然妄想截获串口程序明码

刚讲完发布项目程序功能之后我又产生了一个疑问! 朋友们和我一起想一想,有没有可能出现这种情况：假设我们公司开发了一个"智能手环"，算是公司的王牌产品，虽说硬件上没有什么保密性可言（PCB和芯片很容易就被"仿制"或者"借鉴"了），但在程序上，开发人员下的功夫最多，原创性最强！要是我们的发布项目程序本身保密性良好，但是在程序烧录的过程中被解密者从串口数据流里"获取"了真实固件怎么办？毕竟程序不是通过空气传输，毕竟串口上的电气信号都能被"抓包"分析，这可咋办呢？

一般来说，普通的串口烧录都是采用明码通信的，解密者只需要在串口上加两个探针，然后用一些软件监听数据流，再用相关方法"逆向工程"就能提取得到烧录文件。这时候只能寄希望于烧录的数据流不是"明码"，而是将明文和密钥结合之后的"密码"。要实现这个功能就要用到 STC-ISP 软件所提供的"自定义加密下载"功能。

该功能是让用户先将程序代码通过自己的一套专用密钥进行加密，然后将加密后的代码通过串口下载，此时下载传输的就是加密后的文件流，解密者通过串口分析出来的实际上是一堆"乱码"，如果没有专属的"密钥"文件，那么解密得到的固件将"一文不值"。

听着很厉害的感觉！具体要怎么操作呢？来吧，和小宇老师一起加密自己的程序。整个过程并不复杂，首先打开 STC-ISP 软件中如图 3.40(a)所示的"程序加密后传输"选项卡。注意看这个选项卡中的提示信息，如果用的单片机属于 STC 早期产品，那就不支持这个功能。第一次使用这个功能的时候先单击选项卡中的"生成新密钥"按钮，一旦单击此按钮界面就会变成如图 3.40(b)所示的样子，提示窗口中的文字信息变成了一些我们看不懂的十六进制数值，这里不用深究，这些内容就是加密和替换原程序信息的"字典"。

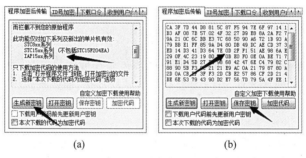

(a)　　　　　(b)

图 3.40　密钥的生成与保存

这套"密钥"十分重要，以后的加密和还原都要通过它来实现，所以需要单击"保存密钥"按钮，在新弹出的如图 3.41(a)所示界面中填入密钥文件名（例如，宇宙飞船的密钥），然后保存。接下来

(a)　　　　　(b)

图 3.41　保存密钥文件并加密代码

按照如图 3.41(b)所示，开始加密用户代码原文件。

这里说的"用户代码原文件"就是欲下载到产品中去的".Bin"或者".Hex"文件，但是这个文件不能采用原有的简单步骤去下载，必须要"改头换面"重新包装，也就是加密的过程。单击"加密代码"按钮后就出现如图 3.42(a)所示对话框让我们选择未加密的原文件，此时选择了桌面路径中的"【原固件】小宇老师的宇宙飞船.hex"，选择完成后又会弹出一个如图 3.42(b)所示的新对话框让我们保存加密后的文件，为其取名"【加密后】小宇老师的宇宙飞船.bin"。

(a)　　　　　　　　　　　　　　　(b)

图 3.42　选择原文件加密后得到新文件

接下来就按照原有的下载步骤去操作就可以了。注意，在选择程序文件的时候一定要按照如图 3.43(a)所示选择改头换面后的"【加密后】小宇老师的宇宙飞船.bin"文件，千万别选错了。然后别忘记像如图 3.43(b)所示那样勾选上"本次下载的代码为加密代码"复选框，然后正常下载程序和冷启动硬件即可。

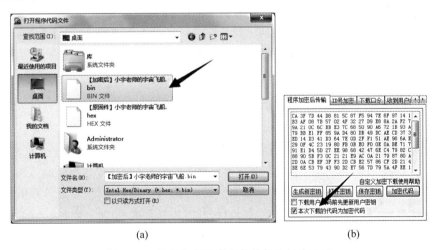

(a)　　　　　　　　　　　　　　　(b)

图 3.43　选择加密程序文件并勾选相关配置

可能好多朋友都好奇，加密前后的文件到底产生了什么样的变化呢？小宇老师打开了"【原固件】小宇老师的宇宙飞船.hex"（如图 3.44(a)所示）和"【加密后】小宇老师的宇宙飞船.bin"（如图 3.44(b)所示）这两个文件，观察可以发现，两个文件的数据完全变化了，怎么都感觉不到这两个程序居然是"一个内容"，看来这个加密还是很有效果的。

关于程序的加密和下载，小宇老师还有一些事宜需要提醒大家。我们得到的"密钥"文件一定

程序文件	EEPROM文件	串口助手	Keil仿真设置	选型/价格/样品	范例
00000h	02 00 CC 7F 2C 7E 01 12 00 8C A3 BA 80 90 FE 02
00010h	E0 44 80 F0 90 FE 02 E0 30 E0 F9 90 FE 00 E0 B4
00020h	F0 A3 E0 E4 F0 53 BA 7F 53 FF EF 75 93 FF F5 94
00030h	75 91 FF F5 92 75 95 FF F5 B3 FF F5 B4 75
00040h	C9 FF F5 CA 75 CB FF F5 CC 75 E1 FF F5 E2 53 95
00050h	BF 53 96 BF 53 A0 BF 53 B1 FC 53 FC 43 B1 FC
00060h	53 B2 03 22 12 00 03 12 00 BD C2 84 7F 64 7E 00
00070h	12 00 AA 7F 64 7E 00 12 00 8C D2 84 7F 64 7E 00
00080h	12 00 AA 7F 64 7E 00 12 00 8C 80 DE EF 1F AA 06
00090h	70 01 1E 4A 60 13 E4 FC FD C3 90 14 3A EC 94 07
000A0h	50 EA 0D BD 00 01 0C 80 F0 22 EF 1F AA 06 70 01
000B0h	1E 4A 60 08 7D 28 1D E0 60 F0 80 FA 22 53 93 EF

(a)

程序文件	EEPROM文件	串口助手	Keil仿真设置	选型/价格/样品	范例
00000h	6D 1C AE 6D 3D 05 24 CE BB 7A 26 4C 58 BD D3 B3
00010h	C5 BB D9 F6 19 15 17 32 85 B0 B4 A5 8B B4 29 4E
00020h	3E E3 A8 32 AE E8 D4 4F A4 96 67 C2 B8 1D 12 2A
00030h	1C E4 E0 1A B9 18 97 25 7C 07 27 73 47 7A A8 1D
00040h	2F 26 0B 2D 06 AE 9F A0 B1 61 54 E3 85 4A 01 28
00050h	F7 B0 3D 96 2F 05 F3 FE 1F 53 69 16 B1
00060h	B2 C6 1B 53 10 8B 28 A6 B3 FE E0 70 3B E4 B2 1C
00070h	AD B8 A8 D0 7A 84 1E 33 B4 11 68 6E DF 5C 2C AA
00080h	03 48 22 E0 52 27 C5 81 68 EE DB 09 96 DA BD 51
00090h	3B 1D BB BF F1 F2 51 10 08 17 E5 02 CF 85
000A0h	7E F9 0A DB 89 C2 A4 FA D9 DE DD 22 3E 04 BE 39
000B0h	D3 71 7A A5 04 5E BC FD A3 BA 0B 20 B3 28 1C 5A

(b)

图 3.44　加密前后的数据比对

要保存好,以后发布的代码文件都需要使用这个密钥加密,而且这个密钥的生成是完全随机的,即任何时候都不可能生成两个完全相同的密钥,所以一旦密钥文件丢失将无法重新获得。在实验过程中,一般都不用这个功能,但是在固件交付出去的时候一定要考虑好这些问题,不能"亲手"把固件泄漏去出。其实"发布项目程序"功能和"自定义加密下载"功能还可以结合起来用,这样就更加安全了。当然,在技术的范畴内没有绝对的安全,只能说解密者破解我们的产品所付出的代价远大于他自己重新研发的投入,那"加密"措施就是有效的。

3.5　"望闻问切"参数测试与时序分析

《难经》中说:"望而知之谓之神,闻而知之谓之圣,问而知之谓之工,切脉而知之谓之巧",这是古代医者诊病的方法。中西医经过不断的发展与结合,现代医学更偏向于使用医疗仪器辅助诊断,可以看到医疗电子的发展为诊病提供了更为科学的依据。这里的医疗仪器和我们用的"仪器仪表"是类似的,这些仪表在产品开发中又有怎样的作用呢?

我们既是电子技术的爱好者,又是电子技术的学习者、开发者和应用者,仪器仪表的使用会伴随我们整个研究过程,它们是我们的良师益友,是一个不会说"假话"的好朋友,是一个给你"定心丸"的好朋友,是一个"拨开云雾"看"真相"的好朋友。

在单片机开发过程中常见的 3 个好朋友就是万用表、示波器和逻辑分析仪,我们需要熟练地使用它们,多用仪器仪表进行测试和辅助验证,加深理论认知,从"实测数据"上发掘深层次问题,学会怎么给电子产品进行"望闻问切",利用仪器仪表分析和解决问题。

3.5.1　常规电参好工具"万用表"

第一个要介绍的"好工具"就是万用表,"万用"的意思就是把很多常见的电气参数测量功能都集合在一个仪表上,实现了一表多能。万用表内部包含显示表头、整流电路、A/D 转换单元、核心控制器、滤波电路、测量电路和量程切换电路等部分。对于每一种测量电学量,一般都支持多个量程,有的万用表是由用户手动匹配挡位,有的比较智能,可以根据信号大小自动切换测量量程。万用表又称为复用表、多用表、繁用表等,按显示方式可以将其分为指针式万用表和数字式万用表,它是进行电子实验时不可缺少的常规工具,一般可用以测量直流电流、直流电压、交流电流、交流电压、电阻、二极管正向压降、线路通断和信号频率等,有的还可以测量温度、电容量、电感量、真有效值参数及晶体管发射极电流放大倍数等。以优利德 UT61E 热门"小红表"为例,其实物外观如图 3.45 所示。

(a)　　　　(b)

图 3.45　优利德 UT61E 万用表
实物及配件

这款"小红表"是优利德公司生产的四位半高精度多功能

表，整个系列具备高可靠性、高安全性、自动量程、手持式万用表等特点。具有超大屏幕字体和高解析度模拟指针的同步显示功能，是一款实用的电工测量仪表。这款表还具备 RS-232 或 USB 标准数据传输接口、数据保持、相对测量、峰值测量、欠压提示、背光和自动关机功能，非常小巧实用。

　　选购万用表时一定要看懂它的参数和指标，自行选择一款"功能够用"且"价格合适"的万用表给自己，要是有一起学习电子的好朋友、好哥们，也可以等他生日的时候送出一台包装精致的万用表，让他在吹蜡烛前打开，小宇老师想：你的朋友收到万用表后一定会记住你一辈子的！

3.5.2　信号观察好搭档"示波器"

　　第二个要介绍的"好搭档"就是示波器了，所谓的"示波"就是在时间域上直观地显示出输入信号的波形，提供一整套信号的参数测量和必要的信号运算，能让测试人员通过一块屏幕"看到"信号。以普源精电 DS1054Z 系列数字示波器为例，其实物外观如图 3.46 所示。

图 3.46　普源 DS1054Z 系列数字示波器实物

　　回想暑假在家写书的时候，从学校实验室里借回了一台普源精电生产的 DS1054Z 数字示波器，这台示波器也算是普源的"热销型号"了，很多大学实验室里都有这个厂家的示波器。DS1054Z 输入信号带宽支持 50MHz，具备两个信号输入通道，单个信号通道的实时采样率可达 1GSa/s，存储深度为 12M 采样点，触发方式非常多样，支持边沿、斜率、视频、脉宽、交替触发等，还支持外接 U 盘保存波形图片，再配上一个 7 英寸的液晶屏幕，总体来说在学习单片机的过程中是完全满足测量需求的。

　　示波器的应用非常广泛，其本质属于一种时间域的测量设备，多用于测量和分析模拟信号，可以轻松获取信号的幅度、频率、周期等基本参数，还可以测量脉冲信号的高电平脉宽、低电平脉宽、正负占空比、边沿上升与下降时间等参数。一般来说，台式示波器的市面价格都在千元以上，对于学生朋友来说，不一定能"狠下心来"攒钱购买，但是对于学习单片机过程中的基础测量来说，也不需要性能指标很高端的示波器。这时候"PC 虚拟示波器"可能更加受到"学生党"的喜爱。

　　PC 虚拟示波器就是利用计算机的软硬件，将原本由示波器完成的运算和图像显示等功能转移到了 PC 端的上位机软件中去实现，可以把 PC 虚拟示波器看作一台仅保留了数据采集功能的"精简"版本示波器，这种示波器市面价格一般在几百元，体积非常小巧，可以随身携带，放在计算机包里。如图 3.47 所示，使用的时候只需将 PC 虚拟示波器的 USB 口与计算机相连，示波器的探头正确夹持在电路板需要测量的端子上，然后打开事先装好的上位机软件调配相关参数就行，这样就搭建好了属于自己的"测量平台"了。

　　虽说 PC 虚拟示波器的价格便宜、体积小巧，但是"一分钱一分货"，在指标上虚拟示波器与台

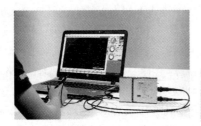

图 3.47　虚拟示波器(乐拓品牌)应用场景

式示波器还是有很大差距的,比如百元级的虚拟示波器的采样率一般不高,对信号的还原就不那么真实,产生的波形就存在"锯齿感",对于信号"突变"的细节可能采集不到,带宽指标也不太高,所以不能测量频率较高的信号。所以有优点也有局限,在选择具体的 PC 虚拟示波器时一定要了解它的指标参数,确保买来能用才行。

在这里,小宇老师以高性价比的乐拓品牌 PC 虚拟示波器作为讲解目标,该系列示波器是由瑞迅科技旗下的测量仪器品牌 LOTO Instruments 自主研发和生产的,该司生产的示波器体积小巧、性价比高、上位机的操作简单、功能也做得很好。该司的主打产品及特点一览如表 3.3 所示,可以根据需求进行了解,更多的内容可访问该司官网 www. lotoins. com。

表 3.3　LOTO 乐拓品牌 PC 虚拟示波器产品一览表

产品系列及主流型号		主要指标	产品特点及附加组合模式
OSC482 系列	OSC482	2 通道示波器 50MSa/s 采样 20MHz 带宽	基础型号
	OSC482M		OSC482＋Android 兼容
	OSC482S		OSC482＋信号发生器组合
	OSC482L		OSC482＋4 通道逻辑分析仪组合
	OSC482D		OSC482＋隔离差分模块组合
	OSC482H		OSC482＋Android 兼容＋信号发生器＋4 通道逻辑分析仪＋隔离差分模块组合
OSCA02 系列	OSCA02	2 通道示波器 100MSa/s 采样 35MHz 带宽	基础型号
	OSCA02E		增强版 OSCA02,200MSa/s 采样,60MHz 带宽
	OSCA02H		OSCA02＋Android 兼容＋信号发生器模块＋6 通道逻辑分析仪模块＋隔离差分模块组合
OSC802 系列	OSC802	2 通道示波器 80MSa/s 采样 25MHz 带宽	基础型号
	OSC802D		OSC802＋隔离差分模块组合
OSC2002 系列	OSC2002	2 通道示波器 1GSa/s 采样 50MHz 带宽	基础型号
	OSC2002H		OSC2002＋Android 兼容＋信号发生器模块＋6 通道逻辑分析仪模块＋隔离差分模块组合
OSC9822 系列	OSC980	2 通道示波器 100MSa/s 采样 35MHz 带宽	基础型号,专门用于汽车维修,电压量程更大,不适合毫伏级小信号测量
	OSC9822	4 通道示波器 100MSa/s 采样 35MHz 带宽	相当于两个 OSC980 叠加使用,4 通道更方便
OSCH02 系列	OSCH02	2 通道示波器 1GS/s 采样 100MHz 带宽	基础型号
	OSCH02H		OSCH02＋Android 兼容＋信号发生器模块＋6 通道逻辑分析仪模块＋隔离差分模块组合

观察表3.3之后我们发现，乐拓示波器其实有很多"套餐"组合，这也就是乐拓提出的"积木式"搭配，搭配形式如图3.48所示。用户可以按照"虚拟示波器＋特色测量模块"的形式进行功能组合，根据实际的测量需求选择合适的测量模块，以满足多种场景的测量需要（如信号发生、逻辑分析、隔离保护、电流采集、小信号预防大再采集等）。目前乐拓推出的主要测量模块有信号发生器模块、逻辑分析仪模块、安卓兼容接口模块、隔离差分模块、电流探头、小信号探头和EMC检测模块等。

图3.48　LOTO乐拓示波器积木式搭配

有了虚拟示波器的硬件还不够，更重要的还得看上位机软件做得好不好。借助计算机系统的资源，LOTO乐拓推出了对应虚拟示波器的上位机软件，其操作界面如图3.49所示。上位机除了具备探头配置、耦合选择、触发设置、幅值调整、时基调整、录制/回放波形等基础功能之外还扩展了波形比对、FFT算法、数字滤波算法、多协议解码、UI曲线绘制、频谱曲线显示、PWM输出、GPIO设置、自动扫频、长时间记录及自动化测试等方面的内容，软件操作简单，界面友好易用。

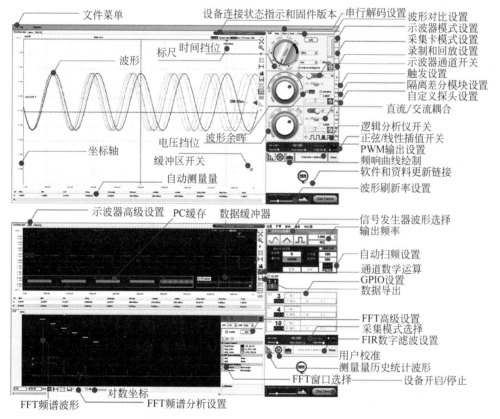

图3.49　LOTO乐拓示波器上位机界面

3.5.3　数据分析好帮手"逻辑分析仪"

第三个要介绍的"好帮手"就是逻辑分析仪了，逻辑分析仪有别于传统的仪器，它算是仪器仪表中的"后起之秀"。那么，逻辑分析仪是用来干啥的呢？它和之前讲解的示波器之间有什么区别呢？逻辑分析仪从本质上讲是一种"数域"仪器，它并不"关心"输入信号的模拟细节（包括波形或者毛刺），只关心信号的"逻辑电平"（就是把输入信号进行二值化表达）。它的主要作用在于电平的采样、时序的分析、协议的解析。

逻辑分析仪中的电压等级只有两个，非高即低，这一点和示波器完全不一样。设定了参考电压阈值之后，逻辑分析仪会将输入信号送到比较器中进行比较，高于参考电压阈值为"1"，反之为"0"，这样一来，不管输入什么信号，最终都变成了"0"和"1"组成的电平序列了。这样的仪器在对单片机、嵌入式、FPGA、DSP等数字系统进行测量时，相比于传统示波器要方便得多，不仅可以提供长时间、多通道的数据采集，而且还可以在上位机软件的帮助下让我们"看"到数据内容，帮助我们分析、调试、理解数据的通信和传输。

是不是有点难理解？没事，让我们一起来看看如图 3.50 所示的采集过程，当"输入信号"接入逻辑分析仪后，需要设定一个采样的频率值，这个频率一定要比输入信号频率至少大两倍以上（即满足采样定理，假设输入信号频率为 x MHz，那么采样频率至少在 $2x$ MHz 以上），最好是用个采样率高的仪器，这样一来"采样周期"就短，就能更为快速和精准地采集到输入信号的变化细节。如果输入信号是符合 TTL 或者 COMS 电平标准的，则不同电压下的高/低电平阈值就是确定的，逻辑分析仪会按照"参考电压阈值"对输入信号进行比较，然后采样，最终输出"采集波形"（一串高低电平组成的脉冲序列）。用户便可以从中观察和分析实际信号的时序、逻辑错误、相互关系等。

有的朋友有可能又要疑惑了，那我用示波器看输入信号也可以啊，我一样可以看到波形的上升和时序过程啊！话是不假，但是常见示波器的输入通道一般是 2～4 路（也就是常说的双踪/四踪示波器），而逻辑分析仪的输入通道可以轻松达到几十到百路以上。对于多路时序分析的情况，示波器就"力不从心"了，这时候逻辑分析仪就可以"大显神威"。

逻辑分析仪还可以进行通信协议线路上的数据"抓包"，也就是把串行或者并行通信协议中的数据位、控制位、起止位、可编程位等数据进行"提取"，识别信号的高低电平，还可以进行高速采样和长时间的数据存储。某些逻辑分析仪的上位机软件做得很好，在软件上就可以选择一些常规协议进行分析（例如 USB、CAN、SPI、I²C、UART 等）。所以说，在数字信号的相关学习中，能有一台逻辑分析仪辅助学习、调试、测量是非常不错的。

常见的逻辑分析仪有台式的或是基于 USB 端口的便携式的，读者朋友们可以根据需要进行购置。通常情况下，具备 USB 接口的便携式逻辑分析仪更为实用。此类产品的"本体"多是一个小盒子形式，一头接 USB 接口到计算机，然后在计算机上打开上位机采集软件看时序。产品另外一头接杜邦线，杜邦线头再连接到待测板卡的接口、引针、焊点、引脚等。这里以青岛金思特电子有限公司生产的高性价比 LA5016 逻辑分析仪为例，其实物外观如图 3.51 所示。

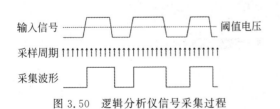

图 3.50　逻辑分析仪信号采集过程　　　　图 3.51　金思特公司 LA5016 逻辑分析仪实物

LA5016 型号是金思特逻辑分析仪公司 LAx016 系列中最高配置的一款（LA5016 版本支持 16 个采集通道，在这个版本之上还有个 LA5032，该型号逻辑分析仪在整体功能和指标上与 LA5016 是相似的，只是采集通道数量多了一倍，支持 32 个采集通道），该公司长期致力于高性价比逻辑分析仪的研制，其产品在国内非常热门，在各大高校和电子企业中都有大批用户。目前，金思特逻辑分析仪有两个产品系列，一个是自带采样存储器的 LAx016 系列，另外一个是不带采样存储器的 LA1000 系列。

如果是步入工作单位踏上了单片机研发工程师道路的朋友们应该首选高性能的 LAx016 系列，该系列价格一般在千元以内，产品中自带了大容量采样存储器，当设备开始采集信号时会将采集到的数据先行保存到设备内部的存储器中，采集完成后再将数据通过 USB 接口上传到计算机，由计算机软件还原波形并解析数据。因为设备内部的采样存储器可提供极高的存储带宽，所以设备就可以支持在较高采样率下全部通道的同时采样。该系列产品的相关指标和特性如表 3.4 所示。

表 3.4　金思特公司 LAx016 系列产品型号及指标

产 品 型 号		LA1016	LA2016	LA5016
测量输入参数	通道数量	16	16	16
	最大采样率	100MHz	200MHz	500MHz
	测量带宽	20MHz	40MHz	80MHz
	最小可捕获脉宽	20ns	12.5ns	6.25ns
	硬件存储总容量	1Gb	1Gb	2Gb
	硬件存储深度	50M/通道	50M/通道	50M/通道
	最大压缩深度	10G/通道	10G/通道	10G/通道
	输入电压范围	$-50\sim+50$V	$-50\sim+50$V	$-50\sim+50$V
	等效输入阻抗	220kΩ,12pF	220kΩ,12pF	220kΩ,12pF
	阈值电压	阈值可调：$-4\sim+4$V 调节步进：0.01V	阈值可调：$-4\sim+4$V 调节步进：0.01V	阈值可调：$-4\sim+4$V 调节步进：0.01V
PWM输出参数	通道数量	2	2	2
	输出频率范围	$0.1\sim20$MHz	$0.1\sim20$MHz	$0.1\sim20$MHz
	周期调节步进	10ns	10ns	10ns
	脉宽调节步进	5ns	5ns	5ns
	输出电压	$+3.3$V	$+3.3$V	$+3.3$V
	输出阻抗	50Ω	50Ω	50Ω
供电参数	供电电源接口	USB 2.0/3.0	USB 2.0/3.0	USB 2.0/3.0
	待机电流	130mA	150mA	200mA
	最大工作电流	260mA	300mA	400mA
电脑软件	支持协议种类	UART/232/485、I^2C、SPI、CAN、DMX512、HDMI CEC、I^2S/PCM、JTAG、LIN、Manchester、Midi、Mod bus、1-Wire、UNI/O、SDIO、SM Bus、SWD、USB 1.1、PS/2 鼠标键盘、NEC 红外、并口		
	支持操作系统	Windows XP、Vista、Windows 7/8/10(32b/64b)		

如果是电子爱好者或者学生朋友们也可以选择低端一些的 LA1000 系列，该系列的价格从几十元到百元上下都有，LA1000 系列没有内部的采样存储器，当设备开始采集信号时会将采集到的数据通过 USB 接口实时地上传到计算机，由计算机软件负责将数据压缩并保存到计算机内存中，然后还原波形并解析数据。因为采样数据需要实时上传到计算机保存，所以此系列的存储带宽就受限于 USB 接口的带宽（采样率受限后就会影响测量带宽），所以当工作在较高采样率时就只能启用部分通道，而启用全部通道时则只能适当降低采样率。该系列产品的相关指标和特性如表 3.5 所示。

表 3.5 金思特公司 LA1000 系列产品型号及指标

产品型号		LA1002	LA1010
测量输入参数	通道数量	8	16
	最大采样率	24M@8CH	100M@3CH　　50M@6CH 32M@9CH　　16M@16CH
	测量带宽	5MHz	20MHz
	最小可捕获脉宽	80ns	20ns
	最大采样深度	10G/通道	10G/通道
	输入电压范围	0～+5V	−50～+50V
	等效输入阻抗	220kΩ,12pF	220kΩ,12pF
	阈值电压	≤1.0V 低电平 ≥2.0V 高电平	阈值可调：−4～+4V 调节步进：0.01V
PWM输出参数	通道数量	—	2
	输出频率范围	—	0.1～10MHz
	周期调节步进	—	10ns
	脉宽调节步进	—	10ns
	输出电压	—	+3.3V
	输出阻抗	—	50Ω
供电参数	供电电源接口	USB 2.0/3.0	USB 2.0/3.0
	待机电流	50mA	100mA
	最大工作电流	80mA	150mA
电脑软件	支持协议种类	UART/232/485、I^2C、SPI、CAN、DMX512、HDMI　CEC、I^2S/PCM、JTAG、LIN、Manchester、Midi、Mod Bus、1-Wire、UNI/O、SDIO、SM Bus、SWD、USB 1.1、PS/2 鼠标键盘、NEC 红外、并口	
	支持操作系统	Windows XP、Vista、Windows 7/8/10(32b/64b)	

第4章

"五指琴魔，智能乐章"I/O资源配置及运用

章节导读：

从本章起就开始正式学习 STC8 系列单片机的片上资源了。本章重点讲解 I/O 部分的知识点和运用，这是最为简单和基础的内容，共分为 7 节。4.1 节把 I/O 引脚比作钢琴的琴键，简单描述了引脚的作用；4.2 节以 STC8H8K64U 型号的单片机为例，分析了封装形式和引脚内容，对 STC-ISP 软件中的特殊引脚进行了说明；4.3 节主要讲解 STC8 系列单片机支持的 4 种 I/O 模式，大家务必理解模式特点和适用场合；4.4 节讲解了 I/O 资源有关的 7 大类寄存器，并以实例教会大家如何配置端口；4.5 节讲解了单片机在实际应用中的"电平适配"问题；光是理论铺垫肯定不行，所以小宇老师增加了 4.6 节，让大家理解 STC8 系列单片机电气特性；4.7 节列举了 3 个实例项目让大家深入理解各模式的差异。通过本章的学习，朋友们应熟悉 I/O 资源，日后能合理设计产品和分配引脚。

4.1 "Play it!"弹奏单片机的智能乐章

经过了之前 3 章的学习，我们了解了集成电路的制造、修习电子技术的方法、STC 公司的单片机产品、STC8 系列单片机的特色、单片机最小系统的搭建方法、Keil C51 环境的使用、STC-ISP 软件的功能、官方推出的烧录工具以及常规仪器仪表的作用，等等，这些内容能为大家打好基础，也正是这 3 个"前导"章节，把一些零碎的基底内容展现在了大家面前。接下来就正式进入 STC8 系列单片机片上资源的学习了。单片机说白了就是一个"长脚"的芯片，要是把这些引脚全剪了，它就没啥用了，足以见得引脚的作用，所以我们先从 I/O 资源学起，顺从梯度和知识脉络，让大家很"自然"地学完 STC8 系列单片机的相关功能，也让大家找到学习的自信和成就感。

采用 LQFP 形式封装的 STC8 单片机从外观上看真的像是个长脚的"小蜘蛛"，这些引脚发挥着巨大功能，好比是"钢琴的琴键"。为啥说是"琴键"呢？小宇老师就为大家对比一番。首先，钢琴有白色琴键和黑色琴键，这就相当于单片机引脚的"分类"；白色的琴键位置靠下，较长且较宽，黑色的琴键位置靠上，较短且较窄，这就相当于单片机引脚的"分布"；在钢琴键盘的 88 个琴键中共有 52 个白键和 36 个黑键，这就相当于单片机引脚的"电气引脚"和"功能引脚"；钢琴的 7 个白键和 5 个黑键构成了琴键组，这就相当于单片机引脚的"端口组"；黑键是半音，而白键是全音，这就相当于单片机引脚的"功能"。

从整体上说，钢琴就是"单片机"，弹奏的旋律就是"内部程序"，琴键就是"I/O 引脚"。经过多组件的配合，才能演奏出如图 4.1 所示那样动人的音乐。

仔细想想,单片机所完成的工作无非就是在内部程序的控制下,在I/O引脚上输入/输出高低电平、电平脉冲、频率信号等。本质上并不复杂,只要是个单片机就肯定有I/O接口,若引脚上输出的信号根本不受内部程序的控制,那就会造成时序上的"混乱",相当于是"乱弹琴"。所以在程序上,还需要对I/O引脚进行初始化和合理的控制才行。在单片机产品的实际开发中,编程者就是"弹奏师",计算机和单片机板卡就是"钢琴",单片机的I/O资源就是"琴键",就像如图4.2所示的那样,单片机开发工程师通过编程赋予硬件"思想"才能最终弹奏出动听的"单片机智能乐章"。

图4.1　钢琴弹奏出动听的音乐

图4.2　I/O资源"弹奏"出"单片机智能乐章"

4.2　初识 STC8 系列单片机引脚资源

接下来,我们就开始正式学习 STC8 系列单片机引脚资源了。为了让大家的学习对象更加明确,我们挑选了 STC8 系列单片机中的"王者",即功能较为全面的 STC8H8K64U 型号单片机作为本书的"主角"。该单片机的常见封装有 LQFP 和 QFN 形式,本书采用了 LQFP64S 封装形式,其芯片引脚分布如图4.3所示。STC8 其他子系列的单片机封装形式和引脚定义可以到 STC 官网 www.stcmcudata.com 下载相关手册去学习,此处就不一一列举了。

采用 LQFP64S 封装形式的 STC8H8K64U 单片机,算上芯片延展出来的引脚在内,整个芯片的尺寸只有 12mm×12mm,芯片的整个厚度最大为 1.6mm(存在封装制造误差),足以见得 LQFP 这种封装的"小巧"和"轻薄"。LQFP 实际上就是很薄的 QFP 封装,这种四面扁平式封装的芯片引脚间距小、管脚细,不浪费 PCB 面积,很多集成电路都使用这样的封装形式,特别是在微处理器的产品中非常多见,其引脚数量一般是在 32 个以上,引脚很多的也可能上百个。芯片的晶圆就在这个封装里面,四面都有引脚的好处就是邦定打线的时候线路长度距离核心晶圆的距离都差不多,如此一来封装效率就很高,封装产生的寄生参数也小,芯片产热后的散热面积也大,这样就适用于高频/高速场景中的 IC 芯片了。

采用这个封装还比较容易焊接,直接用烙铁"拖焊"就可以手工完成(感兴趣的朋友们也可以在 B 站中找找"拖焊"的方法和演示视频),手工焊接的时候一定要细心,有的时候镊子夹起芯片一不小心"啪嗒"掉在地上,芯片就可能"当场残废",因为这种细小的引脚很容易碰断或者变形。如果是量产的产品就不能用手工去焊接了,这时候一般交给贴片厂商进行 SMT(Surface Mount Technology,表面组装技术)装贴。

通过对 STC8H8K64U 单片机封装形式及引脚分布图的观察,我们可能会产生好多"疑问",有的地方越看越糊涂,小宇老师换位思考,尝试站在初学者的角度列举出以下 6 点疑问,看看朋友们是否也遇到了。

疑惑 1:该型号单片机的引脚为啥不连续呢? 比如 **P0.4** 和 **P0.5** 之间为啥要加个 **P5.2** 和 **P5.3** 呢?"强迫症"看了表示受不了啊!

引脚的分布在很多微处理器中都是不连续的,这个很正常,引脚的具体分布和晶圆的设计及

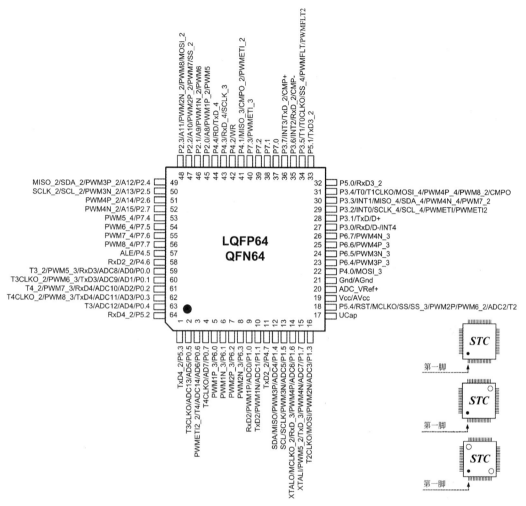

图 4.3 STC8H8K64U-LQFP64S 芯片引脚分布

厂商对产品的脚位约定是有直接关系的，我们可以观察到大多数端口的分布还是较为"连续"的，个别引脚的不连续也可以在 PCB 设计时自由连接。

疑惑 2：有的端口组为什么凑不齐 **8** 个呢？**8** 位机的引脚不都应该是 **8** 个一组吗？缺少了的引脚是设计缺陷吗？

STC8 单片机确实是一款基于 MCS-51 内核的 8 位微控制器，但是这里的"8 位"是指 CPU 一次能够处理的数据字长是 8 位，这和端口组的引脚个数没有关系。在 STC 系列的单片机中，端口组的引脚个数一般不多于 8 个，有的时候还可以用两组搭配的形式做成 16 位的总线形式（例如，在早期 STC 单片机中 P0＋P2 端口组就可以做成 16 位的地址总线，用户扩展外围存储器或者其他需要寻址的器件会非常方便）。

所以说，单片机的端口组不一定非要凑齐 8 个引脚，就算凑齐了引脚也不能"召唤神龙"，就连同一个型号的单片机在不同封装下的引脚数量也是不同的，这些"浮动"的引脚数量其实就是在端口组上做了"裁剪"而已，并不是设计缺陷。

有的单片机引脚较少（如 8 个、16 个、20 个），这种单片机中可能连一个完整的端口组都没有，但是这也不影响使用，很多初学者之所以"纠结"这个问题，是因为初级实验中经常会遇到驱动数码管或者驱动并行控制的液晶模块，这种情况下大家就希望单片机能有一组完整的端口（也就是出现 Px.0～Px.7 的形式)。其实完全没有必要,就算是分散的 I/O 也可以当作一个"组"来用,要记得:引脚可能分散,但是在程序里,数据也可以随意拆分,到时候按照时序依次送出数据位到分散的各个引脚即可。

从引脚分布上来看,LQFP64S 封装形式下一共有 64 个引脚,电源类引脚有 4 个(Vcc/AVcc、Gnd/AGnd、UCap、ADC_VRef+),剩下的 60 个引脚都可以作 I/O 口使用,从这点看,STC8 单片机的引脚利用率还是很高的。

疑惑 3:我就觉得类似于 P7.0、P7.1、P7.2 这种引脚最"可怜",因为别的引脚后面都有一大串其他字母跟着,就它自己光秃秃的,这些字母到底是啥意思?

看完了整个引脚分布图,最"可怜"的就是 P7.0,P7.1,P7.2 这 3 个引脚,引脚定义非常简短,从定义上看该引脚只是一个普通的 I/O 口。要说最"牛"的还是 P5.4 引脚,该引脚后面跟了 8 个字符串,分别是 RST、MCLKO、SS、SS_3、PWM2P、PWM6_2、ADC2 和 T2,这些字符串是什么意思呢?其实,这些字符串的含义是说 P5.4 引脚非常"厉害",它"身兼多职",该引脚在不同的情况下允许有不同的"功能"。这就是我们常说的"引脚功能复用",复用技术可以节省引脚数量,很多微控制器芯片都会把片内资源的功能与外部 I/O 引脚结合在一起,使得引脚的"角色"变得多样化。现在再来解读 P5.4 后面的字符串就很简单了,其复用功能分别是:复位功能引脚、主时钟分频输出引脚、SPI 的从机选择引脚、PWMB 的捕获输入和脉冲输出正极引脚、PWM6 的捕获输入和脉冲输出引脚、ADC 模拟输入通道 2 引脚以及定时/计数器 2 的外部时钟输入引脚。

疑惑 4:有的引脚上出现了好几个相似的复用功能,例如 P3.0 引脚有个"RxD",P3.6 上又是"RxD_2",P1.6 上又是"RxD_3",P4.3 上居然又是"RxD_4",这 1 个复用功能就不能"老实"在一个引脚上待着吗?

将"RxD"串行通信数据接收引脚分成了好几个引脚去标注是有原因的,并不是说产生了"RxD_2""RxD_3""RxD_4"就是"不老实"或者是故意搞复杂,这个做法恰恰是 STC8 系列单片机的"特色"之一,那就是"移形换影",即单片机的部分资源可以在程序的调配下在多个管脚之间进行切换。

就拿串口资源来说吧,串口 1 的通信引脚 TxD 和 RxD 线路可以从默认的 P3.0 和 P3.1 引脚切换到"P3.6 和 P3.7""P1.6 和 P1.7""P4.3 和 P4.4"这 3 组引脚去。串口 2 的通信引脚 TxD2 和 RxD2 可以从默认的 P1.0 和 P1.1 引脚切换到 P4.6 和 P4.7 去。串口 3 的通信引脚 TxD3 和 RxD3 可以从默认的 P0.0 和 P0.1 引脚切换到 P5.0 和 P5.1 去。串口 4 的通信引脚 TxD4 和 RxD4 可以从默认的 P0.2 和 P0.3 引脚切换到 P5.2 和 P5.3 去。

除了串口相关的功能线路可以随意切换之外,STC8H8K64U 单片机中的 SPI 资源的 4 线通信引脚、I²C 资源的 2 线通信引脚、比较器资源的输出引脚、主时钟信号的输出引脚、定时/计数器 T3 和 T4 的功能引脚、高级 PWM 不同通道的输出引脚也都能随意切换。

怎么样? STC8 系列单片机的这种"移形换影"的功能还不错吧,实际上就是把单片机片内资源进行"重映射",实现功能迁移,把原有的功能引脚进行变更。支持这种机制的单片机通过分时策略,甚至可以把单一资源的某些功能"1 变 2""2 变 3",从而进行"分时复用",用户在制作 PCB 时也可以非常方便地分配资源引脚或者更改资源引脚。

疑惑 5:为什么有的字符串长得很"相似",比如"RxD"和"RxD_2"还有"RxD2"这 3 个有什么区别呢? 到底是串口 1 还是串口 2 的功能引脚呢?

首先要说明的是,这 3 个字符串表达的含义都不相同,"RxD"的意思是串口 1 的串行通信数据接收引脚,"RxD_2"的意思是"RxD"功能的一个"备用"引脚,凡是这种功能名称带下画线且后面跟着数字的字符串都是片内资源"重映射"的备选引脚,可以通过引脚切换的方法把"RxD"的功能在"RxD_x"引脚上去体现,但是某一时刻下,不管是默认引脚还是备选引脚,只能是有 1 个引脚充当

"RxD"这个角色。"RxD2"的含义就不同了,该引脚是串口2的串行通信数据接收引脚。所以要注意这3种写法,若片内资源的某一功能名字叫"W",在引脚的体现上就可能出现"W""Wx""W_x"的形式,这里的"x"一般是从2开始一直到N,N就代表资源个数或者备选引脚的个数。

疑惑6:我原来学过别的单片机,在看图4.3的引脚标注时产生了不解,P0.7引脚中的"AD7"是不是ADC(模拟/数字转换器)的通道7呢?那P2.0引脚的"A8"又怎么解释?继续观察,怎么在STC8H8K64U单片机中不仅有"AD7""A8"的写法,P1.7引脚上还有个"ADC7",这个"ADx""Ax""ADCx"都代表什么意思呢?

这是很多单片机学习者都可能弄错的问题,需要说明的是,不同的微控制器厂家的数据手册标注名称是有差异的,不能说"AD7"引脚就一定与模拟/数字转换器的通道标号有关,不能"先入为主"地去判定。就拿"AD7"来说,在STC8系列单片机标注中可能存在"A7"或者"AD7"两种写法,这个"Ax"或"ADx"其实都是地址总线的意思(这里的"A"对应"Address Bus"的首字母,严谨地说,"Ax"和"ADx"的标注应该统一,且"ADx"的叫法应改为"ABx"更为妥当,因为"AB"才是地址总线的缩写)。

在STC8系列单片机中的"ADC7"引脚才是指模拟/数字转换器的通道7(要注意的是,ADC资源具备通道0,所以从数学计数角度看,"通道7"其实是第8个输入通道),因为ADC就是"Analog to Digital Converter"的首字母。有的单片机也叫作"AINx",AIN就是从"Analog Input"中提取的,所以,同样的资源可能在不同厂家的单片机引脚名称中存在不一样的叫法,一定要以相关手册上的引脚描述为准。

以STC8H8K64U型号的单片机为例,有的引脚功能在配置方法上非常"特殊",它们不局限于用户程序的配置,还可以在STC-ISP软件下载程序时被"打钩配置"。有的引脚甚至会涉及单片机的基础资源和功能。所以,必须要清楚这些"特殊"的引脚和STC-ISP软件中的相关"配置项"。

在程序下载时,首先要选定好单片机型号,一旦确立型号,STC-ISP软件中的硬件选项卡就会根据型号产生变化,不同型号的单片机硬件选项也不一样。以STC8H8K64U单片机为例,先来说一说与"下载允许"和"复位引脚"有关的两个配置项。

先看图4.4中箭头1指向的地方,该选项内容是"下次冷启动时,P3.2/P3.3为0/0才可下载程序",下载时如果没有勾选这个选项,则下载动作是不受限制的,正常地单击"下载"按钮并在目标板上产生一次"冷启动"过程即可。也有不少朋友在下载时多选了这个选项,导致第一次下载成功后无法进行第二次下载,好多朋友以为是单片机被"锁死"了或者是"烧坏"了,其实不是的,如果单片机已经无法正常下载也不要惊慌,只需要在下载前把单片机的P3.2和P3.3引脚连接到地即可,这两个引脚预先置低后再重复下载过程就没有问题了。这个选项看似没有必要,其实在某些场合下还是很有妙用的,比如可以防止用户操作过程中的"误烧录"。

图4.4中箭头2指向的地方,该选项内容是"复位脚用作I/O口",这个选项默认情况下就是勾选上的,也就是说,我们的STC8H8K64U单片机已经内置了复位电路(即POR电路),此时的复位引脚就是一个普通的I/O口。但有的应用场合需要在运行过程中控制单片机的复位动作,这时候就要把复位引脚的功能体现出来,就可以去掉这个选项的勾选并正常下载一次程序,再次上电时单片机的复位动作就只能依靠复位引脚上的"外部复位信号"了。

图4.4 下载允许及复位脚
功能配置项

STC8H8K64U单片机在引脚方面的配置项并不多,但是STC8其他系列的个别单片机则不然,以STC8A8K64S4A12单片机为例,这个型号的单片机除了具备如图4.4所示的两个引脚配置项之外,还具有"预置上电电平""资源引脚切换""引脚状态关联""预置引脚模式"的选项,其配置界面如图4.5所示。

图 4.5 STC8A8K64S4A12 单片机其他几类引脚配置项

图 4.5 中箭头 3 指向的选项就与"预置上电电平"有关,选项内容是"P2.0 脚上电复位后为低电平(不选为高电平)",这个选项的意思就是让我们自行"预置"P2.0 引脚在每次单片机上电后的电平状态。一般来说,STC8A 系列单片机 P2 整个端口组引脚在上电后默认都是高电平输出,但勾选该项并成功下载后,下一次上电 P2.0 引脚就是低电平了。

图 4.5 中箭头 4 指向的选项与"资源引脚切换"有关,选项内容是"串口 1 数据线[RxD,TxD]从[P3.0,P3.1]切换到[P3.6,P3.7]",默认情况下该项是不选的,所以串口 1 的 RxD 就是 P3.0 引脚,TxD 就是 P3.1 引脚,若勾选了这一项并成功下载后,串口 1 的收发引脚就被强制"迁移"了,这个功能也很好用,在 PCB 设计时甚至可以作为两个通信口切换之用。

图 4.5 中箭头 5 指向的选项与"引脚状态关联"有关,选项内容是"TxD 脚是否直通输出 RxD 脚的输入电平",默认情况下该项是不选的,所以 TxD 就是独立的 I/O。若勾选了这一项并成功下载后,TxD 引脚电平就会变成 RxD 引脚的输入电平状态,这个功能一般不用,主要应对一些特殊的通信控制和通信需求。

图 4.5 中箭头 6 指向的选项与"预置引脚模式"有关,选项内容是"P3.7 是否为强推挽输出",默认情况下该项也是不选的,所以 P3.7 引脚在上电后保持准双向/弱上拉模式,若勾选该项并成功下载,则该引脚的模式就被"预置"为推挽输出模式了。

图 4.5 中箭头 7 指向的选项也与"预置引脚模式"有关,选项内容是"芯片复位后是否将 PWM 相关的端口设置为开漏模式",这里说的 PWM 相关端口就是 P0.6、P0.7、P1.6、P1.7、P2.1、P2.2、P2.3、P2.7、P3.7、P4.2、P4.4、P4.5 这 12 个。默认情况下该项也是不选的,所以这 12 个引脚应是默认的准双向/弱上拉模式,若勾选该项,这 12 个引脚就会变成开漏输出模式。假设在实际产品中,这 12 个引脚其中一个或几个是连接到 MOS 管上驱动直流负载的,我们又不希望上电时引脚就输出高电平(以防止外围电路的误动作),那这个选项就非常方便了。

综上,在实际使用单片机时一定要仔细看看 STC-ISP 软件中的"硬件选项",哪怕都是 STC8 单片机,只要系列不同、型号不同,则配置项都有所差异,一定要切记。

4.3 引脚内部结构及模式特性

以传统的 MCS-51 内核单片机 AT89S52 为例,书籍上一般是这样介绍其引脚资源的:该单片机有 4 个端口组,分别是 P0、P1、P2 和 P3,P0 端口组默认是开漏结构,单纯依靠自身无法输出高电平,除非在 P0 端口组上连接 8 个上拉电阻到电源正极才行,又说 P1 至 P3 是准双向口,写"1"的话引脚就是高电平输出,写"0"的话引脚就是低电平输出,还说仅有 P3 有复用功能,P0 和 P2 可以构成 16 位的地址总线,P0 同时兼任 8 位数据总线,P3 就是控制总线。

以上这些内容在现在看来就显得比较"古老"了,甚至已经不再适用了,为啥呢? STC 公司推出的 STC8 系列单片机属于增强型的 8051 单片机,虽然还是采用 MCS-51 内核,但是片上资源的集成度和丰富度已经提升,虽然还是采用 51 的指令集,但是时钟和处理速度与传统 51 相比快了太多。

现在的 STC8 系列单片机远不止 4 个端口组,也没有固定说谁是开漏谁是准双向,I/O 引脚的模式可以自由配置,有准双向/弱上拉模式、推挽/强上拉模式、高阻输入模式和开漏输出模式可选,STC8 全系列单片机引脚内部电路中都添加了上拉电阻,用户可以按需使能。"写 1 置高和写 0 置低"的说法也不对了,因为要看具体的模式才能定输出,比如高阻输入模式,不管向端口数据寄存器写什么值,输出都是高阻态。现在的 STC8 系列单片机片上内存单元越做越大,很多简单的产品中根本没有必要再用扩展总线去外接 RAM 和 ROM 芯片了。复用功能可以在任何端口组引脚上,不仅如此,片内的一些资源还能"移形换影"切换到其他引脚上去,所以,现在的 STC8 系列单片机已经在传统的 51 单片机上"改头换面"了。

为了搞清楚 I/O 资源,必须要理解引脚内部的结构,STC8 系列单片机所支持的 4 种模式下,引脚的电气特性差异很大,每种模式都有自己独特的适用场景,一定程度上,微控制器的引脚模式越多,则单片机的灵活程度和功能就越强大。接下来,就展开这 4 种模式的结构和应用讲解。

4.3.1 如何理解准双向/弱上拉端口

话不多说,先来看看使用上最为简便的"准双向/弱上拉"模式,先从字面上解读一番,什么叫"准双向"呢? 意思就是说这种模式并不是"真正"的双向 I/O,这个词语和生活中的"准女婿""准媳妇"是一样的,不管是"准女婿"还是"准媳妇",都是即将成为的状态。准双向模式下的输入和输出是有条件约束的(也就是有相关的操作要求),若想在该模式下读取外部引脚的电平状态,必须要先对引脚内部的端口锁存器进行写"1"操作,之后再去读取外部引脚的电平状态才行。

那什么又叫"弱上拉"呢? 上拉的意思就是将一个引脚上不确定的电平信号通过上拉单元(用一些晶体管或简单的电阻连接到内部电路的电源正极)钳位到确定的高电平状态。就像是一个刚移植的大树要弄个支架来稳定它的树干一样。那为什么叫"弱"呢? 我们用几根"小木棍"当树干支架和用"钢筋铁骨"当树干支架肯定是不一样的支撑效果。假设上拉单元是用"电阻连接电源正极"的形式实现的,那么上拉作用的强度就和电阻阻值与电源电压有关,若电源电压一定,上拉电阻阻值越小则上拉作用就越强,反之上拉作用就越弱,弱上拉模式翻译过来就是"Weak Pull-Up",也可以将其称为准双向"WPU"模式。

为了便于理解,小宇老师以 STC8H 系列单片机为例,将该系列 I/O 准双向/弱上拉模式电路做成了如图 4.6 所示连接,我们一起来分析一下该结构各器件的作用。

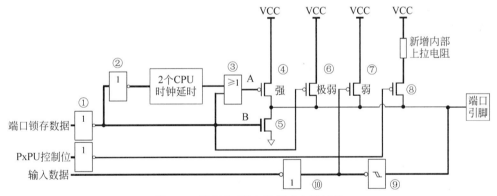

图 4.6 准双向/弱上拉模式电路结构

分析电路结构图后可以发现,标注的 1~8 器件主要与该模式下的"输出"功能有关,器件 1 和 2 是非门,器件 3 是或门(门电路的相关知识在数字电子技术相关书籍中会有讲解,朋友们可以按需补充),器件 4~8 是 5 个晶体管(晶圆内部常采用三极管或者 MOSFET 作为开关器件),这 5 个晶体管的开关状态由端口锁存数据和端口引脚电平共同决定。标注的 9 和 10 这两个器件主要与该模式下的"输入"功能有关,当引脚作为输入功能时,端口引脚上的实际电平会经过器件 9 施密特触发器和器件 10 干扰抑制器单元之后送到芯片内部。读取引脚状态时一定不要忘记先把端口锁存数据置"1",此后读取到的数据才是真实数据。

采用该模式下的"输出"过程是怎么样的呢? 这就要简单讲解图 4.6 中标注的 5 个晶体管了,

晶体管4具备强上拉能力,该晶体管的一端连接端口引脚,另一端直接连接内部电源。晶体管5可以承受较大的灌入电流,当晶体管5开启且晶体管4关闭时端口引脚表现出低电平状态(这两个引脚不会同时开启,因为它们都受端口锁存数据端这一个信号的控制,晶体管4是低电平才会开启,但是晶体管5是高电平才能开启,且两个管子的信号到来时间被强制错开了两个CPU时钟延时),此时外部电流可以流入芯片(最大20mA,虽说灌电流可以很大,最好还是加限流电阻进行内部电路保护)。晶体管6的上拉能力非常弱(5V供电时最大能通过$18\mu A$左右,3.3V供电时就只有$5\mu A$左右了),这个管子是在端口锁存数据为"1"时开启,当引脚外面什么都没有连接时(即悬空状态),端口引脚会在晶体管6的弱上拉作用下保持高电平状态。晶体管7也是实现弱上拉,但是上拉强度比晶体管6大了很多,该模式下的高电平驱动能力就是靠晶体管7,这个管子是在端口锁存数据为"1"且端口引脚电平也为"1"时开启,若引脚电平突然被拉低,则晶体管7会关闭,但是晶体管6依然保持打开状态,为了让引脚电平能够接近地电位,外部电路必须要有足够的"能力"抵抗晶体管6的上拉作用,让引脚变成低电平。晶体管8最简单,其作用就是控制内部上拉电阻的接入,可以通过配置PxPU控制位让晶体管8开启或关断,这样看来也就是一个上拉电阻的接入"开关"(有关内部上拉电阻的使能操作会在本章后续实验中验证)。

这样说其实也没什么用,因为大家还是不知道这几个晶体管到底是怎么发挥作用的,也就是说想要搞清楚引脚置"1"和清"0"后的内部变化,最好是推演一下置位后的相关流程。

先假设端口锁存数据为低电平"0","0"经过非门1后变成"1",所以电路中的B点为高电平,此时晶体管5开启,端口引脚被拉低,允许外部电流灌入,同时也能发现B点的高电平还连接到了或门3,两输入或门中的其中一个输入已经为"1",所以不管另外一个输入信号是"0"或者"1"都不会影响最后的输出结果,所以电路中的A点铁定为高电平,那晶体管4就保持为关闭。综合过程,我们得到了第一个结论:若编程者通过程序向端口数据寄存器写入了"0",则晶体管5开启,晶体管4关闭,此时的引脚就为低电平输出状态。

继续分析,假设端口锁存数据为高电平"1","1"经过非门1后变成"0",所以电路中的B点为低电平,此时晶体管5关闭,虽说电路B点的电平接到了或门3,但是"0"不能决定或门的最终输出状态,还必须看或门3的另外一个输入,暂且将它叫作"x",所以到这里只能判断晶体管5是铁定关闭的,但晶体管4的状态无法获知。此时,B点的低电平也会开启晶体管6,端口引脚会在晶体管6的作用下被拉高,但是晶体管6的上拉能力极弱,所以引脚输出高电平的驱动能力也很弱,这都不算最主要的,最麻烦的是这种情况下引脚信号的上升沿时间会很长,那怎么办呢?且听小宇老师慢慢分析!非门1的输出端还有支路,"0"经过非门2后又变回了"1","1"再经过两个CPU时钟的延时后传送到或门3,那现在看来"x"就是"1",那或门3的最终输出结果就是"1",所以电路中的A点为高电平,晶体管4被关闭了。分析了一通,我们得到了第二个结论:若编程者通过程序向端口数据寄存器写入了"1",则晶体管5关闭,晶体管4关闭,晶体管6打开,此时的引脚保持高电平状态。

过程分析完了,怎么样,是不是很精彩?小宇老师拿起书本"眼前一黑",这个结论居然是错的!大家有没有发现,不管端口锁存数据端是写"1"还是写"0",这个晶体管4一直都是关闭的,那要你来干吗?难道STC官方没有发现这个错误?不是的,是我们的分析出错了。让我们回到端口锁存数据为高电平"1"的时候,那时的"x"状态在经过两个CPU时钟的延时后确实为"1",但是在那之前呢?"x"的状态居然是未知的,若"x"之前为"1",那就不会影响到晶体管4,因为晶体管4会一直保持关闭状态,要是"x"之前为"0"那就有意思了,因为两个"0"经过或门3后让A点电平为低电平了,此时的晶体管4居然是开启的,只不过开启的时间很短(仅两个CPU时钟延时),随后晶体管4又被关闭了。那小宇老师就疑惑了,非要让晶体管4这么"晃"一下是干啥呢?原来,这样设计的目的是让端口引脚上升沿到"1"的时间有效缩短,这就解决了之前说的晶体管6上拉作用太弱的问题。不要小看这两个CPU时钟延时的开启,它可能完成了一件大事,它加快了引脚从逻辑0到逻辑1的上升时间，就好比是有个老奶奶过马路，马路的起始侧就是低电平"0"，马路的另外一侧就是高电平"1"，原本老奶奶颤颤巍巍走得慢，但这时候出现了一位好心人，他背着奶奶快速地通过了马路（由"0"变"1"）。这位"好心人"就是这个不起眼的晶体管4。所以，晶体管4不常开启，它只会在端口锁存数据端出现上升沿时（即0到1跳变）才能短暂开启，随后又被关闭。

综合以上，准双向/弱上拉模式下既能输出高电平也能输出低电平，还能把"端口引脚"的实际电平状态进行读入，所以非常好用，这也是经典的MCS-51单片机最为常规的I/O模式。配置I/O为该模式后，有的编程就会非常简单，例如，独立按键或者行列式矩阵键盘检测。

但是这里有两个问题需要注意，第一是准双向/弱上拉模式的输出能力"不均衡"，什么意思呢？就是说该模式下的引脚虽然能输出高电平，但是向外输出的驱动电流不大（即"拉电流"不大，5V供电时最大也就是$250\sim270\mu A$，3.3V供电时就只有$150\mu A$左右了），但是在输出低电平时，允许引脚外部流入到芯片内部的电流可以很大（即"灌电流"很大，最大可以支持20mA左右的电流），可见该模式下的"拉电流"和"灌电流"简直不是一个级别。

4.3.2　如何理解推挽/强上拉端口

紧接着，我们来学习驱动力非常"猛"的推挽/强上拉模式，啥叫"推挽"呢？意思就是采用两个参数相似但极性不同的晶体管连接后形成的输出电路（常用三极管或者MOSFET实现，电路中存在一个PNP结构和一个NPN结构或者是一个P沟道管子和一个N沟道管子）。以MOSFET方案为例，两个管子的栅极都连接在一起，由于两个管子极性不同，所以对于一个控制信号来说，每次只能有一个管子处于导通状态，另外一个管子就保持关闭，即P沟道管子导通时N沟道管子就关闭，反之亦然。这样做有什么好处呢？这种电路方式的导通损耗较小，开关速度很快，且输出信号的上升沿能在很短时间内就达到高电平。

很多书籍上对"推挽"模式的叫法有差异，有的称其为"互补输出"，有的又叫"推拉式输出"，还有的干脆根据推挽模式的英文"Push-Pull"取其简称为"PP"模式。在STC8系列单片机中该模式下对应端口的内部电路结构如图4.7所示。不知朋友们有没有发现，这种模式特别像是"小狗吃奶"。为啥呢？若是养过小狗的朋友肯定观察过小可爱们吃奶时的动

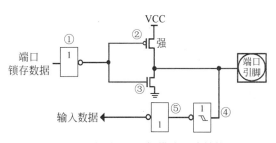

图4.7　推挽/强上拉模式电路结构

作，小狗吃奶时两个小爪子也没闲着，嘴里含着狗妈妈的乳头，当左爪子按压乳房时右爪子就松开，然后再用右爪子按下的同时左爪子松开，这不就是图中晶体管2和晶体管3的状态吗？端口引脚就是"乳头"，外部电路从引脚拉/灌电流，电流就是小狗吃的"乳汁"，晶体管2和3就是小狗按压的位置，交替开关后才能产生拉/灌电流。

分析电路结构图后可以发现，标注的1~3器件主要与该模式下的"输出"功能有关，器件1是非门，器件2和3是晶体管。标注的4和5这两个器件主要与该模式下的"输入"功能有关，当引脚作为输入功能时，端口引脚上的实际电平会经过器件4施密特触发器和器件5干扰抑制器单元之后送到芯片内部。

采用该模式下的"输出"过程是怎么样的呢？与之前一样，我们再来推导一番。假设端口锁存数据为低电平"0"，"0"经过非门1后变成"1"，晶体管2就会关闭，晶体管3将会打开，此时端口引脚与芯片内部的地线连通，引脚上变成低电平，允许外部电流的灌入（最大支持20mA左右的灌电流）。如果端口锁存数据为高电平"1"，"1"经过非门1后变成"0"，晶体管2就会打开，晶体管3将会关闭，此时端口引脚通过晶体管2间接与芯片内部的电源正极连接，由于晶体管2的上拉作用很

强,所以端口引脚表现为高电平,驱动能力也非常强(可以输出 20mA 左右拉电流,远比准双向/弱上拉模式下的驱动能力大)。需要说明的是,晶体管 2 和 3 并不会同时打开,芯片真实的内部电路远比这个结构图复杂,内部电路会设立"死区时间"等相关单元,错开两个管子的导通时间,保证在某一时刻下仅有一个管子开启。有的朋友可能会有疑惑,两个管子同时导通会怎么样呢?那样就有可能发生"炸管"现象,两个管子同时开启后相当于把芯片内部的电源正极与地相连,由于晶体管导通内阻都很小,所以相当于"短路",电流很大的情况下晶体管就会烧毁。

虽说推挽/强上拉模式下的拉、灌电流都能达到 20mA 左右,但是也不要用 I/O 引脚直接驱动负载,最好是在引脚上连接限流电阻,常规取值在 330～1000Ω,贴片形式的单片机整体拉/灌电流最好能控制在 70mA 内。为了稳妥起见,驱动电流最好是由外部器件来供给,从而减少单片机的内部功耗,这样单片机整体的发热量就少,引脚也不易损坏。

4.3.3　如何理解高阻输入

接下来再讲解一种神奇的"高阻输入"模式,这种模式可以说是"油盐不进"的类型,为什么呢?因为这种模式下端口引脚外的电流没有办法流进来,芯片内部的电流也无法流出去,可以把 I/O内部看成是阻抗超级大的一种状态(近似于开路)。在 STC8 系列单片机中该模式下对应端口的内部电路结构如图 4.8 所示。

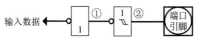

图 4.8　高阻输入模式电路结构

分析电路结构图后可以发现,图中的器件没有"输出"的部分,仅留下了"输入"部分的器件,器件 1 是干扰抑制器单元,器件 2 是施密特触发器单元。这两个单元串联在一起,芯片内部通过这两个器件可以获取到端口引脚上的实际电压,但引脚外的电流不能流入芯片内部。若端口引脚是悬空的(什么都不接),此时输入数据就是"不确定"的一种状态,读回来的参数有可能是"1"也有可能是"0",该模式下的输入阻抗很大,比较适合作模拟/数字转换器(即 STC8 系列单片机片上 ADC 转换器资源)的模拟信号输入通道。

4.3.4　如何理解开漏输出

最后,再来谈一谈有诸多"妙用"的开漏模式,"开漏"的意思绝对不是"开始漏电"或者单片机"程序泄漏",开漏的全称应该叫作"漏极开路"。有的朋友疑惑了,"漏极"这种说法不是对 MOS 管而言吗?

是的!在单片机端口的内部电路设计中一般都采用三极管或者 MOS 管作为开关器件,若单片机实际采用的三极管作为开关器件,且集电极没有连接任何其他电路,直接连接到了端口引脚,那就把这种结构叫"集电极开路"或者"开集",对应的英文表达为"Open Collector",也可以简称为"OC"结构。相似地,若单片机实际采用的 MOS 管作为开关器件,且漏极没有连接任何其他电路,直接连接到了端口引脚,那就把这种结构叫"漏极开路"或者"开漏",对应的英文表达为"Open Drain",也可以简称为"OD"结构。在 STC8 系列单片机中该模式下对应端口的内部电路结构如图 4.9 所示。

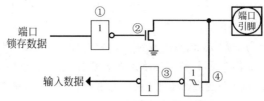

图 4.9　开漏输出模式电路结构

分析电路结构图后可以发现，图中的器件1和器件2与该模式下的"输出"功能有关，器件2实际上就是个MOS管，但是它的漏极直接连接到了端口引脚，除此之外就没有连接其他的电路和器件了，相当于漏极是"开路"的，这就叫"开漏"结构。对比一下，开漏与推挽模式在接地部分的电路是一样的，只是说开漏模式下不存在其他器件连接到内部电源正极。器件3和器件4与该模式下的"输入"功能有关，器件3是干扰抑制器单元，器件4是施密特触发器单元。需要特别说明的是，"开漏"和"开集"这种形式的引脚是无法输出高电平的，如果想要引脚上输出高电平，只能外接上拉电阻到电源正极才行。所以这种模式"不适合输出较大拉电流(主要看上拉电阻的阻值决定电流大小)，但是支持较大灌电流(可达20mA左右)"。那开漏结构有什么优缺点呢？哪些场合可以用到？该模式和推挽输出模式又有什么区别呢？接下来，通过4方面分析该模式的特点和应用。

1. "有活你来干，我只管吃饭"

若将引脚输出拉电流的能力比作"干活"，把灌电流输入的能力比作"吃饭"，那么开漏引脚就是典型的"只吃不干"。开漏模式下的引脚无法凭借自身向外输出高电平，必须要依靠外部上拉电阻才行，此时单片机内部不需要向外提供驱动电流，自身功耗很低，唯一需要单片机做的就是提供一个很小的栅极控制电流就可以了，若MOS管导通到地，那么允许引脚外部灌入电流最大可达20mA左右，但是一定要控制芯片整体输入的灌电流之和小于70mA，否则容易损伤芯片。

2. "力量大无边，陡峭上升沿"

对于单个的开漏引脚，一般是在引脚外部电路中添加上拉电阻，若是多个开漏引脚，也可以对端口组添加排阻，排阻的公共端接到电源正极即可，那么上拉电阻的阻值应该怎么选呢？常见的单片机系统中都选择4.7～10kΩ范围内的电阻用作常规上拉，就以4.7kΩ和10kΩ这两种阻值来说，4.7kΩ阻值小一些，则上拉作用就比10kΩ的要强，除此之外，还有什么其他特点呢？那就是上拉电阻的阻值大小可以影响上升沿的时间。

有的朋友疑惑了，哪里来的上升沿？上升沿貌似不用时间啊，不就是"嗖"地一下就从低电平跳变到高电平了吗？大家莫急，请听小宇老师分解。先说第一个问题，开漏端口若执行了清"0"操作，那么引脚电平肯定为低电平，若此时开漏引脚输出"1"，则引脚电平在上拉电阻的上拉作用下变成高电平，此时引脚上就会产生上升沿。再说第二个问题，在教科书上经常讲到方波信号，理论上，方波就是由高低电平及边沿组成，但是上升沿和下降沿也有时间，并不是理想中书本上画的那么"垂直"。边沿时间通常很短，但是用示波器也可以测量，常说"无图无真相"，接下来就让小宇老师为大家做个实验，我们取10kΩ和51kΩ这两种阻值差异较大的电阻作为开漏引脚外部的上拉电阻，通过控制引脚使其产生上升沿，并在示波器上观察不同阻值的上拉电阻对上边沿陡峭程度的影响，实测结果如图4.10所示。

分析波形后可以明显发现边沿的区别，图4.10(a)和图4.10(b)是上拉电阻为10kΩ时的上升沿和下降沿波形，图4.10(c)和图4.10(d)是上拉电阻为51kΩ时的上升沿和下降沿波形，单从下降沿的情况来看，10kΩ和51kΩ上拉电阻下的效果差异不大，这是因为引脚清"0"后允许灌入的电流很大，直接就把引脚拉成低电平了。但是从上升沿来看，10kΩ和51kΩ上拉电阻下的效果差异就很明显了，10kΩ电阻下的上升沿比51kΩ的要陡峭得多。所以，上拉电阻的阻值选取也是比较讲究的，需要按照实际情况选择阻值匹配场景下的需求。

3. "上拉电压你决定，差异系统易匹配"

开漏模式可以应用于不同电压系统的"对接"，间接地实现电平兼容和电平转换，如常见的3.3V系统和5.0V系统对接。开漏模式的外部上拉电阻确定后，可以更改上拉电阻电源正极的电压(在合理范围内调整)，若在单片机引脚支持的最大电气参数内，就可以实现信号幅值的变化。

来看个例子，假设有一个单片机系统是用5.0V供电，但是输出引脚需要和外部的3.3V单片

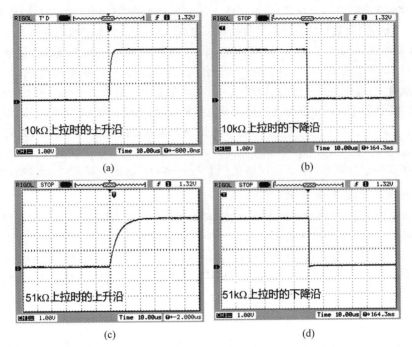

图 4.10　开漏模式下不同取值上拉电阻对信号边沿的影响

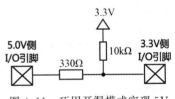

图 4.11　巧用开漏模式实现 5V 到 3V 系统连接

机或者 3.3V 的其他器件连接,如果贸然直连,5.0V 单片机这边就会对 3.3V 侧引脚灌入电流,轻则增加芯片功耗,重则烧毁低压侧器件。那怎么办呢? 在这个场景中就可以利用 STC8 系列单片机 I/O 的开漏模式来帮忙,需要搭建如图 4.11 所示的中间电路,然后将 5.0V 侧引脚配置为开漏输出且断掉引脚内部上拉电阻。然后经过 330Ω 限流接到 3.3V 侧引脚且添加 10kΩ 电阻到 3.3V 电源正极,这样一来,线路中的高电平电压就是 3.3V,低电平电压就是 0V 左右,通过开漏模式再配合中间电路就实现了 5V 系统到 3V 系统的连接。

有的朋友可能会思考,在 STC8H 系列单片机系统中,采用 5V 供电时的输入信号只要比 1.6V 大就可以判定为高电平(此处的 1.6V 是 STC8H 系列单片机引脚开启内部施密特触发器后的 V_{IH1} 参数,具体内容在 4.6 节还会展开),故而图 4.11 的电路在 5V 系统到 3V 系统的连接上是没有问题的。

如果将对接方向进行取反,要用 3.3V 单片机的引脚去连接高电压的器件或者电路(这里的高电压一般是 5V 左右,不能超过中间电路相关器件的电气极限,为了表述方便,将其叫作"高压侧"),应该怎么办呢? 这时候就会稍微麻烦一些了,可以分情况去讨论,3.3V 单片机引脚输入/输出信号的中间电路如图 4.12 所示。

情况 1:当 **3.3V 侧单片机引脚做"输入"功能时**采用如图 **4.12(a)** 所示电路。其核心器件就是一个二极管,这个二极管的方向一定不能接反,它就是抵抗高压侧灌入电流的"盾牌"。当高压侧引脚为高电平时,其电压肯定比 3.3V 侧大,这时候二极管处于截止状态,反向电流小到可以忽略,3.3V 单片机侧在引脚内部弱上拉的作用下保持高电平,所以此时读回来的也是高电平。若高压侧引脚为低电平,这时候二极管正向导通,3.3V 侧引脚的电位被钳位在 0.7V 左右,那单片机读回状态时就刚好为低电平。

情况 2:当 **3.3V 侧单片机引脚做"输出"功能时**采用如图 **4.12(b)** 所示电路。其核心器件就是

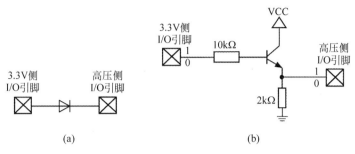

图 4.12　3V 单片机系统对接高压侧电路

一个 NPN 三极管，3.3V 单片机侧引脚通过 10kΩ 限流电阻后连接到三极管的基极，通过输出高低电平控制三极管的导通和截止，这样一来，在高压侧引脚上也会得到一个接近于 VCC 和地的 I/O 信号，电路中的 VCC 就是高压侧的供电电压，这样就实现了 3.3V 输出信号变成高压侧高/低电平信号的功能。

别看这些电路都很简单，在不同电压互连时经常要用到，希望朋友们一定要掌握。需要说明的是，这些电路也要区分适用的场合，电路倒是不复杂，但转换速度一般不高，电路搭建也未必简单，在实际的产品中，高低压/双电源环境下的电平转换需求还是推荐使用专门的电平转换芯片，这一部分的内容会在 4.5 节进行展开。

4. "一根线上的蚂蚱，一条船上的人"

多个开漏的端口都连在一起就更有意思了，此时所有的引脚会变成逻辑"与"关系，只要有一个端口被拉低为低电平，则整条线路都会变成低电平。这个特性非常有用，如果将其应用在多结点通信中就很方便了，比如一根线上有很多器件，器件都是以开漏引脚的形式连接到这条总线上，当某一个器件要发起通信时，该器件就把总线拉低，这时候其他器件也在检测这根总线的状态，一旦发现总线是低电平，则自动进入等待状态，当线路占用解除后，其他器件再去占用即可。

后续将要学习的 I²C 通信就是这样，在 I²C 总线中就是把很多个从机器件的相应开漏引脚全部连起来，得到 SDA 串行数据线和 SCL 串行时钟线这两根线，然后在两根线上添加如图 4.13 所示的 R1 和 R2 上拉电阻即可。一般来说，R1 和 R2 的取值范围是 4.7～10kΩ，具体的阻值需要根据结点的数量和线路的驱动能力来定。

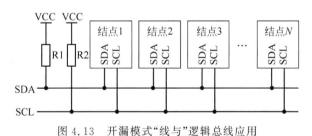

图 4.13　开漏模式"线与"逻辑总线应用

4.4　玩转 7 类寄存器拿下 I/O 资源配置

通过前面的三节了解了单片机引脚的作用，也用 STC8H 系列单片机中的最高款做了引脚分布和资源分析，还对一些与 STC-ISP 配置相关的"特殊"引脚做了介绍，最后又对 STC8 系列单片机的 4 种引脚结构和模式特性做了阐述。接下来就要开始学习最重要的内容，即怎么用程序配置相关引脚功能？

不管程序怎么写,其目的都是为了操作单片机的硬件资源,这就需要熟练配置 STC8 系列单片机中与 I/O 资源有关的寄存器,为了方便大家理解,小宇老师以 STC8H8K64U 为例,将这些寄存器分成了如图 4.14 所示的 7 大类(这些寄存器中的 x 表示端口编号,例如,P1 端口对应的 x 就是 1、P7 端口对应的 x 就是 7。需要说明:STC8 其他子系列的 I/O 寄存器种类不一定是 7 类,但大多数是类似的,需根据所学,自行触类旁通)。

STC8H系列单片机 I/O功能

- 端口模式配置寄存器:PxM0,PxM1
- 端口数据寄存器:Px
- 端口上拉电阻控制寄存器:PxPU
- 端口施密特触发控制寄存器:PxNCS
- 端口电平转换速度控制寄存器:PxSR
- 端口驱动电流控制寄存器:PxDR
- 端口数字信号输入使能控制寄存器:PxIE

图 4.14　STC8H 系列单片机 I/O 资源寄存器分类

有的朋友可能会惊讶! 为什么 STC8 系列单片机与我之前学习的 STC89C52 系列的单片机差别那么大呢? 貌似 STC89 系列中根本不存在什么端口模式、内部上拉电阻、施密特触发器、转换速度、驱动电流、数字信号输入使能等配置寄存器,只有单独的一个数据寄存器"Px"就完了,搞这么多寄存器真有必要吗?

确实是的,早期的 STC89 系列单片机 I/O 资源非常简单,默认 P0 就是开漏模式,默认其他端口组都是准双向/弱上拉模式,所以功能是固定的,引脚也不涉及什么复杂的配置。但是这样的引脚形式非常死板,功能单一。随着 STC 公司对产品的不断升级,在 STC15、STC8 系列单片机中就已经丰富 I/O 资源的寄存器了,寄存器的类别也反映出 I/O 的灵活性,以便匹配更多的场景需求,所以这是非常必要的。

当然,功能强大了固然好,但是也带来了问题,那就是寄存器的数量会变多。好在 I/O 资源相关的寄存器是有规律的,我们学习完一个寄存器就会通晓一类寄存器,所以不用去死记硬背,只要了解大致功能,用的时候再去翻翻手册查询即可。

4.4.1　引脚模式如何配

一般来说,在 main() 函数中应该定义所需变量和初始化相关资源,很多片内资源或者片外电路都要求引脚工作在一定的模式下,比如方便读写引脚电平的准双向/弱上拉模式,再如驱动力强劲的推挽/强上拉模式,又如隔绝拉/灌电流的高阻输入模式,还如诸多妙用的开漏输出模式等。

这些模式的配置与对应端口组 Px 下的模式配置寄存器 0 和模式配置寄存器 1 有关,这两个"主管"引脚模式寄存器的相关位定义及功能说明如表 4.1 所示,为了方便做对比,将两个寄存器放在了同一个表格中。

表 4.1　STC8 单片机 P0 口模式配置寄存器 0/1

P0 口模式配置寄存器 0(P0M0)							地址值:(0x94)H
位　数	位 7	位 6	位 5	位 4	位 3	位 2	位 1	位 0
位名称	P0M0.7	P0M0.6	P0M0.5	P0M0.4	P0M0.3	P0M0.2	P0M0.1	P0M0.0
复位值	0	0	0	0	0	0	0	0

P0 口模式配置寄存器 1(P0M1)							地址值:(0x93)H
位数	位 7	位 6	位 5	位 4	位 3	位 2	位 1	位 0
位名称	P0M1.7	P0M1.6	P0M1.5	P0M1.4	P0M1.3	P0M1.2	P0M1.1	P0M1.0

续表

P0 口模式配置寄存器 1(P0M1)								地址值：(0x93)ₕ
复位值	1	1	1	1	1	1	1	1
位名	位含义及参数说明							
P0M0.y P0M1.y 位 7:0 两两 对应 组合	配置 I/O 口模式 　通过相关端口的模式配置寄存器 0 和模式配置寄存器 1 进行"组合"搭配，最终确定相关 I/O 口模式，如 P0.0 引脚模式由 P0M0.0 和 P0M1.0 共同决定，按照"PxM0.y+PxM1.y"形式 可以得到 4 种组合方式(x 表示端口号，y 表示引脚号)							
	00	准双向口模式			01	高阻输入模式(默认)		
	10	推挽输出模式			11	开漏输出模式		

　　这两个寄存器在形式上很像是"两兄弟"，但在配置上也要注意一些细节。还是以 LQFP64S 封装的 STC8H8K64U 单片机为例，该款单片机有 P0～P7 这 8 个端口组，每个端口组都有两个模式配置寄存器(例如 P0M0 和 P0M1)。但寄存器中并不是每一位都有用，什么意思呢？在该款型号单片机中没有 P5.5～P5.7 这 3 个引脚，也就是说 P5M0 和 P5M1 寄存器的 5～7 位在配置上是无意义的。这些细节内容一定要注意，选用具体单片机时一定要详细翻阅手册才行。

　　再来看看，这"两兄弟"上电后会有一个默认的初始配置。在 STC8G 和 STC8H 系列单片机中，上电后的 PxM0 寄存器一般为 0x00，PxM1 寄存器一般为 0xFF，这两个值有什么含义呢？其含义就是除 P3.0 和 P3.1 引脚之外(因为这两个引脚关系到程序下载，显得比较特殊)，其余的所有 I/O 口在上电后均为高阻输入状态(即引脚上不存在拉/灌电流，这样做的好处是让单片机上电后不对外围电路或者器件造成影响，不会产生误触发隐患)，所以在使用 I/O 资源之前，必须要先配置 I/O 模式才行，不能想当然地对其赋值。

　　所有引脚的模式都由这"两兄弟"来决定的，为了让大家理解得更加清楚，我们以 P0 端口组的 8 个引脚模式配置为例，其配置方法如图 4.15 所示。P0.y 引脚的模式由 P0M0.y 和 P0M1.y 这两位共同决定，"y"表示引脚号和寄存器的位号，可以取值为 0～7。

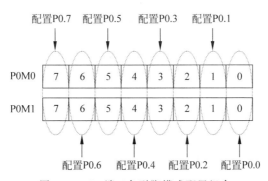

图 4.15　P0 端口各引脚模式配置组合

　　若需要用 C51 语言编程实现 P0.0 和 P0.1 引脚为准双向/弱上拉模式、P0.2 和 P0.3 引脚为推挽/强上拉模式、P0.4 和 P0.5 引脚为高阻输入模式、P0.6 和 P0.7 引脚为开漏输出模式，可编写语句如下。

```
P0M0 = 0xCC;        //对应二进制为"1100 1100"，整体赋值
P0M1 = 0xF0;        //对应二进制为"1111 0000"，整体赋值
```

　　这样的写法非常"痛快"，程序语句直接对 P0M0 和 P0M1 寄存器的全部功能位进行整体赋值，完全不管赋值操作之前 P0M0 和 P0M1 寄存器的原有配置值。但是在实际编程中这样的写法可能不妥，实际配置时往往要考虑很多特殊的情况。比如不想变更 P0M0 和 P0M1 寄存器的全部内容，

只想改变某端口组中的某一个引脚或者某几个引脚的模式，与此同时其他的引脚模式保持原样的情况，这时候就不能再用“整体赋值”的方法了，一定要用到C51语言中提供的“位运算”操作符，即按位与“&”和按位或“|”操作符。

接下来就变更需求，若需要用C51语言编程实现P0.0和P0.1引脚为开漏输出模式且P0端口组其他位的引脚模式保持原状态，可编写语句如下。

```
P0M0 |= 0x03;          //对应二进制为"0000 0011",将低 2 位置 1
P0M1 |= 0x03;          //对应二进制为"0000 0011",将低 2 位置 1
```

从配置上看，需要对P0M0和P0M1寄存器的低两位置“1”，拿P0.0引脚来说，当P0M0.0和P0M1.0都是1的时候，P0.0引脚就是开漏输出模式，P0.1引脚也是一样。这种情况下需要对寄存器中的某一位或某几位置“1”，就适合使用“按位或”操作符。将欲置“1”的功能位用“1”进行按位或运算，其他位与“0”进行按位或运算即可。

若需要用C51语言编程实现P0.0和P0.1引脚为高阻输入模式且P0端口组其他位的引脚模式保持原状态，可编写语句如下。

```
P0M0 &= 0xFC;          //对应二进制为"1111 1100",将低 2 位清 0
P0M1 |= 0x03;          //对应二进制为"0000 0011",将低 2 位置 1
```

高阻输入模式的配置就要用到两种位运算了，还是拿P0.0引脚来说，当P0M0.0为“0”且P0M1.0为“1”的时候，P0.0引脚就是高阻输入模式，P0.1引脚也是一样。这种情况下要分情况操作，欲对寄存器的某一位或某几位清“0”，就适合使用“按位与”操作符，将欲清“0”的功能位用“0”进行按位与运算，其他位与“1”进行按位与运算即可。

配置完端口模式配置寄存器后引脚模式就确定下来了，可以把相关语句进行封装，在程序上做成一个IO_init()函数，也就是端口引脚的初始化函数。接下来看看对应模式下如何去操作端口数据寄存器“Px”，让引脚表现出不一样的电平状态。

这个寄存器算是最经典的I/O资源寄存器了，所有学过早期STC单片机的朋友都应该清楚。以LQFP64封装的STC8H8K64U单片机为例，其端口组有8个，可用I/O引脚有60个，端口数据寄存器“Px”的x取值为0～7。特别要注意的是，64脚的该型号单片机没有P1.2、P5.5～P5.7这4个引脚，虽然硬件上不存在这4个引脚，但是寄存器中还是存在这些功能位的，使用的时候忽略它们即可。如果实际使用的单片机引脚数量很少，如8脚、16脚等，那就要了解具体型号的端口组和引脚配备情况，不要想当然地去初始化单片机不具备的引脚资源。以P0端口组为例，数据寄存器相关位定义及功能说明如表4.2所示。

表4.2　STC8单片机P0口数据寄存器

<table>
<tr><td colspan="5">P0口数据寄存器(P0)</td><td colspan="4" align="right">地址值：(0x80)$_H$</td></tr>
<tr><td>位　数</td><td>位7</td><td>位6</td><td>位5</td><td>位4</td><td>位3</td><td>位2</td><td>位1</td><td>位0</td></tr>
<tr><td>位名称</td><td>P0.7</td><td>P0.6</td><td>P0.5</td><td>P0.4</td><td>P0.3</td><td>P0.2</td><td>P0.1</td><td>P0.0</td></tr>
<tr><td>复位值</td><td>1</td><td>1</td><td>1</td><td>1</td><td>1</td><td>1</td><td>1</td><td>1</td></tr>
<tr><td>位　名</td><td colspan="8">位含义及参数说明</td></tr>
<tr><td rowspan="3">P0.7-0
位7:0</td><td colspan="8">读写端口引脚状态
编程人员可以对该寄存器或者某个特定位进行声明和赋值，在I/O模式和引脚外部电路都允许输出高低电平的情况下，对功能位的操作会影响对应引脚上的电平状态。单片机上电复位后所有I/O口的端口缓冲区都被置1，但并不是说所有引脚都表现为高电平状态(还得看I/O模式才行)</td></tr>
<tr><td>0</td><td colspan="7">输出低电平到端口缓冲区，对应引脚被拉低</td></tr>
<tr><td>1</td><td colspan="7">输出高电平到端口缓冲区，对应引脚被拉高</td></tr>
</table>

若需要用 C51 语言编程实现 P0 端口组的 P0.0 和 P0.1 引脚为开漏输出模式且初始化输出低电平，P0 端口组的 P0.2 和 P0.3 引脚为推挽/强上拉模式且初始化输出高电平，端口组其他位的引脚模式和状态保持原样，可编写语句如下。

```
P0M0 |= 0x03;          //对应二进制为"0000 0011"，P0.0 和 P0.1 开漏输出模式
P0M1 |= 0x03;          //对应二进制为"0000 0011"，P0.0 和 P0.1 开漏输出模式
P0M0 |= 0xC0;          //对应二进制为"0000 1100"，P0.2 和 P0.3 推挽/强上拉模式
P0M1 &= 0xF3;          //对应二进制为"1111 0011"，P0.2 和 P0.3 推挽/强上拉模式
P0 &= 0xFC;            //对应二进制为"1111 1100"，P0.0 和 P0.1 为低电平
P0 |= 0xC0;            //对应二进制为"0000 1100"，P0.2 和 P0.3 为高电平
```

因为需求中明确要求了不能改变其他引脚的模式和状态，所以语句段里面是分为 3 步实现了配置。第 1 步是配置 P0.0 和 P0.1 引脚为开漏输出，也就是对某些位进行置 1 操作，所以直接用两个按位或运算就搞定。第 2 步是要配置 P0.2 和 P0.3 引脚为推挽/强上拉，即需要对某些位置 1 又需要对某些位置 0，所以把按位或和按位与都用上了。第 3 步是要配置 P0.0 和 P0.1 为低电平，P0.2 和 P0.3 为高电平，那就分别用按位或和按位与即可。

4.4.2 附加功能有哪些

引脚模式配置及引脚数据配置是 I/O 资源中最常用的操作，所以 PxM0、PxM1 和 Px 这 3 类寄存器的使用频次最高，除了它们 3 个之外，STC8H 系列单片机还支持 4 类附加功能配置，这些配置项让引脚功能更为强大，在很多应用场景中可以减少外部电路且非常实用。

STC8 全系列单片机 I/O 引脚的内部都配备了上拉电阻。如果用 5.0V 给单片机供电，其上拉电阻阻值为 4.1～4.4kΩ 左右，如果用 3.3V 为单片机供电，其阻值为 5.8～6.0kΩ，该电阻的阻值并不精确，仅用作端口的内部上拉，随着单片机工作环境温度变化，阻值也会有一些变动。内部上拉电阻和外部上拉电阻的作用是类似的，可以调整信号上升沿时间、增强 I/O 抗干扰性、增强驱动能力等。上拉电阻并不是固定连接到内部引脚的，需要用上拉电阻控制寄存器 PxPU 去配置，以 P0 端口组为例，P0PU 寄存器的相关位定义及功能说明如表 4.3 所示。

表 4.3 STC8 单片机 P0 口上拉电阻控制寄存器

P0 口上拉电阻控制寄存器（P0PU）							地址值：(0xFE10)H
位 数	位 7	位 6	位 5	位 4	位 3	位 2	位 1	位 0
位名称	P0PU.7	P0PU.6	P0PU.5	P0PU.4	P0PU.3	P0PU.2	P0PU.1	P0PU.0
复位值	0	0	0	0	0	0	0	0
位 名	位含义及参数说明							
P0PU.7-0 位 7:0	可配置引脚内部电路的上拉电阻连接 　　通过操作该寄存器或者相应位的状态，可以使能或者禁止内部上拉电阻的连接，较为灵活地适配更多应用场景。单片机上电复位后默认禁止所有 I/O 引脚内部的上拉电阻连接。P3.0 引脚和 P3.1 引脚上的上拉电阻会略小一些							
	0	禁止内部上拉电阻到引脚						
	1	使能内部上拉电阻到引脚						

看完这个上拉电阻控制寄存器之后感觉并不复杂，无非就是对其清 0/置 1 即可，若需要用 C51 语言编程使能 P1.0 引脚的内部上拉电阻，我们想当然地就编写了如下语句：

```
P1PU |= 0x01;          //使能 P1.0 内部上拉电阻
```

写完了这条语句之后突然觉得心里很没底，因为这条语句执行与否都看不到任何现象，程序

执行完了也不知道究竟有没有上拉电阻的存在。看来需要设计一个小实验去验证配置的效果。

　　首先可以配置 P1.0 引脚为开漏模式,此时故意让该引脚输出高电平,按照 4.3.4 节的相关讲解,我们知道开漏模式下如果不借助外部上拉电阻是无法让引脚表现为高电平的,这时候可以用万用表的直流电压挡去测量 P1.0 引脚的电压加以验证,不出意外的话应该在 0V 左右。随后在程序里多写一句操作 P1PU 寄存器的语句,使能 P1.0 引脚内部上拉电阻后再用万用表去测量,此时 P1.0 引脚上的电压就应该在供电电压附近了。

　　按照想法,可以用 C51 语言编写程序内容如下。

```
/ ************************* 端口/引脚定义区域 ************************* /
sbit TEST = P1^0;                     //定义 P1.0 引脚
/ ************************* 主函数区域 ************************* /
void main(void)
{
    P1M0| = 0x01;                     //对应二进制为"0000 0001",P1.0 为开漏输出模式
    P1M1| = 0x01;                     //对应二进制为"0000 0001",P1.0 为开漏输出模式
    delay(5);                         //等待 I/O 模式配置稳定
    TEST = 1;                         //P1.0 输出高电平
    //P1PU& = 0xFE;                   //禁止 P1.0 内部上拉电阻
    P1PU| = 0x01;                     //使能 P1.0 内部上拉电阻
    while(1);
}
```

　　将程序编译后下载到单片机中,"惊悚离奇"的事情发生了。不管程序中怎么操作 P1PU 寄存器,P1.0 引脚始终保持低电平,想象中的上拉电阻根本没有发挥任何作用,最离奇的事情是 P1.0 引脚根本没有连接任何外部电路。

　　我尝试更换了端口,尝试更换了引脚,尝试改变了供电电压都不行,正准备尝试更换单片机的时候我冷静了下来,观察并发现了一个奇怪的事情,为什么之前学的端口数据寄存器的地址是"(0x80)$_H$"这样的两位十六进制数,而上拉电阻控制寄存器的地址是"(0xFE10)$_H$"这样的四位十六进制数呢? 简单地说,这个"上拉电阻控制寄存器"压根儿就不在经典 MCS-51 内核单片机特殊功能寄存器的地址区域内,这个地址已经不在片内 RAM 区域了(看到这里,初学者可能不太理解,该部分知识涉及单片机存储器资源,会在第 9 章进行讲解,此处不做展开,但要有个印象)。那要怎么才能启用 STC 公司自主"扩展"的特殊功能寄存器呢? 通过查阅手册,必须添加两条对"P_SW2"外设端口切换寄存器的配置语句,该寄存器的细致内容暂不展开,只需对该寄存器的最高位"EAXFR"置 1 便可访问扩展后的特殊功能寄存器,反之就是禁止访问。知道了这一点后,修改程序如下。

```
/ ************************* 端口/引脚定义区域 ************************* /
sbit TEST = P1^0;                     //定义 P1.0 引脚
/ ************************* 主函数区域 ************************* /
void main(void)
{
    P1M0| = 0x01;                     //对应二进制为"0000 0001",P1.0 为开漏输出模式
    P1M1| = 0x01;                     //对应二进制为"0000 0001",P1.0 为开漏输出模式
    delay(5);                         //等待 I/O 模式配置稳定
    TEST = 1;                         //P1.0 输出高电平
    P_SW2| = 0x80;                    //允许访问扩展特殊功能寄存器 XSFR
    //P1PU& = 0xFE;                   //禁止 P1.0 内部上拉电阻
    P1PU| = 0x01;                     //使能 P1.0 内部上拉电阻
    P_SW2& = 0x7F;                    //结束并关闭 XSFR 访问
    while(1);
}
```

此时将程序编译后下载到单片机中，P1.0引脚正常输出了高电平，心里终于痛快了。分析原因还是没有认真查阅数据手册导致的，更深层次的原因是STC公司确实在新产品的资源操作上做了改进，所以开发人员不能想当然地把STC8系列单片机当成STC89系列单片机去用，虽说是熟悉的资源，但也有很多细节需要注意。

STC8系列单片机中还配备了施密特触发器单元，啥叫"施密特"触发器呢？简单来说，它就是一种阈值开关电路，本质上也可以看作一种带正反馈的迟滞比较器电路，施密特触发器有两个稳定状态，与一般触发器不同，施密特触发不是采用常规的边沿触发而是采用电位触发，该单元在输入信号电压的负向递减和正向递增方向上具备两个不同的阈值电压，当输入信号存在小幅"抖动"或者是接近电压阈值临界点的突变波动时不会影响施密特触发器的输出，这样一来，施密特触发器就可以增强单片机I/O引脚的抗干扰能力。

施密特触发器的相关知识点可以从数字电子技术类书籍中获取，电路本质上的一些计算也涉及模拟电子技术的相关知识，以"74系列"芯片来说，常见的施密特触发器芯片型号有74HC18、74HC19、74HC132、74HC221等。施密特触发器的芯片用途很多，利用触发器的特性，它可以用作波形的变换（如正弦波变方波）、脉冲波的整形（如传输信号发生畸变，利用施密特修整波形，"修正"方波边沿）或者脉冲鉴幅（如幅度存在差异且波形不规则的脉冲信号到来时，可以让其通过施密特触发器，然后就能选择信号幅度大于欲设阈值的信号进行输出）。

用户可以根据需要使能或者禁止该单元，我们需要用到PxNCS寄存器去实现配置，还是以P0端口组为例，P0NCS寄存器的相关位定义及功能说明如表4.4所示。

表4.4 STC8单片机P0口施密特触发控制寄存器

P0口施密特触发控制寄存器（P0NCS）							地址值：$(0xFE18)_H$
位 数	位7	位6	位5	位4	位3	位2	位1	位0
位名称	P0NCS.7	P0NCS.6	P0NCS.5	P0NCS.4	P0NCS.3	P0NCS.2	P0NCS.1	P0NCS.0
复位值	0	0	0	0	0	0	0	0
位 名	位含义及参数说明							
P0NCS.7~0 位7:0	配置施密特触发器功能 　　通过配置该寄存器可以使能或者禁止引脚内部的施密特触发器，单片机上电复位后默认使能所有I/O内部施密特触发器，该功能的开启和关闭会影响I/O输入高/低电平的电压阈值。利用施密特触发器的滞回特性可以增加I/O抗干扰能力和对输入信号进行整形							
	0	使能施密特触发器						
	1	禁止施密特触发器						

施密特触发控制寄存器PxNCS也属于STC8单片机扩展出来的寄存器，配置上与之前讲解的上拉电阻控制寄存器PxPU的配置是相似的，若需编程让P0端口组的P0.0～P0.3引脚使能内部施密特触发器，P0.4～P0.7引脚禁止内部施密特触发器，可编写如下语句。

```
P_SW2| = 0x80;        //允许访问扩展特殊功能寄存器 XSFR
P0NCS = 0xF0;         //使能 P0.0～P0.3 并禁止 P0.4～P0.7 的内部施密特触发器
P_SW2& = 0x7F;        //结束并关闭 XSFR 访问
```

实际应用中，施密特触发器按需使能即可，不用全部都打开，因为这样做会增加单片机的静态功耗，某一引脚内部施密特触发器的使能和禁止还会影响该引脚输入高电平和输入低电平的电压阈值。以STC8H系列单片机为例，具体的变动情况如表4.5所示。

表 4.5　施密特触发器对 I/O 输入信号电压阈值的影响

测试项目	施密特触发器	5V 供电		3.3V 供电	
		最小值	最大值	最小值	最大值
输入高电平	打开	1.6V	—	1.18V	—
	关闭	1.54V	—	1.09V	—
输入低电平	打开	—	1.32V	—	0.99V
	关闭	—	1.48V	—	1.07V

　　在单片机应用的场景中还有很多特殊的要求,比如想要 I/O 引脚输出 10MHz 以上的方波且要求波形尽可能不失真,这就对 I/O 内部电路提出了频率要求,这种情况下就要配置 I/O 引脚的电平转换速度。STC8H 系列单片机中就设立了端口电平转换速度控制寄存器 PxSR。还是以 P0 端口组为例,P0SR 寄存器的相关位定义及功能说明如表 4.6 所示。

表 4.6　STC8 单片机 P0 口电平转换速度控制寄存器

P0 口电平转换速度控制寄存器(P0SR)							地址值:(0xFE20)H	
位　数	位 7	位 6	位 5	位 4	位 3	位 2	位 1	位 0
位名称	P0SR.7	P0SR.6	P0SR.5	P0SR.4	P0SR.3	P0SR.2	P0SR.1	P0SR.0
复位值	1	1	1	1	1	1	1	1
位　名	位含义及参数说明							
P0SR.7~0 位 7:0	可配置引脚电平转换速度							
	控制端口电平转换的速度,上电后默认所有 I/O 均为低速模式							
	0	电平转换速度快,边沿斜率大,高速模式,I/O 对外辐射会增加						
	1	电平转换速度慢,边沿斜率小,低速模式,I/O 对外辐射会降低						

　　在配置 PxSR 寄存器时也需要开启对"扩展特殊功能寄存器"的访问允许,若需编程让 P0 端口组的 P0.0~P0.3 引脚为低速模式,P0.4~P0.7 引脚为高速模式,可编写如下语句。

```
P_SW2| = 0x80;          //允许访问扩展特殊功能寄存器 XSFR
P0SR = 0x0F;            //P0.0~P0.3 低速模式,P0.4~P0.7 高速模式
P_SW2&= 0x7F;          //结束并关闭 XSFR 访问
```

　　如果在实际应用中,想要 STC8H 系列单片机 I/O 引脚的电流驱动能力更大一些,以便能驱动一些晶体管、集成电路或者分立器件,这要怎么做呢?一般会想到运用外加的三极管放大电路或者达林顿管的驱动电路,这属于外加电路单元的方法,那能不能不借助外围单元提升 I/O 引脚本身的驱动能力呢?也是可以的。这就要用到端口驱动电流控制寄存器 PxDR。还是以 P0 端口组为例,P0DR 寄存器的相关位定义及功能说明如表 4.7 所示。

表 4.7　STC8 单片机 P0 口驱动电流控制寄存器

P0 口驱动电流控制寄存器(P0DR)							地址值:(0xFE28)H	
位　数	位 7	位 6	位 5	位 4	位 3	位 2	位 1	位 0
位名称	P0DR.7	P0DR.6	P0DR.5	P0DR.4	P0DR.3	P0DR.2	P0DR.1	P0DR.0
复位值	1	1	1	1	1	1	1	1
位　名	位含义及参数说明							
P0DR.7~0 位 7:0	可配置引脚电流驱动能力							
	控制端口的驱动能力,上电后默认所有 I/O 均为一般驱动能力							
	0	增强驱动能力						
	1	一般驱动能力						

在配置 PxDR 寄存器时也需要开启对"扩展特殊功能寄存器"的访问允许,若需编程让 P0 端口组的 P0.0～P0.3 引脚为一般驱动能力,P0.4～P0.7 引脚为增强驱动能力,可编写如下语句。

```
P_SW2 | = 0x80;        //允许访问扩展特殊功能寄存器 XSFR
P0DR = 0x0F;           //P0.0～P0.3 一般驱动能力,P0.4～P0.7 增强驱动能力
P_SW2 & = 0x7F;        //结束并关闭 XSFR 访问
```

其实,我们所学的端口驱动电流控制寄存器 PxDR 与端口电平转换速度控制寄存器 PxSR 是存在组合关系的,当 I/O 输出信号频率较高时,驱动能力就会降低,幅度也会减小一些,为了改善这些问题,也可以将 I/O 配置为"增强驱动能力＋高速模式"。为了让朋友们清楚地理解 PxDR 与 PxSR 的组合关系,小宇老师列出了具体参数,如表 4.8 所示。

表 4.8 PxDR 与 PxSR 的组合参数表

配置语句	语句含义	典型上限速率
PxDR＝0 且 PxSR＝0	增强驱动能力＋高速模式	5.0V 供电时 36MHz
		3.3V 供电时 25MHz
PxDR＝0 且 PxSR＝1	增强驱动能力＋低速模式	5.0V 供电时 26MHz
		3.3V 供电时 16MHz
PxDR＝1 且 PxSR＝0	一般驱动能力＋高速模式	5.0V 供电时 32MHz
		3.3V 供电时 22MHz
PxDR＝1 且 PxSR＝1	一般驱动能力＋低速模式	5.0V 供电时 22MHz
		3.3V 供电时 12MHz

在实际应用中,STC8H 系列单片机的 I/O 引脚既可以用于数字信号的输入又可以当作模拟电压的输入通道,为了适配应用场景且节约芯片功耗,STC8H 单片机的 I/O 资源中额外添加了一个端口数字信号输入使能控制器寄存器 PxIE,还是以 P0 端口组为例,P0IE 寄存器的相关位定义及功能说明如表 4.9 所示。

表 4.9 STC8 单片机 P0 口数字信号输入使能控制寄存器

P0 口数字信号输入使能控制寄存器（P0IE）							地址值：（0xFE30）$_H$
位 数	位 7	位 6	位 5	位 4	位 3	位 2	位 1	位 0
位名称	P0IE.7	P0IE.6	P0IE.5	P0IE.4	P0IE.3	P0IE.2	P0IE.1	P0IE.0
复位值	1	1	1	1	1	1	1	1
位 名	位含义及参数说明							
P0IE.7～0 位 7:0	可配置引脚数字信号输入的使能 　　对数字信号的输入进行使能控制,上电后默认所有 I/O 均允许数字信号的输入,也就是常规的 I/O 模式,可以正常获取引脚上的高/低电平状态							
	0	禁止数字信号的输入。若 I/O 引脚被当作电压比较器的输入通道、ADC 资源的输入通道或者触摸按键的输入通道等模拟通道时,进入时钟停振模式前,必须将该位配置为"0",否则会产生额外的功耗						
	1	允许数字信号的输入。若 I/O 引脚被当作数字信号接口时,必须将该位配置为"1",否则单片机无法正确读取引脚上的电平状态						

在配置 PxIE 寄存器时也需要开启对"扩展特殊功能寄存器"的访问允许,若需编程让 P0 端口组的 P0.0～P0.3 引脚允许数字信号的输入,P0.4～P0.7 引脚禁止数字信号的输入,可编写如下语句。

```
P_SW2 | = 0x80;        //允许访问扩展特殊功能寄存器 XSFR
P0IE = 0x0F;           //P0.0～P0.3 允许数字信号输入,P0.4～P0.7 禁止数字信号输入
P_SW2 & = 0x7F;        //结束并关闭 XSFR 访问
```

4.5　如何处理不同系统 I/O 电平标准及转换

学习了 STC8 系列单片机寄存器配置之后,下面来看看实际产品中经常要遇到的"电平转换"问题。以本书的主角 STC8H8K64U 单片机为例,其工作电压可以支持 1.9～5.5V,若有两个单片机系统 A 和 B 都是用的该型号单片机作主控,A 系统供电电压为 3.3V,B 系统供电电压为 5.0V,这两个系统要做串口通信时能否把 I/O 口直接连接呢?

答案当然是不能。因为 B 系统的高电平电压会比 A 系统的供电电压还高,若是贸然连接两个系统可能导致压差电流损坏低压侧的器件。有的朋友可能会说:在连接中串接电阻不就可以限制电流了吗?话是不错,但是在不同电压下的电平标准及电压阈值也有差异,比如在 5V 系列 COMS 电平标准中,电压阈值高于 4.44V 就是高电平,但是在 5V 系列 TTL 电平标准中,电压阈值高于 2.4V 就已经算是高电平了。

可见,电平电压不同的系统互连不能草率对待,这就是本节的主题"电平标准及转换"。电平标准也有分类,若高电平的电压阈值比低电平电压阈值大,这就比较符合我们的思维方法,我们将其称为"正逻辑电平标准"。也有反过来的情况,某些标准中"负电压"反而是高电平,"正电压"反而是低电平,这种电平标准也称为"负逻辑电平标准"(在本书串口章节会涉及,此处不做展开)。下面就基于"正逻辑电平标准"列举几种常见的电平转换方法。

(1) 有一些注重性价比的场合,直接用阻容和三极管就可以搭建转换电路,在三极管的基极串接电阻,通过单片机 I/O 引脚输出高/低电平去控制三极管的导通和截止,从集电极处就可以得到另外一种电压的开关信号(也就是 4.3.4 节中图 4.11 和图 4.12 的内容)。这种方法比较简单,类似的还有光电耦合器的方案,但是转换的速率有限,不适合高速信号的转换。

(2) 有的方案中也选择中间器件承受高/低压差,"间接"实现电平转换的方法,比如一些 74AHC/VHC 系列芯片,就允许引脚输入的电压超过供电电压一些,该类器件之所以能"容忍"高压输入,是因为芯片引脚的内部电路中构建了专门的电路保护结构。但是这种方法并不安全,若高压侧电压长期输入导致中间芯片发生损坏,就不能继续为双方系统转换电平信号了。

(3) 还有一些方案直接采用专用的高性价比电平转换芯片,小宇老师也比较推荐这种方法,这类芯片一般具备多个电平转换通道,芯片的一致性较好,按照电平转换的方向又可分为单向转换和自动双向转换形式,转换速率上也有多种选择,使用上比较简单。

可见,实现逻辑电平转换的方法有很多,每一种都有自己的特点,可以按照需求去考虑。接下来小宇老师就基于 4 款德州仪器(TI)半导体公司生产的双电源电平转换芯片讲解电平转换和系统适配的方法。

4.5.1　基于 SN74LVC8T245 做单向 8 通道电平转换

第一款要为大家介绍的芯片是 SN74LVC8T245,该芯片是一款支持三态输出的 8 通道双电源总线收发器,芯片在转换前需要配置固定的电压转换方向,芯片的引脚分布及定义如图 4.16 所示,V_{CCA} 和 V_{CCB} 就是两种待转换系统的供电电压输入端(例如 3.3V 和 5.0V),Ax 和 Bx 类引脚就是转换通道(x 取 1～8),DIR 和 OE 是控制引脚,GND 是公共地。

DIR 和 OE 这两个控制引脚最好在设计电路时单独引出,方便进行功能配置。DIR 引脚决定了电平转换的方向,当 DIR 引脚为低电平时(逻辑电平参考 V_{CCA} 这边),则转换方向由 B 侧

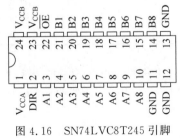

图 4.16　SN74LVC8T245 引脚
分布及定义

向 A 侧转换，即 Bx 这边的 8 个引脚变成输入，Ax 这边的 8 个引脚变成输出，当 DIR 引脚为高电平时，转换就从 Ax 到 Bx。

OE 这个引脚决定了芯片是否能够"正常工作"，当 OE 引脚为低电平时(逻辑电平还是参考 V_{CCA} 这边)，芯片就关闭了，此时禁止所有通道的转换，所有的 Ax 和 Bx 引脚都保持"高阻态"输入，若将 OE 引脚置高，则芯片正常工作，通常情况下，都把 OE 引脚直接连接到 V_{CCA} 上去。

V_{CCA} 和 V_{CCB} 这两个电源输入引脚都允许输入 1.65~5.5V 的电压，这个电压范围内的器件就非常广泛了，例如常见的 1.8V 系列、2.5V 系列、3.3V 系列和 5.0V 系列 TTL/COMS 电平标准等。

搞清楚相关引脚的功能之后，芯片的电路搭建就很简单了，按照图 4.17(a)搭建电路即可。U1 就是 SN74LVC8T245 芯片，P1 用于配置 DIR 的电平，P2 用于配置 OE 的电平，设立 3 根针的结构是为了采用短路跳线帽来灵活配置，P3 和 P4 是 Ax 侧和 Bx 侧的转换通道，使用的时候可以用杜邦线连接到实际电路或者端子。画完电路就可以设计 PCB 了，打样后焊接完毕的实物样式如图 4.17(b)所示。

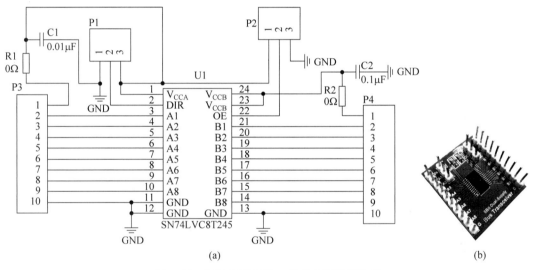

图 4.17 SN74LVC8T245 模块电路及实物图

举个例子，假设有两个不同电压系列电平标准的 STC8 单片机板卡需要进行信号转换，A 板卡是 3.3V 系列 COMS 电平标准，由 P1.0 引脚输出 50Hz 方波信号；B 板卡是 5.0V 系列 COMS 电平标准，由 P1.0 引脚接收来自 A 板卡的信号。这个应用下，怎么接线呢？

首先要让 SN74LVC8T245 模块的 OE 引脚置高(让芯片工作)，然后将 V_{CCA} 和 V_{CCB} 这两个引脚分别通入 3.3V 和 5.0V 的电源电压(可以随意分配，假设 V_{CCA} 为 3.3V，V_{CCB} 为 5.0V)。此时 V_{CCA} 就代表了 A 板卡这一侧，将 A 板卡的 P1.0 信号输出引脚连接到 A1 通道，将 B 板卡的 P1.0 信号输入引脚连接到 B1 通道。因为 A 侧是信号来源，B 侧是接收信号，所以要把 DIR 引脚置高(转换方向是 Ax 到 Bx)。然后把 A 板卡的地和 B 板卡的地都连接到模块上进行"共地"操作即可。

在这个应用中，信号的转换是单个方向，即 A 板卡到 B 板卡，使用上也非常简单。但是要注意，SN74LVC8T245 芯片在不同电压下的信号转换速率是不一样的，在实际使用时一定要翻一翻芯片手册，确定好转换速率、芯片功耗、转换通道的驱动能力等问题。

4.5.2 基于 SN74LVC16T245 做单向 16 通道电平转换

第二款接着为大家介绍 SN74LVC16T245，这款芯片实际上与 SN74LVC8T245 芯片是相似的,只是转换通道翻倍了而且还分组了。该芯片是一款支持三态输出的 16 通道双电源总线收发器,芯片把 16 个通道分成了两个 8 通道,又为这两个 8 通道转换单元分别配备了 1 个 OE 引脚和 DIR 引脚,看起来就相当于是两个 SN74LVC8T245 芯片。V_{CCA} 和 V_{CCB} 仍然具备,只是数量变多了,Ax 类通道有两组共 16 个(1Ax 和 2Ax),Bx 类通道也有两组共 16 个(1Bx 和 2Bx),GND 仍是公共地,该芯片的引脚分布及定义如图 4.18 所示。

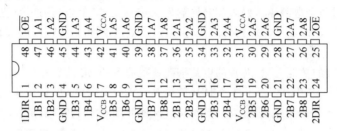

图 4.18　SN74LVC16T245 引脚分布及定义

1DIR 引脚决定了 1Ax 和 1Bx 这 8 对通道的电平转换方向,若 1DIR 引脚为低电平时(逻辑电平参考 V_{CCA} 这边),则转换方向由 1Bx 侧向 1Ax 侧转换,即 1Bx 这边的 8 个引脚变成输入,1Ax 这边的 8 个引脚变成输出,当 1DIR 引脚为高电平时,转换就从 1Ax 到 1Bx 侧。2DIR 引脚决定了 2Ax 和 2Bx 这 8 对通道的电平转换方向,其功能与 1DIR 类似。

1OE 引脚决定了芯片的 1Ax 和 1Bx 这 8 对通道能否"正常工作",当 1OE 引脚为低电平时(逻辑电平还是参考 V_{CCA} 这边),1Ax 和 1Bx 这 8 对通道全部禁止转换并保持高阻态输入,若将 1OE 引脚置高,则 1Ax 和 1Bx 这 8 对通道正常工作。2OE 引脚决定了 2Ax 和 2Bx 这 8 对通道的电平转换方向,功能与 1OE 类似。

搞清楚相关引脚的功能后,就按照图 4.19 那样搭建电路即可。

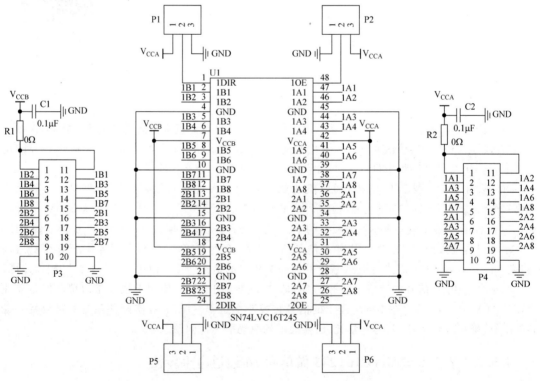

图 4.19　SN74LVC16T245 模块电路原理图

分析电路原理图可以发现，U1 为 SN74LVC16T245 芯片，P1
和 P5 用于配置 1DIR 和 2DIR 的电平，P2 和 P6 用于配置 OE 的电
平，设立 3 根针的结构是为了采用短路跳线帽来灵活配置，P3 和 P4
是 1Ax、2Ax 侧和 1Bx、2Bx 侧的 16 个转换通道，使用的时候可以用
杜邦线连接到实际电路或者端子。C1 和 C2 都是为了滤波，R1 和
R2 充当"小电感"的角色保障供电稳定。画完电路就可以设计 PCB
了，打样后焊接完毕的实物样式如图 4.20 所示。

图 4.20 SN74LVC16T245
模块实物

4.5.3 基于 TXB0108 做双向标准 I/O 电平转换

看了前面两款方案，虽说在使用上较为简单，但转换方向却是
单一的，虽有 DIR 引脚控制转换方向，但在转换过程中不可随意换向，也就是说，方向的配置一般
都是在转换前就设定好的，开始转换后一般不能进行频繁切换（因为这样会影响转换速率和信号
表达）。在实际的需求中，除了这种单一方向的电平转换之外，更多的场合需要一种"自动换向"实
现双向电平转换的方案。

以 STC8 系列单片机为例，假设要实现一个 5V 电压的 STC8 单片机与 3.3V 电压的 STC8 单
片机系统进行全双工串口通信（TxD 和 RxD 两根通信线路），这种场合下，之前介绍的芯片使用起
来就不太方便了。这时候就该请第 3 款芯片"闪亮登场"了，它就是由德州仪器（TI）半导体公司生
产的自动方向转换检测器 TXB0108，该芯片可对 I/O 端口进行双向全自动逻辑电平转换，无须
DIR 引脚控制"换向"。其应用场景如图 4.21 所示，该芯片可以应用在处理器和外设资源的"互连"
上，实现 V_{CCA} 侧和 V_{CCB} 侧的双向电平转换，该芯片的最大转换数据速率可达 100Mb/s。

TXB0108 芯片的引脚仅 20 个，引脚定义及分布如图 4.22 所示，转换通道由 Ax 和 Bx 组成（共
16 个），OE 用于控制芯片是否工作，其电压参考于 V_{CCA}。V_{CCA} 和 Ax 这一侧的电压支持 1.2~
3.6V，属于"低压侧"，V_{CCB} 和 Bx 这一侧的电压支持 1.65~5.5V，属于"高压侧"，在使用时务必要
满足（$V_{CCA} \leqslant V_{CCB}$）的供电条件。

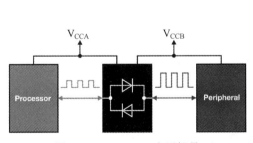

图 4.21 TXB0108 应用场景

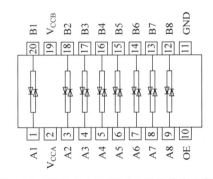

图 4.22 TXB0108/TXS0108 引脚分布及定义

这么说可能有的朋友不太理解，举个例子，如果现在有两个电压不同的系统要进行电平转换
（3.3V 系统和 5V 系统），则必须要把 3.3V 电压供给低压侧（V_{CCA} 和 Ax 这一侧），且将 5.0V 电压
给高压侧（V_{CCB} 和 Bx 这一侧）。不管是哪一侧的输入电压/信号电压，均不能超过给定的电压范
围，否则会烧坏芯片。

按照相关引脚功能，可以搭建出如图 4.23 所示的转换电路。U1 为 TXB0108/TXS0108 芯片，
P1 用于配置 OE 的电平，设立 3 根针的结构是为了采用短路跳线帽来灵活配置。P2 是 V_{CCA} 和 Ax
侧（低压侧），C1 和 C3 主要为 V_{CCA} 供电电压进行滤波。P3 是 V_{CCB} 和 Bx 侧（高压侧），C2 和 C4 主

要为 V_{CCB} 供电电压进行滤波。P2 和 P3 这两排排针在使用的时候可以用母头杜邦线连接到实际电路或者端子。

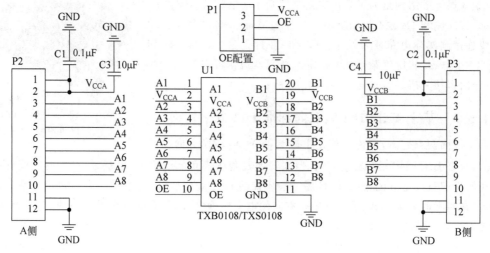

图 4.23　TXB0108/TXS0108 电路原理图

4.5.4　基于 TXS0108 做双向开漏 I/O 电平转换

接下来介绍第 4 款芯片 TXS0108,该芯片是德州仪器(TI)半导体公司生产的专门针对漏极开路应用的自动方向检测转换器方案,该芯片可与漏极开路和推挽式驱动器配合工作,最大转换数据速率可达 24Mb/s(推挽式)或 2Mb/s(漏极开路)。

TXS0108 芯片的引脚分布及定义与 TXB0108 芯片一模一样(可参考 4.5.3 节的图 4.22),V_{CCA} 和 Ax 这一侧的电压支持 1.2~3.6V,属于"低压侧",V_{CCB} 和 Bx 这一侧的电压支持 1.65~5.5V,属于"高压侧",在使用时务必要满足($V_{CCA} \leqslant V_{CCB}$)的供电条件。TXS0108 芯片与 TXB0108 芯片在使用上也是相似的,但是两者使用的场合有差异,电气特性和转换速率也有差别,具体的细节可查询两者的数据手册进行比对。

以 TXB0108 或 TXS0108 芯片核心制作的自动双向 8 通道电平转换模块实物如图 4.24 所示,在使用过程中应该区分 A 边和 B 边的电压范围,将 OE 接到高电平"H",将信号的输入/输出正确连接,最后别忘了要把双方系统进行"共地"处理即可。

低压侧	A 边	OE=H芯片使能，OE=L芯片禁止	B 边	高压侧
1.2~3.6V供电	Va		Vb	1.65~5.5V供电
转换通道 A1	A1		B1	转换通道 B1
转换通道 A2	A2		B2	转换通道 B2
转换通道 A3	A3		B3	转换通道 B3
转换通道 A4	A4		B4	转换通道 B4
转换通道 A5	A5		B5	转换通道 B5
转换通道 A6	A6		B6	转换通道 B6
转换通道 A7	A7		B7	转换通道 B7
转换通道 A8	A8		B8	转换通道 B8
系统地	G		G	系统地

图 4.24　TXB0108/TXS0108 模块实物说明

4.6 疏忽引脚电气特性险些酿成"悲剧"

但凡是电子产品就一定有使用上的注意事项，作为产品本身一定会给出一套合理的"使用参数"，比如很多电源适配器上会给出"铭牌"，标注好输入电压类型、输入电压大小、电源功率、输出电压类型和大小、输出电流最大值、运行温湿度、电源调整率、纹波参数、转换效率等，这些参数在选型之前就务必要仔细斟酌，以免使用不当造成用电器损坏。打个比方，如果小宇老师想设计一款用于手机的"秀儿牌"快充，设计之前全然不顾手机充电的相关指标，直接把 micro USB/Type C 口的充电线改造为2脚电源插头，然后插到220V交流电上去，刚一插电就会听到"嘭"的一声，那一缕缕黑烟腾空升起，像是在送这部手机的最后一程，此时，广告语响了起来："秀儿牌"快充，比的是手速，玩的是心跳，就是这么"优秀"！当然，这样的快充是肯定卖不出去的。虽说是个玩笑，但是在单片机的使用过程中还真是有不少这样的"案例"。

"烧机"案例1：某朋友设计了一款USB接口供电的功能板，核心单片机直接取的USB口5V电压进行供电，板子之前用得好好的，结果换了一个USB接口的"5V电源适配器"后，板子上的单片机居然冒烟了。经过分析，这款适配器空载输出的电压居然有7V多，7V多的电压直接给了单片机难怪会烧芯片。难道说这个电源是劣质的？倒也不是，市面上很多开关电源的空载输出电压都比额定输出电压要高一些，这很正常，所以要注意这个问题。在用电源之前最好先用万用表测量下输出电压后再去使用。

话又说回来，这个设计的电源输入线路中连个基本的稳压芯片都没有，哪怕是串接几个硅二极管也能降低电压，稳压和降压后的电压也不至于烧坏单片机，这种就是忽略了"供电电压"参数，属于电源电路设计欠考虑。

"烧机"案例2：某朋友设计了一款直流电机调速模块，直接分配单片机的PWM信号输出引脚到驱动模块上，电路上任何的限流、隔离都没做。上电运行后的效果还蛮好，随着PWM信号的脉宽变化，电机的速度也发生改变，但是在一次突然断电后板子就坏了。

经过检查，电机是好的，驱动板也没事，就是单片机的相关引脚不知道为什么不再输出PWM信号了，尝试下载程序居然正常，单片机"貌似"没坏。找寻问题无果后更换了新的单片机芯片，一切都正常了，几经折腾和测量后才发现是电机断电后产生了反向干扰和冲击，直接烧坏了单片机PWM信号有关的I/O内部电路，遇到这种"问题"真是头疼，这种就是忽略了"I/O电气"参数，属于接口电路设计欠考虑。

"烧机"案例3：某朋友拿到自己刚做的PCB空板心情激动，折腾一番焊好了板子上的阻容器件和接口，正准备焊接贴片LQFP封装的单片机芯片，为了图方便，这位朋友采用风枪工具进行焊接，调好了风速和温度之后对着芯片中央就是一通狠"吹"，焊盘上的助焊剂和焊锡在高温下融化了，与单片机的引脚形成了光亮的合金焊点。

关闭风枪后左看右看，显然是对自己的"焊功"非常满意，不愧是新一代的"焊武帝"。上电准备下载程序的时候发现出了问题，程序无法下载且单片机发烫，但是电路及引脚连通性完好，找不出具体的原因，于是又用风枪将单片机低温吹下，灯光下仔细观察才发现芯片底面居然"鼓包"了，说明是焊接时风枪温度过高且没有正确受热，导致了芯片达到极限温度而发生损坏，这种就是忽略了"焊接温度"参数，属于焊接过程欠考虑。

以上的案例都很常见，同时还有高压损坏I/O口的、灌电流过大引起芯片冒烟的、静电直接击穿芯片的，等等。这些问题出现之后，往往"背锅"的都是单片机自己，开发者会说："这个单片机不行，不耐用""这个单片机不好，不抗干扰""这个单片机设计有缺陷、驱动力弱"，等等。其实这些问题的产生往往不能只看"单片机"这一个芯片，还得看外围电路的设计是否合理和健全。要设计出稳定的产品就必须遵照单片机给出的"要求",即单片机芯片的电气特性。

STC官方给出的电气特性一般都在数据手册的附录中。为了方便理解,小宇老师将电气特性总表按照参数类型的不同进行了拆分。说到芯片的电气特性,我们肯定非常关心单片机在不同模式下表现出的"功耗"指标。我们希望单片机的"速度最快"但"耗电最少",这实际上就是一个矛盾体,只能折中选择一个功耗"平衡点",合理利用电源管理和模式切换,让系统功耗控制在一个相对最低的范围。接下来以STC8H系列单片机为例,该系列芯片在不同模式下的功耗参数如表4.10所示。

表 4.10　STC8H 系列不同模式下的功耗参数($V_{SS}=0V, V_{DD}=5.0V, T=25℃$)

类型	标号	参　　数	参数值范围			
			最小	典型	最大	单位
掉电模式	I_{PD}	掉电模式电流	—	0.6	—	μA
	I_{PD2}	掉电电流(使能电压比较器)	—	460	—	μA
	I_{PD3}	掉电电流(使能低压检测)	—	520	—	μA
	I_{WKT}	掉电唤醒定时器	—	4.4	—	μA
	I_{LVD}	低压检测模块	—	30	—	μA
	I_{CMP}	电压比较器	—	90	—	μA
待机模式	I_{IDL}	待机模式电流(片内 32kHz)	—	0.58	—	mA
		待机模式电流(6MHz)	—	0.98	—	mA
		待机模式电流(12MHz)	—	1.10	—	mA
		待机模式电流(24MHz)	—	1.25	—	mA
正常模式	I_{NOR}	正常模式电流(片内 32kHz)	—	0.58	—	mA
		正常模式电流(6MHz)	—	1.59	—	mA
		正常模式电流(12MHz)	—	2.19	—	mA
		正常模式电流(24MHz)	—	3.27	—	mA

分析表格的相关指标和参数,从功耗参数表中可以得到如下几个有用的信息。

(1)掉电模式下单片机的功耗最低,电流消耗都在 μA 级别,该模式非常适合于单片机间歇式工作的场合,需要单片机全速运行时只需特定事件进行唤醒即可。

(2)正常模式下比待机模式的功耗要高,时钟达到 MHz 级的时候工作电流均达到 mA 级别,随着时钟频率的升高,功耗也会升高,即主频越大,内部消耗也随之上升。片内 32kHz 时钟源功耗基本保持在 1mA 内。

工作电流的消耗是一种单片机对供电的内耗,接下来看看引脚方面的电气指标。以 STC8H 系列单片机为例,其引脚电平标准的相关阈值电压参数如表 4.11 所示。

表 4.11　STC8H 系列电平阈值参数($V_{SS}=0V, V_{DD}=5.0V, T=25℃$)

类型	标号	参　　数	参数值范围				测试环境
			最小	典型	最大	单位	
低电平值	V_{IL1}	输入低电平	—	—	1.32	V	开施密特触发器
			—	—	1.48	V	关施密特触发器
高电平值	V_{IH1}	输入高电平 (普通 I/O)	1.6	—	—	V	开施密特触发器
			1.54	—	—	V	关施密特触发器
复位阈值	V_{IH2}	输入高电平 (复位引脚)	1.60	—	1.32	V	5.0V 供电
复位阈值	V_{IH2}	输入高电平 (复位引脚)	1.18	—	0.99	V	3.3V 供电

分析表格的相关指标和参数，又可以得到如下几个有用的信息。

(1) 5V 或者 3.3V 系统的 TTL/COMS 数字器件的"低电平"阈值一般在 0.5V 以下，该系列单片机的输入信号"低电平"在 1.3V 左右，完全覆盖了常规器件的低电平范围。

(2) 5V 或者 3.3V 系统的 TTL/COMS 数字器件的"高电平"阈值一般在 2.4V 以上，该系列单片机的输入信号"高电平"在 1.5V 左右，完全覆盖了常规器件的高电平范围。

(3) 施密特触发器的开启和关闭会影响阈值电压，但是在常规应用中差别不大。需要注意的是 STC8 其他子系列的阈值电压与 STC8H 系列稍有区别，具体以数据手册为准。

(4) 复位引脚较为特殊，该系列单片机 5V 供电下的复位阈值电压为 1.3V 左右，3.3V 供电下的复位阈值电压为 1V 左右，也就是说，要产生有效的低电平复位动作必须要确保复位电压下降到 1.3V(5V 供电时)或者 1V(3.3V 供电时)以下并保持至少两个机器周期时间(为保证有效复位，复位信号在 20～200ms 内为宜)。

这些阈值电压指标体现了该系列单片机的电平标准，在器件通信、器件适配、系统连接的时候非常重要，如果电平标准不兼容，双方系统对"信号"的表达就会出错，严重时还会影响器件的正常功能或烧毁器件。

说到单片机的 I/O 引脚，多数应用背景下都需要借助它们输出信号或者采集信号，这时候就会涉及 I/O 引脚的"驱动能力"，说白了就是引脚的拉/灌电流参数。拉/灌电流越大则驱动能力就越强，当然，一定要注意拉/灌电流的总和不能超过 70mA，否则会烧坏芯片。

还是以 STC8H 系列单片机为例，相关参数如表 4.12 所示。

表 4.12 STC8H 系列拉/灌电流参数($V_{SS}=0V$，$V_{DD}=5.0V$，$T=25℃$)

类型	标号	参　数	参数值范围				测试环境
			最小	典型	最大	单位	
拉电流	I_{OH1}	输出高电平(准双向)	200	270	—	μA	5.0V 供电电压 2.4V 端口电压
	I_{OH2}	输出高电平(推挽)	—	20	—	mA	5.0V 供电电压
灌电流	I_{OL1}	输出低电平	—	20	—	mA	5.0V 供电电压 0.45V 端口电压
过程电流	I_{IL}	逻辑 0 输入电流	—	—	50	μA	5.0V 供电电压 0V 端口电压
	I_{TL}	逻辑 1 到 0 的转移电流	100	270	600	μA	5.0V 供电电压 2.0V 端口电压

分析表格的相关指标和参数，又可以得到如下几个有用的信息。

(1) 拉电流就是从芯片流出的电流，一般用于驱动外围器件或者电路，推挽模式的拉电流远大于准双向模式，故而在连接外围时需要考虑 I/O 模式的选择。

(2) 灌电流就是从外部涌入芯片内部的电流，一般在外围电位高且引脚电位低的时候产生流向，也属于驱动能力的一个表现，准双向/推挽/开漏模式下的灌电流最大可达 20mA。

在 STC8 全系列单片机中，I/O 引脚内部单元还配备了上拉电阻，这些电阻可以在 PxPU 这类寄存器中去配置，若该寄存器中相应位为"1"则连接上拉电阻到内部电源，反之断开。这些上拉电阻有很多作用，如调整信号上升沿时间、增强 I/O 抗干扰性、增强驱动能力等。其阻值在不同的供电电压和温度下会有一些差异，具体参数如表 4.13 所示。

表 4.13　STC8 全系列上拉电阻参数（T＝25℃）

标　号	参　　数	参数值范围				测试环境
		最小	典型	最大	单位	
R_{PU}	I/O 口内部上拉电阻	4.1	4.2	4.4	kΩ	5.0V
		5.8	5.9	6.0	kΩ	3.3V

　　说完了基本的电气特性后再谈谈温度对单片机性能的巨大影响。单片机的本质还是一种集成电路，仍然是晶圆经过邦定和封装后的产物。温度变化会引起晶圆内部器件电气参数的变化，例如，芯片所处的温度上升后，内部电路 PN 结的正向压降就会减少，局部电阻的阻值也会上升，在集成电路上还会产生很多影响电路功能的热效应，轻微时造成芯片的相关参数产生误差，严重时导致芯片的逻辑错误或者功能错误。所以很多芯片都会规定存储、焊接、使用环境下的温度范围。不同温度范围的同种芯片，还有军工级、工业级、商用级的说法。还是以 STC8H 系列单片机为例，看看如表 4.14 所示的参数，体会下不同范围的温度对单片机内部时钟频率的影响。

表 4.14　内部 IRC 时钟频率温漂特性

温　　度	波　动　范　围
−40～+85℃	−1.38%～+1.42%
−20～+65℃	−0.88%～+1.05%

　　分析表格的相关指标和参数，温度范围越宽则单片机内部时钟单元频率的波动和误差就越大，这个参数在程序设计时也要考虑进去，特别是当内部时钟作为单片机工作时钟的情况，一定要考虑主时钟产生误差后对其他敏感要求的场合带来的影响（如高速率 SPI 串行通信、定时/计数器输出的信号周期值、串口高速波特率下的通信等）。要避免在海南三亚（温度高）设计研发的样机搬到"大东北"雪地里（温度低）就不工作的情况。如果系统对时钟温漂有很高的要求，也可以启用外部石英晶体振荡器或者带温补的晶振。

　　最后，再来看看 STC8H 系列单片机的极限电气特性参数，相关内容如表 4.15 所示。

表 4.15　极限电气特性值

参　　数	最　小　值	最　大　值	单　位
存储温度	−55	+150	℃
工作温度	−40	+85	℃
工作电压	1.9	5.5	V
V_{DD} 对地电压	−0.3	+5.5	V
I/O 口对地电压	−0.3	$V_{DD}+0.3$	V

4.7　I/O 引脚配置及模式验证

　　要想深入理解 STC8 单片机的电气参数，光看表格肯定没用，看完了就"当场失忆"了，我觉得没啥意思，完全感受不到这些参数取值以及 I/O 引脚不同模式下的区别。下面以 I/O 端口各模式下的"驱动能力"作为研究内容，做一个"点灯"实验来验证参数。看看不同的模式下输出 1 和 0 的点灯效果，体会下拉电流和灌电流的大小差异。

4.7.1　基础项目 A　"点灯"观察各模式拉灌电流差异

　　先选定一个 I/O 引脚作为实验对象，以 P1.0 引脚为例。通过对 P1M0 和 P1M1 这两个寄存器去配置 P1.0 引脚为准双向/弱上拉模式、推挽/强上拉模式、高阻输入模式和开漏输出模式。程序编写好以后就让这个引脚在不同的模式下做置"1"和清"0"操作，然后根据不同的外部电路去测量"由 P1.0 引脚输出的电流"(即拉电流)和"外部流入 P1.0 引脚的电流"(即灌电流)大小。程序的编写很简单，利用 C51 语言编写的实验源码如下。

```c
//芯片型号：STC8H8K64U(程序微调后可移植至 STC8A/F/C/G/H 系列单片机)
//时钟说明：单片机片内高速 24MHz 时钟
/****************************************************/
# include "STC8H.h"                  //主控芯片的头文件
/********************** 端口/引脚定义区域 *********************/
sbit LED = P1^0;                     //定义 LED 灯引脚
/********************** 主函数区域 ***********************/
void main(void)
{
    //【A】:配置 P1.0 为准双向/弱上拉模式
    P1M0& = 0xFE;                    //P1M0.0 = 0
    P1M1& = 0xFE;                    //P1M1.0 = 0
    LED = 0;                         //准双向/弱上拉模式下的"0"状态
    //LED = 1;                       //准双向/弱上拉模式下的"1"状态
    //【B】:配置 P1.0 为推挽/强上拉模式
    P1M0| = 0x01;                    //P1M0.0 = 1
    P1M1& = 0xFE;                    //P1M1.0 = 0
    LED = 0;                         //推挽/强上拉模式下的"0"状态
    //LED = 1;                       //推挽/强上拉模式下的"1"状态
    //【C】:配置 P1.0 为高阻输入模式
    P1M0& = 0xFE;                    //P1M0.0 = 0
    P1M1| = 0x01;                    //P1M1.0 = 1
    LED = 0;                         //高阻输入模式下的"0"状态
    //LED = 1;                       //高阻输入模式下的"1"状态
    //【D】:配置 P1.0 为开漏模式
    P1M0| = 0x01;                    //P1M0.0 = 1
    P1M1| = 0x01;                    //P1M1.0 = 1
    delay(5);                        //等待 I/O 模式配置稳定
    LED = 0;                         //开漏模式下的"0"状态
    //LED = 1;                       //开漏模式下的"1"状态
}
```

分析程序源码，将 P1.0 引脚的配置分为 4 个模式(对应 A、B、C、D 这 4 个程序段)，做具体的实验时，需要从 4 个模式中单独选择 1 种出来，同时把另外 3 种的相关语句"注释"掉。鉴于实验的目的是要看 P1.0 引脚在不同模式下的"驱动能力"大小，需要在 P1.0 引脚接上合适的"负载"，此处就选定绿色 LED 驱动电路即可(由于绿色 LED 压降大，额定电流也比一般红色灯要大，故而亮度变化更为明显，除绿色 LED 外还能选白色和蓝色)。先以"LED 阳极供电"形式搭建实验电路如图 4.25 所示。

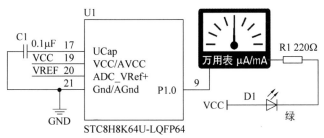

图 4.25　LED 阳极供电形式实验电路

分析实验电路,由于发光二极管 D1 具有单向导电性,因此电流只能是从 VCC 经过发光二极管 D1,然后经过限流电阻 R1,再通过串联形式的万用表电流挡接到 P1.0 引脚(电流从外面流进芯片内部)。当 P1.0 引脚给出低电平时 D1 亮起且万用表上有电流示数,反之 D1 熄灭且流经万用表的电流大小为 0。所以这个电路只能用于测试 P1.0 引脚在不同模式下的"外部流入 P1.0 引脚的电流"(即灌电流)大小。

开始实验时,逐一启用程序中的 A、B、C、D 这 4 个模式,每种模式下都要测量 P1.0 引脚置"1"和清"0"的相关电流参数,与此同时还要观察 D1 的亮灭情况。将测量结果逐一记录,如表 4.16 所示。

表 4.16　基于 LED 阳极供电情况下的实验效果(看灌电流能力)

模式	准双向/弱上拉		推挽/强上拉		高阻输入		开漏输出	
配置	P1M0.0＝0 P1M1.0＝0		P1M0.0＝1 P1M1.0＝0		P1M0.0＝0 P1M1.0＝1		P1M0.0＝1 P1M1.0＝1	
引脚状态 及电流值 测量	0	D1 高亮 电流 4.5mA	0	D1 高亮 电流 4.5mA	0	D1 熄灭 电流 0	0	D1 高亮 电流 4.5mA
	1	D1 熄灭 电流 0	1	D1 熄灭 电流 0	1	D1 熄灭 电流 0	1	D1 熄灭 电流 0

分析数据表格,若启用程序中的 A 段将 P1.0 配置为准双向模式后,并将 P1.0 清 0,此时外部电流通过 D1 和 R1 及万用表"灌入"P1.0 引脚,电流达到 4.5mA,D1 高亮状态发光(其实该电流参数还可以通过减小限流电阻 R1 的方法变得更大,上限可达 20mA,但是减小 R1 后有可能烧毁 D1,故而实验中限制了其大小)。当 P1.0 引脚置 1 时,由于引脚和 VCC 之间无电位差,电流为 0,D1 保持熄灭。

若启用程序中的 B 段将 P1.0 配置为推挽模式后,并将 P1.0 清 0,D1 高亮状态发光,则电流值与准双向模式一致。当 P1.0 引脚置 1 时,电流为 0,D1 保持熄灭。

若启用程序中的 C 段将 P1.0 配置为高阻输入模式后,无论清 0 还是置 1,则电流均为 0,D1 保持熄灭,说明了高阻模式下,电流既没有办法流入又不能流出。

若启用程序中的 D 段将 P1.0 配置为开漏模式后,并将 P1.0 清 0,D1 高亮状态发光,则电流值与推挽和准双向模式一致。当 P1.0 引脚置 1 时,电流为 0,D1 保持熄灭。

要是把驱动能力中的灌电流比作"吃饭",那这个实验的结果总结起来就是两句话:"高阻模式是神仙,不吃不喝很快活"和"三兄弟(准双向/推挽/开漏)是吃货,吃饱喝足才干活"。接下来,把电路图稍加改变,做成如图 4.26 所示"LED 阴极共地"的形式。

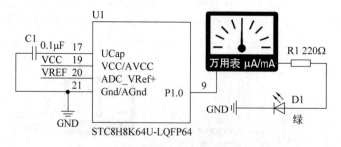

图 4.26　LED 阴极共地形式实验电路

分析实验电路,该电路与"LED 阳极供电"形式恰好相反,电流只能是从 P1.0 引脚通过串联形式的万用表电流挡接到限流电阻 R1,最后经过发光二极管 D1 到地(电流从芯片内部流出到外围电路)。当 P1.0 引脚给出高电平时 D1 亮起且万用表上有电流示数,反之 D1 熄灭且流经万用表的电流大小为 0。所以这个电路只能用于测试 P1.0 引脚在不同模式下的"由 P1.0 引脚输出的电流"(即拉电流)大小。同样地,改动程序后也将测量结果逐一记录,如表 4.17 所示。

表 4.17 基于 LED 阴极共地情况下的实验效果(看拉电流能力)

模式		准双向/弱上拉		推挽/强上拉		高阻输入		开漏输出
配置		P1M0.0＝0 P1M1.0＝0		P1M0.0＝1 P1M1.0＝0		P1M0.0＝0 P1M1.0＝1		P1M0.0＝1 P1M1.0＝1
引脚状态及电流值测量	0	D1 熄灭 电流 0	0	D1 熄灭 电流 0	0	D1 熄灭 电流 0	0	D1 熄灭 电流 0
	1	D1 微亮 电流 270μA	1	D1 高亮 电流 4.5mA	1	D1 熄灭 电流 0	1	D1 熄灭 电流 0

若将 P1.0 配置为准双向模式,清 0 引脚后与外部地电位不存在差值,故而电流为 0,D1 保持熄灭。置 1 引脚后,芯片内部为 LED 电路提供电流,实测电流为 270μA 左右,D1 微微亮起(这是因为 I/O 处于准双向时,内部 MOS 管和上拉电阻能够提供的驱动电流很小,极限值也就是 200～270μA 左右),此时的 LED 感觉是没有"吃饱"拉电流,其亮度远不如灌电流达到 4.5mA 时的级别。

若将 P1.0 配置为推挽模式,清 0 引脚后与外部地电位不存在差值,故而电流为 0,D1 保持熄灭。置 1 引脚后,芯片内部为 LED 电路提供电流,实测电流为 4.5mA 左右,D1 保持高亮(这是因为推挽模式下的 I/O 拉电流和灌电流都很强,均可达到 20mA 左右)。

若将 P1.0 配置为高阻输入模式,无论清 0 还是置 1,电路电流均为 0,D1 保持熄灭,说明了高阻模式下,电流既没有办法流入也不能流出。

若将 P1.0 配置为开漏模式,无论清 0 还是置 1,电路电流均为 0,D1 保持熄灭,说明了开漏模式下,若不依靠外部上拉电阻,确实没有办法提供高电平的输出。

如果灌电流是"吃饭",那拉电流就是"干活"。这个实验结束后也能总结三句话:"准双向很娇气,饭吃得不少,活干得不多""推挽是个好小伙儿,能吃能干样样行",还有就是"开漏模式太懒惰,只吃饭来不干活"。

4.7.2 基础项目 B "隔空感应"的高阻态魔术灯

小宇老师经常喜欢看科技类的节目,记得原来看过一期"意念"控制的情绪变色灯系统,测试者心情很好的时候灯就是蓝色,生气和紧张后灯就变红了。其实就是一种脑机交互型的开发,通过分析脑电波"感知"大脑部分特征区域的活动,把一些信号转换后进行特征提取,再去操纵一些执行单元做出相应表达。这些神奇的"黑科技"已经慢慢来到了我们的生活中,很多时候,对于一些不能常规解释的新技术,在我们凡人眼里还是和魔术差不多。今天,我们也用 STC8 单片机做个小魔术。

本期魔术的内容是做个"隔空感应"的魔术灯。首先要搭建如图 4.27 所示的硬件电路。在电路中选定了 P2.0 引脚作为"隔空感应"的接口,不接任何外围电路。同时在 P1.0 引脚外搭建了 LED 驱动电路。当我们的手指触摸 P2.0 引脚时,D1 就会产生亮灭变化,在 D1 亮起的时候将手指慢慢靠近 P2.0,D1 就会"魔法"般地自行熄灭。

这个实验看似很"神奇",其实也就是利用了高阻输入模式的特性去控制 D1 罢了! 悬空后的 P2.0 高阻输入引脚虽不能流入或者流出电流,但是引脚上的电压极易受到外界影响,这样一来输入状态的高低就是不定的(除非是给予确切电压或者在引脚外部接上定值的上/下拉电阻才能保证其稳定,故而高阻输入模式适合做 A/D 转换时的模拟信号输入)。

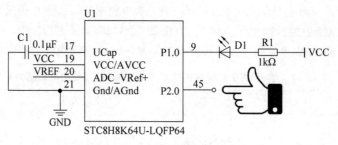

图 4.27　高阻态魔术灯实验电路

如果编程,将 P2.0 上读入的状态不断取反后赋值给 P1.0 引脚输出,那么当 P2.0 引脚接收到外界"干扰"后就会直接导致 P1.0 的状态出现多次取反,这时候 D1 就会闪烁,哪怕是用手指"隔空"靠近 P2.0 引脚也会引起波动,这就是"魔术灯"的原理了。有了思路,就可以利用 C51 语言编写代码了,源码实现如下。

```
//芯片型号: STC8H8K64U(程序微调后可移植至 STC8A/F/C/G/H 系列单片机)
//时钟说明: 单片机片内高速 24MHz 时钟
/ ****************************************************** /
＃include "STC8H.h"                 //主控芯片的头文件
/ ********************** 端口/引脚定义区域 ********************** /
sbit LED = P1^0;                   //定义 D1 灯引脚
sbit Pin_X = P2^0;                 //定义高阻输入模式的引脚(保证引脚的独立)
/ ********************** 主函数区域 ********************** /
void main(void)
{
    //配置 P1.0 为推挽/强上拉模式
    P1M0 | = 0x01;                 //P1M0.0 = 1
    P1M1 & = 0xFE;                 //P1M1.0 = 0
    LED = 1;                       //上电熄灭 D1
    //配置 P2.0 为高阻输入模式
    P2M0 & = 0xFE;                 //P2M0.0 = 0
    P2M1 | = 0x01;                 //P2M1.0 = 1
    P_SW2 | = 0x80;                //允许访问扩展特殊功能寄存器 XSFR
    P2NCS | = 0x01;                //关闭 P2.0 引脚施密特触发器
    P_SW2 & = 0x7F;                //结束并关闭 XSFR 访问
    while(1)
    {
        LED = ~Pin_X;              //不断获取 P2.0 引脚状态取反后送给 D1 显示
    }
}
```

整个源码非常简单,值得一提的是"P2NCS | = 0x01;"这条语句。这句话是让 P2NCS 寄存器的最低位置 1,也就是将 P2.0 引脚内部的施密特触发器关闭,目的是让 P2.0 引脚的"敏感程度"更高。这是为什么呢?因为施密特触发器本身就有滞回和抗干扰的作用,但是本实验恰恰需要"看到"干扰带来的影响,故而关闭了 P2.0 引脚的这个功能。

4.7.3　进阶项目 A　巧用开漏模式做"触摸"控制灯

接下来,一起做本章的最后一个小实验,我们要利用相关方法配合 STC8 单片机的开漏模式做个"触摸"式 LED 控制。在实验开始之前,让我们拿出手机,找一个阳光充足的地方,从手机屏幕的一侧平看另一侧,反复检查后,细心的朋友们发现了什么?

对! 就是什么都没有,完全没有按键。那我们是怎么和手机交互的呢? 这就是"电容触摸屏"

的作用,这种屏幕其实就是一个四层复合玻璃板,其中含有一种叫氧化铟锡的 ITO 材料。当我们用手指接触屏幕上的某个区域时,外屏与 ITO 材料连同手指一起,会引起耦合电容的变化,屏幕的四个角会有导线和电流涌向触点,手机的触屏控制芯片通过计算和检测就可以得到触点的位置,这样一来就可以触控交互了。

"电容触摸屏"的原理也可以用在 PCB 上。如图 4.28 所示,一个双面 PCB 的等效模型就可以看作图 4.28(a),顶铜层和底铜层之间就是绝缘基板(通常用的是 FR4 板材作为隔绝材料),若在两层铜片上施加电压,实际就相当于一个电容储能模型。如果在 PCB 上做出单独的区域与底层铜皮相互作用,就可以产生一个如图 4.28(b)所示的容值很小的"电容器"C_0,当板材和环境的相关参数一定且没有手指去触碰时,其容值大致保持定值,且 C_0 从没有电荷到充满电荷的时间 T_0 也应该是个定值。若按照如图 4.28(c)所示那样放上手指,PCB 极板间的整体电容量就会发生变化,相当于 C_0 和 C_T 并联的形式,容值就会变大,此时(C_0+C_T)要从没有电荷到充满电荷的时间 T_{0+T} 就应该比 T_0 要大,充电时间的间隔就要长一些。如果先去获取静态下无触摸时候的 T_0,然后去获取实际运行中的动态参数 T,再进行数值对比,若 T_0 和 T 差值几乎为 0,则没有触摸动作,若两者数值存在较大差别,那肯定是发生触摸了。

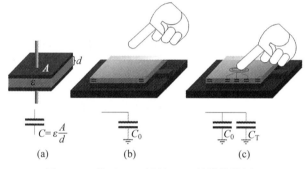

图 4.28 基于 FR4 板材 PCB 触摸按键原理

那这个电容变化和触摸判定方法与今天的实验有什么关系呢?它其实就是本次实验的原理。我们也可以按照这个原理设计出 4 个或者多个 PCB 式的"触摸片按键",这些特殊的铜片区域与STC8 单片机的某些 I/O 相连,构建出如图 4.29 所示的硬件电路。在实验电路中,将"触摸区域"定义为 K1~K4 按键,分别连接至 P0.0~P0.3,这些触摸区域不能浮空设计,必须要有电路为这些"小电容器"进行充电,但是速度又不能太快,必须要让单片机"感受"到引脚电压上升的过程,所以

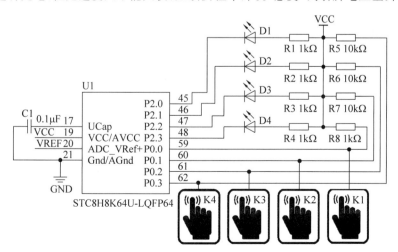

图 4.29 "触摸"控制灯实验电路原理图

在 P0.0～P0.3 这 4 个引脚上连接了 R5～R8 这 4 个 10kΩ 电阻到 VCC(电阻阻值越大,则充电时间越长,程序中的参数也需要调整),VCC 通过这些大阻值电阻向触摸区域构成的"小电容器"进行充电,P0.0～P0.3 也在一定的充电时间之后上升到 VCC 电压。为了便于直观地感受到实验效果,我们增添了 D1～D4 这 4 个 LED 灯用来做指示,分配了 P2.0～P2.3 引脚作为控制端口,单片机判定 K1～K4 的"触摸"状态后,相应的 LED 就会产生亮灭指示。

整个实验的电路其实不复杂,但是要单片机正确识别"触摸"动作,还是有点儿讲究的,开展实验之前,必须规划两个步骤,然后根据步骤的内容去编写程序。

第一步:获得初始参数。我要知道没有触摸的时候开漏引脚等待了多长时间才上升至高电平,也就是说,需要标定上电后无触摸时的电容充电时间间隔参数。

第二步:获得运行参数并进行参数比较。发生触摸时"触摸区域"的等效电容肯定变了,我要知道这 4 个等效电容谁变了? 变了多少? 也就是说,在运行过程中需要不断获取这 4 个"触摸区域"的电容充电时间间隔参数,并且把这些参数拿出来和之前的初始参数做对比,要是在数值上没有变化或者变化很小,我们认为没有触摸动作,要是变动很大(超过了设定的增量),我们认为存在触摸动作。

步骤弄清楚之后就开始规划程序要做的事情。在电路上电运行时 K1～K4 触摸区域没有触摸,此时单片机的 P0.0～P0.3 引脚应该配置为开漏模式,然后先让 P0.0～P0.3 引脚输出一定时间的低电平,这个操作是为了把触摸区域的等效"小电容"所存储的电荷全部释放掉,这时候 P0.0～P0.3 引脚上的电压就应该是非常接近于 0V 的。放电后将 P0.0～P0.3 引脚置"1",此时外部的 10kΩ 上拉电阻向触摸区域的等效"小电容"进行缓慢的充电过程,P0.0～P0.3 引脚上的电压逐步升高,在引脚从"0"上升至"1"的过程中,需要在程序上定义 4 个变量分别做自增运算,只要引脚电平还未变成"1",对应变量就不断自增,等待引脚读入状态变成"1"后就立即结束自增运算,并把变量最后的结果保存起来,得到的这个结果其实就是没有发生触摸时的"初始参数"。也可以不用定义 4 个变量,直接定义个能放 4 个元素的数组即可,如"Start_S[4]"。至此就得到了重要的参数。

接下来就开始获取运行中的动态参数吧! 先写一个 while()循环,然后不停地去执行一个流程:P0.0～P0.3 引脚清 0(为了放电),然后置 1(为了让外接电阻充电),接着变量自增(为了记录 0 电平至 1 电平时间),最后等待引脚读入状态变成"1"并存储相关变量。同样地,也可以把这 4 个运行过程中的动态参数放进数组,如"Run_S[4]"。

有了"Start_S[4]"和"Run_S[4]"参数之后,就可以做比对了。以 P0.0 引脚为例,若 Start_S[0] 与 Run_S[0]数据差不多等值,就认为没有发生触摸。要是 Run_S[0]数据比 Start_S[0]数据大 2 以上(这个参数是实验测量数据,其值与 PCB 触摸区域的等效电容大小及外部上拉电阻阻值有关,朋友们在 DIY 时需要调整),就认为发生了触摸。按照这个思路,利用 C51 语言编写实验源码如下。

```
//芯片型号:STC8H8K64U(程序微调后可移植至 STC8A/F/C/G/H 系列单片机)
//时钟说明:单片机片内高速 24MHz 时钟
/********************************************************************/
#include "STC8H.h"                //主控芯片的头文件
#include "string.h"               //为了使用 memset()函数须包含字符串头文件
/********************* 常用数据类型定义 **********************/
#define  u8   uint8_t
#define  u16  uint16_t
#define  u32  uint32_t
typedef  unsigned  char  uint8_t;
typedef  unsigned  int   uint16_t;
typedef  unsigned  long  uint32_t;
```

```
/ *************************** 端口/引脚定义区域 *************************** /
sbit LED1 = P2^0;                //定义 D1 灯引脚
sbit LED2 = P2^1;                //定义 D2 灯引脚
sbit LED3 = P2^2;                //定义 D3 灯引脚
sbit LED4 = P2^3;                //定义 D4 灯引脚
sbit OD_K1 = P0^0;               //定义开漏按键 1(连接 PCB 触摸片)
sbit OD_K2 = P0^1;               //定义开漏按键 2(连接 PCB 触摸片)
sbit OD_K3 = P0^2;               //定义开漏按键 3(连接 PCB 触摸片)
sbit OD_K4 = P0^3;               //定义开漏按键 4(连接 PCB 触摸片)
/ *************************** 函数声明区域 *************************** /
void GET_OD(u8 * x);             //获取触摸片充电上升值参数函数
void delay(u16 Count);           //延时函数
/ *************************** 主函数区域 *************************** /
void main(void)
{
    u8 Start_S[4];               //上电后无人触摸时的初始参数
    u8 Run_S[4];                 //运行过程中的测量参数
    u8 PCB_C = 3;                //用于调整实际 PCB 触摸片电容增量变化
    //配置 P0.0 - 3 为开漏模式
    P0M0 |= 0x0F;                //P0M0.0 - 3 = 1
    P0M1 |= 0x0F;                //P0M1.0 - 3 = 1
    //配置 P2.0 - 3 为推挽/强上拉模式
    P2M0 |= 0x0F;                //P2M0.0 - 3 = 1
    P2M1 &= 0xF0;                //P2M1.0 - 3 = 0
    delay(5);                    //等待 I/O 模式配置稳定
    LED1 = LED2 = LED3 = LED4 = 1;  //上电熄灭 4 个 LED
    GET_OD(Start_S);             //标定上电后无触摸时的电容参数
    while(1)
    {
        GET_OD(Run_S);                      //测量运行中的电容变化参数
        if(Run_S[0]>(Start_S[0] + PCB_C))   //判定充电参数是否有增量
        LED1 = 0;   else   LED1 = 1;        //有增量则 D1 亮灯,否则保持熄灭
        if(Run_S[1]>(Start_S[1] + PCB_C))   //判定充电参数是否有增量
        LED2 = 0;   else   LED2 = 1;        //有增量则 D2 亮灯,否则保持熄灭
        if(Run_S[2]>(Start_S[2] + PCB_C))   //判定充电参数是否有增量
        LED3 = 0;   else   LED3 = 1;        //有增量则 D3 亮灯,否则保持熄灭
        if(Run_S[3]>(Start_S[3] + PCB_C))   //判定充电参数是否有增量
        LED4 = 0;   else   LED4 = 1;        //有增量则 D4 亮灯,否则保持熄灭
    }
}
/ **************************************************************** /
//延时函数 delay(),有形参 Count 用于控制延时函数执行次数,无返回值
/ **************************************************************** /
void delay(u16 Count)
{
    u8 i,j;
    while (Count -- )                       //Count 形参控制延时次数
    {
        for(i = 30;i > 0;i -- )
        for(j = 20;j > 0;j -- );
    }
}
/ **************************************************************** /
//获取触摸片充电上升值参数函数 GET_OD(),有形参 * x 用于改写数组内容
//数组中的数值就代表了 4 个触摸按键的充电上升参数,无返回值
```

```
/ ***************************************************************** /
void GET_OD(u8 * x)
{
    memset(x,0,4);                         //利用 memset()函数直接清零数组内容
    OD_K1 = OD_K2 = OD_K3 = OD_K4 = 0;     //将开漏引脚触摸片放电至 0
    delay(20);                             //等待放电完成
    OD_K1 = OD_K2 = OD_K3 = OD_K4 = 1;     //将开漏引脚全部置为 1 等待充电
    //注意:充电是靠外接上拉电阻实现
    //充电至"1"的时间虽不长,但是足够单片机判定
    while(!OD_K1)x[0]++;                    //等待 K1 上升至"1"并记录累加参数
    while(!OD_K2)x[1]++;                    //等待 K2 上升至"1"并记录累加参数
    while(!OD_K3)x[2]++;                    //等待 K3 上升至"1"并记录累加参数
    while(!OD_K4)x[3]++;                    //等待 K4 上升至"1"并记录累加参数
}
```

在程序中最为关键的函数就是 GET_OD(),这个函数用来获取触摸片充电上升值参数。数组 Start_S[4]中的 4 个元素就是上电后无人触摸时的初始参数,数组 Run_S[4]中的 4 个元素就是运行过程中的动态测量参数。程序上电后配置完相关引脚参数后就开始执行"GET_OD(Start_S)"语句,然后在 while()结构中不断执行"GET_OD(Run_S)"语句并不断判定触摸状态,若发生了触摸则对应引脚的 LED 亮起,反之保持熄灭。整个程序的语句都很简单,只是在逻辑上一定要想清楚"放电、充电、自增、保存、比对"的流程就可以了。

将程序源码正常编译后通过 STC-ISP 软件下载到硬件电路中,触摸相应按键区域后,对应的 LED 正常亮起,实验算是成功的,但是也发现一些实际的问题。例如,手指按压 PCB 的力度增大时,相邻区域的对应 LED 也会偶尔发生误动作被点亮,这是因为随着手指按压面积的增大,也让区域相邻的一些部分发生了等效电容的变大,这么说可能有的朋友很难理解,下面借助图片来说明问题,按压区域与电容增量的示意如图 4.30 所示。

假设在 PCB 上做了 5 个"触摸区域",分别对应通道 1~5,最终连接到 STC8 单片机中的开漏模式 I/O 引脚,当手指触碰通道 4(CH4)时,电容增量大小会以 CH4 为峰值向两边递减,这种情况下就可能引起判定的误动作,比如 CH3 对应的 LED 被误点亮了。但要消除这种问题也很简单,可以在 PCB 设计时把"触摸区域"之间留有一些间隔或者是在程序上调整电容增量的阈值,把阈值上调一些,边调整边看现象,直到基本不产生误动作时的阈值就是最好的取值。

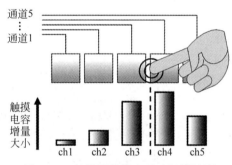

图 4.30　触摸面积增大后对相邻区域
产生的影响

这个实验的目的不只是为了实现"触摸"效果,而是为了让大家理解 I/O 的模式各有长处,一定程度上,I/O 口的模式越多,则灵活性和功能上就越是强大,我们一定要从传统的 51 单片机的思维模式中跳出来,不要产生"准双向最简单,最好用"的错误认知。这个实验做出的"触摸"效果还是比较基础的,判断过程还需要单片机去控制,程序方面也不简洁,所以产品上用的"触摸"一般不用这种方法,而是采用专用 IC 去设计高可靠的触摸方案,经典的方案如 TTP223(单键电容触摸按键芯片 IC)、TTP224B(4 键电容触摸按键芯片 IC)、BS818A-2(8 键电容触摸按键芯片 IC)、TSM12M(12 通道电容式触摸 IC)等。

第5章

"光电世界，自信爆棚"初阶LED器件运用

章节导读：

本章将详细介绍 LED 类器件的显示原理和驱动方法，共分为 3 节。5.1 节主要讲解单片机入门的经典实验"流水灯"，分析"点灯"实验的实质和意义，介绍了发光二极管的模型和相关电气参数，然后进行左移/右移/花样流水灯实验，以加深读者朋友们对 STC8 系列单片机 I/O 应用的理解；5.2 节以火柴棍的游戏引出了数码管的显示原理，讲解了数码管的段、位、共阴、共阳、段码、位码等相关概念，开展了一位数码管的静态显示实验，因为在实际应用中分配给数码管的 I/O 很难成组，所以小宇老师增加了分散引脚驱动数码管的实验，加深朋友们对段引脚和段码的理解，更加实用；5.3 节介绍了多位数码显示需求及专用芯片方案，以 74HC595 芯片为例，构建了 3 线 8 位数码管显示电路，本节可拓展朋友们的知识面，方便在实际项目应用中进行方案选型，把数码管的驱动、辉度控制、动态刷新等操作"外包"给专用芯片，解放 CPU 的同时也获得了更好的显示效果。

5.1 瞬间自信心爆棚的入门经典"流水灯"

经过了 STC8 系列单片机 I/O 资源的学习，朋友们肯定都"跃跃欲试"了，已经不再满足于简单的引脚模式配置，现在就想搞点有趣的控制和显示了。好的，在本章就会满足大家的动手欲望。开始动手之前，让我们仔细想想 I/O 引脚能做的事情，如果 I/O 引脚输出了高/低电平就可以搭建外围电路，利用一个"灯"去做指示；要是一个端口组接了 8 个"灯"并逐一点亮，就可以形成"流水灯"的效果；要是某一个 I/O 引脚输出了一个低频方波，那这个"灯"的状态就开始闪烁；要是这个方波频率上升一些，这个灯就会出现视觉上的"常亮"效果；要是此时的方波信号频率不变，但高电平脉宽和低电平脉宽的占比发生变化，此时的"灯"甚至会产生明暗变化。看来，这里的"灯"确实可以带领我们熟悉 STC8 系列单片机的引脚资源及相关功能，但这个"灯"可不普通，它就是本章的主角"发光二极管"，其英文名称为"Light Emitting Diode"，也可以将其简称为"LED"。

发光二极管其实就是二极管大类别中的一种，和二极管类似，发光二极管也具有单向导电性，也具备与二极管相似的电气参数和相关指标。LED 类器件的用途非常广泛，我们随意列举几个吧！生活中随处可见使用 LED 材料制作的商业广告牌、交通指示灯、园林美化带、家庭照明等。室外的大型曲面点阵屏幕也用全彩 LED，可以显示出静态的彩色画面，也可以播放视频流，当成一个露天的"大电视"也可以。还有很多酒店大楼的楼顶也安装有大型标示牌，这些牌子多采用透雾效果好的高亮红橙光 LED 制作标示字体(如某某酒店、某某医院等)。农业上也用不同波长的 LED 作成植物"生长灯"，促进种子萌芽或者特殊植物的生长。生鲜店里为了让苹果看起来更红，让牛肉

看起来更诱人,也普遍使用"生鲜灯"(即高显色效果的LED,让生鲜看起来卖相更好)。远洋的渔船为了引诱鱼类,也在船尾安装大型的"诱捕灯"吸引鱼群靠近。医疗上的很多探测仪器也要用到LED作为辅助光源(如内窥镜)。工业上还用红外LED做一些信号发射、数据通信等。

由此可见,LED早已在各行各业中普及开来,接下来就请朋友们跟随小宇老师一起了解LED器件并驱动它们。

5.1.1　为什么入门经典总是"点灯实验"

市面上有不少单片机开发板的第一个实验就是"点灯",甚至有的32位高级微控制器、DSP、FPGA、CPLD板卡也都是以"点灯"作为起始实验,我们不禁要纳闷了,这个"点灯"实验说白了就是用引脚的高/低电平去控制LED指示电路,从而让LED正向导通发光或者反向截止熄灭,这有什么难的呢?为什么这些板卡的设计者不加以创新呢?做个稍显复杂一点的、更偏应用一点的实验不好吗?

如果读者朋友们也有此疑问,说明朋友们没能理解板卡设计者的"初衷"。什么样的实验对于初学者来说是最好的呢?一定要满足4点,即"难度低"(LED器件的原理就很简单)、"上手快"(电路简单且驱动方法容易理解)、"有现象"(能直观感受到器件的变化)、"能拓展"(可以在点亮LED的基础上变形为闪烁灯或呼吸灯)。所以"点灯"实验就是最好的开始,这也类似于学习编程语言时遇到的"Hello,World!"实验。

如果我们认真体会一下"点灯"实验,就能发现其中的奥秘,如果你能成功地点亮一个LED,说明你已经具备了以下知识点。

(1)硬件上能看懂"点灯"实验原理图,了解单片机I/O资源模式和分配。

(2)软件上已经熟悉开发环境和下载软件,能开发"固件"并烧录到单片机中。

(3)已经熟悉了基础的A51汇编语言或C51语言对I/O资源的配置操作。

(4)对I/O基本寄存器、模式或库函数有了基础的认识。

所以说"点灯"实验还是很必要的!回想小宇老师刚开始学习单片机时,通过书籍和资料自行点亮第一个发光二极管时的心情,高兴得我整整一晚上都舍不得关掉开发板的电源。所以,通过简单的实验让初学者找到自信心是十分必要的。

在以后的学习中我们还会接触到蜂鸣器、继电器一类的器件,其驱动方法和发光二极管的驱动方法是类似的,只不过多了驱动电路的设计环节(需要涉及三极管、MOS管或者达林顿管的应用),这些外围器件都是用各种驱动电路搭配控制信号实现相应功能的。

5.1.2　发光二极管结构及电气特性

接下来就以直插式圆头LED器件为例,看看这类器件的"样子"。LED器件在电路原理图中的符号如图5.1(a)所示。LED类器件按照制作工艺的不同会有不同的外形,常见的有圆头塑封、平头塑封、方头塑封、贴片形式或者其他样式。圆头外形如图5.1(b)所示。对于直插式LED而言,在没有修剪引脚时,默认长脚为正极,短脚为负极。若修剪了引脚之后则不能通过长短脚区分正负极,但也可以根据塑封区域内的电极大小来判断,常见单色双脚LED器件中正极电极较小,负极电极较大。从LED器件的俯视切面来看,靠近负极的塑封端不是圆弧形边缘而是直线型边缘,读者可以通过图5.1(c)和图5.1(d)进行观察,如果通过外观识别仍然难以分辨正负极性,也可以借助万用表等仪器进行测量,具体的测量方法与普通二极管的测量方法一致(利用二极管挡位进行测量)。

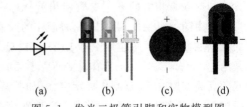

(a)　　(b)　　(c)　　(d)

图5.1　发光二极管引脚和实物模型图

发光二极管发出的一般都是可见光,这一点和红外发光二极管不同(红外光的波长和可见光不一样,人眼不一定察觉,比如电视遥控器发出的红外光,肉眼就看不见),前者应用得比较多。发光二极管发出的可见光有不同的颜色,常见的有白色、红色、绿色、黄色、蓝色、橙色、紫色等,还有一些发光二极管的制造工艺比较特殊(比如内部具有多颗发光体),可表现出双色、多色或变色的特性,例如市面上的红绿双色灯、七彩慢闪灯等。

发光二极管作为二极管家族的成员之一,也具有二极管类似的电气参数,普通二极管(硅管或锗管)的正向导通电压一般为 $0.3 \sim 0.7V$,但发光二极管的正向导通电压普遍在 $1.2V$ 或以上,具体的导通电压大小与二极管的材料有很大的关系,且发光二极管的反向耐压一般不高,范围是 $5 \sim 10V$,一般指示用的发光二极管工作电流为 $2 \sim 20mA$。读者朋友们在选择一款二极管器件时可以参考厂家给出的器件手册,查看发光二极管的电气参数之后再合理选择。

5.1.3 基础项目A 左移/右移/花样流水灯

有了理论知识作为铺垫之后,就可以开始进行"点灯"实验了,在实验之前首先要明确实验目的,如果单独选定一个发光二极管进行驱动,则只能做出亮灭灯、闪烁灯及呼吸灯效果,现象比较单一。所以我们使用STC8系列单片机一整组I/O引脚点亮8路LED灯,发光二极管的数量增多了"玩法"自然也会多样起来。

我们可以让8个灯中的一个灯亮起,然后将点亮状态依次左移或者依次右移。也可以人为控制整组I/O引脚在某一时刻下的输出电平,这样一来就可以形成"花样"流水灯,具体的"花样"就要看I/O引脚实际的电平输出情况了。

有了实验想法就可以构建硬件电路了,驱动发光二极管的电路比较简单,可以采用如图5.2所示电路将8路发光二极管连接至单片机的P2端口组上,在系统中选择了STC8H8K64U这款单片机做主控,电路图中的R1~R8为发光二极管D1~D8的限流电阻,实际阻值选取了1kΩ,8个发光二极管的阳极全部连接到了一起形成了公共端,最后再将公共端接到电源正极即可。当P2端口组的任何一个引脚输出低电平时,对应的发光二极管将会被点亮,反之熄灭。

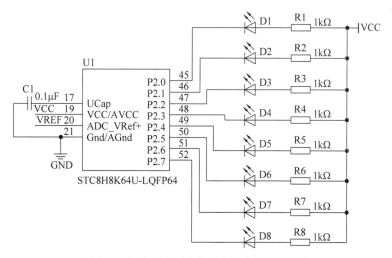

图 5.2 左移/右移/花样流水灯实验硬件电路

有了硬件电路之后就可以着手软件设计了,在程序中需要实现左移、右移和花样流水灯效果,所以可以编写3个功能函数分别实现这些功能。

可以编写 left_LED() 函数实现左移流水灯效果,首先将P2端口组配置为 $(0xFE)_H$,其目的是让最低位P2.0引脚的发光二极管点亮,其他7个发光二极管熄灭,然后将 $(0xFE)_H$ 数据进行左移

1位处理,处理后的数据不能马上赋值给 P2,这是为啥呢? 因为左移 1 位后末尾会自动补 0,那结果就变成了$(0xFC)_H$,若贸然赋值就会使得 P2.0 和 P2.1 引脚所接的 LED 同时亮起。所以应该在移位运算后再补一条语句,把$(0xFC)_H$按位或上$(0x01)_H$再赋值给 P2 端口组即可,这样就相当于是在末尾自动补 1,也就保证了 8 个灯里只有 1 个灯亮。类似地,也可以编写 right_LED()函数实现右移流水灯效果。

最后再编写 table_LED()函数实现花样流水灯效果。在花样流水灯程序中需要提前建立一个"花样"数据数组,数组中的数据均由用户自定义,可以将两位十六进制数据转换为八位二进制值,然后与单片机的 P2 引脚一一对应,二进制的"1"表示引脚输出高电平,此时对应的发光二极管熄灭,二进制的"0"表示引脚输出低电平,此时对应的发光二极管亮起。按照软件设计思路,利用 C51 语言编写左移/右移/花样流水灯实验的具体程序实现如下。

```
//芯片型号:STC8H8K64U(程序微调后可移植至STC8A/F/C/G/H系列单片机)
//时钟说明:单片机片内高速24MHz时钟
/ ******************************************************* /
#include "STC8H.h"                      //主控芯片的头文件
/ ********************** 常用数据类型定义 ********************** /
【略】为节省篇幅,相似定义参见相关章节或源码工程即可
/ ********************** 端口/引脚定义区域 ********************** /
#define  LED  P2                        //定义 LED 端口组
/ ********************** 用户自定义数据区域 ********************** /
u8 table[] = {0x7E,0xBD,0xDB,0xE7,0xDB,0xBD,0x7E,0x01};   //花样流水灯数组
//01111110,其实就是 0x7E
//10111101,其实就是 0xBD
//11011011,其实就是 0xDB
//11100111,其实就是 0xE7
//11011011,其实就是 0xDB
//10111101,其实就是 0xBD
//01111110,其实就是 0x7E
/ ********************** 函数声明区域 ********************** /
void delay(u16 Count);                          //延时函数
void left_LED(void);                            //左移函数
void right_LED(void);                           //右移函数
void table_LED(void);                           //花样流水函数
/ ********************** 主函数区域 ********************** /
void main(void)
{
    //配置 P2 为推挽/强上拉模式
    P2M0 = 0xFF;                                //P2M0.0-7 = 1
    P2M1 = 0x00;                                //P2M1.0-7 = 0
    delay(5);                                   //等待 I/O 模式配置稳定
    LED = 0xFF;                                 //上电输出高电平,LED 全部熄灭
    while(1)
    {
        left_LED();                             //左移效果
        right_LED();                            //右移效果
        table_LED();                            //花样流水效果
    }
}
/ ******************************************************* /
//左移效果函数 left_LED(),无形参,无返回值
/ ******************************************************* /
void left_LED(void)
{
```

```
    u8 x = 0xFE,i;                              //x是初始状态,i是循环控制变量
    for(i = 0;i < 8;i++)                        //左移循环8次
    {
        LED = x;                                //向LED端口组写入移位结果
        delay(500);                             //延时状态保持(便于观察)
        x = x << 1;                             //左移1位运算
        x|= 0x01;                               //末尾补1,确保只有1个灯亮
    }
}
/ *********************************************************** /
//右移效果函数right_LED(),无形参,无返回值
/ *********************************************************** /
void right_LED(void)
{
    u8 x = 0x7F,i;                              //x是初始状态,i是循环控制变量
    for(i = 0;i < 8;i++)                        //右移循环8次
    {
        LED = x;                                //向LED端口组写入移位结果
        delay(500);                             //延时状态保持(便于观察)
        x = x >> 1;                             //右移1位运算
        x|= 0x80;                               //高位补1,确保只有1个灯亮
    }
}
/ *********************************************************** /
//花样流水灯函数table_LED(),无形参,无返回值
/ *********************************************************** /
void table_LED(void)
{
    u8 x = 0;                                   //x是数组下标变量
    do
    {
        LED = table[x];                         //取数组数值写入LED端口组
        delay(500);                             //延时状态保持(便于观察)
        x++;                                    //数组下标控制变量x自增
    }
    while(table[x]!= 0x01);                     //判断是否到达数组末尾"0x01"
}
/ *********************************************************** /
【略】为节省篇幅,相似函数参见相关章节源码即可
void delay(u16 Count){}                         //延时函数
```

通读程序可以感觉到程序难度较低,进入main()函数之后首先配置P2端口组的8个I/O引脚为推挽输出模式,然后执行了"LED=0xFF;"语句,初始化P2端口全部输出高电平,以保证上电后与P2端口组连接的8个发光二极管均处于熄灭状态。

引脚初始化完毕之后就进入了while(1)循环体,在循环体内执行了3种功能子函数,分别是左移效果函数left_LED()、右移效果函数right_LED()和花样流水灯函数table_LED()。程序中还事先定义了"花样"流水灯数组table[],其中自定义数据有8个,具体定义语句及数组初始化数据如下。

```
u8 table[] = {0x7E,0xBD,0xDB,0xE7,0xDB,0xBD,0x7E,0x01};  //花样流水灯数组
```

我们将流水灯数组中的table[0]数据取出(在C语言中,数组下标从0开始),该数据为$(0x7E)_H$,将这个两位十六进制数据转换为8位二进制值,然后再把这个值与P2端口引脚一一对应,即为$(01111110)_B$。也就是说,在P2端口组的最高位P2.7和最低位P2.0引脚所连接的发光二

极管会亮起,其余的 6 个发光二极管会熄灭,这时候就是"两头亮"的情况。相似地,数组中的 "0x7E,0xBD,0xDB,0xE7,0xDB,0xBD,0x7E"数据是以(0xE7)H数据为中心对称编写的,将这些数据依次送到 P2 端口组之后,高低位发光二极管会被"成对"点亮,点亮的状态会向中心移动,形成"对撞碰头"然后再分开的流水灯效果。在流水灯数组 table[]中的(0x01)H数据代表数组数据的末尾,不参与显示,只做结束标志之用。

分析完程序之后,将程序进行编译,然后下载到单片机中并运行,可以看到与 P2 端口组连接的 8 个发光二极管上电时全部熄灭,随后最低位发光二极管亮起,它的状态不断左移,当移到最高位时又开始右移,右移到最低位时两头的发光二极管同时点亮,两个亮起状态向中间移动进行"对撞碰头",相遇之后再各自分开,实际现象就一直按照这个流程不断循环。

5.2 "火柴棍游戏"说数码管原理

讲完了发光二极管以后,我们就来认识一个"新朋友",这位朋友名叫"数码管",顾名思义,就是用来显示出"数码"的元器件。说起"数码",读者朋友们应该都不陌生,回想小学时代的自然课、劳动课,老师会让我们用火柴、牙签等小棍在课桌上排列出几何图形(如三角形、正方形、长方形、平行四边形)、数字数码(如 1、2、3、A、B、C)等,排列数字数码的样式如图 5.3 所示。

观察图片可以发现,不同的数码排列需要的火柴棍根数是不同的,比如"0"这个数码,需要 6 根火柴棍,"1"这个数码最为简单,仅需要 2 根火柴棍即可,"8"这个数码需要 7 根火柴棍才能排列出来。看到这里,读者朋友们可能就纳闷了,这好端端的单片机书咋讲起火柴棍来了? 别急别急,这小小的火柴棍游戏可是蕴藏了数码管的"精髓"。

假设我们把"8"这个数码拿出来单独研究,把"火柴棍"换成"发光二极管",将 7 个"长条形"发光二极管排列成"8"这个样式,因为单独一个发光二极管存在亮/灭两种状态,所以我们可以让 8 个发光二极管中的特定发光二极管亮起,其余的熄灭,这样就能用 7 个发光二极管表示出"0、1、2、3、4、5、6、7、8、9、A、b、C、d、E、F"的数码样式了。实际的数码显示效果如图 5.4 所示。

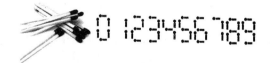

图 5.3 火柴棍游戏排列数码   图 5.4 数码管数码显示效果

细心的读者朋友们一定发现了图 5.4 中的数码右下角有一个小圆点,这个小圆点在数值上可以作为"小数点"使用,如果不考虑小圆点的组成,则数码管仅用 7 个发光二极管即可拼凑出相关数码,如果需要显示出"小数点",则还要多加一个发光二极管,总共需要 8 个发光二极管即可。

在实际的数码管器件中通常把表示数码的发光二极管设计为长条形,把表示小数位的发光二极管设计为圆点形,如果单个数码管仅由 7 个发光二极管组成(不含小数点),则可以称为"1 位 7 段数码管",如果算上小数点,也可以称为"1 位 8 段数码管"。需要注意的是,市面上的数码管类型很多,组成数码管的"段数"不一定是 7 个或 8 个,具体的"段数"要查看相应数码管的产品说明书。我们将显示数码位的个数称为数码管的"位数",常见的有 1 位、2 位、3 位、4 位等。市面上的数码管种类很多,产品外观的差异很大,小宇老师选取了几款有代表性的数码管实物,如图 5.5 所示。

按照数码管的封装形式来分,有直插式和贴片式。按照发光二极管的发光颜色来分,有绿光数码管、蓝光数码管、红光数码管等。按照数码管的数码"形状"来分,有数值数码型、"N"字型、"米"字型、"光柱"型等。数码管产品上的"小圆点"也有讲究,在右下角的小圆点可以用来表示"小

图 5.5　各式各样的数码管实物外观

数点"，两个数码中间的两个小圆点可以表示时间计量上的"时""分""秒"间隔。数码管的样式还有通用型和定制型之分，通用型的价格便宜，显示数码比较简单。定制型的显示内容比较丰富，但需要专门开模制作，适合批量需求(例如，空调的显示面板、电动车的仪表头、电磁炉的显示面板，等等)。

数码管器件可以在低电压、小电流的条件下驱动内部发光二极管发光，发光的响应时间极短、高频特性好、亮度较高、体积较小、重量轻、抗冲击性能好。通常采用固态封装，稳定性高、耐热、耐腐蚀、寿命较长，使用寿命一般在 5 万小时以上，拥有比较良好的显示效果和较宽的显示视角。该类器件常用在空调、冰箱、热水器、洗衣机、DVD 设备、高级音响等家电产品中，也用于工业设备控制面板显示、电梯、电动门信息显示等场合。

5.2.1　数码管组成结构及分类

以 1 位 8 段数码管为例，其内部集成了 8 个发光二极管，如果按照每个发光二极管两个引脚来计算，单个 1 位 8 段数码管就应该有 16 个引脚。按理说这个计算很简单，也符合我们的认知，当小宇老师拿起一个 1 位 8 段数码管时惊讶地发现，该数码管只有 10 个引脚，还有 6 个引脚去哪儿了呢？还是说这个数码管坏了？

其实，数码管并没有坏，只是我们不了解数码管内部的构造。我们再做一个计算，假设某系统需要显示"1.2.3.4.5.6.7.8."这 8 个数字(带小数点位)，这时候就需要 8 个 1 位 8 段数码管，假设每个 1 位 8 段数码管有 16 个引脚，那么 8 个 1 位 8 段数码管就应该有 128 个引脚！读者朋友们有什么感觉？是不是联想到了一个全身密密麻麻全是引脚的数码管？这么多的引脚不仅不利于制造，更不利于使用和焊接。能不能有一种精简引脚数量的结构呢？

当然是有的！为了精简引脚便于生产，各个数码管生产厂家在数码管内部电路及发光二极管的组成结构上做了改造和创新，目前市面上常见的数码管可以分为共阴和共阳两种结构。以 1 位 8 段单色数码管为例，共阴和共阳的结构原理如图 5.6 所示。

在图 5.6 虚线左侧的是 1 位 8 段共阳单色数码管内部结构，从发光二极管的组成上看，一共有 8 个发光二极管 D1～D8，D1～D8 的阳极都连在了一起，成为一个"阳极公共端"，在实际使用中可以连接到电源正极，若某个发光二极管的阴极是低电平，则该发光二极管就会被点亮，反之熄灭。该数码管的原理图封装一共有 10 个引脚，"7、6、4、2、1、9、10、5"是组成数码的"段"引脚，"3、8"是"阳极公共端"的引出脚。需要说明的是，具体产品的引脚分布及功能必须以该产品的使用说明书为准。

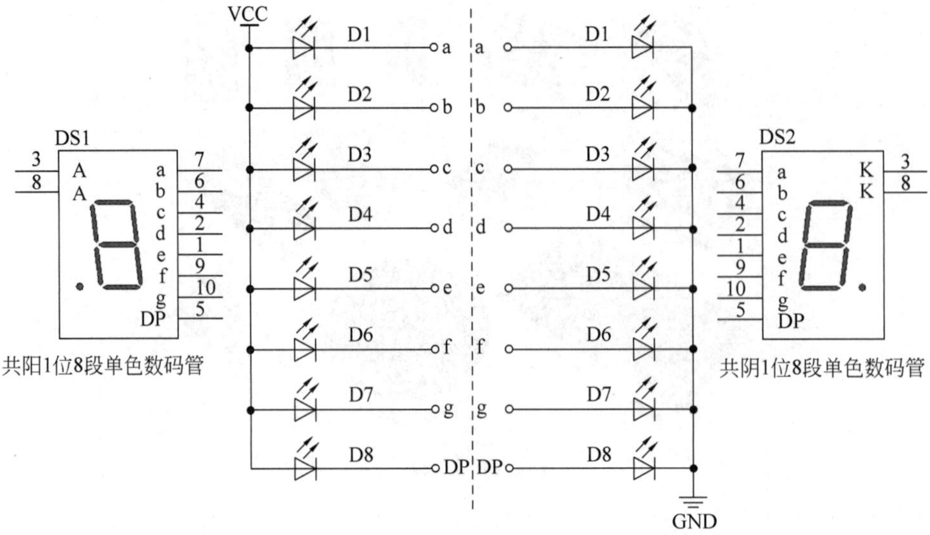

图 5.6 1 位 8 段共阳/共阴单色数码管内部结构

在图 5.6 虚线右侧的是 1 位 8 段共阴单色数码管内部结构,从发光二极管的组成上看,一共有 8 个发光二极管 D1～D8,D1～D8 的阴极都连在了一起,成为一个"阴极公共端",在实际使用中可以连接到电源地,若某个发光二极管的阳极是高电平,则该发光二极管就会被点亮,反之熄灭。该数码管的原理图封装一共有 10 个引脚,"7、6、4、2、1、9、10、5"是组成数码的"段"引脚,"3、8"是"阴极公共端"的引出脚。需要说明的是,具体产品的引脚分布及功能必须以该产品的使用说明书为准。

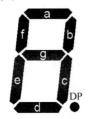

图 5.7 单色数码管段位置排列

由于共阳和共阴数码管的内部结构不同,显示出同一个数码的"段"引脚电平取值也不同,所以有了"共阳段码"和"共阴段码"的区别,为了得到统一的段码,数码管厂家在制造数码管时对各个段的分布做了规划,以 1 位 8 段数码管为例,各段位置分布如图 5.7 所示。

在图 5.7 中,最上面的段是"a",然后顺时针开始排列,依次是"b""c""d""e""f",然后到了中间的一段"g",最后是右下角的小圆点"DP"。如果 1 位 8 段单色数码管是共阴型的(暂不考虑点亮小数点),那么它的公共端肯定是接电源地的,如果将它的段引脚置为高电平则该段就会亮起,反之熄灭。假设我们想要数码管显示一个"5",则亮起的段应该是"a""f""g""c""d",其他的段都应该熄灭,按照"1"亮起,"0"熄灭的原则,可以排列出"a"～"DP"的取值状态如表 5.1 所示。

表 5.1 1 位 8 段共阴单色数码管显示"5"段码取值

共阴	段	DP	g	f	e	d	c	b	a
	值	0	1	1	0	1	1	0	1
段码		6				D			

将表 5.1 中的(01101101)$_B$ 转换为十六进制数值为(0x6D)$_H$,这个数值就是 1 位 8 段共阴单色数码管显示出"5"的段码。

同理,如果 1 位 8 段(暂不考虑点亮小数点)单色数码管是共阳型的,那么它的公共端肯定是接电源正的,如果将它的段引脚置为低电平则该段就会亮起,反之熄灭。还是以显示"5"为例,亮起的段应该是"a""f""g""c""d",其他的段都应该熄灭,按照"0"亮起,"1"熄灭的原则,可以排列出"a"至

"DP"的取值状态如表 5.2 所示。

表 5.2 1 位 8 段共阳单色数码管显示"5"段码取值

共阳	段	DP	g	f	e	d	c	b	a
	值	1	0	0	1	0	0	1	0
段码		9				2			

将表 5.2 中的 $(10010010)_B$ 转换为十六进制数值为 $(0x92)_H$，这个数值就是 1 位 8 段共阳单色数码管显示出"5"的段码。为了省去段码计算过程，小宇老师以 1 位 8 段单色数码管为例，分别列举了数码"0"～"F"以及全亮和全灭状态下的段码取值如表 5.3 所示。在实际使用时，读者朋友们可将两种类型（共阳/共阴）的段码保存在两个数组中，用查表方式进行段码调用。

表 5.3 1 位 8 段共阴/共阳单色数码管段码表

显示数码	共阴段码	共阳段码	显示数码	共阴段码	共阳段码
0	3F	C0	9	6F	90
1	06	F9	A	77	88
2	5B	A4	b	7C	83
3	4F	B0	C	39	C6
4	66	99	d	5E	A1
5	6D	92	E	79	86
6	7D	82	F	71	8E
7	07	F8	全亮	FF	00
8	7F	80	全灭	00	FF

5.2.2 基础项目 B 一位数码管 0～F 显示实验

终于到了数码管器件的实践环节，我们先来做一个入门级实验，那就是利用 STC8 系列单片机驱动一个 1 位 8 段数码管，让它显示出 0～F 的数码。在实际实验中选定 STC8H8K64U 这款单片机作为主控，选用 1 位 8 段共阴单色（红色）数码管作为显示器件，分配 P2 端口组通过限流电阻连接到数码管的段引脚"a"～"DP"，然后将数码管的"共阴公共端"连接到电源地，线路的连接非常简单，硬件电路原理如图 5.8 所示。

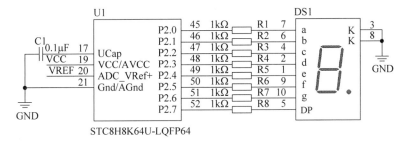

图 5.8 一位数码管 0～F 显示实验硬件电路

在图 5.8 中，DS1 即为 1 位 8 段共阴单色（红色）数码管，数码管的"7、6、4、2、1、9、10、5"引脚是段引脚，"3、8"引脚是阴极公共端，R1～R8 为段引脚的限流电阻，实际取值为 1kΩ，如果读者朋友们不是买的高亮数码管，可以适当减小限流电阻阻值从而获得最好的显示效果。

硬件电路构建完成之后就可以着手软件的编写，在程序之中可以构建两个数组用于存放共阴/共阳数码管的段码,可以建立一个数组 tableA[]用于存放共阴数码管段码,建立数组 tableB[]用于存放共阳数码管段码。利用 C51 语言编写具体的数组定义和初始化语句如下。

```
u8 tableA[] = {0x3F,0x06,0x5B,0x4F,0x66,0x6D,0x7D,0x07,\
0x7F,0x6F,0x77,0x7C,0x39,0x5E,0x79,0x71};              //共阴数码管段码 0~F
u8 tableB[] = {0xC0,0xF9,0xA4,0xB0,0x99,0x92,0x82,0xF8,\
0x80,0x90,0x88,0x83,0xC6,0xA1,0x86,0x8E};              //共阳数码管段码 0~F
```

编写了段码数组后就可以将不同段码依次由 P2 端口输出,即可实现显示效果。在程序中可以定义一个循环控制变量"num",然后编写一个循环次数为 16 次的 for()循环,以循环控制变量"num"作为段码数组的下标去调用数组内容,获得数组数据后再送到 P2 端口输出相应电平即可。按照程序思路可以利用 C51 语言编写 1 位 8 段数码管 0~F 显示实验的具体程序实现如下。

```
//芯片型号: STC8H8K64U(程序微调后可移植至 STC8A/F/C/G/H 系列单片机)
//时钟说明: 单片机片内高速 24MHz 时钟
/******************************************************************/
#include "STC8H.h"                              //主控芯片的头文件
/************************** 常用数据类型定义 **************************/
【略】为节省篇幅,相似定义参见相关章节或源码工程即可
/************************** 端口/引脚定义区域 **************************/
#define  LED  P2                                //定义 LED 端口组
/************************** 用户自定义数据区域 ************************/
u8 tableA[] = {0x3F,0x06,0x5B,0x4F,0x66,0x6D,0x7D,0x07,0x7F,0x6F,\
   0x77,0x7C,0x39,0x5E,0x79,0x71};              //共阴数码管段码 0~F
u8 tableB[] = {0xC0,0xF9,0xA4,0xB0,0x99,0x92,0x82,0xF8,0x80,0x90,\
   0x88,0x83,0xC6,0xA1,0x86,0x8E};              //共阳数码管段码 0~F
/************************** 函数声明区域 ****************************/
void delay(u16 Count);                          //延时函数
/************************** 主函数区域 ******************************/
void main(void)
{
    u8 num;                                     //定义 for 循环控制变量"num"
    //配置 P2 为推挽/强上拉模式
    P2M0 = 0xFF;                                //P2M0.0 - 7 = 1
    P2M1 = 0x00;                                //P2M1.0 - 7 = 0
    delay(5);                                   //等待 I/O 模式配置稳定
    while(1)
    {
        for(num = 0;num <= 15;num++)
        {
            LED = tableA[num];                  //为共阴数码管送出段码
            //LED = tableB[num];                //为共阳数码管送出段码
            delay(500);                         //延时便于观察 LED 情况
        }
    }
}
/******************************************************************/
【略】为节省篇幅,相似函数参见相关章节源码即可
void delay(u16 Count){}                         //延时函数
```

将程序编译后下载到单片机中并运行,可以看到 1 位 8 段共阴单色(红色)数码管依次显示出了 0~F 的数码,变动速度适中,适合人眼观察。读者朋友如果需要慢速观察每一个数码样式,可以修改主函数中 for()循环内的"delay(500)"语句,送入 delay()函数的实参越大则延时越长。

5.2.3 基础项目 C 分散引脚一位数码管驱动实验

用一组连续的 I/O 引脚驱动数码管是很"奢侈"的，在实际应用中也是"不现实"的，为什么这么说呢？这是因为在实际应用中，某些功能所需的引脚是固定的，要综合考虑引脚的功能复用、引脚的位置、PCB 的走线、外设电路的位置、I/O 资源的合理分配等因素，这样一来，想要"抽出"一组连续的 I/O 端口难度就会很大，很多时候只能用一些分散的引脚，那这种"分散引脚"可以组合起来驱动数码管吗？当然是可以的！

仍以 STC8H8K64U 单片机作为主控，选定分散引脚 P2.3、P4.1、P3.6、P1.3、P5.2、P0.5、P7.1 和 P6.4 分别对应 1 位 8 段共阴单色(红色)数码管的"a"～"DP"段引脚(这里的分散引脚可以自由指定，此处罗列的引脚仅作举例之用)，R1～R8 为数码管的限流电阻，数码管的"共阴公共端"做接地处理，实际的电路如图 5.9 所示。

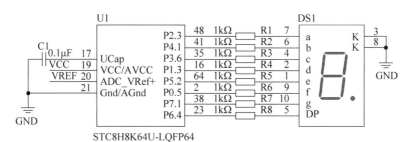

图 5.9 分散引脚一位数码管驱动实验硬件电路

将单片机的"分散引脚"与数码管的"段引脚"进行对应连接是实验的第一步，硬件搭建完成后就要在软件上想办法，怎么用软件把"分散引脚"对应到"段码"上去？其实也不难，虽说单片机的引脚不连续、不成组，但可以把"段码"通过按位或运算拆分为二进制数值，再把每个数值赋值给相应的分散引脚即可。例如想显示个"0"，那段码就是 $(0x3F)_H$，对应的二进制数值就是 $(00111111)_B$，此时只需让 P2.3＝1、P4.1＝1、P3.6＝1、P1.3＝1、P5.2＝1、P0.5＝1、P7.1＝0 和 P6.4＝0 即可得到显示效果。按照程序思路可以利用 C51 语言编写实验的具体程序实现如下。

```
//芯片型号：STC8H8K64U(程序微调后可移植至 STC8A/F/C/G/H 系列单片机)
//时钟说明：单片机片内高速 24MHz 时钟
/ ****************************************************************** /
#include "STC8H.h"                              //主控芯片的头文件
/ ********************** 常用数据类型定义 ********************** /
【略】为节省篇幅，相似定义参见相关章节或源码工程即可
/ ********************** 端口/引脚定义区域 ********************** /
sbit  LED_A = P2^3;                             //定义 LED 数码管 A 段
sbit  LED_B = P4^1;                             //定义 LED 数码管 B 段
sbit  LED_C = P3^6;                             //定义 LED 数码管 C 段
sbit  LED_D = P1^3;                             //定义 LED 数码管 D 段
sbit  LED_E = P5^2;                             //定义 LED 数码管 E 段
sbit  LED_F = P0^5;                             //定义 LED 数码管 F 段
sbit  LED_G = P7^1;                             //定义 LED 数码管 G 段
sbit  LED_DP = P6^4;                            //定义 LED 数码管 DP 段
/ ********************** 用户自定义数据区域 ********************** /
u8 tableA[] = {0x3F,0x06,0x5B,0x4F,0x66,0x6D,0x7D,0x07,0x7F,0x6F,\
   0x77,0x7C,0x39,0x5E,0x79,0x71};             //共阴数码管段码 0～F
u8 tableB[] = {0xC0,0xF9,0xA4,0xB0,0x99,0x92,0x82,0xF8,0x80,0x90,\
   0x88,0x83,0xC6,0xA1,0x86,0x8E};             //共阳数码管段码 0～F
/ ********************** 函数声明区域 ********************** /
void delay(u16 Count);                          //延时函数
```

```
/ ***************************** 主函数区域 ***************************** /
void main(void)
{
    u8 num;                                    //定义 for 循环控制变量"num"
    //配置 P2.3 为推挽/强上拉模式
    P2M0 | = 0x08;                             //P2M0.3 = 1
    P2M1 & = 0xF7;                             //P2M1.3 = 0
    //配置 P4.1 为推挽/强上拉模式
    P4M0 | = 0x02;                             //P4M0.1 = 1
    P4M1 & = 0xFD;                             //P4M1.1 = 0
    //配置 P3.6 为推挽/强上拉模式
    P3M0 | = 0x40;                             //P3M0.6 = 1
    P3M1 & = 0xBF;                             //P3M1.6 = 0
    //配置 P1.3 为推挽/强上拉模式
    P1M0 | = 0x08;                             //P1M0.3 = 1
    P1M1 & = 0xF7;                             //P1M1.3 = 0
    //配置 P5.2 为推挽/强上拉模式
    P5M0 | = 0x04;                             //P5M0.2 = 1
    P5M1 & = 0xFB;                             //P5M1.2 = 0
    //配置 P0.5 为推挽/强上拉模式
    P0M0 | = 0x20;                             //P0M0.5 = 1
    P0M1 & = 0xDF;                             //P0M1.5 = 0
    //配置 P7.1 为推挽/强上拉模式
    P7M0 | = 0x02;                             //P7M0.1 = 1
    P7M1 & = 0xFD;                             //P7M1.1 = 0
    //配置 P6.4 为推挽/强上拉模式
    P6M0 | = 0x10;                             //P6M0.4 = 1
    P6M1 & = 0xEF;                             //P6M1.4 = 0
    delay(5);                                  //等待 I/O 模式配置稳定
    while(1)
    {
        for(num = 0;num < = 15;num++)
        {
            LED_A = tableA[num]&0x01;          //点亮共阴数码管 A 段
            LED_B = tableA[num]&0x02;          //点亮共阴数码管 B 段
            LED_C = tableA[num]&0x04;          //点亮共阴数码管 C 段
            LED_D = tableA[num]&0x08;          //点亮共阴数码管 D 段
            LED_E = tableA[num]&0x10;          //点亮共阴数码管 E 段
            LED_F = tableA[num]&0x20;          //点亮共阴数码管 F 段
            LED_G = tableA[num]&0x40;          //点亮共阴数码管 G 段
            LED_DP = tableA[num]&0x80;         //点亮共阴数码管 DP 段
            //LED_A = tableB[num]&0x01;        //点亮共阳数码管 A 段
            //LED_B = tableB[num]&0x02;        //点亮共阳数码管 B 段
            //LED_C = tableB[num]&0x04;        //点亮共阳数码管 C 段
            //LED_D = tableB[num]&0x08;        //点亮共阳数码管 D 段
            //LED_E = tableB[num]&0x10;        //点亮共阳数码管 E 段
            //LED_F = tableB[num]&0x20;        //点亮共阳数码管 F 段
            //LED_G = tableB[num]&0x40;        //点亮共阳数码管 G 段
            //LED_DP = tableB[num]&0x80;       //点亮共阳数码管 DP 段
            delay(500);                        //延时便于观察 LED 情况
        }
    }
}
/ *********************************************************************** /
【略】为节省篇幅,相似函数参见相关章节源码即可
void delay(u16 Count){}                        //延时函数
```

将程序编译后下载到单片机中运行,得到了我们想要的效果。数码管能正确显示出 0~F 的

数码样式。通读程序,其重点就是 for()循环中的语句,这些语句实现了段码拆分,并将拆分后的数值对应到了分散引脚,以"LED_A=tableA[num]&0x01;"语句为例,这句话中的"LED_A"代表着数码管的 a 段引脚(实际连接的是 P2.3),"tableA[num]"是取出以 num 作为下标的数组元素(即段码数据),为了实现段码与 a 段引脚的对应关系,我们用了按位与 0x01 的运算,这样就单独"提取"得到了段码的最后一位数,之后的 0x02(提取第 2 位)、0x04(提取第 3 位)、0x08(提取第 4 位)、0x10(提取第 5 位)、0x20(提取第 6 位)、0x40(提取第 7 位)和 0x80(提取第 8 位)也是一样的道理。

总结实验,朋友们应该深入理解"段码"的含义,只要把段码送到数码管的段引脚就能显示出对应的数码,至于驱动数码管的引脚是否成组、是否连续其实并不重要。

5.3 多位数码显示及专用芯片方案

亲爱的读者朋友们,做完了一位数码管显示实验之后有什么感悟呢? 其实基础项目的难度较低,实验的重点是理解数码管的"段码",驱动一个 1 位 8 段共阴单色(红色)数码管总共使用了 8 个单片机的 I/O 引脚,引脚利用率很低,一定程度上是把单片机"大材小用"了。在实际的单片机系统中经常需要驱动 2 位、4 位、8 位乃至更多位的数码管,那这种情况下分配单片机的多组 I/O 端口进行数码管控制显然是不现实的,基于以上需求,小宇老师增添了本节的内容。

市面上多位数码管显示的方案一般有两种。第一种方案是尝试扩展单片机的 I/O 资源,比如通过一些 I/O 扩展的专用芯片(如 PCA9555、PCA9698 等)得到多个扩展 I/O,再用这些 I/O 驱动数码管的相关引脚。又如使用一些串入并出转换芯片(如 74HC164、CD4094 等)或移位锁存器芯片(如 74HC595)"间接"实现 I/O 扩展,用少量的引脚去驱动数码管显示。

第二种方案是尝试把显示任务进行"外包",让单片机从数码管驱动中"解放"出来,使用专用芯片驱动数码管,如天微科技生产的 TM1650、TM1638 系列芯片,南京沁恒微生产的 CH452、CH454、CH455G 系列芯片,友台半导体生产的 ET6226M、无锡中微生产的 AiP650 等。这些芯片在使用上都大同小异,一般采用 2~4 线串行接口与单片机进行通信,可以驱动的数码位数/段数也很丰富(可以按照实际需求自由选型),不少芯片甚至带有按键扩展、触摸按键、辉度调节等特色功能。

以上两种方案都要添加"额外"的芯片,一定程度上会增加成本和系统功耗。单从成本上看,第二种方案略高于第一种方案,但是第二种方案使用起来更加便捷。可以按需选择,综合考虑成本和功能。

在实际的应用中若对成本控制极为严格,不妨使用移位锁存器芯片"间接"地扩展 I/O 资源,然后再用扩展得到的引脚去驱动数码管做显示。例如,用两片 74HC595 芯片实现 3 线 8 位数码管显示(该芯片的市场售价约为 0.3 元)。太神奇了,这是怎么实现的呢?

解释控制机理之前,我们先请出 74HC595 这位"好朋友",该芯片的贴片式封装 SOP16 实物如图 5.10(a)所示,双列直插式封装 DIP16 实物如图 5.10(b)所示,芯片引脚名称及分布如图 5.10(c)所示。

74HC595 是一款支持三态输出的 8 位移位寄存器/锁存器芯片。"SCLR"是清零复位端,通常可以连接高电平,"OE"是输出使能端,通常可以连接到低电平,"SDI"是串行数据输入引脚,"SCLK"是移位时钟脉冲输入引脚,"RCLK/CS"是锁存控制信号输入引脚,"QA"~"QH"为并行数据输出引脚,"SDO"引脚可以作为芯片级联使用,通过该引脚可将串行数据信号传递到下一片 74HC595 芯片。"VDD"为 74HC595 芯片的电源正极,"GND"为 74HC595 芯片的电源地。

本项目中使用了两片 74HC595 芯片驱动 8 位共阳数码管(由两个 4 位共阳数码管组成),一片用于数码管"位"的选择(也就是控制 8 个公共端引脚),另一片用于配置"段"信号(也就是 a~DP

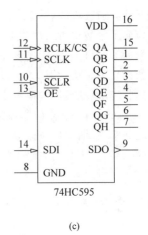

图 5.10　74HC595 芯片实物及引脚分布图

这 8 个段引脚），实际搭建的硬件电路如图 5.11 所示。U1 是主控单片机芯片，其型号为 STC8H8K64U，U2 和 U3 就是我们的"好朋友"74HC595 芯片。U2 负责进行"位选"，也就是从 8 位数码管中选定某一位进行显示。U3 负责进行"段选"，也就是控制"a、b、c、d、e、f、g、DP"等引脚的电平状态，在 U2 选中其位数码管时再由 U3 来确定所要显示的内容（段码），U2 和 U3 相互配合来实现数码管的动态显示功能。

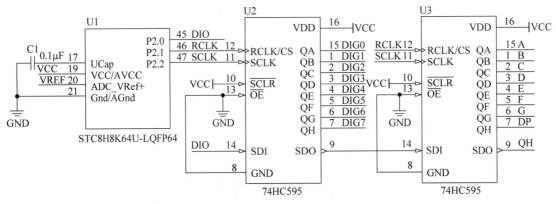

图 5.11　两片 74HC595 搭建 8 位共阳数码管驱动电路

分析图 5.11，单片机 U1 只用了 3 根线与 74HC595 进行连接，这 3 根线的电气网络分别是 "DIO""RCLK""SCLK"，占用了单片机的 P2.0～P2.2 引脚，所以可以在程序中定义这 3 个引脚以便使用，利用 C51 语言编写具体的定义语句如下。

```
sbit DIO = P2^0;                      //串行数据输入
sbit RCLK = P2^1;                     //锁存控制信号（上升沿有效）
sbit SCLK = P2^2;                     //时钟脉冲信号（上升沿有效）
```

因为 U2 负责"位选"，所以它的 QA～QH 引脚分别连接到了数码管的公共端，U3 负责"段选"，所以它的 QA～QH 引脚分别连接到了数码管的段引脚，STC8H8K64U 单片机 P2.0 引脚送出的串行数据先通过 DIO 线路送入 U2 芯片的 SDI 端，然后再由 U2 芯片的 SDO 端传送到 U3 芯片的 SDI 端。还可以在 U3 芯片的 SDO 端再引出"QH"电气网络，以便级联另外的 74HC595 单元，构建更多位的数码管显示电路。具体的电气连接如图 5.12 所示。

图中的 P1 和 P2 是两组排针，如果不做再次级联可省略 P1 仅用 P2 即可。U4 和 U5 是两个分

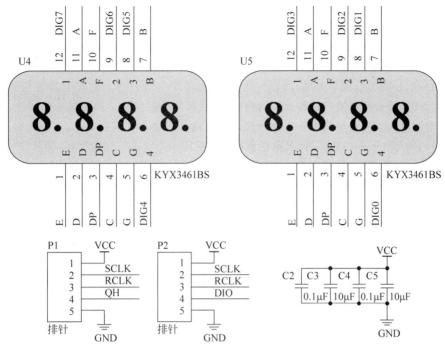

图 5.12　8 位数码管段/位连接及功能排针引出电路

立的 4 位共阳数码管,实际型号为 KYX3461BS。C2～C5 用于滤波去耦,在设计印制电路板(PCB)时需将电容放置在 74HC595 芯片的电源引脚附近,这些电容可以抑制电源波动、高频干扰对 IC 的影响。需要说明的是,74HC595 芯片的段引脚与数码管连接时最好串联 100～200Ω 的电阻作为限流电阻,电阻的取值是有讲究的。电阻太大则数码管亮度太低,视觉感受差,电阻太小则亮度过高,寿命就会减少(在图 5.11 和图 5.12 中省略了数码管的限流电阻,在搭建电路时需要自行添加)。

有的读者非常细心,看了图 5.12 后产生了一些"疑问"。第一个"疑问"是 8 位共阳数码管的共阳公共端为什么不直接连到电源正极呢? 为啥要单独引出到 U2 上呢? 第二个"疑问"是 8 位共阳数码管的段引脚"a"～"DP"分别连在了一起(即 8 个 a 引脚最终合并为一个 a 引脚,其他的类似),这么一搞,各个数码管的数码显示要怎么区分开呢?

产生这样的变化其实是因为数码管的驱动方式发生了改变,在基础项目 B 中我们为数码管的段引脚分配了独立的一组 I/O 端口,公共端直接做接地处理,这种就是"静态驱动"显示方法,这种方法下每个段引脚都"独占"一个 I/O 口,单片机芯片负责把"段码"送到对应的段引脚上完成数码的显示,这种模式下,段码一旦送出,直到下一次段码变更之前,显示的内容都会一直保持。但是在本项目中,数码管的位数有 8 个,段引脚非常多,所以不适合再用静态驱动显示方法,这就引出了本节的重点,即"动态驱动"显示方法。

所谓的"动态驱动"也可以称为"动态扫描",这种方式把每个数码管段引脚中的"a"～"DP"分别合并,然后再将这 8 个合并后的段引脚连接到控制器的 I/O 端口上,每一位数码管的"位"引脚(也就是每一位数码管的公共端引脚)连接到控制器的另外一组 I/O 端口上,通过这两组 I/O 输出信号的相互配合(先送出段码,后送出位码)作用来产生显示效果。在配合的过程中,每位数码管按照一定的顺序"轮流"显示数码,只要"轮流"的频率适当,在我们看来就像是"连续稳定"的显示效果,这就是人眼的"视觉暂留"现象导致的。

当然,这两种方法各有优缺点,静态显示方法的优点是显示稳定、亮度较高、数据显示几乎没有延迟,但是会占用控制器芯片过多的 I/O 引脚,造成 I/O 资源浪费,而且增加了电路制作的复杂程度,一定程度上提升了硬件造价。动态显示的方法能显著降低显示部分硬件的复杂度,但是数据显示会有一定的延迟,软件复杂度会提高,如果软件中动态扫描的频率没有把握好,还可能出现闪烁感(即数码管的"鬼影"问题)。

在动态显示方式中还需要注意一些问题,在硬件电路中,由于所有数码管的段引脚都是连接到控制器的一组公用 I/O 端口上的,所以在每个瞬间,各个位数码管上的段引脚得到的电平状态都是一样的,如果想要在不同的位显示不同的数码,就必须采用"轮流"扫描显示的方法,在一段时间内(视觉暂留时间),只点亮其中一位数码管,其余的数码管都处于关闭状态,下一个时间段内(视觉暂留时间),再点亮下一位数码管,其余的数码管都处于关闭状态。如此循环,就可以"轮流"点亮每一位数码管,当"轮流"的频率大于 50Hz 的时候,人眼就分辨不出闪烁感了,相当于各个位上的数码被"独立"且"稳定"地显示出来了。

需要说明的是,在动态扫描过程中,数码管的整体亮度与"驱动电流""点亮时间""熄灭时间"有关。如果扫描频率过高,每个位显示的时间就会很短,这样一来数码管的整体亮度就会降低,遇到环境光比较强的时候就可能看不清楚。如果扫描的频率过低,虽然整体亮度会明显增加,但是会产生明显的闪烁感,给人一种"间断"显示的效果,也不利于观察。所以"扫描频率"的把握需要根据不同的硬件电路和数码管器件的电气特性做出不同的调整,在调试过程中不断尝试,最终找到一个合理的取值得到最佳的显示效果。

下面开始编写程序,在程序之中首先要构建一个共阳数码管的段码数组,我们可以显示 0～7 的数码(如 LED_table1[]数组),也可以显示 8～F 的数码(如 LED_table2[]数组),还可以搞个年月日样式的内容(如 LED_table3[]数组),具体要显示的内容自行决定。除了段码的数组之外,还要建立一个位码数组 wei_table[],用于选定某一位数码管(即公共端),利用 C51 语言编写具体的数组定义和初始化语句如下。

```c
u8 LED_table1[8] = {0xC0,0xF9,0xA4,0xB0,0x99,0x92,0x82,0xF8};        //01234567
u8 LED_table2[8] = {0x80,0x90,0x88,0x83,0xC6,0xA1,0x86,0x8E};        //89ABCDEF
u8 LED_table3[8] = {0xA4,0xC0,0xA4,0xF9,0xBF,0x99,0xBF,0xF9};        //2021-4-1
u8 wei_table[] = {0x01,0x02,0x04,0x08,0x10,0x20,0x40,0x80};
//最高位到最低位共计八个位码
```

有了段码和位码数组之后还需要编写两个重要的功能函数。由于 74HC595 是移位寄存器芯片,所以送入的数据必须是"串行数据",也就是说要送出的"位码"和"段码"都要进行转换后逐位送出,这就需要编写一个单字节数据串行移位函数 LED_OUT(u8 outdata),该函数具备一个形式参数"outdata"用于传入欲转换的数据。因为本项目采用动态驱动显示方法,所以要先送段码,后送位码,还要"轮流"地切换点亮每一位数码管,这就需要编写一个数码动态显示函数 LED8_Display()。按照程序思路可以利用 C51 语言编写实验的具体程序实现如下。

```c
//芯片型号:STC8H8K64U(程序微调后可移植至 STC8A/F/C/G/H 系列单片机)
//时钟说明:单片机片内高速 24MHz 时钟
/******************************************************/
# include "STC8H.h"                                    //主控芯片的头文件
/********************** 常用数据类型定义 ****************/
【略】为节省篇幅,相似定义参见相关章节或源码工程即可
/********************* 端口/引脚定义区域 ****************/
sbit DIO = P2^0;                                       //串行数据输入
sbit RCLK = P2^1;                                      //锁存控制信号(上升沿有效)
sbit SCLK = P2^2;                                      //时钟脉冲信号(上升沿有效)
/********************* 用户自定义数据区域 **************/
u8 LED_table1[8] = {0xC0,0xF9,0xA4,0xB0,0x99,0x92,0x82,0xF8};  //01234567
u8 LED_table2[8] = {0x80,0x90,0x88,0x83,0xC6,0xA1,0x86,0x8E};  //89ABCDEF
```

```
u8 LED_table3[8] = {0xA4,0xC0,0xA4,0xF9,0xBF,0x99,0xBF,0xF9};    //2021 - 4 - 1
u8 wei_table[8] = {0x80,0x40,0x20,0x10,0x08,0x04,0x02,0x01};
//最高位到最低位共计八个位码
/ ************************** 函数声明区域 ************************** /
void delay(u16 Count);                                //延时函数
void LED8_Display(u8 * p);                             //数码动态显示函数
void LED_OUT(u8 outdata);                              //单字节数据串行移位函数
/ ************************** 主函数区域 ************************** /
void main(void)
{
    //配置 P2.0 - 2 为推挽/强上拉模式
    P2M0 | = 0x07;                                     //P2M0.0 - 2 = 1
    P2M1& = 0xF8;                                      //P2M1.0 - 2 = 0
    delay(5);                                          //等待 I/O 模式配置稳定
    while(1)
    {
    LED8_Display(LED_table1);                          //显示 01234567
    //LED8_Display(LED_table2);                        //显示 89ABCDEF
    //LED8_Display(LED_table3);                        //显示 2021 - 4 - 1
    }
}
/ ************************************************************** /
//数码动态显示函数 LED8_Display(),有形参 * p 指向特定数组,无返回值
/ ************************************************************** /
void LED8_Display(u8 * p)
{
    u8 i;                                             //定义 i 用于循环次数控制
    for(i = 0;i < 8;i++)                               //8 次循环
    {
        LED_OUT( * (p + i));                           //送出段码
        LED_OUT(wei_table[i]);                         //送出位码
        RCLK = 0;
        RCLK = 1;                                     //RCLK 产生上升沿
        delay(2);
    }
}
/ ************************************************************** /
//单字节数据串行移位函数 LED_OUT(),有形参 outdata 用于传入实际数据
//无返回值
/ ************************************************************** /
void LED_OUT(u8 outdata)
{
    u8 i;
    for(i = 0;i < 8;i++)                               //循环 8 次
    {
        if(outdata & 0x80)                             //逐一取出最高位
            DIO = 1;                                   //送出"1"
        else
            DIO = 0;                                   //送出"0"
        outdata << = 1;                                //执行左移一位操作
        SCLK = 0;
        SCLK = 1;                                     //SCLK 产生上升沿
    }
}
/ ************************************************************** /
【略】为节省篇幅,相似函数参见相关章节源码即可
void delay(u16 Count){}                                //延时函数
```

　　将程序编译后下载到单片机中并运行,可以看到 8 位数码管显示出"01234567"数码样式(如图 5.13 所示),在数码动态显示函数 LED8_Display()中的"delay(2);"语句就约束了"轮流"点亮数码管的频率,也就是显示"刷新"速度,我们执行了两次延时后,从显示效果上看是满足视觉暂留要求的,所以会发现 8 位数码管上的数码各不相同且显示效果也比较稳定。

图 5.13　扫描频率适中时的显示效果

　　如果修改数码动态显示函数 LED8_Display()中的"delay(2);"语句,将 delay()函数送入的实际参数由 2 改为 50(改的越大效果越明显),然后重新编译程序后下载到单片机中并运行,可以得到如图 5.14 所示结果,此时显示的位数会出现明显的闪烁感和流动感(从第一个位到最后一位"逐一"点亮),大多数的位保持熄灭。

图 5.14　扫描频率过低时的显示效果

　　至此实验就做完了,本章的实验都是比较基础的,但是可以起到"抛砖引玉"的作用,在实际的单片机开发项目中经常会遇到 LED 类器件,驱动程序和驱动电路也不尽相同,在 LED 器件的驱动板卡上经常会出现译码器芯片、串并转换器芯片、数据锁存器芯片、三态缓冲器芯片和达林顿管驱动芯片等,这些芯片的使用和原理都需要我们去熟悉,所以学习的路还很漫长,我们必须一步一个脚印,戒骄戒躁地前行。

　　学习完这一章的读者还可以搭建点阵模块显示电路,驱动单/双色点阵,也可以自己做一个点阵屏或者多位数码管交互板(集成数码管、按键、蜂鸣器等常用器件的人机交互面板),把"学"当成"玩"会轻松很多! 看似简单的模块,经过自己的手做一遍,实际得到的可能比之前预想的更多。

第6章

"各有所长，百花齐放"编程语言/方式及平台

章节导读：

在写书的时候，我反复在想要不要加这个章节，经过广泛调查后发现有不少单片机学习者确实对编程语言的选择、新颖开发方式的了解、创客平台的认知方面存在疑惑，好多朋友甚至对语言和开发形式一片空白，所以本章分为6节简明扼要地讲清相关知识点。6.1节分析汇编语言及C语言特点，突出"编程语言没有最好，只有最适用"的论点；6.2节讲解了Keil C51的代码优化器，并以不同方式和语言对同一实验的效果进行客观对比，借此反映语言特色，让朋友们产生直观理解；6.3节讲解汇编和C如何混合编程，借助"混编"并结合各种优势；6.4节～6.6节为本章"拓展"内容，讲解寄存器/库函数开发、"图形化"开发和3款创客拓展平台。通过本章内容，希望朋友们对编程语言、开发方式及平台产生"多元化"认知。

6.1 争论不休的汇编和C最后谁赢了

小宇老师还是学生的时候，一度对汇编和C语言产生过疑惑，为啥呢？都是因为那个阶段主要是"听老师讲"，从来没有自己去"真刀真枪"地实战对比过。大学阶段，当我上"汇编语言程序设计"或者"微机原理及接口技术"课程的时候，老师肯定用汇编语言来讲解，书上的例子全是用汇编语言写的，这时候老师会说"汇编怎么怎么好，汇编能搞底层"之类的，上课全都是讲"寻址方式"和"指令集"这些东西。到了我学习"C语言程序设计"类课程的时候，另外一个老师又会说"C语言怎么怎么好，汇编这种'古董'不适合使用了"之类的话。这时候你会很矛盾，你会惊奇地发现，在C语言课堂上多数是讲C的优势，而几乎不讲C语言的局限是什么，C语言的短处是什么，这就有点不"客观"。

目前学习单片机的朋友，多数人可能连汇编语言都没接触过，为啥不接触呢？是因为很多"过来人"的劝说，他们会劝你："汇编属于8086处理器那个年代，C才是最好的"或者"大学里某些课程还在用汇编语言上课，这是误人子弟。"在我看来，这种言论稍显偏激，为啥呢？因为程序设计语言也在时代发展过程中"优胜劣汰"，能留下来的语言必定有它自己的优势，要是汇编真的是"这不好，那不对"，那怎么可能还存在呢？如果有一场"辩论赛"，正方认为"汇编语言比C好"，反方认为"C比汇编语言好"，估计到了最后也分不出个胜负。

所以，吃过榴梿的人才最有资格评价榴梿的味道，小宇老师建议初学单片机的朋友必须要了解基础的单片机体系结构，至少了解一种单片机平台的汇编指令。注意，只需要了解下就好，哪怕是尝试用汇编做个最简单的实验也行。在基础的认知之上再用C语言开发实际产品，必要的时

候,还可以采用汇编语言和 C 语言"混编"的模式,充分发挥两者优势,提高程序的健壮性、稳定性、跨平台特性,提升程序的执行效率,精简代码体积,减少时间/空间复杂度和冗余度。

6.2　经典语言不同方式下的流水灯实验对比

本章的起始就讲解了汇编和 C 的"辩论赛",目的就是为了告诉大家"编程语言没有最好,只有最适用"的道理,朋友们是不是以为讲解到这里就结束了? 不存在的,我必须要让朋友们亲眼"看见",必须要让朋友们自己"体验一把"。

接下来就用 STC8H8K64U 单片机作为主控,采用 C51 语言(基于标准 C 语言,偏重在 51 单片机上使用,扩展了某些关键字后形成的语言)和 A51 汇编语言进行编程,通过"流水灯"实验效果来做对比,实验所用的硬件电路如图 6.1 所示,8 个 LED 采用"共阳"形式,各 LED 阳极经过限流电阻后连接至 VCC,阴极连接至单片机 P2 端口组的 8 个引脚,若 P2.x 引脚给出低电平,则对应的 LED 会亮起,反之熄灭。实验效果是让 8 个 LED 逐一点亮后保持一段时间再熄灭,循环执行后就可以形成"流水"的效果。

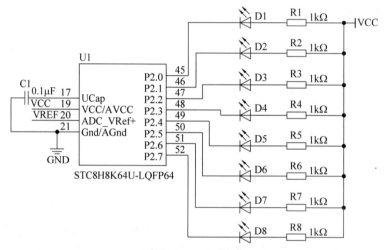

图 6.1　"流水灯"实验硬件电路原理图

这里选用"流水灯"这种简单实验的目的有两个,第一是想用最简单的程序让大家观察两者的编程风格,第二是想用同一个实验内容去比较不同编程方式及语言下的差异,希望朋友们从中自行感悟语言风格、代码体积和执行效率等问题。

6.2.1　"厉害了"我的 Keil C51 代码优化器

在做实验之前,我们要确保 Keil C51 环境能够对汇编语言和 C51 语言"公平公正"的处理。不少朋友肯定会有疑惑,小宇老师这是在说啥呢? 管你用什么语言,不都是经过编译、链接最终变成了"固件"文件了吗(例如.Hex 和.Bin 文件)? 哪儿有什么"不公正"的说法啊?

朋友们如果这么想就错了,Keil C51 环境中对待 C 语言源码和汇编语言源码的处理实际上并不一样,C 语言的源码要经过 Keil 内部组件"C51 编译单元"的编译、链接之后才能得到"固件"文件,在此过程中配备了一个很"厉害"的东西,叫作"Code Optimization"(即代码优化器),这个优化器目前推出了 10 个优化等级(即 0～9 级),其配置界面如图 6.2 所示。有了它之后,C 语言编写的源码就可以得到多重优化,代码变得紧凑,执行效率也高了,这就是 C51 编译单元的"功劳"。但是对于汇编语言来讲,Keil 中的内部组件 A51 汇编器并没有代码优化这一说,只是单纯地做转换、做解释。简单地说，采用 C 语言在 Keil C51 环境中编写代码是"如有神助"的，而用汇编语言编写代码是"实打实"靠自己的。

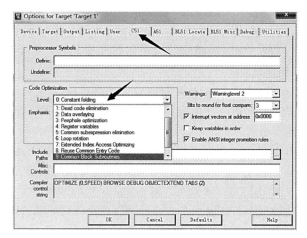

图 6.2 Keil C51 对 C51 语言的代码优化等级

那怎么保证本节实验的"公平性"呢？那就只能是尽可能撤掉 C 语言的"外援帮手"，配置工程选项中的 C51 选项卡，让 Code Optimization 选择为 0 等级，这样产生的代码与汇编比较才较为公平。

既然说到了代码优化器，就不能草草而过，至少也得分析下这些等级是干什么的？做了哪些优化？是不是说配置得越高就越好？带着这些基础疑问，我们展开对 10 个等级的讲解。

第 0 级属于最低级优化，对应选项为"0：Constant folding"，这个优化等级主要干三件事，第一就是把一些经常要运算的表达式内容干脆搞成常数形式，也包含一些地址位置的计算；第二就是对单片机内部的数据和位地址进行了访问优化；第三就是把一些跳转的中间过程和多级跳转进行了优化，跳转直接从发起处到目标处，这样一来就减少了冗余的操作。

第 1 级对应选项为"1：Dead code elimination"，这个优化等级主要干两件事，第一就是把一些没有什么用的代码语句删除掉，这样一来就可以精简最终生成的"固件"大小；第二就是通过一些检测方法去严格判定条件跳转，看看这些跳转的逻辑是不是还可以优化、精简或者删除。

第 2 级对应选项为"2：Data overlaying"，这个优化等级主要干一件事，通过分析，去标记一些可以被静态覆盖的数据内容和位/段数据，Keil C51 环境内部组件（BL51 连接/定位器）通过对全局数据流的分析，会优化一些可被静态覆盖的段。

第 3 级对应选项为"3：Peephole optimization"，这个优化等级主要干一件事，就是进行窥孔优化，"窥孔"就是一种局部的优化方式，通过分析之后去除一些冗余的 MOV 指令，减少一些从存储区装入对象、常数的操作，也可以节省一些存储空间，提升程序执行的效率，把一些大块的、复杂的操作精简化，用简单的操作去替代。

第 4 级对应选项为"4：Register variables"，这个优化等级主要干 4 件事，第一是优化变量和相关参数的存放位置，把一些自动变量（Auto 类型）和函数的相关参数优先放到工作寄存器里面去，而不是为其分配数据存储器位置。第二就是优化一些跨区间的数据访问，比如数据来自于 idata、pdata、xdata 和 code 区域（这些内容涉及存储器资源的相关知识点，将在第 9 章展开学习），那这些操作中就可以直接包含变量，不必再要一个中间寄存器去装载和转运。第三就是对局部计算的一些表达式结果进行优化，比如有一个表达式经常要进行重复计算，这些计算都是相同的，那这种情况下就可以保留第一次计算好的内容作为结果，多余的重复计算就被省略了。第四就是对分支选择的代码进行优化，例如，采用 switch-case 结构的代码，把它们的分支和数据变成跳转表或者是跳转队列结构。

第 5 级对应选项为"5：Common subexpression elimination"，这个优化等级主要干两件事，第一就是在适当时候把一个函数内部相同的表达式计算次数变成 1 次，把中间结果放到寄存器里面去，在新的计算需要的时候就从寄存器中取出来用。第二就是对简单的循环进行优化。

第 6 级对应选项为"6：Loop rotation"，这个优化等级主要干一件事，就是对一些环路跳转和循环进行优化，使得程序的执行更加高效。

第 7 级对应选项为"7：Extended Index Access Optimizing"，这个优化等级主要干一件事，就是在适当时候使用 DPTR 数据指针访问寄存器变量，特别是指针数据和数组数据的访问会被优化，精简代码量和提升数据操作速度。

第 8 级优化是安装好 Keil C51 环境之后的默认选择，对应选项为"8：Reuse Common Entry Code"，这个优化等级主要干一件事，就是针对一个函数被多处调用的情况做优化，这种情况下可以设置一些代码可被重复使用，这样一来就可以减小最终生成的"固件"大小。

第 9 级对应选项为"9：Common Block Subroutines"，这个优化等级主要干一件事，就是将循环使用的指令序列转换为子程序，然后对整体的代码进行调整和重排，然后得到更大的循环指令序列。

看完 Keil C51 的这 10 个优化选项后，大家有什么感觉？是不是感觉优化等级所做的工作都是在优化跳转、减省计算、控制中间存储、进行结构调整？这个感觉是对的！其实这些东西就是编译过程的重点内容，把这些问题处理好了，那代码密度就紧凑了，执行效率也提升了。若要深入研究其编译过程就要看看编程界的"龙书"了，啥叫"龙书"？莫非是作者龙顺宇写的书？那倒不是！"龙书"是指 *Compilers Principles*，*Techniques*，*and Tools* 这本书，因其封面上有条红色的大龙，所以大家都这么称呼它，中文版本就叫《编译原理》，这类书籍重点讨论编译器的设计和运作，包括一些词法分析、语法分析、语法制导分析、类型检查、运行环境、中间代码生成、代码生成、代码优化等内容。

如果朋友们长期基于 Keil C51 开发各类产品程序，一定都踩过代码优化器的"坑"。为啥这么说呢？因为代码优化器不管有多"厉害"，它终究是用相关算法和分析单元去优化程序，这个过程还达不到完全"智能"，所以优化等级并不是越高越好。举个例子，如果对一个地址连续读取两次，编译器的代码优化功能就会认为我们有"毛病"，它不会产生连续两次读取的代码，只会缩减为读取一次，但是有些特殊的情况下，数据可能在读取第一次后才能发生变化，遇到这种不管"三七二十一"的优化处理，那就"完蛋"了。

当然，Keil C51 的代码优化器也是经历了"千锤百炼"，有无数次的修正和升级，一般来说不会出现优化问题，但是对于众多的代码语句和不同的编写风格，出现问题还是偶有发生的。

如果朋友们在后续的开发和学习过程中，遇到源码正确，但效果始终不对的情况，可以从"代码优化器等级"上考虑，百思不得其解的时候推荐大家看一看 Keil 环境编译时产生的汇编源码，有可能您就会找到问题的根源（从中也能看出单片机开发者具备一点基础的汇编知识还是很有必要的），有的时候把优化等级调高或者降低，程序效果就正常了。

可能有的朋友会好奇，这个代码优化器的"0 级"到"9 级"到底在代码上会产生多大的差异呢？具体的差异其实要看源码本身，我们做个实验吧！将第 5 章"光电世界，自信爆棚"初阶 LED 器件运用中的"基于 74HC595 的 8 位数码动态显示"作为实验对象，源码在这里就不再重写了，对同一源码进行 0 级优化后的固件在 STC-ISP 软件中载入后，代码长度为 $(0x01B5)_H$（如图 6.3(a)所示），进行 9 级优化后的固件内容代码长度为 $(0x0189)_H$（如图 6.3(b)所示）。两种优化后的代码均能得到正常的显示效果，说明源码"减肥"成功了（通过优化，减少了 $(0x2C)_H$ 大小的空间），这就是代码优化器的"神奇"之处。

从上述内容里，可以看出代码优化器确实是个神奇的东西，用好了它，程序质量就能更高。但

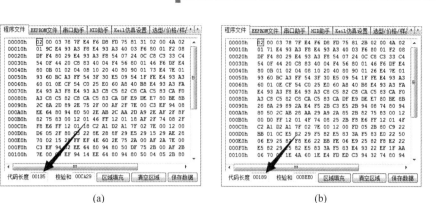

图 6.3 同一源码在不同优化等级下的代码长度比较

是要做到代码紧凑又高效，其实不容易，代码优化等级也不是越高越好，对一个工程文件整体使用某一等级去优化就容易出问题。那 Keil C51 环境针对这些实际问题是不是"束手无策"了呢？当然不是，Keil 的开发团队允许编程者灵活调配部分源码的"代码优化等级"，以函数为单位，在速度和代码大小之间做权衡，添加"♯pragma OPTIMIZE(x,y);"这样的语句在函数前面即可。语句中的"x"就是优化级别，支持从 0 取值到 9，语句中的"y"就是优化策略的偏重，可以偏重于速度（即"SPEED"关键词），也可以偏重于代码密度（即"SIZE"关键词）。这样说可能有点难以理解，让我们上一段代码看看吧！经过调配后的源码如下。

```
/ ************************************************************** /
//指定 Keil C51 编译器按照 8 级优化 User_Fun()函数内容,偏重于代码密度
♯pragma OPTIMIZE(8,SIZE)
void User_Fun(void){ … }                    //具体函数内容已省略

//指定 Keil C51 编译器按照 6 级优化 main()函数内容,偏重于执行速度
♯pragma OPTIMIZE(6,SPEED)
void main(void){ … }                        //具体函数内容已省略
/ ************************************************************** /
```

6.2.2 基础项目 A 基于 C51 语言"位运算法"效果

好！现在可以开始做实验了，第一个实验采用"位运算法"实现流水灯效果。C51 语言中也支持标准 C 语言所提供的"位操作"运算符，位运算是指对二进制位进行的运算。C51 语言提供了按位与"&"（两个二进制位必须都为 1 结果才能为 1，否则为 0，即"有 0 则 0"）、按位或"|"（两个二进制位中若有一个为 1 则结果为 1，即"有 1 则 1"）、按位异或"^"（若两个二进制值相同则为 0 否则为 1）、按位取反"～"（属于一元运算符，用来对一个二进制数进行取反，即 0 变 1,1 变 0）、左移"<<"（用来将一个数的各二进制位全部左移 N 位，末位补 0）和右移">>"（将一个数的各二进制位右移 N 位，移到右端的末位将被舍弃，对于无符号数，首位补 0），加起来就是 6 种位操作运算符。

在实验程序编写之前，我们得把思路"捋一捋"，首先要定义一个变量 x 并赋值为"1"，通过按位取反"～"运算将 x（即$(00000001)_B$）进行取反，运算后的结果就是$(11111110)_B$，这时候把取反结果送给 P2 端口，则 D1 亮起且其他 LED 保持熄灭。为了方便观察实验效果，我们自定义一个 delay()函数并执行，不用关心具体延时的"长短"，取一个大致适合我们肉眼观察的时间间隔就行。接着又将 x 进行左移"<<"运算，其值就会从$(00000001)_B$变成$(00000010)_B$，可以看到末尾的"1"往左移动了 1 个位置，然后再对这个移位后的结果进行按位取反，又将得到结果$(11111101)_B$，将其送给 P2 端口后电路中的 D2 亮起且其他 LED 保持熄灭，如此往复就可以达到实验目的。为了方便操作并

精简语句,只要采用 for()循环方式,将 x 作为循环控制变量,初值设定为"1",变化方式为"x <<= 1;",结束条件为"x! =0;",循环执行"P2=~x;"语句即可。

思路通了程序就好写了,利用 C51 语言"位运算法"编写源码如下。

```c
//芯片型号: STC8H8K64U(程序微调后可移植至 STC8A/F/C/G/H 系列单片机)
//时钟说明: 单片机片内高速 24MHz 时钟
/********************************************************/
#include "STC8H.h"                         //主控芯片的头文件
/********************* 常用数据类型定义 *****************/
【略】为节省篇幅,相似定义参见相关章节或源码工程即可
/********************* 函数声明区域 ********************/
void delay(u16 Count);                      //延时函数
/********************* 主函数区域 *********************/
void main(void)
{
    u8 i;                                   //定义 i 作为循环控制变量
    //配置 P2 为推挽/强上拉模式
    P2M0 = 0xFF;                            //P2M0.0-7 = 1
    P2M1 = 0x00;                            //P2M1.0-7 = 0
    delay(5);                               //等待 I/O 模式配置稳定
    P2 = 0xFF;                              //P2 端口输出高电平,LED 全部熄灭
    while(1)
    {
        for(i = 1;i!= 0;i << = 1)            //实现循环和左移
        {P2 = ~i;delay(20);}                //送出数据实现"流水"效果
    }
}
/********************************************************/
//延时函数 delay(),有形参 Count 用于控制延时函数执行次数,无返回值
/********************************************************/
void delay(u16 Count)
{
    u8 i,j;
    while (Count -- )                        //Count 形参控制延时次数
    {
        for(i = 0;i < 250;i++)
        for(j = 0;j < 250;j++);
    }
}
```

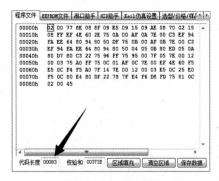

图 6.4　基于 C51 语言"位运算法"流水灯固件内容

源程序在 Keil C51 环境中编写完成后,经过编译、链接得到了".Hex"固件文件,通过 STC-ISP 工具软件下载到单片机后,实验现象正常,在 STC-ISP 中载入的固件内容如图 6.4 所示,代码长度为(0x0083)$_H$。总结本次实验,利用 C51 语言采用"位运算法"产生的代码大小较为精简,代码的风格也比较简单(完全是基于标准 C 进行编写,但需要提前理解"位操作"的含义和使用),C51 语言中具备 for()这种简单的循环控制结构,也具备"函数"这种自定义的封装形式,主函数中还可以调用功能子函数,具备形式参数设定和实际参数传递,这些都是 C51 的优势,总的来说,该方式下的程序实现是较为满意的。

6.2.3 基础项目 B 基于 C51 语言"数组法"效果

第二个实验采用"数组法"实现流水灯效果，C51 语言中也支持标准 C 语言所提供的"数组"结构，数组就是一个数据的"容器"，也相当于一个固定或可变大小的相同类型元素的顺序集合。放进数组的数据会按照下标依次排列和存放，数组下标从 0 开始，编程人员可以非常方便地遍历数据，对特定位置的数据内容进行读出或者写入。单片机编程中常使用一维数组装载同类型数据，但是 C51 语言还支持多维数组，在实际开发中这种稍微复杂一些的结构也会用到，所以需要深入理解数组的内容，方便后续提升和实战。

静心想想，实验的效果之所以类似于"流水"，其实是因为 8 个 LED 灯组的 8 种状态在循环往复，第一次是给 P2 置入了$(11111110)_B$，其含义就是 P2.0 引脚输出了低电平而其他引脚保持为高，这样看来 D1 就亮了，第二次又送入$(11111101)_B$，D2 就亮了，第三次是送$(11111011)_B$，以此类推，按照这样的顺序要送 8 次数值给 P2 端口。说到这里，朋友们是不是想到了什么？我们完全可以把每次送给 P2 的值进行"数据化"，把它们都转换成"0xFE,0xFD,0xFB,0xF7,0xEF,0xDF,0xBF,0x7F"这样的 8 个十六进制数据，然后放到定义好的 LED[]数组中去，再在程序中写个 for()循环，每次都取出一个数组内容送给 P2 端口组，接着延时一会儿，那不就可以做成流水灯了嘛！

想好了方法就开始编写代码，利用 C51 语言"数组法"编写的源码如下。

```
/ ***************************** 主函数区域 ***************************** /
u8 LED[ ] = {0xFE,0xFD,0xFB,0xF7,0xEF,0xDF,0xBF,0x7F};
void main(void)
{
    u8 i;                           //定义 i 作为循环控制变量
    //配置 P2 为推挽/强上拉模式
    P2M0 = 0xFF;                     //P2M0.0 - 7 = 1
    P2M1 = 0x00;                     //P2M1.0 - 7 = 0
    delay(5);                        //等待 I/O 模式配置稳定
    P2 = 0xFF;                       //P2 端口输出高电平,LED 全部熄灭
    while(1)
    {
        for(i = 0;i < 8;i++)         //实现循环
        {P2 = LED[i];delay(20);}     //送出数组元素,实现"流水"效果
    }
}
/ ******************************************************************* /
【略】为节省篇幅,相似函数参见相关章节源码即可
void delay(u16 Count){}              //延时函数
```

源程序编写和下载后，实验现象与之前一致，在 STC-ISP 中载入的固件内容如图 6.5 所示，代码长度为$(0x0116)_H$。总结本次实验，利用 C51 语言采用"数组法"产生的代码大小不太精简，与"位运算法"相比，代码长度明显变大，分析原因是因为数组的定义需要在 ROM 中开辟固有空间用于数据存放，这些数据本是用于控制"流水"状态的，但是也被固化为"程序"的一部分，"吃掉"了内存。针对本实验而言，相同效果下代码密度就不如"位运算法"的紧凑。（注意：实验对比并不是说数组不好，而是向朋友们演示出编程方式的不同会影响最终效果，"数组"在单片机编程中非常必要，务必要掌握。）

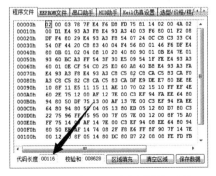

图 6.5 基于 C51 语言"数组法"
流水灯固件内容

6.2.4 基础项目C 基于C51语言"Keil 标准库函数法"效果

第三个实验要用到 Keil C51 环境中自带的标准库函数,这些函数的具体实现都被"封装"好了,只需要包含特定的头文件,然后按照函数的使用形式去配置就可以,这种环境自带的函数集合也可以称为"Keil 标准库函数"。

在流水灯实验里,8 个 LED 的状态中其实只有 1 个 LED 与其他 7 个不一样,即有 1 个"0"和 7 个"1"。我们就想要找到一个函数,它能实现"0"的位置在 8 个位中循环移动即可,想法倒是很好,但是有没有这样的函数呢? 肯定是有的,在本节实验中直接用 Keil C51 环境中的_crol_()函数去实现即可,该函数就是标准库函数之一,它的函数声明在 intrins.h 头文件中,在编程时通过预处理语句包含该头文件即可(即♯include "intrins.h")。打开该头文件后的具体内容如图 6.6 所示。

```
 8 □#ifndef __INTRINS_H__
 9   #define __INTRINS_H__
10   #pragma SAVE
11 □#if defined (__CX2__)
12   #pragma FUNCTIONS(STATIC)
13   /* intrinsic functions are reentrant, but need static attribute */
14  #endif
15   extern void        _nop_      (void);
16   extern bit         _testbit_  (bit);
17   extern unsigned char _cror_    (unsigned char, unsigned char);
18   extern unsigned int  _iror_    (unsigned int,  unsigned char);
19   extern unsigned long _lror_    (unsigned long, unsigned char);
20   extern unsigned char _crol_    (unsigned char, unsigned char);
21   extern unsigned int  _irol_    (unsigned int,  unsigned char);
22   extern unsigned long _lrol_    (unsigned long, unsigned char);
23   extern unsigned char _chkfloat_(float);
24 □#if defined (__CX2__)
25   extern int          abs       (int);
26   extern void         _illop_    (void);
27  #endif
28 □#if !defined (__CX2__)
29   extern void         _push_     (unsigned char _sfr);
30   extern void         _pop_      (unsigned char _sfr);
31  #endif
32   #pragma RESTORE
33  #endif
```

图 6.6 Keil C51 自带的"intrins.h"头文件内容

分析"intrins.h"头文件,会发现 Keil C51 提供的功能函数不止这一个,这个头文件中的函数一般都是用于数据处理、判定检查及延时,用好这些标准库函数会让程序变得简洁,效率也和汇编语言接近。

我们来看看常用的函数名称及作用,_crol_()函数可将字符数据二进制位循环向左移位、_cror_()函数可将字符数据二进制位循环向右移位、_irol_()函数可将整数二进制位循环向左移位、_iror_()函数可将整数二进制位循环向右移位、_lrol_()函数可将长整数二进制位循环向左移位、_lror_()函数可将长整数二进制位循环向右移位、_nop_()函数属于空操作,相当于 8051 单片机中的 NOP 指令(属于一种延时作用的指令)、_testbit_()函数是测试并清零位,相当于 8051 单片机中的 JBC 指令(属于一种布尔处理跳转处理指令,这个指令可检测某个位是否为 1,若为 1 则清零并跳转到下一处,若为 0 则执行下一条语句)。

这些函数都是非常实用的,本实验中主要使用_crol_()函数,调用语句可以写成"temp＝_crol_(temp,1);",在这个语句之前要定义一个"temp"变量且初值为(0xFE)$_H$,通过不断执行该语句后,temp 变量中的"0"位会循环向左移动,会从(11111110)$_B$ 最终变成(01111111)$_B$,然后周而复始。

有的朋友就该有疑问了,这个"intrins.h"头文件只有函数的声明,压根儿也不知道函数参数和调用方法啊! 别着急,Keil C51 环境本身就带了应用"宝典",也就是它的帮助手册,可以在环境的菜单栏中选择 Help 选项卡,在弹出的下拉选项中选择 μVision Help 即可,帮助文档样式如图 6.7 所示。我们可以在"索引"选项卡中输入"_crol_()",然后在右边就有这个函数的原型、描述、返回值内容、相似函数和使用范例,是不是觉得超级方便呢? 有的朋友肯定会说: 老师! 我英语没过

CET4，看不懂英文帮助怎么办？那就把内容复制出来，粘贴到在线翻译软件中查看就行，毕竟办法总比问题多，动动手就能解决。

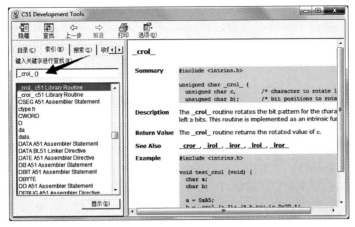

图 6.7 利用 Keil C51 帮助手册查找_crol_()用法

了解了_crol_()函数用法后就开始编吧，利用 C51 语言"标准库函数法"编写源码如下。

```
/***************************** 主函数区域 *****************************/
void main(void)
{
    u8 temp = 0xFE;                          //定义 temp 变量,初始化为 0xFE(1111 1110)
    //配置 P2 为推挽/强上拉模式
    P2M0 = 0xFF;                             //P2M0.0 - 7 = 1
    P2M1 = 0x00;                             //P2M1.0 - 7 = 0
    delay(5);                               //等待 I/O 模式配置稳定
    P2 = 0xFF;                              //P2 端口输出高电平,LED 全部熄灭
    while(1)
    {
        temp = _crol_(temp,1);               //开始循环向左移位
        P2 = temp;delay(20);                //把每次移位后的数值送到 P2 显示流水效果
    }
}
/*********************************************************************/
【略】为节省篇幅,相似函数参见相关章节源码即可
void delay(u16 Count){}                       //延时函数
```

源程序编写和下载后，实验现象与之前一致，在 STC-ISP 中载入的固件内容如图 6.8 所示，代码长度为(0x007F)$_H$。总结本次实验，利用 C51 语言采用"标准库函数法"产生的代码大小与之前采用的"位运算法"是差不多的，只是生成的代码内容不太一样。但从两种方式的语句复杂度上来讲，直接用_crol_()函数的源码显得非常简洁，直接去掉了位操作运算方法的诸多语句，看起来也非常"顺眼"，这就是标准库函数的好处。但是在"流水灯"这种简单实验中还不能完全看出标准库函数的特点，随着标准库函数调用的增多，代码量有时会变得很大(例如，使用 Printf()函数时会"吃掉"1~2KB 内存)，所以应该考虑具体单片机的内存资源大小，合理地选择编程方法。

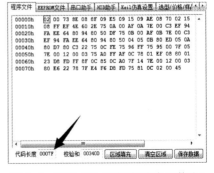

图 6.8 基于 C51 语言"标准库函数法"流水灯固件内容

6.2.5 基础项目 D 基于 A51 语言的效果

第四个实验我们换一种语言,采用 A51 汇编语言去编写流水灯实验源码,看看编程风格和实验效果。Keil C51 环境除了支持 C 语言之外,其实还可以支持汇编语言编写源码,这是因为 Keil C51 环境中自带了宏汇编器和汇编解释器。这样一来事情就简单了,只需要新建一个名为"*. ASM"的文件(其中的"*"表示自定义文件名称,如 LED. ASM)到 Keil 工程中就可以开始编写汇编源码了。

考虑到汇编语言的语法、指令集、寻址方式等不是本书讲解的重点,此处就着重讲解下编程思路即可。在编程开始时,先要指定代码存放的起始位置,考虑到本程序没有涉及中断编程,那就先不考虑初始化堆栈指针 SP 到(0x60)ₕ 地址以上,也暂不考虑工作寄存器区的占用问题,然后需要用 SJMP 指令将程序跳转到一个初始化语句段,可以将其取名为"START"(这里涉及一些汇编语言的知识点,不必深究,简单做个了解即可,若朋友们有精力,可以买本王爽老师的《汇编语言》给自己"充充电")。

"START"语句段的作用是对相关寄存器进行初始化,比如配置引脚模式为推挽/强上拉模式,然后熄灭 8 个 LED 灯,在"流水"效果之前保持全灭状态。然后可以定义"MAIN"语句段,里面要实现"RL"指令移位和赋值的过程,还要产生循环,将每次移位后的结果重新送入 P2。为了方便观察实验现象,还需要在每次移位之后进行一小段"延时",所以还得编写个"DELAY"语句段,用"DJNZ"递减判断指令加上"RET"返回指令实现语句段的多次执行和返回。利用 A51 语言编写的流水灯源码如下。

```
P2M0 DATA 096H                  ;定义 P2M0 特殊功能寄存器
P2M1 DATA 095H                  ;定义 P2M1 特殊功能寄存器
ORG 0000H                       ;上电复位后从这里执行
SJMP START                      ;跳转到 START 处进行初始化
;**********************************************************
START: MOV P2M0, #0FFH          ;配置 P2 为推挽/强上拉模式
       MOV P2M1, #000H          ;配置 P2 为推挽/强上拉模式
       MOV P2, #0FFH            ;对 P2 引脚进行置 1,熄灭 LED
       MOV A, #0FEH             ;赋予初始值用于产生效果
       MOV R3, #07H             ;约定移动总次数
;**********************************************************
MAIN:  MOV P2, A                ;将 ACC 中数值传递给 P2
       RL A                     ;ACC 中数值按位左移 1 次
       CALL DELAY               ;调用 DELAY 延时语句段
       DJNZ R3, MAIN            ;R3 递减,若不为 0 则跳转至 MAIN
       MOV R3, #07H             ;重新初始化 R3 为 7
       SJMP MAIN                ;循环执行 MAIN 语句段内容
;**********************************************************
DELAY: MOV R0, #20              ;送立即数给 R0,给予赋值
D3:    MOV R1, #250             ;送立即数给 R1,给予赋值
D2:    MOV R2, #250             ;送立即数给 R2,给予赋值
D1:    DJNZ R2, D1              ;R2 递减,若不为 0 则跳转至 D1
       DJNZ R1, D2              ;R1 递减,若不为 0 则跳转至 D2
       DJNZ R0, D3              ;R0 递减,若不为 0 则跳转至 D3
       RET                      ;子程序调用完毕返回
END                             ;程序结束伪指令
```

看完程序的第一感觉是什么?肯定傻眼了,觉得汇编的这段源码有很多奇怪的地方!小宇老师不禁要自问自答一番,站在初学者的角度去"看看"这段代码。

问：源码中的语句非要用大写字母吗？

答：其实也不一定非要大写，现在很多编译器是能够识别出大小写语句的，只是因为汇编语言的早期风格都习惯用大写，所以源码也是用大写。从源码中也可以看出汇编语言的语法格式是比较固定的。

问：源码中为啥没有类似花括号括起来的"函数"内容呢？

答：在汇编中没有"函数"的概念，但是可以用标号区分语句段，标号位置到执行返回之间的相关内容也相当于特定的功能实现。

问：源码中有很多 A、R0、R1，这些是变量还是什么？

答：这些不是变量，是一些寄存器的名称，后面跟随的♯250、♯0FEH 都是立即数，是把这些数或者地址送到相应寄存器中去，这样才能提供运算的"内容"，可以把它们想象成一个在硬件系统中的"容器"。

问：源码中还有 MOV、RL、CLR、SETB 等，这些也是寄存器吗？

答：这些不是寄存器名称，这是操作指令的名称，MOV 是数据传送指令中的一种，RL 是循环左移指令，CLR 是直接位清零指令，SETB 是位操作置 1 指令，正是有了这些指令，汇编语句才能灵活地操作硬件底层。

好！回答完基础的问题后，编译该源码并在 STC-ISP 中载入固件，其内容如图 6.9 所示，代码长度仅为 $(0x27)_H$，是不是明显感觉到代码变少了很多？但是实验效果上没啥异常，执行速度上比之前的实验还快了很多。总结本次实验，利用 A51 语言编写的代码密度较为紧凑，执行速度和效率也较高，汇编语言的每一句话都是对应确切执行时间的，所以程序的执行周期很容易把控，故而适合于"RT"特性(实时性要求)较高的场景中使用，可以编写一些 RTOS(实时性操作系统)的底层程序和核心调度文件，对底层硬件的控制较为直接。

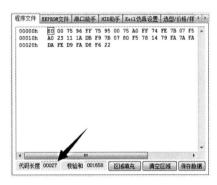

图 6.9 基于 A51 语言流水灯固件内容

但是话又说回来，用汇编语言写的程序，大家也都看到了，其语言风格与数理描述化的形式差别很大，也不接近于生活语言，语句中虽然采用了"助记符"形式表达指令语句，但在阅读上还是比较麻烦，就连语句段也是用不同的条件跳转"跳来跳去"，程序语句不多的情况下还好，一旦超过 100 条，分析源码就十分"痛苦"。自己写的程序自己去看，那还好说，要是换成我去看别人写的汇编程序，刚一打开计算机，刷刷刷地几百行代码就跳出来了，再加上别人可能没写注释，也没画程序流程图，那我得赶紧吃上"速效救心丸"才行。

还有更麻烦的就是汇编的程序员必须要对硬件底层非常了解，传统的 MCS-51 内核单片机有 7 种寻址方式(立即寻址、直接寻址、间接寻址、寄存器寻址、相对寻址、变址寻址、位寻址)和 5 种指令类别(数据传送类指令、算术操作类指令、逻辑操作类指令、控制转移类指令和布尔变量操作类指令)，这些内容编程者都必须会，最麻烦的是编好的程序一旦变更单片机种类，那程序 90% 的内容都得重新编制，因为不同的单片机内部硬件是不一样的，指令形式也不相同，这种"跨平台"的程序"移植"和重新开发的难度差不多。就算是程序编写完了，如果后期要测试部分语句功能和修改局部程序，这也是一件"痛苦不堪"的事情，除非是负责这个产品的工程师还没有"离职"，自己的"锅"自己背，说不定他还能回忆起当时写的是什么内容，知道去哪里做修改。如果汇编源码属于前任工程师的"遗留宝藏"，那就只能向天"再借五百年"了。

综合以上，汇编有自己独特的优点，也有阅读上、移植上的一些不便，还有修改和测试上的一些困难。但这都没有影响汇编的"生命力"，它依然在一些场合被工程师们熟练地应用着。所以通过本节内容的 4 个小实验,大家也看到了不同语言和不同编程方法下的差异,我们选取的还只是"流水灯"这种小实验,要是实验内容更为复杂,代码量更多,则差异就会更大,现在再来看看汇编语言和 C 语言的"战争",是不是更加能够体会小宇老师之前说的一句话:"编程语言没有最好,只有最适用。"

6.3　在 Keil C51 环境中汇编和 C 代码居然能"混编"

通过 6.2 节的实验,大家多多少少看到了 C51 和 A51 的风格和特点,C51 语言在不经过编译器优化时产生的代码大小不如 A51 紧凑,程序执行效率也和 C51 的不同写法有很大的关联,A51 也有缺点,其代码移植、阅读都比较麻烦,那这两种语言要是在一个工程框架中行不行呢? A51 就相当于"爸爸",C51 就相当于"妈妈",生成的"固件"就是"孩子",我们希望这个孩子能取得妈妈的优点和爸爸的长处。这就是 Keil C51 环境中支持的"混编"。

在 Keil C51 环境中实现混合编程是非常简单的,先要建立一个"＊.C"文件(这里的"＊"是自定义文件名称,如"main. c"),然后书写源码内容,再把该文件正确添加到工程中,忽略其他源码不谈,我们以一个最为简单的 delay()延时函数为例,来讲解 C 源码中嵌入汇编的方法。用 C51 语言编写的延时函数源码如图 6.10(a)所示。

```
void delay(u16 Count)
{
  u8 i,j;
  while (Count--)
  {
    for(i=0;i<250;i++)
    for(j=0;j<250;j++);
  }
}
            (a)
```

```
void delay(void)
{
  #pragma ASM
    MOV R0,#20
  D3: MOV R1,#250
  D2: MOV R2,#250
  D1: DJNZ R2,D1
    DJNZ R1,D2
    DJNZ R0,D3
    RET
  #pragma ENDASM
}
            (b)
```

图 6.10　利用预处理指令实现汇编语句段的嵌入

接下来开始嵌入汇编,首先要"告诉"编译器哪些语句是汇编,哪些语句之外是 C 语言,要实现这个功能就要用到预处理命令"♯pragma",这种命令是写给编译器看的,不能算作 C 语言的语句(例如常用的♯include,用于包含头文件,其实也是写给编译器看的)。我们用"♯pragma ASM"和"♯pragma ENDASM"把汇编语句段"夹"在中间就行,嵌入后的源码样式如图 6.10(b)所示。

这样看来嵌入汇编语句真的很简单啊! 不急不急! 现在还没有处理完,我们还需要把涉及"混编"的 C 语言文件做个配置,在 Keil 工程中右击 main. c,选择 Options for File 'main. c',其配置界面如图 6.11 所示。接着设置文件编译的有关选项,勾选 Generate Assembler SRC File(生成汇编 SRC 文件)和 Assemble SRC File(封装汇编文件)复选框,然后单击 OK 按钮退出即可(注意:黑色勾表示有效,灰色勾表示无效)。

将"混编"文件配置完毕后就可以正常嵌入汇编语句段了,此时可以对"混编"后的文件进行编译,细心的朋友会发现 main. c 文件图标的左下角出现了一个"小花",其样式如图 6.12(a)所示,编译后的信息输出窗口如图 6.12(b)所示,虽没有错误但是有 1 个警告。

这个警告并不是因为语句或语法错误导致的,而是因为工程中缺少了对汇编语句段进行封装支持的库文件,这个库文件是现成的,Keil C51 环境已经帮我们做好了,位于 Keil 的安装目录中(一般位置为 Keil_v5\C51\LIB 目录下),需要按照自己项目的编译模式去选择相应的库即可(常见的编译模式有 Small、Compact 和 Large 三种,模式的区别本章暂不展开,在第 9 章的存储器部分会涉

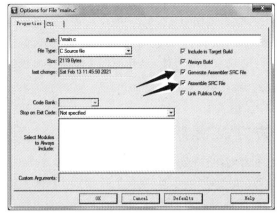

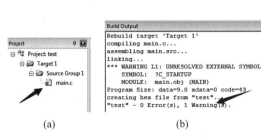

图 6.11 配置"混编"文件的相关属性　　　　图 6.12 "混编"文件编译后出现警告

及并讲解）。添加库的方法也很简单，先按照如图 6.13(a)所示那样，对着工程的 Source Group 1 文件夹右击，选择 Add Existing File 添加外部文件，然后到 Keil 环境的 LIB 目录下，按照如图 6.13(b)所示找到对应模式的"*.lib"文件即可。

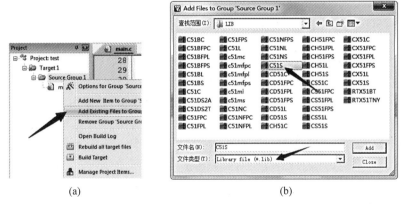

图 6.13 添加 Keil 封装库文件过程

小宇老师做的这个实验还是用的"流水灯"实验程序，所以程序源码很小，编译模式用的 Small 模式，故而选择没有浮点运算的 Small 模式库文件"C51S.lib"就可以了。在根目录下类似的还有：没有浮点运算的 Compact 模式库文件"C51C.lib"、没有浮点运算的 Large 模式库文件"C51L.lib"、带浮点运算的 Small 模式库文件"C51FPS.lib"、带浮点运算的 Compact 模式库文件"C51FPC.lib"和带浮点运算的 Large 模式库文件"C51FPL.lib"，等等，按需选择就可以了。

添加"C51S.lib"库文件到工程后，文件样式如图 6.14(a)所示。重新对工程进行编译如图 6.14(b)所示，得到的编译信息中就显示 0 个错误和 0 个警告了。至此，C51 和 A51 的混合编程才算是顺利完成。

本节的讲解是为了让朋友们知道如何嵌入汇编代码块实现"混编"。"混编"虽然能结合 C51 和 A51 的优点，也能应用在一些特殊的问题和需求上，但是汇编语言终究和 C 语言不同。就拿如图 6.10(a)所示的 C51 语言 delay()函数来说，该函数返回值类型为空类型，有形式参数 Count，用

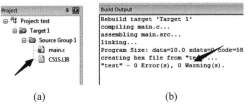

图 6.14 添加库文件后的"混编"文件顺利编译

于指定函数执行的次数,函数内定义了无符号字符型变量 i 和 j,用于控制 for() 循环的次数。这些"返回值""函数名""局部变量""形式参数""实参传递""函数调用和返回"在"混编"过程中就是大问题,必须要编程者学会利用跳转和参数传递才可以解决实际的问题,"混编"方法虽然很简单,但是要"混"得好却很难,说不定最后"孩子"吸收了"父母"的缺点也有可能,这是一件考验编程功底的事情。

6.4 思维拓展:"寄存器/库函数开发方式"是啥

在国内,大多数的单片机初学者都是从 STC 的 51 单片机开始学习的(一般都是接触 STC89/STC90 这类早期推出的型号),编程方式多是采用 C51 语言对"寄存器"直接进行操作。例如我们熟悉的"P1=0x66;"这种语句,"P1"其实就是一个特殊功能寄存器,它存在于单片机内部的特殊功能寄存器区,地址为"0x80"。按理来说,我们在 Keil C51 中直接写出"P1",编译器是无法理解其含义的,但是好在 STC 公司自己做好了"头文件"给我们使用(由于 STC 单片机是基于 MCS-51 内核的,对于 STC 早期产品,有时也直接使用"reg52.h"这种头文件,对于个别新增资源的单片机,就用STC 官方头文件,例如"STC8H.h"),这个头文件里面就给出了"P1"的符号化定义和地址声明。

这种"寄存器"开发方式非常简单,一般就是包含官方头文件和功能 C 源码文件就可以开发了,开发过程中经常需要自己用 C 语言去"封装"一个初始化函数,然后自己再按照各种资源编写外围的功能函数就行。

寄存器开发方式下讲究"用什么资源,就操作什么寄存器,自己封装写程序",编写过程中要涉及具体的寄存器名称或者功能位,要求编程者要有一定的硬件功底,这种开发方式很灵活,语句也较为简单,工程结构也很清晰,生成的代码体积也很紧凑。

对于基础的 STC 早期 51 单片机来讲,其寄存器数量并不多,经常用几次说不定就能全部记住,这种情况下寄存器开发方式没有什么问题。但要是 STC 单片机资源越来越强大,寄存器越来越多呢? 拿给我们十几个寄存器,肯定能用熟,那要是几百个呢? 这就伤脑筋了。在这种单片机性能越来越强、寄存器数量日益增多的趋势下,"库函数"开发方式应运而生。这里的"库函数"指的是一套封装好的、直接就能用的功能函数集合,这些文件一般是由官方或者其他编程者开发,"库函数包"是由很多功能各异的程序文件组成,在这些文件里通常有"＊.C"文件(里面是函数的具体实现)和"＊.h"文件(里面是函数的声明)两种。需要说明的是,这里的"库函数"与 6.2.4 节中的 Keil "标准库函数"是不一样的,标准库函数指的是 Keil C51 环境自带的,属于系统类函数,这里不要产生混淆。

库函数开发方式下讲究"底层都齐全,想用什么功能就调用相关函数,重心放在应用上",编写过程中不需要操作寄存器或者功能位(但库函数的"底层"实现还是要操作寄存器和功能位的),现成的"库函数"把相关资源的硬件配置都"屏蔽"了,编程者不用具备太深的硬件水平也能迅速上手,开发方式很简单,但是需要编程者具备一些 C 语言功底(至少能看懂结构体、指针、条件编译语句、枚举、共用体和基本的数据结构等)和开发环境的应用能力(掌握 Keil C51 环境的配置方法),生成的代码体积不算太紧凑,对于内存较小的单片机而言,一定要慎重使用这种开发方式(因为库函数包含的功能语句不一定全部用到,但是编译时仍会产生相应数据,这些数据就会"吃掉"内存空间)。"库函数包"在实际应用时还需要考虑单片机的具体资源,很多时候要自行调配库函数的内容,不能指望"一次性搭建好工程"。很多源码要根据实际情况进行选择或"裁剪",正确处理源文件包含问题和资源/硬件对应问题,否则就会在编译的时候出现"十几个错误,几十个警告"这种尴尬场景。

"库函数"开发方式因其"拿来就用"的特性受到了很多中高级编程人员的喜爱,STC 公司在这上面也付出了很多的努力,STC 官方于 2020 年 9 月正式发布了"STC8G-8H 函数库"压缩包,压缩包中最为重要的就是库函数模板文件夹,该文件夹中的内容和子文件夹含义如图 6.15 所示,这个文件可以登录 STC 官方网站,在"STC MCU 资料下载"一栏中下载。除了模板文件夹之外,压缩包中还配备了"STC8G-8H 函数库说明. PDF"文档、库函数源码文件包和程序范例。经过简单的配置和函数学习就可以"玩起来",虽然这套函数库是基于 STC8G 和 STC8H 系列单片机制作的,但是完全不影响其在 STC8 其他子系列单片机中的使用,朋友们可以将其进行移植和更改即可适配到新的平台。

图 6.15　STC8G-8H 库函数模板文件组成及含义

用 Keil C51 打开的 STC8G-8H 库函数模板工程样式如图 6.16 所示,左侧的工程文件列表中包含"User""APP""Driver""ISR"四个子文件夹,分管了用户程序、应用程序、硬件驱动程序和中断服务程序等内容。右侧是库函数开发方式下的源码风格,我们可以看到在 System_init. c 文件中仅凭一个 GPIO_config() 函数就完成了 I/O 资源的引脚定义和初始化过程。

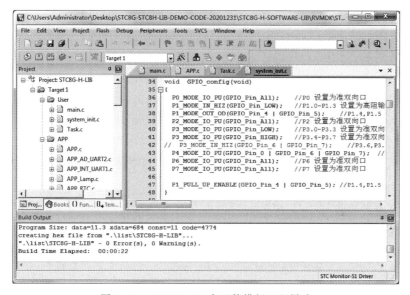

图 6.16　STC8G-8H 库函数模板工程样式

选取该函数的第一条语句进行分析,语句"P0_MODE_IO_PU(GPIO_Pin_All);"的作用就是设定 P0 端口组全部引脚为准双向输入/输出模式,这里的 P0_MODE_IO_PU()是个库函数,括号内的"GPIO_Pin_All"是个实参。说实话,看了这个语句后我们很疑惑,完全看不到底层是怎么操作的,也找不到"P0M0"和"P0M1"这两个寄存器,甚至没有看清楚 I/O 配置过程的"0"和"1"是怎么给予的。难道说"库函数"的开发方式压根就不需要控制寄存器吗?

这是不可能的,任何单片机,不管用什么方式开发,寄存器是绝对要操作的。满怀好奇,我们用鼠标对着"GPIO_Pin_All"右击,看看这个实参是在哪里定义的,结果却无意打开了"STC8G_H_GPIO. h"头文件,其定义内容如图 6.17(a)所示。GPIO_Pin_All 原来是个宏定义语句,其值固定为 $(0xFF)_H$。

我们再对 P0_MODE_IO_PU()函数右击,也在"STC8G_H_GPIO. h"头文件中看到了如图 6.17(b)所示的函数定义,这个宏定义语句中就看到了"P0M0"和"P0M1"的身影。看到这里我们就明白了,所谓的"P0_MODE_IO_PU(GPIO_Pin_All);"语句其实变成了"P0M1 &= ~ (0xFF);"和"P0M0 &= ~(0xFF);"这两条底层语句。说来说去,库函数的底层还是操作寄存器,封装好的函数只是为了方便我们使用,并不是脱离寄存器的"神话"。库函数让编程者更多地关心上层应用,而不必操心底层的琐碎。

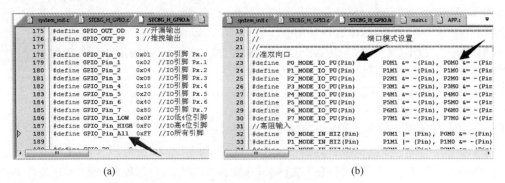

图 6.17　查看 GPIO 初始化函数底层实现

STC 官方推出的 STC8G-8H 的库函数非常实用,基本覆盖了 STC8G、STC8H 系列单片机片上的资源,常见的有 ADC(模拟/数字转换函数库)、Compare(电压比较器函数库)、Delay(毫秒延时函数库)、EEPROM(内置 EEPROM 读/写函数库)、Exit(外部中断函数库)、GPIO(引脚函数库)、I2C(I²C 通信函数库)、Timer(定时/计数器函数库)、UART(硬件串口函数库)、PCA(PCA 功能函数库)、PWM(PWM 功能函数库)、SPI(SPI 通信函数库)、Soft_I2C(软件模拟 I²C 函数库)、Soft_UART(软件模拟串口函数库)、WDT(硬件看门狗函数库)和 NVIC(中断资源函数库)等,可以合理使用,降低开发难度。

一口气说了这么多,朋友们理解这两种方式的不同了吗? 有朋友说了:"放心吧,我们理解了,意思就是库函数比寄存器好,直接上手库函数最高效,寄存器没有必要深究!"完了完了,小宇老师瘫坐在地上老泪纵横,这样的理解完全错了。

两种方式没有谁好谁不好,各有特点。很多时候我强烈建议,在时间允许的情况下,初学者最好从"寄存器"开发方式学起,为什么呢? 寄存器是单片机的"根基",直接上手库函数的话根本看不到单片机的内部运作,是"浮空"的学习,非常不利于初学者。一上手就用库开发可能遇到这种困境:比如一周都没弄明白工程建立,一编译就几十个错误,自信心受到严重打击,热情被"浇灭"了。又或者学了几个月后遇到问题无法解决,打开库函数后全是寄存器的语句,这下"傻眼"了,完全不知道怎么改,改哪里? 再或者我们去公司就业,老板选择了性价比很高的单片机做开发,要求必须是寄存器形式编制源码,这又怎么办呢? 一开始就投入库函数的"怀抱",以后需要用寄存器开发源码时就很痛苦了。

所以,不要盲目听信个别"高手"对寄存器开发方式的"唾弃",因为"高手"们之前学习过寄存器,他的基底和我们初学者是不一样的。好比说你问英语专业毕业的学生:怎么才能学好英语? 他会说:"其实很简单,不用背单词,直接看看英文杂志,看看英文电影就学会了。"小宇老师反问:"您信吗?"

说到 STC8 库函数开发方式的学习,小宇老师就忍不住要介绍一位来自中国云南的高中学生董程森。别看他只是一位高中生,他与他的伙伴高硕联合创立了 Pinecone Pi(松果派)板卡和松果社区,该团队主张"硬件与软件双开源"并基于 STC8 系列单片机自行编写和完善出了一套偏重应用的库函数包。不经感叹,十几岁的年纪就乐于为自己的兴趣爱好付出全力,这是让小宇老师深受感染的。

董程森同学的团队还设计了 Pinecone Pi 的板卡并将其命名为"Pinecone Pi NANO"。通过精心设计和用心安排,Pinecone Pi NANO 在 52mm×18mm 大小的电路板上作出了"文章",构造了一个以 STC8A8K64S4A12 单片机为核心的实用小系统，其实物样式如图 6.18 所示。

Pinecone Pi NANO 体积小巧，功能丰富，是一块可以满足初阶 8051 单片机爱好者和学习者的易开发平台，工作电压可支持 2.0～5.5V(板卡内置了低压差稳压 LDO 单元)，工作温度支持－40～85℃，小巧的"身板"上集成了实用的硬件外设，其中包含一键冷启动电路、8 路 LED 发光二极管电路、2 个 1 位7 段贴片数码管单元、板载南京沁恒微电子公司生产

图 6.18　Pinecone Pi NANO 板卡实物

的 CH330 芯片，实现了 Micro USB 接口转串口。在引脚的分布和间距设计上也做了考虑，可以直接插到 DIP40 的紧锁座上使用，也可以插到洞洞板上做应用，扩展非常方便。

董程森同学的松果团队在 2018 年年底创立，团队人员推出的库函数已完成 GPIO、EXTI、IIC、UART、PWM、PCA、TIMER、WatchDog、EEPROM、ADC 等资源文件和头文件的编写，除了这些基本的单片机片上资源外，该团队还开发了一些热门器件或模块的驱动代码，现已支持舵机驱动、数码管驱动、HC_SR04 超声波测距模块驱动、串口 MP3 播放器模块驱动、RGB 全彩灯珠 WS2812B 驱动等，更多的源码还在升级和补充之中。读者朋友们感兴趣的话也可以登录 www.github.com/PineconePi 去下载松果团队的最新库函数文件。

这套库函数包使用起来非常简单，以 RGB 全彩灯珠 WS2812B 驱动源文件"ws2812b.c"为例，其功能源码风格如图 6.19 所示。松果团队将 LED 调色的相关功能进行了封装，最后得到了一个名为 ws2812b_display() 的函数，该函数具备 3 个形式参数，分别控制绿色、红色及蓝色发光体的亮度，从而得到不同的混色结果。调用该函数的时候直接写出类似"ws2812b_display(255,0,0);"这样的语句即可。

```
125  //=========================================================
126  // 函数: void ws2812b_display(unsigned char green,unsigned char red,unsigned char blue)
127  // 描述: 单个ws2812b控制
128  // 参数: green: 绿色 0-255, red: 红色 0-255 , blue: 蓝色 0-255,
129  // 返回: none.
130  // 版本: VER1.0.0
131  // 日期: 2018-12-20
132  // 备注:
133  //=========================================================
134  void ws2812b_display(unsigned char green, unsigned char red, unsigned char blue)
135
136  {
137      unsigned int n = 0;
138      //发送green位
139      for(n=0;n<8;n++)
140      {
141          green<<=n;
142          if(green&0x80 == 0x80)
143          {
144              rgb_high();
145          }
```

图 6.19　松果团队库函数 ws2812b.c 源码风格

这样看来，有了这套库函数是不是简化了我们的工作？的确如此，该团队的库函数整体使用了 C 语言结构体对功能函数进行了封装和优化，采用了类似于 ST(意法半导体)公司标准外设库的风格编写了 STC8 库相关功能函数。把每一个资源封装为许多结构体，通过更改结构体变量达到修改参数的目的。不管是".C"源文件还是".H"头文件，程序的书写风格良好，注释清晰，每个函数具备功能描述、形式参数含义及返回参数等，版本号及编写时间也一目了然。使用者可以基于注释信息迅速获知函数的用法，节约了开发时间，降低了驱动难度。值得一提的是，松果团队将这套 STC8 库函数作为永久更新的开源项目，支持更多的爱好者和工程师参与其中，享受开源创客的同时也为这套库函数添砖加瓦，臻于完善。

小宇老师希望读者朋友们也能从董程森同学的团队和作品上看到兴趣的动力和研究的力量，能在单片机开发道路上戒骄戒躁，学有所成。

6.5　眼界拓展：居然会有"图形化"的单片机开发工具

随着单片机性能的不断提升，片上资源复杂度也在变大，不管是常规的寄存器开发方式还是库函数开发方式，貌似都不能把学习难度降到最低。各单片机生产厂商也在反思，如何让"客户"们迅速地把自家产品用起来呢？只有让使用者觉得开发很"简单"，才能抓牢这些潜在的客户啊！只有注重用户体验，产品才能"热销"。于是，"图形化""导向式代码生成""易语言式代码生成"等工具软件应运而生。

就以 ST 公司为例，该公司也有很多微控制器产品，ST 公司在单片机产品的"开发形式"上可谓是下了"一番功夫"，该公司 8 位单片机产品就是以 STM8 系列为主打，32 位单片机就是以 STM32 系列为主打，两种微控制器下又有很多子系列和型号。如何让用户迅速上手相关应用呢？ST 公司推出了基础的文档、视频、工具和 Demo 板卡。在此基础上还做了"图形化"的开发软件，例如 STM32CubeMX 和 STM8CubeMX 软件。

很多学完 51 单片机的朋友可能会上升到 32 位微处理器上进一步学习，如果是选择 STM32 系列单片机作为学习对象，在时间允许的情况下，可以先学习 STM8 系列，以该系列作为"跳板"实现 51 到 32 学习的过渡，因为该系列的内部资源、结构和操作方法都和 STM32 极为相似。该系列的"图形化"开发工具就是 STM8CubeMX 软件，其运行界面如图 6.20 所示。

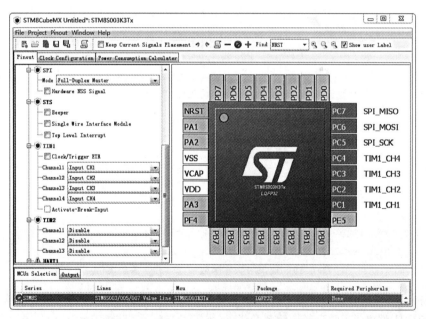

图 6.20　利用 STM8CubeMX 配置引脚功能

观察该软件界面可以发现左边是相关功能的配置界面，简单地点选和配置就能产生引脚功能的变化，右边是芯片的引脚分布和功能标记，随着编程者对引脚的不同配置，右边的图示也会跟着发生变化，这就是"图形化"编程带来的便利。整个过程都是"0 代码"的，点点选选就能生成代码或者程序框架。

STM8CubeMX 软件还可以轻松地完成 STM8 系列单片机内部的时钟配置，其配置界面如图 6.21 所示，对于时钟的启用、时钟源的选择、时钟分频系数、时钟到外设的流程都可以"看"得一清二楚，利用软件配置功能不仅得到了代码，也帮编程人员理清了思路，让编程者直观地看到了单片机内部的"时钟树"。

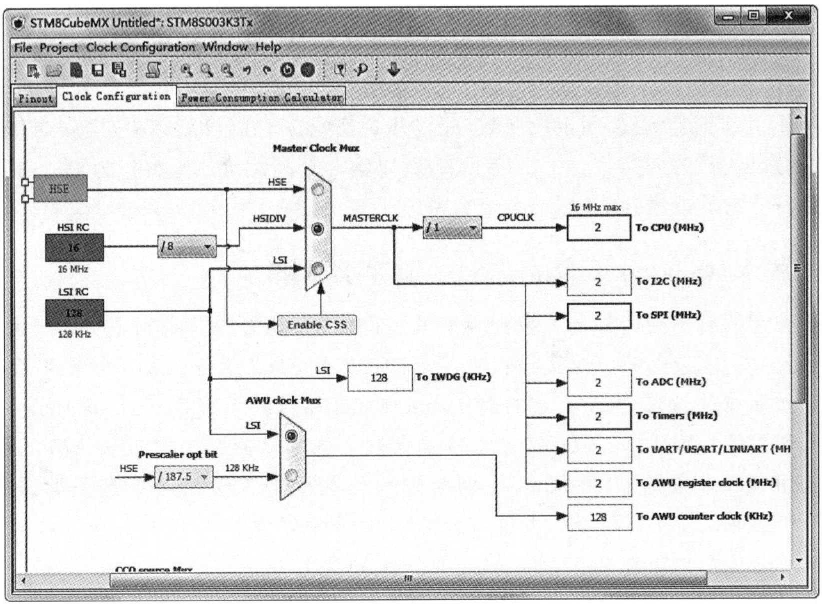

图 6.21 利用 STM8CubeMX 配置时钟树

STM32CubeMX 软件和 STM8CubeMX 软件是类似的,界面和操作都比较类似,只是功能上STM32CubeMX 更为强大,在这个"图形化"软件中可以直接选择实际的单片机型号,指定所属的系列、封装形式、引脚数量等。然后利用图形化配置相关引脚,具备自动处理引脚冲突的功能(比如某些功能重映射后带来的冲突和叠加),可以动态设置时钟树并生成系统时钟的初始化配置代码,还可以动态设置外围和中间件模式的初始化。支持系统功耗预测,如果是用 C 语言编写代码,那就更为简单,该软件可以基于 C 语言代码工程生成器产生 IAR、Keil、GCC 等 IDE 环境下的"工程框架",全程都是"傻瓜化"的操作。其实,能够支持"图形化"配置方式的单片机还有很多,朋友们需要不断拓展眼界,只有把"工具"用好,我们才能在后续的开发中更为得心应手。

6.6 平台拓展:那些不能不玩的创客拓展平台

写完我的第一本 STM8 单片机书籍后,小宇老师就接触到了很多形形色色的朋友,有不少朋友和我讨论过这样一件事,朋友说他家孩子上小学,科技课要用单片机编程,中小学生有单片机竞赛,还说中小学要搞单片机控制舵机做个简单机器人或者控制电机做个简易小车,我当时的第一感觉就是:"这是在用开水浇灌祖国的花朵吗?"带着好奇,我查阅了相关竞赛的资料,后来才发现确有其事,但是孩子们用的单片机并非深入底层,也不是专门学习编程语言和编程算法,而是利用一些开源且成熟的"创客平台"去做设计,比如现在国内流行的 Arduino 平台、51duino 运动控制驱动平台、开源 PYboard 平台等,这些平台都是软件+硬件的形式,让刚学电子或者不太会电子技术的朋友迅速掌握基础的开发知识,只需要应用一些简单的编程语句就立马能够看到"现象",从而激发大家对电子科技的无限兴趣,比如快速制作一台 3D 打印机主控板、做一个磁悬浮的控制器、做一个巡线小车、再加几个模块做个语音交互的对话机器人等,听着就觉得非常好玩儿。

这些平台的软件一般都是一些做好的 IDE 开发环境或者现成的工程框架,安装好对应软件或者打开相关工程后就可以调用别人写好的函数,配置一下参数就能看到板子上的"灯"在闪,改改数值就发现电机的转速有了变化,这种"易开发"的形式谁都喜欢。这些平台的硬件部分一般是基于一款具体的微控制器的,比如 Arduino 平台多是基于 AVR 单片机的,51duino 运动控制驱动平台就是基于STC单片机、开源PYboard平台就是基于STM32单片机。虽说这些单片机都是各具特色，但是创客平台的上层软件完全屏蔽了单片机内部的差异和相关操作，软件把具体的单片机和平台做成了硬件"黑盒子"，又把功能语句进行了"函数化"封装，我们不用看软件内部流程，也不用操心底层的操作，我们在上层调用现成函数，配置几个实参就可以得到结果，这就叫作"快速验证""积木扩展""创意创新"的创客平台了。接下来，就以这3个高性价比平台作为"平台拓展"的内容，带着大家一起看看它们能做什么，它们有什么特色。

6.6.1 积木Arduino平台的C/C++编程及风格

第一个要介绍的就是国内外创客教育圈子里搞得"热火朝天"的Arduino平台(可按照发音读成"阿尔杜伊诺")，小宇老师第一次接触它时差点读成了"安卓"(Android)。这个平台最初就是为了学生创意制作而设计，它是由意大利的Massimo Banzi和西班牙的David Cuartielles及其学生组成的团队共同研发的。因为Massimo Banzi特别喜欢去当地一家名为"Di Re Arduino"的酒吧，所以就把团队的研究成果命名为"Arduino"。朋友们是不是感觉"大神"的世界总是那么随意。

Arduino平台推出之后受到了广大创客、学生、电子爱好者和工程师的一致认可和推崇。随后，Massimo Banzi团队成员在2005年将其进行了商业化开发，并采用知识共享(CC)的授权方式开源了硬件设计图和相关资料，Arduino徽标如图6.22(a)所示，有关Arduino的资料和设计可以到它的官方网站www.arduino.cc去浏览。

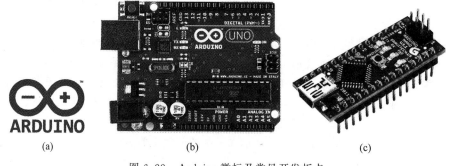

(a)　　　　　　　　　　　(b)　　　　　　　　　　　(c)

图6.22　Arduino徽标及常见开发板卡

官方的Arduino硬件板卡大多都是基于Atmel公司的高性价比单片机，常见的有Arduino Pro Mini(ATmega328单片机核心)、Arduino Mega(ATmega2560单片机核心)、Arduino UNO(ATmega328单片机核心)、Arduino Leonardo(ATmega32u4单片机核心)、Arduino NANO(ATmega32u4单片机核心)、Arduino ESPLORA(ATmega32u4单片机核心)等，除了这些基于Atmel公司单片机核心之外，Arduino 101(采用Intel Curie处理器核心)的性能就更上一层楼了。对于国内来说，非常经典的Arduino UNO平台(实物如图6.22(b)所示)和体积小巧的Arduino NANO(实物如图6.22(c)所示)用得最多。

有的朋友肯定要问，拿到Arduino的硬件板卡之后要如何学习呢？它与一般的单片机开发板相比，简单在哪儿呢？为啥创客抢着用它？现在就让我们以Arduino NANO板卡作为实战平台，演示下Arduino的魅力。首先，我们要设定实验内容，就完成一个按键控制LED实验吧！用一个按键和一个LED灯，当按键按下时LED亮起，松手就熄灭。搭建好如图6.23(a)所示样式的电路连接后，就可以开始在官方环境Arduino IDE中编程了，具体的开发环境搭建及语法形式我们就不展开了，编写的实验源码如图6.23(b)所示。

分析程序源码，其语法形式和C语言差不多，但是奇怪的是main()函数去哪儿了呢？貌似Arduino源码中压根儿不需要入口函数啊！其实不是的，Arduino就是基于C和C++写的，所以也

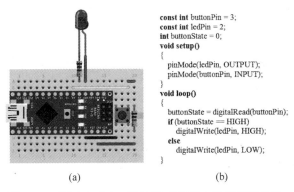

```
const int buttonPin = 3;
const int ledPin = 2;
int buttonState = 0;
void setup()
{
    pinMode(ledPin, OUTPUT);
    pinMode(buttonPin, INPUT);
}
void loop()
{
    buttonState = digitalRead(buttonPin);
    if (buttonState == HIGH)
        digitalWrite(ledPin, HIGH);
    else
        digitalWrite(ledPin, LOW);
}
```

(a)　　　　　　　　　　　　　　(b)

图 6.23　基于 Arduino NANO 的实验电路连接和代码

有 main()函数，只是这个入口函数封装到了核心库中去了，用户只需编写外围功能函数就可以了。源码首先对按键的引脚、LED 灯的引脚进行了编号定义，然后定义了一个用于指示按键状态的变量"buttonState"，该变量只有 0 和 1 两种取值。在核心库的调用下，先执行 setup()函数，初始化了按键和 LED 引脚的输入/输出模式，配置按键为输入模式，配置 LED 为输出模式，然后调用了 loop()函数，将按键状态赋值给"buttonState"变量，然后对其不断判定，要是按键状态为"HIGH"（即高电平）那么 LED 引脚就输出高电平，反之输出低电平。这样一来就实现了按键状态对应于 LED 亮灭的实验内容。

源码是不是很简单？别慌，还有更为简单的玩法。为了进一步突出 Arduino 的"积木"和创客特性，我国"新车间"创客（位于上海静安区）还专门为 Arduino 设计了图形化编程软件 ArduBlock，其运行界面和案例样式如图 6.24 所示。这款软件还成为 Arduino 官方推荐的第三方软件，软件中有别于官方的 Arduino IDE，不是用"文本"形式编辑源码，而是用一些"图形积木"去代表程序块和程序逻辑，只需要简单地累加和拼凑就能完成功能，现在懂了吧？难怪中小学生没有感觉到单片机的"复杂"，原来是有人把程序都变成"积木"了，编程变成了"拼图游戏"了。

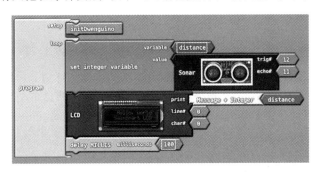

图 6.24　图形化编程软件 ArduBlock 案例界面

综合以上，Arduino 平台的开发形式多样，第三方工具也较为齐全，如果有的朋友没有 Arduino 平台的硬件板卡，其实也有办法做 Arduino 的开发，只需要下载一款 Arduino 平台的仿真软件 Virtual Breadboard（常简称为"VBB"，字面上翻译过来就是"虚拟面包板"）就可以，其仿真界面如图 6.25 所示。当然，很多朋友之前了解的 Proteus 环境也可以仿真 Arduino，但是它的界面和器件支持不如 VBB，在 VBB 中可以轻松调用它给出的器件，比如常见的液晶显示模块、舵机模块、电机模块、常规的数字逻辑芯片、各种有意思的传感器和其他的输入/输出设备。VBB 的版本更新超级快，经常都在升级器件库和更换界面风格，在国外使用人群非常多。

怎么样？Arduino 确实不错吧，它确实是一个非常简单易用的开源电子原型平台，Arduino 硬

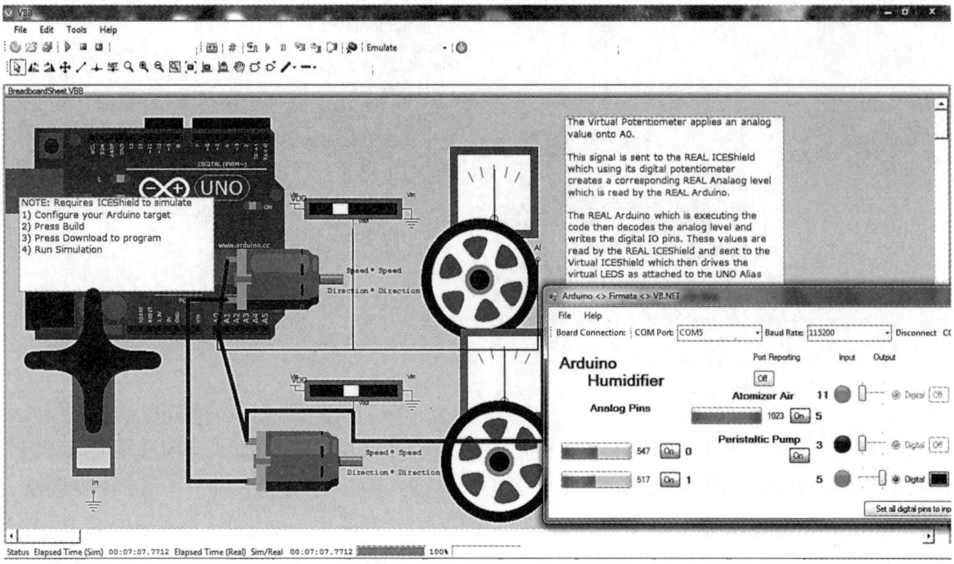

图 6.25　仿真软件 VBB 界面

件可以方便地与各种积木模块相连接,很多朋友也使用 Arduino 平台来开发样机和初期产品。Arduino 硬件甚至还可以"变身"为下位机的形式,与 PC 上的上位机软件(例如一些用 Visual Basic、C♯或者基于 Python 的 Pyserial 库编写的上位机软件)进行交互,发挥出更多有趣的想法和功能,举个例子,比如想做一个某论坛的访问人数显示设备,可以用 Python 编程,获取该论坛人数的访问量数据,然后用串口通信控制的第三方库 Pyserial 把相关信息进行"下达",用 Arduino 硬件扩展数码管做成"访问人数"的计数器,也可以规定一个人数上限,访问量剧增并超过上限时声光报警,是不是很有意思?

所以,这个平台就是个原型验证帮手,不管你是不是电子工程师和电子爱好者,哪怕你就是中小学生,也一样可以玩起来。

6.6.2　国产"神器"51duino/STMduino 运动控制驱动平台

Arduino 作为一款发源于意大利的开源控制平台,现已风靡全球创客圈,它的简单易用使得创客们开发控制机器人、智能车等作品如鱼得水,其实除了国外开发的这个平台,国内也有一款做得相当不错的运动控制驱动平台 51duino,它就是"中国人自己的 Arduino",其实物样式如图 6.26 所示,官方网站为 www.51duino.cn。

51duino 平台由深圳市小二极客科技有限公司所研发(也可以将该公司简称为"小 R 科技"),是一款基于 STC 单片机为主控的机器人、智能车控制驱动平台,该平台兼容所有的 Arduino 传感器,并把 STC 单片机的底层寄存器配置等复杂难懂的代码封装成一套 Keil C51 环境下的 SDK 包,这样一来,创客们只需调用简单的 API 就可以快速开发出自己想要的控制效果。接下来,我就列举出 5 个 51duino 平台的"特色"供大家学习和参考。

51duino 特色 1：本土化、接地气

51duino 契合了中国国内创客玩家的电子基础,目前国内大部分高校的电子、自动化等专业都是使用 STC 系列单片

图 6.26　小 R 科技 51duino 运动控制驱动平台实物

机作为入门的硬件平台，因此 51 内核单片机在中国国内具有很深厚的玩家基础和氛围，这就节省了学习时间和精力成本。

51duino 特色 2：高性能、低价格

51duino 平台使用了增强型的 8051 内核单片机 STC11F32XE（也可以通过合作和定制升级为 STC8 系列单片机主控），其主频远高于传统的 51 单片机，该款单片机支持 IAP 技术，片内 RAM/Flash/EEPROM 空间都够用，定时/计数器资源也非常丰富。可以满足常规情况下的机器人、智能车控制要求。

51duino 特色 3：接口资源丰富，传感器兼容性好

51duino 平台支持所有 Arduino 可驱动的常见机器人传感器和外设模块，例如，红外避障、超声波、点阵显示器、伺服舵机、电机、LCD 显示器、光敏传感器、声音传感器、温湿度传感器等五十余种传感器。主控核心为电机驱动部分提供了 6 个固定的 I/O 引脚，其他 23 个未被占用的 I/O 全部引出，每个 I/O 都配有扩展 VCC 和 GND 引针，兼容 2.54mm 间距的标准杜邦线连接，可以非常方便地拓展外围。

51duino 平台具备 2 路马达驱动接口（最高 12V，3A）、1 组外接大功率马达驱动拓展接口、8 路伺服舵机驱动接口（5V，3A）、9 组可拓展 I/O 接口、1 路大功率 LED 灯驱动接口、1 组外接大功率舵机电源接口、1 组 LCD12864 显示屏接口、1 组串行通信接口、1 组超声波接口和 3 组模式切换按钮。

51duino 平台的理念就是"一块板，吃天下"，将所有功能集成在一个 PCB 上，小小的一块板上集成了电源稳压管理单元、单片机 MCU 处理单元、马达驱动单元、光耦隔离单元、传感器拓展单元等。这样一来，51duino 平台就可以打破 Arduino 平台的"Shield 拓展板"层叠风格，不需要购买一大堆周边 Shield 板卡，让开发者把注意力都集中在程序逻辑编写上即可。其资源分配和实物的对应情况如图 6.27 所示。

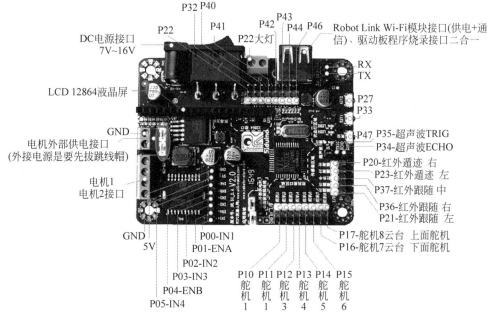

图 6.27 小 R 科技 51duino 资源分配和接口分布

51duino 特色 4：具备 Robots-Store 案例库支持，创作简单便于分享

与 51duino 同步发布的还有首款创客案例库 Robots-Store（官方网址：www.robots-store.

com），使用 Robots-Store 可以很方便地查找到各种传感器在 51duino 平台上的实验步骤、实验效果、采购地址和源代码等资料，这样就为创客们提供了一条龙的作品搭建服务，创客爱好者们也可以上传分享自己开发的案例代码，并获得回报。

51duino 特色 5：支持 XR Block 拖曳式图形开发，适合初级创客

小 R 科技团队专门针对初级和编程基础欠缺的创客群体开发了一款配套于 51duino 的拖曳式图形化机器人编程平台 XR Block，使用者无须学习 C 语言、汇编语言，只需要根据逻辑拖曳各动作块，组成动作组，即可自动生成适用于 51duino 的 C 语言代码。51duino 最主要的用途就是快速制作智能车、机器人作品，平台的 2 路马达输出，可以驱动如图 6.28 所示的常规两驱、四驱或履带式机器人车体，平台默认自带 8 路 PWM 舵机驱动输出，因此可以直接驱动 8 自由度以内的机械手，或者云台、四旋翼飞行器、双轮自平衡车等。

图 6.28　使用 51duino 驱动的各种运动平台

除了运动控制方面，51duino 也可以用于结合各类传感器展开实训实验或者结合蓝牙、Wi-Fi 通信模块等，搭建出智能家居的雏形。我们可以把控制命令从手机端发送到蓝牙从机模块，再由蓝牙从机模块把命令通过串口发送到 51duino 平台，再通过 51duino 的马达驱动或者伺服舵机驱动来实现远程遥控拉窗帘的功能。其应用案例的组成结构如图 6.29 所示，在此基础上，还可以把光敏传感器或者温湿度传感器连接到 51duino 平台的扩展口，通过光敏等传感器感知室外亮度，同样地，通过马达驱动模块来实现天亮后自动拉开窗帘的功能。

手机控制　　Wi-Fi路由器　　51duino主板　　　　　窗户

温湿度传感器/光敏传感器

图 6.29　使用 51duino 搭建的物联网智能家居控制窗帘案例

51duino 的命名，是因为它使用的主控是 STC 公司生产的增强型 51 内核单片机，小 R 科技团队除了 51duino 平台之外还有一款 STMduino 平台。顾名思义，STMduino 用的核心单片机是 ST 公司生产的 STM32 芯片。相比于传统 51 内核的单片机而言，STM32 系列单片机的运算速度、内

存容量、I/O 性能、片内资源就提升了一大截，完全可以在
STM32 系列单片机上"跑跑"操作系统，编写更多的复杂算法。
STMduino 平台与 51duino 平台在入门的难易程度上是相似的，
都可以兼容所有的 Arduino 常用传感器。其分立组合板卡后的
母板＋拓展板实物样式如图 6.30 所示。

STMduino 平台采用"1＋1"的方案，即上下层的积木式结构，
底板为基于 STM32 系列单片机核心的母板，上层拓展板集成了
电源稳压模块、马达驱动模块、伺服舵机驱动模块、LCD12864 模
块等。拓展板和母板通过插针对接，形成堆叠结构。采用这种结
构可以让功能变得清晰，上层的驱动板主要负责把输入的电压降

图 6.30　小 R 科技 STMduino 平台实物(已分离组合体)

压为 5V 或 3.3V 等芯片所需要的电压，然后通过插针给下层的母板供电，母板上主要集成了
STM32 系列单片机主芯片和晶振、串口转换芯片等核心器件。母板主要进行逻辑运算和运动控
制，上层板就主要用于驱动负载，STMduino 平台上层板的资源分配和接口分布如图 6.31 所示。

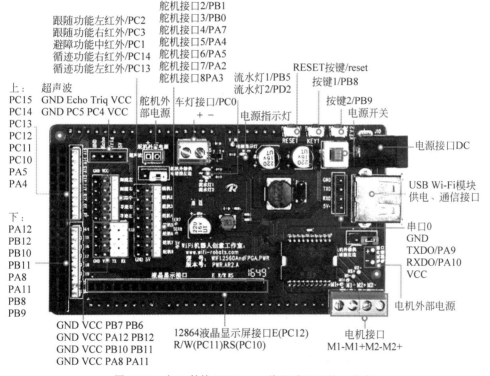

图 6.31　小 R 科技 STMduino 资源分配和接口分布

STMduino 平台的主控芯片是经典的 STM32F105RBT6，内核是 ARM 公司的 Cortex-M3，工
作频率可达 72MHz，这款芯片的资源非常丰富，总共有 12 通道 DMA 控制器，支持 ADC、DAC、
I^2S、SPI、I^2C 和 USART，总共有 80 个快速 I/O 端口，14 个通信端口和 10 个定时/计数器。怎么形
容这种 32 位处理器的强悍呢？假设 51duino 平台是自行车，那么 STMduino 应该算豪华轿车了！

对于这么实用的多核心平台，它的使用场景已经不局限于运动控制了，创客们可以在 51duino
或者 STMduino 上做出更多好玩的设计，融入更多好的创意，也可以让非电子专业的爱好者和初学
者在这种快速验证型的电子原型平台中"畅玩"一番。

6.6.3 开源 PYboard 平台的 MicroPython 编程及风格

接下来再介绍另外一个好玩、有趣且"热门"的平台 PYboard,也就是我们常说的"PY"开发板,这个平台支持 MicroPython 语言进行开发,基于这个板卡可以非常简单地进行电子作品的创作。在介绍平台和风格之前有必要听小宇老师介绍下 Python 语言的由来,以及 Python 语言和 MicroPython 语言到底有什么联系。

说起 Python 语言就必须提到它的创始人 Guido van Rossum(吉多·范罗苏姆),他是一位毕业于阿姆斯特丹大学的计算机程序员,是他创造了 Python 语言(是一种面向对象的解释型计算机程序设计语言),但是"Python"一词并不是指"蟒蛇",而是因为 Guido van Rossum 特别钟爱于一部英国的肥皂剧《Monty Python 飞行马戏团》,于是,他就为自己的语言取名为"Python"了。Python 语言因其简洁、易用、全能、高效的特点迅速流行,被广泛应用在系统管理任务和 Web 编程上,它的徽标如图 6.32(a)所示,官网为 www.python.org。

说到这里,很多研究电子的学者就开始琢磨,能不能把 Python 语言放在微处理器平台去用呢?直接拿过来肯定不行,毕竟微控制器和计算机相比,性能是不一样的。经过不断探索和尝试,剑桥大学的 Damien P. George 博士于 2014 年推出了 MicroPython 1.0 版本,其实就是在 Python 3.4 版本基础上完全重写之后形成的一个"变种"版本,并将 MicroPython 语言直接应用在了 PYboard 平台,MicroPython 语言的徽标如图 6.32(b)所示。MicroPython 也在不断更新,最新的资料可以到它的官网 www.micropython.org 去下载。

(a)　　　　(b)

图 6.32　Python 语言徽标及 Micro-
Python 语言徽标

说了这么多,PYboard 平台是怎么做的呢?其实就是主流内核微处理器+其他外设构成的,PYboard 平台也有很多版本(PYBv1.1 板卡实物如图 6.33(a)所示,PYBLITEv1.0 板卡实物如图 6.33(b)所示),就拿 PYBv1.1 板卡来说,其核心为 ST 公司生产的 STM32F405RGT6,这是一颗基于 ARM Cortex-M4F 内核的微处理器,板载低压差稳压芯片、三轴加速度计、核心电路和相关接口,功能非常强大。其实我们自己也可以做 PYboard 板卡,因为在 MicroPython 官网已经开源了它的电路及相关例程、库和文档。

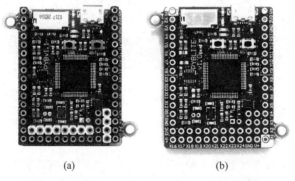

(a)　　　　　　　　(b)

图 6.33　PYBv1.1 及 PYBLITEv1.0 平台实物

现在就以 PYBv1.0 板卡作为实战平台,演示下 MicroPython 的魅力吧,在实验进行之前还是要想一想做个什么样的实验。我们预想用 1 个按键和 2 个 LED 灯完成这个实验,首先搭建如图 6.34(a)所示样式的电路连接,分配 3 个 PYBv1.0 板卡的 I/O 引脚给 1 个按键和 2 个 LED,如果按键按下了,那么两个 LED 灯顺序亮起一会儿,然后顺序熄灭,要是这个按键没有被按下,那么两个 LED 灯将一直保持熄灭状态。

实验内容设定好了，接下来就可以在 PYBv1.0 板卡上编程了，具体的开发环境搭建及环境类型就不做展开了，直接看看环境中编写的程序代码吧！其代码源码如图 6.34(b)所示，从头到尾顺序下来非常简洁。

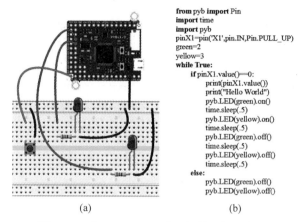

```
from pyb import Pin
import time
import pyb
pinX1=pin('X1',pin.IN,Pin.PULL_UP)
green=2
yellow=3
while True:
    if pinX1.value()==0:
        print(pinX1.value())
        print("Hello World")
        pyb.LED(green).on()
        time.sleep(.5)
        pyb.LED(yellow).on()
        time.sleep(.5)
        pyb.LED(green).off()
        time.sleep(.5)
        pyb.LED(yellow).off()
        time.sleep(.5)
    else:
        pyb.LED(green).off()
        pyb.LED(yellow).off()
```

(a)　　　　　　　　　　　(b)

图 6.34　基于 PYBv1.0 实现按键闪烁灯实验

程序一开始的 3 条语句都是在包含"pyb""Pin""time"，这些是什么东西呢？其实这些是利用 MicroPython 语言专门为 PYboard 平台写好的类库，包含这些类库之后就能方便地调用相关参数进行程序编写了。接下来程序配置按键引脚为"pinX1"，并初始化引脚为带有弱上拉电阻的输入模式，然后把绿色的 LED 灯定义为标号 2，把黄色的 LED 灯定义为标号 3。然后程序就开始判断，一直在检测"pinX1"引脚上的电平，若电平为低电平(即"pinX1. value()==0")，先让串口打印出"pinX1"引脚的值(即"print(pinX1. value())")，然后又让串口打印出"Hello World"这个"经典"的字符串提示，接着就让绿灯亮起，延时一会儿再让黄灯亮起，接着熄灭绿灯，延时一会儿再熄灭黄灯。若"PinX1"引脚上的电平始终没有出现拉低的情况，那两个 LED 灯都保持熄灭状态。

怎么样？程序简单吧！是不是感觉 MicroPython 语言的细节"屏蔽"感很强，比如 I/O 模式到底是怎么配置的？串口资源的初始化函数怎么做的？怎么实现的串口打印字符？哪里来的延时函数？怎么设定 LED 亮灭过程的？这些问题都被"简略"化了，这就是 MicroPython 语言的魅力，这就是 PYboard 平台现有类库的强大。

好！最后说说我为啥看好 PYboard 平台吧！因为它全部是开源的，专为创客而生。目前，MicroPython 的库还在不断更新，功能越来越强大，除了标准库和自定义库，居然还给 PYboard 平台做了专用库和类(也就是实验中提及的 pyb 库)，这就更好玩了，常用的类库有 Accel 类(加速度计控制)、ADC/DAC 类(模拟/数字转换)、CAN/I²C/SPI/UART 类(通信总线)、ExtInt 类(外部中断事件)、LCD 类(LCD 触摸传感和控制)、LED 类(LED 对象)、Pin/PinAF 类(I/O 及备用引脚)、RTC 类(实时时钟)、Servo 类(三引线伺服电机驱动)、Timer 类(内部定时/计数器)、USB_VCP 类(USB 虚拟通信接口)等。

怎么样？眼花缭乱了吧？MicroPython 还可以在国内 ESP8266 和 ESP32 的板卡上运行，可以结合更多好玩的模块做成自己感兴趣的项目，所以，学无止境！

第 **7** 章

"点、线、面的艺术"字符点阵液晶屏运用

章节导读：

本章将详细介绍 STC8 系列单片机并行/串行模式驱动字符/点阵型液晶模块的方法，共分为 3 节。7.1 节介绍了单片机系统中常见的显示方案和显示单元，讲解了单片机的"显卡"；7.2 节讲解经典的字符型 1602 液晶模块引脚功能、操作时序及相关功能指令，以相关知识作为前导引出两个项目，向读者朋友们演示了 1602 液晶的字符显示、进度条模拟、移屏效果和组合显示等，介绍了节省 I/O 的四线驱动方法；7.3 节介绍了经典的点阵型液晶模块，基于 ST7920 控制器芯片展开讲解，描述了 12864 液晶模块的引脚功能、操作时序及相关功能指令，以相关知识作为前导引出了 4 个基础/进阶项目向读者朋友们介绍了字符显示、绘图、两线串行模式以及正弦波曲线绘制等效果，选取趣味特色的项目应用力求读者朋友们能快乐地掌握常规液晶模块的驱动方法，为后续的应用开发做好铺垫。

7.1 单片机人机交互中的显示单元

7.1.1 常见的单片机显示方案选择

一般来说，大多数的单片机应用类电子产品都具备人机交互单元，其中"信息"的表达尤为重要，表达方式也很多样，若实际系统中欲表达的信息量较少，一般可通过发光二极管的亮灭或者颜色变化进行表达，这样的表达方式简单且直观。例如我们要设计一款空气净化机，这种系统中就不需要具体参数的显示和复杂的人机交互过程，只需要反映室内空气的质量和净化机的工作状态即可。我们可以用电源灯亮起代表净化机运行，指示灯为红色代表当前空气质量较差，变成绿色表示室内空气质量较好，整个系统就用一颗全彩 RGB 灯珠即可(有的 RGB 灯珠就是三色 LED 的组合封装，有的就更为高级，在 RGB 灯珠里面还带有专门的控制器芯片，如 WS2812B 灯珠)，这类器件的实物如图 7.1 所示。

若系统需要表达的信息量开始增加，需要表达出简单数字码，那就可以选择数码管类器件，例如，出租车上的行程计价器或者工业电量采集终端的表头设备等。若系统需要做室外亮化和简单字符表达则可以采用 LED 点阵显示屏，其实物如图 7.2 所

图 7.1 RGB 发光灯珠实物

示。例如,各大银行窗口用于业务宣传的点阵条,或者是火车站、动车站的大型点阵屏幕,又或者是出租车后窗的移动小广告牌等,在这些点阵产品的内部随处可见驱动芯片和单片机的"影子"。

若系统中需要显示的主要内容是字符串或者汉字,显示方案需要小型化、高性价比和微功耗,那么可以选择市面上的字符型液晶或者图形/点阵型液晶,这类器件的性价比较高。例如,超市门口的自动存放柜界面,上面就经常会有12864液晶(属于图形/点阵型液晶)或者1602液晶屏幕(属于字符型液晶)指示当前存放柜的使用情况,配合存取按键和一维条码识别装置就可以实现客户随身物品的存放。如果显示的内容相对固定且对显示成本比较敏感,那就干脆去专门的液晶生产厂商定制如图7.3所示的笔段式液晶屏幕,图中实物就是一款电动车上的定制屏,在生活中常见的还有计算器、空调遥控器上的液晶,也都属于这一类。

图 7.2 LED点阵显示屏产品实物　　　　　图 7.3 电动车定制的笔段式液晶屏实物

还有一些单片机应用系统中对显示的质量要求比较高,简单来说就是要让消费者感觉"高大上",这种需求下就可以采用全彩显示并制作动态效果或者显示界面,这类场景中可以考虑采用TFT屏、OLED屏或LCD屏等显示方案,在成本允许的条件下也可以直接使用串口屏模组进行开发(如迪文科技有限公司生产的智能屏产品)。

说到串口屏,小宇老师"忍不住"想多说两句,市面上早期出现的串口屏功能比较简单,就是通过PC端的一个上位机软件进行显示界面下载,然后通过单片机微控制器等单元发送串口命令把各种需要显示的界面显示出来,触摸屏版本支持串口上传坐标功能,让单片机"自己"判断对应界面中的哪一个图标/控件/按钮被按下了。

在最近几年的发展中,串口屏的形态越来越多,功能也越来越强大,比如串口屏支持组态功能,支持界面风格,拥有多样化的功能接口,还衍生出了无线通信版本、以太网版本、现场总线版本等,广泛应用于工业自动化、电力、电信、环保、医疗、金融、石油、化工、交通、能源、地质、冶金、公共查询与监控等行业和领域中。

使用串口屏是非常方便的,相当于把显示任务给"外包"了,让单片机工程师不用担心控制常规液晶模块时存在的雪花、乱码、时序不兼容、工作温度范围窄等问题。只需要使用串口屏厂家给的上位机软件,轻松一点,按照要求把界面"画"出来,真正体现液晶控制上的"零代码",剩下的工作就是由开发人员把串口的交互命令控制好即可。

当然,随着朋友们对单片机学习的日益深入,也可以设计一款自己的串口屏,构造自己的GUI(Graphical User Interface,图形用户接口)函数,开发自己的交互指令集,还可以把输入接口做成I^2C、SPI、串口、485总线接口或以太网接口等。所以,行业的发展只有想不到没有做不到,亲爱的读者朋友们在学习单片机技术时也应该关注新需求和新方案,这样才能在实际项目开发中得心应手。

7.1.2 神奇的单片机"显卡"

说到显卡大家应该都很熟悉,显卡又可以称为"显示接口卡"或者"显示适配器",是现在计算机系统功能的标配之一。有的朋友计算机用的集成显卡,有的朋友追求图形图像处理性能购买的独立显卡,这里的"显卡"是计算机进行图像信号转换与处理的设备,承担输出显示图形的任务。在本节中研究的"显卡"可不是计算机中的显卡,那么对于单片机而言,"显卡"二字代表的是什么呢?

我们使用的显示模块中大多都是有专门的显示控制器芯片的,拿即将要学习的字符型1602液晶模块和图形点阵型12864液晶模块来说,直接控制液晶片的其实并不是我们所学的单片机,而是封装在液晶模块电路板上的液晶显示控制器芯片,不同的液晶模组控制器方案不尽相同。在显示系统中,单片机的功能其实是通过特定的连接方式(串行或者并行)按照约定的时序(读取时序或者写入时序)对液晶控制器芯片进行操作,液晶控制器芯片接收到相关的命令和数据后再去驱动液晶片实现显示和信息表达,这里的液晶显示控制器芯片就相当于单片机应用系统中的"显卡"了。

有的读者朋友可能要"纳闷"了,小小的单片机芯片还能驱动大尺寸液晶屏幕吗?难道说单片机还能驱动电脑液晶显示器或"古董级"的阴极射线管(Cathode Ray Tube,CRT)显示器吗?光是靠单片机本身当然不能!但是借助一些单片机"显卡"就可以实现。这些"显卡"模块有很多都是基于FPGA和SDRAM实现的图形控制,然后用VGA接口输出图像。也有采用专用VGA信号产生芯片设计的。有的"显卡"模块还设计了Intel 8080接口,适合于高级单片机进行显示器像素读写和控制(例如STM32的FSMC读写模式),能方便地对显示器上的任意像素进行读写操作,还支持多种显示器的分辨率,可以调整显示刷新频率或者是色彩位数等。

光是这么"画饼"也不行,我们得实际看看"显卡"长什么样子,小宇老师以迪文科技有限公司生产的MVGA06模块为例,简要地介绍下这类"显卡"模块能做的事情。MVGA06模块里面是迪文科技自己做的一款专用集成电路(Application Specific Integrated Circuit,ASIC)芯片,型号是"T5L",这个芯片就充当着"液晶控制器"的角色,我们学习的STC8系列单片机就可以通过串口去控制这个T5L芯片为核心的模块,将电视机或者显示器的VGA接口对接到MVGA06模块上就能组成一套完整的显示系统了,使用上非常方便。MVGA06模块在迪文科技指令集模式下支持1280×960(4:3)或1600×900(16:9)的分辨率,在迪文科技DGUS II模式下支持1024×768(4:3)或1280×800(16:9)的分辨率,做一般的显示应用完全足够了。其模块实物与连接测试效果如图7.4所示。

图7.4 迪文科技MVGA06模块及实测效果

所以,从学习的角度出发,读者朋友们可以先从STC8系列单片机学起,慢慢接触和体会单片机学习的乐趣,先"玩"经典的小液晶,再来驱动一个液晶显示器找找"成就感",从工程应用的角度出发,就是利用所学选择最合适的显示方案,考虑性价比和显示功能要求进行合理规划。

7.2 字符型1602液晶模块

现在学习单片机的孩子们都超级幸福,随便在市面上买个单片机开发板,配件里通常都送一块字符型1602液晶,该液晶之所以如此常用是因为其驱动程序简单、价格低廉且显示容量(具体指能够显示出的字符位)满足一般应用需求。1602字符型液晶模块随着生产厂家的不同,型号的前缀会有差异,但是为了方便表达,我们通常笼统地称其为"1602液晶模块",这里的"1602"是指该液晶模块可以显示两行,每行可以显示16个字符,按照这样的方法,相似的还有1601模块、1604模块、2004模块等。

如图7.5所示,这是某厂家生产的字符型1602液晶模块尺寸图,黑色圆圈1~16就表示液晶模块的16个引脚,通常来说,1602液晶模块有LED背光板的版本和无背光版本,没有背光板的模块较薄,但不适合在光线较暗的环境下使用,底部有LED背光板的模块稍厚,接通电源后液晶片底下有底光,显示效果较好,但是功耗较大(背光板需要驱动电流)。按照背光LED和液晶片的颜色来区分,常见的有蓝屏白字、黄绿屏黑字、黑屏绿字、黑屏红字、黑屏黄字、黑屏蓝字等显示效果,不同厂家的1602液晶模块尺寸大小也有差异。

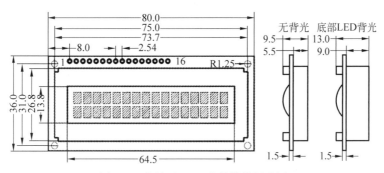

图7.5 字符型1602液晶模块尺寸图

1602液晶模块在构成上分为几部分,例如液晶片、导电胶条、液晶显示印制电路板(PCB)、贴片元器件、背光板和液晶金属框架等,液晶片通过导电胶条与PCB底板连接,在PCB底板上焊接有显示控制芯片和相关的电路器件。金属框架用于装载和固定液晶片、导电胶条和背光板。有细心的读者朋友可能发现了,在图7.5中右侧所示的结构中有个弧形的凸起,这就是液晶模块中常用的COB(板上芯片直装)技术,其他常见的生产工艺还有SMT(表面安装技术)、TAB(导电胶连接方式)、COG(芯片被直接封装在玻璃上)、COF(芯片被直接封装在柔性PCB上)等。这里的"COB"其实是一种芯片的简易封装形式,采用的是邦定打线然后再进行软封装,封装成本非常低廉,外观上通常是一个黑色的水滴状凸起,有不少行业内的工程师"戏称"该封装结构为"牛屎芯片",字符型1602液晶模块的实物样式如图7.6所示。

如图7.6(a)所示的是1602液晶模块实物的正面,我们看到的黑色框架即为金属边框,底下带有16个金属孔位的即为液晶模块的PCB,在电路板的四个角上一般具有

(a) (b)

图7.6 字符型1602液晶模块实物样式

孔径为3mm的定位孔,方便液晶模块的安装和固定。在模块的一边有个白色梯形状的结构即为液晶的背光板,上电后这个背光板就会发光照亮里面的液晶片。图7.6(b)为液晶模块的背面,最显眼的就是这两个"牛屎芯片",在该封装下其实是两颗液晶控制器芯片的"裸片",在模块背面的PCB上还可以看到相关的电路走线、过孔和外围器件。

说到这个"绑定"技术,在本章要学习的字符型1602液晶模块和点阵型12864液晶模块中都会遇到。所以简单地了解一下,"邦定"这个词语其实是单词"bonding"的音译,特指芯片生产工艺中的一种打线方式。一般是在封装前,将芯片内部电路的外接焊点用金线与封装磨具的管脚或者是PCB上的焊盘进行电气连接的方法。在进行邦定操作后,还会用特殊保护功能的有机材料(如黑色环氧树脂或类似的胶体)覆盖到晶圆上,以保护晶圆和线路,形成芯片的简易封装。

这种封装技术很常用,工艺要求不高,价格也很低廉,在我们身边的音乐卡片、玩具、电话、手机、PDA、MP3 播放器、数码相机或游戏机板卡中都很常见,使用绑定技术和简封装制成的产品板卡在防腐、抗震及稳定性方面都比较好,但是美中也有不足,这类封装后的板卡芯片无法二次拆装,若封装好的晶圆一旦损坏,就难以手工维修和更换了,通常只能将板卡做报废处理。

所以,小宇老师要提醒各位朋友,使用液晶模组时一定要仔细,看清楚液晶模块的引脚定义(有个别厂商制作的 1602 液晶为定制版本,引脚顺序不一定符合常规排列,要看手册后使用)、引脚顺序(有的朋友出现过插反模块导致烧毁模块的情况)和供电电压范围(市面上的 1602 液晶模块有 3.3V 和 5V 两种供电版本,一定要先查阅数据手册后才能使用,不能贸然上电),在操作上不要带电插拔液晶模块,也不要用手直接触摸液晶背板的电路,以防止人体静电击穿液晶控制器芯片内部电路,造成模块损坏。

7.2.1　模块功能引脚定义

看过字符型 1602 液晶模块实物后就开始着手学习吧!我们首先要了解 16 个功能引脚的作用,通过后续的学习加深最好能记住引脚顺序和定义,方便以后在构建系统时熟练地为其分配单片机引脚资源。字符型 1602 液晶模块引脚定义及功能说明如表 7.1 所示。

表 7.1　字符型 1602 液晶模块引脚定义及功能说明

序号	名　称	引脚作用	序号	名　称	引脚作用
1	GND	接电源地	9	DB2	数据总线
2	VCC	接电源正	10	DB3	数据总线
3	VEE	液晶对比度偏压信号	11	DB4	数据总线
4	R/S	命令/数据选择引脚	12	DB5	数据总线
5	R/W	读/写选择引脚	13	DB6	数据总线
6	EN	使能引脚	14	DB7	数据总线(高位)
7	DB0	数据总线(低位)	15	A	背光正极
8	DB1	数据总线	16	K	背光负极

该液晶模块的引脚按照功能可以分为电源引脚、控制引脚和数据引脚 3 大类。

(1)电源引脚包括 VCC、GND、VEE、A 和 K。其中,VEE 是液晶对比度偏压信号,一般连接 10kΩ 电位器的可调端,电位器另外两端与 VCC 和 GND 相连接,目的是产生一个可调电压为液晶模块内部电路提供偏压信号从而调整显示对比度(这个对比度直接影响字符显示效果的清晰度,所以很重要),这个电位器就用个 3296W 型或 3362P 型电位器就可以,功率 1/4W 就足够了,有的时候考虑成本,干脆连接个定值的 0603 封装电阻到地也是可以的(若用 5V 供电,一般选 3kΩ 即可)。A 和 K 引脚是连接背光板的,大多数的液晶模块 PCB 上已经安装了背光板限流电阻(一般是 1206 封装),这种情况下可以将引脚直接连接至电源,有个别的模块是没有安装限流电阻的,这时候就应该人为添加限流电阻保护背光 LED,还有的模块不带背光,但是也有这两个引脚,使用时直接悬空即可。

(2)控制引脚包括 R/S、R/W 和 EN,这三个引脚的配置需要参考液晶模块操作的时序图,在实际的系统中若把 1602 液晶模块当成从机,只需要涉及写入而不需要数据读出,则可以将 R/W 引脚直接连接至地,这样就简化了控制器连接,只需要将 R/S 和 EN 引脚连接到 MCU 即可(如果要基于 1602 液晶模块做菜单程序或需要读取光标功能,那还是得启用 R/W 引脚)。

(3)数据引脚包括 DB0 至 DB7,需要注意的是,1602 液晶模块的数据线连接有串行和并行两种方式,在并行方式中使用 8 根线(DB0~DB7 这 8 个引脚),其中,DB0 是数据低位,DB7 是数据高位,在串行方式中只用 4 根线(DB4~DB7 这 4 个引脚),其余的数据线不使用以节省端口。

7.2.2 读/写时序及程序实现

在字符型 1602 液晶模块中一般涉及两大类操作:读取和写入。按照数据表示的含义又可以细分为读取状态、读取数据、写入命令和写入数据,在操作过程中无非就是控制线(R/S、R/$\overline{W}$、EN)和数据线(DB0~DB7)的时序配合,接下来先了解读取时序,然后大致写个功能程序"框架"(不要求朋友们现在就能写出完整程序,我们只是看时序图之后,用简单的 C51 语句去描述时序过程即可),其读取时序关系如图 7.7 所示。

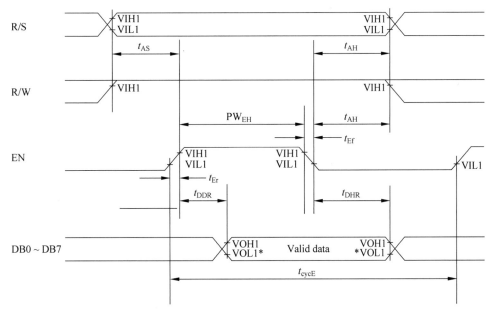

图 7.7 读取状态/数据时序图

分析图 7.7 可以看到,当 R/S 线由高电平跳变为低电平(RS=0)且 R/W 线由低电平置高(R/W=1)时,将 EN 线置"1"经过 t_{DDR} 时间后就可以从总线上取出"数据"了,这个"数据"代表当前液晶模块的状态信息(比如液晶控制器的工作状态,是不是处于"忙"阶段)。相似地,若把 R/S 线由低电平跳变为高电平(RS=1),并且把 R/W 线由低电平置高(R/W=1),随后将 EN 置"1"经过 t_{DDR} 时间后也能从总线上取出"数据",这个"数据"代表当前液晶模块的数据信息(是真实的数据内容)。

我们可以编写一个 LCD1602_Read()函数,该函数带有形式参数 readtype,readtype 为"0"则表示用户欲读取液晶模块的状态信息,为"1"则表示用户欲读取液晶模块的数据信息。该函数还有返回值 readdata,readdata 在函数的内部定义,用于存放从数据线上取回的状态信息或数据信息。定义 LCDRS 为 R/S 引脚、LCDRW 为 R/W 引脚、LCDEN 为 EN 引脚、PORT 为 DB0~DB7(实际采用并行方式连接 STC8 系列单片机的整组 I/O 端口,即 8 个同组引脚,如 P2.0~P2.7 引脚),可以用 C51 语言编写相关实现语句如下。

```
u8  LCD1602_Read(u8  readtype)          //读取液晶模组状态或数据
{
    u8  readdata;                       //定义返回值变量(存放状态信息或数据信息)
    if(readtype == 0)                   //判断读取类型
       LCDRS = 0;                       //读取状态信息
    else
    LCDRS = 1;                          //读取数据信息
```

```
        LCDRW = 1;                          //读取操作
        delay(5);                           //延时等待稳定
        LCDEN = 1;                          //模块使能
        delay(5);                           //延时等待数据返回
        readdata = PORT;                    //从数据线上取回读取信息
        LCDEN = 0;                          //模块不使能
        return  readdata;                   //返回信息
    }
```

在实际系统中,用到读取时序的场合并不常见,原因是我们经常把字符型1602液晶模块当作从机来使用,也就是说我们只注重"写"的过程,一般不从模块"取"数据,如果读者朋友也是这样的系统,可以将R/W线直接连接到地,不需要在程序中定义,这样一来不仅节约了一个控制引脚,而且程序也变得简单很多。

接下来学习写入时序,其时序关系如图7.8所示。

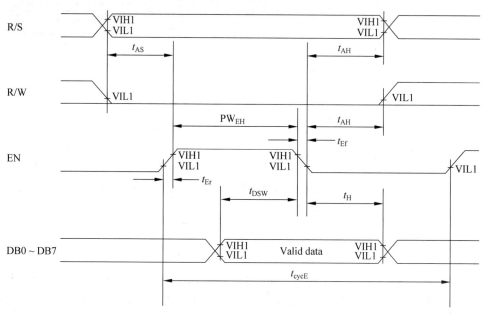

图7.8　写入状态/数据时序图

分析图7.8可以看到,当R/S线由高电平跳变为低电平(RS＝0)且R/W线由高电平置低(R/W＝0)时,可以把命令信息发送至数据线上,当EN线由"1"变为"0"时就写入了命令信息(让液晶控制器发挥特定功能的指令,后续会学习)。相似地,将R/S线由低电平跳变为高电平(RS＝1),并且把R/W线由高电平置低(R/W＝0),此时把数据信息发送至数据线上,当EN线由"1"变为"0"时就写入了数据信息(也就是用户需要让1602液晶显示出来的字符"内容")。

与读取操作类似,我们可以编写一个LCD1602_Write()函数,该函数无返回值但带有形式参数cmdordata和writetype,cmdordata表示欲写入的数据。至于该数据具体表示命令信息还是数据信息就要看writetype这个写入类型变量了,若writetype为"0"则表示向液晶模块写入命令信息,为"1"则表示向液晶模块写入数据信息。相似地,定义LCDRS为R/S引脚、LCDRW为R/W引脚、LCDEN为EN引脚、PORT为DB0~DB7(实际采用并行方式连接STC8系列单片机的整组I/O端口,即8个同组引脚,如P2.0~P2.7引脚),可以用C51语言编写相关实现语句如下。

```
    void  LCD1602_Write(u8  cmdordata , u8  writetype)      //写入液晶模组命令或数据
    {
```

```
    if(writetype == 0)                      //判断写入类型
        LCDRS = 0;                          //写入命令信息
    else
        LCDRS = 1;                          //写入数据信息
    LCDRW = 0;                              //写入操作
    PORT = cmdordata;                       //向数据线端口写入信息
    delay(5);                               //延时等待稳定
    LCDEN = 1;                              //模块使能
    delay(5);                               //延时等待写入
    LCDEN = 0;                              //模块不使能
}
```

7.2.3 液晶功能配置命令

在本章开篇时我们将液晶控制器芯片比作单片机的"显卡",那么在字符型 1602 液晶中是否有控制器芯片呢? 这是毫无疑问的,市面上大多数的字符型 1602 液晶模块都是基于 HD44780 控制器芯片设计的,该款控制器支持阿拉伯数字、英文字母的大小写、常用的符号和日文片假名的显示。

要想让 1602 液晶正常显示,就必须用好这个"显卡",不光要会读取和写入时序,还必须要了解 HD44780 控制器芯片的功能。在 HD44780 控制器芯片中内置了字符产生器单元(Character Generator ROM,CGROM)、用户自定义字符产生器 RAM 单元(Character Generator RAM,CGRAM)和显示数据存放 RAM 单元(Display Data RAM,DDRAM)。接下来,我们就重点了解下这三个单元的作用和配置方法。

首先从 DDRAM 说起,这是一个显示数据的 RAM 单元,用来存放需要被显示的字符代码。例如,我需要在 1602 液晶模块的第一行的第一个字符位上显示一个"A"字符,那就需要要把"A"字符对应的代码写到 DDRAM 的的 $(0x00)_H$ 地址即可。HD44780 控制器芯片的 DDRAM 共有 80B 大小,一行最多可以支持 40B,其地址分配情况如表 7.2 所示。

表 7.2 HD44780 控制器 DDRAM 地址分配

	显示位置	1	2	3	4	5	…	40
DDRAM	第一行	00	01	02	03	04	…	27
地址	第二行	40	41	42	43	44	…	67

说到这里,朋友们可能要"纳闷"了,1602 液晶一行不是只有 16 个字符位吗? 那剩余的 24 个地址用来做什么呢? 其实,并不是所有写入 DDRAM 的字符代码都能在屏幕上显示出来,只有写在具体液晶模块屏幕显示范围内的字符才可以显示出来,写在范围外的字符将不能显示,这样一来就只能使用每一行地址的前 16 个,相当于把 DDRAM 的地址变成了如表 7.3 所示的情况,当然,如果我们用的液晶是 2004,那就一行能启用 20 个显示地址。

表 7.3 字符型 1602 液晶模块 DDRAM 地址分配

1	2	3	4	5	6	7	8	9	10	11	12	13	14	15	16
00	01	02	03	04	05	06	07	08	09	0A	0B	0C	0D	0E	0F
40	41	42	43	44	45	46	47	48	49	4A	4B	4C	4D	4E	4F

了解了 DDRAM 概念和地址后,我们就需要解决一个问题,即字符的代码是什么? 不管是字符还是汉字,要想在计算机或者单片机内表达或存储就必须要变成"1"和"0"的编码。如图 7.9 所示,比如我们想表达"A"这个字符,就可以用"○"代表"0",用"■"代表"1",从而显示出"A"这个字

```
01110   ○■■■○
10001   ■○○○■
10001   ■○○○■
10001   ■○○○■
11111   ■■■■■
10001   ■○○○■
10001   ■○○○■
```

图 7.9　字符"A"对应字模

形,然后按照行和列分别取出字符对应的"字模",这个字模就是该字符的编码表示。

　　明白了字模原理,问题也随之而来,难道说使用这个液晶就必须自己先做好字符编码然后再一个一个地传送进 DDRAM 中吗? 当然不是,HD44780 控制器芯片中已经内置了 192 个常用字符的字模,存于字符产生器 CGROM 中,另外还有 8 个允许用户自定义的字符产生 RAM 存在于 CGRAM 中。其字模编码与字符的对应关系如图 7.10 所示。

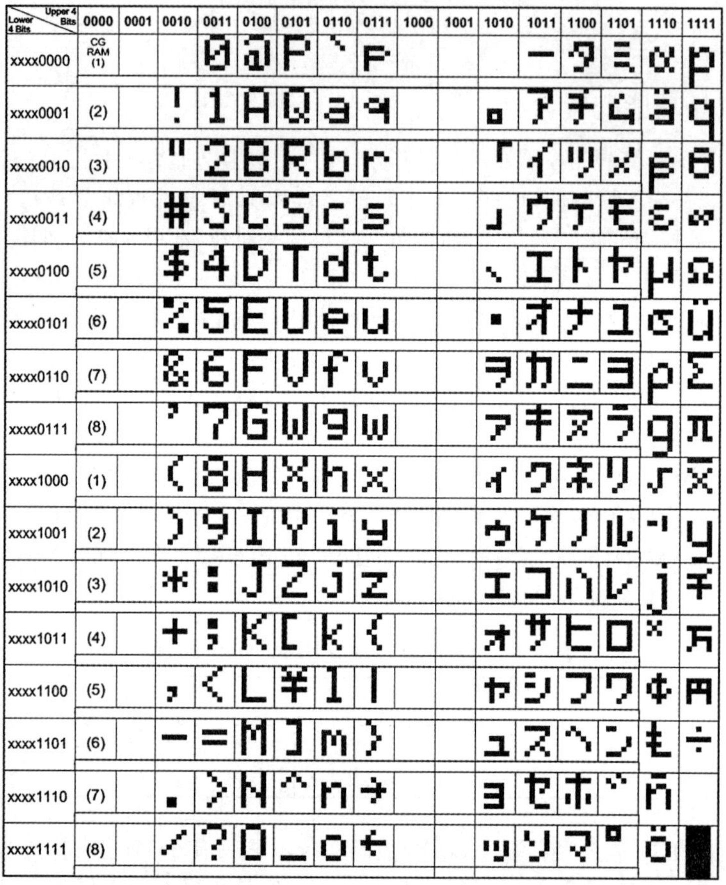

Upper 4 Bits / Lower 4 Bits		0000	0001	0010	0011	0100	0101	0110	0111	1000	1001	1010	1011	1100	1101	1110	1111
xxxx0000	(1)	CG RAM			0	@	P	`	p				—	タ	ミ	α	p
xxxx0001	(2)			!	1	A	Q	a	q			。	ア	チ	ム	ä	q
xxxx0010	(3)			"	2	B	R	b	r			「	イ	ツ	メ	β	θ
xxxx0011	(4)			#	3	C	S	c	s			」	ウ	テ	モ	ε	∞
xxxx0100	(5)			$	4	D	T	d	t			、	エ	ト	ヤ	μ	Ω
xxxx0101	(6)			%	5	E	U	e	u			・	オ	ナ	ユ	σ	ü
xxxx0110	(7)			&	6	F	V	f	v			ヲ	カ	ニ	ヨ	ρ	Σ
xxxx0111	(8)			'	7	G	W	g	w			ア	キ	ヌ	ラ	g	π
xxxx1000	(1)			(	8	H	X	h	x			ィ	ク	ネ	リ	√	x̄
xxxx1001	(2)			)	9	I	Y	i	y			ゥ	ケ	ノ	ル	¬	y
xxxx1010	(3)			*	:	J	Z	j	z			エ	コ	ハ	レ	j	千
xxxx1011	(4)			+	;	K	[	k	{			オ	サ	ヒ	ロ	×	万
xxxx1100	(5)			,	<	L	¥	l	l			ャ	シ	フ	ワ	¢	円
xxxx1101	(6)			—	=	M	]	m	}			ュ	ス	ヘ	ン	Ł	÷
xxxx1110	(7)			.	>	N	^	n	→			ヨ	セ	ホ	゛	ñ	
xxxx1111	(8)			/	?	O	_	o	←			ッ	ソ	マ	°	ö	

图 7.10　CGROM 字模与字符对应情况

　　从图 7.10 中找到"A"字符,字符对应的高位代码(列)为(0100)$_B$,对应的低位代码(行)为(0001)$_B$,按照高位在前低位在后结合起来就是(01000001)$_B$,即(0x41)$_H$,该编码恰好与字符"A"的 ASCII 码一致,这样就给我们带来了很大的方便,我们可以在编程时使用"PORT = 'A';"这样的 C51 语句,工程经过编译后,就能得到该字符的代码了。

　　有的读者朋友们可能会想,CGROM 里面固化的字符才只有 192 个常见字符,如果要设计一个 1602 液晶屏幕显示温度值的系统,想显示一个"℃"符号怎么办? 这个问题非常好,这就要讲解 CGRAM 单元了,需要注意的是,CGROM 和 CGRAM 是不一样的单元,CGROM 已固化在了 1602 液晶模块中,只能读取不能修改,而 CGRAM 是可以读写的(掉电后里面的内容会丢失,需要下次上电了再重新向其写入数据),用来存放用户自定义的字符(不在 CGROM 内置常用字符集中的字符)。

　　也就是说,若开发人员只是在屏幕上显示已存在于 CGROM 中的字符,那么只须在 DDRAM 中写入它的字符代码就可以了,但如果要显示 CGROM 中没有的字符,那么就只能先在 CGRAM

中定义,然后再在 DDRAM 中写入这个自定义字符的字符代码即可。若程序退出或者系统掉电,那 CGRAM 中定义的字符将不复存在,必须在下次使用前重新定义。常规的应用中,一般不会使用特殊字符,在这里就不重点讲解 CGRAM 的字符定义方法了,感兴趣的读者朋友可以自行参考 HD44780 控制器芯片数据手册进行深入学习。

了解了 3 大组成单元的概念后就需要学习 HD44780 控制器芯片的相关指令集及其设置了,与功能配置有关的指令一共有 11 个类型,详细指令码定义和指令含义说明如表 7.4 所示。当然,在实际使用 1602 液晶时这些指令不一定能全部用上,读者朋友可以根据实际需求灵活选择。

表 7.4　HD44780 控制器相关指令集

指 令 类 型	指令码	指 令 含 义
清屏 R/S=0,R/W=0	0x01	清除显示屏显示内容,向 DDRAM 中填入"空白字符"ASCII 码为 $(0x20)_H$,光标归位,撤回到显示器左上方,地址计数器 AC 清"0"
光标归位 R/S=0,R/W=0	0x02	光标归位,撤回到显示器左上方,地址计数器 AC 清"0",保持 DDRAM 数据内容
进入模式设置 R/S=0,R/W=0	0x04	写入新数据后显示屏整体不移动仅光标左移
	0x05	写入新数据后显示屏整体右移且光标左移
	0x06	写入新数据后显示屏整体不移动仅光标右移
	0x07	写入新数据后显示屏整体右移且光标右移
显示开关控制 R/S=0,R/W=0	0x08	显示功能关闭,无光标,光标闪烁
	0x09	显示功能关闭,无光标,光标不闪烁
	0x0A	显示功能关闭,有光标,光标闪烁
	0x0B	显示功能关闭,有光标,光标不闪烁
	0x0C	显示功能开启,无光标,光标闪烁
	0x0D	显示功能开启,无光标,光标不闪烁
	0x0E	显示功能开启,有光标,光标不闪烁
	0x0F	显示功能开启,有光标,光标闪烁
设定显示屏或光标移动方向 R/S=0,R/W=0	0x10	光标左移 1 格,且 AC 值减 1
	0x14	光标右移 1 格,且 AC 值加 1
	0x18	显示器上的所有字符左移一格,但光标不动
	0x1C	显示器上的所有字符右移一格,但光标不动
功能设定 R/S=0,R/W=0	0x20	数据总线为 4 位,显示 1 行,5×7 点阵/每字符
	0x24	数据总线为 4 位,显示 1 行,5×10 点阵/每字符
	0x28	数据总线为 4 位,显示 2 行,5×7 点阵/每字符
	0x2C	数据总线为 4 位,显示 2 行,5×10 点阵/每字符
	0x30	数据总线为 8 位,显示 1 行,5×7 点阵/每字符
	0x34	数据总线为 8 位,显示 1 行,5×10 点阵/每字符
	0x38	数据总线为 8 位,显示 2 行,5×7 点阵/每字符
	0x3C	数据总线为 8 位,显示 2 行,5×10 点阵/每字符
设定 CGRAM 地址 R/S=0,R/W=0		0x40+CGRAM 地址(6 位) 6 位 CGRAM 地址的高 3 位为字符号,也就是将来要显示该字符时要用到的字符地址(000~111,最多可定义 8 个字符) 6 位 CGRAM 地址的低 3 位为行号(000~111 共 8 行)
设定 DDRAM 地址 R/S=0,R/W=0		0x80+DDRAM 地址(7 位) 用于设定下一个要存入数据的 DDRAM 的地址,对于 1602 液晶模块来说:第一行首地址为 0x80+0x00=0x80,第二行首地址为 0x80+0x40=0xC0

续表

指 令 类 型	指令码	指 令 含 义
读取忙信号或 AC 地址 R/S＝0,R/W＝1		若用于读取忙信号,可以判断取回数据的最高位状态,若最高位为"1"表示液晶 显示器忙,暂时无法接收单片机送来的数据或指令;若最高位为"0"表示液晶显 示器可以接收单片机送来的数据或指令;若用于读取地址计数器(AC)的内容, 则取低 7 位即可
数据写入到 DDRAM 或者 CGRAM R/S＝1,R/W＝0		将字符码写入 DDRAM,以使液晶显示屏显示出相对应的字符; 或将使用者自己设计的图形存入 CGRAM
从 DDRAM 或 CGRAM 读出数据 R/S＝1,R/W＝1		读取 DDRAM 或 CGRAM 中的内容

7.2.4 基础项目 A 字符＋进度＋移屏＋组合显示实验

又到了激动人心的实践环节,各位读者准备好了吗? 这次实验我们做个"大杂烩",让这个程序演示出不同效果。既要让 1602 液晶显示出常规字符,又要使用相关语句制作"进度条"效果,还要制作从右到左的字符移动显示效果,最后再制作个"表情包"显示在液晶上。不管咋说,要是朋友们把这个程序"拿下了",那 1602 液晶的基本用法就算是掌握了。

本实验中的 1602 液晶采用并行控制方法,即将液晶模块的 DB0~DB7 这 8 根数据线全部用上。在整个系统中只需要向字符型 1602 液晶模块写入数据,所以 R/W 这个引脚可以直接做接地处理,这样就可以节省单片机的 I/O 引脚。在实际实验中,还是保留了这个引脚,只是在程序上将其置低处理。

实验之前,需要搭建如图 7.11 所示电路,主控制器选用了 STC8H8K64U 单片机,分配了三个

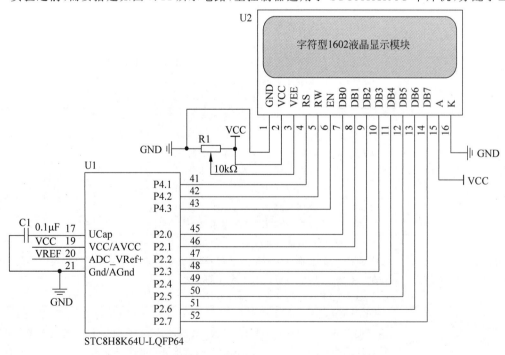

图 7.11 字符型液晶 1602 并行控制电路原理图

控制引脚,P4.1、P4.2 和 P4.3 引脚分别控制液晶模块的 R/S、R/W 和 EN 引脚,拿出 P2 整组端口连接液晶模块的并行数据口,1602 液晶模块供电为 5V,R1 电位器负责液晶对比度调节,在实际调试时应该先调节 R1 直至液晶模块上显示出一行"小黑块"时再编程控制,不要因为对比度配置不当,导致一直看不到现象。在电路中背光板的 A 和 K 两个引脚连接了电源(在连接前已经确认液晶模块 PCB 本身具备背光板的限流电阻)。

确定电路连接无误后就可以开始编程了,在程序设计中重点设计和实现了 6 个与"大杂烩"效果有关的函数,该函数可以在读者朋友们实际的项目中进行移植,6 个函数分别是写入液晶模组命令或数据函数 LCD1602_Write()、LCD1602 初始化函数 LCD1602_init()、在设定地址写入字符数据函数 LCD1602_DIS_CHAR()、显示字符函数 LCD1602_DIS()、移屏效果函数 LCD1602_MOV()及显示组合图形函数 LCD1602_DIS_FACE()。

有的读者朋友可能会问了,为什么不来个 DDRAM 显示地址配置函数呢?因为显示地址非常简单,已经在各个函数中得到体现了,不需要单独写一个函数,就像是命令或数据函数 LCD1602_Write(),不管是写入命令还是写入数据时序都很相似,所以就可以合并为一个函数,用形参区别写入类型即可。

朋友们在编程时一定要注意单片机与液晶控制器芯片时序交互的时间,时序时间若把握不正确就算是程序编写正确也看不到效果,所以说朋友们改变 STC8 系列单片机主时钟频率后也应该微调程序,以保证时序正常。利用 C51 语言编写的具体程序实现如下。

```
//芯片型号:STC8H8K64U(程序微调后可移植至 STC8A/F/C/G/H 系列单片机)
//时钟说明:单片机片内高速 24MHz 时钟
/ ******************************************************* /
# include "STC8H.h"                         //主控芯片的头文件
/ ********************** 常用数据类型定义 ********************* /
【略】为节省篇幅,相似定义参见相关章节或源码工程即可
/ ********************* 端口/引脚定义区域 ******************* /
sbit   LCDRS = P4^1;                         //LCD1602 数据/命令选择端口
sbit   LCDRW = P4^2;                         //LCD1602 读写控制端口
sbit   LCDEN = P4^3;                         //LCD1602 使能信号端口
# define   LCDDATA   P2                      //LCD1602 数据端口 DB0～DB7
/ ******************** 用户自定义数据区域 ******************* /
u8 table1[] = " == System   init == ";       //LCD1602 显示字符串数组 1 显示效果用
u8 table2[] = "(^_^)Loving life";            //LCD1602 显示字符串数组 2 移屏效果用
u8 table3[] = "Loving work(^_^)";            //LCD1602 显示字符串数组 3 移屏效果用
/ ********************** 函数声明区域 ******************* /
void delay(u16 Count);                       //延时函数
void LCD1602_Write(u8 cmdordata,u8 writetype); //写入液晶模组命令或数据函数
void LCD1602_init(void);                      //LCD1602 初始化函数
void LCD1602_DIS(void);                       //显示字符 + 进度条函数
void LCD1602_MOV(void);                       //移屏效果函数
void LCD1602_DIS_CHAR(u8 x,u8 y,u8 z);        //在设定地址写入字符数据函数
void LCD1602_DIS_FACE(void);                  //显示组合图形函数
/ ********************** 主函数区域 ******************* /
void main(void)
{
    //配置 P4.1 - 3 为准双向/弱上拉模式
    P4M0& = 0xF1;                            //P4M0.1 - 3 = 0
    P4M1& = 0xF1;                            //P4M1.1 - 3 = 0
    //配置 P2 为准双向/弱上拉模式
    P2M0 = 0x00;                             //P2M0.0 - 7 = 0
    P2M1 = 0x00;                             //P2M1.0 - 7 = 0
    delay(5);                                //等待 I/O 模式配置稳定
    LCDRW = 0;                               //因只涉及写入操作,故将 RW 引脚直接置低
```

```
        LCD1602_init();                             //LCD1602 初始化
        LCD1602_DIS();                              //显示字符 + 进度条效果
        LCD1602_MOV();                              //移屏显示效果
        delay(1000);                                //观察移屏效果
        LCD1602_Write(0x01,0);                      //清屏
        LCD1602_DIS_FACE();                         //显示组合图形函数(表情包)
        while(1);                                   //程序死循环"停止"
}
/ ******************************************************************** /
//延时函数 delay(),有形参 Count 用于控制延时函数执行次数,无返回值
/ ******************************************************************** /
void delay(u16 Count)
{
    u8 i,j;
    while(Count -- )                                //Count 形参控制延时次数
    {
        for(i = 0;i < 50;i++)
        for(j = 0;j < 20;j++);
    }
}
/ ******************************************************************** /
//写入液晶模组命令或数据函数 LCD1602_Write(),有形参 cmdordata 和 writetype,无返回值
/ ******************************************************************** /
void LCD1602_Write(u8 cmdordata,u8 writetype)
{
    if(writetype == 0)                              //判断写入类型
        LCDRS = 0;                                  //写入命令信息
    else
        LCDRS = 1;                                  //写入数据信息
    LCDDATA = cmdordata;                            //向数据线端口写入信息
    delay(5);                                       //延时等待稳定
    LCDEN = 1;                                      //模块使能
    delay(5);                                       //延时等待写入
    LCDEN = 0;                                      //模块不使能
}
/ ******************************************************************** /
//LCD1602 初始化函数 LCD1602_init(),无形参和返回值
/ ******************************************************************** /
void LCD1602_init(void)
{
    LCD1602_Write(0x38,0);                          //配置 16×2 显示,5×7 点阵,8 位数据接口
    LCD1602_Write(0x0C,0);                          //设置开显示,不显示光标
    LCD1602_Write(0x06,0);                          //写字符后地址自动加 1
    LCD1602_Write(0x01,0);                          //显示清 0,数据指针清 0
}
```

　　看到这里,程序并不太复杂。有的朋友可能要惊讶了:这"大杂烩"程序这么短写完了吗?当然没有,小宇老师是故意把完整的源代码用文段"割开"了,目的是为了边看源码边为大家进行讲解。这段源码中比较重点的就是向液晶模组写入命令或数据的 LCD1602_Write()函数,该函数其实就是按照写入时序来编写的(即 7.2.2 节的图 7.8),无非就是"写时序"的"程序化"表达。LCD1602_init()函数就更为简单了,这个函数里面有 4 条语句,分别向 LCD1602_Write()函数传递了 4 个实际参数,这些参数就是 1602 液晶的固有命令(即 7.2.3 节表 7.4 中的相关指令),送完这些命令后就完成了液晶模块的初始化。

　　我们接着看程序,源码中出现了第一个与"大杂烩"功能相关的函数 LCD1602_DIS(),这个函数同时展现了常规字符的显示和进度条效果,其源码如下。

```
/ ****************************************************************** /
//显示字符函数 LCD1602_DIS(),无形参和返回值
/ ****************************************************************** /
void LCD1602_DIS(void)
{
    u8 i;                                       //定义控制循环变量 i
    LCD1602_Write(0x80,0);                      //选择第一行
    for(i = 0;i < 16;i++)
    {
        LCD1602_Write(table1[i],1);  delay(5);  //写入 table1[]内容
    }
    LCD1602_Write(0xC0,0);                      //选择第二行
    for(i = 0;i < 16;i++)
    {
        LCD1602_Write('>',1);delay(500);        //带延时逐一显示字符">"模拟进度条
    }
}
```

从程序中的 LCD1602_DIS()函数可以看到,首先是定义了一个循环变量 i,然后向 1602 液晶模块写入了命令 0x80,用于选择第一行 DDRAM 显示地址的首地址,这里的 0x80 可以理解为 "0x80+0x00",然后进入一个 for 循环(循环 16 次刚好对应 16 个字符位),循环写入 table1[]内容,屏幕第一行会显示出"==System init=="字样。

然后程序再向 1602 液晶模块写入了命令 0xC0,用于选择第二行 DDRAM 显示地址的首地址,这里的 0xC0 可以理解为"0x80+0x40",然后进入一个 for 循环(循环 16 次刚好对应 16 个字符位),循环写入字符">",屏幕第二行逐一显示出字符">"。程序执行的实际效果如图 7.12 所示,如果延时控制恰当,在视觉上就像是"进度条"的动画效果。

图 7.12 常规字符显示+进度条显示效果

紧接着,源码中出现了第二个与"大杂烩"功能相关的函数 LCD1602_MOV(),这个函数展现屏幕字符整体向左移动的效果(也就是移屏效果),其源码如下。

```
/ ****************************************************************** /
//移屏效果函数 LCD1602_MOV(),无形参和返回值
/ ****************************************************************** /
void LCD1602_MOV(void)
{
    u8 i;
    LCD1602_Write(0x01,0);                      //清屏
    LCD1602_Write(0x90,0);                      //选择第一行的末尾(不可见)
    for(i = 0;i < 16;i++)
    {
        LCD1602_Write(table2[i],1);delay(2);    //写入 table2[]内容
    }
    LCD1602_Write(0xD0,0);                      //选择第二行的末尾(不可见)
    for(i = 0;i < 16;i++)
    {
        LCD1602_Write(table3[i],1);delay(2);    //写入 table3[]内容
    }
    for(i = 0;i < 16;i++)
    {
        LCD1602_Write(0x18,0);delay(500);       //循环 16 次逐一左移屏幕
    }
}
```

　　继续看看这个移屏函数 LCD1602_MOV(),这个函数的"重点"是怎么理解写入 DDRAM 的显示地址问题,我们来看"LCD1602_Write(0x90,0)"这个语句和"LCD1602_Write(0xD0,0)"这个语句,写入的地址分别是"0x90"(理解为 0x80+0x10)和"0xD0"(理解为 0x80+0x50),按照我们所学习的字符型 1602 液晶模块 DDARM 显示地址分配来说,这两个地址是"不可见的",也就是写入的地址是第一行的第 17 个字符位和第二行的第 17 个字符位。我们需要这样去理解,正是因为写入到了 16 个可见字符位之后,才需要把它们"移"出来,写完两行数据后,再使用了 16 次"0x18"命令把数据从不可见的地址逐一左移到了可见的地址并显示出来即可,实际效果如图 7.13 所示。

　　可以看到 table2[]和 table3[]的内容逐一左移显示出来了。可见的地址就是表演的"舞台",等待显示的数据就是即将"上台"的演员,这些演员其实早就在舞台的一边准备好了,只待"移屏"指令一到,就可以从右向左登台了。

图 7.13　移屏显示效果

　　最后,源码中出现了第三个和第四个与"大杂烩"功能相关的函数 LCD1602_DIS_CHAR()和 LCD1602_DIS_FACE(),这两个函数要搭配起来才能看到"表情包"效果,所谓的"表情包"其实就是自由组合在一起的符号,看着像一张张"表情",这两个函数的源码如下。

```
/ ******************************************************************* /
//设定地址写入字符函数 LCD1602_DIS_CHAR(),有形参 x、y、z,无返回值
//x 表示 1602 液晶的行,y 表示列地址,z 表示欲写入的字符
/ ******************************************************************* /
void LCD1602_DIS_CHAR(u8 x,u8 y,u8 z)
{
    u8 address;
    if(x == 1)                          //若欲显示在第一行
        address = 0x80 + y;             //第一行的行首地址 + 列地址
    else
        address = 0xC0 + y;             //第二行的行首地址 + 列地址
    LCD1602_Write(address,0);           //设定显示地址
    LCD1602_Write(z,1);                 //写入字符数据
}
/ ******************************************************************* /
//组合图形显示函数 LCD1602_DIS_FACE(),无形参和返回值
/ ******************************************************************* /
void LCD1602_DIS_FACE(void)
{
    LCD1602_DIS_CHAR(1,1,'*');      LCD1602_DIS_CHAR(2,2,'.');
    LCD1602_DIS_CHAR(1,3,'*');      LCD1602_DIS_CHAR(1,4,'|');
    LCD1602_DIS_CHAR(2,4,'|');      LCD1602_DIS_CHAR(1,5,'*');
    LCD1602_DIS_CHAR(2,6,'_');      LCD1602_DIS_CHAR(1,7,'*');
    LCD1602_DIS_CHAR(1,8,'|');      LCD1602_DIS_CHAR(2,8,'|');
    LCD1602_DIS_CHAR(1,9,'*');      LCD1602_DIS_CHAR(2,10,'x');
    LCD1602_DIS_CHAR(1,11,'*');     LCD1602_DIS_CHAR(1,12,'|');
    LCD1602_DIS_CHAR(2,12,'|');     LCD1602_DIS_CHAR(1,13,'*');
    LCD1602_DIS_CHAR(2,14,'v');     LCD1602_DIS_CHAR(1,15,'*');
}
```

　　分析这两个函数,LCD1602_DIS_CHAR()函数才是关键,这个函数用于在设定地址写入字符,函数中的 x 表示 1602 液晶的行地址,y 表示列地址,z 表示欲写入的字符,重点要学会"address = x+y"这种地址设定形式和计算方法。假设让 x、y 和 z 的取值为"1,1,'*'",其含义就是在第一行的第二个地址上显示出一个" * "的字符,这样一来,我们对 1602 液晶显示内容的把控就更为自如了,想写什么就可以写什么了。

较为简单的 LCD1602_DIS_FACE()函数只是调用了 LCD1602
_DIS_CHAR()函数实现了 4 个"表情包"(惊讶、平常、沉默、微笑)，
这些"表情包"其实就是用符号拼凑的(可把小宇老师累着了，为了
做表情，我需要调整符号出现的位置，下载调试了 N 遍才完成效
果)，实际效果如图 7.14 所示。

图 7.14 字符组合后的"表情
包"显示效果

7.2.5 进阶项目 A 四线驱动 1602 节省 I/O 实验

通过对基础项目 A 的学习，朋友们应该掌握了 1602 液晶的基本使用，从中我们也发现了并行
驱动方式的"缺点"，那就是占用的引脚太多了，想驱动个液晶模块就得"浪费"单片机一整组的 I/O
端口，有什么办法可以节省 I/O 引脚资源呢？这就要说到 1602 液晶模块的串行控制方法。所谓串
行驱动 1602 液晶模块就是去掉 DB0~DB3 这 4 根线，只留下数据线的高 4 位。在整个系统中只需
要向液晶模块进行写入操作，为了节省 I/O 引脚可将 R/W 引脚接地处理(程序中置低 R/W 引脚
也可以)。整个系统的电路如图 7.15 所示。

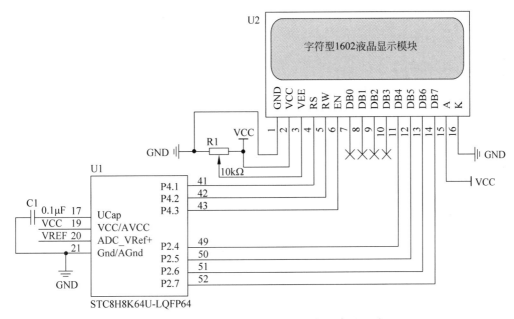

图 7.15 字符型液晶 1602 串行控制电路原理图

串行驱动程序与基础项目 A 的并行驱动程序其实非常相似，只需要改写液晶初始化函数
LCD1602_init()和写入液晶模组命令或数据函数 LCD1602_Write()即可。需要注意的是，串行方
式由于节省了硬件 I/O 数据线，在软件上就要稍微麻烦一点儿，主要是把数据进行高 4 位和低 4 位
分两次传送，利用 C51 语言编写的具体程序实现如下。

```
//芯片型号：STC8H8K64U(程序微调后可移植至 STC8A/F/C/G/H 系列单片机)
//时钟说明：单片机片内高速 24MHz 时钟
/******************************************************/
# include "STC8H.h"                          //主控芯片的头文件
/********************* 常用数据类型定义 *****************/
【略】为节省篇幅，相似定义参见相关章节或源码工程即可
/******************** 端口/引脚定义区域 ****************/
sbit  LCDRS = P4^1;                          //LCD1602 数据/命令选择端口
sbit  LCDRW = P4^2;                          //LCD1602 读写控制端口
sbit  LCDEN = P4^3;                          //LCD1602 使能信号端口
```

```
#define   LCDDATA  P2                              //LCD1602 数据端口(仅用 DB4～DB7)
/ ************************ 用户自定义数据区域 ********************* /
u8   table1[] = " == SYS PASSWORD == ";            //LCD1602 显示字符串数组 1
u8   table2[] = " *************** ";                //LCD1602 显示字符串数组 2
/ *************************** 函数声明区域 *********************** /
void   delay(u16 Count);                           //延时函数
void   LCD1602_Write(u8 cmdordata, u8 writetype);  //写入液晶模组命令或数据函数
void   LCD1602_init(void);                         //LCD1602 初始化函数
void   LCD1602_DIS(void);                          //显示字符函数
/ *************************** 主函数区域 ************************* /
void main(void)
{
    //配置 P4.1-3 为准双向/弱上拉模式
    P4M0& = 0xF1;                                   //P4M0.1-3 = 0
    P4M1& = 0xF1;                                   //P4M1.1-3 = 0
    //配置 P2.4-7 为准双向/弱上拉模式
    P2M0& = 0x0F;                                   //P2M0.4-7 = 0
    P2M1& = 0x0F;                                   //P2M1.4-7 = 0
    delay(5);                                       //等待 I/O 模式配置稳定
    LCDRW = 0;                                      //因只涉及写入操作,故将 RW 引脚直接置低
    LCD1602_init();                                 //LCD1602 初始化
    delay(200);                                     //延时等待稳定
    LCD1602_DIS();                                  //显示字符效果
    while(1);                                       //程序死循环"停止"
}
/ ************************************************************** /
//LCD1602 初始化函数 LCD1602_init(),无形参和返回值
/ ************************************************************** /
void LCD1602_init(void)
{
    //写法 1: *********************************************
    LCD1602_Write(0x32,0);delay(10);                //0x32 非命令,参见 HD44780 数据手册
    LCD1602_Write(0x28,0);delay(10);                //数据总线为 4 位,显示 2 行,5×7 点阵/每字符
    LCD1602_Write(0x0C,0);delay(10);                //设置开显示,不显示光标
    LCD1602_Write(0x06,0);delay(10);                //写入新数据后显示屏整体不移动仅光标右移
    LCD1602_Write(0x01,0);delay(10);                //写入清屏命令
    //写法 2: *********************************************
    //LCD1602_Write(0x28,0);delay(10);              //数据总线为 4 位,显示 2 行,5×7 点阵/每字符
    //LCDEN = 1;delay(10);                          //使能置"1"
    //LCDEN = 0;delay(10);                          //使能清"0"
    //LCD1602_Write(0x0C,0);delay(10);              //设置开显示,不显示光标
    //LCD1602_Write(0x06,0);delay(10);              //写入新数据后显示屏整体不移动仅光标右移
    //LCD1602_Write(0x01,0);delay(10);              //写入清屏命令
}
/ ************************************************************** /
//显示字符函数 LCD1602_DIS(),无形参和返回值
/ ************************************************************** /
void LCD1602_DIS(void)
{
    u8 i;                                           //定义控制循环变量 i
    LCD1602_Write(0x80,0);delay(5);                 //选择第一行
    for(i = 0; i < 16; i++)
    {
        LCD1602_Write(table1[i],1);delay(2);        //写入 table1[]内容
    }
    LCD1602_Write(0xC0,0);delay(10);                //选择第二行
    for(i = 0; i < 16; i++)
    {
```

```
    LCD1602_Write(table2[i],1);delay(2);    //写入 table2[]内容
    }
}
/ * * * * * * * * * * * * * * * * * * * * * * * * * * * * * * * * * * * * * * * * * * * * * * * * * * * * * * * * * * * /
//写入液晶模组命令或数据函数 LCD1602_Write(),有形参 cmdordata
//和 writetype,无返回值
/ * * * * * * * * * * * * * * * * * * * * * * * * * * * * * * * * * * * * * * * * * * * * * * * * * * * * * * * * * * * /
void LCD1602_Write(u8 cmdordata,u8 writetype)
{
    LCDRS = writetype;                      //判断写入类型,0 为命令,1 为数据
    delay(5);                               //延时等待稳定
    LCDDATA& = 0x0F;                        //清高四位
    LCDDATA| = cmdordata&0xF0;              //写高四位
    LCDEN = 1;delay(10);                    //使能置"1"
    LCDEN = 0;delay(10);                    //使能清"0"
    cmdordata = cmdordata << 4;             //低四位移到高四位
    LCDDATA& = 0x0F;                        //清高四位
    LCDDATA| = cmdordata&0xF0;              //写低四位
    LCDEN = 1;delay(10);                    //使能置"1"
    LCDEN = 0;delay(10);                    //使能清"0"
}
/ * * * * * * * * * * * * * * * * * * * * * * * * * * * * * * * * * * * * * * * * * * * * * * * * * * * * * * * * * * * /
【略】为节省篇幅,相似函数参见相关章节源码即可
void delay(u16 Count){}                     //延时函数
```

朋友们看完程序会不会有这样的疑问:1602 液晶模块上去掉了 4 根数据线(不去掉也没事,只有 P2.4～P2.7 有用),电路其他部分都没变,那么 1602 液晶是怎么"自觉地"切换到串行模式下的呢? 这是因为改写了液晶初始化函数 LCD1602_init()中的语句。

回想 8 线并行驱动模式时,我们采用了"LCD1602_Write(0x38,0);"语句,目的是将 1602 液晶模组配置为 8 位数据总线、显示 2 行、5×7 点阵/每字符的模式。改写后的 LCD1602_init()函数中采用了两种串行驱动初始化写法,目的是将 1602 液晶模组配置为 4 位数据总线、显示 2 行、5×7 点阵/每字符的模式。

第一种串行驱动初始化写法是参照 HD44780 数据手册写的(英文手册中有一张 4 位数据总线的初始化流程图)。这里面除了"LCD1602_Write(0x32,0);"语句较难理解之外,其他的语句我们都学习过了。话说这个"0x32"并不是标准的命令,为什么要这样赋值呢? 其实是因为手册流程图中要求先送入 0x30,然后送入 0x02,若把这两个数据加起来就是 0x32。朋友们也不用"纠结",按照官方手册的要求去操作即可。

第二种串行驱动初始化写法是小宇老师自己实验出来的,直接在"LCD1602_Write(0x28,0);"语句之后附加一次使能时序就可以把 1602 切换到 4 线串行模式下,这种写法也可以。朋友们可以按需选择具体的写法,若某种方法在某种环境下产生乱码可以尝试改用另一种方法做实验。

将程序编译后下载到单片机目标板中,得到了如图 7.16 所示的实际效果。需要说明的是,串行驱动模式下更加要注意时序问题,操作速度对比并行驱动方式应稍慢一些,这就是为什么源码中那么多"delay()"语句的原因。

字符型 1602 液晶的串行驱动法与并行驱动法相比可以节省出 4 个 I/O 引脚,这无疑是实用的,故而该方法在实际产品中得到了广泛的运用。但是方法虽好也得注意细节处理才行,若硬件或者软件上处理得不妥就会造成液晶的"乱码",这些乱码处理起来特别"头疼",有的甚至没有规律,乱码情况特别容易出现在单片机上电之后,或者是按下复位按键之后,又或者是调整晶振频率之后。遇

图 7.16 串行驱动方式下的
字符显示效果

到串行驱动法下的液晶乱码应该如何应对呢？小宇老师结合自身体会总结出以下几点。

第一，电源接入系统后应能快速稳定，注意液晶及主控的上电时序。

有的系统为了得到稳定纯净的供电电压，过分地加大了输入电源的滤波电容，导致上电后的电源电压上升缓慢（原因是为了给滤波电容充电，反而拉低了供电电压）。这时候液晶及主控就容易低压异常或初始化时序异常，此时应该合理选择输入滤波电容的大小，最好是把单片机和液晶同时上电，可以在单片机程序中加入适当的延时（推荐在 main()函数开始时、在 I/O 模式配置之后及液晶初始化功能之后加入适当延时），推迟液晶初始化及读、写操作的时机。

第二，调整单片机系统时钟后应合理调整相关延时参数保证液晶时序正常。

单片机系统时钟的频率高低很大程度上决定了程序执行的速度快慢，当我们移植液晶功能函数之后一定要注意时序调整，要适配当前单片机的运行速度才行。若原有功能函数在 12MHz 系统频率下运行正常，调整到 24MHz 频率时就应该把延时时间加大一倍，以确保液晶初始化时序、读时序和写时序的正常，避免因执行速度过快引起时序间隙过短的问题。

第三，检查液晶功能引脚、数据引脚的电气占用及干扰情况。

液晶模块功能引脚（RS、RW、EN）或数据引脚（DB0～DB7）被其他电路占用或者受到干扰也会造成乱码现象，首先要排除引脚电气占用情况（看看是不是有外围器件或电路把相关引脚固定拉高或置地，是不是 PCB 质量问题发生阻焊层暴露导致连锡或走线断路），也要看看引脚是不是受到了干扰（必要时可以在相关引脚上连接 4.7～10kΩ 的上拉电阻，以提升引脚的抗干扰能力）。

第四，串行驱动法的初始化配置至关重要，需要适配相关方法多做尝试。

小宇老师也曾在一个项目中遇到了串行驱动 1602 液晶的乱码问题，检查了电源后没有异常，添加了相关延时后有一定的效果，但乱码情况仍然偶尔发生，后来经过尝试，我改写了串行驱动法的液晶初始化函数，最终解决了乱码问题。具体的改法是在 LCD1602_init()函数的第一句位置添加了"LCD1602_Write(0x38,0);"语句，这条语句是让 1602 液晶上电后启用 16×2 显示样式，显示字符为 5×7 点阵且接口位数是 8 位，运行这条语句之后再用本实验中的串行初始化语句即可，这种方法即为实验尝试所得，感兴趣的朋友可以自行研究。

7.3　图形/点阵型 12864 液晶模块

学习完字符型 1602 液晶模块后朋友们肯定会感觉到显示容量有点儿局限，而且无法显示图片和中文汉字，虽然可以用 1602 液晶的 CGRAM"造"出一个汉字字模，但是也仅限于简单汉字的显示（比如"了、子、于、力"这种汉字），汉字笔画稍微多一点儿的自定义字符就非常困难了，在字符型液晶模块中不支持画点画线和自定义图形显示，所以对于特定的功能需要选择适合的方案，对于刚刚提到的那些功能选择图形/点阵型液晶模块最为合适。

12864 液晶模块就是在市面上常见的图形/点阵型液晶类型之一，与字符型 1602 液晶模块相似，12864 是一类液晶模块的"统称"，代表液晶模块显示分辨率为 128×64 点。如图 7.17 所示，这是某厂家生产的图形/点阵型 12864 液晶模块尺寸图，黑色小格 1～20 表示液晶模块的 20 个引脚，通常 12864 液晶模块也有无背光版本和底部 LED 带背光版本，按照背光 LED 和液晶片的颜色，常见的有蓝屏白字、黄绿屏黑字等显示效果，各厂家生产的 12864 液晶模块尺寸大小也有差异。

在 12864 液晶模块的实物构成中也有好几部分，例如，液晶片、导电胶条、液晶显示印制电路板（PCB）、贴片元器件、背光板、金属液晶框架等，常用 COB（板上芯片直接）形式进行液晶控制器芯片的封装，也就是之前学习过的"牛屎堆"芯片样式，图形/点阵型 12864 液晶模块的实物样式如图 7.18 所示。

本节学习的 12864 液晶模块是基于 ST7920 液晶控制器芯片的，液晶模块型号为"QC12864B"，该

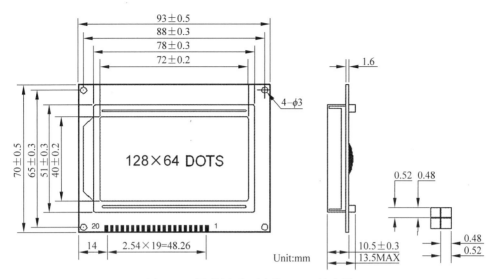

图 7.17 图形/点阵型液晶 12864 尺寸图

图 7.18 图形/点阵型液晶 12864 实物样式

款液晶模块具有 4 线/8 线并行、2 线/3 线串行接口方式,内部含有国标一级、二级简体中文字库,其显示分辨率为 128×64,内置 8192 个 16×16 点汉字和 128 个 16×8 点 ASCII 字符集。可以显示 4 行 16×16 点阵的汉字,也可完成图形显示,利用该模块灵活的接口方式和简单方便的操作指令,可构建全中文人机交互图形界面。

7.3.1 模块功能引脚定义

接下来需要认识一下 12864 液晶模块的功能引脚,相关引脚名称及其作用如表 7.5 所示。模块共计有 20 只引脚,与 1602 液晶类似,按照电气功能可划分为电源引脚、控制引脚、数据引脚这 3 大类。

表 7.5 图形/点阵型 12864 液晶模块引脚定义及功能说明

序 号	名 称	引脚作用	序 号	名 称	引脚作用
1	GND	接电源地	6	EN	使能引脚
2	VCC	接电源正	7	DB0	数据总线(低位)
3	VEE	液晶对比度偏压信号	8	DB1	数据总线
4	R/S	命令/数据选择引脚	9	DB2	数据总线
5	R/W	读/写选择引脚	10	DB3	数据总线

序　号	名　　称	引 脚 作 用	序　号	名　　称	引 脚 作 用
11	DB4	数据总线	16	NC	空脚
12	DB5	数据总线	17	RST	复位引脚
13	DB6	数据总线	18	VO	电压输出
14	DB7	数据总线（高位）	19	A	背光正极
15	PSB	串/并模式选择	20	K	背光负极

（1）电源引脚包括 VCC、GND、VEE、VO、A 和 K。其中，VEE 是液晶对比度偏压信号，连接方法与 1602 液晶一样，但是有的 12864 液晶模块 PCB 上自带了贴片式的可调电阻，用户可以利用螺丝刀调节贴片可调电阻大小从而调节液晶对比度，在这种情况下，该脚就可以悬空，从而省去了外围电路。需要注意的是，同样是基于 ST7920 控制器芯片的 12864 模块也有常见的 3V 屏和 5V 屏，所以购买液晶模块时一定要查看模块使用手册和确认电气参数。VO 引脚是模块内部稳压输出，一般可做悬空处理，有的 12864 液晶模块直接将其标注为"NC"引脚（NC 是 Not Connect 的缩写，意思是没有功能的引脚）。A 和 K 是连接背光板的，通电时一定要确保具备限流电阻。

（2）控制引脚包括 R/S、R/W、EN、PSB、RST，这几个引脚的配置需要参考液晶模块操作的时序图，在实际的系统中若把 12864 液晶模块当成从机，只需要涉及写入而不需要数据读出，则可以将 R/W 引脚直接接 GND，这样就节省一个引脚，只将 R/S 和 EN 连接到 MCU 即可。PSB 是串/并模式选择引脚，若需要用并行方式（DB0～DB7）则将 PSB 引脚置"1"或者将其连接到 VCC 上以节省单片机控制引脚。若将 PSB 引脚置"0"或接地则采用串行模式，使用 R/S、R/W、EN 三根线进行通信，此时 R/S 引脚变更为 CS 串行片选功能，R/W 引脚变更为 SID 串行数据输入/输出功能，EN 引脚变更为 CLK 串行时钟功能。对于这个 PSB 引脚，小宇老师要特别提醒朋友们，有的厂家生产的液晶模块在 PCB 背板上对 PSB 引脚电平进行了默认选定（多数是用短路焊盘的锡点连接），这种情况下就不能随便将其连接到 VCC 或 GND 了，以免发生电源短路。RST 引脚是复位信号引脚，低电平有效，有很多 12864 液晶模块背板 PCB 自带低电平复位电路，因此在不需要经常复位的场合可将该端悬空，具体的连接方法读者朋友可以参考模块的使用说明书查阅。

（3）数据引脚包括 DB0～DB7，在并行方式中使用 8 根线（DB0～DB7），其中，DB0 是数据低位，DB7 是数据高位，串行方式中则将 R/S、R/W、EN 三根线当作"数据线"与单片机主控进行交互。

7.3.2　读/写时序及程序实现

与字符型 1602 液晶模块相似，图形/点阵型 12864 液晶模块也有两大类操作：读取和写入。按照数据表示的含义又可以细分为读取状态、读取数据、写入命令、写入数据，在操作过程中无非就是控制线（R/S、R/W、EN）和数据线（DB0～DB7）的时序配合，接下来先了解读取时序，其时序关系如图 7.19 所示。

分析图 7.19 可以看到，控制器首先把 R/S 线由高电平置为低电平（RS=0），并且把 R/W 线由低电平置高（R/W=1），随后将 EN 线置"1"经过 T_{DDR} 时间后就可以从总线上取出数据了，这个"数据"代表当前液晶模块的状态信息。相似地，控制器把 R/S 线由低电平置为高电平（RS=1），并且把 R/W 线由低电平置高（R/W=1），随后将 EN 置"1"经过 T_{DDR} 时间后就可以从总线上取出数据了，这个"数据"代表当前液晶模块的数据信息。

在实际系统中经常把图形/点阵型 12864 液晶模块当作从机来使用，可以将 R/W 线直接连接到 GND，不需要在程序中定义，这样一来不仅节约了一个控制引脚，而且程序也变得简单很多。但是涉及 12864 的忙标志读取时还是会用到读时序，若读取回的"BF"标志为"1"则表示液晶正在进

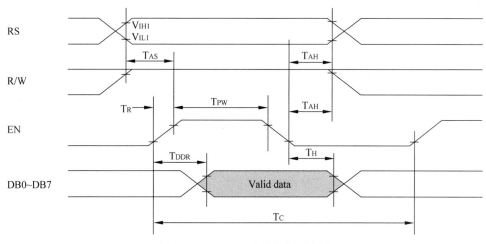

图 7.19 ST7920 读取数据时序图

行内部操作,反之可以接收外部命令或数据,一般情况下,12864 内部控制器处理速度较快,通常可用适当时间的延时取代忙标志位检测。接下来学习写入时序,其时序关系如图 7.20 所示。

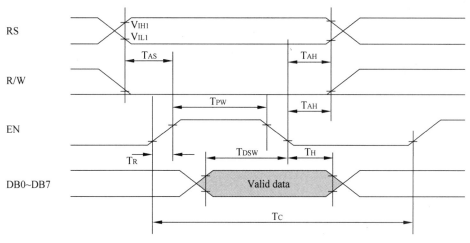

图 7.20 ST7920 写入数据时序图

分析图 7.20 可以看到,控制器首先把 R/S 线由高电平置为低电平(RS=0),并且把 R/W 线由高电平置低(R/W=0),此时把命令信息发送至数据线上,当 EN 线由"1"变为"0"时就写入了命令信息。相似地,控制器将 R/S 线由低电平置为高电平(RS=1),并且把 R/W 线由高电平置低(R/W=0),此时把数据信息发送至数据线上,当 EN 线由"1"变为"0"时就写入了数据信息。

7.3.3 液晶功能配置命令

市面上的 12864 液晶模块生产厂商众多,基于不同控制器设计的模块读写时序和配置指令都有差异,在 12864 液晶模块中也存在着单片机的"显卡",即液晶控制器芯片,市面上常见的控制芯片有很多,如 KS0108、T6963、ST7920 等。本节所学习的 12864 液晶模块是基于 ST7920 控制器设计的,与 1602 液晶类似,在 ST7920 控制器内部也包含字符产生器单元(Character Generator ROM,CGROM)、用户自定义字符产生器 RAM 单元(Character Generator RAM,CGRAM)、显示数据存放 RAM 单元(Display Data RAM,DDRAM)和绘图 RAM 单元(Graphic Display RAM, GDRAM),其功能与字符型 1602 液晶相关单元类似。

基于 ST7920 控制芯片的 12864 模块具有两种指令集,通过"RE"位的取值选择指令集,这里的
"RE"是功能设定指令所对应指令码的第 3 位,当"RE"位为"0"时采用基本指令集,基本指令集中
包含清除显示、地址归位、进入点设定、显示状态开/关、游标或显示移位控制、功能设定、设定
CGRAM 地址、设定 DDRAM 地址、读取忙标志和地址、写数据到 RAM 等 10 种基本指令,相关指
令功能及指令码配置如表 7.6 所示。当"RE"位为"1"时采用扩展指令集,扩展指令集中包含待命
模式、卷动地址或 IRAM 地址选择、反白选择、睡眠模式、扩充功能设定、设定绘图 RAM 地址等 6
种扩展指令,相关指令功能及指令码配置如表 7.7 所示。

表 7.6　图形/点阵型 12864 液晶模块基本指令集(ST7920 控制器芯片,RE＝0)

指令功能及作用说明	控制脚		指令码							
	R/S	R/W	D7	D6	D5	D4	D3	D2	D1	D0
清除显示:向 DDRAM 填满 0x20,并设定 DDRAM 的地址计数器 AC 到 0x00	0	0	0	0	0	0	0	0	0	1
地址归位:设定 DDRAM 的地址计数器 AC 到 0x00,并将游标移到开头原点位置,该指令不改变 DDRAM 的内容	0	0	0	0	0	0	0	0	1	X
进入点设定:指定在数据的读取与写入时,设定游标的移动方向及指定显示的移位	0	0	0	0	0	0	0	1	I/D	S
显示状态开/关:D=1 则整体显示开启,C=1 则游标开启,B=1 则游标位置反白允许	0	0	0	0	0	0	1	D	C	B
游标或显示移位控制:设定游标的移动与显示的移位控制位,该指令不改变 DDRAM 的内容	0	0	0	0	0	1	S/C	R/L	X	X
功能设定:DL=0 则为 4 位数据,DL=1 则为 8 位数据,RE=1 则使用扩充指令操作,RE=0 则使用基本指令操作	0	0	0	0	1	DL	X	RE=0	X	X
设定 CGRAM 地址	0	0	0	1	AC5	AC4	AC3	AC2	AC1	AC0
设定 DDRAM 地址:第一行显示地址为 0x80~0x87,第二行显示地址为 0x90~0x97	0	0	1	AC6=0	AC5	AC4	AC3	AC2	AC1	AC0
读取忙标志和地址:读取忙标志"BF"可以确认内部动作是否完成,同时可以读出地址计数器(AC)的值	0	1	BF	AC6	AC5	AC4	AC3	AC2	AC1	AC0
写数据到 RAM:将数据 D7~D0 写入到内部的 RAM(DDRAM/CGRAM/IRAM/GRAM)	1	0	数据(D7~D0)							
读出 RAM 的值:从内部 RAM 读取数据 D7 ~ D0(DDRAM/CGRAM/IRAM/GRAM)	1	1	数据(D7~D0)							

表 7.7 图形/点阵型 12864 液晶模块扩充指令集(ST7920 控制器芯片,RE＝1)

指令功能及作用说明	指令码									
	R/S	R/W	D7	D6	D5	D4	D3	D2	D1	D0
待命模式:进入待命模式,执行其他指令都可终止待命模式	0	0	0	0	0	0	0	0	0	1
卷动地址或 IRAM 地址选择:SR＝1 则允许输入垂直卷动地址,SR＝0 则允许输入 IRAM 和 CGRAM 地址	0	0	0	0	0	0	0	0	1	SR
反白选择:选择两行中的任一行做反白显示,并可决定反白与否。初始值 R1、R0 均为 0,第一次设定为反白显示,再次设定变回正常	0	0	0	0	0	0	0	1	R1	R0
睡眠模式:SL＝0 则进入睡眠模式,SL＝1 则脱离睡眠模式	0	0	0	0	0	0	1	SL	X	X
扩充功能设定:DL＝0 则为 4 位数据,DL＝1 则为 8 位数据,RE＝1 则使用扩充指令操作,RE＝0 则使用基本指令操作。G＝1 则开启绘图功能,反之关闭	0	0	0	0	1	DL	X	RE＝1	G	0
设定绘图 RAM 地址:设定绘图RAM,先设定垂直(列)地址 AC6～AC0,再设定水平(行)地址 AC3～AC0 将以上 16 位地址连续写入即可	0	0	1	AC6	AC5	AC4	AC3	AC2	AC1	AC0

7.3.4 汉字坐标与绘图坐标

12864 液晶模块的汉字显示功能最为常用,有的 12864 液晶模块 CGROM 内置中文字库,有的则没有字库(但是两种模块价格差别不太大,所以市面上还是带字库的模块销量高),有字库的模块使用非常方便,不带字库的模块则需要编程人员对汉字预先进行取字模,然后存放在程序中,需要显示时调用数组字模数据。

本节学习的 12864 是内置汉字字库的,每屏可显示 4 行 8 列共 32 个 16×16 点阵的汉字,每个显示 RAM 可显示 1 个中文字符或 2 个 16×8 点阵全高 ASCII 码字符,即每屏最多可实现 32 个中文字符或 64 个 ASCII 码字符的显示。字符显示 RAM 在液晶模块中的地址(0x80)$_H$ 至(0x9F)$_H$。字符显示的 RAM 地址与屏上 32 个字符显示区域有着一一对应的关系,其对应关系如表 7.8 所示。

表 7.8 图形/点阵型 12864 液晶模块显示 RAM 地址分配

Y 方向	X 方向							
第一行	80	81	82	83	84	85	86	87
第二行	90	91	92	93	94	95	96	97
第三行	88	89	8A	8B	8C	8D	8E	8F
第四行	98	99	9A	9B	9C	9D	9E	9F

　　基于 ST7920 控制器的图形/点阵型 12864 液晶模块还支持绘图功能,说到绘图功能就必须介绍 GDRAM 单元,绘图功能就是把 12864 屏幕当成一个大的"画布",图形显示 GDRAM 有 64×256 位映射内存空间,其地址映射如图 7.21 所示。用户在更改 GDRAM 时,首先要写入水平地址和垂直地址的坐标值,然后再写入 2B 的数据,地址计数器(AC)接收到 16 位数据后自动加 1。

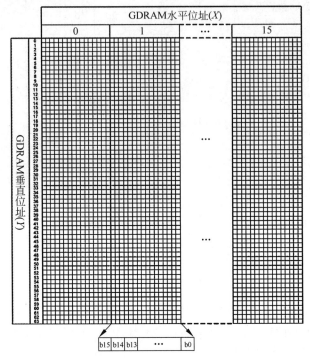

图 7.21　绘图内存 GDRAM 位址映射

　　在写入 GDRAM 时必须要关闭绘图显示,遵循以下的配置过程。

　　(1) 使用扩展指令集且关闭绘图显示功能,可执行如"LCD12864_Write(0x34,0)"语句向液晶模块写入(0x34)_H 命令,即将表 7.6 中的 DL 和 RE 都置 1。

　　(2) 设置垂直地址(Y)的坐标写入 GDRAM,可执行如"LCD12864_Write(0x80+j,0)"语句写入 Y 坐标地址,这里的 0x80 是列坐标首地址,j 是个变量,代表 Y 方向的地址偏移。

　　(3) 设置水平地址(X)的坐标写入 GDRAM,可执行如"LCD12864_Write(0x80,0)"语句写入 X 坐标地址。需要注意图形显示 GDRAM 有 64×256 位的位映射内存空间,只需要用整个空间的一半(64×128),所以要显示出 64×128 点阵大小的图片其实是把整个 GDRAM 分为两个屏幕部分,对应 X 坐标有(0x80)_H 和(0x88)_H。

　　(4) 将 D15~D8 写入到 GDRAM(第一字节)。

　　(5) 将 D7~D0 写入到 GDRAM(第二字节)。

　　(6) 打开绘图显示功能,可执行如"LCD12864_Write(0x36,0)"语句实现。

　　启用液晶的绘图功能的配置过程必须要遵守这个顺序,如果对配置顺序理解不深可以先行记忆,到了本章的基础项目 C 会介绍 12864 液晶进度条动画效果实验,其中就会编写绘图功能函数。

7.3.5　基础项目 B　12864 液晶字符、汉字显示实验

　　又到了图形/点阵型 12864 液晶模块的实践环节,做实验之前必须要确定液晶模块的供电电压范围(3V 屏或 5V 屏),然后确定液晶控制器芯片型号(本项目选用的是基于 ST7920 控制器的液晶

模块),最后要检查液晶模块 PSB 引脚的配置情况,看看模块的 PCB 底板上是不是已经将 PSB 引脚硬件连接到 VCC 或者 GND 了。

　　检查好这些内容之后,按如图 7.22 所示搭建实验电路,主控制器选用了 STC8H8K64U 单片机,分配了 4 个控制引脚,P4.1、P4.2、P4.3 和 P4.4 引脚分别控制液晶模块的 R/S、R/W、EN 和 PSB 引脚(需要说明的是,图中的 PSB 引脚用的是电气网络来表示的,等效于线路连接)。单片机拿出 P2 整组端口连接液晶模块的并行数据口,12864 液晶模块供电为 5V,R1 电位器负责液晶对比度调节,在实际调试时应该先调节 R1 直至液晶模块上显示出整屏的黑/白色点后再编程控制,不要因为对比度配置不当,导致一直看不到现象。若模块具备背光板且有限流电阻,那就直接把 A 和 K 两个引脚连接电源即可。

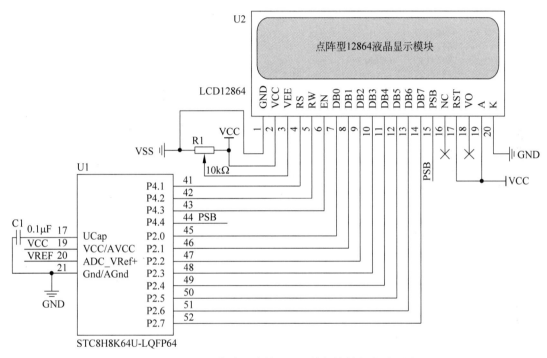

图 7.22　图形/点阵型液晶 12864 并行控制电路原理图

　　再次检查电路连接无误后就可以开始编程了,在程序设计中重点设计和实现 3 个与 12864 液晶模块有关的函数,该函数可以在读者朋友们实际的项目中进行移植,3 个函数分别是 12864 液晶初始化函数 LCD12864_init()、液晶显示字符串函数 Display12864()及写入液晶模组命令或数据函数 LCD12864_Write(),利用 C51 语言编写的具体程序实现如下。

```
//芯片型号:STC8H8K64U(程序微调后可移植至 STC8A/F/C/G/H 系列单片机)
//时钟说明:单片机片内高速 24MHz 时钟
/ ****************************************************************** /
#include "STC8H.h"                          //主控芯片的头文件
/ ***************************** 常用数据类型定义 ********************* /
【略】为节省篇幅,相似定义参见相关章节或源码工程即可
/ ****************************** 端口/引脚定义区域 ******************** /
sbit   LCDRS = P4^1;                        //LCD12864 数据/命令选择端口
sbit   LCDRW = P4^2;                        //LCD12864 读写控制端口
sbit   LCDEN = P4^3;                        //LCD12864 使能信号端口
sbit   LCDPSB = P4^4;                       //LCD12864 串/并行数据选择端口
#define   LCDDATA   P2                      //LCD12864 数据端口 DB0~DB7
/ ****************************** 函数声明区域 *********************** /
```

```c
void delay(u16 Count);                              //延时函数
void LCD12864_init(void);                           //12864 液晶初始化函数
void LCD12864_Write(u8 cmdordata,u8 writetype);     //写入液晶模组命令或数据函数
void Display12864(u8 row,u8 col,u8 * string);       //液晶显示字符串函数
/***************************** 主函数区域 *****************************/
void main(void)
{
    //配置 P4.1-4 为准双向/弱上拉模式
    P4M0& = 0xE1;                                   //P4M0.1-4 = 0
    P4M1& = 0xE1;                                   //P4M1.1-4 = 0
    //配置 P2.0-7 为准双向/弱上拉模式
    P2M0 = 0x00;                                    //P2M0.0-7 = 0
    P2M1 = 0x00;                                    //P2M1.0-7 = 0
    delay(5);                                       //等待 I/O 模式配置稳定
    LCD12864_init();                                //12864 液晶模块初始化
    delay(100);                                     //延时等待稳定
    Display12864(1,0,"STC8A/F/G/H 界面");           //显示第一行数据
    Display12864(2,0," =============== ");          //显示第二行数据
    Display12864(3,0," 并行方法演示 ");              //显示第三行数据
    Display12864(4,0,"ST7920 控制器液晶");           //显示第四行数据
    while(1);
}
/************************************************************************/
//初始化液晶模块函数 LCD12864_init(),无形参和返回值
/************************************************************************/
void LCD12864_init(void)
{
    LCDPSB = 1;                                     //使用并行控制模式,若硬件置"1"该语句可省略
    delay(100);                                     //延时等待稳定
    LCD12864_Write(0x30,0);delay(5);                //启用基本指令集
    LCD12864_Write(0x0C,0);delay(5);                //显示开、关光标
    LCD12864_Write(0x01,0);delay(5);                //清屏
}
/************************************************************************/
//命令或数据写入函数 LCD12864_Write(),有形参 cmdordata 和 writetype
//cmdordata 是欲写入数据,writetype 是写入类型,无返回值
/************************************************************************/
void LCD12864_Write(u8 cmdordata,u8 writetype)
{
    if(writetype == 0)                              //判断写入类型
        LCDRS = 0;                                  //写入命令信息
    else
        LCDRS = 1;                                  //写入数据信息
    LCDRW = 0;                                       //写入操作
    LCDEN = 0;                                       //使能置"0"
    delay(5);                                        //延时等待稳定
    LCDDATA = cmdordata;                             //向数据端口写入信息
    LCDEN = 1;                                       //使能置"1"
    delay(5);                                        //延时等待稳定
    LCDEN = 0;                                       //使能置"0"
}
/************************************************************************/
//字符串显示函数 Display12864(),有形参 row,col, * string,row 表示行
//col 表示列,字符指针 string 指向字符串数据,无返回值
/************************************************************************/
void Display12864(u8 row,u8 col,u8 * string)
{
    switch(row)                                      //判断行
```

```
    {
        case 1:row = 0x80;break;            //第一行 DDRAM 首地址为 0x80
        case 2:row = 0x90;break;            //第二行 DDRAM 首地址为 0x90
        case 3:row = 0x88;break;            //第三行 DDRAM 首地址为 0x88
        case 4:row = 0x98;break;            //第四行 DDRAM 首地址为 0x98
        default:row = 0x80;                 //默认选择第一行 DDRAM 首地址为 0x80
    }
    LCD12864_Write(row + col,0);            //写入行列地址
    while( * string!= '\0')                 //判断字符串结束标志'\0'
    {
        LCD12864_Write( * string,1);        //写入字符串数据
        string++;                           //指针后移
    }
}
/ ********************************************************************* /
【略】为节省篇幅,相似函数参见相关章节源码即可
void delay(u16 Count){}                      //延时函数
```

程序中的 LCD12864_init()函数主要负责对 12864 液晶模块进行初始化,写入了基本指令集操作命令,随后写入显示开和关闭光标命令,最后清除 12864 液晶屏幕,在这个过程中因为不涉及绘图功能,所以选择的是基本指令集。清屏命令非常重要,通过该命令可以防止写入时的乱码情况。

在我们编写的 LCD12864_Write()函数中与之前讲解的字符型 1602 液晶模块非常类似,主要是时序的体现,在主函数中的"Display12864(1,0,"STC8A/F/G/H 界面")"语句主要是实现字符串显示功能,送入 Display12864()函数的第一个实参"1"表示第一行,第二个实参"0"表示第 0 列,这样一来就相当于是从第一行首地址(0x80)$_H$ 开始往后显示,第三个实参"STC8A/F/G/H 界面"是欲显示的字符串,此处是直接把字符串以实参形式送入函数,读者朋友也可以将字符串存放于数组中,将数组首地址传入函数。程序下载并运行可以得到如图 7.23 所示效果。

图 7.23　图形/点阵型液晶 12864 并行显示效果

7.3.6　基础项目 C　12864 液晶进度条动画效果

接下来让我们稍作功能延展,在基础项目 B 的基础上通过并行控制方式启用扩充指令集实现绘图功能。在硬件上依然采用如图 7.22 所示的并行驱动电路,在软件上需要解决两个问题,第一个是需要制作好几张代表不同"进度"样式的 128×64px 大小的单色图片,并且利用取模软件得到图片取模后的数据,存放在不同的数组中。第二个是需要用 C51 语言编写一个绘图功能函数,用这个函数将取模数据依次写入到液晶上,让我们看到多张图片的轮流切换,最终形成进度条的"动画"效果(类似于固定图片的轮播动画)。

明确了任务需求,项目就变得简单了。首先要解决图像绘制和取模,以进度条效果为例,可以先用专业的图像处理软件(如 Adobe Photoshop)绘制简单线条或者直接使用现成的图片(Photoshop 软件的使用过程此处就不展开了),将图片转换为单色并更改图像大小,最终处理得到单色位图,也就是黑白两色组成的扩展名为".bmp"的图像文件。

得到欲转换和显示的图片后利用图片取模软件进行取模,图像的取模过程和文字取模非常相似,由于项目中的点阵型 12864 液晶模块不支持灰度显示,所以点阵屏中的点只有"亮"或者"灭"两种状态,也就是说,用"1"表示像素点为"黑",用"0"表示像素点为"白"。

打开取字模软件,打开图像图标读入单色图片,然后对图像进行横向取模(无须字节倒序),即可得到十六进制取模数据,通过复制、粘贴的方式直接将点阵取模数据粘贴到程序工程源代码中,通常建立无符号字符型数组存放图片取模数据以备使用,图像取模效果类似于图 7.24,取模操作

及步骤由读者朋友具体使用的图像取模软件来定,此处不再赘述。

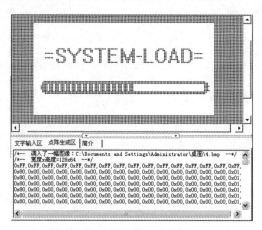

图 7.24　单色位图取模效果

得到了图像取模数据后就要想办法把数据"画"出来,也就是要利用 C 语言编程实现绘图函数。所谓绘图其实就是一字节一字节地向 12864 液晶填充数据,也就是让点阵屏幕上的点按照取模数据选择性地"亮"或者"灭"。绘图功能的启用也要按照相应的操作步骤实现,首先要使用扩展指令集且关闭绘图显示功能,然后设置垂直地址(Y)的坐标写入 GDRAM,紧接着设置水平地址(X)的坐标写入 GDRAM,将第一字节数据 D15~D8 写入到 GDRAM,随后将第二字节数据 D7~D0 写入到 GDRAM,最后打开绘图显示功能,按照步骤即可轻松实现绘图功能,利用 C51 语言编写的具体程序实现如下。

```
//芯片型号:STC8H8K64U(程序微调后可移植至 STC8A/F/C/G/H 系列单片机)
//时钟说明:单片机片内高速 24MHz 时钟
/************************************************************/
#include "STC8H.h"                        //主控芯片的头文件
/********************** 常用数据类型定义 *********************/
【略】为节省篇幅,相似定义参见相关章节或源码工程即可
/********************** 端口/引脚定义区域 ********************/
sbit   LCDRS = P4^1;                       //LCD12864 数据/命令选择端口
sbit   LCDRW = P4^2;                       //LCD12864 读写控制端口
sbit   LCDEN = P4^3;                       //LCD12864 使能信号端口
sbit   LCDPSB = P4^4;                      //LCD12864 串/并行数据选择端口
#define   LCDDATA   P2                     //LCD12864 数据端口 DB0~DB7
/********************** 用户自定义数据区域 *******************/
【略】为了节省篇幅省略了具体取模数据,读者朋友可参见程序源码
u8   code dis0[] = {};                     //20% 进度条效果图画取模数据
u8   code dis1[] = {};                     //40% 进度条效果图画取模数据
u8   code dis2[] = {};                     //60% 进度条效果图画取模数据
u8   code dis3[] = {};                     //80% 进度条效果图画取模数据
u8   code dis4[] = {};                     //100% 进度条效果图画取模数据
/********************** 函数声明区域 ************************/
void delay(u16 Count);                     //延时函数
void LCD12864_init(void);                  //12864 液晶初始化函数
void LCD12864_Write(u8 cmdordata,u8 writetype);  //写入液晶模组命令或数据函数
void LCD12864_DrawPic(u8 * Picture);       //绘图显示函数
/********************** 主函数区域 *************************/
void main(void)
{
    //配置 P4.1-4 为准双向/弱上拉模式
    P4M0& = 0xE1;                          //P4M0.1-4 = 0
```

```
    P4M1& = 0xE1;                              //P4M1.1 - 4 = 0
    //配置 P2.0 - 7 为准双向/弱上拉模式
    P2M0 = 0x00;                               //P2M0.0 - 7 = 0
    P2M1 = 0x00;                               //P2M1.0 - 7 = 0
    delay(5);                                  //等待 I/O 模式配置稳定
    LCD12864_init();                           //12864 液晶模块初始化
    delay(10);                                 //延时等待稳定
    LCD12864_Write(0x34,0);                    //使用扩充指令集且关闭绘图显示
    LCD12864_DrawPic(dis0);delay(500);         //绘图显示 20% 进度
    LCD12864_DrawPic(dis1);delay(500);         //绘图显示 40% 进度
    LCD12864_DrawPic(dis2);delay(500);         //绘图显示 60% 进度
    LCD12864_DrawPic(dis3);delay(500);         //绘图显示 80% 进度
    LCD12864_DrawPic(dis4);delay(500);         //绘图显示 100% 进度
    LCD12864_Write(0x30,0);                    //返回基本指令集设定状态
    while(1);
}
/ ****************************************************************** /
//绘图显示函数 LCD12864_DrawPic(),有形参字符型指针变量 Picture,无返回值
/ ****************************************************************** /
void LCD12864_DrawPic(u8 * Picture)
{
    u8 i,j,k;                                  //定义 i 变量用于半屏控制,j 和 k 用于行列控制
    for(i = 0;i < 2;i++)                       //分上下两屏写
    {
        for(j = 0;j < 32;j++)
        {
        LCD12864_Write(0x80 + j,0);            //写 Y 坐标
        if(i == 0)                             //写 X 坐标
            LCD12864_Write(0x80,0);
        else
            LCD12864_Write(0x88,0);
        for(k = 0;k < 16;k++)                  //写一整行数据
        {
            LCD12864_Write( * Picture++,1);    //写入数据
        }
    }
}
LCD12864_Write(0x36,0);                        //打开绘图开关,此时显示图形
}
/ ****************************************************************** /
【略】为节省篇幅,相似函数参见相关章节源码即可
void delay(u16 Count){}                         //延时函数
void  LCD12864_init(void){}                     //12864 液晶初始化函数
void  LCD12864_Write(u8 cmdordata,u8 writetype){}   //写入液晶命令或数据函数
```

阅读程序,我们发现几个"小细节"很有意思。先从 main() 函数说起,程序先把 12864 液晶初始化完毕之后就执行了"LCD12864_Write(0x34,0)"语句,目的是让 12864 液晶从基础指令集 $(0x30)_H$ 切换到扩展指令集 $(0x34)_H$,随后调用了 5 次 LCD12864_DrawPic() 绘图函数,每次调用后还执行了延时函数,以暂留画面便于我们观察。图形绘制完毕之后还执行了"LCD12864_Write(0x30,0)"语句,液晶将回到基础指令集以便文字显示。通过绘图函数,主程序分 5 次向 12864 液晶写入了 5 个内容不一样的数组内容(其实是小宇老师提前制作好的 5 张图片,分别代表进度条的 20%、40%、60%、80% 和 100% 样式),这就实现了 5 张图的轮播"动画",模拟出了"进度条"效果。

再看看这 5 个图片取模数组也很有意思(即 dis0[]、dis1[]、dis2[]、dis3[] 和 dis4[]),数组中的内容倒不是主要的,关键是看数组的定义"u8 code dis0[]",这里的"u8"表示数组元素都是字符型数据,这里的"code"从功能上说是把该数组内容指定存放到单片机的 ROM 单元之中,为啥要这么

操作呢? 这是因为 STC8 系列单片机默认的片内 RAM 空间还是太局限了,不适合做这么多的数据占用,而且这些取模的数据又是相对"固定"的,所以干脆将其固化为程序代码的一部分,直接烧录到单片机的 ROM 单元中即可(有关片内 RAM 空间的知识将会在第 9 章展开讲解)。

程序中的重点当属 LCD12864_DrawPic() 函数,该函数用于实现绘图功能,函数定义的形式参数是一个字符型指针变量,指向字符数组 dis[]的首地址,指针执行自增后就可以逐一"取出"图像数据。函数写完行列地址和图像数据之后又执行了"LCD12864_Write(0x36,0)"语句,这样就可以开启绘图功能,看见取模后的图形。我们将程序下载并运行后可以得到如图 7.25 所示效果。

图 7.25　图形/点阵型液晶 12864 并行绘图效果图

7.3.7　进阶项目 B　两线驱动 12864 节省 I/O 实验

与字符型 1602 液晶显示模块类似,图形/点阵型 12864 液晶模块也具备串行数据控制方式,若启用串行模式需要把液晶模块的 PSB 引脚拉低,使用 R/S、R/W、EN 三根线进行通信,此时 R/S 引脚变更为串行片选功能(用 CS 表示),R/W 引脚变更为串行数据输入/输出功能(用 SID 或 DIO 表示),EN 引脚变更为串行时钟功能(用 CLK 或 SCLK 表示)。

对于具体的 12864 模块,首先要确定其控制器芯片,一定要选用 ST7920 控制器的液晶模块才可以使用本项目中的程序,然后仔细检查液晶模块的 PSB 引脚配置情况,小宇老师手头上使用的 12864 液晶模块型号为"QC12864B V3.0",参考厂家给出的默认配置,液晶的 PSB 引脚已经通过 0Ω 电阻硬件连接到 VCC 上了,所以此处要用烙铁拆卸掉这个 0Ω 电阻(相当于导线作用),然后再将 PSB 引脚拉低。切记要注意不能贸然连接液晶模块的相关引脚,一定要参考厂家给出的液晶使用说明仔细检查液晶模块的默认配置参数,若检查完毕就可以按照图 7.26 搭建电路。

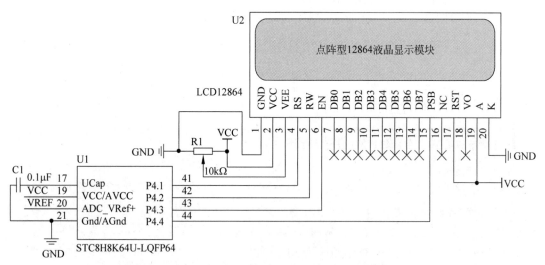

图 7.26　图形/点阵型液晶 12864 串行控制电路原理图

有的读者可能已经发现,图 7.26 中使用的是 4 根控制线对液晶模块进行控制,这貌似与本节标题不符啊! 说好的两线控制呢? 其实电路稍加改造确实就是两线控制,首先可以把 PSB 引脚直接连接到地,因为项目中使用液晶的串行模式,所以确保 PSB 引脚为低电平即可。再来看 CS 引脚,因为我们把液晶模块当成从机使用,所以可以直接将 CS 引脚(也就是并行模式下的 R/S 引脚)置"1"或者连接到 VCC 即可,这样一来就只剩下了 R/W 引脚和 EN 引脚,这就是真正意义上的"两线驱动"了。

一般来说,硬件电路"简化"了程序,实现上就会变得稍微"复杂"一些,本项目中使用串行模式就要遵循 ST7920 控制器芯片的串行控制模式时序图,要想解决程序编写问题就要了解和读懂时序,串行数据传送共分为 3 字节完成,具体时序如图 7.27 所示。

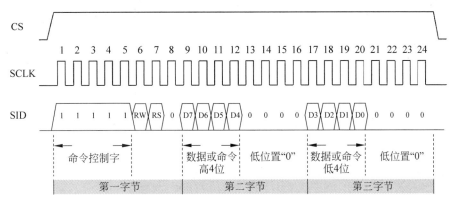

图 7.27 ST7920 串行控制模式时序图

我们来看看串行数据传送的第一字节,该字节是命令控制字节,由 8 位构成,高 5 位固定为高电平"1",第 2 位为 RW 位,第 1 位为 RS 位,最低位(第 0 位)固定为低电平"0",整体格式可以表示为(11111AB0)$_B$。RW 配置位"A"为数据传送方向控制,若配置为"1"则表示数据从液晶模块到MCU,配置为"0"则表示数据从 MCU 到液晶模块,RS 配置位"B"表示数据类型,配置为"1"表示数据信息,配置为"0"表示命令信息。

再来看看串行数据传送的第二字节和第三字节,这两字节其实就是对原有并行数据高低 8 位的"拆分",第二字节是 8 位数据的高 4 位,格式为(DDDD 0000)$_B$,第三字节是 8 位数据的低 4 位,格式为(0000 DDDD)$_B$,其中的"D"表示具体数据。假设并行数据为(0x81)$_H$,容易转换为二进制数得到(1000 0001)$_B$,此时的第二字节应为(1000 0000)$_B$,第三字节应为(0001 0000)$_B$。

了解了串行模式时序和字节组成后再编程就容易多了,利用 C51 语言编写的具体程序实现如下。

```
//芯片型号:STC8H8K64U(程序微调后可移植至 STC8A/F/C/G/H 系列单片机)
//时钟说明:单片机片内高速 24MHz 时钟
/********************************************************/
#include "STC8H.h"                            //主控芯片的头文件
/********************常用数据类型定义********************/
【略】为节省篇幅,相似定义参见相关章节或源码工程即可
/********************端口/引脚定义区域********************/
sbit   LCDCS = P4^1;                          //LCD12864 片选端口(原 RS)
sbit   LCDDIO = P4^2;                         //LCD12864 串行数据输入/输出(原 RW)
sbit   LCDCLK = P4^3;                         //LCD12864 串行时钟(原 EN)
sbit   LCDPSB = P4^4;                         //LCD12864 串/并行数据选择端口
/********************函数声明区域********************/
void delay(u16 Count);                        //延时函数
void LCD12864_init(void);                      //12864 初始化函数
void LCD12864_SBYTE(u8 byte);                  //逐位写入串行数据函数
void LCD12864_Write(u8 cmdordata,u8 writetype); //写入液晶模组命令或数据函数
void Display12864(u8 row,u8 col,u8 *string);   //显示字符串函数
/********************主函数区域********************/
void main(void)
{
    //配置 P4.1-4 为准双向/弱上拉模式
```

```
    P4M0& = 0xE1;                                   //P4M0.1 - 4 = 0
    P4M1& = 0xE1;                                   //P4M1.1 - 4 = 0
    delay(5);                                       //等待 I/O 模式配置稳定
    delay(100);                                     //等待液晶上电稳定
    LCD12864_init();                                //初始化 12864 液晶
    Display12864(1,0,"STC8A/F/G/H 界面");           //显示第一行数据
    Display12864(2,0," =============== ");          //显示第二行数据
    Display12864(3,0,"串行方法演示");                //显示第三行数据
    Display12864(4,0,"ST7920 控制器液晶");           //显示第四行数据
    while(1);
}
/ ******************************************************************** /
//初始化液晶模块函数 LCD12864_init(),无形参和返回值
/ ******************************************************************** /
void LCD12864_init(void)
{
    LCDPSB = 0;                                     //选择串行模式将 PSB 置"0"或直接接地
    delay(100);                                     //延时等待稳定
    LCDCS = 1;                                       //片选 12864
    delay(100);                                     //延时等待稳定
    LCD12864_Write(0x30,0);                         //选择基本指令集
    LCD12864_Write(0x0C,0);                         //开显示,无游标,不反白
    LCD12864_Write(0x01,0);                         //清除显示屏幕,把 DDRAM 位址计数器调整为 00H
    delay(100);                                     //延时等待稳定
}
/ ******************************************************************** /
//逐位写入串行数据函数 LCD12864_SBYTE(),有形参 byte,无返回值
/ ******************************************************************** /
void LCD12864_SBYTE(u8 byte)
{
    u8 i;
    for(i = 0;i < 8;i++)                            //1 字节由 8 位组成故而循环 8 次写入
    {
        LCDCLK = 0;                                 //拉低时钟线
        if((byte << i)&0x80)                        //取位操作
            LCDDIO = 1;                             //写入数据'1'
        else
            LCDDIO = 0;                             //写入数据'0'
        LCDCLK = 1;                                 //拉高时钟线
    }
}
/ ******************************************************************** /
//命令或数据写入函数 LCD12864_Write(),有形参 cmdordata 和 writetype
//cmdordata 是欲写入数据,writetype 是写入类型,无返回值
/ ******************************************************************** /
void LCD12864_Write(u8 cmdordata,u8 writetype)
{
    if(writetype == 0)                              //判断写入类型
    LCD12864_SBYTE(0xF8);                           //"1111 1000"表示写入命令信息
    else
    LCD12864_SBYTE(0xFA);                           //"1111 1010"表示写入数据信息
    LCD12864_SBYTE(0xF0&cmdordata);                 //取高四位传送
    LCD12864_SBYTE(0xF0&(cmdordata << 4));          //取低四位传送
}
/ ******************************************************************** /
//字符串显示函数 Display12864(),有形参 row,col, * string,row 表示行
//col 表示列,字符指针 string 指向字符串数据,无返回值
/ ******************************************************************** /
```

```
void Display12864(u8 row,u8 col,u8 * string)
{
    switch(row)                              //行变量判断
    {
        case 1:row = 0x80;break;             //第一行 DDRAM 首地址为 0x80
        case 2:row = 0x90;break;             //第二行 DDRAM 首地址为 0x90
        case 3:row = 0x88;break;             //第三行 DDRAM 首地址为 0x88
        case 4:row = 0x98;break;             //第四行 DDRAM 首地址为 0x98
        default:break;
    }
    LCD12864_Write(row + col,0);             //写入行列地址
    while( * string!= '\0')                  //输出字符串直到结束标志'|0'
    {
        LCD12864_Write( * string,1);         //写入字符数据
        string++;                            //指针后移
    }
}
/ ******************************************************************* /
```
【略】为节省篇幅,相似函数参见相关章节源码即可
```
void delay(u16 Count){}                      //延时函数
```

细读程序发现功能核心就是逐位写入串行数据函数 LCD12864_SBYTE()和命令或数据写入函数 LCD12864_Write(),在 LCD12864_Write()函数中有形参 cmdordata 和 writetype,cmdordata 是欲写入数据,writetype 是写入类型,需要理解的是(0xF8)$_H$ 转换为二进制数是(1111 1000)$_B$ 表示写入命令信息,(0xFA)$_H$ 转换为二进制数是(1111 1010)$_B$ 表示写入数据信息。得到了第一个串行字节后就是通过移位运算得到并行数据的高低 4 位了,然后再通过 LCD12864_SBYTE()函数将数据逐位写入,这样看来串行模式的实现也十分简单,显示字符串、设定 DDRAM 地址和初始化液晶模块的相关函数其实与并行模式程序也是相似的。将程序下载并运行可以得到如图 7.28 所示效果。

图 7.28 图形/点阵型液晶 12864 串行显示效果

7.3.8 进阶项目 C 两线串行模式正弦波打点绘图

实践动手要"趁热打铁",接下来我们在 12864 液晶上实现一个正弦波曲线的绘制,其原理就是先用标准数学运算库文件中的 sin()函数得到一个正弦波数据数组,然后用绘点函数将数据绘制到屏幕上,在这个过程中需要用到 ST7920 控制器的扩展指令集,绘点完成后会看到像"海浪"一样美丽的正弦波曲线,然后再切换到基础指令集实现屏幕汉字显示,本项目主要体现指令集切换和正弦波产生,至于具体的绘点、绘线函数的相关算法可以由读者朋友们进一步学习和研究。

项目的硬件电路依然采用如图 7.26 所示串行控制电路原理图,可以将 CS 引脚直接置高,将 PSB 引脚拉低,让电路变成真正的"两线串行"模式。在软件的编程上需要增添一个数学运算函数支持的头文件"math.h",然后重点实现打点函数 LCD_DRAW_Word(u8 * x,u8 y)和正弦波数据产生及绘制函数 Print_sin(void),利用 C51 语言编写的具体程序实现如下。

```
//芯片型号:STC8H8K64U(程序微调后可移植至 STC8A/F/C/G/H 系列单片机)
//时钟说明:单片机片内高速 24MHz 时钟
/ ******************************************************************* /
# include "STC8H.h"                          //主控芯片的头文件
# include "math.h"                            //数学运算支持头文件,后续要用到 sin()函数
/ ********************** 常用数据类型定义 ********************** /
```

【略】为节省篇幅,相似定义参见相关章节或源码工程即可

```
/ ************************ 端口/引脚定义区域 ************************ /
sbit   LCDCS = P4^1;                    //LCD12864 片选端口(原 RS)
sbit   LCDDIO = P4^2;                   //LCD12864 串行数据输入/输出(原 RW)
sbit   LCDCLK = P4^3;                   //LCD12864 串行时钟(原 EN)
sbit   LCDPSB = P4^4;                   //LCD12864 串/并行数据选择端口
/ ************************ 函数声明区域 ************************ /
void delay(u16 Count);                  //延时函数
void LCD12864_init(void);               //12864 初始化函数
void LCD12864_SBYTE(u8 byte);           //逐位写入串行数据函数
void LCD12864_Write(u8 cmdordata,u8 writetype);
//写入液晶模组命令或数据函数
void Display12864(u8 row,u8 col,u8 * string);   //显示字符串函数
void LCD_DRAW_Word(u8 * x,u8 y);        //打点函数
void Print_sin(void);                   //正弦波产生及绘制函数
/ ************************ 主函数区域 ************************ /
void main(void)
{
    //配置 P4.1 - 4 为准双向/弱上拉模式
    P4M0& = 0xE1;                       //P4M0.1 - 4 = 0
    P4M1& = 0xE1;                       //P4M1.1 - 4 = 0
    delay(5);                           //等待 I/O 模式配置稳定
    delay(100);                         //等待液晶上电稳定
    LCD12864_init();                    //初始化 12864 液晶
    Print_sin();                        //绘制正弦波曲线
    //Display12864(2,0,"    漂亮的点    ");   //显示第二行数据
    //Display12864(3,0,"    漂亮的线    ");   //显示第三行数据
    while(1);
}
/ ************************************************************ /
//打点函数 LCD_DRAW_Word(),有形参字符型 x 指针,字符型 y,无返回值
//其中 x 表示数组的首地址,y 表示纵坐标的值,也即表示第多少行
/ ************************************************************ /
void LCD_DRAW_Word(u8 * x,u8 y)
{
    u8 i,j,k,m,n,count = 0;
    u8 hdat,ldat;
    u8 y_byte,y_bit;                    //存放纵坐标的字节,纵坐标的位
    u8 a[16];
    y_byte = y/32;
    y_bit = y % 32;
    for(j = 0;j < 8;j++)
    {
        hdat = 0;                       //清零行数据变量
        ldat = 0;                       //清零列数据变量
        n = j * 16;
        for(k = n;k < n + 16;k++)
        {
            if(x[k] == y)               //检测数组
            {
                a[count] = k;           //若数组中有数等于 y,就把第 y 行的数全部打出
                count++;
            }
        }
        for(m = 0;m < count;m++)
        {
            i = a[m] - n;
            if(i < 8)                   //如果 x_bit 位数小于 8
```

```
        hdat = hdat|(0x01<<(7-i));             //写高字节,坐标是从左向右
      else
        ldat = ldat|(0x01<<(15-i));
    }
    LCD12864_Write(0x80+y_bit,0);              //垂直地址(上)
    LCD12864_Write(0x80+j+8*y_byte,0);         //水平坐标(下)
    LCD12864_Write(hdat,1);                    //写行数据
    LCD12864_Write(ldat,1);                    //写列数据
  }
}
/ ********************************************************************* /
//正弦波产生及绘制函数 Print_sin(),无形参和返回值
/ ********************************************************************* /
void Print_sin(void)
{
    u8 i;
    u8 xdata y_sin[128];                       //定义屏幕上要打的正弦波的纵坐标
    float y;
    for(i=0;i<128;i++)                         //计算出 sin()曲线数据
    {
        y = 31*sin(0.15*i);
        y_sin[i] = (u8)(32-y);
    }
    LCD12864_Write(0x34,0);                    //打开扩展指令集
    delay(50);                                 //延时等待稳定
    for(i=0;i<64;i++)
        LCD_DRAW_Word(y_sin,i);                //绘图打点 64 次*128 点
    LCD12864_Write(0x36,0);                    //向 LCD 写入命令 0x36,即打开绘图开关,此时显示图形
    LCD12864_Write(0x30,0);                    //向 LCD 写入命令 0x30,返回基本指令集设定状态
    delay(50);                                 //延时等待稳定
}
/ ********************************************************************* /
```

【略】为节省篇幅,相似函数参见相关章节源码即可
```
void delay(u16 Count){}                                //延时函数
void LCD12864_init(void){}                             //初始化液晶模块函数
void LCD12864_SBYTE(u8 byte){}                         //逐位写入串行数据函数
void LCD12864_Write(u8 cmdordata,u8 writetype){}       //命令或数据写入函数
void Display12864(u8 row,u8 col,u8 * string){}         //字符串显示函数
```

在整个程序中比较重点的是正弦波产生及绘制函数 Print_sin(),在该函数中首先定义了 y_sin[] 数组用于存放运算得到的正弦波曲线数据,我们知道标准的纯正弦函数公式应为式(7.1),其中, $\sin x$ 为正弦函数。

$$y = \sin x \tag{7.1}$$

但是在程序中需要绘制具体的正弦波曲线,所以使用了正弦曲线公式:

$$y = A \times \sin(\omega t \pm \theta) \tag{7.2}$$

式中,A 为正弦波幅度(对应液晶屏幕的纵轴),ω 为角频率(程序中设定为 0.15),t 为时间(对应液晶屏幕的横轴),θ 为相偏移(横轴左右)。在编写具体的程序时需要注意曲线的显示是以 128×64 点为最大"画布"的,所以要考虑 A 的取值,经过实际测试当 A 取值为 31 时,曲线的波峰和波谷正好位于纵轴方向的边界,看上去比较美观,若读者朋友调整变小 A 的取值会得到"幅值"变小的正弦波曲线。ω 在取值时取了 0.15,ω 的取值大小会改变正弦波的周期,读者朋友可以调整 ω 取值为 0.2,就可以看到周期发生了明显的变化,按照公式和实际测试利用 C51 语言编写正弦波产生语句如下。

```
y = 31*sin(0.15*i);                //产生正弦波曲线数据赋值给变量 y
```

y_sin[i] = (u8)(32 - y);　　　　　//通过外层循环将 y 强制类型转换后存入正弦波数组中

得到了正弦波曲线数据后还要考虑存放的问题,正弦波产生及绘制函数 Print_sin()中通过"u8 xdata y_sin[128]"语句定义了一个 y_sin[]数组。需要注意的是,小宇老师特别加了一个"xdata"关键字去修饰该数组,这是为啥呢? 若去掉修饰的话,这个数组的内容应该存放在 STC8 系列单片机的片内 RAM 单元之中,但是片内 RAM 单元太小了,放置不下这么多数据,那咋办呢? 我们就要用"xdata"关键字加以修饰,目的是把该数组内容存放到片外扩展的 RAM 单元中去(这部分的知识将会在第 9 章展开讲解)。

安放好了正弦波数据后再将 y_sin[]数组当作实参送入打点函数 LCD_DRAW_Word()中进行打点(数组名"y_sin"就相当于数组的首地址),程序下载并运行后可以得到如图 7.29 所示效果。

如果去掉程序主函数中语句"Display12864(2,0,"　漂亮的点　")"和语句"Display12864(3, 0,"　漂亮的线　")"前面的单行注释符"//",就会出现文字与正弦波曲线叠加显示的效果,这是因为在 LCD_DRAW_Word(u8 * x,u8 y)函数中最后两句实现了打开绘图开关显示图形并且返回基本指令集的功能,只要用户不执行清屏命令,则绘制图形和显示文字同时显示出来,具体效果如图 7.30 所示。

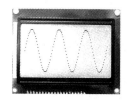

图 7.29　扩充指令集单独绘制　　　　　图 7.30　扩充/基本指令集切换显示汉字
正弦波效果图　　　　　　　　　　　与正弦波效果图

项目做完了,长舒一口气,从本章的 6 个基础/实战项目中体现了 STC8H8K64U 单片机对字符型 1602 液晶模块和图形/点阵型 12864 液晶模块的显示控制方法及相关命令的使用(同样适用于 STC8 单片机的 A、F、C、G、H 子系列乃至于其他厂家单片机芯片)。

读者朋友们是否体会到了"小模块中也有大知识?"如果有这样的感觉,说明你正在知识积淀的过程中,需要仔细阅读相关器件手册,体会时序控制,掌握 STC8 系列单片机外设资源控制思想及编程实现,小宇老师愿与你一起学习进步,收获快乐!

第8章

"0101，我是键码！"按键及编码开关运用

章节导读：

本章将详细介绍"独立按键/矩阵键盘/旋转编码器/BCD开关"等器件的运用和编程，共分为5节。8.1节介绍了一些电子产品上常见的输入类器件，然后带朋友们了解轻触按键的分类和组成，信号的"抖动"成因和"去抖"方法；8.2节主要讲解独立按键的检测和编程，挑选4个项目深化独立按键的理解和编程方法的思考；8.3节基于独立按键进行电路改造，提出矩阵式键盘应用和键码解析；8.4节引入了常用的EC11系列旋转编码器，将其比作"怪旋钮"讲解其功能和用法；8.5节讲解BCD编码开关器件，通过3~4个I/O去获得8~16种编码电平。本章内容非常基础，望朋友们务必掌握，以便在后续系统或产品中熟练运用。

8.1 人机交互常规输入器件简介及使用

每一章的开篇都是新知识学习的开始，小宇老师愿意做陪伴在你身边的忠实"书童"，一起学习每个知识点，一起找寻每一份开心与快乐。本章我们需要学习人机交互应用中的基础单元：输入类器件/模块/设备。

这类器件的结构和种类非常多样，也很常见，几乎成为现代电子产品中的必备单元。我们来看看图8.1，看看身边常见的电子产品有哪些输入类器件。

图8.1(a)是一个计算器，每个计算器上都有很多按键，有着数字输入和功能选择的作用，这些按键在内部构成了一个电路，然后连接到计算器的主控制芯片上，这种需要全数字(即0~9)和功能输入的应用场景中一般都要涉及"键盘"，每个按键都有一个独特的身份(即键值)，但是拆分来看，其实键盘就是由一个一个的独立按键构成的功能整体。

图8.1(b)是一个游戏手柄，箭头所指的是方向摇杆，通常用于控制游戏人物的左右移动，操作手感非常棒，从器件角度来说其实是个PS2双轴按键摇杆，左右摇动该器件时可以输出不同的电压，然后通过电压转换去识别操作者的动作，向下按压后还可充当一路按键。

图8.1(c)是一款经典的诺基亚5200手机，小宇老师原来也有一部，那时候有个滑盖手机还觉得自己"挺带劲"(一不小心就暴露了年龄段)。当然，现在的朋友们都用智能机了，很难再看到那种机体带按键的"古董"手机了，这个诺基亚手机的箭头处就是一个多方向按键。

图8.1(d)是实验室用的常规仪器，这类仪器上也有功能按键，但是还有一种"拧不到头"的"怪旋钮"，这种旋钮手感一级棒，拧动的时候有一格一格的阻力感，但是就是拧不到头，这种器件常用于参数选择、数据增减调节、图像缩放调节、菜单项选择等功能，也就是我们即将要学习的旋转编码器。

| (a) | (b) | (c) | (d) |

图 8.1　常见的输入类器件应用场景

　　当然,实际电子产品中的输入类器件还有很多,例如,拨轮开关、拨动开关和一些标准化接口的输入设备等(比如 PS/2 接口键盘)。朋友们在接触这些电子产品的时候需要多多留心和观察,借此机会认识更多的器件类型,为自己将来设计产品做好知识铺垫,到时候就能有更多的方案选择。

　　面对如此多样的输入类器件,我们还是要选个"代表"来学习,想来想去还是"轻触按键"最适合初学者学习了,这个"轻触"其实指的是按键开关的行程距离(即按下到弹起的空间长度)很短,其内部结构大多是靠金属弹片受力变化来实现通断的,在实际的电路中可以用来连通/切断电信号(非大电流)或者是实现电信号的跳变,其应用非常广泛。

8.1.1　轻触按键分类及结构

　　轻触按键的实现原理有多种,常见的有机械式、导电胶式、导电薄膜式等。其中,机械式的按键应用非常多,手感也较好,接触电阻也较小,但根据生产指标的不同按键寿命差异性很大,质量不好的机械式按键不仅按键寿命短而且极易产生虚接和"抖动"。导电胶式和导电薄膜式的轻触按键根据质量不同手感差异较大,接触电阻一般大于机械式按键。图 8.2 中所展示的为某款机械式按键的外观、结构及实物。

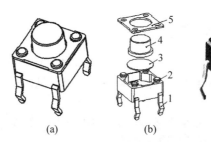

| (a) | (b) | (c) |

图 8.2　某款轻触按键开关外观、结构及实物图

　　图 8.2(b)即为该款机械式轻触按键的组成结构,1 是轻触按键的连线引脚,一般焊接在 PCB 上,在图中共有 4 个连线引脚,可以用万用表测量内部的导通连接情况,引脚也分为直插式和贴片式,如果做批量产品的话最好采用贴片式按键(焊接费用低),若要过回流焊,一定要买耐高温的按键才行(小宇老师就吃过亏,买的按键不耐高温,进了回流焊后全部都化了,"回流焊"是表面装贴焊接工艺中的一环,这类知识可以自学电子工艺类书籍)。2 为按键底座,底座的材料一般为塑料,用来封装按键内部结构。3 为反作用力金属簧片,当按键按下时簧片会向下弯曲导致触点连接,失去作用力时簧片向上弹起,触点与簧片分离。4 为按键手柄,按键手柄多为塑料材质,手柄的高度也不一样,选型时可以根据实际需要进行轻触按键样式、外观、结构的选择。5 为按键开关盖,一般采用薄金属片制成并做镀镍处理,否则使用久了就会生锈。

8.1.2　轻触按键电压波形

　　轻触按键的使用方法十分简单,其类型一般都是非自锁的按键开关,也就是说,按下时电路接通，一旦松手则按键内部触点断开，根据该原理容易搭建出如图 8.3(a)所示电路。R1 电阻为限流保护电阻，同时对 A 点也有上拉作用，按照我们的理解，当 S1 按下时 A 点应该为低电平"0"，当 S1 松手弹起时 A 点应该是高电平"1"，是不是这样的效果呢？为了验证猜想，我们搭建了如图 8.3(a)所示电路，用万用表电压挡位测量了按键按下和松手时 A 点的电压，确实和我们设想的一样。

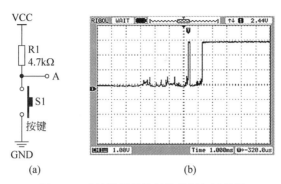

图 8.3　示波器测量按键信号"抖动"情况

于是，我们基于 STC8H8K64U 单片机编写了简单的按键状态判断程序，程序功能很简单，就是每按下按键一次，数码管就加 1 显示，程序上电后数码管首次显示"0"，当按下一次按键后发现数码管上显示的居然是"5"而不是"1"，其原因何在呢？

遇到这样的问题是最"头疼"的，因为程序难度很低，思路也很清晰，但是结果却让人"费解"。于是搬出仪器，用示波器好好观察一番，果然有了突破，按键电压波形的实际测量结果如图 8.3(b)所示，读者朋友可以明显地观察到松手后的瞬间，按键产生的上升沿不止一个，波形上还存在很多的"毛刺"，这些信号就是由于金属簧片与触点的不稳定接触所造成的，我们称为"抖动"的按键信号。

有的朋友可能会猜想，按键产生"抖动"是不是质量不好导致的呢？这算是原因之一，但是更多的是机械式轻触按键的固有"特点"，也就是簧片和触点的接触性问题，小宇老师测试过好几家不同公司的簧片式机械按键都存在或多或少的抖动。回到我们的实验，正是因为抖动信号的干扰，让单片机程序误以为是按键多次被按下，才导致了数码管显示的异常，这下原因就找到了，为了方便大家理解，小宇老师用图 8.4 解释一下这个过程。

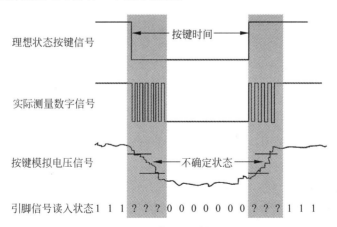

图 8.4　按键信号的"抖动"影响

按照理想状态来说，按键按下到弹起应该只有一个下降沿和一个上升沿，边沿也应该是非常陡峭没有"毛刺"的（如图 8.4 中的理想状态），然而由于机械式簧片与触点的接触并不是非常稳定和牢靠,实际产生的电压波形类似于图 8.4 中的按键模拟电压信号,这种不确定状态的信号传送至单片机引脚时会被单片机识别为多个窄脉冲,通常情况下,轻触按键的"抖动期"持续时间为 5～10ms,导致读入状态在这段"抖动期"中变得异常。

8.1.3　按键信号"去抖动"方法

抖动如果是机械构造产生的,那就无法从根源上去除,但是可以从"按键信号"上想想办法,能不能通过一些电路或者程序处理去除或者抑制其产生呢?

第一个想法:抖动信号其实是一种边沿带有"短时间毛刺"的信号,如果在这个信号到达引脚之前让其经过 RC 低通电路,然后再进入施密特触发器中进行整形不就滤除和修正波形了吗? 想法可行,这就是"硬件去抖"法,其硬件构成可以参考如图 8.5 所示电路。图中的 R1 为限流电阻,R2 和 C1 构成了按键信号的低通滤波电路,R 和 C 的具体取值要经过计算,可以将时间常数取值为 10ms 左右得到,经过 RC 电路后即可送入施密特触发器中整形最终得到去抖整形后的信号(STC8 全系列单片机的 I/O 内部也有施密特触发器单元,可以通过使能 PxNCS 寄存器去开启,经过实验,仅靠单片机 I/O 内部的施密特触发器单元去抑制按键抖动的效果并不好)。该方法虽可以达到去抖目的,但随着按键数量的

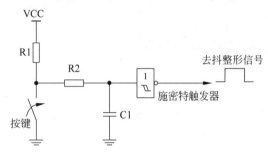

图 8.5　硬件方法去除按键"抖动"电路

增多,硬件成本和电路的复杂度进一步增大,读者朋友可以根据实际需要进行选择。

第二个想法:既然抖动持续的时间为 5～10ms,能不能让单片机忽略掉这个"抖动期"然后去读取"稳定区"的电平状态呢? 想法很好! 这就是软件"延时去抖"法,所谓延时去抖就是检测到按键按下后首先延时 10～20ms,等待渡过"抖动期"后再次判断按键状态,这样的方法不需要增加额外的成本,软件实现难度较低,因此非常通用,但软件延时会降低 CPU 的处理效率,也降低了系统的实时性响应,需要具体问题具体分析。

8.2　独立按键编程及应用

在实际的单片机系统中,按键的具体组织形式与实际硬件资源情况和系统需求有关。如果项目需要设计一个车载 MP3 解码器,只需要用到播放、停止、上一首、下一首、快进、增加音量、减少音量等常用按键,这种对按键需求较少的情况下就适合使用独立按键结构。

8.2.1　基础项目 A　独立按键检测与控制实验

独立按键结构非常简单,在大多数的应用场景下都是"一个萝卜一个坑",啥意思呢? 也就是说,需要 N 个功能按键就需要 N 个单片机的 I/O 引脚与之对应,这种情况下电路最为简单,学习难度最低。一般来说,在电路构成上需要串接限流电阻,以防止按键按下时将 I/O 引脚直接对地(严重时造成 I/O 内部电路损坏)。对于 STC8 系列单片机而言,做按键检测时将引脚模式配置为准双向模式即可,此时 I/O 引脚内部会自带一个弱上拉,方便获取按键状态。

在独立按键结构中可以采用两种方法对按键状态进行检测和识别,第一种方法是查询法(也称轮询法),就是不断地读取引脚电平状态,然后判断引脚状态是否发生变化,这种方法实现起来很简单,但是会降低 CPU 处理效率。

还有一种方法将在第 11 章进行学习,那就是中断法,这种方法需要启用 STC8 系列单片机的

外部中断功能,当引脚电平变化时会产生外部中断,提醒 CPU 去做按键检测,这种方法不用一直"霸占"CPU,让 CPU 从低级轮询中"解放"出来,这里留个伏笔,朋友们不必心急,我们按照知识的梯度慢慢学习即可。

接下来就开始做实验吧! 在实验之前,我们要构思实验功能,既要凸显独立按键的运用,又要结合以往章节的内容加以"复习",于是,小宇老师想到了独立按键与数码管显示的结合实验。我们设置两个独立按键,一个用来做加法,另一个用来做减法,上电之初让 1 位 8 段数码管显示"0",若加法按键按下去,则数码管数字递增,递增到 9 为上限,此时加法键失效,减法键按动一次数码管数字递减,递减到 0 为下限,此时减法键失效。怎么样? 听起来不难吧! 设计了程序功能就需要搭建外围电路和分配单片机 I/O,实验电路原理如图 8.6 所示。

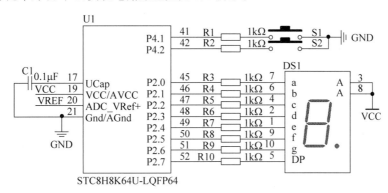

图 8.6 独立按键检测与控制实验电路原理图

在硬件电路中主控选用 STC8H8K64U 单片机,S1 按键用作"加法"功能,连接单片机 P4.1 引脚,S2 按键用作"减法"功能,连接单片机 P4.2 引脚,R1～R10 电阻均用作 I/O 限流,分配 P2 整组端口连接 1 位 8 段单色共阳数码管 DS1,数码管的 3、8 引脚为公共端接 VCC,当 P2.0～P2.7 中任何一个引脚为低电平时,对应的"段"就会亮起,否则保持熄灭状态。P4.1、P4.2 引脚以及 P2 整组端口均配置为准双向弱上拉模式即可。

硬件电路搭建完成后就可以开始编程了,考虑到硬件电路的 DS1 数码管为一位 8 段单色共阳数码管,在程序编写之初应该建立好数码管类型对应的段码数组,为了方便程序移植和兼容数码管类型(共阴或共阳),可以在程序中构建共阴数码管段码数组 tableA[]和共阳数码管段码数组 tableB[],程序语句如下。

```
u8 tableA[] = {0x3F,0x06,0x5B,0x4F,0x66,0x6D,0x7D,0x07,0x7F,0x6F};   //共阴数码管段码 0～9
u8 tableB[] = {0xC0,0xF9,0xA4,0xB0,0x99,0x92,0x82,0xF8,0x80,0x90};   //共阳数码管段码 0～9
```

在程序中我们采用软件延时法去除按键抖动,利用 C51 语言编写程序实现如下。

```
//芯片型号:STC8H8K64U(程序微调后可移植至 STC8A/F/C/G/H 系列单片机)
//时钟说明:单片机片内高速 24MHz 时钟
/ *********************************************************** /
# include "STC8H.h"                            //主控芯片的头文件
/ ****************** 常用数据类型定义 ******************* /
【略】为节省篇幅,相似定义参见相关章节或源码工程即可
/ ****************** 端口/引脚定义区域 ****************** /
sbit   KEY1 = P4^1;                           //加动作按键引脚
sbit   KEY2 = P4^2;                           //减动作按键引脚
#define  LED  P2                              //1 位共阳数码管段码连接端口组
/ ****************** 用户自定义数据区域 ****************** /
u8 tableA[] = {0x3F,0x06,0x5B,0x4F,0x66,0x6D,0x7D,0x07,0x7F,0x6F};
//共阴数码管段码 0～9
```

```
u8 tableB[ ] = {0xC0,0xF9,0xA4,0xB0,0x99,0x92,0x82,0xF8,0x80,0x90};
//共阳数码管段码 0～9
/********************************* 函数声明区域 ***************************** /
void delay(u16 Count);                    //延时函数
/********************************* 主函数区域 ***************************** /
void main(void)
{
    u8 i = 0;                             //定义自增控制变量 i
    //配置 P4.1-2 为准双向/弱上拉模式
    P4M0& = 0xF9;                         //P4M0.1-2 = 0
    P4M1& = 0xF9;                         //P4M1.1-2 = 0
    //配置 P2 为准双向/弱上拉模式
    P2M0 = 0x00;                          //P2M0.0-7 = 0
    P2M1 = 0x00;                          //P2M1.0-7 = 0
    delay(5);                             //等待 I/O 模式配置稳定
    LED = tableB[i];                      //上电显示"0"
    while(1)
    {
        if(KEY1 == 0)                     //若按键 1 按下
        {
            delay(50);                    //软件去抖
            if(KEY1 == 0)                 //确定按键 1 按下
            {
                if(i > = 9)               //如果 i 大于等于 9
                    i = 0;                //清零 i,防止 tableB[]数组下标越界
                else
                    i += 1;               //进行加操作
                LED = tableB[i];          //显示结果
                while(!KEY1);             //等待按键 1 松手
            }
        }
        if(KEY2 == 0)                     //若按键 2 按下
        {
            delay(50);                    //软件去抖
            if(KEY2 == 0)                 //确定按键 2 按下
            {
                if(i == 0)                //如果 i 等于 0
                    i = 0;                //清零 i,防止 tableB[]数组下标越界
                else
                    i -= 1;               //进行减操作
                LED = tableB[i];          //显示结果
                while(!KEY2);             //等待按键 2 松手
            }
        }
    }
}
/****************************************************************** /
//延时函数 delay(),有形参 Count 用于控制延时函数执行次数,无返回值
/****************************************************************** /
void delay(u16 Count)
{
    u8 i,j;
    while (Count -- )                     //Count 形参控制延时次数
    {
        for(i = 0;i < 50;i++)
        for(j = 0;j < 20;j++);
    }
}
```

程序很简单，主要是看 main()函数中的 while(1)死循环，这个循环内不断在检测 KEY1 和 KEY2 的按键动作，若存在按键按下，则软件延时去抖，然后再次检测该按键是不是被稳定地按下了，如果是，则执行对应的加减法和数码显示功能。将源码编译后下载到单片机中，可以得到如图 8.7 所示的数码效果。

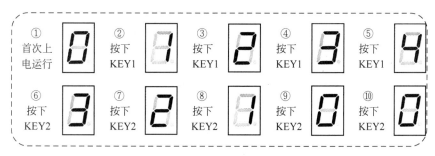

图 8.7　独立按键检测与控制实验效果

单片机上电运行后，因为在 main()函数中执行了"LED=tableB[i];"语句，相当于把 tableB[0] 的内容，即 0xC0 赋值给了 P2 端口组，这样一来，DS1 数码管就得到了显示"0"的段码，所以上电后即使不按下按键，DS1 上也会显示出"0"，若按下 KEY1 则开始加法，数码管的内容会由"0"变"1"，多次按下后，数码管的内容也会自增(上限为"9")，当按下 KEY2 时，数码管的值开始递减，当减到"0"后再按 KEY2 也不起任何作用了，这是因为我们在程序中对 i 的取值进行了限定，i 只能是 0～9，所以 DS1 只能显示出"0"～"9"的数码样式。

8.2.2　进阶项目 A　长/短按键动作识别实验

"一个萝卜一个坑"的电路模式虽然很好，但实际应用中的情况是多变的，朋友们以后就会慢慢知道，做实验和做产品完全不一样，有的时候单片机真的连一个引脚都不能浪费。举个例子，小宇老师想开发一款"爽歪歪"牌电动牙刷，这个牙刷里具备一颗 4 个脚的单片机，除去 VCC 和 GND 电源引脚，剩下的就只有两个 I/O 引脚了，一个 I/O 引脚要产生 PWM 信号控制电机产生刷牙振动(STC8 系列单片机也能轻松产生 PWM 信号，这部分的知识和内容在第 13 章展开讲解)，那么留给人机交互按键的就只有一个引脚了，这种情况下怎么实现刷牙的挡位调节呢？

让我们想想办法，所谓的刷牙挡位就是振动强度和频率的调整，其实就是电机的控制，说白了也就是 PWM 信号的调整，那信号怎么变呢？这就要看按键的控制，要做到"一键多用"。例如，按一次可能是开机和一挡模式，再按一次可能上升到二挡模式，再按就是三挡，一直往上升，最多也就是 4 挡吧(毕竟这是牙刷不是电钻，搞太多的挡位其实也就是商业噱头罢了)，按到 4 挡之后再按一次就回归到 1 挡，如此往复。这个功能倒是好做，在程序中用一个变量随按键次数实现自增即可，按一次这个变量就加 1，并且对应不同的 PWM 信号输出，加到 4 的话就让变量重新变为 0 即可。问题来了，这个"爽歪歪"牌电动牙刷怎么关机呢？市面上很多电动牙刷的关机方法都是"长按"，也就是按住这个挡位按键 3s 牙刷就关机了，这个功能挺好，有的朋友已经开始好奇了，咋实现的呢？

这个功能就是本项目的重点，要让朋友们自己编出长/短按键动作识别实验，在做这个实验之前，我们需要搭建如图 8.8 所示电路。

分析电路，图中有一个轻触按键 S1，我们就是要基于这个按键做动作识别(本项目做长/短动作识别，下一个项目也是基于这个电路做单/双击动作识别)，D1 和 D2 是两个发光二极管，D1 用于指示短按动作(或下一个项目的单击动作)，D2 用于指示长按动作(或下一个项目的双击动作)，R1～R3 都用作限流。

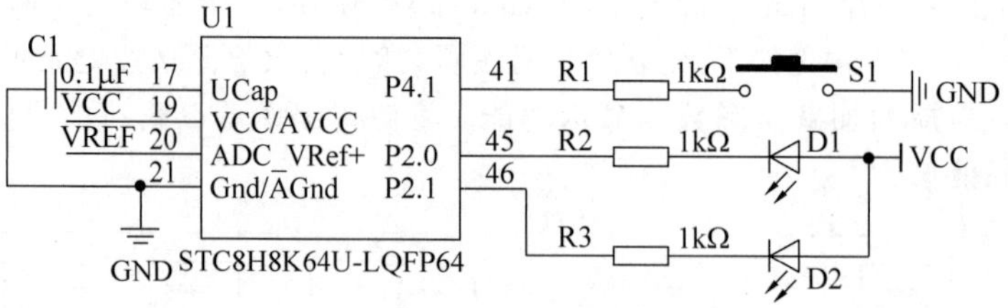

图 8.8　长/短/单/双击按键动作识别实验电路原理图

　　电路搭建后开始编程,在程序中只需要分配 3 个引脚给 S1、D1 和 D2 即可,重点在于判断按键 S1"是不是按下去了"和"按下去了多久",若检测到 S1 按下,应该用软件去抖,然后再去判断 S1 状态,若 S1 仍是按下状态,则开始间隔计数(每过一会儿就让一个变量实现自增,间隔时间无所谓,取毫秒级延时就行,按得越久则变量越大),随后判定计数变量的大小,若大于某个阈值(可以由我们自己设定)就判定为"长按"动作,D2 就应该亮起,反之就是"短按"动作,D1 应该亮起。最后等待 S1 按键"松手"动作即可。思路清晰了,编程就很简单了,利用 C51 语言编写的具体程序实现如下。

```
//芯片型号:STC8H8K64U(程序微调后可移植至 STC8A/F/C/G/H 系列单片机)
//时钟说明:单片机片内高速 24MHz 时钟
/ ********************************************************** /
# include "STC8H.h"                        //主控芯片的头文件
/ ********************* 常用数据类型定义 ********************* /
【略】为节省篇幅,相似定义参见相关章节或源码工程即可
/ ******************** 端口/引脚定义区域 ******************* /
sbit   KEY = P4^1;                          //按键引脚
sbit   LED1 = P2^0;                         //短按行为指示灯 D1
sbit   LED2 = P2^1;                         //长按行为指示灯 D2
/ ********************** 函数声明区域 ********************** /
void delay(u16 Count);                      //延时函数
/ ********************** 主函数区域 ********************** /
void main(void)
{
    u8 time;                               //反映按下后大致时间间隔
    //配置 P4.1 为准双向/弱上拉模式
    P4M0& = 0xFD;                          //P4M0.1 = 0
    P4M1& = 0xFD;                          //P4M1.1 = 0
    //配置 P2.0 - 1 为推挽/强上拉模式
    P2M0| = 0x03;                          //P2M0.0 - 1 = 1
    P2M1& = 0xFC;                          //P2M1.0 - 1 = 0
    delay(5);                              //等待 I/O 模式配置稳定
    while(1)
    {
        if(KEY == 0)                       //若按键按下
        {
            delay(20);                     //软件去抖
            if(KEY == 0)                   //确定按键按下
            {
                while((KEY == 0)&&time < 256)   //从按下开始计时到间隔上限
                {delay(10);time++;}        //以一定的时间间隔开始计数自增
                if(time >= 100)            //时间间隔若大于 100(自定义)
                    {LED1 = 1;LED2 = 0;}   //判定为长按动作(D2 亮起)
                else                       //间隔不足 100
                    {LED1 = 0;LED2 = 1;}   //判定为短按动作(D1 亮起)
                while(KEY == 0);           //等待按键松手
                time = 0;                  //时间间隔变量清零
            }
```

```
            }
        }
    }
/*****************************************************************/
【略】为节省篇幅,相似函数参见相关章节源码即可
void delay(u16 Count){}                              //延时函数
```

将程序编译后得到了 HEX 文件,用 STC-ISP 软件将其装载并烧录到目标单片机中(配置了运行时的 IRC 频率为 24MHz,这就是单片机的系统频率),我们短按 S1 后 D1 亮起,长按 S1 后 D2 亮起(大约 1.5s 及以上),从效果上看没有问题。

在程序中,变量 time 就是大致的时间间隔,该变量在定义后就被赋值为 0,当程序中检测到 KEY 按键按下时,就完全满足"while((KEY==0)&&time<256)"条件,time 的值就在这个 while 结构中间隔性自增,这个条件中的"time<256"是用来约束自增的上限,以防止按键过久地被按下之后,time 的值越来越大,最后超出无符号字符型数据的取值范围造成溢出。

当按键松手或者按键持续按下但 time 的值已经自增到最大的时候,程序将跳出"while((KEY==0)&&time<256)"条件下的循环。接下来程序会进行 time 数值的判断,若按下的时间间隔超过我们自定义的阈值"100"时(24MHz 主频下约为 1.5s,可以用逻辑分析仪测量出来,从而反向修改自定义阈值),程序判定当前按键行为是长按,反之为短按。

8.2.3 进阶项目 B 单/双击按键动作识别实验

从程序的复杂度上来看,之前我们做的长/短按键检测其实很简单,无非就是用一个变量自增去衡量按键按下后的时间长短,要是变量值大于一个设定值就判定为"长按"行为,反之就是"短按"行为,但是实际应用中还可能出现类似于鼠标的单击/双击功能需求。

从鼠标的功能上来说,单击的作用是选定程序/文件,双击的作用是执行或者打开程序/文件。由此可见,双击并不等同于两次单击,其按键行为有着不同的功能。稍加分析,双击的实现是在一个"有限时间"内两次按下按键,在这个时间段内的按键行为应该是首次按下、一次松手、二次按下和二次松手。那么在单片机系统中能不能实现单/双击动作识别呢?当然可以,我们依然使用上一个项目中如图 8.8 所示实验电路,在这个硬件电路上改写程序即可。

在程序中首先定义一个变量 Click_Type,这个变量用作单/双击行为指示,定义后赋值为 0,然后不断检测按键 S1,等待其首次按下,经过延时去抖后等待其第一次松手,随后就进入一个"有限次"的循环体之中,其目的是在"有限次"的循环间隔中检测 S1 是不是又被按下了一次,若经过"有限次"检测后 S1 出现二次按下,经过延时去抖后确定了 S1 二次按下,那就将 Click_Type 变量置 1,然后让 D2 亮起,此时判定 S1 出现了"双击"行为,最后等待 S1 正常松手即可。反之,经过"有限次"检测后 S1 并没有被二次按下,则 Click_Type 变量值保持为 0,判定为"单击"行为,D1 亮起即可。

思路清晰了,编程就很简单了,利用 C51 语言编写的具体程序实现如下。

```
//芯片型号:STC8H8K64U(程序微调后可移植至 STC8A/F/C/G/H 系列单片机)
//时钟说明:单片机片内高速 24MHz 时钟
/*****************************************************************/
#include "STC8H.h"                                  //主控芯片的头文件
/*********************** 常用数据类型定义 ***********************/
【略】为节省篇幅,相似定义参见相关章节或源码工程即可
/*********************** 端口/引脚定义区域 ***********************/
sbit  KEY = P4^1;                                    //按键引脚
sbit  LED1 = P2^0;                                   //单击行为指示灯
sbit  LED2 = P2^1;                                   //双击行为指示灯
/*********************** 函数声明区域 ***********************/
void delay(u16 Count);                               //延时函数
```

```
/****************************** 主函数区域 ******************************/
void main(void)
{
    u8 Click_Type = 0;                      //单双击行为标志位
    u8 i;                                   //循环变量
    //配置 P4.1 为准双向/弱上拉模式
    P4M0 &= 0xFD;                           //P4M0.1 = 0
    P4M1 &= 0xFD;                           //P4M1.1 = 0
    //配置 P2.0-1 为推挽/强上拉模式
    P2M0 |= 0x03;                           //P2M0.0-1 = 1
    P2M1 &= 0xFC;                           //P2M1.0-1 = 0
    delay(5);                               //等待 I/O 模式配置稳定
    while(1)
    {
        if(KEY == 0)                        //若按键首次按下
        {
            delay(20);                      //软件去抖
            if(KEY == 0)                    //确定按键首次按下
            {
                while(KEY == 0);            //等待第一次松手
                for(i = 0;i < 40;i++)       //在大致 300ms 内进行双击检测
                {
                    delay(20);              //延迟 200ms 左右再检测
                    //每 200ms 左右检测是否松开,延迟太短或太长都不行
                    if(KEY == 0)            //若按键二次按下
                    {
                        delay(20);          //软件去抖
                        if(KEY == 0)        //确定按键二次按下
                        {
                            Click_Type = 1; //单双击行为标志位置 1
                            LED1 = 1;LED2 = 0; //判定为双击行为(D2 亮起)
                            while(KEY == 0);   //等待按键二次松手
                        }
                    }
                }
                if(Click_Type == 0)         //检测过程不存在二次按下
                {LED1 = 0;LED2 = 1;}        //判定为单击行为(D1 亮起)
            }
        }
        Click_Type = 0;                     //清除单双击行为标志位
    }
}
/****************************************************************************/
【略】为节省篇幅,相似函数参见相关章节源码即可
void delay(u16 Count){}                     //延时函数
```

通读程序,结构还是比较清晰的,将程序编译后下载到目标单片机中,可以完成单击和双击动作的识别,但在实际测试中也发现了一些"烦人"的问题。若按键 S1 首次按下后不松手,程序会一直"卡死"在"while(KEY==0);"这句话中,导致单片机什么也做不了,只能等用户松手才行。虽说正常人肯定会松手,但不排除按键被模具卡住了呢?确实,作为"程序猿"的我们应该反思程序的"健壮性",考虑实际情况,应当对程序进行改进。

有朋友想到了,能不能做个"限时"检测呢?即在一定时间内去检测单击和双击的行为,要是超时之后就直接判定,优化"while("永真条件")"这种样式的语句,避免 S1 首次按下后就"卡死"程序的情况。

当然是可以的,我们可以在 S1 首次按下后直接进入一个"有限次"的循环,这个循环内主要是

检测 S1 是不是松手了,若 S1 在首次按下后就一直不放,那在"有限次"循环判定后就直接跳出循环,判定为"单击"行为,D1 亮起。若 S1 在首次按下后的"有限次"循环内出现了第一次松手,则会继续进入另外一个循环体,这个循环体主要是在限定时间内检测 S1 会不会再按一次,若 S1 又按了一次,则发生"双击"行为,这时就让 Click_Type 变量置 1,然后让 D2 亮起。若 S1 并未出现二次按下也没事,在限定时间结束后,程序还是会跳出循环体,然后判定 S1 为"单击"行为,这样的话程序里就不会出现"卡死"问题了。我们利用 C51 语言改写 main() 函数后的程序实现如下。

```c
void main(void)
{
    u8 Click_Type;                              //单双击行为标志位
    u8 i;                                       //循环变量
    //配置 P4.1 为准双向/弱上拉模式
    P4M0&= 0xFD;                                //P4M0.1 = 0
    P4M1&= 0xFD;                                //P4M1.1 = 0
    //配置 P2.0 - 1 为推挽/强上拉模式
    P2M0| = 0x03;                               //P2M0.0 - 1 = 1
    P2M1&= 0xFC;                                //P2M1.0 - 1 = 0
    delay(5);                                   //等待 I/O 模式配置稳定
    while(1)
    {
        if(KEY == 0)                            //若按键首次按下
        {
            delay(20);                          //软件去抖
            if(KEY == 0)                        //确定按键首次按下
            {
                for(i = 0;i < 40;i++)           //在约 300ms 内进行双击检测
                {
                    delay(20);                  //延迟 200ms 左右再检测
                    //每 200ms 左右检测是否松开,延迟太短或太长都不行
                    if(KEY == 1)                //若按键一次松手
                    {
                        for(i = 0;i < 40;i++)   //在约 300ms 内检测是否再次按下
                        {
                            delay(20);          //延迟 200ms 左右再检测
                            //每 200ms 左右检测是否松开,延迟太短或太长都不行
                            if(KEY == 0)        //若按键二次按下
                            {
                                delay(20);      //软件去抖
                                if(KEY == 0)    //确定按键二次按下
                                {
                                    Click_Type = 1;     //单双击行为标志位置 1
                                    LED1 = 1;LED2 = 0;  //判定为双击行为(D2 亮起)
                                    while(KEY == 0);    //等待按键二次松手
                                }
                            }
                        }
                    }
                }
                if(Click_Type == 0)             //检测过程不存在二次按下
                    {LED1 = 0;LED2 = 1;}        //判定为单击行为(D1 亮起)
            }
        }
        Click_Type = 0;                         //清除单双击行为标志位
    }
}
```

　　程序改写后,就算是将 S1 首次按下后不松手,程序也不会出现卡死状态,在"有限次"的循环之后程序就会跳出来并指示 S1 产生了"单击"行为。至此,我们的改写算是成功的,但是本程序涉及具体的单击和双击操作,程序里的延时时间间隔还需要根据使用者的实际情况进行微调,以获得最佳的使用体验。

8.2.4　进阶项目 C　组合按键动作识别实验

　　在独立按键的"世界"里其实还有好多种"玩法",朋友们要把思路打开,除了之前讲解的单独按下、长按、短按、单击、双击,其实还有"1＋1＝3"的情况,啥意思呢? 也就是说,两个独立按键 A 和 B,可以产生 A 按下、B 按下和 A＋B 同时按下的"玩法",这种方法就叫"组合"按键。

　　其实这个"组合键"的概念在初中计算机课上就已经学过了,就拿编辑 Word 文档来说,Ctrl＋C 就是复制,Ctrl＋A 就是全选,Ctrl＋V 就是粘贴,Ctrl＋Z 就是撤销,Ctrl＋S 就是保存,Ctrl＋P 就是打印。观察这些组合按键,往往都是"通用键＋功能键"的组合形式,说到这里,小宇老师产生了一个想法,我想用多个独立按键做一个组合键动作识别实验。

　　既然是要实现组合键功能,独立按键的数量就至少要两个或者以上,为了演示组合效果,LED 也是必不可少的,有了想法就可以搭建如图 8.9 所示实验电路了。

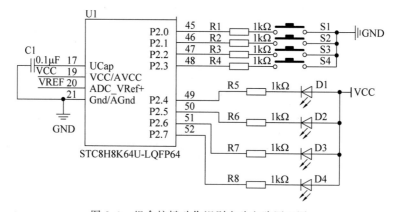

图 8.9　组合按键动作识别实验电路原理图

　　硬件电路中的按键共有 4 个,S1～S4 可以连接到 STC8 系列单片机的任何 I/O 引脚,引脚号不相邻、不连续也是可以的。D1～D4 是 4 个发光二极管,用于指示组合键 1～4 的行为,R1～R8 都用于限流。

　　硬件电路搭建完成后,我们来想想软件该怎么编。从独立按键上考虑,S1～S4 可以有 4 个按键状态,若选择 S1 作为"通用键",那么剩下的 S2～S4 就可以变成"功能键"与之搭配,就可以产生"S1＋S2"作为组合键 1、"S1＋S3"作为组合键 2、"S1＋S4"作为组合键 3。按照这样的想法,在程序里就需要构造一个比较"冗长"的判断结构,为啥呢? 因为要在 S1 按下之后在"有限次"的间隔检测中看看 S2、S3、S4 是不是也有一个被按下了,若都没有按下,则判定 S1 出现了"单击"行为,不存在组合键行为。若其中一个被按下了,那就是出现了组合键行为。有的朋友可能要问了,那我先把 S1 按下后又同时按下 S2、S3 和 S4 呢? 我一按就按两个以上会怎么样呢? 毫无疑问,那就会出现混乱,所以我们事先规定好,本实验中的"组合键"只能是 S1 与另外一个单独按键的组合形式。

　　这个"冗长"的判断结构倒不难,也就是使用 if-else-if 的形式即可。我们还需要定义一个变量 Key_Type 作为标志位,定义后将其赋值为 0,若出现组合键行为就让它置 1,以便于程序对按键行为的判断。因为硬件电路中还有 4 个发光二极管用于按键行为的显示,那我们在编程时就干脆再定义一个函数 LED_DIS(),用于对这 4 个发光二极管的引脚进行控制,这样就很简单,假设我要 D1

亮起,那就执行"LED_DIS(1)"。若出现 S1 单击行为,D1 就亮,组合键 1 行为出现时 D2 就亮,组合键 2 和 3 就对应 D3 和 D4 即可。

思路清晰了,编程就很简单了,利用 C51 语言编写的具体程序实现如下。

```c
//芯片型号: STC8H8K64U(程序微调后可移植至 STC8A/F/C/G/H 系列单片机)
//时钟说明: 单片机片内高速 24MHz 时钟
/ ******************************************************* /
# include "STC8H.h"                    //主控芯片的头文件
/ ********************** 常用数据类型定义 ********************* /
【略】为节省篇幅,相似定义参见相关章节或源码工程即可
/ ********************** 端口/引脚定义区域 ******************* /
sbit   KEY1 = P2^0;                     //按键1(做单击演示)
sbit   KEY2 = P2^1;                     //按键2(搭配按键1做组合键1)
sbit   KEY3 = P2^2;                     //按键3(搭配按键1做组合键2)
sbit   KEY4 = P2^3;                     //按键4(搭配按键1做组合键3)
sbit   LED1 = P2^4;                     //单击行为指示灯
sbit   LED2 = P2^5;                     //组合键1指示灯
sbit   LED3 = P2^6;                     //组合键2指示灯
sbit   LED4 = P2^7;                     //组合键3指示灯
/ ********************** 函数声明区域 ********************* /
void delay(u16 Count);                  //延时函数
void LED_DIS(u8 LED_Num);               //按键行为指示函数
/ ********************** 主函数区域 ********************* /
void main(void)
{
    u8 Key_Type = 0;                    //按键行为标志位(单/组合键)
    u8 i = 0;                           //循环控制变量(用于限时检测按键行为)
    //配置 P2.0 - 3 为准双向/弱上拉模式
    P2M0& = 0xF0;                       //P2M0.0 - 3 = 0
    P2M1& = 0xF0;                       //P2M1.0 - 3 = 0
    //配置 P2.4 - 7 为推挽/强上拉模式
    P2M0| = 0xF0;                       //P2M0.4 - 7 = 1
    P2M1& = 0x0F;                       //P2M1.4 - 7 = 0
    delay(5);                           //等待 I/O 模式配置稳定
    while (1)
    {
        if(KEY1 == 0)                   //若按键1按下
        {
            delay(20);                  //软件去抖
            if(KEY1 == 0)               //确定按键1按下
            {
                for(i = 0;i < 80;i++)   //检测约 600ms 内是否出现组合按键行为
                {
                    if(KEY2 == 0)       //若按键2搭配按键1(组合键1)
                    {
                        delay(20);      //软件去抖
                        if(KEY2 == 0)   //确定出现组合键1行为
                        {
                            LED_DIS(2); //组合键1指示(D2 亮起)
                            Key_Type = 1;   //出现组合键行为
                            while(KEY2 == 0);//等待按键2松手
                            while(KEY1 == 0);//等待按键1松手
                            break;      //跳出组合键检测
                        }
                    }
                    else if(KEY3 == 0)  //若按键3搭配按键1(组合键2)
                    {
```

```
                    delay(20);           //软件去抖
                    if(KEY3 == 0)        //确定出现组合键2行为
                    {
                        LED_DIS(3);      //组合键2指示(D3 亮起)
                        Key_Type = 1;    //出现组合键行为
                        while(KEY3 == 0); //等待按键3松手
                        while(KEY1 == 0); //等待按键1松手
                        break;           //跳出组合键检测
                    }
                }
                else if(KEY4 == 0)       //若按键4搭配按键1(组合键3)
                {
                    delay(20);           //软件去抖
                    if(KEY4 == 0)        //确定出现组合键3行为
                    {
                        LED_DIS(4);      //组合键3指示(D4 亮起)
                        Key_Type = 1;    //出现组合键行为
                        while(KEY4 == 0); //等待按键4松手
                        while(KEY1 == 0); //等待按键1松手
                        break;           //跳出组合键检测
                    }
                }
            }
            if(Key_Type == 0)            //无组合键行为,仅单击
            {
                LED_DIS(1);              //单击指示(D1 亮起)
            }
        }
    }
    Key_Type = 0;                        //清除按键行为标志位
    }
}
/ *********************************************************** /
//按键行为指示函数 LED_DIS(uchar LED_Num),有形参 LED_Num,无返回值
/ *********************************************************** /
void   LED_DIS(u8 LED_Num)
{
    switch(LED_Num)
    {
        case 1:{LED1 = 0;LED2 = 1;LED3 = 1;LED4 = 1;};break;     //单击指示(D1 亮起)
        case 2:{LED1 = 1;LED2 = 0;LED3 = 1;LED4 = 1;};break;     //组合键1指示(D2 亮起)
        case 3:{LED1 = 1;LED2 = 1;LED3 = 0;LED4 = 1;};break;     //组合键2指示(D3 亮起)
        case 4:{LED1 = 1;LED2 = 1;LED3 = 1;LED4 = 0;};break;     //组合键3指示(D4 亮起)
        default: break;
    }
}
/ *********************************************************** /
【略】为节省篇幅,相似函数参见相关章节源码即可
void delay(u16 Count){}                                          //延时函数
```

　　程序内容倒是不难,将程序编译后下载,经过实测确实可以实现组合键的行为识别。只不过这样的判断结构看着挺"烦心",要是组合键再多几个,那就必须要重新改变编程思路了。这个小实验只是启发下朋友们的编程思路,我们不用复杂的结构和方法其实也能解决独立按键的基本使用。

　　最后,总结一下本节的 4 个项目吧! 这些项目分别实现了独立按键的检测、长按/短按/单击/双击/组合按键的行为识别,每个程序的结构都挺简单,语句上也没有什么难度,在一般的应用中也验证通过了,但是小宇老师却并不看好这样的程序。

图 8.10 新/老工程师在面试时的“细节对话”

啥！你自己写的居然说不看好！是的，这样的程序结构和真实的工程应用还是有区别的（就像是如图 8.10 所示对话，很多应届毕业生面试时总会遇到老工程师的“细节提问”，这些细节恰恰能反映我们的工程能力）。之所以要向大家展示这 4 个项目，是因为软件延时的方法最为简单，符合朋友们当前学习的进度和知识的梯度，要是小宇老师一上来就搞“复杂化”，故意超前地引入按键状态机算法、阻塞态-非阻塞态处理或中断机制，那就会造成学习阻力，打击朋友们的学习信心，所以我们什么方法都要接触，学完之后再去做“对比”，要牢记：编程中的很多方法都不存在绝对的优劣，只讲适用。

下面，小宇老师简要分析延时法按键检测存在的 4 个问题。

第一，延时法浪费 CPU 时间，降低系统实时性及处理效率。

仔细想想，软件延时法的本质其实是让程序忽略掉按键的“抖动期”，但忽略的方法是在 delay() 函数中执行了很多无意义的循环，相当于执行了很多的“空语句”去消耗 CPU 的时间，从这个角度上说，延时法确实降低了实时性和处理效率。有的朋友会说，不就是 20ms 这么点时间嘛，也不至于说浪费吧！就拿 STC8 系列单片机来说吧，单片机的时钟周期通常都在微秒级别，有些指令只要一个时钟周期就执行完了，也就是说，20ms 这个时间内单片机可以处理 20 000 条这样的指令，现在来看，你还觉得不“浪费”吗？

第二，按键数量导致程序结构的冗长。

朋友们也看到了，在项目中接触到的按键数量并不多，本书的目的也就是用简单问题引出解决思路，这样的项目过于基础，所以小宇老师常给学生说：要是看几本书就能当电子工程师，那是不现实的。在实际应用中，按键数量增多时，延时法就要对每个按键行为都进行“去抖”和“调参”，语句结构就会特别冗长，if-else 分支会“长”到让你看不清程序。要是尝试在仿真中调试这样的程序，那感觉绝对“酸爽”，程序就会在 delay() 函数中“打转儿”，语句逻辑稍微不注意，按键上就会出现“你等我检测完”“我还没完你再等”“哎呀，我卡住了”“前面不松手我能怎么办”等问题，到时候就特别麻烦了。

第三，无法保证实际需求中的高速响应及优先处理。

本节项目中的按键检测流程都是顺序结构的，也就是说，按键之间谁都不能“插队”，必须要一个一个地检测，一个一个地去抖和处理，一旦进入一个循环体就不能中途出来，除非执行完毕才行，因为我们的程序里还没有引入中断机制（在第 11 章再仔细学习），所以程序无法实现不同按键的优先级区分和处理。举个例子，假设要设计一个数控加工台，上面有很多按键，其中一个是“急停”按键，我们都知道这个按键应该是最优先处理才行，这个按键的响应速度一定要及时，在这种情况下，我们的延时法缺点就更加严重了。

第四，程序移植要考虑系统频率，以免功能紊乱。

延时法的程序在移植的时候一定要注意系统时钟频率的适配，若某程序在 12MHz 系统频率下运行得很好，但是将时钟频率提升至 24MHz 后就出现了混乱（如按键失灵、液晶乱码、参数异常等），那就要首先考虑是不是延时函数造成了相关时序的混乱（主要是延时时间的改变导致了时序长短变化），如果延时时间变动太大，那就只能重写延时函数或者加大实际参数的数值，让延时函数多执行几遍。当然，我们以后还会学习定时/计数器方法，这些方法下的定时时间很精确，计算和参数调整也很方便（在第 12 章展开讲解）。

好了！我们必须要打住了，再分析下去就把“延时法”说得体无完肤了，这样也是不对的。朋友们在使用具体编程方法时一定要看应用场景,按照实际需求去选择和衡量,小宇老师希望大家一定要掌握好延时法,在此基础上继续研究中断机制和一些按键处理上能用的"算法",如状态机算法,将按键行为抽象成不同状态下的转换,把状态量进行处理,这些方法更加贴近工程应用,但是考虑篇幅和书籍初衷,这部分的内容留给朋友们自行扩展。

8.3　行列式矩阵键盘结构及应用

"单丝不成线,孤木不成林",这句话用在生活中表示个人的力量是有限的,但是团结一致的力量那就大不相同了。用在单片机系统中,这句话也有相似的含义,单个独立按键表现出的功能比较单一,但是多个按键经过一定的规则进行组合能表达的含义就会丰富起来。

图 8.11　围棋幽默故事说矩阵键盘规则

假设我们将单个按键比作一颗棋子,那么行列矩阵键盘就好比一张棋盘。说到这里,小宇老师的文艺范儿又开始"复苏",特意做了一张如图 8.11 所示的幽默图片和读者朋友们一起探讨一下"围棋",然后引出矩阵式键盘的构成和规则。

围棋是一种策略性的两人棋类游戏,中国古时候称下棋为"弈",对局双方各执一色棋子,黑先白后交替下子,每次只能下一子。围棋有很多"讲究",比如棋子只能下在棋盘上的交叉点上,棋子落子后,不得向其他位置移动,等等。

围棋的规则其实和即将要学习的行列式矩阵键盘是相似的,"棋子只能下在棋盘上的交叉点"讲的就是:矩阵键盘的按键要在行列线的交叉点上,一旦按下按键则该行和该列的电路连通,电平会变得一致。"棋子落子后,不得向其他位置移动"讲的就是:矩阵键盘的电路连接固定后,每个键都有唯一的"键值",也就不能再移动和调整了,若用户需要为每个按键赋予专门的含义,可以把取回的键值对应特定的功能。

由于 STC8 系列单片机一组 I/O 引脚的数量为 8 个,所以可以用一组 I/O 构造出一个最大 4行、4 列的 16 键矩阵键盘,行数和列数可以按照具体的单片机硬件引脚资源进行分配(也可以用位置不相邻、不同端口组的 I/O 引脚构成键盘,只是在程序上要分开定义和分别操作)。矩阵形式实现键盘可以节约单片机引脚端口,如 16 个按键只需要 8 个 I/O 引脚即可实现,若换作独立按键形式则需要 16 个引脚才行。随着学习的深入,朋友们还可以去了解一些"异型"键盘和"取巧"电路,这些键盘比较特殊,硬件上往往会加入一些二极管和阻容器件,软件上也有取巧的语句,目的是为了在有限的引脚上实现更多的按键。

矩阵键盘虽然比独立按键占用的引脚数量要少很多,但还是不够精简,若扩展的按键数多于16 个就不止使用 8 个 I/O 引脚了,在这种情况下可以考虑使用其他方法,比如采用"并入串出"类的芯片进行扩展,把键盘电路转换后变成串行数字脉冲信号,再由 I/O 取回,或者采用专用的键盘扩展芯片扩展按键资源,又或者是利用 A/D 模数转换资源做"单线"键盘(这部分内容会在第 17 章结合项目展开讲解)。总之,键盘的形式很多,读者朋友们要广泛了解、对比学习,根据不同场景选择一种最为合适的输入方式。

8.3.1　基础项目 B　"线反转式"键值解析实验

要想解析矩阵键盘的键值,就要用程序去"扫描"引脚状态,分析是不是有按键被按下了。常见的键盘扫描方法有"逐行逐列"扫描法和"线反转式"扫描法,这两种方法各有特点,相比之下,"线反转式"扫描法更为简单高效,故而本项目就基于该方法实现一个4行4列矩阵键盘的扫描。在实验之前需要搭建如图8.12所示的主控/显示电路,主控电路采用了STC8H8K64U单片机作为核心,显示电路选用了我们学过的字符型1602液晶。

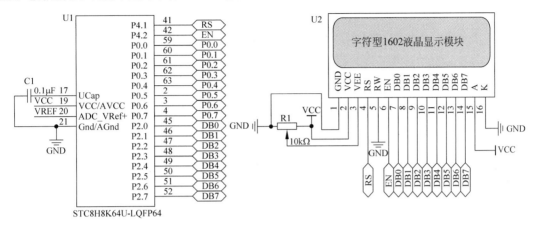

图 8.12 "线反转式"键值解析实验主控/显示电路

分析主控/显示电路,单片机分配的引脚大致分为两个用途。P4.1、P4.2和整个P2端口组都分配给液晶使用,其中,P4.1连接液晶模块的数据/命令引脚,P4.2连接液晶模块的使能引脚,因为在电路上采用了并行方式驱动液晶,所以单片机拿出了P2整个端口作为液晶的8位数据线。细心的朋友可能观察到液晶的R/W引脚有点"奇怪",这是因为在本实验中我们只需向液晶写入数据而无须读取数据,所以电路直接将R/W引脚对地处理,这样就可以节省一个I/O分配。剩下的P0端口组用于构造如图8.13所示的4行4列矩阵键盘。

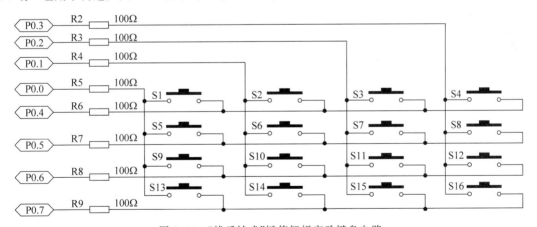

图 8.13 "线反转式"键值解析实验键盘电路

硬件电路搭建好以后首先要明确键盘解码的"扫描"过程,如果扫描过程没有想明白,程序上就很难写。接下来,小宇老师就基于图8.13把整个"线反转式"扫描法讲解一遍,朋友们也要跟着我一起推敲。

在行列式矩阵键盘中共有4根行线连接P0.4～P0.7引脚(水平方向)和4根列线连接P0.0～P0.3引脚(垂直方向),当单片机上电后应该先让P0端口默认初始化为准双向I/O模式,然后配置P0的高4位(行线)输出低电平,低4位(列线)输出高电平,这样一来,P0端口组就是"一半低一半高",即$(0000\ 1111)_B$。假设这时候没有按键被按下,那么此时读取P0端口的值应返回$(0x0F)_H$,若

　　读回的值与预想值不一致,那么可以肯定是有按键被按下了。

　　当某一按键按下时,4条列线上就不再是高电平了(这是因为准双向口的高电平仅靠I/O内部的一个"极弱上拉"MOS管支撑,行列一旦连接,列线就会被行线拉成低电平)。此时再去分析P0端口就有4种可能性,若端口值为(0x0E)$_H$则为第0列中的某按键按下了,若为(0x0D)$_H$则为第1列某按键按下了,若为(0x0B)$_H$则为第2列某按键按下了,若为(0x07)$_H$则为第3列某按键按下了,这样一来就先得到了某按键按下时的"列值"。

　　得到"列值"后还差关键性的一步,即"线反转",就是把行线和列线的输出电平进行取反,现在让P0的高4位(行线)输出高电平,低4位(列线)输出低电平,即向P0端口赋值(1111 0000)$_B$,其目的是让4条行线由于内部上拉作用保持高电平且4条列线全部输出低电平,这样一来P0端口反转为"一半高一半低",假设之前没有按键按下,那么读取P0端口的值应该是(0xF0)$_H$,若读回的值与预想值不一致,那么可以肯定是有按键被按下了。当按键按下时,4条行线上就不可能都为高电平了(应该有1条线变为低电平),P0端口又存在4种可能性,若端口值为(0xE0)$_H$则为第0行中的某按键按下了,若为(0xD0)$_H$则为第1行中某按键按下了,若为(0xB0)$_H$则为第2行中某按键按下了,若为(0x70)$_H$则为第3行中某按键按下了,这样一来又得到了某按键按下时的"行值"。

　　说到这里,"列值"和"行值"都得到了,剩下需要做的就是"顺藤摸瓜"了,行/列参数就对应了唯一的按键,至此解码成功!这时候有朋友要发言了:"小宇老师,且慢!要是我刚一得到'列值'按键就松手了,导致我无法得到'行值'怎么办呢?"这个问题很好,但是不太可能发生,为啥呢?这个"线反转"扫描是在不断进行的,人手按下按键再怎么快也有几十到几百ms,但是单片机执行扫描的时间是几个或者十几μs,我们感觉按键只被按下了"一会儿",但是这个时间对于单片机而言已经过了很久很久了。所以不用担心这个问题,正常的操作下键值解析也会正确识别的。

　　理清了"线反转式"扫描法思路后就可以开始编程了,在程序中使用1602液晶模块作为键值的显示单元,程序中重点编写4行4列矩阵键盘的扫描函数KeyScan(),考虑书籍篇幅,其他有关1602液晶和延时的函数就直接省略了,朋友们可以回顾第7章内容进行查看。利用C51语言编写的具体程序实现如下。

```
//芯片型号:STC8H8K64U(程序微调后可移植至STC8A/F/C/G/H系列单片机)
//时钟说明:单片机片内高速24MHz时钟
/***********************************************************/
#include "STC8H.h"                              //主控芯片的头文件
/********************** 常用数据类型定义 ********************/
【略】为节省篇幅,相似定义参见相关章节或源码工程即可
/********************** 端口/引脚定义区域 *******************/
sbit    LCDRS = P4^1;                           //LCD1602 数据/命令选择端口
sbit    LCDEN = P4^2;                           //LCD1602 使能信号端口
#define    LCDDATA    P2                        //LCD1602 数据端口 DB0~DB7
#define    KEYPORT    P0                        //矩阵键盘(P04~P07为行线,P00~P03为列线)
/********************** 用户自定义数据区域 ******************/
u8 table1[] = " == 4 * 4 Keyboard == ";         //LCD1602 显示矩阵键盘界面
u8 table2[] = "[Keynum]:          ";            //LCD1602 显示输入键值(0~15)
u8 table3[] = {'0','1','2','3','4','5','6','7','8','9'};    //0~9 字符数组
/********************** 函数声明区域 ***********************/
void delay(u16 Count);                          //延时函数
u8 KeyScan(void);                               //4×4 行列式矩阵键盘扫描函数
void LCD1602_Write(u8 cmdordata,u8 writetype);  //写入液晶模组命令或数据函数
void LCD1602_init(void);                        //LCD1602 初始化函数
void LCD1602_DIS_CHAR(u8 x,u8 y,u8 z);          //在设定地址写入字符数据函数
void LCD1602_DIS(void);                         //显示字符函数
/********************** 主函数区域 ************************/
void main(void)
```

```
{
    u8 keynum = 0,x = 0,y = 0;                          //keynum 为键值,x 为键值十位,y 为键值个位
    //配置 P4.1-2 为准双向/弱上拉模式
    P4M0&= 0xF9;                                        //P4M0.1-2 = 0
    P4M1&= 0xF9;                                        //P4M1.1-2 = 0
    //配置 P2 为准双向/弱上拉模式
    P2M0 = 0x00;                                        //P2M0.0-7 = 0
    P2M1 = 0x00;                                        //P2M1.0-7 = 0
    //配置 P0 为准双向/弱上拉模式
    P0M0 = 0x00;                                        //P0M0.0-7 = 0
    P0M1 = 0x00;                                        //P0M1.0-7 = 0
    delay(5);                                           //等待 I/O 模式配置稳定
    LCD1602_init();                                     //LCD1602 初始化
    LCD1602_DIS();                                      //显示矩阵键盘功能界面
    while(1)
    {
        keynum = KeyScan();                             //扫描矩阵键盘取回键值 0~15
        if(keynum == 0xFF)                              //无按键按下
        {
            LCD1602_DIS_CHAR(2,12,'N');                 //显示 NO 表示无按键状态
            LCD1602_DIS_CHAR(2,13,'O');
        }
        else                                            //存在按键按下
        {
            x = keynum/10;                              //取键值的十位
            y = keynum % 10;                            //取键值的个位
            LCD1602_DIS_CHAR(2,12,table3[x]);           //显示十位值到 1602 液晶
            LCD1602_DIS_CHAR(2,13,table3[y]);           //显示个位值到 1602 液晶
            delay(500);                                 //延时停留给用户观察
        }
    }
}
/ ************************************************************** /
//4×4 矩阵键盘扫描函数 KeyScan(),使用"线反转式"扫描法
//无形参,有返回值,P04~P07 为行线,P00~P03 为列线
/ ************************************************************** /
u8 KeyScan(void)
{
    u8 Val = 0xFF;                                      //定义取键值变量 Val
    KEYPORT = 0x0F;                                     //行线全部输出低电平,列线在上拉作用下保持高电平
    if(KEYPORT!= 0x0F)                                  //检测是否有按键按下
    {
        delay(10);                                      //延时去除按键"抖动"
        if(KEYPORT!= 0x0F)                              //检测是否有按键按下
        {
            switch(KEYPORT)                             //确实有按键按下并判断是哪一列
            {
                case 0x0E:Val = 0;break;                //"0000 1110"第 0 列
                case 0x0D:Val = 1;break;                //"0000 1101"第 1 列
                case 0x0B:Val = 2;break;                //"0000 1011"第 2 列
                case 0x07:Val = 3;break;                //"0000 0111"第 3 列
                default:Val = 0xFF;break;               //非正常单列按下
            }
        }
    }
    KEYPORT = 0xF0;                                     //列线全部输出低电平,行线在上拉作用下保持高电平
    if(KEYPORT!= 0xF0)                                  //检测是否有按键按下
    {
```

```
    delay(10);                           //延时去除按键"抖动"
    if(KEYPORT!= 0xF0)                   //检测是否有按键按下
    {
        switch(KEYPORT)                  //确实有按键按下并判断是哪一行
        {
            case 0xE0:Val += 0;break;    //"1110 0000"第 0 行
            case 0xD0:Val += 4;break;    //"1101 0000"第 1 行
            case 0xB0:Val += 8;break;    //"1011 0000"第 2 行
            case 0x70:Val += 12;break;   //"0111 0000"第 3 行
            default:Val = 0xFF;break;    //非正常单行按下
        }
    }
    }
    return Val;                          //返回键值 0~15
}
/ ************************************************************** /
【略】为节省篇幅,相似函数参见相关章节源码即可
void delay(u16 Count)                       //延时函数
void LCD1602_Write(u8 cmdordata,u8 writetype)  //写入液晶模组命令或数据函数
void LCD1602_init(void)                     //LCD1602 初始化函数
void LCD1602_DIS(void)                      //显示字符函数
void LCD1602_DIS_CHAR(u8 x,u8 y,u8 z)       //设定地址写入字符函数
```

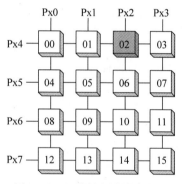

图 8.14　矩阵键盘键值分布图

程序中最重要的函数就是 KeyScan(),该函数就是"线反转式"扫描法的程序化表达,朋友们在理解"线反转"语句时应该没有什么问题,但是该函数中的两个 switch-case 结构可能会产生"困惑"。这两个结构的目的是为了得到键盘的"键值"。也就是按键按下时自定义的一种取值,这个值与按键位置有着对应关系,键值从 0~15 排列(按键就是 16 个),键值与具体按键的对应关系是可以由编程人员自行定义的。我们可以将图 8.13 的键盘电路抽象为图 8.14 的键值关系,Px0~Px7 代表了单片机分配的端口组引脚,此时的 Px 应为 P0 端口,朋友们移植本实验时也可以自行更改。

将程序编译后下载到目标单片机中运行,此时不要按下任何按键,可以在字符型 1602 液晶模块上得到如图 8.15 所示界面,液晶第一行显示"＝＝4 * 4 Keyboard＝＝",第二行显示具体的按键值,由于没有按键动作,所以显示出了"NO"字样。

若此时我们按下了 S3 按键(也就是图 8.14 中自定义键值为"02"号的按键),液晶显示界面会变更为如图 8.16 所示效果,原来的"NO"位置变成了实际按下的按键键值,这个位置的显示内容会随着按键动作而改变,若按键松手后,该位置又将变成"NO"。

图 8.15　矩阵键盘实验未按键显示效果

图 8.16　矩阵键盘实验按键显示效果

8.3.2　进阶项目 D　分散引脚 4×4 矩阵解析实验

"线反转式"键值解析实验无论从硬件上还是软件上看都不算太难,我们使用了单片机连续且

成组的 I/O 端口驱动 1602 液晶和 4×4 矩阵键盘，用这种方法做实验是没有问题的，但在实际应用中就显得"不切实际"了，甚至显得比较"奢侈"。这是因为在实际产品中单片机的 I/O 引脚非常宝贵，受限于复用功能和引脚位置，往往无法得到连续且成组的 I/O 端口，只能使用分散引脚"拼凑"成一个端口组的方法。那么接下来，小宇老师就为大家演示一种分散引脚的 4×4 矩阵解析实验。在实验之前需要搭建如图 8.17 所示电路，单片机 U1 的 P4.1、P4.2 和整个 P2 端口组都分配给 1602 液晶使用，剩下的"分散"引脚留给矩阵键盘使用。

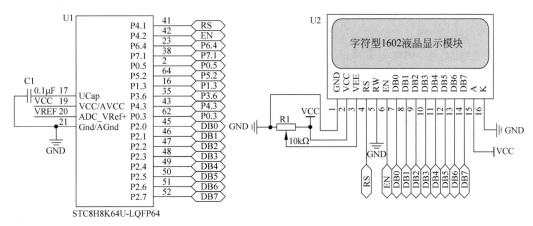

图 8.17 分散引脚 4×4 矩阵解析电路

在实验中，我们选定分散引脚 P0.3、P4.3、P3.6、P1.3、P5.2、P0.5、P7.1 和 P6.4 构造出 4×4 矩阵键盘（这里的分散引脚可以自由指定，此处罗列的引脚仅作举例之用），键盘的实际电路及引脚分配如图 8.18 所示。

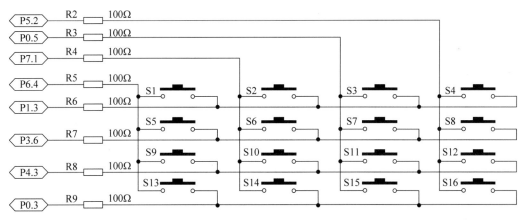

图 8.18 分散引脚 4×4 矩阵键盘电路

硬件电路搭建好以后就开始编程，程序中还是采用"线反转式"扫描法解析键值，但这并不是重点。程序的难点是怎样把这些分散的引脚"拼凑"成一个端口组，操作上还要易于读写。经过思考，我们要基于基础项目 B 做 3 方面的改写。

第一步：要单独定义分散引脚，ROLx（x 取值为 1～4）表示行引脚，COLx（x 取值为 1～4）表示列引脚。引脚定义完毕之后要对分散引脚逐一初始化（配置为准双向/弱上拉模式）。

第二步：要把分散引脚"拼凑"成一个端口组，拟定这个端口组的名字叫作 KEYPORT。我们要构造一个端口组的赋值函数，例如 KEYPORT_WRITE()，这个函数一定要有形参，用于接收赋值的数值，比如有语句 KEYPORT_WRITE(0xFF)，其含义就是把 P0.3、P4.3、P3.6、P1.3、P5.2、

P0.5、P7.1 和 P6.4 这些引脚都置 1。说白了，这个函数的作用就是把（0xFF）_H 拆分为（11111111）_B，然后对应到分散引脚并进行赋值即可。除此之外，我们还要构造一个端口组的读值函数，例如 KEYPORT_READ()，这个函数一定要有返回值，用于传递"KEYPORT"端口组的电平状态，函数的内部实现就是把每个分散引脚的电平状态逐一读回，然后组合为一个端口电平值即可。

第三步：把原有的"线反转式"扫描函数 KeyScan() 进行"改造"，把原来的"KEYPORT = 0x0F;"语句改写为"KEYPORT_WRITE(0x0F);"语句，在原来的"if(KEYPORT!=0x0F)"语句之前增加一条"KEYPORT=KEYPORT_READ();"语句即可。说白了，就是把原来的端口赋值用 KEYPORT_WRITE() 函数去实现，把原来的端口电平读取用 KEYPORT_READ() 函数去实现。

经过了这三步改造之后就应该可以正确解析矩阵键值了，按照思路，利用 C51 语言编写的具体程序实现如下。

```
//芯片型号：STC8H8K64U(程序微调后可移植至 STC8A/F/C/G/H 系列单片机)
//时钟说明：单片机片内高速 24MHz 时钟
/************************************************************/
#include "STC8H.h"                                  //主控芯片的头文件
/********************** 常用数据类型定义 *********************/
【略】为节省篇幅，相似定义参见相关章节或源码工程即可
/********************** 端口/引脚定义区域 ********************/
sbit   LCDRS = P4^1;                                //LCD1602 数据/命令选择端口
sbit   LCDEN = P4^2;                                //LCD1602 使能信号端口
#define   LCDDATA   P2                              //LCD1602 数据端口 DB0～DB7
sbit   ROL1 = P0^3;                                 //定义第 1 条行线
sbit   ROL2 = P4^3;                                 //定义第 2 条行线
sbit   ROL3 = P3^6;                                 //定义第 3 条行线
sbit   ROL4 = P1^3;                                 //定义第 4 条行线
sbit   COL1 = P5^2;                                 //定义第 1 条列线
sbit   COL2 = P0^5;                                 //定义第 2 条列线
sbit   COL3 = P7^1;                                 //定义第 3 条列线
sbit   COL4 = P6^4;                                 //定义第 4 条列线
/********************** 用户自定义数据区域 *******************/
u8   table1[] = " == 4 * 4 Keyboard == ";           //LCD1602 显示矩阵键盘界面
u8   table2[] = "[Keynum]:          ";              //LCD1602 显示输入键值(0～15)
u8   table3[] = {'0','1','2','3','4','5','6','7','8','9'};   //0～9 字符数组
/*********************** 函数声明区域 ***********************/
void delay(u16 Count);                              //延时函数
u8 KeyScan(void);                                   //4×4 行列式矩阵键盘扫描函数
void LCD1602_Write(u8 cmdordata,u8 writetype);      //写入液晶模组命令或数据函数
void LCD1602_init(void);                            //LCD1602 初始化函数
void LCD1602_DIS_CHAR(u8 x,u8 y,u8 z);              //在设定地址写入字符数据函数
void LCD1602_DIS(void);                             //显示字符函数
void KEYPORT_WRITE(u8 setvalue);                    //"拼凑"端口赋值函数
u8 KEYPORT_READ(void);                              //"拼凑"端口读值函数
/*********************** 主函数区域 ************************/
void main(void)
{
    u8 keynum = 0,x = 0,y = 0;                       //keynum 为键值,x 为键值十位,y 为键值个位
    //配置 P4.1-2 为准双向/弱上拉模式
    P4M0& = 0xF9;                                    //P4M0.1-2 = 0
    P4M1& = 0xF9;                                    //P4M1.1-2 = 0
    //配置 P2 为准双向/弱上拉模式
    P2M0 = 0x00;                                     //P2M0.0-7 = 0
    P2M1 = 0x00;                                     //P2M1.0-7 = 0
    //配置 P0.3 为准双向/弱上拉模式
```

```
    P0M0& = 0xF7;                              //P0M0.3 = 0
    P0M1& = 0xF7;                              //P0M1.3 = 0
    //配置 P4.3 为准双向/弱上拉模式
    P4M0& = 0xF7;                              //P4M0.3 = 0
    P4M1& = 0xF7;                              //P4M1.3 = 0
    //配置 P3.6 为准双向/弱上拉模式
    P3M0& = 0xBF;                              //P3M0.6 = 0
    P3M1& = 0xBF;                              //P3M1.6 = 0
    //配置 P1.3 为准双向/弱上拉模式
    P1M0& = 0xF7;                              //P1M0.3 = 0
    P1M1& = 0xF7;                              //P1M1.3 = 0
    //配置 P5.2 为准双向/弱上拉模式
    P5M0& = 0xFB;                              //P5M0.2 = 0
    P5M1& = 0xFB;                              //P5M1.2 = 0
    //配置 P0.5 为准双向/弱上拉模式
    P0M0& = 0xDF;                              //P0M0.5 = 0
    P0M1& = 0xDF;                              //P0M1.5 = 0
    //配置 P7.1 为准双向/弱上拉模式
    P7M0& = 0xFD;                              //P7M0.1 = 0
    P7M1& = 0xFD;                              //P7M1.1 = 0
    //配置 P6.4 为准双向/弱上拉模式
    P6M0& = 0xEF;                              //P6M0.4 = 0
    P6M1& = 0xEF;                              //P6M1.4 = 0
    delay(5);                                  //等待 I/O 模式配置稳定
    LCD1602_init();                            //LCD1602 初始化
    LCD1602_DIS();                             //显示矩阵键盘功能界面
    while(1)
    {
        keynum = KeyScan();                    //扫描矩阵键盘取回键值 0～15
        if(keynum == 0xFF)                     //无按键按下
        {
            LCD1602_DIS_CHAR(2,12,'N');        //显示 NO 表示无按键状态
            LCD1602_DIS_CHAR(2,13,'O');
        }
        else                                   //存在按键按下
        {
            x = keynum/10;                     //取键值的十位
            y = keynum % 10;                   //取键值的个位
            LCD1602_DIS_CHAR(2,12,table3[x]);  //显示十位值到 1602 液晶
            LCD1602_DIS_CHAR(2,13,table3[y]);  //显示个位值到 1602 液晶
            delay(500);                        //延时停留给用户观察
        }
    }
}
/ ********************************************************************** /
//4×4 矩阵键盘扫描函数 KeyScan(),使用"线反转式"扫描法
//无形参,有返回值,P04～P07 为行线,P00～P03 为列线
/ ********************************************************************** /
u8 KeyScan(void)
{
    u8 Val = 0xFF;                 //定义取键值变量 val
    u8 KEYPORT = 0x00;             //定义"拼凑"端口取值变量 KEYPORT
    KEYPORT_WRITE(0x0F);           //行线全部输出低电平,列线在上拉作用下保持高电平
    KEYPORT = KEYPORT_READ();      //读回"拼凑"端口取值
    if(KEYPORT != 0x0F)            //检测是否有按键按下
    {
        delay(10);                 //延时去除按键"抖动"
        KEYPORT = KEYPORT_READ();  //读回"拼凑"端口取值
```

```
            if(KEYPORT!= 0x0F)                  //检测是否有按键按下
            {
                switch(KEYPORT)                 //确实有按键按下并判断是哪一列
                {
                    case 0x0E:Val = 0;break;        //"0000 1110"第 0 列
                    case 0x0D:Val = 1;break;        //"0000 1101"第 1 列
                    case 0x0B:Val = 2;break;        //"0000 1011"第 2 列
                    case 0x07:Val = 3;break;        //"0000 0111"第 3 列
                    default:Val = 0xFF;break;       //非正常单列按下
                }
            }
        }
        KEYPORT_WRITE(0xF0);                    //列线全部输出低电平,行线在上拉作用下保持高电平
        KEYPORT = KEYPORT_READ();               //读回"拼凑"端口取值
        if(KEYPORT!= 0xF0)                      //检测是否有按键按下
        {
            delay(10);                          //延时去除按键"抖动"
            KEYPORT = KEYPORT_READ();           //读回"拼凑"端口取值
            if(KEYPORT!= 0xF0)                  //检测是否有按键按下
            {
                switch(KEYPORT)                 //确实有按键按下并判断是哪一行
                {
                    case 0xE0:Val += 0;break;                   //"1110 0000"第 0 行
                    case 0xD0:Val += 4;break;                   //"1101 0000"第 1 行
                    case 0xB0:Val += 8;break;                   //"1011 0000"第 2 行
                    case 0x70:Val += 12;break;                  //"0111 0000"第 3 行
                    default:Val = 0xFF;break;                   //非正常单行按下
                }
            }
        }
    }
    return Val;                                 //返回键值 0~15
}
/ *********************************************************************** /
//"拼凑"端口赋值函数 KEYPORT_WRITE(),有形参 setvalue,拆分为 8 个二进制数值后
//写入 8 根对应的分散引脚,无返回值
/ *********************************************************************** /
void KEYPORT_WRITE(u8 setvalue)
{
    ROL1 = setvalue&0x80;                       //赋值第 1 条行线
    ROL2 = setvalue&0x40;                       //赋值第 2 条行线
    ROL3 = setvalue&0x20;                       //赋值第 3 条行线
    ROL4 = setvalue&0x10;                       //赋值第 4 条行线
    COL1 = setvalue&0x08;                       //赋值第 1 条列线
    COL2 = setvalue&0x04;                       //赋值第 2 条列线
    COL3 = setvalue&0x02;                       //赋值第 3 条列线
    COL4 = setvalue&0x01;                       //赋值第 4 条列线
}
/ *********************************************************************** /
//"拼凑"端口读值函数 KEYPORT_READ(),无形参,有返回值,函数逐一
//读回分散引脚的电平状态,然后拼凑为 1 字节并返回
/ *********************************************************************** /
u8 KEYPORT_READ(void)
{
    u8 keyvalue = 0x00;                         //定义状态暂存变量
    keyvalue| = ROL1;                           //读取第 1 条行线
    keyvalue = keyvalue << 1;                   //取回电平值左移 1 位
    keyvalue| = ROL2;                           //读取第 2 条行线
    keyvalue = keyvalue << 1;                   //取回电平值左移 1 位
```

```
        keyvalue| = ROL3;                              //读取第 3 条行线
        keyvalue = keyvalue << 1;                       //取回电平值左移 1 位
        keyvalue| = ROL4;                              //读取第 4 条行线
        keyvalue = keyvalue << 1;                       //取回电平值左移 1 位
        keyvalue| = COL1;                              //读取第 1 条列线
        keyvalue = keyvalue << 1;                       //取回电平值左移 1 位
        keyvalue| = COL2;                              //读取第 2 条列线
        keyvalue = keyvalue << 1;                       //取回电平值左移 1 位
        keyvalue| = COL3;                              //读取第 3 条列线
        keyvalue = keyvalue << 1;                       //取回电平值左移 1 位
        keyvalue| = COL4;                              //读取第 4 条列线
        return keyvalue;                               //返回"拼凑"端口电平状态
}
/ ************************************************************* /
【略】为节省篇幅,相似函数参见相关章节源码即可
void delay(u16 Count)                                  //延时函数
void LCD1602_Write(u8 cmdordata,u8 writetype)          //写入液晶模组命令或数据函数
void LCD1602_init(void)                                //LCD1602 初始化函数
void LCD1602_DIS(void)                                 //显示字符函数
void LCD1602_DIS_CHAR(u8 x,u8 y,u8 z)                   //设定地址写入字符函数
```

将程序编译后下载到目标单片机中运行,得到了和基础项目 B 一样的实验效果,这就说明我们的"改写"是成功的,分散引脚"拼凑"成一个端口组的方法也是可行的。

回顾基础项目 B 和进阶项目 D,这两个实验都是一个行列式 16 键键盘搭配字符型 1602 液晶显示键码的简单实验,其重点在于"键盘扫描"和"键值解析"。在实验中还可以制作显示菜单,比如把液晶模块换成图形/点阵式 12864 液晶模块或者是更为高级的 TFT 液晶模块或串口屏模块,设定几个按键作为上翻页、下翻页、上一级页面、下一级页面、确定、返回和退出等功能按键。还可以通过程序修改实现键盘的功能"分区",比如设定数字区(0~9 按键)和功能按键区(F 功能键、确认键、清除键等)等,甚至还可以基于独立按键的实验自行设定组合键、长短按键效果等,这些效果都可以由读者朋友掌握该项目后自由发挥,所以小小的矩阵键盘也可以反映出多种多样的控制思想,朋友们可以多实践、多体会。

8.4 "拧不到头的怪旋钮"旋转编码器

在常规的人机交互中,独立按键和矩阵键盘的形式最为多见,但是在一些场合下,这种按键形式可能存在"局限",啥意思呢?举个例子,假设小宇老师要做一个工业加热恒温水罐,这个罐子里面的水温要可控才行,温度可以设定在 0~100℃,每次步进值为 0.5℃,那这种情况下的"加减温度"差不多就有 200 个设定挡位,难道用户需要按 200 次按键?且不说按键的寿命如何,关键是连续按个十几次手也疼啊! 所以说这种挡位过多或层级过细的调节应用中,"按键"就不太适合了。

8.4.1 "怪旋钮"简介及运用

说到这里就该引出本节的主角"旋转编码器"了,该器件就特别适用于层级细密的参量增减调节、运动方向调节、液晶菜单调节、图像缩放调节、位置坐标调节等场合。有很多朋友按照其使用场景或调节形式,为旋转编码器取了一些别名,例如"飞梭旋钮""数字电位器旋钮""脉冲电位器旋钮""数字旋钮""音响数字电位器旋钮""脉冲开关"等。朋友们只需对这些别名做个了解即可。

仔细想想,我们早就接触过编码器了,只是当时并不知道它的名称而已。例如,示波器上用于调节信号幅值和时域参数的旋钮就拧不到头,它就是旋转编码器中的一种。再如有些高端函数信

号发生器上用于选定液晶菜单和频率增减的旋钮也是这类器件。有的朋友可能要说了："我都没接触过这类仪器设备,我也没什么直观的感觉啊!"那小宇老师举个常见点的设备,如图8.19(a)所示的鼠标大家都用过吧! 鼠标的滚轴里面其实就有编码器,我们对网页、文档、程序下拉列表"滚动"浏览时就会用到这个滚轴,操作上非常快捷方便(这也就是为什么鼠标上不单独设置上/下按键的原因),其外观样式如图8.19(b)所示箭头所指。

图8.19　鼠标中也有编码器的身影

那鼠标中的编码器输出的是什么东西呢? 它是怎么让计算机"知道"我们是想上下"滚动"页面的呢? 要想知道这个问题就要研究器件原理和组成了。鼠标中的编码器是一种滚轮式编码器,有的商家干脆称它为"鼠标编码器",这个器件在上下滚动时会产生连续的双路电平脉冲,在往上滚动和往下滚动时产生的双路脉冲相位会有差异,这时计算机就能通过识别脉冲的有无、脉冲数量和相位差去判断用户的行为,最终实现计算机页面的上下滚动。

编码器的应用非常广泛,就以我们即将要学习的EC11旋转编码器来说,其应用电路非常简单,操作手感也比独立按键"带劲",该编码器支持360°无限旋转,也就是"拧不到头",有的编码器在旋转时存在机械阻力感,有一格一格的阻力感觉,有的则是平滑的,没有明显阻力感。现大量使用于汽车音响的音量调节、温控器的温度调节、仪器仪表的参数调节、电子设备的功能调整等场景。

不得不说,编码器虽然看着"不太起眼",但此类器件的分类和实物样式"巨多",为啥这么说呢? 要是看原理,那常见的就有光电式、磁电式和触电刷式的;要是看轴承和材料,那常见的就有带轴承的和无轴承的,塑料、金属和防水的;要是看操作,那常见的就有直线的、旋转的、中空的和滚轮的;要是看引脚,那常见的就有沉板式、侧插式、贴片式和直插式的;要是看输出信号特点,那常见的就有绝对值和增量式的;要是看手柄,那常见的就有全柄、半柄和螺纹柄的。怎么样? 确实有点"眼花缭乱"的感觉吧! 为了让朋友们一睹其风采,小宇老师挑选了如图8.20所示的几种常用编码器实物给大家认识一下。

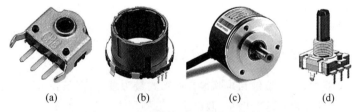

图8.20　几种常见编码器的实物样式

图8.20(a)是一款EC10型鼠标编码器,这个编码器的应用我们已经接触过了。图8.20(b)是一款超薄增量式EC25型旋转编码器,可以用于音量梯级调整。图8.20(c)是一款全金属增量式EC40型旋转编码器,可以搭配联轴器或者齿轮组用于电机转数测量。图8.20(d)是一款支持360°旋转的EC11型旋转编码器,可以用于一般场景下的参数调整,这也就是本节的"主角"了。

EC系列编码器的种类繁多,其原理、组成、样式和适用各不相同,常见的有EC10、EC11、EC12、EC16、EC25、EC35、EC40和EC50等。这些型号的编码器下面还细分了好多子型号,以EC11为例,其名称"EC11"后面常带有"尾缀",如EC11A、EC11E、EC11M、EC11I和EC11Y等。不同尾缀的编码器主要在引脚端点、基体、柄长、尺寸等规格上有一些差异。尽管编码器的规格很多,系列也很繁杂,但是基本原理和使用方法都差不多,朋友们只需接触一个"代表",就能了解这类器件的使用方法了。

EC11系列旋转编码器内部采用了光电转换原理,在旋转行为产生时,内部单元(如光栅、码片等)会把角位移和角速度转换为脉冲信号进行输出(即两路存在 90° 相位差的脉冲),编码器光栅的线数决定了脉冲数(这个和器件制造有关,在此仅做大致了解),我们旋转 EC11 一整圈能得到的脉冲数是固定的,常见的有 20 脉冲/20 定位点和 15 脉冲/30 定位点两种。这里的"定位点"是编码器内部的一种机械位置,我们旋转编码器时感受到的"一格一格"的阻尼感就是经过这些位置时导致的,每一次的阻尼感就相当于到达了一个"格子"点,有的 EC11 编码器拧动一格就输出一个完整的脉冲,这就属于"20 脉冲/20 定位点"形式的,有的要拧动两格才输出一个完整的脉冲,这种就属于"15 脉冲/30 定位点"形式的。

说了这么多,让我们一起看看如图 8.21 所示的 EC11 编码器。图 8.21(a)为 EC11 编码器实物样式图,箭头指向的地方是编码器最为重要的 5 个电气引脚,有的朋友可能看到了在编码器底板上还有两个大的引脚,这是用作固定和屏蔽的引脚,我们在设计 PCB 时将其固定和接地即可。图 8.21(b)为 EC11 编码器俯视图和脚位分布。图 8.21(c)为小宇老师推荐的 EC11 外围电路图。

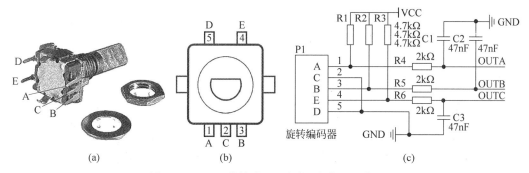

图 8.21　EC11 旋转编码器实物、脚位及电路图

分析图 8.21(c)的外围电路,P1 就代表 EC11 的 5 个电气引脚,分别对应图 8.21(a)和图 8.21(b)中的引脚分布。1 脚"A"和 3 脚"B"用于输出两路存在相位差的脉冲信号,2 脚"C"是个公共端,需要接地处理。4 脚"E"和 5 脚"D"其实是 EC11 编码器内部按键的两个引脚。也就是说,当 EC11 编码器往下按压时,4 脚和 5 脚就会连接在一起,这就相当于是 EC11 编码器自带的一个"独立按键"功能。当然,该按键在按下时也存在机械抖动,大致的抖动时间也在 10~20ms 范围内,在硬件电路或者程序上也需要考虑"去抖"问题,该按键的接触电阻很小(全新 EC11 的接触电阻在 100mΩ 或以下,随着编码器使用老化接触电阻会变大,约在 200mΩ 或以下),使用时最好添加限流电阻。实际电路中,可以选择将 5 脚"D"接地处理,4 脚"E"就是内部按键信号引脚。

在外围电路中的 VCC 采用稳定的 3.3/5V 供电,R1~R3 是上拉电阻,R4~R6 可以限流,同时又与 C1 至 C3 组成了低通 RC 滤波器电路,其作用是为了去除 1、3 和 4 脚输出波形中的"毛刺"信号,也就是一种硬件滤波方案。根据实际的情况,我们可以把电容的取值在 10~100nF 范围内调整,用示波器观察不同取值下的最优波形即可。最后,外围电路得到了 OUTA、OUTB 和 OUTC 这 3 个电气引脚,用于连接到单片机的 I/O 引脚去。

我们完全可以根据外围电路做个自己的 EC11 小模块,当我们在学习不同单片机时都可以分配 3 个引脚去连接该模块,十分方便。做好了小模块后还得用示波器测试输出信号,看看左/右旋转时输出的脉冲波形是否正常,也要验证 EC11 编码器内部按键按下时是否产生跳变信号。内部按键的按下行为比较好检测,无非就是高低电平的检测。我们的重点工作是要解析 EC11 编码器的"左/右旋转"行为,要搞清楚这个问题,就需要研究如图 8.22 所示的 A/B 脚波形。

分析图 8.22 中的波形部分,当不拧动 EC11 的时候 A 引脚和 B 引脚都保持高电平,如果此时 EC11 产生了旋转行为,那 A 和 B 引脚上都会产生连续的高/低电平组成脉冲,基于这样的脉冲特性,我们怎么让单片机进行 EC11 行为解析呢?

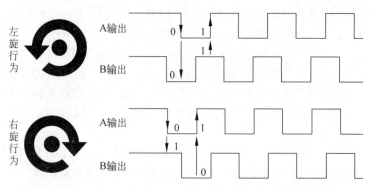

图 8.22 左/右旋转 EC11 时的 A/B 脚信号相位关系

小宇老师和大家一起思考,当 EC11 产生旋转行为后,A 和 B 引脚必定有一个先产生下降沿进入低电平状态,而另外一个明显滞后。知道了这个"特性"后,我们就可以让单片机在程序中不断地读取 A 和 B 引脚的电平状态,看看到底是哪个先变低,从而区分出左旋和右旋行为。这样的方法应当说最容易想到,实际编程后测试也基本可用,只是在旋钮的过程中如果频繁出现"左旋"-"右旋"-"左旋"的行为时,检测就有可能出错。

那接着思考,还有没有更好的办法去检测旋转行为呢? 当然是有的,假设我们以 A 引脚电平作为"参考"电平(也可以用 B 引脚,具体的引脚选定由读者朋友们自行决定),我们会发现:当 A 引脚出现下降沿时,B 引脚的电平随着旋转行为的不同会产生两种情况,这恰好就形成了旋转行为的识别特征。若 EC11 产生"左旋"行为,当 A 引脚为"0"时,B 引脚也为"0",若 EC11"右旋",A 引脚为"0"时,B 引脚却是"1"。反之,我们以 A 引脚的上升沿作为"参考",若 EC11 产生"左旋"行为,当 A 引脚为"1"时,B 引脚也为"1",若 EC11"右旋",A 引脚为"1"时,B 引脚却是"0"。也就是说,选定某引脚和特定边沿作为"参考"后就能判定出旋转行为。

正常的情况下,EC11 编码器 A/B 引脚的输出波形只有两个状态,第一个状态是全为高电平,此时的 EC11 未发生旋转行为。第二个状态就是输出两路 90° 相位差的脉冲信号,此时 EC11 发生了旋转行为。总结一下,"未旋转""左旋""右旋"行为都属于 EC11 的"正常态"。看到这里,有的朋友要发问了:莫非 EC11 还存在"异常态"波形吗?

确实存在! 当 EC11 编码器在"正常态"时,每一次的旋转行为都会产生阻尼感,旋转位置应该落在"定位点"位置上,若在某些巧合或者人为的情况下,编码器恰巧停在了两个相邻定位点中间,那这时候就会产生"不左不右"的情况,此时 A/B 引脚输出的脉冲就会出现均为低电平的情况,这就属于 EC11 的"异常态"。这个状态虽不常发生但也实际存在,若 EC11 的旋转手柄发生机械故障或刚好卡在两个定位点中间,那就比较麻烦,可能会造成系统检测的异常,从而影响整体功能。所以在程序中,我们也应该将"异常态"考虑进去,以增强程序的稳健和全面性。

以上内容就是 EC11 这个"怪旋钮"的简介及基础运用,这些内容是开展后续实验的基础,朋友们一定要"消化",作为初学者,我们往往只关心器件的构成和基本运用,拿着电路就做模块,有了想法就去编程,这个阶段的我们还是比较"稚嫩",若是到了工作岗位,我们的关注点就会变多,除了器件的运用,更多的还要考虑物料的选型和指标,就拿 EC11 编码器来说,衡量器件品质的参数就有很多,从机械性能上,常见的就有全程旋转角度、旋转力矩、定位脱出力矩、轴推拉强度、轴晃动强度、定位数、螺纹锁紧强度、轴旋转间隙和轴回转方向摆动等;从电气性能上,常见的又有额定功率、输出信号的形式、分解能力、端子间的接触电阻、相位差、滑动噪声、绝缘阻抗和耐电压等;从耐久性能上,常见的还有旋转寿命、储存温度、使用温度和焊接温度等。对于我们而言,主要关心的还是电气性能参数和耐久性能参数这两个大类,朋友们在购买 EC11 时最好还是向厂家索要一份对应的产品规格书,以确保所购器件满足开发所需,从现阶段开始逐步积累"小知识",才能更好地服务于将来的"大应用"。

8.4.2　进阶项目E　编码器EC11增减计数实验

铺垫了基础知识就可以开始动手做实验了,我们需要设计一个凸显EC11实用性的实验,比如用EC11去快速调节一个变量值的增减。为了实现功能,首先要搭建出之前学过的如图8.21(c)所示外围电路,然后把外围电路中的OUTA、OUTB和OUTC这3个电气引脚连接到STC8H8K64U单片机上。OUTA和OUTB就是EC11"左旋"和"右旋"行为的输出脉冲,我们约定"右旋"就是做变量值自增,"左旋"就是做自减。OUTC是EC11内部按键的输出信号,若检测到按键按下行为,则将变量值做清零处理,变量值经过取位运算后还需要显示在1602液晶上,便于效果观察。根据实验设想,可以搭建出如图8.23所示电路。

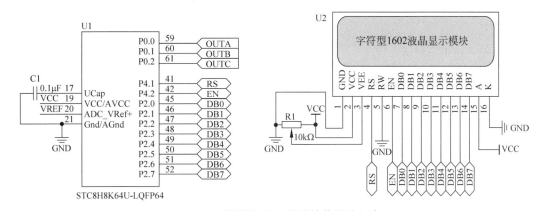

图8.23　编码器EC11增减计数实验电路

电路上比较简单,大体上与本章基础项目B"线反转式"键值解析实验相似,朋友们对照分析即可。在U1单片机上分配了P0.0和P0.1引脚检测EC11旋转编码器的输出脉冲,以便确定具体行为,分配了P0.2引脚检测EC11内部按键的状态,以便清零计数变量值。

在软件编程上我们需要定义一个变量"DIS_num"并将其初始为"0"。重点构造一个读取EC11状态的函数(如"EC11_RS()"),该函数可以不带形式参数,但是必须具备返回值,这个函数被调用之后应该要返回"无动作""左旋""右旋"或者"按下"等行为信息,要让我们知道用户的实际操作。若返回的行为是"右旋",则变量"DIS_num"自增,我们自己约定当变量值增加到9999时达到"上限",此时重复"右旋"就重新由0开始自增。若返回的行为是"左旋",则变量"DIS_num"自减,我们约定当变量值减少到0时达到"下限",此时重复"左旋"也不能再往下减。若返回的行为是"按下",则变量"DIS_num"立即清零。进行EC11行为检测和变量值处理后还要让用户"看到"效果,此时还应通过"取位运算"(即基础的除法和取模运算)取出变量"DIS_num"的千位、百位、十位和个位,将这些位对应的ASCII字符传递到1602液晶的特定位置进行显示,在控制刷新频率的前提下让用户观察到实验效果。

按照编程思想,利用C51语言编写的EC11增减计数实验具体程序实现如下。

```
//芯片型号：STC8H8K64U(程序微调后可移植至STC8A/F/C/G/H系列单片机)
//时钟说明：单片机片内高速24MHz时钟
/******************************************************************/
# include "STC8H.h"                        //主控芯片的头文件
/*********************** 常用数据类型定义 ***********************/
```
【略】为节省篇幅,相似定义参见相关章节或源码工程即可

```c
/ ************************* 端口/引脚定义区域 ************************ /
sbit   EC11_A = P0^0;                            //EC11 的 A 引脚(脉冲)
sbit   EC11_B = P0^1;                            //EC11 的 B 引脚(脉冲)
sbit   EC11_C = P0^2;                            //EC11 的 E 引脚(内部按键)
sbit   LCDRS = P4^1;                             //LCD1602 数据/命令选择端口
sbit   LCDEN = P4^2;                             //LCD1602 使能信号端口
#define   LCDDATA   P2                            //LCD1602 数据端口 DB0~DB7
/ ************************* 用户自定义数据区域 ************************ /
u8 EC11_ERROR = 0;                               //EC11 异常态标志
u8 table1[] = " == EC11 Counter == ";            //LCD1602 显示实验界面
u8 table2[] = "[num]:   0000   ";                //LCD1602 显示计数值
u8 table3[] = {'0','1','2','3','4','5','6','7','8','9'};   //0~9 字符数组
/ ************************* 函数声明区域 ************************ /
void delay(u16 Count);                           //延时函数
u8 EC11_RS(void);                                //读 EC11 状态函数
void LCD1602_Write(u8 cmdordata,u8 writetype);   //写入液晶模组命令或数据函数
void LCD1602_init(void);                         //LCD1602 初始化函数
void LCD1602_DIS_CHAR(u8 x,u8 y,u8 z);           //在设定地址写入字符数据函数
void LCD1602_DIS(void);                          //显示字符函数
/ ************************* 主函数区域 ************************ /
void main(void)
{
    u8 EC11 = 0;                                 //旋转编码器状态变量
    u16 DIS_num = 0;                             //计数变量
    u8 qian,bai,shi,ge;                          //取位运算变量(千百十个)
    //配置 P4.1 - 2 为准双向/弱上拉模式
    P4M0& = 0xF9;                                //P4M0.1 - 2 = 0
    P4M1& = 0xF9;                                //P4M1.1 - 2 = 0
    //配置 P2 为准双向/弱上拉模式
    P2M0 = 0x00;                                 //P2M0.0 - 7 = 0
    P2M1 = 0x00;                                 //P2M1.0 - 7 = 0
    //配置 P0.0 - 2 为准双向/弱上拉模式
    P0M0& = 0xF8;                                //P0M0.0 - 2 = 0
    P0M1& = 0xF8;                                //P0M1.0 - 2 = 0
    delay(5);                                    //等待 I/O 模式配置稳定
    LCD1602_init();                              //LCD1602 初始化
    LCD1602_DIS();                               //显示 EC11 增减计数实验界面
    while(1)
    {
        EC11 = EC11_RS();                        //获取 EC11 的状态
        switch(EC11)                             //执行 EC11 不同状态下的操作
        {
          case 1:{if(DIS_num > = 9999)DIS_num = 0;DIS_num++;}
            break;                               //EC11"右旋"行为(加法)
          case 2:{if(DIS_num < 1)DIS_num = 1;DIS_num -- ;}
            break;                               //EC11"左旋"行为(减法)
          case 3:{DIS_num = 0;}
            break;                               //EC11"按下"行为(归零)
          default:break;                         //EC11"无动作"
        }
        qian = DIS_num/1000;                     //取计数值的千位
        bai = DIS_num % 1000/100;                //取计数值的百位
        shi = DIS_num % 1000 % 100/10;           //取计数值的十位
        ge = DIS_num % 10;                       //取计数值的个位
        if(EC11!= 0)                             //EC11 有动作时再更新显示
        {
            LCD1602_DIS_CHAR(2,9,table3[qian]);  //显示千位
            LCD1602_DIS_CHAR(2,10,table3[bai]);  //显示百位
```

```
                LCD1602_DIS_CHAR(2,11,table3[shi]);      //显示十位
                LCD1602_DIS_CHAR(2,12,table3[ge]);       //显示个位
            }
        }
}
/ ************************************************************************ /
//读 EC11 状态函数 EC11_RS(void),无形参,有返回值 EC11_state
//该返回值有 4 种状态,0 - "无动作",1 - "右旋",2 - "左旋",3 - "按下"
/ ************************************************************************ /
u8 EC11_RS(void)
{
    u8 EC11_state = 0;                          //EC11 状态变量(4 种取值)
    u8 PIN_B = 0;                               //暂存 EC11_B 引脚电平
    u8 i = 0;                                   //循环变量(用于限时检测异常态)
    if(EC11_A&&EC11_B)                          //若 EC11_A 与 B 引脚均为高电平
    {
        EC11_ERROR = 0;                         //判定 EC11 无动作,非异常态
        EC11_state = 0;                         //无动作状态标记
    }
    if(EC11_A == 0&&EC11_ERROR == 0)            //判断旋转行为(考虑异常态)
    {
        PIN_B = EC11_B;                         //读取 EC11_B 引脚电平
        delay(3);                               //延迟去抖
        if(EC11_A == 0)                         //以 EC11_A 引脚作为参考
        {
            if(PIN_B == 1)                      //若 EC11_B 引脚为高电平
            EC11_state = 1;                     //判定"右旋"行为
          else
            EC11_state = 2;                     //判定"左旋"行为
          i = 0;                               //归零循环变量
          while(EC11_A == 0)                   //若 EC11_A 一直为低即异常态
            {
                i++;                            //循环控制变量自增
                delay(1);                       //延迟间隔
                if(i > 200)
                    EC11_ERROR = 1;             //判定 EC11 进入异常态
            }
        }
    }
    if(EC11_C == 0&&EC11_ERROR == 0)            //若 EC11 内部按键按下
    {
        delay(20);                              //延迟去抖
        if(EC11_C == 0)                         //内部按键确定按下
        {
            EC11_state = 3;                     //判定"按下"行为
            while(EC11_C == 0);                 //等待内部按键松手
        }
    }
    return EC11_state;                          //返回 EC11 状态变量
}
/ ************************************************************************ /
【略】为节省篇幅,相似函数参见相关章节源码即可
void delay(u16 Count)                           //延时函数
void LCD1602_Write(u8 cmdordata, u8 writetype)  //写入液晶模组命令或数据函数
void LCD1602_init(void)                         //LCD1602 初始化函数
void LCD1602_DIS(void)                          //显示字符函数
void LCD1602_DIS_CHAR(u8 x, u8 y, u8 z)         //设定地址写入字符函数
```

程序的整体框架倒是不难,重点在于 EC11_RS()函数的实现,该函数的返回参数是 EC11_state 变量,该变量有 0、1、2 和 3 这四种取值,分别代表了"无动作""右旋""左旋""按下"行为,通过函数的执行,最终由 return 语句返回结果给调用者。

仔细分析该函数内容可以发现函数主要由 3 个 if()判断构成,小宇老师逐一为大家进行梳理。第 1 个 if()判断是为了检测 EC11 是不是工作在"异常态",之前我们学习过,"左旋""右旋""未旋转"都属于正常态,在正常态下 EC11 的 A/B 引脚不会出现同时为低电平的情况,所以正常态下的 EC11_state 变量应该为"0"(将会返回"无动作"信息),且 EC11_ERROR 变量取值(该变量是我们自定义的一个全局变量,用作异常态标志)也应该为"0"。EC11_ERROR 变量的取值会直接影响后面两个 if()判断,以确保 EC11 只有在正常态下的行为解析才是有效的,若 EC11 处于"异常态"下,则后面的 if()判断内容都不能被执行。

第 2 个 if()判断是以 EC11 的 A 引脚作为电平参考,在 A 引脚发生下降沿变成低电平之后去看 B 引脚的状态,若 A 引脚为"0"后,读取 B 引脚状态是"1",则判定 EC11 发生了"右旋"行为,此时 EC11_state 变量为"1"(将会返回"右旋"信息);若 A 引脚为"0"后,读取 B 引脚状态也为"0",则判定 EC11 发生了"左旋"行为,此时 EC11_state 变量为"2"(将会返回"左旋"信息)。在这个 if()判断中还有一个"while(EC11_A==0)"循环体,这个循环体是为了检测 A 引脚变低后是不是"起不来了",要是 A 引脚一直为低就肯定不正常,此时就判定 EC11 进入了"异常态"。其实这个条件循环只是对这种极端情况下的一种措施,一般都不会产生异常。

第 3 个 if()判断是检测 EC11 的内部按键是不是被按下了,这个判断很简单,类似于我们之前学习的"独立按键"的检测,语句体中包含软件延时的"去抖"和松手检测,内部按键产生按下行为后 EC11_state 变量为"3"(将会返回"按下"信息)。

图 8.24　编码器 EC11 增减计数
实验变量值显示效果

将程序编译后下载到目标单片机中,上电后液晶显示出实验界面,将 EC11 编码器"右旋",观察到 1602 液晶上的变量值自增,其效果如图 8.24 所示,将 EC11 编码器"左旋"变量值会自减,按下 EC11 编码器内部按键时,变量值会直接清零。

从实验中我们感受到了 EC11 编码器的便捷和实用,只需要拧动几圈,参数就能得到快速的调整,无论是操作手感还是调整速度上都比较满意,但在使用中仍需多加注意,以确保编码器的稳定工作,结合小宇老师实际使用 EC11 过程中的心得体会,也列出以下 4 个注意事项供读者朋友们参考。

(1)别太抠门,尽量选购质量过关的旋转编码器产品。搭建电路时一定要考虑信号毛刺和电气干扰,在电路上加上 RC 滤波电路是必要的,千万不要省了"小钱"惹上"大麻烦",搭建电路后一定要用示波器看一看左旋和右旋的输出信号波形,有条件的话还可以采用相关硬件电路优化波形(如施密特触发器或者反相器对输出波形进行"整形"和"去毛刺")。

(2)器件在使用的时候千万要注意手柄位置,不要挂重物或用力向下挤压编码器,使用的时候若有水或者其他导电液体顺着手柄流进编码器,就有可能导致输出信号的异常和编码器损坏,推荐大家给编码器手柄配个塑料或者金属材质的旋钮帽,这样更容易观察和使用。

(3)在软件编程中一定要考虑信号的检测方法,最好是用 STC8 系列单片机的"外部中断法"去检测脉冲(中断机制的相关内容会在第 11 章进行展开和讲解),该方法可以有效提升检测的灵敏度,编程结构也十分清晰,大大减少脉冲计数的丢失和漏检,提升检测效率。本项目中的"查询法"和"延时法"可能导致脉冲检测的丢失和迟滞,检测效率不那么高,但是程序上显得非常简单。朋友们要按照实际需求进行方法选择,程序上还要考虑器件实际的分辨率(即脉冲数/转:PPR 参数)和 EC11 的状态(正常态和异常态)。

(4)朋友们若是批量采购了编码器,应避免储藏于高温、潮湿及易腐蚀的场所,以免造成器件性能变差或者品相变差(如氧化、变色等),购入后应真空保存或尽快使用。

8.5 "参数配置好帮手"BCD 编码开关

小宇老师曾带着实验室的一帮孩子参加过好几届"飞思卡尔杯全国大学生智能车竞赛",这个竞赛比较好玩,要求我们基于一款车模底架设计电气控制部分,自己选定单片机主控和外围器件,用光电、电磁、摄像头等单元进行赛道"巡线",结合相关算法对车的运动轨迹进行控制,要求通过直道、90°弯、连续 S 弯等路径,看看在相同的赛道上哪个学校的小车用时最短,跑得最快最稳。

在小车比赛中允许试跑几次,在试跑中需要根据赛场环境(如光强、赛场跑道材料、摩擦系数等参数)调整小车速度挡位和控制策略,但是比赛有规定,不允许在场内重新给小车下载程序,那这种情况下怎么灵活调节小车参数呢? 小宇老师赛前给孩子们介绍了本节的"主角"BCD 编码开关。有了这个开关就可以方便地调参了,比如我打到"0"挡再给小车上电,那小车主控就采用"0"挡对应的速度和策略,其他挡也是类似的,每个挡位下对应的单片机程序是不同的,这样调整就可以找到与赛场匹配最好,性能最优的控制策略。

该类器件的结构较为简单,使用上要比 EC11 这类旋转编码器容易得多,只需要单片机拿出几个 I/O 引脚即可(一般 4 个就够了),特别适用于挡位、等级、策略调整等场合。该类器件在市面上也有很多别名,例如"8421 开关""BCD 开关""BCD 编码拨动开关""8421 旋转编码开关"等,大家只需对这些别名简单了解即可。

8.5.1 "小开关"可得 2^n 个编码状态

这类编码开关一般采用塑料封装,常见的有直插式和贴片式,用于调节的手柄也有直立式和内嵌式的,编码开关的形态很多,有的甚至带有滚动式的数码样式,常见的小型 BCD 编码开关实物如图 8.25 所示。大家也能看到,开关上面印有 0~9 或者 0~F 的字符标注,0~9 的开关支持 10 种编码输出,0~F 的就支持 16 种,可以根据需要灵活选择。

图 8.25 BCD 编码开关实物样式

常见的 BCD 编码开关一般有 5 脚和 6 脚形式(直插和贴片都有),其外观、脚位分布和外围电路如图 8.26 所示。图 8.25(a)中有 5 个电气引脚,1、2、4、8 就是 4 根编码引脚,最多可以表达出 16 个编码(当然,也可以只表达 10 种,另外 6 种不表达出来),C 引脚是公共端,通常接地处理。图 8.25(b)中有 6 个电气引脚,与图 8.25(a)大同小异,只是多了一个公共端,只需把两个 C 连在一起接地处理即可。图 8.25(c)就是此类编码开关的外围电路,U1 代表 BCD 编码开关主要的电气引脚,R1~R4 为上拉电阻,R5~R8 为限流电阻,E1、E2、E4 和 E8 为输出编码信号线。

看到这里,可能有好多朋友会好奇,为啥编码开关的信号引脚叫作"8421"而不是"1234"? 其编码形式为啥能达到 16 种呢? 其实这很简单,除去公共端不算,编码开关的信号线有 4 根,每根线都有"1"和"0"两种状态,也就是说,这 4 根线的状态"组合"起来就可以形成 BCD 码(即 Binary-Coded Decimal 编码形式)。例如,"0000"就表示"0"这个状态,"1111"就表示"15"这个状态,这样算起来 4 根线就可以形成 16 种编码,要是有 N 根线就可以形成 2 的 N 次方个编码(理论上虽然正确,但实际上未必方便制造。编码引脚越多则内部机械结构就越复杂,最终会导致制造困难)。BCD 编码

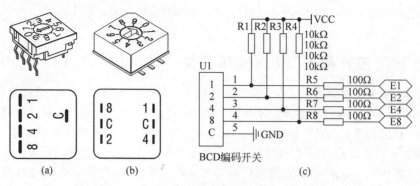

图 8.26　EC11 旋转编码器外观、脚位及电路图

开关的编码值如表 8.1 所示,其中空心圆"○"表示低电平,实心圆"●"表示高电平(还有一些编码开关内部结构不同,导致编码输出的电平是取反后的,此处提醒朋友们注意区分)。

表 8.1　BCD 编码值表

引脚	编码值(常见两种类型)															
	A:10 种编码										B:10 种+6 种=16 种编码					
	0	1	2	3	4	5	6	7	8	9	A	B	C	D	E	F
1	○	●	○	●	○	●	○	●	○	●	○	●	○	●	○	●
2	○	○	●	●	○	○	●	●	○	○	●	●	○	○	●	●
4	○	○	○	○	●	●	●	●	○	○	○	○	●	●	●	●
8	○	○	○	○	○	○	○	○	●	●	●	●	●	●	●	●
C	C 脚为公共端,一般接地处理															

这个表的看法很简单,4 个编码引脚的开关常见有 10 种编码值和 16 种编码值的,其实 16 种编码值中就包含 10 种编码值,看编码数据的时候要按列来看,比如看"0"的编码值,该列有 4 个空心圆(也就是全为低电平),依照 BCD 编码规则按权展开的话就是 1×0+2×0+4×0+8×0,那结果就是 0。又如"6"这个编码值,该列只有 2 和 4 这两行是实心圆(也就是高电平),那按权展开就是 1×0+2×1+4×1+8×0,那结果就是 6。所以,BCD 编码开关还是比较简单的,我们在用单片机对其进行解码时,也是先读取编码引脚状态再按权展开计算即可。

8.5.2　基础项目 C　挡位调整及显示实验

终于又到了实验环节,我们就用 BCD 编码开关做个简单的挡位调整及显示实验吧!首先要搭建如图 8.27 所示和之前学的图 8.26(c)所示电路(实验中选择的 BCD 编码开关是 6 个引脚 16 种编码值的)。我们想让单片机读取 BCD 编码开关的状态,经过计算最终得到编码值,并将其当作"挡位"参数,然后通过取位运算得到"挡位"的十位和个位,最后送到 1602 液晶上显示。说白了,就是让单片机分配 4 个 I/O 引脚去读取编码状态罢了。整体的电路与之前的 EC11 实验差不多,朋友们稍加对比即可,此处就不再从头分析了。

搭建完这两个电路后就可以编程了,程序的重点是构造一个能获取 BCD 编码开关状态的函数,如 BCD_Read(),这个函数可以没有形式参数,但是必须具备返回值 Val,Val 的值域范围就是 0~15,刚好对应 16 种编码状态。在 main()函数中需要定义一个变量 num 用于接收返回值,得到这个编码值后就可以进行自定义操作了。考虑本实验是想显示出"挡位"变化,我们对"编码值"直接进行取位运算即可,分离出十位和个位后送到 1602 相关显示地址去就行。按照编程思想,利用

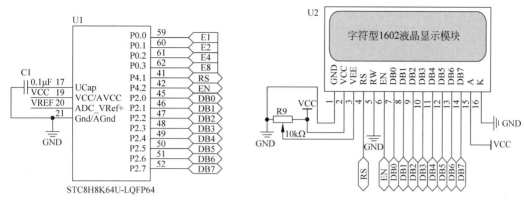

图 8.27 挡位调整及显示实验电路

C51 语言编写的挡位调整及显示实验具体程序实现如下。

```c
//芯片型号：STC8H8K64U(程序微调后可移植至 STC8A/F/C/G/H 系列单片机)
//时钟说明：单片机片内高速 24MHz 时钟
/ ****************************************************** /
#include "STC8H.h"                                    //主控芯片的头文件
/ ********************** 常用数据类型定义 ********************* /
【略】为节省篇幅，相似定义参见相关章节或源码工程即可
/ ********************** 端口/引脚定义区域 ******************* /
sbit    BCD_E1 = P0^0;                                //BCD 编码开关 1 引脚
sbit    BCD_E2 = P0^1;                                //BCD 编码开关 2 引脚
sbit    BCD_E4 = P0^2;                                //BCD 编码开关 4 引脚
sbit    BCD_E8 = P0^3;                                //BCD 编码开关 8 引脚
sbit    LCDRS = P4^1;                                 //LCD1602 数据/命令选择端口
sbit    LCDEN = P4^2;                                 //LCD1602 使能信号端口
#define  LCDDATA   P2                                 //LCD1602 数据端口 DB0～DB7
/ ********************** 用户自定义数据区域 ******************* /
u8 table1[] = " == Func   Select == ";                //LCD1602 显示实验界面
u8 table2[] = ">  :*********** ";                      //LCD1602 显示挡位(0～15)
u8 table3[] = {'0','1','2','3','4','5','6','7','8','9'};  //0～9 字符数组
/ ********************** 函数声明区域 ******************** /
void delay(u16 Count);                               //延时函数
u8 BCD_Read(void);                                   //获取 BCD 编码开关状态函数
void LCD1602_Write(u8 cmdordata,u8 writetype);       //写入液晶模组命令或数据函数
void LCD1602_init(void);                             //LCD1602 初始化函数
void LCD1602_DIS_CHAR(u8 x,u8 y,u8 z);               //在设定地址写入字符数据函数
void LCD1602_DIS(void);                              //显示字符函数
/ ********************** 主函数区域 *********************** /
void main(void)
{
    u8 num = 0, x = 0, y = 0;                         //num 为挡位值,x 为十位,y 为个位
    //配置 P4.1 - 2 为准双向/弱上拉模式
    P4M0& = 0xF9;                                     //P4M0.1 - 2 = 0
    P4M1& = 0xF9;                                     //P4M1.1 - 2 = 0
    //配置 P2 为准双向/弱上拉模式
    P2M0 = 0x00;                                      //P2M0.0 - 7 = 0
    P2M1 = 0x00;                                      //P2M1.0 - 7 = 0
    //配置 P0.0 - 3 为准双向/弱上拉模式
    P0M0& = 0xF0;                                     //P0M0.0 - 3 = 0
    P0M1& = 0xF0;                                     //P0M1.0 - 3 = 0
    delay(5);                                         //等待 I/O 模式配置稳定
    LCD1602_init();                                   //LCD1602 初始化
```

```
        LCD1602_DIS();                                  //显示挡位调整实验界面
        while(1)
        {
            num = BCD_Read();                           //取回挡位值
            ///******************************************************************
            //该区域内容全部被注释掉了,用户可按需自行编程
            //switch(num)
            //{
            //    case 0:{fun0()}break;
            //    ...
            //    case 15:{fun15()}break;
            //    default:break;
            //}
            // ******************************************************************
            x = num/10;                                 //取挡位值的十位
            y = num % 10;                                //取挡位值的个位
            LCD1602_DIS_CHAR(2,1,table3[x]);            //显示十位值到 1602 液晶
            LCD1602_DIS_CHAR(2,2,table3[y]);            //显示个位值到 1602 液晶
            delay(5);                                    //控制刷新速度
        }
}
/ ********************************************************************** /
//获取 BCD 编码开关状态函数 BCD_Read(),无形参,有返回值 Val
//Val 的取值为 0~15(共 16 种编码)
/ ********************************************************************** /
u8 BCD_Read(void)
{
    u8 Val;                                             //用于返回编码值
    u8 E1,E2,E4,E8;                                     //用于取回各编码引脚状态
    E1 = BCD_E1;
    E2 = BCD_E2;
    E4 = BCD_E4;
    E8 = BCD_E8;
    Val = E1 * 1 + E2 * 2 + E4 * 4 + E8 * 8;            //计算编码值
    return Val;                                         //返回编码值
}
/ ********************************************************************** /
【略】为节省篇幅,相似函数参见相关章节源码即可
void delay(u16 Count)                                   //延时函数
void LCD1602_Write(u8 cmdordata,u8 writetype)          //写入液晶模组命令或数据函数
void LCD1602_init(void)                                //LCD1602 初始化函数
void LCD1602_DIS(void)                                 //显示字符函数
void LCD1602_DIS_CHAR(u8 x,u8 y,u8 z)                  //设定地址写入字符函数
```

　　将程序编译并下载到目标单片机中,正常运行后即可得到如图 8.28 所示效果,液晶中第二行的第二个显示地址就是"挡位"值的十位,第三个显示地址就是"挡位"值的个位。这个实验只是一个 BCD 编码开关的应用"雏形",液晶第一行和第二行的"＊"部分内容都可以自行修改,作出更多有趣的扩展。

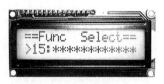

图 8.28　挡位调整及显示实验效果

　　到这里,本章的内容就结束了,但是朋友们的学习之路才刚刚开始。回顾本章,朋友们仅仅是对独立按键、矩阵键盘、旋转编码器和 BCD 编码开关进行了基础的认识,在这其中还有好多知识点要去掌握,程序的优化空间还很大,数据输入的设备和形式还有很多,我们还可以在按键识别中引入状态机算法,还能将旋转编码器"结合"到很多动手小项目中,甚至可以把之前学的液晶知识和本章的内容结合起来,作出灵活多变的人机交互单元(例如液晶菜单、数字表头、交互面板等),这些内容十分重要,朋友们要充分延展。

片内资源

进 阶 篇

亲爱的读者朋友们,开篇快乐! 本篇的开始标志着对 STC8 系列单片机片内资源的正式学习,进阶篇包含 14 章,主要介绍了 STC8 系列单片机存储器资源、时钟源配置、中断机制及中断源、基础型定时/计数器原理、高级型定时/计数器资源运用、串行通信的基础知识、UART 资源、SPI 资源、I^2C 资源、模/数转换器资源、电压比较器资源、复位及看门狗资源、电源管理及功耗控制方法、IAP 和 ISP 技术运用、EEPROM 资源编程及 RTX51 RTOS 实时操作系统基础等。这些内容在一定程度上反映了单片机产品的性能和特色,是主流微控制器产品的通用资源,所以具备“代表性”和“广谱性”,朋友们务必要掌握其结构、原理、编程及应用。

- 看完能懂,放书就懵? 遇到这种现象不必自责,单片机不是纯理论,学习的过程需要循序渐进,必须经过接受、思考、尝试、反思、内化和创新等阶段。朋友们先要完成前两步,剩下的就交给实践动手吧,随着实验积累与能力提升,这些知识会被逐渐“内化”,厚书终将变薄,一遍就能理解的反而不太正常。
- 寄存器及流程记不住? 单片机不是背书,我从不要求我的学生能背下寄存器或功能位,因为我也记不住,没听说过寄存器要背下来才能学好单片机,掌握编程“套路”即可熟能生巧。
- 讲的都会,动手就废? 单片机必须在玩中学,光是学会资源配置没啥用处,必须要结合实际模块和需求去编程,从需求到设计完整地做一遍,把单片机带入“场景”才行,多做实战才能提升能力。

本篇寄语:片内资源要熟悉,实战动手不费力!

第**9**章

"高楼大厦，各有功用"存储器结构及功能

章节导读：

从本章开始，我们就正式进入 STC8 系列单片机片内资源的学习了。考虑到学习脉络的顺序性和完整性，我们首先"拿下"单片机存储器资源内容，虽说这部分的知识非常"枯燥"，但是小宇老师构造了"宿舍楼"和"双峰教学楼"给大家，相信大家一定能轻松愉快地掌握。本章共分为 7 节。9.1 节正面讲解了存储器知识点的必要性，并不是"鸡肋"的存在；9.2 节带领大家回到了 8032 微控制器时代，"忆苦思甜"地感受下单片机存储器的发展与变化；9.3 节～9.5 节以"建楼"为故事引入讲解了 RAM 及 ROM 区域结构、功能及内部划分；9.6 节讲解了 Keil C51 环境中的常规存储器配置及相关选项卡功能；9.7 节通过两个基础项目讲解了 STC8 系列单片机存储器单元的操作方法、特殊参数及字节数据的简单处理。希望朋友们活学活用，快乐进阶。

9.1 存储器难道不是"鸡肋"知识点吗

从本章开始，我们就正式学习 STC8 系列单片机的片内资源了，之前的章节中我们接触过RAM、ROM、EEPROM、IAP 和 ISP 等名词，这些名词都与存储器资源相关，所以片内资源篇的第一章就给大家讲清楚 STC8 系列单片机的存储器资源。

可能有不少朋友对本章的内容感到疑惑，因为除单片机原理书籍之外，很多单片机应用类书籍都不会单独去写单片机内部存储器的相关内容，单片机的开发往往都是在编程环境中写好代码，经过编译器的处理后直接"烧录"就行了，谁也不用去关心程序和数据是怎么放置的，我们只需要去关心程序代码即可。所以有不少朋友觉得存储器知识是"鸡肋"的（鸡肋的意思就是肉少骨多，吃的过程比较麻烦，食之无肉，弃之可惜，多形容没什么太大意义的事物）。但是小宇老师并不这样认为，就拿人体来说，我们健康的时候压根儿感觉不到心脏有什么太大的"作用"，等到高血压、心绞痛的时候才会发现这种基础"资源"的重要性。

光是嘴巴说意义不大，直接上例子吧！假设我是用 A51 语言编写 STC 系列单片机代码，我可能会在初学的时候产生一大堆的疑问，随便列举 3 个疑问如下。

疑问 1：使用数据传送类指令时，为啥要区分 MOV、MOVX 和 MOVC 等指令头，干吗要有"变址寻址"这种方法？"MOVC A,@A+DPTR"的形式如何理解？不能直接跨界访问数据吗？

疑问 2：某程序源码的第一句话是"ORG 0000H;"，我知道 ORG 是一个伪指令，它可以让程序从 ORG 指令指定的地址处开始执行。我也知道 0000H 表示一个十六进制地址，但是 0000 这个地址在哪儿？是在 RAM 还是 ROM？为什么程序都要从这里开始？

疑问3：有的编程者在初始化程序时非要写"MOV SP，♯80H"这样的语句，我不理解的是 SP 是个堆栈指针，它的默认地址就在 07H。既然有个默认值，为什么那么多的编程者非要把它迁移到 80H 地址后面去呢？

有的朋友忍不住了，站出来和小宇老师说：老师啊，我根本就不打算学习汇编语言，你说的这些指令、地址、堆栈指针什么的太偏硬件底层了，现在有了 C51 语言之后谁还用 A51 语言写代码啊！别人 Keil C51 的开发环境已经在 C 编译器的调控下把程序优化得很好了，程序存储压根儿不用我操心，我们就算没有存储器的知识也能把单片机玩得"飞起来"。所以我认为这本书添加这个"存储器"章节确实有点儿"鸡肋"。

好！朋友们说得非常在理，Keil C51 环境做得确实很好，特别值得一提的是，Keil C51 内部的编译器确实能合理分配相关资源，用户最关心的问题可能是"程序是否装得下"而不是"程序是怎么装下的"。长久的学习习惯让我们忽略了存储器资源的相关内容，感觉不到存储器的存在，但是这样的学习还是会有问题的，若是不信，我们再来看 4 个疑问。假设我们现在不用 A51 语言，换成 C51 语言来编程，看看下面的疑问你能否解释。

疑问1：我是 51 初学者，我看别人 C51 程序中写了句"♯pragma COMPACT"，然后紧接着写了"unsigned char xdata i;"和"unsigned char code NUM[10];"，这三句话中的"♯pragma""COMPACT""xdata""code"是什么意思呢？我查了一遍，它们不属于 C51 数据类型啊！在标准 C 语言中也没有这些关键字啊！

疑问2：我是刚入职的初级技术员，公司前辈遗留了一个项目给我，打开工程后看到了很多类似于"unsigned char data COMBUF[8] _at_ 0x20;"这样的语句，这句话中的"data""_at_""0x20"是什么意思呢？要是去掉这 3 个东西我是能看懂的，这是在定义数组，但是加上这些字符后这个数组 COMBUF[8] 去哪儿了呢？

疑问3：我是学过 51 的，看了公司"大牛"写的一个中断服务函数"void Int0() interrupt 0 using 1"我就纳闷了，我知道"interrupt 0"是外部中断 1 的意思，但是这个"using 1"是什么？为什么我找了几本书都没有这样的写法？最奇怪的是 Keil C51 居然不报错？我自己改成"using 2"居然也没有什么问题，这个参数用来干嘛的？

疑问4：我用 Keil C51 开发环境编写 51 程序都好几年了，但还是觉得不"踏实"。为啥呢？请看如图 9.1 所示的项目 Target 选项卡，这些黑色箭头指向的地方我居然都不明白是什么含义，显得我自己特别外行，我都不敢说我会用 Keil C51 开发环境了。

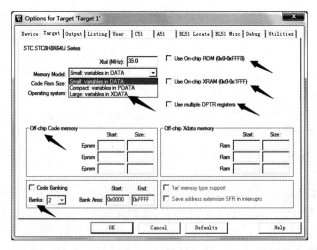

图 9.1　Keil C51 项目 Target 选项卡界面

怎么样,现在心里舒服多了吧? 是不是觉得存储器不那么"鸡肋"了? 当然,也不要被小宇老师举的例子吓到了,单片机还是很简单的,毕竟这个内核是几十年前的,我们肯定能顺利地拿下相关知识点。

存储器结构其实就相当于去景点游玩时拿到的"地图",假设我要去故宫游玩,最理想的参观路线是从午门进入紫禁城,然后沿着中轴线依次参观内金水桥、太和门、太和殿、中和殿、保和殿、乾清门、乾清宫、交泰殿、坤宁宫、御花园。参观完御花园,可以通过御花园左侧的门进入西六宫,依次参观储秀宫、翊坤宫、永寿宫、咸福宫、长春宫、太极殿,然后出内右门回到乾清门广场,东行进入内左门,可依次参观延禧宫、永和宫、景阳宫、乘乾宫、钟粹宫。参观完东六宫可沿东长安街再回到乾清门广场,向东穿过景运门进入锡庆门,然后再进入皇极门,可以参观皇极殿、宁寿宫、扮戏楼、畅音阁、养性殿、乾隆花园、珍妃井,最后出顺贞门西行出神武门离开故宫。咋样? 听了小宇老师的讲解,是不是感觉头有点儿晕、腿有点儿抖? 所以说,51单片机的存储器结构要比故宫的"景点分布"简单太多,市面上的单片机存储结构能比"故宫"还复杂的几乎没有。经过本节的讨论,我和读者的认知应该一致了,接下来我们就可以快乐地学习存储器内容了。

9.2　让人"头疼不已"的 8032 微控制器时代

现在想想,STC8系列单片机的存储资源较之传统的51单片机来说,那是提升了太多太多,读者朋友们在单片机的入门阶段就能使用到STC8系列单片机实在是一种"幸福"。为啥我会有这样的感慨呢? 小宇老师想起了宋丹丹老师在春晚小品中的一段台词,台词是这么说的:"我都畅想好了,我是生在旧社会,长在红旗下,走在春风里,准备跨世纪。想过去,看今朝,我此起彼伏。于是乎,我冒出了个想法。"从这段话里真的能看出新中国的巨大变化,这和单片机产品的进化与升级是一样的,其发展速度实在是太快了。碰巧的是,我和宋丹丹老师的想法是一致的,那就是要写本书,宋丹丹老师的书名叫《月子》,然而我写的书名不叫《伺候月子》,而叫《深入浅出STC8增强型51单片机进阶攻略》。我也畅想好了,为了让大家体会下单片机存储资源的发展和变化,我也要带着大家回到1974年,回到那个Intel公司推出了基于MCS-51系列内核的80C32微控制器的时代。

在那个时代,80C32微控制器已经算是"明星"产品了,80C32内置了8位CPU核心单元、具备256B大小的内部数据存储器RAM、具备32个准双向I/O口、拥有3个16位定时/计数器和5个中断源、片内具备一个全双工串行通信口。但80C32产品最为"奇葩"的一点是片内没有程序存储器ROM,这是什么意思呢? 也就是说,程序开发人员编写好的代码没有办法直接烧录到单片机中,必须要自己先把程序烧录到专门的ROM芯片,然后再把ROM芯片搭建到单片机的最小系统中去,要是程序的执行需要占用较大的RAM空间,那还得再扩展专门的RAM芯片,搭载了相关的内存芯片后,再利用地址总线和数据总线进行数据的交换和读写。这就太麻烦了! 真是同情当年的工程师们。接下来,让我们看看那个年代的单片机"最小"系统,其实物样式如图9.2(a)所示。

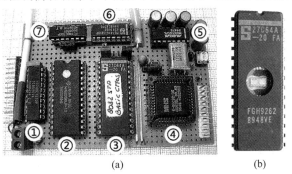

(a)　　　　　　　　　(b)

图 9.2　基于 80C32 微控制器的最小系统正面样式

　　放眼望去,小宇老师怎么都不相信这个板子仅仅是个 80C32 的最小系统,那么多的芯片在一个洞洞板上,感觉应该是要实现很"厉害"的功能,然而它真的只是个最小系统而已。而且还是个主频低、功能少、内存小、性价比低的最小系统。

　　板子实物上一共有 7 个功能芯片,有半数以上都是为了扩展单片机内存的。芯片 1 是74HCT573,这是一个拥有 8 路输出的透明锁存器,用于锁存和分离地址数据和一般数据。芯片 2是 HM62256,这是一个具备并行接口的 32KB 大小 SRAM 存储器,有了它就能让 80C32 控制器的RAM 资源得到扩充。芯片 3 是 27C64,这是一个 8KB 容量的可接受 UV 紫外线擦除的 EPROM芯片,这种只读存储器使用起来非常麻烦,细心的读者朋友肯定发现了,板子上的 7 个芯片中就只有这个芯片表面贴了一层不透明的胶布,为啥要这样做呢? 是因为这种芯片表面的玻璃窗口如图 9.2(b)所示,当紫外线(哪怕是日常的太阳光线中也含有紫外线)照射到芯片内部晶圆后,数据或者程序信息就会被缓慢擦除。所以该芯片内部一旦存在编程数据,就必须要用胶布(最好是黑色不透明的胶布)贴住玻璃窗口,使用上确实不便。芯片 4 就是整块板的核心,即 80C32 微控制器芯片。芯片 5 是 MAX232,这是一种电平转换芯片,可以实现 RS-232 电平转换为 TTL 电平,通过该芯片就能实现 PC 的 DB-9 端口与单片机 UART 引脚间的通信。芯片 6 是 74HCT138,这是一个3 线 8 态译码器电路,用于实现各内存芯片的地址译码。芯片 7 是 74HCT00,这是一个 2 输入与非门电路,该芯片用于控制各内存芯片的使能和读写操作。

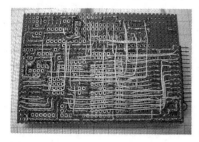

图 9.3　基于 80C32 微控制器的最小
　　　　系统背面布线

　　把板子上的芯片这么一讲解,我们心里就清楚多了,这么大块板子其实也"没什么"。这就是 8032 那个时代的单片机产品,片内居然连 ROM 都不具备,片内资源也是少得可怜,内存容量也是小得不行。添加额外的芯片进行内存扩展都还不是最麻烦的,最麻烦的是芯片变多后布线难度就非常大,如果将如图 9.2(a)所示的最小系统翻一个面就会看到如图 9.3 所示的背面飞线,这些线接错一根就会导致访问错误,若需要在这个小系统上扩展其他外围芯片又得经过复杂的考虑,以免造成访问的冲突和引脚的占用。

　　怎么样? 朋友们经过对比,是不是觉得现在的 STC 系列单片机非常好用? 完全不用自己外扩 RAM 和 ROM 单元就可以轻松地编写和烧录程序了。现代单片机的封装形式非常多样,片上资源也较为丰富,STC 公司的很多 51 单片机产品甚至把时钟电路单元和上电复位电路做到了芯片内部,单片机本身仅需要 VCC 和 GND 两根电源线就可以工作了,剩下的 I/O 引脚都可以让开发人员随意使用。单片机产品经过不断的发展,其形态和性能相比以往已经有了很大的变化,我们可以基于单片机芯片做出更多有意义的电子模块和电子产品,所以小宇老师感慨:"能生在这样一个时代,是一件幸福的事情。"

9.3　你若是校长,教学楼和宿舍楼怎么修

　　接下来,咱们就来看看 51 单片机的存储结构,说白了,就是要知道 RAM 和 ROM 的区域划分问题,要说明白这个问题就要搞清楚普林斯顿结构(也可以叫作冯·诺依曼结构,因为该结构是由普林斯顿大学开发的)和哈佛结构的特点(哈佛结构是哈佛大学的研究成果)。但是直接讲述结构内容确实太枯燥,按照小宇老师的风格,我们先从"建楼"说起吧! 假设读者朋友们新办了一所学校,你就是校长,在资金问题不用愁的情况下如何建立教学楼和宿舍楼这两个主要大楼呢? 有很多朋友为你出谋划策,提出了如图 9.4 所示的两种方案,其实就是围绕两种楼是要建在一起还是分开的问题。

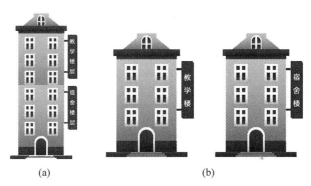

图 9.4 两种建楼方案示意图

图 9.4(a)主张建立"摩天大楼"(RAM 和 ROM 统一编址)，按照楼层号划分教学区域和宿舍区域(按照物理地址分界)，每层楼的房间数是确定的，从上到下都是严谨对齐的(指令数据位宽与数据位宽需一致)，建好之后一定很"气派"！图 9.4(a)方案一经提出后也有一些反面的"声音"，有不少朋友觉得图 9.4(b)方案可能更为"合理"。常理上讲，教学楼和宿舍楼从性质上讲还是不相同的(RAM 和 ROM 功能不同)，应该把两个楼单独建立(RAM 和 ROM 分开编址)，要是贸然把两种区域合并在一起可能产生一些麻烦。有人说：一整栋楼的电梯怎么装呢？有人要上楼有人要下楼，会不会冲突(访问瓶颈问题，取指令和取数据可能冲突)？又有人说：学生和老师那么多人，宿舍和教室又都叠加在一起了，那这个"摩天大楼"要高耸入云了吧？这会不会有什么安全隐患呢(最大寻址范围问题)？还有人说：学校以后扩招的话宿舍区需要容纳更多学生，宿舍房间应该多于教室房间吧(指令数据位宽可能和数据位宽不一致问题)！

两种建楼方案一经推出就引起了广泛讨论，其实两个方案各有优势。图 9.4(a)就是普林斯顿结构，其结构示意如图 9.5(a)所示，该结构下的 RAM 和 ROM 是统一编址的，受 51 单片机地址总线位宽限制(一般是 16 位地址总线)，其存储器能被寻址的最大空间是 64KB(即 2^{16}B＝64KB)，该结构的组织形式非常简单，但是该结构一般要求指令数据位宽与数据位宽一致，数据指针和程序指针在访问相关数据内容时可能遇到效率低下或者冲突问题。

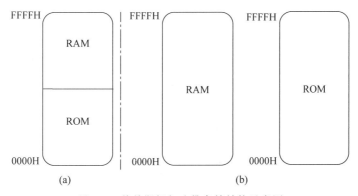

图 9.5 普林斯顿与哈佛存储结构示意图

图 9.4(b)就是哈佛结构，其结构示意如图 9.5(b)所示，该结构下的 RAM 和 ROM 是分开编址的，RAM 区域和 ROM 区域又有"片内"和"片外"的说法，片内就是芯片内部自带的，"片外"就是用户在芯片外部自己扩展的(比如添加专门的存储器芯片去获得更大的容量)。外部 RAM 存储器(也就是我们即将要学习的 xdata 区域)和 ROM 存储器(也就是我们即将要学习的 code 区域)的最大空间都可以支持到 64KB。从设计上看，哈佛结构要比普林斯顿结构复杂一些(从各类总线的连

接和分配上就能明显感觉到分开编址后提升了存储器设计的复杂度），该结构不强制要求指令数据位宽与数据位宽一致，在存储单元的组织上比较灵活，访问效率也比较高。因为哈佛结构的访问优势，现代微控制器芯片（包括 MCS-51 内核的单片机产品）的存储器结构一般都用哈佛结构。

需要说明的是，STC8 系列单片机中的不少型号都具备充足的 ROM 区域，STC8H8K64U 型号的单片机甚至把 ROM 区域做到了"打顶"的 64KB 大小，所以 STC8 系列单片机不再提供访问外部扩展 ROM 的总线，也就是说，该系列单片机仅支持片内 ROM 单元。但是 RAM 区域就要另说了，由于 STC8 系列单片机的片内扩展 RAM 区域还没有做到 64KB 这么大，所以针对 40 个引脚数量及以上的单片机型号，还可以根据实际需求扩展外部 RAM 单元，进一步增加 RAM 容量。

虽说 ROM 和 RAM 区域里面都是存放的"0"和"1"，但是这两种区域中的数据含义和功能特性还是有较大区别的，ROM 中存放的数据大都是些程序代码、固有数据和常数，RAM 中的数据多是一些临时的变量数据。RAM 和 ROM 的区别还不只是数据层面，随着区域的划分，各内存区域支持的寻址方式和操作方法也有不同。以汇编语言为例，针对不同内存区域使用数据传送类指令时"指令头"就要发生变化，访问片内 RAM 区域的时候可以用"MOV"，访问片外扩展的 RAM 区域时就要用"MOVX"，访问整个 ROM 区域时就要用"MOVC"才行。其实，这和我们的交通出行是一样的！如果我家住重庆，我需要到对街买个零食，那"骑车"去就可以了（即 MOV 指令头），要是我需要到重庆的其他市区，坐个"轻轨"也很合适（即 MOVX 指令头），要是我需要去北京出差，那估计只能是飞机或者火车了（即 MOVC 指令头）。

接着"指令头"的话题稍加扩展，指令的具体形式其实还与寻址方式有关，所谓"寻址方式"就是以什么样的方式去"找到"数据，找寻数据的方法越多，那数据访问能力就越强，一定程度上也能反映出单片机的性能。MCS-51 内核的单片机就支持直接寻址、寄存器寻址、寄存器间接寻址、立即寻址、变址寻址、位寻址和相对寻址等 7 种寻址方式。所以说，打铁还需自身硬，MCS-51 内核能够经久流传且被称作"经典"还是有自身原因的。

以"变址寻址"为例，这种寻址方式是用"基址＋变址"的组合形式去表达新的地址，好比有朋友初来重庆，人生地不熟地想来找我，我就给他说"××小区喷泉左边的第一栋楼就是我家"，这句话里的"××小区喷泉"是个基础地址，"左边第一栋"就是个"变动地址"，使用变址寻址后的语句类似于"MOVC A,@A＋DPTR；"，若 DPTR 中存放了 0120H，A 中存放了 05H，那"@A＋DPTR"将会把 ROM 区域的 0125H 地址中的数据传送给 A。综上所述，朋友们也应该对汇编指令头和寻址方式有个大概认识了，这些内容就足够解决 9.1 节用 A51 编程的第 1 个小疑问了。虽说本书不讲汇编，但是小宇老师还是推荐朋友们在闲暇时间里看看汇编语言程序设计，说不定会反向加深我们对 C 语言的相关理解。

9.4　"宿舍区"就类似于程序存储器 ROM

建完了单独的教学楼和宿舍楼之后，我们就来看看两者的内容和特点。一个学校的主体一定是学生，没有学生就谈不上育人了。与学生关系最密切的肯定是"宿舍区"，这相当于孩子们求学阶段的"家"了。在宿舍区里，每位同学都有一个固定的房间或者床位，里面的物品是同学们自己规划和存放的，这个"宿舍区"就相当于单片机的程序存储器 ROM，在这些存储单元中存放着掉电非易失的数据（也就是说，单片机断电后，ROM 中的数据不会丢失），就好比学生在寝室居住的时间里，宿舍里的东西是不会凭空消失的。

ROM 存储器的类型有很多，常见的有掩膜型 ROM、EPROM、EEPROM 和 Flash 类型，在 STC系列单片机中就是用的 Flash 这种类型的 ROM（有个别朋友一直搞不清楚 Flash 和 ROM 的关系，其实 ROM 是个大类别，Flash 是 ROM 中的一种）。有的朋友肯定好奇，在单片机 ROM 中究竟存放着哪些东西呢？ROM中一般存放了程序内容、固有数据（比如C51语言中定义的数据数组或者是汇编语言中的DB"表格"数据等）和一些常量数据（例如π的取值），这些数据一旦"烧录"到ROM之后一般不会发生变化，就好比我们的寝室，新生入住之后寝室就是归自己所有了，别人也不会去动你的物品。

单片机的ROM区域一般要比RAM区域大很多，但是结构上却比RAM简单很多，所以我们先来学习ROM区域的结构。为了便于大家理解，先看如图9.6(a)所示的"宿舍区"结构。每个学校的宿舍区都有个大门，我们将其称为"区域入口"，不管是上/下课还是放假离校、开学返校，我们总会由宿舍区大门进入宿舍，这个入口会天天和我们打交道。进入宿舍区后一般都会有一些生活"业务区"，比如饭卡充值的地方、小超市、洗衣服的洗衣房、宿管阿姨的办公室、缴纳电费的办公室、ATM取款机等。这些地方不是经常去，只有等到特定事件发生的时候才会去（也就是单片机的中断"事件"产生时才会去对应入口），比如寝室电费用完了，造成了寝室断电，这时候才会去"业务区"缴纳电费。要说占用"宿舍区"最多的地方还是宿舍了，这才是主体部分。

有了"宿舍区"的相关概念做铺垫，再来看看如图9.6(b)所示的STC8系列单片机ROM结构，其结构也可以大致分为3部分，原来的宿舍"区域入口"就是"起始地址"，原来的生活"业务区"就是各种"中断向量"的入口，这些中断源大多都是STC8系列单片机的片上资源。剩下的"宿舍"就相当于ROM存储单元了。

光是进行类比肯定是不够的，我们需要深入理解单片机程序的执行过程及ROM区域作用，在讲解这些内容之前，先来补充点单片机CPU有关的基础知识。从大的结构上讲，STC8系列

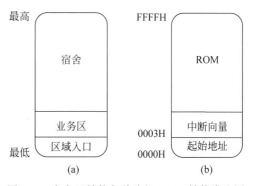

图9.6 宿舍区结构与单片机ROM结构类比图

单片机CPU内包含控制器和运算器这两部分，运算器就负责数据运算，主要是由算术逻辑部件ALU、累加器ACC（数据运算的主要场合）、通用寄存器B、程序状态字寄存器PSW（数据运算的状态反映）和一些辅助电路共同构成。

控制器实现取指令、译码和逻辑控制的作用，主要是由程序计数器PC（也称为PC指针，专门指向ROM区域的程序代码）、指令寄存器IR、指令译码器ID、数据指针DPTR（专门指向ROM区域或RAM区域内的数据内容）和一些逻辑电路共同组成。CPU的知识这里不过多展开，只需要关注下PC指针和DPTR指针就行。在单片机中，这两个指针都很"忙"，PC一天到晚都在指向下一条要执行的指令地址，而DPTR也在ROM和RAM间来回跳转，指向相关的数据内容。当单片机复位时这两个指针都会被自动赋值为"0000H"，这个数值是不是在哪里见到过呢？没错！它就是ROM区域的起始地址。

这个起始地址就相当于宿舍区大门，单片机的PC指针在上电或者整体复位的时候就会强制性地回到0000H这个起始地址，从这个入口开始执行程序代码。所以9.1节用A51编程的第2个小疑问就可以得到解答了，"ORG 0000H;"语句的作用就是让程序从0000H开始执行。

宿舍区中的"生活业务区"其实就是中断向量入口，什么叫"中断向量"呢？其实就是一些处理"突发事件"的入口地址，这些事件大多来自于芯片上的相关资源，中断源越多，一定程度上就反映出了单片机性能的"强大"。比如外部中断引脚上出现了一个下降沿，在使能外部中断资源的情况下就可以产生一次外部中断请求。话又说回来，正常的生活中肯定不会有人天天往缴纳电费的办公室跑，肯定是等到寝室没电了才会意识到要充电费，所以，这些特定入口平日里都不会随意进入，除非是产生了相关的"中断"请求且CPU响应了请求，然后把PC指针强制性"拽"到对应入口

去执行相关内容。

　　以 STC8H 系列单片机的最高款 STC8H8K64U 单片机为例,其中断源及向量入口信息如表 9.1 所示。需要说明的是,中断源的数量会受单片机具体型号的影响产生差异,STC8 系列单片机中断源数量根据不同型号,会在 16～22 范围内波动,朋友们在确定好型号之后一定要去看手册,以免弄错。现在请朋友们仔细观察表 9.1,从初学的角度看,我们能发现哪些信息呢?

表 9.1　STC8H8K64U 单片机中断源及向量入口列表

向　量　号	中　断　向　量	中　断　源	向　量　号	中　断　向　量	中　断　源
0	$(0003)_H$	INT0	20	$(00A3)_H$	Timer4
1	$(000B)_H$	Timer0	21	$(00AB)_H$	CMP
2	$(0013)_H$	INT1	24	$(00C3)_H$	I^{2}C
3	$(001B)_H$	Timer1	25	$(00CB)_H$	USB
4	$(0023)_H$	UART1	26	$(00D3)_H$	PWMA
5	$(002B)_H$	ADC	27	$(00DD)_H$	PWMB
6	$(0033)_H$	LVD	35	$(011B)_H$	TKSU
7	$(003B)_H$	PCA	36	$(0123)_H$	RTC
8	$(0043)_H$	UART2	37	$(012B)_H$	P0
9	$(004B)_H$	SPI	38	$(0133)_H$	P1
10	$(0053)_H$	INT2	39	$(013B)_H$	P2
11	$(005B)_H$	INT3	40	$(0143)_H$	P3
12	$(0063)_H$	Timer2	41	$(014B)_H$	P4
16	$(0083)_H$	INT4	42	$(0153)_H$	P5
17	$(008B)_H$	UART3	43	$(015B)_H$	P6
18	$(0093)_H$	UART4	44	$(0163)_H$	P7
19	$(009B)_H$	Timer3			

　　第一个发现就是:STC8H8K64U 单片机的中断源有 33 个之多,可以从侧面反映该型号单片机的强大。有的朋友可能早期学过 STC89C52 型号的单片机产品,该款芯片仅有 5 个中断源,片上资源非常基础,功能上也比较单一。

　　第二个发现就是:STC8H8K64U 单片机的中断向量号貌似"不连续",从 0 到 44 缺少了 13、14、15、22、23、28、29、30、31、32、33 和 34(实际上只有 33 个中断向量号可用),这是为什么呢? 缺失的向量号其实并不影响开发者使用,这几个缺失的向量号早期是为了预留给其他片上资源设计的,编程时忽略这些向量号即可。

　　第三个发现就是:中断向量从 $(0003)_H$ 这个地址开始,按照地址递增的方式安排其他的中断向量,每两个相邻的中断向量之间有 8B 的空间大小(不考虑缺失的中断向量)。这 8B 是用来做什么的呢? 有的朋友肯定要说:当然是为了存放用户编写的中断代码啊! 话是不错,但是代码要是很大,8B 都不够"装"怎么办呢? 这确实是个问题,所以这 8B 中并不是用于存放真正的中断代码,而是存放了一条能"找到"中断代码的无条件"跳转"指令,这个指令会带着 PC 指针去往真正存放中断代码的存储区块,然后再去执行中断代码程序(即中断服务函数中的代码内容)。

9.5　"教学区"就类似于数据存储器 RAM

　　说完了"宿舍区",再来看看"教学区"。一般的学校里,教学区的复杂度都要比"宿舍区"大一些,一个大学肯定有多功能学术报告厅、授课教室、二级学院的办公室、资料档案室、专业实验室、行政管理办公室等。这些区域功能各异,管理和服务于日常教学、学生实践和学院发展,要是把这些内容都建立到一栋"大楼"中去,那这栋大楼一定非常高,当然,也会很气派!小宇老师也当一次大楼的"设计师",经过精心安排,我设计出的"双峰"综合教学楼如图9.7所示。

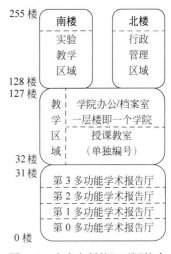

图 9.7 小宇老师的"双峰"综合教学楼结构图

我们先来说一说"双峰"综合教学楼的构成及区域作用。这栋楼有256层高,有的朋友可能会担心:这么高的楼肯定不安全,倒了咋办?这……我确实没想过,我们就假设它很"牢靠"吧!这个楼的设计仅仅是为了引出我们即将要学习的"知识",大家不必太较真。我们将这栋综合教学楼从0开始编号,可以得到第0～255楼。

从0楼往上到31楼,我设计了4个"多功能学术报告厅",每个报告厅由8层楼大小的区域组成,总共就是32层楼这么大。多功能学术报告厅是用来干吗的呢?在大学里,经常会有校内外专家学者前来授课和分享学术知识,在这种情况下,总得找个地方让专家讲课吧?所以这种大厅很有用处。除了讲座之外,做个新生入学教育或者毕业生的毕业典礼也是不错的。那为什么小宇老师要设计4个报告厅呢?因为很多时候单独的一个报告厅不足以满足使用需求,一些时间段可能会出现好几个二级学院都想占用报告厅的情况,这时候多几个备用报告厅也是有必要的。

32～127楼就是通用教学区了,该区域又细分为学院办公/档案室和授课教室这两部分。授课教室占用了16个楼层,每层楼有8个教室,总计128间教室,这些教室都是单独编号的,所以授课教室区域是以"房间号"去区分,同学们可以按照编号去找到任何一间教室。学院办公/档案室占用了80个楼层,主要是分配给学校的二级单位,为了方便管理,一个单位就占用一层楼,所以学院办公/档案室是以"楼层号"去区分。

再往上就是128～255楼了,为了设计出综合教学楼的特色,小宇老师构造了"双峰"形式,在127楼的平台上为大楼修建了"两个耳朵"。南楼是128～255楼,主要是实验教学区域,也是按照一个专业一个楼层的分配方法布置的。需要说明的是,学生不能随意进入南楼实验区,只能是获得实验审批后才能进入南楼开展实验。北楼也是128～255楼,也是按照一个机构一个楼层的分配方法布置的。需要说明的是,北楼的进入并不需要授权,但凡是有教学需求都可以直接找到相关办公室。"两个耳朵"的功能是不同的,但是楼层号是一致的,所以在平时交流时,一定要说清楚是哪一个子楼,可以用"南楼128层"和"北楼128层"的说法加以区分。

了解这栋楼的设计理念和区域功能后,朋友们就能轻松地理解STC8系列单片机RAM区域的构成和含义了,要是把STC8系列单片机的RAM区域拿出来和"双峰"综合教学楼进行区块类比,就能得到如图9.8所示的样子。

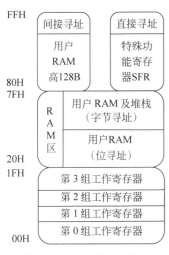

图 9.8 STC8 系列单片机 RAM 结构图

整个楼层还是0～255楼,只是表达方式上写成了00H～FFH的十六进制地址形式。从00H往上到1FH是4个工作寄存器组,这个区域对应了之前的"多功能学术报告厅"。每个工作寄存器组又是由8个寄存器组成,也就是R0～R7寄存器,全部加起来就有32个寄存器单元。有的朋友可能会疑惑了,这4个工作寄存器组都有 R0~R7 寄存器,那岂不是有 4 个 R0 寄存器? 都叫这个名字不会冲突吗? 朋友们确实心细,在该区域中确实存在 4 个 R0 寄存器,虽说名字相同,但是物理空间是有差异的。与生活中的报告厅不一样的是:任一时刻下,CPU 只能从这 4 个工作寄存器组中选定 1 个作为当前工作寄存器组,所以不必担心冲突问题。工作寄存器组可以用于暂存运算的临时状态或者临时数据(第 11 章的中断资源就会用到,届时将展开细致的讲解),采用寄存器名称直接编程和暂存参数,使用上十分灵活且有助于提高运算速度,提升代码的执行效率。MCS-51 内核中提供了 4 个工作寄存器组就是为了避免 1 个工作寄存器组不够用的情况。所以 9.1 节用 C51 编程的第 3 个小疑问就可以得到解答了,"void Int0() interrupt 0 using 1"语句中的"using 1"就是选择了第 2 个工作寄存器组存放相关临时数据,"using"后面的数值支持 0~3,正好可以对应这 4 个工作寄存器组。抛开 C51 的上层代码,从单片机的底层上看,工作寄存器组的具体选择是由单片机内部程序状态寄存器 PSW 中的"RS1"和"RS0"位决定的。那 PSW 这个寄存器又有什么用呢? 简单来说,它就是一个反映 CPU 数据运算状态的寄存器,这个寄存器中的大部分功能位都是一些标志位,在实际编程中一般不会用到,这里只看"RS1"和"RS0"位即可,程序状态寄存器的相关位定义及功能说明如表 9.2 所示。

表 9.2　STC8 单片机程序状态寄存器

程序状态寄存器(PSW)							地址值:(0xD0)$_H$
位　数	位 7	位 6	位 5	位 4	位 3	位 2	位 1	位 0
位名称	**CY**	**AC**	**F0**	**RS1**	**RS0**	**OV**	**F1**	**P**
复位值	0	0	0	0	0	0	0	0
位　名	位含义及参数说明							

位名	含义		
CY 位 7	借位/进位标志		
	0	最高位无借位或者进位	
	1	最高位借位或者进位	
AC 位 6	辅助借位/进位标志		
	0	低 4 位没有向高 4 位发生借位或者进位	
	1	低 4 位向高 4 位发生借位或者进位	
F0 位 5	用户标志位 0		
	0	清零用户标志位 0	
	1	置位用户标志位 0	
RS1-RS0 位 4:3	工作寄存器组选择位		
	00	第 0 组工作寄存器	01　第 1 组工作寄存器
	10	第 2 组工作寄存器	11　第 3 组工作寄存器
OV 位 2	溢出标志位		
	0	累加器 ACC 中的运算结果没有超出 8 位二进制数据范围	
	1	累加器 ACC 中的运算结果超出 8 位二进制数据范围	
F1 位 1	用户标志位 1		
	0	清零用户标志位 1	
	1	置位用户标志位 1	
P 位 0	奇偶标志位		
	0	累加器 ACC 中"1"的个数为偶数个	
	1	累加器 ACC 中"1"的个数为奇数个	

也可以将这 4 个工作寄存器组的配置信息和地址信息单独拿出来,做成如表 9.3 所示内容。

表 9.3 工作寄存器组选择及地址分配

配 置 位		选定组号	内部寄存器组成							
RS1	RS0		R7	R6	R5	R4	R3	R2	R1	R0
0	0	0	07H	06H	05H	04H	03H	02H	01H	00H
0	1	1	0FH	0EH	0DH	0CH	0BH	0AH	09H	08H
1	0	2	17H	16H	15H	14H	13H	12H	11H	10H
1	1	3	1FH	1EH	1DH	1CH	1BH	1AH	19H	18H

在"工作寄存器组"相关知识点的末尾一定要讲解下"SP"这个 8 位宽度的堆栈指针,这个指针固定指向 RAM 中的堆栈区。堆栈是什么呢? 简单来说就是一种用于组织数据在内存中存放的结构。"栈"可以用来暂存数据,特别是用于保存中断发生时的"现场数据",该结构有个特点就是先进后出(First In Last Out, FILO),这个特点正好保证了中断返回时的断点数据恢复流程,在本章不做深入展开。我们把堆栈想象成一个"羽毛球筒"就可以了,生活中见到的羽毛球筒都是底面封死的,只能从一个出口取出羽毛球,若用户想要最下面的羽毛球,就必须把全部的羽毛球都拿出来才行,这就是堆栈的特点。那堆栈和工作寄存器组之间有什么联系呢? 干吗要在中途插入 SP 的知识点呢?

这是因为 SP 这个堆栈指针在单片机上电后有个默认值,它会指向单片机内部 RAM 的 07H 这个地址,朋友们是不是有点儿熟悉这个地址? 这不就是第 0 组工作寄存器的末尾吗? 那指向这个地址有什么不好吗? 我们来假设一下,假设单片机的程序启用了这 4 个工作寄存器组,同时又具备相关中断服务函数(也就是说需要用到堆栈区),这时候一旦发生中断,则相关数据就会从 07H 地址往后开始写入"现场数据",这些数据会怎么写入呢? 当然是"无情"地覆盖第 1 组工作寄存器中的相关内容! 这就麻烦了! 若 SP 指针指向的地址不恰当,就会造成一些重要数据的"覆盖",所以编程者在程序代码执行之前都会将 SP 指针重新指向到 80H 单元以后,以免产生数据覆盖。所以 9.1 节用 A51 编程的第 3 个小疑问就可以得到解答了,迁移 SP 指针就是为了避免重要数据被误覆盖。

20H～7FH 就是通用 RAM 区了,这个区域对应了之前的"通用教学区",该区域又细分为两部分,第一部分是仅支持字节寻址的用户 RAM 及堆栈区(即学院办公/档案室),第二部分是支持位寻址的用户 RAM 区(即授课教室)。

"授课教室"占用了 16 个楼层(即 16 字节地址),每层楼有 8 个教室(即 8 个位地址),总计 128 间教室(即 128 个位地址),这些位地址可以被单独地"找到",它的用处很多,在编程中可以把某个位地址进行"变量"化处理,将其当成一个标志位,用于指示一些事件或者内部动作的产生,这个"变量"的"1"或者"0"就表示"有事件"或者"无事件",使用起来非常方便,20H～2FH 区域不仅支持位寻址,也支持常规的字节寻址。

"学院办公/档案室"占用了 80 个楼层(即 80 字节地址),但这个区域不能用"教室号"去找,必须是按照"楼层号"去区分,所以 30H～7FH 这个区域仅支持字节寻址。简单地说,位地址指向的就是一个二进制位,而字节地址指向的是 1 字节,即 8 个二进制位。小宇老师这样说可能并不直观,所以列了一个如表 9.4 所示的分配情况。

表 9.4 位寻址区的字节地址和位地址分配

字节地址	位 地 址							
	位 7	位 6	位 5	位 4	位 3	位 2	位 1	位 0
20H	07H	06H	05H	04H	03H	02H	01H	00H
21H	0FH	0EH	0DH	0CH	0BH	0AH	09H	08H
22H	17H	16H	15H	14H	13H	12H	11H	10H

字节地址	位 地 址							
	位 7	位 6	位 5	位 4	位 3	位 2	位 1	位 0
23H	1FH	1EH	1DH	1CH	1BH	1AH	19H	18H
24H	27H	26H	25H	24H	23H	22H	21H	20H
25H	2FH	2EH	2DH	2CH	2BH	2AH	29H	28H
26H	37H	36H	35H	34H	33H	32H	31H	30H
27H	3FH	3EH	3DH	3CH	3BH	3AH	39H	38H
28H	47H	46H	45H	44H	43H	42H	41H	40H
29H	4FH	4EH	4DH	4CH	4BH	4AH	49H	48H
2AH	57H	56H	55H	54H	53H	52H	51H	50H
2BH	5FH	5EH	5DH	5CH	5BH	5AH	59H	58H
2CH	67H	66H	65H	64H	63H	62H	61H	60H
2DH	6FH	6EH	6DH	6CH	6BH	6AH	69H	68H
2EH	77H	76H	75H	74H	73H	72H	71H	70H
2FH	7FH	7EH	7DH	7CH	7BH	7AH	79H	78H

　　有的朋友看完表格后又有疑问了！为啥字节地址和位地址还有一样名称的啊？大家看看字节地址的"24H"这一行，为啥还有个位地址也是"24H"？其实这很简单，在生活中也有"4楼4号房"的说法，这个楼层的"4"和房间号的"4"虽然数值一样，但是含义不同，朋友们无须纠结。

　　再往上就是80H～FFH了，这个区域就是综合教学楼的"双峰"部分。南楼就是"实验教学区域"，是用户RAM区域的高128字节部分，该区域仅支持间接寻址方式（需要得到授权才能进入）。北楼就是"行政管理区域"，该区域仅支持直接寻址方式，这里面装载的不是一般的内容，分布其中的都是一些特殊功能寄存器（也称为SFR，在第4章学习的I/O部分的PxM0、PxM1、Px、PxPU、PxNCS、PxSR、PxDR和PxIE都是特殊功能寄存器，它们决定了I/O引脚的相关功能，在后续的章节学习中还会遇到更多，需要说明的是STC8系列单片机内还存在一些"扩展SFR"单元，这些单元位于片内扩展RAM区，其访问和操作方法不同于常规SFR，我们学过的Px类寄存器就属于"常规SFR"，我们学的PxPU这种寄存器就属于"扩展SFR"，此处做简要说明）。这些寄存器关系到单片机的内部电路、资源选择、参数配置和整体性能，这些作用其实和"行政管理"是一样的，一个学校缺少了行政管理也将会是一盘散沙。

　　说到这里，小宇老师长舒了一口气，STC8系列单片机的片内256B的RAM算是讲解完毕了，但是256B的RAM是否够用呢？如果用这个容量大小的RAM去"跑"一些简单的程序，那肯定是用不完的，但是如果程序中构建了一些算法，或者加入了一些协议栈、小型调度器或者实时操作系统，256B RAM就不够用了。

　　那怎么扩展RAM空间呢？是不是要像9.2节讲解的那样，在一块板子上用乱七八糟的飞线去连接一片专用RAM芯片呢？这倒不用，STC8系列单片机自带了内部扩展RAM单元，其容量支持2～8KB，以STC8H8K64U型号单片机为例，这款单片机就自带了8KB大小的片内扩展RAM。这还不算厉害的，最厉害的是内部扩展RAM居然不占用芯片内部的相关总线（例如P0和P2），也不需要额外的控制线路（例如RD、WR和ALE线路），大家操作该区域的方法就按照传统51扩展RAM的形式即可。

　　STC8系列单片机片内扩展RAM区域在上电后是默认启用的，当然，朋友们也可以按照需求禁用该区域，只需配置辅助寄存器AUXR中的"EXTRAM"功能位即可，为了方便讲解，小宇老师将辅助寄存器AUXR中的其他功能位做了"屏蔽"，若只看"EXTRAM"功能位，其含义说明如表9.5所示。

表 9.5　STC8 单片机辅助寄存器

辅助寄存器（AUXR）							地址值：(0x8E)ₕ
位　数	位 7	位 6	位 5	位 4	位 3	位 2	位 1	位 0
位名称	T0x12	T1x12	UART_M0x6	T2R	T2_C/T	T2x12	EXTRAM	S1ST2
复位值	0	0	0	0	0	0	0	1
位　名	位含义及参数说明							
EXTRAM 位 1	内部扩展 RAM 访问控制位							
	0	访问内部扩展 RAM,当访问地址超过了内部 256B 的 RAM 区域时,系统会自动切换到内部扩展 RAM 区域来						
	1	禁用内部扩展 RAM 区域						

　　如果从 RAM 区域的划分上严格地去界定,STC8 系列单片机的片内扩展 RAM 区域其实属于"外部扩展 RAM"的一部分,外部扩展 RAM 的最大寻址范围是 64KB,若是启用了片内扩展 RAM 之后,外部还能扩展的 RAM 容量将会变小。以 STC8H8K64U 型号单片机为例,若启用该单片机的 8KB 片内扩展 RAM 后,外部还能扩展的 RAM 大小将会是 64KB 减去 8KB,即 56KB,也就是如图 9.9(a)所示的构成。如果编程者不启用片内扩展 RAM 区域,则外部可扩展的 RAM 容量如图 9.9(b)所示。

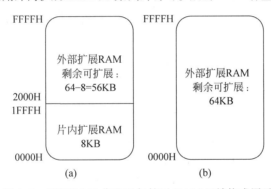

图 9.9　EXTRAM 位配置与扩展 RAM 区域构成图示

　　需要注意的是,在 STC8 系列单片机中只有那些引脚数量在 40 个或以上的型号才具备外部扩展 RAM 的能力,若需要启用外部扩展 RAM 功能就必须有所"牺牲"了,毕竟是外挂了专用芯片,必须要提供数据总线,还要提供一些引脚去做控制(例如 WR、RD 和 ALE 信号引脚)。值得一提的是,STC8 系列单片机还专门为外部扩展 RAM 功能做了一个总线速度控制寄存器 BUS_SPEED,该寄存器可以对 RD/WR 引脚功能做选择,也能对总线读写速度做配置,该寄存器的相关位定义及功能说明如表 9.6 所示。

表 9.6　STC8 单片机总线速度控制寄存器

总线速度控制寄存器（BUS_SPEED）							地址值：(0xA1)ₕ	
位　数	位 7	位 6	位 5	位 4	位 3	位 2	位 1	位 0
位名称	RW_S[1:0]		—	—	—		SPEED[2:0]	
复位值	0	0	x	x	x	0	0	0
位　名	位含义及参数说明							
RW_S[1:0] 位 7:6	RD/WR 控制线选择位							
	00	P4.4 为 RD,P4.2 为 WR			01	保留		
	10	保留			11	保留		
SPEED[2:0] 位 2:0	总线读写速度控制							
	读写数据时控制信号和数据信号的准备时间和保持时间							

至此,我们就讲完了 STC8 系列的 RAM 区域和 ROM 区域组织形式和区域作用了,是不是觉得其实也不难? MCS-51 架构下的单片机距离现在已经好几十年了,所以从资源的复杂度上来说绝对不算复杂。为了梳理相关知识点,我们还是以 STC8H8K64U 单片机为例,默认启用该单片机 8KB 内部扩展 RAM 单元后的存储器资源如表 9.7 所示。

表 9.7　STC8H8K64U 单片机存储器资源信息

存储器区域	内部划分		再次划分	容量大小	起始地址	结束地址
RAM 区域	内部 RAM	低 128 字节区域	工作寄存器组	32B	00H	1FH
			位寻址区	16B	20H	2FH
			用户 RAM 及堆栈区	80B	30H	7FH
		高 128 字节区域	—	128B	80H	FFH
	外部扩展 RAM	内部扩展 RAM	—	8192B 即 8KB 占用	0000H	1FFFH
		外部扩展 RAM	—	57 344B 即 56KB 剩余	2000H	FFFFH
ROM 区域	—	—	程序入口	—	0000H	0000H
			中断向量	每个向量间隔 8B 区域	0003H	—
			普通 ROM	除去之间占用的剩余区域	—	FFFFH

需要说明的是,在表格末尾中断向量和普通 ROM 这两行的"起始地址"及"结束地址"中使用了"—"标记,这是提醒朋友们 STC8 系列单片机的中断向量空间根据型号的不同会有差异,所以在中断向量的结束地址和普通 ROM 的起始地址处没有写明具体的地址,要按照实际单片机的型号去查阅相关地址。

9.6　在 Keil C51 中看似"无用"的配置项

学习了单片机的存储资源之后,小宇老师就要开始连环"发问"了! RAM 区域中的数据是如何组织存放的呢? RAM 中有多个区域,我们要按照什么策略选择变量存放的位置呢? 这些变量的地址在使用过程中是否会发生变动呢? ROM 中的程序代码又是从哪里开始存放的呢? 程序中要是有中断函数的话,中断部分的代码又会存到哪里呢? 要解释清楚这些问题就要看看 Keil C51 环境下的存储器资源是怎么配置的,程序代码是怎么写的,烧录到单片机中的"固件"文件是怎么得到的。

一般来说,在初学 STC 系列单片机时,只会触及 Keil C51 环境中的一些基本功能,比如通过 STC-ISP 软件添加 STC 系列单片机型号和头文件到 Keil 环境中,利用 Keil 新建项目工程,或者配置项目选项卡中的相关项,让工程代码编译后可以得到".Hex"文件,最后再用 STC-ISP 软件下载 Hex 文件到单片机内部即可。在开发环境中,我们貌似没有接触到与"存储器资源"相关的任何地址或者区块配置,我们只管写代码,至于变量怎么放? 区域怎么选? 这些问题我们貌似都"不关心"。

再者,初学时我们编写的 C51 代码并不复杂,其风格与标准 C 差不多,写来写去貌似都是那几个常用数据类型和语句结构,特别是简单的实验,从代码上貌似也找不到一丁点儿与"存储器资源"相关的关键字或者语句。

那就奇怪了！为什么初学阶段的朋友们在不了解51单片机内部存储器资源的情况下也能顺利开展相关实验呢？为什么Keil C51环境没有出现复杂的"存储器配置项"呢？这都是因为Keil C51环境的C51编译/链接器太"宠爱"编程者了！生怕编程者为底层操作而伤脑筋。就拿变量的分配来说，Keil C51的编译器内部支持3种编译模式(SMALL模式，COMPACT模式和LARGE模式)，常规的变量分配、存储器规划等工作在编译时就已经做好了，难怪我们感觉不到内部存储器资源的存在。要是把开发语言从C51语言换成A51语言，那C51编译器就帮不了我们了，一旦失去了"宠爱"我们的好帮手，我们就只能乖乖地从底层资源开始学起了。这就解释了一个问题，A51的编程者不懂存储器那就寸步难行，C51的编程者在初级阶段不懂存储器貌似也没什么太大影响，但是遇到实际问题时，还是需要回头补充相关知识的。

接下来就谈一谈Keil C51的3种编译模式，啥叫"编译模式"呢？简单来说，就是一组可以按照实际单片机内存情况去调配变量存储区域的配置项。例如，现有程序的变量数量非常少，不需要那么多的RAM空间，这时候就可以把变量区域放在单片机片内RAM的低128字节范围内，因为这个区域的变量访问速度是最快的。那我们就可以为工程文件选择Keil C51编译模式中的SMALL模式，该模式下的变量默认都分配到片内RAM的低128字节中去了。

有的朋友可能对存储区域的描述感到困惑，特别是初学者，一听到什么"片内RAM""片外扩展RAM""低128字节""高128字节"就觉得头疼，Keil C51其实也发现了这个问题，所以Keil对MCS-51内核的单片机存储器区间进行了"关键字"形式的"二次重命名"。啥意思呢？就是把这些区域的叫法改变一下，变成一些C51中的扩展关键字(标准C中不存在这些关键字)，方便编程者去使用。例如"片内RAM的低128字节范围"，直接二次命名为"data"区域，"data"就是C51语言中的一个扩展关键字，也是一种"存储类型"，这样一来就很好理解了。类似的存储类型还有bdata、idata、xdata、pdata、code等。具体的存储空间与存储类型对照情况如表9.8所示。

表 9.8 STC8 系列单片机存储空间及存储类型对照

存储器区域	内 部 划 分	再 次 划 分	起始地址	结束地址
RAM 区域	内部 RAM (data)	低 128B 区域 → 工作寄存器组	00H	1FH
		位寻址区 (bdata)	20H	2FH
		用户 RAM 及堆栈区	30H	7FH
		高 128B 区域(idata) —	80H	FFH
	外部扩展 RAM (xdata)	外部扩展 RAM 的低 256B 区域 (pdata)	0000H	FFFFH
ROM 区域	整个 ROM 区 (code)	程序入口	0000H	0000H
		中断向量	0003H	—
		普通 ROM	—	FFFFH

了解了存储类型与存储空间的对应关系之后再来看Keil C51的编译模式就很好理解了，3种编译模式的特点及变量存放区域如表9.9所示，SMALL模式也叫作"小编译模式"，适合变量不多的情况，也是Keil C51项目选项卡的默认配置。COMPACT模式可以叫作"紧凑编译模式"，当变量数量适中时可以选这个选项。LARGE模式就是"大编译模式"了，适合变量较多的情况。

表 9.9 Keil C51 环境的 3 种编译模式及特点

编译模式	变量存放区域	存储类型	模式说明
SMALL	内部 RAM 的低 128B	data	该 RAM 区域访问数据的速度是最快的,但是空间大小有限,要是程序中的变量和临时空间需求较大,就不太适合
COMPACT	外部扩展 RAM 的低 256B	pdata	该 RAM 区域位于外部扩展区域,访问效率介于 data 和 xdata 之间
LARGE	整个外部扩展 RAM 区域(最大 64KB)	xdata	该 RAM 区域的数据访问效率就稍微低一些,但是容量很大,可以满足临时空间需求较大的情况

需要特别说明的是,编译模式的调整会影响代码内容、代码结构和代码大小,这样一来就可能导致程序产生运行差异,胡乱调配的话可能导致程序无现象,所以要合理选择。如果遇到某种模式下程序无现象,可以尝试调配到别的模式继续观察。为了方便理解,小宇老师对同一个程序工程进行了编译模式的调整,得到了如图 9.10 所示的代码内容,使用默认 SMALL 模式时的代码长度为如图 9.10(a)所示的(0x037E)$_H$,COMPACT 模式下的代码长度为如图 9.10(b)所示的(0x03D9)$_H$,LARGE 模式下的代码长度为如图 9.10(c)所示的(0x041E)$_H$。通常情况下,对于同一个程序代码,在不同的编译模式下,编译得到的代码量大小关系是:SMALL 模式 < COMPACT 模式 < LARGE 模式。

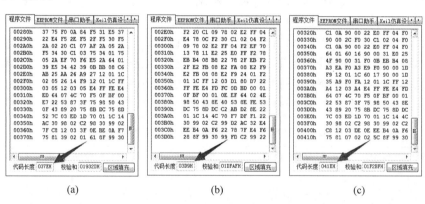

图 9.10 不同编译模式下的固件代码差异

通过学习,我们了解了 Keil C51 环境中的 3 种编译模式,也了解了 C51 语言还具备标准 C 语言所没有的 21 个扩展关键字,有了这些知识的铺垫,再来看看以下几条语句就很好理解了(假定这些语句都在同一个代码文件中)。

```
#pragma COMPACT
//写给编译器看的,调整本项目编译模式为 COMPACT 模式
unsigned char a;
//定义无符号字符型变量 a,受编译模式影响,将其分配到 pdata 区域
unsigned char xdata i;
//定义无符号字符型变量 i,编程人员将其指定分配到 xdata 区域
unsigned char code NUM[10];
//定义无符号字符型数组 NUM[10],编程人员将其指定分配到 code 区域
unsigned char data COMBUF[8] _at_ 0x20;
/*定义无符号字符型数组 COMBUF[8],编程人员将其指定分配到 data 区域并通过 C51 语言扩展关键字
"_at_"指定数组 COMBUF[8]从绝对空间地址 0x20 开始存放 */
void Int0() interrupt 0 using 1{【略】}/*外部中断 0 的中断服务函数:"interrupt 0"表示中断向量
为 0,即函数入口为 INT0 的入口地址 0003H(请参考表 9.1 内容),"using 1"表示中断函数占用第 1 组工
作寄存器(即 9.5 节中的"多功能学术报告厅"区域) */
```

说到这里,9.1 节用 C51 编程的疑问 1 和疑问 2 也得到解答了。接下来,再来看看第 4 个小疑问,也就是 Keil C51 环境 Target 选项卡的内容。这个选项卡的内容一定要了解,我们对 Keil C51 环境越是熟悉,编程起来就越是轻松。我们可以按照图 9.11 所示的样式将选项卡的相关配置进行区域划分,然后逐一"拿下"这 6 个区域的作用。

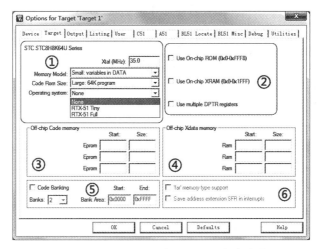

图 9.11 Keil C51 环境 Target 选项卡内容

第 1 区域:用于配置仿真频率、编译模式、代码空间及实时操作系统的支持。

该区域左上角显示出的"STC STC8H8K64U Series"是指当前工程所用单片机型号为 STC 公司生产的 STC8H8K64U,朋友们需要在 Keil C51 环境搭建完毕后,用 STC-ISP 工具添加 STC 相关信息到 Keil 安装目录中(具体方法在 3.2.2 节讲解过,此处不再赘述)。

Xtal(MHz)选项用于设定工程仿真调试时所用的单片机工作频率,配置频率的大小只会影响仿真调试模式下的程序执行速度,这个配置与最终产生的目标代码无关。我们可以把这个频率设定为单片机实际运行的工作频率,这样就可以在调试模式下看到程序的大致执行时间。当然,如果不用仿真功能,不设定这个值也可以,不影响实际的代码内容。

Memory Model 选项用于设定 Keil C51 环境下的 3 种编译模式,也就是之前学习的 SMALL 模式(变量优先存放在 data 区)、COMPACT 模式(变量优先存放在 pdata 区)和 LARGE 模式(变量优先存放在 xdata 区)。这个选项的默认配置是选用 SMALL 模式,也可以根据实际需求灵活调整。

Code Rom Size 选项用于选择代码空间的大小,也就是设置 ROM 空间的使用,该选项里面支持 3 种配置,第一个是 Small 配置,这个配置适合于那些 ROM 空间小于等于 2KB 的单片机型号(比如 Atmel 公司早期推出的 AT89C2051 单片机就只有 2KB 大小的片内 ROM),因为 ROM 区域很小,所以这种配置下就会影响 Keil C51 编译时候的一些策略,比如不要用长跳转指令,尽量选择短跳转指令,要是"跳猛了"到 2KB 外面去了就会发生程序错误。第二个就是 Compact 配置,这个配置下的工程代码大小可以支持到 64KB,但是单个函数的代码大小不能大于 2KB,也可以理解为全局的程序执行可以利用长跳转,但是在一些局部的子函数代码内就要用短跳转,这个配置最好不要乱选,除非非常确定单个函数的代码大小才能确保该配置下不会出现程序异常。第三个就是 Large 配置,这个配置下允许程序使用全部的 64KB 空间,而且不会产生单个函数代码大小的限制,通常情况下都选 Large 配置。

Operating system 选项用于选择实时操作系统的支持。MCS-51 内核的单片机还能装操作系统?是 Windows 7 还是 Windows 10?小宇老师要告诉朋友们,MCS-51 内核的单片机当然能"跑"操作系统,但是这里的操作系统并非 PC 上的大型操作系统,51 单片机上用的都是些轻量级的实时操作系统,这些系统的代码量不大,能实现 CPU 时间片的合理分配、多任务调度和多任务处理,在单片机的提升学习中务必要掌握(在本章中暂时不用展开太多,这部分内容会在第 22 章进行展开讲解)。

Keil C51 环境为我们提供了两种轻量级的操作系统支持,分别是 RTX-51 Tiny 版本和 RTX-51 Full 版本。在一般的实验工程中都不需要选择操作系统的支持,所以该选项默认配置为 None,即不使用操作系统。

第 2 区域:选择片上 **ROM** 空间、**XRAM** 空间、双 **DPTR** 指针支持。

这个区域内有 3 个选项,默认情况下都不用勾选。

第一个选项是 Use On-chip ROM,这个选项决定是否使用单片机片内 ROM 资源,由于实际使用的是 STC8H8K64U 单片机,该系列单片机只能使用片内的 ROM 资源(不支持 ROM 外扩),所以这个选项是否勾选都不会影响到单片机的程序运行。

第二个选项是 Use On-chip XRAM,这个选项决定是否使用单片机外部扩展 RAM 空间,在 STC8H8K64U 型号的单片机中本身就具备 8KB 大小的外部扩展 RAM,而且在默认情况下,这个 8KB 空间都是被启用的,所以这个选项也可以不勾,这里说的 8KB 空间其实设计在 STC8H8K64U 单片机的内部,但是从严格意义上说,该空间属于"外部扩展 RAM",也就是属于 xdata 区域。

第三个选项是 Use multiple DPTR registers,这个选项决定是否使用单片机内部的双数据指针功能,一般情况下,勾选这个选项之后会在最终代码中多出一些汇编语句来实现双数据指针的启用,建议合理选择。因为双数据指针如果没能正确使用,会造成程序功能混乱,一般都不用勾选该项。就以 STC8 系列单片机为例,其芯片内部确实集成了两组 16 位宽度的数据指针(DPTR0 和 DPTR1),通过内部相关寄存器的调配可以实现数据指针的一些基本功能,比如自增、自减或者切换等。两个数据指针好比一栋楼有两部"电梯",使用上确实灵活,但是配合不好也会有问题。在 STC8 系列单片机中,与双数据指针有关的寄存器就有 6 个(第一组数据指针低 8 位寄存器 DPL、第一组数据指针高 8 位寄存器 DPH、第二组数据指针低 8 位寄存器 DPL1、第二组数据指针高 8 位寄存器 DPH1、指针选择寄存器 DPS 和时序控制寄存器 TA 等)。这些寄存器的内容,我们做个了解即可,如果是用 A51 语言开发程序的话就需要继续深入和扩展学习了。

第 3 和第 4 区域:规划外部扩展内存资源区域及地址范围。

这两个区域的作用主要是管理和配置外扩内存资源区间,有的朋友可能要问了,哪里来的什么外扩内存资源区间呢? 就拿台式计算机来说,如果系统程序的运行非常卡顿,可能是内存容量不足,这时候需要在计算机主板上安装更大容量的内存条,这时候主板就必须要区分不同插槽上的内存条情况及容量。又比如有大量的资料需要存放在计算机硬盘中,这时候就要在主机内"挂"上不止一个硬盘,多个硬盘同时存在的时候也要区分硬盘的主从、分区及大小。这些二次添加的"内存条"和"硬盘"就是"外扩内存资源区域"。

第 3 区域是 Off-chip Code memory,主要是管理外部扩展的 ROM 资源区域的,Keil 软件最多能支持 3 个外部 ROM 扩展区域。需要特别说明的是,STC8H8K64U 单片机是不支持外部扩展 ROM 单元的,所以这里的选项不用填写相关地址参数。如果我们开发的是其他 51 单片机型号且支持外部扩展 ROM 单元,那就可以把外部 ROM 单元的起始编址和容量大小"告诉"Keil,这样就能将这些 ROM 区域统一管理和使用了。

第 4 区域是 Off-chip Xdata memory,主要是管理外部扩展的 RAM 资源区域的,其配置方法与第 3 区域类似,不再赘述。

现在的单片机产品内存资源越做越大,一般的项目应用都是能够满足的,就算是有大容量内存需求,也多是选择大容量内存的单片机芯片即可,很少需要自己外扩内存资源,所以第 3 和第 4 区域的相关参数一般都不用填写,留空即可。

第5区域：启用代码分页技术，实现更大的代码空间支持。

我们都知道，MCS-51 内核的单片机受内部总线位宽的影响，通常情况下，其内存资源的寻址范围最大就是 64KB，所以小宇老师之前说 STC8H8K64U 单片机的 ROM 资源已经"打顶"了。但是 64KB 大小的 ROM 空间是不是一定够用呢？肯定不是的！有的项目中的程序代码需要建立中文字库，或者是做一个液晶的菜单内容、图形内容或者动画效果之类的，这些"固有数据"就会很大，几个数组编译下来，不一会儿就把 ROM"吃光了"。那这种情况下的代码大小可能比 64KB 大很多，咋办呢？

这让小宇老师想到了"切西瓜"，夏天到来时，我们都喜欢吃西瓜，冰箱的格子也装不下那么大一个西瓜，那怎么办呢？ 直接用刀把西瓜切成两半就能放得下了。这个技术其实就是"Code Banking"，这里的"Bank"不是银行的意思，而是一种对代码段进行分页的方法。代码分页的机理就是将代码文件分成小于或等于 64KB 大小的代码段，然后装到不同的 ROM 区域里面去，通过片选的方式实现程序在不同代码空间的跳转。Keil C51 环境下就可以支持这个技术，代码分页支持 2、4、8、16、32 和 64。通过合理的代码分页，可以让系统达到最大 2MB 的代码空间。虽说这个技术确实很"厉害"，但是在本书的项目中，还不会遇到代码大于 64KB 的情况，所以不必分页，这个选项也不用选取。

第6区域：添加"far"变量访问支持及保存中断里的扩展 SFR 参数内容。

这个区域的两个选项在 STC8H8K64U 单片机项目中是灰色的状态，意思是不能勾选，所以简单了解即可，"'far'memory type support"的意思是添加对 far 变量访问的支持，这个"far"也是 C51 的一个扩展关键字。"Save address extension SFR in interrupts"的意思就是在进入中断服务函数之前保存扩展特殊功能寄存器 SFR 中的相关参数。

学完了 Keil C51 环境 Target 选项卡的 6 个区域内容有什么感觉呢？ 小宇老师的感觉是 Keil C51 环境也得认真学习，只有熟悉了开发环境，才能让我们的开发更为顺利。需要说明的是，Keil C51 环境并不是只为 STC 公司的 51 单片机设计的，这款环境支持众多厂家的成百上千款主流型号单片机产品的开发和调试。所以其中的选项卡覆盖了 MCS-51 内核单片机的诸多功能和参数，在学习软件界面的同时也拓宽了我们对不同厂家 51 单片机性能的认知。所以希望朋友们有空时研究一下 Keil C51 环境的 Help 文档和使用手册，一定可以获得很多知识细节。

9.7 藏匿于存储器单元中的"特殊"参数

说完了 Keil C51 环境中的存储器有关内容，再来看看 STC-ISP 软件中的相关提示。在每次烧录程序时，STC-ISP 工具的右下方调试信息栏中就会显示出很多附加内容，这些内容代表什么含义呢？ 有的朋友要说：管它呢，这些信息不影响用户编程，我一般就只关心程序下载好了没，下载信息不看也罢！朋友们说的也有道理，对于 STC 公司早期单片机而言，下载信息的内容并不太多，也不复杂，但是对于 STC8 系列来说，可能就有一些内容值得一看了。以 STC8H8K64U 型号的单片机为例，下载调试信息过程如图 9.12 所示。

分析下载信息可以看出，这些内容包含下载过程、单片机硬件选项配置、单片机内部参数等信息。"硬件选项"的相关内容来自 STC-ISP 软件左侧的硬件功能选项卡，可以通过打钩的方式去配置，但在下载信息里也有一些不是我们配置的内容，比如单片机的固件版本号、内部参考电压值、芯片实际的内部 IRC 振荡器频率值、芯片实际的掉电唤醒定时器的频率值和芯片出厂序列号等。这些内容是从哪里来的呢？ 难道是在下载的过程中从目标单片机里读出来的吗？ 的确是的！这些内容就是今天的"主角"，即存储器单元中的"特殊"参数，这些参数包括芯片全球唯一 ID、32K 掉电唤醒定时器时钟频率值、内部参考电压值（即 Bandgap 电压值）和 IRC 内部时钟参数等。

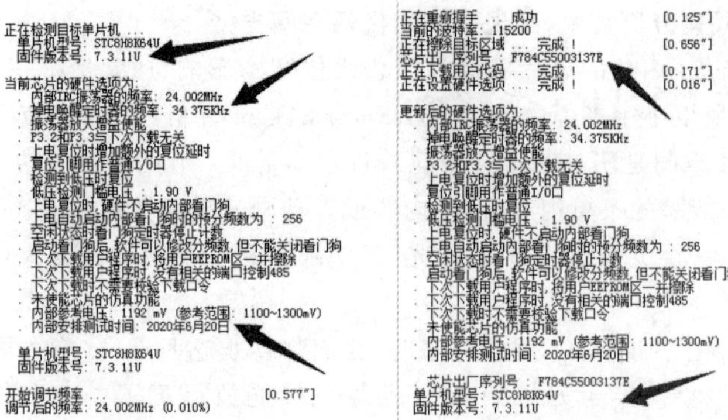

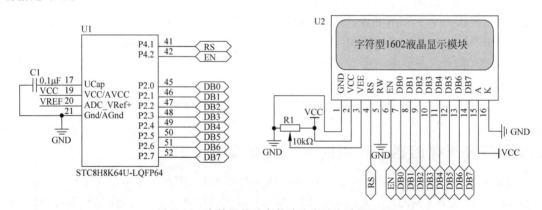

图 9.12　STC-ISP 工具中的下载信息

这些参数存在于单片机的 RAM 区域和 ROM 区域,只需要定义相关类型的指针变量指向特定地址,然后按照顺序把地址中的内容读取出来就可以了。需要特别说明的是,STC8 系列单片机的型号较多,不同系列和型号下的参数地址是不一样的,一定要在编程前进行手册查阅才行。在本节中,我们就选择 STC8H8K64U 单片机作为实验对象,尝试读取该单片机的芯片全球唯一 ID 和内部参考电压值(为了不影响学习脉络和进阶难度梯级,小宇老师将 32K 掉电唤醒定时器时钟频率值和 IRC 内部时钟参数的知识点放在第 10 章中讲解,此处不做展开)。

在实验之前,需要进行实验设计和实验准备,如果读取到了芯片全球唯一 ID 或者内部参考电压值应该怎么看到结果呢? 这时候我们学过的 1602 字符型液晶就可以派上用场了,可以将相关信息读取后进行简单转换(变成字符形式),然后在 1602 液晶上显示出来。实验电路按照图 9.13 进行搭建即可。

图 9.13　存储器特殊参数读取实验电路原理图

9.7.1　基础项目 A　读取 STC8 系列单片机的"身份证"号

我们第一个要读取的是"芯片全球唯一 ID",这个 ID 就像是单片机芯片的"身份证",朋友们可以基于这个固定序列做一些实际应用,比如利用已知芯片的 ID 做数据加密或者程序加密,又或者把这个 ID 当成实际产品的运行许可证,要是 ID 验证不通过就不准给设备升级、不准设备联网、不准设备向外供电、不准设备体现功能,等等。只要加以想象,这个 ID 就能有很多"玩法"。

以 STC8H8K64U 单片机为例,该型号单片机的 ID 同时存在于 RAM 区域和 ROM 区域中,RAM 区域的 ID 参数保存地址为 $(F1)_H$ ~ $(F7)_H$(共 7B),ROM 区域的 ID 参数保存地址为 $(FDF9)_H$ ~ $(FDFF)_H$(也是 7B)。说到这里,问题就来了,怎么定义参数地址呢? 其实很简单,直接用如下两条宏定义语句就可以。

```
#define RAM_AD 0xF1                          //ID序列在RAM空间的存放地址
#define ROM_AD 0xFDF9                        //ID序列在ROM空间的存放地址
```

那怎么读取这7B的内容呢？当然是要用C51语言中的"利器"：指针。但是今天要用的指针有点儿"讲究"，我们必须要区分指针变量的存储类型，如果是定义指向RAM区域的指针，就要用到idata关键字去修饰，如果是定义指向ROM区域的指针，就要用到code关键字去修饰。为了方便程序的操作，在程序中定义如下的RAM_P和ROM_P指针。

```
u8  idata * RAM_P;                           //定义指针RAM_P,指向idata区域
u8  code  * ROM_P;                           //定义指针ROM_P,指向code区域
```

有了指针可能还不行，虽说指针可以指向ID序列所在的地址，但是取回来的7B总要有地方"安放"才可以。那也好办，直接定义如下所示的AID[]和OID[]数组就行。这两个数组分别存放RAM和ROM区域中取回的ID序列数据即可。

```
u16 AID[7] = {0x00,0x00,0x00,0x00,0x00,0x00,0x00};
u16 OID[7] = {0x00,0x00,0x00,0x00,0x00,0x00,0x00};
```

ID序列参数地址明确了，指针也定义好了，数据取回来也有地方存放，这就算是具备基础条件了，剩下就是理清编程思路了。单片机上电后，需要进行相关资源的初始化（例如液晶的初始化），然后定义指针并赋值，让指针指向ID序列参数的地址，然后利用两个for循环实现指针自增和数据存储，最后把数据显示到1602液晶上就可以了。以RAM_P指针为例，先让RAM_P指针指向RAM区域的(F1)$_H$地址，然后在for循环中实现将(F1)$_H$地址中的数据存放到AID[0]，然后指针自增，又把(F2)$_H$地址中的数据存放到AID[1]，ROM_P指针也是一样的道理。这样一来，AID[]和OID[]数组中就可以装满ID序列数据了，剩下的就是对数据稍作处理，变成"字符形式"再送到1602液晶中显示即可。

理清了思路就开始编写程序吧！利用C51语言编写的源码如下。

```
//芯片型号：STC8H8K64U(程序微调后可移植至STC8A/F/C/G/H系列单片机)
//时钟说明：单片机片内高速24MHz时钟
/ ********************************************************* /
#include "STC8H.h"                          //主控芯片的头文件
/ ********************** 常用数据类型定义 ******************** /
【略】为节省篇幅，相似定义参见相关章节或源码工程即可
/ ******************** 端口/引脚定义区域 ******************** /
sbit  LCDRS = P4^1;                         //LCD1602数据/命令选择端口
sbit  LCDEN = P4^2;                         //LCD1602使能信号端口
#define  LCDDATA  P2                        //LCD1602数据端口D0~D7
/ ***************** 用户自定义数据区域 ******************** /
u16 AID[7] = {0x00,0x00,0x00,0x00,0x00,0x00,0x00};
//用于存放RAM中读出的ID序列(7B)
u16 OID[7] = {0x00,0x00,0x00,0x00,0x00,0x00,0x00};
//用于存放ROM中读出的ID序列(7B)
#define  RAM_AD 0xF1                        //ID序列在RAM空间的存放地址
#define  ROM_AD 0xFDF9                      //ID序列在ROM空间的存放地址
/ ******************** 函数声明区域 ******************** /
void delay(u16 Count);                      //延时函数
void LCD1602_Write(u8 cmdordata,u8 writetype); //写入液晶模组命令或数据函数
void LCD1602_init(void);                    //LCD1602初始化函数
/ ******************** 主函数区域 ******************** /
void main(void)
{
    u8  idata  * RAM_P;                     //定义指针RAM_P,指向idata区域
    u8  code   * ROM_P;                     //定义指针ROM_P,指向code区域
```

```
    u8 i;                                        //定义循环控制变量 i
    //配置 P4.1-2 为准双向/弱上拉模式
    P4M0& = 0xF9;                                //P4M0.1-2 = 0
    P4M1& = 0xF9;                                //P4M1.1-2 = 0
    //配置 P2 为准双向/弱上拉模式
    P2M0 = 0x00;                                 //P2M0.0-7 = 0
    P2M1 = 0x00;                                 //P2M1.0-7 = 0
    delay(5);                                    //等待 I/O 模式配置稳定
    LCD1602_init();                              //LCD1602 初始化
    RAM_P = RAM_AD;                              //让指针 RAM_P 指向 0xF1
    for(i = 0;i < 7;i++)                         //读 7B(高字节在前)
    {
        AID[i] = * RAM_P++;                      //取回 RAM 中的 ID 序列存入 RAM_ID[]
    }
    ROM_P = ROM_AD;                              //让指针 ROM_P 指向 0xFDF9
    for(i = 0;i < 7;i++)                         //读 7B(高字节在前)
    {
        OID[i] = * ROM_P++;                      //取回 ROM 中的 ID 序列存入 ROM_ID[]
    }
    LCD1602_Write(0x80,0);                       //选择第一行
    LCD1602_Write('A',1);                        //写入字符 A,表示 RAM 中取出的 ID 序列
    LCD1602_Write(':',1);                        //写入字符冒号,用于区分数据
    for(i = 0;i < 7;i++)
    {
        LCD1602_Write((AID[i]/16 > 9)?AID[i]/16 - 10 + 'A':AID[i]/16 + '0',1);
        //写入单字节高 4 位,通过三目运算转换为 ASCII 形式
        LCD1602_Write((AID[i] % 16 > 9)?AID[i] % 16 - 10 + 'A':AID[i] % 16 + '0',1);
        //写入单字节低 4 位,通过三目运算转换为 ASCII 形式
    }
    LCD1602_Write(0xC0,0);                       //选择第二行
    LCD1602_Write('O',1);                        //写入字符 O,表示 ROM 中取出的 ID 序列
    LCD1602_Write(':',1);                        //写入字符冒号,用于区分数据
    for(i = 0;i < 7;i++)
    {
        LCD1602_Write((OID[i]/16 > 9)?OID[i]/16 - 10 + 'A':OID[i]/16 + '0',1);
        //写入单字节高 4 位,通过三目运算转换为 ASCII 形式
        LCD1602_Write((OID[i] % 16 > 9)?OID[i] % 16 - 10 + 'A':OID[i] % 16 + '0',1);
        //写入单字节低 4 位,通过三目运算转换为 ASCII 形式
    }
    while(1);                                    //程序停止于此
}
/ ****************************************************************** /
【略】为节省篇幅,相似函数参见相关章节源码即可
void    delay(u16 Count){}                        //延时函数
void    LCD1602_Write(u8 cmdordata,u8 writetype){} //写入液晶模组命令或数据函数
void    LCD1602_init(void){}                      //LCD1602 初始化函数
```

通读程序也不是很难,稍微难以理解的地方可能是 ID 数据的显示处理部分。因为取到的 ID 数据是 7B,类似于$(F62802BCBB766F)_H$ 的形式,那第一字节内容就是$(F6)_H$,这里的"F"和"6"是十六进制的数值形式,要想显示到 1602 液晶上就必须要转换成对应的 ASCII 码形式(即十六进制内容转换成对应字符形式),$(F)_H$ 就是十进制的 15,那这个 15 怎么和 ASCII 码的字母"F"对应呢?很简单,只需要把 15-10 再加上"A"字母的 ASCII 码(即 65)就可以得到字母"F"的 ASCII 码了(即 15-10+65,就是 70),这种方法适用于对待数值大于 9 的十六进制数据转换。要是十六进制数值为 0~9 怎么办呢?其实也是类似的,以$(6)_H$ 为例,要想转换成 ASCII 码形式的"6"(即 54)只需要加上"0"的 ASCII 码(即 48)就可以了。

找到了数据转换的方法，程序就很好写了，可以用 if-else 形式的 C51 语句去写，但是稍显麻烦，所以程序中用到了 C51 语言中的三目运算符(也可称为三元运算符)，其书写形式为"(表达式 1)?(表达式 2):(表达式 3);"，这个语句中有 3 个表达式内容，执行语句时先判断表达式 1 的值，如果为真就执行表达式 2，反之执行表达式 3。这种语句形式非常实用，按照之前讲解的转换方法，就可以轻松得到如下语句。

```
LCD1602_Write((AID[i]/16>9)?AID[i]/16-10+'A':AID[i]/16+'0',1);
//写入单字节高 4 位,通过三目运算转换为 ASCII 形式
LCD1602_Write((AID[i]%16>9)?AID[i]%16-10+'A':AID[i]%16+'0',1);
//写入单字节低 4 位,通过三目运算转换为 ASCII 形式
```

第一句话中的"(AID[i]/16>9)"就是通过除以 16 的方法取得第一字节的高 4 位(假设第一字节是 $(F6)_H$，除以 16 后就得到 $(F)_H$)，如果这个十六进制数是大于 9 的，那就执行"AID[i]/16-10+'A'"(即转换为 A～F 字母形式字符)，反之执行"AID[i]/16+'0'"(即转换为 0～9 数字形式字符)。最后通过循环，把这些转换后的字符送到 1602 液晶中显示即可。不管是 RAM 区域还是 ROM 区域中的 ID 序列，其转换方法是一致的，将程序编译后烧录到单片机中，可以得到如图 9.14 所示运行效果。液晶第一行的"A:"即为 RAM 区域读取的 ID 序列，第二行的"O:"即为 ROM 区域读取的 ID 序列，通过对比，这个序列号刚好就是如图 9.12 所示的芯片出厂序列号"F784C55003137E"。

图 9.14　单片机的"身份证"号实验效果

9.7.2　基础项目 B　片内 Bandgap 电压是多少

第二个要读取的参数就是片内参考 Bandgap 电压值了，什么是"Bandgap 电压"呢？简单来说就是带隙基准电压单元的简略叫法(英文全称是 Bandgap Voltage Reference)。该电压由单片机内部电路产生，电压值一般恒定为 1.19V，不管单片机供电电压和工作环境温度如何变化，其误差范围在 1%左右(一般为 1.11～1.3V)，通常情况下可以认为该电压是稳定不变的"基准"。该电压值可以作为 STC8 系列单片机片内比较器资源的输入电压量之一，也可以当作 ADC 模数转换单元的基准电压。通俗地讲，可以把 Bandgap 电压值当作量化功能中的"一把尺子"去用，用"固定"对比"变动"，用"已知"量化"未知"。

带隙基准的具体设计就稍微复杂些，在这里就简单了解下单元构成即可。我们可以把带隙基准单元看作一个与温度变化成正比的电压单元和一个与温度变化成反比的电压单元的组合单元，当温度变化时，两个单元的变化增量相互抵消，这样一来就实现了电压基准，这个电压约为 1.19V，因其电压值与硅材料的带隙电压差不多，所以也将其称为"带隙基准"，但是这个叫法也不完全对，因为现在很多 Bandgap 单元并不是利用带隙电压产生的，甚至允许 Bandgap 输出电压与带隙电压不相等，所以 STC8H 系列单片机手册中将其称为"内部参考信号源电压"。

还是以 STC8H8K64U 单片机为例，该型号单片机的 Bandgap 值同时存在于 RAM 区域和 ROM 区域中，RAM 区域的 Bandgap 参数保存地址为 $(EF)_H$～$(F0)_H$(共 2B)，ROM 区域的 ID 参数保存地址为 $(FDF7)_H$～$(FDF8)_H$(也是 2B)。我们在编程时可以用宏定义方式将其写为如下两条语句。

```
#define RAM_AD 0xEF              //Bandgap 参数在 RAM 空间的存放地址
#define ROM_AD 0xFDF7            //Bandgap 参数在 ROM 空间的存放地址
```

类似地，需要定义指向 RAM 区域的指针"RAM_P"和指向 ROM 区域的指针"ROM_P"，取回来的 4B 数据(RAM 区域中有 2B，ROM 区域中也有 2B)存放到一个数组中即可，可以定义如下语句。

```
u16 BGV[4] = {0x00,0x00,0x00,0x00};    //Bandgap 参数暂存数组
```

有了特殊地址、指针和数组还不行,单片机上电时,还需要进行相关资源的初始化(例如液晶的初始化),然后给指针赋值,让指针指向 Bandgap 参数的地址,然后利用 for 循环实现指针自增和数据存储,最后把数据显示到 1602 液晶上就可以了。

以 RAM_P 指针为例,先让 RAM_P 指针指向 RAM 区域的(EF)$_H$ 地址,然后在 for 循环中实现将(EF)$_H$ 地址中的数据存放到 BGV[0],然后指针自增,又把(F0)$_H$ 地址中的数据存放到 BGV[1],ROM_P 指针也是类似的,取出的数据放在 BGV[2]和 BGV[3]。将编程思想转换为实际程序,就可以得到如下语句。

```
RAM_P = RAM_AD;                              //让指针 RAM_P 指向 0xEF
for(i = 0;i < 2;i++)                         //读 2B(高字节在前)
{
    BGV[i] = * RAM_P++;                      //取回 RAM 中的 Bandgap 存入 BGV[0]和 BGV[1]
}
```

这样一来,RAM 和 ROM 区域中的 Bandgap 参数都得到了,剩下的就是数据处理,通过数据拼合和取位运算得到 Bandgap 参数的万位、千位、百位、十位和个位即可,最后将其变成"字符形式"再送到 1602 液晶中显示。需要特别说明的是,内存中有关 Bandgap 参数的两字节是高位在前低位在后,读取出来的数据单位是 mV,程序中可以在千位和百位之间人工添加个"小数点",这样看起来就是××.×××V 了。

理清了思路就开始编写程序吧! 利用 C51 语言编写的源码如下。

```
//芯片型号:STC8H8K64U(程序微调后可移植至 STC8A/F/C/G/H 系列单片机)
//时钟说明:单片机片内高速 24MHz 时钟
/* ****************************************************************** /
# include "STC8H.h"                        //主控芯片的头文件
/* ********************* 常用数据类型定义 ********************** /
【略】为节省篇幅,相似定义参见相关章节或源码工程即可
/* ********************* 端口/引脚定义区域 ********************** /
sbit  LCDRS = P4^1;                        //LCD1602 数据/命令选择端口
sbit  LCDEN = P4^2;                        //LCD1602 使能信号端口
# define  LCDDATA  P2                       //LCD1602 数据端口 D0~D7
/* ********************* 用户自定义数据区域 ********************** /
u16 BGV[4] = {0x00,0x00,0x00,0x00};         //Bandgap 参数暂存数组
# define  RAM_AD 0xEF                        //Bandgap 参数在 RAM 空间的存放地址
# define  ROM_AD 0xFDF7                      //Bandgap 参数在 ROM 空间的存放地址
//注意:ROM 中的 BGV 参数需要在 STC - ISP 下载时添加"重要测试参数"
/* ********************* 函数声明区域 ********************** /
void delay(u16 Count);                      //延时函数
void LCD1602_Write(u8 cmdordata,u8 writetype); //写入液晶模组命令或数据函数
void LCD1602_init(void);                     //LCD1602 初始化函数
/* ********************* 主函数区域 ********************** /
void main(void)
{
    u8   idata  * RAM_P;                    //定义指针 RAM_P,指向 idata 区域
    u8   code   * ROM_P;                    //定义指针 ROM_P,指向 code 区域
    u8 i;                                   //定义循环控制变量 i
    u32 RAM_BGV,ROM_BGV;                    //定义变量 RAM_BGV 和 ROM_BGV
    //配置 P4.1-2 为准双向/弱上拉模式
    P4M0& = 0xF9;                           //P4M0.1-2 = 0
    P4M1& = 0xF9;                           //P4M1.1-2 = 0
    //配置 P2 为准双向/弱上拉模式
    P2M0 = 0x00;                            //P2M0.0-7 = 0
    P2M1 = 0x00;                            //P2M1.0-7 = 0
    delay(5);                              //等待 I/O 模式配置稳定
```

```
        LCD1602_init();                                      //LCD1602 初始化
        RAM_P = RAM_AD;                                      //让指针 RAM_P 指向 0xEF
        for(i = 0;i < 2;i++)                                 //读 2B(高字节在前)
        {
            BGV[i] = * RAM_P++;                              //取回 RAM 中的 Bandgap 存入 BGV[0]和 BGV[1]
        }
        ROM_P = ROM_AD;                                      //让指针 ROM_P 指向 0xFDF7
        for(i = 0;i < 2;i++)                                 //读 2B(高字节在前)
        {
            BGV[i + 2] = * ROM_P++;                          //取回 ROM 中的 Bandgap 存入 BGV[2]和 BGV[3]
        }
        LCD1602_Write(0x80,0);                               //选择第一行
        LCD1602_Write('A',1);                                //写入字符 A, 表示 RAM 中取出的 BGV 参数
        LCD1602_Write(':',1);                                //写入字符冒号, 用于区分数据
        LCD1602_Write(0x85,0);                               //选择第一行第 5 个位置
        BGV[0] = BGV[0]<< 8;                                 //将 BGV[0]数据内容移到高 8 位
        RAM_BGV = BGV[0]|BGV[1];                             //将 BGV[0]与 BGV[1]内容拼合后给 RAM_BGV
        LCD1602_Write(RAM_BGV/10000 + '0',1);                //写入万位
        LCD1602_Write(RAM_BGV % 10000/1000 + '0',1);         //写入千位
        LCD1602_Write('.',1);                                //写入小数点
        LCD1602_Write(RAM_BGV % 1000/100 + '0',1);           //写入百位
        LCD1602_Write(RAM_BGV % 1000 % 100/10 + '0',1);      //写入十位
        LCD1602_Write(RAM_BGV % 10 + '0',1);                 //写入个位
        LCD1602_Write(' ',1);                                //写入空格
        LCD1602_Write('V',1);                                //写入电压单位(V)
        LCD1602_Write(0xC0,0);                               //选择第二行
        LCD1602_Write('O',1);                                //写入字符 O, 表示 ROM 中取出的 BGV 参数
        LCD1602_Write(':',1);                                //写入字符冒号, 用于区分数据
        LCD1602_Write(0xC5,0);                               //选择第二行第 5 个位置
        BGV[2] = BGV[2]<< 8;                                 //将 BGV[2]数据内容移到高 8 位
        ROM_BGV = BGV[2]|BGV[3];                             //将 BGV[2]与 BGV[3]内容拼合后给 ROM_BGV
        LCD1602_Write(ROM_BGV/10000 + '0',1);                //写入万位
        LCD1602_Write(ROM_BGV % 10000/1000 + '0',1);         //写入千位
        LCD1602_Write('.',1);                                //写入小数点
        LCD1602_Write(ROM_BGV % 1000/100 + '0',1);           //写入百位
        LCD1602_Write(ROM_BGV % 1000 % 100/10 + '0',1);      //写入十位
        LCD1602_Write(ROM_BGV % 10 + '0',1);                 //写入个位
        LCD1602_Write(' ',1);                                //写入空格
        LCD1602_Write('V',1);                                //写入电压单位(伏特)
        while(1);                                            //程序停止于此
}
/ ****************************************************************** /
```

【略】为节省篇幅,相似函数参见相关章节源码即可

```
void    delay(u16 Count){}                                  //延时函数
void    LCD1602_Write(u8 cmdordata,u8 writetype){}          //写入液晶模组命令或数据函数
void    LCD1602_init(void){}                                //LCD1602 初始化函数
```

这个程序也不难,重点的语句还是在 Bandgap 参数的数据处理部分。因为取回的两字节数据并不是分立无关的(这一点有别于 9.7.1 节基础项目 A 实验中的 ID 数据),这两字节是实际电压值的"高字节 XX+低字节 YY"形式,所以必须要把头尾结合,重新组装为"XXYY"的形式,这个组装很简单,程序中通过如下两个语句实现。

```
BGV[0] = BGV[0]<< 8;                                        //将 BGV[0]数据内容移到高 8 位
RAM_BGV = BGV[0]|BGV[1];                                    //将 BGV[0]与 BGV[1]内容拼合后给 RAM_BGV
```

首先把 BGV[0]中的数据通过按位左移运算"<<"向左移动 8 位,这时候的 BGV[0]数据就变成了"XX00"的形式,然后通过按位或运算"|"将 BGV[0]中的"XX00"数据及 BGV[1]的"YY"数据

进行按位或运算,得到"XXYY"数据并赋值给 RAM_BGV 变量即可。

接下来的数据转换就很简单了,就是对 RAM_BGV 变量进行取位运算,依次取出万位(即 RAM_BGV/10000)、千位(即 RAM_BGV％10000/1000)、百位(即 RAM_BGV％1000/100)、十位(即 RAM_BGV％1000％100/10)和个位(即 RAM_BGV％10)即可。需要说明的是,取出来的数据值域是 0～9,但是数字的 0～9 与字符形式的 0～9 是不一样的,所以需要在取位运算后面加上一个字符"0",相当于加上了"0"的 ASCII 码,这样一来就可以把数字的 0～9 变成字符形式的 0～9 了。

将程序正确编译及下载后可以在 1602 液晶上看到如图 9.15 所示效果,小宇老师当场就吓蒙了,液晶第一行显示的"A：01.192V"是正常的,意思就是从 RAM 区域得到的 Bandgap 电压为 1.192V,但是液晶第二行显示的电压难道是 65.535V？ 这显然不对,要是 Bandgap 电压能上 60V,芯片早就"浓烟滚滚"了。

图 9.15 异常情况下的 Bandgap 电压实验效果

看到现象后,我进行了反思,为什么 RAM 区域取出的数据是对的,而在 ROM 区域中取出的数据出错了呢？ 假设程序的方法错了,那为什么之前的 ID 数据实验非常成功呢？ 在困惑的时候我首先想到了 STC8 的官方数据手册。果然,手册中给出了非常明确的 3 条说明。

第一,由于 RAM 中的"特殊"参数可能被人为或者误修改,所以 STC 公司不建议我们读取 RAM 区域中的参数,最好是去读 ROM 区域中的参数。特别是在使用 ID 数据进行程序加密的时候,ROM 区域中的 ID 数据较为稳定。

第二,由于某些 STC8 系列单片机型号中的 EEPROM 大小可以由用户调整(这部分的内容会在第 21 章中展开讲解),这样一来就有可能占用或者覆盖"特殊"参数原有的 ROM 空间,朋友们在这种情况下一定要考虑实际配置和内存划分。

第三,在默认情况下,ROM 区域中只有单片机全球唯一 ID 的数据(也就是我们做的单片机"身份证"数据内容),而 Bandgap 电压值、32kHz 掉电唤醒定时器的频率值以及 IRC 内部时钟频率值参数都是没有的,需要在程序下载时配置 STC-ISP 软件的相关选项才可以。小宇老师拍拍脑瓜,原来如此！ 那就按照如图 9.16 所示内容配置 STC-ISP 软件的硬件选项吧！ 我们需要勾选"在程序区的结束处添加重要测试参数"这一复选框。

勾选完毕之后,再次下载程序文件(不用对之前的程序代码进行任何改动),当我看到如图 9.17 所示的 1602 液晶屏的内容时,终于舒了一口气！ 示数正常了,RAM 区域和 ROM 区域读取出来的示数均是 1.192V。

图 9.16 勾选硬件选项中的测试参数项

图 9.17 正常情况下的 Bandgap 电压实验效果

实验做到这里就算结束了,但是本章的两个实验的本质并不是读取 ID 数据或是 Bandgap 电压。我们应该深入理解 STC8 系列单片机内存划分、区域功能、寻址方式、功能特点、C51 语言扩展关键字、C51 语言存储类型、Keil C51 环境编译模式及存储器相关配置、STC-ISP 软件硬件选项配置等内容。希望朋友们基于本章内容再做深化与扩展,在以后的工作中遇到不熟悉的单片机产品时也能站在 STC8 系列单片机的"肩膀"上迅速拿下其他单片机。

第10章

"内藏三心，坚实比金" 时钟源配置及运用

章节导读:

本章将详细介绍 STC8 系列单片机时钟源相关的知识和应用，共分为 6 节。10.1 节运用"唐僧的心"引入了 STC8 的 4 种时钟源，时钟就是单片机的"心脏"，就是程序得以执行的"节拍"；10.2 节构造了小宇老师的 STC8"时钟树"，用树根、树干、树叶来类比讲解时钟的来源、选择、分频和脉络；10.3 节并不急着编程，先运用 STC-ISP 工具让朋友们直观地感受到主频变化后程序执行的"快慢"效果；10.4 节和 10.5 节验证了外部时钟源和片内时钟源的选定及分频效果，通过具体的实验加深朋友们对不同时钟源特性及配置的理解；10.6 节讲解了实用的 CCO 时钟信号输出功能。本章内容虽然不难，但是非常重要，望读者朋友们多加思考多做验证，熟练掌握时钟配置及相关功能。

10.1 "唐僧的心"说 STC8 时钟源形式及特点

又到了新章节的学习，本章将讲解 STC8 时钟源的选择与运用，这里的"时钟源"是什么意思呢？简单地说，时钟源就是产生时钟信号的来源，时钟信号好比舞蹈的"配乐"，又好比广播体操的"节拍"，再好比心脏的"律动"，有了这个"节奏"之后单片机中的程序才能有条不紊地执行，单片机产品才能正常地工作。按照惯例，在进入理论学习之前，小宇老师又要讲个故事！

回到小宇老师的小时候，最爱看的就是《西游记》，话说唐僧师徒路过比丘国，国丈是个妖怪变的，这国丈要唐僧的心作药引子，悟空巧施计谋，变幻成唐僧的样子说道："我和尚可有的是心，不知道你要的是哪一颗啊？"妖怪国丈说道："这和尚得了疯病了！我要的是你那颗黑心！"悟空说："黑心？好！等我吐出来给你找找看……这颗是拜佛求经的诚心、这颗是普济众生的佛心、这颗是悲天悯人的善心、这颗是救苦救难的慈心、这颗是矢志不渝的忠心、这颗是降妖除怪的决心，颗颗都是好心，就是没你要的黑心！"

相信这个故事小伙伴们都记得，如图 10.1 所示，故事中的唐僧有六颗"心"，正是因为这六颗"心"的陪伴，才最终到了西天取得了真经。在 STC8 系列单片机中其实也有三颗"心"(即三种时钟源)。正是有了灵活而易用的时钟源选择与配置，STC8 系列单片机的运行速度和片内资源才能如此强大。

为了方便大家理解，我们可以把 STC8 单片机的时钟源分为两大类(片内时钟源和片外时钟源)，片内时钟源有两个(一个片内高速时钟源和一个片内低速时钟源)，片外时钟源有一个(但支持两种形式的信号接入)，这样一来就可以梳理出如图 10.2 所示的分类。

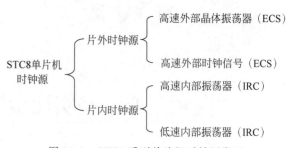

图 10.1　唐僧的"六心"和 STC8 系列
单片机的"三心"示意

图 10.2　STC8 系列单片机时钟源类型

　　看到这里,不少朋友陷入了深思。倒不是说看不懂时钟源的划分,而是产生了这样一些疑惑:时钟源为啥不确定为一种? 既然能把时钟单元做到芯片内部,还要外部时钟源干吗呢? 外部时钟源还得买器件搭电路,为啥不省略? 片内都有高速的振荡器了还整个低速的"小频率"振荡器,难道不觉得多余吗?

　　小宇老师要给这些朋友"鼓掌",善于思考是最好的学习方法,这些疑惑的提出是必要的,每一个疑惑都挺有"道理"! 但是要解决这些疑惑还得开展深入学习才行,在这里小宇老师为朋友们做一个简要的回答:内/外时钟源各有特点,其产生机理与信号质量并不相同,所以 STC8 系列单片机保留了内/外两种时钟来源。片外时钟源支持两种接入方式是为了匹配实际应用,保证最大的灵活度,片内时钟源设计了两种频率的振荡器是为了适配不同的资源需求。所以需要基于"应用需求"去看"功能设计",这样才能掌握产品。

　　我们先来讲解片外时钟源(External Clock Source,ECS),这种形式下的时钟信号接入最为多见,朋友们如果接触过早期的 STC 单片机(如 STC89、STC90 和 STC10/11/12/15 等系列)就能发现大多数单片机的引脚之中就具备类似于"XTALI"和"XTALO"这种"成双成对"的外部时钟信号接入引脚。在很多成型的单片机控制板卡上,也能发现此类引脚附近有一些由石英晶体或有源晶振构成的时钟电路。

　　STC8 系列单片机的片外时钟源支持 4～45MHz 频率范围的信号输入,支持两种信号接入形式,第一种就是我们最为熟悉的"高速外部晶体振荡器"形式,这种形式下要用到 XTALI 和XTALO 这两个引脚,信号的来源一般都是无源石英晶体,光是靠石英晶体还不行,还得添加相关阻容器件与石英晶体一起构成振荡器电路(即 2.6.5 节讲述的皮尔斯振荡器电路)。第二种接入形式就是"高速外部时钟信号",这种形式下仅需占用 XTALI 引脚即可,此时的信号来源可以是有源晶振,也可以是来自外部电路、仪器输出的周期信号。如果不刻意区分的话,我们干脆把两种接入形式都叫作"片外时钟源"。

　　为了深化朋友们的理解,我们一起看看如图 10.3 所示的高速外部晶体振荡器电路。以 64 引脚 LQFP 封装的 STC8H8K64U 型号单片机为例,无源石英晶体 Y1 加上辅助起振的负载电容 C1、C2(有辅助振荡和微调振荡信号频率的作用)构成了振荡电路,然后连接到了单片机的 P1.6 引脚和 P1.7 引脚上(这两个引脚有很多复用功能,之前说的"XTALI"和"XTALO"就是这两个引脚复用功能中的一种)。振荡电路产生的信号频率一般取决于无源石英晶体 Y1 的振荡频率。

　　时钟单元的电路原理图看起来很简单,但是在绘制 PCB(印制线路板)文件的时候却很讲究,小宇老师上过大一本科生的"电子工艺"课程,同学们在学习 PCB 设计之后就可以设计出属于自己的单片机最小系统板,经过打样和焊接之后,发现个别学生的最小系统无法下载程序,但是从原理图上看,哪儿都没问题,这是为啥呢? 查看了该同学设计的 PCB 文件后才发现,该同学的时钟电路

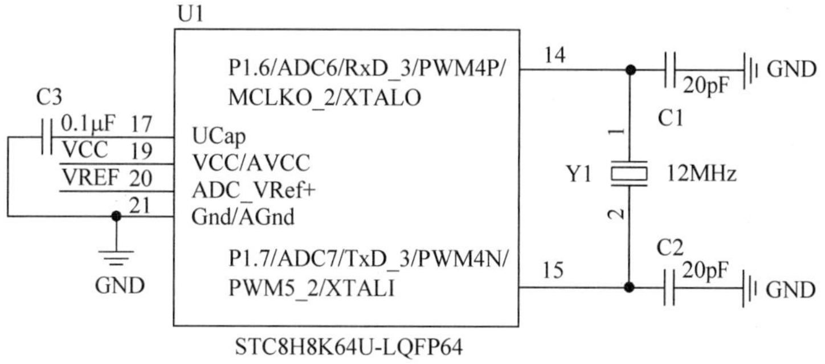

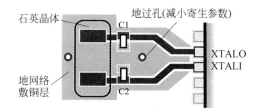

图 10.3　高速外部晶体振荡器电路原理

走线绕着板子转了一圈才回到单片机引脚，负载电容的位置也没有做好，接地的走线也忘记画了。由此看出，时钟电路的这几个元器件不光是在构成上有讲究（即皮尔斯振荡器电路），在 PCB 的设计上也有讲究（即布线的线型、走线的规则及信号干扰方面的考虑）。朋友们在设计无源晶体振荡电路时可以参考如图 10.4 所示样式进行 PCB 设计。

图 10.4　关于无源晶体振荡电路的 PCB 设计参考

在设计 PCB 时，应尽量将振荡电路放置于单片机时钟信号输入/输出引脚的近端，以减小振荡信号的输出失真和信号干扰，负载电容取值可以根据所选晶体和 PCB 基板进行灵活调整（一般取值在几皮法至几十皮法），也可以按照经验选取 20～30pF，要注意时钟电路的走线，尽量等长和最短，可以加入地网络敷铜并添加对地过孔，以减少寄生参数，必要时可以用禁止布线层或 PCB 开槽工艺进行电气划分以防止串扰和辐射。

接下来再看看如图 10.5 所示的"高速外部时钟信号"形式下的信号接入示意，这种形式下 P1.6 引脚可以不用（但不推荐将其用作 ADC 输入，因为 P1.7 的时钟信号会对 P1.6 产生干扰），信号从 P1.7 引脚输入到单片机中，这里的"信号"可以是满足一定幅值和频率范围要求的正弦波、三角波或者占空比为 50% 的方波。

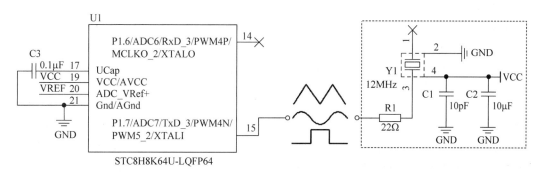

图 10.5　高速外部时钟信号接入示意

这些信号可以直接用函数信号发生器或者外部电路提供，也可以自行搭建如图 10.5 右侧虚线框所示的有源晶振电路提供（若朋友们手头上没有有源晶振，但是好奇心上来了又超级想做这个实验,咋办呢?参考 2.6.5 节讲述的基于 CD4069 芯片搭建的皮尔斯振荡电路为 P1.7 引脚提供时钟信号即可)。

虚线框中的 Y1 是有源晶振(多见于 4 脚形式,既有直插又有贴片,常见的贴片形式有 3225(即 3.2mm×2.5mm 尺寸,其他类似)、7050、5032、3215、2520 等封装尺寸),C1 和 C2 电容用于滤波和去除高频干扰,以保证供电的稳定。电阻 R1 是为了限流,防止 Y1 输出信号过大导致损坏。这个电路的搭建还是非常简单的,PCB 设计时也要将电路和器件靠近 P1.7 引脚,需要注意的是贴片形式的有源晶振引脚在器件底面,烙铁焊接时还要考验"焊功",可以预先在焊盘上融化一些焊锡后再上器件,要是有热风枪的话那就更方便了。

来个小总结吧!片外时钟信号的具体接入形式可以按照开发人员的实际情况来定,外部石英晶体振荡器的振荡频率精度及稳定性比较好,温度漂移也比较小,产生的时钟信号较为精准,单片机工作在这样的信号"节拍"之下就能获得较为稳定的振荡时钟。如果单片机是在做串行通信类应用时,长时间通信的累积时延误差就很小,从而保障了通信的可靠。但是外部时钟源方式需要添加额外的器件和电路,一定程度上也增加了产品成本,所以需要综合考量并根据应用需求合理选择。

讲完了片外时钟源再来看看片内时钟源(Internal RC Clock,IRC)。有的朋友可能又有疑问了,这里说的"RC"时钟该不会是什么电阻、电容构成的吧?还真被聪明的你给说对了!R/C 时钟就是单片机 IC 在设计时添加在芯片内部电路中的 R/C 振荡器单元,这种时钟结构功耗比较小,起振速度快,成本低,频率的调节比较容易且实现机理也比较简单,所以很多数字/模拟混合电路里面都采用这种结构。

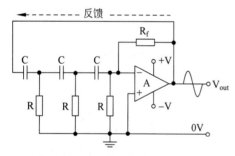

图 10.6　R/C 有源振荡器电路原理

解释到这里还是有朋友感到疑惑,电阻和电容也能当振荡器吗?当然可以,我们可以看看如图 10.6 所示的 R/C 时钟源电路结构,在电路中用一个固定电流对 R/C 有源振荡器中的电容进行周期性的充电,这样一来,电容两端的电压与充电时间就满足一定的函数关系,再利用电压比较器和反馈电路输出方波,加以控制后就能得到对应充放电时间的频率信号。当然,这个图只是个大概原理,实际的 IC 设计还要涉及更多的内容。

STC8 系列单片机有两个片内时钟源,"高速 IRC"主要用于产生系统时钟,"低速 IRC"主要用于掉电唤醒专用定时器的运行(掉电唤醒的相关知识点会在第 20 章进行学习,此处不做展开)。高速 IRC 的运行功耗要比低速 IRC 高出许多。由此可见,这两种片内时钟源的"应用场合"与"电气参数"都是不同的。

需要说明的是,STC8 各个子系列的内部时钟源在指标上是有些许差异的,但学习方法和寄存器配置是相似的,故而选定 STC8H 系列进行讲解即可。该系列单片机高速 IRC 时钟源支持 4~35MHz 频率设定,时钟源的内部有两个中心频率,一个是 20MHz,另一个是 35MHz,20MHz 频段的频率调节范围为 15.5~27MHz,35MHz 频段的频率调节范围为 27.5~47MHz(其实我们不用关心这两个中心频率,此处仅做了解即可)。经过 STC 官方测试,部分芯片的最高工作频率只能到 39.5MHz,再往上升的话,单片机的运行就会混乱(因为 STC8 系列单片机内部的 Flash 程序存储器无法承受那么快的速度,程序就会"跑飞"),所以建议朋友们在实际使用高速 IRC 时,频率不要超过 35MHz。该系列低速 IRC 时钟源固定为 32kHz 频率。

一定要注意,STC8 全系列单片机的 IRC 单元都存在两种固有误差。第一种误差是频率误差,这种误差主要受运行环境的温度影响,以 STC8H 系列单片机为例,片内高速 IRC 时钟源在 −40~+85℃温度区间内的温漂为$-1.35\%\sim+1.3\%$，片内低速 IRC 的温漂就更大了，但是一般不追求片内低速 IRC 的精度，因为低速 IRC 只是用作唤醒场合。第二种误差是制造误差，不同型号、不同生产批次的单片机芯片间都会存在 5% 左右的制造误差（毕竟世界上不存在两片完全相同的树叶，芯片制造也是一样的道理）。

有的朋友可能又有疑问了，既然 IRC 存在频率误差和制造误差，那我在编程时若需要用到 IRC 频率值，如何确定取值并代入相关公式进行计算呢？有什么办法可以知道当前芯片的 IRC 时钟频率呢？当然，这些都是有办法知道的，IRC 时钟的实际频率可以人为测量出来，这就是我们即将要学习的"时钟信号输出"功能，如果不想测量其实还有更为简单的办法，那就是在下载程序时直接看 STC-ISP 软件的下载信息即可，里面就有 IRC 时钟频率的准确参数。

综合以上，我们得明白 IRC 时钟源确实存在误差，这个频率精度在时钟要求不高的一般场合下是足够的，但是用在实时时钟、高精度定时或高速率、长时间的串行通信上就有可能要出问题，所以读者朋友们可以按照自己的系统需求合理地选择时钟源。

"教科书"式的讲解往往不能让朋友们产生深刻的记忆，那就举个让人心疼的案例吧！小宇老师有个朋友在深圳研发消费类家电产品，入职后就接手了一个项目，其中一个子功能就是让设备在运行 1h 后停止，间隔 10min 后再次启动，整个运行状态下都需要主控板串口连续地向计算机端打印串行数据。接到项目之后，我的朋友非常高兴，毕竟有了研发经费，心里就开始美滋滋。经过硬件设计和软件调试，最终做出了样机，简单测试之后功能运行正常，迫不及待地就开始批量了 500 套，眼看着 500 套实物即将交付，手里攥着银行卡，突然觉得天好蓝，花好美，就连空气也是甜的。

就在这时，批量测试出了问题，设备运行情况很多都不一致，几乎没有设备可以在 1h 后停止，有的甚至拖延或者提了几分钟至十几分钟，很多设备刚开始运行时串口打印数据都正常，过了一段时间后计算机端接到的全是乱码，这下完了，天不再蓝，景也不再美，早知道就不学电子了！静下心来仔细想想，究竟是什么问题导致的呢？程序是批量烧录的，硬件也是基本一致的，后来一看，程序是基于 IRC 时钟源写的，正是单片机的 IRC 时钟误差导致了定时误差和串口通信时延。这下麻烦了，想要改成外部时钟源也不行了，因为 PCB 印制线路板上根本没有引出相关电路，总不可能在 500 套成品上飞线搭建时钟电路吧！最终，项目黄了！后面自己掏钱重新做了板子，这是花钱买了"教训"。

这个案例提醒我们什么呢？第一是要仔细测试样机，不能太随意，要在样机阶段尽量找出产品 Bug。第二是 IRC 时钟源确实存在误差，我们要意识到误差可能影响到的具体功能。第三是我们应该在 PCB 设计上做一些如图 10.7 所示的预留电路（这就是实际工程文件中的"冗余"考虑，即任何设计不要设计得太"死"，一定要多点儿考虑），不管用不用外部时钟，做个预留电路也花不了什么钱，等到产品真正批量的时候也可以按照需求决定启用或者留空（我们经常可以看到某些电子线路板上的部分元器件没有焊接，排除功能"裁剪"原因之后，最有可能的就是预留电路，这些电路可以在不同的需求下得到启用）。

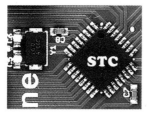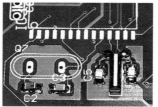

图 10.7　在产品 PCB 设计时的预留考虑

所以，"工程师"并不是那么好当的，应届毕业生要变成工程师肯定要经过磨炼，工程师的"经验"其实也是从失败和问题中得到的能力升华。小宇老师说："做多错多，错多会多，会多不懂的更多，不忘初心，方得始终。"

怎么样？本节到这里就告一段落了，回头想想，单片机的发展确实很快，在早期的单片机教材中时钟电路是单片机最小系统中的"必备电路"之一，但是现在看来并不是这样，随着芯片工艺和设计水平的提升，很多单片机的晶圆中都已具备片内时钟源，时钟单元从芯片"外面"搬到了芯片"里面"，且片内时钟源的数量不止 1 个，频率精度也在逐步提升，有的 ARM 内核单片机还支持 PLL 锁相环"倍频"功能，即外部搭建一个低频率的振荡器电路，内部可以通过 PLL 锁相环技术和单元电路实现频率翻倍，让单片机内部电路工作在一个较高的时钟频率之下，获得更快的速度和更强的性能。

10.2　小宇老师的 STC8"时钟树"

通过 10.1 节的内容，我们了解了 STC8 系列单片机的时钟源分类和特点，接触到了"时钟源种类""时钟源特点""频率误差"和"制造误差"等概念，接下来就开始学习 STC8 系列单片机内部时钟源的选择方法和配置流程。为了方便表达和给朋友们最直观的感受，小宇老师搬来了如图 10.8 所示的 STC8"时钟树"为大家讲解一番。

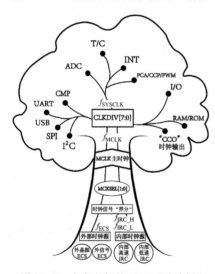

图 10.8　小宇老师的 STC8"时钟树"

从下往上看，树根部分有 4 个椭圆，代表了 STC8 系列单片机的 4 种时钟信号来源。我们将"外晶振 ECS"和"外信号 ECS"合并称为"外部时钟源"，又将"内部高速 IRC"和"内部低速 IRC"合并称为"内部时钟源"。这里的时钟信号就相当于滋润这棵"时钟树"的"养分"，我们可以通过配置 STC8 系列单片机时钟选择寄存器（CKSEL）中的"MCKSEL[1:0]"这两位来确定具体的时钟来源。

一旦确立了时钟源，就得到了"MCLK 主时钟"（即 f_{MCLK}）。当然，MCLK 主时钟频率一般比较大，但是单片机片内资源不一定都需要工作得这么快。为了方便灵活地使用这个主时钟信号，还需要设立一个"分频器"得到用户需要的频率值，MCLK 主时钟经过时钟分频寄存器（CLKDIV[7:0]）之后就得到了"系统时钟 SYSCLK"（即 f_{SYSCLK}），这个系统时钟就是控制程序及片内资源运行的"节拍"。

片内资源的时钟"脉络"在图中表示为发散型的"树枝"，这些树枝连接到了 I²C（串行通信单元）、SPI（串行通信单元）、USB（串行接口单元）、UART（串行通信单元）、CMP（比较器单元）、ADC（模数转换单元）、T/C（定时/计数器单元）、INT（中断资源）、PCA/CCP/PWM（可编程计数器阵列单元）、I/O（输入/输出单元）、RAM/ROM（内存资源）以及"CCO"时钟输出功能等。这些单元都得到了系统时钟的"滋润"，正是有了这些功能各异又相互联系的片内资源，STC8 系列单片机才表现出了优异的性能。

理清思路，让我们对这棵"时钟树"稍加记忆。前前后后我们接触到了 5 种时钟，分别是 f_{ECS}（外部信号/晶体振荡器时钟）、f_{IRC_H}（片内高速 R/C 振荡器时钟）、f_{IRC_L}（片内低速 R/C 振荡器时钟）、f_{MCLK}（主时钟）以及 f_{SYSCLK}（系统时钟）。单片机上电后会从 f_{ECS}、f_{IRC_H} 和 f_{IRC_L} 这 3 种时钟源中选取一个作为主时钟 f_{MCLK}，主时钟 f_{MCLK} 再经过时钟分频寄存器 CLKDIV[7:0] 的配置后得到

了系统时钟 f_{SYSCLK}。朋友们千万别晕,假定我们选择了 f_{ECS} 作为时钟来源且 CLKDIV[7:0]的配置为"不分频",那么在频率的数值上 $f_{ECS} = f_{MCLK} = f_{SYSCLK}$。之所以产生了那么多种时钟名称,只不过是不同路径上的不同状态罢了,这些路径就是时钟信号的"脉络"。

在 STC8 系列单片机中与时钟资源有关的寄存器共有 6 个,分别是时钟选择寄存器(CKSEL)、时钟分频寄存器(CLKDIV)(这两个寄存器已经在"时钟树"的"树干"部分接触过了)、内部高速振荡器控制寄存器(HIRCCR)、外部晶振控制寄存器(XOSCCR)和内部 32kHz 振荡器控制寄存器(IRC32KCR)。虽然说 STC8 系列单片机相比早期的 STC89 系列单片机的时钟资源复杂很多,寄存器数量也增多了,但是这些寄存器都比较简单,在功能的体现上也比较直观,就连功能位的安排上也有相似,所以不必担心,我们会从 10.4 节开始逐一对其进行讲解和配置。

10.3 如何利用 STC-ISP 工具轻松调配主时钟频率

小宇老师为啥没有急着在本节扩展讲解时钟资源相关的寄存器呢?这是因为我想让读者朋友们先看"现象"再去学"原理",目的还是为了培养大家的学习信心。通过一个简单的实验去感受时钟频率的快慢与程序现象的关联,"不改程序"也能改变系统时钟频率。

问题来了,选什么实验去验证"快慢"现象呢?最简单的还是闪烁灯实验。试想一下,当闪烁灯的程序一定,单纯去改变系统主时钟频率,当频率变大时,闪烁的速度一定会变快,反之变慢,这样就能很好地观察了。基于这样的想法,我们构造了如图 10.9 所示的闪烁灯电路,选用 STC8H8K64U 型号单片机作为主控,在 P1.0 引脚上连接限流电阻 R1 和发光二极管 D1,与此同时,在 P1.0 引脚上夹上逻辑分析仪的探针,这样一来,就可以从逻辑分析仪的上位机软件界面中"看到"引脚的跳变情况了,可轻松得到跳变周期和频率参数。

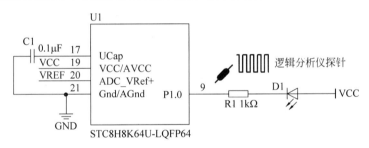

图 10.9 闪烁灯实验电路原理图

程序设计上非常简单,直接利用延时函数和引脚取反操作(即 C51 语言中的逻辑非"!"操作)在 P1.0 引脚上输出周期性的高/低电平即可,利用 C51 语言编写实验源码如下。

```
//芯片型号:STC8H8K64U(程序微调后可移植至 STC8A/F/C/G/H 系列单片机)
//时钟说明:单片机片内高速时钟(验证 6MHz、12MHz 和 24MHz 效果)
/******************************************************************/
#include "STC8H.h"                    //主控芯片的头文件
/*********************常用数据类型定义*********************/
【略】为节省篇幅,相似定义参见相关章节或源码工程即可
/*********************端口/引脚定义区域*********************/
sbit  LED = P1^0;                     //闪烁灯电路控制引脚定义
/*********************函数声明区域*********************/
void delay(u16 Count);               //延时函数
/*********************主函数区域*********************/
void main(void)
{
    //配置 P1.0 为推挽/强上拉模式
```

```
        P1M0 |= 0x01;                    //P1M0.0 = 1
        P1M1 &= 0xFE;                    //P1M1.0 = 0
        delay(5);                        //等待 I/O 模式配置稳定
        while(1)                         //程序循环执行
        {LED = !LED;delay(200);}         //让 P1.0 引脚不停取反导致闪烁
}
/ *********************************************************** /
//延时函数 delay(),有形参 Count 用于控制延时函数执行次数,无返回值
/ *********************************************************** /
void delay(u16 Count)
{
    u8 i,j;
    while(Count -- )                     //Count 形参控制延时次数
    {
        for(i = 0;i < 50;i++)
        for(j = 0;j < 20;j++);
    }
}
```

将程序正确编译后即可得到 Hex 固件,此时打开 STC-ISP 软件把固件文件下载到目标单片机中,其操作界面如图 10.10 所示。请观察图中左侧所示的硬件选项卡,该选项界面中的第一项就是本节内容的重点项目,该项是让用户配置片内高速 IRC 时钟的频率值(默认情况下 STC8H8K64U 单片机会启用片内高速 IRC 作为主时钟来源,哪怕不接外部晶振电路单片机也能正常运行,且默认的高速 IRC 时钟频率值为 24MHz)。

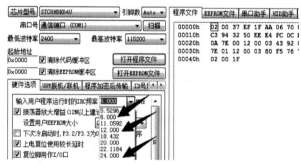

图 10.10　利用 STC-ISP 下载闪烁灯程序界面

为了便于观察,依次选择 6MHz、12MHz 和 24MHz 的频率值进行配置,固件文件始终不变,分三次下载和三次测量,每次下载后都用逻辑分析仪采集 P1.0 引脚的输出信号,可以得到如图 10.11 所示的波形及参数。

不难发现,同样的一个程序,只是用 STC-ISP 软件改变了 IRC 内部时钟频率就立刻验证了"快慢"现象,6MHz 主频的时候闪烁很慢,输出信号频率才 1.36Hz 左右,主频 12MHz 下闪烁频率加快了 1 倍,主频 24MHz 下闪烁频率较之 6MHz 提升了 4 倍。通过这个小实验,我们应该明白,当程序内容不变时,改变主时钟频率确实会影响程序执行的速度。

在 STC8 系列单片机对时钟精度要求不高的应用中,多启用片内高速时钟源 IRC 作为主时钟来源,我们可以通过程序调整(因程序调整比较烦琐,一般不用此法)和 STC-ISP 软件操作去配置高速 IRC 的实际频率,使用上非常灵活。

以 STC8H8K64U 型号单片机为例,打开 STC-ISP 软件后会看到如图 10.12 所示的"硬件选项",选项卡第一项的下拉列表中已经给出了从 5.5296～48MHz 等常用频率值。看到这里,小宇老师突然疑惑了一下,为啥呢?因为之前我们也说过,高速 IRC 时钟源其实有两个中心频率,一个是 20MHz,另一个是 35MHz,虽说这两个中心频率可以在一定范围内调整,但是怎样才能"无死

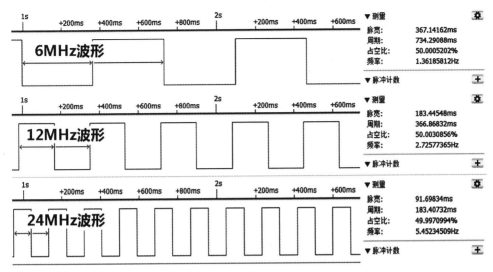

图 10.11 闪烁灯实验输出信号波形图

角"地覆盖 5～48MHz 的频率范围内？

稍加分析后，我明白了。其实 STC 公司非常巧妙地利用了单片机内部的"分频器"单元，啥叫分频呢？其实就是对频率信号做"除法"，如果先将频率升高再配置分频就可以轻松得到低频率值从而进行频率覆盖。例如，24MHz 进行 2 分频后可不就是12MHz 吗？类似地，11.0592MHz 就是 22.1184MHz 的 2 分频，6MHz 就是 24MHz 的 4 分频，5.5296MHz 就是 22.1184MHz 的4 分频。合理地做"除法"之后，原本以 20MHz 和 35MHz 作为中心频率的 IRC 频率范围就"拉伸"到了 5～48MHz 了。

图 10.12 使用 STC-ISP 硬件选项配置 IRC 频率参数

需要说明的是，STC-ISP 硬件选项卡中的 IRC 频率不一定非要选择官方给出的这几个常用值，作为用户来说，甚至可以自己选一个频率让单片机调整到这个参数下去运行，例如，我想让单片机工作在 13.56MHz 下，那就直接在"输入用户程序运行时的 IRC 频率"列表框中填写 13.56 即可。但是要注意，我们设定的 IRC 频率也不能太小，否则会引起较大误差，如图 10.13(a)所示，假设我们故意设定 IRC 频率值为 1MHz，若成功下载程序后，就可以看到如图 10.13(b)所示的下载信息，调节后的频率有 12.832% 的误差，这个误差已经很大了，没有实际意义。

(a)   (b)

图 10.13 故意配置 IRC 频率过低

如果朋友们想知道手头单片机的最大 IRC 频率，也可以在 IRC 频率处随意写个 50MHz，其效果如图 10.14(a)所示，若配置完参数并成功下载程序后，就可以看到如图 10.14(b)所示的下载信息，调节后的频率只能到 48MHz，这个值就是该单片机 IRC 的频率上限。

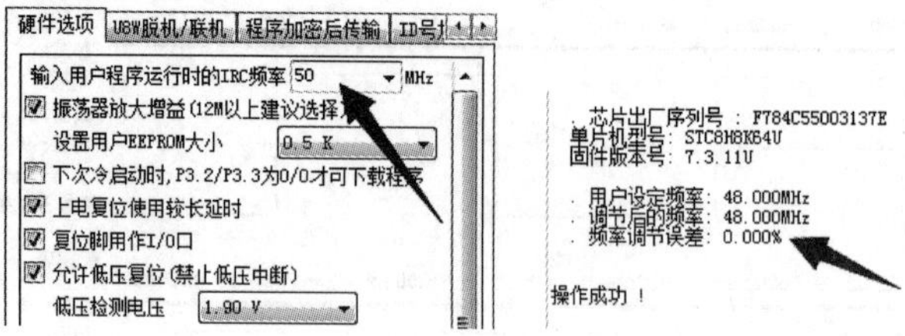

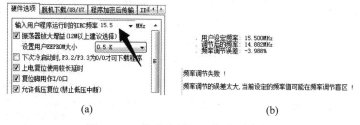

图 10.14　故意配置 IRC 频率高于上限

这里再多说一点儿，对于 STC8A 和 STC8F 系列单片机而言，其内部高速 IRC 只有一个频段，此频段的中心频率约为 24MHz，最小频率约为 16MHz，最大频率约为 30MHz，这一点就和 STC8H 系列不同。频率段只有 1 个的话，就容易产生"盲区"。这是因为 STC8A/F 系列单片机片内 IRC 频率的下限比上限的一半还大（即 IRC 下限 16MHz 在数值上大于上限 30MHz 的一半），所以有的频率值调整之后也达不到（如 15～6MHz 频率段）。朋友们手头要是有 STC8A/F 系列单片机也可以按如图 10.15(a)所示，输入 15.5MHz 去验证"盲区"问题，下载后得到了如图 10.15(b)所示结果，此时的频率调节误差已经达到了 3.988%，说明盲区确实存在，实际使用时应该避免选定。

图 10.15　故意配置 IRC 频率到盲区

讲到这里我们都明白了，直接用 STC-ISP 调节 IRC 时钟频率显得非常方便，但是频率调节误差也确实存在，有的设定频率下误差甚至可达 1% 以上，IRC 时钟在制造时还有误差，运行中也容易受温度和电压影响，所以说 IRC 时钟源并不能当作"高精度"时钟源去使用。

10.4　选择片外时钟源作为系统主时钟

利用 STC-ISP 软件简单验证了主时钟频率调整之后，我们就开始学习时钟源的选定、切换和分频配置吧！回忆 10.2 节的"时钟树"，"树根"部分有一个外部时钟源和两个内部时钟源，这三个时钟源就好比"时钟树"的"养分"，那单片机如何指定养分的具体来源呢？这就要通过时钟选择寄存器 CKSEL 中的 MCKSEL[1:0]这两位来配置。

仍以 STC8H8K64U 单片机为例，本节就是教会大家选定外部晶振或外部接入时钟信号作为系统主时钟，该寄存器的相关位定义及功能说明如表 10.1 所示。

表 10.1　STC8H 系列单片机时钟选择寄存器

时钟选择寄存器（CKSEL）						地址值：(0xFE00)H	
位　数	位 7	位 6	位 5	位 4	位 3	位 2	位 1	位 0
位名称	—	—	—	—	—	—	MCKSEL[1:0]	
复位值	x	x	x	x	x	x	0	0
位　名	位含义及参数说明							

时钟选择寄存器（CKSEL）				地址值：(0xFE00)$_H$
MCKSEL	主时钟源选择			
[1:0]	00	内部高速 IRC	01	外部晶振或外部接入时钟信号
位 1:0	10	外部 32kHz 晶振	11	内部 32kHz 低速 IRC

若用户需用 C51 语言编程配置主时钟来源为外部时钟，则需要将 MCKSEL[1:0]配置为"01"即可，这个配置很简单，可编写如下语句。

```
P_SW2 |= 0x80;                    //允许访问扩展特殊功能寄存器 XSFR
//配置 MCKSEL[1:0] = "01"，选择外部时钟
CKSEL &= 0xFD;                    //清零 MCKSEL[1:0]的高位
CKSEL |= 0x01;                    //配置 MCKSEL[1:0]的低位
P_SW2 &= 0x7F;                    //结束并关闭 XSFR 访问
```

若在单片机 main()函数中添加上述语句是不是就完成了主时钟的选定呢？其实还不够，仔细想一想，这里说的"外部时钟"实际上是经过简略后的称呼，里面包含"高速外部晶体振荡器"和"高速外部时钟信号"这两种接入形式。在时钟源选择之前还应该让选定的时钟源先工作起来，达到稳定状态之后才能放心地让它成为主时钟。这里就又要给大家介绍一个新的寄存器，即外部晶振控制寄存器 XOSCCR，该寄存器的相关位定义及功能说明如表 10.2 所示。

表 10.2　STC8H 系列单片机外部晶振控制寄存器

外部晶振控制寄存器（XOSCCR）							地址值：(0xFE03)$_H$
位 数	位 7	位 6	位 5	位 4	位 3	位 2	位 1	位 0
位名称	ENXOSC	XITYPE	XCFILTER[1:0]		GAIN *	—	—	XOSCST
复位值	0	0	0	x	x	x	x	0
位 名	位含义及参数说明							
ENXOSC 位 7	外部晶体振荡器使能位							
	0	关闭外部晶体振荡器						
	1	使能外部晶体振荡器						
XITYPE 位 6	外部时钟源类型							
	0	外部时钟信号或有源晶振接入，只需连接单片机的 XTALI 即 P1.7 引脚，(注意：此时 P1.6 引脚固定为高阻输入模式，可用于读取外部数字信号或当作 ADC 输入通道，但一般不建议使用，因为旁边的 P1.7 引脚会有高频振荡信号，会对 P1.6 引脚的信号产生影响)						
	1	石英晶体振荡器接入，电路上需要连接单片机的 XTALI 即 P1.7 引脚和 XTALO 即 P1.6 引脚						
XCFILTER **[1:0]** 位 5:4	外部晶体振荡器抗干扰控制位 　这两个控制位只有 STC8H3K64S4 的 B 版芯片才有效（STC8H 其他芯片可忽略该位），设置的时候一定要谨慎，配置不当会导致 MCU 时钟异常							
	00	外部晶体振荡器频率在 48M 及以下时可选择此项						
	01	外部晶体振荡器频率在 24M 及以下时可选择此项						
	1x	外部晶体振荡器频率在 12M 及以下时可选择此项						
GAIN * 位 3	外部石英晶体振荡器振荡增益控制位							
	0	关闭振荡增益（低增益）						
	1	使能振荡增益（高增益）						

续表

外部晶振控制寄存器（XOSCCR）		地址值：(0xFE03)ₕ

XOSCST 位 0	外部晶体振荡器频率稳定标志位	
	该位是个只读位，用于判定晶体振荡器频率是否稳定	
	0	晶体振荡器频率尚未稳定
	1	晶体振荡器频率已经稳定

该寄存器的高两位应该很好理解，XITYPE 位用于选定时钟源接入的形式，ENXOSC 位决定了外部时钟源是否工作。但是这个 GAIN 位就有点奇怪了，默认情况下该位是为 0 的（即 STC8H 系列单片机上电后默认关闭振荡器增益），但是当外部晶振频率超过 12MHz 时推荐将其打开（主要是考虑频率升高后的信号振幅有所下降），当然，不用非得在程序中进行配置，STC-ISP 软件已经为我们默认勾选了这一项，其具体界面如图 10.16 所示。可在下载程序时勾选此项就使能了振荡器增益。

图 10.16　STC-ISP 振荡器放大增益选项

寄存器最低位的 XOSCST 用于告知编程人员外部时钟是否达到"稳定"，这里的"稳定"是指外部振荡信号是否已达到时钟信号的质量要求。有的朋友可能纳闷，这晶振一装上就起振了吗？哪儿有什么稳不稳定的说法？其实不然，经过测试，石英晶体振荡器的起振波形如图 10.17(a) 所示，在起振的一刹那波形其实并不稳定，若放大前端波形可以得到如图 10.17(b) 所示样式，起振的波形毛刺挺多，幅值也是由小变大的，渡过不稳定时间后，波形、幅值及频率才趋于定值。看了图片，这下就明白 XOSCST 位的作用了，在实际切换时钟时，只需等待 XOSCST 标志位由"0"变为"1"即可进行切换动作。

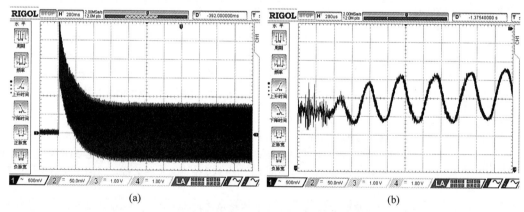

(a) (b)

图 10.17　石英晶体起振时的不稳定波形

若考虑外部时钟的使能操作和稳定判断，编程者可编写如下语句。

```
P_SW2| = 0x80;                   //允许访问扩展特殊功能寄存器 XSFR
XOSCCR| = 0xC0;                  //使能外部晶体振荡器
while(!(XOSCCR&0x01));           //等待外部时钟稳定
//配置 MCKSEL[1:0] = "01"，选择外部时钟
CKSEL& = 0xFD;                   //清零 MCKSEL[1:0]的高位
CKSEL| = 0x01;                   //配置 MCKSEL[1:0]的低位
P_SW2& = 0x7F;                   //结束并关闭 XSFR 访问
```

添加上述语句后，外部时钟源配置过程就比较完整了，执行程序后单片机就可以工作在外部时钟源频率下了。说到这里，还有最后一个问题需要解决，那就是此时的 f_{ECS}（外部信号/晶体振荡

器时钟)、f_{MCLK}（主时钟）以及 f_{SYSCLK}（系统时钟）在频率数值上有什么关系呢？根据小宇老师的"时钟树"脉络，此时的 $f_{ECS}=f_{MCLK}$，但是 f_{MCLK} 与 f_{SYSCLK} 之间还有一层"分频"的关系。这就涉及时钟分频寄存器 CLKDIV，该寄存器的相关位定义及功能说明如表 10.3 所示。

表 10.3　STC8H 系列单片机时钟分频寄存器

时钟分频寄存器（CLKDIV）							地址值：（0xFE01）$_H$
位　数	位 7	位 6	位 5	位 4	位 3	位 2	位 1	位 0
位名称	CLKDIV[7:0]							
复位值	n	n	n	n	n	n	n	n
位　名	位含义及参数说明							
CLKDIV[7:0] 位 7:0	主时钟 f_{MCLK} 分频系数 　　这里的主时钟其实就是时钟源选定后直接得到的时钟 f_{MCLK}，经过分频后会得到系统时钟 f_{SYSCLK}，分频系数支持 1～255，也就是十六进制的 0x00～0xFF，分频系数共计 254 种（其中，0x00 和 0x01 都是对 f_{MCLK} 时钟进行 1 分频，即不分频）							
	0x00	$f_{MCLK}/1$			0x01	$f_{MCLK}/1$		
	0x02	$f_{MCLK}/2$			0x03	$f_{MCLK}/3$		
	...							
	0xFE	$f_{MCLK}/254$			0xFF	$f_{MCLK}/255$		

该寄存器在配置上比较简单，就是送入 0x00～0xFF 的十六进制配置值即可，需要注意的是该寄存器的复位默认值为 0x04，即对主时钟进行 4 分频。假设当前外部晶振时钟的频率为 22.1184MHz 且时钟分频寄存器 CLKDIV 的配置值为"0x00"，即不分频，经过我们的程序配置后，在频率值上就有 $f_{ECS}=f_{MCLK}=f_{SYSCLK}=22.1184$MHz。

明白了外部时钟源的选定、使能、稳定判断及主时钟分频配置后，就要开始动手验证了。要设计一个什么样的实验去看现象呢？首先想到的还是闪烁灯程序，因为这个程序最为简单，从小电路上就可以反映出大问题。于是，我们搭建了如图 10.18 所示电路，选定 P1.0 引脚输出闪烁灯控制信号，外部石英晶体选择 22.1184MHz。

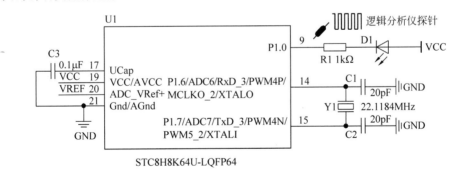

图 10.18　闪烁灯实验电路原理图

程序上就要动动脑筋了，我们不仅要实现外部时钟源的切换，还要"感受"到主时钟在不同分频系数下的频率变化，要直观地体会到系统时钟频率变化后对闪烁灯程序执行的"快慢"影响。所以在程序中，先将闪烁灯语句封装为 LED_FUN() 这个功能函数，同时构造了一个改变主时钟分频系数的函数 MCLK_SET()，通过向该函数传递不同的实参去得到不同的系统时钟频率，然后在不同频率下执行闪烁灯函数，再用逻辑分析仪直接观察闪烁灯引脚上的输出波形即可。理清思路后利用 C51 语言编写的具体程序实现如下。

```
//芯片型号:STC8H8K64U(程序微调后可移植至 STC8A/F/C/G/H 系列单片机)
//时钟说明:片外 22.1184MHz 石英晶体时钟(验证时钟切换及分频效果)
/ ***************************************************************** /
＃include "STC8H.h"                    //主控芯片的头文件
/ ************************** 常用数据类型定义 ************************ /
【略】为节省篇幅,相似定义参见相关章节或源码工程即可
/ ************************ 端口/引脚定义区域 ************************ /
sbit   LED = P1^0;                     //闪烁灯电路控制引脚定义
/ *************************** 函数声明区域 ************************** /
void delay(u16 Count);                 //延时函数
void LED_FUN(void);                    //LED 闪烁灯函数
void MCLK_SET(u8 SET_F);               //主时钟频率配置函数
/ *************************** 主函数区域 *************************** /
void main(void)
{
    //配置 P1.0 为推挽/强上拉模式
    P1M0| = 0x01;                      //P1M0.0 = 1
    P1M1& = 0xFE;                      //P1M1.0 = 0
    delay(5);                          //等待 I/O 模式配置稳定
    P_SW2| = 0x80;                     //允许访问扩展特殊功能寄存器 XSFR
    XOSCCR| = 0xC0;                    //使能外部晶体振荡器
    while(!(XOSCCR&0x01));             //等待外部时钟稳定
    //配置 MCKSEL[1:0] = "01",选择外部时钟
    CKSEL& = 0xFD;                     //清零 MCKSEL[1:0]的高位
    CKSEL| = 0x01;                     //配置 MCKSEL[1:0]的低位
    P_SW2& = 0x7F;                     //结束并关闭 XSFR 访问
    while(1)                           //循环执行程序
    {
        MCLK_SET(0x00);               //主时钟的分频系数为 00,不分频
        LED_FUN();                    //如图 10.19 所示 A 区域电平状态
        MCLK_SET(0x02);               //主时钟的分频系数为 02,2 分频
        LED_FUN();                    //如图 10.19 所示 B 区域电平状态
        MCLK_SET(0x04);               //主时钟的分频系数为 04,4 分频
        LED_FUN();                    //如图 10.19 所示 C 区域电平状态
        MCLK_SET(0x08);               //主时钟的分频系数为 08,8 分频
        LED_FUN();                    //如图 10.19 所示 D 区域电平状态
    }
}
/ ***************************************************************** /
//主时钟频率配置函数 MCLK_SET(),有形参 SET_F 用于接收分频系数,
//取值范围支持(0~255,传值时要转换为十六进制数),无返回值
/ ***************************************************************** /
void MCLK_SET(u8 SET_F)
{
    P_SW2| = 0x80;                     //允许访问扩展特殊功能寄存器 XSFR
    CLKDIV = SET_F;                    //配置 CLKDIV 寄存器获得分频后的主时钟
    P_SW2& = 0xEF;                     //结束并关闭 XSFR 访问
}
/ ***************************************************************** /
//闪烁 LED 功能函数 led(),无形参,无返回值
/ ***************************************************************** /
void LED_FUN(void)
{
    u8 x;                              //定义变量 x 做循环闪灯使用
    for(x = 0;x < 5;x++)
```

```
        {LED = 0;delay(5);LED = 1;delay(5);}
        LED = 1;
}
/********************************************************************/
```
【略】为节省篇幅，相似函数参见相关章节源码即可
```
void delay(u16 Count){}                //延时函数
```

将程序下载到单片机后出现了个奇怪的现象，那就是闪烁灯的发光二极管是常亮的，并没有出现"闪烁"效果，但仔细观察的话可以发现灯的亮度有少许明暗变化，这是为啥呢？其实是因为闪烁的频率太高了，高于人眼能够识别的范围了，这时候打开 PC 上的逻辑分析仪软件，可以采集到如图 10.19 所示的电平波形。从波形上非常直观地反映了"闪烁灯"状态，当程序中的分频系数为"$f_{MCLK}/1$"时，对主时钟不分频，单片机系统时钟工作在 22.1184MHz 频率下，执行闪烁灯函数 LED_FUN()后得到了电平区域 A，跳变波形显得非常密集，当主时钟分频系数变大后，系统时钟频率逐渐降低，依次采集到了 B、C 和 D 电平区域，电平波形显得越来越"稀疏"。

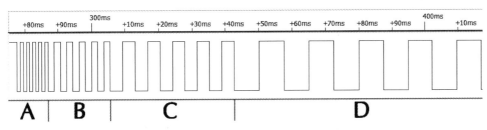

图 10.19   配置片外晶振时钟及分频效果波形图

分析并测量如图 10.19 所示的电平波形可以得到表 10.4 中的实测数据，当外部时钟源频率一定时，程序中分频系数越小，主时钟频率就越是接近于外部时钟频率，此时跳变周期越小，跳变频率越高。

表 10.4   片外 22.1184MHz 晶振时钟分频效果测试数据

电平区域	CLKDIV 分频配置	分频系数	系统时钟频率	跳变周期	跳变频率
A	CLKDIV＝0x00；	$f_{MCLK}/1$	22.1184MHz	2.29ms	217.75Hz
B	CLKDIV＝0x02；	$f_{MCLK}/2$	11.0592MHz	4.59ms	108.87Hz
C	CLKDIV＝0x04；	$f_{MCLK}/4$	5.5296MHz	9.18ms	54.45Hz
D	CLKDIV＝0x08；	$f_{MCLK}/8$	2.7648MHz	18.36ms	27.22Hz

需要说明的是，外部石英晶体器件也有温漂和制造精度等指标，不同的逻辑分析仪测量的数据也不尽相同，所以小宇老师实测的跳变周期和频率值与读者朋友们在实际测试时所得到的数据可能存在差异，故而表 10.4 中数据只能作为一个参考，帮助我们理解分频系数配置及效果。

10.5   选择片内时钟源作为系统主时钟

接下来，将主时钟的来源换成单片机片内高速 IRC 时钟源，说到这里，有的朋友要笑话我了，这个片内高速 IRC 时钟源不就是 STC8 系列单片机的默认时钟源吗？上电后不做任何配置也可以在该时钟源下稳定工作啊！

话是不错，但片内高速时钟源也有一些配置寄存器，这些寄存器的内容对于我们深入了解STC8 系列单片机时钟结构是有好处的，虽说这些寄存器一般都不用(因为用户随意配置后可能引

起时钟频率混乱或较大误差),但还是有必要简单了解。

10.5.1 STC-ISP 是如何调节 IRC 频率的呢

片内高速 IRC 时钟其实和外部时钟源是相似的,该时钟源也具备控制寄存器 HIRCCR,也有使能位和稳定标志位,该寄存器的相关位定义及功能说明如表 10.5 所示。

表 10.5 STC8H 系列单片机片内高速 IRC 控制寄存器

片内高速 IRC 控制寄存器(HIRCCR)							地址值:(0xFE02)$_H$
位 数	位 7	位 6	位 5	位 4	位 3	位 2	位 1	位 0
位名称	ENHIRC	—	—	—	—	—	—	HIRCST
复位值	1	x	x	x	x	x	x	0
位 名	位含义及参数说明							
ENHIRC 位 7	片内高速 IRC 使能位							
	0	关闭片内高速 IRC						
	1	使能片内高速 IRC						
HIRCST 位 0	片内高速 IRC 频率稳定标志位 该位是个只读位,用于判定内部高速振荡器频率是否稳定							
	0	片内高速 IRC 振荡器频率尚未稳定						
	1	片内高速 IRC 振荡器频率已经稳定						

使能位 ENHIRC 在单片机复位后默认置"1",也就是说,STC8 系列单片机上电后一般选择片内高速 IRC 作为默认时钟源。标志位 HIRCST 用于指示片内高速时钟的起振状态,稳定后该位也会由"0"变"1"。一般地,相同频率参数下的内部时钟源功耗要小于外部时钟源,内部时钟源的起振速度也优于外部时钟源,只是在产生时钟信号的稳定性和精度上,内部时钟源稍稍差一些。

说到片内高速 IRC,最神奇的还是"频率调节",用两个中心频率段去覆盖出一个可调的频率范围,还能尽可能地减小误差逼近设定值,虽然我们知道 IRC 时钟可以与分频器做"除法",但还是好奇这个频率调整的具体过程。那我们就一起来看看。开发人员在 STC-ISP 软件的硬件选项中设定好 IRC 频率值之后,会由上位机软件通过串口去调整目标单片机中的"频段选择""频率调整""频率微调"这三个寄存器。我们先来看频段选择寄存器 IRCBAND,该寄存器的相关位定义及功能说明如表 10.6 所示。

表 10.6 STC8H 系列单片机片内高速 IRC 频段选择寄存器

片内高速 IRC 频段选择寄存器(IRCBAND)							地址值:(0x9D)$_H$
位 数	位 7	位 6	位 5	位 4	位 3	位 2	位 1	位 0
位名称	—	—	—	—	—	—	—	SEL
复位值	x	x	x	x	x	x	x	n
位 名	位含义及参数说明							
SEL 位 0	片内高速 IRC 中心频率段选择							
	0	选择 20MHz 频率段						
	1	选择 35MHz 频率段						

该寄存器比较简单,其中只有一个功能位,但要注意,该位的配置一般由 STC-ISP 软件在下载时设定,不需要单独在程序中配置。

在频率调整的思路上,STC 公司也设计得很有意思,先用一个寄存器实现"粗调",再用一个寄存器实现"细调"。这样的方法让小宇老师想起了初中的生物课,生物老师会让我们回家取一个洋葱，用镊子撕下表皮放在显微镜下，显微镜就有"粗调"和"细调"，先用粗调找到如图 10.20(a)所示的表皮细胞视野，虽然有点儿模糊但是实现了大致定位（即 IRC 频率调整寄存器 IRTRIM，实现粗略调整），然后再用细调得到如图 10.20(b)所示的表皮细胞结构，这就清晰多了（即 IRC 频率微调寄存器 LIRTRIM，实现频率微调）。

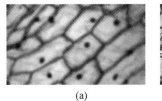 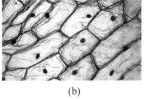

(a)   (b)

图 10.20 显微镜观察洋葱表皮细胞过程图示

负责"粗调"的 IRC 频率调整寄存器 IRTRIM 的相关位定义及功能说明如表 10.7 所示。

表 10.7 STC8H 系列单片机片内高速 IRC 频率调整寄存器

片内高速 IRC 频率调整寄存器（IRTRIM）							地址值：(0x9F)$_H$
位 数	位 7	位 6	位 5	位 4	位 3	位 2	位 1	位 0
位名称	IRTRIM[7:0]							
复位值	n	n	n	n	n	n	n	n
位 名	位含义及参数说明							
IRTRIM [7:0] 位 7:0	内部高速 IRC 频率调整等级设定　该寄存器支持 256 个调整等级，算是"粗调"部分，直接赋值十六进制数即可，复位后的值为"n"，这个值一般由 STC-ISP 软件确定，不推荐用户自行调整该寄存器数值							
	0x00～0xFF	具体的调整等级						

通过观察，IRTRIM 寄存器的构成很简单，直接送入 0x00～0xFF 的调整等级就可以实现对内部高速 IRC 时钟频率的调整，每一级所调整的频率约为 0.24%（根据制造差异，也不是绝对精准的 0.24%，最大值约为 0.55%，最小值约为 0.02%，整体平均值约为 0.24%），也就是说，0x00 和 0x01 等级相比，后者比前者的频率要快 0.24%。

负责"细调"的 IRC 频率微调寄存器 LIRTRIM 的相关位定义及功能说明如表 10.8 所示。

表 10.8 STC8H 系列单片机片内高速 IRC 频率微调寄存器

片内高速 IRC 频率微调寄存器（LIRTRIM）							地址值：(0x9E)$_H$
位 数	位 7	位 6	位 5	位 4	位 3	位 2	位 1	位 0
位名称	—	—	—	—	—	—	LIRTRIM[1:0]	
复位值	0	0	0	0	0	0	n	n
位 名	位含义及参数说明							
LIRTRIM [1:0] 位 1:0	内部高精度 IRC 频率微调等级设定　该寄存器支持 3 个微调等级，算是"细调"部分，复位后的值为"n"，这个值一般由 STC-ISP 软件确定，不推荐用户自行调整该寄存器数值							
	00	不微调		01	调整约 0.10%			
	10	调整约 0.04%		11	调整约 0.10%			

该寄存器分 3 个等级对片内高速 IRC 时钟频率进一步微调，算是对"粗调"频率值的进一步"细调"。此处，我们对这两个寄存器只做了解，不推荐在程序中调整其取值。

10.5.2 基础项目 C 配置片内高速时钟及分频实验

了解了 STC8H 系列单片机片内高速 IRC 时钟的频率设置方法后就来验证这颗时钟源的特性及分频。在实验内容上依旧选定"闪烁灯"实验内容,电路按照 10.3 节中的图 10.9 进行搭建,在做本实验时无须搭建外部石英晶体振荡器电路,所以电路上非常简单。程序上就更简单了,为啥呢?因为压根儿就不涉及任何时钟源的重新选择或切换。STC8 系列单片机上电后的默认时钟源就是片内高速 IRC 时钟源,所以程序中连时钟选择寄存器 CKSEL 的配置语句也不用写,复位后该寄存器中的 MCKSEL[1:0]本来就为"00"。

为了与基础项目 B 的测试数据进行比对,本实验在下载时需要用 STC-ISP 软件配置 IRC 时钟频率为 22.1184MHz,分频系数的设定上也和基础项目 B 一致,配置片内高速 IRC 时钟进行 1 分频、2 分频、4 分频和 8 分频,再用逻辑分析仪测量 P1.0 引脚的输出信号即可。理清思路后利用 C51 语言编写的具体程序实现如下。

```
void main(void)
{
    //配置 P1.0 为推挽/强上拉模式
    P1M0 | = 0x01;              //P1M0.0 = 1
    P1M1 & = 0xFE;              //P1M1.0 = 0
    delay(5);                   //等待 I/O 模式配置稳定
    while(1)                    //等待外部时钟稳定后循环执行
    {
        MCLK_SET(0x00);         //主时钟的分频系数为 00,不分频
        LED_FUN();              //类似于如图 10.19 所示 A 区域电平状态
        MCLK_SET(0x02);         //主时钟的分频系数为 02,2 分频
        LED_FUN();              //类似于如图 10.19 所示 B 区域电平状态
        MCLK_SET(0x04);         //主时钟的分频系数为 04,4 分频
        LED_FUN();              //类似于如图 10.19 所示 C 区域电平状态
        MCLK_SET(0x08);         //主时钟的分频系数为 08,8 分频
        LED_FUN();              //类似于如图 10.19 所示 D 区域电平状态
    }
}
```

程序上应该没啥难点,经过编译和下载后观察到发光二极管也是"常亮"状态,这是因为跳变的频率太高,人眼识别不了造成的。此时拿出逻辑分析仪对 P1.0 引脚进行测量,可以得到与基础项目 B 中图 10.18 类似的跳变波形,只是波形的参数上稍有不同,经过实测可以得到如表 10.9 所示数据。

表 10.9 片内 22.1184MHz 时钟分频效果测试数据

电平区域	CLKDIV 分频配置	分频系数	系统时钟频率	跳变周期	跳变频率
A	CLKDIV=0x00;	$f_{MCLK}/1$	22.1184MHz	2.48ms	200.91Hz
B	CLKDIV=0x02;	$f_{MCLK}/2$	11.0592MHz	4.97ms	100.46Hz
C	CLKDIV=0x04;	$f_{MCLK}/4$	5.5296MHz	9.95ms	50.22Hz
D	CLKDIV=0x08;	$f_{MCLK}/8$	2.7648MHz	19.91ms	25.11Hz

将表中数据与之前做的外部 22.1184MHz 时钟源下测量的表 10.4 进行比较,跳变周期和频率是有一些差别,这些偏差主要还是因为时钟源本身的偏差造成的,STC8 系列单片机片内高速 IRC 时钟源本身的制造误差、调整误差、温漂等参数都影响了最后的波形参数。如果将本实验的程序下载到不同批次的 STC8 单片机中进行实测,也会有一些小的差别,哪怕是改变了同一个单片机板卡所在的环境温度或供电电压,再次测量时也有差别。

10.5.3 基础项目 D 配置片内低速时钟及分频实验

STC8 系列单片机的片内时钟还有一个低速时钟,该时钟源频率很低,标称频率只有 32kHz,一般来说并不把它作为主时钟,因为这样的话程序执行就会特别慢,但是一些特殊的场合与应用中也会启用该时钟。该时钟源也具备一个单独的控制寄存器 IRC32KCR,其功能位的设定与作用与之前学习的片内高速 IRC 控制寄存器相似,相关位定义及功能说明如表 10.10 所示。

表 10.10 STC8H 系列单片机片内 32kHz 低速 IRC 控制寄存器

片内 32kHz 低速 IRC 控制寄存器(IRC32KCR)							地址值:(0xFE04)$_H$
位 数	位 7	位 6	位 5	位 4	位 3	位 2	位 1	位 0
位名称	ENIRC32K	—	—	—	—	—	—	IRC32KST
复位值	0	x	x	x	x	x	x	0
位 名	位含义及参数说明							
ENIRC32K 位 7	内部 32kHz 低速 IRC 使能位							
	0	关闭内部 32kHz 低速 IRC						
	1	使能内部 32kHz 低速 IRC						
IRC32KST 位 0	内部 32kHz 低速 IRC 频率稳定标志位 该位是个只读位,用于判定内部低速振荡器频率是否稳定							
	0	内部 32kHz 低速 IRC 振荡器频率尚未稳定						
	1	内部 32kHz 低速 IRC 振荡器频率已经稳定						

为了进一步巩固朋友们对时钟源选择和分频的认识,我们接着做一个低速时钟下的"闪烁灯"实验。电路仍然按照 10.3 节中的图 10.9 进行搭建,程序需要对时钟选择寄存器 CKSEL 进行配置,让 MCKSEL[1:0]配置为"11"。分频系数的设定上也进行 1 分频、2 分频、4 分频和 8 分频,再用逻辑分析仪测量 P1.0 引脚的输出信号即可。利用 C51 语言编写的具体程序实现如下。

```
void main(void)
{
    //配置 P1.0 为推挽/强上拉模式
    P1M0 |= 0x01;                    //P1M0.0 = 1
    P1M1 &= 0xFE;                    //P1M1.0 = 0
    delay(5);                        //等待 I/O 模式配置稳定
    P_SW2 |= 0x80;                   //允许访问扩展特殊功能寄存器 XSFR
    IRC32KCR |= 0x80;                //使能内部 32kHz 低速 IRC 控制寄存器
    while(!(IRC32KCR&0x01));         //等待内部低速时钟稳定
    CKSEL |= 0x03;                   //配置 MCKSEL[1:0]="11"选择内部低速 IRC 时钟
    P_SW2 &= 0x7F;                   //结束并关闭 XSFR 访问
    while(1)                         //等待内部低速时钟稳定后循环执行
    {
        MCLK_SET(0x00);             //主时钟的分频系数为 00,不分频
        LED_FUN();                  //如图 10.21 所示 A 区域电平状态
        MCLK_SET(0x02);             //主时钟的分频系数为 02,2 分频
        LED_FUN();                  //如图 10.21 所示 B 区域电平状态
        MCLK_SET(0x04);             //主时钟的分频系数为 04,4 分频
        LED_FUN();                  //如图 10.21 所示 C 区域电平状态
        MCLK_SET(0x08);             //主时钟的分频系数为 08,8 分频
        LED_FUN();                  //如图 10.21 所示 D 区域电平状态
    }
}
```

程序上首先"开启扩展特殊寄存器访问",然后"使能片内低速时钟"并"等待稳定",随后"选择

片内低速时钟源",最后"关闭扩展特殊寄存器访问"。配置流程上很简单,下载程序并用逻辑分析仪测量,可以在 P1.0 引脚上得到如图 10.21 所示电平波形。

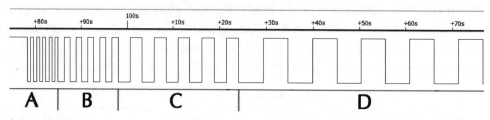

图 10.21　配置片内低速时钟及分频实验波形图

有的朋友看完波形可能有点疑惑,这个波形的样式和之前图 10.19 差不多啊!其实不然,虽说电平的波形看起来差别不大,但是波形的时域间隔完全不同,回过头来看图 10.19,其电平波形的脉宽单位都是 ms 级,但是图 10.21 中都是几十秒单位了。所以片内低速时钟下的"闪烁灯"真是慢得出奇,将波形参数测量后即可得到如表 10.11 所示数据。

表 10.11　片内 32kHz 时钟分频效果测试数据

电平区域	CLKDIV 分频配置	分频系数	系统时钟频率	跳变周期	跳变频率
A	CLKDIV＝0x00;	$f_{MCLK}/1$	32kHz	1.597s	0.312Hz
B	CLKDIV＝0x02;	$f_{MCLK}/2$	16kHz	3.195s	0.156Hz
C	CLKDIV＝0x04;	$f_{MCLK}/4$	8kHz	6.389s	0.078Hz
D	CLKDIV＝0x08;	$f_{MCLK}/8$	4kHz	12.779s	0.039Hz

10.6　实用的时钟信号输出"CCO"功能

和很多单片机一样,STC8 系列单片机也支持"CCO"功能,即 Configurable Clock Output(可配置时钟输出功能),简单来说,就是将各种时钟源的信号通过分频单元和相关配置之后,从某一个特定的引脚上输出,该信号可以接入外围电路作为时钟信号或者激励源(比如某一个外围电路,需要一个 1MHz 信号驱动,我们就可以用 CCO 功能产生电路所需信号),非常实用。STC8 系列单片机的 CCO 结构与配置非常简单,产生 CCO 时钟的"脉络"就在小宇老师画的"时钟树"之中,其功能脉络如图 10.22 所示。

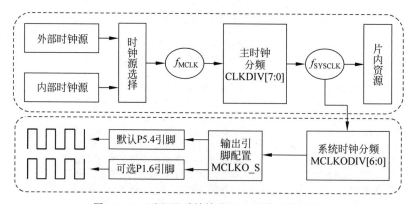

图 10.22　可配置时钟输出"CCO"脉络结构图

在图 10.22 中,外部时钟源(即 f_{ECS},此处不区分接入形式)或者内部时钟源(即 f_{IRC_H} 或

$f_{\mathrm{IRC\_L}}$)经过具体选择后得到了主时钟 f_{MCLK}，主时钟又经过分频单元得到了系统时钟 f_{SYSCLK}，这就是小宇老师时钟树的"树干"部分。

"CCO"单元是图中下半部分虚线框中的内容，算是系统时钟出来的一个分支单元，系统时钟经过分频单元后(需配置系统时钟输出控制寄存器 MCLKOCR 中的 MCLKODIV[6:0]位)，可以从特定的引脚(也是配置该寄存器中的 MCLKO_S 位)进行信号的输出选择，MCLKOCR 寄存器相关位定义及功能说明如表10.12所示。

表 10.12 STC8H 系列单片机系统时钟输出控制寄存器

系统时钟输出控制寄存器(MCLKOCR)							地址值：(0xFE05)$_{\mathrm{H}}$
位 数	位 7	位 6	位 5	位 4	位 3	位 2	位 1	位 0
位名称	MCLKO_S	MCLKODIV[6:0]						
复位值	0	0	0	0	0	0	0	0
位 名	位含义及参数说明							
MCLKO_S 位 7	系统时钟 f_{SYSCLK} 信号输出引脚选择							
	0	系统时钟 f_{SYSCLK} 分频输出到 P5.4 引脚						
	1	系统时钟 f_{SYSCLK} 分频输出到 P1.6 引脚						
MCLKO DIV [6:0] 位 6:0	系统时钟 f_{SYSCLK} 输出分频系数 这7个位的取值决定了系统时钟输出时的分频系数，分频因子支持 1~127。需要再次强调，f_{SYSCLK} 时钟其实是由主时钟 f_{MCLK} 经过主时钟分频寄存器(CLKDIV)之后得到的时钟，所以要先确定好主时钟 f_{MCLK} 和主时钟分频系数才能确定 f_{SYSCLK} 时钟频率，有了确切的 f_{SYSCLK} 时钟才能计算分频后的频率值							
	0000000	不输出时钟		0000001		$f_{\mathrm{SYSCLK}}/1$		
	0000010	$f_{\mathrm{SYSCLK}}/2$		0000011		$f_{\mathrm{SYSCLK}}/3$		
				...				
	1111110	$f_{\mathrm{SYSCLK}}/126$		1111111		$f_{\mathrm{SYSCLK}}/127$		

CCO 功能输出的信号很有意思，一般在 1MHz 以下的信号波形还算"好看"，近似于方波，占空比也接近于 50%，随着输出信号频率的增加，波形就开始变化，类似于畸变的正弦波，占空比也不再对称了，所以从这个角度上看，CCO 输出的信号质量只能满足一般需求，并不能将其当作稳定的时钟信号发生器使用。

光说不练假把式！接下来，我们就利用所学构建硬件电路并设计软件程序，控制 STC8H 系列单片机输出一路时钟信号进行观察。以 STC8H8K64U 单片机为例，先把单片机的第 18 引脚"P5.4"和第 14 引脚"P1.6"连接到示波器的输入通道上，等会儿就让时钟信号从这两个引脚上选择性地输出，然后在示波器上直接观察输出波形。考虑到时钟源的多样性，还在 14 引脚和 15 引脚上外接了 22.1184MHz 石英晶体振荡器电路，整体实验电路如图 10.23 所示。

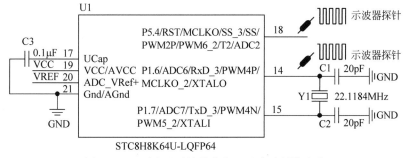

图 10.23 可配置时钟输出"CCO"实验硬件电路

不知道朋友们看完该电路有什么感觉,反正小宇老师做实验的时候是特别疑惑的。为啥呢?是因为这两个时钟信号的输出引脚非常"不简单"。就拿 P5.4 引脚来说,这个引脚居然还是单片机的复位引脚,具备了"RST"功能,要是在设计电路时在 P5.4 引脚上固定连接了 RC 阻容复位电路,那这个实验输出的方波就会受到 RC 阻容电路的影响产生变化,所以本实验中务必要保证 P5.4 引脚上什么电路也不接,而且最好是按如图 10.24 所示那样,在 STC-ISP 软件下载程序时勾选"复位脚用作 I/O 口"复选框。

图 10.24　配置复位引脚用作 I/O 口

再说这个 P1.6 引脚就更为奇特了,这个引脚居然是外部晶振信号的输出引脚,这个示波器探针就扎在这个石英晶体 Y1 的一端,会不会影响我们的 CCO 信号输出呢?朋友们其实多虑了,单单就靠 C1、C2 和 Y1 组成的电路其实并不能产生振荡,当我们选定 P1.6 引脚输出时钟信号时,XTALI 和 XTALO 这两个引脚的内部电路会发生变化,外部晶体将不能起振,不会影响到 P1.6 引脚输出 CCO 时钟信号,当然,如果想输出外部晶振信号,还是推荐用 P5.4 引脚作输出,如果想输出片内时钟源信号,两个引脚都行。

确定了硬件电路后就开始考虑程序的编写,CCO 功能的配置主要是对"系统时钟输出控制寄存器 MCLKOCR"的操作,一是要解决"输出多大频率"的问题,即配置 MCLKODIV[6:0]功能位,确定系统时钟分频系数。二是要解决"从哪里输出"的问题,即配置 MCLKO_S 功能位,确定输出引脚,程序剩下的工作就是一些简单的时钟选择和切换了,这些内容在之前已经都会了。

既然涉及这么多的小功能,我们就需要考虑相关功能的"封装",这个过程是编程中常用的,通过自己写函数"封装"甚至可以自己写一套专属的"函数库",后续使用起来非常方便和熟悉,大家从现在就开始慢慢找找"自己做函数库"的感觉吧!

我们希望写个功能函数 SYSCLK_CCO(),这个函数要有 3 个形式参数,定义 TYPE 参数实现时钟源选择,定义 SET_F 参数确定分频系数,最后定义 SET_P 参数实现输出引脚的选择。函数通过接收不同的实参实现功能调定,TYPE 参数的取值可以是 0、1 和 2,"0"就是选择外部时钟源,"1"就是选择片内高速时钟源,"2"就是选择片内低速时钟源。SET_F 参数应该支持 1、2、4、8、16、32、64 和 127 这几个定义好的分频系数。SET_P 参数的取值可以是 0 和 1,"0"就是选择 P5.4 引脚作输出,反之就选择 P1.6 引脚。这样的简单配置就用 C 语言的 switch-case 和 if-else 语句结构即可搞定。

如果构造好了这个函数,那剩下的 CCO 功能就可以"一句话搞定"了,比如"CLK_CCO(0,1,0)"语句,就是让 P5.4 引脚输出不分频的外部时钟信号。怎么样,是不是很简单呢?按照设计思路,可用 C51 语言编写程序实现如下。

```
//芯片型号:STC8H8K64U(程序微调后可移植至 STC8A/F/C/G/H 系列单片机)
//时钟说明:时钟源可切换,外部晶振为 22.1184MHz
/**************************************************************/
#include "STC8H.h"                                    //主控芯片的头文件
/********************** 常用数据类型定义 ************************/
【略】为节省篇幅,相似定义参见相关章节或源码工程即可
/*********************** 函数声明区域 ***************************/
void delay(u16 Count);                                //延时函数
void SYSCLK_CCO(u8 TYPE,u8 SET_F,u8 SET_P);           //系统时钟输出函数
/*********************** 主函数区域 ****************************/
void main(void)
{
    //配置 P1.6 为推挽/强上拉模式
    P1M0 |= 0x40;                                     //P1M0.6 = 1
    P1M1 &= 0xBF;                                     //P1M1.6 = 0
    //配置 P5.4 为推挽/强上拉模式
    P5M0 |= 0x10;                                     //P5M0.4 = 1
    P5M1 &= 0xEF;                                     //P5M1.4 = 0
```

```
    P_SW2| = 0x80;                        //允许访问扩展特殊功能寄存器 XSFR
    P1SR& = 0xBF;                         //P1.6 为高速模式
    P5SR& = 0xEF;                         //P5.4 为高速模式
    P1DR& = 0xBF;                         //P1.6 增强驱动能力
    P5DR& = 0x1F;                         //P5.4 增强驱动能力
    delay(5);                            //等待 I/O 模式配置稳定
    P_SW2& = 0x7F;                        //结束并关闭 XSFR 访问
    SYSCLK_CCO(0,1,0);                   //图 10.25(a)：P5.4 输出不分频的外部时钟信号
    //SYSCLK_CCO(1,1,1);                 //图 10.25(b)：P1.6 输出不分频的内部高速时钟信号
    //SYSCLK_CCO(2,1,1);                 //图 10.26(a)：P1.6 输出不分频的内部低速时钟信号
    //SYSCLK_CCO(0,127,0);               //图 10.26(b)：P5.4 输出 127 分频的外部时钟信号
    while(1);                            //程序"停止"
}
/ *********************************************************************** /
//系统时钟输出函数 SYSCLK_CCO(),有形参 TYPE 用于选择时钟源(0 - 外部时钟)
//(1 - 片内高速时钟)(2 - 片内低速时钟),有形参 SET_F 用于指定时钟源
//分频系数,有形参 SET_P 用于指定输出引脚的选择(P5.4/P1.6),无返回值
/ *********************************************************************** /
void SYSCLK_CCO(u8 TYPE,u8 SET_F,u8 SET_P)
{
    P_SW2| = 0x80;                        //允许访问扩展特殊功能寄存器 XSFR
    switch(TYPE)
    {
        case 0:
        {
            XOSCCR| = 0xC0;               //使能外部晶体振荡器
            while(!(XOSCCR&0x01));        //等待外部时钟稳定
            //配置 MCKSEL[1:0] = "01",选择外部时钟
            CKSEL& = 0xFD;                //清零 MCKSEL[1:0]的高位
            CKSEL| = 0x01;                //配置 MCKSEL[1:0]的低位
        }break;
        case 1:{}break;                   //若选择片内高速时钟,则无须配置时钟选择
        case 2:
        {
            IRC32KCR| = 0x80;            //使能片内 32kHz 低速 IRC 控制寄存器
            while(!(IRC32KCR&0x01));      //等待内部低速时钟稳定
            CKSEL| = 0x03;               //配置 MCKSEL[1:0] = "11"选择内部低速 IRC 时钟
        }break;
    }
    switch(SET_F)
    {
        case 1:{MCLKOCR& = 0x80;MCLKOCR| = 0x01;}break;     //Fsysclk/1
        case 2:{MCLKOCR& = 0x80;MCLKOCR| = 0x02;}break;     //Fsysclk/2
        case 4:{MCLKOCR& = 0x80;MCLKOCR| = 0x04;}break;     //Fsysclk/4
        case 8:{MCLKOCR& = 0x80;MCLKOCR| = 0x08;}break;     //Fsysclk/8
        case 16:{MCLKOCR& = 0x80;MCLKOCR| = 0x10;}break;    //Fsysclk/16
        case 32:{MCLKOCR& = 0x80;MCLKOCR| = 0x20;}break;    //Fsysclk/32
        case 64:{MCLKOCR& = 0x80;MCLKOCR| = 0x40;}break;    //Fsysclk/64
        case 127:{MCLKOCR& = 0x80;MCLKOCR| = 0x7F;}break;   //Fsysclk/127
    }
    if(SET_P == 0)
        MCLKOCR& = 0x7F;                                     //配置时钟由 P5.4 引脚输出
    else
        MCLKOCR| = 0x80;                                     //配置时钟由 P1.6 引脚输出
        P_SW2& = 0xEF;                                       //结束并关闭 XSFR 访问
}
/ *********************************************************************** /
【略】为节省篇幅,相似函数参见相关章节源码即可
void delay(u16 Count){}                                      //延时函数
```

分析程序可以看出,SYSCLK_CCO()函数其实就是本章相关实验程序的"滚雪球"拼凑版本,写法也比较简单,此时将程序进行编译,在下载时利用 STC-ISP 软件配置片内高速 IRC 时钟源频率为 22.1184MHz(目的是为了让外部晶振频率和内部高速时钟频率一致,为了观察这种信号源的输出信号差异),当程序下载成功后便可以在特定引脚上观察到时钟信号的输出。若单独执行"SYSCLK_CCO(0,1,0)"语句就可以在 P5.4 引脚上得到如图 10.25(a)所示波形,单独执行"SYSCLK_CCO(1,1,1)"语句就可以在 P1.6 引脚上得到如图 10.25(b)所示波形,这两个波形大体相似。说白了,图 10.25(a)就是 22.1184MHz 外部晶振时钟信号的输出,图 10.25(b)就是内部22.1184MHz 高速时钟信号的输出,仔细观察,图 10.25(a)的波形比较规则,虽已不像方波,但是实测频率为 22.1197MHz,实测频率与石英晶体标称频率的偏差不大。图 10.25(b)的波形存在失真及不对称区域,实测频率是 22.1237MHz,这个偏差就稍微大一些,也从侧面看到了片内高速 IRC时钟的"误差"。

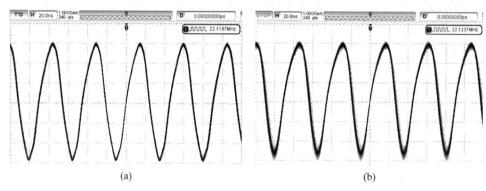

图 10.25 不分频的 f_{ECS} 和 f_{IRC_H} 信号输出效果

若单独执行"SYSCLK_CCO(2,1,1)"语句可在 P1.6 引脚上得到如图 10.26(a)所示波形,这个方波波形是内部低速时钟信号的输出,占空比不是 50%。虽说该时钟源的标称频率应该是32kHz,但是制造误差较大,实验实测的频率为 34.2824kHz。

若单独执行"SYSCLK_CCO(0,127,0)"语句可在 P5.4 引脚上得到如图 10.26(b)所示波形,这个方波波形是经过 127 分频后的外部时钟信号的输出,占空比接近 50%。让我们算一算,22.1184MHz的 127 分频在理论上就是 174.16kHz,但实际测量是 174.171kHz,这个偏差是能接受的,实测频率也从侧面反映了外部晶振时钟源的高精度和稳定性。

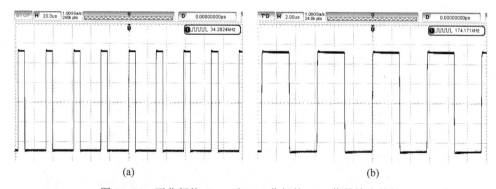

图 10.26 不分频的 f_{IRC_L} 和 127 分频的 f_{ECS} 信号输出效果

实验做到这里就告一段落了,回顾本章内容应当说不难,但是非常重要。朋友们一定要掌握好时钟源的分类、选择、使能、稳定性判断、分频参数和时钟脉络,为后续资源的学习打好基础!

第**11**章

"轻重缓急，有条不紊"中断源配置及运用

章节导读：

　　本章将详细介绍 STC8 单片机中断控制器的相关配置和运用，共分为 4 节。11.1 节使用了生活场景引出了"中断"相关的 10 个名词，带领大家由浅入深地理解中断知识；11.2 节从单片机的角度讨论了中断机制的意义，进一步将十大名词做了细化；11.3 节又分为 4 个小部分，分别讲述了 STC8 系列单片机的中断源划分、中断源结构、如何学习中断寄存器、配置中断的流程和编程等内容，还引入了"消消乐"的方法简化资源寄存器中与中断相关的功能位，让大家对学习更有自信心；11.4 节就进入了实践环节，引入了查询法和中断法分别来做"键控灯"实验，然后在程序上加以对比，分析方法的优劣，让读者朋友们从中得到方法启示和深化中断理解。本章的内容会贯穿绝大多数片上资源，所以非常重要，读者朋友们一定要多加练习和体会，用好这一实现单片机"智能化"的机制。

11.1　用"生活场景"弄明白"中断"那些事

　　新的一章，新的开始！亲爱的朋友们，从本章开始，我们才算是接触到了 STC8 系列单片机真正"核心"的知识点了。本章的内容非常重要，后续章节的相关内容基本上个个都有中断内容，所以，我们要完全"拿下"中断资源的学习。

　　和往常一样，每个重要资源的开篇，小宇老师都不急着讲解内容，而是举一些大家都知道的例子作为引导。只有铺垫好了，后面的学习才不会那么痛苦。下面就举一个如图 11.1 所示的生活场景，这是一个闲暇的周末居家画面。

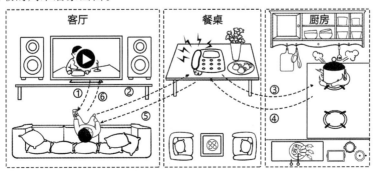

图 11.1　生活场景表现"中断"过程

　　画面中的主人公悠闲地坐在客厅沙发上看着电视节目(箭头1),这时候餐桌上的电话响了,主人公拿起遥控器对着电视按下了暂停键,让电视节目暂停在当前的画面,然后起身到餐桌旁接电话(箭头2),接听之后才知道是好友们邀请他晚上聚餐,正说着晚上搞"团建"的内容,突然间,厨房的水壶发出了"呼呼"的声响,主人公急急忙忙给电话中的好友说了声"等我去关火,一会儿再说",随即就到了厨房把燃气关闭了(箭头3),然后又从厨房走出来回到餐桌旁,拿起电话向朋友说"我好了,刚聊到哪儿了?"然后继续聊着吃饭的事宜(箭头4),电话打完之后,主人公又回到了沙发(箭头5),拿起了遥控板解除了暂停,继续收看电视节目(箭头6)。

　　这个场景就来自于生活,大家也都经历过,但是有朋友会问,这个内容和本章所讲的"中断"有什么联系呢?中断嘛!按照我的理解就是打断我当前的事情,也没有必要讲个故事来浪费书籍篇幅啊!此言差矣!且听小宇老师从图中提取出10个中断相关的名词。

　　(1) **中断源**:某些事件源能打断其他事情就叫中断源,比如场景中的"电话"和"烧水壶",是它们产生的事件打断了主人公原来做的事情(看电视)。

　　(2) **中断请求**:当中断源发生特定事件的时候,需要向外界做出指示,这就叫"请求",做出请求是希望得到主人公的处理。比如有人来电的时候,电话会"响铃",再如开水已经煮好的时候,水壶会发出"呼呼"的声音,这都是一种向外界传达的请求。

　　(3) **中断断点**:原事件被打断的那个时刻就叫断点。

　　(4) **中断响应**:主人公听到了电话请求后,做出了去接电话的行为,听到了烧水壶的"呼呼"声后,选择了去厨房关火,这种采纳请求并做出动作的过程就是中断响应。需要说明的是,产生断点并做出中断响应后,一般要涉及临时数据的保存操作,就如场景中主人公被电话打断时按下了电视的暂停键,脑海中还记得电视的内容和情节,又如被烧水壶打断时给朋友说"等我去关火,一会儿再说",脑海中仍记得来电的朋友是谁,聊了哪些事情。这些附加的行为和大脑活动就是断点和响应时应该有的操作。

　　(5) **中断屏蔽**:与中断响应对应的还有中断屏蔽,例如,电话响了我就是不去接,烧水壶都沸腾了我就是不理睬,这种就是屏蔽。当然,这类屏蔽也有不同的情况,例如,电话响了我不去接其实属于主观屏蔽(以后会继续加深,其实是使能了中断源但没有中断服务的情况),就是说我知道请求来了,但是不去处理。还有一种情况是,我干脆拔掉了电话线,这种做得更彻底了,连中断请求都不可能产生了(其实是中断源被禁止的情况)。

　　(6) **中断入口地址**:场景中的电话是个座机,固定放置在餐桌上,主人公想去接电话就必须走到餐桌前。对应地,烧水壶在厨房,想要去关火,就必须要进厨房去操作灶台。所以,走来走去的其实是主人公,位置没有发生变化的其实是中断源,这些固定的"位置"其实就叫中断的"入口"地址。

　　(7) **中断服务**:所谓的"服务"就是中断响应后要做的事情,接了电话要怎么办呢?肯定要与电话里的"人"进行对话,去厨房要做什么呢?肯定是要用手把煤气关闭,然后把水壶拿下来。这种具体要干的事情就叫中断服务内容。

　　(8) **中断嵌套**:生活中经常是"一波未平一波又起",就拿场景来说,谁也不知道看电视的时候谁会来电,也无法预知聊着电话的时候水壶会响,所以,生活处处有新奇,当出现两个或者两个以上的中断服务时就叫作嵌套了。

　　(9) **中断优先级**:朋友们也看到了本章的标题"轻重缓急,有条不紊",说的就是我们要区分中断事件的轻重,场景中的电话就比看电视重要,为啥呢?因为电视暂停了还能再看,电话错过了,晚上聚餐就错过了,当然还可能错过更重要的事情。关火就比电话还重要,为啥呢?要是不关火,开水过度沸腾可能会扑灭灶台的天然气,那天然气溢出后就会威胁主人公的生命。孰轻孰重,大家都能分辨。当中断发生嵌套时,选择性地处理更为重要的事物,这个里面蕴含的就是"优先级"的思想。

　　(10) **中断返回**:中断服务结束之后一般都要返回到最近一次断点处执行原来的程序,比如我去厨房关了火之后不能一直待在厨房望着天花板吧？嘴里说："我是谁，我在哪儿，我要干吗？"这种情况一般不会出现，正常的我应该在关火后回到餐桌拿起电话继续和朋友聊天。打完了电话后我会继续回到沙发看电视。这个过程就叫中断返回，该过程与"中断断点"要做的事情刚好相反，主要是实现临时数据的恢复操作，啥意思呢？如果我关了火回去接电话时说的第一句话是"你是谁啊，为什么给我打电话？"这就不合理了，这就感觉是失忆了一样，属于中断断点时大脑中保存的临时信息（通话人和通话内容）没有被正确恢复，所以，中断返回并不是单一的跳转，还有恢复临时数据的附加操作。

怎么样读者朋友们，是不是感觉小宇老师特能"瞎扯"，有这个感觉就对了，先把这幅生活场景图记在脑海里，尝试记住这 10 个中断名词，请朋友们合上书，自行回忆刚刚学了哪些名词，这些名词是什么含义？

11.2　单片机中断机制的名词解释及意义

用生活场景了解了中断名词后，还是得回到单片机的层面上来，我们将生活场景中遇到的事件抽象为如图 11.2 所示流程，用圆圈标号代表"中断断点"及"中断返回"，用箭头代表处理方向，然后引入 3 个中断源和 3 级嵌套，接下来就对该图进行分析和理解。

在图 11.2 中共有 3 个中断源，图中横向的箭头代表优先级的高低，优先级最高的是中断源 C，次高的是中断源 B、次低的是中断源 A、最低的是主程序（也就是main()函数中的一般语句），也就是说，优先级高的可以"打断"优先级低的事务。

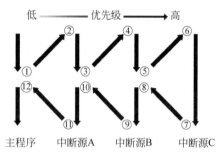

图 11.2　单片机中断机制处理流程

单片机上电运行后开始执行主程序，主程序执行到图中圆圈 1 时及时响应了中断源 A 的中断请求转到圆圈 2（中断源 A 入口）开始执行中断服务程序，执行到圆圈 3 时又被高一级中断源 B"打断"转到圆圈 4（中断源 B 入口）开始执行中断服务程序，执行到圆圈 5 时又被更高一级的中断源 C"打断"跳到圆圈 6（中断源 C 入口）执行中断服务程序，在执行过程中没有出现再一次的"打断"现象，终于顺顺利利执行完毕了中断源 C 的中断服务程序，然后到达圆圈 7，此时发生中断返回，返回到了最近一次的中断源 B 的圆圈 8"打断处"，然后继续执行中断源 B 的中断服务程序，执行完毕后到达圆圈 9 又产生中断返回，到达中断源 A 圆圈 10 的"打断处"继续执行中断源 A 的中断服务程序，执行完毕后到达圆圈 11 又产生中断返回，回归到主程序最早被"打断"的地方圆圈 12，这才继续执行主程序。

为了让读者朋友们更加了解中断名词和中断机制的运作过程，我们再次搬出学过的 10 个名词，逐一解释其在单片机系统中的含义。

（1）**中断源**：凡是能引起中断事件的来源就叫中断源，比如 STC8 单片机中的外部中断、定时/计数器溢出中断、UART 收发数据中断、A/D 转换完成中断，等等。

（2）**中断请求**：当中断源发生中断事件的时候，需要向 CPU"汇报"，告知 CPU 中断发生并且请求 CPU 立即采取处理动作，这一事件即为中断请求。

（3）**中断断点**：发生中断的时刻就是断点。

（4）**中断响应**：当 CPU"获知"中断源的中断请求后转去处理中断的过程就叫作中断响应，在断点产生和做出中断响应时，会暂停当前的程序进度并且保存相关数据（例如工作寄存器的参数、PC 指针的数值、临时变量的取值等）到堆栈（位于 RAM 区域中，SP 就是堆栈指针），早期单片机开发人员常将其称为"保护现场"。

（5）**中断屏蔽**：有的时候我们希望CPU"两耳不闻窗外事"，但是中断源又客观存在，怎么处理呢？这时候我们可以不写中断服务函数或者通过相应寄存器的中断使能位实现中断的禁止，这样一来就能"无视"中断源事件，即对中断请求的屏蔽，在后续的讲解中会涉及具体的配置与实现。

（6）**中断入口地址**：在STC8系列单片机中，中断源的数量在不同的型号和子系列中都不相同，有的十来个，有的二十多个，这些中断源都有默认的入口地址，这些地址分布在ROM区域，"入口"的作用其实是为了引导PC指针跳转到真实的"中断服务函数"程序区域，这些内容后续再去展开。

（7）**中断服务**：中断服务程序是中断响应之后具体要完成的工作，开发人员需要根据实际需求事先编写相应的中断服务子程序，等待中断请求响应后调用执行。

（8）**中断嵌套**：如果在中断响应后开始执行中断服务程序，突然这时候又有另外高优先级的中断源发出中断请求，这时候CPU就会根据中断事件的"轻重缓急"优先处理高优先级中断请求，这就是所谓的"一波未平一波又起"，也就是中断的嵌套，此时CPU会进入高优先级的中断服务程序，执行完毕后，再回到原来被打断的地方接着执行原程序。

（9）**中断优先级**：为了让系统能及时响应并处理发生的所有中断，系统根据引起中断事件的重要性和紧迫程度，由硬件或者是软件方法将中断源分为若干个级别，称作中断优先级。在STC8单片机的优先级中既有硬件优先级又有软件优先级，还支持用户自定义调整优先级参数，配置非常灵活。

（10）**中断返回**：在执行完毕中断服务程序后会执行中断返回，CPU会返回到上一次被"打断"的地方继续执行原程序，在返回断点后进行恢复现场参数，这里的"恢复现场"与中断响应中的"保护现场"是对应的。所谓的"现场"只是程序运行过程中的堆栈指针、缓存变量、函数调用等相关信息，保护现场的作用就是把当前程序执行的环境状态给保存下来，等到中断返回时再"恢复如初"，让原程序继续从被打断的地方运行下去。

简单地说，在单片机系统中的"中断"就是一种处理机制和过程，是CPU在执行程序时接收到来自硬件或软件（自身或外界）的中断请求做出的一种反应和一系列动作。CPU接收中断请求并正确响应，暂停正在执行的程序，保护现场后自动转去处理相应的事件，处理完中断事件后返回断点，继续完成被打断的原程序。

那么采取中断机制对单片机数据处理和实际应用有着什么样的意义呢？且听小宇老师为大家分解如下。

（1）**实现系统实时性要求**：在单片机硬件系统和软件系统的运行过程中会不断出现新的状态、新的数据、新的事件、新的任务，这些事件往往要求CPU在限定的时间内完成，并得到预期的结果。这就是单片机控制的"实时性"要求，如果单片机使用了中断机制，就能按照任务优先级合理规划，确保实时性要求较高的任务优先完成。

（2）**实现处理速度匹配和CPU效率最大化**：在单片机系统中各电路、各器件、各外围单元的工作节拍是有差异的，各资源需要CPU处理的事务也不尽相同，比如CPU要读写I/O引脚的状态、读写Flash中的数据、读写定时/计数器的数值、读写串行通信的数据，这些过程中的数据产生和传送速度肯定有快有慢，CPU就会出现"忙得要命"和"闲得发慌"的情况，如果使用了中断机制，情况就会大大改观。CPU先快速处理当前任务，当慢速外设准备好后，由中断机制通知CPU转去处理外设，实现速度匹配，通过合理的时间安排来保障CPU的处理效率最大化。

（3）**实现功耗控制**：有的读者朋友会想，中断机制和系统功耗怎么能有联系呢？其实很简单，非常多的实际系统中CPU并不是需要连续处理数据的，数据的产生和运算事件有可能是间歇性的，这时候可以让单片机进入功耗较低的停机状态或者空闲状态，当需要CPU进行工作时再由中断将其"唤醒"即可，由于正常运行状态下的功耗与停机或空闲状态下的功耗差别很大，所以可以利用中断机制实现不同运行状态的切换,这样一来就可以间接地控制系统功耗了。

（4）**实现单片机的灵活处理**：在整个单片机系统功能构建中,存在非常多的中断源可以干预程序的执行,引入了中断机制后就能实现各中断源请求的灵活处理,让系统能判断"轻重缓急",从而"有条不紊"地执行各种任务,最终实现单片机控制的"智能化"。

11.3 细说 STC8 系列单片机的中断资源

STC8 系列单片机经过不断创新已经具备了好几个子系列的产品线了,以 STC8H 系列的单片机来说,片上资源越是丰富的型号,其中断源数量也就越多,反之就越少。本书的"主角"STC8H8K64U 系列单片机提供了 22 个中断源,STC8H3K64S4 系列提供了 21 个,STC8H3K64S2 系列提供了 19 个,STC8H1K08 系列提供了 17 个。所以,哪怕是同一个系列的不同型号单片机,中断源数量也有区别,大家在选型和做应用的时候要注意这些差异和细节。

很多学习单片机的朋友们都是从中断章节开始慢慢"掉队",中断资源没学好,导致后续的定时/计数器章节、串行通信章节学习起来非常吃力。说到这里,问题就来了,这么多的中断源如何学习和记忆呢?

11.3.1 "四大类"理清中断源划分

别着急,饭要一口一口地吃,事情要一点一点地做。面对中断源学习,第一个事情就是要对它进行"分门别类",按照特征把中断源归类后逐一攻破。

以 STC8H8K64U 单片机为例,该型号具备 22 个中断源,分别是：外部中断 0（INT0）,外部中断 1（INT1）,外部中断 2（INT2）,外部中断 3（INT3）,外部中断 4（INT4）,定时/计数器 0（T0）,定时/计数器 1（T1）,定时/计数器 2（T2）,定时/计数器 3（T3）,定时/计数器 4（T4）,高级型（PWMA）、高级型（PWMB）、串口 1（UART1）,串口 2（UART2）,串口 3（UART3）,串口 4（UART4）,SPI 接口中断（SPI）,IIC 接口中断（IIC）,USB 接口中断（USB）、模/数转换中断（ADC）,比较器中断（CMP）和低压检测中断（LVD）。

需要特别注意,STC8H 系列中还有些型号具备触摸按键中断、RTC 实时时钟中断和 LED 控制器中断等,希望朋友们触类旁通,也按照资源类别进行分类记忆即可。

乍一看觉得中断源的名称"很乱",这样是不利于梳理学习的,于是,小宇老师按照中断源的特性和触发行为对其进行归类,得到了如图 11.3 所示"四大类"中断源。

接下来,我们对"四大类"中断的特性和触发行为进行简单分析。

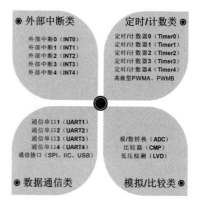

图 11.3 STC8H8K64U 单片机 "四大类"中断源

1. 外部中断类

"外中断"就是外部信号送到单片机某些引脚上触发内部电路所形成的中断。那是啥样的信号呢? 无非就是电平(高电平/低电平)或者边沿(上升沿/下降沿)呗! 不同的单片机的触发方式不尽相同,就拿 STC 的单片机来说吧! 早期的 STC89 系列就只支持下降沿和低电平的触发形式,后续的 STC8A 系列就只支持上升沿或下降沿的触发形式,到了后来的 STC8H 系列触发形式就更为多样化了。

这个大类中包含外部中断 0～4,一共有 5 个外部中断,在名称上就是 INT0、INT1、INT2、INT3 和 INT4。以 64 引脚的 STC8H8K64U 单片机为例,INT0 的功能就复用在 P3.2 引脚上。有的朋友可能要连环发问了：

问：这个外部中断是固定在某些引脚上的吗？

答：是的，可以查询引脚说明表获知。

问：为啥要有这个功能？

答：外部中断可用于接收实时性要求高的特殊行为信号，以跑步机为例，我们可以设计一个"急停"按键，这个按键的信号接到INT0引脚，用户一旦按下按键，中断就被触发，然后以最高优先级去打断主程序，从而急停设备，以免我们脸朝下翻滚 N 圈后全身骨折，当然，也没有那么严重，这只是一个例子罢了。

问：为啥不把全部的 I/O 引脚全部搞成外中断呢？

答：所有 I/O 引脚都搞成外中断当然也行，从技术上讲这并非难事，随着 STC8H 系列不断推新，其 STC8H3K64S4-48Pin 系列、STC8H3K64S2-48Pin 系列和 STC8H2K64T-48Pin 系列都已经实现了全 I/O 外中断的功能（但要注意，STC8H8K64U 单片机并非所有的 I/O 口都支持外中断，该款单片机的 I/O 口仅支持"上升沿和下降沿一起触发"及"下降沿单独触发"这两种触发形式）。这些后续推出的新系列单片机支持 4 种触发形式，分别是下降沿触发、上升沿触发、低电平触发和高电平触发，每个 I/O 都有独立的中断入口地址且可以单独选择触发形式，这样一来，I/O 的灵活性就大大提升了。

2. 定时/计数类

这类资源读者朋友们还没学过，但对接下来的学习影响不大，"定时"也好"计数"也罢，其实都是计数的过程，打个"捉迷藏游戏"的比方，我数到 10 就来抓大家，没数到 10 的话那我就继续数，要是到 10 了那就"溢出"了，啥意思？ 意思就是产生了中断。

这个大类中包含定时/计数器 0～4（属于比较常规的资源），还有一些高级型定时/计数器和 PWM 波形发生器的内容（是为了某些应用设计的更为便捷的功能单元，其功能核心上也是计数器），一共有 7 个中断。这些资源的相关功能也复用在一些固定的 I/O 引脚上，比如定时/计数器资源的信号输入引脚、捕获输入引脚、脉冲输出引脚和 PWM 信号的专用输出通道等。有的朋友可能也有疑问：

问：溢出产生的中断用来做什么？

答：那就要看功能单元的角色是计数还是定时了，举个计数的场景，比如"一直检测外部信号的到来，要是累计的次数达到 10 次就让单片机控制设备断电"。举个定时的场景，比如"对 1s 脉冲进行计数，累计 60 次就是 1min，那就通知单片机做某事"。所以，溢出中断其实和"捉迷藏游戏"差不多，到时间了就要提醒 CPU 做下一个任务了。

3. 数据通信类

这类资源很简单，暂且不管 UART、SPI、I²C 和 USB 代表什么，它们四个都是串行通信，单片机为啥要通信呢？ 那就是要把自己的"数据"发送出去，又要把外面的"数据"接收回来。这一发一收就形成了单片机自身与外界的交互。数据发送完毕后通信单元应该给 CPU 一个"交代"，接收到了数据也应给 CPU 一个"汇报"，这个"交代"就是发送完成中断，这个"汇报"就是接收完成中断。

这个大类中包含串口 1～4，还包含 SPI 通信接口中断、I²C 通信接口中断和 USB 通信接口中断和，一共是 7 个中断。这些资源的相关功能也有固定的 I/O 支持，比如 UART1 资源的数据接收引脚就是 P3.0，数据发送引脚就是 P3.1。

4. 模拟/比较类

这类资源使用和配置都很简单，就是模/数转换、低压检测和比较器单元（特别要注意，在 STC8H 后续推出的一些新型号中还添加了触摸按键、RTC 实时时钟、LED 控制器等片内资源，这些也能分配到这个类别中）。

所谓"模/数"转换就是把外部引脚输入的模拟电信号转换为数字量，转换完毕后就应该给CPU"汇报"，这就是转换完成中断。低压检测从字面上就能了解，无非就是用一个引脚去检测一个电压，这个电压下降到一定的值，就要通知CPU，这就是低压中断。比较器就更简单了，两个电压比大小，输出的结果一旦翻转就形成了中断。

这个大类中包含3个中断，这些资源的相关功能也有可选的I/O支持，比如ADC资源的模拟通道就有十几个可选，比较器也有同向和反向输入通道。

还以STC8H8K64U单片机为例，为了让朋友们清晰直观地理清中断源划分和各自的触发行为，小宇老师为大家梳理了如表11.1所示内容，便于大家记忆。

表 11.1 "四大类"中断源触发行为一览表

类　　别	中　断　源	触　发　行　为
外部 中断类	外部中断 0(INT0)	触发方式支持"下降沿"和"上升/下降沿"
	外部中断 1(INT1)	触发方式支持"下降沿"和"上升/下降沿"
	外部中断 2(INT2)	触发方式仅支持"下降沿"
	外部中断 3(INT3)	触发方式仅支持"下降沿"
	外部中断 4(INT4)	触发方式仅支持"下降沿"
定时/ 计数类	定时/计数器 0(T0)	定时/计数器溢出行为
	定时/计数器 1(T1)	定时/计数器溢出行为
	定时/计数器 2(T2)	定时/计数器溢出行为
	定时/计数器 3(T3)	定时/计数器溢出行为
	定时/计数器 4(T4)	定时/计数器溢出行为
	高级型定时/计数器 PWM	PWMA/PWMB捕获/触发/输出/刹车行为
数据 通信类	通信串口 1(UART1)	数据发送完成或接收完成
	通信串口 2(UART2)	数据发送完成或接收完成
	通信串口 3(UART3)	数据发送完成或接收完成
	通信串口 4(UART4)	数据发送完成或接收完成
	SPI 通信接口(SPI)	数据发送完成或接收完成
	I²C 通信接口(I²C)	主机模式中断，从机模式起/止信号中断
	USB 通信接口(USB)	数据发送完成或接收完成
模拟/ 比较类	模数转换(ADC)	A/D 转换完成行为
	比较器(CMP)	比较器结果由"0"变"1"或由"1"变"0"
	低压检测(LVD)	电源电压下降到低于 LVD 检测电压

说到这里，"四大类"中断源就讲解完毕了，朋友们要培养大概的认知，逐步深化理解，先不管这些中断如何配置，只需要知道它们的大致作用及触发行为即可。

11.3.2 "抓脉络"看懂中断资源结构

很多朋友可能有这样的想法：我感觉"中断"就是遇到了某些事情之后要给CPU做"汇报"。确实如此，其实单片机上的很多资源都具备中断功能，中断的产生和传递过程也是一些固定的"脉络"，要是我们抓住脉络就能很好地理解中断结构。

还是以STC8H8K64U单片机为例，该系列单片机的中断结构如图11.4所示。朋友们千万别被这张图"吓着了"，这张图之所以"大"，是因为描述了 22 种中断源的整体脉络，单独来看的话并不复杂。图中描述了两件事，那就是"哪些资源能产生中断""怎么产生中断过程的"。

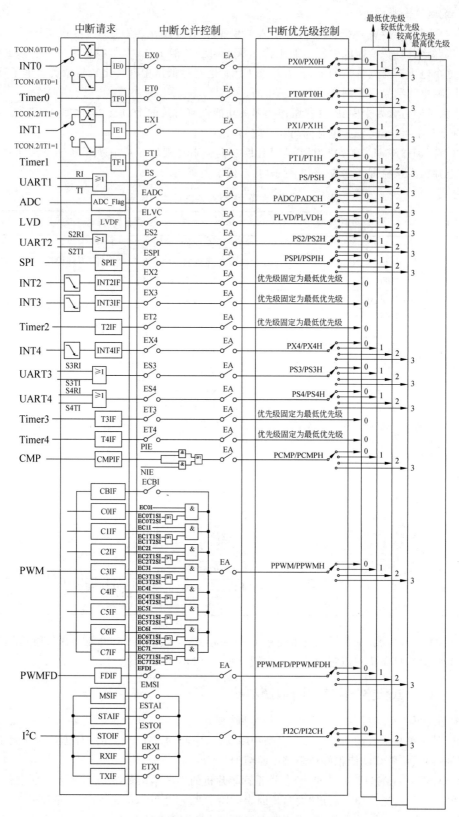

图 11.4 STC8 系列单片机中断源结构图

（1）哪些资源能产生中断？

图11.4左侧加粗形式标出了"INT0"至"I²C"这22个中断源,这些是中断源的名称,每种中断的结构脉络是相似的,但是触发行为和相关标志位不一样。

（2）怎么产生中断过程的？

为了便于讲解,我们从图11.4上方截取第一个中断源"外部中断0(INT0)"为例,得到图11.5,我们来分析一下它的"脉络"。

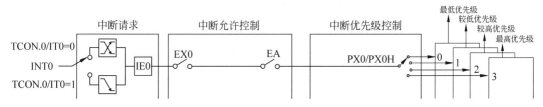

图11.5 外部中断0脉络结构图

外部中断源都是选定某一引脚,然后规定好什么样的信号可以触发中断。图中的"TCON.0"意思是TCON这个寄存器的第0位,"IT0＝0"的意思是选择了"上升沿或下降沿"方式触发,"IT0＝1"的意思是选择了"仅下降沿"方式触发。当然,在这里并未学习过TCON寄存器和IT0功能位,此处只做了解不做展开。

选择好了触发方式后就等待外部信号的到来,一旦在引脚上出现了特定边沿,INT0中断源就会发出中断请求,"IE0"这个标志位也会被置"1"。啥叫标志位呢？就好比一个警报灯,有事情发生了警报灯就亮了,反之保持熄灭状态。

请求发出后未必能顺利传送到CPU,为啥呢？因为之前还讲解过"中断屏蔽",想要中断请求顺利被采纳,还需要开启外部中断0(INT0)的中断允许,也就是"EX0"功能位(在图示中形象地表达为一个小开关),光是开启了资源的中断允许还不够,还有一个管理所有中断资源的"总闸"(在图示中也表达为一个开关),这个"总闸"就是"EA"功能位。用小宇老师开篇的生活场景来说的话,电话能响是资源的中断允许,主人公耳朵能正常听到声音就是各类中断的总允许了。

请求也产生了,中断也被允许了,那就可以被CPU正常响应了。但是单片机实际应用时可能会有好几个中断一起产生,发生中断嵌套现象。那这时候就必须要分个"轻重缓急"了,所以图11.5中还有个"中断优先级控制","PX0"和"PX0H"这两个位就可以把外部中断0的优先级调整为4个等级,0级查询优先级就最低,3级查询优先级就最高,这其实是一种软件调整所"赋予"的优先级特权。有的朋友可能纳闷,优先级调整为啥要两个功能位啊？这是因为2的2次方才能有4种可能,比如"00"就是0级(最低级),"11"的话就是3级(最高级),如果优先级有8种,那配置位就要3位了,很好理解。

仔细看图11.4,我们还能在优先级部分发现一些奇怪的现象,比如外部中断2(INT2)、外部中断3(INT3)、串口3中断(UART3)、串口4中断(UART4)、定时器2中断(T2)、定时器3中断(T3)和定时器4中断(T4)的优先级固定为0级(最低优先级)。其他的中断则可以支持4个优先等级,所以在配置的时候要注意这些细节。

说到这里,外部中断0的脉络就清楚了,学习脉络结构的同时,我们还了解了很多如表11.2所示的功能位,这些功能位是所有中断源共性具备的,所以有具有参考意义,另外的21种中断源的脉络也都相似,只是触发行为不一样而已,在后续实际用到了再细说。

表 11.2 外部中断 0 中断过程相关功能位

功能位名称	功能位作用	功能位名称	功能位作用
IT0	触发方式选择	IE0	中断标志位
EX0	中断允许位	EA	总中断允许位
PX0	中断优先级配置位	PX0H	中断优先级配置位

11.3.3 "消消乐"方法降低中断学习难度

"中断"是单片机实现"智能化"的重要机制,单片机片上资源越多则中断源数量及功能位也越多。好多朋友在看 STC 官方手册时看到了 STC8 系列单片机的功能寄存器表,当时就吓到了,为啥呢？因为寄存器很多,功能位更多,比起原来最早的 STC89 系列单片机来说,STC8 系列功能位数量已经翻了好几番。

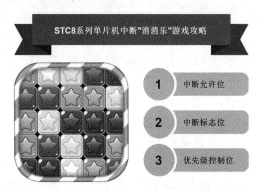

图 11.6 小宇老师的"消消乐"中断功能位化简法

那我们怎么学习才最为高效呢？我们得用如图 11.6 所示的"消消乐"方法。"消消乐"是一款手机上的休闲益智类游戏,要求玩家通过观察和分析,消除相邻或者相连的相同图形即可,比较简单,可以用来打发时间。那这个游戏和我们的单片机中断学习有啥关系呢？且听小宇老师解析一番。

通过之前的讲解,我们认识了"中断标志位""中断允许位""中断优先级配置位"等常见的功能位。标志位一般是在发生触发行为后被硬件置"1",这类功能位的设置非常必要,对于开发人员来说,可以用查询法去判断标志位(查询法实验在 11.4 节,此处做铺垫),从而获知是否发生了中断。允许位一般用于管理中断资源是否可以产生中断,属于中断允许中的第一级"小开关",别忘了,中断允许的管理还有个"大开关"EA 位。优先级控制位就用来调配软件层面上的优先级,实现"轻重缓急"的划分。

如果将所有资源寄存器中与中断相关的功能位全部"消掉",那就剩不了几个位了,要是朋友们不信,小宇老师立马来个"消消乐"给大家看看,将 STC8H 系列单片机主要的片上资源寄存器中与中断相关的功能位和保留位都涂成灰底则可以得到如表 11.3 所示内容,剩下的稀稀拉拉的白底功能位就显得很"稀少"了,这下子心里就痛快了！

表 11.3 "消消乐"中断资源功能位后的寄存器示意

符号	寄存器描述	位地址与符号							
		位 7	位 6	位 5	位 4	位 3	位 2	位 1	位 0
IE	中断允许	EA	ELVD	EADC	ES	ET1	EX1	ET0	EX0
IE2	中断允许 2	EUSB	ET4	ET3	ES4	ES3	ET2	ESPI	ES2
INTCLKO	中断与时钟输出控制	—	EX4	EX3	EX2	—	T2CLKO	T1CLKO	T0CLKO
IP	中断优先级控制	—	PLVD	PADC	PS	PT1	PX1	PT0	PX0
IPH	高中断优先级控制	—	PLVDH	PADCH	PSH	PT1H	PX1H	PT0H	PX0H

续表

符号	寄存器描述	位地址与符号							
		位7	位6	位5	位4	位3	位2	位1	位0
IP2	中断优先级控制2	PUSB PTKSU	PI2C	PCMP	PX4	PWMB	PWMA	PSPI	PS2
IP2H	高中断优先级控制2	PUSBH PTKSUH	PI2CH	PCMPH	PX4H	PWMBH	PWMAH	PSPIH	PS2H
IP3	中断优先级控制3	—	—	—	—	—	PRTC	PS4	PS3
IP3H	高中断优先级控制寄存器3	—	—	—	—	—	PRTCH	PS4H	PS3H
TCON	定时器控制	TF1	TR1	TF0	TR0	IE1	IT1	IE0	IT0
AUXINTIF	扩展外部中断标志	—	INT4IF	INT3IF	INT2IF	—	T4IF	T3IF	T2IF
SCON	串口1控制	SM0/FE	SM1	SM2	REN	TB8	RB8	TI	RI
S2CON	串口2控制	S2SM0	—	S2SM2	S2REN	S2TB8	S2RB8	S2TI	S2RI
S3CON	串口3控制	S3SM0	S3ST3	S3SM2	S3REN	S3TB8	S3RB8	S3TI	S3RI
S4CON	串口4控制	S4SM0	S4ST4	S4SM2	S4REN	S4TB8	S4RB8	S4TI	S4RI
PCON	电源控制	SMOD	SMOD0	LVDF	POF	GF1	GF0	PD	IDL
ADC_CONTR	ADC控制	ADC_POWER	ADC_START	ADC_FLAG	ADC_EPWMT	ADC_CHS[3:0]			
SPSTAT	SPI状态	SPIF	WCOL	—	—	—	—	—	—
CMPCR1	比较器控制1	CMPEN	CMPIF	PIE	NIE	PIS	NIS	CMPOE	CMPRES
I2CMSCR	I²C主机控制	EMSI	—	—	—	MSCMD[3:0]			
I2CMSST	I²C主机状态	MSBUSY	MSIF	—	—	—	—	MSACKI	MSACKO
I2CSLCR	I²C从机控制	—	ESTAI	ERXI	ETXI	ESTOI	—	—	SLRST
I2CSLST	I²C从机状态	SLBUSY	STAIF	RXIF	TXIF	STOIF	TXING	SLACKI	SLACKO
PWMA_IER	PWMA中断使能	BIE	TIE	COMIE	CC4IE	CC3IE	CC2IE	CC1IE	UIE
PWMA_SR1	PWMA状态1	BIF	TIF	COMIF	CC4IF	CC3IF	CC2IF	CC1IF	UIF
PWMA_SR2	PWMA状态2	—	—	—	CC4OF	CC3OF	CC2OF	CC1OF	
PWMB_IER	PWMB中断使能	BIE	TIE	COMIE	CC8IE	CC7IE	CC6IE	CC5IE	UIE
PWMB_SR1	PWMB状态1	BIF	TIF	COMIF	CC8IF	CC7IF	CC6IF	CC5IF	UIF
PWMB_SR2	PWMB状态2	—	—	—	CC8OF	CC7OF	CC6OF	CC5OF	—
P0INTE	P0口中断使能	P07INTE	P06INTE	P05INTE	P04INTE	P03INTE	P02INTE	P01INTE	P00INTE
P1INTE	P1口中断使能	P17INTE	P16INTE	P15INTE	P14INTE	P13INTE	P12INTE	P11INTE	P10INTE
P2INTE	P2口中断使能	P27INTE	P26INTE	P25INTE	P24INTE	P23INTE	P22INTE	P21INTE	P20INTE
P3INTE	P3口中断使能	P37INTE	P36INTE	P35INTE	P34INTE	P33INTE	P32INTE	P31INTE	P30INTE
P4INTE	P4口中断使能	P47INTE	P46INTE	P45INTE	P44INTE	P43INTE	P42INTE	P41INTE	P40INTE
P5INTE	P5口中断使能	—	—	—	P54INTE	P53INTE	P52INTE	P51INTE	P50INTE
P6INTE	P6口中断使能	P67INTE	P66INTE	P65INTE	P64INTE	P63INTE	P62INTE	P61INTE	P60INTE
P7INTE	P7口中断使能	P77INTE	P76INTE	P75INTE	P74INTE	P73INTE	P72INTE	P71INTE	P70INTE
P0INTF	P0口中断标志	P07INTF	P06INTF	P05INTF	P04INTF	P03INTF	P02INTF	P01INTF	P00INTF
P1INTF	P1口中断标志	P17INTF	P16INTF	P15INTF	P14INTF	P13INTF	P12INTF	P11INTF	P10INTF
P2INTF	P2口中断标志	P27INTF	P26INTF	P25INTF	P24INTF	P23INTF	P22INTF	P21INTF	P20INTF
P3INTF	P3口中断标志	P37INTF	P36INTF	P35INTF	P34INTF	P33INTF	P32INTF	P31INTF	P30INTF
P4INTF	P4口中断标志	P47INTF	P46INTF	P45INTF	P44INTF	P43INTF	P42INTF	P41INTF	P40INTF
P5INTF	P5口中断标志	—	—	—	P54INTF	P53INTF	P52INTF	P51INTF	P50INTF
P6INTF	P6口中断标志	P67INTF	P66INTF	P65INTF	P64INTF	P63INTF	P62INTF	P61INTF	P60INTF
P7INTF	P7口中断标志	P77INTF	P76INTF	P75INTF	P74INTF	P73INTF	P72INTF	P71INTF	P70INTF

这里的"消消乐"不再是游戏,而是小宇老师想要教给大家的方法,化繁为简后的功能位几下子就能掌握。朋友们跟着我学的不是STC8系列单片机的寄存器,你学的是模板、是方法、是共性、更是套路!这些"套路"也适合于其他种类的单片机。学会给学习做"加法",你可以更自信,学会给学习做"减法",你可以更轻松。

11.3.4 "四大步"解决中断流程及寄存器配置

有了前面的知识铺垫,接下来就可以开始研究中断功能的配置及编程问题了。为了让朋友们更好地理解,我们必须选定一类"代表性"中断源作为例子来讲解。考虑知识的梯度和承接性,小宇老师先讲外部中断源实际编程,带着大家把配置流程完整地走一遍。然后再在后续章节中逐一渗透其他中断的配置和使用。

1. 搞清楚中断种类、触发行为和相关标志位

以64脚的STC8H8K64U单片机为例,该单片机的外部中断一共有5个,INT0~INT4的功能依次复用在P3.2、P3.3、P3.6、P3.7和P3.0引脚上,具体引脚及触发形式如图11.7所示。INT0和INT1支持两种触发方式,INT2、INT3和INT4只支持一种触发方式。

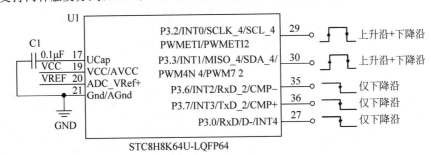

图 11.7 5个外部中断引脚及触发方式

在配置和应用中断源的时候有一些细节问题需要注意,我们选取外部中断0(INT0)来讲解,该中断源复用在P3.2引脚上,我们需要明确该引脚的触发方式。这时候就要用到之前学过的"IT0"触发方式位来配置,该功能位是在定时器控制寄存器(TCON)中,有的朋友可能要纳闷了,为啥外部中断源的功能位会跑到定时器相关的寄存器中呢?其实这个不用纠结,寄存器功能位的分布其实和单片机内核设计有关系,很多功能位分管的资源不一样,但是有可能都排布在一个寄存器中。TCON寄存器也是一样,这个寄存器很有意思,因为它里面的8个位刚好凑成了"4对"功能位。所谓的"对",就是说两个功能位的作用是相似的,这样一来就很好记忆了。该寄存器的相关位定义及功能说明如表11.4所示。

表 11.4 STC8 单片机定时器控制寄存器

定时器控制寄存器(TCON)							地址值:(0x88)H
位 数	位 7	位 6	位 5	位 4	位 3	位 2	位 1	位 0
位名称	**TF1**	**TR1**	**TF0**	**TR0**	**IE1**	**IT1**	**IE0**	**IT0**
复位值	0	0	0	0	0	0	0	0
位 名	位含义及参数说明							
第1对 **TF1 位7** **TF0 位5**	TF1:定时/计数器1(T1)溢出中断标志位							
	当T1溢出时硬件会自动将该位置"1"并向CPU发出中断请求直到CPU响应中断后才由硬件自动清"0"(也可手动将其清"0")							
	TF0:定时/计数器0(T0)溢出中断标志位							
	当T0溢出时硬件会自动将该位置"1"并向CPU发出中断请求直到CPU响应中断后才由硬件自动清"0"(也可手动将其清"0")							

定时器控制寄存器（TCON）		地址值：(0x88)_H

第 2 对 **TR1 位 6** **TR0 位 4**	TR1：定时/计数器 1(T1)运行控制位	
	若 TMOD 寄存器中的 GATE＝0(第 7 位)且 TR1＝1 则允许 T1 开始计数，TR1＝0 时禁止 T1 计数。若 TMOD 寄存器中的 GATE＝1(第 7 位)且 TR1＝1 则当外部中断 1(即 INT1)引脚上输入高电平时才允许 T1 计数	
	TR0：定时/计数器 0(T0)运行控制位	
	若 TMOD 寄存器中的 GATE＝0(第 3 位)且 TR0＝1 则允许 T0 开始计数，TR0＝0 时禁止 T0 计数。若 TMOD 寄存器中的 GATE＝1(第 3 位)且 TR0＝1 则当外部中断 0(即 INT0)引脚上输入高电平时才允许 T0 计数	
第 3 对 **IE1 位 3** **IE0 位 1**	IE1：外部中断 1(INT1)中断标志位	
	当 INT1 发生中断时该位会被硬件置"1"并向 CPU 发出中断请求直到 CPU 响应中断后才由硬件自动清"0"(也可手动将其清"0")	
	IE0：外部中断 0(INT0)中断标志位	
	当 INT0 发生中断时该位会被硬件置"1"并向 CPU 发出中断请求直到 CPU 响应中断后才由硬件自动清"0"(也可手动将其清"0")	
第 4 对 **IT1 位 2** **IT0 位 0**	IT1：外部中断 1(INT1)触发方式位(INT1 默认为 P3.3 引脚) INT0 和 INT1 支持两种触发方式，但是 INT2、INT3 和 INT4 仅支持下降沿触发方式	
	0	上升沿或下降沿均可触发
	1	仅下降沿触发
	IT0：外部中断 0(INT0)触发方式位(INT0 默认为 P3.2 引脚)	
	0	上升沿或下降沿均可触发
	1	仅下降沿触发

若用户需要用 C51 语言编程配置 INT0 的触发方式为"上升沿和下降沿触发"，则需要将定时器控制寄存器 TCON 中的 IT0 配置为"0"(当然，该位在复位后默认就是"0"，不加以配置也可以，这里只是描述下配置方法)，这个配置很简单，可编写语句：

```
TCON& = 0xFE;                    //清零 IT0 位，INT0 触发方式为上升沿和下降沿触发
```

当然，TCON 寄存器是可以支持位寻址的(若寄存器是字节寻址那种就不能单独对其功能位进行配置，读者朋友们要特别注意)，所以也可以单独对"IT0"这个位进行直接操作，那就可以改写语句为：

```
IT0 = 0;                         //清零 IT0 位，INT0 触发方式为上升沿和下降沿触发
```

这样一来，触发行为就定好了。如果 P3.2 引脚上真的出现下降沿或者上升沿时就会发生中断请求，立马给 CPU"汇报"出现了特殊事件，与此同时"IE0"这个中断标志位也会被硬件置"1"，这个位也在 TCON 寄存器中，我们也可以用查询的方法去判断 INT0 是否发生了中断，可编写语句：

```
if(IE0)
{//发生了 INT0 中断，花括号内可以由用户自行编写内容}
else
{//没有发生 INT0 中断，花括号内可以由用户自行编写内容}
```

这种直接判断中断标志位的方法就叫"查询法"。STC8 系列单片机的外部中断源都有各自的中断标志位，INT0 的标志位叫"IE0"，INT1 的叫"IE1"，这两个标志位就在 TCON 寄存器中，剩下的 INT2、INT3 和 INT4 的标志位就在中断标志辅助寄存器(AUXINTIF)中，分别叫作"INT2IF""INT3IF""INT4IF"，这些标志位也可以用查询法直接进行判断。该寄存器的相关位定义及功能说明如表 11.5 所示。

表 11.5   STC8 单片机中断标志辅助寄存器

中断标志辅助寄存器（AUXINTIF）							地址值：(0xEF)$_H$	
位 数	位 7	位 6	位 5	位 4	位 3	位 2	位 1	位 0
位名称	—	INT4IF	INT3IF	INT2IF	—	T4IF	T3IF	T2IF
复位值	x	0	0	0	x	0	0	0
位 名	位含义及参数说明							
INT4IF INT3IF INT2IF 位 6:4	INT4IF：外部中断 4 的中断请求标志位 INT3IF：外部中断 3 的中断请求标志位 INT2IF：外部中断 2 的中断请求标志位 　　这三个位是相似的，当对应的外部中断发生触发行为时该位会被硬件置"1"。在 STC8A 系列中该位需要编程者用软件操作将其清零，但在 STC8H 系列中该位进入中断服务函数后可以自行清零，但是小宇老师推荐大家还是用软件清零操作，这样心里也踏实							
	0	未发生触发行为						
	1	发生触发行为，产生中断请求						
T4IF T3IF T2IF 位 2:0	T4IF：定时/计数器 4 的溢出中断标志位 T3IF：定时/计数器 3 的溢出中断标志位 T2IF：定时/计数器 2 的溢出中断标志位 　　这 3 个位是相似的，当对应的定时/计数器发生计数溢出时该位会被硬件置"1"。在 STC8A 系列中该位需要编程者用软件操作将其清零，但在 STC8H 系列中该位进入中断服务函数后可以自行清零，但是小宇老师推荐大家还是用软件清零操作，这样心里也踏实。特别要注意：这 3 个位均为只写标志位，不可进行读操作							
	0	未产生溢出中断						
	1	产生溢出中断，产生中断请求						

2. 配置中断允许位和总中断允许

当然，光是明确触发方式还不够，必须要允许中断请求送到 CPU 那里去才行。所以，还需要开启响应外部中断的中断允许位和"总闸"EA 位。这些允许位放置在中断使能寄存器（IE）之中，该寄存器的相关位定义及功能说明如表 11.6 所示。

表 11.6   STC8 单片机中断使能寄存器

中断使能寄存器（IE）							地址值：(0xA8)$_H$	
位 数	位 7	位 6	位 5	位 4	位 3	位 2	位 1	位 0
位名称	EA	ELVD	EADC	ES	ET1	EX1	ET0	EX0
复位值	0	0	0	0	0	0	0	0
位 名	位含义及参数说明							
EA 位 7	总中断允许位 　　也就是小宇老师说的中断的"总闸"，该位的设置是想让中断允许形成多级控制，就好比家里有很多灯，有很多小开关，要是增设一个总开关会非常方便，只要断开总闸就可以关闭全部的中断了							
	0	CPU 屏蔽所有的中断请求						
	1	允许 CPU 接收中断请求						
ELVD 位 6	低压检测（LVD）中断允许位							
	0	禁止低压检测中断						
	1	允许低压检测中断						

续表

中断使能寄存器（IE）　　　　　　　　　　　　　　　　　　　　　　　地址值：$(0xA8)_H$

EADC 位 5	A/D 模数转换（ADC）中断允许位	
	0	禁止 A/D 模数转换中断
	1	允许 A/D 模数转换中断
ES 位 4	串口 1（UART1）中断允许位	
	0	禁止串口 1 中断
	1	允许串口 1 中断
ET1 位 3	定时/计数器 1（T1）溢出中断允许位	
	0	禁止定时/计数器 1 溢出中断
	1	允许定时/计数器 1 溢出中断
EX1 位 2	外部中断 1（INT1）中断允许位	
	0	禁止外部中断 1 中断
	1	允许外部中断 1 中断
ET0 位 1	定时/计数器 0（T0）溢出中断允许位	
	0	禁止定时/计数器 0 溢出中断
	1	允许定时/计数器 0 溢出中断
EX0 位 0	外部中断 0（INT0）中断允许位	
	0	禁止外部中断 0 中断
	1	允许外部中断 0 中断

若用户需要用 C51 语言编程配置 INT0 的中断允许，可编写语句：

```
IE| = 0x81;                          //EA = 1 且 EX0 = 1,允许 INT0 中断及总中断
```

读者朋友们也可以按位操作，将语句拆分为两条，其实也是等效的，语句如：

```
EX0 = 1;                             //允许 INT0 中断
EA = 1;                              //允许总中断
```

INT1 的配置与 INT0 类似，也就是操作 IE 寄存器中的"EA"和"EX1"即可。剩下的 INT2、INT3 和 INT4 的中断允许位在外部中断与时钟输出寄存器（INTCLKO）中，分别叫作"EX2""EX3""EX4"，配置方法也是类似的，该寄存器的相关位定义及功能说明如表 11.7 所示。

表 11.7　STC8 单片机外部中断与时钟输出寄存器

外部中断与时钟输出寄存器（INTCLKO）　　　　　　　　　　　　　　　　地址值：$(0x8F)_H$

位　数	位 7	位 6	位 5	位 4	位 3	位 2	位 1	位 0
位名称	—	EX4	EX3	EX2	—	T2CLKO	T1CLKO	T0CLKO
复位值	x	0	0	0	x	0	0	0
位　名	位含义及参数说明							
EX4 位 6	外部中断 4（INT4）中断允许位							
	0	禁止外部中断 4 中断						
	1	允许外部中断 4 中断						
EX3 位 5	外部中断 3（INT3）中断允许位							
	0	禁止外部中断 3 中断						
	1	允许外部中断 3 中断						

续表

外部中断与时钟输出寄存器（INTCLKO）　　　　　　　　　　　　　　　　　　　　　　地址值：（0x8F）_H

EX2 位 4	外部中断 2（INT2）中断允许位	
	0	禁止外部中断 2 中断
	1	允许外部中断 2 中断
T2CLKO 位 2	定时/计数器 2（T2）时钟输出控制位 当定时/计数器 2 发生计数溢出时，P1.3 引脚的电平自动发生翻转	
	0	关闭时钟输出
	1	使能 P1.3 口的是定时器 2 时钟输出功能
T1CLKO 位 1	定时/计数器 1（T1）时钟输出控制位 当定时/计数器 1 发生计数溢出时，P3.4 引脚的电平自动发生翻转	
	0	关闭时钟输出
	1	使能 P3.4 口的定时/计数器 1 时钟输出功能
T0CLKO 位 0	定时/计数器 0（T0）时钟输出控制位 当定时/计数器 0 发生计数溢出时，P3.5 引脚的电平自动发生翻转	
	0	关闭时钟输出
	1	使能 P3.5 口的定时/计数器 0 时钟输出功能

朋友们需要注意，在 STC8 系列单片机中还有个 IE2 寄存器，其功能与 IE 寄存器类似，里面包含很多其他片内资源的中断使能位，如 USB、定时/计数器 2/3/4、串口 2/3/4、和 SPI 等，虽然在外部中断配置中没有用到这个寄存器，但还是得简单了解一下。该寄存器的相关位定义及功能说明如表 11.8 所示。

表 11.8　STC8 单片机中断使能寄存器 2

中断使能寄存器 2（IE2）　　　　　　　　　　　　　　　　　　　　　　　　　　　　地址值：（0xAF）_H

位 数	位 7	位 6	位 5	位 4	位 3	位 2	位 1	位 0
位名称	**EUSB**	**ET4**	**ET3**	**ES4**	**ES3**	**ET2**	**ESPI**	**ES2**
复位值	0	0	0	0	0	0	0	0
位 名	位含义及参数说明							
EUSB 位 7	USB 接口（USB）中断允许位							
	0　禁止 USB 中断							
	1　允许 USB 中断							
ET4 位 6	定时/计数器 4（T4）溢出中断允许位							
	0　禁止定时/计数器 4 溢出中断							
	1　允许定时/计数器 4 溢出中断							
ET3 位 5	定时/计数器 3（T3）溢出中断允许位							
	0　禁止定时/计数器 3 溢出中断							
	1　允许定时/计数器 3 溢出中断							
ES4 位 4	串口 4（UART4）中断允许位							
	0　禁止串口 4 中断							
	1　允许串口 4 中断							
ES3 位 3	串口 3（UART3）中断允许位							
	0　禁止串口 3 中断							
	1　允许串口 3 中断							

续表

中断使能寄存器 2(IE2)		地址值：(0xAF)$_H$
ET2 位 2	定时/计数器 2(T2)溢出中断允许位	
	0	禁止定时/计数器 2 溢出中断
	1	允许定时/计数器 2 溢出中断
ESPI 位 1	SPI 接口(SPI)中断允许位	
	0	禁止 SPI 中断
	1	允许 SPI 中断
ES2 位 0	串口 2(UART2)中断允许位	
	0	禁止串口 2 中断
	1	允许串口 2 中断

3. 考虑多中断场景，合理调配中断优先级

讲到这里，中断请求到 CPU 的脉络就"畅通"了。但是要想顺利产生中断，可能还得考虑更多的实际场景，比如单片机同时启用了 5 个外部中断，并且 5 个外部中断引脚上都出现了触发行为，那先处理谁呢？这就要考虑优先级的问题了，也就是谁先得到处理谁后得到处理的问题。

默认情况下，STC8 系列单片机的 22 个中断源都具备一套默认的"硬件优先级"，有的书籍上也将其叫作"自然优先级"，好比生活中的"尊老爱幼"，这个优先级是固定的，用户无法调配。优先级里面还有一种"软件优先级"，就是用程序去调整中断优先级，中断源优先级的查询次序是先看"软件优先级"，再看"硬件优先级"。大多数的中断源都支持 4 个等级的软件优先级调整(个别中断源默认为 0 级(最低级)，不支持其他等级的调整)。有的朋友可能要好奇了，为啥有了硬件优先级的情况下再搞个软件优先级呢？这不是多此一举吗？

其实，两种优先级的配合更加凸显了 STC8 系列单片机的灵活和实用。打个生活中的比方，假设小宇老师感冒发烧了，我会去医院的发热门诊挂号看病，感冒发烧这种病算是常见病，并不是多大个事(可以理解为硬件优先级不算高的一类中断源)，但是要是赶上"非典"和"新冠"时期，可能我就要被隔离了(特殊时期的特殊办法，这就要通过软件优先级将"发热"类病症提升到最高等级去处理)。所以，硬件优先级是对中断源的默认排序，软件优先级是在硬件优先级的基础上根据实际需求灵活调整优先级策略的重要手段。

在外部中断源硬件优先级中，INT0 排在最高，INT4 排在最低。当中断源同时出现触发行为时，单片机会按照如图 11.8 所示的方法，先按软件优先级再按硬件优先级去查询中断源，优先级高的中断源请求可以打断优先级低的中断源请求。

图 11.8 STC8 中断优先级处理流程

软件优先级怎么配置呢？其实也很简单，INT0 和 INT1 的软件优先级配置关系到中断优先级控制寄存器(IP)和高中断优先级控制寄存器(IPH)，这两个寄存器实际上要组合在一起配置，才能发挥出相应的功能。这两个寄存器的相关位定义及功能说明如表 11.9 所示。以 INT0 为例，控制其软件优先级的功能位就是"PX0"和"PX0H"，这两个功能位可以组合成"00""01""10""11"这 4 种

配置值(以"10"这个值为例,其中的"1"应该是 PX0H 的值,"0"应该是"PX0"的值),分别对应了最低级到最高级的4种软件优先级。

表 11.9　STC8 单片机中断优先级控制＋高中断优先级控制寄存器

| 中断优先级控制寄存器(IP) | | | | | | | 地址值:(0xB8)$_H$ |
| 高中断优先级控制寄存器(IPH) | | | | | | | 地址值:(0xB7)$_H$ |

位　数	位 7	位 6	位 5	位 4	位 3	位 2	位 1	位 0
位名称	—	PLVD	PADC	PS	PT1	PX1	PT0	PX0
复位值	x	0	0	0	0	0	0	0
位名称	—	PLVDH	PADCH	PSH	PT1H	PX1H	PT0H	PX0H
复位值	x	0	0	0	0	0	0	0
位　名	位含义及参数说明							
PLVD	低压检测(LVD)软件优先级调配控制位							
PLVDH	两个寄存器的位 6 组成一对,4 种配置值代表 4 个等级							
PADC	A/D 模数转换(ADC)软件优先级调配控制位							
PADCH	两个寄存器的位 5 组成一对,4 种配置值代表 4 个等级							
PS	串口 1(UART1)软件优先级调配控制位							
PSH	两个寄存器的位 4 组成一对,4 种配置值代表 4 个等级							
PT1	定时/计数器 1(T1)软件优先级调配控制位							
PT1H	两个寄存器的位 3 组成一对,4 种配置值代表 4 个等级							
PX1	外部中断 1(INT1)软件优先级调配控制位							
PX1H	两个寄存器的位 2 组成一对,4 种配置值代表 4 个等级							
PT0	定时/计数器 0(T0)软件优先级调配控制位							
PT0H	两个寄存器的位 1 组成一对,4 种配置值代表 4 个等级							
PX0	外部中断 0(INT0)软件优先级调配控制位							
PX0H	两个寄存器的位 0 组成一对,4 种配置值代表 4 个等级							
等级	00	0 级(复位后默认最低级)			01	1 级(较低级)		
配置	10	2 级(较高级)			11	3 级(最高级)		

若用户需要用 C51 语言编程配置 INT0 的软件优先级为较高级,可编写语句:

```
IP& = 0xFE;                    //PX0 = 0
IPH| = 0x01;                   //PX0H = 1,"10"组合后就是 2 级软件优先级(较高级)
```

如果是 INT2 和 INT3,就无须配置其软件优先级了,因为这两个外部中断源的软件优先级默认为 0 级,用户无法对其进行调整,所以不存在软件优先级配置位。INT4 这个外部中断是支持 4 个等级调配的,只是它的软件优先级位需要中断优先级控制寄存器 2(IP2)和高中断优先级控制寄存器 2(IP2H)来决定。这两个寄存器的相关位定义及功能说明如表 11.10 所示,表中的"PX4"和"PX4H"就构成了 INT4 中断源的软件优先级控制位。

表 11.10　STC8 单片机中断优先级控制 2＋高中断优先级控制 2 寄存器

| 中断优先级控制寄存器 2(IP2) | | | | | | | 地址值:(0xB5)$_H$ |
| 高中断优先级控制寄存器 2(IP2H) | | | | | | | 地址值:(0xB6)$_H$ |

位　数	位 7	位 6	位 5	位 4	位 3	位 2	位 1	位 0
位名称	PUSB PTKSU	PI2C	PCMP	PX4	PPWMB	PPWMA	PSPI	PS2
复位值	0	0	0	0	0	0	0	0

中断优先级控制寄存器2(IP2)								地址值：$(0xB5)_H$
高中断优先级控制寄存器2(IP2H)								地址值：$(0xB6)_H$
位名称	PUSBH PTKSUH	PI2CH	PCMPH	PX4H	PPWMBH	PPWMAH	PSPIH	PS2H
复位值	0	0	0	0	0	0	0	0
位 名	位含义及参数说明							
PUSB PTKSU PUSBH PTKSUH	USB串行通信或触摸按键资源软件优先级调配控制位(针对STC8H后续新出的个别型号单片机)，两个寄存器的位7组成一对，4种配置值代表4个等级							
PI2C PI2CH	I^2C串行通信(I^2C)软件优先级调配控制位　　两个寄存器的位6组成一对，4种配置值代表4个等级							
PCMP PCMPH	比较器(CMP)软件优先级调配控制位　　两个寄存器的位5组成一对，4种配置值代表4个等级							
PX4 PX4H	外部中断4(INT4)软件优先级调配控制位　　两个寄存器的位4组成一对，4种配置值代表4个等级							
PPWMB PPWMBH	高级型PWMB软件优先级调配控制位　　两个寄存器的位3组成一对，4种配置值代表4个等级							
PPWMA PPWMAH	高级型PWMA软件优先级调配控制位　　两个寄存器的位2组成一对，4种配置值代表4个等级							
PSPI PSPIH	SPI串行通信(SPI)软件优先级调配控制位　　两个寄存器的位1组成一对，4种配置值代表4个等级							
PS2 PS2H	串口2(UART2)软件优先级调配控制位　　两个寄存器的位0组成一对，4种配置值代表4个等级							
等级配置	00	0级(复位后默认最低级)			01	1级(较低级)		
	10	2级(较高级)			11	3级(最高级)		

4. 明确中断后要"做什么"，编写中断服务函数

明确了外部中断的触发行为，也开了中断允许，也对多个外中断同时发生的情况做了优先级考虑和配置，那么接下来要做什么呢？有的朋友会说，那肯定就等中断来呗！中断没有来的时候就执行main()函数中的语句，中断要是来了的话……，你看！我们确实遗漏了什么。

遗漏的部分就是中断请求之后，我们需要让CPU做什么事情。这些"事情"其实就是中断服务函数。在C51语言中，增添了一个关键字叫"interrupt"，专门用于解决中断向量和中断服务的需求，但要注意，这个关键字在标准C语言中是不存在的。我们可以用这个关键字对普通函数进行改造，就可以将其变成"中断服务函数"(有的书籍上将其称为"ISR"函数，也是一样的意思)。当然，中断服务函数的写法会有点差异，调用方法也很特别。让我们实际看看吧！一个基于C51语言编写的中断服务函数的常规书写格式如下：

```
void    自定义函数名称(void)  interrupt  x  using  y
{}//此处添加用户编写的中断服务程序内容
```

分析该函数的写法，前面的"void"表示该函数的返回值类型是空类型，然后我们要为这个函数

写个名字，命名方法一定要符合标准 C 语言要求，最好是直观易懂且有代表性，推荐用中断源名称加英文描述来构成，例如"INT0_ISR(void)"这样就很好理解，一看就是外部中断源 0 的中断服务函数，千万别写成"waibuzhongduanyuandehanshu(void)"，这种函数名一看就累。函数括号中的"void"表示该函数没有形式参数。

　　随后跟着的 interrupt 是个 C51 语言扩充的关键字，后面的这个"x"就很有意思了，这个"x"表示中断向量号，单片机有多少种中断源"x"就有多少种取值，"x"的取值不一定连续，但是一般都是从"0"开始增长。以 STC8H8K64U 单片机为例，该型号单片机支持 22 种中断源，则"x"的取值就有 22 种，这个"中断向量号"其实就是中断源的入口地址，好比是去医院看病时各诊室的房号，感冒发烧应该去发热门诊，骑车摔倒膝盖磕破皮了，就得找外科处理伤口，所以，不同的中断源必须有不同的入口地址才能区分开。

　　那这个"using　y"又是啥意思呢？这个稍微复杂一些，对于初级学习的读者朋友而言，可以不写"using　y"部分，也可以暂时跳过这一小段的讲解，当然，如果你和小宇老师一样喜欢"刨根问底"，那就随我一起来看看吧！

　　"using"也是 C51 语言扩充的一个关键字，用于确定作用域内的临时数据（包括变量数据、相关寄存器的取值、相关指针参数等）要存放在 RAM 区域的哪一个工作寄存器组中（遗忘这部分知识的朋友需要倒回去看看第 9 章内容），这个关键字其实并不是中断服务函数的专属，我们还可以将其应用在普通的函数后面加以修饰，由于 STC8 系列单片机采用了 MCS-51 内核，其工作寄存器组只有 4 组，所以"y"的取值就是 0～3。有的朋友可能又要炮弹式提问了。

　　问：小宇老师，为啥要用"using　y"去切换工作寄存器组呢？不切换不行吗？

　　答：说白了，还是 MCS-51 内核的单片机 RAM 区域容量太小了，为了合理地分时复用工作寄存器组才想出来了 4 组切换机制，某一时刻 CPU 只能用一组工作寄存器，另外的 3 组就能暂存其他数据，相当于生活中的"有借有还"。要是朋友们以后学习了更高级的内核的单片机就可能没有"工作寄存器组"这个概念了，因为 RAM 区域足够大的时候，直接用"堆栈"结构去解决临时数据压栈和出栈问题即可，用户关心的只是堆栈指针地址的改变罢了，堆栈就是个先进后出的数据结构，缩写为"FILO"结构，这些知识可以自学《数据结构》相关课程去获得，当然，暂时不学也不太影响单片机应用。

　　问：那 STC8 系列单片机的中断源就有 22 种，你这工作寄存器组才 4 个，能够用吗？

　　答：不管中断源有几个，中断的优先级只有 4 个，而同级的优先级无法打断同级，所以对于同级优先级再次到来时，并不会打断正在执行中断服务的中断，不管你咋写，只要合理分配，4 组工作寄存器组是够用的，增设工作寄存器组这个区域的作用就是简化底层编程且节约很多时间，提升临时数据的读写效率，也提供一个方便数据存取的空间。

　　问：我就搞不懂了，中断函数里为什么要谨慎修改"using　y"呢？

　　答：要想真正解释清楚这个问题必须要求编程者熟悉汇编语言下的中断函数编程，但是好多朋友可能压根儿就没学过汇编语言，更别说用汇编书写中断服务函数了，考虑本书的初衷和"深入浅出"的原则，小宇老师简单地对该问题进行解答。

　　"中断函数体"实际上比较复杂，因为它不仅有运算还会涉及其他数据、函数的调用，甚至还有一些返回值和参数的传递。要想中断后还能顺利返回断点，必须要对中断时刻的很多数据进行"临时保存"，这就是之前说的"保护现场"操作。不光是这些数据需要保存，还有很多寄存器需要被保护，例如 ACC、B、DPL、DPH、PSW 或者 R0～R7（读者朋友对这些内容进行简单了解即可）。但是 Keil C51 环境中有个"C51 代码优化器"，第 6 章就对其进行了讲解。这个代码优化器里面有很多优化策略，这些策略可能会对用户指定的"using　y"参数进行优化，当我们自行调配的中断服务函数和当前使用的工作寄存器组不相同的时候，可能会发生数据异常。

所以，对于初级编程者而言，这个"using y"参数尽量还是不要任意调配，因为程序中的指定可能造成数据覆盖、压栈数据和工作寄存器参数改变，这样的改变可能是灾难性的，说不定就是因为胡乱加了几个"using y"，程序就产生了莫名其妙的问题，我们检查好几遍 C 语言语句都没问题，最后才反应过来是"using"关键字没用好。

问：说实话小宇老师，我真的是第一次看到这个"using y"，被你这么一说，我都怕了，我该怎么使用"using y"参数呢？我原来用 STC 其他单片机的时候，不写这部分也不影响中断的执行啊？

答：其实也不用害怕，"using y"参数并不是不能配置，只是要"谨慎"而已，不同优先级的中断服务函数应该用不同的寄存器组加以区分，一定要避免使用相同的寄存器组，比如 0 级优先级就用"using 0"，3 级优先级就用"using 3"。之所以不写这部分也能正常实现中断功能是因为 Keil C51 的代码优化器帮我们做了优化和调配。所以，别小看这个优化器，它帮我们做了好多事情。

了解了 C51 语言下的中断服务函数写法之后，就可以开始自由发挥了。按照 STC8H 全系列单片机数据手册中规定好的中断向量号，可以构造出如下中断服务函数定义语句。

```
/ ********************** 中断服务函数区域 ********************** /
void   INT0_ISR(void)      interrupt   0    {}//此处添加用户编写的中断服务程序内容
void   TIM0_ISR(void)      interrupt   1    {}//此处添加用户编写的中断服务程序内容
void   INT1_ISR(void)      interrupt   2    {}//此处添加用户编写的中断服务程序内容
void   TIM1_ISR(void)      interrupt   3    {}//此处添加用户编写的中断服务程序内容
void   UART1_ISR(void)     interrupt   4    {}//此处添加用户编写的中断服务程序内容
void   ADC_ISR(void)       interrupt   5    {}//此处添加用户编写的中断服务程序内容
void   LVD_ISR(void)       interrupt   6    {}//此处添加用户编写的中断服务程序内容
void   PCA_ISR(void)       interrupt   7    {}//此处添加用户编写的中断服务程序内容
void   UART2_ISR(void)     interrupt   8    {}//此处添加用户编写的中断服务程序内容
void   SPI_ISR(void)       interrupt   9    {}//此处添加用户编写的中断服务程序内容
void   INT2_ISR(void)      interrupt   10   {}//此处添加用户编写的中断服务程序内容
void   INT3_ISR(void)      interrupt   11   {}//此处添加用户编写的中断服务程序内容
void   TIM2_ISR(void)      interrupt   12   {}//此处添加用户编写的中断服务程序内容
void   INT4_ISR(void)      interrupt   16   {}//此处添加用户编写的中断服务程序内容
void   UART3_ISR(void)     interrupt   17   {}//此处添加用户编写的中断服务程序内容
void   UART4_ISR(void)     interrupt   18   {}//此处添加用户编写的中断服务程序内容
void   TIM3_ISR(void)      interrupt   19   {}//此处添加用户编写的中断服务程序内容
void   TIM4_ISR(void)      interrupt   20   {}//此处添加用户编写的中断服务程序内容
void   CMP_ISR(void)       interrupt   21   {}//此处添加用户编写的中断服务程序内容
void   I2C_ISR(void)       interrupt   24   {}//此处添加用户编写的中断服务程序内容
void   USB_ISR(void)       interrupt   25   {}//此处添加用户编写的中断服务程序内容
void   PWMA_ISR(void)      interrupt   26   {}//此处添加用户编写的中断服务程序内容
void   PWMB_ISR(void)      interrupt   27   {}//此处添加用户编写的中断服务程序内容
void   TKSU_ISR(void)      interrupt   35   {}//此处添加用户编写的中断服务程序内容
void   RTC_ISR(void)       interrupt   36   {}//此处添加用户编写的中断服务程序内容
void   P0INT_ISR(void)     interrupt   37   {}//此处添加用户编写的中断服务程序内容
void   P1INT_ISR(void)     interrupt   38   {}//此处添加用户编写的中断服务程序内容
void   P2INT_ISR(void)     interrupt   39   {}//此处添加用户编写的中断服务程序内容
void   P3INT_ISR(void)     interrupt   40   {}//此处添加用户编写的中断服务程序内容
void   P4INT_ISR(void)     interrupt   41   {}//此处添加用户编写的中断服务程序内容
void   P5INT_ISR(void)     interrupt   42   {}//此处添加用户编写的中断服务程序内容
void   P6INT_ISR(void)     interrupt   43   {}//此处添加用户编写的中断服务程序内容
void   P7INT_ISR(void)     interrupt   44   {}//此处添加用户编写的中断服务程序内容
```

中断服务函数的书写方法务必要掌握，在后续的很多章节中都会用到，读者朋友们在实际编程时可以将上述语句照搬过去，重点编写中断服务函数花括号内的语句即可。为了让朋友们便于查询中断信息，小宇老师列举出了如表 11.11 所示内容，该表描述了 STC8H 全系列单片机中断源的名称、入口地址、向量号、优先级配置位、优先级支持、中断标志位和中断允许位。

表 11.11　STC8H 全系列单片机中断信息列表

中断源	中断入口地址	向量号	优先级配置位	优先级	中断标志位	中断允许位
INT0	0003H	0	PX0,PX0H	0/1/2/3	IE0	EX0
T0	000BH	1	PT0,PT0H	0/1/2/3	TF0	ET0
INT1	0013H	2	PX1,PX1H	0/1/2/3	IE1	EX1
T1	001BH	3	PT1,PT1H	0/1/2/3	TF1	ET1
UART1	0023H	4	PS,PSH	0/1/2/3	RI‖TI	ES
ADC	002BH	5	PADC,PADCH	0/1/2/3	ADC_FLAG	EADC
LVD	0033H	6	PLVD,PLVDH	0/1/2/3	LVDF	ELVD
PCA	003BH	7	PPCA,PPCAH	0/1/2/3	CF	ECF
					CCF0	ECCF0
					CCF1	ECCF1
					CCF2	ECCF2
					CCF3	ECCF3
UART2	0043H	8	PS2,PS2H	0/1/2/3	S2RI‖S2TI	ES2
SPI	004BH	9	PSPI,PSPIH	0/1/2/3	SPIF	ESPI
INT2	0053H	10		0	INT2IF	EX2
INT3	005BH	11		0	INT3IF	EX3
T2	0063H	12		0	T2IF	ET2
INT4	0083H	16	PX4,PX4H	0/1/2/3	INT4IF	EX4
UART3	008BH	17	PS3,PS3H	0/1/2/3	S3RI‖S3TI	ES3
UART4	0093H	18	PS4,PS4H	0/1/2/3	S4RI‖S4TI	ES4
T3	009BH	19		0	T3IF	ET3
T4	00A3H	20		0	T4IF	ET4
CMP	00ABH	21	PCMP,PCMPH	0/1/2/3	CMPIF	PIE|NIE
I2C	00C3H	24	PI2C,PI2CH	0/1/2/3	MSIF	EMSI
					STAIF	ESTAI
					RXIF	ERXI
					TXIF	ETXI
					STOIF	ESTOI
USB	00CBH	25	PUSB,PUSBH	0/1/2/3	USB Events	EUSB
PWMA	00D3H	26	PPWMA,PPWMAH	0/1/2/3	PWMA_SR	PWMA_IER
PWMB	00DDH	27	PPWMB,PPWMBH	0/1/2/3	PWMB_SR	PWMB_IER
TKSU	011BH	35	PTKSU,PTKSUH	0/1/2/3	TKIF	ETKSUI
RTC	0123H	36	PRTC,PRTCH	0/1/2/3	ALAIF	EALAI
					DAYIF	EDAYI
					HOURIF	EHOURI
					MINIF	EMINI
					SECIF	ESECI
					SEC2IF	ESEC2I
					SEC8IF	ESEC8I
					SEC32IF	ESEC32I
P0 中断	012BH	37	—	0	P0INTF	P0INTE
P1 中断	0133H	38	—	0	P1INTF	P1INTE
P2 中断	013BH	39	—	0	P2INTF	P2INTE

续表

中断源	中断入口地址	向量号	优先级配置位	优先级	中断标志位	中断允许位
P3 中断	0143H	40	—	0	P3INTF	P3INTE
P4 中断	014BH	41	—	0	P4INTF	P4INTE
P5 中断	0153H	42	—	0	P5INTF	P5INTE
P6 中断	015BH	43	—	0	P6INTF	P6INTE
P7 中断	0163H	44	—	0	P7INTF	P7INTE

这个表格应该还是很好理解的,因为我们现在只学习了 INT0～INT4 这几个外部中断源,所以对其他中断源还有点生疏,这个不要紧,随着后续章节的展开,我们会越来越熟悉。

观察表格,我们还发现一个有趣的问题,我们说过:"中断向量号"其实就是"中断的入口地址",但是在表格中这两个数据根本不对等,要是我们写一个中断服务函数如下:

```
void    INT1_ISR(void)    interrupt  2
{}//此处添加用户编写的中断服务程序内容
```

单片机怎么就知道"interrupt 2"对应的是"(0013)H"这个入口地址呢?

这个问题很有意思,STC8 系列单片机的中断源入口地址都排布在 ROM 单元的前端,默认情况下"(0000)$_H$"这个起始地址就是上电复位的入口地址,默认"(0003)$_H$"这个地址就是 INT0 中断源的入口地址,该地址可以算作"中断基址",往后的每 8B 就是一个中断源的新入口,依次排列。从数值上符合式(11.1)的计算方法:

$$入口地址 = 中断基址(0003H) + 中断向量号 × 8 \tag{11.1}$$

以"interrupt 2"为例,入口地址就是"(0003)$_H$"加上 2×8,那就是"(0013)$_H$"地址单元了。所以,Keil C51 环境下的 C51 源码在编译时,编译器会自动根据这个计算规则找到相应中断源的入口地址。

但是这样的地址安排又引起了小宇老师的疑惑,为啥呢? 因为每个中断源的间隔只有默认的"8B"长度,要是我写的中断服务函数很大呢? 代码编译后的长度大于 8B 又怎么办呢? 难道超出 8B 的部分就被"切掉"了吗?

这个问题就更有意思了,其实,MCS-51 内核单片机在设计的时候就考虑到了这个问题,所以中断源入口地址后面的 8B 区域根本就是用来存放中断服务函数内容的,这里面其实是放置了一个"长跳转"指令,这个指令会引导 PC 指针(程序指针,功能是引导程序执行)跳转到 ROM 区域后面的部分,找到真正的中断服务函数区块再去执行,这个过程就如图 11.9 所示。

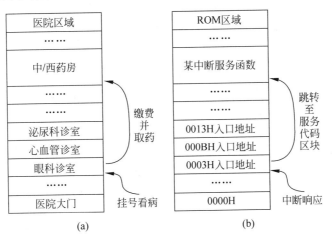

图 11.9 STC8 单片机中断处理流程

用生活中的例子来表达往往最为形象和简单,图11.9(a)就是一个"看病抓药"的过程,患者生病后去医院,挂号完了就去对应的诊室看病(找到中断入口地址),这时候患者并不是在诊室里取药治疗(入口后的8B并没有服务函数内容),诊室里面的医生只会根据患者的病情开一张"处方"(也就是中断服务函数真实所在的地址),患者根据处方去中/西药房取药即可(PC指针转到中断服务函数所在地址去执行一段代码)。

说到这里,中断服务函数的编写及运作原理也并不复杂,我们可以把构造好的中断服务函数"一股脑"地全写到 Keil C51 程序文件中去,到时候想用哪个就写哪个即可。按照想法,我们将STC8H 系列单片机所支持的中断函数全写到程序文件中后,一经编译居然出现了如图 11.10(a)所示的结果,文件中出现了多处报错,错误提示为"main.c(29): error C130: 'interrupt': value out of range",直译过来就是"中断值超出范围"。看了这个错误小宇老师也觉得莫名其妙,莫非是中断函数写多了程序装不下? 这也不可能啊! 这些中断服务函数都是些"外壳"而已,根本就没有实质性的内容在里面啊!

静下心来,小宇老师按如图 11.10(b)所示查阅了 Keil C51 环境中的帮助文档,直接搜索"interrupt"关键字后终于找到了想要的答案,原来在 Keil C51 环境下,中断向量号的取值范围仅支持 0~31,也就是说,中断向量地址仅支持 0003H~00FBH 范围。若按这样的规定,那 STC8H 系列单片机中断向量号大于 31 的 TKSU、RTC、P0 中断、P1 中断、P2 中断、P3 中断、P4 中断、P5 中断、P6 中断和 P7 中断岂不是都"废了"?

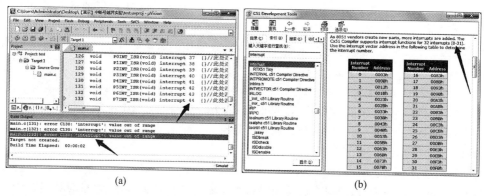

图 11.10　中断向量号越界错误及原因

解决办法肯定是有的,让我们开动脑筋仔细想一想。还是以 STC8H 系列单片机为例,该系列的中断向量号为 0~44(具体内容可参见表 11.11),但是向量号的顺序上并不完整,其中的 13、14、15、22、23、28、29、30、31、32、33 和 34 这 12 个中断向量号并没有启用(也就是说,这些向量号入口并没有对应相关中断源)。那这些位置能不能借来暂时用一下呢?

按照这个想法,我们进行"借号"尝试。我们选取 P0INT_ISR(void)中断服务函数作为实验对象,该函数是 P0 引脚中断服务函数,默认的中断向量号是 37,若直接在 Keil C51 的源文件中编写该函数并编译,肯定会得到如图 11.11 所示的错误提示,这是我们意料之内的。那现在怎么改呢?

先把"void　P0INT_ISR(void)　interrupt　37"改为"void　P0INT_ISR(void) interrupt　13"(因为 13 这个号默认没有启用,借用这个向量号不会与其他中断发生冲突,这是我们"借号"的第一步),更改完毕后我们再次编译,这次果然没有出现任何错误提示,这是否说明我们实现了"借号"呢? 肯定没这么简单,这样的更改没有任何意义,P0 中断发生的时候肯定会跳到 012BH(即向量号 37 所指向的入口地址),不会跳到 006BH(我们瞎改的 13 向量号所在地址),简单地说,单片机芯片内的中断向量入口是在芯片设计的时候就"定死"的,用户是不能进行更改的,所以只能从软件上再想想办法。

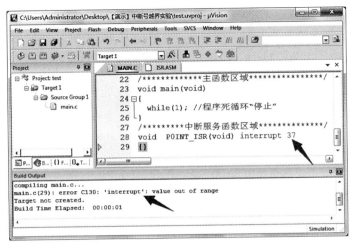

图 11.11　演示 P0INT_ISR()中断向量号越界错误

既然 P0 中断发生的时候一定会进入 012BH 地址(向量号 37)，为何不尝试使用程序在这个地址中放一条"二级跳转"语句，让单片机再次跳到 006BH 地址(向量号 13)去呢？这样一来向量号 37 就"借"到了向量号 13 的入口，这样编译器就不会报错了。用生活中的事情做个比喻，这就好比小宇老师放学回家敲了家门无人应答，仔细一看门上贴了个便条，便条上写着："宝贝儿子，妈妈在王阿姨家打麻将，你来麻将馆取钥匙回家做作业。"哦！那我明白了，那就是说 P0 中断发生后先"回家"(012BH)，发现家里有个便条让我们去王阿姨家(006BH)，这样才能取到钥匙(真正的中断服务函数内容)。

思路倒是理清了，我们要怎么编程呢？这种"活"还得用 A51 汇编语言去做最为合适，我们需按如图 11.12(a)所示新建一个 A51 文件，将其命名为"ISR. ASM"(名字可以自拟，扩展名必须是. ASM)，然后将其添加到工程之中，在文件中编写以下 A51 语句：

```
CSEG AT 012BH            ;原 P0 中断第 37 号入口地址
LJMP 006BH              ;转换跳转到第 13 号入口地址
END
```

编写完成后重新编译工程，调试信息如图 11.12(b)所示一切正常(0 个错误，0 个警告)，这样就实现了"借号"过程。这个 A51 文件也很简单，程序中使用了"CSEG　AT　xxxxH"的语句形式，其作用是指定绝对地址 xxxxH，在编译的时候就会对该地址进行定位，通常用于中断向量或复位向量的声明。后面一句"LJMP xxxxH"实现了入口地址的跳转，最后的"END"就是程序结束的意思(A51 语言的语法及语句含义不做展开，此处大致讲解即可)。

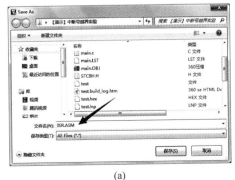

(a)

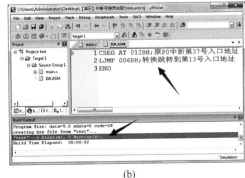

(b)

图 11.12　添加辅助汇编文件及跳转代码

　　这么看来,"借号"的过程并不复杂,无非是启用那些空闲的向量号地址罢了。为了进一步检验"借号"的作用,小宇老师进入了 Keil C51 环境的 Debug 界面,看到了如图 11.13 所示语句。在 0x012B 语句处确实看到了跳转到 0x006B 的动作,我们写的 P0INT_ISR()函数确实通过"借号"手段转移到了向量号 13 所在的位置(即 0x006B)。

　　有的朋友善于思考,可能提出了和小宇老师不一样的方法。我们稍微转换下思维,其实不用去"借号",因为在实际的编程中,用到的中断服务函数并不多(一般也就 2~5 个),很难遇到把 0~31 号中断向量号全部用光的情况,那这种情况下很多向量号并未使用,反正不用也是"浪费",干脆来个"换号"方法。

　　啥意思呢? 比如有个程序要用 P0 中断(向量号为 37,入口地址为 012BH),然而程序中没有用到外部中断 0(向量号为 0,入口地址为 0003H),那就干脆把 P0INT_ISR()函数的向量号由 37"换号"为 0(反正 0 号暂时也没人用,换号不会产生什么影响,若程序后续会启用 0 号,那这种换号方法就要慎用了)。

　　具体怎么做呢? 按照如图 11.14 所示,先把"void　P0INT_ISR(void)　interrupt　37"改为"void　P0INT_ISR(void) interrupt　0",然后把 A51 文件中的跳转地址改为 0003H 即可。"换号"的方法与"借号"的方法其实差不多,程序这样修改后也可以达到目的。

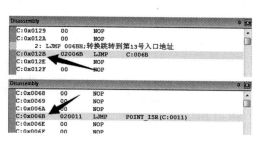

图 11.13　验证"借号"法跳转动作

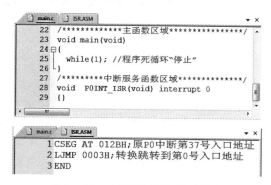

图 11.14　采用"换号"法修改程序

　　除了"借号"和"换号"之外,其实还有一种办法。可以再换个思路,中断向量号之所以报错是因为向量号"越界",那干脆把中断服务函数中的"interrupt　x"部分去掉,这样就不存在中断向量号的概念了,我想构造多少函数就可以构造多少函数,这样行不行呢? 有的朋友"扑哧"一下笑出了声,要是把"interrupt"部分都拿掉了,那这个函数不就变成普通函数了吗? 普通函数与中断服务函数一点儿关系都没有了啊。确实是的,但这是一种巧妙的转换,朋友们莫急,且听小宇老师道来。

　　先按照如图 11.15 所示,将中断服务函数后面的"interrupt　x"直接注释掉,此时的 P0INT_ISR()函数就变身为"普通函数",接着改写 A51 文件内容,申明一个外部函数代码,然后进行相关寄存器的"压栈"处理(即保护现场相关参数,主要是 ACC、PSW、B、DPL、DPH 和 R0~R7 等重要寄存器),接着用汇编语言中的"LCALL"指令去调用我们写的 P0INT_ISR()函数,这就相当于执行了中断服务内容,执行完毕后再把相关寄存器进行"出栈"处理(即恢复相关参数),最后执行"RETI"中断返回即可。

　　具体的 A51 汇编代码如下。

```
EXTRN CODE(P0INT_ISR)
CSEG AT 012BH              ;原 P0 中断第 37 号入口地址
    PUSH ACC              ;将 ACC 寄存器压栈
    PUSH PSW              ;将 PSW 寄存器压栈
LCALL P0INT_ISR           ;调用普通函数
```

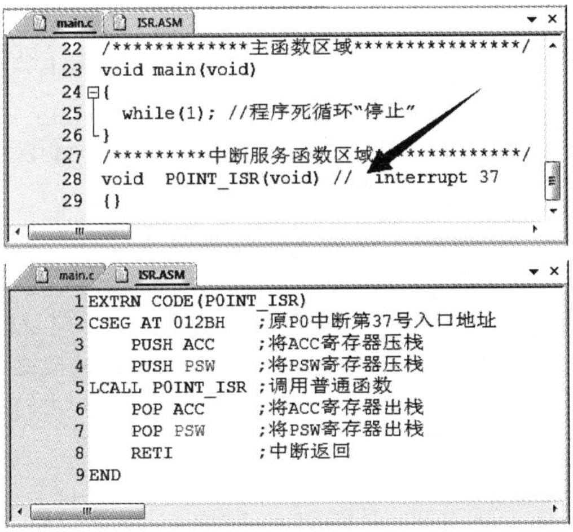

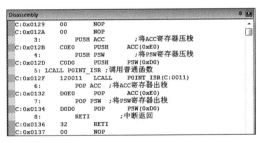

图 11.15　采用 LCALL 指令调用"普通函数"法修改程序

```
POP ACC                        ;将 ACC 寄存器出栈
POP PSW                        ;将 PSW 寄存器出栈
RETI                           ;中断返回
END
```

这样的操作也能达到效果，进入 Keil C51 环境的 Debug 界面，可以看到如图 11.16 所示的内容。在 0x012B 入口地址附近有"一连串"的动作：先压栈，再调用，接着出栈，最后返回。这种方法就是"LCALL 调用普通函数"法，对比"借号"和"换号"法，这种方法稍显复杂，但有助于我们加深对中断函数、中断向量号、中断入口地址等名词的理解。

图 11.16　验证"LCALL 调用普通函数"法系列动作

无一例外，这 3 个方法都用到了 A51 汇编语言，用到了"CSEG AT""LJMP""PUSH""POP""LCALL""RETI"等指令。从这些方法上也可以看出 A51 语言并未过时，在一些场合甚至可以发挥意想不到的作用。所以，小宇老师推荐朋友们尽可能地利用闲暇时间夯实基础，透过现象看本质，深入理解中断机制及硬件实现。

11.4　查询法和中断法下的编程对比

光说不练还是不行的，我们要亲自做个实验才能把相关知识点"内化"，为了直观地体验中断编程应用，小宇老师选取了"键控灯"作为实验内容，简单来说就是一个按键控制一个发光二极管。实验开始之前，需要按照如图 11.17 所示搭建硬件电路，然后在这个电路的基础上利用普通查询法和中断法去分别实现"键控灯"效果，体会两种编程方法的差异，更加深化中断机制的理解。

该电路的组成非常简单，单片机的主控选择了 STC8H8K64U 单片机，分配 P1.0 引脚作为发

图 11.17 "键控灯"实验电路原理图

光二极管电路的控制端,P1.0 引脚的模式应该为推挽输出模式,R1 为限流电阻,D1 为发光二极管,当 P1.0 引脚输出高电平时 D1 熄灭,反之亮起。S1 是一个轻触按键,R2 也是限流作用,以防止按键按下时 P3.2 引脚直接对地造成拉电流过大,P3.2 引脚应该配置为弱上拉输入,当 S1 按下时 P3.2 引脚为低电平,反之保持高电平。

11.4.1 基础项目 A 查询法实现键控灯实验

有了硬件电路后就可以开始程序设计了,首先编写查询法"键控灯"程序,编写该程序的主要思想是:"CPU 啥也别做了,就围着 P3.2 引脚状态转!"也就是说,配置完相关 I/O 引脚模式后就进入一个死循环"while(1)",然后不停检测 P3.2 引脚状态,如果 P3.2 引脚上出现了低电平则执行按键去抖程序,去除抖动电平信号后再次检测 P3.2 引脚状态,若依然保持为低电平则说明确实有按键按下了,此时让 P1.0 引脚的状态进行取反操作。

按照设想,每次按下轻触按键 S1 之后,发光二极管 D1 的状态都会取反一次,按照软件设计思路,利用 C51 语言编写查询法"键控灯"的具体程序实现如下。

```
//芯片型号：STC8H8K64U(程序微调后可移植至 STC8A/F/C/G/H 系列单片机)
//时钟说明：单片机片内高速 24MHz 时钟
/ ******************************************************** /
# include "STC8.h"                        //主控芯片的头文件
/ ****************** 常用数据类型定义 ******************** /
【略】为节省篇幅,相似定义参见相关章节或源码工程即可
/ ****************** 端口/引脚定义区域 ****************** /
sbit LED = P1^0;                          //闪烁灯电路控制引脚定义
sbit KEY = P3^2;                          //按键引脚定义
/ ****************** 函数声明区域 ********************** /
void delay(u16 Count);                    //延时函数
/ ****************** 主函数区域 ********************** /
void main(void)
{
    //配置 P1.0 为推挽输出模式
    P1M0| = 0x01;                          //P1M0.0 = 1
    P1M1& = 0xFE;                          //P1M1.0 = 0
    //配置 P3.2 为准双向/弱上拉模式
    P3M0& = 0xFB;                          //P3M0.2 = 0
    P3M1& = 0xFB;                          //P3M1.2 = 0
    delay(5);                              //等待 I/O 模式配置稳定
    LED = 1;                               //单片机上电后默认让 LED 熄灭
    while(1)                               //一直循环检测
    {
        if(KEY == 0)                       //若按键按下
        {
            delay(5);                      //软件延时"去抖"
            if(KEY == 0)                   //再次判断按键状态
            {
                LED = ! LED;               //LED 状态进行取反
```

```
                 while(!KEY);                    //按键松手检测
              }
           }
       }
   }
/ ***************************************************************** /
```
【略】为节省篇幅，相似函数参见相关章节源码即可
```
void delay(u16 Count){}                          //延时函数
```

通读程序，发现这个程序太简单了，也就是在主程序的"while(1)"循环体内，不断地检测 P3.2 引脚上的电平值以实现动作判断。将程序编译后下载到目标板中运行，验证了这种方法确实可以实现"键控灯"效果，但是仔细想想，该方法有优势也有缺点，小宇老师基于本程序简单地总结如下。

查询法优势：对于本程序而言，随便哪个 I/O 口上都可以使用该方法去检测电平变化，不挑 I/O 口，方法较为通用，当然，查询法的本质不一定非要去检测引脚电平的变化，也可以是查询一些寄存器的标志位，凡是这种需要多次查询和判断的方法都可以叫作"查询法"，该方法在程序实现上无须编写额外函数，无须复杂的初始化配置，书写较为简单。

查询法缺点：该方法过多地占用 CPU 的宝贵时间去做"查询"操作，需要程序不断地读取 I/O 电平(或者是某些寄存器中的标志位)然后做判断，效率上较为低下，也占用和浪费了其他程序和任务的执行时间。

还是那句话，任何方法不要"一棍子打死"，方法不讲优劣只讲适用，要根据实际的编程需要去选择适合的编程方法，不要主观地钟爱和排斥某一方法。

11.4.2 基础项目 B 中断法实现键控灯实验

接下来，在查询法实验的基础之上进行修改，将查询法变更为中断法。编写中断法程序的主要思想是"没有中断时 CPU 该干啥就干啥，中断来了的时候再去处理中断服务"。也就是说，程序中不需要不停地检测 P3.2 引脚的电平状态(这里的 P3.2 并不是"普通"引脚，INT0 的功能就复用在这个引脚上)，如果 P3.2 引脚上出现了触发信号(STC8H8K64U 单片机 INT0 中断源支持两种触发行为，一种是上升沿＋下降沿，另外一种是仅下降沿)时会产生一个"外部中断请求"，这时候 CPU 放下"手头"上的事情转到特定中断入口地址，然后执行相关中断服务函数，执行完毕后再执行中断返回，然后继续执行原来的任务。

光说"思想"可能不太直观，小宇老师直接上源码，利用 C51 语言编写中断法"键控灯"的具体程序实现如下。

```
//芯片型号：STC8H8K64U(程序微调后可移植至 STC8A/F/C/G/H 系列单片机)
//时钟说明：单片机片内高速 24MHz 时钟
/ ***************************************************************** /
# include "STC8H.h"                              //主控芯片的头文件
/ ****************** 常用数据类型定义 ****************** /
```
【略】为节省篇幅，相似定义参见相关章节或源码工程即可
```
/ ****************** 端口/引脚定义区域 ****************** /
sbit   LED = P1^0;                               //闪烁灯电路控制引脚定义
/ ****************** 函数声明区域 ****************** /
void   delay(u16 Count);                         //延时函数
void   INT0_init(void);                          //INT0 中断源初始化函数
void   INT1_init(void);                          //INT1 中断源初始化函数
void   INT2_init(void);                          //INT2 中断源初始化函数
void   INT3_init(void);                          //INT3 中断源初始化函数
void   INT4_init(void);                          //INT4 中断源初始化函数
/ ****************** 主函数区域 ****************** /
void main(void)
```

```
{
    //配置 P1.0 为推挽输出模式
    P1M0 | = 0x01;                          //P1M0.0 = 1
    P1M1 & = 0xFE;                          //P1M1.0 = 0
    //配置 P3.0/2/3/6/7 为准双向/弱上拉模式
    P3M0 & = 0x32;                          //P3M0.0/2/3/6/7 = 0
    P3M1 & = 0x32;                          //P3M1.0/2/3/6/7 = 0
    delay(5);                              //等待 I/O 模式配置稳定【必要】
    LED = 1;                               //单片机上电后默认让 LED 熄灭
    INT0_init();                           //初始化 INT0 中断源配置
    //INT1_init();                         //初始化 INT1 中断源配置
    //INT2_init();                         //初始化 INT2 中断源配置
    //INT3_init();                         //初始化 INT3 中断源配置
    //INT4_init();                         //初始化 INT4 中断源配置
    EA = 1;                                //打开总中断允许
    while(1);                              //程序死循环"停止"
}
/ *************************** 中断服务函数区域 ************************* /
void INT0_init(void)
{
    IT0 = 0;                               //INT0 触发方式为上升沿和下降沿
    //IT0 = 1;                             //INT0 触发方式为仅下降沿
    //软件优先级保持默认 0 级(最低)
    IP & = 0xFE;                           //PX0 位清零
    IPH & = 0xFE;                          //PX0H 位清零
    IE0 = 0;                               //清除外部中断 0 中断标志位【必要】
    EX0 = 1;                               //使能 INT0 中断允许,也可以写成 IE| = 0x01;
}
void INT1_init(void)
{
    IT1 = 0;                               //INT1 触发方式为上升沿和下降沿
    //IT1 = 1;                             //INT1 触发方式为仅下降沿
    //软件优先级保持默认 0 级(最低)
    IP & = 0xFB;                           //PX1 位清零
    IPH & = 0xFB;                          //PX1H 位清零
    IE1 = 0;                               //清除外部中断 1 中断标志位【必要】
    EX1 = 1;                               //使能 INT1 中断允许,也可以写成 IE| = 0x04;
}
void INT2_init(void)
{
    //INT2 触发方式固定为下降沿,INT2 软件优先级固定为 0 级(最低)
    AUXINTIF & = 0x67;                     //清除外部中断 2 中断标志位【必要】
    INTCLKO | = 0x10;                      //EX2 置 1,即使能 INT2 中断允许
}
void INT3_init(void)
{
    //INT3 触发方式固定为下降沿,INT3 软件优先级固定为 0 级(最低)
    AUXINTIF & = 0x57;                     //清除外部中断 3 中断标志位【必要】
    INTCLKO | = 0x20;                      //EX3 置 1,即使能 INT3 中断允许
}
void INT4_init(void)
{
    //INT4 触发方式固定为下降沿,软件优先级保持默认 0 级(最低)
    IP2 & = 0xEF;                          //PX4 位清零
    IP2H & = 0xEF;                         //PX4H 位清零
    AUXINTIF & = 0x37;                     //清除外部中断 4 中断标志位【必要】
    INTCLKO | = 0x40;                      //EX4 置 1,即使能 INT4 中断允许
}
```

```
/ ************************** 中断服务函数区域 *********************** /
void   INT0_ISR(void)   interrupt  0
{
    LED = !LED;                              //执行 LED 状态取反
}
//花括号内添加用户编写的中断服务程序内容
void       INT1_ISR(void)   interrupt   2{}
void       INT2_ISR(void)   interrupt  10{}
void       INT3_ISR(void)   interrupt  11{}
void       INT4_ISR(void)   interrupt  16{}
/ *********************************************************** /
```

【略】为节省篇幅，相似函数参见相关章节源码即可

```
void delay(u16 Count){}                      //延时函数
```

通读程序，发现中断法程序与查询法程序在编程上的差别很大，有很多地方让人"看不懂"，"晃眼一看"甚至都没看到 D1 是怎么受控取反的，换位思考，小宇老师也对程序提出了 6 个疑问，我决定要好好"自问自答"一番。

（1）怎么中断法程序里连"sbit KEY＝P3^2;"语句都省略了呢？

这是因为 INT0 的功能本身就固定复用在 P3.2 引脚上，不需要定义这个引脚也能知道两者的对应关系。打个比方，我们班的班长叫"李铁锤"，他的身上就同时拥有了两个身份（也就是引脚功能的复用），第一个身份是普通学生（P3.2 普通引脚），第二个身份是班长（INT0 外中断功能），当老师叫班长去办公室时，虽然没有直接说出"李铁锤"这个名字，但是大家都知道老师叫的谁，这时候"王钢蛋"不会去，"张勇敢"也不会去，"许大嘴"更不会去，因为大家都知道班长就是"李铁锤"。明白了吧，外部中断 0（INT0）的固定引脚就是 P3.2，所以无须重复定义。

（2）为啥 main()函数中多了个"INT0_init()"函数？

"INT0_init()"函数主要用于配置外部中断 0 的触发方式、中断允许和优先级配置（也可以保持默认优先级，按照实际需求来即可），这一点是有别于"查询法"的，任何中断源在启用前都需要一些"初始化"语句启用和配置中断源，以保证中断源能够正常地实现相关功能。因为 STC8H 系列单片机的 5 个外部中断源的功能上有差异，功能位也分布在不同的寄存器中，所以小宇老师分开写了 INT1_init()、INT2_init()、INT3_init()和 INT4_init()等函数，按需挑选和调用即可。

（3）为啥 main()函数中直接写了"while(1)"？这样的话，D1 还能再亮吗？

主函数中的"while(1)"内确实没有任何语句，功能上确实是个死循环，乍一看，貌似主程序中根本就没有操作 LED 引脚取反的语句，貌似 D1 永远都不会再亮了，其实不是的！在本程序中，外部中断后的功能体现是靠执行中断服务程序来实现的，LED 引脚取反的语句其实在 INT0 的中断服务函数中，所以不用担心。当然，主函数中的"while(1)"循环体内可以添加用户自己的程序代码，不一定非得是执行空语句的死循环。在没有发生外部中断时，主函数会一直执行"while(1)"循环体内的程序语句，当发生外部中断请求时，主函数程序会被"打断"，CPU 会跳转到外部中断入口地址处，继而执行中断服务程序，执行完毕之后才能返回主程序，继续执行"while(1)"循环体内的用户代码。

（4）程序里多了好几个"怪函数"，如"void INT0_ISR(void) interrupt 0"，这些函数的作用是什么？

这些函数是小宇老师写好的外部中断源服务函数的"躯壳"，有了这些"躯壳"，朋友们就可以往里面填充具体的服务内容了，这些代码可以自由发挥。

需要注意的是，尽量不要在中断服务函数中做过多的函数调用和数值运算，因为这样一来，中断服务函数涉及的内容就会更为复杂，安排得不好的话，会出现很多莫名其妙的问题，希望朋友们在实际编程中多多总结。

（5）我没看见 main() 函数去调用"怪函数"INT0_ISR()，难道它自己能运行？

对于学过 C 语言的朋友来说，main() 函数应该是整个程序的"入口"，也是整个程序的"老大"，很多书本上都有明确提示："main() 函数有且仅有一个，它能调用子函数，但是子函数不能反过去调用它。"根据所学来看本程序，这就有点儿"诡异"了，INT0_ISR() 函数貌似独立于 main() 函数之外，并且不受 main() 函数的调用。确实，中断服务函数本来就是"神一般的存在"，单片机复位后，PC 指针会引导执行主程序中的内容，没有中断事件发生时，PC 指针是不可能"跳转"到中断入口来的，除非是发生了中断，这时候 PC 指针才会跳转到中断入口，然后再次跳转到中断服务函数的代码区域去执行。所以，中断服务函数和 main() 函数不是一个体系，main() 函数是常规任务，中断服务函数是突发任务。

（6）有的语句后面写了个"必要"，但我总觉得没啥用啊！

在第一版程序编写时，小宇老师也觉得这些语句用处不大，索性就没有添加（读者朋友们也可以删掉这些语句自行验证）。把程序编译后下载到目标单片机中，"怪现象"就出现了，硬件上的 D1 发光二极管在上电后居然是点亮的状态，这就让我百思不得其解了，因为程序中明明是让 D1 置高的，上电时 D1 的状态应该是熄灭才对。

我静下心来思考问题并提出了设想：莫非是外部中断 0 在上电后自己触发了一次？按照这样的想法，上电时 INT0 就发生了中断请求，然后进入 INT0_ISR() 中断服务函数，接着执行 LED 引脚电平状态的"取反"操作，而且当时 INT0 的中断标志位 IE0 肯定为 1，最终导致了 D1 上电后为点亮状态。

按照这个设想我尝试改写程序，我先在 main() 函数配置 I/O 引脚模式之后添加了"delay(5);"语句，这个延时语句是为了确保引脚模式配置的有效性（主要是让 P3.2 引脚能从高阻输入模式稳定地切换到准双向弱上拉模式）。接着又在 INT0_init() 外部中断 0 的初始化函数中增添了"IE0＝0;"语句，目的是在上电后手动清除外部中断 0 的中断标志位（虽说这个标志位初始化的时候本来就是 0，但是不排除上电时受到触发变成了 1，所以启用相关中断源时还是清零一次比较稳妥）。

再次编译修改后的程序到单片机中，现象恢复了正常，D1 在上电时保持熄灭状态，这就说明这些标识着"必要"的语句确实有用，不可随意删除。

虽说问题解决了，但要较真起来又会提出新的疑问，为什么 INT0 外部中断会在上电时被触发呢？上电后也没有按下按键，引脚上哪里来的跳变边沿呢？小宇老师也觉得很疑惑，我甚至在 STC8A、STC8F、STC8G 和 STC8H 四个系列的单片机上都做了同样的实验，最后惊奇地发现在 STC8A 和 STC8F 单片机上不存在这个问题（也就是说，哪怕不加这些"必要"语句也可以得到正确的效果），但是在 STC8G 和 STC8H 系列上就会异常。

正当我准备"甩锅"给 STC 时又冷静了下来，我发现 STC8A 和 STC8F 系列的 I/O 引脚在上电时默认为准双向弱上拉模式，所以引脚悬空时稳定地保持在高电平状态。但 STC8G 和 STC8H 系列的 I/O 引脚在上电时默认为高阻态输入模式，这就好比在第 4 章做过的"隔空感应"高阻态魔术灯一样，引脚极易受到干扰导致电平跳变。这么看来并不是 IC 的设计缺陷，也反向提醒了我们要注意电气细节。这样的问题其实也很好解决，可以将实验电路进行优化，得到如图 11.18 所示电路。

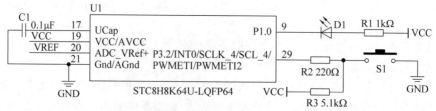

图 11.18　优化后的"键控灯"实验电路原理图

优化后的电路中改小了 R2 限流电阻的取值，并添加了 R3 上拉电阻（可以在 $4.7\sim10\mathrm{k}\Omega$ 范围内取值）。这样就能增强 P3.2 引脚抗干扰性，防止上电后引脚模式切换时的误触发。如果在工程中使用到了 STC8G 或 STC8H 系列单片机的外部中断引脚，小宇老师建议还是增加这个上拉电阻为好，在程序上也添加这些"必要"语句，这样才更为保险，以免出现误触发造成严重后果。

好了，将程序编译后下载到单片机中并运行，此时按下轻触按键 S1 之后，发光二极管 D1 的状态由熄灭状态变为亮起状态，按键松手后 D1 又回归到熄灭状态，这个现象说明实验已经成功了（个别情况下现象可能有差异，这是因为按键存在"抖动"，只要按键能让 D1 状态发生变化就没问题）。虽说现象出来了，但是"美中不足"，为什么呢？ 这是因为我们没有"亲眼看见"发光二极管 D1 发生跳变的准确时刻，也不知道 P3.2 引脚触发信号边沿与 P1.0 引脚跳变信号边沿的具体关系。

这个好办，直接加上逻辑分析仪就可以了，我们将逻辑分析仪的通道 0 连接到 P3.2 引脚上，为其命名为"KEY"，该路信号可以反映出轻触按键 S1 的状态变化（为了便于操作，可以用方波信号源代替手动按键，用信号源的信号"模拟"出多次按键的波形），再将逻辑分析仪的通道 1 连接到 P1.0 引脚上，为其命名为"LED"，该路信号可以反映出发光二极管 D1 的状态变化。将逻辑分析仪探针连接至两路信号后还需要将逻辑分析仪的地线与单片机系统共地处理，此时将 PC 端的逻辑分析仪上位机软件打开，选择合适的采样率，等待采样结束后可以得到如图 11.19 所示时序。

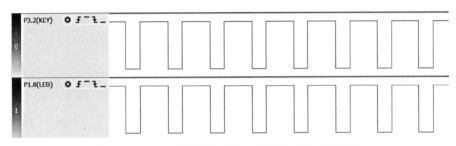

图 11.19 P3.2 引脚"上升沿＋下降沿"触发中断效果

在中断法键控灯程序中，小宇老师故意没有在 P3.2 端口的中断服务函数中添加按键"去抖"程序和松手检测，目的是为了看清 P3.2 引脚触发信号边沿与 P1.0 引脚跳变信号边沿的具体关系。因为在程序中配置 INT0 中断源的触发方式为"IT0＝0;"，即上升沿和下降沿都会触发，所以图 11.18 中可以观察到 P3.2 引脚上的每个边沿都会导致 P1.0 引脚上的电平跳变，实测的波形非常直观，也很好理解。

假设将"IT0＝0;"这条语句进行注释，启用主函数中的另一条语句"IT0＝1"，改动后再将程序重新编译并下载，等待采样结束后可以得到如图 11.20 所示波形。

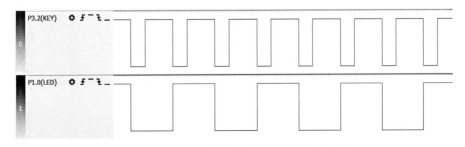

图 11.20 P3.2 引脚"仅下降沿触发"中断效果

从实测效果可以观察到，INT0 中断源的触发方式变为仅下降沿触发后，P3.2 引脚上的下降沿时刻引起了 P1.0 引脚上的电平跳变，将图 11.19 与图 11.18 做个比较就能更为直观地理解不同的触发方式下对中断行为的影响。

和查询法一样,现在也基于实验的体会列举下中断法的特征分析。

(1) **中断法优势**:中断法的本质是"事件驱动",这一点和查询法完全不同,当中断事件发生的时候中断服务函数才会被执行,这样一来 CPU 就可以得到"解放",无须耗费时间一直等待某一"事件"的发生,处理效率较高。引入中断机制和优先级后可以对程序任务进行合理划分,更能凸显"智能化"处理需求,系统实时性也大大改善了。

(2) **中断法注意点**:中断法下的编程较查询法而言稍显复杂,需要开发者自行实现"初始化配置""中断服务函数编写"及中断嵌套场景下的"优先级调配"。若处理得好,各中断都可以有条不紊地运作,反之就会带来很多异常的问题,但是中断法的优势很明显,所以朋友们要尽量熟练中断编程,掌握编程技巧,特别是面对多个中断源的复杂场景。

不知不觉间,中断章节就已经学习完了,细细回想,本章所讲解的 STC8 单片机中断机制和中断资源的学习内容都比较基础,STC8 单片机中断所涉及的寄存器也很简单,但是用好中断却不容易,所以,读者朋友们应该多实践,多思考,深入体会中断机制,编好中断服务函数,解决实际项目需求。

第12章

"老和尚捻珠数羊"基础型定时计数器运用

章节导读:

本章将详细介绍 STC8 系列单片机基础型定时/计数器的相关知识和应用,共分为 4 节。12.1 节讲解了软件延时法和软件计数法,让大家回忆常规编程方法并讲解了 STC-ISP 软件中的"软件延时"计算工具;12.2 节引入了"老和尚捻珠数羊"的趣味例子,将老和尚捻珠比喻成定时器,将老和尚数羊比喻成计数器,说明了定时器和计数器两者的本质和区别;12.3 节介绍了 STC8 系列单片机 T/C 资源的情况和配置方法,着重讲解了 T0~T4 资源的工作模式和参数计算;12.4 节提供了运用案例,让大家学会使用 STC-ISP 软件中的"定时器"计算工具,随后做了 1Hz 信号输出、时钟输出、简易方波发生器和外部脉冲计数等实验。本章内容需要读者朋友们熟练掌握,为以后学习高级型 T/C 资源做好铺垫。

12.1 软件延时法与软件计数法

在讲解定时/计数器资源内容之前让我们先行思考,什么是定时呢? 按照以往的经验,定时是不是让单片机经历一段固定的时间呢? 比如定时 1ms、定时 10ms,我们学过的延时函数貌似就能实现这个过程,这种依靠循环执行空语句消耗 CPU 时间的方法叫作"软件延时法",此类函数的写法有很多,我们看看之前学习的内容,用 C51 语言编写的 delay(u16 Count)函数语句如下。

```
void delay(u16 Count)
{
    u8 i,j;
    while(Count -- )                      //Count 形参控制延时次数
    {
        for(i = 0;i < 50;i++)
        for(j = 0;j < 20;j++);
    }
}
```

该函数并不复杂,该函数没有返回值,但是有一个形参 Count,这个形参大小决定了内部循环执行的次数(也直接影响了延时时间的长短),比如 delay(10)和 delay(100)相比较,后者获得的延时时间就会长一些。函数内定义了 i 和 j 两个变量用于循环控制,在 while()循环中有两个 for()循环进行了嵌套,嵌套后的 for()循环会执行 50×20=1000 次空语句(因为第二个 for()循环末尾直接写了分号,相当于空语句)。while()循环的控制条件是形参 Count,每执行一次 while()大循环,

Count 就会减 1,当 Count 减到 0 时 while()循环就会停止。

继续思考,什么是计数呢? 计数是不是让单片机对某一事件进行检测然后累加次数呢? 比如某个引脚上出现了 3 次低电平,我们学过的引脚状态判断函数貌似就能实现这个计数过程,这种检测引脚状态变化并累加次数的方法叫作"软件计数法",此类函数的写法也很多,我们看看之前学习的内容,用 C51 语言编写的 Count()函数语句如下。

```
u16 num = 0;                              //定义按键次数变量 num
void Count(void)
{
    if(KEY == 0)                          //若按键按下
    {
        delay(50);                        //软件延时"去抖"
        if(KEY == 0)                      //确定按键按下
        {
            if(num >= 100)                //如果次数大于或等于100
                num = 0;                  //清零次数变量
            else
                num += 1;                 //进行次数加1操作
            while(!KEY);                  //等待本次按键松手
        }
    }
}
```

编写该函数之前需要定义一个全局变量 num,用于存放按键次数(即按键引脚被拉低的次数),进入 Count()函数后便对 KEY 引脚进行检测,若检测到 KEY 引脚出现低电平则延时一段时间(目的是用软件延时法忽略因按键机械簧片振荡所导致的抖动信号),延时之后第二次检测 KEY 引脚,若 KEY 引脚状态仍为低电平则认为按键确实稳定地被按下了,此时会让变量 num 加 1,若 num 变量的值大于或等于 100 则让 num 归零。最后通过"while(!KEY)"语句等待按键松手(该语句的作用是保证每按一次按键 num 只加一次,若不添加该语句就可能出现循环累加的情况,即明明只按了一次,结果加了好几次或几十次)。

有不少朋友对我们刚刚写的 delay(u16 Count)函数有疑问,倒不是看不懂函数的语句,而是疑惑:这函数执行一次是多久的延时呢? 这个问题问得好,这个函数中的 20 和 50 两个参数其实是小宇老师瞎写的,没有一个精确的时间,该函数具体的延时长短和单片机时钟频率、内核指令集及调用次数有关。可以用类似闪烁灯的程序去验证该函数在不同条件下的延时长短(用逻辑分析仪辅助测量即可)。

那有没有什么办法可以得到一个精确的软件延时呢? 当然是有的,最简单的办法就是用"助攻"软件 STC-ISP 直接生成延时函数,打开该软件的"软件延时计算器",其配置界面如图 12.1 所示。

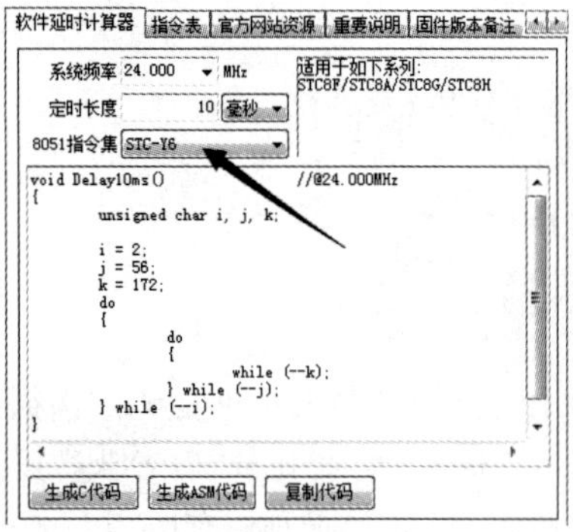

图 12.1　利用 STC-ISP 轻松配置
软件延时函数

软件延时函数的配置很简单,先选好系统频率,然后选好 8051 指令集(要特别注意:STC 不同系列的单片机指令集不同),这里选择 STC-Y6 指令集,该指令集适用于 STC8F、STC8A、STC8G 和 STC8H 系列单片机。然后再确定定时长度(如 10ms),接着单击"生成 C 代码"或"生成 ASM 代码"按钮即可。剩下的工作就很简单了,直接把这个延时函数复制到工程中使用即可得到设定的延时长度。

在一般场景中,软件延时法和软件计数法都较为常用。这种方法的优点是复杂度不高,移植简单,但在某些应用中会有局限。就拿软件延时法来说,这种方法会降低 CPU 的利用率,也会降低系统的实时性,在多任务处理场景中会导致任务执行混乱和任务间的相互等待。又拿软件计数法来说,这种方法适用于简单的电平判断,不适合用在高速脉冲计数上,不易测得脉冲参数(如脉宽、占空比、周期等),所以任何方法都要讲"适用"。

12.2 单片机定时/计数器本质及区分

说到 STC8 单片机的定时/计数器资源,这可是片上资源中的"重头戏"。单从名词字面上去理解,就可以感觉到定时器和计数器有着密切的关系,从本质上讲两者其实都是靠计数去实现的。为了弄明白定时/计数器的差别,让我们一起来"看图说话",小宇老师特意做了一张如图 12.2 所示的"老和尚捻珠数羊图"展示给大家,读者朋友们需要分析图片含义,体会其中道理。

先看图 12.2 中的"老和尚"这个角色,只见老和尚手持念珠位于图片左侧,老和尚手持念珠几十载,对于拨动念珠非常熟悉,假设老和尚 1s 拨动一颗念珠,一串念珠上有 60 颗珠子,那么老和尚拨动一圈念珠所花费的时间就正好是 1min,也就是说 60 个 1s 就是 1min,这个道理很简单。为了联系本章内容,我们现将老和尚与念珠的"体系"关联到单片机领域中,念珠的个数用一个寄存器来装,捻动速度我们理解为时钟脉冲的周期,由于捻动速度是一定的(即时钟周期一定),那么捻动念珠一圈的时间就是念珠个数与捻动速度的乘积,这个时间就是定时时间。

图 12.2 老和尚捻珠数羊图

在老和尚拨动念珠的场景中,定时/计数器资源表现为"定时功能"。计数的脉冲来自于单片机的内部时钟,定时/计数器资源在固定周期的时钟脉冲条件下进行计数,当达到寄存器设定的计数值后就会发生"溢出"从而产生相应事件或者触发中断,由于时钟周期是定值,所以可以通过时钟脉冲的个数与时钟周期的乘积得到具体的定时时长。一句话总结:定时器模式下关心的是"时间的长短"。

接下来体会图 12.2 中老和尚"数羊"的过程,老和尚在数羊的时候其实并不能确定羊什么时候出现,有可能每隔 1s 就来 1 只羊,也有可能捻动念珠 1 圈(1min)后才只出现了 3 只羊,也就是说羊出现的概率是随机的、不确定的。同样将老和尚数羊的"体系"关联到单片机领域中,羊的个数我们理解为引脚上的外部脉冲,至于脉冲什么时候来?来几个?都是不确定的,所以计数的个数与实际情况有关。

在老和尚数羊的场景中,定时/计数器资源表现为"计数功能"。计数的脉冲来自于单片机的外部脉冲,对外部引脚输入的电平脉冲进行计数,在计数体系中用户可以选择具体的触发方式,当计数值达到寄存器的设定值后会发生"溢出"从而产生相应事件或者触发中断。一句话总结:计数器模式下关心的是一段时间内"特定事件发生的次数"。

综上,定时器和计数器的本质其实都是计数器,根据计数脉冲的来源选择和功能"角色"配置就可以达到逻辑上的"转换和统一"。定时/计数器资源几乎成为所有单片机控制芯片中的"标配",原因在于单片机所构成的系统中经常会需要定时/计数功能,例如,定时查询端口状态、定时输出控制信号、定时执行数据通信、对 I/O 外部脉冲进行计数、对传感器脉冲进行计数,等等。定时功能还可以当作"精确延时",由于时钟脉冲的周期是比较精确的,所以采用定时/计数器资源进行延时的方法相比软件延时法更为精确。定时/计数器在计数应用上也优于软件计数法,不仅支持高速计数还能获取脉冲参数。

12.3　基础型 T/C 资源简介及配置

接下来开始正式学习 STC8 系列单片机定时/计数器资源(或简称为 T/C 资源)。以 STC8H 系列单片机为例,该系列单片机内部集成了 5 个 16 位 T/C 单元(即 T0~T4)。这些 T/C 单元既可以作为计数器又可以作为定时器,使用上非常灵活。

以 STC8H8K64U 型号单片机为例,该型号单片机与 T/C 资源相关的寄存器共有 15 个。定时器控制寄存器 1 个,定时器模式寄存器 1 个,辅助寄存器 1 个,中断与时钟输出控制寄存器 1 个,T4/T3 控制寄存器 1 个,掉电唤醒定时器 2 个(该该寄存器虽属于 T/C 资源,但不用作常规定时/计数场景,这部分的内容会放在第 20 章展开讲解),时钟预分频寄存器 3 个,剩下的就是 T0~T4 的高/低字节计数寄存器了。

寄存器列表的最后一个是 T3/T4 选择寄存器(严格意义上说,这个寄存器只是改变了 T3 和 T4 的功能引脚(例如计数脉冲引脚和时钟输出引脚),不算是 T/C 资源寄存器的核心,所以小宇老师在第 15 项上加了个"＊"号)。T/C 相关寄存器的名称及功能如图 12.3 所示。

STC8 系列单片机
T/C 功能
寄存器组成

1. 定时器控制寄存器TCON
2. 定时器模式寄存器TMOD
3. 辅助寄存器AUXR
4. 中断与时钟输出控制寄存器INTCLKO
5. T4/T3控制寄存器T4T3M
6. 掉电唤醒定时器高/低字节计数寄存器WKTCH/WKTCL
7. T0高/低字节计数寄存器TH0/TL0
8. T1高/低字节计数寄存器TH1/TL1
9. T2高/低字节计数寄存器T2H/T2L
10. T3高/低字节计数寄存器T3H/T3L
11. T4高/低字节计数寄存器T4H/T4L
12. T2时钟预分频寄存器TM2PS
13. T3时钟预分频寄存器TM3PS
14. T4时钟预分频寄存器TM4PS
＊15. T3/T4选择寄存器T3T4PIN

图 12.3　T/C 资源相关寄存器名称及功能

由于 STC8H 系列单片机的 T/C 资源有 5 个,每个资源的寄存器、功能位、工作模式都有不同,所以按照顺序从 T0 资源开始学习,了解其寄存器配置、工作模式选择和定时参数计算,逐一攻破后再进入编程环节进行运用。

12.3.1　T0 资源模式配置及计算

首先学习 T0 资源,T0 算是基础型 T/C 资源中的"老大",最具有代表性,其工作模式也最为多样,是最常用的 T/C 资源,掌握了 T0 也就掌握了 T1~T4。

我们先来学习与 T0 资源相关的寄存器(这些寄存器的内容只需要大致过一遍即可,不要求记忆和背诵,大致了解每个寄存器的功能即可,至于位名称、位号、位含义这些内容可在实际应用中熟能生巧,逐步内化)。由于 T0 资源的大多数寄存器中包含 T1 资源的配置位,所以将 T0 与 T1 相关寄存器联合起来学习。

我们先来回顾"老朋友"定时器控制寄存器 TCON,这个寄存器在第 11 章已经学习过了,那时候我们研究的是外部中断部分,就需要用到该寄存器中的 IE1 和 IE0,IT1 和 IT0 这两"对",我们今天再学习剩下的两"对"(TF1 和 TF0,TR1 和 TR0)。这几对的功能位作用是相似的,学习起来没啥难度。该寄存器的相关位定义及功能说明如表 12.1 所示。

表 12.1　STC8 系列单片机定时器控制寄存器

定时器控制寄存器(TCON)							地址值:$(0x88)_H$
位　数	位 7	位 6	位 5	位 4	位 3	位 2	位 1	位 0
位名称	**TF1**	**TR1**	**TF0**	**TR0**	**IE1**	**IT1**	**IE0**	**IT0**
复位值	0	0	0	0	0	0	0	0
位　名	位含义及参数说明							
第 1 对 TF1 位 7 TF0 位 5	TF1:定时/计数器 1(T1)溢出中断标志位							
	当 T1 溢出时硬件会自动将该位置"1"并向 CPU 发出中断请求直到 CPU 响应中断后才由硬件自动清"0"(也可手动将其清"0")							
	TF0:定时/计数器 0(T0)溢出中断标志位							
	当 T0 溢出时硬件会自动将该位置"1"并向 CPU 发出中断请求直到 CPU 响应中断后才由硬件自动清"0"(也可手动将其清"0")							
第 2 对 TR1 位 6 TR0 位 4	TR1:定时/计数器 1(T1)运行控制位							
	若 TMOD 寄存器中的 GATE=0(第 7 位)且 TR1=1 则允许 T1 开始计数,TR1=0 时禁止 T1 计数。若 TMOD 寄存器中的 GATE=1(第 7 位)且 TR1=1 则当外部中断 1(即 INT1)引脚上输入高电平时才允许 T1 计数							
	TR0:定时/计数器 0(T0)运行控制位							
	若 TMOD 寄存器中的 GATE=0(第 3 位)且 TR0=1 则允许 T0 开始计数,TR0=0 时禁止 T0 计数。若 TMOD 寄存器中的 GATE=1(第 3 位)且 TR0=1 则当外部中断 0(即 INT0)引脚上输入高电平时才允许 T0 计数							
第 3 对 IE1 位 3 IE0 位 1	IE1:外部中断 1(INT1)中断标志位							
	当 INT1 发生中断时该位会被硬件置"1"并向 CPU 发出中断请求直到 CPU 响应中断后才由硬件自动清"0"(也可手动将其清"0")							
	IE0:外部中断 0(INT0)中断标志位							
	当 INT0 发生中断时该位会被硬件置"1"并向 CPU 发出中断请求直到 CPU 响应中断后才由硬件自动清"0"(也可手动将其清"0")							
第 4 对 IT1 位 2 IT0 位 0	IT1:外部中断 1(INT1)触发方式位(INT1 默认为 P3.3 引脚)							
	INT0 和 INT1 支持两种触发方式,但是 INT2、INT3 和 INT4 仅支持下降沿触发方式							
	0	上升沿或下降沿均可触发						
	1	仅下降沿触发						
	IT0:外部中断 0(INT0)触发方式位(INT0 默认为 P3.2 引脚)							
	0	上升沿或下降沿均可触发						
	1	仅下降沿触发						

若用户需要用 C51 语言编程清除 T0 的溢出标志位且让 T0 开始运行,可编写语句:

```
TF0 = 0;                    //清零 T0 溢出标志
TR0 = 1;                    //启动 T0 开始计数
```

这样的语句看起来非常简洁,这是因为 TCON 寄存器支持按位寻址,所以可以将这些功能位单独拿出来赋值,但是接下来要学习的 TMOD 寄存器就只支持字节寻址方式,该方式下只能用字节赋值的操作。定时器模式寄存器 TMOD 主管 3 大块功能,第一是决定 T/C 资源的"角色"(即定时器模式或计数器模式),第二是对脉冲输入进行控制(即门控),第三是配置 T0 和 T1 资源的工作模式。该寄存器使用频次很高,相关位定义及功能说明如表 12.2 所示。

表 12.2　STC8 系列单片机定时器模式寄存器

定时器模式寄存器(TMOD)							地址值:(0x89)$_H$
位　数	位 7	位 6	位 5	位 4	位 3	位 2	位 1	位 0
位名称	GATE	C/T	M1	M0	GATE	C/T	M1	M0
复位值	0	0	0	0	0	0	0	0
位　名	位含义及参数说明							

GATE	T1 门控位(位 7)		
	若该位为"0"则 T1 的运行控制仅由 TCON 寄存器中的 TR1 位决定,若该位为"1"则 T1 必须满足两个条件才能正常运行(条件 1:TR1=1,条件 2:INT1 中断引脚必须输入高电平)		
	T0 门控位(位 3)		
	若该位为"0"则 T0 的运行控制仅由 TCON 寄存器中的 TR0 位决定,若该位为"1"则 T0 必须满足两个条件才能正常运行(条件 1:TR0=1,条件 2:INT0 中断引脚必须输入高电平)		
C/T	T1 角色配置位(位 6)		
	0	T1 作为定时器(对内部系统时钟脉冲进行计数获得定时时长)	
	1	T1 作为计数器(对 T1/P3.5 引脚外部脉冲进行计数获得事件次数)	
	T0 角色配置位(位 2)		
	0	T0 作为定时器(对内部系统时钟脉冲进行计数获得定时时长)	
	1	T0 作为计数器(对 T0/P3.4 引脚外部脉冲进行计数获得事件次数)	
M1+M0 位 5:4	T1 工作模式选择位		
	00	模式 0:16 位自动重载模式	01	模式 1:16 位非自动重载模式
	10	模式 2:8 位自动重载模式	11	模式 3:T1 停止工作
M1+M0 位 1:0	T0 工作模式选择位		
	00	模式 0:16 位自动重载模式	01	模式 1:16 位非自动重载模式
	10	模式 2:8 位自动重载模式	11	模式 3:不可屏蔽中断的 16 位自动重载模式

若用户需要用 C51 语言编程配置 T0 作为定时器角色,其运行状态与外部中断 INT0 引脚的电平状态无关,T0 工作在模式 2 方式,可编写语句:

```
TMOD& = 0xF0;                //清零 TMOD 寄存器低 4 位(重置 T0 有关参数)
TMOD| = 0x02;                //GATE = 0,C/T = 0,M1 + M0 = "10"T0 工作在模式 2
```

仔细想想,T0 资源不管配置为哪种工作模式,都相当于是个"计数容器",既然是"容器"就是用来装载计数值的,计数的来源要么是片外引脚上的电平脉冲(计数模式),要么是片内时钟信号(定时模式)。以定时模式为例,时钟信号的频率越高则装满"容器"的时间就短,反之时间就越长。这么看来,T0 在定时模式下的时间长短就和时钟信号频率及"容器"大小有关。那时钟信号频率能分挡调节吗? 当然是可以的,编程人员不仅可以对系统时钟进行分频配置,还能在送入 T0 计数器之前再分成"两个挡位",第一个挡位是不分频(即 1T 模式),第二个挡位是进行固定的 12 分频(即 12T 模式),这两个挡位可以通过辅助寄存器 AUXR 中的"T0x12"功能位进行配置,这样一来就可以得到更加宽泛的定时范围。该寄存器中还有一些位与 T/C 资源有关,如 T1x12、T2R、T2_ C/T 和 T2x12,这些位的配置方法都是类似的,该寄存器的相关位定义及功能说明如表 12.3 所示。

表 12.3 STC8 单片机辅助寄存器 1

辅助寄存器 1(AUXR) **地址值:$(0x8E)_H$**

位 数	位 7	位 6	位 5	位 4	位 3	位 2	位 1	位 0
位名称	**T0x12**	**T1x12**	**UART_M0x6**	**T2R**	**T2_C/T**	**T2x12**	**EXTRAM**	**S1ST2**
复位值	0	0	0	0	0	0	0	1

位 名	位含义及参数说明	
T0x12 位 7	T0 速率控制位	
	0	工作在 12T 模式,即 f_{SYSCLK} 的 12 分频
	1	工作在 1T 模式,即 f_{SYSCLK} 不分频
T1x12 位 6	T1 速率控制位	
	0	工作在 12T 模式,即 f_{SYSCLK} 的 12 分频
	1	工作在 1T 模式,即 f_{SYSCLK} 不分频
UART_M0x6 位 5	串口 1 工作模式 0 通信速度控制	
	0	串口 1 工作模式 0 波特率不加倍,固定为 f_{SYSCLK} 的 12 分频
	1	串口 1 工作模式 0 波特率 6 倍速,固定为 f_{SYSCLK} 的 2 分频
T2R 位 4	T2 运行控制位	
	0	定时器 2 停止计数
	1	定时器 2 开始计数
T2_C/T 位 3	T2 角色配置位	
	0	T2 作为定时器(对内部系统时钟脉冲进行计数获得定时时长)
	1	T2 作为计数器(对 T2/P1.2 引脚外部脉冲进行计数获得事件次数)
T2x12 位 2	T2 速率控制位	
	0	工作在 12T 模式,即 f_{SYSCLK} 的 12 分频
	1	工作在 1T 模式,即 f_{SYSCLK} 不分频
EXTRAM 位 1	扩展 RAM 访问控制位	
	0	允许访问内部扩展 RAM 单元
	1	禁止访问内部扩展 RAM 单元
S1ST2 位 0	串口 1 波特率产生来源选择	
	0	由定时器 1 产生波特率
	1	由定时器 2 产生波特率

若用户需要用 C51 语言编程配置 T0 工作在 12T 模式,可编写语句:

```
AUXR& = 0x7F;                                  //清零 T0x12 功能位
```

该寄存器中还有一些关于 T2 资源的功能位,我们也举个例子去配置。若用户需要用 C51 语言编程配置 T2 作为定时器角色,工作在 1T 模式,现在就开始运行,可编写语句:

```
AUXR& = 0xF7;                                  //清零 T2_C/T 功能位,T2 作为定时器
AUXR| = 0x04;                                  //置位 T2x12 功能位,T2 工作在 1T 模式
AUXR| = 0x10;                                  //置位 T2R 功能位,T2 开始运行
```

T0 资源在计数过程中的计数值是存放在 T0 计数寄存器中的,这个寄存器有高字节和低字节之分(是用两个 8 位寄存器联合构成一个"16 位"长度寄存器),该寄存器的构成较为简单,也就是一个计数的"容器",该寄存器的相关位定义及功能说明如表 12.4 所示。

表 12.4 STC8 单片机 T0 计数寄存器

T0 低字节计数寄存器（TL0）   地址值：(0x8A)_H

位　数	位 7	位 6	位 5	位 4	位 3	位 2	位 1	位 0
位名称				TL0[7:0]				
复位值	0	0	0	0	0	0	0	0

T0 高字节计数寄存器（TH0）   地址值：(0x8C)_H

位名称				TH0[7:0]				
复位值	0	0	0	0	0	0	0	0
位　名				位含义及参数说明				
TL0[7:0] TH0[7:0] 位 7:0	当 T0 工作在 16 位模式（模式 0、模式 1 和模式 3）时，TL0 和 TH0 联合构成一个 16 位寄存器，当 T0 工作在 8 位模式（模式 2）时，TL0 和 TH0 为两个独立的 8 位寄存器							

类似地，T1 计数寄存器的相关位定义及功能说明如表 12.5 所示。

表 12.5 STC8 单片机 T1 计数寄存器

T1 低字节计数寄存器（TL1）   地址值：(0x8B)_H

位　数	位 7	位 6	位 5	位 4	位 3	位 2	位 1	位 0
位名称				TL1[7:0]				
复位值	0	0	0	0	0	0	0	0

T1 高字节计数寄存器（TH1）   地址值：(0x8D)_H

位名称				TH1[7:0]				
复位值	0	0	0	0	0	0	0	0
位　名				位含义及参数说明				
TL1[7:0] TH1[7:0] 位 7:0	当 T1 工作在 16 位模式（模式 0、模式 1）时，TL1 和 TH1 联合构成一个 16 位寄存器，当 T1 工作在 8 位模式（模式 2）时，TL1 和 TH1 为两个独立的 8 位寄存器							

计数寄存器作为一个"容器"，总有装满的时候，当计数值继续自增达到最大值后就会发生"计数溢出"事件，这时候溢出标志位就会被硬件自动置"1"，若我们使能了中断允许还会触发中断请求。除了这些常规动作之外，STC8 系列单片机还增加了一项"时钟输出"功能，即当计数溢出时让某些特定的引脚产生翻转，这样就能得到一定频率的输出信号。在某些场景中会显得非常实用。这个功能涉及中断与时钟输出控制寄存器 INTCLKO 中的某些位，该寄存器的相关位定义及功能说明如表 12.6 所示。

表 12.6 STC8 单片机中断与时钟输出控制寄存器

外部中断与时钟输出寄存器（INTCLKO）   地址值：(0x8F)_H

位　数	位 7	位 6	位 5	位 4	位 3	位 2	位 1	位 0
位名称	—	EX4	EX3	EX2	—	T2CLKO	T1CLKO	T0CLKO
复位值	x	0	0	0	x	0	0	0
位　名				位含义及参数说明				
EX4 位 6	外部中断 4（INT4）中断允许位							
	0	禁止外部中断 4 中断						
	1	允许外部中断 4 中断						

续表

外部中断与时钟输出寄存器（INTCLKO)		地址值：(0x8F)$_H$
EX3 **位 5**	外部中断 3(INT3)中断允许位	
	0	禁止外部中断 3 中断
	1	允许外部中断 3 中断
EX2 **位 4**	外部中断 2(INT2)中断允许位	
	0	禁止外部中断 2 中断
	1	允许外部中断 2 中断
T2CLKO **位 2**	T2 时钟输出控制位 　当定时/计数器 2 发生计数溢出时,P1.3 引脚的电平自动发生翻转	
	0	关闭时钟输出
	1	使能 P1.3 口的是定时器 2 时钟输出功能
T1CLKO **位 1**	T1 时钟输出控制位 　当定时/计数器 1 发生计数溢出时,P3.4 引脚的电平自动发生翻转	
	0	关闭时钟输出
	1	使能 P3.4 口的定时/计数器 1 时钟输出功能
T0CLKO **位 0**	T0 时钟输出控制位 　当定时/计数器 0 发生计数溢出时,P3.5 引脚的电平自动发生翻转	
	0	关闭时钟输出
	1	使能 P3.5 口的定时/计数器 0 时钟输出功能

若用户需要用 C51 语言编程启用 T0 的时钟输出功能,可编写语句：

```
INTCLKO| = 0x01;                    //使能 T0CLKO 位,启用 T0 时钟输出功能
```

说到这里,我们就把 T0 资源与 T1 资源的相关寄存器熟悉了一遍,这些寄存器的配置非常重要,朋友们需要多加梳理,接下来就开始学习 T0 资源的四种工作模式。

1. T0 模式 0：16 位自动重载模式

我们先来看看 T0 的模式 0,该方式为 16 位定时/计数方式(是将 TH0+TL0 这两个 8 位寄存器联合起来使用),该模式可以支持自动重装载功能(即 TH0 和 TL0 中的内容可以被 RL_TH0 和 RL_TL0 寄存器中的内容直接覆盖,以缩短手动赋值的时间,提升定时精度)。该模式算得上 T0 模式中的"代表"了,只要搞懂了这个,其他的模式都是小菜一碟。该模式下的工作流程如图 12.4 所示。

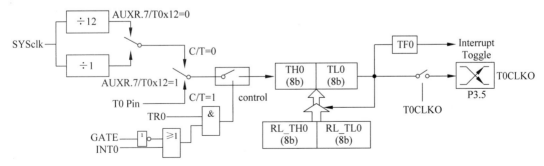

图 12.4　T0 模式 0 工作流程图

我们从左到右分析工作流程图,图中最左边的"SYSclk"表示单片机系统时钟频率 f_{SYSCLK},该时钟信号可作为 T/C 资源定时模式下的"内部脉冲"来源,可以配置辅助寄存器 AUXR 中的"T0x12"位让系统时钟进行 1 分频(相当于没分频,即 1T 模式,1 个时钟就能让计数器加 1 次)或 12 分频

（相当于除以 12，即 12T 模式，要 12 个时钟才能让计数器加 1 次）。分频的意义在于得到不同范围的时钟频率，也就间接改变了 T/C 资源的定时时长范围。

再往右看，T0 单元的角色配置是由 C/T 位来决定（即 TMOD 寄存器中的"位 2"），若 C/T＝0（默认情况）则 T0 作为定时器角色，分频处理后的系统时钟信号作为 T0 的计数来源。若 C/T＝1 则 T0 作为计数器角色，T0/P3.4 引脚上的外部脉冲作为 T0 的计数来源。

明确了 T0 的角色和计数来源之后就到了"control"单元，简单说该单元就是个功能"开关"，只有当开关打开后相关脉冲才能进入计数器核心单元开始计数，反之就被"拒之门外"无法计数。单独把这个开关电路"拿出来"的话就如图 12.5 所示，这个开关是受 TR0、GATE 位和 INT0 引脚电平三者控制的，这三个条件连接了一个非门、一个或门和一个与门，乍一看很复杂，其实很好理解。

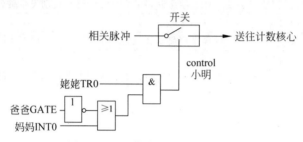

图 12.5　T0 模式 0 运行控制逻辑

小宇老师将这个开关控制电路比作"小明要吃糖"的场景关系。GATE 位（即 TMOD 寄存器中的"位 3"）好比是"爸爸"，INT0 引脚上的电平状态好比是"妈妈"，TR0 位（即 TCON 寄存器中的"位 4"）好比是"姥姥"，小明就是开关的结果"Y"，小明要吃糖的事件关系如下。

$$Y_{(小明)} = TR0 \times (GATE + INT0) = 姥姥 \times (爸爸 + 妈妈) \tag{12.1}$$

从关系上看，决定小明能不能吃到糖的关键是"姥姥"，在家里肯定是以长辈为大，所以爸爸妈妈也得听姥姥的，就算爸爸妈妈都允许小明吃糖，但姥姥说不能吃，那小明也吃不到糖，这意思就是 TR0 位充当着"一夫当关，万夫莫开"的角色。要想相关脉冲能够顺利过关，必须要把 TR0 位置"1"，反之开关就会关闭。

那爸爸和妈妈是什么关系呢？若 GATE＝0，经过非门后的结果就反转为 1（即爸爸赞同小明吃糖），那此时小明要吃糖的关系即为 Y＝1×（1＋妈妈），这时候不管妈妈是什么意见小明都可以吃到糖（妈妈看到姥姥和爸爸都同意小明吃糖，心里想"那就这样吧！"），也就是说 GATE＝0 时，INT0 引脚上不管是什么电平状态都不会影响 T0 的运行。

若 GATE＝1，经过非门后的结果就反转为 0（即爸爸"不敢吭声"，可能也间接反映了爸爸的"家庭地位"），那这时候怎么办呢？此时小明要吃糖的关系即为 Y＝1×（0＋妈妈），这时候妈妈的意见就至关重要了，因为爸爸也是看妈妈的"眼色行事"，只有当妈妈允许时，小明才能吃到糖。意思是 GATE＝1 时，INT0 引脚上的电平状态就决定了 T0 的运行（这种模式很有用，利用 INT0 引脚的电平状态可以让 T/C 资源实现外部信号脉宽长短的测量），INT0 引脚上必须是高电平时 T0 才能计数，反之不能计数。

经过了开关控制电路之后，我们就来到了核心计数单元，TH0 和 TL0 这两个寄存器联合起来构成了 16 位计数器，在这两个寄存器下面还有两个隐藏的寄存器（即 RL_TH0 和 RL_TL0 寄存器），这样的结构就能实现自动重装载。这个"重装载"是什么意思呢？就好比是一把"打不完子弹"的手枪，手枪打出的子弹是从"TH0＋TL0"中提供，当"TH0＋TL0"中的子弹打完时（即计数溢出），此时会启用"RL_TH0＋RL_TL0"备用"弹夹"，直接用备用弹夹替换掉"TH0＋TL0"，手枪子弹量就瞬间恢复如初了，这就叫自动重新装载。

这个功能是如何实现的呢？我们扩展一些内容，其实 RL_TH0 与 TH0 寄存器共用了一个地址单元,RL_TL0 与 TL0 寄存器也共用了一个地址单元。当 T0 没有运行时,我们向 TH0 赋值的内容也会间接赋值给 RL_TH0,我们向 TL0 赋值的内容也会间接赋值给 RL_TL0,此时的"RL_TH0+RL_TL0"相当于"TH0+TL0"的备份单元。当 T0 开始运行时"RL_TH0+RL_TL0"寄存器中的内容并不会发生变化(仍然保留着原来的赋值),真正的计数场合其实是"TH0+TL0"寄存器,当计数器发生溢出时会产生两个动作,第一是由硬件自动将"TF0"位置"1"并产生中断请求给 CPU(正如图 12.4 中的"Interrupt"线路),第二是由硬件自动将"RL_TH0+RL_TL0"中的内容直接覆盖到"TH0+TL0"寄存器中,相当于初始化了手枪"弹夹"。

工作流程图的最右端是时钟频率输出功能,"T0CLKO"位是实现该功能的控制开关(位于中断与时钟输出控制寄存器 INTCLKO 中的位 0)。该位默认为"0"(即关闭时钟输出功能),也可以按照需求将其置"1",当 T0 发生计数溢出时 P3.5 引脚的电平也会跟着翻转。

2. T0 模式 1:16 位非自动重载模式

再来看看 T0 的模式 1,该方式与模式 0 类似,也是 16 位定时/计数方式但不支持自动重装载功能(即不存在 RL_TH0 和 RL_TL0 寄存器),该模式下的工作流程如图 12.6 所示(图中各单元和模式 0 讲解类似,故而不再赘述)。

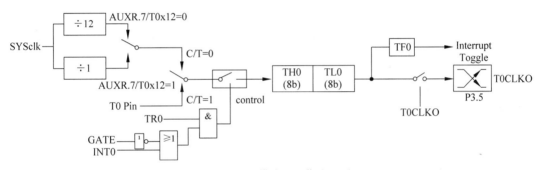

图 12.6 T0 模式 1 工作流程图

3. T0 模式 2:8 位自动重载模式

再来看看 T0 的模式 2,该方式为 8 位定时/计数方式(启用 TL0 作为计数器,让 TH0 成为 TL0 的备份计数器),该模式可以支持自动重装载功能(即用 TH0 中的内容去覆盖 TL0 中的内容,以缩短手动赋值的时间,提升定时精度)。该模式下的工作流程如图 12.7 所示(图中各单元和模式 0 讲解类似,故而不再赘述)。

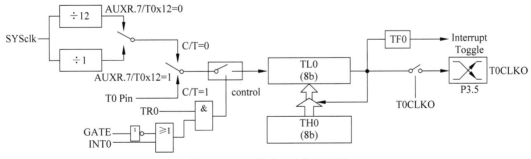

图 12.7 T0 模式 2 工作流程图

4. T0 模式 3:不可屏蔽中断的 16 位自动重载模式

最后看看 T0 的模式 3,该模式下的工作流程如图 12.8 所示。该方式与模式 0 几乎一样(都是 16 位定时/计数方式,都支持自动重装载功能),只是在中断处理上存在差异。

对于模式 0 来说,要想 T0 能产生溢出中断就必须让 ET0=1(即中断使能寄存器 IE 中的"位
1"),同时让中断总允许位 EA=1(即中断使能寄存器 IE 中的"位 7")。在程序中如果不满足
"EA=1"且"ET0=1"的条件,则 T0 不能产生中断。但模式 3 却不是这样,在该方式下一旦让
"ET0=1"后,溢出中断就被开启了,不管 EA 是不是为"1"中断都能产生,就算这时候把 ET0 位重
新清零也没用,中断仍然能产生且固定为最高优先级(不能被其他的任何中断源"打断"),所以模式
3 下的中断一旦开启就不再受 ET0 和 EA 位的控制了,属于"不可屏蔽中断"。

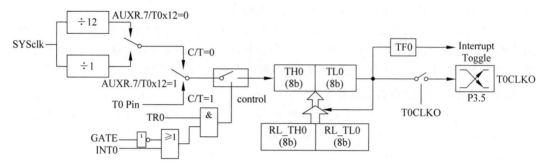

图 12.8　T0 模式 3 工作流程图

T0 资源的四种工作模式其实都挺相似,T0 模式 0 就是所有模式中的"代表",经过四种模式的
学习,我们更加清楚了 T/C 资源在定时、计数模式下的工作流程,都是要经过脉冲选择、输入允许、
核心计数最后溢出,继而产生中断或时钟输出,整个流程其实并不复杂。

图 12.9　定时/计数器原理类似于
"烧杯滴水"

流程虽然掌握了,但也有一些疑问没有解开,例如,我们怎
么利用 T0 得到预设的定时时间呢? 比如要定时 10ms,要怎么
计算相关参数去配置寄存器取值呢? 定时时间和工作模式之
间有什么关系呢? 朋友们先别着急,在讲解这些问题之前先和
小宇老师一起,解决一个"烧杯滴水"的疑问,该场景如图 12.9
所示。

让我们回到初中物理课,假设有一个烧杯,总容积是
100mL(即烧杯总容量 $x=100$),在做实验前烧杯里已经有
20mL 的水了(即已装水量 $a=20$),现在用一个滴水装置悬挂于烧杯正上方往烧杯里滴水,滴水速
度固定为 1mL/s,问:多少秒后烧杯装满水?

这个题目十分简单,有不少同学想都不用想就能回答出正确答案 80s,答案倒是没错,但我们
得回到题目梳理关系,这个滴满时间 t 应该满足如下关系。

$$t_{滴满时间} = \frac{x_{烧杯总容量} - a_{已装水量}}{f_{滴水速度}} \tag{12.2}$$

若将题目中的已知参数代入式(12.2)中容易得到:

$$t_{滴满时间} = \frac{100 - 20}{1} = 80s$$

要是将式(12.2)稍作变形,就能根据预设滴满时间 t 反向求解出预装水量 a,也就是求解"已知
t 未知 a"的问题,其计算关系如下。

$$a_{预装水量} = x_{烧杯总容量} - t_{预设滴满时间} \times f_{滴水速度} \tag{12.3}$$

比如我想让滴满时间 t 等于 30s,那实验开始前应该向烧杯内预装多少水呢? 根据式(12.3)可
以轻松求得:

$$a_{预装水量} = 100 - 30 \times 1 = 70mL$$

如果朋友们能理解这个"烧杯滴水"的问题,那整个 T/C 章节的计算就全都"拿下"了。以 T0

模式 0 为例,该模式为 16 位计数器方式(则"烧杯总容量"x 就是 $2^{16}=65\,536$),我们可以向"烧杯"里加水(这里的"烧杯"就是 TH0 和 TL0 寄存器,"加水"操作就是向这两个寄存器中赋值),加入的水量也就是"已装水量"a(a 可以为 0,那就是"空烧杯"的情况),已知"滴水速度"f(也就是系统时钟的频率 f_{SYSCLK}),那"滴满时间"t(也就是定时时间长度)就可以用如下公式进行求解。

$$t_{\text{定时时间}}=\frac{2^{16}-a_{\text{(TH0,TL0)}}}{f_{\text{SYSCLK}}} \tag{12.4}$$

要是将式(12.4)稍作变形,就能根据预定时间 t(也就是"滴满时间")反向求解出定时初值 a(也就是"已装水量"),其计算关系如下。

$$a=2^{16}-t\times f_{\text{SYSCLK}} \tag{12.5}$$

根据这样的计算方法,就可以列出 T0 各模式下定时时间 t 和定时初值 a 的计算公式,小宇老师总结归纳后如表 12.7 所示(注意:在实际计算时,定时时间 t 的单位是 s,时钟频率 f_{SYSCLK} 的单位是 Hz)。

表 12.7 T0 定时时间及定时初值计算公式

工 作 模 式	速 度	定时时间 t 计算公式	定时初值 a 计算公式
模式 0 模式 1 模式 3	1T	$t=\dfrac{2^{16}-a_{\text{(TH0,TL0)}}}{f_{\text{SYSCLK}}}$	$a=2^{16}-t\times f_{\text{SYSCLK}}$
	12T	$t=\dfrac{12\times(2^{16}-a_{\text{(TH0,TL0)}})}{f_{\text{SYSCLK}}}$	$a=2^{16}-t\times\dfrac{f_{\text{SYSCLK}}}{12}$
模式 2	1T	$t=\dfrac{2^{8}-a_{\text{(TH0)}}}{f_{\text{SYSCLK}}}$	$a=2^{8}-t\times f_{\text{SYSCLK}}$
	12T	$t=\dfrac{12\times(2^{8}-a_{\text{(TH0)}})}{f_{\text{SYSCLK}}}$	$a=2^{8}-t\times\dfrac{f_{\text{SYSCLK}}}{12}$

观察这些公式其实也大同小异,无非就是速度挡位(1T 模式、12T 模式)和定时器"容量"(8 位就是 2^{8},16 位就是 2^{16})方面有所区别,计算难度也很低,算来算去无非是加减乘除,所以一定要边理解边记忆。

12.3.2 T1 资源模式配置及计算

接下来讲解 T1 资源,该资源支持三种工作模式。

1. T1 模式 0:16 位自动重载模式

先来看看 T1 的模式 0(类似于 T0 的模式 0),该方式为 16 位定时/计数方式且支持自动重装载功能,该模式下的工作流程如图 12.10 所示。

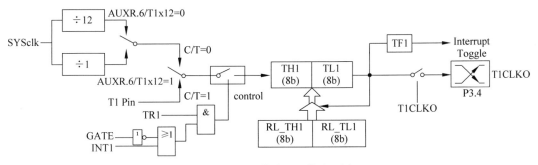

图 12.10 T1 模式 0 工作流程图

从左到右分析工作流程图,系统时钟 f_{SYSCLK} 的输入可分为两个"挡位"(即 1T 模式和 12T 模式),我们可以通过配置辅助寄存器 AUXR 中的"T1x12"位进行分挡选择。T1 单元的"角色"配置是由 C/T 位来决定(即 TMOD 寄存器中的"位 6"),若 C/T=0(默认情况)则 T1 作为定时器角色,分频处理后的系统时钟信号作为 T1 的计数来源。若 C/T=1 则 T1 作为计数器角色,T1/P3.5 引脚上的外部脉冲作为 T1 的计数来源。

脉冲源选择完毕后需要经过"control"功能开关,该开关受 TR1、GATE 位和 INT1 引脚电平三者控制,经过了开关控制电路之后就到了核心计数单元,TH1 和 TL1 这两个寄存器联合起来构成了 16 位计数器,RL_TH1 和 RL_TL1 寄存器作为该模式自动重装载的"弹夹"。工作流程图的最右端是计数溢出后的处理路线,要么是产生中断请求(此时 TF1 标志位会被硬件自动置"1"),要么是进行时钟输出(可配置"T1CLKO"功能位,当 T1 发生计数溢出时 P3.4 引脚的电平也会跟着翻转)。

2. T1 模式 1:16 位非自动重载模式

我们再来看看 T1 的模式 1,该方式与模式 0 类似,也是 16 位定时/计数方式但不支持自动重装载功能(即不存在 RL_TH1 和 RL_TL1 寄存器),该模式下的工作流程如图 12.11 所示(图中各单元和模式 0 讲解类似,故而不再赘述)。

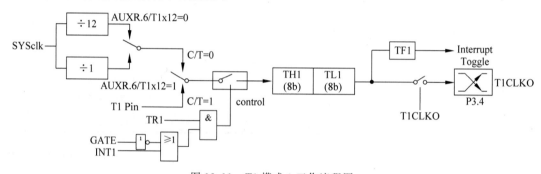

图 12.11　T1 模式 1 工作流程图

3. T1 模式 2:8 位自动重载模式

再来看看 T1 的模式 2,该方式为 8 位定时/计数方式(启用 TL1 作为计数器,让 TH1 成为 TL1 的备份计数器),该模式支持自动重装载功能(即用 TH1 中的内容去覆盖 TL1 中的内容,以缩短手动赋值的时间,提升定时精度)。该模式下的工作流程如图 12.12 所示(图中各单元和模式 0 讲解类似,故而不再赘述)。

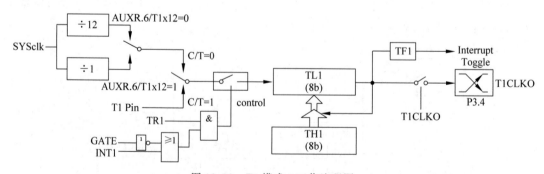

图 12.12　T1 模式 2 工作流程图

说到这里,T1 资源的三种工作模式就讲解完毕了(注意:T1 资源不存在模式 3),T1 资源的定时时间及定时初值计算方法与 T0 资源类似,只是在计数"容器"名称上发生了改变(T1 资源的计数寄存器是 TH1 和 TL1),T1 资源相关参数的计算公式如表 12.8 所示。

表 12.8 T1 定时时间及定时初值计算公式

工作模式	速度	定时时间 t 计算公式	定时初值 a 计算公式
模式 0 模式 1	1T	$t = \dfrac{2^{16} - a_{(TH1,TL1)}}{f_{SYSCLK}}$	$a = 2^{16} - t \times f_{SYSCLK}$
	12T	$t = \dfrac{12 \times (2^{16} - a_{(TH1,TL1)})}{f_{SYSCLK}}$	$a = 2^{16} - t \times \dfrac{f_{SYSCLK}}{12}$
模式 2	1T	$t = \dfrac{2^{8} - a_{(TH1)}}{f_{SYSCLK}}$	$a = 2^{8} - t \times f_{SYSCLK}$
	12T	$t = \dfrac{12 \times (2^{8} - a_{(TH1)})}{f_{SYSCLK}}$	$a = 2^{8} - t \times \dfrac{f_{SYSCLK}}{12}$

12.3.3 T2 资源模式配置及计算

接下来讲解 T2 资源,该资源仅支持一种工作模式(16 位自动重载模式)。该资源的计数"容器"是由 T2H 和 T2L 两个 8 位寄存器联合构成,这两个寄存器的相关位定义及功能说明如表 12.9 所示。

表 12.9 STC8 单片机 T2 计数寄存器

T2 高字节计数寄存器(T2H)							地址值:(0xD6)H
位 数	位 7	位 6	位 5	位 4	位 3	位 2	位 1	位 0
位名称	T2H[7:0]							
复位值	0	0	0	0	0	0	0	0

T2 低字节计数寄存器(T2L)							地址值:(0xD7)H
位名称	T2L[7:0]							
复位值	0	0	0	0	0	0	0	0
位 名	位含义及参数说明							
T2H[7:0] T2L[7:0] 位 7:0	T2 资源只有一种工作模式,固定为 16 位自动重载模式,T2L 和 T2H 联合构成一个 16 位寄存器							

为了得到范围更宽的定时时长,T2 资源单独设立了一个 8 位时钟预分频寄存器 TM2PS,这个寄存器可以把系统时钟 f_{SYSCLK} 再次细分,这样一来 f_{SYSCLK} 的频率范围就更宽了(定时时长范围也会更宽),该寄存器的相关位定义及功能说明如表 12.10 所示。

表 12.10 STC8 单片机 T2 时钟预分频寄存器

T2 时钟预分频寄存器(TM2PS)							地址值:(0xFEA2)H
位 数	位 7	位 6	位 5	位 4	位 3	位 2	位 1	位 0
位名称	TM2PS[7:0]							
复位值	0	0	0	0	0	0	0	0
位 名	位含义及参数说明							
TM2PS[7:0] 位 7:0	设定 f_{SYSCLK} 时钟分频系数,计算方法:T2 时钟 $= f_{SYSCLK}/(TM2PS[7:0]+1)$							

若用户需要用 C51 语言编程配置 T2 的时钟预分频系数为 10,可编写语句:

```
P_SW2| = 0x80;                  //允许访问扩展特殊功能寄存器 XSFR
TM2PS = 0x09;                   //配置 TM2PS[7:0] = 9,则分频系数为 9 + 1 = 10
P_SW2& = 0x7F;                  //结束并关闭 XSFR 访问
```

T2 工作模式固定为 16 位定时/计数方式且支持自动重装载功能,该模式下的工作流程如图 12.13 所示。

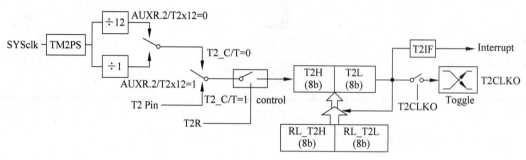

图 12.13 T2 工作模式流程

从左到右分析流程图,系统时钟 f_{SYSCLK} 先要经过 T2 时钟预分频寄存器 TM2PS(分频系数可以配置为 $1\sim256$),进行"细分"后的 f_{SYSCLK} 又分为两个"挡位"(即 1T 模式和 12T 模式),我们可以通过配置辅助寄存器 AUXR 中的"T2x12"位进行分挡选择。T2 单元的"角色"配置是由 T2_C/T 位来决定(即 AUXR 寄存器中的"位 3"),若 T2_C/T=0(默认情况)则 T2 作为定时器角色,分频处理后的系统时钟信号作为 T2 的计数来源。若 T2_C/T=1 则 T2 作为计数器角色,T2/P1.2 引脚上的外部脉冲作为 T2 的计数来源(这里需要特别注意:在 STC8H8K64U 型号单片机上不存在 P1.2 引脚,所以对于这款单片机而言,其 T2 资源不能作为计数器使用)。

脉冲源选择完毕后需要经过"control"功能开关,该开关受 T2R 功能位控制,经过了开关控制之后就到了核心计数单元,T2H 和 T2L 这两个寄存器联合起来构成了 16 位计数器,RL_T2H 和 RL_T2L 寄存器作为该模式自动重装载的"弹夹"。工作流程图的最右端是计数溢出后的处理路线,要么是产生中断请求(此时 T2IF 标志位会被硬件自动置"1"),要么是进行时钟输出(可配置"T2CLKO"功能位,当 T2 发生计数溢出时 P1.3 引脚的电平也会跟着翻转)。

说到这里,T2 资源的工作模式就讲解完毕了,T2 资源的定时时间及定时初值计算方法与 T0 资源类似,只是在计数"容器"名称上和时钟频率的再次"细分"上发生了改变,T2 资源相关参数的计算公式如表 12.11 所示。

表 12.11 T2 定时时间及定时初值计算公式

速　度	定时时间 t 计算公式	定时初值 a 计算公式
1T	$t = \dfrac{(2^{16} - a_{(\text{T2H,T2L})}) \times (\text{TM2PS}[7:0] + 1)}{f_{\text{SYSCLK}}}$	$a = 2^{16} - \dfrac{t \times f_{\text{SYSCLK}}}{\text{TM2PS}[7:0] + 1}$
12T	$t = \dfrac{(2^{16} - a_{(\text{T2H,T2L})}) \times (\text{TM2PS}[7:0] + 1) \times 12}{f_{\text{SYSCLK}}}$	$a = 2^{16} - \dfrac{t \times f_{\text{SYSCLK}}}{12 \times (\text{TM2PS}[7:0] + 1)}$

12.3.4 T3/T4 资源模式配置及计算

最后讲解 T3 和 T4 资源,这两个资源既可以作为定时器又可以作为计数器,其计数引脚和时钟输出引脚可以在两组引脚上自定义切换,只需配置 T3/T4 选择寄存器 T3T4PIN 中的

"T3T4SEL"位即可,该寄存器的相关位定义及功能说明如表 12.12 所示。

表 12.12 STC8 单片机 T3/T4 选择寄存器

T3/T4 选择寄存器(T3T4PIN)							地址值:(0xFEAC)_H
位 数	位 7	位 6	位 5	位 4	位 3	位 2	位 1	位 0
位名称	—	—	—	—	—	—	—	**T3T4SEL**
复位值	x	x	x	x	x	x	x	0
位 名	位含义及参数说明							

T3T4SEL 位 0	T3/T3CLKO/T4/T4CLKO 引脚选择位				
	通过该位的配置确定 T3/T3CLKO/T4/T4CLKO 等引脚				
	取值	T3 引脚	T3CLKO 引脚	T4 引脚	T4CLKO 引脚
	0	P0.4	P0.5	P0.6	P0.7
	1	P0.0	P0.1	P0.2	P0.3

若用户需要用 C51 语言编程配置 T3 计数引脚为 P0.0、T3CLKO 引脚为 P0.1、T4 计数引脚为 P0.2、T4CLKO 引脚为 P0.3,可编写语句:

```
P_SW2| = 0x80;          //允许访问扩展特殊功能寄存器 XSFR
T3T4PIN| = 0x01;        //配置 T3T4SEL 位为"1"
P_SW2& = 0x7F;          //结束并关闭 XSFR 访问
```

T3 和 T4 资源也具备角色配置位、运行控制位、速率控制位和时钟输出控制位,这些功能是通过 T4/T3 控制寄存器 T4T3M 去配置(因为定时器控制寄存器 TCON 装不下那么多功能位,所以为 T3 和 T4 单独设立了一个"专属"控制寄存器),该寄存器的相关位定义及功能说明如表 12.13 所示。

表 12.13 STC8 单片机 T4/T3 控制寄存器

T4/T3 控制寄存器(T4T3M)							地址值:(0xD1)_H
位 数	位 7	位 6	位 5	位 4	位 3	位 2	位 1	位 0
位名称	**T4R**	**T4_C/T**	**T4x12**	**T4CLKO**	**T3R**	**T3_C/T**	**T3x12**	**T3CLKO**
复位值	0	0	0	0	0	0	0	0
位 名	位含义及参数说明							

T4R 位 7	T4 运行控制位	
	0	定时器 4 停止计数
	1	定时器 4 开始计数

T4_C/T 位 6	T4 角色配置位	
	0	T4 作为定时器(对内部系统时钟脉冲进行计数获得定时时长)
	1	T4 作为计数器(对 T4/P0.6 引脚外部脉冲进行计数获得事件次数)

T4x12 位 5	T4 速率控制位	
	0	工作在 12T 模式,即 f_{SYSCLK} 的 12 分频
	1	工作在 1T 模式,即 f_{SYSCLK} 不分频

T4CLKO 位 4	T4 时钟输出控制位	
	当定时/计数器 4 发生计数溢出时,P0.7 引脚的电平自动发生翻转	
	0	关闭时钟输出
	1	使能 P0.7 口的定时/计数器 4 时钟输出功能

T3R 位 3	T3 运行控制位	
	0	定时器 3 停止计数
	1	定时器 3 开始计数

续表

T4/T3 控制寄存器（T4T3M）		地址值：(0xD1)$_H$
T3_C/T **位 2**	T3 角色配置位	
	0	T3 作为定时器（对内部系统时钟脉冲进行计数获得定时时长）
	1	T3 作为计数器（对 T3/P0.4 引脚外部脉冲进行计数获得事件次数）
T3x12 **位 1**	T3 速率控制位	
	0	工作在 12T 模式，即 f_{SYSCLK} 的 12 分频
	1	工作在 1T 模式，即 f_{SYSCLK} 不分频
T3CLKO **位 0**	T3 时钟输出控制位	
		当定时/计数器 3 发生计数溢出时，P0.5 引脚的电平自动发生翻转
	0	关闭时钟输出
	1	使能 P0.5 口的定时/计数器 3 时钟输出功能

该寄存器中的相关功能位配置和用法其实和 T0 类似，此处就不再赘述了。T3 和 T4 资源仅支持一种工作模式（即 16 位自动重载模式）。T3 资源的计数"容器"是由 T3H 和 T3L 两个 8 位寄存器联合构成，这两个寄存器的相关位定义及功能说明如表 12.14 所示。

表 12.14 STC8 单片机 T3 计数寄存器

T3 高字节计数寄存器（T3H）							地址值：(0xD4)$_H$	
位　数	位 7	位 6	位 5	位 4	位 3	位 2	位 1	位 0
位名称				T3H[7:0]				
复位值	0	0	0	0	0	0	0	0

T3 低字节计数寄存器（T3L）							地址值：(0xD5)$_H$	
位名称				T3L[7:0]				
复位值	0	0	0	0	0	0	0	0
位　名	位含义及参数说明							
T3H[7:0] **T3L[7:0]** **位 7:0**	T3 资源只有一种工作模式，固定为 16 位自动重载模式，T3L 和 T3H 联合构成一个 16 位寄存器							

T4 资源的计数"容器"是由 T4H 和 T4L 两个 8 位寄存器联合构成，这两个寄存器的相关位定义及功能说明如表 12.15 所示。

表 12.15 STC8 单片机 T4 计数寄存器

T4 高字节计数寄存器（T4H）							地址值：(0xD2)$_H$	
位　数	位 7	位 6	位 5	位 4	位 3	位 2	位 1	位 0
位名称				T4H[7:0]				
复位值	0	0	0	0	0	0	0	0

T4 低字节计数寄存器（T4L）							地址值：(0xD3)$_H$	
位名称				T4L[7:0]				
复位值	0	0	0	0	0	0	0	0
位　名	位含义及参数说明							
T4H[7:0] **T4L[7:0]** **位 7:0**	T4 资源只有一种工作模式，固定为 16 位自动重载模式，T4L 和 T4H 联合构成一个 16 位寄存器							

为了得到范围更宽的定时时长,T3 和 T4 资源也具备独立的 8 位时钟预分频寄存器,T3 时钟预分频寄存器 TM3PS 的相关位定义及功能说明如表 12.16 所示,T4 时钟预分频寄存器 TM4PS 的相关位定义及功能说明如表 12.17 所示。

表 12.16　STC8 单片机 T3 时钟预分频寄存器

T3 时钟预分频寄存器(TM3PS)							地址值:(0xFEA3)$_H$
位　数	位 7	位 6	位 5	位 4	位 3	位 2	位 1	位 0
位名称	TM3PS[7:0]							
复位值	0	0	0	0	0	0	0	0
位　名	位含义及参数说明							
TM3PS[7:0] 位 7:0	设定 f_{SYSCLK} 时钟分频系数,计算方法:T3 时钟 = $f_{SYSCLK}/(\text{TM3PS}[7:0]+1)$							

表 12.17　STC8 单片机 T4 时钟预分频寄存器

T4 时钟预分频寄存器(TM4PS)							地址值:(0xFEA4)$_H$
位　数	位 7	位 6	位 5	位 4	位 3	位 2	位 1	位 0
位名称	TM4PS[7:0]							
复位值	0	0	0	0	0	0	0	0
位　名	位含义及参数说明							
TM4PS[7:0] 位 7:0	设定 f_{SYSCLK} 时钟分频系数,计算方法:T4 时钟 = $f_{SYSCLK}/(\text{TM4PS}[7:0]+1)$							

1. T3 工作模式:16 位自动重载模式

先来看看 T3 的工作模式,该方式是 16 位定时/计数方式且支持自动重装载功能,该模式下的工作流程如图 12.14 所示。

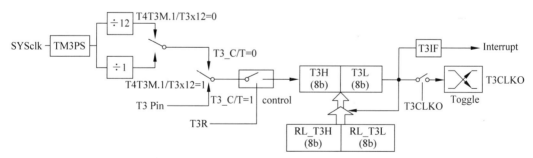

图 12.14　T3 工作模式流程

从左到右分析流程图,系统时钟 f_{SYSCLK} 先要经过 T3 时钟预分频寄存器 TM3PS(分频系数可以配置为 1~256),进行"细分"后的 f_{SYSCLK} 又分为两个"挡位"(即 1T 模式和 12T 模式),可以通过配置 T4/T3 控制寄存器 T4T3M 中的"T3x12"位进行分挡选择。T3 单元的"角色"配置是由 T3_C/T 位来决定(即 T4/T3 控制寄存器 T4T3M 中的"位 2"),若 T3_C/T=0(默认情况)则 T3 作为定时器角色,分频处理后的系统时钟信号作为 T3 的计数来源。若 T3_C/T=1 则 T3 作为计数器角色,T3/P0.4 引脚上的外部脉冲作为 T3 的计数来源。

脉冲源选择完毕后需要经过"control"功能开关,该开关受 T3R 功能位控制,经过了开关控制之后就到了核心计数单元,T3H 和 T3L 这两个寄存器联合起来构成了 16 位计数器,RL_T3H 和 RL_T3L 寄存器作为该模式自动重装载的"弹夹"。工作流程图的最右端是计数溢出后的处理路线,要么是产生中断请求(此时 T3IF 标志位会被硬件自动置"1"),要么是进行时钟输出(可配置"T3CLKO"功能位,当 T3 发生计数溢出时 P0.5 引脚的电平也会跟着翻转)。

2. T4 工作模式:16 位自动重载模式

接下来再看看 T4 的工作模式,该模式和 T3 类似,都是 16 位定时/计数方式且支持自动重装载功能,该模式下的工作流程如图 12.15 所示。

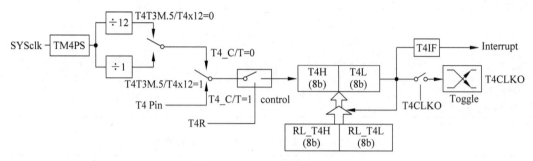

图 12.15　T4 工作模式流程

从左到右分析流程图,系统时钟 f_{SYSCLK} 先要经过 T4 时钟预分频寄存器 TM4PS(分频系数可以配置为 1~256),进行"细分"后的 f_{SYSCLK} 又分为两个"挡位"(即 1T 模式和 12T 模式),我们可以通过配置 T4/T3 控制寄存器 T4T3M 中的"T4x12"位进行分挡选择。T4 单元的"角色"配置是由 T4_C/T 位来决定(即 T4/T3 控制寄存器 T4T3M 中的"位 6"),若 T4_C/T=0(默认情况)则 T4 作为定时器角色,分频处理后的系统时钟信号作为 T4 的计数来源。若 T4_C/T=1 则 T4 作为计数器角色,T4/P0.6 引脚上的外部脉冲作为 T4 的计数来源。

脉冲源选择完毕后需要经过"control"功能开关,该开关受 T4R 功能位控制,经过了开关控制之后就到了核心计数单元,T4H 和 T4L 这两个寄存器联合起来构成了 16 位计数器,RL_T4H 和 RL_T4L 寄存器作为该模式自动重装载的"弹夹"。工作流程图的最右端是计数溢出后的处理路线,要么是产生中断请求(此时 T4IF 标志位会被硬件自动置"1"),要么是进行时钟输出(可配置"T4CLKO"功能位,当 T4 发生计数溢出时 P0.7 引脚的电平也会跟着翻转)。

说到这里,T3 和 T4 资源的工作模式就讲解完毕了,这两个资源相关参数的计算公式如表 12.18 和表 12.19 所示。

表 12.18　T3 定时时间及定时初值计算公式

速　度	定时时间 t 计算公式	定时初值 a 计算公式
1T	$t = \dfrac{(2^{16} - a_{(T3H,T3L)}) \times (TM3PS[7:0]+1)}{f_{SYSCLK}}$	$a = 2^{16} - \dfrac{t \times f_{SYSCLK}}{TM3PS[7:0]+1}$
12T	$t = \dfrac{(2^{16} - a_{(T3H,T3L)}) \times (TM3PS[7:0]+1) \times 12}{f_{SYSCLK}}$	$a = 2^{16} - \dfrac{t \times f_{SYSCLK}}{12 \times (TM3PS[7:0]+1)}$

表 12.19　T4 定时时间及定时初值计算公式

速　度	定时时间 t 计算公式	定时初值 a 计算公式
1T	$t = \dfrac{(2^{16} - a_{(T4H,T4L)}) \times (TM4PS[7:0]+1)}{f_{SYSCLK}}$	$a = 2^{16} - \dfrac{t \times f_{SYSCLK}}{TM4PS[7:0]+1}$
12T	$t = \dfrac{(2^{16} - a_{(T4H,T4L)}) \times (TM4PS[7:0]+1) \times 12}{f_{SYSCLK}}$	$a = 2^{16} - \dfrac{t \times f_{SYSCLK}}{12 \times (TM4PS[7:0]+1)}$

12.4 基础型 T/C 资源编程及运用

学习完基础的理论知识就开始动手吧!在本节中需要设计一些实验去验证 T/C 资源作为定时器或计数器模式下的功能,学会 T/C 资源初始化函数的写法,掌握计数器溢出后的处理,熟悉 T/C 资源运用。

12.4.1 利用 STC-ISP 轻松运用 T/C 资源

先来解决 T/C 资源初始化函数的问题,一般来说,初始化函数内需要明确定时器速率选择(即 1T 模式或 12T 模式),若所配置的 T/C 资源具备独立的时钟预分频寄存器(如 T2、T3 和 T4 资源)还需要进行分频系数的确定。接着要明确定时器的工作模式和计数初值(模式和初值需要根据相关公式去计算),然后按需使能 T/C 资源中断或启用时钟输出功能,最后启动 T/C 资源开始计数即可。

举个例子,若用户需要用 C51 语言编程配置 T4 资源的角色为定时器,时钟速率是 12T 模式,T4 资源预分频寄存器 TM4PS 设定为"0"(即分频系数为"1"就相当于不分频),工作模式为 16 位自动重装载模式,已知当前系统时钟频率 f_{SYSCLK} 为 24MHz(即 24 000 000Hz),要求定时时长为 10ms(即 0.01s),该需求下的初始化函数要怎么写呢?

首先需要计算定时初值,根据表 12.19 内容可知,T4 资源的定时初值 a 计算公式如下。

$$a = 2^{16} - \frac{t \times f_{SYSCLK}}{12 \times (\mathrm{TM4PS}[7{:}0] + 1)} \tag{12.6}$$

将已知参数代入式(12.6)后可得算式:

$$a = 65\,536 - \frac{0.01 \times 24\,000\,000}{12 \times (0 + 1)} = 45\,536$$

将计算得到的十进制结果 $(45536)_D$ 转换为十六进制即为 $(0xB1E0)_H$,该结果的高 8 位(高字节)是 $(0xB1)_H$,我们将其赋值给 T4H 寄存器,低 8 位(低字节)是 $(0xE0)_H$,我们将其赋值给 T4L 寄存器,至此就完成了计数初值的计算。可利用 C51 语言编写 T4 资源初始化函数 T4_Init() 的具体实现如下。

```
void T4_Init(void)              //10ms@24MHz
{
    T4T3M& = 0xDF;              //定时器时钟12T模式
    T4L = 0xE0;                 //设置定时初始值(低字节)
    T4H = 0xB1;                 //设置定时初始值(高字节)
    T4T3M| = 0x80;              //定时器4开始计时
}
```

朋友们看到这里不禁会想:难道我们每次编写 T/C 资源初始化函数都得自己算吗?其实不然,我们的"助攻"软件 STC-ISP 提供了一个"定时器计算器",该工具的引入让 T/C 资源的初始化配置变得不再复杂,其配置界面如图 12.16 所示。

打开选项卡后首先要选择定时器(实验中选择"定时器 4(STC8/15 系列)",朋友们要注意,不一样的单片机系列有不一样的定时器选项,必须按照自己的目标单片机去选择定时器),然后选择定时器模式(实验中选择"16 位自动重载"),接着选择定时器

图 12.16　利用 STC-ISP 得到定时器初始化函数

时钟(也就是定时器速率,实验中选择"12T(FOSC/12)"也就是12T模式),然后明确系统频率(即 f_{SYSCLK} 时钟频率,实验中选择"24MHz"),接着设置定时长度(实验中选择"10ms"),明确了所有的选项之后就可以单击"生成C代码"或"生成ASM代码"按钮,这样一来就轻松得到了该定时器在相关参数下的初始化函数,剩下的工作就是复制代码到工程文件中进行调用即可,整个过程只需要单击鼠标就能搞定,完全没有定时器初值的计算和寄存器配置的过程。

对于单片机开发工程师而言,其工作重心是"用",直接使用STC-ISP得到T/C资源初始化函数并没什么问题,但是对于单片机初学者而言,我们的重心应该是"学",所以小宇老师建议大家还是自己写一写初始化语句,自己算一算定时初值,毕竟"会用"和"会算"是两个层次,掌握理论,会算之后再去用STC-ISP"助攻"工具会比较好一些。

12.4.2　基础项目A　自定义1Hz信号输出实验

接下来用T/C资源(实验中选择T4资源,也可以自定义)的定时模式做一个1Hz信号(秒脉冲)输出实验。能得到秒脉冲信号的方法有很多,如果不用单片机,可以用NE555芯片构成的时基电路去得到,也可以用振荡器(如石英晶体振荡电路)加分频器/计数器电路的方法去得到。如果使用单片机,那就简单很多,直接用软件延时法就能得到,也可以用现在学习的T/C资源去实现。

这个秒脉冲信号频率很低,可以从单片机上分配一个引脚(如P1.0引脚),在该引脚上连接一个发光二极管电路,当引脚电平发生翻转时就能看到"闪烁灯"效果(若输出信号的频率大于50Hz,肉眼就分辨不出闪烁效果了,因为人眼的后视现象,我们会认为发光二极管处于"常亮"状态)。如果想进一步得到信号参数,还可以在该引脚上连接逻辑分析仪探针,这样就可以测量出信号的周期和跳变的频率了。按照设想可构建出如图12.17所示硬件电路(电路中的U1是STC8H8K64U型号单片机,该单片机分配P1.0引脚连接D1发光二极管电路,R1为限流电阻)。

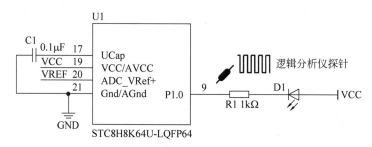

图12.17　1Hz信号输出实验电路原理图

构建好硬件电路之后就可以编写软件程序了,我们知道1Hz信号是由500ms高电平和500ms低电平一起构成的(500ms+500ms=1000ms即为1s,这就是秒脉冲的信号周期)。也就是说,只需让T4资源每500ms溢出一次就可以了,T4溢出后就会进入中断服务函数,在函数内让P1.0引脚的电平状态自行翻转即可实现秒脉冲输出。

这么设想倒是不难,但仔细想想就会产生问题:这个T4资源在时钟频率为24MHz时无法获得500ms这么长的定时时间,这可咋办呢? 其实也好办! 我们让T4每10ms溢出一次就可以,然后定义一个全局变量num用来存放溢出次数,当num等于50时(也就是经历了50次溢出,那就是50×10=500ms)再让P1.0引脚进行翻转即可。

理清了思路之后,利用C51语言编写的具体程序实现如下。

```
//芯片型号:STC8H8K64U(程序微调后可移植至STC8A/F/C/G/H系列单片机)
//时钟说明:单片机片内高速24MHz时钟
/ ********************************************************* /
#include "STC8.h"                    //主控芯片的头文件
```

```
/ ***************************** 常用数据类型定义 **************************** /
【略】为节省篇幅,相似定义参见相关章节或源码工程即可
/ ***************************** 端口/引脚定义区域 ************************** /
sbit LED = P1^0;                              //由 P1.0 引脚输出 1Hz 信号
/ ***************************** 用户自定义数据区域 ************************** /
u16 num = 0;                                  //全局变量 num 用于存放溢出次数
/ ***************************** 函数声明区域 **************************** /
void delay(u16 Count);                        //延时函数
void T4_Init(void);                           //T4 初始化函数
/ ***************************** 主函数区域 **************************** /
void main(void)
{
    //配置 P1.0 为推挽/强上拉模式
    P1M0 | = 0x01;                            //P1M0.0 = 1
    P1M1 & = 0xFE;                            //P1M1.0 = 0
    delay(5);                                 //等待 I/O 模式配置稳定
    T4_Init();                                //初始化 T4 资源
    while(1);
}
/ ********************************************************************* /
//延时函数 delay(),有形参 Count 用于控制延时函数执行次数,无返回值
/ ********************************************************************* /
void delay(u16 Count)
{
    u8 i,j;
    while(Count -- )                          //Count 形参控制延时次数
    {
        for(i = 0;i < 50;i++)
        for(j = 0;j < 20;j++);
    }
}
/ ********************************************************************* /
//T4 初始化函数 T4_Init(),无形参,无返回值
/ ********************************************************************* /
void T4_Init(void)                            //10ms@24.000MHz
{
    T4T3M & = 0x9F;                           //定时器模式,12T 模式
    T4L = 0xE0;                               //设置定时初始值(低字节)
    T4H = 0xB1;                               //设置定时初始值(高字节)
    T4T3M | = 0x80;                           //T4 开始运行
    IE2 | = 0x40;                             //使能 T4 中断
    EA = 1;                                   //使能总中断
}
/ ***************************** 中断服务函数区域 ************************** /
void TIM4_ISR(void) interrupt 20
{
    num++;
    if(num == 50)                             //500ms 跳变,周期为 1s,频率为 1Hz
    {
        LED = ! LED;                          //I/O 口状态取反输出秒脉冲
        num = 0;                              //num 值归零
    }
}
```

将程序编译后下载到单片机中并运行,同时打开逻辑分析仪上位机软件开始捕获,此时按下单片机系统复位键,捕获得到的波形如图 12.18 所示,可以看到 P1.0 引脚每 0.5s 跳变一次,周期为 1s,电平跳变频率为 1Hz(实测为 0.996Hz,有少许误差但也在接受范围内),位于系统硬件电路

中的发光二极管 D1 也在规律地闪烁,至此就算是成功地完成了实验。

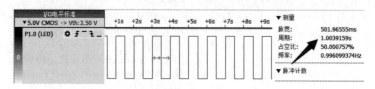

图 12.18　1Hz 信号输出实验实测波形

12.4.3　基础项目 B　T4 时钟输出功能实验

在学习 STC8 系列单片机 T/C 资源时还接触过"时钟输出"功能,简单地说就是对各资源中的"TxCLKO"功能位进行配置(这里的"x"可以取值为 0、1、2、3 或 4),当相应的 T/C 资源计数器发生计数溢出时,相关引脚的电平就会自动翻转(T0 资源默认的时钟输出引脚为 P3.5,T1 资源默认的时钟输出引脚为 P3.4,T2 资源默认的时钟输出引脚为 P1.3,T3 资源默认的时钟输出引脚为 P0.5,T4 资源默认的时钟输出引脚为 P0.7)。

这个时钟输出功能非常有用,我们甚至不用写出中断服务函数和溢出处理语句就能得到一路频率可变的"计数溢出信号",这路信号也能当作外围电路或器件的"时钟"去用。接下来,我们对基础项目 A 的实验电路稍作改动,将 P1.0 引脚改为 P0.7 引脚(在实验中选择了 T4 资源作为实验对象,P0.7 引脚正好对应 T4 资源的时钟输出引脚),修改后的电路如图 12.19 所示。

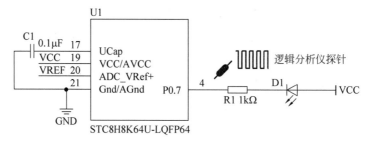

图 12.19　T4 时钟输出实验电路原理图

在程序方面,可以直接在基础项目 A 上进行修改,重点是修改 T4 初始化函数 T4_Init(),需要在这个函数中添加一句"T4T3M|=0x10;"以使能 T4CLKO 位,允许 T4 时钟输出即可。在整个程序中不需要书写中断服务函数和溢出处理语句。因为基础项目 A 的定时初值是按照 10ms 定时时间去配置的,所以得到的 T4 时钟输出频率应该是 2 倍的 10ms,即 20ms(每经历 10ms,P0.7 引脚就会翻转,那就形成了高电平 10ms+低电平 10ms 的效果,这样的信号周期就是 10ms+10ms=20ms)。

理清了思路之后,利用 C51 语言编写的具体程序实现如下。

```
//芯片型号：STC8H8K64U(程序微调后可移植至 STC8A/F/C/G/H 系列单片机)
//时钟说明：单片机片内高速 24MHz 时钟
/ ******************************************************* /
# include "STC8H.h"                          //主控芯片的头文件
/ ********************** 常用数据类型定义 ****************** /
【略】为节省篇幅,相似定义参见相关章节或源码工程即可
/ ********************** 函数声明区域 ****************** /
void delay(u16 Count);                       //延时函数
void T4_Init(void);                          //T4 初始化函数
/ ********************** 主函数区域 ****************** /
void main(void)
```

```
{
    T4_Init();                              //初始化 T4 资源
    while(1);
}
/ ************************************************************* /
//T4 初始化函数 T4_Init(),无形参,无返回值
/ ************************************************************* /
void T4_Init(void)//10ms@24.000MHz
{
    //配置 P0.7 为推挽/强上拉模式
    P0M0| = 0x80;                           //P0M0.7 = 1
    P0M1&= 0x7F;                            //P0M1.7 = 0
    delay(5);                               //等待 I/O 模式配置稳定
    T4T3M&= 0x9F;                           //定时器模式,12T 模式
    T4L = 0xE0;                             //设置定时初值(低字节)
    T4H = 0xB1;                             //设置定时初值(高字节)
    T4T3M| = 0x80;                          //T4 开始运行
    T4T3M| = 0x10;                          //使能 T4CLKO 位,允许时钟输出
}
/ ************************************************************* /
【略】为节省篇幅,相似函数参见相关章节源码即可
void delay(u16 Count){}                     //延时函数
```

将程序编译后下载到单片机中并运行,同时打开逻辑分析仪开始捕获,此时按下单片机系统复位键,捕获得到的波形如图 12.20 所示,可以看到 P0.7 引脚每 10ms 跳变一次,周期为 20ms,电平跳变频率为 50Hz(实测为 49.8Hz,有少许误差但也在接受范围内),发光二极管 D1"常亮"(该频率下肉眼已经难以分辨出闪烁),至此就算是成功地完成了实验。

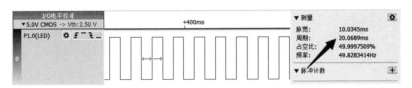

图 12.20　T4 时钟输出实验效果

12.4.4　基础项目 C　基于 NE555 制作方波信号发生器

在做基础型或高级型 T/C 资源相关实验时,要是手头能有一个信号发生器的话会非常方便。因为信号发生器可以轻松地产生各种占空比、频率的方波信号,正好对接基础型 T/C 资源的计数功能,也可以对接高级型 T/C 资源的输入捕获功能。但市面上的信号发生器都是仪器性质,"学习成本"稍微高一些,鉴于实际情况,小宇老师选用 NE555 芯片为大家制作一款低成本的方波信号发生器,该模块支持 4 挡频率范围,输出信号占空比和频率值都可以调节,方便我们开展 T/C 资源的后续实验。以 NE555 芯片作为核心的方波信号发生器硬件电路如图 12.21 所示。

分析硬件电路,U1 即为 NE555 核心芯片,芯片的 8 脚和 1 脚为电源引脚,C1 和 C2 是电源引脚的滤波电容,芯片第 5 脚是控制电压输入端,此处没有外加控制电压,所以直接串联 C6 到地即可。芯片第 4 脚是复位引脚(低电平有效),因为不需要为其复位,所以将该引脚直接连到电源正极即可。芯片第 3 引脚是信号输出端(即我们想要的方波)。芯片第 2 脚是触发电压输入端,第 6 脚是阈值电压输入端,第 7 脚是放电端,这三个引脚连接了 RC 充放电电路和分压电路。

P1 是功能引脚的输出排针,P2 是挡位选择引脚,若将 1-2 短接,则 C3 就会连入电路,若将 3-4 短接,则 C4 就会连入电路(其他的 5-6 和 7-8 也是一样,不同的挡位连入的电容容值不同,以获得不同频率范围的输出信号,输出信号频率的具体计算此处不做展开,感兴趣的朋友可以自行查阅

图 12.21　NE555 方波信号发生器电路

NE555 芯片的应用文章和资料）。R2 和 R3 是可调电位器，R2 用于改变输出方波占空比，R3 用于改变输出方波频率（朋友们需要注意，我们在调节频率时也会引起占空比参数的小幅变化，反过来也是一样，用这个简单电路很难得到准确且稳定的参数，所以将其称作"简易"方波发生器，虽不能与仪器媲美，但可以满足实验所需）。D2 和 R1 构成了输出信号指示电路（若信号频率低于 50 Hz就能用肉眼观察到闪烁灯效果，若信号频率高于 50 Hz 就不易分辨出闪烁效果，看起来就是"常亮"状态）。

图 12.22　NE555 方波信号
发生器实物

　　根据硬件电路制作出的模块实物如图 12.22 所示，输出排针有 3类（OUT 代表输出信号，GND 是电源地，VCC 是电源正极，一般给5V 电压），挡位选择是双排针，有一条杠的是低频挡，产生的信号范围为 1～50Hz。有两条杠的是中频挡，产生的信号范围为 50Hz～1kHz。有三条杠的是中高频挡，产生的信号范围为 1～10kHz。有四条杠的是高频挡，产生的信号范围为 10～200kHz。在模块上有两个电位器，靠近"F"丝印的电位器负责频率调节，靠近"％"丝印的电位器负责占空比调节。

　　得到模块实物后为其供上 5V 电压，此时调节频率电位器和占空比电位器，通过逻辑分析仪测量得到了如图 12.23 所示波形，实测频率约为 128Hz，高电平占空比约为 70.8％（这里的占空比指的是高电平脉宽在整个信号周期内的"占比"，我们知道方波一个周期内由低电平脉宽和高电平脉宽共同组成，要是两个脉宽大小相等则占空比等于 50％，若高电平脉宽大于低电平脉宽则占空比大于 50％，反之小于 50％）。

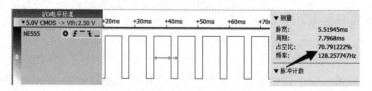

图 12.23　NE555 模块产生的方波信号

12.4.5　基础项目 D　外部脉冲计数实验

　　有了 NE555 模块之后就有了外部"脉冲"来源，接下来用 T/C 资源（实验中选择 T4 资源，也可以自定义）的计数模式做一个外部脉冲计数实验。

先按照如图 12.24 所示电路搭建硬件系统,电路中的 U1 即为 STC8H8K64U 单片机核心,U2 是字符型 1602 液晶模块,来自于 NE555 模块的外部脉冲和逻辑分析仪的采集通道都连接到 P0.6 引脚(该引脚就是 T4 资源的计数脉冲输入引脚,若在实验中选择了其他的 T/C 资源,一定要把外部脉冲连接到相应的计数脉冲输入引脚才行),我们想把外部脉冲计数值显示到液晶上。

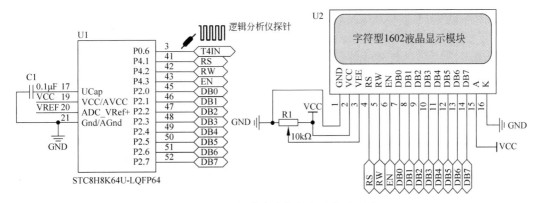

图 12.24 外部脉冲计数实验电路原理图

单片机分配 P2.0～P2.7 引脚连接液晶模块的数据端口 DB0～DB7,分配 P4.1 引脚连接液晶模块的数据/命令选择端 RS,分配 P4.2 引脚连接液晶模块的读写控制端 RW(因为在整个系统中只需要向液晶写入数据而不需要从液晶模块读取数据,所以将 RW 引脚直接赋值为"0",也可以在硬件上将其接地处理),分配 P4.3 引脚连接液晶模块的使能信号端 EN。

硬件平台搭建完毕后就可以编写程序实现了,首先要编写 T4 资源初始化函数 T4_Init(),在这个函数中将 T4 资源配置为计数器模式且清空 T4 资源的两个计数寄存器(即 T4L 和 T4H),因为 P0.6 引脚默认为 T4 的计数脉冲输入引脚,所以还需要把这个引脚初始化为准双向/弱上拉模式。除了 T4 初始化函数之外,还应该定义个长整型变量 count,用于存放脉冲数量,count 的值就从 T4L 和 T4H 寄存器中取出(还得进行数据拼合),得到了完整的计数结果之后再进行"取位"运算(得到万位、千位、百位、十位和个位),最后把这些"位取值"显示到 1602 字符液晶的相应显示地址上即可。

思路通了,程序编写就简单多了,利用 C51 语言编写的具体程序实现如下。

```
//芯片型号:STC8H8K64U(程序微调后可移植至 STC8A/F/C/G/H 系列单片机)
//时钟说明:单片机片内高速 24MHz 时钟
/ ******************************************************* /
# include "STC8H. h"                              //主控芯片的头文件
/ ********************** 常用数据类型定义 ********************** /
【略】为节省篇幅,相似定义参见相关章节或源码工程即可
/ ********************** 端口/引脚定义区域 ********************** /
sbit   T4IN = P0^6;                               //外部脉冲输入引脚
sbit   LCDRS = P4^1;                              //LCD1602 数据/命令选择端口
sbit   LCDRW = P4^2;                              //LCD1602 读写控制端口
sbit   LCDEN = P4^3;                              //LCD1602 使能信号端口
# define   LCDDATA   P2                           //LCD1602 数据端口 DB0～DB7
/ ********************** 用户自定义数据区域 ********************** /
u8 table1[] = " === T4 Count === ";              //LCD1602 显示字符串数组 1 显示效果用
u8 table2[] = "Num:            ";                //LCD1602 显示字符串数组 2 显示界面
u8 table3[] = {'0','1','2','3','4','5','6','7','8','9'}; //数字字符
u16 count = 0;                                    //count 存放 16 位计数值
/ ********************** 函数声明区域 ********************** /
void   delay(u16 Count);                          //延时函数
```

```
void    T4_Init(void);                              //T4 初始化函数
void    LCD1602_Write(u8 cmdordata,u8 writetype);   //写入液晶模组命令或数据函数
void    LCD1602_init(void);                         //LCD1602 初始化函数
void    LCD1602_DIS(void);                          //显示字符 + 进度条函数
void    LCD1602_DIS_CHAR(u8 x,u8 y,u8 z);           //在设定地址写入字符数据函数
/ ***************************** 主函数区域 ***************************** /
void main(void)
{
    u8 i,wan,qian,bai,shi,ge;                       //i 为循环控制,其他为取位变量
    //配置 P4.1 - 3 为准双向/弱上拉模式
    P4M0& = 0xF1;                                   //P4M0.1 - 3 = 0
    P4M1& = 0xF1;                                   //P4M1.1 - 3 = 0
    //配置 P2 为准双向/弱上拉模式
    P2M0 = 0x00;                                    //P2M0.0 - 7 = 0
    P2M1 = 0x00;                                    //P2M1.0 - 7 = 0
    delay(5);                                       //等待 I/O 模式配置稳定
    LCDRW = 0;                                      //因只涉及写入操作,故将 RW 引脚直接置低
    LCD1602_init();                                 //LCD1602 初始化
    LCD1602_DIS();                                  //显示字符 + 进度条效果
    LCD1602_Write(0xC0,0);                          //选择第一行
    for(i = 0;i < 16;i++)
    {
        LCD1602_Write(table2[i],1);                 //写入 table1[]内容
        delay(5);
    }
    T4_Init();                                      //初始化 T4 资源
    while(1)
    {
        count = T4H;                                //读操作计数器高位寄存器
        count = (count << 8)|T4L;                   //读操作计数器低位寄存器(拼合)
        wan = count/10000;                          //取出万位
        qian = count % 10000/1000;                  //取出千位
        bai = count % 10000 % 1000/100;             //取出百位
        shi = count % 10000 % 1000 % 100/10;        //取出十位
        ge = count % 10;                            //取出个位
        LCD1602_DIS_CHAR(2,4,table3[wan]);          //万位显示到 2 行第 4 字符位
        LCD1602_DIS_CHAR(2,5,table3[qian]);         //千位显示到 2 行第 5 字符位
        LCD1602_DIS_CHAR(2,6,table3[bai]);          //百位显示到 2 行第 6 字符位
        LCD1602_DIS_CHAR(2,7,table3[shi]);          //十位显示到 2 行第 7 字符位
        LCD1602_DIS_CHAR(2,8,table3[ge]);           //个位显示到 2 行第 8 字符位
    }
}
/ ************************************************************************ /
//T4 初始化函数 T4_Init(),无形参,无返回值
/ ************************************************************************ /
void T4_Init(void)
{
    //配置 P0.6 为准双向/弱上拉模式
    P0M0& = 0x3F;                                   //P0M0.6 = 0
    P0M1& = 0x3F;                                   //P0M1.6 = 0
    delay(5);                                       //等待 I/O 模式配置稳定
    T4T3M = 0x00;                                   //清零控制寄存器
    T4T3M| = 0x40;                                  //计数器模式,12T 模式
    T4L = 0x00;                                     //清零 T4 低字节计数器
    T4H = 0x00;                                     //清零 T4 高字节计数器
    T4T3M| = 0x80;                                  //T4 开始运行
}
/ ************************************************************************ /
```

【略】为节省篇幅,相似函数参见相关章节源码即可

```
void delay(u16 Count){}                          //延时函数
void LCD1602_Write(u8 cmdordata,u8 writetype){}  //写入液晶模组命令或数据函数
void LCD1602_init(void){}                         //LCD1602 初始化函数
void LCD1602_DIS_CHAR(u8 x,u8 y,u8 z){}          //设定地址写入字符函数
void LCD1602_DIS(void){}                          //显示字符函数
```

　　将程序编译后下载到单片机中,此时 NE555 模块产生的脉冲会源源不断地送到 P0.6 引脚,等待一段时间后观察字符型 1602 液晶模块上的显示效果如图 12.25 所示,此时计数值 num 等于 3984,说明外部脉冲一共输入了 3984 次,至此说明实验是成功的。在做实验过程中也遇到过"奇怪"的现象,若用轻触按键代替外部脉冲接入 P0.6 引脚,按下一次后的计数值可能不是 1(有可能是十几或者几十),看似"奇怪"的现象背后其实是按键抖动造成的,我们用示波器观察就能发现按键按下时产生了十几次至几十次跳变波形。

图 12.25　外部脉冲计数实验效果

　　至此本章的内容就完结了,我们已经熟悉了 STC8 系列单片机 T/C 资源,了解了定时/计数器概念与本质,学会了相关寄存器配置,也知道了各工作模式流程及参数计算,但要完全"拿下"资源应用还有一段路要走,读者朋友们需要多做练习,多加思考。

第13章

"捕获比较，功能王者"高级型定时/计数器运用

章节导读：

本章将详细介绍 STC8H 系列单片机 16 位高级型定时/计数器 PWMA 的相关知识和应用，共分为 5 节。13.1 节引出了"为啥要有高级型 T/C 资源"的疑问，继而介绍了"功能王者"PWMA 资源特性；13.2 节主要讲解 PWMA 定时功能，重点理解时基单元的组成及定时相关的寄存器配置；13.3 节主要讲解 PWMA 资源的计数功能，引出了外部时钟源模式 1 和外部时钟源模式 2 的相关内容，然后加以实践；13.4 节主要讲解了 PWMA 资源的输入捕获功能，利用该功能测量方波信号的频率和占空比参数，讲解了周期测量机制及方法，利用复位触发模式完成了占空比参数测量；13.5 节主要讲解 PWMA 资源的输出比较功能，以边沿对齐方式和中间对齐方式展开讲解和实践。本章内容非常重要，需要读者朋友们熟练掌握，加深对高级型 T/C 资源的理解。

13.1 为啥会有高级型 T/C 资源

在第 12 章学习了基础型定时/计数器资源，此类资源通常工作在定时器或计数器"角色"下，功能较为单一，配置流程和使用方法也很简单，与配置相关的寄存器数量也较少，所以学习起来比较容易。本章将要讲解和学习的高级型定时/计数器资源功能就要比基础型复杂很多，光是涉及的寄存器就有 68 个(个数虽然多，但是种类并不多，也不需要强记)，但是也不必紧张，这 68 个寄存器都是按照功能和用途划分的，每种功能涉及的寄存器种类并不多，所以本章的内容是按照高级型 T/C 资源的具体功能去编排的，按照这个思路就可以"逐一拿下，轻松掌握"。

有的朋友可能会有疑问：STC 单片机已经有基础型 T/C 资源了，为啥还要做个高级型 T/C 资源呢？其实这和单片机的应用场景有关。举个例子，假设我们想对直流电机进行调速，就会用到脉冲宽度调制方法(即 PWM 信号调制，该方法属于一种模拟控制法，具体是利用微控制器的数字输出对模拟电路进行调控，可以调整直流系统的输出电压，从而实现调压、调速、调光、调热等应用)。如果用基础型 T/C 资源去产生 PWM 信号是比较麻烦的，但用高级型 T/C 资源就会非常简单(使用输出比较功能就能轻松获得频率、占空比可调的多路 PWM 信号输出)。再举个例子，假设我们想做个频率计或占空比测量表头就需要对相关波形进行采集和测量，我们要知道信号的周期、高电平脉宽、低电平脉宽等参数，这些功能单独依靠基础型 T/C 资源也不好做，但用高级型 T/C 资源就会非常简单(使用输入捕获功能就能轻松获得信号脉宽及周期参数)。

STC 单片机在不断的创新和发展过程中自研了多种片上资源用于产生 PWM 信号(因为很多产品都需要用到 PWM 信号，如电机控制、照明控制、电源控制、运动控制等产品，所以这类信号的产生单元已经是现代单片机的"标配"资源了)。STC 不同系列的单片机中用于产生 PWM 信号的方法不同(即资源不同)。

在 STC 早期的单片机型号中常用"可编程计数器阵列"PCA/CCP/PWM 资源产生 PWM 信

号,通过对该资源的配置,可以对外输出 6 位/7 位/8 位/10 位精度 PWM 信号(信号精度不是很高,适合于一般条件应用,PWM 信号的频率、占空比均可任意设置),也可以捕获外部信号(可捕获上升沿、下降沿或者同时捕获上升沿和下降沿)。

自从 STC8 系列单片机推出后,PWM 的资源性能就上了一个新的台阶,我们以 STC8G 系列单片机为例,该系列某些型号的单片机具备 15 位增强型 PWM 定时器,可对外输出 15 位精度的 PWM 信号(PWM 信号的频率、占空比均可任意设置),但"美中不足"的是该资源不具备输入捕获功能。通过软件配置,我们可以得到多路互补/对称/带死区控制的 PWM 信号,具备外部异常检测以及实时触发 ADC 转换功能。

STC8H 系列单片机又在 STC8G 系列单片机的资源上进行了升级,该系列某些型号的单片机具备 16 位高级型 PWM 定时器(这就是本章学习的"主角",也是 STC 目前推出的功能最强的 PWM 资源),可对外输出 16 位精度的 PWM 信号(PWM 信号的频率、占空比均可任意设置),无须软件干预即可输出互补/对称/带死区控制的 PWM 信号。支持输入捕获功能(可捕获上升沿、下降沿或者同时捕获上升沿和下降沿),支持对外部波形进行测量(可轻松得到外部波形的周期和占空比参数)。具备正交编码功能、外部异常检测功能以及实时触发 ADC 转换功能(更加适用于电机控制、运动控制等应用场景)。

STC8H 系列单片机内部具备两组 PWM 定时器资源(两组资源可以分开配置,互不影响,这样就可以得到两组不同频率的 PWM 信号输出,STC 公司在这个资源的命名上挺有"意思",因为基础型 T/C 资源已经占用了 T0~T4 的名称了,所以高级型 T/C 资源就不再以"Tx"形式命名,STC 之前的数据手册曾将该资源命名为 PWM1 和 PWM2,但这样一来就容易与芯片管脚的名称混淆,后来又更改为 PWMA 和 PWMB)。两组 PWM 定时器共有 8 个通道,PWMA 组可配置为 4 路互补/对称/带死区控制的 PWM 信号输出或捕获输入,PWMB 组可配置为 4 路 PWM 信号输出或捕获输入。这两组 PWM 定时器的最大区别就在于 PWMA 组具备"互补/对称/带死区控制"功能,而 PWMB 组就"普通"一些,这两组定时器的参数对比如表 13.1 所示。

表 13.1 两组高级型 PWM 定时器的区别

资源名称	PWMA 定时器	PWMB 定时器
通道形式	互补对称形式或单端形式	单端形式
通道数量	4 个通道引脚或 8 个互补通道引脚	4 个通道引脚
通道名称及引脚	可以用高级 PWM 选择寄存器(PWMA_PS)配置引脚分布,默认情况下的通道名称及引脚为:PWM1P(P1.0)/PWM1N(P1.1)、PWM2P(P1.2/P5.4)/PWM2N(P1.3)、PWM3P(P1.4)/PWM3N(P1.5)、PWM4P(P1.6)/PWM4N(P1.7)。这里的 P 和 N 就组成一对引脚,也就是互补形式,若启用互补功能,则两路信号互为取反形式。(需要注意:STC8H8K64U 单片机不存在 P1.2 引脚,所以 PWM2P 默认为 P5.4 引脚)	可以用高级 PWM 选择寄存器(PWMB_PS)配置引脚分布,默认情况下的通道名称及引脚为:PWM5(P2.0)、PWM6(P2.1)、PWM7(P2.2)、PWM8(P2.3)
单元功能	带死区时间的互补/对称 PWM 信号输出,支持输入捕获,支持输出比较	普通单端 PWM 信号输出,支持输入捕获,支持输出比较
支持预分频	支持	支持

举个例子,如果使用 PWMA 组定时器输出 PWM 信号,可单独使能 PWM1P、PWM2P、PWM3P 或 PWM4P 通道,也可以单独使能 PWM1N、PWM2N、PWM3N 或 PWM4N 通道。若单独

使能了 PWM1P 通道,则 PWM1N 就不能再独立输出,除非 PWM1P 和 PWM1N 组成了一组互补对称输出(从波形上看,PWM1P 的波形取反后就是 PWM1N 的波形)。

PWMA 组定时器的 4 路输出是可以独立设置的,我们可以单独使能 PWM1P 和 PWM2N 输出,也可单独使能 PWM2N 和 PWM3N 输出。若需要使用 PWMA 组定时器进行输入捕获,则输入脉冲只能从正端通道输入(就是名称上有"P"的引脚,例如 PWM1P、PWM2P、PWM3P 或 PWM4P 等),这些引脚就具备输入捕获功能(可测量脉宽、周期、占空比)。

由于 PWMA 组定时器在 STC8H 系列单片机高级型 T/C 资源中更具"代表性",所以后续的讲解以 PWMA 组定时器为主(PWMB 组定时器的相关内容由朋友们对照学习即可)。先来了解下 PWMA 资源:该资源主要是由一个 16 位的自动重装载计数器组成,它由一个可编程的预分频器驱动。该资源可适用于多种用途,比如可以完成最基本的定时功能,可以测量输入信号的脉冲宽度(输入捕获功能),产生输出波形(输出比较功能、PWM 功能和单脉冲模式功能),还可以根据不同的事件(捕获、比较、溢出、刹车、触发)产生相关中断以及与 PWMB 定时器或外部信号(外部时钟、复位信号、触发和使能信号)进行同步等。该资源广泛适用于各种控制应用中,包括那些需要中间对齐模式 PWM 信号的应用,该模式支持互补输出和死区时间控制。该资源的时钟来源可以是内部时钟(系统时钟 f_{SYSCLK}),也可以是外部信号,具体的选择可以通过相关寄存器来进行配置。

为了让读者朋友们轻松掌握 PWMA 资源的功能,在接下来的内容里将会按照功能的难易程度逐一"攻破",首先要讲解 PWMA 资源的定时功能,然后讲解计数功能,随后以方波的频率和占空比测量实验引出输入捕获功能,最后讲解 PWM 信号的输出比较功能。大家准备好了吗? 放松心情、深呼吸,跟随小宇老师快乐开篇吧!

13.2　"小菜一碟"定时功能

第一个要"拿下"的功能就是定时功能,这个功能其实和第 12 章所讲解的基础型 T/C 资源很相似,但与之相比要更强大一些,分频系数可以配置为 1~65 535 的任意数值,计数方式也很多样化,定时功能会涉及 5 类寄存器,这些寄存器分别是预分频寄存器高位/低位(PWMA_PSCRH、PWMA_PSCRL)、自动重装载寄存器高位/低位(PWMA_ARRH、PWMA_ARRL)、16 位计数器高位/低位(PWMA_CNTRH、PWMA_CNTRL)、中断使能寄存器(PWMA_IER)及控制寄存器 1(PWMA_CR1)共计 8 个。

有的读者朋友看到这里可能会心生疑问,这些寄存器都干什么用的? 怎么去配置它们? 有此一问很正常,在配置这些寄存器之前应该了解定时功能是如何实现的,各种寄存器间的关系是什么,要解决这些疑问就必须"看透"这个单元结构。

13.2.1　PWMA 资源时基单元结构

接下来,就开始详细了解 PWMA 资源时基单元的内部结构及功能。如图 13.1 所示,图片左边输入的 $f_{\text{CK\_PSC}}$ 时钟就是送到 PWMA 定时器单元的时钟信号,该时钟信号经过预分频寄存器进行分频后得到了 $f_{\text{CK\_CNT}}$ 时钟(即计数时钟信号),该信号控制计数器的计数速度。这个预分频寄存器可以被配置为 1~65 535 中的任意数值,这样一来计数时钟频率的配置就非常灵活了,无非就是向预分频寄存器的高位/低位(PWMA_PSCRH、PWMA_PSCRL)送入分频因子即可。

PWMA 资源的时基单元内还包含一个 16 位的向上/向下计数器(向上计数就是 1、2、3 这样依次递增,向下计数就是 3、2、1 这样依次递减,也可以把这两种方向联合起来做成"向上向下"计数方式,那就是 1、2、3、2、1 这种形式),这个单元就是计数的场合,因为是 16 位的,所以分为高低两个寄存器来存放当前的计数值,也就是之前提到的 16 位计数器高位/低位寄存器(PWMA_CNTRH、

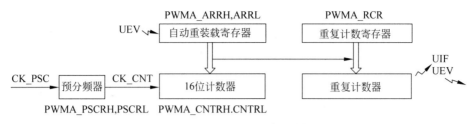

图 13.1 PWMA 时基单元结构图

PWMA_CNTRL)。

在 16 位计数器上方有个自动重装载寄存器，这个寄存器中主要存放用户设定的计数初值，自动重载寄存器由预装载寄存器和影子寄存器(灰色影子部分)组成，该寄存器也分为高位/低位(PWMA_ARRH、PWMA_ARRL)。

观察细致的读者朋友一定会发现图中的"UEV"和"UIF"箭头，"UEV"表示一个更新事件，"UIF"表示一个中断事件。图片右边所示的重复计数寄存器和重复计数器会在后续功能中提到，此处不做展开。在 PWMA 资源的时基单元中，16 位计数器、预分频器、自动重载寄存器和重复计数器寄存器都可以通过软件进行读写操作。

接下来从"配置方法"的角度仔细分析一下图 13.1，图中左侧的 f_{CK_PSC} 时钟就是送到 PWMA 时基单元的时钟信号，该信号可以由四种来源提供，第一种是单片机内部的系统时钟(f_{SYSCLK})，第二种是外部时钟模式 1 情况下的外部时钟输入(TIx)，第三种是外部时钟模式 2 的外部触发输入 ETR，第四种是内部触发输入(ITRx)时使用一个定时器作为另一个定时器的预分频时钟。由此可见，f_{CK_PSC} 的来源较为多样，可满足更多应用场景。

说到这问题就来了，我们要怎么确定 f_{CK_PSC} 时钟的具体来源呢？这就要看 PWMA 资源被配置为什么样的"模式"，如果 PWMA 模式为"内部时钟模式"(即从模式控制寄存器(PWMA_SMCR)中的"SMSA[2:0]"位为"000")且禁止了外部时钟模式(即外部触发寄存器(PWMA_ETR)中的"ECEA"位为"0")，这种情况下的 PWMA 资源就是"普通模式"。在定时功能中，就需要将 PWMA 资源配置为"普通模式"，在该模式下，一旦控制寄存器 1(PWMA_CR1)中的"CENA"位被置为"1"，计数器就开始工作，此时预分频器的时钟 f_{CK_PSC} 就由内部系统时钟 f_{SYSCLK} 提供，至于什么时候选择其他的时钟源作为 f_{CK_PSC} 时钟就要涉及其他的模式和功能，这些内容暂不详细展开。

假设 f_{CK_PSC} 时钟是选取 f_{SYSCLK} 时钟作为时钟源，得到 f_{CK_PSC} 时钟后不经过分频直接得到 f_{CK_CNT} 时钟，那时钟频率上即为 $f_{SYSCLK} = f_{CK\_PSC} = f_{CK\_CNT}$，若 f_{SYSCLK} 时钟频率为 24MHz，那么 f_{CK_CNT} 时钟的周期就是 1/240 000 00s(约为 0.000 000 041 6s)，这个频率太高了，会导致计数速度过快，虽然 PWMA 的计数器是 16 位的，但是在快速的计数操作后得到的定时时间就会很短，用不了多久计数器就会溢出，这样一来，PWMA 定时器的功能就很局限了。

举个例子，假设当前计数器采用了"向下计数"方式，这时候的计数器初值就好比是"金山银山"，f_{CK_CNT} 时钟周期就是"消耗的速度"，过日子要"细水长流"，由于 f_{CK_CNT} 时钟的"挥霍无度"，这"金山银山"也迟早要用完，所以 STC 公司在 STC8H 系列单片机 PWMA 资源中引入了"预分频器"单元，这个单元可以对 f_{CK_PSC} 时钟进行二次分频，使得 f_{CK_CNT} 时钟频率在较宽的范围内驱动计数器进行计数，这样一来就直接改变了定时时间范围，使得 PWMA 定时功能更为灵活、更为强大。

PWMA 的预分频器(PWMA_PSCRH、PWMA_PSCRL)其实是一个由两个 8 位寄存器组成的 16 位寄存器(此处直接称作"PWMA_PSCR")。由于这个寄存器带有缓冲器结构，因此它能够在运行过程中被改变，预分频器可以将 f_{CK_PSC} 时钟频率按 1～65 536 中的任意值进行分频，计数器的计数频率 f_{CK_CNT} 可以通过式(13.1)计算得到：

$$f_{CK\_CNT} = \frac{f_{CK\_PSC}}{\text{PWMA\_PSCR}[15:0]+1} \qquad (13.1)$$

式(13.1)中的"PWMA_PSCR[15:0]"就表示预分频器中装载的分频因子,这个数值是由用户来配置,假设用户配置为"0",此时的计数器时钟频率 f_{CK_CNT} 就等于 f_{CK_PSC} 时钟频率,也就是不分频的意思。预分频器的设定值是由预装载寄存器写入,保存了当前使用值的影子,寄存器会在低位被写入时载入。在程序操作时需要两次单独的写操作语句来设定具体的分频因子,程序先写高位 PWMA_PSCRH 寄存器,然后再写低位 PWMA_PSCRL 寄存器,新的预分频值会在下一次更新事件到来时被采用。

接下来看看"16 位计数器"单元,计数器的计数方式默认为"向上计数",计数器中装载的计数值在上电时默认为"0",所以在用户初始化 PWMA 资源时一般需要给计数器置一个计数初值,这个过程就要涉及计数器的写入操作,由于计数器的写操作没有缓存单元,用户便可以在任何时候改写 PWMA_CNTRH 和 PWMA_CNTRL 寄存器中的内容,但是最好不要在计数器运行的时候突然写入新的数值,以免发生计数变更导致的系统异常。

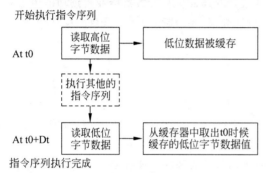

图 13.2 计数器读操作的执行流程

虽然写计数器的操作是没有缓存单元的,但是读计数器的操作却带有一个 8 位的缓存单元,有的朋友会有疑问,设定一个读操作的 8 位缓存器有什么作用呢?要想理解该缓存器的目的,就需要仔细分析图 13.2 中的读操作流程。

当用户开始执行读操作指令序列时,程序会先把 PWMA_CNTRH 高位寄存器中的内容"取走",然后再去取 PWMA_CNTRL 低位寄存器中的内容。因为之前说过,写计数器的操作没有缓存单元,也就是说,计数器的数值随时都能改变,假设用户在读取计数器数值时,刚把高位字节寄存器的内容"取走"之后,计数器就被写入了新数值,这时候原来的低位寄存器中的值就会被新写入的值覆盖掉,这样一来,低位寄存器中的值就"不复存在"了,读取回来的数值就必定是一个"错误值",所以在用户读取了计数器高位寄存器内容之后,低位寄存器中的数值必须被"缓存"起来,必须确保数据在读操作指令完成之前不会有变化,这样才能保障读操作的有效性和正确性。

通过上述讲解,读者朋友们应该对 PWMA 资源的时基单元有了初步的了解,接下来就以"定时功能"为例,讲解时基单元配置中具体要使用的寄存器,了解寄存器各个功能位的作用,掌握相应的配置方法,为实现基础项目 A 做好理论铺垫。

13.2.2 定时功能配置流程及相关寄存器简介

正如本节开始时讲的,第一个要"拿下"的功能就是定时功能,定时功能会涉及 5 类寄存器,共计 8 个。这些寄存器分别是预分频寄存器高位/低位(PWMA_PSCRH、PWMA_PSCRL)、自动重装载寄存器高位/低位(PWMA_ARRH、PWMA_ARRL)、16 位计数器高位/低位(PWMA_CNTRH、PWMA_CNTRL)、中断使能寄存器(PWMA_IER)以及控制寄存器 1(PWMA_CR1)。实现"定时功能"配置的推荐流程如图 13.3 所示。

在配置流程中一共有 6 个主要步骤,接下来按照顺序逐一讲解配置流程,然后引出相关的寄存器进行讲解。

第一步:设置预分频寄存器数值。该步骤是用来确定预分频系数,使得 f_{CK_PSC} 时钟经过分频后得到 f_{CK_CNT} 时钟,然后驱动计数器计数,由于 PWMA 资源的预分频计数器是 16 位的,所以我们

图 13.3 PWMA"定时功能"初始化流程及配置

要分别配置预分频器高 8 位寄存器（PWMA_PSCRH）和预分频器的低 8 位寄存器（PWMA_PSCRL），这两个寄存器的相关位定义及功能说明如表 13.2 和表 13.3 所示。

表 13.2 STC8H 单片机 PWMA 预分频器高 8 位

PWMA 预分频器高 8 位（PWMA_PSCRH）							地址值：(0xFED0)$_H$
位 数	位 7	位 6	位 5	位 4	位 3	位 2	位 1	位 0
位名称	PSCRH[15:8]							
复位值	0	0	0	0	0	0	0	0
位 名	位含义及参数说明							
PSCRH[15:8] 位 7:0	预分频器的高 8 位值 　　预分频器用于对 f_{CK_PSC} 时钟进行分频，为了使新的配置值起作用，必须产生一个更新事件							

表 13.3 STC8H 单片机 PWMA 预分频器低 8 位

预分频器低 8 位（PWMA_PSCRL）							地址值：(0xFED1)$_H$
位 数	位 7	位 6	位 5	位 4	位 3	位 2	位 1	位 0
位名称	PSCRL[7:0]							
复位值	0	0	0	0	0	0	0	0
位 名	位含义及参数说明							
PSCRL[7:0] 位 7:0	预分频器的低 8 位值 　　预分频器用于对 f_{CK_PSC} 时钟进行分频，为了使新的配置值起作用，必须产生一个更新事件							

　　用户需要配置预分频寄存器时,需要注意设定的分频因子与实际分频数之间的关系,该关系在之前的式(13.1)中已经描述了。假设当前的系统时钟 f_{SYSCLK} 频率为24MHz,PWMA资源的 $f_{\text{CK\_PSC}}$ 时钟是选取系统时钟作为时钟源,则 $f_{\text{CK\_PSC}}$ 时钟频率也为24MHz,若此时需要进行24分频让计数时钟 $f_{\text{CK\_CNT}}$ 的频率变为1MHz,则分频因子应该配置为23,而不是24。此时就可以利用C51语言编写PWMA定时功能预分频配置语句如下。

```
P_SW2 |= 0x80;          //允许访问扩展特殊功能寄存器 XSFR
PWMA_PSCRH = 0;         //配置分频系数高位寄存器
PWMA_PSCRL = 23;        //配置分频系数低位寄存器
P_SW2 &= 0x7F;          //结束并关闭 XSFR 访问
```

　　第二步:设置自动重装载寄存器。配置完预分频寄存器后,就得到了计数时钟 $f_{\text{CK\_CNT}}$,计数器会在计数时钟 $f_{\text{CK\_CNT}}$ 的"节拍"下进行计数,当计数溢出后产生相应的事件和中断。假设在PWMA资源采用默认的"向上计数"模式(由 PWMA_CR1 控制寄存器1中的"DIRA"位来决定),计数值会从"0"开始递增,递增至自动重装载寄存器(PWMA_ARR)影子寄存器中的计数最大值时发生"向上计数溢出",然后就会产生更新事件和更新事件中断,其计数过程如图13.4所示。

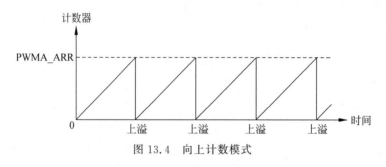

图 13.4　向上计数模式

　　自动重装载寄存器(PWMA_ARR)用于配置用户设定的计数最大值,该寄存器还有一个影子寄存器单元,由于寄存器是16位的,所以也分为高低两个8位寄存器,分别是 PWMA_ARRH 寄存器和 PWMA_ARRL 寄存器,这两个寄存器的相关位定义及功能说明如表13.4和表13.5所示。

表 13.4　STC8H 单片机自动重装载寄存器高8位

自动重装载寄存器高 8 位(PWMA_ARRH)							地址值:(0xFED2)H
位　数	位 7	位 6	位 5	位 4	位 3	位 2	位 1	位 0
位名称	ARRH[15:8]							
复位值	0	0	0	0	0	0	0	0
位　名	位含义及参数说明							
ARRH[15:8]位 7:0	自动重装载的高 8 位值 　　该寄存器中的内容为即将要装入实际自动重装载寄存器的值,需要注意的是:当自动重装载寄存器的值为"0"时,计数器不工作							

表 13.5　STC8H 单片机自动重装载寄存器低8位

自动重装载寄存器低 8 位(PWMA_ARRL)							地址值:(0xFED3)H
位　数	位 7	位 6	位 5	位 4	位 3	位 2	位 1	位 0
位名称	ARRL[7:0]							
复位值	0	0	0	0	0	0	0	0
位　名	位含义及参数说明							

自动重装载寄存器低 8 位（PWMA_ARRL）	地址值：(0xFED3)_H
ARRL [7:0] 位 7:0	自动重装载的低 8 位值 　　该寄存器中的内容即将要装入实际自动重装载寄存器的值，需要注意的是：当自动重装载寄存器的值为"0"时，计数器不工作

用户需要配置自动重装载寄存器时，需要注意将计数值的高 8 位和低 8 位分开赋值，先写高 8 位 PWMA_ARRH 寄存器，然后再写低 8 位 PWMA_ARRL 寄存器，而且自动重装载的计数值不能设定为"0"，否则计数器会停止工作。

假设欲设定的计数值为"set_num"，则可以利用 C51 语言编写 PWMA 定时功能自动重装载配置语句如下。

```
P_SW2| = 0x80;                   //允许访问扩展特殊功能寄存器 XSFR
PWMA_ARRH = (u8)(set_num >> 8);  //配置自动重装载寄存器高位
PWMA_ARRL = (u8)set_num&0x00FF;  //配置自动重装载寄存器低位
P_SW2& = 0x7F;                   //结束并关闭 XSFR 访问
```

在第一条语句中将"set_num"数值右移 8 位的目的是将"set_num"数值的高 8 位赋值给 PWMA_ARRH 寄存器，在第二条语句中将 set_num 数值和(0x00FF)_H进行"按位与"操作，目的是将"set_num"数值的低 8 位赋值给 PWMA_ARRL 寄存器。

第三步：设置 PWMA 计数寄存器初始值。这一步是非必需的步骤，计数器寄存器是 PWMA 资源计数的场合，里面存放的是当前的计数值，上电的时候默认为"0"，当然也可以人为设定初始值，如果设定的初始值刚好等于自动重装载寄存器（PWMA_ARR）中的计数值，则在 PWMA 资源启动后就立即发生一次溢出事件。由于计数器寄存器也是 16 位的，所以也分为高低两个 8 位寄存器，分别是 PWMA_CNTRH 寄存器和 PWMA_CNTRL 寄存器，这两个寄存器的相关位定义及功能说明如表 13.6 和表 13.7 所示。

表 13.6　STC8H 单片机计数器高 8 位

计数器高 8 位（PWMA_CNTRH）							地址值：(0xFECE)_H
位　数	位 7	位 6	位 5	位 4	位 3	位 2	位 1	位 0
位名称	CNTRH[15:8]							
复位值	0	0	0	0	0	0	0	0
位　名	位含义及参数说明							
CNTRH [15:8] 位 7:0	计数器的高 8 位值							

表 13.7　STC8H 单片机计数器低 8 位

计数器低 8 位（PWMA_CNTRL）							地址值：(0xFECF)_H
位　数	位 7	位 6	位 5	位 4	位 3	位 2	位 1	位 0
位名称	CNTRL[7:0]							
复位值	0	0	0	0	0	0	0	0
位　名	位含义及参数说明							
CNTRL [7:0] 位 7:0	计数器的低 8 位值							

假设用户需要 PWMA 资源启动后立即发生溢出事件,可以将计数器寄存器(PWMA_CNTR)中的值和自动重装载寄存器(PWMA_ARR)中的值配置为相等的数值,假设自动重装载寄存器中的计数值为"set_num",则计数器寄存器也初始化为"set_num",可以利用 C51 语言编写 PWMA 定时功能计数器数值配置语句如下。

```
P_SW2 | = 0x80;                      //允许访问扩展特殊功能寄存器 XSFR
PWMA_CNTRH = (u8)(set_num >> 8);     //配置计数器高位
PWMA_CNTRL = (u8)set_num&0x00FF;     //配置计数器低位
P_SW2& = 0x7F;                       //结束并关闭 XSFR 访问
```

第四步:开启 PWMA 更新事件中断使能。这一步非常关键,当 PWMA 时基单元中的计数器发生计数溢出时,需要及时掌握溢出情况和发生的更新事件,所以需要允许更新中断的产生,中断使能寄存器(PWMA_IER)相关位定义及功能说明如表 13.8 所示。

表 13.8　STC8H 单片机中断使能寄存器

中断使能寄存器(PWMA_IER)							地址值:(0xFEC4)$_H$
位　数	位 7	位 6	位 5	位 4	位 3	位 2	位 1	位 0
位名称	BIEA	TIEA	COMIEA	CC4IE	CC3IE	CC2IE	CC1IE	UIEA
复位值	0	0	0	0	0	0	0	0
位　名	位含义及参数说明							
BIEA	允许刹车中断							
位 7	0	禁止刹车中断			1	允许刹车中断		
TIEA	触发中断使能							
位 6	0	禁止触发中断			1	使能触发中断		
COMIEA	允许 COM 中断							
位 5	0	禁止 COM 中断			1	允许 COM 中断		
CCxIE	允许捕获/比较 x 中断(x=1,2,3,4)							
位 4:1	0	禁止捕获/比较 x 中断			1	允许捕获/比较 x 中断		
UIEA	允许更新中断							
位 0	0	禁止更新中断			1	允许更新中断		

若需要允许更新中断的产生,也就是配置中断使能寄存器(PWMA_IER)中的"UIEA"位为"1"即可。可以利用 C51 语言编写 PWMA 定时功能允许更新中断产生配置语句如下。

```
P_SW2 | = 0x80;          //允许访问扩展特殊功能寄存器 XSFR
PWMA_IER | = 0x01;       //允许更新中断,将"UIEA"位置"1"
P_SW2& = 0x7F;           //结束并关闭 XSFR 访问
```

若需要禁止更新中断,可以编写:

```
P_SW2 | = 0x80;          //允许访问扩展特殊功能寄存器 XSFR
PWMA_IER & = 0xFE;       //禁止更新中断,将"UIEA"位清"0"
P_SW2& = 0x7F;           //结束并关闭 XSFR 访问
```

允许了更新中断之后还没有结束,还需要在程序中构建具体的中断服务函数,也就是说明"中断来了,你想做什么"。可以利用 C51 语言编写 PWMA_ISR()中断服务函数,具体的函数实现如下。

```
/ ************************* 中断服务函数区域 ************************ /
void  PWMA_ISR(void)  interrupt  26
{
```

```
    …（此处省略具体程序语句）
    P_SW2 | = 0x80;                    //允许访问扩展特殊功能寄存器 XSFR
    PWMA_SR1 & = 0xFE;                 //清除溢出中断标志位"UIFA"
    P_SW2 & = 0x7F;                    //结束并关闭 XSFR 访问
    …（此处省略具体程序语句）
}
```

这里的 PWMA_ISR() 函数只是一个大致的"框架"，具体的内容可由朋友们自行完善，我们在该函数中清除了溢出中断标志位"UIFA"（该标志位在 PWMA_SR1 状态寄存器中，该寄存器的内容后续会用到，此处先不展开）。

第五步：使能计数器功能。"万事俱备，只欠东风"，前面几个步骤已经大致完成了 PWMA"定时功能"的参数配置，需要注意的是，在配置参数的过程中 PWMA 资源必须处于未工作的状态下，也就是控制寄存器 1（PWMA_CR1）中的"CENA"位应该为"0"，配置完成后再使能计数器，即将"CENA"置"1"即可。该寄存器的相关位定义及功能说明如表 13.9 所示。

表 13.9 STC8H 单片机控制寄存器 1

控制寄存器 1（PWMA_CR1）							地址值：(0xFEC0)ᴴ
位 数	位 7	位 6	位 5	位 4	位 3	位 2	位 1	位 0
位名称	ARPEA	CMSA[1:0]		DIRA	OPMA	URSA	UDISA	CENA
复位值	0	0	0	0	0	0	0	0
位 名	位含义及参数说明							

ARPEA 位 7	自动预装载允许位
	0	PWMA_ARR 寄存器没有缓冲，它可以被直接写入
	1	PWMA_ARR 寄存器由预装载缓冲器缓冲

CMSA [1:0] 位 6:5	选择对齐模式位 在计数器开启时，即"CENA"位为"1"的时候不允许从边沿对齐模式转换到中央对齐模式，在中央对齐模式下，编码器模式（PWMA_SMCR 寄存器中的"SMSA[2:0]"位配置为"001""010"或者"011"）必须被禁止
	00	配置为边沿对齐模式，计数器依据"DIRA"位配置决定向上计数或向下计数
	01	配置为中央对齐模式1，计数器交替地向上和向下计数。配置为输出的通道（PWMA_CCMRx 寄存器中的"CCiS[1:0]"位为"00"）的输出比较中断标志位，只在计数器向下计数时被置"1"。"CCiS[1:0]"位中的"i"代表 1、2、3、4，分别对应四个不同的捕获/比较通道
	10	配置为中央对齐模式2，计数器交替地向上和向下计数。配置为输出的通道（PWMA_CCMRx 寄存器中的"CCiS[1:0]"位为"00"）的输出比较中断标志位，只在计数器向上计数时被置"1"。"CCiS[1:0]"位中的"i"代表 1、2、3、4，分别对应四个不同的捕获/比较通道
	11	配置为中央对齐模式3，计数器交替地向上和向下计数。配置为输出的通道（PWMA_CCMRx 寄存器中的"CCiS[1:0]"位为"00"）的输出比较中断标志位，在计数器向上和向下计数时均被置"1"。"CCiS[1:0]"位中的"i"代表 1、2、3、4，分别对应四个不同的捕获/比较通道

DIRA 位 4	计数方向配置位 当计数器配置为中央对齐模式或编码器模式时，该位为只读
	0	计数器向上计数	1	计数器向下计数

OPMA 位 3	单脉冲模式位
	0	在发生更新事件时，计数器不停止
	1	在发生下一次更新事件（清除"CENA"位）时，计数器停止

续表

控制寄存器 1（PWMA_CR1） 　　　　　　　　　　　　　　　　　　　　地址值：（0xFEC0）_H

URSA 位2		更新请求源位
	0	如果 UDISA 位配置为允许产生更新事件，则下述 3 个事件中的任一事件都会产生一个更新中断且更新中断标记"UIFA"位由硬件置"1"。 事件 1：寄存器被更新（计数器上溢/下溢） 事件 2：软件设置"UGA"位（产生更新事件位）为"1" 事件 3：时钟/触发控制器产生的更新
	1	如果 UDISA 位配置为允许产生更新事件，则只有当发生寄存器被更新（计数器上溢/下溢）事件时才产生更新中断，产生中断后更新中断标记"UIFA"位由硬件置"1"
UDISA 位1		禁止更新位
	0	一旦发生下列 3 个事件，产生更新（UEV）事件。 事件 1：寄存器被更新（计数器上溢/下溢） 事件 2：软件设置"UGA"位（产生更新事件位）为"1" 事件 3：时钟/触发模式控制器产生的硬件复位 被缓存的寄存器被装入它们的预装载值
	1	不产生更新事件，影子寄存器（ARR、PSC、CCRx）保持它们的值，如果软件设置了"UGA"位（产生更新事件位）或时钟/触发控制器发出了一个硬件复位，则计数器和预分频器被重新初始化
CENA 位0		允许计数器位
		在软件设置了"CENA"位后，外部时钟、门控模式和编码器模式才能工作，然而触发模式可以自动地通过硬件设置"CENA"位
	0	禁止计数器 ‖ 1 ‖ 使能计数器

配置完成其他参数后若需要使能计数器，可以利用 C51 语言编写 PWMA 定时功能使能计数器配置语句如下。

```
P_SW2 |= 0x80;          //允许访问扩展特殊功能寄存器 XSFR
PWMA_CR1 |= 0x01;       //使能计数器使得 PWMA_CR1 寄存器 CENA 位为"1"
P_SW2 &= 0x7F;          //结束并关闭 XSFR 访问
```

若需要禁止计数器，可以编写：

```
P_SW2 |= 0x80;          //允许访问扩展特殊功能寄存器 XSFR
PWMA_CR1 &= 0xFE;       //关闭计数器使得 PWMA_CR1 寄存器 CENA 位为"0"
P_SW2 &= 0x7F;          //结束并关闭 XSFR 访问
```

第六步：在主程序中"开启总中断"并编写对应的中断服务函数。也就是在程序中添加一条"EA=1;"语句即可。

经过以上 6 个步骤，PWMA 的"定时器"功能就配置完成了。

13.2.3　基础项目 A　分挡输出 1Hz-1kHz-10kHz 方波实验

通过学习，我们大致了解了 PWMA 资源"定时功能"的寄存器运用和配置流程，但还不知道定时时长怎么设定，也不知道定时溢出后会有什么现象，所以还得开展实验，真实地去体会配置步骤、验证理论知识、得到实际效果。

接下来要设计实验内容，我们可以随便设定一个定时值然后按流程配置 PWMA 定时器，若计数溢出则让某一个 I/O 引脚的电平状态进行"取反"，这样一来就会在 I/O 引脚上输出方波信号，但随便设定的定时值没有什么实际意义，所以采用"倒推法"，事先设定一个欲输出的信号频率值，然后通过倒推，反向计算出定时初值。

实验内容确定后就可以开始硬件电路搭建了，我们将输出信号连接到逻辑分析仪的一个通道上，这样一来就可以观察输出信号和相关参数了，为了体现定时值对定时时间的影响，可以设定多个定时值输出多种频率的方波信号做对比，可以在硬件电路搭建时设定 3 个功能按键，若没有按键按下时，I/O 引脚输出固定的高电平，若 3 个按键中的某一个被按下就可以对应输出 1Hz、1kHz 或10kHz 频率的方波信号，这样一来就相当于做了 3 个频率挡位，按照设想，可以构建出如图 13.5 所示电路。

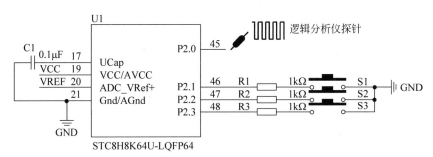

图 13.5 分挡输出 1Hz-1kHz-10kHz 方波实验电路原理图

在硬件电路中，方波信号由 P2.0 引脚输出，然后连接至逻辑分析仪的输入通道。P2.1 引脚连接 S1 轻触按键，用于设定 1Hz 方波信号输出，P2.2 引脚连接 S2 轻触按键，用于设定 1kHz 方波信号输出，P2.3 引脚连接 S3 轻触按键，用于设定 10kHz 方波信号输出。

硬件构建完毕之后就可以开始着手软件的编写，在程序中要重点实现 PWMA 的初始化配置函数 PWMA_Init(u8 x,u8 y,long set_num)，要设置 3 个形式参数 x、y、set_num，用于灵活地改变分频因子和计数初值，还要实现 3 个按键的判断，以执行不同的参数配置最终达到不同频率信号的输出。按照 PWMA 定时功能相关寄存器配置流程和程序设计思想，可用 C51 语言编写程序的具体实现如下。

```c
//芯片型号：STC8H8K64U(程序微调后可移植至 STC8A/F/C/G/H 系列单片机)
//时钟说明：单片机片内高速 24MHz 时钟
/ ****************************************************************** /
# include "STC8H.h"                          //主控芯片的头文件
/ ********************** 常用数据类型定义 ************************** /
【略】为节省篇幅，相似定义参见相关章节或源码工程即可
/ ********************** 端口/引脚定义区域 ************************** /
sbit S_OUT = P2^0;                           //输出方波信号
sbit SET_1_KEY = P2^1;                       //设定 1Hz 输出
sbit SET_1K_KEY = P2^2;                      //设定 1kHz 输出
sbit SET_10K_KEY = P2^3;                     //设定 10kHz 输出
/ ********************** 函数声明区域 ***************************** /
void delay(u16 Count);                       //延时函数
void PWMA_Init(u8 x,u8 y,long set_num);      //PWMA 初始化函数
/ ********************** 主函数区域 ****************************** /
void main(void)
{
    //配置 P2.0-3 为准双向/弱上拉模式
    P2M0& = 0xF0;                            //P2M0.0-3 = 0
    P2M1& = 0xF0;                            //P2M1.0-3 = 0
    delay(5);                                //等待 I/O 模式配置稳定
    S_OUT = 1;                               //上电后的信号输出引脚默认高电平
```

```
            while(1)
            {
                if(SET_1_KEY == 0)                  //设定 1Hz 方波输出
                {
                    delay(20);                      //延时去除按键"抖动"
                    if(SET_1_KEY == 0)
                    {
                        while(!SET_1_KEY);          //设定按键松手检测
                        PWMA_Init(0,239,50000);     //PWMA 相关功能配置初始化
                    }
                }
                if(SET_10K_KEY == 0)                //设定 1kHz 方波输出
                {
                    delay(20);                      //延时去除按键"抖动"
                    if(SET_10K_KEY == 0)
                    {
                        while(!SET_10K_KEY);        //设定按键松手检测
                        PWMA_Init(0,1,6000);        //PWMA 相关功能配置初始化
                    }
                }
                if(SET_10K_KEY == 0)                //设定 10kHz 方波输出
                {
                    delay(20);                      //延时去除按键"抖动"
                    if(SET_10K_KEY == 0)
                    {
                        while(!SET_100K_KEY);       //设定按键松手检测
                        PWMA_Init(0,1,600);         //PWMA 相关功能配置初始化
                    }
                }
            }
}
/ ******************************************************************** /
//延时函数 delay(),有形参 Count 用于控制延时函数执行次数,无返回值
/ ******************************************************************** /
void delay(u16 Count)
{
    u8 i,j;
    while (Count -- )                              //Count 形参控制延时次数
    {
        for(i = 0;i < 50;i++)
        for(j = 0;j < 20;j++);
    }
}
/ ******************************************************************** /
//PWMA 功能初始化函数 PWMA_Init(),有 3 个形参 x,y 和 set_num
//x 和 y 用于配置分频系数,set_num 表示计数值,无返回值
/ ******************************************************************** /
void PWMA_Init(u8 x,u8 y,long set_num)
{
    P_SW2| = 0x80;                                 //允许访问扩展特殊功能寄存器 XSFR
    PWMA_CR1& = 0xFE;                              //CENA 位为"0",关闭计数器
    PWMA_IER| = 0x01;                              //允许更新中断
    PWMA_PSCRH = x;                                //配置分频系数高位
    PWMA_PSCRL = y;                                //配置分频系数低位
```

```
        //配置自动重装载寄存器高低位
        PWMA_ARRH = (u8)(set_num >> 8);
        PWMA_ARRL = (u8)set_num&0x00FF;
        //配置计数器的值使得定时开始便产生更新事件
        PWMA_CNTRH = (u8)(set_num >> 8);
        PWMA_CNTRL = (u8)set_num&0x00FF;
        PWMA_CR1| = 0x01;                   //CENA 位为"1",使能计数器
        P_SW2& = 0x7F;                      //结束并关闭 XSFR 访问
        EA = 1;                             //打开总中断允许
}
/ ************************* 中断服务函数区域 ************************* /
void  PWMA_ISR(void)   interrupt  26
{
        S_OUT = !S_OUT;                     //引脚状态取反输出方波信号
        P_SW2| = 0x80;                      //允许访问扩展特殊功能寄存器 XSFR
        PWMA_SR1& = 0xFE;                   //清除溢出中断标志位"UIFA"
        P_SW2& = 0x7F;                      //结束并关闭 XSFR 访问
}
```

在程序中有两个地方需要讲解，第一个地方就是关于 PWMA 计数溢出时发生更新中断的中断服务函数 PWMA_ISR()，在该函数中的"S_OUT＝!S_OUT;"语句非常简单易懂，就是在每一次更新中断产生后都让 P2.0 引脚进行"取反"操作，对 P_SW2 寄存器的操作是为了允许对 XSFR 相关寄存器的赋值。中间的"PWMA_SR1&＝0xFE;"语句就需要解释一下了，"PWMA_SR1"是 PWMA 的状态寄存器 1，"按位与"上一个 $(0xFE)_H$ 的目的是将该寄存器的最低位"UIFA"清"0"，这样做的目的是清除更新中断标志位，这样才能等待下一次的更新中断。

另一个需要讲解的是在主函数程序段中的"PWMA_Init(0,239,50000);"语句（若按下 S1 按键就会执行该语句，其目的是让 P2.0 引脚输出 1Hz 方波信号），从子函数调用的角度来看该语句其实并不复杂，也就是送入了 3 个实际参数到 PWMA 的初始化配置函数 PWMA_Init(u8 x,u8 y, long set_num)中，我们需要弄明白这个参数是如何被配置的。

送入的"0"对应 PWMA_Init()函数的形参 x，"239"对应形参 y，"50000"对应形参 set_num，也就是说，分频因子设定为(0+239)等于 239(实际上是 239+1＝240)，50 000 就是设定的计数初值。实验中将单片机的系统时钟配置为了 24MHz，又已知分频因子是 239，将这些数据代入计数时钟的计算公式(13.1)可得：

$$f_{CK\_CNT} = \frac{24MHz}{239+1} = 0.1MHz$$

要注意该计算式中分母部分加上的"1"是公式固有的，代入参数计算出的结果是 0.1MHz，即计数时钟 f_{CK_CNT} 的频率为 0.1MHz，计数时钟周期就是 0.000 01s，又已知设定的计数值为 50 000，那么 50 000 乘以 0.000 01s 就是 0.5s，也就是说，每隔 0.5s 后 P2.0 引脚的状态就"取反"1 次，产生的方波周期就刚好为 1Hz，若将程序编译后下载到单片机中并运行，按下 S1 按键的时候，实测 P2.0 引脚输出的信号波形如图 13.6 所示。

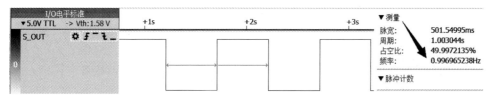

图 13.6　配置输出 1Hz 方波效果

图 13.6 中测得方波信号的频率约为 0.997Hz,与理论计算值 1Hz 存在一些误差,主要和单片机片内时钟源精度、分频电路精度和测量仪器精度有关,误差在容忍范围之内。在系统运行时,若按下 S3 按键将设定 P2.0 引脚输出 10kHz 方波信号,此时执行的核心语句是"PWMA_Init(0, 1,600);",此时设定的分频因子为(0+1)等于 1(实际上是 1+1=2),即计数时钟为 24/2 = 12MHz,周期约为 0.000 000 083 3s,又因为设定的计数初值为 600,那么 600 乘以 0.000 000 083 3s 就约为 0.000 05s,此时产生的方波频率就应该是 10kHz,按下 S3 按键后实测 P2.0 引脚输出的信号波形如图 13.7 所示。

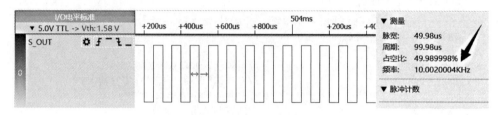

图 13.7　配置输出 100kHz 方波效果

图 13.7 中测得方波信号的频率约为 10.002kHz,与理论计算值 10kHz 存在一些误差,主要和 12MHz 频率下的计数初值误差(主要误差来源)、单片机片内时钟源精度、分频电路精度和测量仪器精度有关,误差在容忍范围之内。同理,按下 S2 按键将设定 P2.0 引脚输出 1kHz 方波信号,请朋友们自己动手计算一下,此处就不做赘述了。

13.3　"轻松拿下"计数功能

在 13.2 节中,主要讲解了 f_{CK_PSC} 时钟来源于单片机系统时钟(f_{SYSCLK})的情况,由于内部系统时钟的频率是一定的,所以 PWMA 得到的计数值大小就可以反映出计时长短,该情况下 PWMA 的主要功能是"定时器",在本节中需要研究 PWMA 的"计数器"功能,就是用 PWMA 资源接收单片机外部引脚上的时钟脉冲,此时得到的计数值就能反映出外部脉冲的个数(即跳变次数),此时的 f_{CK_PSC} 时钟来源于外部时钟输入 TIx(即外部时钟源模式 1)或是外部触发输入 ETR(即外部时钟源模式 2)。

外部时钟源模式 1(或称外部时钟模式 1)是启用捕获/比较通道引脚(例如 PWM1P/P1.0 引脚),将外部脉冲信号连接至时基单元,通过相关寄存器配置后实现计数功能。

外部时钟源模式 2(或称外部时钟模式 2)是启用外部触发信号引脚(例如 PWMETI/P3.2 引脚),将外部脉冲信号连接至时基单元,通过相关寄存器配置后实现计数功能。

这两种模式在通道选择、引脚分配、内部路径和寄存器的配置上存在明显差异,所以需要分开来讲解。

13.3.1　外部时钟源模式 1 计数功能

我们首先讲解第一种"计数"方式,即外部时钟源模式 1。若选择该方式实现外部脉冲计数,则 PWMA 时基单元中的 f_{CK_PSC} 时钟信号来源于外部时钟输入(TIx)。若要配置当前 PWMA 资源为外部时钟源模式 1,则需要将从模式控制寄存器(PWMA_SMCR)中的"SMSA[2:0]"位配置为"111",然后将外部脉冲信号连接到 STC8H 单片机的捕获/比较通道引脚,接着配置相关寄存器即可启用该功能,实现输入端上升沿或下降沿计数。

以 STC8H8K64U 这款单片机为例,该款单片机的 PWMA 资源共有 4 个捕获/比较通道引脚。作为外部时钟源模式 1 的时候只能使用 PWM1P/P1.0 或 PWM2P/P1.2/P5.4 这两个通道(需要注意：STC8H8K64U 单片机不存在 P1.2 引脚，所以 PWM2P 默认为 P5.4 引脚），此处以 PWM1P 通道为例，外部脉冲信号送入该引脚后会经过如图 13.8 所示的流程，最后得到 $f_{\text{CK\_PSC}}$ 时钟信号。

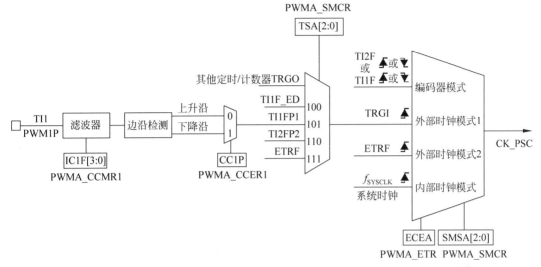

图 13.8　外部时钟模式 1 下的 PWM1P 通道计数流程

认真分析图 13.8，这张图就讲清了外部时钟模式 1 的计数流程和功能配置。外部脉冲信号由 PWM1P/P1.0 引脚输入，输入的信号为"TI1"，信号首先经过滤波器，此时用户可以根据输入信号的特性决定是否要进行滤波处理，可以配置捕获/比较模式寄存器（PWMA_CCMR1）中的"IC1F[3:0]"位来决定输入信号的采样频率和数字滤波器长度。

经过滤波处理的信号会进入边沿检测器，以实现用户对信号特定边沿（上升沿、下降沿）的识别和触发，边沿极性的选择可以通过配置捕获/比较使能寄存器 1（PWMA_CCER1）中的"CC1P"位来实现。配置完信号滤波和边沿检测后就应该决定同步计数器的触发输入了，此时应该配置从模式控制寄存器（PWMA_SMCR）中的"TSA[2:0]"位来确定输入源信号，由于外部脉冲信号是由 PWM1P 通道进入处理，所以应该选择"滤波后的定时器输入 1（TI1FP1）"作为输入源（此时的 TSA[2:0]＝101）。

确定好 TI1FP1 信号作为触发输入源后就可以配置从模式控制寄存器（PWMA_SMCR）中的"SMSA[2:0]"位（配置 SMSA[2:0]＝111），来启用外部时钟源模式 1，得到 $f_{\text{CK\_PSC}}$ 时钟信号后再驱动后续处理单元进行脉冲计数即可。

13.3.2　模式 1 配置流程及相关寄存器简介

我们基于图 13.8 的分析和理解，可以总结出外部时钟源模式 1 计数功能的配置流程，主要涉及 3 个寄存器，即捕获/比较模式寄存器（PWMA_CCMR1）、捕获/比较使能寄存器（PWMA_CCER1）和从模式控制寄存器（PWMA_SMCR）。配置流程是按照信号输入后经过的路径来决定，推荐的初始化配置流程如图 13.9 所示。

在配置流程中一共是 5 个主要步骤，接下来就按照步骤的顺序逐一讲解配置流程，然后引出相关的寄存器，解说相应功能位。

第一步：选定引脚、设置方向、采样率及滤波器。第一步其实是个"复合"操作，需要逐一解决，我们先看看"选定引脚"怎么做，该功能需要用到 PWMA 通道选择寄存器 PWMA_PS 或 PWMB 通道选择寄存器 PWMB_PS，这两个寄存器的相关位定义及功能说明如表 13.10 和表 13.11 所示。

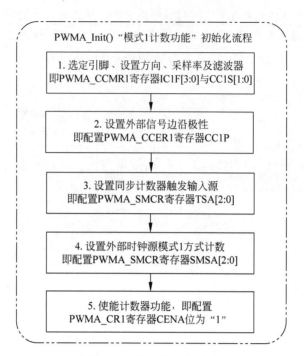

图 13.9　"模式 1 计数功能"初始化流程及配置

表 13.10　STC8H 单片机 PWMA 通道选择寄存器

PWMA 通道选择寄存器（PWMA_PS）						地址值：（0xFEB2）$_H$	
位　数	位 7	位 6	位 5	位 4	位 3	位 2	位 1	位 0
位名称	**C4PS[1:0]**		**C3PS[1:0]**		**C2PS[1:0]**		**C1PS[1:0]**	
复位值	0	0	0	0	0	0	0	0
C4PS	PWM4 通道引脚选择位（以下 P 代表 PWM4P，N 代表 PWM4N）							
[1:0]	00		P＝P1.6,N＝P1.7		10		P＝P6.6,N＝P6.7	
位 7:6	01		P＝P2.6,N＝P2.7		11		P＝P3.4,N＝P3.3	
C3PS	PWM3 通道引脚选择位（以下 P 代表 PWM3P，N 代表 PWM3N）							
[1:0]	00		P＝P1.4,N＝P1.5		10		P＝P6.4,N＝P6.5	
位 5:4	01		P＝P2.4,N＝P2.5		11		保留	
C2PS	PWM2 通道引脚选择位（以下 P 代表 PWM2P，N 代表 PWM2N）							
[1:0]	00		P＝P1.2/P5.4,N＝P1.3		10		P＝P6.2,N＝P6.3	
位 3:2	01		P＝P2.2,N＝P2.3		11		保留	
C1PS	PWM1 通道引脚选择位（以下 P 代表 PWM1P，N 代表 PWM1N）							
[1:0]	00		P＝P1.0,N＝P1.1		10		P＝P6.0,N＝P6.1	
位 1:0	01		P＝P2.0,N＝P2.1		11		保留	

表 13.11　STC8H 单片机 PWMB 通道选择寄存器

PWMB 通道选择寄存器（PWMB_PS）						地址值：（0xFEB6）$_H$	
位　数	位 7	位 6	位 5	位 4	位 3	位 2	位 1	位 0
位名称	**C8PS[1:0]**		**C7PS[1:0]**		**C6PS[1:0]**		**C5PS[1:0]**	
复位值	0	0	0	0	0	0	0	0

PWMB 通道选择寄存器（PWMB_PS）				地址值：**(0xFEB6)**$_H$
C8PS	PWM8 通道引脚选择位（以下 P 代表 PWM8，单端 PWM 不存在 N）			
[1:0]	00	P＝P2.3	10	P＝0.3
位 7:6	01	P＝P3.4	11	P＝7.7
C7PS	PWM7 通道引脚选择位（以下 P 代表 PWM7，单端 PWM 不存在 N）			
[1:0]	00	P＝P2.2	10	P＝P0.2
位 5:4	01	P＝P3.3	11	P＝P7.6
C6PS	PWM6 通道引脚选择位（以下 P 代表 PWM6，单端 PWM 不存在 N）			
[1:0]	00	P＝P2.1	10	P＝P0.1
位 3:2	01	P＝P5.4	11	P＝P7.5
C5PS	PWM5 通道引脚选择位（以下 P 代表 PWM5，单端 PWM 不存在 N）			
[1:0]	00	P＝P2.0	10	P＝P0.0
位 1:0	01	P＝P1.7	11	P＝P7.4

因为我们是以 PWMA 资源为例展开讲解，所以重点看表 13.10 中的内容即可，若用户需要用 C51 语言编程配置 PWM1P 的引脚为 P6.0，PWM1N 的引脚为 P6.1，可编写语句：

```
P_SW2| = 0x80;          //允许访问扩展特殊功能寄存器 XSFR
PWMA_PS| = 0x02;
PWMA_PS& = 0xFE;        //配置 C1PS[1:0]位为"10"
P_SW2& = 0x7F;          //结束并关闭 XSFR 访问
```

选定通道引脚之后，再来看看"设置方向、采样率及滤波器"问题。我们先要确定 PWM1P 引脚的方向，是要配置为输入还是输出呢？毫无疑问，计数功能下的 PWM1P 引脚应该为输入模式，发挥"捕获"作用。采样率和滤波参数的配置可以按照信号的"质量"来考虑，采样率的大小一般要高于实际信号频率的 2 倍以上（这样才满足采样定理），以确保采样准确。滤波器的长度配置是非必需的，可由编程者自行决定。

要实现以上功能的配置，就必须用到捕获/比较模式寄存器 PWMA_CCMR1，相比之前学习的寄存器来说，这个寄存器比较"特殊"，该寄存器是个"两面派"，它既可以表现为输入捕获模式又可以表现为输出比较模式，具体的表现形式由该寄存器中的"CC1S[1:0]"位来决定。该寄存器在输入和输出情况下的位功能会发生变化，除了"CC1S[1:0]"位功能保持不变之外，其他位功能在不同的模式之下会有不同的功能，因此要特别注意。

本节主要讲解捕获/比较通道 1（即 PWM1P 引脚）进行"外部电平脉冲计数"的情况，所以此时看到的应该是捕获/比较模式寄存器 1（PWMA_CCMR1）作为"输入捕获模式"时的"样子"，在该模式下寄存器的相关位定义及功能说明如表 13.12 所示。

表 13.12 STC8H 单片机捕获/比较模式寄存器 1（输入捕获模式）

捕获/比较模式寄存器 1（PWMA_CCMR1）							地址值：**(0xFEC8)**$_H$	
位 数	位 7	位 6	位 5	位 4	位 3	位 2	位 1	位 0
位名称	IC1F[3:0]				IC1PSC[1:0]		CC1S[1:0]	
复位值	0	0	0	0	0	0	0	0
位 名	位含义及参数说明							

捕获/比较模式寄存器 1(PWMA_CCMR1)				地址值：(0xFEC8)H
IC1F [3:0] 位 7:4	输入/捕获 1 滤波器 这 4 位定义了 TI1 信号输入的采样频率及数字滤波器长度,数字滤波器是由一个事件计数器组成的,只有发生了 N 个事件后输出的跳变才被认为有效,需要注意的是,即使对于带互补输出的通道,该位域也是非预装载的,并且不会考虑控制寄存器 2(PWMA_CR2)中"CCPCA"位的值			
	0000	无滤波器,$f_{SAMPLING}=f_{SYSCLK}$	1000	采样频率 $f_{SAMPLING}=f_{SYSCLK}/8$, N=6
	0001	采样频率 $f_{SAMPLING}=f_{SYSCLK}$, N=2	1001	采样频率 $f_{SAMPLING}=f_{SYSCLK}/8$, N=8
	0010	采样频率 $f_{SAMPLING}=f_{SYSCLK}$, N=4	1010	采样频率 $f_{SAMPLING}=f_{SYSCLK}/16$, N=5
	0011	采样频率 $f_{SAMPLING}=f_{SYSCLK}$, N=8	1011	采样频率 $f_{SAMPLING}=f_{SYSCLK}/16$, N=6
	0100	采样频率 $f_{SAMPLING}=f_{SYSCLK}/2$, N=6	1100	采样频率 $f_{SAMPLING}=f_{SYSCLK}/16$, N=8
	0101	采样频率 $f_{SAMPLING}=f_{SYSCLK}/2$, N=8	1101	采样频率 $f_{SAMPLING}=f_{SYSCLK}/32$, N=5
	0110	采样频率 $f_{SAMPLING}=f_{SYSCLK}/4$, N=6	1110	采样频率 $f_{SAMPLING}=f_{SYSCLK}/32$, N=6
	0111	采样频率 $f_{SAMPLING}=f_{SYSCLK}/4$, N=8	1111	采样频率 $f_{SAMPLING}=f_{SYSCLK}/32$, N=8
IC1PSC [1:0] 位 3:2	输入/捕获 1 预分频器 这 2 位定义了捕获/比较通道 1(PWM1P)输入信号(IC1)的预分频系数,一旦捕获/比较使能寄存器(PWMA_CCER1)寄存器中的"CC1E"位(输入捕获/比较 1 输出使能位)为"0",则预分频器复位			
	00	无预分频器,捕获输入口上检测到的每一个边沿都触发一次捕获		
	01	每 2 个事件触发一次捕获		
	10	每 4 个事件触发一次捕获		
	11	每 8 个事件触发一次捕获		
CC1S [1:0] 位 1:0	捕获/比较 1 方向选择 这 2 位定义了捕获/比较通道 1(PWM1P)的方向(输入/输出)及输入通道脚的选择。需要注意的是,"CC1S[1:0]"位仅在欲配置的通道关闭时(捕获/比较使能寄存器(PWMA_CCER1)寄存器中的"CC1E"位(输入捕获/比较 1 输出使能位)为"0")才能被写入			
	00	PWM1(CC1)通道被配置为输出		
	01	PWM1(CC1)通道被配置为输入,IC1 映射在 TI1FP1 上		
	10	PWM1(CC1)通道被配置为输入,IC1 映射在 TI2FP1 上		
	11	PWM1(CC1)通道被配置为输入,IC1 映射在 TRC 上,此模式仅工作在内部触发器输入被选中时,也就是从模式控制寄存器(PWMA_SMCR)中的"TSA[2:0]"位来选择		

若用户需要外部脉冲由捕获/比较通道 1(PWM1P)输入,且经过外部时钟模式 1 计数的结构流程后得到"TI1FP1"信号,则应该配置捕获/比较模式寄存器 1(PWMA_CCMR1)中的 CC1S[1:0]为"01",选定 PWM1 通道为输入,IC1 映射在 TI1FP1 信号上。

接下来用户需要配置输入捕获 1 的采样率和滤波器长度。假设需要配置采样频率 $f_{SAMPLING}$ 等于系统时钟频率 f_{SYSCLK},且滤波器长度 N 等于 8,则可以将捕获/比较模式寄存器 1(PWMA_CCMR1)中的"IC1F[3:0]"配置为"0011",此时就可以利用 C51 语言编写 PWMA 外部时钟源模式 1 通道方向选择、采样率及滤波器配置语句如下。

```
P_SW2| = 0x80;                //允许访问扩展特殊功能寄存器 XSFR
PWMA_CCMR1| = 0x31;           //IC1F[3:0] = 0011,CC1S[1:0] = 01
P_SW2& = 0x7F;                //结束并关闭 XSFR 访问
```

第二步:设置外部信号边沿极性。 由于外部脉冲信号经过滤波器后需要被正确"识别"和检测,所以要区分信号的边沿,实现计数。用户需要选定特定边沿(上升沿/下降沿)进行触发,即配置捕获/比较使能寄存器(PWMA_CCER1)中的"CC1P"位来选定边沿类型。该寄存器的相关位定义及功能说明如表 13.13 所示。

表 13.13 STC8H 单片机捕获/比较使能寄存器 1

捕获/比较使能寄存器 1(PWMA_CCER1)						地址值:(0xFECC)ₕ	
位 数	位 7	位 6	位 5	位 4	位 3	位 2	位 1	位 0
位名称	CC2NP	CC2NE	CC2P	CC2E	CC1NP	CC1NE	CC1P	CC1E
复位值	0	0	0	0	0	0	0	0

位 名	位含义及参数说明
CC2NP 位 7	输入捕获/比较 2 互补输出极性 　　可参考本寄存器中关于 CC1NP 位的描述,两者是相似的
CC2NE 位 6	输入捕获/比较 2 互补输出使能 　　可参考本寄存器中关于 CC1NE 位的描述,两者是相似的
CC2P 位 5	输入捕获/比较 2 输出极性 　　可参考本寄存器中关于 CC1P 位的描述,两者是相似的
CC2E 位 4	输入捕获/比较 2 输出使能 　　可参考本寄存器中关于 CC1E 位的描述,两者是相似的
CC1NP 位 3	输入捕获/比较 1 互补输出极性 　　需要注意的是,一旦刹车寄存器(PWMA_BKR)中的"LOCKA[1:0]"位设为锁定级别 3 或 2 且捕获/比较模式寄存器 1(PWMA_CCMR1)中的"CC1S[1:0]"位为"00"(PWM1 通道配置为输出),则该位不能被修改。 　　对于有互补输出的通道,该位是预装载的,如果控制寄存器 2(PWMA_CR2)中的"CCPCA"位为"1",那么只有在 COM 事件发生时,"CC1NP"位才从预装载位中取新值
	0　　高电平有效　　1　　低电平有效
CC1NE 位 2	输入捕获/比较 1 互补输出使能 　　对于有互补输出的通道,该位是预装载的,如果控制寄存器 2(PWMA_CR2)中的"CCPCA"位为"1",那么只有在 COM 事件发生时,"CC1NE"位才从预装载位中取新值
	0　关闭比较输出
	1　开启比较输出,其输出电平依赖于刹车寄存器(PWMA_BKR)中 MOEA、OSSIA、OSSRA 功能位、输出空闲状态寄存器(PWMA_OISR)中 OIS1、OIS1N 功能位和本寄存器中 CC1E 功能位的取值
CC1P 位 1	输入捕获/比较 1 输出极性 　　需要注意的是,一旦刹车寄存器(PWMA_BKR)中的"LOCKA[1:0]"位设为锁定级别 3 或 2,则该位不能被修改。对于有互补输出的通道,该位是预装载的,如果控制寄存器 2(PWMA_CR2)中的"CCPCA"位为"1",那么只有在 COM 事件发生时,"CC1P"位才从预装载位中取新值
	当 PWM1 通道配置为输出时:
	0　　高电平有效　　1　　低电平有效
	当 PWM1 通道配置为输入或捕获时:
	0　捕捉发生在 TI1F 或 TI2F 的上升沿
	1　捕捉发生在 TI1F 或 TI2F 的下降沿

捕获/比较使能寄存器 1（PWMA_CCER1）		地址值：（0xFECC）$_H$
CC1E **位 0**	输入捕获/比较 1 输出使能 　　需要注意的是，一旦刹车寄存器（PWMA_BKR）中的"LOCKA[1:0]"位设为锁定级别 3 或 2，则该位不能被修改。对于有互补输出的通道，该位是预装载的，如果控制寄存器 2（PWMA_CR2）中的"CCPCA"位为"1"，那么只有在 COM 事件发生时，"CC1E"位才从预装载位中取新值	
	0	关闭输入捕获/比较输出
	1	开启输入捕获/比较输出

假设用户需要配置外部信号在下降沿时实现检测，则可以配置捕获/比较使能寄存器（PWMA_CCER1）中的"CC1P"位为"1"。此时就可以利用 C51 语言编写 PWMA 外部时钟源模式 1 边沿检测配置语句如下。

```
P_SW2| = 0x80;          //允许访问扩展特殊功能寄存器 XSFR
PWMA_CCER1 = 0x02;      //配置边沿检测器极性(下降沿)"CC1P = 1"
P_SW2& = 0x7F;          //结束并关闭 XSFR 访问
```

第三步：设置同步计数器触发输入源。这一步主要是确定计数器的计数"对象"是哪一个触发输入。可供选择的触发输入源有 5 种，即内部触发 ITR2 信号、TI1 的边沿检测器（TI1F_ED）、滤波后的定时器输入 1（TI1FP1）、滤波后的定时器输入 2（TI2FP2）和外部触发输入（ETRF）。毫无疑问，我们肯定是选择"TI1FP1"信号，即配置从模式控制寄存器（PWMA_SMCR）中的"TSA[2:0]"为"101"，此时就可以利用 C51 语言编写 PWMA 外部时钟源模式 1 同步计数器输入源配置语句如下。

```
P_SW2| = 0x80;          //允许访问扩展特殊功能寄存器 XSFR
PWMA_SMCR| = 0x50;      //配置同步计数器的触发输入"TSA[2:0] = 101"
P_SW2& = 0x7F;          //结束并关闭 XSFR 访问
```

第四步：设置外部时钟源模式 1 方式计数。当完成了外部信号的采样、滤波并确定了计数器的输入源后就剩下关键性的"一步"，即确定用什么样的模式进行计数，此处使用外部时钟模式 1，则配置从模式控制寄存器（PWMA_SMCR）中的"SMSA[2:0]"位为"111"即可。此时就可以利用 C51 语言编写 PWMA 模式 1 模式选择配置语句如下。

```
P_SW2| = 0x80;          //允许访问扩展特殊功能寄存器 XSFR
PWMA_SMCR| = 0x07;      //配置从模式选择"SMSA[2:0] = 111"
P_SW2& = 0x7F;          //结束并关闭 XSFR 访问
```

从模式控制寄存器 PWMA_SMCR 相关位定义及功能说明如表 13.14 所示。

表 13.14　STC8H 单片机从模式控制寄存器

从模式控制寄存器（PWMA_SMCR）							地址值：（0xFEC2）$_H$
位　数	位 7	位 6	位 5	位 4	位 3	位 2	位 1	位 0
位名称	MSMA		TSA[2:0]		—		SMSA[2:0]	
复位值	0	0	0	0	x	0	0	0
位　名	位含义及参数说明							
MSMA **位 7**	主/从模式							
	0	无作用						
	1	触发输入 TRGI 上的事件被延迟了，以允许 PWMA 定时器与它的从定时器间的完美同步（通过 TRGO）						

续表

从模式控制寄存器（PWMA_SMCR）				地址值：$(0xFEC2)_H$
TSA [2:0] 位 6:4	触发选择 　　这 3 位用于选择同步计数器的触发输入，这些位只能在"SMSA[2:0]"位为"000"时被改变，以避免在改变时产生错误的边沿检测			
	000	—	100	TI1 的边沿检测器（TI1F_ED）
	001	—	101	滤波后的定时器输入 1（TI1FP1）
	010	内部触发 ITR2	110	滤波后的定时器输入 2（TI2FP2）
	011	—	111	外部触发输入（ETRF）
SMSA [2:0] 位 2:0	时钟/触发/从模式选择 　　当选择了外部信号，触发信号 TRGI 的有效边沿与选中的外部输入极性相关。需要注意的是，如果 TI1F_ED 被选为触发输入（"TSA[2:0]"位为"100"）时，不要使用门控模式，这是因为 TI1F_ED 在每次 TI1F 变化时，只是输出一个脉冲，然而门控模式是要检查触发输入的电平			
	000	**内部时钟模式**：如果控制寄存器 1（PWMA_CR1）中的"CENA"位（计数器使能位）为"1"则预分频器直接由内部时钟驱动		
	001	**编码器模式 1**：根据 TI1FP1 的电平，计数器在 TI2FP2 的边沿向上/下计数		
	010	**编码器模式 2**：根据 TI2FP2 的电平，计数器在 TI1FP1 的边沿向上/下计数		
	011	**编码器模式 3**：根据另一个输入的电平，计数器在 TI1FP1 和 TI2FP2 的边沿向上/下计数		
	100	**复位模式**：在选中的触发输入 TRGI 的上升沿时重新初始化计数器，并且产生一个更新寄存器的信号		
	101	**门控模式**：当触发输入 TRGI 为高时，计数器的时钟开启，一旦触发输入变为低，则计数器停止（但不复位），计数器的启动和停止都是受控的		
	110	**触发模式**：计数器在触发输入 TRGI 的上升沿启动（但不复位），只有计数器的启动是受控的		
	111	**外部时钟模式 1**：选中的触发输入 TRGI 的上升沿驱动计数器		

第五步：使能计数器功能。配置完成其他参数后若需要使能计数器，可以利用 C51 语言编写 PWMA 外部时钟源模式 1 使能计数器配置语句如下。

```
P_SW2 |= 0x80;                   //允许访问扩展特殊功能寄存器 XSFR
PWMA_CR1 |= 0x01;                //使能 PWMA 计数器功能"CENA = 1"
P_SW2 &= 0x7F;                   //结束并关闭 XSFR 访问
```

经过以上五个主要的配置流程是不是就算是完成了功能配置呢？其实不是的，在 PWMA 资源启用外部时钟源模式 1 时用到了专门的捕获/比较通道，也就是 PWMxP 引脚，以 STC8H8K64U 这款单片机为例，"x"的取值可以是 1、2、3、4，但是用作外部时钟模式 1 计数功能的只能是 PWM1P 和 PWM2P 通道（需要注意：STC8H8K64U 单片机不存在 P1.2 引脚，所以 PWM2P 默认为 P5.4 引脚），而这两个功能其实是与普通的 I/O 引脚进行"功能复用"的，如果使用的是 PWM1P 通道，就应该将 P1.0 引脚配置为准双向/弱上拉模式，以允许外部脉冲的输入。可以用 C51 语言编写出 PWMA_Init()函数，具体的函数实现如下。

```
/***********************************************************/
//PWMA 功能初始化函数 PWMA_Init(),无形参和返回值
/***********************************************************/
void PWMA_Init(void)
{
    //配置 P1.0 为准双向/弱上拉模式
    P1M0 &= 0xFE;                    //P1M0.0 = 0
    P1M1 &= 0xFE;                    //P1M1.0 = 0
```

```
delay(5);                    //等待 I/O 模式配置稳定
P_SW2 | = 0x80;              //允许访问扩展特殊功能寄存器 XSFR
PWMA_CR1& = 0xFE;            //CENA 位为"0",关闭计数器
PWMA_CCMR1 | = 0x31;         //输入通道"IC1F[3:0] = 0011,CC1S[1:0] = 01"
PWMA_CCER1 | = 0x02;         //边沿检测器极性(下降沿)"CC1P = 1"
PWMA_SMCR | = 0x50;          //同步计数器的触发输入"TSA[2:0] = 101"
PWMA_SMCR | = 0x07;          //时钟/触发/从模式选择"SMSA[2:0] = 111"
PWMA_CR1 | = 0x01;           //CENA 位为"1",使能计数器
P_SW2& = 0x7F;               //结束并关闭 XSFR 访问
EA = 1;                      //打开总中断允许
}
```

13.3.3　基础项目 B　捕获/比较通道脉冲计数实验

学习完基础的理论知识就开始动手吧！要实现外部时钟源模式 1 计数功能,首先要想好计数的数值如何显示,若用数码管进行显示,则连线较为复杂,所以在基础项目 B 中采用字符型 1602 液晶模块进行显示,外部脉冲信号连接到 STC8H8K64U 单片机的 P1.0 引脚(复用功能为捕获/比较通道 1),单片机分配 P2.0～P2.7 引脚连接液晶模块的数据端口 DB0～DB7,分配 P4.1 引脚连接液晶模块的数据/命令选择端 RS,分配 P4.2 引脚连接液晶模块的读写控制端 RW(因为在整个系统中只需要向液晶写入数据而不需要从液晶模块读取数据,所以将 RW 引脚直接赋值为"0",也可以在硬件上将其接地处理),分配 P4.3 引脚连接液晶模块的使能信号端 EN,按照设计思想构建电路如图 13.10 所示。

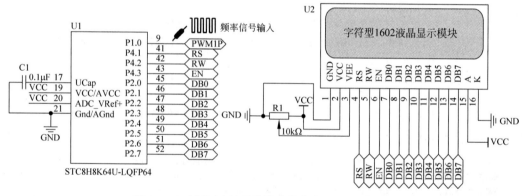

图 13.10　捕获/比较通道脉冲计数实验电路原理图

硬件电路设计完成后就可以着手软件功能的编写,按照之前讲解的五个主要的配置流程,就可以得到完整的外部时钟源模式 1 计数功能初始化函数,在 PWMA 资源功能初始化之前别忘记将 P1.0(捕获/比较通道 1)引脚配置为准双向/弱上拉模式。在程序中需要编写字符型 1602 液晶的相关函数,然后将计数值从计数器高位寄存器(PWMA_CNTRH)与计数器低位寄存器(PWMA_CNTRL)中取回并拼合,然后赋值给一个长整型变量"count",在读取计数器寄存器时要注意先读取高位值,然后右移 8 位后再与低位值进行"按位或"操作,从而实现高位字节和低位字节的拼合,最终得到计数数值"count"。接下来就把"count"变量的万位、千位、百位、十位和个位分别取出,显示到 1602 液晶模块的指定字符位即可。

按照软件设计思路可以利用 C51 语言编写具体的程序实现如下。

```
//芯片型号:STC8H8K64U(程序微调后可移植至 STC8A/F/C/G/H 系列单片机)
//时钟说明:单片机片内高速 24MHz 时钟
/ ********************************************************************** /
# include "STC8H. h"                        //主控芯片的头文件
```

```
/ ***************************************************************** /
【略】为节省篇幅,相似定义参见相关章节或源码工程即可
/ ********************* 端口/引脚定义区域 ********************* /
sbit LCDRS = P4^1;                                    //LCD1602 数据/命令选择端口
sbit LCDRW = P4^2;                                    //LCD1602 读写控制端口
sbit LCDEN = P4^3;                                    //LCD1602 使能信号端口
#define LCDDATA  P2                                   //LCD1602 数据端口 DB0~DB7
/ ********************* 用户自定义数据区域 ********************* /
u8 table1[] = " == Mode 1 Count == ";                 //LCD1602 显示字符串数组 1 显示界面
u8 table2[] = "Num:            ";                      //LCD1602 显示字符串数组 2 显示界面
u8 table3[] = {'0','1','2','3','4','5','6','7','8','9'}; //数字字符
/ ********************* 函数声明区域 ********************* /
void delay(u16 Count);                                //延时函数
void PWMA_Init(void);                                 //PWMA 初始化函数
void LCD1602_init(void);                              //LCD1602 初始化函数
void LCD1602_Write(u8 cmdordata, u8 writetype);       //写入液晶模组命令或数据函数
void LCD1602_DIS_CHAR(u8 x, u8 y, u8 z);              //在设定地址写入字符数据函数
void LCD1602_DIS(void);                               //显示字符函数
/ ********************* 主函数区域 ********************* /
void main(void)
{
    u8 i, wan, qian, bai, shi, ge;                    //i 为循环控制,其他为取位变量
    long count = 0;                                   //count 存放 16 位计数值
    //配置 P4.1 - 3 为准双向/弱上拉模式
    P4M0& = 0xF1;                                     //P4M0.1 - 3 = 0
    P4M1& = 0xF1;                                     //P4M1.1 - 3 = 0
    //配置 P2 为准双向/弱上拉模式
    P2M0 = 0x00;                                      //P2M0.0 - 7 = 0
    P2M1 = 0x00;                                      //P2M1.0 - 7 = 0
    delay(5);                                         //等待 I/O 模式配置稳定
LCDRW = 0;                                            //因只涉及写入操作,故将 RW 引脚直接置低
LCD1602_init();                                       //LCD1602 初始化
LCD1602_DIS();                                        //显示字符 + 进度条效果
PWMA_Init();                                          //PWMA 相关功能配置初始化
LCD1602_Write(0xC0,0);                                //选择第二行
for(i = 0; i < 16; i++)
{
    LCD1602_Write(table2[i],1);                       //写入 table2[]内容
    delay(50);
}
while(1)
{
    P_SW2| = 0x80;                                    //允许访问扩展特殊功能寄存器 XSFR
    count = PWMA_CNTRH;                               //读操作计数器高位寄存器
    count = (count << 8)|PWMA_CNTRL;                  //读操作计数器低位寄存器(拼合)
    P_SW2& = 0x7F;                                    //结束并关闭 XSFR 访问
    wan = count/10000;                                //取出万位
    qian = count % 10000/1000;                        //取出千位
    bai = count % 10000 % 1000/100;                   //取出百位
    shi = count % 10000 % 1000 % 100/10;              //取出十位
    ge = count % 10;                                  //取出个位
    LCD1602_DIS_CHAR(2,4,table3[wan]);                //万位显示到 2 行第 4 字符位
    LCD1602_DIS_CHAR(2,5,table3[qian]);               //千位显示到 2 行第 5 字符位
    LCD1602_DIS_CHAR(2,6,table3[bai]);                //百位显示到 2 行第 6 字符位
    LCD1602_DIS_CHAR(2,7,table3[shi]);                //十位显示到 2 行第 7 字符位
    LCD1602_DIS_CHAR(2,8,table3[ge]);                 //个位显示到 2 行第 8 字符位
    }
}
/ ***************************************************************** /
```

```
//PWMA 功能初始化函数 PWMA_Init(),无形参和返回值
/ ************************************************************** /
void PWMA_Init(void)
{
    //配置 P1.0 为准双向/弱上拉模式
    P1M0& = 0xFE;                              //P1M0.0 = 0
    P1M1& = 0xFE;                              //P1M1.0 = 0
    delay(5);                                  //等待 I/O 模式配置稳定
    P_SW2| = 0x80;                             //允许访问扩展特殊功能寄存器 XSFR
    PWMA_CR1& = 0xFE;                          //CENA 位为"0",关闭计数器
    PWMA_CCMR1| = 0x31;                        //输入通道"IC1F[3:0] = 0011,CC1S[1:0] = 01"
    PWMA_CCER1| = 0x02;                        //边沿检测器极性(下降沿)"CC1P = 1"
    PWMA_SMCR| = 0x50;                         //同步计数器的触发输入"TSA[2:0] = 101"
    PWMA_SMCR| = 0x07;                         //时钟/触发/从模式选择"SMSA[2:0] = 111"
    PWMA_CR1| = 0x01;                          //CENA 位为"1",使能计数器
    P_SW2& = 0x7F;                             //结束并关闭 XSFR 访问
    EA = 1;                                    //打开总中断允许
}
/ ************************************************************** /
```

【略】为节省篇幅,相似函数参见相关章节源码即可
```
void delay(u16 Count){}                        //延时函数
void LCD1602_init(void){}                       //LCD1602 初始化函数
void LCD1602_DIS_CHAR(u8 x,u8 y,u8 z){}        //设定地址写入字符函数
void LCD1602_Write(u8 cmdordata,u8 writetype){} //写入液晶模组命令或数据函数
void LCD1602_DIS(void){}                        //显示字符函数
```

将程序编译后下载到单片机中并运行,可以观察到字符型 1602 液晶模块上的第二行显示 "Num:00000",没有任何的计数数值,这是为何?原因在于没有向 P1.0 引脚输入外部脉冲信号, 要产生外部脉冲信号可以采用两种常见做法,第一种是在 P1.0 引脚上连接一个按键 S1,通过限流 电阻 R1 连接到地,其硬件原理如图 13.11(a)所示,当 S1 按下时 P1.0 引脚变为低电平,当松开 S1 时 P1.0 引脚电平在内部上拉电路的作用下恢复至高电平。

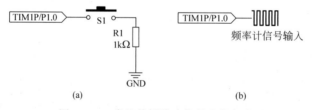

图 13.11　常见外部脉冲信号连接方法

采用按键方法得到的外部脉冲频率较低,计数值增长较为缓慢,所获得的显示效果较好,可以 清晰地看到数值变动情况(按键方法会有机械抖动,有时候按一下按键会增加几个数,这是正常现 象),当 S1 按键被连续按下多次后,实测字符型 1602 液晶模块显示效果如图 13.12 所示。

按键按动下的显示效果虽然稳定,但是在实际需求中计数脉冲源往往来自于外部脉冲信号,这也就 是第二种脉冲输入方式,其硬件原理如图 13.11(b)所示,即直接将外部脉冲信号源连接至 P1.0 引脚,为 了方便测试,我们采用标准函数信号发生器直接产生 1kHz 方波接入(本章实验所用的函数信号发生器 为固纬电子生产的 MFG-2230M),实测字符型 1602 液晶模块显示效果如图 13.13 所示。

图 13.12　按键产生外部脉冲计数效果　　图 13.13　信号发生器产生外部脉冲计数效果

通过观察，当外部送入 1kHz 方波信号到 P1.0 引脚进行计数时，计数值变动得非常快，导致字符型 1602 液晶的百位、十位和个位上都出现了"鬼影"（这也是正常现象），若此时将外部信号断开，显示值就会稳定在一个固定数值。

13.3.4 外部时钟源模式 2 计数功能

接下来开始学习 PWMA 资源实现"计数功能"的第二种方法，即启用外部时钟源模式 2 进行计数，在该模式中采用了一个"专用的"外部信号输入引脚（即 PWMETI/P3.2 引脚），计数器能够在外部触发输入 ETR 信号的每一个上升沿或下降沿进行计数，将外部触发寄存器（PWMA_ETR）中的"ECEA"位置"1"，即可选定外部时钟源模式 2，该模式下的计数流程如图 13.14 所示。

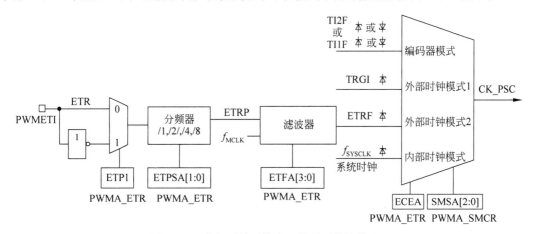

图 13.14 外部时钟源模式 2 情况下的计数流程

分析流程图，外部脉冲信号从单片机指定的 PWMETI 引脚进行输入，以 LQFP64 封装的 STC8H8K64U 单片机为例，PWMETI 功能默认与 P3.2 脚"功能复用"，如果直接进行外部时钟源模式 2 的功能配置，则外部脉冲就应该连接至 P3.2 引脚。但是 PWMETI 引脚有多种选择（可通过 PWMA 外部触发脚选择寄存器中的"ETRAPS[1:0]"位进行调整，此处先不展开，后续讲解寄存器配置时再详细讲解），这时候就必须在外部时钟源模式 2 功能配置之前选择好到底是由哪一个引脚"担任"外部脉冲输入的"角色"。

外部脉冲信号从 PWMETI 引脚输入之后就得到了"ETR"信号，我们要确定好信号触发的边沿极性，明确到底是上升沿触发还是下降沿触发，边沿的选择可通过外部触发寄存器（PWMA_ETR）中的"ETPA"位来决定。

明确触发边沿之后，信号会经过预分频器，这个单元非常"有用"，若外部脉冲信号的频率较高，可以先进行分频之后再送去计数器驱动计数过程，然后将计数值乘以分频系数就可以还原得到实际的计数数值，若外部脉冲信号频率较低，也可以选择不分频，直接送去计数器，计数器得到的计数值就是实际的计数数值，预分频器的功能是由外部触发寄存器（PWMA_ETR）中的"ETPSA[1:0]"位来决定，分频后将得到"ETRP"信号。

"ETRP"信号会继续进入滤波器单元，用户可以根据信号的"质量"决定信号采样频率以及是否需要进行滤波操作，可以配置外部触发寄存器（PWMA_ETR）中的"ETFA[3:0]"位来决定外部触发信号的采样频率和数字滤波器长度。"ETRP"信号经过采样和滤波器单元后得到了"ETRF"信号，又经过相关单元变成了 f_{CK_PSC} 信号，最终驱动后续处理单元进行脉冲计数。

13.3.5 模式 2 配置流程及相关寄存器简介

我们基于图 13.14 的分析和理解，可以看出外部时钟源模式 2 计数功能的配置流程都是围绕外部触发寄存器(PWMA_ETR)进行的,比如信号极性的配置、预分频器的配置、采样率和滤波器长度的配置以及外部时钟源模式2的使能,配置流程还是按照外部触发信号输入后所经过的路径来决定,推荐的初始化配置流程如图13.15所示。

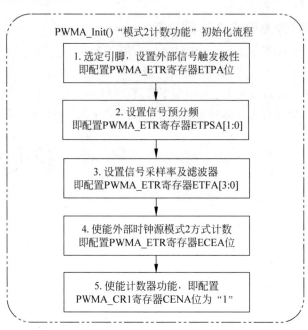

图 13.15　"模式 2 计数功能"初始化流程及配置

在配置流程中一共是 5 个主要步骤,接下来就按照步骤的顺序逐一讲解配置流程,然后引出相关的寄存器,解说相应功能位。

第一步:选定引脚,设置外部信号触发极性。我们先看看"选定引脚"怎么做,该功能需要用到 PWMA 外部触发脚选择寄存器 PWMA_ETRPS 或 PWMB 外部触发脚选择寄存器 PWMB_ETRPS,这两个寄存器的相关位定义及功能说明如表 13.15 和表 13.16 所示。

表 13.15　STC8H 单片机 PWMA 外部触发脚选择寄存器

PWMA 外部触发脚选择寄存器(PWMA_ETRPS)						地址值:(0xFEB0)ₕ	
位　数	位 7	位 6	位 5	位 4	位 3	位 2	位 1	位 0
位名称	—	—	—	—	—	BRKAPS	ETRAPS[1:0]	
复位值	x	x	x	x	x	0	0	0
BRKAPS	PWMA 刹车引脚 PWMFLT 选择位							
位 2	0	PWMFLT=P3.5		1	比较器的输出			
ETRAPS	PWMA 外部触发引脚 PWMETI 选择位							
[1:0]	00	PWMETI=P3.2		10	PWMETI=P7.3			
位 1:0	01	PWMETI=P4.1		11	保留			

表 13.16　STC8H 单片机 PWMB 外部触发脚选择寄存器

PWMB 外部触发脚选择寄存器(PWMB_ETRPS)						地址值:(0xFEB4)ₕ	
位　数	位 7	位 6	位 5	位 4	位 3	位 2	位 1	位 0
位名称	—	—	—	—	—	BRKBPS	ETRBPS[1:0]	
复位值	x	x	x	x	x	0	0	0

续表

PWMB 外部触发脚选择寄存器（PWMB_ETRPS）				地址值：(0xFEB4)$_H$
BRKBPS 位 2	PWMB 刹车引脚 PWMFLT2 选择位			
	0	PWMFLT2＝P3.5	1	比较器的输出
ETRBPS [1:0] 位 1:0	PWMB 外部触发引脚 PWMETI2 选择位			
	00	PWMETI2＝P3.2	10	保留
	01	PWMETI2＝P0.6	11	保留

因为我们是以 PWMA 资源为例展开讲解，所以重点看表 13.15 中的内容即可，若用户需要用 C51 语言编程配置 PWMA 外部触发引脚 PWMETI 的引脚为 P7.3，可编写语句：

```
P_SW2| = 0x80;          //允许访问扩展特殊功能寄存器 XSFR
PWMA_ETRPS| = 0x02;
PWMA_ETRPS& = 0xFE;     //配置 ETRAPS[1:0]位为"10"
P_SW2& = 0x7F;          //结束并关闭 XSFR 访问
```

选定外部触发引脚之后，我们再来看看"触发极性"问题。由于外部脉冲信号从 PWMETI 引脚输入后需要被正确"识别"和检测，所以要区分信号的边沿以实现计数过程，用户需要选定特定的边沿（上升沿/下降沿）进行触发，即配置外部触发寄存器（PWMA_ETR）中的"ETPA"位来确定触发边沿。该寄存器的相关位定义及功能说明如表 13.17 所示。

表 13.17　STC8H 单片机外部触发寄存器

外部触发寄存器（PWMA_ETR）							地址值：(0xFEC3)$_H$	
位 数	位 7	位 6	位 5	位 4	位 3	位 2	位 1	位 0
位名称	**ETPA**	**ECEA**	**ETPSA[1:0]**		**ETFA[3:0]**			
复位值	0	0	0	0	0	0	0	0
位 名	位含义及参数说明							
ETPA 位 7	外部触发极性							
	0	高电平或上升沿有效						
	1	低电平或下降沿有效						
ECEA 位 6	外部时钟源使能 　　该位用于使能外部时钟源模式 2，需要注意的是，将"ECEA"置位"1"的效果与选择把 TRGI 连接到 ETRF 的外部时钟源模式 1 是相同的，即配置从模式控制寄存器（PWMA_SMCR）中的"SMSA[2:0]"位为"111"和"TSA[2:0]"位为"111"。 　　外部时钟源模式 2 可与触发标准模式、触发复位模式、触发门控模式同时使用，但此时的 TRGI 绝对不能与 ETRF 相连，也就是说，从模式控制寄存器（PWMA_SMCR）中的"TSA[2:0]"位不能为"111"。 　　若将外部时钟源模式 1 与外部时钟源模式 2 同时使能，外部时钟源输入为 ETRF 信号							
	0	禁止外部时钟源模式 2						
	1	使能外部时钟源模式 2，计数器的时钟为 ETRF 信号的有效沿						
ETPSA [1:0] 位 5:4	外部触发预分频器 　　外部触发信号 ETRP 的频率最大不能超过 $f_{SYSCLK}/4$，可用预分频器来降低 ETRP 信号的频率，当 ETRP 信号的频率很高时，它非常有用							
	00	预分频器关闭			01	ETRP 信号进行 2 分频		
	10	ETRP 信号进行 4 分频			11	ETRP 信号进行 8 分频		

外部触发寄存器（PWMA_ETR）				地址值：$(0xFEC3)_H$
ETFA [3:0] 位 3:0	\multicolumn{4}{l}{外部触发滤波器选择 　　这 4 位定义了 ETRP 信号的采样频率及数字滤波器的长度，数字滤波器是由一个事件计数器组成的，只有发生了 N 个事件后输出的跳变才被认为有效}

外部触发滤波器选择

这 4 位定义了 ETRP 信号的采样频率及数字滤波器的长度，数字滤波器是由一个事件计数器组成的，只有发生了 N 个事件后输出的跳变才被认为有效

ETFA [3:0] 位 3:0	0000	无滤波器，$f_{SAMPLING} = f_{SYSCLK}$	1000	采样频率 $f_{SAMPLING} = f_{SYSCLK}/8$，$N=6$
	0001	采样频率 $f_{SAMPLING} = f_{SYSCLK}$，$N=2$	1001	采样频率 $f_{SAMPLING} = f_{SYSCLK}/8$，$N=8$
	0010	采样频率 $f_{SAMPLING} = f_{SYSCLK}$，$N=4$	1010	采样频率 $f_{SAMPLING} = f_{SYSCLK}/16$，$N=5$
	0011	采样频率 $f_{SAMPLING} = f_{SYSCLK}$，$N=8$	1011	采样频率 $f_{SAMPLING} = f_{SYSCLK}/16$，$N=6$
	0100	采样频率 $f_{SAMPLING} = f_{SYSCLK}/2$，$N=6$	1100	采样频率 $f_{SAMPLING} = f_{SYSCLK}/16$，$N=8$
	0101	采样频率 $f_{SAMPLING} = f_{SYSCLK}/2$，$N=8$	1101	采样频率 $f_{SAMPLING} = f_{SYSCLK}/32$，$N=5$
	0110	采样频率 $f_{SAMPLING} = f_{SYSCLK}/4$，$N=6$	1110	采样频率 $f_{SAMPLING} = f_{SYSCLK}/32$，$N=6$
	0111	采样频率 $f_{SAMPLING} = f_{SYSCLK}/4$，$N=8$	1111	采样频率 $f_{SAMPLING} = f_{SYSCLK}/32$，$N=8$

　　假设用户需要配置外部信号下降沿或者低电平实现检测，则可以配置外部触发寄存器（PWMA_ETR）中的"ETPA"位为"1"。此时就可以利用 C51 语言编写 PWMA 外部时钟源模式 2 边沿检测配置语句如下。

```
P_SW2| = 0x80;          //允许访问扩展特殊功能寄存器 XSFR
PWMA_ETR| = 0x80;       //配置外部输入触发信号极性"ETPA = 1"
P_SW2&= 0x7F;           //结束并关闭 XSFR 访问
```

　　第二步：设置信号预分频。外部信号预分频参数可以按照用户实际需求配置为不分频、2 分频、4 分频或者 8 分频，假设外部脉冲信号的频率是 24MHz，经过 8 分频后就会变为 3MHz，对外部脉冲信号进行预分频的目的是使得测量的频率范围可以更大、更灵活且不用构建单片机外围分频电路，只需要简单的软件配置即可。

　　实际操作是配置外部触发寄存器（PWMA_ETR）中的"ETPSA[1:0]"位，假设需要对输入的信号进行 8 分频配置，此时就可以利用 C51 语言编写 PWMA 外部时钟源模式 2 信号预分频配置语句如下。

```
P_SW2| = 0x80;          //允许访问扩展特殊功能寄存器 XSFR
PWMA_ETR| = 0x30;       //配置外部信号预分频参数"ETPSA[1:0] = 11"
P_SW2&= 0x7F;           //结束并关闭 XSFR 访问
```

　　第三步：设置信号采样率及滤波器。该步骤主要是用来确定通道的采样频率和滤波器的长度，也就是配置外部触发寄存器（PWMA_ETR）中的"ETFA[3:0]"位，具体的参数配置可以按照信号的"质量"来考虑，采样率的大小一般要高于实际信号频率的 2 倍以上，以保证采样有效。滤波器的长度配置是非必需的，可以按需配置。

　　假设需要配置当前采样频率 $f_{SAMPLING}$ 等于系统时钟频率 f_{SYSCLK}，且滤波器长度 N 等于 8，则可

以将外部触发寄存器(PWMA_ETR)中的"ETFA[3:0]"位配置为"0011"，此时就可以利用 C51 语言编写 PWMA 外部时钟源模式 2 采样率及滤波器配置语句如下。

```
P_SW2| = 0x80;              //允许访问扩展特殊功能寄存器 XSFR
PWMA_ETR| = 0x03;           //配置外部触发滤波器"ETFA[3:0] = 0011"
P_SW2& = 0x7F;              //结束并关闭 XSFR 访问
```

第四步：使能外部时钟源模式 2 方式计数。

选定外部时钟源模式 2 的操作非常简单，只需要在配置完相关参数后将外部触发寄存器(PWMA_ETR)中的"ECEA"位(外部时钟模式 2 使能位)置"1"即可，此时就可以利用 C51 语言编写 PWMA 外部时钟源模式 2 使能配置语句如下。

```
P_SW2| = 0x80;              //允许访问扩展特殊功能寄存器 XSFR
PWMA_ETR| = 0x40;           //配置使能外部时钟模式 2"ECEA = 1"
P_SW2& = 0x7F;              //结束并关闭 XSFR 访问
```

第五步：使能计数器功能。 配置完成其他参数后若需要使能计数器，可以利用 C51 语言编写 PWMA 外部时钟源模式 2 使能计数器配置语句如下。

```
P_SW2| = 0x80;              //允许访问扩展特殊功能寄存器 XSFR
PWMA_CR1| = 0x01;           //使能 PWMA 计数器功能"CENA = 1"
P_SW2& = 0x7F;              //结束并关闭 XSFR 访问
```

经过以上五个主要的配置流程，就可以得到完整的外部时钟源模式 2 计数功能初始化函数 PWMA_Init()，因为涉及 PWMETI 引脚的使用，所以在程序中还应该对其进行模式配置，此处以 STC8H8K64U 单片机为例，选用默认的"PWMETI/P3.2"引脚作为外部脉冲信号输入，应该将 P3.2 引脚配置为准双向/弱上拉模式。

13.3.6　基础项目 C　外部触发引脚脉冲计数实验

又到了实践阶段，要实现外部时钟源模式 2 的计数功能，首先要搭建硬件平台，在本项目中依然采用基础项目 B 类似的硬件电路，采用字符型 1602 液晶模块进行显示，外部脉冲信号连接到 STC8H8K64U 单片机的"PWMETI/P3.2"引脚(复用功能为外部触发信号输入)，单片机分配 P2.0～P2.7 引脚连接液晶模块的数据端口 DB0～DB7，分配 P4.1 引脚连接液晶模块的数据/命令选择端 RS，分配 P4.2 引脚连接液晶模块的读写控制端 RW(因为在整个系统中只需要向液晶写入数据而不需要从液晶模块读取数据，所以将 RW 引脚直接赋值为"0"，也可以在硬件上将其接地处理)，分配 P4.3 引脚连接液晶模块的使能信号端 EN。按照设计思想构建电路如图 13.16 所示。

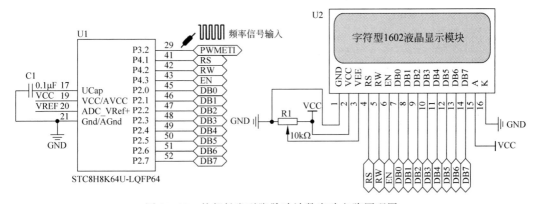

图 13.16　外部触发引脚脉冲计数实验电路原理图

　　硬件电路设计完成后就可以着手软件功能的编写,按照之前讲解的五个主要的配置流程,就可以得到完整的外部时钟模式2计数功能初始化函数,在PWMA资源功能初始化之前别忘记将"PWMETI/P3.2"引脚配置为弱上拉输入模式。

　　在程序中需要编写字符型1602液晶的相关函数,然后用一个长整型变量"count"将计数值从计数器高位寄存器(PWMA_CNTRH)与计数器低位寄存器(PWMA_CNTRL)中取回并拼合,要注意先读取高位值,然后右移8位后再与低位值进行"按位或"操作,从而实现高位字节和低位字节的拼合,最终得到计数数值。接下来就把计数数值的万位、千位、百位、十位和个位分别取出,显示到字符型1602液晶的指定字符位即可。

　　按照软件设计思路可以利用C51语言编写具体的程序实现如下。

```
//芯片型号:STC8H8K64U(程序微调后可移植至STC8A/F/C/G/H系列单片机)
//时钟说明:单片机片内高速24MHz时钟
/ ************************************************************** /
# include "STC8H.h"                              //主控芯片的头文件
/ ********************* 常用数据类型定义 ********************* /
【略】为节省篇幅,相似定义参见相关章节或源码工程即可
/ ********************* 端口/引脚定义区域 ********************* /
sbit LCDRS = P4^1;                               //LCD1602 数据/命令选择端口
sbit LCDRW = P4^2;                               //LCD1602 读写控制端口
sbit LCDEN = P4^3;                               //LCD1602 使能信号端口
# define LCDDATA   P2                            //LCD1602 数据端口 DB0~DB7
/ ********************* 用户自定义数据区域 ********************* /
u8 table1[] = " == Mode 2 Count == ";           //LCD1602 显示字符串数组 1 显示界面
u8 table2[] = "Num:              ";             //LCD1602 显示字符串数组 2 显示界面
u8 table3[] = {'0','1','2','3','4','5','6','7','8','9'}; //数字字符
/ ********************* 函数声明区域 ********************* /
void delay(u16 Count);                           //延时函数
void PWMA_Init(void);                            //PWMA 初始化函数
void LCD1602_init(void);                         //LCD1602 初始化函数
void LCD1602_Write(u8 cmdordata,u8 writetype);   //写入液晶模组命令或数据函数
void LCD1602_DIS_CHAR(u8 x,u8 y,u8 z);           //在设定地址写入字符数据函数
void LCD1602_DIS(void);                          //显示字符函数
/ ********************* 主函数区域 ********************* /
void main(void)
{
    u8 i,wan,qian,bai,shi,ge;                    //i 为循环控制,其他为取位变量
    long count = 0;                              //count 存放 16 位计数值
    //配置 P4.1 - 3 为准双向/弱上拉模式
    P4M0& = 0xF1;                                //P4M0.1 - 3 = 0
    P4M1& = 0xF1;                                //P4M1.1 - 3 = 0
    //配置 P2 为准双向/弱上拉模式
    P2M0 = 0x00;                                 //P2M0.0 - 7 = 0
    P2M1 = 0x00;                                 //P2M1.0 - 7 = 0
    delay(5);                                    //等待 I/O 模式配置稳定
    LCDRW = 0;                                   //因只涉及写入操作,故将 RW 引脚直接置低
    LCD1602_init();                              //LCD1602 初始化
    LCD1602_DIS();                               //显示字符 + 进度条效果
    PWMA_Init();                                 //PWMA 相关功能配置初始化
    LCD1602_Write(0xC0,0);                       //选择第二行
    for(i = 0;i < 16;i++)
    {
        LCD1602_Write(table2[i],1);              //写入 table2[]内容
        delay(50);
    }
    while(1)
```

```
        {
            P_SW2|= 0x80;                                //允许访问扩展特殊功能寄存器 XSFR
            count = PWMA_CNTRH;                          //读操作计数器高位寄存器
            count = (count << 8)|PWMA_CNTRL;             //读操作计数器低位寄存器(拼合)
            P_SW2&= 0x7F;                                //结束并关闭 XSFR 访问
            count * = 8;                                 //还原真实计数值
            wan = count/10000;                           //取出万位
            qian = count % 10000/1000;                   //取出千位
            bai = count % 10000 % 1000/100;              //取出百位
            shi = count % 10000 % 1000 % 100/10;         //取出十位
            ge = count % 10;                             //取出个位
            LCD1602_DIS_CHAR(2,4,table3[wan]);           //万位显示到 2 行第 4 字符位
            LCD1602_DIS_CHAR(2,5,table3[qian]);          //千位显示到 2 行第 5 字符位
            LCD1602_DIS_CHAR(2,6,table3[bai]);           //百位显示到 2 行第 6 字符位
            LCD1602_DIS_CHAR(2,7,table3[shi]);           //十位显示到 2 行第 7 字符位
            LCD1602_DIS_CHAR(2,8,table3[ge]);            //个位显示到 2 行第 8 字符位
        }
}
/ ******************************************************************* /
//PWMA 功能初始化函数 PWMA_Init(),无形参和返回值
/ ******************************************************************* /
void PWMA_Init(void)
{
        //配置 P3.2 为准双向/弱上拉模式
        P3M0&= 0xFB;                                     //P3M0.2 = 0
        P3M1&= 0xFB;                                     //P3M1.2 = 0
        delay(5);                                        //等待 I/O 模式配置稳定
        P_SW2|= 0x80;                                    //允许访问扩展特殊功能寄存器 XSFR
        PWMA_CR1&= 0xFE;                                 //CENA 位为"0",关闭计数器
        PWMA_ETR|= 0x80;                                 //外部输入触发信号极性"ETP = 1"
        PWMA_ETR|= 0x30;                                 //外部信号预分频参数"ETPSA[1:0] = 11"
        PWMA_ETR|= 0x03;                                 //外部触发滤波器"ETFA[3:0] = 0011"
        PWMA_ETR|= 0x40;                                 //使能外部时钟模式 2"ECEA = 1"
        PWMA_CR1|= 0x01;                                 //CENA 位为"1",使能计数器
        P_SW2&= 0x7F;                                    //结束并关闭 XSFR 访问
}
/ ******************************************************************* /
```
【略】为节省篇幅，相似函数参见相关章节源码即可
```
void delay(u16 Count){}                                 //延时函数
void LCD1602_init(void){}                               //LCD1602 初始化函数
void LCD1602_DIS_CHAR(u8 x,u8 y,u8 z){}                 //设定地址写入字符函数
void LCD1602_Write(u8 cmdordata,u8 writetype){}         //写入液晶模组命令或数据函数
void LCD1602_DIS(void){}                                //显示字符函数
```

将程序编译后下载到单片机中并运行，可以观察到字符型 1602 液晶模块上的第二行显示 "Num:00000"，没有任何的计数数值，这是因为 "PWMETI/P3.2" 引脚上还没有输入外部脉冲信号，此时用标准函数信号发生器产生 1kHz 方波信号，连接到 P3.2 引脚，输出信号维持约 5s 后断开，得到的显示数值如图 13.17 所示。

读者朋友看到这里可能会产生疑惑了，为什么要把给定的信号断开呢？持续约 5s 的用意是什么呢？其实，这样做的目的是验证给定的外部脉冲信号是否被"预分频"了。在程序中，我们将外部时钟源模式 2 配置为了 8 分频，也就是说，外部给定的 1kHz 经过分频后应该变为 125Hz，那么计数数值就可能比较小，通过观察实测数据，计数值为 683，我们暂且记住这个数值，稍后对程序进行"改动"，再次进行观察。

接下来,就要验证这个"预分频"参数是否起作用了,将 PWMA 功能初始化函数 PWMA_Init()中的"ETPSA[1:0]"位改为"00"(即修改外部信号预分频参数,进行不分频处理),直接注释掉"PWMA_ETR|=0x30;"语句,重新编译程序并下载,此时用标准函数信号发生器产生 1kHz 方波信号,连接到 P3.2 引脚,输出信号维约 5s 后断开,得到的显示数值如图 13.18 所示。

图 13.17　分频系数为 8,给定 1kHz 信号持续
约 5s 后的计数值

图 13.18　不分频,给定 1kHz 信号持续
约 5s 后的计数值

通过观察,不分频时信号持续约 5s 后的计数值为 5459,这个值与 8 分频时测得的值 683 之间恰好为 8 倍的数值关系,有细心的读者朋友可能会问,这两个数值相除并不是整数 8,原因何在? 这是因为小宇老师在做实验的时候是用手机上的秒表来"卡"时间的,由于是手工操作,加上思维不太敏捷,加上手机屏幕迟钝,总之信号的通断时间会有差异,所以造成了数据误差,但是通过实验结果,也可以大致看出分频系数确实起了作用。

对于分频后所得计数值与实际值不等的问题其实也很好解决,用户可以在计数数值处理时加上"count * =x"语句,运算表达式中的"x"就是实际的分频因子(1、2、4、8),假设此时配置"ETPSA[1:0]"位为"00"(就是不分频),那么就执行"count * =1"语句,运算后的计数值仍是原计数数值。若配置"ETPSA[1:0]"位为"11",就是 8 分频,那么就执行"count * =8"语句,计算后的计数值就是原计数数值乘以 8,这才是实际的计数值。

13.4　输入捕获之"轻松测量"信号周期及占空比

学习了 PWMA 资源的定时和计数功能后,明显感觉比基础型 T/C 资源要强大很多,特别是计数方式,支持两种方式下的外部脉冲输入,配置也非常灵活,从 13.3 节的基础项目中也能感受到计数功能的实用性,若外部脉冲的频率较高,还可以启用预分频功能,可以说各个环节的配置都比较灵活和实用。

有的读者朋友就会说了,虽然计数功能可以对外部脉冲的"跳变"边沿进行"识别"和计数,而且计数值变动也能随着外部频率的升高而加快,但是看不出跳变的频率有多高,也不能有效地计算出来。

这确实是一个问题,在实际系统中可能会遇到周期信号的"参数测量"应用,这类应用中就需要测量脉冲波形的周期、频率等,对于方波信号而言还需要测量占空比参数,所以在市面上有专门的频率计、占空比表等产品。那么,STC8H 系列单片机的 PWMA 资源可以用于测量周期和占空比参数吗? 当然可以,要想实现相关参数的测量就要用到 PWMA 资源的一个重要功能(即"输入捕获"),这也就是本节要讲述的内容。

13.4.1　谈谈方波信号的频率及占空比测量

首先让我们以方波为例,认真体会下频率和占空比的概念,从概念的认知上体会测量方法。方波信号也叫矩形波信号,在该信号的组成上只有高/低电平,在单片机的学习中极为常见。接下来让我们观察如图 13.19 所示的两种方波波形。

图 13.19(a)中方波信号的峰-峰值(Vpp)为 10.4V,有效值(Vrms)为 5.10V,方波信号的周期(Prd)为 20.00ms,频率(Freq)为 50.00Hz。这里所说的周期就是信号波形中相邻两个高/低电平

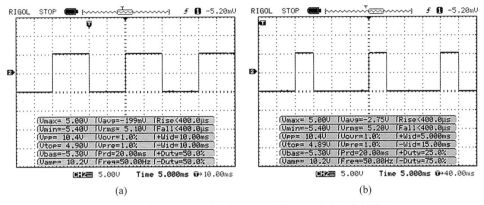

图 13.19 频率 50Hz 下占空比为 50％和 25％时的方波信号

持续时间之和，一般用时间值为单位。频率就是每秒钟信号中高/低电平变化的次数，即为周期的倒数，一般用 Hz 为单位。从原理上看，只要能得到信号的周期，也就相当于得到了信号的频率。

如果需要用 STC8H 系列单片机的 PWMA 资源进行频率测量，可以用检测信号边沿的办法。我们先选定一个边沿（如下降沿），当信号中第一次出现该边沿时开始计数，等待信号中第二次出现该边沿时停止计数，根据计数值就能算出定时长度，这个长度就是信号周期，有了信号周期，那信号频率就是求个倒数这么简单了。

继续观察波形图，我们还能发现两个波形信号的峰-峰值（Vpp）、有效值（Vrms）、周期（Prd）、频率（Freq）都是一样的，但波形却不相同，图 13.19（a）中方波的一个周期占用横向的 4 个格子（横向代表时域，实验时调定的每个格子是 5ms，那 4 个格子就是 20ms，周期就是 20ms），高电平和低电平各占一半。而在图 13.19（b）中方波的一个周期也占用横向的 4 个格子，但高电平只占 1 个格子，低电平占了 3 个格子（即高电平有 5ms，低电平有 15ms），单从这一点看，两个波形就不一样。

说到这里就要引出方波信号的占空比概念，所谓的"占空比"还有正占空比与负占空比的说法，正占空比就是波形中高电平脉宽与信号周期的比值（即"1"的脉宽除以 T），负占空比就是波形中低电平脉宽与信号周期的比值（即"0"的脉宽除以 T），占空比参数一般用％表示。

图 13.19（a）为占空比（Duty）50％的信号，图 13.19（b）为占空比（Duty）25％的信号，利用 STC8H 系列单片机 PWMA 资源测量占空比的方法和测量信号周期/频率的方法是类似的，我们会在后续的讲解中逐步深入。

13.4.2 PWMA 资源的输入捕获功能

在频率测量或是占空比测量的系统中，首先要明确外部信号是怎么进来的？进来之后要怎么处理？这就会涉及信号的通道连接和处理过程，首先要确定输入通道，还要涉及通道内部的功能配置，这些配置就是由 PWMA 资源中的"输入捕获"单元去实现的，该单元的总体结构如图 13.20 所示。

该图只能算是一个"简略"的功能结构图，在图中的左侧部分有 4 个通道，以 LQFP64 封装的 STC8H8K64U 单片机为例，这 4 个输入捕获通道默认分布在第 9 脚（PWM1P/P1.0）、第 18 脚（PWM2P/P1.2/P5.4，朋友们需要注意：STC8H8K64U 单片机不存在 P1.2 引脚，所以 PWM2P 默认为 P5.4 引脚）、第 12 脚（PWM3P/P1.4）和第 14 脚（PWM4P/P1.6）。

外部信号由 PWMxP 通道进入输入捕获单元后，得到了"TIx"信号，对应通道的"TIx"信号会经过滤波器和边沿检测器，随后产生两路相同的"TIxFP1"和"TIxFP2"信号（这些语句中的"x"表示 1、2、3、4）。以输入捕获通道 1 为例，外部信号由 PWM1P 进入后得到了"TI1"信号，然后经过滤

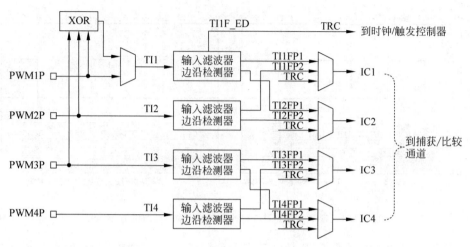

图 13.20　PWMA 资源输入捕获功能总体结构

波器和边沿检测器,随后产生了两路相同的"TI1FP1"和"TI1FP2"信号,"TI1FP1"信号送入了 IC1 单元(输入捕获 1),可用于信号周期的测量,"TI1FP2"信号送入了 IC2 单元,可用于信号占空比的测量(注意:占空比的测量需要 IC1 和 IC2 相互配合才能完成)。

　　初步了解了 PWMA 资源的输入捕获功能结构后,我们就可以将 4 个通道中的其中一个"拿"出来单独研究,这样会看得更细致,相关的寄存器、功能位和处理流程都会一目了然,以 PWM1P 通道为例,细化后的通道内部结构如图 13.21 所示。

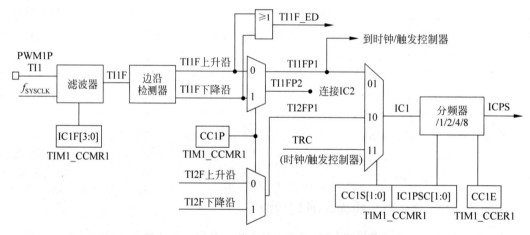

图 13.21　PWMA 资源输入捕获通道 1 内部结构

　　分析图 13.21,外部脉冲信号由 PWM1P 引脚输入,得到的输入信号为"TI1",信号首先经过滤波器单元,此时用户可以根据输入信号的特性和"质量"来决定信号的采样率和是否要进行滤波处理,可以配置捕获/比较模式寄存器(PWMA_CCMR1)中的"IC1F[3:0]"位来决定输入信号的采样频率和数字滤波器长度,一般来说,配置的采样率要高于实际信号频率的 2 倍以上才可以,滤波器长度可以按需配置,也可以不配。

　　经过采样和滤波处理的信号"TI1F"会进入边沿检测器,以实现用户对信号特定边沿(上升沿、下降沿)的识别和触发,边沿极性的选择可以通过配置捕获/比较使能寄存器 1(PWMA_CCER1)中的"CC1P"位来实现。经过边沿检测器后,产生了"TI1FP1"和"TI1FP2"两路信号,"TI1FP1"信号送入了 IC1 单元中,"TI1FP2"信号则是送到 IC2 单元中。由 PWM2 通道产生的"TI2FP1"信号也连接到了 IC1 单元中。

此时在 IC1 单元上就出现了"3 大信号",分别为"TI1FP1""TI2FP1""TRC"信号,这些信号可以通过捕获/比较模式寄存器(PWMA_CCMR1)中的"CC1S[1:0]"位进行配置选择。选择信号源后还可以由用户配置预分频因子,这样做主要是为了使信号测量的范围更广,预分频功能是通过捕获/比较模式寄存器(PWMA_CCMR1)中的"IC1PS[1:0]"位进行配置,可以将外部信号配置为不分频、2 分频、4 分频和 8 分频。

如果配置完以上的各个操作,就差"最后一步"了,那就是使能输入捕获功能。用户可以配置捕获/比较使能寄存器 1(PWMA_CCER1)中的"CC1E"位为"1"来使能输入捕获功能,这样一来,之前的配置才能生效,接下来就可以开始信号的捕获过程了。

假设我们已经成功地使能了输入捕获功能,当单元检测到"ICx"单元的相应边沿后,PWMA 资源的计数器高位寄存器(PWMA_CNTRH)和计数器低位寄存器(PWMA_CNTRL)中的计数数值就会被锁存到相应的捕获/比较寄存器(PWMA_CCRx)中,此时的捕获/比较寄存器(PWMA_CCRx)变为只读(这些语句中的"x"表示 1、2、3、4)。

由于输入捕获通道只有 4 个,所以"ICx"单元也有 4 个,捕获/比较寄存器(PWMA_CCRx)就有 8 个,读者朋友们可能会有疑问,这捕获/比较寄存器是用来装载计数值的,怎么会有 8 个呢?这是因为计数值是 16 位的,所以这些寄存器都具备高 8 位和低 8 位,所以有 8 个,分别是捕获/比较寄存器 1(PWMA_CCR1H、PWMA_CCR1L)、捕获/比较寄存器 2(PWMA_CCR2H、PWMA_CCR2L)、捕获/比较寄存器 3(PWMA_CCR3H、PWMA_CCR3L)和捕获/比较寄存器 4(PWMA_CCR4H、PWMA_CCR4L)。

当发生捕获事件时,状态寄存器 1(PWMA_SR1)中的"CCxIF"标志位会被置"1",表示计数值已被复制至捕获/比较寄存器(PWMA_CCRx)中了,如果中断使能寄存器(PWMA_IER)中的"CCxIE"位被置"1"(也就是使能相关捕获/比较事件的中断),那就会产生中断请求。

若状态寄存器 1(PWMA_SR1)中的"CCxIF"标志位被置"1"后又发生了一次捕获事件,那么此时状态寄存器 2(PWMA_SR2)中的"CCxOF"标志位也会被置"1",以表示发生了"重复"捕获事件。

当然,"CCxIF"标志位和"CCxOF"标志位都是用来"指示"当前捕获事件的发生情况,也不能总是让它俩保持"1"的状态。"CCxIF"标志位可以用软件写"0"或者读取捕获/比较寄存器(PWMA_CCRx)的方法来清除,"CCxOF"标志位也可以用软件写"0"的方法来清除(这些语句中的"x"表示 1、2、3、4)。

13.4.3 周期测量功能配置流程

接下来以 PWM1P 通道为例实现输入捕获功能,读者朋友们可以把"自己"当作从 PWM1P 通道进入的"信号",根据 13.4.2 节的讲解,可以很容易得到输入捕获功能对信号周期测量的配置流程,列出具体的参考步骤如图 13.22 所示。

分析配置流程,一共有 5 个主要步骤,接下来就按照顺序逐一讲解配置流程,然后引出相关的寄存器,解说相应功能位。

第一步:设置具体的输入通道。以 STC8H8K64U 这款单片机为例,该款单片机具备 4 个捕获/比较通道,外部信号要想进入通道实现输入捕获,首先要确定通道的选择。通道的具体选定是通过配置捕获/比较模式寄存器 PWMA_CCMRx 中的"CCxS[1:0]"位得到(这里插一句,这里说的"输入通道"主要是指"输入捕获"功能下"ICx"单元的信号来源,不是指 PWMxP 功能引脚的具体选择,PWMxP 引脚选择需要配置 PWMA 通道选择寄存器,这个寄存器的内容已经在表 13.10 中讲解过了,此处不再赘述,我们以默认的 PWM1P/P1.0 引脚为例去讲解后续内容即可),捕获/比较模式寄存器 PWMA_CCMRx 一共有 4 个,每一个寄存器中都有一个对应的"CCxS[1:0]"功能位。

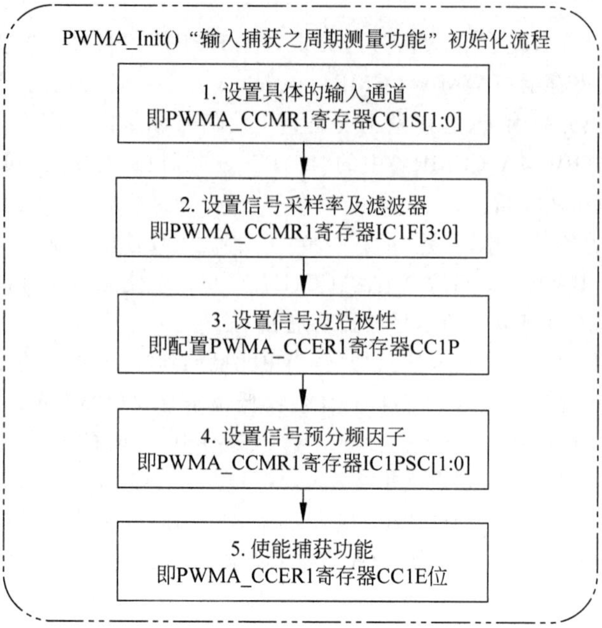

图 13.22　"输入捕获之周期测量功能"初始化流程及配置

捕获/比较模式寄存器 1(PWMA_CCMR1)在输入捕获模式下的相关位定义及功能说明已经在表 13.12 中讲解过了,此处不再赘述,我们再来看看在输入捕获模式下的 PWMA_CCMR2、PWMA_CCMR3 和 PWMA_CCMR4 寄存器,这 3 个寄存器的相关位定义及功能说明分别如表 13.18~表 13.20 所示。

表 13.18　STC8H 单片机捕获/比较模式寄存器 2(输入捕获模式)

捕获/比较模式寄存器 2(PWMA_CCMR2)							地址值：(0xFEC9)H
位　数	位 7	位 6	位 5	位 4	位 3	位 2	位 1	位 0
位名称	IC2F[3:0]				IC2PSC[1:0]		CC2S[1:0]	
复位值	0	0	0	0	0	0	0	0
位　名	位含义及参数说明							
IC2F [3:0] 位 7:4	输入/捕获 2 滤波器 具体内容可参考表 13.12 中的 IC1F[3:0]位							
IC2PSC [1:0] 位 3:2	输入/捕获 2 预分频器 具体内容可参考表 13.12 中的 IC2PSC[1:0]位							
CC2S [1:0] 位 1:0	捕获/比较 2 方向选择 这 2 位定义了捕获/比较 2(PWM2P)通道的方向(输入/输出)及输入通道的选择。需要注意的是,"CC2S[1:0]"位仅在欲配置的通道关闭时(捕获/比较使能寄存器(PWMA_CCER1)中的"CC2E"位为"0"和"CC2NE"位为"0")才能被写入							
	00	PWM2(CC2)通道被配置为输出						
	01	PWM2(CC2)通道被配置为输入,IC2 映射在 TI2FP2 上						
	10	PWM2(CC2)通道被配置为输入,IC2 映射在 TI1FP2 上						
	11	PWM2(CC2)通道被配置为输入,IC2 映射在 TRC 上						

表 13.19 STC8H 单片机捕获/比较模式寄存器 3（输入捕获模式）

捕获/比较模式寄存器 3（PWMA_CCMR3）						地址值：(0xFECA)ₕ	
位 数	位 7	位 6	位 5	位 4	位 3	位 2	位 1	位 0

位 数	位 7	位 6	位 5	位 4	位 3	位 2	位 1	位 0
位名称	IC3F[3:0]				IC3PSC[1:0]		CC3S[1:0]	
复位值	0	0	0	0	0	0	0	0

位 名	位含义及参数说明		
IC3F [3:0] 位 7:4	输入/捕获 3 滤波器 具体内容可参考表 13.12 中的 IC1F[3:0]位		
IC3PSC [1:0] 位 3:2	输入/捕获 3 预分频器 具体内容可参考表 13.12 中的 IC2PSC[1:0]位		
CC3S [1:0] 位 1:0	捕获/比较 3 方向选择 这 2 位定义了捕获/比较 3（PWM3P）通道的方向（输入/输出）及输入通道的选择。需要注意的是，"CC3S[1:0]"位仅在欲配置的通道关闭时（捕获/比较使能寄存器（PWMA_CCER2）中的"CC3E"位为"0"和"CC3NE"位为"0"）才能被写入		
	00	PWM3(CC3)通道被配置为输出	
	01	PWM3(CC3)通道被配置为输入，IC3 映射在 TI3FP3 上	
	10	PWM3(CC3)通道被配置为输入，IC3 映射在 TI4FP3 上	
	11	PWM3(CC3)通道被配置为输入，IC3 映射在 TRC 上	

表 13.20 STC8H 单片机捕获/比较模式寄存器 4（输入捕获模式）

捕获/比较模式寄存器 4（PWMA_CCMR4）						地址值：(0xFECB)ₕ	

位 数	位 7	位 6	位 5	位 4	位 3	位 2	位 1	位 0
位名称	IC4F[3:0]				IC4PSC[1:0]		CC4S[1:0]	
复位值	0	0	0	0	0	0	0	0

位 名	位含义及参数说明		
IC4F [3:0] 位 7:4	输入/捕获 4 滤波器 具体内容可参考表 13.12 中的 IC1F[3:0]位		
IC4PSC [1:0] 位 3:2	输入/捕获 4 预分频器 具体内容可参考表 13.12 中的 IC2PSC[1:0]位		
CC4S [1:0] 位 1:0	捕获/比较 4 方向选择 这 2 位定义了捕获/比较 4（PWM4P）通道的方向（输入/输出）及输入通道的选择。需要注意的是，"CC4S[1:0]"位仅在欲配置的通道关闭时（捕获/比较使能寄存器（PWMA_CCER2）中的"CC4E"位为"0"和"CC4NE"位为"0"）才能被写入		
	00	PWM4(CC4)通道被配置为输出	
	01	PWM4(CC4)通道被配置为输入，IC4 映射在 TI4FP4 上	
	10	PWM4(CC4)通道被配置为输入，IC4 映射在 TI3FP4 上	
	11	PWM4(CC4)通道被配置为输入，IC4 映射在 TRC 上	

若用户需要选择 PWM1P 作为信号的输入通道，可以倒回去看看表 13.12 中的内容，配置捕获/比较模式寄存器 1（PWMA_CCMR1）中的"CC1S[1:0]"位为"01"，其含义是 PWM1P 通道被配置为输入，IC1 单元映射在"TI1FP1"上，此时就可以利用 C51 语言编写 PWMA 输入捕获之周期测

量功能信号通道选择配置语句如下。

```
P_SW2| = 0x80;                    //允许访问扩展特殊功能寄存器 XSFR
PWMA_CCMR1| = 0x01;               //PWM1 为输入,IC1 映射在 TI1FP1 上"CC1S[1:0] = 01"
P_SW2& = 0x7F;                    //结束并关闭 XSFR 访问
```

第二步:设置信号采样率及滤波器。假设需要配置当前采样时钟 f_{SAMPLING} 频率等于系统时钟 f_{SYSCLK} 频率,且滤波器长度 N 等于"0"(考虑到外部信号是由标准函数信号发生器产生,故而信号"质量"较好,可以不使用滤波器),则可以将捕获/比较模式寄存器 1(PWMA_CCMR1)中的"IC1F[3:0]"位配置为"0000",此时就可以利用 C51 语言编写 PWMA 输入捕获之周期测量功能采样率及滤波器配置语句如下。

```
P_SW2| = 0x80;                    //允许访问扩展特殊功能寄存器 XSFR
PWMA_CCMR1& = 0x0F;               //配置采样为系统时钟频率,无滤波器"IC1F[3:0] = 0000"
P_SW2& = 0x7F;                    //结束并关闭 XSFR 访问
```

第三步:设置信号边沿极性。信号输入后需要选定用于"识别"信号的边沿,若用户需要设定在"TI1F"或"TI2F"的低电平或下降沿发生捕捉,可以配置捕获/比较使能寄存器 1(PWMA_CCER1)中的"CC1P"位为"1",此时就可以利用 C51 语言编写 PWMA 输入捕获之周期测量功能信号边沿极性配置语句如下。

```
P_SW2| = 0x80;                    //允许访问扩展特殊功能寄存器 XSFR
PWMA_CCER1| = 0x02;               //配置信号边沿极性为低电平或下降沿"CC1P = 1"
P_SW2& = 0x7F;                    //结束并关闭 XSFR 访问
```

在表 13.13 中,已经讲解了捕获/比较使能寄存器 1(PWMA_CCER1)的相关位定义及功能说明,"CC1P"和"CC2P"位就在该寄存器中,若用户在具体参数配置时不是采用的 PWM1P 或者 PWM2P 通道作为信号输入,那么在信号边沿极性配置上可能会涉及"CC3P"和"CC4P"功能位,这两个位是在捕获/比较使能寄存器 2(PWMA_CCER2)中,该寄存器的相关位定义及功能说明如表 13.21 所示。

表 13.21　STC8H 单片机捕获/比较使能寄存器 2

捕获/比较使能寄存器 2(PWMA_CCER2)							地址偏移值:(0xFECD)_H
位　数	位 7	位 6	位 5	位 4	位 3	位 2	位 1	位 0
位名称	CC4NP	CC4NE	CC4P	CC4E	CC3NP	CC3NE	CC3P	CC3E
复位值	0	0	0	0	0	0	0	0
位　名	位含义及参数说明							
CC4NP 位 7	输入捕获/比较 4 互补输出极性 具体内容可参考表 13.13 中的 CC1NP 位							
CC4NE 位 6	输入捕获/比较 4 互补输出使能 具体内容可参考表 13.13 中的 CC1NE 位							
CC4P 位 5	输入捕获/比较 4 输出极性 具体内容可参考表 13.13 中的 CC1P 位							
CC4E 位 4	输入捕获/比较 4 输出使能 具体内容可参考表 13.13 中的 CC1E 位							
CC3NP 位 3	输入捕获/比较 3 互补输出极性 具体内容可参考表 13.13 中的 CC1NP 位							
CC3NE 位 2	输入捕获/比较 3 互补输出使能 具体内容可参考表 13.13 中的 CC1NE 位							

捕获/比较使能寄存器 2（PWMA_CCER2）　　　　　　　　　　　　　　　地址偏移值：$(0xFECD)_H$

CC3P 位 1	输入捕获/比较 3 输出极性 具体内容可参考表 13.13 中的 CC1P 位
CC3E 位 0	输入捕获/比较 3 输出使能 具体内容可参考表 13.13 中的 CC1E 位

　　第四步：设置信号预分频因子。 若用户选定 PWM1P 引脚输入外部信号，对信号进行不分频处理，可以配置捕获/比较模式寄存器 1（PWMA_CCMR1）中的"IC1PSC[1:0]"位为"00"，此时利用 C51 语言编写 PWMA 输入捕获之周期测量功能预分频配置语句如下。

```
P_SW2 | = 0x80;              //允许访问扩展特殊功能寄存器 XSFR
PWMA_CCMR1& = 0xF3;          //配置输入/捕获 1 通道不分频"IC1PSC[1:0] = 00"
P_SW2& = 0x7F;               //结束并关闭 XSFR 访问
```

　　第五步：使能捕获功能。 配置完成以上的各个操作后，还需要使能输入捕获功能。用户可以配置捕获/比较使能寄存器 1（PWMA_CCER1）中的"CC1E"位为"1"来使能输入捕获功能，此时就可以利用 C51 语言编写 PWMA 输入捕获之周期测量功能使能捕获配置语句如下。

```
P_SW2 | = 0x80;              //允许访问扩展特殊功能寄存器 XSFR
PWMA_CCER1 | = 0x01;         //使能 PWM1P 输入捕获功能"CC1E = 1"
P_SW2& = 0x7F;               //结束并关闭 XSFR 访问
```

　　当然，以上 5 个步骤是主要的配置项，如果用户需要，还可以开启捕获中断，配置方法是将中断使能寄存器（PWMA_IER）中的"CCxIE"位置"1"即可（这里的"x"可以取值为 1、2、3、4），具体的选择要看用户的通道配置。在配置完成后还需要使能 PWMA 资源的计数器，使其允许计数，可用 C51 语言编写语句如下。

```
P_SW2 | = 0x80;              //允许访问扩展特殊功能寄存器 XSFR
PWMA_CR1 | = 0x01;           //使能 PWMA 计数器功能"CENA = 1"
P_SW2& = 0x7F;               //结束并关闭 XSFR 访问
```

　　看到这里，主要的配置步骤就讲解完毕了，有的读者朋友可能要问了，配置成这些步骤以后，信号的周期要怎么计算出来呢？看了半天也没看到哪一步能取回"周期"值或者是计算出频率值啊！不要着急，之前的配置正是为了引出接下来要讲解的周期计算方法，有了前面几个步骤的铺垫，接下来的事情就好办多了。

　　在前面有关方波频率和占空比的知识讲解中，我们一起探讨过关于周期的测量方法，在某一设定边沿到下一个相同边沿的时间长度就是该信号的周期时间，边沿的"识别"很简单，通过配置捕获/比较使能寄存器 1（PWMA_CCER1）中的"CC1P"位即可，如果捕获到了边沿以后呢？就要查询捕获标志位的状态，我们在程序中可以用中断法也可以用查询法。

　　如果选定 PWM1P 通道作为信号的输入通道，则对应的捕获标志位就是"CC1IF"，以查询法为例，要获取当前的捕获状态就是对"CC1IF"位的取值进行判断，这个关键的"捕获标志"就在 PWMA 的状态寄存器中，接下来就一起学习 PWMA 资源的两个状态寄存器，这两个寄存器的相关位定义及功能说明分别如表 13.22 和表 13.23 所示。

　　用户可以在程序中判断相关的"捕获标志位"，以"CC1IF"位为例，若该位为"0"则说明没有产生输入捕获，反之产生了输入捕获（此时在"IC1"单元上检测到与所选极性相同的边沿），与此同时计数器值会被复制至捕获/比较寄存器 1（PWMA_CCR1）中。

表 13.22　STC8H 单片机状态寄存器 1

状态寄存器 1(PWMA_SR1)　　　　　　　　　　　　　　　　　　　　　　　　**地址值：(0xFEC5)**$_H$

位　数	位 7	位 6	位 5	位 4	位 3	位 2	位 1	位 0
位名称	BIFA	TIFA	COMIFA	CC4IF	CC3IF	CC2IF	CC1IF	UIFA
复位值	0	0	0	0	0	0	0	0
位　名	位含义及参数说明							

BIFA **位 7**	刹车中断标志位 　　一旦刹车信号输入有效，该位会由硬件自动置"1"，如果刹车信号输入无效，则该位可由软件清"0"
	0 | 无刹车事件产生
	1 | 刹车输入引脚上检测到了有效电平

TIFA **位 6**	触发器中断标志位 　　当发生触发事件(从模式控制器处于除门控模式外的其他模式时，在 TRGI 输入端检测到有效边沿，或门控模式下的任一边沿)时由硬件对该位置"1"，该位可由软件清"0"
	0 | 无触发器事件产生
	1 | 触发中断等待响应

COMIFA **位 5**	COM 中断标志位 　　一旦产生 COM 事件(当捕获/比较控制位"CCiE""CCiNE""OCiM"被更新)时，该位由硬件自动置"1"，该位可由软件清"0"
	0 | 无 COM 事件产生
	1 | COM 中断等待响应

CC4IF **位 4**	捕获/比较 4 中断标志位 　　可参考本寄存器中关于 CC1IF 位的描述，两者是相似的

CC3IF **位 3**	捕获/比较 3 中断标志位 　　可参考本寄存器中关于 CC1IF 位的描述，两者是相似的

CC2IF **位 2**	捕获/比较 2 中断标志位 　　可参考本寄存器中关于 CC1IF 位的描述，两者是相似的

CC1IF **位 1**	捕获/比较 1 中断标志位 　　**如果通道"PWM1P/PWM1N"配置为输出模式：** 　　当计数器值与比较值匹配时该位由硬件置"1"，但在中心对称模式下除外(参考控制寄存器 1(PWMA_CR1)中的"CMSA[1:0]"位配置)，该位可由软件清"0"。 　　在中心对称模式下，当计数器值为"0"时向上计数，当计数器值为自动重装载寄存器 ARR 的值时向下计数(它从 0 向上计数到自动重装载寄存器 ARR 的值减 1，再由自动重装载寄存器 ARR 的值向下计数到 1)。 　　因此，对于所有的"SMSA[2:0]"位而言，这两个值都不置位标记。但如果捕获/比较寄存器 1 的值 CCR1 大于自动重装载寄存器 ARR 的值，则当计数器寄存器 CNT 的值达到自动重装载寄存器 ARR 的值时，"CC1IF"位被置"1"
	0 | 无匹配发生
	1 | PWMA_CNT 的值与 PWMA_CCR1 的值匹配
	如果通道"PWM1P/PWM1N"配置为输入模式： 　　当捕获事件发生时该位由硬件置"1"，该位可由软件清"0"或通过读捕获/比较寄存器 1 的低 8 位(PWMA_CCR1L)清"0"
	0 | 无输入捕获产生
	1 | 计数器值已被复制至捕获/比较寄存器 1(PWMA_CCR1)

续表

状态寄存器 1(PWMA_SR1)		地址值:(0xFEC5)$_H$

		更新中断标志位
UIFA **位 0**		当产生更新事件时该位由硬件自动置"1",该位可由软件清"0"
	0	无更新事件产生
	1	更新事件等待响应,当寄存器被更新时该位由硬件自动置"1"。 注意,这里的"更新事件"可由以下 3 种情况产生。 (1) 若控制寄存器 1(PWMA_CR1)中的 UDISA=0,当计数器产生上溢或下溢时。 (2) 若控制寄存器 1 中的 UDISA、URSA 均为 0,当设置 PWMA_EGR 寄存器的 UGA 位软件对计数器重新初始化时。 (3) 若控制寄存器 1 中的 UDISA、URSA 均为 0,当计数器被触发事件重新初始化时(参考从模式控制寄存器 PWMA_SMCR)

表 13.23 STC8H 单片机状态寄存器 2

状态寄存器 2(PWMA_SR2)							地址值:(0xFEC6)$_H$	
位 数	位 7	位 6	位 5	位 4	位 3	位 2	位 1	位 0
位名称	—	—	—	CC4OF	CC3OF	CC2OF	CC1OF	—
复位值	·x	x	x	0	0	0	0	x
位 名	位含义及参数说明							
CC4OF **位 4**	捕获/比较 4 重复捕获标志位 可参考本寄存器中关于 CC1OF 位的描述,两者是相似的							
CC3OF **位 3**	捕获/比较 3 重复捕获标志位 可参考本寄存器中关于 CC1OF 位的描述,两者是相似的							
CC2OF **位 2**	捕获/比较 2 重复捕获标志位 可参考本寄存器中关于 CC1OF 位的描述,两者是相似的							
CC1OF **位 1**	捕获/比较 1 重复捕获标志位							
	仅当相应的通道被配置为输入捕获时,该标记可由硬件自动置"1",该位可由软件清"0"							
	0	无重复捕获产生						
	1	计数器的值被捕获到捕获/比较寄存器 1(PWMA_CCR1)寄存器时,位于状态寄存器 1(PWMA_SR1)中的"CC1IF"位的状态已经为"1",也就发生了"重复"捕获事件						

　　需要说明的是,捕获/比较寄存器也分为高/低 8 位两个寄存器,以 STC8H8K64U 单片机为例,捕获/比较通道一共有 4 个,捕获/比较寄存器就有 8 个,因为这 8 个寄存器都是"相似"的,为了节省篇幅,我们以捕获/比较寄存器 1(PWMA_CCR1)的高/低两个寄存器为例进行讲解,这两个寄存器的相关位定义及功能说明分别如表 13.24 和表 13.25 所示。

　　明确了程序操作方法和捕获标志后,程序编写就比较简单了,在程序开始的时候可以先对捕获/比较寄存器 1(PWMA_CCR1)的高/低位进行清零操作,以免取回错误的数值。接下来使能捕获功能,然后等待"CC1F"捕获标志位第一次被置"1",需要注意的是,该标志位是由硬件自动为其置"1",所以在程序中可以用 while 语句加条件实现"状态等待"。若"CC1F"标志位第一次被置"1"后,就将第一次捕获到的捕获/比较寄存器 1(PWMA_CCR1)的高/低位数值取出,并存放在变量"A_num"中,由于程序中对 PWMA_CCR1 寄存器进行了读操作,原有的"CC1F"标志位会被硬件自动清"0",所以程序中可以再写一次 while 语句加条件实现"状态等待",其目的是等待"CC1F"捕获标志位第二次被置"1",当再次被置"1"后,再将第二次捕获得到的捕获/比较寄存器 1(PWMA_CCR1)的高/低位数值取出,并存放在变量"B_num"中。

表 13.24　STC8H 单片机捕获/比较寄存器 1 高 8 位

捕获/比较寄存器 1 高 8 位(PWMA_CCR1H)							地址值：(0xFED5)$_H$
位　数	位 7	位 6	位 5	位 4	位 3	位 2	位 1	位 0
位名称	CCR1H[15:8]							
复位值	0	0	0	0	0	0	0	0
位　名	位含义及参数说明							
CCR1H [15:8] 位 7:0	捕获/比较 1 的高 8 位值 　　若"PWM1P/PWM1N"通道配置为输出：当捕获/比较模式寄存器 1(PWMA_CCMR1)中的"CC1S[1:0]"位为"00"时,该寄存器包含预装载值。如果捕获/比较模式寄存器 1(PWMA_CCMR1)中的"OC1PE"位为"0",则预装载功能被禁止,写入的数值会立即传输至该寄存器中,否则只有当更新事件发生时,此预装载值才传输至该寄存器中。该寄存器的值同计数器寄存器(PWMA_CNT)的值相比较,并在 PWMx 的输出端口上产生输出信号。 　　若"PWM1P/PWM1N"通道配置为输入：此时该寄存器中包含上一次输入捕获 1 事件(IC1)发生时的计数值,此时该寄存器为只读

表 13.25　STC8H 单片机捕获/比较寄存器 1 低 8 位

捕获/比较寄存器 1 低 8 位(PWMA_CCR1L)							地址值：(0xFED6)$_H$
位　数	位 7	位 6	位 5	位 4	位 3	位 2	位 1	位 0
位名称	CCR1L[7:0]							
复位值	0	0	0	0	0	0	0	0
位　名	位含义及参数说明							
CCR1L [7:0] 位 7:0	捕获/比较 n 的低 8 位值

　　得到了第一次捕获值"A_num"和第二次捕获值"B_num"后,就可以禁止捕获功能,然后用第二次捕获值"B_num"减去第一次捕获值"A_num",得到信号周期的计数值"SYS_num",接下来就可以计算出频率值了,需要注意的是：如果在输入捕获初始化配置中对输入信号进行了预分频处理,还应该"还原"信号本来的频率值,也就是说,要把分频系数考虑进频率值的计算中,这样才能得到输入信号的真实频率。

　　该部分功能的实现可以用 C51 语言编写相关语句如下。

```
...(此处省略具体程序语句)
P_SW2| = 0x80;                       //允许访问扩展特殊功能寄存器 XSFR
PWMA_CCR1H = 0x00;                   //清除捕获/比较寄存器 1 高 8 位
PWMA_CCR1L = 0x00;                   //清除捕获/比较寄存器 1 低 8 位
PWMA_CCER1| = 0x01;                  //捕获功能使能
while((PWMA_SR1&0x02) == 0);         //等待捕获比较 1 标志位 CC1IF 变为"1"
A_num = (u16)PWMA_CCR1H << 8;        //取回捕获/比较寄存器 1 高 8 位
A_num| = PWMA_CCR1L;                 //取回捕获/比较寄存器 1 低 8 位并与高位拼合
while((PWMA_SR1&0x02) == 0);         //等待捕获比较 1 标志位 CC1IF 变为"1"
B_num = (u16)PWMA_CCR1H << 8;        //取回捕获/比较寄存器 1 高 8 位
B_num| = PWMA_CCR1L;                 //取回捕获/比较寄存器 1 低 8 位并与高 8 位拼合
PWMA_CCER1& = 0xFE;                  //捕获功能禁止
P_SW2& = 0x7F;                       //结束并关闭 XSFR 访问
F_num = SYSCLK/SYS_num;              //计算频率值
...(此处省略具体程序语句)
```

13.4.4　基础项目 D　简易 1kHz～1MHz 方波信号频率计

终于又到了实践环节!在本项目中需要设计一个简易的方波信号频率计,项目硬件直接采用 13.3.3 节基础项目 B 中图 13.10 所示电路。仍然采用字符型 1602 液晶模块进行参数显示,外部频率信号连接到 STC8H8K64U 单片机的"PWM1P/P1.0"引脚,单片机分配 P2.0～P2.7 引脚连接液晶模块的数据端口 DB0～DB7,分配 P4.1 引脚连接液晶模块的数据/命令选择端 RS,分配 P4.2 引脚连接液晶模块的读写控制端 RW(因为在整个系统中只需要向液晶写入数据而不需要从液晶模块读取数据,所以将 RW 引脚直接赋值为"0",也可以在硬件上将其接地处理),分配 P4.3 引脚连接液晶模块的使能信号端 EN。

硬件电路设计完成后就可以着手软件功能的编写,按照之前讲解的 5 个主要的配置流程和信号周期测量的方法,可以计算出频率值,接下来就把频率值的百万位、十万位、万位、千位、百位、十位和个位分别取出,显示到字符型 1602 液晶的指定字符位即可。按照软件设计思路可以利用 C51 语言编写具体的程序实现如下。

```
//芯片型号:STC8H8K64U(程序微调后可移植至 STC8A/F/C/G/H 系列单片机)
//时钟说明:单片机片内高速 24MHz 时钟
/ ****************************************************** /
#include "STC8H.h"                              //主控芯片的头文件
/ ********************* 常用数据类型定义 ********************* /
【略】为节省篇幅,相似定义参见相关章节或源码工程即可
/ ********************* 端口/引脚定义区域 ********************* /
sbit LCDRS = P4^1;                              //LCD1602 数据/命令选择端口
sbit LCDRW = P4^2;                              //LCD1602 读写控制端口
sbit LCDEN = P4^3;                              //LCD1602 使能信号端口
#define LCDDATA   P2                            //LCD1602 数据端口 DB0～DB7
/ ********************* 用户自定义数据区域 ********************* /
u8 table1[] = " = Frequency Test = ";           //LCD1602 显示字符串数组 1 显示界面
u8 table2[] = "f:            Hz";               //LCD1602 显示字符串数组 2 显示界面
u8 table3[] = {'0','1','2','3','4','5','6','7','8','9'};   //数字字符
static u16 A_num,B_num,SYS_num;                 //定义 A_num、B_num 变量用于装载两次边沿时间
                                                //SYS_num 用于存放周期计数值
static unsigned long F_num;                     //用于存放频率值
#define SYSCLK 24000000UL                       //定义系统当前 fSYSCLK 频率值
/ ********************* 函数声明区域 ********************* /
void delay(u16 Count);                          //延时函数
void PWMA_Init(void);                           //PWMA 初始化函数
void LCD1602_init(void);                        //LCD1602 初始化函数
void LCD1602_Write(u8 cmdordata,u8 writetype);  //写入液晶模组命令或数据函数
void LCD1602_DIS_CHAR(u8 x,u8 y,u8 z);          //在设定地址写入字符数据函数
void LCD1602_DIS(void);                         //显示字符函数
/ ********************* 主函数区域 ********************* /
void main(void)
{
    //i 为循环控制,其他为取位变量
    u8 i,baiwan,shiwan,wan,qian,bai,shi,ge;
    //配置 P4.1-3 为准双向/弱上拉模式
    P4M0& = 0xF1;                               //P4M0.1-3 = 0
    P4M1& = 0xF1;                               //P4M1.1-3 = 0
    //配置 P2 为准双向/弱上拉模式
    P2M0 = 0x00;                                //P2M0.0-7 = 0
    P2M1 = 0x00;                                //P2M1.0-7 = 0
    delay(5);                                   //等待 I/O 模式配置稳定
    LCDRW = 0;                                  //因只涉及写入操作,故将 RW 引脚直接置低
```

```
            LCD1602_init();                            //LCD1602 初始化
            LCD1602_DIS();                             //显示字符 + 进度条效果
            PWMA_Init();                               //PWMA 相关功能配置初始化
            LCD1602_Write(0xC0,0);                     //选择第二行
            for(i = 0;i < 16;i++)
            {
                LCD1602_Write(table2[i],1);            //写入 table2[]内容
                delay(5);
            }
            while(1)
            {
                P_SW2| = 0x80;                          //允许访问扩展特殊功能寄存器 XSFR
                PWMA_CCR1H = 0x00;                      //清除捕获/比较寄存器 1 高 8 位
                PWMA_CCR1L = 0x00;                      //清除捕获/比较寄存器 1 低 8 位
                PWMA_CCER1| = 0x01;                     //捕获功能使能
                while((PWMA_SR1&0x02) == 0);            //等待捕获比较 1 标志位 CC1IF 变为"1"
                A_num = (u16)PWMA_CCR1H << 8;           //取回捕获/比较寄存器 1 高 8 位
                A_num| = PWMA_CCR1L;                    //取回捕获/比较寄存器 1 低 8 位并与高 8 位拼合
                while((PWMA_SR1&0x02) == 0);            //等待捕获比较 1 标志位 CC1IF 变为"1"
                B_num = (u16)PWMA_CCR1H << 8;           //取回捕获/比较寄存器 1 高 8 位
                B_num| = PWMA_CCR1L;                    //取回捕获/比较寄存器 1 低 8 位并与高 8 位拼合
                PWMA_CCER1& = 0xFE;                     //捕获功能禁止
                P_SW2& = 0x7F;                          //结束并关闭 XSFR 访问
                SYS_num = B_num - A_num;                //得到信号周期计数值
                F_num = SYSCLK/SYS_num;                 //计算频率值
                baiwan = F_num/1000000;                 //取出百万位
                shiwan = F_num % 1000000/100000;        //取出十万位
                wan = F_num % 100000/10000;             //取出万位
                qian = F_num % 10000/1000;              //取出千位
                bai = F_num % 1000/100;                 //取出百位
                shi = F_num % 100/10;                   //取出十位
                ge = F_num % 10;                        //取出个位
                LCD1602_DIS_CHAR(2,4,table3[baiwan]);   //百万位显示到 2 行第 4 字符位
                LCD1602_DIS_CHAR(2,5,'.');              //显示分隔小数点
                LCD1602_DIS_CHAR(2,6,table3[shiwan]);   //十万位显示到 2 行第 6 字符位
                LCD1602_DIS_CHAR(2,7,table3[wan]);      //万位显示到 2 行第 7 字符位
                LCD1602_DIS_CHAR(2,8,table3[qian]);     //千位显示到 2 行第 8 字符位
                LCD1602_DIS_CHAR(2,9,'.');              //显示分隔小数点
                LCD1602_DIS_CHAR(2,10,table3[bai]);     //百位显示到 2 行第 10 字符位
                LCD1602_DIS_CHAR(2,11,table3[shi]);     //十位显示到 2 行第 11 字符位
                LCD1602_DIS_CHAR(2,12,table3[ge]);      //个位显示到 2 行第 12 字符位
                delay(5000);                            //防止刷新过快导致鬼影
            }
        }
/ ***************************************************************** /
//PWMA 功能初始化函数 PWMA_Init(),无形参和返回值
/ ***************************************************************** /
void PWMA_Init(void)
{
    //配置 P1.0 为准双向/弱上拉模式
    P1M0& = 0xFE;                                       //P1M0.0 = 0
    P1M1& = 0xFE;                                       //P1M1.0 = 0
    delay(5);                                           //等待 I/O 模式配置稳定
    P_SW2| = 0x80;                                      //允许访问扩展特殊功能寄存器 XSFR
    PWMA_CR1& = 0xFE;                                   //CENA 位为"0",关闭计数器
    PWMA_CCMR1| = 0x01;                                 //PWM1 为输入,IC1 映射在 TI1FP1 上"CC1S[1:0] = 01"
    PWMA_CCMR1& = 0x0F;                                 //采样为系统时钟频率,无滤波器"IC1F[3:0] = 0000"
    PWMA_CCER1| = 0x02;                                 //信号边沿极性为低电平或下降沿"CC1P = 1"
```

```
PWMA_CCER1| = 0x01;                        //使能 PWM1P 输入捕获功能"CC1E = 1"
PWMA_CR1| = 0x01;                          //CENA 位为"1",使能计数器
PWMA_CCER1& = 0xFE;                        //捕获功能禁止
P_SW2& = 0x7F;                             //结束并关闭 XSFR 访问
}
/ ****************************************************************** /
```
【略】为节省篇幅,相似函数参见相关章节源码即可
```
void delay(u16 Count){}                             //延时函数
void LCD1602_init(void){}                            //LCD1602 初始化函数
void LCD1602_DIS_CHAR(u8 x,u8 y,u8 z){}              //设定地址写入字符函数
void LCD1602_Write(u8 cmdordata,u8 writetype){}      //写入液晶模组命令或数据函数
void LCD1602_DIS(void){}                             //显示字符函数
```

将程序编译后下载到单片机中,可以观察到 1602 液晶模块上的第二行显示"Num：Hz",没有任何的频率数值,这是因为"PWM1P/P1.0"引脚上还没有输入外部频率信号,此时用标准函数信号发生器产生频率为 1MHz,占空比为 50%的方波信号,输出信号可以用频率计或者示波器进行测量,实测波形和相关参数如图 13.23 所示。

此时就可以把信号发生器的输出连接到单片机的 PWM1P/P1.0 引脚了,连接的时候要注意共地,即信号发生器的地线要与单片机系统的地线相连。连接后就可以观察到字符型 1602 液晶的第二行显示出如图 13.24 所示的频率值了。

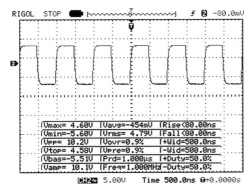

图 13.23　实测信号发生器给定标准 1MHz　　　　图 13.24　输入 1MHz 方波信号
　　　　　频率方波信号　　　　　　　　　　　　　　　频率实测效果

有的读者朋友在实践过程中得到的实测效果可能与本项目中的实测效果存在偏差,这是为什么呢? 其实频率测量最大的误差来源是信号本身和单片机内部的时钟精度,第一个比较好理解,如果给定的 1MHz 本身有较大偏差,肯定会导致频率测量数值的偏差。第二个"单片机内部的时钟精度"就要重点讲解一下了,在程序中我们使用的是 STC8H 单片机内部高速 RC 时钟源 f_{IRC_H},此时的系统时钟 f_{SYSCLK} 频率为 24MHz,系统时钟频率确定后,PWMA 计数器的计数时钟频率就确定了,但由于内部 RC 时钟源频率存在误差,导致系统时钟频率不可能是理想的 24 000 000 Hz,这些偏差就会影响信号周期的计算,最终导致信号频率值的偏差。

导致内部时钟源频率偏差的原因有很多,比如芯片的供电电压、运行环境的温度、制造工艺的差异等。在后续的计算中需要对其进行"修正",此时实测频率与预分频因子、计数器频率、两次捕获值之间的关系就可以通过式(13.2)进行计算。

$$f_{外部信号} = \frac{预分频因子 \times 计数器时钟频率}{二次捕获值 - 一次捕获值} = \frac{预分频因子 \times SYS\_CLOCK}{B\_num - A\_num} \tag{13.2}$$

从计算关系上看,预分频因子是用户设定的不分频、2 分频、4 分频或者是 8 分频,这个因子是确定的(假设实验中不分频),分子部分的两个捕获值(即 B_num 和 A_num)也是确定的,那么计数

器时钟频率 SYSCLK 的确定就非常重要了,此时外部信号频率可用以下语句去计算。

```
SYS_num = B_num − A_num;              //得到信号周期计数值
F_num = SYSCLK/SYS_num;               //计算频率值
```

变量"SYS_num"用来存放两次捕获值的差值,变量"F_num"即为欲求频率值,"SYSCLK"就是系统时钟频率,系统时钟频率以宏定义(#define)的方式书写在了程序的起始部分,具体定义语句如下。

```
#define  SYSCLK  24000000UL          //定义系统当前 f_SYSCLK 频率值
```

需要注意的是,此处的频率值取的理想的 24 000 000,定义中的"UL"表示该值是一个无符号长整型数值。用户也可对系统时钟频率值进行"修正",该值的计算可以通过 CCO(时钟信号输出)功能去实测得到,或者根据信号发生器标准频率值和字符型 1602 液晶模块上的实测值计算出误差参数,然后倒推计算出计数器时钟的真实频率即可。

"修正"相关参数后的测量数据就比较"靠谱"了,我们以 1kHz、5kHz、10kHz、100kHz、250kHz、500kHz、750kHz、1MHz 等频率点分别做了实测,误差都在 0.2% 以内,作为一般精度要求的频率测量应用还是可以的,实测结果如表 13.26 所示。

表 13.26   简易 1kHz～1MHz 方波信号频率计性能测试

1kHz～1MHz 方波信号,$V_{rms}=4.79V$,占空比为 50% 条件下					
给定频率/kHz	实测频率/kHz	误差/%	给定频率/kHz	实测频率/kHz	误差/%
1	0.998	0.2	250	250.000	0
5	4.993	0.14	500	500.000	0
10	9.983	0.17	750	750.000	0
100	100.000	0	1000	1000.000	0

13.4.5   PWM 信号占空比测量

讲完了方波频率的测量,下面就"趁热打铁"说一说方波占空比参数的测量,我们在本节刚开始的时候讲解过,所谓的"占空比"就是数字信号波形中高电平脉宽与信号周期的比值,一般用 % 为单位。信号周期我们已经会测量了,如果 PWMA 资源能够测量到高电平脉宽就能解决占空比的计算。

接下来让我们分析如图 13.25 所示内容,先看该图上面部分的加粗线条,这个线条表示实际的 PWM 输入信号,可以看出该信号的占空比肯定不是 50%,因为高电平的脉宽明显小于低电平的脉宽,观察该波形,若能求出高电平脉宽,又知道信号周期,只需要用前者除以后者再乘上 100% 就能得到实际的占空比参数了。

虽然原理很简单,但是该怎么求出这两个值呢?这就要说到 PWMA 资源输入捕获的"边沿"检测功能,因为信号的边沿"识别"是可以由用户来决定的,那么就可以通过不同的配置实现上升沿和下降沿的检测。如果检测到第一个上升沿后,让定时器开始计数,然后到第一个下降沿的时候取出并保存当前计数值,命名该值为"捕获值 1",这个计数值就是波形中"1"的持续时间,也就是高电平脉宽长度。

说到这里是不是结束了?当然不是,取出第一个计数值(高电平脉宽)之后还要继续计数,当检测到第二个上升沿时再把计数值取出另行存放,命名该值为"捕获值 2",这个值就是"高电平脉宽＋低电平脉宽",也就是信号周期了,接下来用捕获值 1 除以捕获值 2 再乘以 100% 就能得到实际的占空比参数了,这个过程也就是图 13.25 的下半部分。

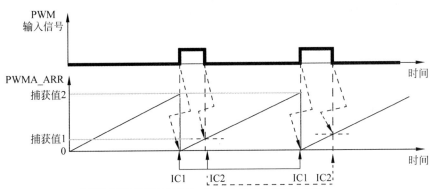

IC1：测量周期值保存在PWMA_CCR1中触发时复位计数器
IC2：测量占空比值保存在PWMA_CCR2中

图13.25 输入捕获之占空比测量原理

了解了测量原理就要配置相关的功能，要配置功能就必须用到寄存器，要实现捕获、取值、判断相关标志位等，就要回忆输入捕获的流程和信号走向了，假设外部待测信号由捕获/比较通道1（PWM1P）输入，信号的整体走向如图13.26所示。

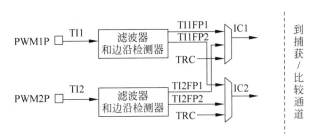

图13.26 PWMA输入捕获通道及信号走向

PWM1P信号输入后得到了"TI1"信号，该信号首先经过滤波器和边沿检测器，然后得到了两路"孪生"信号，一个是"TI1FP1"信号，这路信号连接到了"IC1"单元上，另一路是"TI1FP2"信号，这路信号连接到了"IC2"单元上。之前也说过，想要对输入信号进行占空比测量，必须要"识别"波形的边沿（上升沿或者下降沿），由于一路信号的边沿只能设为一种识别方式，所以可以分别对"TI1FP1"信号和"TI1FP2"信号采用两种不同的边沿"识别"策略。

我们可以设置"IC1"单元的边沿"识别"采用上升沿，"IC2"单元的边沿"识别"采用下降沿，当第一个上升沿到来的时候"IC1"单元就"捕获"到了该事件，然后开始计数，当信号中高电平脉宽结束后会产生一个下降沿，这时候"IC2"单元就会"捕获"到这个事件，然后把当前计数器中的数值保存到捕获/比较寄存器2（PWMA_CCR2）中，这个值就是"捕获值1"。

已经有了"捕获值1"事情就好办多了，就差"捕获值2"了，这时候只需要等待"IC1"单元上再次出现一个上升沿即可，当第二个上升沿到来后就可以把当前计数器中的数值保存到捕获/比较寄存器1（PWMA_CCR1）中，这个值就是"捕获值2"。

两个值都具备后只需一个"简单"的数学运算就能"见证奇迹"。在运算之前，我们还得仔细琢磨下这个测量原理是不是"严谨"和"可行"，稍加思考，发现没那么简单！有没有可能出现这样的情况呢？假设把"IC1"单元配置为上升沿"触发"，当上升沿第一次到来时按理应该启动计数器计数，等到上升沿第二次到来时再把计数值取出，如果正在取数的过程中又来了一次上升沿怎么办呢？这时候的计数值还要不要呢？下一次的计数值是否要立即开始呢？怎样才能保证取值过程不会妨碍到下一次的开始呢？

这还真是"麻烦",想来想去只有一种办法能解决这个问题,那就是在上升沿第二次到来的时候,先将当前计数器值取出存放,然后自动清零计数器,紧接着开始下一次的启动,这个机制就是接下来要研究的"复位触发模式"。

13.4.6 什么是复位触发模式

PWMA 资源的计数器允许多种触发输入,常见的有 ETR、TI1、TI2 和来自其他资源的 TRGO 信号,PWMA 资源的计数器使用三种模式与外部触发信号进行同步,分别是标准触发模式、复位触发模式和门控触发模式。

这里说的"复位触发模式"就是三大模式中的一种,从字面上理解,我们可以将其拆分为"复位"和"触发"分别分析。"触发"这两个字比较好理解,也就是边沿的捕获。"复位"的含义就比较特殊了,指的是当触发事件到来的时候会重新对计数器和预分频器进行"初始化",如果控制寄存器 1(PWMA_CR1)中的"URSA"位为"0",还将产生一个更新事件"UEV",然后所有的预装载寄存器(PWMA_ARR、PWMA_CCRx)都会被更新。

如果将相关资源配置为复位触发模式,这时候的捕获过程就会发生一些变化,我们就以 PWM1P 通道实现外部信号输入捕获为例,用 3 个步骤完成复位模式的配置。

第一步:配置捕获/比较通道 1(PWM1P)用于检测输入信号"TI1"的上升沿,在具体配置中假设不需要配置任何滤波器,可以将捕获/比较模式寄存器 1(PWMA_CCMR1)中的"IC1F[3:0]"位保持为"0000"。如果触发操作中不使用预分频器,可以不用配置。捕获/比较模式寄存器 1(PWMA_CCMR1)中的"CC1S[1:0]"位仅用于选择输入捕获源,也不需要配置,我们只需要重点配置捕获/比较使能寄存器 1(PWMA_CCER1)中的"CC1P"位为"0"来选择极性(检测上升沿有效)即可。

第二步:配置从模式控制寄存器(PWMA_SMCR)中的"SMSA[2:0]"位为"100",选择定时器为复位触发模式,然后配置从模式控制寄存器(PWMA_SMCR)中的"TSA[2:0]"位为"101",选择"TI1FP1"信号作为输入源。

第三步:配置控制寄存器 1(PWMA_CR1)中的"CENA"位为"1",启动计数器工作。

以上的 3 个步骤配置完成后,计数器开始计数,直到输入信号"TI1"出现第一个上升沿时计数器会被清"0",然后从"0"开始重新计数,与此同时,状态寄存器 1(PWMA_SR1)中的"TIFA"位(触发标志)会被置"1",如果使能了中断(中断使能寄存器(PWMA_IER)中的"TIEA"位为"1"),则会产生一个中断请求。

为了更清楚地理解复位触发模式,我们可以看一下如图 13.27 所示的时序图。

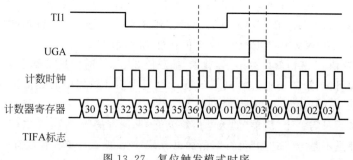

图 13.27 复位触发模式时序

分析该时序,"TI1"为外部脉冲输入信号,"UGA"是事件产生寄存器(PWMA_EGR)中的"UGA"位,表示更新事件的产生,若该位为"1"则表示重新初始化计数器,并产生一个更新事件。计数时钟就是"节拍"信号,计数器寄存器就是计数的场合,在该图中自动重装载寄存器(PWMA_

ARR)已经被设置为"0x36","TIFA"标志是状态寄存器1(PWMA_SR1)中的"TIFA"位,若该位为"1"则说明产生了触发中断。

当外部信号"TI1"由高电平变为低电平时,计数器依然在计数,当计数寄存器中数值为$(0x36)_H$时重新由$(0x00)_H$开始计数,当计数值从$(0x00)_H$计数到$(0x01)_H$时外部信号"TI1"突然出现了上升沿,这就触发了复位触发机制,经过一段延时后,计数器的值重新变为$(0x00)_H$,"UGA"位也被置"1","TIFA"标志也被置"1"。

看到这里有的读者朋友会有疑问,在"TI1"信号的上升沿来到后,计数器寄存器中的清零操作为什么会有延时呢?这是因为上升沿被"识别"时到计数器实际复位之间会因为外部信号"TI1"输入端内部的"重同步电路"原因而产生一定的延时,所以清零动作和相关标志的置位都会有一定的延时。

13.4.7 占空比测量功能配置流程

掌握了占空比测量原理,也熟悉了"复位触发"模式后,就可以配置占空比测量功能了,需要注意的是,占空比测量功能配置流程和周期测量功能配置的部分步骤是一样的,重点就是理解一路信号处理(TI1FP1 信号)和两路信号处理(TI1FP1 与 TI1FP2 信号)的不同,在周期测量中就是一路信号处理,而在占空比测量中需要把两路信号配置为不同的边沿触发模式,当然,在捕获使能上也需要同时禁止或使能两路信号。

通过对 PWMA 资源输入捕获单元的理解,参考频率测量时的初始化步骤,不难得到占空比测量的配置流程,推荐的配置流程如图 13.28 所示,在配置中会涉及捕获/比较寄存器(PWMA_CCMRx)、捕获/比较使能寄存器(PWMA_CCERx)、从模式控制寄存器(PWMA_SMCR)和捕获/比较寄存器(PWMA_CCRx)的高/低位寄存器,这些寄存器都是我们的"老朋友"了,在具体配置时,读者朋友们可以根据实际选定的捕获/比较通道合理选择相应寄存器中的功能位。

图 13.28 "输入捕获之占空比测量功能"初始化一般流程

分析图 13.28,每个步骤中的寄存器都有"x"或者"i"在其中,这是因为外部信号的输入通道是由用户来选定,所以在流程中就只能用"x"或者"i"来表示,接下来以外部信号从捕获/比较通道 1 (PWM1P)为例,把每个流程步骤都"程序化",这样一来就会清楚很多。

第一步:设置具体的输入通道。在此处我们选择捕获/比较 1 通道作为外部信号的输入,也就是配置捕获/比较模式寄存器 1(PWMA_CCMR1)中的"CC1S[1:0]"位为"01",此时的 PWM1P 通道被配置为输入,"TI1FP1"信号连接到了"IC1"单元上,用 C51 语言编写程序配置语句如下。

```
P_SW2| = 0x80;           //允许访问扩展特殊功能寄存器 XSFR
PWMA_CCMR1| = 0x01;      //PWM1 为输入,IC1 映射在 TI1FP1 上"CC1S[1:0] = 01"
P_SW2& = 0x7F;           //结束并关闭 XSFR 访问
```

第二步:设置 A 路信号边沿极性。我们可以将两路信号(TI1FP1 与 TI1FP2 信号)中的一路 (TI1FP1 信号)配置为上升沿触发,也就是把捕获/比较使能寄存器 1(PWMA_CCER1)中的"CC1P"位置"0",即捕捉发生在"TI1FP1"信号的高电平或上升沿,用 C51 语言编写程序配置语句如下。

```
P_SW2| = 0x80;           //允许访问扩展特殊功能寄存器 XSFR
PWMA_CCER1& = 0xFD;      //配置 TI1FP1 信号边沿极性为上升沿"CC1P = 0"
P_SW2& = 0x7F;           //结束并关闭 XSFR 访问
```

第三步:设置另一个输入信号。在此处我们选择另一个输入信号,也就是配置捕获/比较模式寄存器 2(PWMA_CCMR2)中的"CC2S[1:0]"位为"10",此时的 PWM2P 通道被配置为输入,"TI1FP2"信号连接到了"IC2"单元上,用 C51 语言编写程序配置语句如下。

```
P_SW2| = 0x80;           //允许访问扩展特殊功能寄存器 XSFR
PWMA_CCMR2| = 0x02;      //PWM2 为输入,IC2 映射在 TI1FP2 上"CC2S[1:0] = 10"
P_SW2& = 0x7F;           //结束并关闭 XSFR 访问
```

第四步:设置 **B** 路信号边沿极性。将 A 路信号"TI1FP1"配置为上升沿触发后,还需要把 B 路信号"TI1FP2"配置为下降沿触发,也就是把捕获/比较使能寄存器 1(PWMA_CCER1)中的"CC2P"位置"1",即捕捉发生在"TI1FP2"信号的低电平或下降沿,用 C51 语言编写程序配置语句如下。

```
P_SW2| = 0x80;           //允许访问扩展特殊功能寄存器 XSFR
PWMA_CCER1| = 0x20;      //配置 TI1FP2 信号边沿极性为下降沿"CC2P = 1"
P_SW2& = 0x7F;           //结束并关闭 XSFR 访问
```

第五步:选择复位触发信号及复位触发模式。等待用户配置完两路信号的触发输入和触发边沿以后,就可以选定具体的复位触发信号和启用复位触发模式了,这两个功能的配置都是通过设置从模式控制寄存器(PWMA_SMCR)来实现的。

复位触发输入信号由从模式控制寄存器(PWMA_SMCR)中的"TSA[2:0]"位来决定,可供选择的触发输入源有 5 种,即内部触发 TRGO 信号、TI1 的边沿检测器(TI1F_ED)、滤波后的定时器输入 1(TI1FP1)、滤波后的定时器输入 2(TI2FP2)和外部触发输入(ETRF)。此处选择滤波后的定时器输入 1(TI1FP1),所以将"TSA[2:0]"配置为"101"。

复位触发模式由从模式控制寄存器(PWMA_SMCR)中的"SMSA[2:0]"位来决定,可供选择的模式共有 8 种,即时钟/触发控制器禁止、编码器模式 1、编码器模式 2、编码器模式 3、复位模式、门控模式、触发模式、外部时钟模式 1。此处选择复位模式,所以将"SMSA[2:0]"配置为"100"。

明确了参数配置后,可以用 C51 语言编写程序配置语句如下。

```
P_SW2| = 0x80;           //允许访问扩展特殊功能寄存器 XSFR
```

```
PWMA_SMCR| = 0x50;              //配置触发输入信号为TI1FP1,"TSA[2:0] = 101"
PWMA_SMCR| = 0x04;              //配置触发模式为复位触发,"SMSA[2:0] = 100"
P_SW2&= 0x7F;                   //结束并关闭XSFR访问
```

第六步：按需使能两路信号的捕获功能。由于两路信号（TI1FP1与TI1FP2信号）分别连接到了"IC1"单元和"IC2"单元，需要同时将两路信号捕获使能，即配置捕获/比较使能寄存器（PWMA_CCER1）中的"CC2E"和"CC1E"位为"1"，若要禁止捕获功能，则将两个功能位清"0"，用C51语言编写程序配置语句如下。

```
P_SW2| = 0x80;                  //允许访问扩展特殊功能寄存器XSFR
PWMA_CCER1| = 0x11;             //捕获功能使能"CC1E = 1,CC2E = 1"
//PWMA_CCER1& = 0xEE;           //捕获功能禁止"CC1E = 0,CC2E = 0"
P_SW2&= 0x7F;                   //结束并关闭XSFR访问
```

当然，测量占空比参数的相关寄存器和功能配置完毕后，还需要使能计数器功能，用C51语言编写程序配置语句如下。

```
P_SW2| = 0x80;                  //允许访问扩展特殊功能寄存器XSFR
PWMA_CR1| = 0x01;               //使能PWMA计数器功能"CENA = 1"
P_SW2&= 0x7F;                   //结束并关闭XSFR访问
```

以上的配置都完成以后就是具体的占空比测量了，在占空比参数的测量中会得到两个值，第一个值是高电平脉宽，也就是"捕获值1"，在程序中使用变量"A_num"来存放，另一个值是信号的周期，也就是"捕获值2"，在程序中使用变量"B_num"来存放，变量"F_num"用于存放计算出的频率值，变量"Duty"用于存放计算出的占空比值。按照占空比测量原理和相关操作时序（主要指PWMA_CCR1和PWMA_CCR2计数值的取出和计数值的具体含义），可以用C51语言编写实现占空比参数测量的核心语句如下。

```
…(此处省略具体程序语句)
P_SW2| = 0x80;                  //允许访问扩展特殊功能寄存器XSFR
PWMA_SR1& = 0xF9;               //清除CC1IF、CC2IF标志位
PWMA_SR2& = 0xFD;               //清除CC1OF标志位
PWMA_CCER1| = 0x11;             //捕获功能使能"CC1E = 1、CC2E = 1"
while((PWMA_SR1&0x02) == 0);    //等待捕获比较1标志位CC1IF变为"1"
while((PWMA_SR1&0x04) == 0);    //等待捕获比较2标志位CC2IF变为"1"
A_num = (u16)PWMA_CCR2H << 8;   //取回捕获/比较寄存器2高8位
A_num| = PWMA_CCR2L;            //取回捕获/比较寄存器2低8位并与高8位拼合
while((PWMA_SR2&0x02) == 0);    //等待重复捕获比较1标志位CC1OF变为"1"
B_num = (u16)PWMA_CCR1H << 8;   //取回捕获/比较寄存器1高8位
B_num| = PWMA_CCR1L;            //取回捕获/比较寄存器1低8位并与高8位拼合
PWMA_CCER1& = 0xEE;             //捕获功能禁止"CC1E = 0,CC2E = 0"
P_SW2&= 0x7F;                   //结束并关闭XSFR访问
F_num = SYSCLK/B_num;           //计算实测频率值
…(此处省略具体程序语句)
Duty = (A_num * 10000/B_num);   //计算占空比
…(此处省略具体程序语句)
```

程序其实非常简单，为了让读者朋友们有个更为直观、深刻的认识，可以一起来看看如图13.29所示的占空比测量过程。

分析图13.29，"TI1"信号为PWM1P通道输入的外部信号，PWMA_CNT是计数器寄存器，PWMA_CCR1和PWMA_CCR2是捕获/比较寄存器1和寄存器2，里面装载的是从计数器中取回的计数值。

由于占空比测量中启用了"复位触发模式"，当TI1出现第一个上升沿时，计数器寄存器

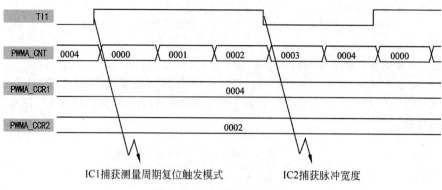

IC1捕获测量周期复位触发模式   IC2捕获脉冲宽度

图 13.29   占空比测量过程

（PWMA_CNT）中的计数值会被清零，重新开始计数，当出现第一个下降沿时，边沿触发会让相关标志位产生变化，此时取出计数器寄存器（PWMA_CNT）中的计数值保存到捕获/比较寄存器 2（PWMA_CCR2）中，也就是图中所示的"0002"，命名该值为"捕获值 1"，这个值就是高电平脉宽。取出第一个计数值（高电平脉宽）后计数器会继续计数，当检测到第二个上升沿时又会取出计数器寄存器（PWMA_CNT）中的计数值保存到捕获/比较寄存器 1（PWMA_CCR1）中，也就是图中所示的"0004"，命名该值为"捕获值 2"，这个值就是信号周期。

有了捕获值 2（变量 B_num），就可以求得信号的频率，在程序中执行"F_num＝SYSCLK/B_num"即可，语句中的"SYSCLK"就是计数器时钟频率（即单片机系统时钟频率）。有了捕获值 1 和 2（变量 A_num 和变量 B_num），就可以求得占空比，在程序中执行"Duty＝（A_num * 10000/B_num）"即可，需要注意语句中的"乘以 10000"操作，其实是为了保留两个小数位，方便后续取位运算。

13.4.8   基础项目 E   简易 PWM 信号占空比测量实验

在基础项目 D 中我们学会了信号的周期测量，从而计算出了信号的频率，在此基础之上我们又进一步学习了占空比的测量，接下来就开始实践环节！在本项目中需要测量方波信号的频率和占空比，项目硬件直接采用 13.3.3 节基础项目 B 中图 13.10 所示电路。

仍然采用字符型 1602 液晶模块进行参数显示，外部频率信号连接到 STC8H8K64U 单片机的"PWM1P/P1.0"引脚（外部信号是由标准函数信号发生器产生，信号频率为 1～50kHz），单片机分配 P2.0～P2.7 引脚连接液晶模块的数据端口 DB0～DB7，分配 P4.1 引脚连接液晶模块的数据/命令选择端 RS，分配 P4.2 引脚连接液晶模块的读写控制端 RW（因为在整个系统中只需要向液晶写入数据而不需要从液晶模块读取数据，所以将 RW 引脚直接赋值为"0"，也可以在硬件上将其接地处理），分配 P4.3 引脚连接液晶模块的使能信号端 EN。

硬件电路设计完成后就可以着手软件功能的编写，按照之前讲解的六个主要的配置流程和信号占空比测量的方法，可以计算得到频率值和占空比值，接下来就把频率值的百万位、十万位、万位、千位、百位、十位和个位分别取出，然后把占空比的十位、个位、第一个小数位和第二个小数位显示到字符型 1602 液晶的指定字符位即可。按照软件设计思路可以利用 C51 语言编写具体的程序实现如下。

```
//芯片型号：STC8H8K64U(程序微调后可移植至 STC8A/F/C/G/H 系列单片机)
//时钟说明：单片机片内高速 24MHz 时钟
/****************************************************************/
#include "STC8H.h"                          //主控芯片的头文件
/********************** 常用数据类型定义 *************************/
```

【略】为节省篇幅，相似定义参见相关章节或源码工程即可

```c
/*********************** 端口/引脚定义区域 ***********************/
sbit LCDRS = P4^1;                          //LCD1602 数据/命令选择端口
sbit LCDRW = P4^2;                          //LCD1602 读写控制端口
sbit LCDEN = P4^3;                          //LCD1602 使能信号端口
#define LCDDATA   P2                        //LCD1602 数据端口 DB0～DB7
/*********************** 用户自定义数据区域 ***********************/
u8 table1[] = " = Frequency Test = ";       //LCD1602 显示字符串数组 1 显示界面
u8 table2[] = "f:          Hz";             //LCD1602 显示字符串数组 2 显示界面
u8 table3[] = "Duty: %  ";                  //LCD1602 显示字符串数组 3 显示界面
u8 table4[] = {'0','1','2','3','4','5','6','7','8','9'};  //数字字符
static unsigned long A_num,B_num;           //定义 A_num、B_num 变量用于装载两次捕获时间
static unsigned long Duty;                  //Duty 为信号占空比值
static unsigned long F_num;                 //用于存放频率值
#define SYSCLK 24000000UL                   //定义系统当前 f_SYSCLK 频率值
/*********************** 函数声明区域 ***********************/
void delay(u16 Count);                      //延时函数
void PWMA_Init(void);                       //PWMA 初始化函数
void LCD1602_init(void);                    //LCD1602 初始化函数
void LCD1602_Write(u8 cmdordata,u8 writetype); //写入液晶模组命令或数据函数
void LCD1602_DIS_CHAR(u8 x,u8 y,u8 z);      //在设定地址写入字符数据函数
void LCD1602_DIS(void);                     //显示字符函数
/*********************** 主函数区域 ***********************/
void main(void)
{
    //实测频率值的取位变量
    u8 i,baiwan,shiwan,wan,qian,bai,shi,ge;
    u8 dshi,dge,dp1,dp2;                    //占空比的十位、个位、小数 1 和小数 2
    //配置 P4.1-3 为准双向/弱上拉模式
    P4M0& = 0xF1;                           //P4M0.1-3 = 0
    P4M1& = 0xF1;                           //P4M1.1-3 = 0
    //配置 P2 为准双向/弱上拉模式
    P2M0 = 0x00;                            //P2M0.0-7 = 0
    P2M1 = 0x00;                            //P2M1.0-7 = 0
    delay(5);                               //等待 I/O 模式配置稳定
    LCDRW = 0;                              //因只涉及写入操作,故将 RW 引脚直接置低
    LCD1602_init();                         //LCD1602 初始化
    LCD1602_DIS();                          //显示字符 + 进度条效果
    PWMA_Init();                            //PWMA 相关功能配置初始化
    LCD1602_Write(0x80,0);                  //选择第一行
    for(i = 0;i < 16;i++)
    {
        LCD1602_Write(table2[i],1);         //写入 table2[]内容
        delay(5);
    }
    LCD1602_Write(0xC0,0);                  //选择第二行
    for(i = 0;i < 16;i++)
    {
        LCD1602_Write(table3[i],1);         //写入 table3[]内容
        delay(5);
    }
    while(1)
    {
        P_SW2| = 0x80;                      //允许访问扩展特殊功能寄存器 XSFR
        PWMA_SR1& = 0xF9;                   //清除 CC1IF,CC2IF 标志位
        PWMA_SR2& = 0xFD;                   //清除 CC1OF 标志位
        PWMA_CCER1| = 0x11;                 //捕获功能使能"CC1E = 1、CC2E = 1"
        while((PWMA_SR1&0x02) == 0);        //等待捕获比较 1 标志位 CC1IF 变为"1"
```

```
            while((PWMA_SR1&0x04) == 0);              //等待捕获比较2标志位CC2IF变为"1"
            A_num = (u16)PWMA_CCR2H << 8;             //取回捕获/比较寄存器2高8位
            A_num| = PWMA_CCR2L;                      //取回捕获/比较寄存器2低8位并与高8位拼合
            while((PWMA_SR2&0x02) == 0);              //等待重复捕获比较1标志位CC1OF变为"1"
            B_num = (u16)PWMA_CCR1H << 8;             //取回捕获/比较寄存器1高8位
            B_num| = PWMA_CCR1L;                      //取回捕获/比较寄存器1低8位并与高8位拼合
            PWMA_CCER1&= 0xEE;                        //捕获功能禁止"CC1E = 0、CC2E = 0"
            P_SW2& = 0x7F;                            //结束并关闭 XSFR 访问
            F_num = SYSCLK/B_num;                     //计算实测频率值
            baiwan = F_num/1000000;                   //取出百万位
            shiwan = F_num % 1000000/100000;          //取出十万位
            wan = F_num % 100000/10000;               //取出万位
            qian = F_num % 10000/1000;                //取出千位
            bai = F_num % 1000/100;                   //取出百位
            shi = F_num % 100/10;                     //取出十位
            ge = F_num % 10;                          //取出个位
            LCD1602_DIS_CHAR(1,4,table4[baiwan]);     //百万位显示到1行第4字符位
            LCD1602_DIS_CHAR(1,5,'.');                //显示分隔小数点
            LCD1602_DIS_CHAR(1,6,table4[shiwan]);     //十万位显示到1行第6字符位
            LCD1602_DIS_CHAR(1,7,table4[wan]);        //万位显示到1行第7字符位
            LCD1602_DIS_CHAR(1,8,table4[qian]);       //千位显示到1行第8字符位
            LCD1602_DIS_CHAR(1,9,'.');                //显示分隔小数点
            LCD1602_DIS_CHAR(1,10,table4[bai]);       //百位显示到1行第10字符位
            LCD1602_DIS_CHAR(1,11,table4[shi]);       //十位显示到1行第11字符位
            LCD1602_DIS_CHAR(1,12,table4[ge]);        //个位显示到1行第12字符位
            Duty = (A_num * 10000/B_num);             //计算占空比
            dshi = Duty/1000;                         //取出千位(其实是占空比十位)
            dge = Duty % 1000/100;                    //取出百位(其实是占空比个位)
            dp1 = Duty % 100/10;                      //取出十位(其实是占空比小数位1)
            dp2 = Duty % 10;                          //取出个位(其实是占空比小数位2)
            LCD1602_DIS_CHAR(2,7,table4[dshi]);       //十位显示到2行第7字符位
            LCD1602_DIS_CHAR(2,8,table4[dge]);        //个位显示到2行第8字符位
            LCD1602_DIS_CHAR(2,9,'.');                //显示分隔小数点
            LCD1602_DIS_CHAR(2,10,table4[dp1]);       //小数1位显示到2行第10字符位
            LCD1602_DIS_CHAR(2,11,table4[dp2]);       //小数2位显示到2行第11字符位
            delay(5000);                              //防止刷新过快导致鬼影
        }
    }
/* ****************************************************************** */
//PWMA 功能初始化函数 PWMA_Init(),无形参和返回值
/* ****************************************************************** */
void PWMA_Init(void)
{
    //配置 P1.0 为准双向/弱上拉模式
    P1M0& = 0xFE;                                    //P1M0.0 = 0
    P1M1& = 0xFE;                                    //P1M1.0 = 0
    delay(5);                                        //等待 I/O 模式配置稳定
    P_SW2| = 0x80;                                   //允许访问扩展特殊功能寄存器 XSFR
    PWMA_CR1& = 0xFE;                                //CENA 位为"0",关闭计数器
    PWMA_CCMR1| = 0x01;                              //PWM1 为输入,IC1 映射在 TI1FP1 上"CC1S[1:0] = 01"
    PWMA_CCER1& = 0xFD;                              //TI1FP1 信号边沿极性为上升沿"CC1P = 0"
    PWMA_CCMR2| = 0x02;                              //PWM2 为输入,IC2 映射在 TI1FP2 上"CC2S[1:0] = 10"
    PWMA_CCER1| = 0x20;                              //TI1FP2 信号边沿极性为下降沿"CC2P = 1"
    PWMA_SMCR| = 0x50;                               //触发输入信号为 TI1FP1,"TS[2:0] = 101"
    PWMA_SMCR| = 0x04;                               //触发模式为复位触发,"SMSA[2:0] = 100"
    PWMA_CR1| = 0x01;                                //CENA 位为"1",使能计数器
    PWMA_CCER1& = 0xFE;                              //捕获功能禁止
    P_SW2& = 0x7F;                                   //结束并关闭 XSFR 访问
```

```
}
/ ***************************************************************** /
```
【略】为节省篇幅,相似函数参见相关章节源码即可
```
void delay(u16 Count){}                    //延时函数
void LCD1602_init(void){}                  //LCD1602初始化函数
void LCD1602_DIS_CHAR(u8 x,u8 y,u8 z){}    //设定地址写入字符函数
void LCD1602_Write(u8 cmdordata,u8 writetype){}  //写入液晶模组命令或数据函数
void LCD1602_DIS(void){}                    //显示字符函数
```

将程序编译后下载到单片机中并运行,将标准的函数信号发生器连接到单片机系统的"PWM1P/P1.0"引脚,需要注意信号发生器和单片机系统的共地处理。调节信号发生器使其输出10kHz频率方波信号,调节占空比到66.6%,当然,这个占空比数值是小宇老师随便定义的,读者朋友们也可以配置成其他的占空比和频率值,经过单片机系统测量后,字符型1602液晶显示效果如图13.30所示。

图13.30 频率10kHz,占空比66.6%测量效果

有的读者朋友在实践过程中得到的实测效果可能与本项目中的实测效果存在偏差,误差主要来源是信号本身和单片机内部时钟精度。这两个原因之前已经分析过,在程序中我们可以对系统时钟频率值"SYSCLK"进行"修正"以此减少测量误差。在系统搭建完毕之后,我们保持占空比参数为固定的66.6%,将频率值进行调节,范围为10~100kHz,我们采集了该范围内的5个频率取值,实测数据如表13.27所示。

表13.27 简易PWM信号测量实验(频率变动,占空比固定)

10~100kHz方波信号,$V_{rms}=4.79$V,占空比固定为66.6%条件下				
给定频率/kHz	实测频率/kHz	频率误差/%	实测占空比/%	占空比误差/%
10	9.995	0.05	66.59	0.015
25	24.973	0.108	66.59	0.015
50	50.000	0	66.45	0.225
75	75.235	0.313	66.45	0.225
100	100.418	0.418	66.52	0.12

从数据表13.27中可以观察到,随着输入频率的增大,频率参数的测量误差总体上是在增大的,其中个别的数据测试结果出现了"抖动",这是因为单片机内部时钟的频率误差、计数器时钟频率值波动、工作电压波动、采集电路干扰等多方面的原因导致的。

接下来让我们换一个"思路",让方波信号的频率值一定(测试中选择10kHz),单独调节占空比输出,使得占空比的输出范围为1%~99%(不能是0%~100%,0%的时候就是低电平,100%的时候就是高电平了),我们采集了范围内的6个占空比取值,实测数据如表13.28所示。

表13.28 简易PWM信号测量实验(占空比变动,频率固定)

频率固定为10kHz方波信号,$V_{rms}=4.79$V,占空比为1%~99%条件下				
给定占空比/%	实测频率/kHz	频率误差/%	实测占空比/%	占空比误差/%
1	9.983	0.17	0.95	5
10	9.983	0.17	9.94	0.6
25	9.983	0.17	24.95	0.2
50	9.983	0.17	50.00	0
75	9.983	0.17	74.97	0.04
99	9.983	0.17	99.04	0.04

分析表 13.28,当外部信号频率为 10kHz 时的实测误差约为 0.17%,占空比在 1% 时的误差较大(达到了 5%),10%～99% 范围内的误差都比较小,可以满足一般测量的需要,在实际测量的过程中,小宇老师发现随着频率值的下降,占空比测量的误差会有所增大,特别是在占空比较小的时候,测量结果抖动明显,误差较大,读者朋友们可以根据实际项目的具体指标确定 STC8H 占空比测量的参数配置,选定测量结果较好的区间范围,确保数据的有效性和准确度。

13.5 "灵活自由"的输出比较功能

各位读者朋友们,学习了 PWMA 资源的输入捕获功能后感觉如何呢?小宇老师的第一感觉是使用比较方便,在输入捕获功能下测量信号的频率或者占空比的初始化配置语句其实并不多,用到的寄存器"翻来覆去"也就这几个,所以理清了配置流程就不会很难。第二感觉是 STC8H 系列单片机 PWMA 资源的 4 个输入/比较通道真的非常"神奇",内部的单元结构在不同寄存器的配置下可以表现出不同的功能实现。

接下来就要学习 PWMA 资源的"输出比较"功能,使用该功能就可以通过 4 个输入/比较通道输出四路周期可控、占空比可调的信号了,功能强大且易用,同样也是简简单单的初始化配置,就可以让信号"乖乖"地输出,且占用 CPU 的资源很少,输出效率和信号精度都非常不错。

看到这里,可能有很多用过其他单片机的读者朋友会有疑问,STC8H 单片机的输出比较功能到底有多方便呢?不也就是让定时/计数器初始化,控制输出"1"和"0"的频率和时间间隔,然后还要响应中断或者查询标志位,最后交给 CPU 处理吗?要是这样想那就大错特错了,你可以把 PWMA 资源的输出比较功能理解成一种"专用"的机制,既不用专门去判断中断和标志位,又不用 CPU 时时刻刻"围着它"进行处理,简简单单用一条类似"CH1_PWM_SET(16000,0.2)"的语句就能使 PWM1P 通道输出一个 1kHz,占空比为 20% 的 PWM 波形。这是真的假的?当然是真的,这条语句就是从本章项目中"提取"的,当然,语句是调用了一个功能子函数,函数中也有具体的寄存器配置。各位读者朋友们想知道配置方法吗?那就随着小宇老师的讲解一起学习吧!

13.5.1 输出比较功能结构及用途

与学习输入捕获功能的时候一样,首先要讲解的是输出比较单元的结构组成,PWMA 资源输出比较功能单元的总体结构如图 13.31 所示,我们需要分析资源结构,看一看信号究竟是"怎么产生",然后"怎样输出",搞清楚了这两个问题,我们就算是成功"拿下"了输出比较单元。

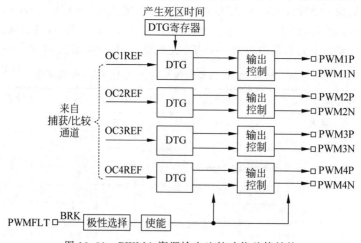

图 13.31 PWMA 资源输出比较功能总体结构

一起来分析图 13.31，从图片的左边开始看，参考波形"OCiREF"信号一共有 4 路（这里的 i 可以是 1、2、3、4），均是来自于捕获/比较通道内部，参考波形的产生是根据相应通道捕获/比较模式寄存器（PWMA_CCMRx）中的"OCiM[2:0]"位配置得到的。这 4 路参考波形信号首先经过了一个死区时间发生器单元（即 DTG），这个发生器主要是为了调节互补通道输出时的死区持续时间，然后到达了输出控制单元，最终输出 4 对"死区时间可控的互补输出"，分别是 PWM1P 和它的互补信号 PWM1N、PWM2P 和它的互补信号 PWM2N、PWM3P 和它的互补信号 PWM3N 和 PWM4P 和它的互补信号 PWM4N。

分析完成图 13.31 后还是感觉结构比较"粗略"，没有涉及具体的寄存器，也没有功能位的配置说明，这不要紧！接下来以 PWM1P 和 PWM1N 通道为例，通过观察图 13.32 分析信号是如何产生和输出的。

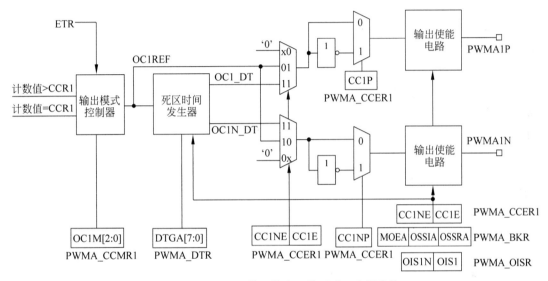

图 13.32　PWMA 资源输出比较通道 1 内部结构

还是从图片的左边开始分析，左边有两个"比较关系"，分别是"计数值＞CCR1"和"计数值＝CCR1"，"计数值"很好理解，就是 PWMA 资源当前计数器中的数值。"CCR1"就是捕获/比较寄存器 1（PWMA_CCR1）中的数值，从名称上理解都很简单，但是两者的"比较关系"有什么具体含义呢？

不知道读者朋友是否考虑过我们现在所学习的"输出比较"为什么不叫"输出"而多了两个字"比较"呢？这是因为输出波形就是靠"计数值"和"PWMA_CCR1 数值"进行比较后得到的，当两个值产生数值比较关系时，特定的引脚就会输出电平信号，作为用户而言，我们需要配置相关的参数和功能位，最重要的是配置好两个主要的寄存器，第一个是自动重装载寄存器（PWMA_ARR），另一个就是捕获/比较寄存器（PWMA_CCR1）了。这两者的关系和配置就是产生 PWM 的关键，后续会详细介绍。

"计数值"和"PWMA_CCR1"的"比较关系"会经过输出模式控制器，该控制器单元受捕获/比较模式寄存器（PWMA_CCMR1）中的"OC1M[2:0]"位控制，也就是之前讲解过的"参考波形信号"的产生，输出模式有多种，后续讲解中会接触到，此处先不做展开。有了参考波形信号后就可以选择性地进行死区时间发生器的配置，如果输出信号是互补信号，且需要人为调节死区时间，那么可以配置死区寄存器（PWMA_DTR）。

要想将特定通道的信号进行输出，还必须使能相关通道和它的互补通道，以图 13.32 中的 PWM1P 通道为例，我们需要配置捕获/比较使能寄存器（PWMA_CCER1）中的"CC1E"位为"1"，使能"OC1"信号输出,如果启用了互补输出且配置了死区时间,那么还需要配置捕获/比较使能寄存器(PWMA_CCER1)中的"CC1NE"位为"1",使能"OC1N"信号输出。使能了信号之后还需要确定信号的"有效边沿",边沿极性的配置可以通过捕获/比较使能寄存器(PWMA_CCER1)中的"CC1P"位和"CC1NP"位来实现,若配置为"0"则输出信号高电平有效,反之低电平有效。

说到这里,"计数值"和"PWMA_CCR1数值"的"比较关系"就确定了,输出模式也确定了,死区时间也配置了,边沿极性也选择了,这就能输出信号了吧? 小宇老师只能说"5关未过,同志们还需努力!"最后的"一关"是最关键的,那就是使能信号输出,有的读者朋友会有疑问,在之前的配置中已经配置了捕获/比较使能寄存器(PWMA_CCER1)中的"CC1E"位和"CC1NE"位,难道信号还不能输出吗? 确实如此,信号要想输出还得经过一个"主输出"使能、一个输出使能和一个输出附加使能(会涉及3个寄存器),之所以做这么多的使能"开关",主要是为了方便对信号的输出进行灵活配置。这里的输出"总开关"就是刹车寄存器(PWMA_BKR)中的"MOEA"位,除此之外的"小开关"还会用到输出使能寄存器(PWMA_ENO)和输出附加使能寄存器(PWMA_IOAUX)中的相关位,用户要配置完"总开关"和"小开关"之后才能输出PWM信号。

在输出信号的配置中还有一个重要参数,那就是"空闲状态"时的输出电平配置,若用户需要配置死区时间后的输出状态,可以通过输出空闲状态寄存器(PWMA_OISR)中的相关位进行配置。

13.5.2　什么叫作"边沿对齐"方式

在解说PWMA资源输出比较通道1内部结构时,我们提到过"输出比较"为什么不叫"输出"而多了两个字"比较"呢? 这是因为输出波形就是靠"计数值"和"PWMA_CCR1数值"进行比较后得到的,当两个值产生数值比较关系时,特定的引脚就会输出电平信号。

既然输出信号与"计数值"和"PWMA_CCR1数值"有关,那就要认认真真地分析这两个数值,先来说说"计数值",这个值在哪儿呢? 它就在PWMA资源的计数器(PWMA_CNTR)中,这个寄存器是计数的场合,说到"计数"就要回想起我们介绍过的3种计数方式,分别是向上计数方式、向下计数方式和向上向下计数方式,在本节我们所讲的"边沿对齐"方式就是对于向上计数和向下计数方式而言的,为什么呢? 怎么就边沿对齐了呢? 且听小宇老师慢慢道来。

还有一个数值叫作"PWMA_CCR1数值",这个数值是由用户配置得到的,有了"计数值"和"PWMA_CCR1数值"之后就要对两者进行"比较","比较"后的结果才能控制"输出",那么比较结果会有几种呢? 两个数比较的结果肯定就3种,这3种情况下会有不同模式的输出,对于比较情况究竟采用哪种输出方式,是由捕获比较模式寄存器(PWMA_CCMR1)中的"OC1M[2:0]"位来决定的。简单地说,"输出比较"的"比较"是由"计数值"和"PWMA_CCR1数值"的大小关系决定的,"输出"就是由"OC1M[2:0]"位的配置来决定的。

等一等! 捕获比较模式寄存器(PWMA_CCMR1)可是我们的"老朋友"了,早在13.3.2节有关外部时钟源模式1计数功能的讲解中就已经接触过了,通过查询并没有发现小宇老师说的"OC1M[2:0]"位啊! 你看,这位读者朋友上课"走神"了吧! 其实,这个位确实存在,只不过是在捕获比较模式寄存器(PWMA_CCMR1)"担任""输出比较模式"角色"的时候才会出现,我们在13.3.2节学习的时候,捕获比较模式寄存器(PWMA_CCMR1)"担任"的"角色"是输入捕获模式,所以找不到"OC1M[2:0]"位。所以,读者朋友们必须要注意,我们的这位"老朋友"也是会"变脸"的,这个寄存器在"输入捕获"和"输出比较"情况下会表现出非常"奇特"的一面,除了"CC1S[1:0]"位的其他位功能在输入模式和输出模式下是完全不同的。

既然"OC1M[2:0]"位直接关系到数值比较结果下的输出情况,我们就需要仔细分析一番,"OC1M[2:0]"位的配置含义如表13.29所示。

表 13.29　捕获/比较寄存器(PWMA_CCMR1)中的"OC1M[2:0]"位功能配置

配　置　值	配　置　模　式
000	**冻结**：捕获/比较寄存器 1(PWMA_CCR1)与计数器(PWMA_CNT)间的比较对"OC1REF"信号不起作用
001	**匹配时设置通道 1 的输出为有效电平**：当 PWMA_CNT = PWMA_CCR1 时,强制"OC1REF"信号为高
010	**匹配时设置通道 1 的输出为无效电平**：当 PWMA_CNT = PWMA_CCR1 时,强制"OC1REF"信号为低
011	**翻转**：当 PWMA_CNT = PWMA_CCR1 时,翻转"OC1REF"信号电平
100	**强制为无效电平**：强制"OC1REF"信号为低
101	**强制为有效电平**：强制"OC1REF"信号为高
110	**PWM 模式 1**：在向上计数时,若 PWMA_CNT<PWMA_CCR1 时通道 1 输出高电平,否则输出低电平；在向下计数时,若 PWMA_CNT>PWMA_CCR1 时,通道 1 输出低电平,否则输出高电平
111	**PWM 模式 2**：在向上计数时,若 PWMA_CNT<PWMA_CCR1 时通道 1 输出低电平,否则输出高电平；在向下计数时,若 PWMA_CNT>PWMA_CCR1 时,通道 1 输出高电平,否则输出低电平

观察表 13.29,"OC1M[2:0]"位一共有 8 种可选的配置值,也就对应了 8 种输出方式,我们重点看"001""010""011""110""111"这 5 种。刚刚我们说到两数比较肯定有 3 种比较结果,接下来我们就对比较结果及"OC1M[2:0]"位的配置展开分析。

第一种情况："计数值"和"PWMA_CCR1 数值"相等,也就是 PWMA_CNT = PWMA_CCR1 的情况,根据表 13.29 可以看出,该情况下的输出可以有 3 种选择,若"OC1M[2:0]"位配置为"001"则强制"OC1REF"信号为高电平,若"OC1M[2:0]"位配置为"010"则强制"OC1REF"信号为低电平,若"OC1M[2:0]"位配置为"011"则翻转"OC1REF"信号电平。

第二种情况："计数值"和"PWMA_CCR1 数值"不相等,也就是 PWMA_CNT>PWMA_CCR1 或者 PWMA_CNT<PWMA_CCR1 的情况,根据表 13.29 可以看出,该情况下的输出可以有两种模式选择,分别是 PWM 模式 1 和 PWM 模式 2。

若"OC1M[2:0]"位配置为"110"则选择 PWM 模式 1,在向上计数时,若 PWMA_CNT 计数数值小于 PWMA_CCR1 数值时通道 1 输出高电平,否则输出低电平；在向下计数时,若 PWMA_CNT 计数数值大于 PWMA_CCR1 数值时,通道 1 输出低电平,否则输出高电平。

若"OC1M[2:0]"位配置为"111"则选择 PWM 模式 2,在向上计数时,若 PWMA_CNT 计数数值小于 PWMA_CCR1 数值时通道 1 输出低电平,否则输出高电平；在向下计数时,若 PWMA_CNT 计数数值大于 PWMA_CCR1 数值时,通道 1 输出高电平,否则输出低电平。

可以看出 PWM 模式 1 和 PWM 模式 2 其实是相反的。"OC1M[2:0]"位还可以被配置为"000",那就是冻结"OC1REF"信号,配置为"100",那就是强制"OC1REF"信号为低电平,配置为"101",那就是强制"OC1REF"信号为高电平,具体的配置可由用户来决定,从输出结果的"多样性"上也能看出 STC8H 系列单片机输出比较的"灵活度"。

理解"比较"和"输出"的概念之后,我们就可以学习"边沿对齐"PWM 输出方式了,在该方式下,计数器的计数方式只能是向上计数或向下计数方式,我们以向上计数方式为例对"边沿对齐"模式进行讲解,请读者朋友们先观察如图 13.33 所示原理。

图片上半部分是一个数值比较关系图,下半部分是输出信号图。接下来我们就对这两部分做详细的解释。在数值比较关系图中 x 轴表示时间,y 轴表示计数器值(即 PWMA_CNTR 中的数

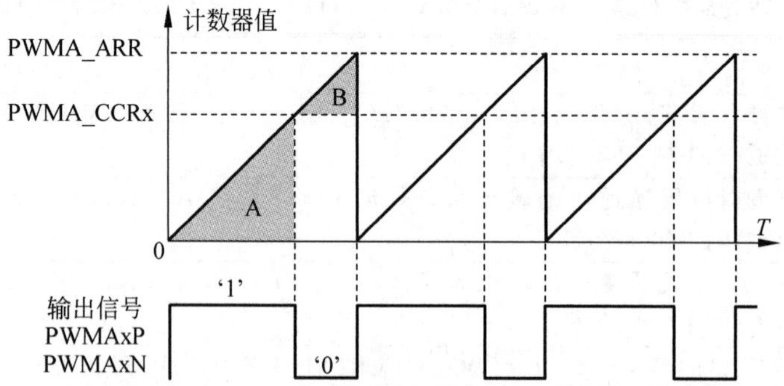

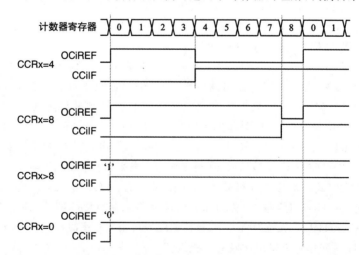

图 13.33 边沿对齐方式 PWM 输出原理

值),计数值从"0"开始,随着时间的推移计数值慢慢变大,当数值还未达到 PWMA_CCR1 寄存器中的数值时(即图中灰色三角形 A 区域),输出信号 PWM1P 引脚输出高电平"1",当计数值继续变大等于 PWMA_CCR1 寄存器中的数值时,输出信号将发生翻转,当计数值继续变大最后大于了 PWMA_CCR1 寄存器中的数值且小于 PWMA_ARR 中的数值时(即图中灰色三角形 B 区域),输出信号 PWM1P 引脚输出低电平"0",当计数值继续变大,等于了 PWMA_ARR 中的数值时,计数值发生溢出并产生更新事件,计数器的计数值被清零,输出信号 PWM1P 引脚上的电平再次翻转。

我们把对图片的理解再加深一个层次,灰色三角形 A 区域其实就是"高电平脉宽",灰色三角形 B 区域其实就是"低电平脉宽",PWMA_CCR1 寄存器中的数值大小可以调节"高电平脉宽"长度,PWMA_ARR 数值可以影响计数溢出的时间,也就是说,PWMA_CCR1 寄存器中的数值用来调整"占空比",PWMA_ARR 数值用来设定信号的"周期",按照图 13.33 中的输出关系,可以分析出该图采用了 PWM 模式 1 输出信号。

综上所述,PWM 信号输出对于用户而言最重要的是配置好两个寄存器的"取值",第一个是自动重装载寄存器(PWMA_ARR),另一个就是捕获/比较寄存器(PWMA_CCR1)了。这两者的关系和配置就是产生 PWM 的关键。为了加深读者朋友们对这两个寄存器的理解,我们再来看看图 13.34。

图 13.34 PWM 模式 1 边沿对齐,PWMA_ARR 为 8 时的比较情况

图中自动重装载寄存器(PWMA_ARR)的数值已经被配置为"8",也就是说,当计数的数值从"0"开始计数到"8"时就会发生计数溢出事件,届时会产生溢出中断和更新事件。图中列举了捕获/比较寄存器(PWMA_CCR1)的数值等于 4、等于 8、大于 8 和等于 0 这四种情况。当计数器的数值小于 PWMA_CCR1 数值时,PWM 参考信号"OC1REF"为高电平,反之为低电平。当 PWMA_CCR1 数

值大于 PWMA_ARR 数值时（即 PWMA_CCR1＞8），PWM 参考信号"OC1REF"保持为高电平，当 PWMA_CCR1 数值为 0 时（即 PWMA_CCR1＝0），PWM 参考信号"OC1REF"保持为低电平。

13.5.3　怎么理解"中间对齐"方式

在边沿对齐方式中，计数器的计数方向只能是向上计数或向下计数方式，假设计数器采用了向上向下计数方式，则此时的 PWM 对齐方式为中间对齐方式。在向上向下计数方式中，计数器的中断配置和 PWM 对齐方式选择都与控制寄存器 1（PWMA_CR1）中的"CMSA[1:0]"位有关，这个寄存器也是我们的"老朋友"，早在 13.2.2 节中我们就已经认识它了，当时只是学习 PWMA 资源的定时功能，用到了该寄存器中的"CENA"位，现在我们需要研究该寄存器的"CMSA[1:0]"位来配置输出信号的"对齐"方式。

说到这里，有的读者朋友可能会产生疑问，为什么在边沿对齐方式中没有用到"CMSA[1:0]"位呢？这个问题问得很好，这是因为"CMSA[1:0]"位在上电后的默认值就是"00"（即边沿对齐方式），所以在边沿对齐方式下不用去配置这个功能位。

中间对齐方式其实不止一种，具体的方式与"CMSA[1:0]"位的配置有关，通过配置该位可以得到"中央对齐模式 1""中央对齐模式 2""中央对齐模式 3"，具体的配置值与模式选择如表 13.30 所示。

表 13.30　控制寄存器 1（PWMA_CR1）中的"CMSA[1:0]"位功能配置

配　置　值	配　置　模　式
00	配置为边沿对齐模式（默认配置），计数器会依据"DIR"位的配置决定计数方向（向上或向下计数）
01	配置为中央对齐模式 1，计数器采用向上向下计数方式，配置为输出通道（PWMA_CCMR1 寄存器中的"CCiS[1:0]"位为"00"）的输出比较中断标志位只在计数器向下计数时被置"1"。这里的"i"可取 1、2、3、4，分别对应于四个不同的捕获/比较通道
10	配置为中央对齐模式 2，计数器采用向上向下计数方式，配置为输出通道（PWMA_CCMR1 寄存器中的"CCiS[1:0]"位为"00"）的输出比较中断标志位只在计数器向上计数时被置"1"。这里的"i"可取 1、2、3、4，分别对应于四个不同的捕获/比较通道
11	配置为中央对齐模式 3，计数器采用向上向下计数方式，配置为输出通道（PWMA_CCMR1 寄存器中的"CCiS[1:0]"位为"00"）的输出比较中断标志位在计数器向上和向下计数时均被置"1"。这里的"i"可取 1、2、3、4，分别对应于四个不同的捕获/比较通道

同样地，在中间对齐方式中的"比较"过程依然跟"计数值"和"PWMA_CCR1 数值"有关，"输出"的配置依然是由捕获比较模式寄存器（PWMA_CCMR1）中的"OC1M[2:0]"位来决定，想要启用中间对齐方式输出 PWM 信号，对于用户而言最重要的是配置好两个寄存器的"数值"，第一个是自动重装载寄存器（PWMA_ARR），另一个就是捕获/比较寄存器（PWMA_CCR1）了，这两者的关系和配置就是产生 PWM 的关键。接下来我们看看如图 13.35 所示的中间对齐方式下 PWM 输出原理图。

图 13.35 上半部分是一个数值比较关系图，下半部分是输出信号图。接下来我们就对这两部分做详细的解释，在数值比较关系图中，x 轴表示时间，y 轴表示计数值（即 PWMA_CNTR 中的数值），计数值从"0"开始，随着时间的推移慢慢变大，当数值还未达到 PWMA_CCR1 寄存器中的数值时（即图中灰色三角形 A 区域），输出信号 PWM1P 引脚上会输出高电平"1"，当计数值继续变大等于 PWMA_CCR1 寄存器中的数值时输出信号将发生翻转，当计数值继续变大最后大于了 PWMA_CCR1 寄存器中的数值且小于 PWMA_ARR 中的数值时（即图中灰色三角形 B 区域），输出信号 PWM1P 引脚上将输出低电平"0"，当计数值继续变大等于了 PWMA_ARR 数值时，计数器会发生向上溢出事件，届时可产生更新事件，但计数器的计数值没有被直接清零，而是开始向下计

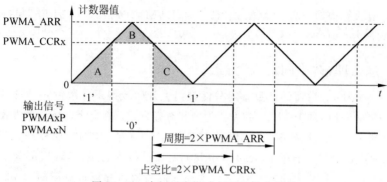

图 13.35　中间对齐方式 PWM 输出原理

数的过程,当计数值减小到小于了 PWMA_CCR1 寄存器中的数值时(即图中灰色三角形 C 区域),输出信号 PWM1P 引脚上的电平将再次发生翻转,由低电平"0"再次变为高电平"1",计数值会继续递减直到变成"0"为止。当计数值变成"0"时,PWM1P 引脚依然保持高电平"1",此时计数器又重新开始向上计数,这个过程就一直这样循环下去。

　　我们把对图片的理解再加深一个层次,灰色三角形 A 区域和 C 区域其实就是"高电平脉宽",灰色三角形 B 区域其实就是"低电平脉宽",PWMA_CCR1 寄存器中的数值大小可以调节"高电平脉宽",PWMA_ARR 中的数值大小可以影响计数溢出的时间长度,也就是说,PWMA_CCR1 寄存器中的数值用来调整"占空比",PWMA_ARR 中的数值用来设定信号的"周期"。

　　这里与边沿对齐方式不同,在中间对齐方式中 PWM 的周期是由两倍的 PWMA_ARR 数值决定的,脉冲宽度变大了,所以说,对于同样的 PWMA_CCR1 和 PWMA_ARR 取值而言,边沿对齐方式产生的 PWM 频率是中间对齐方式 PWM 频率的两倍,但占空比参数是一致的。按照图 13.35 中的输出关系,我们可以分析出该图是采用了 PWM 模式 1 输出信号。为了加深读者朋友们对中间对齐方式的理解,我们再来看看图 13.36。

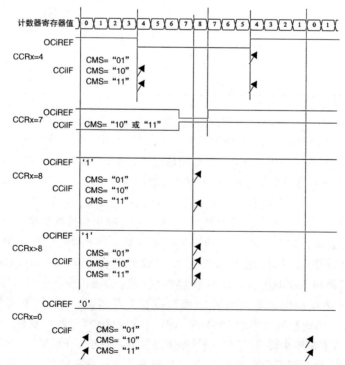

图 13.36　PWM 模式 1 中间对齐,PWMA_ARR 为 8 时的比较情况

图中自动重装载寄存器(PWMA_ARR)的数值已经被配置为"8"，黑色箭头表示溢出中断请求。图中列举了捕获/比较寄存器(PWMA_CCR1)的数值等于4、等于7、等于8、大于8和等于0这五种情况。当 PWMA_CCR1 中的数值大于 PWMA_ARR 中的数值时(即 PWMA_CCR1＞8)，PWM 参考信号"OC1REF"保持为高电平。当 PWMA_CCR1 中的数值为 0 时(即 PWMA_CCR1＝0)，PWM 参考信号"OC1REF"保持为低电平。从图中计数器的数值变化上也能看出，计数值从"0"向上递增至"8"然后再向下递减至"0"，这一点与边沿对齐方式中的单向递增或单向递减是不同的，读者朋友们可以稍加对比，以加深对两种对齐方式下 PWM 比较机制和输出结果的理解。

13.5.4 边沿/中间对齐 PWM 输出配置流程

学习完两种对齐方式之后，我们加深了对计数器计数方向的理解，清楚了所谓的"比较"和"输出"的概念，引出了计数器寄存器(PWMA_CNTR)、自动重装载寄存器(PWMA_ARR)和捕获比较寄存器(PWMA_CCR1)这三者之间千丝万缕的关系。还知道了 PWM 输出模式受控于捕获比较模式寄存器(PWMA_CCMR1)中的"OC1M[2:0]"位，对齐方式配置受控于控制寄存器 1(PWMA_CR1)中的"CMSA[1:0]"位。

有了整体的概念和认识之后，就可以在此基础上总结出边沿/中间对齐方式下的 PWM 输出配置流程，推荐的配置流程如图 13.37 所示。

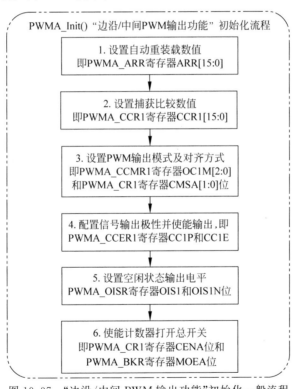

图 13.37 "边沿/中间 PWM 输出功能"初始化一般流程

在配置流程中一共有 6 个主要步骤，接下来我们就按照步骤的顺序逐一讲解配置流程，然后引出相关的寄存器，解说相应功能位。

第一步：设置自动重装载数值。该步骤主要是用来配置自动重装载寄存器(PWMA_ARR)中的数值，这个数值的大小直接关系到 PWM 输出信号的频率，假设欲设定的重装载数值为"F_PWM_SET"，可以通过以下两条 C51 语言语句将"F_PWM_SET"数值的高 8 位赋值给自动重装载寄存器高位寄存器(PWMA_ARRH)，将"F_PWM_SET"数值的低 8 位赋值给自动重装载寄存器低位寄存器（PWMA_ARRL）。

```
P_SW2| = 0x80;                    //允许访问扩展特殊功能寄存器 XSFR
PWMA_ARRH = F_PWM_SET/256;        //配置自动重装载寄存器高位"ARRH"
PWMA_ARRL = F_PWM_SET % 256;      //配置自动重装载寄存器低位"ARRL"
P_SW2&= 0x7F;                     //结束并关闭 XSFR 访问
```

第 1 条语句是将"F_PWM_SET"数值除以 256,运算结果就是取高 8 位,第二条语句是将"F_PWM_SET"数值与 256 进行取模运算,得到的就是低 8 位,这里的 256 其实就是 2 的 8 次方,用这样的计算语句就非常方便,可以移植到用户的程序中,只需要设定"F_PWM_SET"的数值即可。

第二步：设置捕获比较数值。该步骤主要是用来配置捕获/比较寄存器（PWMA_CCR1）中的"CCR1[15:0]"数值,该数值的大小直接关系到 PWM 输出信号的"占空比"。说到"占空比"的配置就要回忆"占空比"的概念,占空比是指信号波形中高电平脉宽与信号周期的比值,假设信号周期是 100ms,高电平脉宽占 60ms,那么占空比参数就是 60%,反过来说,假设知道周期参数是 100ms,欲得到 60% 的占空比信号,那就可以用周期乘以 0.6,然后把得到的配置值高 8 位赋值给捕获/比较寄存器高位寄存器（PWMA_CCR1H）,把配置值的低 8 位赋值给捕获/比较寄存器低位寄存器（PWMA_CCR1H）即可。按照这个思路,以捕获/比较寄存器 1 为例,可以用 C51 语言编写具体的语句如下。

```
float a;                          //变量用于占空比计算
a = Duty_CH1 * F_SET_CH1;         //计算占空比参数
P_SW2| = 0x80;                    //允许访问扩展特殊功能寄存器 XSFR
PWMA_CCR1H = ((u16)(a))/256;      //配置捕获/比较寄存器 1 高位"CCR1H"
PWMA_CCR1L = ((u16)(a)) % 256;    //配置捕获/比较寄存器 1 低位"CCR1L"
P_SW2&= 0x7F;                     //结束并关闭 XSFR 访问
```

在程序语句中定义了一个单精度浮点型变量"a",这个变量用于存放欲写入"CCR1[15:0]"位的数值,变量"a"是通过信号周期变量"F_SET_CH1"乘以占空比变量"Duty_CH1"计算得到的,这里的"F_SET_CH1"变量和"Duty_CH1"变量都是由用户进行赋值的,计算结果"a"是个单精度浮点型数值,所以不能直接赋值给捕获/比较寄存器 1,这时候就需要进行"强制类型转换",得到"u16"类型数据后再赋值给高位寄存器和低位寄存器。

第三步：设置 PWM 输出模式及对齐方式。该步骤主要是用来选择数值"比较"后的输出应该采用什么样的形式,PWM 的输出模式有很多,具体模式可以通过捕获/比较模式寄存器（PWMA_CCMR1）中的"OC1M[2:0]"位配置得到,对齐方式主要分为边沿对齐方式和中间对齐方式,对齐方式的具体选择可以通过控制寄存器 1（PWMA_CR1）中的"CMSA[1:0]"位来确定。该步骤中会涉及作为输出比较模式"角色"下的捕获/比较模式寄存器 1（PWMA_CCMR1）,相似地,PWMA 资源中还有 PWMA_CCMR2、PWMA_CCMR3 和 PWMA_CCMR4 寄存器,这 4 个寄存器的相关位定义及功能说明分别如表 13.31~表 13.34 所示。

表 13.31　STC8H 单片机捕获/比较模式寄存器 1（输出比较模式）

捕获/比较模式寄存器 1（PWMA_CCMR1）							地址值：(0xFEC8)H
位　数	位 7	位 6	位 5	位 4	位 3	位 2	位 1	位 0
位名称	OC1CE	OC1M[2:0]			OC1PE	OC1FE	CC1S[1:0]	
复位值	0	0	0	0	0	0	0	0
位　名	位含义及参数说明							
OC1CE 位 7	输出比较 1 清零使能							
	该位用于使能 PWMETI 引脚上的外部事件来清零通道 1 的输出信号"OC1REF"							
	0	"OC1REF"不受"ETRF"输入的影响						
	1	一旦检测到"ETRF"输入高电平,就将"OC1REF"信号清零						

捕获/比较模式寄存器 1(PWMA_CCMR1)		地址值：(0xFEC8)$_H$

OC1M[2:0]
位 6:4
	输出比较 1 模式
	    这 3 位定义了输出参考信号"OC1REF"的动作，而"OC1REF"信号决定了"OC1"单元的值，"OC1REF"信号是高电平有效，而"OC1"单元的有效电平取决于"CC1P"位。
	    一旦 LOCK 级别设为"3"(PWMA_BKR 寄存器中的"LOCKA[1:0]"位)并且"CC1S"位为"00"(该通道配置成输出)则该位不能被修改。
	    在 PWM 模式 1 或模式 2 中，只有当比较结果改变了或在输出比较模式中从冻结模式切换到 PWM 其他模式时，"OC1REF"信号才能改变。
	    在有互补输出的通道上，这些位是可以预装载的。如果 PWMA_CR2 寄存器的"CCPCA"位为"1"，"OC1M"位只在 COM 事件发生时，才从预装载位取新值	

	000	冻结：捕获/比较寄存器 1(PWMA_CCR1)与计数器(PWMA_CNT)间的比较对"OC1REF"信号不起作用
	001	匹配时设置通道 1 的输出为有效电平： 当 PWMA_CNT=PWMA_CCR1 时，强制"OC1REF"信号为高
	010	匹配时设置通道 1 的输出为无效电平： 当 PWMA_CNT=PWMA_CCR1 时，强制"OC1REF"信号为低
	011	翻转：当 PWMA_CNT=PWMA_CCR1 时，翻转"OC1REF"信号的电平
	100	强制为无效电平：强制"OC1REF"信号为低
	101	强制为有效电平：强制"OC1REF"信号为高
	110	PWM 模式 1：在向上计数时，若 PWMA_CNT<PWMA_CCR1 时通道 1 输出高电平，否则输出低电平；在向下计数时，若 PWMA_CNT>PWMA_CCR1 时，通道 1 输出低电平，否则输出高电平
	111	PWM 模式 2：在向上计数时，若 PWMA_CNT<PWMA_CCR1 时通道 1 输出低电平，否则输出高电平；在向下计数时，若 PWMA_CNT>PWMA_CCR1 时，通道 1 输出高电平，否则输出低电平
OC1PE 位 3	输出比较 1 预装载使能 一旦 LOCK 级别设为"3"(PWMA_BKR 寄存器中的"LOCKA[1:0]"位)并且"CC1S"位为"00"(该通道配置成输出)则该位不能被修改。为了保证操作正确，在 PWM 模式下必须使能预装载功能，但在单脉冲模式下(PWMA_CR1 寄存器的"OPMA"位为"1")它不是必须的	
	0	禁止 PWMA_CCR1 寄存器的预装载功能，可随时写入 PWMA_CCR1 寄存器，并且新写入的数值立即起作用
	1	开启 PWMA_CCR1 寄存器的预装载功能，读写操作仅对预装载寄存器操作，PWMA_CCR1 的预装载值在更新事件到来时被加载至当前寄存器中
OC1FE 位 2	输出比较 1 快速使能 该位用于加快 CCx 通道对触发输入事件的响应，"OC1FE"只在通道被配置成 PWM 模式 1 或 PWM 模式 2 时起作用	
	0	根据计数器与 PWMA_CCR1 的值，PWM1P 通道正常操作，即使触发器是打开的。当触发器的输入有一个有效沿时，激活 PWM1P 通道输出的最小延时为 5 个时钟周期
	1	输入到触发器的有效沿的作用就像发生了一次比较匹配。因此，OCx 被设置为比较电平而与比较结果无关，采样触发器的有效沿和 PWM1P 通道输出间的延时被缩短为 3 个时钟周期

捕获/比较模式寄存器 1（PWMA_CCMR1）		地址值：（0xFEC8）_H
CC1S[1:0] 位 1:0	捕获/比较 1 选择 　　这两个位定义通道的方向（输入/输出）及输入脚的选择，"CC1S[1:0]"仅在通道关闭（PWMA_CCER1 寄存器中的"CC1E"位为"0"）时才是可写的	
	00	PWM1 通道被配置为输出
	01	PWM1 通道被配置为输入，IC1 映射在 TI1FP1 上
	10	PWM1 通道被配置为输入，IC1 映射在 TI2FP1 上
	11	PWM1 通道被配置为输入，IC1 映射在 TRC 上。此模式仅工作在内部触发器输入被选中时（由 PWMA_SMCR 寄存器的"TSA[2:0]"位选择）

表 13.32　STC8H 单片机捕获/比较模式寄存器 2（输出比较模式）

捕获/比较模式寄存器 2（PWMA_CCMR2）							地址值：（0xFEC9）_H
位　数	位 7	位 6	位 5	位 4	位 3	位 2	位 1	位 0
位名称	OC2CE	OC2M[2:0]			OC2PE	OC2FE	CC2S[1:0]	
复位值	0	0	0	0	0	0	0	0
位　名	位含义及参数说明							
OC2CE 位 7	输出比较 2 清零使能 　　该位用于使能 PWMETI 引脚上的外部事件来清零通道 2 的输出信号"OC2REF"							
	0	"OC2REF"不受"ETRF"输入的影响						
	1	一旦检测到"ETRF"输入高电平，就将"OC2REF"信号清零						
OC2M[2:0] 位 6:4	输出比较 2 模式 　　具体内容可参考表 13.31 中的 OC1M[2:0]位							
OC2PE 位 3	输出比较 2 预装载使能 　　具体内容可参考表 13.31 中的 OC1PE 位							
OC2FE 位 2	输出比较 2 快速使能 　　具体内容可参考表 13.31 中的 OC2FE 位							
CC2S[1:0] 位 1:0	捕获/比较 2 选择 　　这两个位定义通道的方向（输入/输出）及输入脚的选择，"CC2S[1:0]"仅在通道关闭（PWMA_CCER1 寄存器中的"CC2E"位为"0"和"CC2NE"位为"0"且已被更新）时才是可写的							
	00	PWM2 通道被配置为输出						
	01	PWM2 通道被配置为输入，IC2 映射在 TI2FP2 上						
	10	PWM2 通道被配置为输入，IC2 映射在 TI1FP2 上						
	11	PWM2 通道被配置为输入，IC2 映射在 TRC 上						

表 13.33　STC8H 单片机捕获/比较模式寄存器 3（输出比较模式）

捕获/比较模式寄存器 3（PWMA_CCMR3）							地址值：（0xFECA）_H
位　数	位 7	位 6	位 5	位 4	位 3	位 2	位 1	位 0
位名称	OC3CE	OC3M[2:0]			OC3PE	OC3FE	CC3S[1:0]	
复位值	0	0	0	0	0	0	0	0
位　名	位含义及参数说明							
OC3CE 位 7	输出比较 3 清零使能 　　该位用于使能 PWMETI 引脚上的外部事件来清零通道 3 的输出信号"OC3REF"							
	0	"OC3REF"不受"ETRF"输入的影响						
	1	一旦检测到"ETRF"输入高电平，就将"OC3REF"信号清零						

捕获/比较模式寄存器 3(PWMA_CCMR3)　　　　　　　　　　　　　　　　　　　　　　　地址值：(0xFECA)H

OC3M[2:0] 位 6:4	输出比较 3 模式 　　具体内容可参考表 13.31 中的 OC1M[2:0] 位		
OC3PE 位 3	输出比较 3 预装载使能 　　具体内容可参考表 13.31 中的 OC1PE 位		
OC3FE 位 2	输出比较 3 快速使能 　　具体内容可参考表 13.31 中的 OC2FE 位		
CC3S[1:0] 位 1:0	捕获/比较 3 选择 　　这两个位定义通道的方向(输入/输出)及输入脚的选择，"CC3S[1:0]"仅在通道关闭(PWMA_CCER2 寄存器中的"CC3E"位为"0"和"CC3NE"位为"0"且已被更新)时才是可写的		
	00	PWM3 通道被配置为输出	
	01	PWM3 通道被配置为输入，IC3 映射在 TI3FP3 上	
	10	PWM3 通道被配置为输入，IC3 映射在 TI4FP3 上	
	11	PWM3 通道被配置为输入，IC3 映射在 TRC 上	

表 13.34　STC8H 单片机捕获/比较模式寄存器 4(输出比较模式)

捕获/比较模式寄存器 4(PWMA_CCMR4)　　　　　　　　　　　　　　　　　　　　　　　地址值：(0xFECB)H

位　数	位 7	位 6	位 5	位 4	位 3	位 2	位 1	位 0
位名称	OC4CE	OC4M[2:0]			OC4PE	OC4FE	CC4S[1:0]	
复位值	0	0	0	0	0	0	0	0
位　名	位含义及参数说明							

OC4CE 位 7	输出比较 4 清零使能 　　该位用于使能 PWMETI 引脚上的外部事件来清零通道 4 的输出信号"OC4REF"	
	0	"OC4REF"不受"ETRF"输入的影响
	1	一旦检测到"ETRF"输入高电平，就将"OC4REF"信号清零
OC4M[2:0] 位 6:4	输出比较 4 模式 　　具体内容可参考表 13.31 中的 OC1M[2:0] 位	
OC4PE 位 3	输出比较 4 预装载使能 　　具体内容可参考表 13.31 中的 OC1PE 位	
OC4FE 位 2	输出比较 4 快速使能 　具体内容可参考表 13.31 中的 OC2FE 位	
CC4S[1:0] 位 1:0	捕获/比较 4 选择 　　这 2 位定义通道的方向(输入/输出)及输入脚的选择，"CC4S[1:0]"仅在通道关闭(PWMA_CCER2 寄存器中的"CC4E"位为"0"和"CC4NE"位为"0"且已被更新)时才是可写的	
	00	PWM4 通道被配置为输出
	01	PWM4 通道被配置为输入，IC4 映射在 TI4FP4 上
	10	PWM4 通道被配置为输入，IC4 映射在 TI3FP4 上
	11	PWM4 通道被配置为输入，IC4 映射在 TRC 上

　　若用户是启用捕获/比较通道 1(PWM1P)来输出 PWM 信号，且输出比较模式配置为"PWM 模式 1"，则需要配置捕获/比较模式寄存器(PWMA_CCMR1)中的"OC1M[2:0]"位为"110"，可以利用 C51 语言编写配置语句如下。

```
P_SW2| = 0x80;                //允许访问扩展特殊功能寄存器 XSFR
PWMA_CCMR1 = 0x60;            //配置为 PWM 模式 1 输出
P_SW2& = 0x7F;               //结束并关闭 XSFR 访问
```

若用户欲配置 PWM 对齐方式为"边沿对齐模式"并且计数方向为向上计数,可以利用 C51 语言对控制寄存器 1(PWMA_CR1)进行如下配置。

```
P_SW2| = 0x80;                //允许访问扩展特殊功能寄存器 XSFR
PWMA_CR1& = 0x8F;            //向上计数模式边沿对齐
P_SW2& = 0x7F;               //结束并关闭 XSFR 访问
```

在配置语句中只需要将"CMSA[1:0]"位配置为"00"且将"DIR"位配置为"0",所以用了"按位与"的方法,将 PWMA_CR1"按位与"上(0x8F)$_H$,只清零 CMSA[1:0]和"DIR"位,其他位均保持原状态不变。

若用户欲配置 PWM 对齐方式为"中间对齐模式 3",则计数方向一定是向上向下计数方式,可以利用 C51 语言对控制寄存器 1(PWMA_CR1)进行如下配置。

```
P_SW2| = 0x80;                //允许访问扩展特殊功能寄存器 XSFR
PWMA_CR1| = 0x60;           //向上向下计数模式中间对齐
P_SW2& = 0x7F;               //结束并关闭 XSFR 访问
```

在配置语句中只需要将"CMSA[1:0]"位配置为"11",所以用了"按位或"的方法,将 PWMA_CR1"按位或"上(0x60)$_H$,只置位 CMSA[1:0]位,其他位均保持不变。

第四步:配置信号输出极性并使能输出。该步骤主要是用来配置输出信号的极性并使能信号的输出,当对应的"OCi"通道配置为输出时,可以通过捕获/比较使能寄存器(PWMA_CCER1)中的"CC1P"位配置输出信号的极性为高电平有效或是低电平有效。若用户启用捕获/比较通道 1(PWM1P)来输出 PWM 信号,需要配置输出信号高电平有效,可以利用 C51 语言编写如下语句。

```
P_SW2| = 0x80;                //允许访问扩展特殊功能寄存器 XSFR
PWMA_CCER1& = 0xFD;          //配置 CC1P = 0,OC1 信号高电平有效
PWMA_CCER1| = 0x01;         //配置 CC1E = 1,使能 OC1 输出
P_SW2& = 0x7F;               //结束并关闭 XSFR 访问
```

第一条语句主要是让"CC1P"位清"0",用于配置"OC1"单元为输出时的信号极性,选择高电平有效,第二条语句是让"CC1E"位置"1",目的是开启"OC1"信号输出到对应的输出引脚,也就是让"OC1"单元的信号从捕获/比较通道 1(PWM1P)输出。需要注意的是,如果用户需要配置多个通道的 PWM 信号输出,就要配置捕获/比较使能寄存器(PWMA_CCERx)中的"CCiP"位和"CCiE"位。

第五步:设置空闲状态输出电平。该步骤主要是用来配置空闲状态时相关通道的输出信号,所谓"空闲状态"是指刹车寄存器(PWMA_BKR)中的"MOEA"位(主输出使能位)为"0"时产生的状态,此时"OCi"和"OCiN"信号都被禁止,输出强制为空闲状态。此时引脚上的电平就是由输出空闲状态寄存器(PWMA_OISR)中的"OISi"和"OISiN"位来决定。该寄存器的相关位定义及功能说明如表 13.35 所示。

表 13.35　STC8H 单片机输出空闲状态寄存器

输出空闲状态寄存器(PWMA_OISR)							地址值:(0xFEDF)$_H$
位　数	位 7	位 6	位 5	位 4	位 3	位 2	位 1	位 0
位名称	OIS4N	OIS4	OIS3N	OIS3	OIS2N	OIS2	OIS1N	OIS1
复位值	0	0	0	0	0	0	0	0

续表

输出空闲状态寄存器（PWMA_OISR）　　　　　　　　　　　　　　地址值：(0xFEDF)_H

位　名	位含义及参数说明	
OIS4N 位 7	输出空闲状态 4（OC4N 输出） 可参考本寄存器中关于 OIS1N 位的描述，两者是相似的	
OIS4 位 6	输出空闲状态 4（OC4 输出） 可参考本寄存器中关于 OIS1 位的描述，两者是相似的	
OIS3N 位 5	输出空闲状态 3（OC3N 输出） 可参考本寄存器中关于 OIS1N 位的描述，两者是相似的	
OIS3 位 4	输出空闲状态 3（OC3 输出） 可参考本寄存器中关于 OIS1 位的描述，两者是相似的	
OIS2N 位 3	输出空闲状态 2（OC2N 输出） 可参考本寄存器中关于 OIS1N 位的描述，两者是相似的	
OIS2 位 2	输出空闲状态 2（OC2 输出） 可参考本寄存器中关于 OIS1 位的描述，两者是相似的	
OIS1N 位 1	输出空闲状态 1（OC1N 输出） 已经设置了 LOCK（PWMA_BKR 寄存器）级别 1、2 或 3 后，该位不能被修改	
	0	当 MOEA＝0 时，则在一个死区时间后，OC1N 位为 0
	1	当 MOEA＝0 时，则在一个死区时间后，OC1N 位为 1
OIS1 位 0	输出空闲状态 1（OC1 输出） 已经设置了 LOCK（PWMA_BKR 寄存器）级别 1、2 或 3 后，该位不能被修改	
	0	当 MOEA＝0 时，如果 OC1N 使能，则在一个死区后，OC1 位为 0
	1	当 MOEA＝0 时，如果 OC1N 使能，则在一个死区后，OC1 位为 1

若用户是启用捕获/比较通道 1（PWM1P）来输出 PWM 信号，需要配置该引脚在空闲状态时的输出电平为高电平，则可以用 C51 语言编写如下语句。

```
P_SW2| = 0x80;          //允许访问扩展特殊功能寄存器 XSFR
PWMA_OISR| = 0x01;      //空闲状态时为高电平
P_SW2&= 0x7F;           //结束并关闭 XSFR 访问
```

该语句是通过"按位或"的方法将输出空闲状态寄存器（PWMA_OISR）中的"OIS1"位置"1"，该位控制"OC1"单元在空闲状态下的输出电平。若"OIS1"位为"1"、"MOEA"位为"0"，若"OC1N"使能，则在一个死区后，"OC1单元"输出为"1"。

第六步：使能计数器打开总开关。该步骤是非常重要的一步，使能计数器操作就是将控制寄存器 1（PWMA_CR1）中的"CENA"位置"1"，以允许计数器工作，这样才能产生用于"比较"的计数值，这一步很好理解，但是有这一步还不行，还需要打开信号输出"总开关"和相关使能位。

我们先来看看输出"总开关"，该功能位就是刹车寄存器（PWMA_BKR）中的"MOEA"位，用户需要在配置完成前 5 步参数后将该位置"1"才能使能 PWM 信号的输出。刹车寄存器（PWMA_BKR）的相关位定义及功能说明如表 13.36 所示。

表 13.36　STC8H 单片机刹车寄存器

刹车寄存器（PWMA_BKR）　　　　　　　　　　　　　　　　　地址值：(0xFEDD)_H

位　数	位 7	位 6	位 5	位 4	位 3	位 2	位 1	位 0
位名称	MOEA	AOEA	BKPA	BKEA	OSSRA	OSSIA	LOCKA[1:0]	
复位值	0	0	0	0	0	0	0	0

续表

刹车寄存器（PWMA_BKR）		地址值：（0xFEDD）H
位　名	位含义及参数说明	
MOEA 位 7	主输出使能 　　一旦刹车输入有效，该位会被硬件异步清"0"，根据"AOEA"位的配置值，该位可以由软件置"1"或被自动置"1"，它仅对配置为输出的通道有效（即 OCi 和 OCiN 通道，如 PWM1P 和 PWM1N）	
	0	禁止 OCi 和 OCiN 输出或强制为空闲状态
	1	如果设置了相应的使能位（PWMA_CCERx 寄存器的 CCiE 位），则使能 OCi 和 OCiN 输出
AOEA 位 6	自动输出使能 　　一旦 LOCK 级别设为"1"（PWMA_BKR 寄存器中的"LOCKA[1:0]"位），则该位不能被修改	
	0	MOEA 只能被软件置"1"
	1	MOEA 能被软件置"1"或在下一个更新事件被自动置"1"（如果刹车输入无效）
BKPA 位 5	刹车输入极性 　　一旦 LOCK 级别设为"1"（PWMA_BKR 寄存器中的"LOCKA[1:0]"位），则该位不能被修改	
	0	刹车输入低电平有效
	1	刹车输入高电平有效
BKEA 位 4	刹车功能使能 　　一旦 LOCK 级别设为"1"（PWMA_BKR 寄存器中的"LOCKA[1:0]"位），则该位不能被修改	
	0	禁止刹车输入（BRK）
	1	开启刹车输入（BRK）
OSSRA 位 3	运行模式下"关闭状态"选择 　　该位用于当"MOEA"位为"1"且通道为互补输出时。一旦 LOCK 级别设为"2"（PWMA_BKR 寄存器中的"LOCKA[1:0]"位），则该位不能被修改	
	0	当定时器不工作时，禁止 OCi/OCiN 输出（OCi/OCiN 使能输出为"0"）
	1	当定时器不工作时，一旦 CCiE=1 或 CCiNE=1，首先开启 OCi/OCiN 并输出无效电平，然后置 OCi/OCiN 使能输出为"1"
OSSIA 位 2	空闲模式下"关闭状态"选择 　　该位用于当"MOEA"位为"0"且通道设为输出时。一旦 LOCK 级别设为"2"（PWMA_BKR 寄存器中的"LOCKA[1:0]"位），则该位不能被修改	
	0	当定时器不工作时，禁止 OCi/OCiN 输出（OCi/OCiN 使能输出为"0"）
	1	当定时器不工作时，一旦 CCiE=1 或 CCiNE=1，OCi/OCiN 首先输出其空闲电平，然后 OCi/OCiN 使能输出信号为"1"
LOCKA[1:0] 位 1:0	锁定设置 　　该位为防止软件错误而提供写保护，在系统复位后，只能写一次"LOCKA[1:0]"位，一旦写入"PWMA_BKR"寄存器，则其内容保持不变直至复位	
	00	锁定关闭，寄存器无写保护
	01	锁定级别 1，不能写入 PWMA_BKR 寄存器的"BKEA""BKPA""AOEA"位和 PWMA_OISR 寄存器中的"OISi"位
	10	锁定级别 2，不能写入锁定级别 1 中的各位，也不能写入 CCi 极性位（一旦相关通道通过"CCiS[1:0]"位设为输出，CCi 极性位是 PWMA_CCERx 寄存器中的 CCiP 位）以及"OSSRA/OSSIA"位
	11	锁定级别 3，不能写入锁定级别 2 中的各位，也不能写入 CCi 控制位（一旦相关通道通过"CCiS[1:0]"位设为输出，CC 控制位是 PWMA_CCMRx 寄存器中的"OCiM/OCiPE"位）

观察表 13.36,可以得到一个结论,由于该寄存器中的"BKEA"位、"BKPA"位、"AOEA"位、"OSSRA"位和"OSSIA"位可以被锁定(依赖于"LOCKA[1:0]"位),因此在第一次写 PWMA_BKR 寄存器时必须对它们进行设置。

若用户需要使能计数器和开启"总开关",可以用 C51 语言编写如下语句。

```
P_SW2| = 0x80;              //允许访问扩展特殊功能寄存器 XSFR
PWMA_CR1| = 0x01;           //使能 PWMA 计数器功能"CENA = 1"
PWMA_BKR = 0x80;            //打开"主输出"开关输出 PWM 信号"MOEA = 1"
P_SW2& = 0x7F;             //结束并关闭 XSFR 访问
```

"MOEA"总开关打开后是不是就使能了 PWM 通道输出呢？其实不是,STC8H 系列单片机还设立了输出使能寄存器(PWMA_ENO)和输出附加使能寄存器(PWMA_IOAUX),这两个寄存器相当于 PWM 通道的"小开关",我们要确保"小开关"和"总开关"都打开,此时的 PWM 信号才能进行输出,这两个寄存器的相关位定义及功能说明如表 13.37 和表 13.38 所示。

表 13.37　STC8H 单片机输出使能寄存器

输出使能寄存器(PWMA_ENO)							地址值：$(0xFEB1)_H$
位　数	位 7	位 6	位 5	位 4	位 3	位 2	位 1	位 0
位名称	ENO4N	ENO4P	ENO3N	ENO3P	ENO2N	ENO2P	ENO1N	ENO1P
复位值	0	0	0	0	0	0	0	0
位　名	位含义及参数说明							
ENO4N	PWM4N 输出控制位							
位 7	0	禁止 PWM4N 输出			1	使能 PWM4N 输出		
ENO4P	PWM4P 输出控制位							
位 6	0	禁止 PWM4P 输出			1	使能 PWM4P 输出		
ENO3N	PWM3N 输出控制位							
位 5	0	禁止 PWM3N 输出			1	使能 PWM3N 输出		
ENO3P	PWM3P 输出控制位							
位 4	0	禁止 PWM3P 输出			1	使能 PWM3P 输出		
ENO2N	PWM2N 输出控制位							
位 3	0	禁止 PWM2N 输出			1	使能 PWM2N 输出		
ENO2P	PWM2P 输出控制位							
位 2	0	禁止 PWM2P 输出			1	使能 PWM2P 输出		
ENO1N	PWM1N 输出控制位							
位 1	0	禁止 PWM1N 输出			1	使能 PWM1N 输出		
ENO1P	PWM1P 输出控制位							
位 0	0	禁止 PWM1P 输出			1	使能 PWM1P 输出		

表 13.38　STC8H 单片机输出附加使能寄存器

输出附加使能寄存器(PWMA_IOAUX)							地址值：$(0xFEB3)_H$
位　数	位 7	位 6	位 5	位 4	位 3	位 2	位 1	位 0
位名称	AUX4N	AUX4P	AUX3N	AUX3P	AUX2N	AUX2P	AUX1N	AUX1P
复位值	0	0	0	0	0	0	0	0
位　名	位含义及参数说明							
AUX4N	PWM4N 输出附加控制位							
位 7	0	PWM4N 的输出直接由 ENO4N 控制						
	1	PWM4N 的输出由 ENO4N 和 PWMA_BKR 共同控制						

续表

输出附加使能寄存器（PWMA_IOAUX）		地址值：(0xFEB3)$_H$
AUX4P 位 6	PWM4P 输出附加控制位	
	0	PWM4P 的输出直接由 ENO4P 控制
	1	PWM4P 的输出由 ENO4P 和 PWMA_BKR 共同控制
AUX3N 位 5	PWM3N 输出附加控制位	
	0	PWM3N 输出附加控制位
	1	PWM3N 的输出由 ENO3N 和 PWMA_BKR 共同控制
AUX3P 位 4	PWM3P 输出附加控制位	
	0	PWM3P 的输出直接由 ENO3P 控制
	1	PWM3P 的输出由 ENO3P 和 PWMA_BKR 共同控制
AUX2N 位 3	PWM2N 输出附加控制位	
	0	PWM2N 输出附加控制位
	1	PWM2N 的输出由 ENO2N 和 PWMA_BKR 共同控制
AUX2P 位 2	PWM2P 输出附加控制位	
	0	PWM2P 的输出直接由 ENO2P 控制
	1	PWM2P 的输出由 ENO2P 和 PWMA_BKR 共同控制
AUX1N 位 1	PWM1N 输出附加控制位	
	0	PWM1N 输出附加控制位
	1	PWM1N 的输出由 ENO1N 和 PWMA_BKR 共同控制
AUX1P 位 0	PWM1P 输出附加控制位	
	0	PWM1P 的输出直接由 ENO1P 控制
	1	PWM1P 的输出由 ENO1P 和 PWMA_BKR 共同控制

至此，边沿/中间 PWM 输出功能初始化流程的六个步骤就讲解完了，读者朋友们需要仔细体会，对相关功能位的配置方法稍加记忆，接下来就进入实践环节，将配置流程编为程序，观察实验结果加深对边沿对齐模式和中间对齐模式的理解。

13.5.5　基础项目 F　边沿对齐方式 4 路 PWM 信号输出

接下来就要见证"奇迹"了，前面讲解了非常多 PWM 信号输出的知识，现在就要动手去验证 STC8H 系列单片机的 PWM 输出是不是真有那么灵活和易用。在进行实验之前必须要有一个验证思想，我们希望配置 4 路边沿对齐方式的 PWM 信号进行输出，实际项目中采用 STC8H8K64U 这款单片机作为主控芯片，启用 4 路捕获/比较通道同时输出 4 路频率一致、占空比各异的信号。

芯片第 9 脚的捕获/比较通道 1(PWM1P/P1.0)输出 1kHz 频率，占空比为 20% 的 PWM 信号，芯片第 18 脚的捕获/比较通道 2(PWM2P/P1.2/P5.4，朋友们需要注意：STC8H8K64U 单片机不存在 P1.2 引脚，所以 PWM2P 默认为 P5.4 引脚)输出 1kHz 频率，占空比为 40% 的 PWM 信号，芯片第 12 脚的捕获/比较通道 3(PWM3P/P1.4)输出 1kHz 频率，占空比为 60% 的 PWM 信号，芯片第 14 脚的捕获/比较通道 4(PWM4P/P1.6)输出 1kHz 频率，占空比为 80% 的 PWM 信号。

在实际测试时是将这 4 个引脚连接到示波器的测量通道中。按照项目设计思想，搭建硬件电路原理如图 13.38 所示。

硬件电路设计完成后就可以着手软件功能的编写，按照我们之前讲解的六个主要步骤，可以重点编写 PWMA 输出比较功能初始化函数 PWMA_PWM_SET(unsigned long F_PWM_SET)，设定一个变量"F_PWM_SET"用于配置 PWM 信号的频率，项目中选择 STC8H 系列单片机片内高速 RC 振荡器作为系统时钟源，系统时钟频率就定为 24MHz。设定"F_PWM_SET"变量为 24 000，则

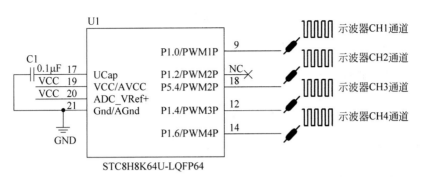

图 13.38 边沿/中间对齐方式 4 路 PWM 信号输出电路原理图

PWM 输出频率为 1kHz。

然后再编写 4 个捕获/比较通道的配置函数 CHx_PWM_SET(unsigned long F_SET_CHx, float Duty_CHx)，函数名 CHx_PWM_SET()中的"x"表示 1~4，形式参数"F_SET_CHx"传入用于计算 PWM 频率的参数值，形式参数"Duty_CHx"用于传入欲设定的占空比参数，按照这个思想，我们就可以设计出如下 4 条配置语句。

```
CH1_PWM_SET(F_PWM_SET,0.2);              //配置通道1输出信号占空比20%
CH2_PWM_SET(F_PWM_SET,0.4);              //配置通道2输出信号占空比40%
CH3_PWM_SET(F_PWM_SET,0.6);              //配置通道3输出信号占空比60%
CH4_PWM_SET(F_PWM_SET,0.8);              //配置通道4输出信号占空比80%
```

看到这里，是不是觉得"眼前一亮"？紧接着就是"按捺不住内心的激动使劲往后翻页"？在本项目的边沿对齐 PWM 输出配置中确实就是依靠这 4 条语句和它们的子函数来实现的。带着好奇心，按照软件的设计思路就可以利用 C51 语言编写具体的程序实现如下。

```
//芯片型号：STC8H8K64U(程序微调后可移植至 STC8A/F/C/G/H 系列单片机)
//时钟说明：单片机片内高速 24MHz 时钟
/ ******************************************************************** /
＃include "STC8H.h"                    //主控芯片的头文件
/ ********************* 常用数据类型定义 ********************** /
【略】为节省篇幅，相似定义参见相关章节或源码工程即可
/ ********************* 函数声明区域 ******************** /
void delay(u16 Count);                 //延时函数
void PWMA_Init(unsigned long F_PWM_SET);    //PWMA 初始化函数
void CH1_PWM_SET(unsigned long F_SET_CH1,float Duty_CH1);
//PWM1P 通道 PWM 信号输出配置函数
void CH2_PWM_SET(unsigned long F_SET_CH2,float Duty_CH2);
//PWM2P 通道 PWM 信号输出配置函数
void CH3_PWM_SET(unsigned long F_SET_CH3,float Duty_CH3);
//PWM3P 通道 PWM 信号输出配置函数
void CH4_PWM_SET(unsigned long F_SET_CH4,float Duty_CH4);
//PWM4P 通道 PWM 信号输出配置函数
/ ********************* 主函数区域 ******************** /
void main(void)
{
    PWMA_Init(24000);                  //PWMA 相关功能配置初始化
    while(1)
    {
        //添加用户自定义代码
    }
}
/ ******************************************************************** /
```

```
//PWMA 功能初始化函数 PWMA_Init(),有形参 F_PWM_SET,无返回值
/ ************************************************************* /
void PWMA_Init(unsigned long F_PWM_SET)
{
    //配置 P1.0 为准双向/弱上拉模式(CH1)
    P1M0& = 0xFE;                       //P1M0.0 = 0
    P1M1& = 0xFE;                       //P1M1.0 = 0
    //配置 P5.4 为准双向/弱上拉模式(CH2)
    P5M0& = 0xEF;                       //P5M0.4 = 0
    P5M1& = 0xEF;                       //P5M1.4 = 0
    //配置 P1.4 为准双向/弱上拉模式(CH3)
    P1M0& = 0xEF;                       //P1M0.4 = 0
    P1M1& = 0xEF;                       //P1M1.4 = 0
    //配置 P1.6 为准双向/弱上拉模式(CH4)
    P1M0& = 0xBF;                       //P1M0.6 = 0
    P1M1& = 0xBF;                       //P1M1.6 = 0
    delay(5);                           //等待 I/O 模式配置稳定
    P_SW2| = 0x80;                      //允许访问扩展特殊功能寄存器 XSFR
    PWMA_CR1& = 0xFE;                   //CENA 位为"0",关闭计数器
    PWMA_ARRH = F_PWM_SET/256;          //配置自动重装载寄存器高位"ARRH"
    PWMA_ARRL = F_PWM_SET % 256;        //配置自动重装载寄存器低位"ARRL"
    PWMA_CR1& = 0x8F;                   //向上计数模式边沿对齐
    P_SW2& = 0x7F;                      //结束并关闭 XSFR 访问
    CH1_PWM_SET(F_PWM_SET,0.2);         //配置通道 1 输出信号占空比 20%
    CH2_PWM_SET(F_PWM_SET,0.4);         //配置通道 2 输出信号占空比 40%
    CH3_PWM_SET(F_PWM_SET,0.6);         //配置通道 3 输出信号占空比 60%
    CH4_PWM_SET(F_PWM_SET,0.8);         //配置通道 4 输出信号占空比 80%
    P_SW2| = 0x80;                      //允许访问扩展特殊功能寄存器 XSFR
    PWMA_BKR = 0x80;                    //打开"主输出"开关输出 PWM 信号"MOEA = 1"
    PWMA_CR1| = 0x01;                   //CENA 位为"1",使能计数器
    P_SW2& = 0x7F;                      //结束并关闭 XSFR 访问
}
/ ************************************************************* /
//PWM1P 通道 PWM 信号输出配置函数 CH1_PWM_SET(),有形参 F_SET_CH1、
//Duty_CH1、F_SET_CH1 用于配置捕获/比较寄存器 1 高低位,Duty_CH1 用于
//配置 PWM 信号占空比,无返回值
/ ************************************************************* /
void CH1_PWM_SET(unsigned long F_SET_CH1,float Duty_CH1)
{
    float a;                            //变量用于占空比计算
    a = Duty_CH1 * F_SET_CH1;           //计算占空比参数
    P_SW2| = 0x80;                      //允许访问扩展特殊功能寄存器 XSFR
    PWMA_CCR1H = ((u16)(a))/256;        //配置捕获/比较寄存器 1 高位"CCR1H"
    PWMA_CCR1L = ((u16)(a)) % 256;      //配置捕获/比较寄存器 1 低位"CCR1L"
    PWMA_CCMR1 = 0x60;                  //配置为 PWM 模式 1
    PWMA_CCER1& = 0xFD;                 //配置 CC1P = 0,OC1 信号高电平有效
    PWMA_CCER1| = 0x01;                 //配置 CC1E = 1,使能 OC1 输出
    PWMA_OISR| = 0x01;                  //空闲状态时 OC1 为高电平
    PWMA_ENO| = 0x01;                   //使能 PWM1P 输出
    P_SW2& = 0x7F;                      //结束并关闭 XSFR 访问
}
/ ************************************************************* /
//PWM2P 通道 PWM 信号输出配置函数 CH2_PWM_SET(),有形参 F_SET_CH2、
//Duty_CH2、F_SET_CH2 用于配置捕获/比较寄存器 2 高低位,Duty_CH2 用于
//配置 PWM 信号占空比,无返回值
/ ************************************************************* /
void CH2_PWM_SET(unsigned long F_SET_CH2,float Duty_CH2)
{
```

```
    float b;                            //变量用于占空比计算
    b = Duty_CH2 * F_SET_CH2;           //计算占空比参数
    P_SW2| = 0x80;                      //允许访问扩展特殊功能寄存器 XSFR
    PWMA_CCR2H = ((u16)(b))/256;        //配置捕获/比较寄存器 2 高位"CCR2H"
    PWMA_CCR2L = ((u16)(b)) % 256;      //配置捕获/比较寄存器 2 低位"CCR2L"
    PWMA_CCMR2 = 0x60;                  //配置为 PWM 模式 1
    PWMA_CCER1& = 0xDF;                 //配置 CC2P = 0,OC2 信号高电平有效
    PWMA_CCER1| = 0x10;                 //配置 CC2E = 1,使能 OC2 输出
    PWMA_OISR| = 0x04;                  //空闲状态时 OC2 为高电平
    PWMA_ENO| = 0x04;                   //使能 PWM2P 输出
    P_SW2& = 0x7F;                      //结束并关闭 XSFR 访问
}
/ ******************************************************************* /
//PWM3P 通道 PWM 信号输出配置函数 CH3_PWM_SET(),有形参 F_SET_CH3、
//Duty_CH3、F_SET_CH3 用于配置捕获/比较寄存器 3 高低位,Duty_CH3 用于
//配置 PWM 信号占空比,无返回值
/ ******************************************************************* /
void CH3_PWM_SET(unsigned long F_SET_CH3,float Duty_CH3)
{
    float c;                            //变量用于占空比计算
    c = Duty_CH3 * F_SET_CH3;           //计算占空比参数
    P_SW2| = 0x80;                      //允许访问扩展特殊功能寄存器 XSFR
    PWMA_CCR3H = ((u16)(c))/256;        //配置捕获/比较寄存器 3 高位"CCR3H"
    PWMA_CCR3L = ((u16)(c)) % 256;      //配置捕获/比较寄存器 3 低位"CCR3L"
    PWMA_CCMR3 = 0x60;                  //配置为 PWM 模式 1
    PWMA_CCER2& = 0x3D;                 //配置 CC3P = 0,OC3 信号高电平有效
    PWMA_CCER2| = 0x01;                 //配置 CC3E = 1,使能 OC3 输出
    PWMA_OISR| = 0x10;                  //空闲状态时 OC3 为高电平
    PWMA_ENO| = 0x10;                   //使能 PWM3P 输出
    P_SW2& = 0x7F;                      //结束并关闭 XSFR 访问
}
/ ******************************************************************* /
//PWM4P 通道 PWM 信号输出配置函数 CH4_PWM_SET(),有形参 F_SET_CH4、
//Duty_CH4、F_SET_CH4 用于配置捕获/比较寄存器 4 高低位,Duty_CH4 用于
//配置 PWM 信号占空比,无返回值
/ ******************************************************************* /
void CH4_PWM_SET(unsigned long F_SET_CH4,float Duty_CH4)
{
    float d;                            //变量用于占空比计算
    d = Duty_CH4 * F_SET_CH4;           //计算占空比参数
    P_SW2| = 0x80;                      //允许访问扩展特殊功能寄存器 XSFR
    PWMA_CCR4H = ((u16)(d))/256;        //配置捕获/比较寄存器 4 高位"CCR4H"
    PWMA_CCR4L = ((u16)(d)) % 256;      //配置捕获/比较寄存器 4 低位"CCR4L"
    PWMA_CCMR4 = 0x60;                  //配置为 PWM 模式 1
    PWMA_CCER2& = 0x1F;                 //配置 CC4P = 0,OC4 信号高电平有效
    PWMA_CCER2| = 0x10;                 //配置 CC4E = 1,使能 OC4 输出
    PWMA_OISR| = 0x40;                  //空闲状态时 OC4 为高电平
    PWMA_ENO| = 0x40;                   //使能 PWM4P 输出
    P_SW2& = 0x7F;                      //结束并关闭 XSFR 访问
}
/ ******************************************************************* /
```

【略】为节省篇幅,相似函数参见相关章节源码即可
```
void delay(u16 Count){}                 //延时函数
```

通读程序,发现 STC8H 系列单片机输出 PWM 信号确实是简单易用,在进入主函数时仅执行了一条"PWMA_PWM_SET(24000)"语句,"转眼"之间 4 路频率一致、占空比各异的 PWM 信号就已经配置完毕了,确实没有占用 CPU 宝贵的时间,用户可以把自己的程序编写在主函数的 while

(1)循环体内即可。

将程序编译后下载到单片机中并运行,PWM1P 引脚和 PWM2P 引脚输出波形如图 13.39(a)所示,PWM3P 引脚和 PWM4P 引脚输出波形如图 13.39(b)所示。

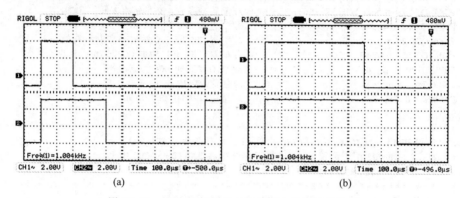

图 13.39　边沿对齐方式 4 路 PWM 信号输出效果

在实际测试时使用的数字示波器为双踪示波器,仅支持两路信号输入,故而将 4 路 PWM 信号分为两次进行观察,图 13.39(a)中的 CH1 通道(上半部分)所示为频率 1kHz,占空比为 20% 的 PWM 信号,CH2 通道(下半部分)所示为频率 1kHz,占空比为 40% 的 PWM 信号。图 13.39(b)中的 CH1 通道(上半部分)所示为频率 1kHz,占空比为 60% 的 PWM 信号,CH2 通道(下半部分)所示为频率 1kHz,占空比为 80% 的 PWM 信号。

通过实验效果,我们可以清晰地看出 PWM 信号占空比的变化,说明配置是正确的,4 路信号的起始边沿都是对齐的,正好是边沿对齐方式的特征。

13.5.6　基础项目 G　中间对齐方式 4 路 PWM 信号输出

做完了边沿对齐方式的 PWM 输出实验之后,我们就"趁热打铁",继续在基础项目 F 的基础上修改程序,编写出中央对齐方式的 PWM 输出。在实验之前,务必要理清思路,采用中间对齐方式时,计数器的计数方向就不再是单一的向上或向下计数,而变成了向上向下计数方式,这就要求我们在配置控制寄存器 1(PWMA_CR1)的时候将"CMSA[1:0]"位配置为"01"(中央对齐模式 1)、"10"(中央对齐模式 1)或者"11"(中央对齐模式 3)。除此之外的配置步骤与基础项目 F 是类似的,本项目的硬件电路依然采用基础项目 F 中的电路(具体见图 13.38)。

硬件电路设计完成后就可以着手软件功能的编写,按照两种对齐模式的差异,我们在基础项目 F 上对程序进行修改,利用 C51 语言编写中间对齐方式下的 4 路 PWM 输出程序实现如下。

```
//芯片型号:STC8H8K64U(程序微调后可移植至 STC8A/F/C/G/H 系列单片机)
//时钟说明:单片机片内高速 24MHz 时钟
/************************************************************/
# include "STC8H.h"                    //主控芯片的头文件
/*********************** 常用数据类型定义 ***********************/
【略】为节省篇幅,相似定义参见相关章节或源码工程即可
/*********************** 函数声明区域 ***********************/
void delay(u16 Count);                  //延时函数
void PWMA_Init(unsigned long F_PWM_SET);     //PWMA 初始化函数
void CH1_PWM_SET(unsigned long F_SET_CH1,float Duty_CH1);
//PWM1P 通道 PWM 信号输出配置函数
void CH2_PWM_SET(unsigned long F_SET_CH2,float Duty_CH2);
//PWM2P 通道 PWM 信号输出配置函数
void CH3_PWM_SET(unsigned long F_SET_CH3,float Duty_CH3);
```

```
//PWM3P 通道 PWM 信号输出配置函数
void CH4_PWM_SET(unsigned long F_SET_CH4,float Duty_CH4);
//PWM4P 通道 PWM 信号输出配置函数
/ ***************************** 主函数区域 ***************************** /
void main(void)
{
    PWMA_Init(24000);                    //PWMA 相关功能配置初始化
    while(1)
    {
        //添加用户自定义代码
    }
}
/ ****************************************************************** /
//PWMA 功能初始化函数 PWMA_Init(),有形参 F_PWM_SET,无返回值
/ ****************************************************************** /
void PWMA_Init(unsigned long F_PWM_SET)
{
    //配置 P1.0 为准双向/弱上拉模式(CH1)
    P1M0& = 0xFE;                        //P1M0.0 = 0
    P1M1& = 0xFE;                        //P1M1.0 = 0
    //配置 P5.4 为准双向/弱上拉模式(CH2)
    P5M0& = 0xEF;                        //P5M0.4 = 0
    P5M1& = 0xEF;                        //P5M1.4 = 0
    //配置 P1.4 为准双向/弱上拉模式(CH3)
    P1M0& = 0xEF;                        //P1M0.4 = 0
    P1M1& = 0xEF;                        //P1M1.4 = 0
    //配置 P1.6 为准双向/弱上拉模式(CH4)
    P1M0& = 0xBF;                        //P1M0.6 = 0
    P1M1& = 0xBF;                        //P1M1.6 = 0
    delay(5);                           //等待 I/O 模式配置稳定
    P_SW2| = 0x80;                      //允许访问扩展特殊功能寄存器 XSFR
    PWMA_CR1& = 0xFE;                   //CENA 位为"0",关闭计数器
    PWMA_ARRH = F_PWM_SET/256;          //配置自动重装载寄存器高位"ARRH"
    PWMA_ARRL = F_PWM_SET % 256;        //配置自动重装载寄存器低位"ARRL"
    PWMA_CR1| = 0x60;                   //向上向下计数模式中间对齐
    P_SW2& = 0x7F;                      //结束并关闭 XSFR 访问
    CH1_PWM_SET(F_PWM_SET,0.2);         //配置通道 1 输出信号占空比 20 %
    CH2_PWM_SET(F_PWM_SET,0.4);         //配置通道 2 输出信号占空比 40 %
    CH3_PWM_SET(F_PWM_SET,0.6);         //配置通道 3 输出信号占空比 60 %
    CH4_PWM_SET(F_PWM_SET,0.8);         //配置通道 4 输出信号占空比 80 %
    P_SW2| = 0x80;                      //允许访问扩展特殊功能寄存器 XSFR
    PWMA_BKR = 0x80;                    //打开"主输出"开关输出 PWM 信号"MOEA = 1"
    PWMA_CR1| = 0x01;                   //CENA 位为"1",使能计数器
    P_SW2& = 0x7F;                      //结束并关闭 XSFR 访问
}
/ ****************************************************************** /
【略】为节省篇幅,相似函数参见相关章节源码即可
void delay(u16 Count){}                             //延时函数
//PWM1P 通道 PWM 信号输出配置函数
void CH1_PWM_SET(unsigned long F_SET_CH1,float Duty_CH1){}
//PWM2P 通道 PWM 信号输出配置函数
void CH2_PWM_SET(unsigned long F_SET_CH2,float Duty_CH2){}
//PWM3P 通道 PWM 信号输出配置函数
void CH3_PWM_SET(unsigned long F_SET_CH3,float Duty_CH3){}
//PWM4P 通道 PWM 信号输出配置函数
void CH4_PWM_SET(unsigned long F_SET_CH4,float Duty_CH4){}
```

将程序编译后下载到单片机中并运行,观察 PWM1P 引脚和 PWM2P 引脚输出波形如

图 13.40(a)所示,观察 PWM3P 引脚和 PWM4P 引脚输出波形如图 13.40(b)所示。

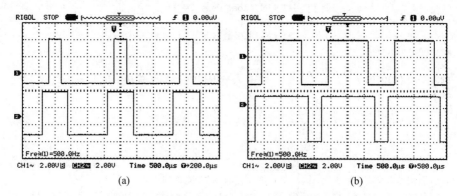

图 13.40　中间对齐方式 4 路 PWM 信号输出效果

在实际测试时使用的数字示波器为双踪示波器,仅支持两路信号输入,故而将 4 路 PWM 信号分为两次进行观察,图 13.40(a)中的 CH1 通道(上半部分)所示为频率 500Hz,占空比为 20％的 PWM 信号,CH2 通道(下半部分)所示为频率 500Hz,占空比为 40％的 PWM 信号。图 13.40(b)中的 CH1 通道(上半部分)所示为频率 500Hz,占空比为 60％的 PWM 信号,CH2 通道(下半部分)所示为频率 500Hz,占空比为 80％的 PWM 信号。

有的读者看到这里会产生不解,在基础项目 F 中产生的 PWM 信号频率明明是 1kHz,怎么使用了中间对齐方式后就变成了 500Hz 呢? 让我们找找原因,通读程序,发现进入主函数时仅执行了一条"PWMA_PWM_SET(24000)"语句,设定的 PWMA_CCR1 数值和 PWMA_ARR 数值与基础项目 F 中的参数是"一模一样"的,但是输出频率确实变小了,这就有点儿"费解"了。

其实这个实验效果是非常成功的,我们在讲解中间对齐方式的时候提到过,该方式与边沿对齐方式不同,在中间对齐方式中,PWM 的周期是由两倍的 PWMA_ARR 数值决定的,脉冲宽度变大了,所以说对于同样的 PWMA_CCR1 和 PWMA_ARR 取值,边沿对齐方式产生的 PWM 频率是中间对齐方式 PWM 频率的两倍,但占空比参数是一致的。在图 13.40 中我们可以清晰地看出 PWM 信号占空比的变化,PWM 信号的频率刚好是边沿对齐频率的一半,说明我们的实验结果是正确的。

至此,中间对齐方式的 4 路 PWM 信号输出实验就验证成功了,读者朋友们可以多加练习,优化函数的参数配置,调整通道函数配置流程,使得 PWM 信号的输出更加便捷。也可以在实验项目的基础之上扩展外围电路和器件,搭建直流电机调速(需搭建 H 桥驱动电路)、呼吸灯调光、逆变电源(需要用到 SPWM 波)、可控硅调压(可用单脉冲模式去做)、自制 DAC 单元(把 PWM 信号经过两阶 RC 滤波电路后得到)等有意思的应用系统。

## 第14章

"你来我往，烽火传信"串行通信及UART运用

章节导读：

本章将详细介绍STC8系列单片机数据通信及UART资源的相关知识与应用，共分为4节。14.1节引入了数据通信概念，明确了通信模型和对象；14.2节主要讲解并行/串行通信基础，小宇老师引入了"大学食堂怎么打餐""老王家的3个孩子""小和尚要修路"等趣味巧例帮助大家理解和掌握相关名词；14.3节讲解了STC8系列单片机的UART资源，从结构到流程再从工作模式到寄存器配置，都做了详解，并编写了可移植的程序和函数；14.4节着手实操，选取了5个实践项目让大家熟悉UART编程，项目中用串口打印单片机"身份证号"，又利用C语言重定向语句启用了printf()函数，再对接实际做了单字节交互和"AT指令"字符串交互实验，本章内容务必要认真掌握，如果您准备好了，那就扬帆起航，进入章节学习吧！

14.1 "烽火戏诸侯"说单片机数据通信

又到了新一篇章的学习，在这一节中我们要学习的是单片机的数据通信模型。放松心情，让我们快乐地开篇，跟随小宇老师一起阅读和思考。在进入正式理论学习之前，首先要给大家讲一个故事，帮助大家建立生活中有关"数据通信"的相关概念。

相传西周末代天子周幽王为博得爱妃褒姒一笑，采纳奸臣虢石父的建议，在骊山西秀岭第一峰点燃烽火台上的报警狼烟，招引四方诸侯奔来救驾，四方诸侯赶至城下却看到烽火台上一派灯红酒绿、歌舞升平，众人愤然离去，褒姒看到众诸侯被戏弄的狼狈样子，果然破颜一笑，其场面如图14.1所示。公元前771年，犬戎国入侵西周，当周幽王再举烽火时，却无人前来救援，幽王死于乱箭之中，褒姒被俘献予戎王，西周王朝至此灭亡。

有朋友会问：这个故事和单片机数据通信有什么联系呢？其实，在这个故事里想说明的是信息传递和数据通信的要素及过程。让我们一起来分析这个故事并

图14.1 "幽王烽火戏诸侯，褒姒一笑
失天下"的故事

且思考，数据通信的目的是传递信息，周幽王想博得褒姒一笑，想出戏弄诸侯的方法，通过点燃烽火台上的狼烟向诸侯们传递信息，诸侯们接到信息后的理解就是"周幽王有难，速来营救"，最终诸侯们被戏弄，周幽王达到了目的。

不难从故事中得到，想要完成数据的通信就必须要有信息发送方和信息接收方，信息源头就是周幽王欲向四方诸侯传递的虚假信息，接收信息的对象就是四方诸侯，靠什么方式传递信息呢？那就是点燃烽火台上的狼烟，四方诸侯怎么得到信息呢？那就是远距离通过空气介质看到了狼烟

的烟雾。由此可以得到通信系统中的几个要素如下。

第一点：有效的数据通信需要明确欲传送或者表达的消息。

第二点：消息需要被加工处理,最终转换为适合被表达的信息。

第三点：信息必须能够正确地传送到接收端。

第四点：接收端应该能接收信息并且做出正确理解。

这就是普遍存在于现代生活中的数据通信过程,我们也可以理解成信息的交互过程。在实际生活中实现通信的方式和手段有很多,如手势、眼神、动作、语言、发邮件、打电话、听广播、看电视、上网等,这些都属于消息的传递方式和信息交互的手段。

在实际的单片机系统中,传输的信息都是电信号,通过单片机的通信系统将信息从信息源发送到一个或者多个目的地,从而进行信息传递,目的地的设备接收到信息后再进行下一步的处理。总结通信要素和流程不难得到如图 14.2 所示的数据通信系统模型。

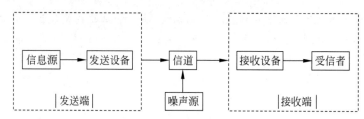

图 14.2　数据通信系统的一般模型

通过分析图 14.2 可以发现,左右两个虚线框表示发送端和接收端,虚线框内还有具体的单元,这就是通信过程中的"对象",两个虚线框中间通过信道连接,这就是传输介质。接下来,我们就对该图中的各组成单元进行详细介绍,以明确单元功能,理清通信流程。

1. 信息源

信息源也可以简称为"信源",是把各种消息转换成原始的电信号用于被单片机所识别的单元,简单说就是信息的源头。没有源头就不存在有效的数据信息,后面的传递就没有意义了。把消息转换后得到的信号又可以分为模拟信号和数字信号。模拟信号是随时域连续变化的信号,例如,麦克风把声音信号进行连续采集后得到的电信号就是模拟信号。数字信号是在时域上离散变化的信号,例如,敲打键盘输入至处理器的二进制脉冲信号。两种信号也可以进行相互转换,也就是 A/D 转换和 D/A 转换(有关 STC8 系列单片机 A/D 资源的相关知识会在第 17 章做详细介绍)。

2. 发送设备

发送设备是用于产生适合在信道中传输的信号的设备,也就是对信号进行一定的加工使得信号的特性和传输信道相匹配,并且具有一定的抗干扰能力,具有足够的功率,满足传输距离的要求,不至于在传输过程中因衰减过大导致失效,在这个环节里面可以包含信号的变换、信号功率放大、信号滤波或者信号编码等过程。

3. 信道

信道就是信息传送的通道,是一种物理的媒介。信道也可以按照通信方式分为有线信道和无线信道。如果单片机系统中通信距离比较近,信息发送端和接收端在电气上不需要分开,对于这样的情况就可以使用有线信道,例如,单片机印制电路板上的铜箔走线,或者是单片机系统模块之间的杜邦线连接等。如果单片机通信系统中要求远距离数据传输,又不便于远距离布线的情况就可以使用无线信道,信道可以是自由空间。

信道是信号传输的通道,但是在信道中存在各种干扰和噪声,这些干扰和噪声会对信道中的信号产生不同程度的影响,直接关系到信号通信的质量。噪声对于信号来说是有害的,噪声的强度到达一定程度时可以引起模拟信号的失真或者数字信号的错码,在单片机通信中尤其要注意增强系统的抗干扰性,保证信号传输的有效性。

4. 接收设备

接收设备是对应发送设备而言,它的作用就是将信号进行放大和反变换。例如,信号为了便于传输在发送设备中进行了编码,那么到了接收设备中就需要进行解码,经过反变换过程就可以得到原始的电信号了。接收设备的主要目的就是从受到干扰的接收信号中正确恢复出原始的电信号。

5. 受信者

受信者又可以称为"信宿",也就是信息传递的"目的地",其功能与信源相反,就是把原始的电信号还原得到相应的信息。

为了便于大家进一步理解数据通信的过程,小宇老师再举一例帮助大家理解。例如,我们在使用手机通话的整个过程之中,拨打方对着手机说话,手机麦克风负责把声音信号转换为模拟电信号,再由手机进行 A/D 转换和连续采集,最终得到数字信号(信息源)。数字信号在手机处理器的控制下通过射频通信单元编码或加工后传送至运营商通信网络(发送设备),信号经过通信网络将通话数据无线传递到接收方(无线信道)。接收方用户的手机负责把无线传输得到的数据进行解码,得到原始的语音模拟电信号,再经过功率放大器将其放大(接收设备),最终还原得到了放大的原始音频信号并驱动扬声器等负载发声(受信者),这样一来,接收方就能听到拨打方欲传递的通话内容了。

了解了通信系统中的相关名词,也清楚了传输过程,就可以在此基础之上总结出 STC8 系列单片机的通信模型,该模型解释了单片机作为"发送端"究竟要传哪些信息出去,接收端又如何得到这些信息,其模型内容如图 14.3 所示。

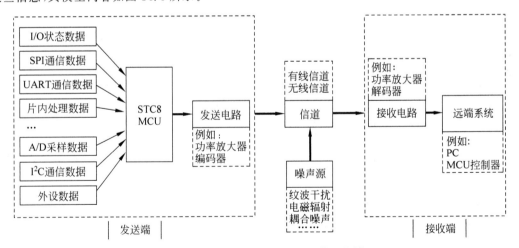

图 14.3　STC8 系列单片机数据通信系统模型

分析图 14.3,在左侧的发送端结构里,STC8 系列单片机可以获取和传递的信息有很多,例如,I/O 端口电平的状态、SPI 通信数据、UART 通信数据、I²C 通信数据、A/D 采样得到的数据、外设通信数据或者是片内运算处理得到的数据等,有了这些数据后就可以被 STC8 系列单片机传递到发送电路中。按照信号与信道的特性,发送电路会对信号进行功率放大或编码处理,让信号更加适合在实际信道中传输。对于信道中的干扰还需要在发送电路侧和传输过程中找到抗干扰的方法,尽量减少信号的传输失真,确保信号的正确和有效性。等待信号传送至接收电路后,可以进行功率放大以补偿信号传输过程中的衰减或按需进行解码操作,再把信号传递给远端系统或其他受信者。

14.2 单片机数据通信基础知识铺垫

在理解通信模式之前,让我们先看一个例子,就以大学的食堂来举例吧!假设某大学有师生共计两万名。中午饭点到了,师生们开始就餐,最头疼的问题就是排队,假设全校食堂只有一个窗口可以打餐(当然,这属于极端设定),打餐阿姨每打餐一人需要耗时 1min,如果你排在第 1866 位,那么你的小票上将会写着:"亲爱的同学,你的前面还有 1865 位同学在等待,预计 31.08 个小时后你就能吃上可口的饭菜了!",这样的虚拟场景如图 14.4 所示。

如果真有这样的大学就餐情况,我肯定忍不了。基于这个例子再看一种极端情况,要是在学校开两万个窗口聘请两万个打餐阿姨同时给师生们打餐是不是很好呢? 这样的话就可以在招生简章上写"有这样一所大学,全校打餐只要 1 分钟!",这样的情景就好比图 14.5。看完图片后让我们来算一笔账,假设一个窗口的造价是 1000 元,那么两万个窗口就是 2000 万,你要是校长,会这样建设食堂吗? 说到这里问题就来了,到底开多少个窗口合适呢? 怎么安排打餐方式合理呢? 其实,这两个极端例子之中就暗含并行通信与串行通信方式的形态和特点。

图 14.4 单窗口排队打餐例图

图 14.5 多窗口排队打餐例图

上述打餐的过程其实就是信号的传递过程,单窗口的打餐方式就是串行数据通信,多窗口的打餐方式就是并行数据通信。结合之前的学习,我们知道单片机数据通信中传送的都是电信号,那么电信号是如何进行传送和表达的呢?

其实在单片机系统中通常采用电流或者电压变化(电流有无或者电压跳变)来实现数据表达,在数字信号系统中,当线路电压超过高电平阈值时就判定为高电平,用"1"表示,当线路电压跌落到低电平阈值电压时就判定为低电平,用"0"表示。如果将这些电平组合在一起就可以构成特定的数据(也就是多个 0/1 数据的组合形式),然后用这些数据就可以表达信息了。需要注意的是,并行通信和串行通信各有特色和适用,接下来我们就进入正题,展开讲解。

14.2.1 单片机并行通信

单片机的"并行通信"是将组成数据的各个二进制位全部拆分开同时传送,数据的位数和传输的通道数相等的一种通信方式。在传输时 n 个二进制位使用 n 个通信信道同时传送(例如,8 位数据就用 8 个通道、16 位数据就用 16 个通道)。这样一来,信道之间彼此独立,各自拥有线路资源,其模式如图 14.6 所示。

以 STC8 系列单片机的 P2 端口组为例,该端口组共有 8 个引脚,分别是 P2.0～P2.7,若配置 P2 端口组为输出功能,那么向 P2 整个端口赋值一个十六进制数据(0xB6)$_H$,该数据转换为二进制代码就是 (10110110)$_B$,此时每个二进制位刚好对应一个 I/O 引脚,当赋值操作完毕之后与该端口

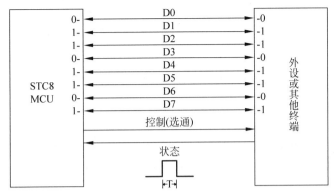

图 14.6　单片机并行通信

组连接的外设单元就会接收到(0xB6)$_H$这个数据,这种方式就是并行通信方式。

并行通信的优点是:如果并行信道传输一位数据需要的时间是T,那么即使有n个数据位对应n条通信线路,完成一次整体传输的耗时也是T,且在传输过程中不需要进行数据的串/并转换,故而该方式下的传输速度较快,收发端的内部电路也比较简单。并行通信的缺点是:如果传输的数据位数过多就需要建立多条信道,布线成本高,不发生通信时的信道会闲置,所以信道的利用率低。

这种通信方式适合于近距离、高速率的信号传输场景。对于单片机而言,并行通信占用的引脚数量通常都是一组或者多组I/O端口,一定程度上会造成引脚资源的浪费,所以在具体的应用中应按照需求合理选择传输方式。

14.2.2　单片机串行通信

单片机的"串行通信"就是把组成数据的各个二进制位进行拆分、排序、分时后逐位传送的一种通信方式。这种传输方式采用的传输信道数一般比较少(数据线路通常用一两根即可),同等条件下的传输速率相比于并行通信速率稍低(只是相对不是绝对),通信线路中一般具备时钟线、控制/片选线和数据线,其模式如图14.7所示。

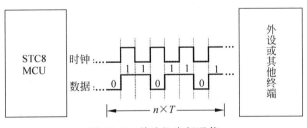

图 14.7　单片机串行通信

串行通信的优点是:数据传输需要的信道数量较少,降低了布线成本,线路利用率较高。串行通信的缺点是:通信过程中需要对数据进行串/并转换,如果串行信道传输一位数据需要的时间是T,那么有n个数据位和1条通信线路时,完成一次整体传输的耗时将是$n\times T$,由于实际传输过程中还存在传输时间间隔和时延,所以实际耗时是大于$n\times T$的,这样一来就会导致传输速度缓慢。

这种通信方式适合长距离、低速率的信号传输。在实际的单片机通信应用中,串行方式是比较主流的,单片机的串行通信根据规范、形式、数据帧结构、组网方式等方面又可以分为多种,常见的有DALLAS公司的1-Wire总线接口(市面上常见的DS18B20温度传感器、DHT11温湿度传感器就用的这种总线协议),还有美国电子工业协会推荐的标准EIA RS-232-C协议接口(很多时候被称为"232 串口")、EIA RS-244-A 协议接口、EIA RS-423-A 协议接口、EIA RS-485 协议接口等，类似的还有 SM Bus 总线、PS/2 接口、USB 总线、CAN 总线、IEEE-1394 总线以及后续章节将要学习的 SPI 通信接口、I²C 通信接口等。

14.2.3 串行通信位同步方式

通过对单片机串行通信的学习，我们了解了串行方式下是把数据拆分为多个二进制位，然后分时进行传输，也就是说，发送方发送的每一个数据位都是以固定的时间间隔来发送的，这就要求接收方也要遵守时间间隔的约定去接收由发送方发送出的数据位。但是实际的系统中怎么能确保发送方和接收方的时间间隔一致呢？如果时间间隔不一致会如何？接下来就来谈谈串行通信中的"位同步"问题。

首先应该明白，"位同步"是要解决单个二进制位传输的同步问题的，造成不同步的原因是通信双方的工作时钟频率上存在着差异，这将会导致通信过程中时钟周期的偏差，实现位同步就是要让接收端和发送端数据同步，让双方在时钟的"节拍"上保持一致，即数据传输什么时候开始、有多少位跟随其后、各种位的含义和区分边界在哪里等问题。串行通信的位同步方式又可分为"异步"和"同步"两种通信方式，接下来就对其展开讲解。

1. 异步串行通信方式

异步串行通信方式又可以称为"起止式异步通信"，在实际的单片机通信系统中使用得最为广泛。该方式是使用字符作为传输单位的，数据帧与数据帧之间没有强制约定固定的时间间隔，可以是不定时长的"空闲位"来填充，但是组成数据帧的每一个位之间是有时间间隔约束的。这种采用起始位开头、中间包含数据位、后面尾随校验位（也可以是"可编程位"，有的应用中可能不存在这一位）和停止位的数据格式，称为"帧"。整个数据帧的位组成是靠起始位和停止位来进行定界和识别的，该方式下的帧格式如图 14.8 所示。

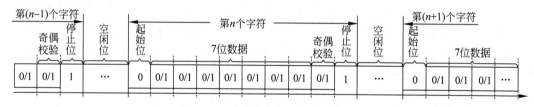

图 14.8　异步串行通信数据帧格式

为保证异步通信的正常，在通信之前通信双方必须进行约定，必须采用统一的数据帧格式和一致的通信波特率。这两点很好理解，例如生活中的对话，肯定有对话的双方，明确主题后必须使用同一个语言种类进行对话（即相同的数据帧格式），并且说话的速度也要合适（即通信波特率），这样就能顺利完成对话。在这里的"字符数据帧"是事先约定好的字符编码形式、数据位校验方式以及起始位和停止位的格式。而"波特率"是指每秒钟通过信道传输的码元个数，波特率是衡量传输速率快慢的指标之一。

需要特别注意的是，异步串行通信方式与后续即将学习的同步串行通信方式在"帧"的组成上是有差异的。异步串行通信中的"帧"通常只包含一个数据字节，而同步串行通信中的"帧"可能包含几十个乃至上千个数据字节，习惯性地可以将异步通信的数据帧称作"小帧"，而把同步串行通信的数据帧称作"大帧"，异步串行通信速率一般低于同步串行通信速率。

异步串行通信的数据帧一般由以下 4 部分组成。

（1）**起始位**：设置该位的目的在于告知接收方数据传输开始了，后面连接的位就是数据位和其他位，起始位一般为 1 位，持续一个比特时间的逻辑低电平。

（2）**数据位**：即为数据字节被拆分后得到的二进制位，数据位一般可以约定为5位/6位/7位/8位/9位等长度，具体的位数取决于传送的信息，比如标准的ASCII码取值范围是0～127，若传送的ASCII码数值为$(127)_D$，转换为二进制数则为$(01111111)_B$，那只需占用7位数据位即可。如果采用扩展的ASCII码，其取值范围是0～255，若传送的ASCII码数值为$(255)_D$，转换为二进制数则为$(11111111)_B$，此时就需要占用8位数据位才行。但是要注意，在正常的异步串行通信中发送方和接收方数据位长度应该一致，即收发双方都必须要遵循同一套"约定"。

（3）**校验位**：设置校验位的目的是为了对传送的数据进行一个正确性"验证"，为了形象地说明该位的作用，小宇老师引入一个如图14.9所示的"老王家的三个孩子"的趣例，用生活中的例子来说明信息在传递中的"失真"问题。

分析图14.9，故事的主人公"老王"是传播信息的源头，老王向他人传达的信息是"老王家有三个孩子，老大出国了，老二经商了，老三在读书"，传递过程中出现了信息的错乱、信息的丢失、信息的理

图14.9 消息传输过程中的"失真"现象

解错误，传到最后一个人耳朵里的信息变成了"老王家的三个孩子都出国了"。这显然就和原始的信息完全不同了，这个例子让我们领悟到了什么呢？那就是信息在传播的过程中有可能会"失真"，这就导致最终接收到的信息未必"真实"。接下来，我们就来说一说如何去验证最终接收到的信息与信源发出的信息是一致的，这才是重点。

需要验证数据传输的正确性，最有效的办法就是采用数据校验机制，在数据校验机制中存在着很多种数据差错校验方法，常用的有奇偶校验法、循环冗余码校验法等，奇偶校验法在数据通信中最为常用，按照运算方式可分为一般奇偶校验法、垂直奇偶校验法、水平奇偶校验法、垂直水平奇偶校验法等，我们以一般奇偶校验法为例说明校验原理。

奇偶校验位占1位，用于得到进行奇校验或者是偶校验之后的结果，对于偶校验和奇校验来说，就是看传输的数据中是否有偶数个或者奇数个高电平。如果对数据进行奇偶校验，则不管数据位有多少位，运算后得到的校验位都只有一位。

假设传送的数据位有n位，对于偶校验来说，校验结果应满足式（14.1）：

$$\text{Bit}_0 + \text{Bit}_1 + \text{Bit}_2 + \cdots + \text{Bit}_{n-1} + \text{Bit}_n = 0 \tag{14.1}$$

式中$\text{Bit}_0 \sim \text{Bit}_n$代表传输数据位，运算加法为模二加运算，若运算中为"1"的数据位有偶数个，则校验位应为"0"，若有奇数个，则校验位应为"1"。

假设传送的数据位有n位，对于奇校验来说，校验结果应满足式（14.2）：

$$\text{Bit}_0 + \text{Bit}_1 + \text{Bit}_2 + \cdots + \text{Bit}_{n-1} + \text{Bit}_n = 1 \tag{14.2}$$

式中$\text{Bit}_0 \sim \text{Bit}_n$代表传输数据位，运算加法为模二加运算，若运算中为"1"的数据位有奇数个，则校验位应为"0"，若有偶数个，则校验位应为"1"。

【例14.1】 若异步串行传输过程中的数据为$(01011100)_B$，则采用奇校验方法校验出的结果应该为多少？若采用偶校验方法校验出的结果应该为多少？

解答：在做校验结果之前，我们应该数一数$(01011100)_B$里面有多少个"1"，很明显数据位中有4个"1"，即偶数个高电平。如果用奇校验法，则最终数据中"1"的个数必须为奇数个，这很简单，我们只需要在原始数据$(01011100)_B$后面加上一位校验结果"1"即可，此时构成的新数据$(010111001)_B$中就有5个"1"（即奇数个），从而满足校验原则。如果用偶校验法，则最终数据中"1"的个数必须为偶数个，这也简单，我们只需要在原始数据$(01011100)_B$后面加上一位校验结果"0"即可，此时构成的新数据$(010111000)_B$中仍旧保持4个"1"（即偶数个），从而满足校验原则。

通过上面的例子,让我们理解了一般奇偶校验法的原理,但是细心的读者可能会有这样的思考,假设我的原始数据是(01011100)$_B$,传送到接收方的时候变成了(00001111)$_B$,虽然数据中逻辑高电平仍然是4个,但是很明显,数据已经错误了,这种情况下不管是采用奇校验法还是偶校验法都不能检查出错误,那加上数据校验位不就没有什么意义了吗?

想法非常对,所以说,奇偶校验位只适合于简单的数据校验,不会对数据传送的内容进行实质性的校验,使用奇偶校验位的好处是让接收者粗略判断是否有噪声干扰了通信造成数据的明显错误。如果需要对传送数据进行实质校验,则需要用到一些更为复杂的差错校验方法(如循环冗余码校验法)。如果检测到差错数据想要进行差错恢复,还需要用到一些纠错算法,在这里就不详细展开了。

需要注意的是:奇偶校验位在异步通信数据帧中可有可无,在程序中可以由程序员灵活启用或禁用。在单片机多机通信时,该位也可以充当"可编程"位,用以指示当前帧的含义(如区分数据内容或从机地址)。

(4) **停止位**:停止位和起始位是成对出现的,用于表示一帧数据的完结。停止位的长度一般有1位/1.5位/2位等,具体可由软件设定。为什么需要单独设立停止位呢?这是因为通信双方的时钟频率可能不完全一致,极有可能在通信的过程中产生不同程度的延迟,此时就可以通过停止位为通信双方提供一个修正同步节拍和校正时钟同步的作用。

以上就是异步串行通信数据帧的4个组成部分,抛开数据帧内部的组成之外还有一个状态位需要介绍,那就是"空闲位",空闲位用来表示当前线路处于空闲状态,该位介于上一帧的停止位到下一帧的起始位之间,空闲位通常为高电平。至此,我们可将异步串行通信的数据帧组成总结为:空闲位、起始位、数据位、校验/可编程位、停止位共5大部分构成,具体参数如表14.1所示。

表 14.1　异步串行通信帧组成及参数说明

参　　数	位　名　称				
	起始位	数据位	校验/可编程位	停止位	空闲位
逻辑状态	0	0/1	0/1	1	1
占用位数	1 位	5/6/7/8/9 位	1 位或没有	1/1.5/2 位	1 位或 N 位

2. 同步串行通信方式

同步通信与异步通信相比,在时序上的要求更为严格,收发双方必须约定好通信速率,发送端和接收端的时钟信号频率和时钟相位也要保持一致,从而达到严格的"节拍"同步。在单片机与功能外设的近距离通信系统中,同步串行通信方式应用得非常广泛,例如SPI、I^{2}C等串行接口和协议都是采用同步串行方式,所以通信速度也较快。

同步串行通信方式中的"帧"可能包含几十个乃至上千个数据字节,习惯性地可以将其称为"大帧",这种帧的结构是有别于异步串行通信方式的,每一帧的开始不再是异步通信中的"起始位",取而代之的是同步字符或者特定标志符。整个"大帧"的结构一般由同步字符、数据块和校验字符组成,数据块的字符是不受限制的,数据之间没有"空闲位",一次性传输的数据字节数较多,一般通信速度可达到56kb/s或以上(有的SPI接口通信速度可以轻松达到10Mb/s)。在同步串行通信中的数据帧结构形式多样,虽各有差异但是基本相似。常见的几种同步串行通信数据帧格式如图14.10所示。

同步串行通信方式不仅在数据帧的结构上与异步串行通信有明显的差异,在物理连接上也有不同,同步通信线路不仅有传输数据的数据线,还有同步双方时序的时钟线,同步时钟用于严格控制收发双方数据传输的"节拍",同步时钟是由主控方给予(即主机负责产生时钟),与异步串行通信相比较,硬件结构会复杂很多,但在效率和速率上都优于异步串行通信。所以每一种技术都有其

| 同步字符 | 数据块 | CRC1 | CRC2 | 单同步格式 |

| 同步字符1 | 同步字符2 | 数据块 | CRC1 | CRC2 | 双同步格式 |

| 标志符 01111110 | 地址符8位 | 数据块 | CRC1 | CRC2 | 标志符 01111110 | SDLC格式 |

| 数据块 | CRC1 | CRC2 | 外同步格式 |

| 标志符 01111110 | 地址符8位 | 控制符8位 | 数据块 | CRC1 | CRC2 | 标志符 01111110 | SHDLC格式 |

图 14.10 常见几种同步串行通信数据帧格式

特点和适用，读者朋友们可以掌握理论知识之后在实际的工作中慢慢积累，合理选择通信方式以满足产品要求。

14.2.4 串行通信数据传送方式

传送方式是为了说明传输过程中数据的"方向性"问题，让我们先看一个例子，假设要在大山上修座寺庙，现在经费吃紧还得考虑交通问题，住持带着众和尚开始思考如何从山下修一条通往山上的路。小和尚甲说："修一条与车身同宽的路吧！这样就能上山"，其建议如图 14.11(a)所示；小和尚乙说："甲说得不对，只有上山的路没有下山的路，施主们上了山不能回去，难道都出家当和尚吗？考虑经费，那就修一条路就行，上午允许施主们统一上山，下午就让施主们统一下山吧！"其建议如图 14.11(b)所示；小和尚丙说："甲和乙说得都不对，应该修两条与车身同宽的马路，可以让施主们随时上下山啊！"其建议如图 14.11(c)所示；住持笑眯眯地摸摸小和尚丙的小光头说道："我看好你哦！"

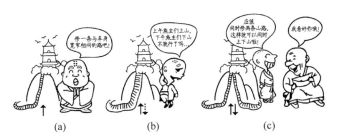

图 14.11 小和尚们的修路思想

分析故事并体会深意，小和尚甲的想法是只能单个方向通车，小和尚乙的想法是分时段实现"双向"通车，小和尚丙的想法是同时双向通车。聪明的读者肯定能感觉到小和尚丙的想法是最为合理的。将这个思想用到单片机串行通信中，假设有 A 和 B 两个通信对象，如果 A 只能发送数据，B 只能接收数据，或者说 A 只能接收数据，B 只能发送数据，那么此时的 A 与 B 就是单工通信方式，如图 14.12(a)所示，这也就是小和尚甲的想法；如果 A 与 B 可以分时段，某一时刻只能从一方到另一方，双方的身份可以互换，那么此时的 A 与 B 就是半双工通信方式，如图 14.12(b)所示，这也就是小和尚乙的想法；如果 A 和 B 双方在同一时刻既能发送数据又能接收数据，那么此时的 A 与 B 就是全双工通信方式，如图 14.12(c)所示，这也就是小和尚丙的想法。

1. 单工通信方式

在该方式中，通信双方的"角色"固定，一方只能是发送端，另一方只能是接收端。在单片机实

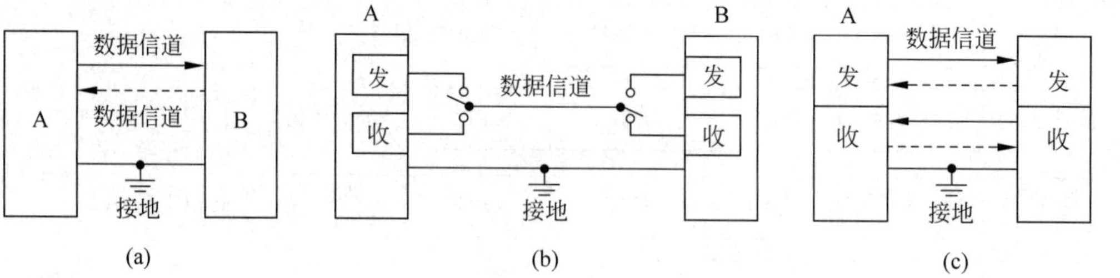

图 14.12　单工/半双工/全双工通信方式示意图

际应用中,单工方式运用得很多,例如,在单片机解析 GPS 数据实现定位的场景中,GPS 模块一般会引出电源正 VCC、电源地 GND、串行数据发送 TxD 和串行数据接收 RxD 这 4 根线。在保证 VCC 和 GND 正常连接后,只需将 GPS 模块的 TxD 引脚接到单片机的串行数据接收引脚即可。因为 GPS 模块上电后会向单片机数据接收引脚源源不断地发送解析后的定位数据包,在场景应用中,单片机不需要去配置 GPS 模块的内部参数,所以 GPS 模块的串行数据接收 RxD 引脚可以不接线(直接悬空处理就行),这种场景应用就是典型的单工通信方式(GPS 模块固定为发送端,单片机固定为接收端)。

2. 半双工通信方式

在该方式中,通信双方的"角色"可以分时切换,但在某一时刻下"角色"仍旧固定。在单片机实际应用中也广泛存在,例如,基于单片机和无线射频芯片制作的无线对讲机就有半双工模式,我们出差入住酒店,在退房的时候就会看到酒店前台服务员 A 拿起对讲机说:"6317 房间退房,请检查",随后松开对讲按钮,此时的 A 就从发送端变成接收端。过了一会儿对讲机中传来房间检查员 B 的声音:"6317 检查完毕,可以退房"。在这个通信场景中的信道是无线形式的,前台服务员 A 开始的时候为发送端,房间检查员 B 为接收端,当 A 说完话后随即转变为接收端,此时的 B 又变成了发送端。可以看出,A 和 B 是分时占用信道、分时转换"角色",某一时刻下的信息只能是单向传递(A 到 B 或 B 到 A),这种场景即为半双工通信方式的应用。

3. 全双工通信方式

在该方式中,通信双方拥有独立信道,"角色"固定无须分时切换。通信双方既能发送数据又能接收数据且互不影响。该模式在实际的单片机应用中最为常见。我们的双机通信、单片机与计算机上位机交互的时候就可以用到。在这种方式下,通信双方的数据线一般是"交叉相连",即把发送端的 TxD 引脚接到接收端的 RxD 引脚,然后又把发送端的 RxD 引脚接到接收端的 TxD 引脚即可。

14.2.5　收发时钟及通信速率

单片机通信过程中传送的都是一些二进制位组成的数据序列,位与位之间存在时间间隔,发送数据时由发送端时钟划分和定界数据间隔,接收数据时由接收端时钟划分和定界数据间隔。接下来,我们就对发送时钟、接收时钟、波特率、比特率、波特率因子等常用概念进行学习,也为后续STC8 系列单片机串口通信的参数配置做好知识铺垫。

1. 发送时钟

发送时钟是在发送端的内部产生(和通信速度不一样),负责控制内部数据的移位和输出。假设发送端是 STC8 系列单片机,在发送行为开始时,单片机会把片内总线的并行数据传送到芯片内部的移位寄存器中,该寄存器在发送时钟的控制下将数据进行移位输出,这样就实现了内部并行数据串行化输出的过程(假设要发送"0x66"这个十六进制数,最终会在 TxD 引脚上体现为

"01100110"的高低电平脉冲序列),发送数据位间的时间间隔就是由发送时钟周期所决定。

2. 接收时钟

接收时钟是在接收端的内部产生(和通信速度不一样),负责控制外部数据的移位输入,时钟节拍会直接影响数据位的划分、定界和重组。假设接收端也是STC8系列单片机,当RxD引脚上接收到了串行数据后(即一串高低电平脉冲序列),单片机内部电路就会在接收时钟的节拍下将数据位进行划分、定界,采样后就能知道数据位是1还是0,有了1/0判定后还不行,相关电路还得在接收时钟的控制下将采样得到的1/0数据逐位传入接收端内部移位寄存器,移位寄存器会把数据位进行"重组"(假设接收到了"01100110"的高低电平脉冲序列,最终就要转换为"0x66"这个十六进制数),这样就实现了串行数据到并行数据的转换,最终再把数据放到单片机内部总线上即可。接收数据位间的时间间隔及采样时隙就是由接收时钟周期所决定。

3. 波特率

在数据传输过程中,携带数据信息的单位叫"码元",每秒钟通过信道的码元数量称为码元传输速率(R_B),简称"波特率"或"码元速率"。码元是指在时域上对信号进行编码的最小单元,这里的信号可以是数字、符号等。对于同一个信号,根据编码和进制的不同,得到的码元位数也不一样(比如我们要传一个二进制的"1"只需要1b即可,但是要传一个十六进制的"1"可能需要4b)。所以波特率的大小与实际采用的编码及进制有关,其计算方法如式(14.3)所示,式中的"N"就代表实际数据的进制。

$$波特率(R_B) = \log_2 N \tag{14.3}$$

4. 比特率

比特率(R_b)又称"信息速率",用来描述在信道上每秒传输二进制位的多少,其计算方法如式(14.4)所示,计算结果的单位为b/s。

$$比特率(R_b) = \log_2 2 \tag{14.4}$$

波特率和比特率其实是两个不同的概念,但是在计算机或者电子类领域工作的开发人员通常不刻意区分两者,这是因为在计算机系统或者是电子类通信系统中,常采用二进制来表达信息,码元的进制就采用了二进制,所以当式(14.3)中的进制"N"等于2时就刚好与比特率的计算公式(14.4)相同,这时候1波特就相当于1比特就是1b/s。单片机串口通信常用的"波特率"有1200b/s、2400b/s、4800b/s、9600b/s、14 400b/s、19 200b/s、38 400b/s、56 000b/s、57 600b/s、115 200b/s等。

14.2.6 串行信道数据编码格式

我们将传输数据的通道称为信道。信道成为连接发送端和接收端的介质。如果按照介质类型划分,我们可将信道分为有线信道和无线信道(这两种信道在单片机应用系统中都很常见)。有线信道中传播的主要是电信号或光信号,无线信道中传播的主要是电磁波。如果按照信号类型划分,又将信道分为模拟信道和数字信道,这两种信道如图14.13所示。早期的电话机通信就采用模拟信号,电话线就属于模拟信道。信号的类型不同所选用的信道也不相同,若信道已经固定,则需将信号加以处理,以适配当前信道才能正常传输。

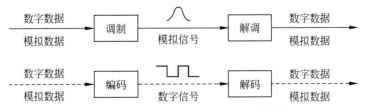

图14.13 模拟/数字信号传输过程及信道类型

分析图 14.13,调制和解调是为了让相关信号能在模拟信道中传输,调制和解调互为逆过程,调制是用基带信号去控制载波信号的某些参数,然后将信息荷载在载波信号上变成已调信号再进行传输,解调则是通过对应方法从已调信号中恢复出原始的基带信号。编码和解码是为了让相关信号能在数字信道中传输,编码和解码也互为逆过程,编码是用特定方法把代表的内容转换为数码或转换为电脉冲信号、光信号、无线电波等。解码则是用特定方法把数码还原成它所代表的内容或将电脉冲信号、光信号、无线电波等转换成它所代表的信息、数据的过程。在单片机通信系统中大多涉及数字信道,所以我们着重讲解编码形式。

对于数字信号传输来说,最简单、最常用的编码方法是用不同的电平来表达二进制的"1"和"0",也就是利用电压跳变组成的矩形脉冲表示数据组成。根据脉冲信号是否归零,还可以分为归零码和非归零码,归零码码元中间的信号会回归到低电平,也就是说,每个码元之间都会被低电平隔开,因此信息密度不高,而非归零码就不需要回归到低电平,信息密度较高。

在通信系统中常见的编码有不归零编码(NRZ)、曼彻斯特编码(Manchester)、差分曼彻斯特编码、密勒编码等(这些内容会在《信息论与编码》类书籍中进行讲解,属于电子信息类专业课程)。STC8 系列单片机的串口数据编码就采用了工业标准的 NRZ 编码。下面就以 NRZ 不归零编码为例,解说数据编码过程。

不归零编码(Non Return To Zero Line Code,NRZ)指的是一种二进制的信号代码,在这种传输方式中,高电平"1"用正电压信号表示,低电平"0"用负电压信号表示,在表示完一个码元后,电压不需要回归到"0",一个码元的宽度占用一个时钟脉冲的宽度,所以 NRZ 是一种全宽码。如图 14.14 所示为 $(1110\ 1100\ 0101\ 1010)_B$ 数据的 NRZ 编码方式。

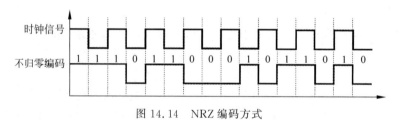

图 14.14　NRZ 编码方式

14.2.7　串口通信电平标准及适配

在单片机通信系统中常用的电平标准有 TTL 电平标准、CMOS 电平标准以及 EIA RS-232C 标准(实际工程中可能还会接触到 EIA RS-485C 标准、EIA RS-422C 标准等,这些标准留给朋友们自行扩展),了解这些标准的概念、区别和转换非常必要,接下来就对这些标准进行简要了解。

不同的单片机芯片内部电路材料及制造工艺不同,内部采用双极性三极管作为开关器件的单片机一般遵循 TTL 电平标准,内部采用 MOSFET 作为开关器件的单片机一般遵循 CMOS 电平标准,这两种电平标准又有不同的电压系列,如 5V TTL 电平标准或者 3.3V CMOS 电平标准,5V TTL 电平标准中驱动器的输出电压在 2.4V 以上就被认为是高电平,输出电压在 0.4V 以下就认为是低电平;5V CMOS 电平标准中驱动器的输出电压在 4.44V 以上才被认为是高电平,输出电压在 0.5V 以下就认为是低电平(具体器件的高低电平电压阈值请以芯片手册的参数为准)。

从电平划分上看,TTL 电平标准和 CMOS 电平标准都属于"正逻辑"电平标准(即用高电压表示高电平,用低电压表示低电平),但两个标准在电平阈值上有微小差异,如果胡乱互连两个不同电平标准的系统,可能会发生通信异常和数据混乱,这时候就需要进行电平转换,常规的转换方法在 4.5 节已经讲过,此处不再赘述。

RS-232C 标准的全称为 EIA RS-232C 标准,这里的"EIA"是美国电子工业协会(Electronic

Industry Association)的英文缩写。有不少单片机学习和开发人员经常把 EIA-RS-232 标准、"232"电平以及 MAX232 芯片混为一谈(这三者完全不同)。这里所讲的 EIA RS-232C 标准经常被简称为 RS-232 标准,这个标准的全名是"数据终端设备和数据通信设备之间串行二进制数据交换接口技术标准",它在单片机与 PC 或工业计算机通信中较为常见,这个标准里详细定义了串行通信接口的连接电缆、机械特性、电气特性、信号功能及传送过程。该标准中采用 $-3\sim15\text{V}$ 电压来表示逻辑高电平,用 $+3\sim+15\text{V}$ 电压来表示逻辑低电平,很明显,这与我们了解的 TTL/CMOS 电平标准完全不一样,这属于"负逻辑"电平标准(即用高电压表示低电平,用低电压表示高电平)。RS-232 标准中的这种负逻辑电平标准也经常简称为 232 电平标准,如果单片机系统(一般是 TTL/CMOS 电平标准)想要和 PC 或工业计算机(一般是 RS-232 电平标准)通信,则必须要涉及电平转换问题。

要解决这个问题就需要设计一个"正/负逻辑电平标准"的互转单元,该单元应能保证一定的转换速率,工作必须可靠且功耗也要适中。一些追求高性价比的场合多以三极管搭配阻容电路实现电平转换(一般适用于低速转换),但电路设计不太简化,受器件性能约束可能产生速率瓶颈和通信干扰。所以在实际产品中多用专用芯片去解决,如美信(MAXIM)公司生产的 MAX232 芯片或 MAX3232 芯片(适用时推荐进口原装芯片,市面上部分仿制芯片达不到电气指标,可能在运行过程中发烫烧毁)。

MAX3232 芯片是美信(MAXIM)公司专为 EIA/TIA 232E 标准以及 V.28/V.24 通信接口设计的单电源电平转换芯片,芯片使用 $3.3\sim5\text{V}$ 单电源供电,芯片功耗在 $5\mu\text{W}$ 内。MAX3232 系列芯片内部有一个电源电压转换器,可将输入端的 $3.3\sim5\text{V}$ TTL/CMOS 电平转换为 RS-232 协议中规定的负逻辑电压,最终实现双方通信。利用 MAX3232 芯片搭建的转换电路如图 14.15 所示,图中 U1 即为 MAX3232 核心芯片,C1 和 C2 电容构成了电源滤波去耦电路,C3、C4、C5 和 C6 是芯片内部升压转换所需电容(耐压值需高于 16V),发光二极管 D1 用作电源指示,R1 为电源指示电路的限流电阻,P1 为功能排针,J1 和 J2 为两个 DB-9 串口接口,需要说明的是,J1 和 J2 的第 5 脚必须接地不能悬空,很多朋友在自行设计时忘记连接第 5 脚,导致通信失败。

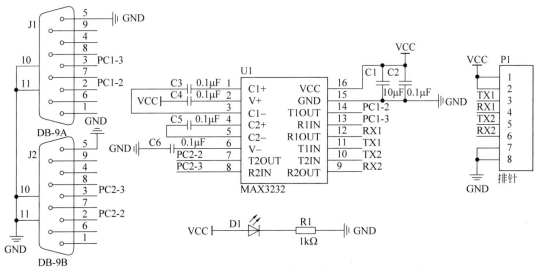

图 14.15 MAX3232 典型电路原理图

14.2.8 常用串行通信接口

朋友们,我们一起回忆一下台式计算机或者笔记本上都有哪些外设接口呢?鼠标、键盘接在 PS/2 或 USB 接口上,显示器接在 VGA、DVI 或 HDMI 接口上,网线接在 RJ-45 接口上。现在的台式计算机和笔记本更新速度越来越快,外设端口的升级也越来越频繁,老式计算机上的很多接口都已经悄悄消失了,例如,实现小数据量软盘读写的软驱接口、实现针式打印机连接的并行数据接口、实现 Modem 时代电话拨号上网的 RJ-11 接口,还有 EIA RS-232C 协议串行通信的 DB-25 或是 DB-9 接口等。虽说商用或家用计算机上已经逐渐取消了 EIA RS-232C 协议串行通信接口,但在单片机产品或者工业计算机控制领域中 DB-25 和 DB-9 接口仍在广泛使用,不少的仪器仪表上也留有此类接口。其实这类接口并非 EIA 所规定,在 EIA RS-232C 协议发布后,并未强制规定接口种类,众多厂家和制造商采用的机械接口多种多样,如 25 针脚的 DB-25、9 针脚的 DB-9、15 针脚的 DB-15 等,后来 IBM 的计算机上广泛采用了 DB-9 接口,所以也影响了行业中串行接口的形态。接下来,我们就对常用的 DB-25 和 DB-9 接口进行学习。

　　DB-25 串行接口有 25 个引脚,这些引脚定义了串行数据发送和接收、串行通信时钟、串行数据收发指示、电流环信号检测、载波检测与控制等功能,在早期的串行通信中 DB-25 较为常见,因为这个接口的功能很全面。但在很多简单的通信场景中,该接口的某些功能并不经常使用,有的功能甚至用不到,但是接口和线缆又必须要适配 25 针,线路造价就比较高,因此,DB-25 接口的使用量逐渐变少。图 14.16(a)为 DB-25 公头引针排列序号,图 14.16(b)为 DB-25 母头引针排列序号,DB-25 接口常用引针及功能描述如表 14.2 所示(为了方便读者实际应用,表格中将 DB-25 接口与 DB-9 接口做了对应讲解)。

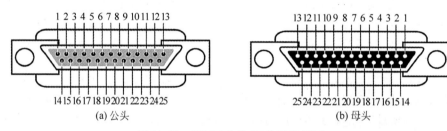

图 14.16　DB-25 公头/母头引针排列

表 14.2　DB-25 在 DB-9 上对应的引针名称及功能定义

引　脚	名　称	作　用	引　脚	名　称	作　用
2	TxD	串口数据发送	7	GND	地线
3	RxD	串口数据接收	8	DCD	数据载波检测
4	RTS	发送数据请求	20	DTR	数据终端就绪
5	CTS	清除发送	22	RI	振铃提示
6	DSR	数据发送就绪			

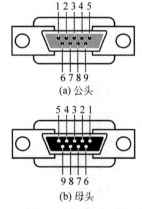

(a) 公头

(b) 母头

图 14.17　DB-9 公头/母头
引针排列

　　DB-9 接口其实是 DB-25 接口的简化版本,DB-9 去除了不常用的引脚定义,仅保留了串行数据发送和接收、串行通信时钟、串行数据收发指示、载波检测与控制等功能引脚。DB-9 接口不支持电流环检测,在实际应用时可以根据需要挑选其中的个别引脚加以运用,例如,一些符合 RS-232C 标准的设备与 PC 进行通信时可以只连接 TxD、RxD 和 GND 这三根线。还有一些符合 RS-232C 标准的单工方式通信设备与 PC 通信时只需连接 TxD/RxD 和 GND 即可。图 14.17(a)为 DB-9 公头引针排列序号,图 14.17(b)为 DB-9 母头引针排列序号,各引针功能定义如表 14.3 所示。

　　特别要注意,在市面上 DB-25 和 DB-9 接口都有对应的线缆,连接线缆又分为直连线和交叉线,应注意选用线缆类型,以免线序不同导致线路连接失败。最简单的判断直连线和交叉线的方法就是借助万用表等仪器对引脚进行连通性测量。

表 14.3 DB-9 引针名称及功能定义

引 脚	名 称	作 用	引 脚	名 称	作 用
1	DCD	数据载波检测	6	DSR	数据设备准备就绪
2	RxD	串口数据接收	7	RTS	请求发送
3	TxD	串口数据发送	8	CTS	清除发送
4	DTR	数据终端就绪	9	RI	振铃提示
5	GND	地线			

14.3 UART 资源简介及配置

有了数据通信基础知识铺垫就可以正式开始 STC8 系列单片机 UART 资源学习了。我们以 STC8H 系列单片机为例，该系列单片机具备 4 个全双工异步串行口（UART1～UART4）。每个串口资源内部都配置了两个数据缓冲器（一个管发送，一个管接收，两者相互独立互不影响）、一个移位寄存器（负责数据的串/并转换）、一个串行控制寄存器（负责收发控制）和一个波特率发生器（规定串口通信的速率），单元的构成上非常完备。每个串口都支持不同的工作模式（特别是串口 1，支持 4 种工作模式，这里的"工作模式"可以理解为不同的数据帧结构、配置方法和适用场景），每个串口都可以同时发送和接收数据，串口的收发引脚还能在不同的 I/O 端口之间实现切换（甚至可以分时地把 4 个串口变成 8 个串口去用），使用起来很灵活。

14.3.1 串口寄存器分类及串口 1 配置

这么强大的串口资源要如何配置呢？想要实现功能配置就必须要了解串口资源的相关寄存器（详细一览见图 14.18）。串口的本质是实现数据的收发，所以必须要配备"数据寄存器"（即一览图中第 1 项，内部包含发送缓冲器和接收缓冲器单元）。

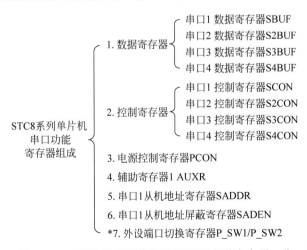

图 14.18 STC8H 系列单片机 UART 相关寄存器一览

串口通信时还会涉及工作模式、波特率产生、多机通信、收发数据位及中断请求标志位等内容，这就需要单独设立"控制寄存器"去负责（即图 14.18 中的第 2 项）。

除此之外，STC8 系列单片机在进行串口通信时还会涉及一些特殊的配置，例如，波特率是否加倍、定时器速率如何选择等，可用"电源控制寄存器"（即一览图中第 3 项）或"辅助寄存器 1"（即一览图中第 4 项)去配置;又如多机通信时可能涉及从机地址的过滤、匹配与屏蔽,这时候还得需要串口 1"从机地址寄存器"(即一览图中第 5 项)和串口 1"从机地址屏蔽寄存器"(即一览图中第 6 项)去配合。

4 个串口资源的引脚还能在不同的 I/O 端口进行切换,所以还得用到"外设端口切换寄存器"(即一览图中第 7 项)。

整体上看 STC8H 系列单片机比 STC 早期单片机的串口功能要强大很多,不只是串口数量增多了,功能也更强了。我们暂且收住好奇心,先整理思绪、引出问题、明确配置步骤后才能顺利"拿下"串口资源。串口要实现通信就必须具备收发双方,双方应遵守同一套约定(例如波特率约定、数据帧结构约定等)。对于初学者来说,应该先提出问题,然后逐一解决。在此,我们就以 STC8H 系列单片机的 UART1 资源为例,引出以下疑问。

问题 1:串口资源的收发引脚实际占用哪个 I/O 口?

问题 2:通信数据帧格式怎么定? 能否允许数据接收? 发送/接收完成后有什么动作?

问题 3:收发双方统一数据帧格式后,通信波特率怎么配置?

问题 4:如何把数据发送出去或接收进来?

问题 5:若采用多机通信且考虑从机功耗,如何配置地址过滤功能?

接下来我们逐一对问题进行解答,先来解决第 1 个问题,即串口资源的收发引脚实际占用哪个 I/O 口? 对于串口 1,数据收发引脚就是 RxD/TxD,类似地,串口 2 就是 RxD2/TxD2、串口 3 就是 RxD3/TxD3、串口 4 就是 RxD4/TxD4。

这些功能引脚都有默认配置(例如串口 1 的 RxD 引脚默认为 P3.0,TxD 引脚默认为 P3.1),我们也可以通过单片机外设端口切换寄存器进行调配(比如将串口 1 的 RxD 引脚调整到 P3.6,TxD 引脚调整到 P3.7)。外设端口切换寄存器相关位的取值决定了串口通信引脚的实际配置,切换寄存器有两个(P_SW1 和 P_SW2),相关位定义及功能说明如表 14.4 与表 14.5 所示。

表 14.4   STC8H 系列单片机外设端口切换寄存器 1

外设端口切换寄存器 1(P_SW1)							地址值:(0xA2)ₕ
位　数	位 7	位 6	位 5	位 4	位 3	位 2	位 1	位 0
位名称	S1_S[1:0]		—	—	SPI_S[1:0]		—	—
复位值	n	n	x	x	0	0	0	x
位　名	位含义及参数说明							
S1_S [1:0] 位 7:6	串口 1 功能引脚选择							
	00	RxD 为 P3.0,TxD 为 P3.1			01	RxD 为 P3.6,TxD 为 P3.7		
	10	RxD 为 P1.6,TxD 为 P1.7			11	RxD 为 P4.3,TxD 为 P4.4		

表 14.5   STC8H 系列单片机外设端口切换寄存器 2

外设端口切换寄存器 2(P_SW2)							地址值:(0xBA)ₕ
位　数	位 7	位 6	位 5	位 4	位 3	位 2	位 1	位 0
位名称	EAXFR	—	I2C_S[1:0]		CMPO_S	S4_S	S3_S	S2_S
复位值	0	x	0	0	0	0	0	0
位　名	位含义及参数说明							
S4_S 位 2	串口 4 功能引脚选择							
	0	RxD4 为 P0.2,TxD4 为 P0.3						
	1	RxD4 为 P5.2,TxD4 为 P5.3						
S3_S 位 1	串口 3 功能引脚选择							
	0	RxD3 为 P0.0,TxD3 为 P0.1						
	1	RxD3 为 P5.0,TxD3 为 P5.1						

外设端口切换寄存器 2(P_SW2)   地址值：(0xBA)$_H$

S2_S 位 0	串口 2 功能引脚选择	
	0	RxD2 为 P1.0，TxD2 为 P1.1
	1	RxD2 为 P4.6，TxD2 为 P4.7

若用户需要用 C51 语言编程配置串口 1 的 RxD 为 P1.6 引脚、TxD 为 P1.7 引脚且串口 3 的 RxD3 为 P5.0 引脚、TxD3 为 P5.1 引脚，可编写语句：

```
P_SW1& = 0x0F;        //清零 S1_S[1:0]位
P_SW1| = 0x80;        //将 S1_S[1:0]赋值为"10"，调整串口 1 功能引脚
P_SW2| = 0x02;        //将 S3_S 赋值为"1"，调整串口 3 功能引脚
```

接着解决第 2 个问题，即通信数据帧格式怎么定？能否允许数据接收？发送/接收完成后有什么动作？第 2 问中包含 3 小问，这些配置都与串口控制寄存器有关。我们以串口 1 为例(学会了串口 1 也能触类旁通串口 2/3/4，它们的控制寄存器内容与串口 1 类似)，该寄存器的相关位定义及功能说明如表 14.6 所示。

表 14.6　STC8H 系列单片机串口 1 控制寄存器

串口 1 控制寄存器(SCON)   地址值：(0x98)$_H$

位　数	位 7	位 6	位 5	位 4	位 3	位 2	位 1	位 0
位名称	SM0/FE	SM1	SM2	REN	TB8	RB8	TI	RI
复位值	0	0	0	0	0	0	0	0
位　名	位含义及参数说明							

位名	位含义及参数说明
SM0/FE 及 **SM1** 位 7:6	SM0 与 SM1 用作帧错误检测标志或工作模式配置位 　　当电源控制寄存器 PCON 中的 SMOD0 位为"1"时，该位为帧错误检测标志位。当 UART 在接收过程中检测到一个无效停止位时，该位会被置 1，改为必须由软件清零。当电源控制寄存器 PCON 中的 SMOD0 位为"0"时(默认状态)，该位与 SM1 位一起用于指定串口 1 的工作模式

SM0	SM1	串口 1 工作模式	功能说明
0	0	模式 0	同步移位串行方式(伪通信)
0	1	模式 1	可变波特率 8 位数据方式(181 结构)
1	0	模式 2	固定波特率 9 位数据方式(1811 结构)
1	1	模式 3	可变波特率 9 位数据方式(1811 结构)

位名	位含义及参数说明
SM2 位 5	多机通信控制位 　　该位适合用于多机通信模式下(即模式 2 或模式 3)，不适合用在非多机通信模式下(即模式 0 或模式 1)，所以在非多机模式下应将该位清零。 　　当串口 1 使用多机通信模式时，如果 SM2 位为"1"且 REN 位为"1"(意思就是单片机正处于多机通信且允许接收的状态下)，则接收机处于地址帧筛选的状态。此时可利用接收到的第 9 位(即 RB8 位)来筛选地址帧，若 RB8 位为"1"，说明该帧是地址帧，我们可以从 SBUF 接收寄存器中取回帧数据然后在中断服务函数中进行地址号比较，若 RB8 位为"0"，说明该帧不是地址帧，单片机应丢掉该帧且将 RI 标志位清零。 　　当串口 1 使用多机通信模式时，如果 SM2 位为"0"且 REN 位为"1"，则接收机处于禁止地址帧筛选的状态，此时不管 RB8 位是"1"还是"0"，均接收信息并存入 SBUF 接收寄存器中，接收完毕后 RI 位自动置"1"，此时的 RB8 位通常用作校验位

串口 1 控制寄存器（SCON）		地址值：(0x98)$_H$
REN **位 4**	允许/禁止串口接收控制位	
	0	禁止串口接收数据
	1	允许串口接收数据
TB8 **位 3**	发送数据的第 9 位 　　串口 1 使用模式 2 或模式 3 时，TB8 位为欲发送的第 9 位数据（因为数据位从 0 排序，到了 TB8 就刚好是第 9 位），该位可由软件置"1"或清"0"。在模式 0 和模式 1 中，该位不用，保持为 0 即可	
RB8 **位 2**	接收数据的第 9 位 　　串口 1 使用模式 2 或模式 3 时，RB8 位为接收到的第 9 位数据（因为数据位从 0 排序，到了 RB8 就刚好是第 9 位），该位相当于一个"可编程"位，可以用作校验位，也可以用其区分当前数据帧的类型（如该帧是地址帧，或者是一个普通的数据帧），该位可由软件置"1"或清"0"。在模式 0 和模式 1 中，该位不用，保持为 0 即可	
TI **位 1**	串口 1 发送中断请求标志位 　　串口 1 工作在模式 0 时（即同步移位串行方式），当发完数据的第 8 位后，硬件会自动将该位置"1"同时向 CPU 发出中断请求，CPU 响应中断后可用软件将该位清零以备下一次中断所需 　　串口 1 工作在其他模式时，当发送停止位时，硬件会自动将该位置"1"同时向 CPU 发出中断请求，CPU 响应中断后可用软件将该位清零以备下一次中断所需	
RI **位 0**	串口 1 接收中断请求标志位 　　串口 1 工作在模式 0 时（即同步移位串行方式），当数据的第 8 位接收完成后，硬件会自动将该位置"1"同时向 CPU 发出中断请求，CPU 响应中断后可用软件将该位清零以备下一次中断所需。 　　串口 1 工作在其他模式时，当接收到停止位时，硬件会自动将该位置"1"同时向 CPU 发出中断请求，CPU 响应中断后可用软件将该位清零以备下一次中断所需	

　　若用户需要用 C51 语言编程配置串口 1 为工作模式 1，即波特率可变的 8 位数据方式（这种方式最为常用，数据帧满足"181"结构，即 1 个起始位＋8 个数据位＋1 个停止位），然后允许串口 1 接收数据，可编写语句：

```
SCON = 0x50;              //SM0 与 SM1 为"01"且 REN 为"1"
```

　　接着解决第 3 个问题，即收发双方统一数据帧格式后，通信波特率怎么配置？其实不同串口在不同的工作模式下波特率产生的来源各不相同，有可能是系统时钟 f_{SYSCLK} 产生波特率（如串口 1 的工作模式 0 和模式 2），也有可能是定时器 1 或定时器 2 产生波特率（如串口 1 的工作模式 1 和模式 3），也有可能是定时器 2 单独产生波特率（如串口 2 的工作模式 0 和模式 1），又有可能是定时器 2 或定时器 3 产生波特率（如串口 3 的工作模式 0 和模式 1），还有可能是定时器 2 或定时器 4 产生波特率（如串口 4 的工作模式 0 和模式 1）。串口 2/3/4 的波特率来源与配置方法与串口 1 类似，故而后续以串口 1 为例进行讲解。

　　除了波特率产生来源存在不同之外，在每种工作模式下波特率的计算方法也有差异（需要对应不同的公式去计算，朋友们看到"公式"也别"害怕"，这些公式都大同小异，很多模式用到的公式都是同一个，只涉及简单的加减乘除运算，所以没有难度），这样一来，具体的波特率配置就要按工作模式去确定了，在这里先不展开各串口工作模式和计算公式的讲解，这部分内容放在后续小节中展开。

　　波特率如果由系统时钟 f_{SYSCLK} 负责产生(针对串口1工作模式0和模式2)那就很简单了(因为不需要定时计数器的参与,也就没有过多的计算)。工作模式0的波特率配置与系统时钟和UART_M0x6功能位有关(这个位在辅助寄存器AUXR之中)。工作模式2的波特率配置与系统时钟和SMOD功能位有关(这个位在电源管理寄存器PCON之中)。

　　波特率如果由定时器1或定时器2负责产生(针对串口1工作模式1和模式3)那就稍微复杂一些(因为需要配置定时计数器的角色、速率、工作模式,还需要根据公式计算定时初值)。串口1工作模式1和模式3都支持定时器1模式0(16位自动重载)、定时器1模式2(8位自动重载,计算定时初值时需要考虑SMOD位)和定时器2(16位自动重载)等方式产生波特率。

　　在波特率的配置过程中经常会用到UART_M0x6、SMOD等功能位,所以必须要掌握辅助寄存器AUXR和电源管理寄存器PCON中的内容,这两个寄存器的相关位定义及功能说明如表14.7与表14.8所示。

表 14.7　STC8H 系列单片机辅助寄存器 1

辅助寄存器 1(AUXR)							地址值:(0x8E)$_{\text{H}}$
位　数	位 7	位 6	位 5	位 4	位 3	位 2	位 1	位 0
位名称	T0x12	T1x12	UART_M0x6	T2R	T2_C/T	T2x12	EXTRAM	S1ST2
复位值	0	0	0	0	0	0	0	1

位　名		位含义及参数说明
T0x12 位 7		T0 速率控制位
	0	工作在 12T 模式,即 f_{SYSCLK} 的 12 分频
	1	工作在 1T 模式,即 f_{SYSCLK} 不分频
T1x12 位 6		T1 速率控制位
	0	工作在 12T 模式,即 f_{SYSCLK} 的 12 分频
	1	工作在 1T 模式,即 f_{SYSCLK} 不分频
UART_M0x6 位 5		串口 1 工作模式 0 通信速度控制
	0	串口 1 工作模式 0 波特率不加倍,固定为 f_{SYSCLK} 的 12 分频
	1	串口 1 工作模式 0 波特率 6 倍速,固定为 f_{SYSCLK} 的 2 分频
T2R 位 4		T2 运行控制位
	0	定时器 2 停止计数
	1	定时器 2 开始计数
T2_C/T 位 3		T2 角色配置位
	0	T2 作为定时器(对内部系统时钟脉冲进行计数获得定时时长)
	1	T2 作为计数器(对 T2/P1.2 引脚外部脉冲进行计数获得事件次数)
T2x12 位 2		T2 速率控制位
	0	工作在 12T 模式,即 f_{SYSCLK} 的 12 分频
	1	工作在 1T 模式,即 f_{SYSCLK} 不分频
EXTRAM 位 1		扩展 RAM 访问控制位
	0	允许访问内部扩展 RAM 单元
	1	禁止访问内部扩展 RAM 单元
S1ST2 位 0		串口 1 波特率产生来源选择
	0	由定时器 1 产生波特率
	1	由定时器 2 产生波特率

表 14.8　STC8H 系列单片机电源管理寄存器

电源管理寄存器（PCON）						地址值：(0x87)$_H$	
位　数	位 7	位 6	位 5	位 4	位 3	位 2	位 1	位 0
位名称	SMOD	SMOD0	LVDF	POF	GF1	GF0	PD	IDL
复位值	0	0	1	1	0	0	0	0

位　名		位含义及参数说明
SMOD **位 7**		串口 1 波特率控制位
	0	串口 1 各模式下的波特率不加倍
	1	串口 1 工作模式 1、模式 2、模式 3 下的波特率加倍注意：对于串口 1 模式 1 和模式 3 而言，只有在选择定时器 1 模式 2（8 位自动重载，计算定时初值时需要考虑 SMOD 位）作为波特率产生来源时，SMOD 位才会影响波特率的大小
SMOD0 **位 6**		帧错误检测控制位
	0	禁用帧错误检测功能
	1	启用帧错误检测功能，此时串口 1 控制寄存器 SCON 中的 SM0/FE 位为帧错误检测标志位（即 FE 功能位）

若用户需要用 C51 语言编程配置串口 1 工作在模式 0（即同步移位串行方式），且波特率保持 6 倍速（即固定为 f_{SYSCLK} 的 2 分频），还要允许数据的接收，可编写语句：

```
SCON = 0x00;                    //SM0 与 SM1 为"00"且 REN 为"1"
AUXR| = 0x20;                   //UART_M0x6 为"1"波特率保持 6 倍速
```

若用户需要用 C51 语言编程配置串口 1 工作在模式 3（多机通信）且允许数据的接收，选择定时器 1 模式 2 作为波特率产生来源，要求考虑到波特率"加倍"的情况，可编写语句：

```
SCON = 0xF0;                    //SM0、SM1、SM2 为"111"且 REN 为"1"
PCON| = 0x80;                   //SMOD 为"1"波特率加倍
//PCON&= 0x7F;                  //SMOD 为"0"波特率不加倍
```

接着解决第 4 个问题，即如何把数据发送出去或接收进来？数据的收发会用到数据寄存器，串口 1 到串口 4 的数据寄存器都是类似的，所以小宇老师给它们做了个大集合，这 4 个寄存器的相关位定义及功能说明如表 14.9 所示。

表 14.9　STC8H 系列单片机串口数据寄存器

串口 1 数据寄存器（SBUF）						地址值：(0x99)$_H$	
位　数	位 7	位 6	位 5	位 4	位 3	位 2	位 1	位 0
位名称				SBUF[7:0]				
串口 2 数据寄存器（S2BUF）						**地址值：(0x9B)$_H$**	
位　数	位 7	位 6	位 5	位 4	位 3	位 2	位 1	位 0
位名称				S2BUF[7:0]				
串口 3 数据寄存器（S3BUF）						**地址值：(0xAD)$_H$**	
位　数	位 7	位 6	位 5	位 4	位 3	位 2	位 1	位 0
位名称				S3BUF[7:0]				
串口 4 数据寄存器（S4BUF）						**地址值：(0x85)$_H$**	
位　数	位 7	位 6	位 5	位 4	位 3	位 2	位 1	位 0
位名称				S4BUF[7:0]				
复位值	0	0	0	0	0	0	0	0

续表

串口 1 数据寄存器（SBUF）	地址值：$(0x99)_H$

位　名	位含义及参数说明
SBUF **[7:0]** **位 7:0**	串口数据接收/发送缓冲区 　　串口 1 到串口 4 的 SBUF 都是类似的，我们以串口 1 的 SBUF 为例来讲解。SBUF 实际由发送缓冲器和接收缓冲器一同构成，这两个缓冲器名称都叫 SBUF 但物理空间不同（同名、同地址但不同空间，比如我住男生寝室 1A101，我同学也住 1A101，并不能说我俩晚上是睡在一个床上），若程序对 SBUF 进行读操作，相当于从接收缓冲区取回数据，若程序对 SBUF 进行写操作，相当于把数据传送到发送缓冲器中

若用户需要用 C51 语言编程通过串口 1 发送一个数据（假设是变量 x），可编写语句：

SBUF = x;　　　　　　　　　　//通过串口 1 发送数据 x

若用户需要用 C51 语言编程通过串口 1 接收一个数据并赋值给变量 x，可编写语句：

x = SBUF;　　　　　　　　　　//通过串口 1 接收数据并赋值给 x

　　从表面上看，这两条语句只是在赋值运算的方向上不同，其实不然，第一条语句的 SBUF 是发送缓冲器，第二条语句的 SBUF 是接收缓冲器。这要怎么区分呢？我们来做个比喻，这里的 SBUF 好比"快递员"，这里的"x"好比我们自己。第一条语句中是我把东西给快递员，这无疑是发快递的过程；第二条语句是快递员把东西给我，那无疑是收快递的过程。

　　最后来解决第 5 个问题，即若采用多机通信且考虑从机功耗，如何配置地址过滤功能？这个地址过滤功能也叫自动地址识别功能，这个功能可能对于很多朋友来说都算是"新知识"，因为在传统的 STC 单片机中并没有这样的功能和相关寄存器。

　　那这个功能是做什么的呢？是如何发挥作用的呢？这个功能主要用在多机通信场景中，打个比方，有 10 个单片机通过串口互连在一起，选取其中 1 个单片机作为"主机"，另外 9 个单片机作为从机，那为了区分从机"身份"，就必须给每个从机一个专属地址。有了不同的从机地址后就可以开始通信了。

　　一般情况下，从机应该工作在正常模式或空闲模式（这是两种不同的运行模式，对应不同的系统功耗，此处仅做个了解，详细的内容会在第 20 章展开讲解）。当主机发送带有地址信息（特定的从机地址）的数据到通信网络时，所有的从机都会检测到这个动作，那是不是所有的从机都得接收这些信息并进入中断处理呢？并不是这样，这时候"地址过滤"功能就开始发挥作用了，每个从机会启动地址比对过程，若主机发送的地址信息与本机地址一致则接收该信息，若与本机地址不一样则直接丢弃该信息，根本不用进入中断。这样一来就把不符合本机地址的数据"拒之门外"了，这样做既节省了从机功耗又简化了数据处理。

　　看来这个"地址过滤"功能是真有用，该功能的配置需要用到串口 1 从机地址寄存器和串口 1 从机地址屏蔽寄存器，这两个寄存器的相关位定义及功能说明如表 14.10 所示。

表 14.10　STC8H 系列单片机串口 1 从机地址控制寄存器

串口 1 从机地址寄存器（SADDR）							地址值：$(0xA9)_H$
位　数	位 7	位 6	位 5	位 4	位 3	位 2	位 1	位 0
位名称	SADDR[7:0]							
复位值	0	0	0	0	0	0	0	0

串口 1 从机地址屏蔽寄存器（SADEN）							地址值：(0xB9)$_H$
位 数	位 7	位 6	位 5	位 4	位 3	位 2	位 1	位 0
位名称	SADEN[7:0]							
复位值	0	0	0	0	0	0	0	0
位 名	位含义及参数说明							
SADDR SADEN 位 7:0	从机地址寄存器与从机地址屏蔽寄存器 　　SADDR 用于存放从机的本机地址，SADEN 用于设置地址信息中的忽略位，这两个寄存器 互相搭配就能在多机通信时自动匹配与从机相同的地址帧，从而实现地址过滤，降低从机功耗							

启用从机地址识别功能之前需要进行本机配置检查，首先要确保主机和从机本身工作在多机通信模式下，即选定工作模式 2/3 且从机 SCON 寄存器中的 SM2 位为"1"。在多机通信时，数据帧的结构为"1811"结构，数据的第 9 位就充当"地址/数据标志位"，当第 9 位数据为"1"时，表示前面的 8 位数据为地址信息，反之为普通数据信息。当从机接收到主机发来的带有地址信息的数据时会触发地址识别过程，单片机将接收到的地址信息与本机 SADDR、SADEN 寄存器中所设置的地址进行比较，若地址匹配成功，RI 标志位会被硬件自动置"1"并向 CPU 提出中断请求，否则舍弃本次接收的串口数据。

启用从机地址识别功能时需要同时配置 SADDR 与 SADEN 寄存器，SADDR 中存放从机地址，SADEN 中选择性地屏蔽个别位（SADEN 的取值会与 SADDR 中的值进行逐一对应，SADEN 中为"0"的位就代表屏蔽，为"1"的位就代表选择）。

举个例子，如果 SADDR 寄存器的取值为 $(11001010)_B$，SADEN 寄存器的取值为 $(10000001)_B$，则选择后的地址就是 $(1xxxxxx0)_B$（x 表示该位取值任意），只要主机送出的地址信息中 bit0 为"0"且 bit7 为"1"就可以和本机地址相匹配。

再举个例子，如果 SADDR 寄存器的取值为 $(11001010)_B$，SADEN 寄存器的取值为 $(00001111)_B$，则选择后的地址就是 $(xxxx1010)_B$，只要主机送出的地址信息中低四位为"1010"就可以和本机地址相匹配。

14.3.2　工作模式 0："伪通信"串/并转换模式

串口 1 的工作模式有四种，是所有串口资源中最为丰富的。当串口 1 控制寄存器 SCON 中的 SM0/FE 位为"0"（前提是 SM0/FE 位没有用作帧错误检测标志位的时候）且 SM1 位为"0"时串口 1 就工作在模式 0。该模式是"同步移位寄存器"模式，简单地说，这种模式仅实现了数据的串/并转换，不存在数据帧结构，也没有起始位和停止位，所以这不算是真的通信数据帧，所以小宇老师将其称作"伪通信"模式。

该模式的波特率（也就是数据转换速度）只与 UART_M0x6 功能位和单片机系统时钟 f_{SYSCLK} 有关（UART_M0x6 是串口 1 模式 0 通信速度控制位，位于辅助寄存器 AUXR 中），整个配置过程中不需要用到额外的定时/计数器单元，所以使用起来非常简单。该模式的波特率计算公式如表 14.11 所示。

表 14.11　串口 1 工作模式 0 波特率计算方法

UART_M0x6 位	波特率计算公式
0	波特率 $= \dfrac{f_{SYSCLK}}{12}$
1	波特率 $= \dfrac{f_{SYSCLK}}{2}$

该模式下的 RxD 引脚为串行数据线，TxD 引脚为同步移位脉冲线，发送和接收的数据都是 8 位长度（特别注意：串口 1 工作在模式 0 时必须要将多机通信控制位 SM2 清零，这样就不用考虑 TB8 和 RB8 这两位了），数据传输时是低位在前，高位在后（比如要传送一个十六进制数据 $(0x8F)_H$，转换为二进制数就是 $(10001111)_B$，实际传送的顺序是 11110001）。

串口 1 工作模式 0 数据发送时序样式如图 14.19 所示。当单片机程序向 SBUF 寄存器赋值时（就相当于把数据送到了发送缓冲器中），此时会启动发送过程，串口的 TxD 引脚会产生一定速率的移位脉冲（速率大小要看波特率的配置），在移位脉冲的下降沿时 RxD 引脚上会传出移位后的数据（低位在前，高位在后）。若数据发送完毕，则 TI 标志位会被硬件自动置"1"并向 CPU 提出中断请求（用户应软件清零 TI 标志位，为下一次的数据发送做好准备）。

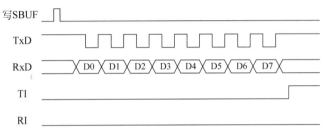

图 14.19　串口 1 模式 0 发送数据时序

串口 1 工作模式 0 数据接收时序样式如图 14.20 所示。在接收数据前，单片机程序要做一些"准备"工作（例如，软件清零 RI 接收标志位并将 REN 置"1"允许数据的接收）。准备工作完成后就开始等待，串行数据到来时 TxD 引脚会产生移位脉冲，在移位脉冲的上升沿串口内部电路会采样 RxD 引脚上的状态（即读回串行数据位，读取到的数据位也是低位在前，高位在后），这些数据位会在串口内部移位寄存器的控制下逐位拼合，重新变成一个数据字节，最终放到接收缓冲器中。若数据接收完毕，则 RI 标志位会被硬件自动置"1"并向 CPU 提出中断请求（用户应软件清零 RI 标志位，为下一次的数据接收做好准备）。

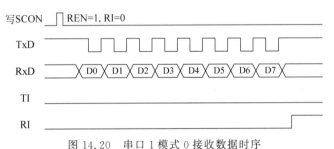

图 14.20　串口 1 模式 0 接收数据时序

有的朋友可能对"伪通信"模式产生了疑惑，这种串/并数据转换有什么实际的意义吗？当然是有的，我们可以在 TxD 和 RxD 引脚外接一个串入并出移位寄存器芯片（例如 74LS164 芯片），这样一来就用 2 个 I/O 引脚得到了 8 个 I/O 引脚，实现了引脚资源的扩展，利用这种方法，我们可以驱动流水灯、驱动多位数码管、驱动多路继电器等，控制上非常方便（这类电路和应用非常多，受限于篇幅不做过多拓展，朋友们可以自行延伸）。

若用户需要用 C51 语言编程配置串口 1 工作在模式 0 且允许数据的接收，波特率保持 6 倍速（即固定为 f_{SYSCLK} 的 2 分频），可编写该模式下的初始化函数 UART1_Init() 如下。

```
void UART1_Init(void)          //串口 1 模式 0 初始化函数
{
    SCON = 0x00;               //"伪通信"方式,允许数据接收
```

```
    AUXR |= 0x20;              //UART_M0x6 为"1"波特率保持 6 倍速
    RI = 0;TI = 0;            //清除接收数据标志位和发送数据标志位
}
```

14.3.3　工作模式 1："181"结构可变速率模式

当串口 1 控制寄存器 SCON 中的 SM0/FE 位为"0"（前提是 SM0/FE 位没有用作帧错误检测标志位的时候）且 SM1 位为"1"时串口 1 就工作在模式 1。该模式是"181"数据帧结构且可变波特率模式，这里的"181"是小宇老师上单片机课时的叫法，目的是为了便于记忆，这三个数字代表 1 个起始位、8 个数据位和 1 个停止位，加起来就有 10 个数据位（特别注意：串口 1 工作在模式 1 时一般会将多机通信控制位 SM2 清零）。

该模式的应用最为常见，RxD 引脚为串行数据接收线，TxD 引脚为串行数据发送线，这两条线路互相独立（不同于串口 1 的工作模式 0），负责数据传输的两个方向，串口工作在全双工方式下。该模式可由定时器 1 或定时器 2 产生波特率，波特率的取值可由我们自己调配。该模式的波特率计算公式如表 14.12 所示。

表 14.12　串口 1 工作模式 1 波特率计算方法

定 时 器	定时器速度	波特率计算公式
定时器 2	1T	定时器 2 重载值 $= 65\,536 - \dfrac{f_{\text{SYSCLK}}}{4 \times 波特率}$
	12T	定时器 2 重载值 $= 65\,536 - \dfrac{f_{\text{SYSCLK}}}{12 \times 4 \times 波特率}$
定时器 1 模式 0	1T	定时器 1 重载值 $= 65\,536 - \dfrac{f_{\text{SYSCLK}}}{4 \times 波特率}$
	12T	定时器 1 重载值 $= 65\,536 - \dfrac{f_{\text{SYSCLK}}}{12 \times 4 \times 波特率}$
定时器 1 模式 2	1T	定时器 1 重载值 $= 256 - \dfrac{2^{\text{SMOD}} \times f_{\text{SYSCLK}}}{32 \times 波特率}$
	12T	定时器 1 重载值 $= 256 - \dfrac{2^{\text{SMOD}} \times f_{\text{SYSCLK}}}{12 \times 32 \times 波特率}$

串口 1 工作模式 1 数据发送时序样式如图 14.21 所示。当单片机程序向 SBUF 寄存器赋值时就会启动发送过程，此时 TxD 引脚负责输出串行数据（发送过程中不会用到 RxD 线路），数据位传输周期由波特率的配置决定。发送数据时 TxD 线路会产生一个时钟的低电平（即起始位 Start），随后送出数据位（低位在前，高位在后），当 8 个数据位输出完毕后 TxD 恢复到高电平（即输出停止位 Stop 后保持线路空闲）。数据发送完毕后（准确地说是发送约 1/3 个停止位后）TI 标志位会被硬件自动置"1"并向 CPU 提出中断请求（用户应软件清零 TI 标志位，为下一次的数据发送做好准备）。

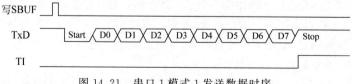

图 14.21　串口 1 模式 1 发送数据时序

串口 1 工作模式 1 数据接收时序样式如图 14.22 所示。在接收数据前，单片机程序会用软件清零 RI 接收标志位并将 REN 位置"1"允许数据的接收。接下来单片机会对 RxD 线路进行实时检测（接收过程中不会用到 TxD 线路），当线路出现下降沿跳变时说明有数据帧到来（即检测到了起

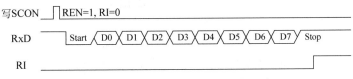

图 14.22 串口 1 模式 1 接收数据时序

始位 Start)，接着串口内部电路会采样 RxD 引脚上的状态(即读回串行数据位，读取到的数据位也是低位在前，高位在后，8 位数据位之后就应该是停止位)，这些数据位会在串口内部移位寄存器的控制下逐位拼合，重新变成一个数据字节。

若接收过程中满足 RI 标志位为"0"、SM2 位为"0"且收到的数据帧停止位为"1"，则判定本次数据接收正常(这些条件一般都能满足)，数据将被放到接收缓冲器中，若以上条件不能同时满足，则判定本次接收异常，收到的数据会被作废和丢弃，接着重新进入检测过程。若数据接收完毕(准确地说是接收到 1/2 个停止位时)，RI 标志位会被硬件自动置"1"并向 CPU 提出中断请求(用户应软件清零 RI 标志位，为下一次的数据接收做好准备)。

若用户需要用 C51 语言编程配置串口 1 工作在模式 1 且允许数据的接收，设当前系统时钟频率为 24MHz，要求波特率为 9600b/s，波特率产生的来源选择定时计数器 2，定时计数器的速率为 1T 模式，可编写该模式下的初始化函数 UART1_Init() 如下。

```
void UART1_Init(void)            //串口 1 模式 1 初始化函数
{
    SCON = 0x50;                 //181 结构，可变波特率，允许数据接收
    AUXR| = 0x01;                //串口 1 选择定时器 2 为波特率发生器
    AUXR| = 0x04;                //定时器时钟 1T 模式
    T2L = 0x8F;                  //设置定时初始值(9600b/s@24.000MHz)
    T2H = 0xFD;                  //设置定时初始值(9600b/s@24.000MHz)
    AUXR| = 0x10;                //定时器 2 开始计时
    RI = 0;TI = 0;               //清除接收数据标志位和发送数据标志位
}
```

在这个函数中的大部分语句我们都能看懂，就是这个定时器 2 初值语句(即 0x8F 和 0xFD)没有看懂，这是如何计算得到的呢？其实很简单，因为该方式下用到了定时计数器 2 作为波特率发生器，所以直接套用如下公式进行计算即可(该公式我们学过，就是表 14.12 中第一行所示的计算方法)：

$$定时器 2 重载值 = 65\,536 - \frac{f_{\text{SYSCLK}}}{4 \times 波特率} \tag{14.5}$$

此时系统时钟 f_{SYSCLK} 为 24MHz，波特率为 9600b/s，将相关参数代入式(14.5)可得：

$$定时器 2 重载值 = 65\,536 - \frac{24\,000\,000}{4 \times 9600} = 64911$$

将结果 $(64911)_{\text{D}}$ 转换为十六进制数为 $(\text{FD8F})_{\text{H}}$，看到这个数值后我们就明白了，初始化函数中的"0x8F"是定时初值的低 8 位，需要赋值给 T2L 寄存器，"0xFD"是定时初值的高 8 位，需要赋值给 T2H 寄存器。

14.3.4 工作模式 2："1811"结构固定速率模式

当串口 1 控制寄存器 SCON 中的 SM0/FE 位为"1"(前提是 SM0/FE 位没有用作帧错误检测标志位的时候)且 SM1 位为"0"时串口 1 就工作在模式 2。该模式是"1811"数据帧结构且固定波特率模式，这里的"1811"代表 1 个起始位、8 个数据位、1 个可编程位和 1 个停止位，加起来就有 11 个

数据位。这里的可编程位就是 SCON 寄存器中的 TB8 或 RB8 位(即发送数据的第 9 位或接收数据的第 9 位)。

发送数据时,我们可以将 TB8 位置"1"或清零,这时候 TB8 位的含义就由我们自己来规定(例如,将其作为多机通信时的地址/数据标志位),接收数据时的 RB8 位也是一样的道理。我们也可以把程序状态字 PSW 寄存器中的奇/偶校验位 P 赋值给 TB8 位,此时的 TB8 位就变成了奇偶校验位,接收数据时的 RB8 位也是一样的道理。

该模式多用于多机通信场景,RxD 引脚为串行数据接收线,TxD 引脚为串行数据发送线,这两条线路互相独立互不影响,串口工作在全双工方式下。该模式的波特率固定为系统时钟 f_{SYSCLK} 的 64 分频或 32 分频(具体取决于电源寄存器 PCON 中 SMOD 位的取值),该模式的波特率计算公式如表 14.13 所示。

表 14.13　串口 1 工作模式 2 波特率计算方法

SMOD 位配置	波特率计算公式
0	波特率 $= \dfrac{f_{SYSCLK}}{64}$
1	波特率 $= \dfrac{f_{SYSCLK}}{32}$

该模式与工作模式 1 相比有两点差异,第一是波特率固定为系统时钟 f_{SYSCLK} 的 32 分频或 64 分频(即波特率不可自行调整),第二是在数据帧中多了一个可编程位(即数据位存在第 9 位)。该模式的数据发送时序(见图 14.23)与数据接收时序(见图 14.24)也与工作模式 1 相似(其实就是多了个 TB8 与 RB8),故而此处不再复述。

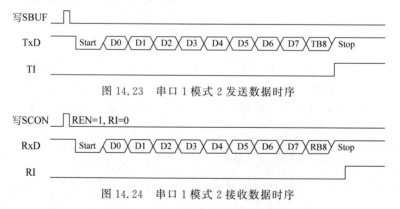

图 14.23　串口 1 模式 2 发送数据时序

图 14.24　串口 1 模式 2 接收数据时序

需要说明的是:当发送 9 位数据时,TI 标志位是在发送约 1/3 个停止位后被硬件置"1"并产生中断请求,当接收 9 位数据时,RI 标志位是在接收到约 1/2 个停止位后被硬件置"1"并产生中断请求。这个说明是为了提醒朋友们 TI 和 RI 标志位的置"1"时机,STC8H 系列单片机串口 1/2/3/4 均是如此。

若用户需要用 C51 语言编程配置串口 1 工作在模式 2 且允许数据的接收,设当前系统时钟频率为 24MHz,要求波特率为系统时钟 f_{SYSCLK} 的 32 分频,可编写该模式下的初始化函数 UART1_Init()如下。

```
void UART1_Init(void)               //串口 1 模式 2 初始化函数
{
    SCON = 0xB0;                     //1811 结构,固定波特率,允许数据接收
```

```
    PCON | = 0x80;           //SMOD 为"1",使得波特率 = f_SYSCLK/32
    RI = 0;TI = 0;           //清除接收数据标志位和发送数据标志位
}
```

14.3.5 工作模式 3："1811"结构可变速率模式

当串口 1 控制寄存器 SCON 中的 SM0/FE 位为"1"（前提是 SM0/FE 位没有用作帧错误检测标志位的时候）且 SM1 位为"1"时串口 1 就工作在模式 3。该模式是"1811"数据帧结构且可变波特率模式（该模式与工作模式 2 类似，只是波特率可变而已），这里的"1811"仍然代表 1 个起始位、8 个数据位、1 个可编程位和 1 个停止位，加起来还是 11 个数据位。

这里的可编程位就是 SCON 寄存器中的 TB8 或 RB8 位，我们可以自定义该位的含义（如地址/数据标志位）也可将其作为奇偶校验位使用（需用到程序状态字 PSW 寄存器中的奇/偶校验位 P）。

该模式多用于多机通信场景，RxD 引脚为串行数据接收线，TxD 引脚为串行数据发送线，这两条线路互相独立互不影响，串口工作在全双工方式下。

该模式下可由定时器 1 或定时器 2 产生波特率，波特率的取值可由我们自己调配。该模式下的波特率计算方法和工作模式 1 相同（请朋友们自行查看表 14.12 即可），该模式下的数据发送与接收时序和工作模式 2 相同，故而不再复述。

若用户需要用 C51 语言编程配置串口 1 工作在模式 3 且允许数据的接收，设当前系统时钟频率为 24MHz，要求波特率为 9600b/s，波特率产生的来源选择定时计数器 2，定时计数器的速率为 1T 模式，可编写该模式下的初始化函数 UART1_Init() 如下。

```
void UART1_Init(void)        //串口 1 模式 3 初始化函数
{
    SCON = 0xD0;             //1811 结构,可变波特率,允许数据接收
    AUXR | = 0x01;          //串口 1 选择定时器 2 为波特率发生器
    AUXR | = 0x04;          //定时器时钟 1T 模式
    T2L = 0x8F;             //设置定时初始值(9600b/s@24.000MHz)
    T2H = 0xFD;             //设置定时初始值(9600b/s@24.000MHz)
    AUXR | = 0x10;          //定时器 2 开始计时
    RI = 0;TI = 0;           //清除接收数据标志位和发送数据标志位
}
```

14.3.6 串口 2 模式讲解与配置

讲解完串口 1 的四大模式后，我们再来看看串口 2 资源的模式选择及配置方法。决定串口 2 模式及功能的寄存器是串口 2 控制寄存器 S2CON,该寄存器的相关位定义及功能说明如表 14.14 所示。

表 14.14 STC8H 系列单片机串口 2 控制寄存器

串口 2 控制寄存器（S2CON）							地址值：(0x9A)$_H$
位 数	位 7	位 6	位 5	位 4	位 3	位 2	位 1	位 0
位名称	S2SM0	—	S2SM2	S2REN	S2TB8	S2RB8	S2TI	S2RI
复位值	0	1	0	0	0	0	0	0
位 名	位含义及参数说明							
S2SM0 位 7	串口 2 工作模式配置位							
	0	串口 2 工作在模式 0：可变波特率 8 位数据方式（181 结构）						
	1	串口 2 工作在模式 1：可变波特率 9 位数据方式（1811 结构）						

串口 2 控制寄存器(S2CON)	地址值：(0x9A)$_H$
S2SM2 **位 5**	多机通信控制位 　　该位适合用于多机通信模式下(即模式 1)，不适合用在非多机通信模式下(即模式 0)，所以在非多机模式下应将该位清零。 　　当串口 2 使用模式 1 时，如果 S2SM2 位为"1"且 S2REN 位为"1"(意思就是单片机正处于多机通信且允许接收的状态下)，则接收机处于地址帧筛选的状态。此时可利用接收到的第 9 位(即 S2RB8 位)来筛选地址帧，若 S2RB8 位为"1"，说明该帧是地址帧，我们可以从 S2BUF 接收寄存器中取回帧数据然后在中断服务函数中进行地址号比较，若 S2RB8 位为"0"，说明该帧不是地址帧，单片机应丢掉该帧且将 S2RI 标志位清零。 　　当串口 2 使用模式 1 时，如果 S2SM2 位为"0"且 S2REN 位为"1"，则接收机处于禁止地址帧筛选的状态，此时不管 S2RB8 位是"1"还是"0"，均接收信息并存入 S2BUF 接收寄存器中，接收完毕后 S2RI 位自动置"1"，此时的 S2RB8 位通常用作校验位
S2REN **位 4**	允许/禁止串口接收控制位 0　禁止串口接收数据 1　允许串口接收数据
S2TB8 **位 3**	发送数据的第 9 位 　　串口 2 使用模式 1 时，S2TB8 位为欲发送的第 9 位数据(因为数据位从 0 排序，到了 S2TB8 就刚好是第 9 位)，该位可由软件置"1"或清"0"。在模式 0 中，该位不用，保持为 0 即可
S2RB8 **位 2**	接收数据的第 9 位 　　串口 2 使用模式 1 时，S2RB8 位为接收到的第 9 位数据(因为数据位从 0 排序，到了 S2RB8 就刚好是第 9 位)，该位相当于一个"可编程"位，可以用作校验位，也可以用其区分当前数据帧的类型(如该帧是地址帧，或者是一个普通的数据帧)，该位可由软件置"1"或清"0"。在模式 0 中，该位不用，保持为 0 即可
S2TI **位 1**	串口 2 发送中断请求标志位 　　串口 2 工作在模式 0 或模式 1 时，当发送停止位时，硬件会自动将该位置"1"同时向 CPU 发出中断请求，CPU 响应中断后可用软件将该位清零以备下一次中断所需
S2RI **位 0**	串口 2 接收中断请求标志位 　　串口 2 工作在模式 0 或模式 1 时，当接收到停止位时，硬件会自动将该位置"1"同时向 CPU 发出中断请求，CPU 响应中断后可用软件将该位清零以备下一次中断所需

　　分析 S2CON 寄存器可知，串口 2 具备两种工作模式，第一种是工作模式 0，即"181"结构的可变波特率数据方式。朋友们一定要注意：串口 2 的工作模式 0 并不是同步移位的"伪通信"模式，一定要把该模式与串口 1 的工作模式 0 区分开来。

　　该模式下，RxD2 引脚为串行数据接收线，TxD2 引脚为串行数据发送线，这两条线路互相独立互不影响，串口工作在全双工方式下。该模式可由定时器 2 产生波特率，波特率的取值可由我们自己调配。该模式的波特率计算公式如表 14.15 所示。

表 14.15　串口 2 工作模式 0 波特率计算方法

定 时 器	定时器速度	波特率计算公式
定时器 2	1T	定时器 2 重载值 = $65\,536 - \dfrac{f_{SYSCLK}}{4 \times 波特率}$
	12T	定时器 2 重载值 = $65\,536 - \dfrac{f_{SYSCLK}}{12 \times 4 \times 波特率}$

串口 2 工作模式 0 数据发送时序样式如图 14.25 所示。当单片机程序向 S2BUF 寄存器赋值时就会启动发送过程，此时 TxD2 引脚会陆续送出起始位 Start、数据位 D0～D7、停止位 Stop。数据发送完毕后 S2TI 标志位会被硬件自动置"1"并向 CPU 提出中断请求（用户应软件清零 S2TI 标志位，为下一次的数据发送做好准备）。

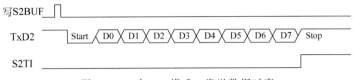

图 14.25 串口 2 模式 0 发送数据时序

串口 2 工作模式 0 数据接收时序样式如图 14.26 所示。在接收数据前，单片机程序会用软件清零 S2RI 接收标志位并将 S2REN 置"1"允许数据的接收。当 RxD2 线路上出现串行数据时，串口内部电路会将其逐一采样，然后移位、拼合，最终变成一个数据字节并放到接收缓冲器中，若数据接收完毕则 S2RI 标志位会被硬件自动置"1"并向 CPU 提出中断请求（用户应软件清零 S2RI 标志位，为下一次的数据接收做好准备）。

图 14.26 串口 2 模式 0 接收数据时序

串口 2 的第二种工作模式是工作模式 1，即"1811"结构的可变波特率 9 位数据方式。该模式与工作模式 0 相比，仅仅是在数据帧中多了一个可编程位（即数据位存在第 9 位），其波特率计算方法与工作模式 0 相同，数据发送时序（见图 14.27）与数据接收时序（见图 14.28）也与工作模式 0 相似（其实就是多了个 TB8 与 RB8），故此处不再复述。

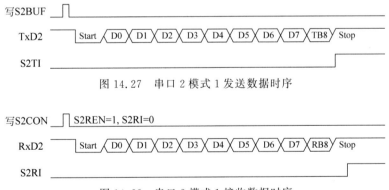

图 14.27 串口 2 模式 1 发送数据时序

图 14.28 串口 2 模式 1 接收数据时序

若用户需要用 C51 语言编程配置串口 2 工作在模式 0 且允许数据的接收，设当前系统时钟频率为 24MHz，要求波特率为 9600b/s，波特率产生的来源选择定时计数器 2，定时计数器的速率为 1T 模式，可编写该模式下的初始化函数 UART2_Init() 如下。

```
void UART2_Init(void)              //串口 2 模式 0 初始化函数
{
    S2CON = 0x10;                  //181 结构,可变波特率,允许数据接收
    AUXR| = 0x04;                  //定时器时钟 1T 模式
    T2L = 0x8F;                    //设置定时初始值(9600b/s@24.000MHz)
```

```
    T2H = 0xFD;                    //设置定时初始值(9600b/s@24.000MHz)
    AUXR| = 0x10;                  //定时器2开始计时
    S2CON&= 0xFC;                  //清除接收数据标志位和发送数据标志位
}
```

14.3.7　串口3模式讲解与配置

决定串口3模式及功能的寄存器是串口3控制寄存器S3CON，该寄存器的相关位定义及功能说明如表14.16所示。

表14.16　STC8H系列单片机串口3控制寄存器

| 串口3控制寄存器(S3CON) | | | | | | | 地址值：(0xAC)_H |

位　数	位7	位6	位5	位4	位3	位2	位1	位0
位名称	S3SM0	S3ST3	S3SM2	S3REN	S3TB8	S3RB8	S3TI	S3RI
复位值	0	0	0	0	0	0	0	0
位　名	位含义及参数说明							
S3SM0 位7	串口3工作模式配置位							
	0	串口3工作在模式0：可变波特率8位数据方式(181结构)						
	1	串口3工作在模式1：可变波特率9位数据方式(1811结构)						
S3ST3 位6	选择串口3的波特率发生器							
	0	选择定时器2为串口3的波特率发生器						
	1	选择定时器3为串口3的波特率发生器						
S3SM2 位5	多机通信控制位 　　该位适合用于多机通信模式下(即模式1)，不适合用在非多机通信模式下(即模式0)，所以在非多机模式下应将该位清零。 　　当串口3使用模式1时，如果S3SM2位为"1"且S3REN位为"1"(意思就是单片机正处于多机通信且允许接收的状态下)，则接收机处于地址帧筛选的状态。此时可利用接收到的第9位(即S3RB8位)来筛选地址帧，若S3RB8位为"1"，说明该帧是地址帧，可以从S3BUF接收寄存器中取回帧数据然后在中断服务函数中进行地址号比较，若S3RB8位为"0"，说明该帧不是地址帧，单片机应丢掉该帧且将S3RI标志位清零。 　　当串口3使用模式1时，如果S3SM2位为"0"且S3REN位为"1"，则接收机处于禁止地址帧筛选的状态，此时不管S3RB8位是"1"还是"0"，均接收信息并存入S3BUF接收寄存器中，接收完毕后S3RI位自动置"1"，此时的S3RB8位通常用作校验位							
S3REN 位4	允许/禁止串口接收控制位							
	0	禁止串口接收数据						
	1	允许串口接收数据						
S3TB8 位3	发送数据的第9位 　　串口3使用模式1时，S3TB8位为欲发送的第9位数据(因为数据位从0排序，到了S3TB8就刚好是第9位)，该位可由软件置"1"或清"0"。在模式0中，该位不用，保持为0即可							
S3RB8 位2	接收数据的第9位 　　串口3使用模式1时，S3RB8位为接收到的第9位数据(因为数据位从0排序，到了S3RB8就刚好是第9位)，该位相当于一个"可编程"位，可以用作校验位，也可以用其区分当前数据帧的类型(如该帧是地址帧，或者是一个普通的数据帧)，该位可由软件置"1"或清"0"。在模式0中，该位不用，保持为0即可							
S3TI 位1	串口3发送中断请求标志位 　　串口3工作在模式0或模式1时，当发送停止位时，硬件会自动将该位置"1"同时向CPU发出中断请求，CPU响应中断后可用软件将该位清零以备下一次中断所需							
S3RI 位0	串口3接收中断请求标志位 　　串口3工作在模式0或模式1时，当接收到停止位时，硬件会自动将该位置"1"同时向CPU发出中断请求，CPU响应中断后可用软件将该位清零以备下一次中断所需							

分析 S3CON 寄存器可知，串口 3 具备两种工作模式，第一种是工作模式 0，即"181"结构的可变波特率数据方式。该模式下，RxD3 引脚为串行数据接收线，TxD3 引脚为串行数据发送线，这两条线路互相独立互不影响，串口工作在全双工方式下。

该模式可由定时器 2 或定时器 3 产生波特率，波特率的取值可由自己调配。该模式的波特率计算公式如表 14.17 所示。

表 14.17 串口 3 工作模式 0 波特率计算方法

定 时 器	定时器速度	波特率计算公式
定时器 2	1T	$定时器\ 2\ 重载值 = 65\ 536 - \dfrac{f_{\text{SYSCLK}}}{4 \times 波特率}$
	12T	$定时器\ 2\ 重载值 = 65\ 536 - \dfrac{f_{\text{SYSCLK}}}{12 \times 4 \times 波特率}$
定时器 3	1T	$定时器\ 3\ 重载值 = 65\ 536 - \dfrac{f_{\text{SYSCLK}}}{4 \times 波特率}$
	12T	$定时器\ 3\ 重载值 = 65\ 536 - \dfrac{f_{\text{SYSCLK}}}{12 \times 4 \times 波特率}$

串口 3 工作模式 0 数据发送时序样式如图 14.29 所示。当单片机程序向 S3BUF 寄存器赋值时就会启动发送过程，此时 TxD3 引脚会陆续送出起始位 Start、数据位 D0～D7、停止位 Stop。数据发送完毕后 S3TI 标志位会被硬件自动置"1"并向 CPU 提出中断请求（用户应软件清零 S3TI 标志位，为下一次的数据发送做好准备）。

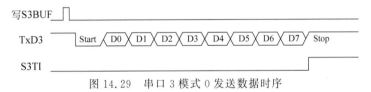

图 14.29 串口 3 模式 0 发送数据时序

串口 3 工作模式 0 数据接收时序样式如图 14.30 所示。在接收数据前，单片机程序会用软件清零 S3RI 接收标志位并将 S3REN 位置"1"允许数据的接收。当 RxD3 线路上出现串行数据时，串口内部电路会将其逐一采样，然后移位、拼合，最终变成一个数据字节并放到接收缓冲器中，若数据接收完毕则 S3RI 标志位会被硬件自动置"1"并向 CPU 提出中断请求（用户应软件清零 S3RI 标志位，为下一次的数据接收做好准备）。

图 14.30 串口 3 模式 0 接收数据时序

串口 3 的第二种工作模式是工作模式 1，即"1811"结构的可变波特率 9 位数据方式。该模式与工作模式 0 相比，仅仅是在数据帧中多了一个可编程位（即数据位存在第 9 位），其波特率计算方法与工作模式 0 相同，数据发送时序（见图 14.31）与数据接收时序（见图 14.32）也与工作模式 0 相似（其实就是多了个 TB8 与 RB8），故此处不再复述。

若用户需要用 C51 语言编程配置串口 3 工作在模式 0 且允许数据的接收，设当前系统时钟频率为 24MHz，要求波特率为 9600b/s，波特率产生的来源选择定时计数器 3，定时计数器的速率为1T 模式，可编写该模式下的初始化函数 UART3_Init() 如下。

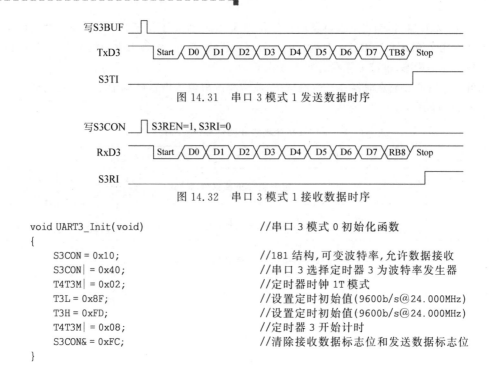

图 14.31　串口 3 模式 1 发送数据时序

图 14.32　串口 3 模式 1 接收数据时序

```
void UART3_Init(void)              //串口 3 模式 0 初始化函数
{
    S3CON = 0x10;                  //181 结构,可变波特率,允许数据接收
    S3CON |= 0x40;                 //串口 3 选择定时器 3 为波特率发生器
    T4T3M |= 0x02;                 //定时器时钟 1T 模式
    T3L = 0x8F;                    //设置定时初始值(9600b/s@24.000MHz)
    T3H = 0xFD;                    //设置定时初始值(9600b/s@24.000MHz)
    T4T3M |= 0x08;                 //定时器 3 开始计时
    S3CON &= 0xFC;                 //清除接收数据标志位和发送数据标志位
}
```

14.3.8　串口 4 模式讲解与配置

决定串口 4 模式及功能的寄存器是串口 4 控制寄存器 S4CON,该寄存器的相关位定义及功能说明如表 14.18 所示。

表 14.18　STC8H 系列单片机串口 4 控制寄存器

串口 4 控制寄存器(S4CON)							地址值:(0x84)H
位　数	位 7	位 6	位 5	位 4	位 3	位 2	位 1	位 0
位名称	S4SM0	S4ST4	S4SM2	S4REN	S4TB8	S4RB8	S4TI	S4RI
复位值	0	0	0	0	0	0	0	0
位　名	位含义及参数说明							

S4SM0 位 7	串口 4 工作模式配置位
	0　串口 4 工作在模式 0:可变波特率 8 位数据方式(181 结构)
	1　串口 4 工作在模式 1:可变波特率 9 位数据方式(1811 结构)

S4ST4 位 6	选择串口 4 的波特率发生器
	0　选择定时器 2 为串口 4 的波特率发生器
	1　选择定时器 4 为串口 4 的波特率发生器

S4SM2 位 5	多机通信控制位
	该位适合用于多机通信模式下(即模式 1),不适合用在非多机通信模式下(即模式 0),所以在非多机模式下应将该位清零。
	当串口 4 使用模式 1 时,如果 S4SM2 位为"1"且 S4REN 位为"1"(意思就是单片机正处于多机通信且允许接收的状态下),则接收机处于地址帧筛选的状态。此时可利用接收到的第 9 位(即 S4RB8 位)来筛选地址帧,若 S4RB8 位为"1",说明该帧是地址帧,我们可以从 S4BUF 接收寄存器中取回帧数据然后在中断服务函数中进行地址号比较,若 S4RB8 位为 "0",说明该帧不是地址帧,单片机应丢掉该帧且将 S4RI 标志位清零。
	当串口 4 使用模式 1 时,如果 S4SM2 位为"0"且 S4REN 位为"1",则接收机处于禁止地址帧筛选的状态,此时不管 S4RB8 位是"1"还是"0",均接收信息并存入 S4BUF 接收寄存器中,接收完毕后 S4RI 位自动置"1",此时的 S4RB8 位通常用作校验位

续表

串口 4 控制寄存器（S4CON） 地址值：$(0x84)_H$

S4REN 位 4	允许/禁止串口接收控制位	
	0	禁止串口接收数据
	1	允许串口接收数据
S4TB8 位 3	发送数据的第 9 位 串口 4 使用模式 1 时，S4TB8 位为欲发送的第 9 位数据（因为数据位从 0 排序，到了 S4TB8 就刚好是第 9 位），该位可由软件置"1"或清零。在模式 0 中，该位不用，保持为 0 即可	
S4RB8 位 2	接收数据的第 9 位 串口 4 使用模式 1 时，S4RB8 位为接收到的第 9 位数据（因为数据位从 0 排序，到了 S4RB8 就刚好是第 9 位），该位相当于一个"可编程"位，可以用作校验位，也可以用其区分当前数据帧的类型（如该帧是地址帧，或者是一个普通的数据帧），该位可由软件置"1"或清零。在模式 0 中，该位不用，保持为 0 即可	
S4TI 位 1	串口 4 发送中断请求标志位 串口 4 工作在模式 0 或模式 1 时，当发送停止位时，硬件会自动将该位置"1"同时向 CPU 发出中断请求，CPU 响应中断后可用软件将该位清零以备下一次中断所需	
S4RI 位 0	串口 4 接收中断请求标志位 串口 4 工作在模式 0 或模式 1 时，当接收到停止位时，硬件会自动将该位置"1"同时向 CPU 发出中断请求，CPU 响应中断后可用软件将该位清零以备下一次中断所需	

分析 S4CON 寄存器可知，串口 4 具备两种工作模式，第一种是工作模式 0，即"181"结构的可变波特率数据方式。在该模式下，RxD4 引脚为串行数据接收线，TxD4 引脚为串行数据发送线，这两条线路互相独立互不影响，串口工作在全双工方式下。

该模式可由定时器 2 或定时器 4 产生波特率，波特率的取值可由自己调配。该模式的波特率计算公式如表 14.19 所示。

表 14.19 串口 4 工作模式 0 波特率计算方法

定 时 器	定时器速度	波特率计算公式
定时器 2	1T	定时器 2 重载值 $= 65\,536 - \dfrac{f_{SYSCLK}}{4 \times 波特率}$
	12T	定时器 2 重载值 $= 65\,536 - \dfrac{f_{SYSCLK}}{12 \times 4 \times 波特率}$
定时器 4	1T	定时器 4 重载值 $= 65\,536 - \dfrac{f_{SYSCLK}}{4 \times 波特率}$
	12T	定时器 4 重载值 $= 65\,536 - \dfrac{f_{SYSCLK}}{12 \times 4 \times 波特率}$

串口 4 工作模式 0 数据发送时序样式如图 14.33 所示。当单片机程序向 S4BUF 寄存器赋值时就会启动发送过程，此时 TxD4 引脚会陆续送出起始位 Start、数据位 D0～D7、停止位 Stop。数

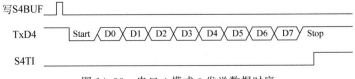

图 14.33 串口 4 模式 0 发送数据时序

据发送完毕后 S4TI 标志位会被硬件自动置"1"并向 CPU 提出中断请求(用户应软件清零 S4TI 标志位,为下一次的数据发送做好准备)。

　　串口 4 工作模式 0 数据接收时序样式如图 14.34 所示。在接收数据前,单片机程序会用软件清零 S4RI 接收标志位并将 S4REN 置"1"允许数据的接收。当 RxD4 线路上出现串行数据时,串口内部电路会将其逐一采样,然后移位、拼合,最终变成一个数据字节并放到接收缓冲器中,若数据接收完毕则 S4RI 标志位会被硬件自动置"1"并向 CPU 提出中断请求(用户应软件清零 S4RI 标志位,为下一次的数据接收做好准备)。

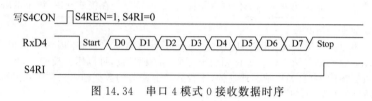

图 14.34　串口 4 模式 0 接收数据时序

　　串口 4 的第二种工作模式是工作模式 1,即"1811"结构的可变波特率 9 位数据方式。该模式与工作模式 0 相比,仅仅是在数据帧中多了一个可编程位(即数据位存在第 9 位),其波特率计算方法与工作模式 0 相同,数据发送时序(见图 14.35)与数据接收时序(见图 14.36)也与工作模式 0 相似(其实就是多了个 TB8 与 RB8),故此处不再复述。

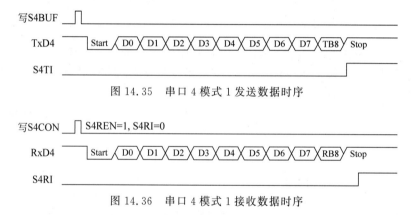

图 14.35　串口 4 模式 1 发送数据时序

图 14.36　串口 4 模式 1 接收数据时序

　　若用户需要用 C51 语言编程配置串口 4 工作在模式 0 且允许数据的接收,设当前系统时钟频率为 24MHz,要求波特率为 9600b/s,波特率产生的来源选择定时计数器 4,定时计数器的速率为1T 模式,可编写该模式下的初始化函数 UART4_Init()如下。

```
void UART4_Init(void)              //串口 4 模式 0 初始化函数
{
    S4CON = 0x10;                  //181 结构,可变波特率,允许数据接收
    S4CON |= 0x40;                 //串口 4 选择定时器 4 为波特率发生器
    T4T3M |= 0x20;                 //定时器时钟 1T 模式
    T4L = 0x8F;                    //设置定时初值(9600b/s@24.000MHz)
    T4H = 0xFD;                    //设置定时初值(9600b/s@24.000MHz)
    T4T3M |= 0x80;                 //定时器 4 开始计时
    S4CON &= 0xFC;                 //清除接收数据标志位和发送数据标志位
}
```

14.3.9　用 STC-ISP 轻松搞定串口初始化配置

　　串口配置虽说不难,但每次都去计算和翻阅寄存器表格也挺麻烦,这么多的配置位一时半会

也记不住,有没有什么"辅助性"的小软件能简单"点几下"然后生成串口初始化函数呢?当然有,STC-ISP软件就集成了"波特率计算器"选项卡(官方厂家也希望降低工程师们的开发难度,所以会提供这类辅助工具,使产品快速研发投入市场,这样才能反向促进芯片的销售),其界面如图14.37所示。

选项卡中的"系统频率"下拉列表中覆盖了5.5296~33.1776MHz范围内的常见频率值,"波特率"下拉列表中覆盖了1200~115 200b/s范围内的常见波特率。可以先指定系统频率值,然后再指定波特率值,选定两者之后的误差应为"0.00%",若误

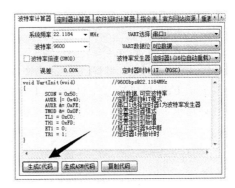

图14.37 STC-ISP软件"波特率计算器"选项卡

差较大可能引起通信时延,经过累积之后就会导致数据乱码或通信失败(比如频率选定为20MHz,波特率选定为115 200b/s,此时的误差就会达到0.94%,这个误差就足以引起通信异常),所以一定要注意取值。

在选项卡右边的"UART选择"下拉列表中提供了STC全系列单片机通用串口1、STC8系列单片机串口2/3/4、STC15系列单片机串口2/3/4以及STC12系列单片机串口2的选项。有的读者可能觉得奇怪,为啥要有这么多选项且涉及不同的单片机系列呢?这是因为各系列单片机串口数据帧配置及寄存器都有微小差异,所以要加以区分才行。

在选项卡右边的"UART数据位"下拉列表中提供了8位/9位数据可选,8位数据一般用作常规通信,9位数据一般用作多机通信(可作地址标志或校验位)。

在选项卡右边的"波特率发生器"下拉列表中提供了产生波特率的来源,有独立波特率发生器、定时器1的16位自动重载模式、定时器1的8位自动重载模式、定时器2的16位自动重载模式。这些内容在定时/计数器章节已经学习过了,使用自动重载模式的目的就是为了得到高精度、低累积误差的波特率时间,这些选项产生的波特率范围各不相同,有的选项可以支持"波特率倍速(SMOD)",有的则不行,需要结合应用合理选择。

在选项卡右边的"定时器时钟"下拉列表中提供了1T/12T可选,选择这两个选项后相关计算结果(特别是波特率计算)会产生变化,配置语句也会产生变化。

当所有参数选定完成之后就可以生成串口初始化函数了,可以按需生成C语言代码或者汇编语言代码,然后直接复制到项目工程中即可。说到这里小宇老师又得啰唆两句了,这个软件确实可以简化编程,但是也得"知其然,知其所以然"才行。

14.4 UART资源编程及运用

讲完串口工作模式、数据帧结构、初始化配置方法之后就可以开始动手做实验了。串口实验的硬件系统非常简单,几乎用不到什么复杂的外围芯片,为了方便实验调试,小宇老师设计了如图14.38所示电路(本章所有实验均基于该电路)。

电路中的U1为LQFP64封装形式的STC8H8K64U单片机,该单片机具备4个串口资源,分别是:串口1(默认占用P3.0/P3.1)、串口2(默认占用P1.0/P1.1)、串口3(默认占用P0.0/P0.1)和串口4(默认占用P0.2/P0.3)。

U2是CH340E芯片,芯片是南京沁恒微电子公司生产的免晶振USB转TTL串口芯片,该芯片的外围电路也比较简洁。电路中的C3、C4是为CH340E进行供电滤波和去耦,以保证CH340E的核心稳定地工作。C2为CH340E内部稳压提供滤波,设计PCB时应将电容靠近引脚设计,R1

为数据接收方向的限流电阻,取值 $100\sim300\Omega$ 都可以,"U1T"电气网络连接至 U1 单片机的 P3.1 引脚(也可以切换到串口 2 的 P1.1、串口 3 的 P0.1 或者串口 4 的 P0.3),D1 为肖特基二极管,其作用是限制电流方向,避免 CH340E 反向为单片机供电造成单片机核心电路不能完全掉电的问题,D1 阳极连接到单片机 P3.0 引脚(也可以切换到串口 2 的 P1.0、串口 3 的 P0.0 或者串口 4 的 P0.2)。该电路实现了 USB 接口转 UART 接口,USB 接口还为 U1、U2 及外围电路供电,电路搭建完毕后就可以在计算机上打开串口调试助手去看串口打印信息了。

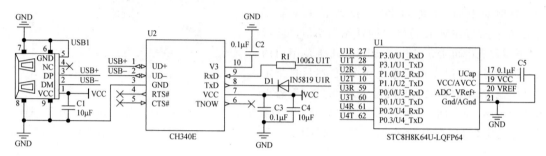

图 14.38　串口实验硬件电路原理图

使用该电路之前,务必要先在计算机中安装 CH340 系列芯片的驱动程序(可从南京沁恒微电子公司官网获取),装完驱动程序后在计算机设备管理器"端口(COM 和 LPT)"选项中会产生类似于"USB-SERIAL CH340(COM12)"的设备,这个设备中的"COM12"就是计算机为我们分配的串口号(这个串口号是根据计算机端口的实际情况由系统自动分配的,每台计算机 USB 口转换得到的串口号都不一定一致,所以在做实验时一定要学会变通,根据自己计算机所分配的串口号去配置串口调试助手软件即可)。

14.4.1　基础项目 A　串口打印单片机"身份证号"实验

搭建完硬件电路后就开始做第一个实验,我们迫不及待地想要串口输出一些单片机内部的信息,输出点儿什么好呢? 我们首先想到了单片机的"身份证号"(这个实验早在 9.7.1 节中就已经学习过了,只是当时是用 1602 字符液晶显示的数据)。我们现在就基于原有实验做一个串口打印单片机"身份证号"的实验。

实验中设定单片机系统时钟频率为 24MHz(选择片内高速 RC 时钟源,在 STC-ISP 软件下载时完成配置),选定串口 1 作为通信口(默认占用 P3.0/P3.1),配置串口 1 工作在模式 1 且允许数据的接收(即"181"结构可变速率模式,该模式较为常用),设定波特率为 9600b/s(该模式下波特率的计算可参考式(14.1)),波特率产生的来源选择定时计数器 2,定时计数器的速率为 1T 模式。要实现这些功能配置,就需要编写一个串口 1 的初始化函数 UART1_Init()(该函数的相关语句可参考 14.3.3 节去编写)。

有的读者可能会说:我的系统时钟频率可能并不是 24MHz,波特率也未必需要 9600b/s,那在进行串口初始化的时候是不是每次都得预先计算呢? 我感觉很麻烦! 确实,其实可以让单片机"自己"算出波特率对应的定时初值,我们只用告诉单片机当前系统时钟频率和欲设定的波特率即可。具体的做法是在程序中添加如下两条宏定义语句。

```
#define  SYSCLK 24000000UL            //系统时钟频率值
#define  BAUD_SET  (65536 - SYSCLK/9600/4)   //波特率设定与计算
```

这样一来就可以随意指定系统时钟及波特率设定了,这两个宏定义语句相互配合,帮我们计算好了定时计数器的初值(即 BAUD_SET),我们只需要把 BAUD_SET 的高 8 位赋值给 T2H,低 8 位赋值给 T2L 即可完成波特率配置。

但是光有串口初始化函数是不行的，还得解决数据输出的问题，可以编写 U1SEND_C(u8 SEND_C)函数用于发送单个字符数据(也就是向串口 SBUF 寄存器写入一字节的内容)，再编写 U1SEND_S(u8 * SEND_S)函数用于发送字符串数据(其实就是把字符串拆分为多个单字符多次调用 U1SEND_C(u8 SEND_C)函数进行逐一输出即可)。

单片机"身份证"的获取方法就完全参考 9.7.1 节内容即可，我们需要建立 ID 数组(用于存放从 RAM 和 ROM 区域中取回的 ID 序列)，还得明确 ID 序列在 RAM 和 ROM 区域中存放的地址(这个地址和单片机型号有关，实验中是用的 STC8H8K64U 单片机，若用其他型号需要翻阅芯片数据手册合理选定)，然后定义出能在 RAM 和 ROM 区域进行数据操作的指针变量，最后将 ID 序列逐一读回，读回的内容还得转换为 ASCII 码形式，再结合之前写的 U1SEND_C(u8 SEND_C)函数及 U1SEND_S(u8 * SEND_S)函数利用串口 1 输出"身份证"数据即可。理清思路之后，可用 C51 语言编写程序实现如下。

```c
//芯片型号：STC8H8K64U(程序微调后可移植至 STC8A/F/C/G/H 系列单片机)
//时钟说明：单片机片内高速 24MHz 时钟      波特率说明：9600b/s
/ ****************************************************************** /
#include "STC8H.h"                          //主控芯片的头文件
/ ********************* 常用数据类型定义 ********************** /
【略】为节省篇幅,相似定义参见相关章节或源码工程即可
/ ********************* 用户自定义数据区域 ******************** /
#define  SYSCLK 24000000UL                  //系统时钟频率值
#define  BAUD_SET  (65536 - SYSCLK/9600/4)  //波特率设定与计算
u16 AID[7] = {0x00,0x00,0x00,0x00,0x00,0x00,0x00};
//用于存放 RAM 中读出的 ID 序列(7B)
u16  OID[7] = {0x00,0x00,0x00,0x00,0x00,0x00,0x00};
//用于存放 ROM 中读出的 ID 序列(7B)
#define  RAM_AD 0xF1                         //ID 序列在 RAM 空间的存放地址
#define  ROM_AD 0xFDF9                       //ID 序列在 ROM 空间的存放地址
/ ******************* 函数声明区域 ********************* /
void UART1_Init(void);                       //串口 1 初始化函数
void U1SEND_C(u8 SEND_C);                    //串口 1 发送单字符数据函数
void U1SEND_S(u8 * SEND_S);                  //串口 1 发送字符串数据函数
/ ******************* 主函数区域 ********************* /
void main(void)
{
    u8 i;                                    //定义循环控制变量 i
    u8 idata * RAM_P;                        //定义指针 RAM_P,指向 idata 区域
    u8 code  * ROM_P;                        //定义指针 ROM_P,指向 code 区域
    UART1_Init();                            //初始化串口 1
    U1SEND_S(" -------------------------------------------------------- \r\n");
    U1SEND_S(" ------------------- MCU - ID - READ -------------------- \r\n");
    U1SEND_S(" -------------------------------------------------------- \r\n");
    RAM_P = RAM_AD;                          //让指针 RAM_P 指向 0xF1
    U1SEND_S("[RAM - ID]:");
    for(i = 0;i < 7;i++)                      //读 7B(高字节在前)
    {
        AID[i] = * RAM_P++;                  //取回 RAM 中的 ID 序列存入 RAM_ID[]
        U1SEND_C((AID[i]/16 > 9)?AID[i]/16 - 10 + 'A':AID[i]/16 + '0');
        U1SEND_C((AID[i] % 16 > 9)?AID[i] % 16 - 10 + 'A':AID[i] % 16 + '0');
    }
    ROM_P = ROM_AD;                          //让指针 ROM_P 指向 0xFDF9
    U1SEND_S("\r\n");                         //输出回车换行
    U1SEND_S("[ROM - ID]:");
    for(i = 0;i < 7;i++)                      //读 7B(高字节在前)
    {
```

```
            OID[i] = * ROM_P++;                        //取回 ROM 中的 ID 序列存入 ROM_ID[]
            U1SEND_C((OID[i]/16 > 9)?OID[i]/16 - 10 + 'A':OID[i]/16 + '0');
            U1SEND_C((OID[i] % 16 > 9)?OID[i] % 16 - 10 + 'A':OID[i] % 16 + '0');
        }
        U1SEND_S("\r\n");                              //输出回车换行
        U1SEND_S(" -------------------------------------------------------- \r\n");
        while(1);                                      //程序"停止"于此处
    }
/ ************************************************************** /
//串口 1 初始化函数 UART1_Init(),无形参,无返回值
/ ************************************************************** /
void UART1_Init(void)
    {
        SCON = 0x50;                                   //181 结构,可变波特率,允许数据接收
        AUXR | = 0x01;                                 //串口 1 选择定时器 2 为波特率发生器
        AUXR | = 0x04;                                 //定时器时钟 1T 模式
        T2L = BAUD_SET;                                //设置定时初始值
        T2H = BAUD_SET >> 8;                           //设置定时初始值
        AUXR | = 0x10;                                 //定时器 2 开始计时
        RI = 0;TI = 0;                                 //清除接收数据标志位和发送数据标志位
    }
/ ************************************************************** /
//串口 1 发送单字符数据函数 U1SEND_C(),有形参 SEND_C 即为欲发送
//单字节数据,无返回值
/ ************************************************************** /
void U1SEND_C(u8 SEND_C)
    {
        TI = 0;                                        //清除发送完成标志位
        SBUF = SEND_C;                                 //发送数据
        while(!TI);                                    //等待数据发送完成
    }
/ ************************************************************** /
//串口 1 发送字符串数据函数 U1SEND_S(),有形参 SEND_S 即为欲发送
//字符串数据指针,无返回值
/ ************************************************************** /
void U1SEND_S(u8 * SEND_S)
    {
        while( * SEND_S != '\0')                       //检测字符串结束标志
        {
            U1SEND_C( * SEND_S++);                     //发送当前字符
        }
    }
```

程序源码很简单,在 U1SEND_C(u8 SEND_C)函数中先清零了发送完成标志位 TI,然后把单字节数据"SEND_C"赋值给了 SBUF 寄存器,最后等待 TI 被硬件置"1"即可(也就是等待数据发送完成)。在 U1SEND_S(u8 * SEND_S)函数中的形式参数是个字符型指针变量" * SEND_S",这个指针用于指向欲发送字符串的首字符地址,函数的内部实现很简单,无非就是把指针取回的字符都传递给 U1SEND_C(u8 SEND_C)函数,然后逐一发送出去,当指针取回的字符是"\0"时意味着字符串已经到了末尾,此时就完成了整个字符串有效部分的发送。简单地说,U1SEND_S(u8 * SEND_S)函数只是负责从字符串中逐一取出字符数据,真正"干活"的却是 U1SEND_C(u8 SEND_C)函数。

将程序编译后得到".Hex"固件并下载到目标单片机中,选定单片机 P3.0 和 P3.1 引脚(即串口 1 资源引脚)连接到 USB 转 TTL 串口电路(单片机 P3.0 引脚连接 CH340E 芯片的第 8 脚电路,单片机 P3.1 引脚连接 CH340E 芯片的第 9 脚电路)。打开 PC 上的串口调试助手,设定串口号为

COM12(具体串口号要根据用户计算机的实际端口分配来定)，通信波特率为 9600b/s，数据位为 8 位，无奇偶校验位，停止位为 1 位，显示内容为 ASCII 码方式。打开串口成功后复位单片机芯片，得到了如图 14.39 所示数据。

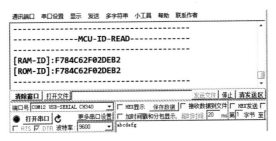

图 14.39 串口打印单片机"身份证号"数据

从串口数据上看，从 RAM 区域和 ROM 区域中读出的单片机 ID 是一致的，这个 ID 与 STC-ISP 软件下载程序时调试区的信息也是一致的，说明我们的实验是成功的。还可以在这个串口打印单片机 ID 实验的基础上构建更为复杂的功能，如产品序列号验证、产品"联网"身份序列码识别等。

14.4.2 基础项目 B 重定向使用 printf()函数实验

实现串口数据输出的方法有很多，像是 U1SEND_C(u8 SEND_C)和 U1SEND_S(u8 * SEND_S)这类函数的写法较为常见，除此之外，还能用 printf()函数实现串口数据的打印。看到这里，有的朋友可能会"惊讶"，这个 printf()函数难道是学习标准 C 语言时能在屏幕上打印出"黑框结果"的那个格式化输出函数吗？但单片机毕竟不是计算机，根本没有 LCD 屏幕啊！使用 printf()函数后信息从哪里打印出来呢？带着这些疑问，我们开始本节讲解。

编写源码之前要进行思考，用标准 C 语言调用 printf()函数时需要在程序中用预编译命令"♯include"包含一个头文件"stdio.h"，这个头文件是标准 C 语言程序设计中的"输入/输出函数库"头文件，因为 C 语言本身并没有输入/输出能力，所以要借助这个头文件所包含的一些与系统输入/输出功能有关的函数库，这些函数也称为"I/O 函数"。如果打开 stdio.h 头文件，可以看到头文件中包含许多种函数的定义，如 getchar()函数、putchar()函数、scanf()函数、printf()函数、gets()函数、puts()函数和 sprintf()函数等。所以要想使用 printf()函数就必须在程序中添加该头文件。

光是添加"stdio.h"头文件肯定不行，因为单片机上确实没有"计算机屏幕"，我们得想办法改变 printf()函数输出的方式。看了看手中的 STC8 单片机，我们突然想到：能不能把 printf()函数输出的内容"定向"转移到串口实现输出呢？这个办法是可行的，这就是 C 语言库函数的"重定向"问题。

在讲解重定向方法之前，让我们一起回忆标准 C 语言中的 I/O 函数。在标准 C 语言中，默认的输出设备一般是计算机屏幕，默认的输入设备一般是计算机键盘。但这不是绝对的，C 语言中的 I/O 函数所使用的终端设备是可以"更改"的，比如某一台计算机没有显示器只有打印机，对于这样的情况，编程人员可以通过改写标准 I/O 库函数，将输出函数定向到打印机设备，这样一来，欲输出的数据就会从打印机中打印出来。

按照这样的方法，我们完全可以把"屏幕"换成 STC8 单片机的"串口"，这时候就需要对 printf()函数进行重新定向，也就是重新编写 putchar()函数(因为 printf()函数的底层操作就是靠 putchar()函数去完成的)。我们要让 putchar()函数接收"欲发送的字符"，在函数内部将欲发送的字符传递给串口发送缓冲器 SBUF 即可。改写后的函数实现如下。

```
char putchar(char ch)                    //发送字符重定向函数
{
    U1SEND_C((u8)ch);                    //通过串口1发送数据
    return ch;
}
```

这么看来也不难,改写 putchar()函数后就可以启用 printf()函数进行数据打印了。理清思路并明确重定向方法之后,可用 C51 语言编写程序实现如下。

```
//芯片型号: STC8H8K64U(程序微调后可移植至 STC8A/F/C/G/H 系列单片机)
//时钟说明: 单片机片内高速 24MHz 时钟     波特率说明: 9600b/s
/ *************************************************** /
# include "STC8H.h"                      //主控芯片的头文件
# include "stdio.h"                       //程序要用到 printf()故而添加此头文件
/ **************** 常用数据类型定义 **************** /
【略】为节省篇幅,相似函数参见相关章节源码即可
/ **************** 用户自定义数据区域 **************** /
# define SYSCLK 24000000UL               //系统时钟频率值
# define BAUD_SET  (65536 - SYSCLK/9600/4)  //波特率设定与计算
/ **************** 函数声明区域 **************** /
void UART1_Init(void);                    //串口1初始化函数
void U1SEND_C(u8 SEND_C);                 //串口1发送单字符数据函数
char putchar(char ch);                    //发送字符重定向函数
/ **************** 主函数区域 **************** /
void main(void)
{
    u16 i;                                //定义循环控制变量 i
    UART1_Init();                         //初始化串口1
    printf(" --------------------------------------------------- \r\n");
    printf("【UART1】:MOD1 24MHz 9600bps\r\n");
    printf("【UART1】:RxD/P3.0, TxD/P3.1\r\n");
    printf(" --------------------------------------------------- \r\n");
    printf("【Number】:");
    for(i = 0;i < 10;i++)                 //输出数字 0~9
    {
        printf(" % d ",i);                //以十进制形式输出数据
    }
    printf("\r\n");                       //输出回车换行
    printf(" --------------------------------------------------- \r\n");
    while(1);                             //程序"停止"于此处
}
/ *************************************************** /
//发送字符重定向函数 char putchar(char ch),有形参 ch,有返回值 ch
/ *************************************************** /
char putchar(char ch)
{
    U1SEND_C((u8)ch);                     //通过串口1发送数据
    return ch;
}
/ *************************************************** /
【略】为节省篇幅,相似函数参见相关章节源码即可
void UART1_Init(void)                     //串口1初始化函数
void U1SEND_C(u8 SEND_C)                  //串口1发送单字符数据函数
```

分析程序,在 main()函数中首先进行了串口 1 资源的初始化,随后用 printf()函数打印了一些字符串(主要是一些提示信息,构成了串口数据界面),紧接着执行着了一个简单的 for()循环,这个循环的目的是用 printf()函数以十进制数形式输出数字 0~9,输出完毕后程序就结束了。整个程序

并不复杂,我们将程序编译后得到". Hex"固件并下载到目标单片机中,选定单片机 P3.0 和 P3.1 引脚(即串口 1 资源引脚)连接到 USB 转 TTL 串口电路(单片机 P3.0 引脚连接 CH340E 芯片的第 8 脚电路,单片机 P3.1 引脚连接 CH340E 芯片的第 9 脚电路)。打开 PC 上的串口调试助手并复位单片机芯片,得到了如图 14.40 所示数据。

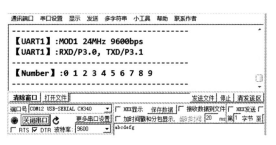

图 14.40 重定向使用 printf()函数串口打印效果

从使用体验上看,printf()函数会让数据的输出变得非常简单,编程者仅用一条简单的语句就可以实现字符、字符串或变量数值的输出,还能用一些"转义字符"控制输出格式,例如,用％d 进行十进制有符号整数的输出、用％u 进行十进制无符号整数的输出、用％f 进行浮点数的输出、用％s 进行字符串的输出、用％c 进行单个字符的输出、用％p 进行指针值的输出、用％e 进行指数形式浮点数的输出、用％x 或％X 进行无符号十六进制整数的输出、用％o 进行无符号八进制整数的输出,等等。除了这些常见的数据格式之外,还能用\n 输出换行符、用\f 进行清屏换页操作、用\r 输出回车符、用\t 输出 Tab 符,等等。这样看来,printf()函数真是有用。

那小宇老师是不是要极力推荐大家使用 printf()函数实现串行数据的打印呢? 那倒不是! 客观地说,printf()函数的引入也会带来一些问题,比如内存空间的消耗问题,printf()函数的本质是一种标准库函数(我们虽然看不到该函数的具体实现,但是函数本身也是一段代码,也得占用内存空间),单片机程序引入该函数后会被"吃掉"1～2KB 大小的 ROM 空间,这样一来,对于那些内存空间较为"紧张"的单片机型号来说,就不适合用 printf()函数实现串行数据的打印了。再比如 printf()函数的执行需要调用其他函数,还会涉及数据类型的转换与输出,这样一来就会占用一些时间造成系统实时性降低。这些 printf()函数如果放在普通程序段中还好,要是过多地放置在中断服务函数中就会造成程序异常。所以说 printf()函数的方法也讲"适用",希望朋友们在实际运用时合理选择。

14.4.3 基础项目 C 多串口切换 printf()输出实验

对于 STC 公司早期的单片机而言(如 STC89C52 系列),片内只有一个串口资源,用 printf()函数实现串口数据打印是比较简单的,只需要改写 putchar()函数实现串口重定向即可。但是对于 STC8 系列单片机来说,很多封装超过 48 脚的子型号都具备四个串口资源,在这种情况下,单纯地改写 putchar()函数仅能实现一个串口的数据打印,如何才能用一个 printf()函数适配多个串口的数据输出呢?

稍加思考,我们可以这样去做:在程序中定义一个全局变量"UART_NUM",这个变量用来存放串口号(可以支持 1～4)。然后改写 putchar()函数和 USEND_C()函数。需要说明的是,这里的USEND_C()函数并不是之前写的 U1SEND_C()函数,这个新函数适用于任一串口的单字符数据输出,该函数的形参列表中除了具备 SEND_C 变量外(用于接收欲发送的单字节字符数据),还增添了 Unum 变量(用于接收串口号,实际调用时就会把全局变量 UART_NUM 的取值传递给Unum 变量)。

在使用 printf()函数之前可以写出类似于"UART_NUM＝1;"样式的语句,这时候再调用printf()函数就会用串口 1 输出数据,类似地,要是写"UART_NUM＝3;"语句再去执行 printf()函数,数据就会从串口 3 发送出去。这样一来,使用上就很便捷了,我们不用改写 printf( )函数,putchar( )函数的变化也不大,只是在 USEND_C( )函数中多加了一个接收串口号的形参和一些分支结构罢了(分支结构用来把欲发送的单字节字符送往不同串口的发送缓冲器中)。理清思路之后,可用 C51 语言编写程序实现如下。

```c
//芯片型号: STC8H8K64U(程序微调后可移植至 STC8A/F/C/G/H 系列单片机)
//时钟说明: 单片机片内高速 24MHz 时钟    波特率说明: 9600b/s
/ ********************************************************************* /
# include "STC8H.h"                        //主控芯片的头文件
# include "stdio.h"                         //程序要用到 printf( )故而添加此头文件
/ *********************** 常用数据类型定义 ************************* /
【略】为节省篇幅,相似定义参见相关章节或源码工程即可
/ *********************** 用户自定义数据区域 *********************** /
# define SYSCLK 24000000UL                  //系统时钟频率值
# define BAUD_SET  (65536 - SYSCLK/9600/4)  //波特率设定与计算
u8 UART_NUM = 0;                            //串口号
/ *********************** 函数声明区域 *************************** /
void delay(u16 Count);                      //延时函数
void UART1_Init(void);                      //串口 1 初始化函数
void UART2_Init(void)                       //串口 2 初始化函数
void UART3_Init(void);                      //串口 3 初始化函数
void UART4_Init(void);                      //串口 4 初始化函数
void USEND_C(u8 SEND_C,u8 Unum);            //串口 1~4 发送单字符数据函数
char putchar(char ch);                      //发送字符重定向函数
/ *********************** 主函数区域 *************************** /
void main(void)
{
    //配置 P0 为准双向/弱上拉模式
    P0M0 = 0x00;                            //P0M0.0 - 7 = 0
    P0M1 = 0x00;                            //P0M1.0 - 7 = 0
    //配置 P1 为准双向/弱上拉模式
    P1M0 = 0x00;                            //P1M0.0 - 7 = 0
    P1M1 = 0x00;                            //P1M1.0 - 7 = 0
    //配置 P3 为准双向/弱上拉模式
    P3M0 = 0x00;                            //P3M0.0 - 7 = 0
    P3M1 = 0x00;                            //P3M1.0 - 7 = 0
    delay(5);                              //等待 I/O 模式配置稳定
    UART1_Init();                          //初始化串口 1
    UART2_Init();                          //初始化串口 2
    UART3_Init();                          //初始化串口 3
    UART4_Init();                          //初始化串口 4
    UART_NUM = 1;                          //使用串口 1:printf 输出
    printf(" ------------------------------------------------------------ \r\n");
    printf("【UART1】:MOD1 24MHz 9600b/s\r\n");
    printf("【UART1】:RxD/P3.0, TxD/P3.1\r\n");
    printf(" ------------------------------------------------------------ \r\n");
    UART_NUM = 2;                          //使用串口 2:printf 输出
    printf(" ------------------------------------------------------------ \r\n");
    printf("【UART2】:MOD0 24MHz 9600b/s\r\n");
    printf("【UART2】:RxD2/P1.0, TxD2/P1.1\r\n");
    printf(" ------------------------------------------------------------ \r\n");
    UART_NUM = 3;                          //使用串口 3:printf 输出
    printf(" ------------------------------------------------------------ \r\n");
    printf("【UART3】:MOD0 24MHz 9600b/s\r\n");
    printf("【UART3】:RxD3/P0.0, TxD3/P0.1\r\n");
    printf(" ------------------------------------------------------------ \r\n");
    UART_NUM = 4;                          //使用串口 4:printf 输出
```

```
        printf(" ------------------------------------------------- \r\n");
        printf("【UART4】:MOD0 24MHz 9600b/s\r\n");
        printf("【UART4】:RxD4/P0.2, TxD4/P0.3\r\n");
        printf(" ------------------------------------------------- \r\n");
        while(1);                           //程序"停止"于此处
}
/ ***************************************************************** /
//串口1~4发送单字符数据函数USEND_C(),有形参SEND_C即为欲发
//送单字节数据,Unum为串口号,无返回值
/ ***************************************************************** /
void USEND_C(u8 SEND_C,u8 Unum)
{
        switch(Unum)                        //先判断串口号
        {
            case 1:                         //指定串口1发送数据
            {
                TI = 0;                     //清除发送完成标志位
                SBUF = SEND_C;              //发送数据
                while(!TI);                 //等待数据发送完成
            }break;
            case 2:                         //指定串口2发送数据
            {
                S2CON& = ~0x02;             //清除发送完成标志位S2TI
                S2BUF = SEND_C;             //发送数据
                while(!(S2CON&0x02));       //等待数据发送完成
            };break;
            case 3:                         //指定串口3发送数据
            {
                S3CON& = ~0x02;             //清除发送完成标志位S3TI
                S3BUF = SEND_C;             //发送数据
                while(!(S3CON&0x02));       //等待数据发送完成
            };break;
            case 4:                         //指定串口4发送数据
            {
                S4CON& = ~0x02;             //清除发送完成标志位S4TI
                S4BUF = SEND_C;             //发送数据
                while(!(S4CON&0x02));       //等待数据发送完成
            };break;
            default:{};break;
        }
}
/ ***************************************************************** /
//发送字符重定向函数char putchar(char ch),有形参ch,有返回值ch
/ ***************************************************************** /
char putchar(char ch)
{
    USEND_C((u8)ch,UART_NUM);
    //通过串口发送数据,可自由指定串口号1~4
    return ch;
}
/ ***************************************************************** /
```

【略】为节省篇幅,相似函数参见相关章节源码即可

```
void delay(u16 Count)                   //延时函数
void UART1_Init(void)                   //串口1初始化函数
void UART2_Init(void)                   //串口2初始化函数
void UART3_Init(void)                   //串口3初始化函数
void UART4_Init(void)                   //串口4初始化函数
```

将程序编译后得到".Hex"固件并下载到目标单片机中,此时选定单片机 P1.0 和 P1.1 引脚(即串口 2 资源引脚)连接到 USB 转 TTL 串口电路(单片机 P1.0 引脚连接 CH340E 芯片的第 8 脚电路,单片机 P1.1 引脚连接 CH340E 芯片的第 9 脚电路)。此时打开 PC 上的串口调试助手并复位单片机芯片,得到了如图 14.41 所示数据,说明串口 2 资源可以打印数据,在此基础上,小宇老师又验证了串口 1/3/4 均能实现数据打印,至此说明我们的多串口切换 printf()输出实验是成功的。

图 14.41　多串口切换 printf()输出效果

14.4.4　进阶项目 A　上/下位机单字节命令交互实验

回顾我们做过的三个基础项目,不管是"串口打印单片机'身份证号'实验"还是"重定向使用 printf()函数实验"又或者是"多串口切换 printf()输出实验",都是把单片机当作"信源",把欲发送的字符或字符串通过串口发送到计算机的上位机进行观看即可,严格地说,这些实验和真正意义上的"通信"还差很远,根本就没有"交互"的过程。那咋办呢?

我们可以基于所学,设计一个"上/下位机单字节命令交互实验",该实验中的"上位机"就是控制端,具体指计算机上的串口调试助手软件,上位机既可以接收来自下位机的串口数据,又可以发送单字节命令到下位机,从而实现"命令下达"。该实验中的"下位机"就是受控端,具体指我们的 STC8 系列单片机,下位机接收来自上位机的指令并做出相应的动作(如打印串口信息、控制 LED 亮灭、调整电机转速、控制电磁阀开合等,这些动作可以自行编写)。

单片机端要想实现串口"交互",就必须同时具备数据发送和数据接收功能,数据发送功能倒是简单,主要是解决数据接收问题(即数据什么时候来? 来了以后怎么读出来?)。我们可以用查询法判断 RI 接收中断标志位,再从接收缓冲器 SBUF 中取回数据,但是这样的方法效率不高(因为要不停地判断 RI 标志位的状态,反而浪费了 CPU 的时间)。所以我们采用中断法去接收数据(即在中断服务函数中逐一接收串行数据并加以判断)。

选定中断法接收数据之后还得明确"命令"的形态(这个命令是由上位机的串口调试软件下达,再由下位机的单片机接收)。我们这个实验是接收单字节命令(即由 8 位二进制构成的数据),其形式可以是 $(0x11)_H$、$(0x66)_H$ 这种十六进制数(有的串口调试助手将其称为 HEX 模式),也可以是 '1'、'2'或 '?'这种 ASCII 码形式的字符(有的串口调试助手将其称为文本模式)。这种数据的处理很简单,当单片机接收到单字节数据后就进行 switch()判断即可,单字节所代表的含义由我们自己定。例如,字符 '1'的含义是命令 1,接收到该字符后会由串口打印"[CMD1]:Command received!"提示,又如字符 '?'的含义是系统帮助功能,接收到该字符后会由串口打印"[HELP]:System Help=?,CMD1=1,CMD2=2"提示,这些提示内容也是由我们自己定。

这么看来程序也不算复杂,无非就是接收 1 字节再去做判断即可。但仔细想想这里面可能有很多"坑"。举个例子,很多朋友在使用串口调试助手时也会附带平时的输入法习惯,比如输入单字节数据后喜欢有个回车换行动作,这样一来数据就不是单字节了,此时发送的数据会变成 3B(即单字节数据本身＋回车符 $(0x0D)_H$＋换行符 $(0x0A)_H$),这种情况要怎么处理呢? 这也好办,可以在中断服务函数接收数据时做个约束,命令必须是 3B,其中必须要产生回车符和换行符才能有效,一次接收动作完成后就让变量"RXEND"置"1"(这是我们自定义的变量，用于充当接收数据完成标志)。因为每次接收的命令数据都有3B，所以还可以在程序上定义一个数组"RXBUFF[]"用于充当接收数据缓冲区。

有了数据组成的约束(3B)，又定义了接收数据完成标志"RXEND"和接收数据缓冲区"RXBUFF"应该就没问题了吧？其实不然，规则和约束是"死"的，但人是"活"的，如果有操作者在键盘上"乱按一通"，发了一大串命令下达给单片机会不会产生异常呢？还真有这个可能，这种情况要怎么处理呢？这也不难，再定义一个变量"RXLEN"用于充当接收数据的长度(即一次接收动作所取回的字节个数)，若长度大于3B那就是"非法"数据，串口应该打印命令错误提示"[ERROR]: Command error!"；若长度继续增大那数组RXBUFF[]也可能发生异常，所以要再做个长度上限加以约束(比如定义一个常数"RXMAX"，其值设为500B)，这样一来，RXBUFF[]数组的定义就可以改写为"RXBUFF[RXMAX]"。

经过以上的约束和考虑，基本可以完成串口单字节命令交互功能了。从我们的思考过程中也能看出想法和实操完全不一样，实际操作会产生很多问题，这就需要我们的程序更加合理、更加严谨、更加健全。理清思路之后，可用C51语言编写程序实现如下。

```c
//芯片型号: STC8H8K64U(程序微调后可移植至 STC8A/F/C/G/H 系列单片机)
//时钟说明: 单片机片内高速 24MHz 时钟    波特率说明: 9600b/s
/ ************************************************************* /
# include "STC8H.h"                    //主控芯片的头文件
# include "stdio.h"                     //程序要用到 printf()故而添加此头文件
/ *********************** 常用数据类型定义 *********************** /
【略】为节省篇幅，相似定义参见相关章节或源码工程即可
/ *********************** 用户自定义数据区域 *********************** /
# define SYSCLK 24000000UL             //系统时钟频率值
# define BAUD_SET   (65536 - SYSCLK/9600/4)    //波特率设定与计算
# define RXMAX 500                     //接收缓冲区大小(以 B 为单位)
xdata u8  RXBUFF[RXMAX];               //接收数据缓冲区(自定义)
u16 RXLEN = 0;                         //接收数据长度
u8   RXEND = 0;                        //接收数据完成标志
/ *********************** 函数声明区域 *********************** /
void UART1_Init(void);                 //串口 1 初始化函数
void U1SEND_C(u8 SEND_C);              //串口 1 发送单字符数据函数
char putchar(char ch);                 //发送字符重定向函数
/ *********************** 主函数区域 *********************** /
void main(void)
{
    UART1_Init();                      //初始化串口 1
    ES = 1;EA = 1;                     //打开串口中断和总中断允许
    printf("\r\n---------- UART Command interaction --------- \r\n");
    printf("[HELP]:Please send ? \r\n");
    printf("[CMD1]:Please send 1 \r\n");
    printf("[CMD2]:Please send 2 \r\n");
    printf(" --------------------------------------------------- \r\n");
    while(1)
    {
        if(RXEND == 1)                 //若接收数据完成
        {
            if(RXLEN!= 0)              //且接收数据长度未超限
            {
                if(RXLEN == 3)        //若接收到单字节命令
                //单字节命令 + 0x0D + 0x0A = 3B
                {
                    switch(RXBUFF[0])  //单独提取"单字节命令"
```

```
                        {
                            case '?':                    //系统帮助功能
                            {printf("[HELP]:System Help = ?,CMD1 = 1,CMD2 = 2\r\n");}break;
                            case '1':                    //自定义功能1
                            {printf("[CMD1]:Command received!\r\n");}break;    //可添加用户代码
                            case '2':                    //自定义功能2
                            {printf("[CMD2]:Command received!\r\n");}break;    //可添加用户代码
                            //若命令不是?/1/2这3种,提示不存在该命令
                            default:printf("[ERROR]:Command does not exist!\r\n");break;
                        }
                    }
                    else                             //非单字节命令,即字节数不等于3个
                    {printf("[ERROR]:Command error!\r\n");}
                }
                else                             //若接收数据超限
                {
                    printf("[ERROR]:Data overrun!\r\n");
                    //ES = 1;                      //重新开启接收中断
                }
                RXEND = 0;                           //清零接收数据完成标志
                //注意:何时清除RXEND标记位决定了超限后的数据是否会被继续接收
                RXLEN = 0;                           //清零接收数据长度
            }
        }
    }
/ ********************************************************************** /
//串口1的中断服务函数UART1_ISR(),无形参,无返回值
/ ********************************************************************** /
void UART1_ISR(void) interrupt 4
{
    static u8 Enter = 0;                     //定义静态变量Enter,该变量为回车动作标志位
    if(RI)                                   //若串口接收完单字节数据
    {
        if(RXEND == 0)                       //等待上一次命令处理完毕后再接收本次命令,以免异常
        {
            RI = 0;                          //清除接收数据标志位
            RXBUFF[RXLEN] = SBUF;            //读回数据
            if(RXBUFF[RXLEN] == 0x0D)        //回车符判断
            Enter = 1;                       //回车动作标志位置1
            if(Enter == 1)                   //若出现回车动作
            {
                if(RXBUFF[RXLEN] == 0x0A) //继续判断是否出现换行符
                {
                    RXEND = 1;               //若回车 + 换行均已出现则数据接收完毕
                    Enter = 0;               //清零回车动作标志位
                }
            }
            else Enter = 0;                  //单独出现回车动作不能代表数据完毕
            //此时清零回车动作标志位
            RXLEN++;                         //每进一次中断,接收数据长度自增
            if(RXLEN >= RXMAX)               //若接收数据长度超过了最大长度
            {
                RXLEN = 0;                   //清零长度变量,代表数据超限
                RXEND = 1;                   //接收数据完成标志置1
                //ES = 0;                    //关闭串口中断,可避免超限后的继续接收
            }
        }
    }
}
```

/ ** /
【略】为节省篇幅,相似函数参见相关章节源码即可
void UART1_Init(void)   //串口 1 初始化函数
void U1SEND_C(u8 SEND_C)   //串口 1 发送单字符数据函数
char putchar(char ch)   //发送字符重定向函数

将程序编译后得到". Hex"固件并下载到目标单片机中,选定单片机 P3.0 和 P3.1 引脚(即串口 1 资源引脚)连接到 USB 转 TTL 串口电路(单片机 P3.0 引脚连接 CH340E 芯片的第 8 脚电路,单片机 P3.1 引脚连接 CH340E 芯片的第 9 脚电路)。打开 PC 上的串口调试助手并复位单片机芯片,得到如图 14.42 所示数据。

从串口打印内容上看,可以分为两部分,中间虚线的上半部分是单片机上电后打印出的提示信息,从信息上可以看出当前程序支持 3 种命令,即 '1'、'2'和'?'。虚线的下半部分是小宇老师实际交互的过程,当输入 '?'时串口返回了"[HELP]: System Help=?,CMD1=1,CMD2=2"语句(成功返回了串口帮助信息),当输入 '1'时串口返回了"[CMD1]:Command received!"语句(成功返回了命令 1 信息),当输入'2'时串口返回了"[CMD2]: Command received!"语句(成功返回了命令 2 信息),当输入'3'时串口返回了"[ERROR]: Command

图 14.42 上/下位机单字节命令交互效果

does not exist!"语句(提示该指令不在预定指令中,属于"非法"指令),当输入超过 3 个字符时串口返回了"[ERROR]: Command error!"语句(也属于非法数据,因为不满足单字节命令的长度约束),当输入超过 500 个字符时(也就是图中数据发送区的一大段字符 'a'),串口返回了"[ERROR]: Data overrun!"语句(提示命令的长度超过了设定的最大限度),至此单字节命令交互就验证完毕了。

14.4.5 进阶项目 B 自制"AT 指令集"串口交互实验

单字节命令的交互较为简单,只能算是启发性的实验,在实际工程应用中的命令交互多以字符串形式体现。举个实际例子,市面上很多 2G 通信模块、GPRS 通信模块、Wi-Fi 模块、DTU 模块、GPS 模块、4G Cat-1 模块都支持串口 AT 指令交互功能,工程师只需让单片机串口输出特定的 AT 指令给模块(也就是特定的字符串),模块就能实现相关的功能(如拨打电话、发送短信、发送传真、传输数据、读取电话本、配置数据格式等)。

AT 指令早在 20 世纪 90 年代初就产生了,该指令早期用于控制通信终端、移动设备、拨号调制解调器与通信网络间的数据交互,用户可以用不同的 AT 指令去配置调制解调器的功能。随着通信技术的不断发展,早期的低速拨号调制解调器已经退出了历史舞台,但 AT 指令却被保留了下来,后来诺基亚、爱立信、摩托罗拉、HP 等主流的移动电话/传真设备制造商又对原有的 AT 指令进行了整合、优化和完善,最终产生了 GSM07.07 标准的 AT 指令集。这么看来,AT 指令还是有段辉煌的历史的。

说白了,AT 指令就是一串特定的字符,指令都以"AT"开头然后以回车符结束。例如,"AT+CMGS"就是发送信息命令,"AT+ATD"就是拨打电话命令,"AT+CREG"就是网络注册命令。每个指令执行成功后都会有返回值(也是一串特定字符),返回值代表了模块的状态、操作结果或配置参数。这样的指令语句可读性较好,形式简洁,操作起来也很简单。我们自己也可以搞个自制"AT 指令",例如"AT+CMD1"为第一条命令,"AT+CMD2"就是第二条命令。想法是很好的,具

体要怎么实现呢?

其实也不难,我们就基于 14.4.4 节的进阶项目 A 实验,在其基础上做更改就行。要实现字符串命令交互,无非就是串口多次接收单字符数据,然后统一存放到特定数组,最后进行预定字符串匹配罢了。串口多次接收单字符数据的程序我们照搬 14.4.4 节进阶项目 A 实验中的"void UART1_ISR(void) interrupt 4"中断服务函数就行,接收到的数据就统一存放到 RXBUFF[] 数组中(即我们自定义的接收数据缓冲区),数组的上限依然设定为 500B(即 RXMAX 变量取值为 500),仍然用 RXLEN 变量指示接收数据的长度、用 RXEND 变量充当接收数据完成标志。

有了接收数据的基础工作还得考虑自制"AT 指令"的细节,比如 AT 指令要设多少条呢? 这就得定义一个 CMDNUM 变量,用于指示命令总数。又如单条命令的长度应该有个限值吧! 这又得定义一个 CMDLEN 变量,用于指定单条命令的最大长度(命令长度以 B 为单位)。再如这些自制的"AT 指令"应该搞个"集合"变身为预置"指令集"才行吧! 那就再建立个二维数组,其组成形式为"CMD_TAB[CMDNUM][CMDLEN]",这个数组里就可以存放我们之前说的"AT＋CMD1""AT＋CMD2"这种命令字符串。

程序的重点是要比对 RXBUFF[] 数组和预置指令集 CMD_TAB[CMDNUM][CMDLEN]数组中的字符串是不是匹配,这个倒好办,直接用 strcmp()字符串比较函数去匹配内容即可(启动该函数前务必要在程序中预先包含"string.h"头文件才行)。若接收数组中的字符串正好与预置指令集数组中的字符串一致,则判定为"合法命令",反之就是"非法命令"。为了方便字符串数据的中间处理和暂存,还需要定义一个命令暂存数组 CMD_TEMP[CMDLEN]为数据处理提供"临时空间"。理清思路之后,可用 C51 语言编写程序实现如下。

```
//芯片型号:STC8H8K64U(程序微调后可移植至 STC8A/F/C/G/H 系列单片机)
//时钟说明:单片机片内高速 24MHz 时钟        波特率说明:9600b/s
/ ******************************************************************** /
# include "STC8H.h"                         //主控芯片的头文件
# include "stdio.h"                          //程序要用到 printf()故而添加此头文件
# include "string.h"                         //程序要用到 strcmp()故而添加此头文件
/ ********************** 常用数据类型定义 ********************** /
【略】为节省篇幅,相似定义参见相关章节或源码工程即可
/ ******************** 用户自定义数据区域 ********************* /
# define SYSCLK 24000000UL                   //系统时钟频率值
# define BAUD_SET   (65536 - SYSCLK/9600/4)  //波特率设定与计算
# define RXMAX 500                           //接收缓冲区大小(以 B 为单位)
xdata u8   RXBUFF[RXMAX];                     //接收数据缓冲区(自定义)
u16 RXLEN = 0;                               //接收数据长度
u8   RXEND = 0;                              //接收数据完成标志
# define CMDNUM 2                            //命令总数(自定义)
# define CMDLEN 15                           //单条命令的最大长度(以 B 为单位)
code u8 CMD_TAB[CMDNUM][CMDLEN] = {"AT + CMD1","AT + CMD2"};
//用户命令数组,以字符串形式存放
xdata u8 CMD_TEMP[CMDLEN] = {0};             //命令暂存数组
/ ********************** 函数声明区域 ********************** /
void UART1_Init(void);                       //串口 1 初始化函数
void U1SEND_C(u8 SEND_C);                    //串口 1 发送单字符数据函数
char putchar(char ch);                       //发送字符重定向函数
/ ********************** 主函数区域 ********************** /
void main(void)
{
    u16 i = 0;                               //定义循环控制变量 i
    u8 CMD_Match = 0;                        //定义命令匹配结果标志
    UART1_Init();                            //初始化串口 1
    ES = 1;EA = 1;                           //打开串口中断和总中断允许
```

```
printf("\r\n---------- UART Command interaction ---------- \r\n");
printf("[HELP]:Please send ? \r\n");
printf("[CMD1]:Please send AT + CMD1 \r\n");
printf("[CMD2]:Please send AT + CMD2 \r\n");
printf(" ------------------------------------------------------- \r\n");
while(1)
{
    if(RXEND == 1)                              //若接收数据完成
    {
        if(RXLEN!= 0)                           //且接收数据长度未超限
        {
            printf("[Return]:RXLEN = %d\r\n",RXLEN);   //返回接收数据长度
            printf("[Return]:RXBUFF is:");      //返回接收数据内容
            for(i = 0;i < RXLEN;i++)
                U1SEND_C(RXBUFF[i]);            //返回接收数据内容
            printf("\n");                       //输出换行
            if(RXLEN == 3)                      //若接收到单字节命令
            //单字节命令 + 0x0D + 0x0A = 3 字节
            {
                switch(RXBUFF[0])               //单独提取"单字节命令"
                {
                    case '?':                   //系统帮助功能
                    {printf("[HELP]:System Help = ?,AT + CMD1,AT + CMD2\r\n");}break;
                    //除了'?'之外都打印非法命令提示
                    default:{printf("[ERROR]:Command does not exist!\r\n");};break;
                }
            }
            //若接收到多字节命令
            else if((RXLEN > 3)&&(RXLEN < = (CMDLEN + 2)))
            {
                for(i = 0;i <(RXLEN - 2);i++)   //去掉末尾的回车符 + 换行符
                {CMD_TEMP[i] = RXBUFF[i];}      //仅将命令中的有效部分存入命令暂存数组
                CMD_TEMP[i] = '\0';             //在数组末尾添加字符串结束标志
                for(i = 0;i < CMDNUM;i++)       //逐一匹配用户命令数组内容
                {
                    //进行字符串比较,若相等则返回 0
                    if(strcmp(CMD_TEMP,&CMD_TAB[i][0]) == 0)
                    {
                        CMD_Match = 1;          //命令匹配成功
                        switch(i)
                        {
                            case 0:{printf("[AT + CMD1]:Command received!\r\n");}break;
                            case 1:{printf("[AT + CMD2]:Command received!\r\n");};break;
                        }break;                 //查找成功,退出查找
                    }
                    else
                    CMD_Match = 0;              //命令匹配失败
                }
                if(CMD_Match == 0)              //若命令匹配失败
                printf("[ERROR]:Command does not exist!\r\n");
                CMD_Match = 0;                  //清零命令匹配标志
            }
            Else                                //命令长度超过了 CMDLEN 限定
            printf("[ERROR]:CMDLEN exceeds limit!\r\n");
        }
        else                                    //若接收数据超限
        {
            printf("[ERROR]:Data overrun!\r\n");
```

```
            //ES = 1;                              //重新开启接收中断
        }
        RXEND = 0;                                 //清零接收数据完成标志
        //注意：何时清除 RXEND 标记位决定了超限后的数据是否会被继续接收
        RXLEN = 0;                                 //清零接收数据长度
      }
    }
}
```

/ *** /

【略】为节省篇幅,相似函数参见相关章节源码即可

```
void UART1_Init(void)                              //串口1初始化函数
void U1SEND_C(u8 SEND_C)                            //串口1发送单字符数据函数
char putchar(char ch)                              //发送字符重定向函数
void UART1_ISR(void) interrupt 4                   //串口1的中断服务函数
```

将程序编译后得到的". Hex"固件下载到目标单片机中,选定单片机 P3.0 和 P3.1 引脚(即串口 1 资源引脚)连接到 USB 转 TTL 串口电路(单片机 P3.0 引脚连接 CH340E 芯片的第 8 脚电路,单片机 P3.1 引脚连接 CH340E 芯片的第 9 脚电路)。打开 PC 上的串口调试助手并复位单片机芯片,进行简单的交互后得到了如图 14.43 所示数据。

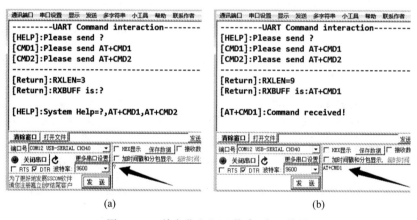

图 14.43　单字节和"AT 指令"交互效果

从串口打印内容上看,可以分为两部分,中间虚线的上半部分是单片机上电后打印出的提示信息,从信息上可以看出当前程序支持 3 种命令,即单字节命令'?'、字符串命令"AT＋CMD1"和"AT＋CMD2"。虚线的下半部分是小宇老师实际交互的过程。

先看图 14.43(a),该图是单字节命令交互过程,当我们输入'?'时串口返回了"[HELP]：System Help＝?,AT＋CMD1,AT＋CMD2"语句(成功返回了串口帮助信息),除此之外,返回的数据还提示我们'?'命令的实际接收长度 RXLEN 是 3B(即图中的"[Return]：RXLEN＝3"语句,这个长度考虑了回车符和换行符,所以是 3B),接收到 RXBUFF[]数组中的实际内容是'?'(即图中的"[Return]：RXBUFF is：?"语句)。

如图 14.43(b)所示的是我们自制的"AT 指令"交互过程,当我们输入"AT＋CMD1"时串口返回了"[AT＋CMD1]：Command received!"语句(成功返回了命令 1 信息)。除此之外,返回的数据还提示我们"AT＋CMD1"命令的实际接收长度 RXLEN 是 9B(即图中的"[Return]：RXLEN＝9"语句,这个长度考虑了回车符和换行符,所以是 9B),接收到 RXBUFF[]数组中的实际内容是"AT＋CMD1"(即图中的"[Return]：RXBUFF is：AT＋CMD1"语句)。

若我们不按规则,输入'1'或者"AT＋CMD3",串口将返回"[ERROR]：Command does not exist!"语句(提示我们该指令不在预定指令集中,属于"非法"指令)。如图 14.44 所示,当我们输入

的命令长度超过了 CMDLEN 限定时（实测时输入了 499 个字符 'a'），串口将返回"［ERROR］：CMDLEN exceeds limit!"语句（也属于非法数据，因为不满足命令的长度约束），当继续输入字符 'a' 超过 500 个字符时，串口返回了"［ERROR］：Data overrun!"语句（提示我们命令的长度超过了设定的最大限度），至此，自制"AT 指令集"串口交互实验就验证完毕了。

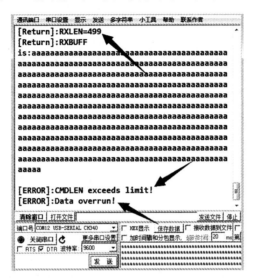

图 14.44　验证命令长度超限效果

亲爱的读者朋友们，实际工程中串口的应用非常多，与串口相关的设备、模块、芯片也是数不胜数，大家一定要夯实基础，深入理解 STC8 系列单片机的 UART 资源，熟悉功能配置、数据处理和中断处理，只有这样才能在各种需求中找到解决办法。

第15章

"击鼓声响，双向传花"串行外设接口SPI运用

章节导读：

本章将详细介绍STC8单片机同步串行外设接口SPI的相关知识点和应用，共分为3节。15.1节引入"击鼓声响，双向传花"的趣味例子，讲解SPI时钟、环形数据的传输流程和通信模型；15.2节主要介绍STC8系列单片机SPI资源及运用，着重讲解了寄存器配置、主从"角色"配置方法、SPI通信的三种方式、数据帧结构、时钟极性和时钟相位，这些都是SPI运用上的"干货"，有了这些理论基础，本节末尾还引入了三线SPI接口双机通信实验，教会大家用两个单片机做通信和控制；15.3节引入了华邦电子的W25Qxx系列Flash存储器芯片，深入讲解该芯片的运用且引入两个进阶项目深化对SPI的理解。本章的内容非常重要，需要读者朋友们在实际研究中慢慢累积经验然后触类旁通。

15.1 "击鼓传花"说SPI"玩法"

又到了新一章节的学习，本章将详细介绍STC8系列单片机硬件SPI资源的原理及运用，讲解相关内容之前有必要了解其通信原理，按照小宇老师的"一贯作风"，先讲一个生活中的小游戏"抛砖引玉"。这是小宇老师在攻读"幼儿园学位"时最喜欢做的游戏，名曰"击鼓传花"。如图15.1所示，该游戏非常简单，中间摆个大鼓，由一位同学击鼓，大家都围着鼓站成一个闭合的环形，放两个花朵在环形人群之中，若鼓手敲鼓一次则花朵顺时针传递一次，若鼓声停止，则手拿花朵的两个同学就出列给大家表演节目。该游戏的玩法就类似于SPI数据传输，朋友们可以先行思索，带着"感觉"往下学习。

图15.1 "击鼓声响，双向传花"游戏

SPI即串行外设接口（Serial Peripheral Interface）。最早提出SPI的是大名鼎鼎的摩托罗拉公司。SPI是一种高速率、全双工且同步通信的总线接口，数据通信时仅占用三到四个I/O引脚（没有SPI硬件资源的单片机也可以通过"模拟时序"的方法分配几个普通的I/O引脚来进行SPI通信），电路连接和PCB制作上都很简单，所以越来越多的单片机都集成了该资源。一个典型的SPI通信系统如图15.2所示。

要构成一个有意义的通信系统，至少要有通信双方。SPI通信中一般具备"单主单从""单主多从"和"互为主从"的通信模式，这里的"主"就是主设备，一般由具备控制功能的单元担任（如单片机芯片），这个"从"就是从设备，一般是各种功能外设单元（如各种具备SPI的功能芯片）。现在市面上有相当多的集成电路具备SPI同步串行接口，如各类传感器芯片、模拟/数字转换芯片、音频处理

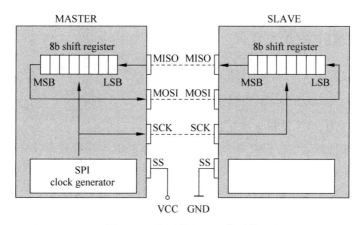

图 15.2　典型的 SPI 通信系统

芯片、图像信号处理芯片、存储器芯片等，这类芯片的通信数据量都较大，所以需要高速的接口和协议支持，这也就是 SPI 的优点，后续会挑选存储器类 SPI 芯片进行展开学习。

　　在图 15.2 中左边的灰色框表示主设备（MASTER），右边的灰色框表示从设备（SLAVE）。主设备一般只有一个，但是从设备可以不止一个，那么问题就来了！若系统中存在"单主多从"，究竟是哪个从设备和主机通信呢？其实，各个从设备都具备一个特殊的引脚"SS"，有的设备也将"SS"叫作"NSS"引脚，这个引脚就是从设备的片选引脚，只有片选从机之后从设备才能有效，反之从设备无效，若主设备是 STC8 系列单片机，则一般使用单片机的 I/O 引脚对接这些从设备的片选引脚，以控制从设备的有效性。在图 15.2 中，主设备的"SS"引脚默认接到电源正，从设备的"SS"引脚默认接地，这是一种硬件配置主/从"角色"的方法，这种方法一般用于单主单从的情况，后续还会说到软件配置"角色"的方法，适合于用在单主多从的情况。

　　接着分析图 15.2，我们发现在主设备和从设备中都具备一个 8 位移位寄存器"8b shift register"，这个寄存器就是实现 SPI"环形数据通信"的重要单元，也就是"击鼓声响，双向传花"游戏中的环形人群。来！我们一起模拟花朵（数据）的传送方向和过程，首先数据从主设备的 MOSI 引脚传出来（小宇老师穿插一个疑问：什么是 MOSI 呢？"M"表示主设备，"O"表示输出，"S"表示从设备，"I"表示输入，也就是说"主设备输出，从设备输入"），然后数据由从设备的 MOSI 引脚传入到设备内部的移位寄存器中。这里需要注意，数据的传送有两种格式，一种是高位在前低位在后（图中的"MSB"表示最高有效位），一种是低位在前高位在后（图中的"LSB"表示最低有效位），关于数据格式的知识点稍后讲解，此处不做展开。

　　数据到达从设备的移位寄存器后由从设备接收，此时从设备会处理接收到的数据并做出响应，把相应的数据由 MISO 引脚输出到主设备，这里的 MISO 与 MOSI 各字母表示的含义是相同的，MISO 引脚的功能就是"主设备输入，从设备输出"。从设备输出的数据被主设备中的移位寄存器接收，再由主设备进行处理。简单"梳理"一遍，就是主设备的数据从主设备 MOSI 引脚输出，由从设备 MOSI 引脚输入，从设备数据由从设备 MISO 引脚输出，再由主设备 MISO 引脚输入。这样一来，数据的传输就构成了一个"环"形通路。

　　有了环形通路就能把 SPI"玩"起来吗？当然不是，还缺少"鼓手"！缺了鼓手的游戏就没有了"节拍"，观察图 15.2，在主设备中还专门有个"SPI clock generator"单元，该单元是 SPI 时钟"节拍"发生器，该单元产生的时钟脉冲由主设备 SCK 引脚传出并连接至从设备 SCK 引脚，这样一来，双方共用一个"节拍"，才能实现"同步"。

15.2 SPI 资源介绍及运用

STC8 系列绝大多数单片机都集成了 SPI 高速串行通信接口,该资源支持全双工模式下的高速同步通信(SPI 和之前学的 UART 不一样,UART 是异步通信,SPI 是同步通信),我们可以用程序将单片机的"角色"配置为主模式(也叫主机、主设备、主器件)或从模式(也叫从机、从设备、从器件),初始化过程很简单,操作流程也不复杂。

相较于 STC8 单片机其他片内资源来说,SPI 资源相关的寄存器数量较少,学习难度不大,我们以 STC8H8K64U 型号单片机为例,该型号单片机与 SPI 资源相关的寄存器共有 4 个,即 SPI 控制寄存器、SPI 状态寄存器、SPI 数据寄存器和外设端口切换寄存器(严格意义上说,这个端口切换寄存器只是改变 SPI 通信的功能引脚,不算是 SPI 资源寄存器的核心,所以小宇老师在第 4 项上加了个"*"号)。SPI 相关寄存器的名称及功能如图 15.3 所示。

STC8系列单片机 SPI功能 寄存器组成
{
1. SPI控制寄存器SPCTL
2. SPI数据寄存器SPDAT
3. SPI状态寄存器SPSTAT
*4. 外设端口切换寄存器P_SW1
}

图 15.3 SPI 资源相关寄存器名称及功能

学习 STC8 系列单片机 SPI 资源之前也要提出一些问题,带着问题去学习效率最高,也能把零碎的知识点进行思维串联,小宇老师向大家提出以下疑问。

问题 1:SPI 资源的通信引脚实际占用哪个 I/O 口?

问题 2:怎么定义主从"角色"?

问题 3:角色确定后的通信方式有哪些?

问题 4:SPI 通信数据帧结构怎么选?

问题 5:怎么理解时钟极性和相位? 如何配置?

问题 6:怎么编写主/从机 SPI 资源初始化和数据收发函数?

接下来逐一对问题进行解答。先来解决第 1 个问题,即 SPI 资源的通信引脚实际占用哪个 I/O 口? 要解决这个问题需要涉及外设端口切换寄存器 P_SW1 的相关位,该寄存器相关位定义及功能说明如表 15.1 所示(为了凸显 SPI 资源相关的配置位,只对 SPI_S[1:0]进行讲解)。

表 15.1 STC8H 系列单片机外设端口切换寄存器 1

外设端口切换寄存器 1(P_SW1)							地址值:(0xA2)H
位 数	位 7	位 6	位 5	位 4	位 3	位 2	位 1	位 0
位名称	S1_S[1:0]		—	—	SPI_S[1:0]		—	—
复位值	n	n	0	0	0	0	x	x
位 名	位含义及参数说明							
SPI_S [1:0] 位 3:2	SPI 功能引脚选择							
	00	SS=P1.2/P5.4,MOSI=P1.3,MISO=P1.4,SCLK=P1.5(默认配置)						
	01	SS=P2.2,MOSI=P2.3,MISO=P2.4,SCLK=P2.5						
	10	SS=P5.4,MOSI=P4.0,MISO=P4.1,SCLK=P4.3						
	11	SS=P3.5,MOSI=P3.4,MISO=P3.3,SCLK=P3.2						

默认情况下,STC8H 系列单片机的 SPI 资源占用了 P1.2/P5.4 作为 SS 引脚、P1.3 作为 MOSI 引脚、P1.4 作为 MISO 引脚、P1.5 作为 SCLK 引脚(需要注意,在 STC8H8K64U 这款单片机中不存在 P1.2 引脚,所以 SS 引脚默认由 P5.4 来担任)。

若用户需要用 C51 语言编程配置 SPI 的 SS 引脚为 P2.2、MOSI 引脚为 P2.3、MISO 引脚为

P2.4 且 SCLK 引脚为 P2.5，则需要把 SPI_S[1:0]功能位配置为"01"，可编写语句：

```
P_SW1& = 0xC0;                    //清零 SPI_S[1:0]位
P_SW1| = 0x04;                    //将 SPI_S[1:0]赋值为"01"
```

接着解决第 2 个问题，即怎么定义主从"角色"？角色的配置与 SPI 控制寄存器 SPCTL 有关，该寄存器的主要功能是配置 SPI 通信速率、确定 SPI 设备的主从"角色"、配置通信数据帧的格式、时钟相位"CPHA"、时钟极性"CPOL"、控制 SPI 功能是否开启等。其功能非常丰富，在 SPI 初始化程序中的使用频率也是最高的，该寄存器相关位定义及功能说明如表 15.2 所示。

表 15.2　STC8H 单片机 SPI 控制寄存器

SPI 控制寄存器（SPCTL）						地址值：（0xCE）	
位　数	位 7	位 6	位 5	位 4	位 3	位 2	位 1 　　位 0
位名称	SSIG	SPEN	DORD	MSTR	CPOL	CPHA	SPR[1:0]
复位值	0	0	0	0	0	1	0 　　0
位　名	位含义及参数说明						

SSIG 位 7	SS 引脚功能控制位	
	0	由 SS 引脚电平状态确定器件的主/从角色（硬件法）
	1	忽略 SS 引脚功能，由 MSTR 功能位确定器件的主/从角色（软件法）
SPEN 位 6	SPI 使能控制位	
	0	禁用 SPI 资源
	1	使能 SPI 资源
DORD 位 5	SPI 数据帧格式	
	0	先发送/接收数据的最高位（MSB）
	1	先发送/接收数据的最低位（LSB）
MSTR 位 4	器件主/从模式选择位	
	若需将设备配置为主机模式：	
	分情况进行讨论，如果 SSIG＝0（硬件法），则 SS 引脚必须保持高电平且 MSTR 位必须为 1。如果 SSIG＝1（软件法），则 SS 引脚功能被忽略，只需要将 MSTR 位配置为 1 即可。	
	若需将设备配置为从机模式：	
	分情况进行讨论，如果 SSIG＝0（硬件法），则 SS 引脚必须保持低电平（要注意：此时的 MSTR 位可以忽略）。若 SSIG＝1（软件法），则 SS 引脚功能被忽略，只需要将 MSTR 位配置为 0 即可	
CPOL 位 3	SPI 时钟极性控制	
	0	SCLK 空闲时为低电平，前时钟沿为上升沿，后时钟沿为下降沿
	1	SCLK 空闲时为高电平，前时钟沿为下降沿，后时钟沿为上升沿
CPHA 位 2	SPI 时钟相位控制	
	0	数据发送在时钟后沿变化，数据接收在时钟前沿采样
	1	数据发送在时钟前沿送出，数据接收在时钟后沿采样

SPR [1:0] 位 1:0	SPI 时钟频率选择			
	00	$f_{SYSCLK}/4$	01	$f_{SYSCLK}/8$
	10	$f_{SYSCLK}/16$	11	$f_{SYSCLK}/32$

15.2.1　主从"角色"如何配置

分析 SPI 控制寄存器 SPCTL 中的"SSIG"位和"MSTR"位，不难看出，STC8H 系列单片机 SPI 资源的"角色"配置有两种方法（硬件法和软件法）。

软件法配置角色相对比较简单,只需要把"SSIG"位置"1"(也就是忽略 SS 引脚上的电平状态)然后配置"MSTR"位的状态即可。当 SSIG=1 且 MSTR=1 时,单片机角色就是"主机模式",当 SSIG=1 且 MSTR=0 时,单片机角色就是"从机模式"。这种方法没啥难度,还可以省去 SS 引脚(当成普通 I/O 另作他用),在双机通信或简单应用场景中较为常见。

硬件法配置角色需要"SSIG"位和"MSTR"位互相配合,还需要分情况去讨论,相对于软件法而言稍显复杂,但是灵活度最大,用硬件法可以轻松应对 SPI 多机通信等场景。硬件法中需要判断 SS 引脚的电平状态,所以 SS 引脚务必要启用(常配置为准双向/弱上拉模式)且"SSIG"位务必要清零。

实际应用中,SS 引脚的状态是变动的,所以要分情况进行讨论。第一种情况:若 SSIG=0、MSTR=1 且 SS=1 时,单片机角色为主机模式。第二种情况:若 SSIG=0 且 SS=0 时,单片机角色为从机模式(此时 MSTR 位的状态可以忽略)。为了方便读者朋友们理解,小宇老师做了表 15.3 用于理清思路和加以说明。

表 15.3　SPI 资源主从"角色"配置方法

控　制　位			通信引脚				配置说明
SPEN	SSIG	MSTR	SS	MISO	MOSI	SCLK	
1	1	1	x	输入	输出	输出	使能 SPI,软件法配置为主机模式
1	1	0	x	输出	输入	输入	使能 SPI,软件法配置为从机模式
1	0	1	1	输入	输出	输出	使能 SPI,硬件法配置为主机模式
1	0	x	0	输出	输入	输入	使能 SPI,硬件法配置为从机模式,SS 引脚为低
0	x	x	x	输入	输入	输入	关闭 SPI,SPI 相关通信引脚 SS、MOSI、MISO 及 SCLK 均为普通 I/O 引脚

在配置 SPI 设备角色时一定要注意,不要出现两个或多个"主机"同时存在导致"总线争夺"的情况,要合理配置设备角色才能有条不紊地通信。

若用户需要用软件法配置当前单片机为主机模式,可编写 C51 语句:

```
SPCTL |= 0x80;              //将 SSIG 位置"1",从而忽略 SS 引脚功能
SPCTL |= 0x10;              //将 MSTR 位置"1",用软件法确定角色为主机
```

15.2.2　SPI 通信的三种方式

接下来解决第 3 个问题,即角色确定后的通信方式有哪些? 因为 STC8 系列单片机 SPI 设备的"角色"配置较为灵活,所以衍生出了多种通信方式。主要的通信方式有 3 种,分别是单主单从式(即一个主机对接一个从机),互为主从式(即两个设备不区分角色,互为主机和从机,但是同一时刻下肯定只有一方为主,另一方为从),以及单主多从式(即一个主机对接多个从机)。

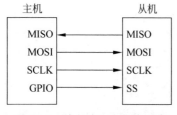

图 15.4　单主单从式电路连接

先来学习"单主单从式",该方式最为简单,通信双方的角色在通信之前就已经固定好了,一方固定作主机,一方固定作从机,其电路连接形式如图 15.4 所示。主从双方的数据流向都是确定的(即图中引脚上的箭头方向),通信的时钟 SCLK 固定由主机提供给从机,从机自身不产生通信时钟。

我们可用软件法或硬件法配置设备角色,假设用软件法配置主机模式,只需将 SPI 控制寄存器 SPCTL 中的"SSIG"及

"MSTR"功能位都配置为"1"即可。假设用硬件法配置从机模式，可以先将"SSIG"功能位配置为"0"，然后从主机上分配一个普通I/O引脚去控制从机的SS引脚电平状态即可（主机一定要拉低SS引脚才能使从机有效）。

接下来学习"互为主从式"，该形式下的设备"角色"是可以灵活调整的，其电路连接形式如图15.5所示，可以采用以下两种方法配置设备角色。

第一种方法：用硬件法配置主从角色，让两个设备的"SSIG"功能位都为"0"，这样一来从机模式下的"MSTR"功能位配置就被忽略了，对于从机而言，只要SS引脚上的电平状态为低电平就行。对于主机而言，需要先把自己的"MSTR"位置"1"，然后用自己的SS引脚连接从机的SS引脚，输出低电平即可，这样就会导致对方设备的SS引脚被拉低，从而将对方设备强制性变为从机模式。

第二种方法：用软件法配置主从角色，让两个设备的"SSIG"功能位都为"1"，这样一来SS引脚上的电平状态就被忽略了，仅由"MSTR"功能位确定器件角色。对于主机而言，只需要把自己的"MSTR"位置"1"即可。对于从机而言，只需要把自己的"MSTR"位清"0"即可。

最后学习"单主多从式"，该形式下的主机只能有一个，但从机数量可以很多，其电路连接形式如图15.6所示。对于主机而言，可以用软件法去配置角色，我们可以把"SSIG"和"MSTR"位都配置为"1"，以此完成主机配置。主机可以分配多个普通I/O引脚去控制各个从机的SS引脚，这样一来就这些引脚就变成了从机的"片选"端，主机要和哪个从机通信就把哪条片选线拉低即可。从机的配置特别要注意，应该使用硬件法去配置角色，必须启用SS引脚，要把从机的"SSIG"位清零，然后让SS引脚上的电平状态决定从机模式。

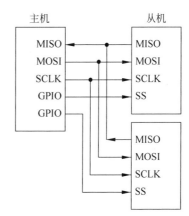

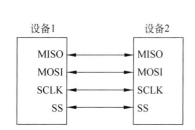

图 15.5 互为主从式电路连接 　　　　　图 15.6 单主多从式电路连接

15.2.3 数据帧结构怎么选

接下来再看看第4个问题，即SPI通信数据帧结构怎么选？在SPI控制寄存器SPCTL中的"DORD"位就能解决这个问题。如果该位为0就先发送/接收数据的最高位（MSB），这种情况是默认配置，也将其称为"MSB方式数据帧"。稍作解释，这里的MSB是"Most Significant Bit"的首字母缩写，代表最高有效位。通常，MSB位于二进制数的最左侧。如果采用MSB方式组织SPI数据帧格式，就是"高位在前，低位在后"，数据帧位组成如图15.7所示。

图 15.7 MSB方式数据帧格式

如果"DORD"位为1就先发送/接收数据的最低位（LSB），我们也将其称为"LSB方式数据帧"。稍作解释，这里的LSB是"Least Significant Bit"的首字母缩写，代表最低有效位。通常，LSB位于二进制数的最右侧。如果采用LSB方式组织SPI数据帧格式，就是"低位在前，高位在后"，数据帧位组成如图15.8所示。

图15.8 LSB方式数据帧格式

在配置数据帧格式时需要特别注意，一个通信系统内的SPI器件，不论主从"角色"，都要统一数据帧格式，这是数据得以发送/接收成功的关键。

若用户需要用C51语言编程配置SPI数据帧格式为LSB方式，可编写语句：

```
SPCTL |= 0x20;                      //将DORD位置"1"，采用LSB方式数据帧
```

15.2.4 时钟极性和相位是什么含义

我们再来解决第5个问题，即怎么理解时钟极性和相位，如何配置？我们先别着急去理解这两个名词，重新回到"击鼓声响，双向传花"的游戏中，因为有些"游戏规则"还没有细化，即击鼓手和传花同学的"配合"问题。比如击鼓手敲几次鼓传花一次呢？是在鼓声敲响的时候传还是在鼓声之后传？传花人是顺时针传花还是逆时针传花呢？必须要搞清楚这些问题，"游戏"才能正常进行。

游戏中的"敲鼓手"就是SCLK同步串行时钟，传花的环形人群自然是MOSI引脚或者MISO引脚上输入/输出的数据，这两个"对象"的相互"配合"就是数据传输时序。数据传输时序由3个要素来确定，第一是数据帧格式（MSB方式、LSB方式），这个已经学习了，第二是时钟极性，第三是时钟相位。

时钟极性"CPOL"是用来确定在SPI总线空闲的时候，时钟线SCLK保持什么样的电平。若将"CPOL"位配置为"0"，则SPI通信空闲状态时，串行时钟线SCLK保持低电平，反之SPI通信空闲状态时，串行时钟线SCLK保持高电平。

时钟相位"CPHA"是用来确定数据传送是发生在时钟"节拍"的哪一个边沿，"前沿"就是第一个边沿，"后沿"就是第二个边沿。在主机模式和从机模式下，"CPHA"位的配置会直接导致通信时序的变化，所以要分情况进行讨论。

光是这么说可能很难理解，那就二话不说，直接上图吧！先以主机为例，如果主机的"SSIG"位为0（硬件法配置角色），那SS引脚就应该全程保持高电平。在"CPHA=1"条件下的主机时序如图15.9所示（这个图反映了"CPHA"位对主机通信时序的影响）。

分析时序图，我们"从上到下"来解释。上面两行是SCLK时钟信号的波形，可以发现当"CPOL"位取值不同时SCLK信号的波形是取反互补的状态。当CPOL=0时SCLK在空闲时保持低电平，反之就是高电平，这个没有难度。接着看中间两行，这两行是数据线，MOSI是主机发送数据的时序，MISO是主机接收数据的时序，这两条线上的数据帧格式受"DORD"位控制，若"DORD"位为"0"则使用MSB方式（默认），反之使用LSB方式。当CPHA=1时MOSI引脚上的数据会在SCLK前沿进行传送，MISO引脚上的数据会在SCLK后沿进行采样。把CPHA=1时的主机时序总结起来就是"数据发送前沿始，数据接收后沿采"。

仍然以主机为例，在"CPHA=0"条件下的主机时序如图15.10所示。这个时序和图15.9类似，当CPHA=0时MOSI引脚上的数据会在SCLK后沿进行改变，以便发送后一个数据位，MISO

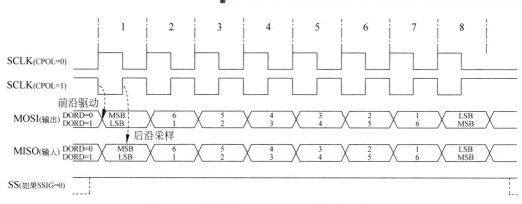

图 15.9 时钟相位"CPHA＝1"时的主机时序

引脚上的数据会在 SCLK 前沿进行采样。把 CPHA＝0 时的主机时序总结起来就是"数据发送后沿变，数据接收前沿采"。

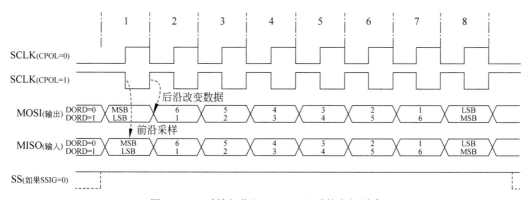

图 15.10 时钟相位"CPHA＝0"时的主机时序

接下来以从机为例，如果从机的"SSIG"位为 0（硬件法配置角色），那 SS 引脚就应该全程保持低电平。在"CPHA＝1"条件下的从机时序如图 15.11 所示（这个图反映了"CPHA"位对从机通信时序的影响）。

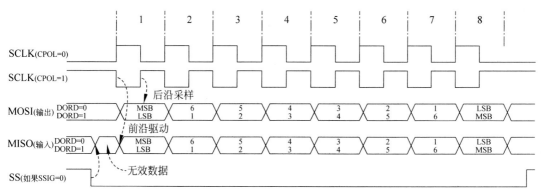

图 15.11 时钟相位"CPHA＝1"时的从机时序

我们在分析从机模式时，中间的两条数据线功能会发生变化，MOSI 是从机接收数据的时序，MISO 是从机发送数据的时序。当 CPHA＝1 时 MOSI 引脚上的数据会在 SCLK 后沿进行采样，MISO 引脚上的数据会在 SCLK 前沿进行传送。把 CPHA＝1 时的从机时序总结起来就是"数据发送前沿始，数据接收后沿采"。

仍然以从机为例,在"CPHA＝0"条件下的从机时序如图15.12所示。这个时序和图15.11类似,当 CPHA＝0 时 MOSI 引脚上的数据会在 SCLK 前沿进行采样,MISO 引脚上的数据会在 SCLK 后沿进行改变,以便发送后一个数据位。把 CPHA＝0 时的从机时序总结起来就是"数据发送后沿变,数据接收前沿采"。

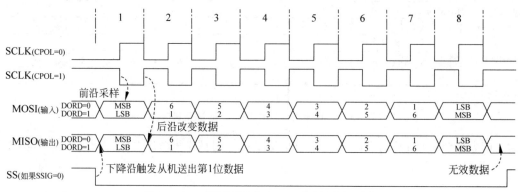

图 15.12 时钟相位"CPHA＝0"时的从机时序

在配置"CPHA"位的时候一定要注意,对于从机而言,当 CPHA＝0 时,"SSIG"位必须为"0"(即不能忽略 SS 引脚状态),在数据传输开始之前一定要把 SS 引脚拉低并在完成数据传输后重新把 SS 引脚拉高(这是因为 SS 引脚为低电平的时候,不能执行写入数据到 SPDAT 寄存器的操作,这样就会导致"写冲突"错误)。当 CPHA＝1 时,"SSIG"位可以配置为"1"(即可以忽略 SS 引脚状态),若 SSIG＝0 则需要在数据传输开始之前把 SS 引脚固定拉低,这种做法适用于单主单从系统中。

若用户需要用 C51 语言编程使得从机设备通信数据帧为 MSB 方式,SCLK 时钟引脚在空闲时保持高电平,数据发送在时钟前沿开始,数据接收在时钟后沿采集,SPI 通信速度约定为 $f_{SYSCLK}/32$,可编写语句:

```
SPCTL = 0x00;              //先将相关功能位清零
SPCTL| = 0x4F;             //SPEN 置 1 使能 SPI 功能,CPOL 和 CPHA 置 1 满足
                          //极性和相位的要求,SPR[1:0]为"11",SPI 通信速度为 f_SYSCLK/32
```

综合以上内容,时钟极性、时钟相位、数据帧格式这三者通过"配合"产生了最终的传输时序,SPI 通信一旦建立,这三者不能再中途更改了,所以应该在使能 SPI 通信之前配置好相关参数。在同一个 SPI 通信系统中,各设备都应该遵循同一套数据约定,也就是说,不管是主设备还是从设备的时钟相位、时钟极性和数据帧格式都应该保持一致,这些参数的配置非常重要,读者朋友们需要将其理解后运用到实战中。

说到这里,SPI 控制寄存器 SPCTL 就学习完了,接下来再看看 SPI 数据寄存器 SPDAT,该寄存器的组成较为简单,是数据发送和接收时的"缓冲区",该寄存器相关位定义及功能说明如表15.4所示。

表 15.4 STC8H 单片机 SPI 数据寄存器

SPI 数据寄存器(SPDAT)							地址值:(0xCF)$_H$
位 数	位 7	位 6	位 5	位 4	位 3	位 2	位 1	位 0
位名称	SPDAT[7:0]							
复位值	0	0	0	0	0	0	0	0
位 名	位含义及参数说明							
SPDAT[7:0] 位 7:0	SPI 发送/接收数据缓冲器							

若用户需要用 C51 语言编程通过 SPI 发送一个数据(假设是变量 x),可编写语句:

```
SPDAT = x;                    //通过 SPI 发送数据 x
```

若用户需要用 C51 语言编程通过 SPI 接收一个数据并赋值给变量 x,可编写语句:

```
x = SPDAT;                    //通过 SPI 接收数据并赋值给 x
```

从表面上看,这两条语句只是在赋值运算的方向上不同,其实不然,第一条语句的 SPDAT 是发送动作下的缓冲区,第二条语句的 SPDAT 是接收动作下的缓冲区。这就类似于我们进行 UART 资源学习时的 SBUF 寄存器。

在操作 SPDAT 寄存器时需要注意,SPI 在发送数据的时候是单缓冲,在接收数据的时候是双缓冲。也就是说,某一时刻有数据正在发送时不能再接收新的数据进来,原来的数据都没发完又来个新数据,就会产生"写冲突"错误,发生这种错误后 SPI 状态寄存器 SPSTAT 中的"WCOL"位会被自动置"1",新写入的数据会发送失败并做丢失处理。这个状态寄存器也是我们必须要掌握的,该寄存器相关位定义及功能说明如表 15.5 所示。

表 15.5 STC8H 单片机 SPI 状态寄存器

SPI 状态寄存器(SPSTAT)						地址值：(0xCD)_H	
位 数	位 7	位 6	位 5	位 4	位 3	位 2	位 1	位 0
位名称	SPIF	WCOL	—	—	—	—	—	—
复位值	0	0	x	x	x	x	x	x
位 名	位含义及参数说明							
SPIF 位 7	SPI 中断标志位(上电后默认为 0) 　　有多种情况能把该位置 1:例如,发送或接收完一字节时,该位就会被硬件自动置 1 并向 CPU 发出中断请求。再如,当 SSIG 位为 0 时,SS 引脚上的电平变化决定了设备主/从角色的变化,当主/从模式发生改变时该位也会被硬件自动置 1。需要注意:该位的清零必须要靠手动,可以在程序中向该位写"1"进行清零(此处确实是用写"1"动作去实现清零,朋友们不必惊讶,按照要求进行配置即可)							
WCOL 位 6	SPI 写冲突标志位(上电后默认为 0) 　　如果 SPI 正在传输数据,我们又在这个时刻向 SPDAT 数据寄存器写入新数据,那就会产生"写冲突",此时该位就会被硬件自动置 1。需要注意,该位的清零必须要靠手动,我们可以在程序中向该位写"1"进行清零							

若用户需要用 C51 语言编程清零相关标志位,可编写语句:

```
SPSTAT = 0xC0;                //清除 SPI 中断和写冲突标志
```

在程序中可以使用查询法或中断法判断数据的发送和接收动作,如果使用查询法,只需判断 SPIF 标志位的状态即可,相对简单。如果使用中断法,可以编写中断服务函数并使能 SPI 中断允许,编写好的中断服务函数框架如下。

```
IE2| = 0x02;                 //将"ESPI"位置 1,允许 SPI 中断
EA = 1;                      //打开总中断允许
void    SPI_ISR(void)  interrupt  9{} //此处添加用户编写的中断服务程序内容
```

最后解决第 6 个问题,即怎么编写主/从机 SPI 资源初始化和数据收发函数?现在看来,这个问题已经不难了,若读者朋友用软件法配置主机角色且为主机编写 SPI 初始化函数(不启用 SS 引脚),可以利用 C51 语言编写如下语句。

```
void SPI_Init(void)                    //主机初始化
{
    //配置 P1 为准双向/弱上拉模式
    P1M0 = 0x00;                       //P1M0.0 - 7 = 0
    P1M1 = 0x00;                       //P1M1.0 - 7 = 0
    //配置 P5.4 为准双向/弱上拉模式
    //P5M0& = 0xEF;                    //P5M0.4 = 0
    //P5M1& = 0xEF;                    //P5M1.4 = 0
    SPCTL = 0xDC;                      //忽略 SS 引脚功能,使能 SPI,MSB 数据帧方式,主机模式
    //SCLK 空闲时为高电平,数据发送在时钟前沿开始,数据接收在时钟后沿采集
    SPSTAT = 0xC0;                     //清除 SPI 中断和写冲突标志
}
```

若读者朋友用软件法配置从机角色且为从机编写 SPI 初始化函数(不启用 SS 引脚),可以利用 C51 语言编写如下语句。

```
void SPI_Init(void)                    //从机初始化
{
    //配置 P1 为准双向/弱上拉模式
    P1M0 = 0x00;                       //P1M0.0 - 7 = 0
    P1M1 = 0x00;                       //P1M1.0 - 7 = 0
    //配置 P5.4 为准双向/弱上拉模式
    //P5M0& = 0xEF;                    //P5M0.4 = 0
    //P5M1& = 0xEF;                    //P5M1.4 = 0
    SPCTL = 0xCC;                      //忽略 SS 引脚功能,使能 SPI,MSB 数据帧方式,从机模式
    //SCLK 空闲时为高电平,数据发送在时钟前沿开始,数据接收在时钟后沿采集
    SPSTAT = 0xC0;                     //清除 SPI 中断和写冲突标志
}
```

数据收发函数的编写也很简单,无非就是对 SPI 数据寄存器 SPDAT 进行操作。若读者朋友需要通过 SPI 将数据发送出去,在发送的过程中还需要把接收到的内容"取回",可以利用 C51 语言编写程序语句如下。

```
u8 SPI_SendByte(u8 byte)              //数据收发函数
{
    SPDAT = byte;                     //发送数据
    while(!(SPSTAT&0x80));            //等待数据发送完成
    SPSTAT = 0xC0;                    //清除 SPI 中断和写冲突标志
    return SPDAT;                     //返回 SPI 数据寄存器内容
}
```

在 SPI 收发函数中,"byte"是一个形式参数,用于存放实际需要发送的数据内容,当调用该函数时可以把 byte 赋值给 SPDAT 寄存器,启动发送过程,然后等待 SPSTAT 寄存器中的"SPIF"位被硬件置"1"(即等待数据发送完成),然后清除相关标志位,最后再从 SPDAT 寄存器的接收数据缓冲区内取回数据即可(要注意,SPI 的接收过程有两个缓冲区,虽然看不到硬件的具体操作,但是不会影响数据的接收)。

15.2.5　基础项目 A　三线 SPI 接口双机通信实验

了解了 STC8 单片机 SPI 资源配置后就该"动手"实践了,我们得选个比较有"特色"的实验项目,既能突出主/从设备配置流程,又能体现数据交互,还要看到明显的现象。这样的项目才能让我们理解 SPI 通信过程和配置方法,加深我们对 SPI 资源的理解。

经过思考最终选定"双机通信"作为实验项目,在实验中使用两个单片机(均为 STC8H8K64U 型号),我们将其命名为"甲机"和"乙机"。甲机作为主机,外围电路中有两个按键,这两个按键分别

充当"加1"功能和"减1"功能。乙机作为从机,外围电路中有一个1位8段单色共阳数码管,这个数码管可以显示出0~9的数字,乙机上电后数码管默认显示"0",我们可以通过甲机的两个按键去改变乙机数码管的数码。甲乙机之间通过三线SPI连接(即SCLK、MISO和MOSI这3个线路)。需要说明的是:在实验中的甲乙机并未启用SS片选引脚,也就是说,甲乙机的主/从"角色"是用软件方法来配置,并不需要使用SS引脚。

甲机系统的硬件电路如图15.13所示。我们分配P3.3和P3.4引脚分别连接到S1和S2这两个轻触按键,S1为"加1"功能键,S2为"减1"功能键。因为设备的"角色"是主机且配置方法是由软件配置,所以此处的SS引脚(即P5.4引脚)可以悬空不用,需要注意的是,LQFP64封装的STC8H8K64U单片机不具备P1.2引脚,所以在图中P1.2引脚的引脚号为"NC",在使用这款单片机时一定要注意这些细节。

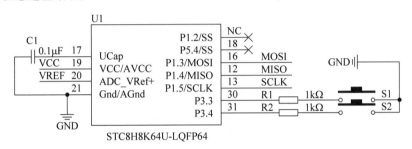

图15.13 甲机(主机)硬件电路图

搭建完甲机电路后就可以编写甲机软件了,甲机软件需要实现的功能是初始化甲机SPI资源,设定甲机"角色"为主设备,然后实现两个按键的特定功能。例如,按下S1后就会通过SPI向乙机传送$(0xF0)_H$数据(这个数据是自定义的,可以自行更改),按下S2后就会通过SPI向乙机传送$(0x0F)_H$数据,简单说就是用不同的数值去区分"加1"和"减1"操作。有了程序思路就可以编程了,利用C51语言编写具体程序实现语句如下。

```
//芯片型号:STC8H8K64U(程序微调后可移植至STC8A/F/C/G/H系列单片机)
//时钟说明:单片机片内高速24MHz时钟
/ ********************************************************* /
# include "STC8H.h"                      //主控芯片的头文件
/ ********************** 常用数据类型定义 ********************** /
【略】为节省篇幅,相似定义参见相关章节或源码工程即可
/ ********************** 端口/引脚定义区域 ********************** /
sbit   SS = P5^4;                        //SPI片选引脚(实际未启用)
sbit   MOSI = P1^3;                      //SPI数据引脚
sbit   MISO = P1^4;                      //SPI数据引脚
sbit   SCLK = P1^5;                      //SPI时钟引脚
sbit   KEYA = P3^3;                      //加功能按键
sbit   KEYB = P3^4;                      //减功能按键
/ ********************** 函数声明区域 ********************** /
void delay(u16 Count);                   //延时函数
void SPI_Init(void);                     //SPI资源初始化函数
/ ********************** 主函数区域 ********************** /
void main(void)
{
    //配置P3.3-4为准双向/弱上拉模式
    P3M0& = 0xE7;                        //P3M0.3-4 = 0
    P3M1& = 0xE7;                        //P3M1.3-4 = 0
    SPI_Init();                          //SPI资源初始化
    while(1)
    {
```

```
                if(KEYA == 0)                              //若加 1 功能按键按下
                {
                    delay(10);                             //延时去除按键"抖动"
                    if(KEYA == 0)
                    {
                        SPDAT = 0xF0;                      //发送测试数据(加 1 操作)
                        while(!(SPSTAT&0x80));             //等待数据发送完成
                        SPSTAT = 0xC0;                     //清除 SPI 中断和写冲突标志
                        while(KEYA == 0);                  //KEYA"松手"检测
                    }
                }
                if(KEYB == 0)                              //若减 1 功能按键按下
                {
                    delay(10);                             //延时去除按键"抖动"
                    if(KEYB == 0)
                    {
                        SPDAT = 0x0F;                      //发送测试数据(减 1 操作)
                        while(!(SPSTAT&0x80));             //等待数据发送完成
                        SPSTAT = 0xC0;                     //清除 SPI 中断和写冲突标志
                        while(KEYB == 0);                  //KEYB"松手"检测
                    }
                }
            }
        }
    }
}
/ ***************************************************************************** /
//延时函数 delay(),有形参 Count 用于控制延时函数执行次数,无返回值
/ ***************************************************************************** /
void delay(u16 Count)
{
    u8 i,j;
    while (Count -- )                                      //Count 形参控制延时次数
    {
        for(i = 0;i < 50;i++)
        for(j = 0;j < 20;j++);
    }
}
/ ***************************************************************************** /
//SPI 资源初始化函数函数 SPI_Init(),无形参,无返回值
/ ***************************************************************************** /
void SPI_Init(void)
{
    //配置 P1 为准双向/弱上拉模式
    P1M0 = 0x00;                          //P1M0.0 - 7 = 0
    P1M1 = 0x00;                          //P1M1.0 - 7 = 0
    //配置 P5.4 为准双向/弱上拉模式
    //P5M0& = 0xEF;                       //P5M0.4 = 0
    //P5M1& = 0xEF;                       //P5M1.4 = 0
    SPCTL = 0xDC;                         //忽略 SS 引脚功能,使能 SPI,MSB 数据帧方式,主机模式
    //SCLK 空闲时为高电平,数据发送在时钟前沿开始,数据接收在时钟后沿采集
    SPSTAT = 0xC0;                        //清除 SPI 中断和写冲突标志
}
```

　　细致看一遍程序可以发现,该程序实际上就是检测两个功能按键的状态并发送特定数值给乙机,程序难度相当低,其实给出甲机程序的目的不是为了讲解多么复杂的算法,就是想给读者朋友们一个简单的认识,"深入浅出"地讲解主机的配置流程。

　　程序进入 main()函数后首先是初始化了 S1 和 S2 按键的 I/O 模式,然后初始化 SPI 资源,最后进入一个死循环"while(1)"中,这个循环会不断地检测 S1 和 S2 按键,若 S1 按下则启动 SPI 传输

并向乙机传送(0xF0)ₕ,若 S2 按下则启动 SPI 传输并向乙机传送(0x0F)ₕ。

　　如果事先将甲机的 SCLK 和 MOSI 引脚连接到逻辑分析仪上,当我们按下 S1 时,甲机这两个引脚上实测到的时序如图 15.14 所示。根据时序稍作分析,在甲机 SPI 功能配置中,我们将数据帧配置为 MSB 方式,并且设置时钟极性"CPOL"为"1",所以在 SPI 总线空闲时 SCLK 时钟线会保持为高电平,并且将时钟相位"CPHA"也配置为了"1",这样一来,数据发送在时钟前沿开始,数据接收在时钟后沿采集,现在再看时序,不难得出在 MOSI 引脚上的数据正好是(0xF0)ₕ,也就对应了 S1 按键的"加 1"功能。

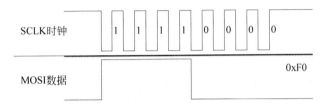

图 15.14　按下 S1 时的 SPI 时序

　　若重新启动逻辑分析仪进行捕获,此时按下 S2 按键,实测到的通信时序如图 15.15 所示。不难看出,现在 MOSI 引脚上的数据为(0x0F)ₕ,也就对应了 S2 按键的"减 1"功能。

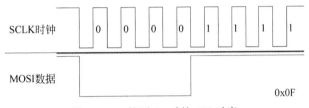

图 15.15　按下 S2 时的 SPI 时序

　　接下来再看看乙机的硬件电路和软件实现,乙机的电路原理图如图 15.16 所示。在乙机的硬件电路中,特别设计了一个 1 位 8 段单色共阳数码管,用于显示 0～9 的数码,这个数码管上所显示的数字加/减情况受甲机的两个按键控制。在乙机上分配 P2 整组端口控制数码管 DS1 的段码引脚,数码管的共阳公共端直接连到 VCC,由于乙机的"角色"为从机且配置方法是由软件配置,所以SS 引脚(即 P5.4 引脚)也和甲机一样做悬空处理即可。

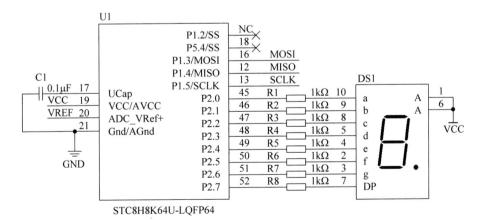

图 15.16　乙机(从机)硬件电路图

　　乙机硬件也很简单,搭建完毕后就可以编写乙机软件了。乙机软件需要实现的功能是初始化乙机 SPI 资源,设定乙机"角色"为从设备,然后编写数码管显示用的段码数组,为了兼容共阴极数码管和共阳极数码管的段码取值,可以在程序中建立两个数组来实现,利用 C51 语言可以编写程序语句如下。

```
u8 tableA[] = {0x3F,0x06,0x5B,0x4F,0x66,0x6D,0x7D,0x07,0x7F,0x6F};
//共阴数码管段码 0~9
u8 tableB[] = {0xC0,0xF9,0xA4,0xB0,0x99,0x92,0x82,0xF8,0x80,0x90};
//共阳数码管段码 0~9
```

接着再编写 SPI 初始化函数 SPI_Init()即可,乙机的初始化函数和甲机的相似,但又有点儿差异(主要区别在于 SPCTL 寄存器的配置)。乙机程序主要是"取回"SPI 接收到的数据(也就是从甲机发来的数据),如果接收到的数据为(0xF0)$_H$,那就说明甲机命令乙机进行数码管"加 1"操作,如果接收到的数据为(0x0F)$_H$,那就说明甲机命令乙机数码管进行"减 1"操作。有了程序思路就可以编程了,利用 C51 语言编写程序语句如下。

```
//芯片型号: STC8H8K64U(程序微调后可移植至 STC8A/F/C/G/H 系列单片机)
//时钟说明: 单片机片内高速 24MHz 时钟
/**************************************************************/
#include "STC8H.h"                         //主控芯片的头文件
/********************** 常用数据类型定义 **********************/
【略】为节省篇幅,相似定义参见相关章节或源码工程即可
/********************** 端口/引脚定义区域 **********************/
sbit   SS = P5^4;                          //SPI 片选引脚(实际未启用)
sbit   MOSI = P1^3;                        //SPI 数据引脚
sbit   MISO = P1^4;                        //SPI 数据引脚
sbit   SCLK = P1^5;                        //SPI 时钟引脚
#define   LED   P2                         //数码管端口
/********************** 用户自定义数据区域 **********************/
u8 tableA[] = {0x3F,0x06,0x5B,0x4F,0x66,0x6D,0x7D,0x07,0x7F,0x6F};
//共阴数码管段码 0~9
u8 tableB[] = {0xC0,0xF9,0xA4,0xB0,0x99,0x92,0x82,0xF8,0x80,0x90};
//共阳数码管段码 0~9
/********************** 函数声明区域 **********************/
void SPI_Init(void);                       //SPI 资源初始化函数
/********************** 主函数区域 **********************/
void main(void)
{
    u8 num = 0,i = 0;                      //变量 num 用于存放接收数据,i 用于数码管下标引用
    //配置 P2 为准双向/弱上拉模式
    P2M0 = 0x00;                           //P2M0.0 - 7 = 0
    P2M1 = 0x00;                           //P2M1.0 - 7 = 0
    LED = tableB[0];                       //上电后数码管默认显示"0"
    SPI_Init();                            //SPI 资源初始化
    while(1)
    {
        while(!(SPSTAT&0x80));             //若接收到了数据
        SPSTAT = 0xC0;                     //清除 SPI 中断和写冲突标志
        num = SPDAT;                       //取出数据
        if(num == 0xF0)                    //若接收数据为 0xF0 则表示加操作
        {
            i = i + 1;
            if(i > 9)
                i = 0;
            LED = tableB[i];               //送出相应段码到数码管端口
        }
        if(num == 0x0F)                    //若接收数据为 0x0F 则表示减操作
        {
```

```
            if(i == 0)
                i = 10;
            i = i - 1;
            LED = tableB[i];                  //送出相应段码到数码管端口
        }
    }
}
/ *********************************************************** /
//SPI 资源初始化函数 SPI_Init(),无形参,无返回值
/ *********************************************************** /
void SPI_Init(void)                           //从机初始化
{
    //配置 P1 为准双向/弱上拉模式
    P1M0 = 0x00;                              //P1M0.0 - 7 = 0
    P1M1 = 0x00;                              //P1M1.0 - 7 = 0
    //配置 P5.4 为准双向/弱上拉模式
    //P5M0& = 0xEF;                           //P5M0.4 = 0
    //P5M1& = 0xEF;                           //P5M1.4 = 0
    SPCTL = 0xCC;                             //忽略 SS 引脚功能,使能 SPI,MSB 数据帧方式,从机模式
    //SCLK 空闲时为高电平,数据发送在时钟前沿开始,数据接收在时钟后沿采集
    SPSTAT = 0xC0;                            //清除 SPI 中断和写冲突标志
}
```

将程序编译后下载到乙机中,然后将甲乙机同时断电,连接甲乙机之间的 SPI 通信线(即
SCLK、MISO 和 MOSI 线路)。确保电气连接无误后打开甲乙机电源,正常情况下,乙机的数码管
显示"0"数码,此时按下甲机的 S2 按键,发现乙机数码管上显示"9",再按一次显示"8",可以证明减
1 功能操作正常,同样的方法也可以测试加 1 功能,双机系统加减交互效果如图 15.17 所示。

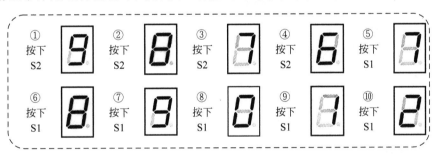

图 15.17 甲乙机加减交互效果

至此,SPI 双机交互实验就算成功了,各位读者朋友在"兴奋"之余还可以在此基础上添加稍微
复杂一些的功能函数,例如,CRC 检验函数和 SPI 多机通信函数。在 SPI 资源功能的配置上可以
深入研究下时钟极性、时钟相位、数据帧格式对于 SPI 通信的影响,研究一下如何保证 SPI 通信的
抗干扰性和防止 SCLK 时钟信号错误移位的问题。

实际的 SPI 在应用时还会有很多"新问题",需要读者朋友们慢慢累积经验,熟能生巧,在对待
SPI 器件时还需要学习器件本身的一些指令和寄存器,例如,15.3 节即将要接触的 Flash 存储器,
所以深入学习 SPI 应用的"路还很长",还需要继续"加把劲儿"!

15.3 初识华邦/兆易创新 25Qxx 系列存储颗粒

具备 SPI 的芯片种类非常丰富,如各类微控制器、存储器、传感器、液晶主控制器等,这么多的
芯片要讲得面面俱到肯定不现实,得选个"代表"来讲解才行。因为单片机设备中经常要涉及数据
的保存(如汉字字库、秘钥库、编码库、用户数据库、音频数据库、图像数据库等),所以选一款主流的

SPI串行存储器芯片作为讲解对象即可。

　　说到SPI串行存储芯片,常用的就是SPI NOR Flash类(需要说明的是:具备SPI的存储器芯片也有很多种类划分,感兴趣的朋友们可以自行扩展,做存储也是一个行业,小宇老师有学生就在搞存储芯片,从事这方面芯片的技术开发),行业内做得比较好的是华邦电子公司(总部位于我国台湾台中地区)和北京兆易创新科技股份有限公司(总部位于首都北京)。

　　华邦电子是一家内存IC制造公司,主要产品包括DRAM、Mobile RAM、NOR Flash、SLC NAND Flash等。该公司于2006年首次推出了SpiFlash®的产品线,其中,W25Qxx系列SPI NOR Flash芯片出货量已有五十多亿颗,覆盖了512Kb～256Mb的容量范围,芯片支持3.0V和1.8V的操作电压,也具备多种封装形式。

　　北京兆易创新科技股份有限公司也是SPI NOR Flash类芯片的全球供应商,该公司于2005年4月在北京成立,致力于各种高速和低功耗存储器、微控制器产品的设计研发,其中,GD25Qxx系列SPI NOR Flash芯片出货量也很大,覆盖了1～512Mb的容量范围,芯片支持3.0V和1.8V的操作电压,也具备多种封装形式。其新一代高速8通道SPI NOR Flash芯片GD25LX256E还获得了由2019年中国电子信息产业发展研究院颁发的第十四届"中国芯"优秀技术创新产品奖。

　　本节选定华邦电子公司推出的W25Qxx系列芯片作为讲解对象,该系列芯片就支持SPI通信,正好可以构建到STC8单片机系统中用于数据存储,在W25Qxx系列中有很多子型号,如W25Q10、W25Q20、Q25Q40、W25Q80、W25Q16、W25Q32、W25Q64、Q25Q128、W25Q256等,各芯片容量均不一样,价格也随容量大小而变化。这类芯片在手机里(用于存储数据库)、计算机里(常用作BIOS存储芯片)、路由器里(用于存储路由器配置信息)和电子板卡里随处可见。

15.3.1　W25Qxx系列存储颗粒概述

　　接下来以W25Q16型号芯片为例进行讲解和学习,型号首字母的"W"表示该芯片是华邦电子公司的产品,"25"是系列号,"Q"表示该芯片支持双路或者四路SPI(Dual/Quad SPI),后面的"16"表示存储容量,即16Mb,特别要注意这里的16Mb并不是我们平时说的"16MB"。1B是由8b组成的,因此W25Q16的容量其实是16/8=2MB,即2MB。相似地,W25Q32就是4MB,W25Q64就是8MB,需要说明的是,W25Q10不是10Mb,而是1Mb,W25Q20是2Mb。

　　W25Q16存储芯片可以为空间、引脚有限,注重功耗的系统提供存储解决方案。可以用该芯片存储声音、文本、图像和自定义数据,用途十分广泛。比如需要做一个"TTS语音库",可以把语音合成的相应发声音频存放到该芯片中,又比如用在液晶显示上,可以向芯片内写入常用字库文件,将存储器芯片当作字库芯片等。该芯片的工作电压可以支持2.7～3.6V,可适配大多数的单片机系统,以3.3V电压与芯片进行通信和数据存储。芯片工作时的电流也非常小,芯片掉电时的电流低于1μA,读写时的电流也仅在4mA左右,这样一来就节省了系统的功耗。芯片的工作温度支持−40～85℃,芯片的封装多样,常见的有如图15.18(a)所示贴片SOIC形式8脚封装、如图15.18(b)所示双列直插PDIP形式8脚封装、如图15.18(c)所示贴片SOIC形式16脚封装和如图15.18(d)所示贴片WSON形式8脚封装等。

(a)　　　　　(b)　　　　　(c)　　　　　(d)

图15.18　W25Qxx系列存储器芯片封装实物

W25Q16 由 8192 个编程页组成,每个编程页的大小是 256B,每页的 256B 用一次页编程指令即可完成。当然,不同容量的 W25Qxx 系列芯片编程页数量和大小均不相同,读者朋友们在芯片选型时应参考数据手册进行查询。此处讲解 W25Q16 芯片的相关参数是为了给后续内容作铺垫,特别是本章的进阶项目中就会遇到这些知识点的应用。芯片支持灵活的数据擦除方式,比如每次擦除 16 页(扇区擦除)、128 页(32KB 块擦除)、256 页(64KB 块擦除)和全片擦除,芯片至少可以写/擦除 10 万次,数据保存长达 20 年。W25Q16 有 512 个可擦除扇区或 32 个可擦除块,最小 4KB 扇区,可以实现数据的灵活存取。

W25Q16 支持常规 SPI 和高速双倍/四倍 SPI 输出,不同脚位数量和封装形式下的 W25Qxx 芯片引脚分布如图 15.19 所示。双倍/四倍用的引脚为串行时钟 CLK 引脚、片选端 CS 引脚、串行数据 DI 引脚、串行数据 DO 引脚、写保护 WP 引脚和保持 HOLD 引脚。SPI 最高通信速率可达 104MHz,双倍速最高 208MHz,四倍速最高 416MHz。这个传输速率相比之前学习的 UART 串口而言快多了,甚至比一些 8 位、16 位的并行 Flash 存储器芯片还要快。

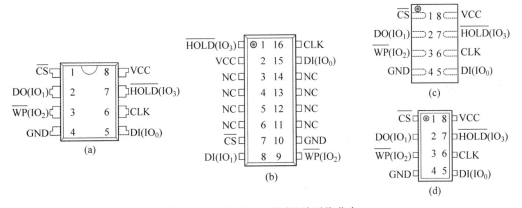

图 15.19　W25Qxx 系列芯片引脚分布

一般来说,STC8 单片机使用常规 SPI 与 W25Q16 芯片进行通信,通信速率受单片机 SPI 性能制约,最大速率一般在 10MHz 范围内,但是这个速率已经能满足大多数应用了。此外,W25Q16 还支持 JEDEC 固态技术协会标准,具有唯一的 64 位识别序列号(即芯片的"身份证"号),有了"身份证"就可以做特定产品的区分和认证,在本节后续的进阶项目中会详细展开。

图 15.19(a)表示双列直插 PDIP 形式 8 脚封装的引脚分布,图 15.19(b)表示贴片 SOIC 形式 16 脚封装的引脚分布,图 15.19(c)表示贴片 WSON 形式 8 脚封装的引脚分布,图 15.19(d)表示贴片 SOIC 形式 8 脚封装的引脚分布。不管是哪一种封装,都具备 CS、DO、DI(DIO 引脚)、WP、CLK、HOLD、VCC 和 GND 引脚。接下来就对这些引脚的功能逐一展开讲解。

最简单的引脚肯定是 VCC 和 GND,这两个引脚是芯片的电源引脚,GND 为电源地,VCC 为电源正,只需要给 VCC 供电 2.7～3.6V 即可,在实际设计电路时应该在靠近芯片 VCC 位置添加去耦和滤波电容以去除高频干扰,稳定电源供电。

接下来说说 CS 引脚,该引脚的作用是"Chip Select",即芯片的片选引脚,该引脚决定了主机对 W25Q16 芯片的操作是否有效。当该引脚为高电平时,芯片未被选中,此时与串行数据相关的引脚(DI、DO、WP 和 HOLD)全部都是高阻态,无法通信。一般来说,芯片未被选中时的功耗是很低的(即待机功耗),除非芯片内部正在进行擦除和编程。当该引脚为低电平时,芯片被选中,可以正常通信,芯片功耗会从待机功耗切换到正常功耗,芯片上电后如果需要执行一条指令,需要先在 CS 引脚上产生一个下降沿(即高电平跳变为低电平),CS 引脚可以根据系统实际情况按照需求添加上拉电阻至 VCC(一般取 4.7～10kΩ)。

再来看 DO 和 DI(DIO)引脚,DO 引脚的作用是 SPI 串行数据输出,芯片内部的数据会在串行时钟 CLK 的下降沿"节拍"时输出,供主机读取,DI(DIO)引脚的作用与 DO 引脚刚好相反,该引脚是 SPI 串行数据输入,主机的数据会在串行时钟 CLK 引脚产生上升沿时被锁存到 W25Q16 芯片中。这里需要特别说明"DIO"引脚,不少数据手册将这个 DI 引脚称为"DIO"引脚,这是什么含义呢? 其实这个引脚很特殊,在一般情况下这个引脚就是 DI 引脚,但是使用"快速双输出指令"后,这个引脚就会变成第二路 DO 功能,此时芯片就有两个 DO 引脚了,这时从芯片输出的数据量翻倍,输出效率提高。

芯片的 WP 引脚比较重要,该引脚的作用是对芯片进行硬件写保护,以防止芯片内部状态寄存器被误更改,这个引脚的状态可以与芯片内部状态寄存器的块位"BP2""BP1""BP0"以及状态寄存器的保护位"SRP"结合起来使用,从而对存储器芯片进行一部分或者全部的硬件保护,该引脚低电平有效。在实际硬件设计时若需要对 Flash 芯片进行读写,必须要将该引脚置"1",否则数据将不能写入。也有一些设计中把该引脚直接接地了,这种情况一般都是利用外部烧录器(如编程器、烧录机)事先对芯片"烧写"了重要数据,在系统运行中只对芯片进行"读"操作即可,这样一来就不会修改或破坏原有数据。

HOLD 引脚可以按需启用,该引脚为低电平时,芯片就会进入"暂停"状态,此时 DO 引脚将变成高阻态,DI 和 CLK 引脚上的信号将被忽略。当 HOLD 引脚重新变为高电平时,芯片恢复工作。这个引脚的功能经常用在多个设备共享同一个 SPI 控制信号的情况下,如果没有涉及这样的场景,也可以把这个引脚直接接到 VCC 端即可。

最后看看 CLK 引脚,该引脚就是"击鼓传花"游戏中的"鼓手"了,没有了 CLK"节拍",数据就无法通信,该引脚上的信号为串行数据输入和输出提供了通信时序。

15.3.2 W25Qxx 系列存储颗粒"控制和状态寄存器"

在编程人员操作 W25Q16 时应能获取芯片当前的状态,比如芯片是不是被写保护了? 芯片是不是处于写入状态? 现在能不能对芯片进行操作? 等。对于这些问题,需要控制器对 W25Q16 芯片内的特定寄存器进行查询或配置,这就是 W25Qxx 芯片中的控制和状态寄存器,该寄存器的相应位及其功能含义如表 15.6 所示。

表 15.6　W25Qxx 系列存储器芯片的"控制和状态寄存器"

最高位 S7	S6	S5	S4	S3	S2	S1	最低位 S0
SRP	保留	TB	BP2	BP1	BP0	WEL	BUSY

从表 15.6 可知,该寄存器是由 8 个位组成的(S0～S7),从最低位 S0 开始分别是芯片忙标志位"BUSY"、写保护位"WEL"、块区域保护位"BP0～BP2"、底部和顶部块区域保护位"TB"及状态寄存器保护位"SRP"(S6 位是保留位,可以忽略)。熟悉这些位的功能和用法十分必要,接下来就对这些位进行展开讲解。

先来认识忙标志位 BUSY,该位是个只读位,当芯片正在执行页编程、扇区擦除、块区擦除、芯片擦除或者写状态寄存器这些动作时,芯片处于"忙碌"状态,该位会由芯片硬件自动置"1"。在这种情况下,除了"读状态寄存器"指令还能使用,其他指令都会被忽略。当编程、擦除和写状态寄存器动作执行完毕之后,该位会由芯片硬件自动清"0",这时候芯片就可以接收其他指令了。

接下来看看写保护位 WEL,这个位也是个只读位。当芯片执行完"写使能"指令后,该位会由芯片硬件自动置"1",当芯片处于"写保护"状态时该位为"0"(要注意,这里的"写保护"有别于 WP 引脚的"硬件写保护"功能)。有的朋友要发问了,什么情况下芯片会处于"写保护"状态呢? 有两种情况，第1种情况是芯片掉电后、上电时，第2种情况是执行了写禁止、页编程、扇区擦除、块区擦除、芯片擦除和写状态寄存器等指令之后。

寄存器中的BP2、BP1和BP0这3位共同组成了块区域保护位。这3个位是可读可写的，可以用"写状态寄存器"指令置位这些块区域保护位。在默认状态下，这些位都是"0"，即块区域处于未保护状态下。我们可以把块区域设置为"没有保护""部分保护""全部保护"这3种状态。需要注意的是：当SPR位为"1"或芯片WP引脚为低电平的时候，这些位不可以被更改。

再来看看底部和顶部块区域保护位TB，该位是可读可写的。该位默认为"0"，表明顶部和底部块区域处于未被保护的状态下。TB位决定了块区域保护位是否受到保护（也就是BP2、BP1和BP0位），可以用"写状态寄存器"指令将该位置"1"，当SPR位为"1"或芯片的WP引脚为低电平时，这些位不能被更改。以W25Q16芯片为例，读者朋友可以参考表15.7中的内容深入理解TB位与块区域保护位（即BP2、BP1和BP0位）之间的关系，表中的"x"位表示状态随意，可以不用关心。

表15.7 TB、BP2、BP1、BP0位配置与W25Q16存储器保护关系

状态寄存器相应位				W25Q16存储区域保护情况			
TB	BP2	BP1	BP0	块	地址	密度/b	分配部分
x	0	0	0	NONE	NONE	NONE	NONE
0	0	0	1	31	1F0000H～1FFFFFH	512K	顶部1/32
0	0	1	0	30和31	1E0000H～1FFFFFH	1M	顶部1/16
0	0	1	1	28～31	1C0000H～1FFFFFH	2M	顶部1/8
0	1	0	0	24～31	180000H～1FFFFFH	4M	顶部1/4
0	1	0	1	16～31	100000H～1FFFFFH	8M	顶部1/2
1	0	0	1	0	000000H～00FFFFH	512K	底部1/32
1	0	1	0	0和1	000000H～01FFFFH	1M	底部1/16
1	0	1	1	0～3	000000H～03FFFFH	2M	底部1/8
1	1	0	0	0～7	000000H～07FFFFH	4M	底部1/4
1	1	0	1	0～15	000000H～0FFFFFH	8M	底部1/2
x	1	1	x	0～31	000000H～1FFFFFH	16M	全部

控制和状态寄存器的第6位是保留位，也就是没有功能的位，当执行读出状态寄存器值指令时，该位默认为"0"，在实际读状态寄存器值的时候可以将该位的取回值舍弃。

寄存器中的最高位是状态寄存器保护位SRP，该位也是可读可写位。该位结合WP引脚可以实现禁止写状态寄存器功能，该位的默认值为"0"。当SRP位为"0"时，WP引脚不能控制状态寄存器的"禁写"。当SRP位为"1"且芯片的WP引脚为低电平时，"写状态寄存器"指令就会失效。当SRP位为"1"且芯片的WP引脚为高电平时，可以执行"写状态寄存器"指令。

15.3.3 W25Qxx系列存储颗粒功能指令详解

W25Qxx系列存储芯片的使用方法很简单，华邦公司在芯片内部预置了15条基本指令，指令的名称及操作代码如表15.8所示。只需掌握STC8单片机的SPI资源使用及这15条基本指令就能控制W25Qxx芯片。

这些指令都是在片选引脚CS的下降沿开始传送，DI(DIO)引脚传输的第一个数据字节就是指令代码，在时钟引脚CLK的上升沿会采集DI(DIO)引脚上的数据，数据位的排列形式是"高位在前，低位在后"。

表 15.8　W25Qxx 系列存储芯片控制指令集

指令名称	字节 1	字节 2	字节 3	字节 4	字节 5	字节 6	下一字节
写使能	06H						
写禁止	04H						
读状态寄存器	05H	S7～S0					
写状态寄存器	01H	S7～S0					
读数据	03H	A23～A16	A15～A8	A7～A0	D7～D0	下一字节	继续
快速读	0BH	A23～A16	A15～A8	A7～A0	伪字节	D7～D0	下一字节继续
快速读双输出	3BH	A23～A16	A15～A8	A7～A0	伪字节	I/O 为 (D6、D4、D2、D0)　I/O 为（D7、D5、D3、D1)	每四个时钟一字节
页编程	02H	A23～A16	A15～A8	A7～A0	D7～D0	下一字节	直至 256 字节
块擦除（64K）	D8H	A23～A16	A15～A8	A7～A0			
扇区擦除（4K）	20H	A23～A16	A15～A8	A7～A0			
芯片擦除	C7H						
掉电	B9H						
释放掉电/器件 ID	ABH	伪字节	伪字节	伪字节	ID7～ID0		
制造/器件 ID	90H	伪字节	伪字节	00H	M7～M0	ID7～ID0	
JEDEC ID	9FH	M7～M0 生产商	ID15～ID8 存储器类型	ID7～ID0 存储器容量			

指令的长度从一字节到多字节不等(具体看指令类别),有些指令还会跟随地址字节、数据字节和伪字节,还有可能是这 3 种字节的组合形式,所以指令的长度通常都不是固定的。指令传输一般是在片选引脚 CS 的上升沿完成,读指令可以在任意的时钟位完成,写、编程和擦除指令只能在一字节的边界之后才能完成,否则指令将不起作用,这些约束可以保证芯片不被意外写入。当芯片正在被编程、擦除或写状态寄存器的时候,除了"读状态寄存器"指令有效,其他指令都会被忽略,直到擦/写周期结束。

仔细观察表 15.8,"字节 1"就是指令代码共有 15 种,每种指令的代码都不一样,在表格中有很多字节形式带有"＿",这说明数据是从 DO 引脚读取到主机的。最后 3 行的指令有点儿"意思",发送这些指令后可以从芯片的 DO 引脚取回几部分的数据,这些数据是按照如表 15.9 所示的内容来

表 15.9　W25Q16 器件标识

指令	代码	读取回数据含义
释放掉电/器件 ID	ABH	伪字节不确定,ID7～ID0 为 (0x14)H
制造/器件 ID	90H	伪字节不确定,字节 4 为 (0x00)H。M7～M0 为 (0xEF)H,该值表示生产商,由于 W25Qxx 系列芯片均为华邦电子生产,多以该值为固定值。ID7～ID0 为 (0x14)H
JEDEC ID 即：电子元件工业联合会 ID	9FH	M7～M0 为 (0xEF)H,该值表示生产商,由于 W25Qxx 系列芯片均为华邦电子生产,多以该值为固定值。ID15～ID0 为 (0x4015)H

组织的,不同的 W25Qxx 系列芯片取值参数不尽相同,读者朋友们可以查询相应芯片的数据手册,此处以 W25Q16 芯片为例进行讲解。

为了编程方便,可以采用宏定义语句"♯define"把这 15 种指令代码定义出来,利用 C 语言编写的具体程序实现如下。

```
♯define    WREN              0x06        //对 W25Q16 写使能命令
♯define    WDIS              0x04        //对 W25Q16 写禁止命令
♯define    RDSR              0x05        //读 W25Q16 状态寄存器命令
♯define    WRSR              0x01        //写 W25Q16 状态寄存器命令
♯define    READ              0x03        //从 W25Q16 中读取数据命令
♯define    FASTREAD          0x0B        //从 W25Q16 中快速读取数据命令
♯define    FastRead_DualOut  0x3B        //从 W25Q16 中快速读取双输出数据命令
♯define    WRITE             0x02        //往 W25Q16 页编程命令
♯define    Block_E           0xD8        //块擦除命令
♯define    Sector_E          0x20        //扇区擦除命令
♯define    Chip_E            0xC7        //芯片擦除命令
♯define    PowerD            0xB9        //芯片掉电命令
♯define    RPowerD_ID        0xAB        //芯片掉电释放/器件 ID 命令
♯define    Manufacturer_ID   0x90        //芯片制造商/器件 ID 命令
♯define    JEDEC_ID          0x9F        //芯片 JEDEC ID 序列命令
♯define    Dummy_Byte        0xFF        //自定义伪字节(FF 是我们随便取的)
```

当然,光是了解这些指令代码和指令功能还远远不够,这些都是"皮毛"知识点,作为编程者的我们还需要知道这些指令该如何"下达",这就要涉及具体的时序,要搞明白芯片是怎样响应这些指令的,指令执行后芯片返回的数据怎么读取回来,其含义又是什么。必须要在解决这些问题之后,才可以动手实践。

1. 写使能指令

接下来逐一学习这些指令,了解其时序逻辑并将其"函数化",逐一"拿下"之后再去编程就非常简单了。第一个要学习的是写使能指令,其指令代码为(0x06)$_H$,若主机向 W25Q16 芯片发送该指令,则芯片内"状态寄存器"中的 WEL 位(写保护位)会被硬件自动置"1",该位为"1"之后,芯片才能执行"页编程""扇区擦除""块擦除""芯片擦除""写状态寄存器"等动作。主机先拉低片选引脚 CS 使其出现下降沿,然后向 W25Q16 发送(0x06)$_H$ 指令码,当时钟引脚 CLK 出现上升沿时,指令码会被接收,此时重新拉高 CS 引脚至高电平即可完成指令写入。写使能指令时序如图 15.20 所示。

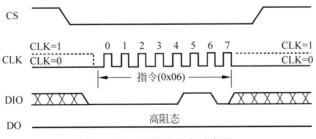

图 15.20 写使能指令时序图

理解了指令的写入过程就可以用 C 语言去"表达"具体的操作,该指令是常用指令,可以利用 C 语言编写 Flash 写使能函数 SPI_FLASH_WriteEnable(),在函数中调用的 SPI_SendByte() 函数传入的实参是"WREN",即(0x06)$_H$ 指令码,程序中的"FLASH_CS"表示 STC8 单片机的具体 I/O 引脚,对"FLASH_CS"进行赋值其实就是让 I/O 引脚输出高电平或者低电平,从而改变与之连接的 W25Q16 芯片 CS 引脚的状态。具体的程序实现如下。

```
/ ********************************************************************** /
//Flash 写使能函数 SPI_FLASH_WriteEnable(),无形参,无返回值
/ ********************************************************************** /
void SPI_FLASH_WriteEnable(void)
{
    FLASH_CS = 0;                       //拉低片选线选中芯片
    SPI_SendByte(WREN);                 //传送写使能命令 06H
    FLASH_CS = 1;                       //拉高片选线不选中芯片
}
```

2. 写禁止指令

写禁止指令的指令代码是$(0x04)_H$,如果主机向存储器芯片发送该指令,将会使芯片内"状态寄存器"中的 WEL 位(写保护位)清"0",从而让芯片进入"写保护状态"。

主机先拉低片选引脚 CS 使其出现下降沿,然后向 W25Q16 发送$(0x04)_H$ 指令码,当时钟引脚 CLK 出现上升沿时,指令码会被接收,此时重新拉高 CS 引脚至高电平即可完成指令写入。

需要注意的是,在执行完"写禁止""页编程""扇区擦除""块区擦除""芯片擦除"和"写状态寄存器"指令之后,芯片内"状态寄存器"中的 WEL 位会自动变为"0"。写禁止指令时序如图 15.21 所示。

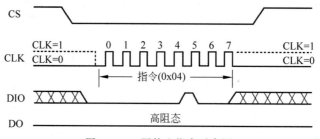

图 15.21 写禁止指令时序图

3. 读状态寄存器指令

读状态寄存器指令的代码是$(0x05)_H$。主机先拉低片选引脚 CS 使其出现下降沿,然后向 W25Q16 发送$(0x05)_H$ 指令码,当时钟引脚 CLK 出现上升沿时,指令码会被接收,随后 W25Q16 芯片会把"状态寄存器"的当前值回传给主机,数据在时钟引脚 CLK 的下降沿输出,其格式为:高位在前,低位在后。

读状态寄存器指令在任何时候都可以使用,甚至在编程、擦除和写状态寄存器的过程中也可以用,这样一来就可以通过状态寄存器中的"BUSY"位来判断编程、擦除和写状态寄存器周期有没有结束,从而让我们知道芯片是否可以接收下一条指令。如果芯片片选引脚 CS 没有被拉高,则状态寄存器的值会一直从 DO 引脚输出,直到芯片片选引脚 CS 被拉高出现上升沿之后,读状态寄存器指令才算结束。读状态寄存器指令时序如图 15.22 所示。

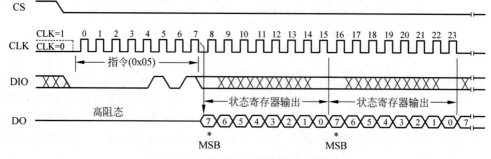

图 15.22 读状态寄存器指令时序图

该指令也是常用指令,可以利用 C 语言编写读 Flash 芯片状态寄存器至写周期结束函数 SPI_FLASH_WaitForWriteEnd(),这个函数的主要作用其实就是"判忙",通过函数的执行可以让编程者掌握存储器芯片的现状,等待芯片"不忙"的时候再执行其他操作。在函数中调用的 SPI_SendByte()函数传入的实参是"RDSR",即(0x05)$_H$ 指令码。具体的程序实现如下。

```
/ ******************************************************************* /
//读 Flash 芯片状态寄存器至写周期结束函数 SPI_FLASH_WaitForWriteEnd()
//无形参,无返回值
/ ******************************************************************* /
void SPI_FLASH_WaitForWriteEnd(void)
{
    u8 FLASH_Status = 0;                 //定义 Flash 芯片状态寄存器值变量
    FLASH_CS = 0;                        //拉低片选线选中芯片
    SPI_SendByte(RDSR);
    //发送读状态寄存器命令,发送后状态寄存器的值会被传送到 STC8
    do                                   //循环查询标志位,等待写周期结束
    {
        FLASH_Status = SPI_SendByte(Dummy_Byte);
        //发送自定伪字节指令 0xFF 用于生成 Flash 芯片时钟
        //并将 Flash 状态寄存器值读回 STC8
    }
    while((FLASH_Status & 0x01) == 1);   //等待芯片非忙碌状态
    FLASH_CS = 1;                        //拉高片选线不选中芯片
}
```

程序中"while((FLASH_Status & 0x01)==1)"这条语句的作用是"等待芯片非忙碌状态",语句中的"FLASH_Status"变量是读取回的芯片状态寄存器值,将"FLASH_Status"与(0x01)$_H$ 进行"按位与"操作,结果肯定只有两种,要么为"0",要么为"1"。

当结果是"0"的时候语句等效于"while(0)"条件为假,while 语句退出,若结果为"1"的时候语句等效于"while(1)"条件为真,while 语句相当于"死循环",这时候只有结果为"0"时才能跳出循环。

那么,问题就来了! 为什么要"按位与"上一个(0x01)$_H$ 呢? 这是因为芯片状态寄存器的最低有效位刚好就是"BUSY"位,若该位为"1"则芯片处于"忙碌状态",反之芯片处于"非忙碌状态",所以要通过"按位与"上(0x01)$_H$ 的方法间接地去判断 BUSY 位的状态。

4. 写状态寄存器指令

写状态寄存器指令的代码是(0x01)$_H$,在执行该指令之前,需要先执行"写使能"指令。主机先拉低片选引脚 CS 使其出现下降沿,然后向 W25Q16 发送(0x01)$_H$ 指令码,然后再发送欲设置的状态寄存器值,当时钟引脚 CLK 出现上升沿时,指令码会被接收,此时重新拉高 CS 引脚至高电平即可完成指令写入。如果发送完欲设置的状态寄存器值后并没有把片选引脚 CS 拉高,或者是拉高的时间"晚了",该值就不能被成功地写入,最终会导致指令操作无效。

需要特别注意,在芯片的"状态寄存器"中只有"SRP、TB、BP2、BP1、BP0"这几个位可以被写入,其他的位都是"只读位",其值不会发生改变。在该指令执行的过程中,状态寄存器中的"BUSY"位(忙标识)为"1",这时候可以用"读状态寄存器"指令读出状态寄存器的当前值加以判断,当指令执行完毕后,"BUSY"位会自动变为"0","WEL"位(写保护位)也会自动变为"0"。通过对"TB、BP2、BP1、BP0"这些位进行置"1"或者清"0"操作,就可以实现将芯片的部分或全部存储区域设置为只读。通过对"SRP"位(状态寄存器保护位)置"1",再把 W25Q16 芯片 WP 引脚拉低,就可以实现禁止写入状态寄存器的功能。写状态寄存器指令时序如图 15.23 所示。

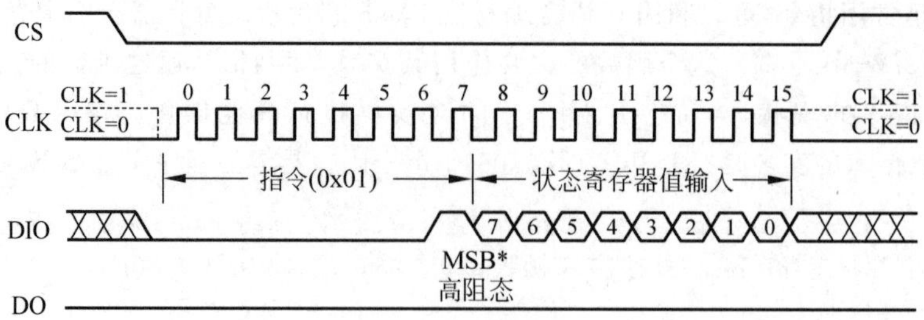

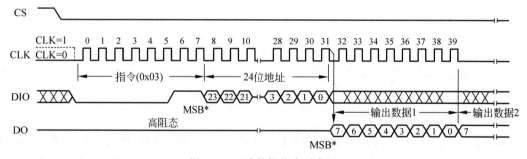

图 15.23　写状态寄存器指令时序图

5. 读数据指令

读数据指令的代码是$(0x03)_H$,该指令允许主机读出一字节或多字节。主机先拉低片选引脚 CS 使其出现下降沿,然后向 W25Q16 发送$(0x03)_H$指令码,在指令代码之后还需要送入 24 位的地址,这个地址就是欲读取数据的目的地址,当时钟引脚 CLK 出现上升沿时,指令码和地址会被接收。芯片接收完 24 位地址之后,就会把相应地址的数据回传给主机,其格式为:高位在前,低位在后。

当主机读取完这个地址的数据之后,地址会自动增加,然后把下一个地址的数据回传给主机,形成一个连续的数据流。也就是说,只要时钟信号不间断,通过一条读数据指令,就可以把整个芯片存储区的数据都读出来。

这里就有一个问题,怎么保持时钟信号一直不间断呢? 其实可以在读取过程中由主机向 W25Q16 芯片发送"伪字节"数据(也就是自定义的$(0xFF)_H$),这里的伪字节数据并没有实际的控制意义,仅用于产生连续读取数据过程中所需的时钟信号。

最后把片选引脚 CS 拉高产生上升沿,读数据指令就结束了。当芯片在执行编程、擦除和读状态寄存器指令的周期内,读数据指令将不起作用。读数据指令时序如图 15.24 所示。

图 15.24　读数据指令时序图

该指令也是常用指令,可以利用 C 语言编写从 Flash 读取 NB 的数据函数 SPI_FLASH_BufferRead(),在函数中调用的 SPI_SendByte()函数传入的实参是"READ",即$(0x03)_H$指令码。具体的程序实现如下。

```
/*************************************************************************/
//从 Flash 读取 NB 的数据函数 SPI_FLASH_BufferRead()有 3 个形参,无返回值
//pBuffer 是一个指针,用于存放从 Flash 读取的数据缓冲区的指针,ReadAddr 用于
//从 Flash 的该地址处读数据,NumByteToRead 用于指定需要读取的字节数
/*************************************************************************/
void SPI_FLASH_BufferRead(u8 * pBuffer, u32 ReadAddr, u16 NumByteToRead)
{
    FLASH_CS = 0;                        //拉低片选线选中芯片
    SPI_SendByte(READ);                  //发送读数据命令
```

```
SPI_SendByte((ReadAddr&0xFF0000)>> 16);     //发送 24 位 Flash 地址,先发高 8 位
SPI_SendByte((ReadAddr&0xFF00)>> 8);        //再发中间 8 位
SPI_SendByte(ReadAddr&0xFF);                //最后发低 8 位
while(NumByteToRead -- )                    //计数
{
    * pBuffer = SPI_SendByte(Dummy_Byte);   //读一字节的数据
    pBuffer++;                              //指向下一个要读取的数据
}
FLASH_CS = 1;                               //拉高片选线不选中芯片
}
```

在程序中需要处理"ReadAddr"变量,这个变量装载的是欲读取数据的目的地址,该地址是 24 位,在实际传送的时候不能直接通过 SPI 总线进行发送,需要把高 8 位先发送,然后发送中间 8 位,最后发送低 8 位,也就是满足"高位在前,低位在后"的原则。

发送完成后需要取回读出的数据,在此过程中若需要取回不止一字节的数据,必须保持时钟信号不间断,这就要用到之前说的"伪字节",由主机发送伪字给 W25Q16 芯片,以此维持时钟节拍的连续性。

6. 快速读数据指令

快速读数据指令的代码是$(0x0B)_H$,所谓的"快速读数据"指令和"读数据"指令其实差不多,两者的区别在于"快速读数据"指令运行在较高的传输速率下。执行该指令时主机先拉低片选引脚 CS,使其出现下降沿,然后向 W25Q16 发送$(0x0B)_H$指令码,接着传送 24 位地址,这个地址即为欲读取数据的目的地址,等待 8 个时钟之后数据将会从 W25Q16 芯片回传给主机。快速读数据指令时序如图 15.25 所示。

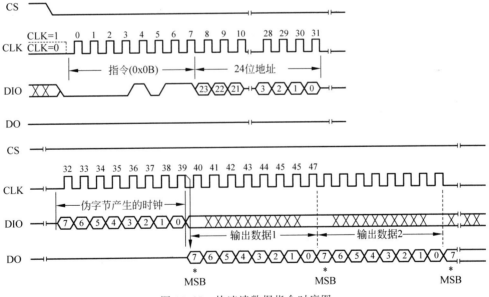

图 15.25　快速读数据指令时序图

7. 快速读双输出数据指令

快速读双输出数据指令的代码是$(0x3B)_H$,"快速读双输出数据"指令和"快速读数据"指令很相似,两者的区别在于"快速读双输出数据"指令是从两个引脚输出数据,这两个引脚是 W25Q16 芯片的 DO 和 DIO 引脚,这里的"DIO"原本是"DI"功能,使用该指令时就会变成输出功能。这样一来传输速率就相当于翻倍了,这个指令特别适合于需要在一上电就把代码从芯片下载到内存中的

场景,或者缓存代码到内存中运行的场景。

"快速读双输出数据"指令和"快速读数据"指令的时序逻辑上也差不多,主机先拉低片选引脚 CS,使其出现下降沿,然后向 W25Q16 发送 $(0x3B)_H$ 指令码,接着传送 24 位地址,这个地址即为欲 读取数据的目的地址,等待 8 个时钟之后数据将会从 W25Q16 芯片的 DO 和 DIO 两个引脚一起回 传给主机(其中,DIO 引脚送出数据偶数位,DO 引脚送出数据奇数位)。快速读双输出数据指令的 时序如图 15.26 所示。

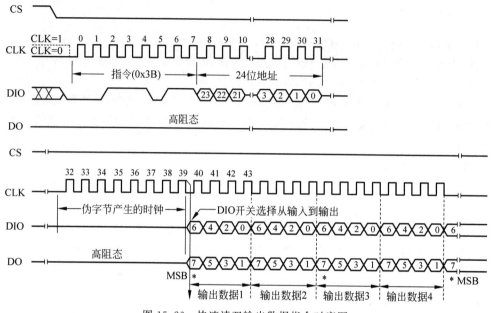

图 15.26　快速读双输出数据指令时序图

8. 页编程指令

页编程指令的代码是 $(0x02)_H$,在执行该指令之前需要先执行"写使能"指令,除此之外,页编 程动作要求待写入的页区域位全为"1"才能执行页编程,换句话说,必须先把待写入的页区域进行 整体擦除才行,擦除动作是必要的,它决定了数据能否正常写入。

执行页编程时,主机先拉低片选引脚 CS 使其出现下降沿,然后向 W25Q16 发送 $(0x02)_H$ 指令 码和 24 位目的地址(也就是页地址),紧接着传送欲写入的字节到 W25Q16 芯片中,在写完数据后 再把片选引脚 CS 拉高产生上升沿即可。

需要特别注意,写完一页数据(256B)之后必须要把目的地址改为 0 才行,这是为什么呢? 如 果页编程完成后时钟还在继续,则目的地址将自动变为该页的起始地址,又进行页编程操作,这样 一来就会造成"错误覆盖"。

在页编程指令执行过程中,可以用"读状态寄存器"指令检测芯片的当前状态,若"BUSY"位 (忙标志)为"1"就说明页编程尚未结束,若"BUSY"位为"0"就说明页编程已完成。如果欲写入的 目的地址正处于"写保护"的状态,则此时执行"页编程"指令会失败。页编程指令时序如图 15.27 所示。

该指令也很常用,可用 C 语言编写向 Flash 写入页数据函数 SPI_FLASH_PageWrite() 和 SPI_ FLASH_BufferWrite() 辅助函数,前一个函数用于执行页编程指令,后一个函数用于解决写入数据 的边界问题(例如,不足 256B 或超过了 256B 的特殊情况,这些情况需要专门的函数进行检测和处 理)。函数中调用的 SPI_SendByte() 函数传入的实参是"WRITE",即 $(0x02)_H$ 指令码。向 Flash 写 入页数据函数 SPI_FLASH_PageWrite() 具体的程序实现如下。

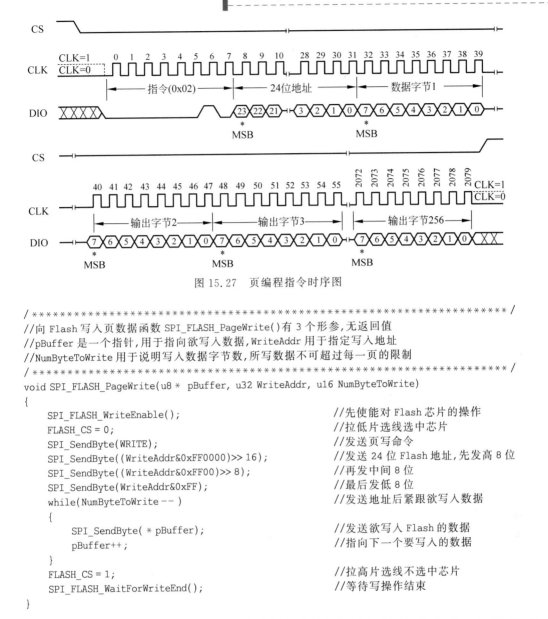

图 15.27 页编程指令时序图

```
/ ********************************************************************* /
//向 Flash 写入页数据函数 SPI_FLASH_PageWrite()有 3 个形参,无返回值
//pBuffer 是一个指针,用于指向欲写入数据,WriteAddr 用于指定写入地址
//NumByteToWrite 用于说明写入数据字节数,所写数据不可超过每一页的限制
/ ********************************************************************* /
void SPI_FLASH_PageWrite(u8 * pBuffer, u32 WriteAddr, u16 NumByteToWrite)
{
    SPI_FLASH_WriteEnable();                        //先使能对 Flash 芯片的操作
    FLASH_CS = 0;                                   //拉低片选线选中芯片
    SPI_SendByte(WRITE);                            //发送页写命令
    SPI_SendByte((WriteAddr&0xFF0000)>> 16);        //发送 24 位 Flash 地址,先发高 8 位
    SPI_SendByte((WriteAddr&0xFF00)>> 8);           //再发中间 8 位
    SPI_SendByte(WriteAddr&0xFF);                   //最后发低 8 位
    while(NumByteToWrite -- )                        //发送地址后紧跟欲写入数据
    {
        SPI_SendByte( * pBuffer);                   //发送欲写入 Flash 的数据
        pBuffer++;                                  //指向下一个要写入的数据
    }
    FLASH_CS = 1;                                   //拉高片选线不选中芯片
    SPI_FLASH_WaitForWriteEnd();                    //等待写操作结束
}
```

在程序中需要处理"WriteAddr"变量,这个变量装载的是欲写入的页地址,该地址是 24 位,在实际传送的时候不能直接通过 SPI 总线进行发送,需要把地址的高 8 位先发送,然后发送中间 8 位,最后发送低 8 位,也就是满足"高位在前,低位在后"的原则。

在某些时候,主机需要向芯片写入的字节数不足 256B,若仍以 256B 去看待数据,就产生了"有效字节"和"无用字节"。如果写入的字节数大于 256B,则多出的字节将会加上无用的字节覆盖刚刚写入的 256B。所以编程人员需要保证写入的字节数小于或刚好等于 256B,如果实在是大于 256B 就要在程序上想办法。这就需要构造一个对写入数据量进行预判断并且可以处理数据边界问题的函数,即之前介绍的 SPI_FLASH_BufferWrite()函数,该函数具体的程序实现如下。

```
/ ********************************************************************* /
//向 Flash 写入页数据函数 SPI_FLASH_BufferWrite()有 3 个形参,无返回值
//pBuffer 是一个指针,用于指向欲写入数据,WriteAddr 用于指定写入地址
//NumByteToWrite 用于说明写入数据字节数,所写数据不可超过每一页的限制
/ ********************************************************************* /
```

```c
void SPI_FLASH_BufferWrite(u8 * pBuffer, u32 WriteAddr, u16 NumByteToWrite)
{
    u8 NumOfPage = 0, NumOfSingle = 0, Addr = 0, count = 0, temp = 0;
    Addr = WriteAddr % 256;                            //判断要写入的地址是否页对齐
    //每一页最多可以写 256B, W25X16 共有 8192 页
    count = 256 - Addr;
    NumOfPage = NumByteToWrite/256;                    //总共要写几页
    NumOfSingle = NumByteToWrite % 256;                //不足一页的数据字节数
    if(Addr == 0)                                      //写入的地址是否页对齐
    {
        if (NumOfPage == 0)                            //只需写一页
            {SPI_FLASH_PageWrite(pBuffer,WriteAddr,NumByteToWrite);}
        else                                           //不止写一页
        {
            while(NumOfPage -- )
            {
                SPI_FLASH_PageWrite(pBuffer,WriteAddr,256);
                WriteAddr += 256;                      //指向下一页的地址
                pBuffer += 256;
            }
            SPI_FLASH_PageWrite(pBuffer,WriteAddr,NumOfSingle);
            //把剩下的不足一页的数据写完
        }
    }
    else                                               //要写入的地址不是页对齐的地址
    {
        if (NumOfPage == 0)                            //只需写一页
        {
            if (NumOfSingle > count)
            //判断所要写入的地址所在的页是否还有足够的空间写下要存放的数据
            { //(NumByteToWrite + WriteAddr) > SPI_FLASH_PageSize
                temp = NumOfSingle - count;
                SPI_FLASH_PageWrite(pBuffer,WriteAddr,count);
                WriteAddr += count;
                pBuffer += count;                      //将所要写入的地址的页剩下的空间写完
                SPI_FLASH_PageWrite(pBuffer,WriteAddr,temp);
                //再往新的一页写入剩下的数据
            }
            else
            {SPI_FLASH_PageWrite(pBuffer,WriteAddr,NumByteToWrite);}
        }
        else                                           //不止写一页
        {
            NumByteToWrite -= count;
            NumOfPage = NumByteToWrite/256;            //总共要写几页
            NumOfSingle = NumByteToWrite % 256;        //不足一页的数据字节数
            SPI_FLASH_PageWrite(pBuffer,WriteAddr,count);
            WriteAddr += count;
            pBuffer += count;                          //将所要写入的地址的页剩下的空间写完
            while(NumOfPage -- )
            {
                SPI_FLASH_PageWrite(pBuffer,WriteAddr,256);
                WriteAddr += 256;                      //指向下一页的地址
                pBuffer += 256;
            }
                if(NumOfSingle!= 0)
                {SPI_FLASH_PageWrite(pBuffer,WriteAddr,NumOfSingle);}
        }
    }
}
```

9. 块擦除指令

块擦除指令的代码是$(0xD8)_H$,该指令的作用是把一个块区域内的内容(64KB)全部变为"1",即块区域内所有的数据字节都变为$(0xFF)_H$。在该指令执行之前需要先执行"写使能"指令。执行该指令时,主机先拉低片选引脚 CS 使其出现下降沿,然后向 W25Q16 发送$(0xD8)_H$指令码,接着送出 24 位块区域地址,当时钟引脚 CLK 出现上升沿时,指令码会被接收,此时重新拉高 CS 引脚至高电平即可完成指令写入。如果没有及时把片选引脚 CS 拉高,则指令写入可能失败。

在指令执行期间,可以通过"读状态寄存器"指令获取 W25Q16 芯片的当前状态,若"BUSY"位为"1"就说明块擦除尚未结束,若"BUSY"位为"0"就说明块擦除已完成,此时"WEL"位(状态寄存器保护位)也会变为"0"。如果欲擦除的块地址正处于"只读"的状态,则此时执行"块擦除"指令会失败。块擦除指令时序如图 15.28 所示。

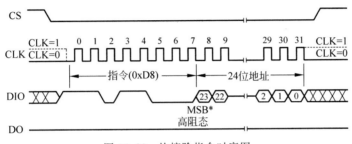

图 15.28 块擦除指令时序图

该指令较为常用,可用 C 语言编写 Flash 芯片块擦除函数 SPI_FLASH_BlockErase()。在函数中调用的 SPI_SendByte()函数传入的实参是"Block_E",即$(0xD8)_H$指令码。该函数具体的程序实现如下。

```
/***********************************************************************/
//Flash芯片块擦除函数 SPI_FLASH_BlockErase()
//有形参 BlockAddr 用于指定块区域地址,无返回值
/***********************************************************************/
void SPI_FLASH_BlockErase(u32 BlockAddr)
{
    SPI_FLASH_WriteEnable();                //Flash写使能
    FLASH_CS = 0;                           //拉低片选线选中芯片
    SPI_SendByte(Block_E);                  //发送块擦除命令,随后发送要擦除的段地址
    SPI_SendByte((BlockAddr&0xFF0000)>> 16);  //发送 24 位 Flash 地址,先发送高 8 位
    SPI_SendByte((BlockAddr&0xFF00)>> 8);   //再发中间 8 位
    SPI_SendByte(BlockAddr&0xFF);           //最后发低 8 位
    FLASH_CS = 1;                           //拉高片选线不选中芯片
    SPI_FLASH_WaitForWriteEnd();            //等待块清除操作完成
}
```

在程序中需要处理"BlockAddr"变量,这个变量装载的是欲擦除内容的块区域地址,该地址是 24 位,在实际传送的时候不能直接通过 SPI 总线进行发送,需要把高 8 位先发送,然后发送中间 8 位,最后发送低 8 位,也就是满足"高位在前,低位在后"的原则。程序最后需要调用 SPI_FLASH_WaitForWriteEnd()函数,等待芯片执行擦除直到完成。

10. 扇区擦除指令

扇区擦除指令的代码是$(0x20)_H$,该指令的作用是将一个扇区的内容(4KB)进行擦除,使其全部变为"1",即扇区内所有数据字节都变为$(0xFF)_H$。在执行该指令前,需要先执行"写使能"指令,保证 W25Q16 芯片状态寄存器中的"WEL"位(写保护位)为"1"。执行该指令时,主机先拉低片选

引脚 CS 使其出现下降沿,然后向 W25Q16 发送$(0x20)_H$指令码,接着送出 24 位扇区地址,当时钟引脚 CLK 出现上升沿时,指令码会被接收,此时重新拉高 CS 引脚至高电平即可完成指令写入。如果没有及时把片选引脚 CS 拉高,则指令写入可能失败。

在指令执行期间可通过"读状态寄存器"指令获取 W25Q16 芯片的当前状态,若"BUSY"位为"1"就说明扇区擦除尚未结束,若"BUSY"位为"0"就说明扇区擦除已完成,此时"WEL"位(状态寄存器保护位)也会变为"0"。如果欲擦除的扇区地址正处于"只读"的状态,则此时执行"扇区擦除"指令会失败。扇区擦除指令时序如图 15.29 所示。

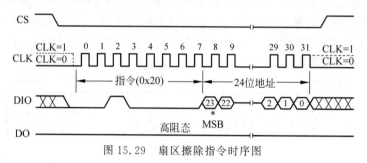

图 15.29　扇区擦除指令时序图

11. 芯片擦除指令

芯片擦除指令的代码是$(0xC7)_H$,该指令可将芯片整个存储区域的所有位都变为"1",即片上数据字节全变为$(0xFF)_H$。

在执行该指令前,需要先执行"写使能"指令,保证 W25Q16 芯片状态寄存器中的"WEL"位(写保护位)为"1"。执行该指令时,主机先拉低片选引脚 CS 使其出现下降沿,然后向 W25Q16 发送$(0xC7)_H$指令码,当时钟引脚 CLK 出现上升沿时,指令码会被接收,此时重新拉高 CS 引脚至高电平即可完成指令写入。如果没有及时把片选引脚 CS 拉高,则指令写入可能失败。

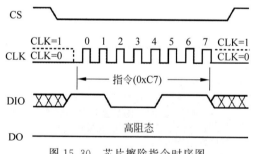

图 15.30　芯片擦除指令时序图

在指令执行期间,可通过"读状态寄存器"指令获取 W25Q16 芯片的当前状态,若"BUSY"位为"1"就说明芯片擦除尚未结束,若"BUSY"位为"0"就说明芯片擦除已完成,此时"WEL"位(状态寄存器保护位)也会变为"0"。如果芯片内部任何一个块区处于保护状态(具体由 BP2、BP1、BP0等功能位设定),则此时执行"芯片擦除"指令均会失败。芯片擦除指令时序如图 15.30 所示。

该指令很常用也很必要,可用 C 语言编写擦除整个 Flash 芯片数据函数 SPI_FLASH_ChipErase()。在函数中调用的 SPI_SendByte()函数传入的实参是"Chip_E",即$(0xC7)_H$指令码。该函数具体的程序实现如下。

```
/ ******************************************************************* /
//擦除整个 Flash 芯片数据函数 SPI_FLASH_ChipErase(),无形参,无返回值
/ ******************************************************************* /
void SPI_FLASH_ChipErase(void)
{
    SPI_FLASH_WriteEnable();              //Flash 写使能
    FLASH_CS = 0;                         //拉低片选线选中芯片
    SPI_SendByte(Chip_E);                 //发送芯片擦除命令
    FLASH_CS = 1;                         //拉高片选线不选中芯片
    SPI_FLASH_WaitForWriteEnd();          //等待写操作完成
}
```

12. 掉电指令

掉电指令的代码是$(0xB9)_H$，W25Q16芯片在待机状态下的电流消耗已经很低了，但掉电指令可以使得待机电流消耗进一步降低。该指令很适合应用在电池供电的场合，可以最大限度地节省系统功耗。

执行该指令时，主机先拉低片选引脚CS使其出现下降沿，然后向W25Q16发送$(0xB9)_H$指令码，当时钟引脚CLK出现上升沿时，指令码会被接收，此时重新拉高CS引脚至高电平即可完成指令写入。如果没有及时把片选引脚CS拉高，则指令写入可能失败。

执行完"掉电"指令后，除了"释放掉电/器件ID"指令，其他指令都会无效。掉电指令时序如图15.31所示。

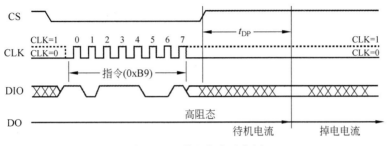

图15.31 掉电指令时序图

13. 释放掉电/器件 ID 指令

释放掉电/器件ID指令的代码是$(0xAB)_H$，该指令有两个作用，一个是"释放掉电"，一个是读出"器件的ID"。若只需发挥"释放掉电"功能，主机可以先拉低片选引脚CS使其出现下降沿，然后向W25Q16发送$(0xAB)_H$指令码，当时钟引脚CLK出现上升沿时，指令码会被接收，此时重新拉高CS引脚至高电平即可完成指令写入。然后经过t_{RES1}时间间隔后，芯片即可恢复到正常工作状态，仅释放掉电的时序如图15.32所示。

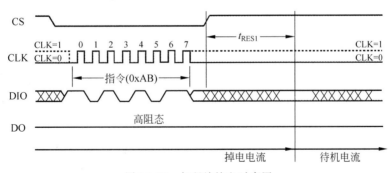

图15.32 仅释放掉电时序图

在编程、擦除和写状态寄存器指令期间，不能执行该指令。若还需要启用"器件ID"读取功能，则发送$(0xAB)_H$指令码后还需再发3个伪字节(即我们定义的$(0xFF)_H$)，然后再读取W25Q16芯片回传的内容，再经过t_{RES2}时间间隔后，芯片即可恢复到正常工作状态，释放掉电＋器件ID指令的时序如图15.33所示。

14. 制造/器件 ID 指令

制造/器件ID指令的代码是$(0x90)_H$，该指令不同于"释放掉电/器件ID"指令，该指令读出的数据中包含厂家制造ID和器件ID。

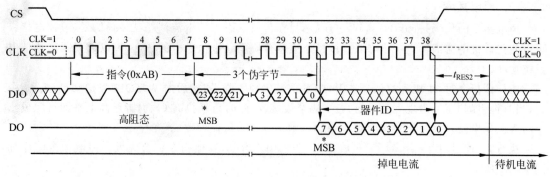

图 15.33　释放掉电/器件 ID 指令时序图

　　执行该指令时,主机先拉低片选引脚 CS 使其出现下降沿,然后向 W25Q16 发送 $(0x90)_H$ 指令码,接着把 24 位地址 $(0x000000)_H$ 送到芯片,芯片会先回传"制造 ID"再回传"器件 ID"给主机。若将 24 位地址改为 $(0x000001)_H$,则 ID 的发送顺序就会颠倒,即先回传"器件 ID"再回传"制造 ID",这些 ID 都是 8 位数据即 1B,制造/器件 ID 指令时序如图 15.34 所示。

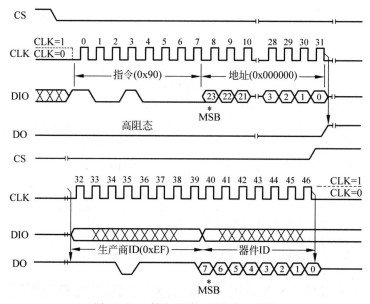

图 15.34　制造/器件 ID 指令时序图

15. JEDEC ID 指令

　　JEDEC ID 指令的代码是 $(0x9F)_H$,该指令是出于产品兼容性考虑而提供的电子识别器件 ID(即电子元件工业联合会 ID)。

　　执行该指令时,主机先拉低片选引脚 CS 使其出现下降沿,然后向 W25Q16 发送 $(0x9F)_H$ 指令码,此时"生产商 ID""存储器类型 ID""存储器容量 ID"将会依次从 W25Q16 芯片回传给主机。每个 ID 都是 8 位数据即 1B,数据位的顺序是高位在前,低位在后。JEDEC ID 指令时序如图 15.35 所示。

　　该指令也是常用指令,可用 C 语言编写读取 Flash 芯片 ID 序列函数 SPI_FLASH_ReadID()。在函数中调用的 SPI_SendByte() 函数传入的实参是"JEDEC_ID",即 $(0x9F)_H$ 指令码,该函数具体的程序实现如下。

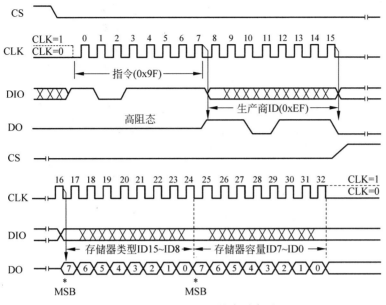

图 15.35 JEDEC ID 指令时序图

```
/ ************************************************************** /
//读取 Flash 芯片 ID 序列函数 SPI_FLASH_ReadID(),无形参,有返回值
/ ************************************************************** /
u32 SPI_FLASH_ReadID(void)
{
    u32 Temp = 0,Temp0 = 0,Temp1 = 0,Temp2 = 0;    //定义 ID 序列的暂存变量
    FLASH_CS = 0;                                   //拉低片选线选中芯片
    SPI_SendByte(JEDEC_ID);                         //发送读取芯片 ID 命令
    Temp0 = SPI_SendByte(Dummy_Byte);               //从 Flash 中读取第 1 字节数据
    Temp1 = SPI_SendByte(Dummy_Byte);               //从 Flash 中读取第 2 字节数据
    Temp2 = SPI_SendByte(Dummy_Byte);               //从 Flash 中读取第 3 字节数据
    FLASH_CS = 1;                                   //拉高片选线不选中芯片
    Temp = (Temp0 << 16)|(Temp1 << 8)|Temp2;        //拼合数据组成芯片 ID 码序列
    return Temp;                                     //返回 ID 序列
}
```

15.3.4　进阶项目 A　串口打印 W25Q16 存储器芯片器件 ID

学习完 W25Q16 芯片指令后就可以实战了,首先要设计一个实验项目,突出 STC8 的 SPI 配置和应用,然后利用我们学习的 15 个 W25Qxx 芯片功能指令做出效果并观察。为了便于观察和操作,选定 JEDEC ID 指令取出 W25Q16 芯片器件的 ID,这个 ID 就相当于 W25Q16 芯片的"身份证"号,对于这"一大串儿"的数据要怎么观察最为简单呢? 我们首先想到的是串口打印,可以使用 STC8 的 UART1 资源(已经在第 14 章学习过了),将串口 1 进行重定向,然后用 printf()函数将相关信息打印出来,再用串口调试助手去观察即可。

编程前需要搭建如图 15.36 所示硬件电路,在实际系统中选定 STC8H8K64U 这款单片机作为 SPI 通信的主机(即器件 U2),W25Q16 芯片作为 SPI 通信的从机(即器件 U1)。在电路中两个芯片均采用 3.3V 供电(这是因为 W25Q16 芯片的最大供电电压只支持 3.7V,切记不能用 5V 电压长期为其供电),若单片机是用 5V 供电的,则需要添加电平转换芯片或电路来实现通信双方的电平转换。

在实验中单片机采用软件方法配置"角色"(也就是说,单片机程序将 SPI 控制寄存器 SPCTL 中的"SSIG"位清零,从而忽略 SS 引脚的电平状态,接着把 SPCTL 寄存器中的"MSTR"位置"1"即

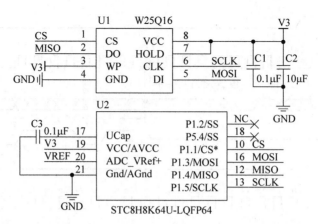

图 15.36   串口打印 W25Q16 存储器芯片器件 ID 硬件电路图

可配置为"主机模式")。这样一来,单片机默认的 SS 引脚就可以做悬空处理(即 P1.2 或 P5.4 引脚,需要注意的是:LQFP64 封装的 STC8H8K64U 单片机不具备 P1.2 引脚,对于这款单片机而言,SS 引脚默认是 P5.4 引脚,但 P5.4 引脚一般用作复位引脚,所以在这个实验中干脆用软件方法配置单片机"角色",这样就不需要 SS 引脚参与了)。为了控制 W25Q16 芯片的有效性,我们从单片机上额外分配了 P1.1 引脚充当"片选脚",也就是图中标有"*"号的引脚,这个引脚可以自定义,连接到 W25Q16 芯片的 CS 引脚即可。

电路的构成上应该不难,但看完电路是不是觉得"怪怪"的?这个电路是不是缺少什么部分呢?确实如此,这个电路只能看到单片机 SPI 引脚与 W25Q16 芯片的连接情况,但看不到串口资源的相关电路,实验中使用了单片机串口 1 资源(即 P3.0 和 P3.1 引脚),在实验前还需要搭建一个 USB 转 TTL 串口的电路(如 CH340E 芯片电路),这个电路在第 14 章已经学习过了,所以此处不再赘述。

硬件平台搭建完毕后就可以编写程序实现了,在程序中主要是实现串口打印器件的 ID,那么首先应该定义一个变量来"装载"ID,比如定义一个名为"FLASH_ID"的变量。然后应该编写 STC8 单片机 SPI 资源的初始化函数 SPI_Init(),该函数需要配置 SPI 寄存器的相关功能位,在函数中可以"顺便"初始化 SPI 功能相关引脚(即 P1.1、P1.3、P1.4 和 P1.5 引脚),如果嫌麻烦,直接把 P1 整组端口初始化为准双向/弱上拉模式也行。

还要编写一个 SPI 收发功能的函数 SPI_SendByte(),用于单片机与 W25Q16 芯片的数据收发。因为读取 W25Q16 芯片的 ID 属于存储器芯片的功能指令,所以还得回忆我们学习过的 JEDEC ID 指令时序,按照时序逻辑编写一个 SPI_FLASH_ReadID()函数,让这个函数具备一个返回值,返回读取到的 ID 内容即可。

以上想到的是 SPI 功能的相关函数,由于数据交互需要通过串口 1 进行打印输出,所以还要编写串口有关的函数,例如,UART1 串口初始化函数 UART1_Init()、UART1 发送单字符函数 U1SEND_C()、UART1 发送字符重定向函数 putchar()等,这些函数都算是"老朋友"了,我们直接移植第 14 章的现成函数即可,理清思路后利用 C51 语言编写的具体程序实现如下。

```
//芯片型号:STC8H8K64U(程序微调后可移植至 STC8A/F/C/G/H 系列单片机)
//时钟说明:单片机片内高速 24MHz 时钟
/************************************************************* /
# include "STC8H.h"                              //主控芯片的头文件
# include "stdio.h"                               //程序要用到 printf()故而添加此头文件
/********************** 常用数据类型定义 ********************* /
【略】为节省篇幅,相似定义参见相关章节或源码工程即可
/********************** 端口/引脚定义区域 ******************* /
sbit  MOSI = P1^3;                               //SPI 数据引脚
```

```
sbit   MISO = P1^4;                         //SPI 数据引脚
sbit   SCLK = P1^5;                         //SPI 时钟引脚
sbit   FLASH_CS = P1^1;                     //硬件分配 Flash 片选引脚芯片
/********************* 用户自定义数据区域 *********************/
#define   SYSCLK  24000000UL                //系统时钟频率值
#define   BAUD_SET  (65536 - SYSCLK/9600/4)  //波特率设定与计算
static   u32 FLASH_ID = 0;                  //全局变量 FLASH_ID 用于存放 Flash 芯片的 ID
/********************* W25Q16 操作命令 *********************/
#define    WREN              0x06           //对 W25Q16 写使能命令
#define    WDIS              0x04           //对 W25Q16 写禁止命令
#define    RDSR              0x05           //读 W25Q16 状态寄存器命令
#define    WRSR              0x01           //写 W25Q16 状态寄存器命令
#define    READ              0x03           //从 W25Q16 中读取数据命令
#define    FASTREAD          0x0B           //从 W25Q16 中快速读取数据命令
#define    FastRead_DualOut  0x3B           //从 W25Q16 中快速读取双输出数据命令
#define    WRITE             0x02           //往 W25Q16 页编程命令
#define    Block_E           0xD8           //块擦除命令
#define    Sector_E          0x20           //扇区擦除命令
#define    Chip_E            0xC7           //芯片擦除命令
#define    PowerD            0xB9           //芯片掉电命令
#define    RPowerD_ID        0xAB           //芯片掉电释放/器件 ID 命令
#define    Manufacturer_ID   0x90           //芯片制造商/器件 ID 命令
#define    JEDEC_ID          0x9F           //芯片 JEDEC ID 序列命令
#define    Dummy_Byte        0xFF           //自定义伪字节(FF 是随便取的)
/********************* 函数声明区域 *********************/
void SPI_Init(void);                        //SPI 资源初始化函数
u8 SPI_SendByte(u8 byte);                   //SPI 发送字节数据函数
u32 SPI_FLASH_ReadID(void);                 //读取 Flash 芯片 ID 序列函数
void UART1_Init(void);                      //串口 1 初始化函数
void U1SEND_C(u8 SEND_C);                   //串口 1 发送单字符数据函数
char putchar(char ch);                      //发送字符重定向函数
/********************* 主函数区域 *********************/
void main(void)
{
    SPI_Init();                             //SPI 资源初始化
    UART1_Init();                           //串口 1 初始化
    printf("|******************************************* |\r\n");
    printf("|******** UART print W25Q16 memory device ID ******** |\r\n");
    printf("|******************************************* |\r\n");
    FLASH_ID = SPI_FLASH_ReadID();          //读取该 Flash 的芯片 ID 并打印到串口
    printf("|【System】:W25Q16 ID is:% ld\r\n",FLASH_ID);
    printf("|******************************************* |\r\n");
    while(1);                               //程序停止于此处
}
/*******************************************************/
//SPI 资源初始化函数 SPI_Init(),无形参,无返回值
/*******************************************************/
void SPI_Init(void)
{
    //配置 P1 为准双向/弱上拉模式
    P1M0 = 0x00;                            //P1M0.0 - 7 = 0
    P1M1 = 0x00;                            //P1M1.0 - 7 = 0
    //配置 P5.4 为准双向/弱上拉模式
    //P5M0& = 0xEF;                         //P5M0.4 = 0
    //P5M1& = 0xEF;                         //P5M1.4 = 0
    SPCTL = 0xDC;             //忽略 SS 引脚功能,使能 SPI,MSB 数据帧方式,主机模式
    //SCLK 空闲时为高电平,数据发送在时钟前沿开始,数据接收在时钟后沿采集
    SPSTAT = 0xC0;                          //清除 SPI 中断和写冲突标志
```

```
}
/*************************************************************/
//SPI 发送字节数据函数 SPI_SendByte(),有形参 byte,有返回值
/*************************************************************/
u8 SPI_SendByte(u8 byte)
{
    SPDAT = byte;                      //发送数据
    while(!(SPSTAT&0x80));             //等待数据发送完成
    SPSTAT = 0xC0;                     //清除 SPI 中断和写冲突标志
    return SPDAT;                      //返回 SPI 数据寄存器内容
}
/*************************************************************/
//读取 Flash 芯片 ID 序列函数 SPI_FLASH_ReadID(),无形参,有返回值
/*************************************************************/
u32 SPI_FLASH_ReadID(void)
{
    u32 Temp = 0, Temp0 = 0, Temp1 = 0, Temp2 = 0;
    FLASH_CS = 0;                          //拉低片选线选中芯片
    SPI_SendByte(JEDEC_ID);                //发送读取芯片 ID 命令
    Temp0 = SPI_SendByte(Dummy_Byte);      //从 Flash 中读取第 1 字节数据
    Temp1 = SPI_SendByte(Dummy_Byte);      //从 Flash 中读取第 2 字节数据
    Temp2 = SPI_SendByte(Dummy_Byte);      //从 Flash 中读取第 3 字节数据
    FLASH_CS = 1;                          //拉高片选线不选中芯片
    Temp = (Temp0 << 16)|(Temp1 << 8)|Temp2;   //拼合数据组成芯片 ID 码序列
    return Temp;                           //返回 ID 序列
}
/*************************************************************/
//串口 1 初始化函数 UART1_Init(),无形参,无返回值
/*************************************************************/
void UART1_Init(void)
{
    SCON = 0x50;                       //181 结构,可变波特率,允许数据接收
    AUXR| = 0x01;                      //串口 1 选择定时器 2 为波特率发生器
    AUXR| = 0x04;                      //定时器时钟 1T 模式
    T2L = BAUD_SET;                    //设置定时初始值
    T2H = BAUD_SET >> 8;               //设置定时初始值
    AUXR| = 0x10;                      //定时器 2 开始计时
    RI = 0;TI = 0;                     //清除接收数据标志位和发送数据标志位
}
/*************************************************************/
//串口 1 发送单字符数据函数 U1SEND_C(),有形参 SEND_C 即为欲发送单字节
//数据,无返回值
/*************************************************************/
void U1SEND_C(u8 SEND_C)
{
    TI = 0;                            //清除发送完成标志位
    SBUF = SEND_C;                     //发送数据
    while(!TI);                        //等待数据发送完成
}
/*************************************************************/
//发送字符重定向函数 char putchar(char ch),有形参 ch,有返回值 ch
/*************************************************************/
char putchar(char ch)
{
    U1SEND_C((u8)ch);                  //通过串口 1 发送数据
    return ch;
}
```

通读程序发现较为简单。程序的重点是读取 Flash 芯片 ID 序列函数 SPI_FLASH_ReadID()，该函数执行时首先拉低了片选线 FLASH_CS，使得 W25Q16 芯片有效，然后借助 SPI_SendByte() 函数送出了 JEDEC ID 指令，即(0x9F)$_H$ 指令码。指令发送完成后 W25Q16 芯片会回传"生产商 ID""存储器类型 ID""存储器容量 ID"这 3 字节给单片机。在程序中使用了 3 个变量依次接收这些回传数据(变量为 Temp0、Temp1 和 Temp2)，3 个变量接收完数据之后还要进行"整体拼合"，最终变成一个 24 位的数据(3B 是由 24 个二进制位组成)并赋值给 Temp 变量，最后再用 printf() 函数把 Temp 变量打印出来。在数据接收过程中为了保证时钟信号的连续，还连续发送了 3 个伪字节 "Dummy_Byte"(即(0xFF)$_H$)。

将程序编译后得到".Hex"固件并下载到目标单片机中，选定单片机 P3.0 和 P3.1 引脚(即串口 1 资源引脚)连接到事先搭建好的 USB 转 TTL 串口电路(具体电路及连接可参考串口章节内容)。打开计算机上的串口调试助手，设定串口号为 COM12(具体串口号要根据用户计算机的实际端口分配来定)，通信波特率为 9600b/s，数据位为 8 位，无奇偶校验位，停止位为 1 位，显示内容为 ASCII 码方式。打开串口成功后复位单片机芯片，得到了如图 15.37 所示数据。

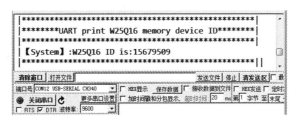

图 15.37 串口打印 W25Q16 存储器芯片器件 ID 效果

15.3.5 进阶项目 B W25Q16 存储芯片数据读写实验

读者朋友们做完进阶项目 A 有什么感觉? 是不是觉得花了大"力气"，结果就只得到了一个芯片的 ID? 其实项目 A 的主要目的是让读者朋友们了解单片机与 W25Q16 的通信流程，用"轻量级"的程序让大家快乐入门。W25Q16 芯片是个具备 SPI 的存储器芯片，存取数据才是最应该掌握的，尝试编写芯片的页擦除功能、块擦除功能、向固定的地址写入数据或者读出数据才是实战"重点"。明确了目标就可以开始实操了，进阶项目 B 就是在项目 A 的基础上做进一步的提高。

进阶项目 B 中依然采用进阶项目 A 中的硬件平台，只是改写了软件部分，实现更丰富的功能。在程序中除了构建 SPI 初始化函数 SPI_Init()、SPI 模块发送字节函数 SPI_SendByte() 以及串口 1 资源的相关函数之外，还需要实现 W25Q16 的特定功能。

在实验中需要实现"写使能"功能，为其编写 Flash 写使能函数 SPI_FLASH_WriteEnable()。实现"页写入"功能，为其编写 Flash 写入页数据函数 SPI_FLASH_PageWrite()。实现"读数据"功能，为其编写从 Flash 读取 N 字节的数据函数 SPI_FLASH_BufferRead()。还得实现 W25Q16 芯片的"块擦除"和"芯片擦除"功能，为其编写 SPI_FLASH_BlockErase() 和 SPI_FLASH_ChipErase() 函数。

说了这么多，看似工作量很大，其实不然，这些功能函数早在 15.3.3 节就已经学习过了，我们只是选了一些函数来做功能整合罢了! 所以程序中涉及的时序逻辑就不再赘述了。理清了思路，程序就好写了，利用 C51 语言编写的具体程序实现如下。

```
//芯片型号：STC8H8K64U(程序微调后可移植至 STC8A/F/C/G/H 系列单片机)
//时钟说明：单片机片内高速 24MHz 时钟
/ ************************************************************* /
# include "STC8H.h"                        //主控芯片的头文件
```

```c
# include "stdio.h"                                   //需要使用 printf()函数故而包含该头文件
/ ************************* 常用数据类型定义 ************************* /
【略】为节省篇幅,相似定义参见相关章节或源码工程即可
/ ************************* 端口/引脚定义区域 ************************* /
sbit   MOSI = P1^3;                                   //SPI 数据引脚
sbit   MISO = P1^4;                                   //SPI 数据引脚
sbit   SCLK = P1^5;                                   //SPI 时钟引脚
sbit   FLASH_CS = P1^1;                               //硬件分配 Flash 片选引脚芯片
/ ************************* 用户自定义数据区域 ************************* /
# define SYSCLK 24000000UL                            //系统时钟频率值
# define BAUD_SET   (65536 - SYSCLK/9600/4)           //波特率设定与计算
# define RxBufferSize 64                              //定义接收数组容量
xdata u8 RxBuffer[RxBufferSize];
# define countof(a) (sizeof(a)/sizeof( * (a)))
u8 code Tx_Buffer[ ] =                                //定义发送内容数组
"|0123456789ABCDEFGHIJKLMNOPQRSTUVWXYZ";
# define   BufferSize (countof(Tx_Buffer) - 1)
xdata u8 Rx_Buffer[BufferSize];                       //定义接收数组
static u32 FLASH_ID;                                  //全局变量 FLASH_ID 用于存放 Flash 芯片的 ID
/ ************************* W25Q16 操作命令 ************************* /
# define     WREN             0x06                    //对 W25Q16 写使能命令
# define     WDIS             0x04                    //对 W25Q16 写禁止命令
# define     RDSR             0x05                    //读 W25Q16 状态寄存器命令
# define     WRSR             0x01                    //写 W25Q16 状态寄存器命令
# define     READ             0x03                    //从 W25Q16 中读取数据命令
# define     FASTREAD         0x0B                    //从 W25Q16 中快速读取数据命令
# define     FastRead_DualOut 0x3B                    //从 W25Q16 中快速读取双输出数据命令
# define     WRITE            0x02                    //往 W25Q16 页编程命令
# define     Block_E          0xD8                    //块擦除命令
# define     Sector_E         0x20                    //扇区擦除命令
# define     Chip_E           0xC7                    //芯片擦除命令
# define     PowerD           0xB9                    //芯片掉电命令
# define     RPowerD_ID       0xAB                    //芯片掉电释放/器件 ID 命令
# define     Manufacturer_ID  0x90                    //芯片制造商/器件 ID 命令
# define     JEDEC_ID         0x9F                    //芯片 JEDEC ID 序列命令
# define     Dummy_Byte       0xFF                    //自定义伪字节(FF 是随便取的)
/ ************************* 函数声明区域 ************************* /
void SPI_Init(void);                                 //SPI 资源初始化函数
void UART1_Init(void);                               //串口 1 初始化函数
void U1SEND_C(u8 SEND_C);                            //串口 1 发送单字符数据函数
void U1SEND_S(u8 * Data,u16 len);                    //串口 1 发送字符串数据函数
char putchar(char ch);                               //发送字符重定向函数
u8 SPI_SendByte(u8 byte);                            //SPI 模块发送字节函数
void SPI_FLASH_WriteEnable(void);                    //Flash 写使能函数
void SPI_FLASH_WaitForWriteEnd(void);
//读 Flash 芯片状态寄存器至写周期结束函数
void SPI_FLASH_PageWrite(u8 * pBuffer,u32 WriteAddr,u16 NumByteToWrite);
//向 Flash 写入页数据函数
void SPI_FLASH_BufferWrite(u8 * pBuffer,u32 WriteAddr,u16 NumByteToWrite);
//向 Flash 写入多页数据函数
void SPI_FLASH_BufferRead(u8 * pBuffer,u32 ReadAddr,u16 NumByteToRead);
//从 Flash 读取 NB 的数据函数
u32 SPI_FLASH_ReadID(void);
//读取 Flash 芯片 ID 序列函数
void SPI_FLASH_BlockErase(u32 BlockAddr);
//Flash 芯片块擦除函数
void SPI_FLASH_ChipErase(void);
//擦除整个 Flash 芯片数据函数
```

```
/ ****************************** 主函数区域 ****************************** /
void main(void)
{
    SPI_Init();                              //SPI 资源初始化
    UART1_Init();                            //串口 1 初始化
    printf("| ***************************************************** |\r\n");
    printf("| ***** W25Q16 Memory Chip Data Read and Write Test *********** |\r\n");
    printf("| ***************************************************** |\r\n");
    SPI_FLASH_ChipErase();                   //擦除整个 Flash 芯片数据
    FLASH_ID = SPI_FLASH_ReadID();           //读取该 Flash 的芯片 ID 并打印到串口
    printf("|【System】:W25Q16 ID is:% ld\r\n",FLASH_ID);
    printf("| --------------------------------------------------- |\r\n");
    printf("|【System】:Writing Data is:\r\n");
    U1SEND_S(Tx_Buffer,BufferSize);          //打印写入数据
    printf("\r\n");
    SPI_FLASH_BlockErase(0x000000);          //在写入之前先擦除 W25X16
    SPI_FLASH_BufferWrite(Tx_Buffer,0x000000, BufferSize);  //对 W25X16 进行写入
    SPI_FLASH_BufferRead(Rx_Buffer,0x000000,BufferSize);    //对 W25X16 进行读取
    printf("| --------------------------------------------------- |\r\n");
    printf("|【System】:Reading Data is:\r\n");
    U1SEND_S(Rx_Buffer,BufferSize);          //打印读出数据
    printf("\r\n");
    printf("| ***************************************************** |\r\n");
    while(1);                                //程序停止于此处
}
/ ********************************************************************** /
//SPI 资源初始化函数 SPI_Init(),无形参,无返回值
/ ********************************************************************** /
void SPI_Init(void)
{
    //配置 P1 为准双向/弱上拉模式
    P1M0 = 0x00;                             //P1M0.0 - 7 = 0
    P1M1 = 0x00;                             //P1M1.0 - 7 = 0
    //配置 P5.4 为准双向/弱上拉模式
    //P5M0& = 0xEF;                          //P5M0.4 = 0
    //P5M1& = 0xEF;                          //P5M1.4 = 0
    SPCTL = 0xDC;                            //忽略 SS 引脚功能,使能 SPI,MSB 数据帧方式,主机模式
    //SCLK 空闲时为高电平,数据发送在时钟前沿开始,数据接收在时钟后沿采集
    SPSTAT = 0xC0;                           //清除 SPI 中断和写冲突标志
}
/ ********************************************************************** /
//SPI 发送字节数据函数 SPI_SendByte(),有形参 byte,有返回值
/ ********************************************************************** /
u8 SPI_SendByte(u8 byte)
{
    SPDAT = byte;                            //发送数据
    while(!(SPSTAT&0x80));                    //等待数据发送完成
    SPSTAT = 0xC0;                           //清除 SPI 中断和写冲突标志
    return SPDAT;                            //返回 SPI 数据寄存器内容
}
/ ********************************************************************** /
//Flash 写使能函数 SPI_FLASH_WriteEnable(),无形参,无返回值
/ ********************************************************************** /
void SPI_FLASH_WriteEnable(void)
{
    FLASH_CS = 0;                            //拉低片选线选中芯片
    SPI_SendByte(WREN);                      //传送写使能命令 06H
    FLASH_CS = 1;                            //拉高片选线不选中芯片
```

```
    }
/ ****************************************************************** /
//读 Flash 芯片状态寄存器至写周期结束函数 SPI_FLASH_WaitForWriteEnd()
//无形参,无返回值
/ ****************************************************************** /
void SPI_FLASH_WaitForWriteEnd(void)
{
    u8 FLASH_Status = 0;                    //定义 Flash 芯片状态寄存器值变量
    FLASH_CS = 0;                           //拉低片选线选中芯片
    SPI_SendByte(RDSR);                     //发送读状态寄存器命令,发送后其值会被传送到主机
    do                                      //循环查询标志位,等待写周期结束
    {
        FLASH_Status = SPI_SendByte(Dummy_Byte);
        //发送伪字节指令 0xFF 用于生成时钟并将 Flash 状态寄存器值读回单片机
    }
    while((FLASH_Status & 0x01) == 1);      //等待芯片非忙碌状态
    FLASH_CS = 1;                           //拉高片选线不选中芯片
}
/ ****************************************************************** /
//向 Flash 写入页数据函数 SPI_FLASH_PageWrite(),有 3 个形参,无返回值
//pBuffer 是一个指针,用于指向欲写入数据,WriteAddr 用于指定写入地址
//NumByteToWrite 用于说明写入数据字节数,所写数据不可超过每一页的限制
/ ****************************************************************** /
void SPI_FLASH_PageWrite(u8 * pBuffer, u32 WriteAddr, u16 NumByteToWrite)
{
    SPI_FLASH_WriteEnable();                //先使能对 Flash 芯片的操作
    FLASH_CS = 0;                           //拉低片选线选中芯片
    SPI_SendByte(WRITE);                    //发送页写命令
    SPI_SendByte((WriteAddr&0xFF0000)>> 16);       //发送 24 位 Flash 地址,先发高 8 位
    SPI_SendByte((WriteAddr&0xFF00)>> 8);          //再发中间 8 位
    SPI_SendByte(WriteAddr&0xFF);                  //最后发低 8 位
    while(NumByteToWrite -- )               //发送地址后紧跟欲写入数据
    {
        SPI_SendByte( * pBuffer);           //发送欲写入 Flash 的数据
        pBuffer++;                          //指向下一个要写入的数据
    }
    FLASH_CS = 1;                           //拉高片选线不选中芯片
    SPI_FLASH_WaitForWriteEnd();            //等待写操作结束
}
/ ****************************************************************** /
//向 Flash 写入页数据函数 SPI_FLASH_BufferWrite()有 3 个形参,无返回值
//pBuffer 是一个指针,用于指向欲写入数据,WriteAddr 用于指定写入地址
//NumByteToWrite 用于说明写入数据字节数,所写数据不可超过每一页的限制
/ ****************************************************************** /
void SPI_FLASH_BufferWrite(u8 * pBuffer, u32 WriteAddr, u16 NumByteToWrite)
{
    u8 NumOfPage = 0, NumOfSingle = 0, Addr = 0, count = 0, temp = 0;
    Addr = WriteAddr % 256;                 //判断要写入的地址是否页对齐
    //每一页最多可以写 256B,W25X16 共有 8192 页
    count = 256 - Addr;
    NumOfPage = NumByteToWrite/256;         //总共要写几页
    NumOfSingle = NumByteToWrite % 256;     //不足一页的数据字节数
    if(Addr == 0)                           //写入的地址是否页对齐
    {
        if (NumOfPage == 0)                 //只需写一页
        {SPI_FLASH_PageWrite(pBuffer,WriteAddr,NumByteToWrite);}
        else                                //不止写一页
        {
```

```
            while(NumOfPage -- )
            {
                SPI_FLASH_PageWrite(pBuffer,WriteAddr,256);
                WriteAddr += 256;                        //指向下一页的地址
                pBuffer += 256;
            }
            SPI_FLASH_PageWrite(pBuffer,WriteAddr,NumOfSingle);
            //把剩下的不足一页的数据写完
        }
    }
    else                                         //要写入的地址不是页对齐的地址
    {
        if (NumOfPage == 0)                          //只需写一页
        {
            if (NumOfSingle > count)
            //判断所要写入的地址所在的页是否还有足够的空间写下要存放的数据
            {
                //(NumByteToWrite + WriteAddr) > SPI_FLASH_PageSize
                temp = NumOfSingle - count;
                SPI_FLASH_PageWrite(pBuffer,WriteAddr,count);
                WriteAddr += count;
                pBuffer += count;                    //将所要写入的地址的页剩下的空间写完
                SPI_FLASH_PageWrite(pBuffer,WriteAddr,temp);
                //再往新的一页写入剩下的数据
            }
            else
            {SPI_FLASH_PageWrite(pBuffer,WriteAddr,NumByteToWrite);}
        }
        else                                         //不止写一页
        {
            NumByteToWrite -= count;
            NumOfPage = NumByteToWrite/256;              //总共要写几页
            NumOfSingle = NumByteToWrite % 256;          //不足一页的数据字节数
            SPI_FLASH_PageWrite(pBuffer,WriteAddr,count);
            WriteAddr += count;
            pBuffer += count;                        //将所要写入的地址的页剩下的空间写完
            while(NumOfPage -- )
            {
                SPI_FLASH_PageWrite(pBuffer,WriteAddr,256);
                WriteAddr += 256;                    //指向下一页的地址
                pBuffer += 256;
            }
            if(NumOfSingle!= 0)
            {SPI_FLASH_PageWrite(pBuffer,WriteAddr,NumOfSingle);}
        }
    }
}
/ ***************************************************************** /
//从 Flash 读取 NB 的数据函数 SPI_FLASH_BufferRead()有 3 个形参,无返回值
//pBuffer 是一个指针,用于存放从 Flash 读取的数据缓冲区的指针,ReadAddr 用于
//从 Flash 的该地址处读数据,NumByteToRead 用于指定需要读取的字节数
/ ***************************************************************** /
void SPI_FLASH_BufferRead(u8 * pBuffer, u32 ReadAddr, u16 NumByteToRead)
{
    FLASH_CS = 0;                                //拉低片选线选中芯片
    SPI_SendByte(READ);                          //发送读数据命令
    SPI_SendByte((ReadAddr&0xFF0000)>> 16);      //发送 24 位 Flash 地址,先发高 8 位
    SPI_SendByte((ReadAddr&0xFF00)>> 8);         //再发中间 8 位
```

```
        SPI_SendByte(ReadAddr&0xFF);                    //最后发低 8 位
        while(NumByteToRead -- )                        //计数
        {
            * pBuffer = SPI_SendByte(Dummy_Byte);       //读一字节的数据
            pBuffer++;                                   //指向下一个要读取的数据
        }
        FLASH_CS = 1;                                    //拉高片选线不选中芯片
}
/ ****************************************************************** /
//读取 Flash 芯片 ID 序列函数 SPI_FLASH_ReadID(),无形参,有返回值
/ ****************************************************************** /
u32 SPI_FLASH_ReadID(void)
{
    u32 Temp = 0, Temp0 = 0, Temp1 = 0, Temp2 = 0;
    FLASH_CS = 0;                                        //拉低片选线选中芯片
    SPI_SendByte(JEDEC_ID);                              //发送读取芯片 ID 命令
    Temp0 = SPI_SendByte(Dummy_Byte);                    //从 Flash 中读取第 1 字节数据
    Temp1 = SPI_SendByte(Dummy_Byte);                    //从 Flash 中读取第 2 字节数据
    Temp2 = SPI_SendByte(Dummy_Byte);                    //从 Flash 中读取第 3 字节数据
    FLASH_CS = 1;                                        //拉高片选线不选中芯片
    Temp = (Temp0 << 16)|(Temp1 << 8)|Temp2;            //拼合数据组成芯片 ID 码序列
    return Temp;                                         //返回 ID 序列
}
/ ****************************************************************** /
//Flash 芯片块擦除函数 SPI_FLASH_BlockErase()
//有形参 BlockAddr 用于指定块区域地址,无返回值
/ ****************************************************************** /
void SPI_FLASH_BlockErase(u32 BlockAddr)
{
    SPI_FLASH_WriteEnable();                             //Flash 写使能
    FLASH_CS = 0;                                        //拉低片选线选中芯片
    SPI_SendByte(Block_E);                               //发送块擦除命令,随后发送要擦除的段地址
    SPI_SendByte((BlockAddr&0xFF0000)>> 16);            //发送 24 位 Flash 地址,先发高 8 位
    SPI_SendByte((BlockAddr&0xFF00)>> 8);               //再发中间 8 位
    SPI_SendByte(BlockAddr&0xFF);                        //最后发低 8 位
    FLASH_CS = 1;                                        //拉高片选线不选中芯片
    SPI_FLASH_WaitForWriteEnd();                         //等待块清除操作完成
}
/ ****************************************************************** /
//擦除整个 Flash 芯片数据函数 SPI_FLASH_ChipErase(),无形参,无返回值
/ ****************************************************************** /
void SPI_FLASH_ChipErase(void)
{
    SPI_FLASH_WriteEnable();                             //Flash 写使能
    FLASH_CS = 0;                                        //拉低片选线选中芯片
    SPI_SendByte(Chip_E);                                //发送芯片擦除命令
    FLASH_CS = 1;                                        //拉高片选线不选中芯片
    SPI_FLASH_WaitForWriteEnd();                         //等待写操作完成
}
/ ****************************************************************** /
【略】为节省篇幅,相似函数参见相关章节源码即可
void UART1_Init(void)                                    //串口 1 初始化函数
void U1SEND_C(u8 SEND_C)                                 //串口 1 发送单字符数据函数
void U1SEND_S(u8 * Data,u16 len)                         //串口 1 发送字符串数据函数
char putchar(char ch)                                    //发送字符重定向函数
```

　　程序中的各功能函数相对进阶项目 A 而言稍显复杂,但是理解 W25Q16 功能指令时序后都能读懂。将程序编译后下载到单片机中,打开 PC 上的串口调试助手并复位单片机芯片,得到了如

图15.38所示数据。经过比对，我们发现写入到 W25Q16 芯片的数据和读出的数据一致，说明实验是成功的。

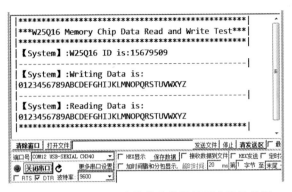

图 15.38　W25Q16 存储芯片数据读写实验效果图

通过这个实验的学习，读者朋友们应该掌握 W25Qxx 系列芯片的读写方法，可以将该类存储器芯片应用到实际系统中，例如，做一个基于串口的数据采集器，将数据全部存入 W25Qxx 芯片中，或者自己做一个 TTS 语音合成器，通过串口识别汉字编码然后找到 Flash 芯片中对应的发音文件并进行解码播报，又或者做一个大型点阵屏的汉字字模库和图像数据库，试着把单片机本身无法装载的内容"转移"到外部存储颗粒中，然后通过 SPI 将相关数据读回单片机进行数据处理即可。在这类场景中，单片机就好比是"计算机主机"，Flash 存储颗粒就好比是计算机"硬盘"。

Flash 存储芯片的种类众多，容量、引脚、封装、电气特性都有差异，但是大多数的存储芯片都具备 SPI，所以要深入理解 SPI 通信原理及配置方法，用会、用好 STC8 单片机强大的 SPI 资源，这样一来，遇到其他 SPI 的芯片、模块也不必"惧怕"，来一个会一个，会一个用一个。

第16章

"大老爷升堂，威武！"串行总线接口 I^2C 运用

章节导读：

本章将详细介绍 STC8 系列单片机串行总线接口 I^2C 的相关知识和应用，共分为 4 节。16.1 节引入了古代公堂审案的场景，目的是为了让大家快乐地掌握 I^2C 通信的基本流程和基本概念；16.2 节主要讲解标准 I^2C 总线协议，讲解了通信相关的时序并引出了起始信号、终止信号、从机寻址、应答信号等概念；16.3 节介绍了 STC8 系列单片机的 I^2C 资源及运用方法，教大家对主机模式和从机模式进行寄存器配置；16.4 节主要讲解 Atmel 公司生产的串行 EEPROM"AT24Cxx"系列芯片，引入了 4 个实践项目，同时利用"硬件 I^2C 法"和"I/O 模拟 I^2C 时序法"对 AT24Cxx 系列芯片进行数据操作。本章内容非常基础，读者朋友们务必要"拿下"相关知识点，以后开发中遇到 I^2C 接口的其他功能芯片才能触类旁通。

16.1 "大老爷升堂问案"说 I^2C"玩法"

各位读者朋友们开篇快乐！接下来就和小宇老师一起，保持轻松愉悦的心情开始学习本章所讲的 STC8 系列单片机 I^2C 应用吧！不少读者对章节名称产生了疑惑，什么叫作"大老爷升堂，威武！"呢？为了讲解 I^2C 总线知识，便于读者朋友们理解，小宇老师特意把古代的公堂给"搬"了上来。各位读者朋友拿笔坐好，且听小宇老师慢慢道来！

肃穆的公堂之上，头顶着"明镜高悬"匾额的县太爷端坐在公案之后，公案之上摆放着笔墨纸砚、案件的卷宗、官印、惊堂木等。县太爷旁边站着师爷宣读材料记录供词，如狼似虎的衙役们分列两班，堂下跪着瑟瑟发抖的原告和被告。忽然间，惊堂木一声脆响，师爷站出来吼一嗓子"升堂"！衙役们齐声吼"威武"！这些场景如图 16.1 所示，庄严威武。

读者朋友们不禁会问，这古代的"堂审细节"与 STC8 系列单片机 I^2C 资源有"半毛钱"关系吗？当然有关系！我们需要回想公堂之上的官民"对话"，这个过程可以方便地让我们理解 I^2C 总线的通信流程。

首先我们将县太爷叫作"官"，也就是 I^2C 通信中的"主设备"。把堂下跪着的原告和被告叫作"民"，也就是 I^2C 通信中的"从设备"。这官民之间就是"通信"的双方。一般来说，堂审过程中具备"话语权"的"官"只有一个（在实际系统中也有多个"官员"的情况，比如"会审"，在此暂不展开，章节的后续内容会讲解"多主机"的情况），但是"民"可能就不止一个，也就是说，在 I^2C 通信中，从设备的数量可以是多个，它们都"挂接"在 I^2C 总线之上。

图 16.1 古代县令堂审问案情景图

"官"能对"民"做什么呢？常见的要么是"问话"，要么就是"用刑"。"问话"就相当于是主设备

读取从设备的"数据"，"用刑"就相当于主设备对从设备的"写入"或者其他操作。如果是"问话"，则官和民的对话流程应该类似于图 16.2。

官			民		官	民	官	
升堂	传"王铁锤"	问话	草民在	我记得…	接着说	就是这样	…	退堂

图 16.2 官府从人犯处问话（主设备接收从设备数据）

分析图 16.2，首先要升堂才能开始审理案件，这"升堂"就是建立通信的开始，我们可以称为"起始信号"或"开始信号"。升堂之后就要开始审理案件，自然就会涉及原告和被告，但是县太爷会选谁问话呢？

有两种可能，第一种是"全体人员都听好了！"，这种问话是针对所有人的，在 I²C 通信中称为"广播寻址"方式，也就是通过"发送广播地址"的方式让 I²C 总线上的所有器件都能参与通信并全部选中。第二种是"传王铁锤"，这"王铁锤"就是一个选定的人犯，既不是"李钢蛋"也不是"张勇敢"，虽说堂下的人犯都听到了县太爷的问话，但是只有"王铁锤"才能站出来答话，这也就是发送特定的器件地址进行"寻址"。

找到这个人犯之后就需要对其进行"操作"，在图 16.2 中县太爷向人犯"问话"，这里的"问话"就是县太爷听取人犯的述说，就好比是 I²C 通信中的主设备接收从设备数据。问话之后王铁锤就回答"草民在"，这个回答很重要，它反映了两个问题，第一是王铁锤正确"识别"到了县太爷的"问话"请求，第二是王铁锤对"问话"命令做出了响应，在 I²C 通信中我们称为"从机应答"。

人犯应答之后就开始述说案情"我记得……"，述说一个阶段之后，也就是数据组成了一个数据帧，此时人犯"歇了歇"等待县太爷的指示，听到县太爷说"继续"，这个"继续"就是县太爷对人犯讲述内容的一个肯定，并且要求人犯（从设备）继续讲述（传输数据），在 I²C 通信中我们把县太爷"继续"称为"主机应答"信号，意思是主机（县太爷）接收到了从机（人犯）的数据并继续保持数据传输。

此时人犯继续讲述案件，等到讲述得差不多了，县太爷也就不会再说"继续"，也就是图 16.2 中的"…"状态，这个状态在 I²C 通信中称为"主机非应答"或"主机无应答"，也就是说，主机不希望继续读取数据了，从机此时就可以停止了。县太爷得到了人犯的"回话"，然后宣布"退堂"，这"退堂"就是案件审理的结尾，在 I²C 通信中称为"停止信号"或"终止信号"。

按照这个"问话"的流程很容易想到"用刑"的流程，其流程如图 16.3 所示。

官		民	官	民	官
升堂	传"李钢蛋"	用刑	冤枉啊！	打二十大板	哎哟喂！	退堂

图 16.3 官府执行判决到人犯（主设备发送数据到从设备）

在图 16.3 中，升堂、传"李钢蛋"这两步都和"问话"流程是一样的，只是当前操作是对人犯"用刑"。人犯一听要用刑，为了表示惊恐和人犯的响应，说了一句"冤枉啊！"，这个就是"从机应答"。

然后县太爷作为"主设备"开始发送具体的操作"打二十大板！"，然后就开始执行，执行过程中会听见人犯痛苦地叫着"哎哟喂！"，这就是"从机应答"信号，表示主设备向从设备的写入操作已经完成，如果二十大板执行完毕，县太爷就会宣布"退堂"，也就是 I²C 通信中的"停止信号"。当然，这个过程中可能会产生小插曲，主设备在执行写入操作时，从设备可能产生内部异常（比如从设备内部繁忙或者芯片异常），这种情况就好比是人犯的"身子骨"承受能力差，开始的几板子下去人犯还会叫唤，打着打着人犯就不叫了，这就出现大问题了，这时候主设备就得赶紧停止数据写入，不然人犯就被打死了（即后续再写入数据也会全部失败）。

理解了官民对话的流程，也就解决了 I²C 主设备与从设备间的读写关系，官府从人犯处"问话"

的流程就类似于 I²C 通信中主设备接收从设备数据的流程,其过程如图 16.4 所示。

主			从	主	从	主	
起始	7/10 位从机地址	R/W	从应答	数据	主应答	数据	主非应答	停止

图 16.4   主设备接收从设备数据

在通信开始时,首先由主机发送"起始信号"表示通信开始,然后发送 7/10 位从机地址和 1 个读写控制位(若 R/W 位为"1"则表示读操作),此处若发送"广播地址"则 I²C 总线上的所有器件都会响应,若发送特定从机地址,则 I²C 总线上的所有器件收到地址字节后会和自己的地址进行比较,只有比较结果相同的从设备才会返回一个"从机应答"信号,并开始向主设备发送数据,主设备收到数据后会向从设备反馈一个"主机应答"信号,从设备收到"主机应答"信号之后再向主设备发送下一个数据,当主设备不再需要继续接收数据时会向从设备发送一个"主机非应答"信号(即 ACK=1),从设备收到该信号后便会停止数据发送,最后主设备会发送一个"终止信号"以释放总线,结束通信。

需要注意的是,主机需要接收数据的数量是由主机自身决定的,当主机向从机发送"主机非应答"信号的时候,从机便结束本次数据传送并且释放总线。所以"主机非应答"信号具有两个作用,第一个作用是表明前一个从设备数据已经接收成功,第二个作用是停止从机的继续发送。

接下来,我们开始思考"官府执行判决到人犯"的流程,该流程就类似于 I²C 通信中主设备发送数据到从设备的流程,其过程如图 16.5 所示。

主			从	主	从	主
起始	7/10 位从机地址	R/W	从应答	数据	从应答	停止

图 16.5   主设备发送数据到从设备

在通信开始时,主设备首先要检测总线的状态,既然是要写数据到从设备,主设备就必须要等到总线"空闲状态"(即 SDA 和 SCL 两根通信线上均为高电平)时发送一个"起始信号"才能开始通信。

如果总线"空闲",就可以发送 7/10 位从机地址和 1 个读写控制位(若 R/W 位为"0"则表示写操作),如果此时发送的是"广播地址",则 I²C 总线上的所有器件都会响应,若发送的特定从机地址,则 I²C 总线上的所有器件收到该地址字节后会和自己的地址进行比较,只有比较结果相同的从设备才会返回一个"从机应答"信号。主设备收到从设备的应答信号之后,开始发送第一字节的数据,从设备收到数据后会返回一个应答信号给主设备。

如果主设备需要写入的数据不止 1 字节,那么此时主设备收到应答信号后还会再次发送下一数据字节,当主机发送最后一个数据字节并收到从设备的应答信号后,通过向从设备发送一个"终止信号"就可以结束本次通信并释放总线。从设备一旦收到"终止信号",就会退出与主机之间的通信。

需要注意的是,主机通过发送从机地址与对应的从机建立通信关系,而"挂接"在总线上的其他从机虽然也收到了地址码,但因为与自身的地址不相符,因此退出了与主机的通信。主机的每一次发送过程(写数据到从机),其写入的数据量不受限制,主机是通过"终止信号"通知从机写入操作的结束,从机收到"终止信号"之后会退出本次通信。

主机的每一次发送过程都是通过从机的"应答信号"获知从机的接收状况,如果从机没有及时应答(可能是由于从机内部"忙碌"或者电气连接出现问题),则数据写入就会发生错误,此时可以由主机重新发送数据,再次尝试写入数据到从机。

16.2 初识标准 I²C 总线协议

利用"古代堂审问案"的场景，我们大致了解了 I²C 总线上主设备与从设备间的通信流程，但这仅是 I²C 知识的一小部分，接下来就开始全面地学习 STC8 系列单片机 I²C 功能，在此之前需要简单了解标准 I²C 总线协议。

I²C 总线是由飞利浦公司开发的一个简单易用的双向两线总线系统，其设计用于实现 IC 之间的控制和通信，这个总线也称为"Inter IC"、"IIC"或"I²C"总线。该总线是近年来在微电子通信控制领域广泛采用的一种新型总线标准。它是同步通信的一种特殊形式，具有接口线路少、控制方式简单、器件封装小、通信速率高等优点。在主从通信中，支持多个 I²C 器件同时"挂接"在总线上，通过器件地址来区分通信的对象。

所有符合 I²C 总线通信协议的器件都具备一个片上 I²C 接口，使得器件之间可以直接通过 I²C 总线进行通信，这个设计理念解决了设计数字电路时的接口问题，大大简化了设计的复杂度。该总线协议和电气标准已经成为一个国际标准，得到了广泛的应用，典型的通信系统电气连接如图 16.6 所示。

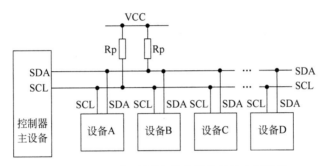

图 16.6 基于 I²C 总线架构的通信系统电气连接

仔细分析图 16.6，我们发现整个线路只有两根，一根叫作"SDA"是串行数据线，另外一根叫作"SCL"是串行时钟线，所有具备 I²C 接口的芯片或器件都是通过这两根线连接到 I²C 总线上的。在总线上还有两个上拉电阻"Rp"，这个电阻的取值在不同的器件数量和通信速率下会有变化。说到这里，就产生了一些疑问，这个 I²C 总线上的主从"角色"是如何分配的呢？上拉电阻 Rp 的作用是什么呢？那么多的设备都连接到总线上，怎么区分各自的"身份"呢？数据线只有一根，数据传输速率有多高呢？虽说 I²C 总线简化了芯片和设备间的连接，但是通信性能怎么保障呢？I²C 总线上的最大接入设备数量怎么确定呢？

这就叫作"一石激起千层浪"，不分析不要紧，一分析该图产生的疑问就非常多，但话又说回来，有了疑问是好事，至少给我们学习的目标和动力，但是疑问个数较多怎么办？那就只能心平气和地逐一攻破了！

16.2.1 "相关人等"I²C 总线上的"角色"

还是从"古代堂审问案"的场景入手，县太爷是"官"，县太爷决定堂审的开始与结束，整个堂审的流程和进度也都是受控于县太爷的。这就是 I²C 通信中的"主设备"或称为"主机"，主机的主要作用是初始化发送流程，产生起始信号、时钟信号、终止信号和必要的应答信号。原告与被告是"民"，当县太爷问话的时候就只能老老实实地作答，也就是 I²C 通信中的"从设备"或称为"从机"，是被主机寻址和操纵的器件。

　　一般情况下，堂审上具有"话语权"的官只有一个，但是官的数量有可能不止一个，比如古代的"三堂会审"，也就是三个部门的最高长官同时同地同场合审理同一案件。这种情况下"官"的数量就有三个，要是三个官都想说话，那堂审现场不就乱套了吗？这种情况就是 I²C 通信中的"多主机"情况，多主机的情况是指 I²C 总线上同时有多于一个主机尝试控制总线的情况。遇到这种情况就必须要进行"仲裁"，也就是说，只允许一个"官"说话，说完以后，再轮到其他的"官员"发表意见，这样才能维持堂审的正常进行。在 I²C 通信中的"仲裁"是一个用于在有多个主机同时尝试控制总线，但只允许其中一个控制总线从而保证报文不被破坏的机制。

　　在 I²C 总线上的数据无非就是"收收发发"，发送数据到总线的器件称为"发送器"，从总线接收数据的器件称为"接收器"，这两者的"定义"要看实际情况。主机不一定只管"发"也有"收"的功能。举个例子，假设主机 A 要向从机 B 发送数据，那么主机 A 就作为"主机发送器"，从机 B 就作为"从机接收器"，反过来主机 A 要接收从机 B 返回的数据，那么主机 A 就作为"主机接收器"，从机 B 就作为"从机发送器"，所以，发送器和接收器的"身份"要具体问题具体分析，按照实际数据流向而定。

　　由此看出，I²C 总线其实是一个允许多主机的总线机制，也就是说，可以连接多于一个能控制总线的器件到总线，由于主机设备通常是微控制器单元(如单片机)，所以在讲解 STC8 系列单片机 I²C 总线实战应用时也是把单片机作为主机设备来讲解。

　　所有加入 I²C 总线的器件或设备都是连接到"两线"上的，即串行数据线 SDA 和串行时钟线 SCL，SDA 和 SCL 都是双向线路，都通过一个电流源或上拉电阻连接到电源正极，当总线空闲时，这两条线路都保持高电平状态，连接到总线的器件输出级必须是漏极开路或集电极开路，这样才能执行"线与"功能。

　　I²C 总线上的传输速率有 3 种，这 3 种模式对应了 I²C 协议发展的 3 个标准，就像是我国的"汽车、火车和飞机"，不断地完善，不断地提速，在标准模式下的数据通信速率可达 100kb/s，在快速模式下的数据通信速率可达 400kb/s，在高速模式下的数据通信速率可达 3.4Mb/s。连接到总线的器件数量由"总线电容不高于 400pF"的限制决定。连接到总线上的器件一般都配备滤波器单元，可以滤除数据线上的毛刺波形以保证数据的完整和有效。

　　I²C 总线是两线制通信，连接到总线的器件都有一个唯一的地址以区别各自的"身份"，就好比古代堂审时人犯都有各自的姓名，比如"王铁锤""李钢蛋"或者"张勇敢"。在总线上的每一个设备都可以作为发送器或接收器，具体的"角色"扮演由器件的功能决定。

　　在 I²C 通信中常见的从机器件地址是 7 位或者 10 位地址，标准模式的 I²C 总线规范在 20 世纪 80 年代初期就已经存在了，它规定数据传输速率可达 100kb/s。而且 7 位寻址这个概念在发展中迅速普及，已然作为一个被全世界接受的标准，而且飞利浦公司和其他供应商提供了几百种不同的兼容 IC，为了符合更高速度的要求、扩容更多从机地址，标准模式 I²C 总线规范在原有基础之上不断地升级和扩展，如今的 I²C 快速通信模式位速率可达 400kb/s，高速模式(Hs 模式)位速率可达 3.4Mb/s，现在的 I²C 通信还支持 10 位从机地址寻址，允许使用 1024 个从机地址，提升了"不止一点儿"。

　　说到从机地址长度的变化，其实很好理解。在人口众多的我国，姓名叫"李刚""张军"的人重复率极高，所以现在有很多子女的家长为孩子取 4 个汉字的名字，这样一来重复率就大大降低。拿我们熟悉的西班牙画家和雕塑家毕加索来说，他的中文译名全称为"帕布罗·迭戈·荷瑟·山迪亚哥·弗朗西斯科·德·保拉·居安·尼波莫切诺·克瑞斯皮尼亚诺·德·罗斯·瑞米迪欧斯·西波瑞亚诺·德·拉·山迪西玛·特立尼达·玛利亚·帕里西奥·克里托·瑞兹·布拉斯科·毕加索"，这名字不仅"霸气"而且超长，相信这样的名字几乎不可能有重名。所以在 I²C 通信中采用 10 位地址就能很好地解决多地址分配问题，适应新器件数量增长的需要。

　　在实际的 I²C 通信系统中，从机地址的选择并不是非得 10 位，在带有快速模式或高速模式的

I²C 系统中，如果有可能的话，应首选 7 位地址，因为它是最简单的硬件解决方案，而且报文长度最短，可以减小数据传输量。有 7 位和 10 位地址的器件可以在相同的 I²C 系统中混合使用，不需要考虑是哪种模式。现有和未来的主机都能产生 7 位或 10 位的地址，但要注意，我们学习的 STC8 单片机 I²C 资源只支持 7 位从机地址配置。

16.2.2 "升堂退堂"数据有效性及起止条件

说到 I²C 通信的两根线，就必须研究这两根线上所传输的"信号"。在数据通信时首先要保证"电平信号的有效性"，也就是说，在 SDA 数据线上每传输一个数据位，在 SCK 时钟线上就应该对应产生一个时钟脉冲。在实际构建系统时，连接到 I²C 总线上的器件有可能具有不同的制造工艺（如 CMOS 工艺、NMOS 工艺、双极性制造工艺等）。不同的制造工艺会导致电气特性的差异，这样一来，各器件在通信线路上表现出的低电平"0"和高电平"1"的电压阈值就可能不统一，对于这种情况，可能会用到"电平转换"单元，此时就需要用户合理地选择电平转换方案以确保信号电平的统一性和有效性。

保证电平信号有效之后就要保证"数据传输的有效性"，在 I²C 通信中约定：数据线 SDA 上的数据位必须在时钟线 SCL 的高电平周期内保持稳定，数据线 SDA 上的电平状态只有在时钟线 SCL 上的时钟信号为低电平时才能发生改变，简单总结就一句话"时钟为高数据有效，时钟为低数据可变"，其时序如图 16.7 所示。

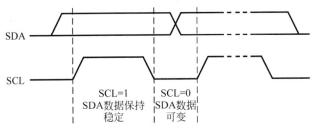

图 16.7 I²C 总线数据有效性时序情况

在 I²C 通信过程中有两种极为重要的"条件信号"，就好比古代的堂审，堂审开始的时候县太爷要"升堂"，审理完了还得"退堂"。在 I²C 通信开始时，需要主机产生时钟信号和"起始条件"（在时序图中常称为"START"条件或简称为"S"条件），该条件信号的产生是让 SCL 保持高电平时使 SDA 产生下降沿。在 I²C 通信结束时还得产生"停止条件"（在时序图中常称为"STOP"条件或简称为"P"条件），该信号的产生是让 SCL 保持高电平时使 SDA 产生上升沿。这两种条件信号的时序如图 16.8 所示。

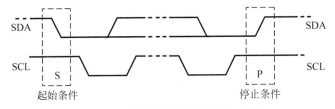

图 16.8 起始条件与停止条件时序

在 I²C 通信过程中，起始条件 S 和停止条件 P 一般由主机产生，起始条件后便会进入"总线忙"的状态，停止条件持续一段时间（要等总线重新拉高后）便会恢复到"总线空闲"的状态。如果总线中产生了重复起始条件（即"Sr"条件）而不产生停止条件，总线会一直处于"总线忙"的状态，这里的起始条件 S 和重复起始条件 Sr 在时序上是一样的。符号"S"既能表示起始条件又能表示重复起始条件,除非是有特别声明的"Sr"条件。

若连接到总线的器件具备"专用"硬件 I^2C 接口(例如,自带 I^2C 接口的芯片或具备 I^2C 硬件资源的微控制器),这类芯片或设备在检测起始条件 S 和停止条件 P 时多是硬件直接检测,检测过程中不需要程序判断,使用起来十分简便。对于没有硬件 I^2C 资源的微控制器来说,起始条件 S 和停止条件 P 的检测方法就要复杂一些,需要让微控制器在每个时钟周期内至少采样两次串行数据线 SDA 来判断有没有发生电平跳变,I^2C 通信的两条线(即 SCL 和 SDA)需分配两个普通 I/O 引脚来代替,然后用"模拟时序法"实现 I^2C 通信时序。

"模拟时序法"用得很多,有的读者朋友们在学习 MCS-51 内核早期单片机时就经常使用(原因是这类单片机不具备硬件 I^2C 资源),模拟时序虽然麻烦了点儿,但可以加深编程者对 I^2C 通信过程的理解,从教学上讲也是好事,所以本章后续的实验中也会讲解"模拟时序法"下的 I^2C 通信实现,会给大家展示各类型函数的写法。有了模拟时序法的铺垫再去学习 STC8 系列单片机的硬件 I^2C 资源就会感到很"幸福",因为硬件 I^2C 的使用更为简单。

16.3 I^2C 资源介绍及运用

STC8 系列单片机的内部集成了硬件 I^2C 串行总线控制器。支持 I^2C 通信引脚在 4 组引脚上切换(这要用到外设端口切换控制器 P_SW2,这个寄存器在串口章节已经学过,算是老朋友了),以便用户将一组 I^2C 总线当成多组总线进行时分复用。

STC8 系列单片机硬件 I^2C 资源和标准 I^2C 协议并不完全一样,STC8 的硬件 I^2C 在发送起始信号 S 后不进行总线仲裁,在时钟信号 SCL 停留在低电平时不进行超时检测。使用起来更加简单,支持主机模式(此时 SCL 发送同步时钟信号)和从机模式(此时 SCL 接收同步时钟信号)。当STC8 系列单片机硬件 I^2C 工作在从机模式时,SDA 引脚上的下降沿信号可以唤醒掉电模式的单片机(特别要注意:由于 I^2C 总线的传输速度较快,单片机被唤醒后的第一帧数据通常都是错误的,所以将此功能用作单纯唤醒即可)。

以 STC8H8K64U 型号单片机为例,该型号单片机与 I^2C 资源相关的寄存器共有 10 个。I^2C 配置寄存器 1 个,主机模式相关寄存器 3 个,从机模式相关寄存器 3 个,数据收发寄存器 2 个,最后一个是外设端口切换寄存器(严格意义上说,这个端口切换寄存器只是改变 I^2C 通信的功能引脚,不算是 I^2C 资源寄存器的核心,所以小宇老师在第 10 项上加了个"*"号)。I^2C 相关寄存器的名称及功能如图 16.9 所示。

STC8系列单片机
I^2C功能
寄存器组成

1. I^2C配置寄存器I2CCFG

2. I^2C主机控制寄存器I2CMSCR

3. I^2C主机状态寄存器I2CMSST

4. I^2C主机辅助控制寄存器I2CMSAUX

5. I^2C从机控制寄存器I2CSLCR

6. I^2C从机状态寄存器I2CSLST

7. I^2C从机地址寄存器I2CSLADR

8. I^2C数据发送寄存器I2CTXD

9. I^2C数据接收寄存器I2CRXD

*10. 外设端口切换控制器P_SW2

图 16.9 I^2C 资源相关寄存器名称及功能

学习 STC8 系列单片机 I²C 资源之前也要提出一些问题,带着问题去学习效率最高,也能把零碎的知识点进行思维串联,小宇老师向大家提出以下疑问。

问题 1：I²C 资源的收发引脚实际占用哪个 I/O 口?

问题 2：主机模式怎么配置?

问题 3：从机模式怎么配置?

接下来逐一对问题进行解答。先来解决第 1 个问题,即 I²C 资源的通信引脚实际占用哪个 I/O 口? 要解决这个问题需要涉及外设端口切换寄存器 P_SW2 的相关位,该寄存器相关位定义及功能说明如表 16.1 所示(为了凸显 I²C 资源相关的配置位,我们只对 I2C_S[1:0]进行讲解)。

表 16.1 STC8H 系列单片机外设端口切换寄存器 2

外设端口切换寄存器 2（P_SW2）							地址值：(0xBA)H	
位 数	位 7	位 6	位 5	位 4	位 3	位 2	位 1	位 0
位名称	EAXFR	—	I2C_S[1:0]		CMPO_S	S4_S	S3_S	S2_S
复位值	0	x	0	0	0	0	0	0
位 名	位含义及参数说明							
I2C_S[1:0] 位 5:4	I²C 功能引脚选择							
	00	SCL 为 P1.5,SDA 为 P1.4			01	SCL 为 P2.5,SDA 为 P2.4		
	10	SCL 为 P7.7,SDA 为 P7.6 该配置在官方引脚上未体现,须慎重选择			11	SCL 为 P3.2,SDA 为 P3.3		

若用户需要用 C51 语言编程配置 I²C 的 SCL 时钟线为 P2.5 引脚、SDA 数据线为 P2.4 引脚,可编写语句:

```
P_SW2& = 0x8F;        //清零 I2C_S[1:0]位
P_SW2| = 0x10;        //将 I2C_S[1:0]赋值为"01",调整 I2C 功能引脚
```

16.3.1 主机模式寄存器配置

接下来解决第二个问题,即主机模式怎么配置? 主机模式需要使能 I²C 资源,配置角色为主机,还得规定 I²C 通信速度,这些功能的配置位都在 I²C 配置寄存器 I2CCFG 中,该寄存器的相关位定义及功能说明如表 16.2 所示。

表 16.2 STC8H 系列单片机 I²C 配置寄存器

I²C 配置寄存器（I2CCFG）							地址值：(0xFE80)H	
位 数	位 7	位 6	位 5	位 4	位 3	位 2	位 1	位 0
位名称	ENI2C	MSSL	MSSPEED[5:0]					
复位值	0	0	0	0	0	0	0	0
位 名	位含义及参数说明							
ENI2C 位 7	I²C 使能控制位							
	0	禁止 I²C 功能						
	1	允许 I²C 功能						
MSSL 位 6	I²C 工作模式选择位							
	0	从机模式						
	1	主机模式						
MSSPEED [5:0] 位 5:0	I²C 总线速率（等待时钟数）配置位							
	0	对应的时钟数为 4			1	对应的时钟数为 6		
	2	对应的时钟数为 8			x	对应的时钟数为 $2x+4$		
	62	对应的时钟数为 128			63	对应的时钟数为 130		

分析该寄存器的组成位,ENI2C 位和 MSSL 位的含义和配置较为简单,该寄存器的难点在于 I^2C 总线速率的配置,当 I^2C 设备工作在主机模式时配置 MSSPEED[5:0] 参数才有意义,这个参数由 6 个二进制位组成(赋值范围就对应了十进制的 0~63),该参数决定了 I^2C 总线主机通信时序中的一些时间段长短,具体的时序和时间段如图 16.10 所示。

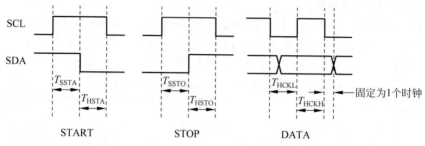

图 16.10　主机模式下的时序和时间段

不难看出图 16.10 中有 3 个时序波形,START 就是起始条件(里面的 T_{SSTA} 和 T_{HSTA} 时间段可人为调整),STOP 就是停止条件(里面的 T_{SSTO} 和 T_{HSTO} 时间段可人为调整),DATA 就是通信过程中的时序(里面的 T_{HCKL} 和 T_{HCKH} 时间段可人为调整)。为了让朋友们看得更清楚,小宇老师将这些时间段的名称和含义列出,如表 16.3 所示。

表 16.3　时间段名称及含义

时间段名称	时间段含义
T_{SSTA}	起始信号的建立时间(Setup Time of START)
T_{HSTA}	起始信号的保持时间(Hold Time of START)
T_{SSTO}	停止信号的建立时间(Setup Time of STOP)
T_{HSTO}	停止信号的保持时间(Hold Time of STOP)
T_{HCKL}	时钟信号的低电平保持时间(Hold Time of SCL Low)
T_{HCKH}	时钟信号的高电平保持时间(Hold Time of SCL High)

看到这里肯定有朋友会问:这些时间段是逐个配置还是整体配置?这个时间长度肯定与 I^2C 通信速率有关,怎么计算各种时钟频率下的通信速率呢?其实计算方法很简单,所有的时间段长短也是统一进行改变的,I^2C 总线速率的计算方法如式(16.1)所示。

$$I^2C 总线速率 = f_{SYSCLK}/2/(MSSPEED[5:0] \times 2 + 4) \tag{16.1}$$

在实际应用中,我们更关心在某个速率下的配置值应该取多少,所以可以把式(16.1)稍做变形,把 MSSPEED[5:0] 配置值单独拿出来,就可以得到式(16.2)。

$$MSSPEED[5:0] 配置值 = (f_{SYSCLK}/I^2C 总线速率 /2 - 4)/2 \tag{16.2}$$

有了公式就容易多了,假设有单片机工作在 I^2C 通信的主机模式下,当前系统时钟频率是 24MHz,I^2C 总线速率需要设定为 400k,则 MSSPEED[5:0] 配置值应为:

$$MSSPEED[5:0] 配置值 = (24\,000\,000/400\,000/2 - 4)/2 = 13$$

若用户需要用 C51 语言编程使能主机模式下的 I^2C 资源,且当前系统时钟频率为 24MHz,I^2C 总线速率要求 400k,可编写语句:

```
P_SW2| = 0x80;              //允许访问扩展特殊功能寄存器 XSFR
I2CCFG = 0x00;              //清零寄存器中的相关功能位
I2CCFG| = 0x0D;             //24MHz 主频下通信速率 400k(即计算值(13)D)
I2CCFG| = 0xC0;             //使能 I2C 功能并配置当前单片机为主机模式
P_SW2& = 0x7F;              //结束并关闭 XSFR 访问
```

在实际的 I²C 通信中,主机会下达各种命令给从机,如起始命令、停止命令、接收应答、发送应答、接收数据和发送数据等,数据的收发过程还会产生相应的中断请求,这些命令下达及中断请求的配置是靠 I²C 主机控制寄存器 I2CMSCR 去实现,该寄存器的相关位定义及功能说明如表 16.4 所示。

表 16.4　STC8 单片机 I²C 主机控制寄存器

I²C 主机控制寄存器(I2CMSCR)						地址值:(0xFE81)_H	
位 数	位 7	位 6	位 5	位 4	位 3	位 2	位 1	位 0
位名称	EMSI	—	—	—	MSCMD[3:0]			
复位值	0	x	x	x	0	0	0	0
位 名	位含义及参数说明							
EMSI 位 7	主机模式中断使能控制位							
	0	关闭主机模式的中断						
	1	允许主机模式的中断						
MSCMD [3:0] 位 3:0	主机命令选择							
	0000	待机,无动作			0001	起始命令,发送 START 信号		
	0010	发送数据命令			0011	接收应答(ACK)命令		
	0100	接收数据命令			0101	发送应答(ACK)命令		
	0110	停止命令,发送 STOP 信号			0111	保留		
	1000	保留						
	1001	起始命令＋发送数据命令＋接收从机应答(ACK)命令: 该命令相当于 0001＋0010＋0011 三种命令的组合形式,下达此组合命令后主机会依次执行这三个子命令						
	1010	发送数据命令＋接收从机应答(ACK)命令: 该命令相当于 0010＋0011 两种命令的组合形式,下达此组合命令后主机会依次执行这两个子命令						
	1011	接收数据命令＋发送主机应答 ACK * 命令: 该命令相当于 0100＋0101 两种命令的组合形式,下达此组合命令后主机会依次执行这两个子命令。需要注意的是:该命令所返回的应答信号固定为 ACK *(* 号表示主机给出的回应),不受 MSACKO 位的影响						
	1100	接收数据命令＋发送主机无应答 NACK * 命令: 该命令相当于 0100＋0101 两种命令的组合形式,下达此组合命令后主机会依次执行这两个子命令。需要注意的是:该命令所返回的应答信号固定为 NACK *(* 号表示主机给出的回应),不受 MSACKO 位的影响						

分析该寄存器的组成位,EMSI 位的含义和配置较为简单,该寄存器的难点在于主机命令的选择,当 I²C 设备工作在主机模式时可通过 MSCMD[3:0]功能位配置下达 10 种命令。接来下就对其逐一进行讲解。

当 MSCMD[3:0]＝"0000"时,主机待机无动作。

当 MSCMD[3:0]＝"0001"时,主机发送起始命令(即 START 信号或称 S 信号),该命令一旦执行,I²C 总线就会由"总线空闲"状态切换到"总线忙"状态,此时 I²C 主机状态寄存器 I2CMSST 中的"MSBUSY"忙标志位会被硬件自动置"1"。若执行该命令时 I²C 总线本身就在"总线忙"状态,也会重复产生一次起始信号,START 信号的波形如图 16.11 所示。波形含义为:在时钟信号 SCL 保持高电平的过程中让 SDA 引脚产生下降沿。

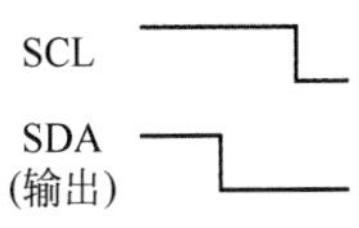

图 16.11　START 信号波形图

当 MSCMD[3:0]＝"0010"时,主机会发送数据命令,该命令一旦执行,时钟线 SCL 上就会产生 8 个时钟脉冲,与此同时,I²C 数据发送寄存器 I2CTxD 中的数据会逐一输出到数据线 SDA 上,数据位的格式是高位在前,低位在后,主机发送数据的波形如图 16.12 所示。

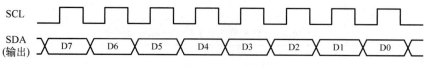

图 16.12　主机发送数据波形图

当 MSCMD[3:0]＝"0011"时,主机会接收来自从机的应答信号(即 ACK 信号),该命令一旦执行,主机就会在时钟线 SCL 上产生 1 个时钟,并读取数据线 SDA 上的电平状态,然后把这个状态写入 I²C 主机状态寄存器 I2CMSST 中的"MSACKI"标志位。主机接收从机应答的波形如图 16.13 所示。

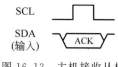

图 16.13　主机接收从机应答波形图

当 MSCMD[3:0]＝"0100"时,主机会接收来自从机的数据,该命令一旦执行,主机会在时钟线 SCL 上产生 8 个时钟脉冲,然后在时钟节拍下从数据线 SDA 上读回电平状态,最后将读回的状态依次左移后存入 I²C 数据接收寄存器 I2CRXD 中(注意:左移的目的是为了得到正确的数据字节,因为数据位的传出默认是高位在前低位在后,所以读回的第一个位其实是数据的最高位,必须进行数据位左移处理才行),主机接收数据的波形如图 16.14 所示。

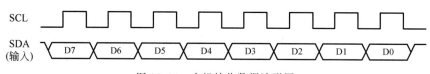

图 16.14　主机接收数据波形图

当 MSCMD[3:0]＝"0101"时,主机会发送应答信号 ACK 到总线,该命令一旦执行,主机就会在时钟线 SCL 上产生 1 个时钟,并将 I²C 主机状态寄存器 I2CMSST 中的"MSACKO"位取值发送到数据线 SDA 上,主机发送应答信号的波形如图 16.15 所示。

当 MSCMD[3:0]＝"0110"时,主机发送停止命令(即 STOP 信号或称 P 信号),该命令执行完毕后,I²C 总线就会由"总线忙"状态切换到"总线空闲"状态,此时 I²C 主机状态寄存器 I2CMSST 中的"MSBUSY"忙标志位会被硬件自动清"0"。STOP 信号的波形如图 16.16 所示。波形含义为:在时钟信号 SCL 保持高电平的过程中让 SDA 引脚产生上升沿。

图 16.15　主机发送应答信号波形图　　　图 16.16　STOP 信号波形图

主机下达的这些命令较为简单,下达命令过程中经常要去判断 I²C 主机状态寄存器 I2CMSST 中的相关位,这些功能位多数是标志位,可对主机模式下的事件作出反映,该寄存器的相关位定义及功能说明如表 16.5 所示。

主机模式除了具备配置、控制、状态寄存器外,还有个 I²C 主机辅助控制寄存器 I2CMSAUX,该寄存器的组成很简单,只有一个功能位,该位决定了 I²C 数据是否能够自动发送,该寄存器的相关位定义及功能说明如表 16.6 所示。

表 16.5 STC8 单片机 I²C 主机状态寄存器

I²C 主机状态寄存器(I2CMSST)								地址值：(0xFE82)H
位 数	位 7	位 6	位 5	位 4	位 3	位 2	位 1	位 0
位名称	**MSBUSY**	**MSIF**	—	—	—	—	**MSACKI**	**MSACKO**
复位值	0	0	x	x	x	x	0	0
位 名	位含义及参数说明							
MSBUSY 位 7	主机模式下的忙标志位(只读位)							
	0	主机处于空闲状态						
	1	主机处于忙碌状态						
MSIF 位 6	主机模式下的中断标志位 若主机成功执行 I2CMSCR 寄存器中的 MSCMD[3:0]命令，硬件会自动将该位置“1”并向 CPU 发出中断请求，响应中断后可用软件方法清零该位							
	0	无中断请求						
	1	产生中断请求						
MSACKI 位 1	主机接收从机应答信号位(应答信号输入) 在主机模式下，当我们将 MSCMD[3:0]配置为“0011”时，主机会接收来自从机的应答信号(即 ACK 信号)，该位即为接收到的 ACK 数据位							
	0	从 SDA 线路接收到的应答信号为低电平						
	1	从 SDA 线路接收到的应答信号为高电平						
MSACKO 位 0	发送主机应答信号位(应答信号输出) 在主机模式下，当我们将 MSCMD[3:0]配置为“0101”时，主机会发送应答信号 ACK 到总线，主机会将该位当作 ACK 信号发送到 SDA 线路							
	0	将 SDA 线路拉低						
	1	将 SDA 线路拉高						

表 16.6 STC8 单片机 I²C 主机辅助控制寄存器

I²C 主机辅助控制寄存器(I2CMSAUX)								地址值：(0xFE88)H
位 数	位 7	位 6	位 5	位 4	位 3	位 2	位 1	位 0
位名称	—	—	—	—	—	—	—	**WDTA**
复位值	x	x	x	x	x	x	x	0
位 名	位含义及参数说明							
WDTA 位 0	数据自动发送允许位 若数据自动发送功能被使能，当主机向总线写入数据后就会自动触发“1010”命令(即“发送数据命令＋接收应答(ACK)”命令，该命令相当于 0010＋0011 两种命令的组合形式，下达此组合命令后主机会依次执行这两个子命令)							
	0	禁止自动发送功能						
	1	使能自动发送功能						

16.3.2 从机模式寄存器配置

说到这里，主机模式的相关寄存器就了解完了。接下来解决第三个问题，即从机模式怎么配置？在 I²C 通信场景中，从机设备一般是听从主机的控制，响应主机命令和反馈数据给主机。在数据收/发过程中可能产生多种事件(例如，收到条件信号 S、条件信号 P、接收或发送完一个数据字节等)，这些事件发生后是否能产生中断请求就要看相关中断使能位的配置，这些中断使能位都在 I²C 从机控制寄存器 I2CSLCR 中，该寄存器的相关位定义及功能说明如表 16.7 所示。

表 16.7　STC8 单片机 I²C 从机控制寄存器

I²C 从机控制寄存器(I2CSLCR)							地址值：(0xFE83)ₕ

位　数	位 7	位 6	位 5	位 4	位 3	位 2	位 1	位 0
位名称	—	ESTAI	ERXI	ETXI	ESTOI	—	—	SLRST
复位值	x	0	0	0	0	x	x	0
位　名	位含义及参数说明							

位名		位含义及参数说明
ESTAI 位 6		"从机模式下接收到 START 信号"后的中断使能位
	0	禁止中断
	1	使能中断
ERXI 位 5		"从机模式下接收到一字节数据"后的中断使能位
	0	禁止中断
	1	使能中断
ETXI 位 4		"从机模式下发送完一字节数据"后的中断使能位
	0	禁止中断
	1	使能中断
ESTOI 位 3		"从机模式下接收到 STOP 信号"后的中断使能位
	0	禁止中断
	1	使能中断
SLRST 位 0		复位从机模式
	0	不发生复位
	1	复位从机模式

　　和主机模式类似,从机模式也有个 I²C 从机状态寄存器 I2CSLST,从机模式相比主机模式而言事件种类较多,事件状态也多,所以 I2CSLST 寄存器中启用了 7 个功能位对应不同事件状态,该寄存器的相关位定义及功能说明如表 16.8 所示。

表 16.8　STC8 单片机 I²C 从机状态寄存器

I²C 从机状态寄存器(I2CSLST)							地址值：(0xFE84)ₕ

位　数	位 7	位 6	位 5	位 4	位 3	位 2	位 1	位 0
位名称	SLBUSY	STAIF	RXIF	TXIF	STOIF	—	SLACKI	SLACKO
复位值	0	0	0	0	0	0	0	0
位　名	位含义及参数说明							

位名		位含义及参数说明
SLBUSY 位 7		从机模式下的忙标志位(只读位)
	0	从机处于空闲状态
	1	从机处于忙碌状态
STAIF 位 6		"从机模式下接收到 START 信号"后的中断请求位
	0	从机未收到 START 信号
	1	从机收到 START 信号并产生中断请求
RXIF 位 5		"从机模式下接收到一字节数据"后的中断请求位
	0	从机未收完数据或未收到数据
	1	从机收到一字节并产生中断请求
TXIF 位 4		"从机模式下发送完一字节数据"后的中断请求位
	0	从机未发完数据或未发送数据
	1	从机发完一字节并收到主机应答,同时产生中断请求

续表

I²C 从机状态寄存器（I2CSLST）		地址值：(0xFE84)ₕ
STOIF 位 3	"从机模式下接收到 STOP 信号"后的中断请求位	
	0	从机未收到 STOP 信号
	1	从机收到 STOP 信号并产生中断请求
SLACKI 位 1	从机接收主机应答信号位（应答信号输入）	
	0	从 SDA 线路接收到的应答信号为低电平
	1	从 SDA 线路接收到的应答信号为高电平
SLACKO 位 0	发送从机应答信号位（应答信号输出）	
	0	将 SDA 线路拉低
	1	将 SDA 线路拉高

　　朋友们要注意，该寄存器中的功能位十分重要，在日后的编程中经常要判断这些位。接下来小宇老师对个别重要的位进行补充讲解。先来说说 STAIF 位，只要从机接收到了主机发来的起始信号（即 START 信号），该位就会在 SDA 线路出现下降沿时被硬件自动置"1"并向 CPU 发出中断请求，响应中断之后该位需用软件方式清零，START 信号和该位被置位的时间点如图 16.17 所示。

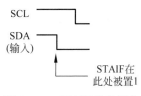

图 16.17　STAIF 位被置位的时间点

　　然后说说 RXIF 位，当从机接收到一字节的数据后，在 SCL 线路上出现第 8 个时钟下降沿时硬件就会自动将该位置"1"并向 CPU 发出中断请求，响应中断之后该位需用软件方式清零，该位被置位的时间点如图 16.18 所示。

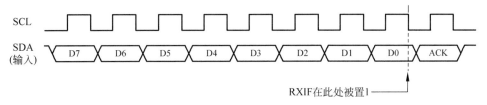

图 16.18　RXIF 位被置位的时间点

　　接着说说 TXIF 位，当从机发送完一字节的数据后，在 SCL 线路上出现第 9 个时钟下降沿时硬件就会自动将该位置"1"并向 CPU 发出中断请求，响应中断之后该位需用软件方式清零，该位被置位的时间点如图 16.19 所示。

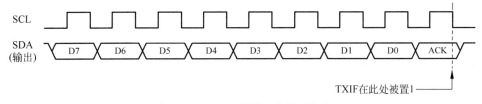

图 16.19　TXIF 位被置位的时间点

　　接下来再说说 STOIF 位，只要从机接收到了主机发来的停止信号（即 STOP 信号），该位就会在 SDA 线路出现上升沿时被硬件自动置"1"并向 CPU 发出中断请求，响应中断之后该位需用软件方式清零，STOP 信号和该位被置位的时间点如图 16.20 所示。

　　最后来看看 SLACKI 位和 SLACKO 位，这两个功能位都与应答信号有关，SLACKI 位是从机接收来自主机的应答（意思是主机还想让从机继续反馈数据），SLACKO 位是从机发送应答给主机

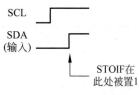

图 16.20 STOIF 位被置
位的时间点

（意思是寻址成功，从机应告诉主机自己在线），所以这两个位所
反映的应答方向是相反的。我们以从机发送应答给主机为例，该
过程的通信波形如图 16.21 所示，从图中可以看出，位于 R/W 位
（主机发送的读/写控制位）之后的 ACK 就是从机为了回应主机
所发出的从机应答信号。

仔细分析图 16.21 可以发现，这个图实际反映了主机对从机
寻址的过程，好比是"官"在公堂上说"人犯王钢蛋可在堂下啊？"
犯人听到是在叫自己的名字肯定会回应，说："大人，草民在!"这个过程就是一问一答，主机需要送
出从机地址（类似于人犯姓名），总线上的所有从机都会接收到这个地址，但只有从机地址与自身
地址匹配的从机才会做出回应（也就是说，大人叫的是王钢蛋，那李勇敢就不应该去回应）。

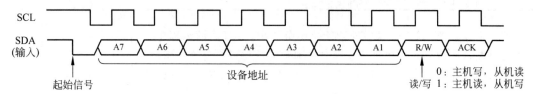

图 16.21 从机发送应答信号波形图

那问题就来了，从机的地址如何配置呢？这就需要用到 I^2C 从机地址寄存器 I2CSLADR，通过
配置就能为从机指定一个 7 位地址，这个地址就好比从机的"姓名"或是总线上的一个"身份代码"，
该寄存器的相关位定义及功能说明如表 16.9 所示。

表 16.9 STC8 单片机 I^2C 从机地址寄存器

I^2C 从机地址寄存器（I2CSLADR）							地址值：$(0xFE85)_H$
位　数	位 7	位 6	位 5	位 4	位 3	位 2	位 1	位 0
位名称	I2CSLADR[7:1]							MA
复位值	0	0	0	0	0	0	0	0
位　名	位含义及参数说明							
I2CSLADR [7:1] 位 7:1	从机本机地址配置位 　　根据 I^2C 总线协议的规定，I^2C 总线上最多可以挂接 128 个 I^2C 器件（这是理论值，实际上挂不了那么多，要考虑总线的驱动能力、通信负荷和电气参数，挂多了会导致通信失败），不同的 I^2C 器件可以有不同的设备地址，这样就便于区分和寻址。 　　从机地址由 7 个二进制位构成，地址范围支持 0000000～1111111，也就是说，I^2C 总线上最大可以挂接 128 个不同的地址的从机							
MA 位 0	从机地址比较方式控制位							
	0	总线上的寻址地址必须与从机本机地址一致才行（1 对 1 匹配）						
	1	忽略从机本机地址设置，接收总线上寻址的任意地址（无条件响应）						

I2CSLADR 寄存器中的 MA 位很有意思，该位的配置决定了从机地址的比较方式。如果将该
位配置为"1"，则总线上的寻址动作对于从机而言都是"来者不拒"，不管"官"叫的是什么人犯的名
字，不管叫的是不是我，我都抢着答应，这种就是"无条件响应"，其通信波形如图 16.22 所示。

如果将该位配置为"0"，则总线上的寻址动作对于从机必须是"1 对 1 精准匹配"，一定要听清
楚"官"叫的是什么人犯的名字，若不是叫我，我绝不能答应，这种就是"1 对 1"匹配，只有特定的从
机地址才能发出应答信号，其通信波形如图 16.23 所示。

说到这里，从机模式的相关寄存器也讲完了。对照图 16.9 的 I^2C 资源相关寄存器，我们还剩

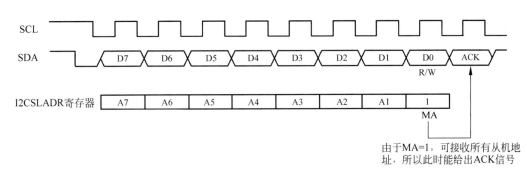

图 16.22 "MA=1"无条件响应所有从机地址

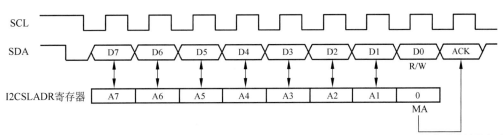

图 16.23 "MA=0"1 对 1 匹配特定从机地址

两个数据寄存器没学，I²C数据发送寄存器的相关位定义及功能说明如表16.10所示。I²C数据接收寄存器的相关位定义及功能说明如表16.11所示。这两个寄存器较为简单，在使用时直接赋值或读取即可。

表 16.10 STC8 单片机 I²C 数据发送寄存器

I²C 数据发送寄存器（I2CTXD）							地址值：(0xFE86)ₕ
位 数	位 7	位 6	位 5	位 4	位 3	位 2	位 1	位 0
位名称	I2CTXD[7:0]							
复位值	0	0	0	0	0	0	0	0
位 名	位含义及参数说明							
I2CTXD [7:0] 位 7:0	I²C 发送数据寄存器							

表 16.11 STC8 单片机 I²C 数据接收寄存器

I²C 数据接收寄存器（I2CRXD）							地址值：(0xFE87)ₕ
位 数	位 7	位 6	位 5	位 4	位 3	位 2	位 1	位 0
位名称	I2CRXD[7:0]							
复位值	0	0	0	0	0	0	0	0
位 名	位含义及参数说明							
I2CRXD [7:0] 位 7:0	I²C 接收数据寄存器							

16.4　初识 Atmel 公司 AT24Cxx 系列 EEPROM 芯片

在学习 I²C 串行通信的时候必须要选择一个"实操对象",这个对象的选择十分重要,既要凸显 I²C 串行总线的读写流程,又不能涉及太多 I²C 之外的复杂功能,需要找一个难度低、好"上手"的器件去练习。在市面上的单片机开发板资源中,所有的 I²C 实验几乎都用了 AT24Cxx 系列串行 EEPROM 芯片作为讲解实例,这是因为该芯片使用简单,芯片本身是一个掉电非易失的 EEPROM 单元,可以方便地验证 I²C 串行通信、器件寻址与应答、数据读写、页写(连续写入)或者连续读出操作,该芯片还十分"有用",广泛应用于掉电后数据非易失的场合,比如家用空调,每次上电时都能显示出上一次设定的模式和温度。

大多数的初学者在学习 I²C 串行通信时都会有很多疑惑,比如 I²C 的起始信号、终止信号、从机应答、主机应答、主机非应答、器件寻址这些关键的环节是如何产生的? 只要学习 I²C 串行通信就可能接触到 AT24Cxx 系列串行 EEPROM 芯片,这么说来,I²C 是不是 EEPROM 存储器的代名词呢?

有这样的疑问是很正常的,首先要说的是 I²C 的起始信号、终止信号、从机应答、主机应答、主机非应答、器件寻址这些环节是非常重要的,如果读者朋友们采用单片机的 I/O 引脚去"模拟"出 I²C 的通信时序,那么这些环节就需要编程者去逐一实现,虽然程序的编写较为烦琐,但是可以加深大家对 I²C 通信的理解,这些程序也可以方便地移植到不具备硬件 I²C 接口的微控制器上。如果读者朋友们采用 STC8 系列单片机的硬件 I²C 接口去实现通信,那么这些环节都是靠配置一些寄存器得到的,用户不用"亲自"编写时序流程,只需要读写和设定相关寄存器即可。

还有一些朋友们觉得 I²C 就是 EEPROM 存储器的代名词,这是绝对错误的,基于 I²C 接口的功能芯片相当多,比如 LCD 液晶驱动器芯片、GPIO 扩展芯片、RAM 芯片、EEPROM 芯片、A/D 转换器芯片、D/A 转换器芯片等,所以读者朋友们可以先行学习 I²C 串行通信有关的知识,然后再去了解相关的芯片,只要"拿下"了 I²C 通信流程及时序理解,任何基于 I²C 接口的功能芯片都能触类旁通。

16.4.1　AT24Cxx 系列芯片简介

接下来就请出本节的"主角"AT24Cxx 系列芯片。该系列芯片是由 Atmel 公司开发的串行 EEPROM 单元,该系列不同芯片的 EEPROM 容量大小也有不同,常见的芯片型号有 AT24C01、AT24C02、AT24C04、AT24C08、AT24C16、AT24C32、AT24C64、AT24C128、AT24C256 等。在本节中主要研究 AT24C02 芯片,该芯片是一个 2Kb 串行 EEPROM 单元,内部含有 256 个 8B,有一个 8B 页写缓冲器,该芯片可以通过 I²C 串行总线接口进行数据读写操作,芯片还有一个专门的写保护功能(WP 引脚)。该芯片具备多种封装形式,常见的 SOIC 封装如图 16.24(a)所示,TSSOP 封装如图 16.24(b)所示,双列直插 PDIP 封装如图 16.24(c)所示,MAP 封装如图 16.24(d)所示。

(a)　　　　(b)　　　　(c)　　　　(d)

图 16.24　AT24Cxx 系列芯片封装外观

不同封装形式的芯片引脚分布不尽相同,常见的 SOIC 封装引脚分布如图 16.25(a)所示,TSSOP 封装引脚分布如图 16.25(b)所示,双列直插 PDIP 封装引脚分布如图 16.25(c)所示,MAP

封装引脚分布如图 16.25(d)所示。在这些封装的芯片引脚分布中，"A0"引脚、"A1"引脚和"A2"引脚是器件地址选择引脚，"SDA"引脚为串行数据/地址的输入/输出端，"SCL"引脚为串行时钟的输入端，"WP"引脚为"写保护"配置端，"VCC"引脚可以连接到电源正极，"GND"引脚可以连接到电源地。

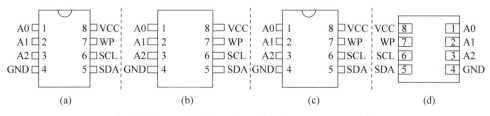

图 16.25　AT24Cxx 系列芯片各封装下的引脚分布

分析图 16.25，可以看到 AT24Cxx 系列芯片的引脚数量比较少，可以将这 8 个引脚大致划分为三类，第一类"I2C 接口通信引脚"是 SCL 和 SDA，第二类"供电引脚"是 VCC 和 GND，第三类"芯片功能引脚"是 A0、A1、A2 和 WP。接下来，就逐一认识这些引脚并且掌握其功能。

SCL 串行时钟输入引脚用于产生数据发送或接收过程中所需要的时钟"节拍"，这是一个输入管脚。SDA 串行数据/地址的输入/输出引脚用于器件数据的发送或接收，SDA 引脚是一个开漏模式的输出管脚，可与其他开漏输出或集电极开路输出引脚进行"线或"功能。

A0、A1 和 A2 引脚是器件地址的输入端，这些引脚可以在多个存储器件级联的时候使用（即总线上存在多于两个设备的场景），可用于设置各自的器件地址（通过引脚上的不同电平状态来区分同一个总线上的不同芯片），当这些引脚悬空时，默认值为"0"。当使用 AT24C01 或 AT24C02 芯片时，I2C 总线上最多可级联 8 个该型号芯片。如果总线上只有一个 AT24C02 芯片被总线寻址，这三个地址输入引脚可以悬空或直接连接到地处理。如果总线上只有一个 AT24C01 芯片被总线寻址，这三个地址输入引脚必须连接到地。

当使用 AT24C04 芯片时，I2C 总线上最多可级联 4 个该型号芯片，该器件仅使用 A1 和 A2 地址引脚，A0 引脚未使用，可以将 A0 引脚连接到地或悬空处理，如果只有一个 AT24C04 芯片被总线寻址，A1 和 A2 地址引脚可悬空或连接到地。

当使用 AT24C08 芯片时，I2C 总线上最多可级联 2 个该型号芯片，该器件仅使用地址引脚 A2，该芯片 A0 和 A1 引脚未使用，可以将其连接到地或悬空处理。如果只有一个 AT24C08 芯片被总线寻址，A2 引脚可悬空或连接到地。

当使用 AT24C16 芯片时，I2C 总线上最多可级联 1 个该型号芯片，该器件所有地址引脚都未使用，引脚可以连接到地或悬空处理。

WP 引脚是"写保护"配置引脚，如果 WP 引脚连接到 VCC 端（也就是高电平），此时存储器内所有的内容都会被写保护，芯片中的数据变为"只读"，不允许写入。当 WP 引脚连接到地端（也就是低电平）或者是悬空时，可允许器件进行正常的读/写操作。

16.4.2　AT24Cxx 系列芯片写操作时序

熟悉了引脚功能以后，我们就开始学习 AT24Cxx 系列芯片的读/写时序。写时序比较简单，所以先来学习写时序过程。

在 I2C 串行通信建立之前，主机需要发送一个"起始信号"启动发送过程，然后发送主机需要寻址的从机地址。对于 AT24Cxx 系列芯片来说，从机地址共有 7 位，在 7 位地址中高 4 位固定为 $(1010)_B$，接下来的 3 位由 A2、A1 和 A0 引脚上的电平状态决定。从机芯片的寻址地址格式如图 16.26 所示，在图中的 A0、A1 和 A2 分别对应 AT24Cxx 系列芯片的第 1～3 引脚，P0、P1 和 P2

2K	1	0	1	0	A2	A1	A0	R/W
	MSB							LSB
4K	1	0	1	0	A2	A1	A0	R/W
8K	1	0	1	0	A2	A1	A0	R/W
16K	1	0	1	0	P2	P1	P0	R/W

图 16.26　AT24Cxx 系列芯片寻址地址格式

对应存储阵列字地址。

假设使用 AT24C02 芯片作为从机，那么在同一个 I^2C 总线上最多可以“挂接”8 个 AT24C02 芯片，我们可以分别将这 8 个芯片的 A0、A1 和 A2 引脚上的电平状态配置为“000”“001”“010”“011”“100”“101”“110”“111”，这样一来，我们就用“硬件方法”为从机芯片分配了地址。

同样地，AT24C04 只启用了 A2 和 A1 地址配置引脚，所以 I^2C 总线上最多只能“挂接”4 个。AT24C08 只启用了 A2 地址配置引脚，所以 I^2C 总线上最多只能“挂接”两个。AT24C16 没有启用地址配置引脚，所以 I^2C 总线上最多只能“挂接”一个。

不管是 AT24Cxx 系列芯片的读操作还是写操作，“寻址器件”都是至关重要的一步，如果 I^2C 总线上根本就不存在我们所寻址的器件，那么读操作和写操作都是无意义的。当主机发送起始信号之后，就会接着发出从机地址，从机地址一般常用 7 位地址（也有 10 位地址的情况），从机地址发出后，在 I^2C 串行总线上的所有从机都会接收到该地址并将主机发送的地址和自身地址进行比对，如果比对成功则需要发出“从机应答”信号，如果比对不成功，从机可以“忽略”主机的寻址请求。

有的读者朋友看到这里会有疑问，主机是如何“告知”从机当前操作是要进行写操作还是读操作的呢？这个问题非常好！要解决这个问题就需要分析如图 16.26 所示内容，大家一定注意到了在 7 位地址之后有个“R/W”位，该位就是读/写控制位，如果“R/W”位为“0”则表示当前操作是写操作，如果“R/W”位为“1”则表示当前操作是读操作。也就是说，主机在发出起始信号之后，紧接着发出了“从机地址＋读/写控制”数据帧，这个数据帧里面包含两个重要部分。

AT24Cxx 系列芯片的写操作分为两种模式，第一种模式称为“字节写入模式”，第二种模式称为“页写入模式”。“字节写入模式”可以指定 AT24Cxx 系列芯片的任何一个存储地址作为写入地址，然后向该地址中写入一个单字节数据，这种方法比较灵活，但是写入速度很慢，每次写入一个数据都要遵循“起始、寻址、指定地址、写入数据、停止”的过程。“页写入模式”可以指定 AT24Cxx 系列芯片的任何一个存储地址作为页写入操作的起始地址，然后连续写入多个数据到页缓冲器中，页缓冲器再把写入的数据“搬移”到非易失存储区域去保存。这种方法比较简单，写入速度远远高于“字节写入模式”，写入数据遵循“起始、寻址、指定页写首地址、连续写入一页数据、停止”的过程。

有的读者朋友们又要有疑问了，“页缓冲器”有多大呢？要是我写的内容不足一页怎么处理？要是我写的内容比一页还多又怎么办？有此疑问说明读者朋友们心思敏捷，值得表扬！“页缓冲器”的大小和具体的 AT24Cxx 系列芯片型号有关，AT24C01/02 芯片的“页缓冲器”可以一次写入 8B，AT24C04/08/16 芯片的“页缓冲器”可以一次写入 16B。如果用户欲写入的数据不足一页也可以按页写入，如果数据超过一页大小，可以将数据进行“切割”，按页方式依次写入即可。

接下来，开始学习“字节写入模式”。“字节写入模式”下的通信时序如图 16.27 所示。通信开始时，先由主机发送起始命令和从机地址信息以及“R/W”读写选择位（由于此时执行的操作是写操作，所以 R/W 位应该为“0”）。

如果寻址的从机在总线中并且功能正常，则主机发送寻址操作后应该收到来自从机的第一次应答信号（ACK），也就是说，SDA 线路应该被从机拉低。收到从机应答信号之后，主机会继续发出一个“欲写入数据的存储单元地址”，这个地址字节发送给从机后，从机又会产生第二次应答信号（ACK），此时主机发送出欲写入数据，从机将数据取回并产生第三次应答信号（ACK），在主机产生终止信号后从机（AT24Cxx 系列芯片）开始内部数据的擦写操作，在内部数据擦写的过程中从机不

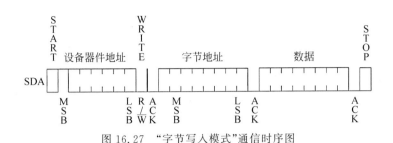

图 16.27 "字节写入模式"通信时序图

再应答主机的任何请求,此时的从机进入了"忙碌"状态,也就是说,AT24Cxx 系列芯片会把从总线取回的数据存放到芯片内部的非易失区域。AT24Cxx 系列芯片把数据成功写入非易失区域所花费的时间称为"写周期时间",也就是"t_{WR}"时间,"写周期时间"是指从一个写时序的有效终止信号到芯片内部编程/擦除周期结束的这一段时间,在写周期时间内,总线接口电路禁止,SDA 引脚保持为高电平,器件不响应外部操作。这个时间周期的具体取值需要查阅具体芯片的数据手册,以 AT24C02 这款芯片为例,该时间参数是低于 10ms 的。

需要说明的是,I²C 总线在进行主机数据写入从机过程时,主机每成功地发送一字节数据后,从机都必须产生一个应答信号作为"回应",应答的从机会在第 9 个时钟周期时将 SDA 线路拉低以表示其收到了一个 8 位数据,AT24Cxx 系列芯片在接收到起始信号和从器件地址之后会与自身地址进行"比较",如果主机是在"呼叫"自己,则从机会发送一个应答信号以响应主机的"呼叫"。

接下来,我们开始学习"页写入模式"。该模式下的通信时序如图 16.28 所示。用页方式写入 AT24C01/02 芯片可一次写入 8B 数据,用页方式写入 AT24C04/08/16 芯片则可以一次写入 16B 的数据,这里的字节大小其实就是器件内部的"页缓冲器"容量。

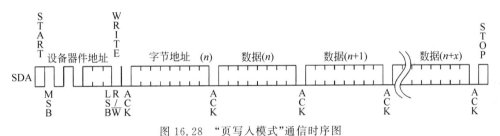

图 16.28 "页写入模式"通信时序图

页写操作的启动和字节写操作是一样的,不同之处在于页方式写入了一字节数据之后并不急于产生终止信号,而是等到一页数据都写完之后,才产生一次终止信号。主机可以连续发送 PB (AT24C01/02 可以发 7 个,AT24C04/08/16 可以发 15 个)。每发送一字节数据之后 AT24Cxx 系列芯片都会产生一个从机应答并将字节地址低位自动加 1,高位保持不变。如果在终止信号之前,主机发送的数据超过了"$P+1$"B,则地址计数器将自动翻转,先前写入的数据会被重新覆盖。接收到终止信号后,AT24Cxx 系列芯片会启动内部写周期将数据写到非易失区域。

16.4.3 AT24Cxx 系列芯片读操作时序

亲爱的各位读者朋友们,学习了 AT24Cxx 系列芯片的写操作时序之后感觉如何呢? 是不是觉得也不难? 接下来,我们就开始学习 AT24Cxx 系列芯片的读操作时序,读操作和写操作在很多地方都是相似的,可以对比起来进行理解和加深印象。

AT24Cxx 系列芯片读操作的初始化方式和写操作是一样的,仅需要把"R/W"位的"0"变为"1"即可。AT24Cxx 系列芯片支持三种不同的读操作方式:"立即地址读方式""选择读方式""连续读方式"。

先来说说"立即地址读方式"。AT24Cxx系列芯片内部的地址计数器内容为最后操作字节的地址加1,也就是说,如果上次读/写的操作地址为"N",则"立即读方式"的地址实际上是从"$N+1$"开始的,如果"N等于E"(这里的"E"表示AT24Cxx系列芯片的上限地址,对于AT24C01芯片来说"E"等于127,对于AT24C02芯片来说"E"等于255,对于AT24C04芯片来说"E"等于511,对于AT24C08芯片来说"E"等于1023,对于AT24C16芯片来说"E"等于2047),则AT24Cxx系列芯片的内部地址计数器将翻转到"0"地址并且继续输出数据。

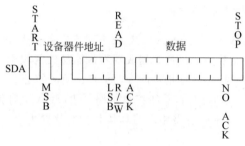

图16.29　"立即地址读方式"通信时序图

"立即地址读方式"的通信时序如图16.29所示,AT24Cxx系列芯片接收到从主机发送的"器件地址+R/W位为1"的数据帧之后,会与自身地址进行对比,如果比对成功则发出从机应答信号(ACK),然后发送芯片内部"$N+1$"地址所存储的一个8B数据,主机读回数据后会发送"主机非应答"信号(NO ACK),然后产生一个终止信号,至此,通信过程就顺利结束了。

接下来,我们开始学习"选择读方式"。该方式允许主机对AT24Cxx系列芯片内部任意地址的数据进行读操作。其通信时序如图16.30所示,在通信开始时,主机首先发送起始信号、"从机地址+R/W位为0"和欲读取的数据地址执行一个"伪写"操作过程,什么叫"伪写"呢?意思是说,我们的实际操作是"写操作",但是我们想实现的功能却是"读操作"。在"伪写"操作过程之后应该收到来自AT24Cxx系列芯片的从机应答,主机重新发送起始信号、"从机地址+R/W位为1"并且等待AT24Cxx系列芯片的从机应答。收到从机应答信号之后就可以读回数据了,读回数据后主机会发送"主机非应答"信号(NO ACK,也可以称为NACK或NCK),然后产生一个终止信号,至此通信过程就顺利结束了。

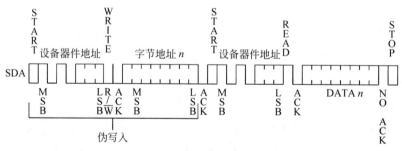

图16.30　"选择读方式"通信时序图

最后,我们来学习"连续读方式",其通信时序如图16.31所示。该方式和"立即地址读方式"以及"选择读方式"大同小异,可以通过"立即地址读方式"以及"选择读方式"操作启动连续读取流程,在AT24Cxx系列芯片发送完一个8B数据之后,主机不是产生"主机非应答"信号,而是产生一个

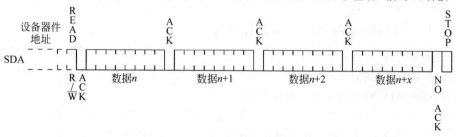

图16.31　"连续读方式"通信时序图

"主机应答"信号来响应从机,意思是"告知"AT24Cxx 系列芯片继续送出数据,读者朋友们要特别注意了,"主机应答"信号的意思是主机需要更多的数据,要求从机继续把数据进行送出。每当主机发出"主机应答"信号之后,从机都会产生"从机应答"。如果主机"不想"再读取数据了,就会发送一个"主机非应答"信号以表示读取操作的结束。

在连续读取数据的过程中,AT24Cxx 系列芯片内部的地址计数器会执行加 1 操作,也就是说,主机可以连续地读取一整块连续数据,当读取的数据地址慢慢递增到"E"时(这里的"E"表示AT24Cxx 系列芯片的上限地址,对于 AT24C01 芯片来说"E"等于 127,对于 AT24C02 芯片来说"E"等于 255,对于 AT24C04 芯片来说"E"等于 511,对于 AT24C08 芯片来说"E"等于 1023,对于AT24C16 芯片来说"E"等于 2047),AT24Cxx 系列芯片的内部地址计数器将翻转到"0"地址并且继续输出数据。

需要注意的是,当 AT24Cxx 系列芯片工作于读模式时,主机会在发送一个 8 位数据之后释放SDA 线路(也就是把 SDA 线路拉高)并且等待一个从机应答信号(也就是检测 SDA 线路是否被从机拉低)。在数据读取过程中,如果从机收到来自主机的"主机应答"信号,则 AT24Cxx 系列芯片会继续发送数据,如果主机发出了"主机非应答"信号,则从机会停止数据传送并且等待终止信号。

16.4.4 基础项目 A 读写 AT24C02 应答测试实验

到现在为止,我们学习了 I²C 串行总线的通信流程,也学习了 AT24Cxx 系列芯片的读写时序,但是总感觉"不太踏实",有这种感觉是因为自己没有去"实操"过。接下来,我们就要以 4 个实验项目彻底拿下 AT24Cxx 系列芯片数据读写,从项目中加深对 I²C 串行总线通信的理解。

所有项目均采用 STC8H8K64U 型号单片机作为主机,用 AT24C02 芯片作为从机,同时采用"I/O 模拟 I²C 时序法"和"硬件 I²C"法进行编程,逐一实现 AT24C02 应答测试实验、单字节读写AT24C02 实验、多字节读写 AT24C02 实验和页写入 AT24C02 实验等项目功能。本章设立的 4 个项目难度依次递增,每一个项目都是在前一个项目的基础之上构建的,所以实验难度是呈梯级变化的,项目中的知识点全部建立在之前的理论基础之上。

要想实践就必须明确实验步骤和实验目标,我们的实验目标是想用 STC8 系列单片机去读写AT24C02 芯片中的数据,那么第一个实践项目就应该是 AT24C02 芯片应答测试,有的读者朋友会说:"应答测试就是读取从机应答信号,这难度也太低了吧!",实验项目的难度确实很低,但是要想成功,就必须要走出正确的第一步!有很多读者朋友们一开始就编写了非常多复杂的功能函数去尝试芯片读写,反而容易耗费时间且多走弯路,所以我们选定一个难度较低的项目作为"第一步"。

实际实验中选择了 AT24C02 芯片作为从机,则 I²C 总线上最多可以"挂接"8 个该型号的芯片,我们只需要配置芯片的 A0、A1 和 A2 引脚电平状态即可用"硬件方法"分配从机地址了,为了降低硬件电路复杂度,我们在实验中只"挂接"了一个 AT24C02 芯片单元到 I²C 总线上并将该芯片的 A0、A1 和 A2 引脚连接到了电源地。实际搭建的实验硬件电路如图 16.32 所示。

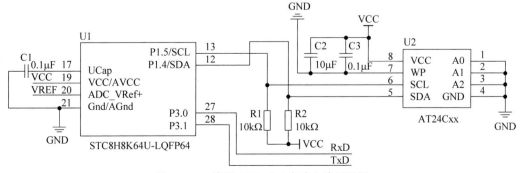

图 16.32 读写 AT24C02 实验电路原理图

分析图 16.32,U1 即为 STC8H8K64U 型号单片机,单片机分配了 P1.4 引脚作为串行数据线,该引脚连接到了 AT24C02 芯片的 SDA 引脚。分配 P1.5 引脚作为串行时钟线,该引脚连接到了 AT24C02 芯片的 SCL 引脚。电路中为 SDA 和 SCL 两条线路上分别添加了 R1 和 R2 这两个上拉电阻,实际取值为 10kΩ。写保护 WP 引脚直接连接到了电源地,此时 AT24C02 芯片的写保护被禁止,单片机可以正常地对 AT24C02 芯片进行读写操作。电容 C2 和 C3 为 AT24C02 芯片供电端的去耦滤波电容。AT24C02 芯片的 A0、A1 和 A2 引脚连接到了电源地,此时的 7 位从机地址就是由 AT24C02 芯片固定的高 4 位$(1010)_B$ 加上"硬件方法"配置的低 3 位$(000)_B$ 共同构成的(即当前 AT24C02 芯片地址为 0xA0)。

为了方便地观察实验数据,可以在主控电路基础之上构建串口数据打印功能。考虑到 STC8 系列单片机的串口引脚是 TTL/COMS 电平标准的,无法直接与计算机端连接,所以在实验之前需要设计一个 USB 转 TTL 串口电路(比如 CH340E 芯片电路),这个电路在第 14 章已经学习过了,所以此处不再赘述。

硬件电路搭建完成之后就可以着手软件程序的编写了,在软件中需要编写 I^2C 初始化函数 I2C_Init(),该函数需要初始化 I^2C 引脚(即 SDA 和 SCL 引脚,默认配置为准双向/弱上拉模式),还需要进行 I^2C 相关寄存器的初始化操作。然后编写 I^2C 总线起始信号配置函数 I2C_START() 和 I^2C 总线终止信号配置函数 I2C_STOP(),这两个函数用于产生起始信号和终止信号。最后编写 I^2C 总线单字节数据写入函数 I2C_Write8Bit(u8 DAT),通过这个函数向 I^2C 总线发出从机地址(即 AT24C02 芯片地址 0xA0),然后判断从机应答情况(若返回值是"0"就说明 AT24C02 芯片在线,反之说明总线上不存在地址为 0xA0 的器件)。

以上想到的是 I^2C 功能的相关函数,由于数据交互需要通过串口 1 进行打印输出,所以还要编写串口有关的函数,例如,UART1 串口初始化函数 UART1_Init()、UART1 发送单字符函数 U1SEND_C()、UART1 发送字符重定向函数 putchar() 等,这些函数都算是"老朋友"了,直接移植第 14 章的现成函数即可,理清思路后利用 C51 语言编写的具体程序实现如下。

```
//芯片型号：STC8H8K64U(程序微调后可移植至 STC8A/F/C/G/H 系列单片机)
//时钟说明：单片机片内高速 24MHz 时钟
/ ******************************************************* /
# include "STC8H.h"                      //主控芯片的头文件
# include "stdio.h"                       //程序要用到 printf()故而添加此头文件
/ ********************** 常用数据类型定义 ********************** /
【略】为节省篇幅,相似定义参见相关章节或源码工程即可
/ ********************* 端口/引脚定义区域 ********************* /
sbit    SDA = P1^4;                       //I2C串行数据线
sbit    SCL = P1^5;                       //I2C串行时钟线
/ ********************* 用户自定义数据区 ********************* /
# define    SYSCLK 24000000UL             //系统时钟频率值
# define    BAUD_SET  (65536 - SYSCLK/9600/4)   //波特率设定与计算
/ ********************** 函数声明区域 ********************** /
void delay(u16 Count);                    //延时函数
void UART1_Init(void);                    //串口 1 初始化函数
void U1SEND_C(u8 SEND_C);                 //串口 1 发送单字符数据函数
char putchar(char ch);                    //发送字符重定向函数
void I2C_Init(void);                      //I2C 初始化函数
void I2C_START(void);                     //I2C 总线起始信号配置函数
void I2C_STOP(void);                      //I2C 总线终止信号配置函数
u8 I2C_Write8Bit(u8 DAT);                 //I2C 总线单字节数据写入函数
/ *********************** 主函数区域 *********************** /
void main(void)
{
    u8 ACK = 0;                           //定义变量用于存放应答信号
```

```
    I2C_Init();                                  //I2C 初始化
    UART1_Init();                                //串口 1 初始化
    delay(200);                                  //延时等待初始化完成
    printf("| ******************************************* |\r\n");
    printf("| ********** STC8 + I2C Read/Write AT24C02 Test! ************* |\r\n");
    printf("| ******************************************* |\r\n");
    printf("|【System】:The first I2C Addressing...\r\n");
    printf("|【System】:START signal...\r\n");
    I2C_START();                                 //产生 I2C 通信起始信号
    printf("|【System】:Addressing device 0xA0...\r\n");
    ACK = I2C_Write8Bit(0xA0);                   //发送(器件地址 + 写操作)并取回应答信号
    if(ACK == 0)                                 //如果收到从机应答
        printf("|【System】:Found the AT24C02 chip with address 0xA0!\r\n");
    else                                         //没有收到从机应答
        printf("|【System】:Are you kidding me? Can't find it!\r\n");
    printf("|【System】:STOP signal...\r\n");
    I2C_STOP();                                  //产生 I2C 通信终止信号
    printf("| ******************************************* |\r\n");
    printf("|【System】:The second I2C Addressing...\r\n");
    printf("|【System】:START signal...\r\n");
    // =================================================
    I2C_START();                                 //产生 I2C 通信起始信号
    printf("|【System】:Addressing device 0xC0...\r\n");
    ACK = I2C_Write8Bit(0xC0);                   //发送(器件地址 + 写操作)并取回应答信号
    if(ACK == 0)                                 //如果收到从机应答
        printf("|【System】:Found the AT24C02 chip with address 0xC0!\r\n");
    else                                         //没有收到从机应答
        printf("|【System】:Are you kidding me? Can't find it!\r\n");
    printf("|【System】:STOP signal...\r\n");
    I2C_STOP();                                  //产生 I2C 通信终止信号
    printf("| ******************************************* |\r\n");
    while(1);                                    //死循环,程序"停止"
}
/* ************************************************************ /
//延时函数 delay(),有形参 Count 用于控制延时函数执行次数,无返回值
/* ************************************************************ /
void delay(u16 Count)
{
    u8 i,j;
    while (Count -- )                            //Count 形参控制延时次数
    {
        for(i = 0;i < 50;i++)
        for(j = 0;j < 20;j++);
    }
}
/* ************************************************************ /
//I2C 初始化函数 I2C_Init(),无形参,无返回值
/* ************************************************************ /
void I2C_Init(void)
{
    //硬件 I2C 法 *****************************
    //配置 P3.3 - 4 为准双向/弱上拉模式
    P1M0& = 0xCF;                                //P1M0.4 - 5 = 0
    P1M1& = 0xCF;                                //P1M1.4 - 5 = 0
    P_SW2| = 0x80;                               //允许访问扩展特殊功能寄存器 XSFR
    I2CCFG = 0x00;                               //清零寄存器中的相关功能位
    I2CCFG| = 0x0D;                              //24MHz 主频下通信速率 400k(即计算值(13)D)
    I2CCFG| = 0xC0;                              //使能 I2C 功能并配置当前单片机为主机模式
```

```
    I2CMSST = 0x00;                                 //清除中断请求位及应答数据位
    P_SW2& = 0x7F;                                  //结束并关闭 XSFR 访问
    /*****************************************************
    //I/O 模拟 I2C 时序法
    //配置 P3.3-4 为准双向/弱上拉模式
    P1M0& = 0xCF;                                    //P1M0.4-5 = 0
    P1M1& = 0xCF;                                    //P1M1.4-5 = 0
     ***************************************************** /
}
/****************************************************************** /
//I2C 总线起始信号配置函数 I2C_START(),无形参,无返回值
/****************************************************************** /
void I2C_START(void)
{
    //硬件 I2C 法 ********************************************
    P_SW2| = 0x80;                                  //允许访问扩展特殊功能寄存器 XSFR
    I2CMSCR = 0x01;                                 //发送 START 命令
    while(!(I2CMSST&0x40));                          //判断 MSIF 位等待发送完成
    I2CMSST& = 0xBF;                                //清除 MSIF 中断请求位
    P_SW2& = 0x7F;                                  //结束并关闭 XSFR 访问
    /*****************************************************
    //I/O 模拟 I2C 时序法
    SDA = 1;                                         //SDA 引脚置"1"
    SCL = 1;                                         //SCL 引脚置"1"
    delay(1);                                        //延时等待
    SDA = 0;                                         //将 SDA 置低产生下降沿(产生起始信号)
    delay(1);                                        //延时等待
    SCL = 0;                                         //将 SCL 置低产生下降沿(允许 SDA 数据传送)
    delay(1);                                        //延时等待
     ***************************************************** /
}
/****************************************************************** /
//I2C 总线终止信号配置函数 I2C_STOP(),无形参,无返回值
/****************************************************************** /
void I2C_STOP(void)
{
    //硬件 I2C 法 ********************************************
    P_SW2| = 0x80;                                  //允许访问扩展特殊功能寄存器 XSFR
    I2CMSCR = 0x06;                                 //发送 STOP 命令
    while(!(I2CMSST&0x40));                          //判断 MSIF 位等待发送完成
    I2CMSST& = 0xBF;                                //清除 MSIF 中断请求位
    P_SW2& = 0x7F;                                  //结束并关闭 XSFR 访问
    /*****************************************************
    //I/O 模拟 I2C 时序法
    SDA = 0;                                         //SDA 引脚清"0"
    SCL = 0;                                         //SCL 引脚清"0"
    delay(1);                                        //延时等待
    SCL = 1;                                         //将 SCL 引脚置高产生上升沿
    delay(1);                                        //延时等待
    SDA = 1;                                         //将 SDA 引脚置高产生上升沿(产生终止信号)
    delay(1);                                        //延时等待
     ***************************************************** /
}
/****************************************************************** /
//I2C 总线单字节数据写入函数 I2C_Write8Bit(u8 DAT),有形参 DAT
//有返回值 I2C_Write_ACK(应答信号变量值),若返回值为"0"则有从机应答
//若返回值为"1"则从机无应答
/****************************************************************** /
```

```
u8 I2C_Write8Bit(u8 DAT)
{
    //硬件 I2C 法 *******************************
    P_SW2| = 0x80;                          //允许访问扩展特殊功能寄存器 XSFR
    I2CTXD = DAT;                           //写数据到发送缓冲区
    I2CMSCR = 0x0A;                         //发送数据命令 + 接收从机应答 ACK 命令
    while(!(I2CMSST&0x40));                 //判断 MSIF 位等待发送完成
    I2CMSST& = 0xBF;                        //清除 MSIF 中断请求位
    P_SW2& = 0x7F;                          //结束并关闭 XSFR 访问
    return ((I2CMSST&0x02)>> 1);            //返回从机应答信号值
    / ******************************************
    //I/O 模拟 I2C 时序法
    u8 num,I2C_Write_ACK = 0;               //定义循环控制变量 num
    //定义应答信号变量 I2C_Write_ACK
    delay(1);                               //延时等待
    for(num = 0x80;num!= 0;num >> = 1)   //执行 8 次循环
    {
        if((DAT&num) == 0)                  //按位"与"判断 DAT 每一位值
            SDA = 0;                        //判断数值为"0"送出低电平
        else
            SDA = 1;                        //判断数值为"1"送出高电平
        delay(1);                           //延时等待
        SCL = 1;                            //拉高 SCL 引脚以保持 SDA 引脚数据稳定
        delay(1);                           //延时等待
        SCL = 0;                            //拉低 SCL 引脚以允许 SDA 引脚数据变动
        delay(1);                           //延时等待
    }
    SDA = 1;                                //置高 SDA 引脚电平(释放数据线)
    delay(1);                               //延时等待
    SCL = 1;                                //拉高 SCL 产生应答位时钟
    delay(1);                               //延时等待
    I2C_Write_ACK = SDA;                    //取回 SDA 线上电平赋值给应答信号变量
    delay(1);                               //延时等待
    SCL = 0;                                //将 SCL 引脚置低
    return I2C_Write_ACK;                   //将应答信号变量值进行返回
    ******************************************* /
}
/ *************************************************************** /
//串口 1 初始化函数 UART1_Init(),无形参,无返回值
/ *************************************************************** /
void UART1_Init(void)
{
    SCON = 0x50;                            //181 结构,可变波特率,允许数据接收
    AUXR| = 0x01;                           //串口 1 选择定时器 2 为波特率发生器
    AUXR| = 0x04;                           //定时器时钟 1T 模式
    T2L = BAUD_SET;                         //设置定时初始值
    T2H = BAUD_SET >> 8;                    //设置定时初始值
    AUXR| = 0x10;                           //定时器 2 开始计时
    RI = 0;TI = 0;                          //清除接收数据标志位和发送数据标志位
}
/ *************************************************************** /
//串口 1 发送单字符数据函数 U1SEND_C(),有形参 SEND_C 即为欲发送单字节
//数据,无返回值
/ *************************************************************** /
void U1SEND_C(u8 SEND_C)
{
    TI = 0;                                 //清除发送完成标志位
    SBUF = SEND_C;                          //发送数据
```

```
        while(!TI);                                //等待数据发送完成
    }
/ ************************************************************** /
//发送字符重定向函数 char putchar(char ch),有形参 ch,有返回值 ch
/ ************************************************************** /
char putchar(char ch)
{
        U1SEND_C((u8)ch);                          //通过串口1发送数据
        return ch;
    }
```

该程序还是比较简单的,但光是盯着程序看很难理解 I^2C 通信的具体过程,所以可以借助逻辑分析仪进行时序观察。将逻辑分析仪的 CH0 通道连接至 AT24C02 芯片的 SDA 引脚,将 CH1 通道连接至 SCL 引脚,然后将逻辑分析仪的电源地与实验电路中的电源地进行"共地"处理。将程序编译后下载到单片机中并运行,同时打开逻辑分析仪上位机软件开始捕获,按下单片机系统复位键,捕获得到的 I^2C 通信时序如图 16.33 所示。

在逻辑分析仪捕获的整个过程中出现了 A 和 B 两个电平区域,这两个电平区域代表了主函数中的两次"器件寻址"过程,区域 A 是执行"ACK＝I2C_Write8Bit(0xA0)"语句所产生的,寻址地址为 $(0xA0)_H$(这个地址是可以寻址成功的,因为电路中确实存在地址为 0xA0 的 AT24C02 芯片)。区域 B 是执行"ACK＝I2C_Write8Bit(0xC0)"语句所产生的,寻址器件地址为 $(0xC0)_H$(这个地址是注定寻址失败的,因为电路中不存在地址为 0xC0 的 AT24C02 芯片)。此时将两个区域放大观察,可以看到这两个区域的开头和结尾都有一些相似的波形。先来看看两个区域的开头部分的波形,如图 16.34 所示。

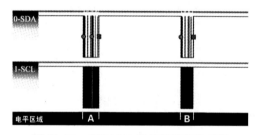

图 16.33　AT24C02 应答测试实验时序

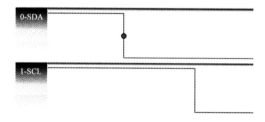

图 16.34　I^2C 起始信号时序

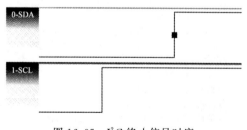

图 16.35　I^2C 终止信号时序

该部分波形是由总线起始信号配置函数 I2C_START()所产生的"起始信号",该函数内采用了两种方法来产生该时序,硬件 I^2C 方法是启用 STC8 片内 I^2C 资源,让主机发送 START 命令。I/O 模拟 I^2C 时序法是先让 SDA 和 SCL 线路输出高电平,然后再让 SDA 产生下降沿,这种方法就是把相关时序进行"语句化",虽然"烦琐一些",但是能深化时序理解。接着讨论两个电平区域的结尾部分的波形,实测波形如图 16.35 所示。

该部分波形是由总线终止信号配置函数 I2C_STOP()所产生的"终止信号",该函数内也采用了两种方法来产生该时序,硬件 I^2C 方法是让主机发送 STOP 命令。I/O 模拟 I^2C 时序法是先让 SDA 和 SCL 线路输出低电平,然后先拉高 SCL 线路,持续一段时间后再让 SDA 产生上升沿。在这两个电平区域内"开头"和"结尾"的波形是一样的,但中间的波形却有差异,取出区域 A 的"中间部分"波形,如图 16.36 所示。

分析图 16.36,如果将前 8 个 SCL 串行时钟高电平时所对应的 SDA 电平状态进行采样,得到

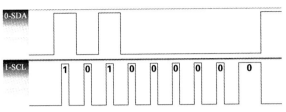

图 16.36 区域 A 的中间部分(0xA0 寻址过程)

的数据正好是(0xA0)_H,之前也说过,区域 A 是执行"ACK＝I2C_Write8Bit(0xA0)"语句所产生的,
这个(0xA0)_H 不是一个随便取值的数据,它表示一个从机地址为(1010000)_B 的器件。看到这里,
是不是觉得这个二进制地址十分"眼熟"? 没错! 这就是 AT24C02 芯片的从机地址。在本项目的
实验电路中将 AT24C02 芯片的 A0、A1 和 A2 引脚连接到了电源地,此时的 7 位从机地址就由
AT24C02 芯片固定的高 4 位(1010)_B 加上"硬件方法"配置的低 3 位(000)_B 共同构成。

不对啊! (0xA0)_H 转换为二进制并不是 7 位,而应该是 8 位啊! 这也没错,需要注意的是,
(0xA0)_H 其实是由"器件地址＋R/W 位"组合而成的,最低位是 R/W 位,该位为"0"说明是写操作,
反之为读操作,(0xA0)_H 的高 7 位(1010 000)_B 就是我们说的 AT24C02 芯片的 7 位从机地址,最低
位的"0"就是当前的"R/W"位。

细心的读者朋友可能已经发现了,在图 16.36 中,SCL 线路的第 9 个时钟保持为高电平时对应
SDA 线路上出现了低电平,这个电平信号就是来自总线上 AT24C02 芯片所产生的"从机应答"信
号。看到这里,读者朋友们就会纳闷了,凭什么说第 9 个时钟所对应的低电平就是从机导致的呢?

要解决这个问题就要"搞清楚"单字节数据写入函数 I2C_Write8Bit()的具体实现,这个函数其
实并不复杂,函数内采用了两种方法来实现字节写入功能。先说硬件 I²C 方法,该方法是先把欲发
送数据 DAT 赋值给发送缓冲区 I2CTXD,然后向 I²C 总线下达了"发送数据命令＋接收从机应答
ACK 命令",这是一个组合命令(即 MSCMD[3:0]＝"1010")。接下来主机就等待命令执行完毕并用
"return((I2CMSST&0x02)>>1);"语句返回从机应答信号值即可(这里返回的内容其实是 I2CMSST
寄存器中的"MSACKI"功能位,也就是从机应答结果),硬件 I²C 方法非常简洁也很好理解。

再看看该函数内的 I/O 模拟 I²C 时序法,这个方法的语句就要稍微烦琐一些,使用该方法时需
要定义变量 I2C_Write_ACK,该变量用于装载从机应答信号的结果,如果该变量的值为"0"则说明
从机产生了应答(寻址成功),如果该变量的值为"1",则说明从机没有产生应答(寻址失败)。

定义 I2C_Write_ACK 变量之后,函数就进入了一个 for()循环,该循环的作用是将欲写入的数
据进行"逐位"拆分,然后再把"拆分"得到的数据位以串行的方式传送到 I²C 总线上。循环执行完
成后,欲写入的数据就传送完毕了。此时程序会跳出 for()循环,随后执行"SDA＝1"语句,这条语
句十分重要(即释放数据线)。按照道理说,在循环 8 次以后已经把 SDA 线路拉高了,也就是说第 9
个时钟脉冲为高电平时 SDA 线路也应该是高电平才对,为什么图 16.36 中 SDA 线路上出现了低
电平呢? 唯一合理的解释就是从机把 SDA 线路拉低了,这个过程就是我们说的"从机应答"。

接下来,再取出区域 B 的"中间部分",该部分电平时序波形如图 16.37 所示。

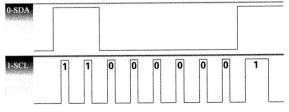

图 16.37 区域 B 的中间部分(0xC0 寻址过程)

分析图 16.37,如果将前 8 个 SCL 串行时钟高电平时所对应的 SDA 电平状态进行采样,得到的数据正好是$(0xC0)_H$,区域 B 就是执行"ACK = I2C_Write8Bit$(0xC0)$"语句所产生的。这个$(0xC0)_H$是什么含义呢? 这个数据其实是我们"乱写"的一个地址,以这个数据作为从机地址去寻址注定是失败的,这是因为当前 I^2C 总线上根本就不存在地址为$(0xC0)_H$的从机。发送这个寻址命令之后我们发现,在 SCL 线路的第 9 个时钟保持为高电平时,对应 SDA 线路上仍然保持高电平,也就是说,没有从机去拉低 SDA 线路,即没有收到"从机应答"信号。

亲爱的读者朋友们,分析完了 A 电平区域和 B 电平区域的时序之后是不是感觉"豁然开朗"呢? 我们测量得到的两个电平区域就是两次寻址的过程,第一次发送$(0xA0)_H$数据到 I^2C 总线,寻址成功了,第二次发送$(0xC0)_H$数据到 I^2C 总线,寻址失败了。

最后,我们梳理一下整个程序的脉络。从主函数开始看起,程序进入主函数之后首先定义了相关变量,随后初始化了 I^2C 和串口资源,打印了项目标题和提示信息,又执行了 I2C_START() 函数产生起始信号,然后第一次向 I^2C 总线上发送了"器件地址+写操作"数据帧并取回应答信号。发送的实际数据为$(0xA0)_H$,应答信号存放在了变量 ACK 中,此时 ACK 的值为"0",表示收到了器件地址为$(0xA0)_H$的从机应答,随后由主机(STC8 单片机)产生了终止信号,表示本次通信结束了。

紧接着又向 I^2C 总线第二次发送了"器件地址+写操作"数据帧并取回应答信号,发送的实际数据为$(0xC0)_H$,应答信号存放在了变量 ACK 中,此时 ACK 的值为"1",表示没有收到器件地址为$(0xC0)_H$的从机应答,随后由主机(STC8 单片机)产生了终止信号,表示本次通信结束了。

将程序编译后下载到单片机中,打开 PC 上的串口调试助手并复位单片机芯片,得到了如图 16.38 所示数据,第一次寻址$(0xA0)_H$从机,串口返回了"Found the AT24C02 chip with address 0xA0!",说明寻址成功。第二次寻址$(0xC0)_H$从机,串口返回了"Are you kidding me? Can't find it!",说明寻址失败。根据结果判定,我们的实验是成功的。

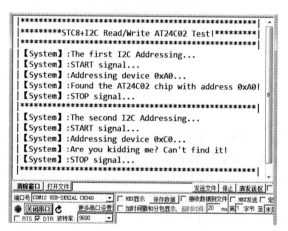

图 16.38　AT24C02 应答测试实验串口打印信息

16.4.5　进阶项目 A　单字节读写 AT24C02 实验

做完了基础项目 A 我们就算是踏出了成功的"第一步"了。基础项目 A 主要是实现了起始信号、终止信号、单字节数据写入等功能,接下来需要在项目 A 的基础之上实现任意地址单字节的读/写操作。

在本项目中依然使用基础项目 A 的硬件电路,项目的区别只是修改了软件程序。本项目的功能是实现一个"复位/断电情况下的数据自加"功能,也就是说,单片机上电后会读取 AT24C02 芯片中的特定地址（实际选定 0x01 这个地址），然后取出地址中的数据进行串口打印，假设此时打印出的数据为(0x07)ₕ，随着程序的执行，我们会将(0x07)ₕ 进行加 1 操作变为(0x08)ₕ，然后再将(0x08)ₕ 重新写入到 AT24C02 芯片的特定地址（实际选定 0x01 这个地址）中。写入完毕后会将单片机系统进行复位或者断电操作，观察第二次上电时的串口打印数据。正常的情况下，打印出的数据应为上一次的数据加 1。

　　在项目中涉及单字节数据的写操作和读操作，所以应该编写单字节数据写入函数 I2C_Write8Bit()，这个函数在项目 A 中已经实现了，这里就不用再次编写了。我们还需要编写一个单字节数据读出（主机发送非应答）函数 I2C_Read8BitNACK()，这个函数中有两个需要注意的地方，第一个需要注意的是，读操作函数必须要满足 AT24Cxx 系列芯片的"选择读方式"所规定的时序，这部分知识在 16.4.3 节中已经讲解了，此处就不再赘述了。第二个需要注意的是，由于我们读写的是单字节，也就是说不需要连续读取多个数据，当读取完一字节数据之后应该向从机发送一个"主机非应答"信号，以表示数据读取完毕了，不再需要继续读取了，发送完"主机非应答"信号之后别忘记还要发送一个"终止信号"以表示本次通信的结束。

　　在本项目中有一个难点，就是理解"单字节数据写入"和"选择读方式"的通信流程，为了理清思路便于调用，可以单独编写两个函数。编写一个 AT24Cxx 读出单字节函数 AT24Cxx_ReadByte(u8 ADDR)，这个函数中具备一个形式参数"ADDR"，这个参数用于指定读取数据的地址，也就是要"告诉"AT24Cxx 芯片，主机要"读哪里的数据"。然后再编写一个 AT24Cxx 写入单字节函数 AT24Cxx_WriteByte(u8 ADDR, u8 DAT)，这个函数中具备两个形式参数，第一个形式参数"ADDR"用于指定数据写入的地址，也就是要"告诉"AT24Cxx 芯片，主机要把数据"写到哪里去"，第二个形式参数"DAT"用于传入实际需要写入 AT24Cxx 芯片的"内容"。

　　理清了思路，程序就好写了，利用 C51 语言编写的具体程序实现如下。

```
//芯片型号：STC8H8K64U(程序微调后可移植至 STC8A/F/C/G/H 系列单片机)
//时钟说明：单片机片内高速 24MHz 时钟
/ ******************************************************* /
# include "STC8H.h"                    //主控芯片的头文件
# include "stdio.h"                     //需要使用 printf()函数故而包含该头文件
/ ****************** 常用数据类型定义 ********************* /
【略】为节省篇幅，相似定义参见相关章节或源码工程即可
/ ****************** 端口/引脚定义区域 ****************** /
sbit   SDA = P1^4;                      //I2C 串行数据线
sbit   SCL = P1^5;                      //I2C 串行时钟线
/ ****************** 用户自定义数据区域 ****************** /
# define   SYSCLK 24000000UL            //系统时钟频率值
# define   BAUD_SET  (65536 - SYSCLK/9600/4)   //波特率设定与计算
u16 GETAT24Cxx_DAT = 0;                 //定义全局变量用于保存 AT24Cxx 读回数据值
/ ****************** 函数声明区域 ****************** /
void delay(u16 Count);                  //延时函数
void UART1_Init(void);                  //串口 1 初始化函数
void U1SEND_C(u8 SEND_C);               //串口 1 发送单字符数据函数
char putchar(char ch);                  //发送字符重定向函数
void I2C_Init(void);                    //I2C 初始化函数
void I2C_START(void);                   //I2C 总线起始信号配置函数
void I2C_STOP(void);                    //I2C 总线终止信号配置函数
u8 I2C_Write8Bit(u8 DAT);               //I2C 总线单字节数据写入函数
u8 I2C_Read8BitNACK(void);              //单字节数据读出(发送无应答)函数
u8 AT24Cxx_ReadByte(u8 ADDR);           //AT24Cxx 读出单字节函数
void AT24Cxx_WriteByte(u8 ADDR,u8 DAT); //AT24Cxx 写入单字节函数
/ ****************** 主函数区域 ****************** /
void main(void)
```

```
{
    u8 ACK = 0;                                    //定义变量用于存放应答信号
    I2C_Init();                                    //I2C 初始化
    UART1_Init();                                  //串口 1 初始化
    delay(200);                                    //延时等待初始化完成
    GETAT24Cxx_DAT = (u8)AT24Cxx_ReadByte(0x01);
    //读取指定地址的数据
    if(GETAT24Cxx_DAT == 0xFF)                     //若数据为 0xFF
    AT24Cxx_WriteByte(0x01,0x00);                  //则将该地址的数据清零
    printf("| ****************************************************** |\r\n");
    printf("| ****** Single byte read and write AT24C02 experiment ********** |\r\n");
    printf("| ****************************************************** |\r\n");
    printf("|【System】:Read AT24C02 0x01 Address...\r\n");
    //从 AT24C02 芯片 0x01 地址读出一个数据
    printf("|【System】:Read successfully! The Data is: ");
    //数据读取成功,返回该数据
    printf(" %d\r\n",GETAT24Cxx_DAT);
    printf("|【System】:Data++...\r\n");
    //进行数据加 1 写会操作
    GETAT24Cxx_DAT++;                              //将读出数据进行加 1 操作
    AT24Cxx_WriteByte(0x01,GETAT24Cxx_DAT);        //再将数据写回到原地址
    printf("|【System】:Please Reset STC8!\r\n");
    //请复位观察是否加 1 成功
    printf("| ****************************************************** |\r\n");
    while(1);                                      //死循环,程序"停止"
}
/ ************************************************************************ /
//单字节数据读出函数(发送无应答)I2C_Read8BitNACK()
//无形参,有返回值(读出的单字节数据)
/ ************************************************************************ /
u8 I2C_Read8BitNACK(void)
{
    //硬件 I2C 法 *********************************
    P_SW2 |= 0x80;                                 //允许访问扩展特殊功能寄存器 XSFR
    I2CMSCR = 0x0C;                                //发送接收数据命令 + 发送主机无应答 NACK 命令
    while(!(I2CMSST&0x40));                        //判断 MSIF 位等待发送完成
    I2CMSST& = 0xBF;                               //清除 MSIF 中断请求位
    P_SW2& = 0x7F;                                 //结束并关闭 XSFR 访问
    return I2CRXD;                                 //返回接收缓冲区内容
    / *********************************************
    //I/O 模拟 I2C 时序法
    u8 x,I2CDATA;                                  //定义循环控制变量 x,读出数据暂存变量 I2CDATA
    SDA = 1;                                       //首先确保主机释放 SDA
    delay(1);                                      //延时等待
    delay(1);                                      //延时等待
    for(x = 0x80;x!= 0;x >> = 1)                   //从高位到低位依次进行
    {
        delay(1);                                  //延时等待
        SCL = 1;                                   //将 SCL 引脚置为高电平
        if(SDA == 0)                               //读取 SDA 引脚的电平状态并进行判定
            I2CDATA& = ~x;                         //判定为"0"则将 I2CDATA 中对应位清零
        else
            I2CDATA |= x;                          //判定为"1"则将 I2CDATA 中对应位置"1"
        delay(1);                                  //延时等待
        SCL = 0;                                   //置低 SCL 引脚以允许从机发送下一位
    }
    delay(1);                                      //延时等待
    SDA = 1;                                       //8 位数据发送后拉高 SDA 引脚发送"无应答信号"
```

```
        delay(1);                               //延时等待
        SCL = 1;                                //将 SCL 引脚置为高电平
        delay(1);                               //延时等待
        SCL = 0;                                //将 SCL 引脚置为低电平完成"无应答位"并保持总线
        return I2CDATA;                         //将读出的单字节数据进行返回
    ****************************************************/
}
/*****************************************************************/
//AT24Cxx 读出单字节函数 AT24Cxx_ReadByte(),有形参 ADDR
//ADDR 为欲读出数据的地址;有返回值 AT24C_DATA(读出的单字节数据)
/*****************************************************************/
u8 AT24Cxx_ReadByte(u8 ADDR)
{
        u8 AT24C_DATA;                          //定义变量用于存放读出数据
        I2C_START();                            //产生 I2C 通信起始信号
        I2C_Write8Bit(0xA0);                    //写入(器件地址＋写)指令
        I2C_Write8Bit(ADDR);                    //指定欲读取 AT24Cxx 芯片的地址
        I2C_START();                            //产生 I2C 通信起始信号
        I2C_Write8Bit(0xA1);                    //写入(器件地址＋读)指令
        AT24C_DATA = I2C_Read8BitNACK();        //单字节读取(发送无应答)
        I2C_STOP();                             //产生 I2C 通信终止信号
        return AT24C_DATA;                      //返回实际读取到的数据值
}
/*****************************************************************/
//AT24Cxx 写入单字节函数 AT24Cxx_WriteByte(),有形参 ADDR、DAT
//ADDR 为欲写入地址,DAT 为欲写入数据,无返回值
/*****************************************************************/
void AT24Cxx_WriteByte(u8 ADDR,u8 DAT)
{
        I2C_START();                            //产生 I2C 通信起始信号
        I2C_Write8Bit(0xA0);                    //写入(器件地址＋写)指令
        I2C_Write8Bit(ADDR);                    //指定欲写入 AT24Cxx 芯片的地址
        I2C_Write8Bit(DAT);                     //写入实际数据
        I2C_STOP();                             //产生 I2C 通信终止信号
}
/*****************************************************************/
【略】为节省篇幅,相似函数参见相关章节源码即可
void delay(u16 Count){}                         //延时函数
void I2C_Init(void){}                           //I2C 初始化函数
void I2C_START(void){}                          //I2C 总线起始信号配置函数
void I2C_STOP(void){}                           //I2C 总线终止信号配置函数
u8 I2C_Write8Bit(u8 DAT){}                      //I2C 总线单字节数据写入函数
void UART1_Init(void){}                         //串口 1 初始化函数
void U1SEND_C(u8 SEND_C){}                      //串口 1 发送单字符数据函数
char putchar(char ch){}                         //发送字符重定向函数
```

通读程序,在函数声明区域内的函数差不多都是我们的"老朋友",只有单字节数据读出(发送非应答)函数 I2C_Read8BitNACK()、AT24Cxx 读出单字节函数 AT24Cxx_ReadByte()和 AT24Cxx 写入单字节函数 AT24Cxx_WriteByte()是"新面孔"。

这三个函数是实现项目功能的关键。先来看看 AT24Cxx 写入单字节函数 AT24Cxx_WriteByte(),该函数具备两个形式参数,"ADDR"为欲写入数据的地址,"DAT"为欲写入数据。进入函数之后首先由主机产生 I²C 总线通信的起始信号,然后调用单字节写入函数 I2C_Write8Bit()写入了"器件地址＋写"指令,I2C_Write8Bit()函数原本是有返回值的,其返回值参数为"应答信号",如果该函数的返回值为"0",说明寻址成功,从机正常应答,反之寻址失败。在此处并没有去"理睬"该函数的返回值,这是因为项目中的器件只有一个,一般情况下都会正常应答,所以没有取

回该函数的返回值进行判断。当然,读者朋友如果需要获取每一步的"状态和进度",也可以定义一个变量去接收该函数的返回值,然后加以判断,通过串口将相关信息进行打印即可。

主机对从机进行寻址之后紧接着执行了"I2C_Write8Bit(ADDR)"语句,其含义是指定欲写入AT24C02芯片的地址,该地址可以由用户自行定义,只要不超出AT24C02芯片的地址上限即可。在实际的程序中"ADDR"指定为(0x01)$_H$。指定地址后主机就开始送出欲写入AT24C02芯片的实际数据了,该过程利用"I2C_Write8Bit(DAT)"语句去实现,"DAT"就是用户送入的数据。当从机寻址成功了,写入的地址明确了,写入的数据也完成了的时候就应该产生I²C总线通信的"终止信号"了。

接下来再看看AT24Cxx读出单字节函数AT24Cxx_ReadByte(),该函数具备一个形式参数,"ADDR"为欲读取数据的地址。进入函数之后首先定义了一个变量AT24C_DATA用于存放即将要读到的数据。然后由主机产生了I²C总线通信的起始信号,然后调用单字节写入函数I2C_Write8Bit(),写入了"器件地址＋写"指令(0xA0)$_H$,然后写入了"ADDR"指定欲读取数据的地址,随后又产生了一次起始信号,接着写入了"器件地址＋读"指令(0xA1)$_H$。看到这里,有的读者朋友们开始"纳闷"了,这不是读数据的过程吗,怎么一直都是在"写入"而不是"读出"呢? 这个过程其实就是之前学习的"伪写"流程,该部分的知识也在16.4.3节中,此处就不再赘述了。

"伪写"流程结束之后就执行了"AT24C_DATA = I2C_Read8BitNACK()"语句,该语句的作用是取回从机数据并且发送"主机非应答"信号,这条语句的关键是I2C_Read8BitNACK()函数,该函数并不复杂,函数内采用了两种方法来实现主机非应答功能。先说硬件I²C方法,该方法是向I²C总线下达了"接收数据命令＋发送主机无应答NACK命令",这是一个组合命令(即MSCMD[3:0] = "1100")。接收到的数据会用"return I2CRXD;"语句进行回传,硬件I²C方法非常简洁也很好理解。

再看看该函数内的I/O模拟I²C时序法,这个方法的语句就要稍微烦琐一些,该方法是用SCL和SDA引脚"模拟"了"选择读方式"的通信时序,语句首先定义了变量"x"用于控制for()循环次数,同时定义了变量"I2CDATA"用于装载读回的数据。随后拉高SDA引脚确保主机释放数据线路,然后就进入了一个for()循环,该循环的目的是连续8次取回SDA线路上的电平状态并且逐位存放到变量"I2CDATA"之中。for()循环执行完毕后就将SDA引脚重新拉高,需要说明的是,在第9个时钟周期内保持SDA线路为高电平就是我们所讲的"主机非应答"信号,该信号的含义是告诉从机"主机不需要再继续读取数据了",发送完"主机非应答"信号之后就将变量"I2CDATA"的值进行了返回。

由I2C_Read8BitNACK()函数所返回的值实际上就是接收缓冲区I2CRXD(采用硬件I²C方法的情况)或局部变量"I2CDATA"的值(采用I/O模拟I²C时序法的情况),这个值被AT24Cxx_ReadByte()函数中的局部变量"AT24C_DATA"进行接收,AT24Cxx_ReadByte()函数将该值接收之后产生了I²C停止信号终止了读取过程,最后又将变量"AT24C_DATA"的值传给了全局变量"GETAT24Cxx_DAT"。如此看来,从AT24C02芯片中取出的数据真是"一波三折"!

最后,我们梳理一下整个程序的脉络。从主函数开始看起,程序进入主函数之后首先定义了相关变量,随后初始化了I²C和串口资源,以上的操作步骤都比较简单,读者朋友们阅读起来也没有什么障碍和难点,但是随后出现的3条语句就有点儿让人"费解"了,这3语句如下。

```
GETAT24Cxx_DAT = AT24Cxx_ReadByte(0x01);          //读取指定地址的数据
if(GETAT24Cxx_DAT == 0xFF)                         //若数据为 0xFF
AT24Cxx_WriteByte(0x01,0x00);                      //则将该地址的数据清零
```

分析第一条语句,其作用是调用了AT24Cxx_ReadByte()函数实现AT24C02芯片特定地址数据的读取,实际送入的参数是(0x01)$_H$,意思就是让单片机读取AT24C02芯片(0x01)$_H$地址区域所

存储的数据值。得到数据值后赋值给了全局变量"GETAT24Cxx_DAT",接下来就进行了数值判断,如果(0x01)$_H$地址中的数值为(0xFF)$_H$,则将(0x00)$_H$数值写入到(0x01)$_H$地址之中覆盖掉原来的数值,这个操作主要是便于观察数据的递增过程,将最大值数据进行"归零"处理。

将程序编译后下载到单片机中,打开 PC 上的串口调试助手并复位单片机芯片,若程序运行正常将会打印出该项目标题,显示出第一次读取 AT24C02 芯片(0x01)$_H$地址中的数据,此时再次按下单片机的复位按键,又打印出了该基础项目标题,又显示出了第二次读取 AT24C02 芯片(0x01)$_H$地址中的数据,正常情况下两次得到的数据是不相同的,第二次读取的数据值恰好为第一次的数据值加 1,经过实测得到了如图 16.39 所示效果。

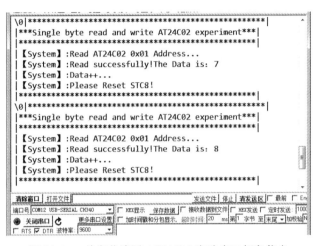

图 16.39 单字节读写 AT24C02 实验串口打印信息

分析图 16.39,实验现象已经证明了实验的成功,但是感觉有点儿"模糊",数据到底是怎么被读出来的? 又是怎样变化加 1 的呢? 读者朋友们肯定不满足于如图 16.39 所示的结果,还想深入地分析。真是好样的! 小宇老师早就搬出了逻辑分析仪,并且捕捉了单片机与 AT24C02 芯片的通信时序。在实际的系统中将逻辑分析仪的 CH0 通道连接到了 AT24C02 芯片的 SDA 引脚,将 CH1 通道连接到了 AT24C02 芯片的 SCL 引脚,然后再将逻辑分析仪的电源地与本项目电路中的电源地进行"共地"处理。此时打开逻辑分析仪上位机软件开始捕获,捕获到的第一次 I²C 通信时序如图 16.40 所示。

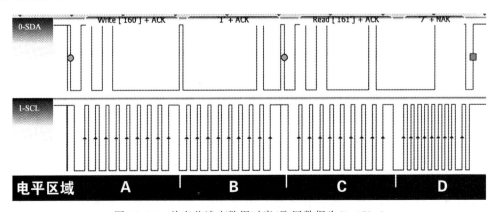

图 16.40 单字节读出数据时序(取回数据为(0x07)$_H$)

第一次 I²C 通信时序是单字节读出数据的过程,也就是单片机读取 AT24C02 芯片(0x01)$_H$地址区域所存储的数据值过程。观察图 16.40,整个读取过程中可以大致分为 4 个电平区域,电平区域 A 是"Write[160]＋ACK"过程,这里的"160"是一个十进制数值,也就是(0xA0)$_H$ 转换后得到的,后面的"ACK"是指从机应答信号。电平区域 B 是"1＋ACK"过程,这里的"1"指的是(0x01)$_H$ 地址,"ACK"是指从机应答信号。电平区域 C 是"Read[161]＋ACK"过程,这里的"161"是一个十进制数值,也就是(0xA1)$_H$ 转换得到的,"ACK"是指从机应答信号。电平区域 D 是"7＋NAK"过程,这里的"7"是从 AT24C02 芯片(0x01)$_H$ 地址区域所读出的数据,"NAK"是指"主机非应答"信号,这个信号是我们让单片机发出来的,意思是不再需要继续读取数据了。

有的读者看完图 16.40 就会产生一个疑问,为什么当前读出的数据为"7",复位一次单片机读出的数据会变成"8"呢? 这个变化主要是主函数中的以下两条语句所实现的。

```
GETAT24Cxx_DAT += 1;                  //将读出数据进行加1操作
AT24Cxx_WriteByte(0x01,GETAT24Cxx_DAT);  //再将数据写回到原地址
```

第一条语句比较简单,就是实现变量 GETAT24Cxx_DAT 的加1操作,假设读取到的数据为"7",那么此时变量 GETAT24Cxx_DAT 的值将变为"8"。第二条语句也很简单,就是把加1之后的 GETAT24Cxx_DAT 数值重新写回 AT24C02 芯片的(0x01)$_H$ 地址,这样一来,(0x01)$_H$ 地址原有的数据就被加1后的数据"覆盖"了,当我们将单片机复位后再次上电时,读出的数据就变为"8"了。实际写入的过程也被我们捕获到了,其时序如图 16.41 所示。

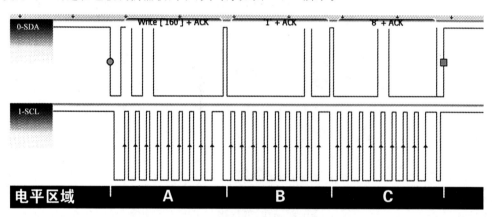

图 16.41　单字节写入数据时序(写入数据为(0x08)$_H$)

分析图 16.41,这是一次单字节数据写入的过程,也就是单片机将修改后(执行了加1运算)的数据重新写回 AT24C02 芯片(0x01)$_H$ 地址的过程。整个写入过程也可以大致分为 3 个电平区域,电平区域 A 是"Write[160]＋ACK"过程,这里的"160"是一个十进制数值,也就是(0xA0)$_H$ 转换后得到的,后面的"ACK"是指从机应答信号。电平区域 B 是"1＋ACK"过程,这里的"1"指的是(0x01)$_H$ 地址,"ACK"是指从机应答信号。电平区域 C 是"8＋ACK"过程,这里的"8"是主机欲写入(0x01)$_H$ 地址的数据,"ACK"是指从机应答信号。

16.4.6　进阶项目 B　多字节读写 AT24C02 实验

通过对单字节数据写入和读出时序的分析,我们就进一步理解了 I^{2}C 通信协议及 AT24C02 芯片数据的操作,但是对于多字节的写入又如何去实现呢? 有了问题就要解决! 现在就动手实现一个多字节读写 AT24C02 实验。在本项目中依然使用基础项目 A 的硬件电路,仍然选择 AT24C02 作为实操对象,选择 STC8H8K64U 单片机作为主控制器,项目的区别只是修改了软件程序。

本项目需要实现多字节的连续写入,我们就应该把欲写入的数据"装起来",事先存放在一个

地方。怎么去实现这一功能呢? 首先想到的就是建立一个静态数组,具体的实现语句如下。

```
static   u16   Read_AT24Cxx_DAT[5];                     //定义读出数据存放数组
static   u16   Write_AT24Cxx_DAT[5] = {0x01,0x02,0x03,0x04,0x05};
//定义写入数据存放数组
```

我们定义了两个数组,Write_AT24Cxx_DAT[5]数组用于存放欲写入 AT24C02 芯片的数据集合,在定义该数组时已经为其初始化了。Read_AT24Cxx_DAT[5]数组用于装载从 AT24C02 芯片连续读出的数据,该数组没有进行初始化,因为定义的数组是"静态"类型的(也就是采用"static"关键字定义的数组),所以其内部数据均为"0"。

有了这两个数组就相当于有了存放数据的"容器",现在需要实现项目的具体功能。我们需要编写一个 AT24Cxx 写入多字节函数 AT24Cxx_WriteNByte(u8 * BUF, u8 ADDR, u8 LEN),这个函数应有三个形式参数,第一个形式参数"BUF"是数据指针,用来指向一个欲写入数据的起始地址,在实际的程序中该指针指向了 Write_AT24Cxx_DAT[5]数组的首地址。为什么要指向该数组呢? 原因很简单,这个数组中所存放的内容就是我们欲写入 AT24C02 芯片的数据。第二个形式参数"ADDR"是欲写入地址,这个地址是主机定义的,也就是"告诉"AT24C02 芯片,数据是从"哪里开始写"。第三个形式参数"LEN"是欲写入数据的长度,这个"长度"是用来"告诉"AT24C02 芯片,数据要"写多少个"。

在连续读出数据的过程中需要主机向从机发送"主机应答"信号,这就需要我们编写一个单字节数据读出(发送应答)函数 I2C_Read8BitACK(),如果主机不再需要继续读取数据时还需要向从机发送"主机非应答"信号,这也需要我们编写一个单字节数据读出(发送非应答)函数 I2C_Read8BitNACK(void),这个函数是我们的"老朋友"了,在本章的基础项目 B 中我们已经"认识"了。

为了验证我们写入的数据是否成功,还需要编写一个多字节连续读出的函数 AT24Cxx_ReadNByte(u8 * BUF, u8 ADDR, u8 LEN),这个函数与多字节写入函数是相似的。该函数也有三个形式参数,第一个形式参数"BUF"是数据指针,用来指向存放读出数据的地址,在实际的程序中该指针指向了 Read_AT24Cxx_DAT[5]数组的首地址。为什么要指向该数组呢? 原因很简单,这个数组存放着实际从 AT24C02 芯片中读出的数据。第二个形式参数"ADDR"是欲读取数据的首地址,这个地址也是主机定义的,也就是"告诉"AT24C02 芯片,数据是从"哪里开始读"。第三个形式参数"LEN"是欲读取数据的长度,这个"长度"是用来"告诉"AT24C02 芯片,数据要"读多少个"。

如果数据读写顺利,Write_AT24Cxx_DAT[5]数组中的 5 个数据就会连续写入到 AT24C02 芯片之中,如果写入数据的首地址是$(0x01)_H$地址,那么可以推断出 AT24C02 芯片的$(0x01)_H$地址写入了"0x01",$(0x02)_H$地址写入了"0x02",$(0x03)_H$地址写入了"0x03",$(0x04)_H$地址写入了"0x04",$(0x05)_H$地址写入了"0x05"。连续写入完成之后又将数据进行连续读出,并将读出数据存放到了 Read_AT24Cxx_DAT[5]数组之中,如果写入成功了,那么读出的数据和写入的数据应该对应相等才对。也就是说,Read_AT24Cxx_DAT[0]应该为"0x01",Read_AT24Cxx_DAT[1]应该为"0x02",Read_AT24Cxx_DAT[2]应该为"0x03",Read_AT24Cxx_DAT[3]应该为"0x04",Read_AT24Cxx_DAT[4]应该为"0x05"。

写入的数据和读出的数据怎么进行等值比对呢? 有的读者朋友可能会说:这还不简单,直接把 Write_AT24Cxx_DAT[5]数组中的每一个数据依次和 Read_AT24Cxx_DAT[5]数组中的每一个数据进行大小判断呗! 这个方法确实可行,但是麻烦,有没有什么简单的办法呢? 小宇老师想了想,可以使用 C 语言函数库中的 memcmp()函数,该函数可以比较内存空间的"N"个数值,得到数值的大小关系。该函数的声明语句在头文件"string. h"之中,所以需要在项目程序中包含该头文件。如果将 Write_AT24Cxx_DAT[5]数组与 Read_AT24Cxx_DAT[5]数组作为实际参数送到

memcmp()函数中进行比较就可以判断数值关系。如果比较后得到的返回值为"0",则说明两个数组中的数据是等值的,如果返回值不为"0",则说明数据中的数据存在差异。这样一来就可以通过memcmp()函数的返回值来判定 AT24C02 芯片数据读写的一致性了。

理清了思路,程序就好写了,利用 C51 语言编写的具体程序实现如下。

```c
//芯片型号：STC8H8K64U(程序微调后可移植至 STC8A/F/C/G/H 系列单片机)
//时钟说明：单片机片内高速 24MHz 时钟
/ ***************************************************************** /
# include "STC8H. h"                         //主控芯片的头文件
# include "stdio. h"                          //需要使用 printf()函数故而包含该头文件
# include "string. h"                         //需要使用 memcmp()函数故而包含该头文件
/ ********************** 常用数据类型定义 ********************** /
【略】为节省篇幅,相似定义参见相关章节或源码工程即可
/ ********************** 端口/引脚定义区域 ********************** /
sbit    SDA = P1^4;                          //I2C 串行数据线
sbit    SCL = P1^5;                          //I2C 串行时钟线
/ ********************** 用户自定义数据区域 ********************** /
# define   SYSCLK 24000000UL                 //系统时钟频率值
# define   BAUD_SET  (65536 - SYSCLK/9600/4) //波特率设定与计算
static   u16 Read_AT24Cxx_DAT[5];            //定义读出数据存放数组
static   u16 Write_AT24Cxx_DAT[5] = {0x01,0x02,0x03,0x04,0x05};
//定义写入数据存放数组
/ ********************** 函数声明区域 ********************** /
void delay(u16 Count);                       //延时函数
void UART1_Init(void);                       //串口 1 初始化函数
void U1SEND_C(u8 SEND_C);                    //串口 1 发送单字符数据函数
char putchar(char ch);                       //发送字符重定向函数
void I2C_Init(void);                         //I2C 初始化函数
void I2C_START(void);                        //I2C 总线起始信号配置函数
void I2C_STOP(void);                         //I2C 总线终止信号配置函数
u8 I2C_Write8Bit(u8 DAT);                    //I2C 总线单字节数据写入函数
u8 I2C_Read8BitNACK(void);                   //单字节数据读出(发送无应答)函数
u8 AT24Cxx_ReadByte(u8 ADDR);                //AT24Cxx 读出单字节函数
void AT24Cxx_WriteByte(u8 ADDR,u8 DAT);      //AT24Cxx 写入单字节函数
void AT24Cxx_ReadNByte(u8 * BUF, u8 ADDR,u8 LEN);   //AT24Cxx 读出多字节函数
void AT24Cxx_WriteNByte(u8 * BUF, u8 ADDR,u8 LEN);  //AT24Cxx 写入多字节函数
/ ********************** 主函数区域 ********************** /
void main(void)
{
    u16 i;                                   //定义变量 i 用于控制循环次数
    u8 ACK = 0;                              //定义变量用于存放应答信号
    I2C_Init();                              //I2C 初始化
    UART1_Init();                            //串口 1 初始化
    delay(200);                              //延时等待初始化完成
    printf("| ***************************************************** |\r\n");
    printf("| ****** Multi - byte Read/Write AT24C02 experiment! *********** |\r\n");
    printf("| ***************************************************** |\r\n");
    AT24Cxx_WriteNByte((u8 * )Write_AT24Cxx_DAT,0x10,sizeof(Write_AT24Cxx_DAT));
    printf("|【System】:Data being Serially Written...\r\n");
    //正在连续写入以下数据...
    for(i = 0;i < sizeof(Write_AT24Cxx_DAT)/2;i++)     //连续写入 5B 的数据
        {printf("|[ % d]:0x0 % x\r\n",i,i,Write_AT24Cxx_DAT[i]);}
    printf("|[System]:Writing OK,Enter Error checking...\r\n");
    //写入完毕,进入查错阶段
    AT24Cxx_ReadNByte((u8 * )Read_AT24Cxx_DAT,0x10,sizeof(Read_AT24Cxx_DAT));
    //连续读出 5B 的数据
    printf("|[System]:Data being Read continuously...\r\n");
```

```c
    //正在连续读取以下数据
    for(i = 0;i < sizeof(Read_AT24Cxx_DAT)/2;i++)        //连续读取数据
        {printf("|[ % d]:0x0 % x\r\n",i,i,Read_AT24Cxx_DAT[i]);}
    printf("|【System】:Comparing correctness of the Data...\r\n");
    //系统正在比对写入/读出数据的正确性
    if(!memcmp(Write_AT24Cxx_DAT,Read_AT24Cxx_DAT,sizeof(Read_AT24Cxx_DAT)))
        printf("|【System】:Read Data = Write Data, Good!\r\n");
    //数据读写比对一致
    else
        printf("|【System】:Read Data!= Write Data, Error!\r\n");
        //数据读写比对异常
    printf("| ************************************************** |\r\n");
    while(1);                                        //死循环,程序"停止"
}
/ ************************************************************* /
//单字节数据读出函数(发送应答)I2C_Read8BitACK()
//无形参,有返回值(读出的单字节数据)
/ ************************************************************* /
u8 I2C_Read8BitACK(void)
{
    //硬件 I2C 法 ****************************
    P_SW2| = 0x80;                          //允许访问扩展特殊功能寄存器 XSFR
    I2CMSCR = 0x0B;                         //发送接收数据命令 + 发送主机应答 ACK 命令
    while(!(I2CMSST&0x40));                 //判断 MSIF 位等待发送完成
    I2CMSST& = 0xBF;                        //清除 MSIF 中断请求位
    P_SW2& = 0x7F;                          //结束并关闭 XSFR 访问
    return I2CRXD;                          //返回接收缓冲区内容
    / ****************************
    //I/O 模拟 I2C 时序法
    u8 x,I2CDATA;                           //定义循环控制变量 x,读出数据暂存变量 I2CDATA
    delay(1);                               //延时等待
    SDA = 1;                                //首先确保主机释放 SDA
    delay(1);                               //延时等待
    delay(1);                               //延时等待
    for(x = 0x80;x!= 0;x >> = 1)            //从高位到低位依次进行
    {
        delay(1);                           //延时等待
        SCL = 1;                            //将 SCL 引脚置为高电平
        if(SDA == 0)                        //读取 SDA 引脚的电平状态并进行判定
            I2CDATA& = ~x;                  //判定为"0"则将 I2CDATA 中对应位清零
        else
            I2CDATA| = x;                   //判定为"1"则将 I2CDATA 中对应位置"1"
        delay(1);                           //延时等待
        SCL = 0;                            //置低 SCL 引脚以允许从机发送下一位
    }
    delay(1);                               //延时等待
    SDA = 0;                                //8 位数据发送后置低 SDA 引脚发送"应答信号"
    delay(1);                               //延时等待
    SCL = 1;                                //将 SCL 引脚置为高电平
    delay(1);                               //延时等待
    SCL = 0;                                //将 SCL 引脚置为低电平完成"应答位"并保持总线
    return I2CDATA;                         //将读出的单字节数据进行返回
     ***************************** /
}
/ ************************************************************* /
//AT24Cxx 读出多字节函数 AT24Cxx_ReadNByte(),有形参 BUF,ADDR 和 LEN
//BUF 是数据指针,ADDR 为欲读取地址,LEN 为欲读取数据长度,无返回值
/ ************************************************************* /
```

```
void AT24Cxx_ReadNByte(u8 * BUF,u8 ADDR,u8 LEN)
{
    u8 RLEN;                            //定义变量 RLEN
    RLEN = LEN;                         //将欲读取数据长度赋值给 RLEN
    do
    {
        I2C_START();                    //产生 I2C 通信起始信号
        if(I2C_Write8Bit(0xA0))         //写入(器件地址 + 写)指令
        {I2C_STOP();}                   //产生 I2C 通信终止信号
        break;
    }while(1);                          //若能跳出 while(1)说明寻址成功
    I2C_Write8Bit(ADDR);                //写入欲读取地址
    I2C_START();                        //产生 I2C 通信起始信号
    I2C_Write8Bit(0xA1);                //写入(器件地址 + 读)指令
    while(RLEN > 1)                     //若读取数据长度大于 1(未读完还要再读)
    {
        * BUF++ = I2C_Read8BitACK();    //读取单个数据且发送主机应答
        //读回数据实际是放到了数据指针指向的"读出数据数组"Read_AT24Cxx_DAT 中
        //读取过程中下标递增
        RLEN -- ;                       //读取数据长度递减(每读出一个,数据长度就减 1)
    }
    * BUF = I2C_Read8BitNACK();         //读取单个数据且发送主机非应答
    //这条语句的"主机非应答"意思是不再继续读取数据了
    I2C_STOP();                         //产生 I2C 通信终止信号
}
/ ***************************************************************** /
//AT24Cxx 写入多字节函数 AT24Cxx_WriteNByte(),有形参 BUF,ADDR 和 LEN
//BUF 是数据指针,ADDR 为欲写入地址,LEN 为欲写入数据长度,无返回值
/ ***************************************************************** /
void AT24Cxx_WriteNByte(u8 * BUF,u8 ADDR,u8 LEN)
{
    u8 x;                               //定义变量 x 用于控制循环次数
    for(x = 0;x < LEN;x++)              //x 必须小于数据长度
    {
        do
        {
            I2C_START();                //产生 I2C 通信起始信号
            if(I2C_Write8Bit(0xA0))     //写入(器件地址 + 写)指令
                {I2C_STOP();}           //产生 I2C 通信终止信号
            break;
        }while(1);                      //若能跳出 while(1)说明寻址成功
        I2C_Write8Bit(ADDR++);          //写入地址递增
        I2C_Write8Bit( * BUF++);        //数据指针递增
        I2C_STOP();                     //产生 I2C 通信终止信号
    }
}
/ ***************************************************************** /
```

【略】为节省篇幅,相似函数参见相关章节源码即可

```
void delay(u16 Count){}                 //延时函数
void I2C_Init(void){}                   //I2C 初始化函数
void I2C_START(void){}                  //I2C 总线起始信号配置函数
void I2C_STOP(void){}                   //I2C 总线终止信号配置函数
u8 I2C_Write8Bit(u8 DAT){}              //I2C 总线单字节数据写入函数
void UART1_Init(void){}                 //串口 1 初始化函数
void U1SEND_C(u8 SEND_C){}              //串口 1 发送单字节数据函数
char putchar(char ch){}                 //发送字符重定向函数
u8 I2C_Read8BitNACK(void);              //单字节数据读出(发送无应答)函数
```

通读程序,我们发现连续写入数据的过程是有"讲究"的。如果主机读完一字节之后还想接着读取下一个数据,主机就会发送"主机应答"信号,如果读完一字节之后不想继续读取数据了,主机就会发送"主机非应答"信号。这两个信号的产生则是由程序中的 I2C_Read8BitACK(void)函数和 I2C_Read8BitNACK(void)函数所实现的。

这两个函数的实现过程非常相似,不仔细看的话都不知道它们的区别在哪儿。这两个函数都采用了两种方法来实现主机应答或主机非应答功能。先说硬件 I²C 方法,在 I2C_Read8BitACK(void)函数中主机向 I²C 总线下达了"接收数据命令＋发送主机应答 ACK 命令"(即 MSCMD[3:0]="1011"),在 I2C_Read8BitNACK(void)函数中主机向 I²C 总线下达了"接收数据命令＋发送主机无应答 NACK 命令"(即 MSCMD[3:0]="1100"),这两个命令都属于组合命令,执行指令之后接收到的数据会用"return I2CRXD;"语句进行回传,硬件 I²C 方法非常简洁也很好理解。

再看看这两个函数内的 I/O 模拟 I²C 时序法,这个方法的语句就要稍微烦琐一些,我们在进阶项目 A 中已经学过 I2C_Read8BitNACK(void)函数的模拟时序法了,所以此处不再赘述,直接看看 I2C_Read8BitACK(void)函数的模拟时序法代码,具体语句如下。

```
u8 I2C_Read8BitACK(void)
{
    …(此处省略具体程序语句)
    SDA_OUT = 0;            //8 位数据发送后置低 SDA 引脚发送"应答信号"
    delay(1);              //延时等待
    SCL = 1;               //将 SCL 引脚置为高电平
    delay(1);              //延时等待
    SCL = 0;               //将 SCL 引脚置为低电平完成"应答位"并保持总线
    return I2CDATA;        //将读出的单字节数据进行返回
}
```

该函数的起始部分语句和 I2C_Read8BitNACK(void)函数实现是一样的,所以省略了函数前半部分的程序语句,主要看函数后面部分的程序语句。为了方便差异比对,我们也"搬出"I2C_Read8BitNACK(void)函数的对应语句:

```
u8 I2C_Read8BitNACK(void)
{
    …(此处省略具体程序语句)
    SDA_OUT = 1;            //8 位数据发送后拉高 SDA 引脚发送"非应答信号"
    delay(1);              //延时等待
    SCL = 1;               //将 SCL 引脚置为高电平
    delay(1);              //延时等待
    SCL = 0;               //将 SCL 引脚置为低电平完成"非应答位"并保持总线
    return I2CDATA;        //将读出的单字节数据进行返回
}
```

通过对比,可以发现在 I2C_Read8BitACK(void)函数中读取一字节之后,是执行了"SDA_OUT=0"语句,拉低 SDA 线路的作用是产生"主机应答"信号,意思是"告诉"从机,数据还没有读完,需要继续读取。而在 I2C_Read8BitNACK(void)函数读取一字节之后,是执行了"SDA_OUT=1"语句,拉高 SDA 线路的作用是产生"主机非应答"信号,意思是"告诉"从机,数据读取到此为止了,不再需要继续读取。

最后,我们梳理一下整个程序的脉络。从主函数开始看起,程序进入主函数之后首先定义了相关变量,随后初始化了 I²C 和串口资源,接下来就利用串口打印了项目标题和相关提示信息,执行到这里就出现了一条非常重要的语句:

```
AT24Cxx_WriteNByte(Write_AT24Cxx_DAT,0x01,sizeof(Write_AT24Cxx_DAT));
```

　　这条语句是调用了 AT24Cxx 写入多字节函数,程序向该函数送入了三个实际参数,第一个实际参数"Write_AT24Cxx_DAT"为发送数据数组的"数组名称",其作用是将数据指针"＊BUF"指向了 Write_AT24Cxx_DAT[]数组的首地址。第二个实际参数"0x01"是欲写入数据到 AT24C02 芯片的起始地址,这个地址是自定义的,只要不超过 AT24C02 芯片所支持的合法地址都是可以的。第三个实际参数"sizeof(Write_AT24Cxx_DAT)"是欲写入数据的具体长度,这个参数有点儿"意思",为什么这么说呢? 这个参数其实是运算后得到的,这种写法具有很好的程序适用性。从参数本身入手,该参数是调用了 C 语言函数库中的 sizeof()函数,然后将 Write_AT24Cxx_DAT[]数组名称作为实际参数传入了 sizeof()函数,其功能是计算 Write_AT24Cxx_DAT[]数组的大小,如果数组中"装"了 5 个数据,那么利用 sizeof()函数求解出的数值就是"5"。分析形式参数的含义不难理解,这条语句的作用就是将 Write_AT24Cxx_DAT[]数组中的 5 个数据(也就是实际的数组大小)从 AT24C02 芯片的(0x01)_H地址处连续写入。

　　随着主函数的继续执行,程序又通过串口打印了一些提示信息,利用一个简单的 for()循环将 Write_AT24Cxx_DAT[]数组的内容依次进行了输出,输出这些数据的目的是让测试者"知道"是哪些数据进行了写入,随后又执行了一条非常重要的语句:

```
AT24Cxx_ReadNByte(Read_AT24Cxx_DAT,0x01,sizeof(Read_AT24Cxx_DAT));
```

　　这条语句是调用了 AT24Cxx 读出多字节函数,程序也向该函数送入了三个实际参数,第一个实际参数"Read_AT24Cxx_DAT"是用于保存读出数据数组的"数组名称",其作用是将数据指针"＊BUF"指向了 Read_AT24Cxx_DAT[]数组的首地址。第二个实际参数"0x01"是欲读取 AT24C02 芯片数据的起始地址,这个地址是自定义的,只要不超过 AT24C02 芯片所支持的合法地址都是可以的。第三个实际参数"sizeof(Read_AT24Cxx_DAT)"是欲读出数据的具体长度,这个参数是运算得到的,是将 Read_AT24Cxx_DAT[]数组名称作为实际参数传入了 sizeof()函数,从而得到了该数组的大小。分析形式参数的含义不难理解,这条语句的作用就是从 AT24C02 芯片的(0x01)_H地址处连续读出 5 个数据(也就是实际的数组大小),然后将数据依次存放到 Read_AT24Cxx_DAT[]数组之中。

　　这两条关键的语句执行完毕之后,就可以验证写入的数据和读出的数据是否等值了,这个功能是依靠 C 语言函数库中的 memcmp()函数来实现的。调用 memcmp()函数的具体语句如下。

```
if(!memcmp(Write_AT24Cxx_DAT,Read_AT24Cxx_DAT,sizeof(Read_AT24Cxx_DAT)))
    printf("|【System】:Read Data = Write Data, Good!\r\n");
else
    printf("|【System】:Read Data!= Write Data, Error!\r\n");
```

　　送入 memcmp()函数的实际参数也有三个,第一个实际参数"Write_AT24Cxx_DAT"是发送数据数组的"数组名称",也就是 Write_AT24Cxx_DAT[]数组的首地址。第二个实际参数"Read_AT24Cxx_DAT"是用于保存读出数据数组的"数组名称",也就是 Read_AT24Cxx_DAT[]数组的首地址。第三个实际参数"sizeof(Read_AT24Cxx_DAT)"是 Read_AT24Cxx_DAT[]数组的大小,在实际的程序中,Write_AT24Cxx_DAT[]数组和 Read_AT24Cxx_DAT[]数组其实是一样大的,也就是说,它们的"容量"是一样的。送入实际参数之后,memcmp()函数就会比较两个数组中的数据字节,如果两个数据中的数据一致,则 memcmp()函数返回值为"0",此时 if()语句的条件为真,将会通过串口打印出"|【System】: Read Data ＝ Write Data,Good!"提示信息,反之打印出"|【System】:Read Data!＝Write Data,Error!"提示信息。

　　将程序编译后下载到单片机中,打开 PC 上的串口调试助手并复位单片机芯片,若程序运行正常将会打印出该基础项目标题,接着显示出连续写入 AT24C02 芯片(0x01)_H地址的 5 个数据,写入完毕后又打印出从 AT24C02 芯片(0x01)$_H$ 地址连续读出的 5 个数据，最后再进行写入数据和读出数据的比对。第一次实测得到了如图 16.42 所示效果。

```
|********************************************|
|*****Multi-byte Read/Write AT24C02 experiment!*****|
|********************************************|
|【System】:Data being Serially Written...
|Write [0] Data:0x00
|Write [1] Data:0x01
|Write [2] Data:0x02
|Write [3] Data:0x03
|Write [4] Data:0x04
|[System]:Writing OK,Enter Error checking...
|[System]:Data being Read continuously...
|Read  [0] Data:0x00
|Read  [1] Data:0x03
|Read  [2] Data:0x05
|Read  [3] Data:0x0FF
|Read  [4] Data:0x022
|【System】:Comparing correctness of the Data...
|【System】:Read Data!=Write Data, Error!
|********************************************|
```

图 16.42　芯片忙碌导致写入异常时的串口打印信息

看到如图 16.42 所示的实测结果，小宇老师的脑子"嗡"的一声，为什么写入数据和读出数据不一致呢？这是小宇老师的"自我抹黑"招数吗？绝对不是，这是因为程序出了问题。我们一起来分析分析，连续数据的写入和连续数据的读出操作有可能是哪一个环节出了问题呢？要么是写入错了，要么是读出有问题，先来看看写入环节。

重新回到程序中，分析 AT24Cxx 写入多字节函数 AT24Cxx_WriteNByte(u8 * BUF,u8 ADDR,u8 LEN)的具体实现，"LEN"是写入数据的长度，也就是说，"LEN"为多少就需要执行多少次 for()循环。每一次的循环都要遵循"起始信号、从机寻址、指定欲写入地址、写入数据和终止信号"。说到这里，小宇老师突然想到了什么。不知道各位读者朋友们是否还记得 16.4.2 节所讲解的 AT24Cxx 系列芯片的写操作时序。在这一部分内容中提到过一个"t_{WR}"时间，这个参数被称为 AT24Cxx 系列芯片的"写周期时间"，是指从一个写时序的有效终止信号到 AT24Cxx 芯片内部编程/擦除周期结束的这一段时间，在写周期时间内，总线接口电路禁止，SDA 引脚保持为高电平，器件不响应外部操作。

这么说来，读写数据之所以不一致，有可能是写得"太快"了，前一个数据写入后，AT24C02 芯片内部正处于"忙碌"状态(也就是将写入数据"搬移"到非易失区域)，此时又写入了一个数据，就可能造成写入失败，最终导致了读写数据不一致的情况。应该怎么解决这个问题？可以在写入一个数据字节后延时一段时间，等待 AT24C02 芯片"忙碌"完毕之后再去写入下一数据字节。这个延时时间取多少合适呢？

通过查询 AT24C02 芯片的数据手册，可以发现该芯片的"写周期时间"是低于 10ms 的。可以在 AT24Cxx_WriteNByte()函数末尾处的"I2C_STOP();"语句之后添加"delay(50)"语句，以实现单字节数据写入后的延时等待，改动后的 AT24Cxx_WriteNByte()函数结构如下。

```
void AT24Cxx_WriteNByte(u8 * BUF,u8 ADDR,u8 LEN)
{
    ...(此处省略具体程序语句)
    I2C_STOP();              //产生 I2C 通信终止信号
    delay(50);               //延时等待 AT24C02 度过"写周期时间"
}
```

修正了相关函数之后,将程序重新编译后下载到单片机中并运行,打开 PC 上的串口调试助手并复位单片机芯片,第二次实测得到了如图 16.43 所示效果。

图 16.43 写入正常时的串口打印信息

看到这个实测图,我们的心里总算是有了一丝"欣慰",通过这次排错也引发了我们的一些思考。修改后的多字节数据写入函数每执行一次,就必须要经历起始信号、从机寻址、指定欲写入地址、写入数据、终止信号和延时(延时的目的是度过 AT24C02 芯片的"写周期时间"。特别要注意:不同厂家的 AT24Cxx 芯片的写周期时间还不太一样,对于同一个程序而言,不同厂家、不同批次的芯片可能会有运行差异,这时候就应该取一个比较合理的写周期时间长度,以保障数据写入的有效性),这个过程比较耗时,每次写入都要等待,写入数据比较少的时候还体会不到有什么差别,写入的数据一旦变多,写入的时间就变得很长了,看来这种方法也有局限。

16.4.7 进阶项目 C 页写入 AT24C02 实验

通过进阶项目 B,我们了解了多字节读写 AT24C02 芯片的过程和方法,这种方法必须要经历多次起始信号、从机寻址、指定欲写入地址、写入数据、终止信号和延时(延时是为了度过 AT24C02 芯片的"写周期时间"),整体写入速度较低,方法上存在局限性。

有没有一种比较快速的方法实现数据的连续写入呢?答案是肯定的。Atmel 公司在 AT24Cxx 系列芯片中内置了"页缓冲器",之前也提到过,只是当时的我们并不知道这个单元有什么具体的作用。所谓"页",就是对写入数据进行"组织",不是用"字节写入模式"的方法,而是把数据组合成以"页"为单位的整体,一次性地写入一页,一整页的"写周期时间"与单独写入一个数据的"写周期时间"是一致的,这样一来就明显提升了写入速度和效率。

在本项目中依然使用基础项目 A 的硬件电路,仍然选择 AT24C02 作为实操对象,选择 STC8H8K64U 单片机作为主控制器,项目的区别只是修改了软件程序。在程序中需要编写一个 AT24Cx 页写入函数 AT24Cxx_Write_PAGE(u8 * BUF,u8 ADDR,u8 LEN),该函数具备三个形式参数,第一个形式参数"BUF"是数据指针,用来指向一个欲写入数据的起始地址,在实际的程序中该指针指向了 Write_AT24Cxx_DAT[5]数组的首地址。为什么要指向该数组呢?原因很简单,这个数组中所存放的内容就是欲写入 AT24C02 芯片的数据。第二个形式参数"ADDR"是欲写入地址,这个地址是主机定义的,也就是"告诉"AT24C02 芯片,数据是从"哪里开始写"。第三个形式参数"LEN"是欲写入数据的长度,这个"长度"是用来"告诉"AT24C02 芯片,数据要"写多少个"。

这三个形式参数的概念和名称与我们在实践项目 A 中学习的 AT24Cxx_WriteNByte(u8 * BUF,
u8 ADDR,u8 LEN)函数是一致的，但是两个函数内部的具体实现是完全不同的。页写入模式只需
要经历一次起始信号、从机寻址、指定欲写入地址和终止信号。在整个过程中，写入数据的次数等
于欲写入 AT24C02 芯片的数据个数，写入过程中也不需要进行延时(度过 AT24C02 芯片的"写周
期时间")，所以这种方式的速度很快。

　　理清了思路，程序就好写了，利用 C51 语言编写的具体程序实现如下。

```
//芯片型号：STC8H8K64U(程序微调后可移植至 STC8A/F/C/G/H 系列单片机)
//时钟说明：单片机片内高速 24MHz 时钟
/ ************************************************************ /
# include "STC8H. h"                          //主控芯片的头文件
# include "stdio. h"                           //需要使用 printf()函数故而包含该头文件
# include "string. h"                          //需要使用 memcmp()函数故而包含该头文件
/ ********************** 常用数据类型定义 ********************** /
【略】为节省篇幅,相似定义参见相关章节或源码工程即可
/ ********************** 端口/引脚定义区域 ********************** /
sbit   SDA = P1^4;                            //I2C 串行数据线
sbit   SCL = P1^5;                            //I2C 串行时钟线
/ ********************** 用户自定义数据区域 ********************** /
# define   SYSCLK 24000000UL                  //系统时钟频率值
# define   BAUD_SET  (65536 - SYSCLK/9600/4)  //波特率设定与计算
static   u16 Read_AT24Cxx_DAT[5];             //定义读出数据存放数组
static   u16 Write_AT24Cxx_DAT[5] = {0x01,0x02,0x03,0x04,0x05};
//定义写入数据存放数组
/ ********************** 函数声明区域 ********************** /
void delay(u16 Count);                        //延时函数
void UART1_Init(void);                        //串口1初始化函数
void U1SEND_C(u8 SEND_C);                     //串口1发送单字符数据函数
char putchar(char ch);                        //发送字符重定向函数
void I2C_Init(void);                          //I2C 初始化函数
void I2C_START(void);                         //I2C 总线起始信号配置函数
void I2C_STOP(void);                          //I2C 总线终止信号配置函数
u8 I2C_Write8Bit(u8 DAT);                     //I2C 总线单字节数据写入函数
u8 I2C_Read8BitNACK(void);                    //单字节数据读出(发送无应答)函数
u8 I2C_Read8BitACK(void);                     //单字节数据读出(发送应答)函数
void AT24Cxx_ReadNByte(u8 * BUF, u8 ADDR,u8 LEN);   //AT24Cxx 读出多字节函数
void AT24Cxx_Write_PAGE(u8 * BUF, u8 ADDR,u8 LEN);  //AT24Cx 页写入函数
/ ********************** 主函数区域 ********************** /
void main(void)
{
    u16 i;                                    //定义变量 i 用于控制循环次数
    I2C_Init();                               //I2C 初始化
    UART1_Init();                             //串口1初始化
    delay(200);                               //延时等待初始化完成
    printf("| ********************************************* |\r\n");
    printf("| ********** Page Write AT24C02 experiment ********** |\r\n");
    printf("| ********************************************* |\r\n");
    AT24Cxx_Write_PAGE((u8 * )Write_AT24Cxx_DAT,0x01,sizeof(Write_AT24Cxx_DAT)/2);
    //页写入数据
    printf("|【System】:Data being Serially Written...\r\n");
    //正在连续写入以下数据…
    for(i = 0;i < sizeof(Write_AT24Cxx_DAT)/2;i++)  //连续写入数据
        {printf("|[ % d]:0x0 % x\r\n",i,i,Write_AT24Cxx_DAT[i]);}
    printf("|[System]:Writing OK,Enter Error checking...\r\n");
    //写入完毕,进入查错阶段
    AT24Cxx_ReadNByte((u8 * )Read_AT24Cxx_DAT,0x01,sizeof(Read_AT24Cxx_DAT)/2);
```

```
        printf("|[System]:Data being Read continuously...\r\n");
        //正在连续读取以下数据
        for(i = 0;i < sizeof(Read_AT24Cxx_DAT)/2;i++)   //连续读取数据
            {printf("|[%d]:0x0%x\r\n",i,i,Read_AT24Cxx_DAT[i]);}
        printf("|【System】:Comparing correctness of the Data...\r\n");
        //系统正在比对写入/读出数据的正确性
        if(!memcmp(Write_AT24Cxx_DAT,Read_AT24Cxx_DAT,sizeof(Read_AT24Cxx_DAT)/2))
            printf("|【System】:Read Data = Write Data, Good!\r\n");
            //数据读写比对一致
        else
            printf("|【System】:Read Data!= Write Data, Error!\r\n");
            //数据读写比对异常
        printf("|********************************************* |\r\n");
        while(1);                                    //死循环,程序"停止"
}
/ ***************************************************************** /
//AT24Cx 页写入函数 AT24Cxx_Write_PAGE(),有形参 BUF,ADDR 和 LEN
//BUF 是数据指针,ADDR 为页起始写入地址,LEN 为欲写入数据长度,无返回值
/ ***************************************************************** /
void AT24Cxx_Write_PAGE(u8 * BUF,u8 ADDR,u8 LEN)
{
    while(LEN > 0)                               //如果欲写入数据长度不为 0
    {
        do
        {
            I2C_START();                        //产生 I2C 通信起始信号
            if(I2C_Write8Bit(0xA0))             //写入(器件地址 + 写)指令
                {I2C_STOP();}                   //产生 I2C 通信终止信号
            break;
        }while(1);                              //若能跳出 while(1)循环说明寻址成功
        I2C_Write8Bit(ADDR);                    //写入欲写入数据的地址
        while(LEN > 0)                          //如果欲写入数据长度不为 0
        {
            I2C_Write8Bit( * BUF++);            //写入单字节数据(数据指针后自增)
            LEN -- ;                            //数据长度 LEN 递减
            ADDR++;                             //写入地址递增
            if((ADDR&0x07) == 0)                //如果数据等于或大于 8 个则一页写满
                {break;}                        //跳出 while 循环否则继续写
        }
        I2C_STOP();                             //产生 I2C 通信终止信号
        delay(50);                              //延时等待
    }
}
/ ***************************************************************** /
```
【略】为节省篇幅,相似函数参见相关章节源码即可
```
void delay(u16 Count){}                          //延时函数
void I2C_Init(void){}                            //I2C 初始化函数
void I2C_START(void){}                           //I2C 总线起始信号配置函数
void I2C_STOP(void){}                            //I2C 总线终止信号配置函数
u8 I2C_Write8Bit(u8 DAT){}                       //I2C 总线单字节数据写入函数
void UART1_Init(void){}                          //串口 1 初始化函数
void U1SEND_C(u8 SEND_C){}                       //串口 1 发送单字符数据函数
char putchar(char ch){}                          //发送字符重定向函数
u8 I2C_Read8BitNACK(void);                       //单字节数据读出(发送无应答)函数
void AT24Cxx_ReadNByte(u8 * BUF, u8 ADDR,u8 LEN);  //AT24Cxx 读出多字节函数
```

通读程序会发现,函数声明区域的绝大部分函数都是我们的"老朋友",唯一的一个"新面孔"就是页写入函数 AT24Cxx_Write_PAGE()。分析该函数的实现,进入函数之后首先是产生起始信

号，然后寻址从机，如果寻址成功就跳出 while(1)循环。然后进入了一个 while(LEN>0)循环体，该循环体非常重要，循环内先将单个数据写入，然后长度变量"LEN"进行减 1 操作，地址变量"ADDR"进行加 1 操作，然后执行"if((ADDR&0x07)==0)"语句。这个语句十分巧妙，如果"ADDR"地址数值等于或者大于 8 时 if()条件为真，这时候就会执行"break"语句，反之一直执行while(LEN>0)循环体，直到长度变量"LEN"不满足"LEN>0"的条件为止。有的读者朋友要问了，为什么循环次数要小于 8 次呢？这是因为本项目中所使用的 AT24C02 芯片的"页缓冲器"最多允许写入 8B 数据，所以说具体的循环次数和实际使用的芯片有关。while(LEN>0)循环体每执行一次，长度变量"LEN"就减 1，当长度变量"LEN"不满足"LEN>0"的条件时就会跳出 while(LEN>0)循环体，执行"I2C_STOP()"语句，此时页写入过程就结束了。

弄明白了页写入函数 AT24Cxx_Write_PAGE()之后，整个项目的程序对于我们来说就没有什么难点了。接下来，我们梳理一下整个程序的脉络。从主函数开始看起，程序进入主函数之后首先定义了相关变量，随后初始化了 I2C 和串口资源，接下来就利用串口打印了项目标题和相关提示信息，然后执行了页写入函数：

```
AT24Cxx_Write_PAGE(Write_AT24Cxx_DAT,0x01,sizeof(Write_AT24Cxx_DAT));
```

页写入数据完成之后打印了相关写入信息和系统提示信息，然后执行了连续读取数据的函数语句：

```
AT24Cxx_ReadNByte(Read_AT24Cxx_DAT,0x01,sizeof(Read_AT24Cxx_DAT));
```

该语句执行完毕之后，再使用 C 语言库函数中的 memcmp()函数对 Write_AT24Cxx_DAT[]数组和 Read_AT24Cxx_DAT[]数组中的内容进行比对，最后根据 memcmp()函数的返回值打印出不同的提示信息，调用 memcmp()函数及返回值判断的相关语句如下。

```
if(!memcmp(Write_AT24Cxx_DAT,Read_AT24Cxx_DAT,sizeof(Read_AT24Cxx_DAT)))
    printf("|【System】:Read Data = Write Data, Good!\r\n");
else
    printf("|【System】:Read Data!= Write Data, Error!\r\n");
```

理清了主函数的执行过程之后，我们将程序编译后下载到单片机中并运行，得到的串口打印信息和进阶项目 B 中如图 16.43 所示的串口打印信息是一致的。说到这里，本项目是不是该圆满结束了？其实不然，我们说过多个数据的"字节写入模式"速度较慢，"页写入模式"速度较快，实际情况是不是如此呢？为了让读者朋友们信服，小宇老师必须拿出"证据"。

我们将逻辑分析仪的 CH0 通道连接到了 AT24C02 芯片的 SDA 引脚，将 CH1 通道连接到了AT24C02 芯片的 SCL 引脚，然后再将逻辑分析仪的电源地与本项目电路中的电源地进行"共地"处理。此时将进阶项目 B 的多字节读写 AT24C02 实验程序编译后下载到单片机中并运行，同时打开逻辑分析仪上位机软件开始捕获，此时按下单片机系统的复位键，捕获得到的通信时序如图 16.44 所示。

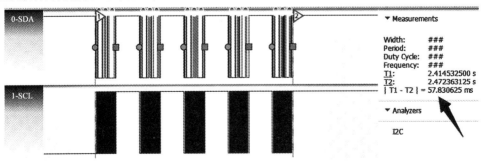

图 16.44　进阶项目 B"字节写入模式"下的时序

分析图 16.44,我们向 AT24C02 芯片中连续写入了 5B 的数据,采用了"字节写入模式"的方法,从通信开始到结束的整个过程中经历了 5 次起始信号、从机寻址、指定欲写入地址、写入数据、终止信号和延时的过程,整体写入速度较低,图中 SDA 线路的 5 次电平跳变区域就是 5 次数据写入的过程,SCL 线路的 5 次时钟(由于串行时钟一直在跳变,所以在图中只能看到 5 个"黑块")如图 16.44 中下半部分 CH1 通道采集的电平所示。

经过逻辑分析仪的辅助测量,从第一次数据写入到最后一次数据写入一共花费了 57.830 625ms,这个时间比较长。现在将进阶项目 C 的页写入 AT24C02 实验程序编译后下载到单片机中并运行,同时打开逻辑分析仪上位机软件开始捕获,此时按下单片机系统的复位键,捕获得到的通信时序如图 16.45 所示。

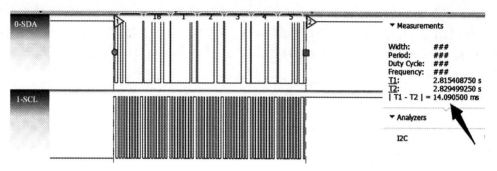

图 16.45　进阶项目 C"页写入模式"下的时序

分析图 16.45,该时序是采用了"页写入模式"。该方式下只有 1 次起始信号、从机寻址、指定欲写入地址和终止信号。在 SDA 线路上的小圆圈就是"起始信号",在电平末尾的小方块就是"终止信号",在整个写入过程中没有明显的分隔,写入过程中也不需要进行延时(渡过 AT24C02 芯片的"写周期时间"),经过逻辑分析仪的辅助测量,从第一次数据写入到最后一次数据写入一共花费了 14.090 500ms,这个时间比较短。通过分析,很容易看出图 16.44 和图 16.45 有着明显的区别,所以"页写入模式"的速度很快,整体耗时少。

说到这里,本章的相关知识就讲述完毕了,章节虽然写完了,探索的路才刚刚开始! I^2C 通信是非常重要的,我们在后续的项目开发中一定会用到,AT24Cxx 芯片也是常用的 EEPROM 存储器件,我们也要完全掌握其运用。I^2C 不是初学者的"坎儿",我们也不用无限放大它在我们心中的"阴影",如果我们静下心来,理清了通信过程,玩转了代表型器件,同样接口的相关器件就能触类旁通。万事开头难,一回生二回熟,三回四回没感觉,五回六回 So easy!

第17章

"信号量化翻译官"模数转换器运用

章节导读：

本章将详细介绍STC8系列单片机的A/D模数转换器原理及应用,共分为4节。17.1节讲解了电信号的分类和作用,让读者朋友们了解模拟信号与数字信号如何互相转换,从而引出本章"主角";17.2节主要讲解STC8系列单片机A/D资源及运用,对相关指标和寄存器配置展开讲解,还引入了查询法和中断法下的ADC结果转换串口打印实验;17.3节提出了A/D系统设计时必须要考虑和注意的可靠性和精准度问题,从供电及基准电压、采样前端电路滤波、分压、负压处理、采样数据软件滤波等方面进行了讲解;17.4节引入了两个进阶项目,在进阶项目A中实测了外部电压,对采集的电压值进行功能扩充,显示电压等级和状态。在进阶项目B中引入了"一线式"A/D矩阵键盘,活学活用判定键值。本章内容需要读者朋友们熟练掌握,为实际项目研发做好基础铺垫。

17.1 表达消息的"电信号"

不知不觉又到了新的一章,本章将学习STC8系列单片机的模/数转换资源(即A/D转换),将外部的模拟电压转换为数字信号后,供STC8系列单片机进行处理,以便单片机能"感知"到外部"消息"。

回顾所学,在单片机应用系统中离不开软硬件设计,那么在硬件电路中传递的究竟是些什么内容呢? 这就是本节的主角"电信号"。

要想理解电信号,首先要搞清信号的本质。简单地说,信号就是一种反映消息的物理量,比如我们说话时传输的语音信号,农业大棚里通过传感器采集的温度、湿度、二氧化碳浓度等参量,又或者工业控制中的电机转速、液/气压力、液/气流量、物体重量等,这些都是信号。信号就是一种消息的表现形式。如图17.1所示,信号的形式非常多,从不同的角度去划分就可以得到不同的分类。

要想传递信号、获取信息就必须要有表达信息的手段,例如,在"电子世界"中就可以通过各种相关的传感器把非电信号转换为电信号(比如用驻极体器件把声音信号变为电信号,用应变电桥把重量

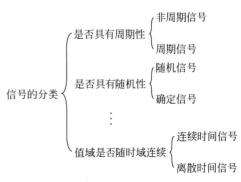

图17.1 信号的众多分类

信号变为电信号,用气体传感器把特定气体浓度变为电信号等),信息便可以通过电信号进行传送、交换、存储和提取。微控制器接收和处理这些电信号后才能"感知"信息做出回应。

举个例子,假设我们要获取电机的转速,可以在电机上添加联轴器和增量式旋转编码器,将电机的运转状态"表达"为连续的电平脉冲信号传送到单片机中,单片机就能接收脉冲并根据脉冲数量和脉冲宽度计算出转速。

又比如我们想要处理声音信号,可以用驻极体将声音信号转换为随时间连续变化的电压信号,再将其进行放大、滤波、去除环境底噪等处理,最后进行模/数转换(即 A/D 转换,这样的转换单元也简称为 ADC 单元),将转换后得到的数字信号送到单片机中进行处理或存储即可。

17.1.1 模拟信号

在电子电路中,通常根据信号值域是否随时域连续变化的特征将相关信号区分为模拟信号和

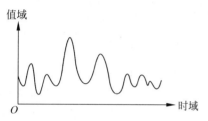

图 17.2 模拟信号数值变化曲线

数字信号。如图 17.2 所示,模拟信号是一种数值在时域上连续变化的信号。从电学角度去看,这种信号的幅度和相位是连续变化的,所以很多文献上也将其称为"连续信号"。我们熟悉的正弦波信号、声音信号、压力信号、手机天线部分的电磁信号等都属于此类信号,很多传感器输出的 4~20mA 电流信号、0~5V 电压信号、0~10V 电压信号也都是模拟信号。

习惯性地,我们把这种物理量称为"模拟量",表示模拟量的电信号称为"模拟电信号",工作运行在这种信号下的电子电路称为"模拟电子电路"。

用热电偶来举例,热电偶可以用来测量物体温度,其原理是将温度信号转换为电压或者电流信号,由于环境温度不会突变,所以得到的电压或者电流信号在时间域上就有连续性,每个时刻都代表一个具体的模拟量取值,通过温度与电信号的转换关系就可以通过对模拟量的测定和量化反映得到环境温度值。

17.1.2 数字信号

在我们熟悉的单片机信号处理中,大多都是数字信号,也就是我们通常所说的高低电平信号。如图 17.3 所示,数字信号是一种数值在时域上离散变化的信号,例如数字脉冲信号。

这类信号的变化可以是突变的,在时间域上离散分布(数值并非连续变化)。习惯性地,我们称这种物理量为"数字量",表示数字量的电信号称为"数字电信号",工作运行在这种信号下的电子电路称为"数字电子电路"。

需要注意的是,数字信号的数值变化都是基于一个最小数量单位的整数倍的,如果取值小于这个最小数值单位就没有物理意义了。用飞机场安检计数装置来举例,一个安检通道中来往的人数是随机的,计数对象是通过通道的人数,这个人数的最小单位就是 1 个人,很显然,通过的人

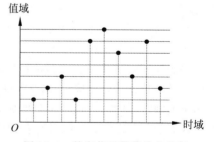

图 17.3 数字信号数值分布特征

数必须是 1 的整数倍,不能出现安检通过了 3.75 个人,这个 0.75 个人就显得"诡异"了,所以不是 1 的整数倍的统计结果对于该系统来说是无效的、无意义的。

17.1.3 A/D 转换与 D/A 转换

由于模拟信号和数字信号在本质上是有区别的,所以不能简单地做混合和处理。这就为不同

系统的"对接"带来了难题。基于这样的原因,人们开始研究这两种信号的相互转换。

为了使数字电路能处理模拟信号,就必须将模拟信号进行采集和转换,将其变成数字信号之后再送入数字电路系统中,我们将实现模拟信号到数字信号转换的单元称为 A/D 转换单元(Analog to Digital)。常见的 A/D 转换器有两种类型,一种是直接采样模拟信号,将模拟电信号转换为数字信号送入处理器处理;另一种是把模拟信号进行间接转换后,得到中间参量再进行转换处理,例如,将模拟电压信号间接转换为频率信号或者是电流信号,然后再进行下一步的数字转换。常见的 A/D 转换器有并联比较型 A/D 转换器、逐次逼近型 A/D 转换器、V-F 变换型 A/D 转换器、双积分型 A/D 转换器等,不同类型的转换器内部构成不同,各有特点和适用,朋友们可以自行展开,相关的理论知识可参考《数字电子技术》类书籍。

为了使模拟电路能处理数字信号,就必须将数字信号转换为模拟信号,然后输出至模拟电路系统中,我们将实现数字信号至模拟信号转换的单元称为 D/A 转换单元(Digital to Analog)。常见的 D/A 转换器有权电阻网络 D/A 转换器、倒 T 型电阻网络 D/A 转换器、权电容网络 D/A 转换器、权电流型 D/A 转换器、开关树结构型 D/A 转换器等,不同类型的转换器构成原理不同,各有特点,读者朋友可自行展开深入学习。

对于 A/D 转换器和 D/A 转换器来说,有非常多的指标去衡量转换的综合性能,其中,转换分辨率位数和转换速度是用户在转换器选型时比较关心的,当然,很多用户在具体选型时还会注重转换器的供电电压、通信方式、通道数量、工作温度范围、工作模式、芯片的封装或者厂家等。

说了这么多,转换器具体用在哪里呢? 在我们的生活中常见吗? 我们一起看看图 17.4,小宇老师以随身携带的手机作场景,对转换器的应用加以说明。

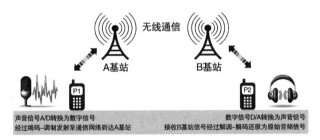

图 17.4 手机通讯过程中的信号转换

在场景图中手机终端 P1 为发出语音通话请求的一端,输入的声音信号是由手机中的驻极体、受话器等传感器转换得到的模拟电压信号,在建立通话前需要启用 A/D 转换功能将声音电压信号转换为数字信号,得到数字信号之后再送到 P1 手机的核心处理器中进行数字编码和信号调制,然后通过无线信道发射至通信网络,最终到达邻近的基站 A。

基站 A 会将 P1 终端的通话请求通过无线方式传递给基站 B,基站 B"找到"接收终端 P2 后再将接收到的信号进行解调和数字解码,P2 手机通过 D/A 转换器将接收到的数字信号还原为原始音频信号,再经过相关电路(如音频功率放大电路)后驱动发声器件(如扬声器)进行播报发声,至此 P1 和 P2 手机才完成了语音通话过程。

在生活中,A/D 转换和 D/A 转换的应用可远不止手机通话,比如我们平常使用的"声卡"就是一块高速度、高分辨率、高性能的 A/D 和 D/A 转换系统,麦克风的语音输入过程需要 A/D 转换,播放音乐的输出过程又需要 D/A 转换。又如我们家里的智能电饭锅、煲汤锅、煮茶器、酸奶机,只要是涉及温度和功率控制的数控设备,都离不开 A/D 和 D/A 转换,在这些设备中首先利用温度传感器将温度物理量转换为电信号,再用 A/D 转换得到数字信号并送给微处理器处理,经过闭环算法和闭环控制(这些自动控制设备中经常用到 PID 算法,感兴趣的朋友可以扩展研究,非常有必要去学习这一块的内容),输出功率控制信号,最后改变电热丝的通断状态或工作电压,从而形成温度与功率控制的"智能化"系统,也就是厂商宣传时所说的"微计算机、高科技控制"。当实际温度达到设定温度后,设备会自动断开电热丝,温度降低后,控制核心又会及时"感知"温度变化,利用闭环控制达到恒温,此类设备中的恒温、加热、预约、挡位调整、防干烧功能都是需要单片机去参与控制的。

17.2　A/D 资源介绍及运用

在中高端单片机芯片中,片上 A/D 资源很常见,不同厂家单片机的 A/D 资源在模拟通道数量、分辨率位数、转换速度、转换模式等方面存在较大差异。我们在进行 A/D 指标选型时重点会看"分辨率位数"和"转换速度"这两个指标。

先来说说"分辨率位数"指标,该指标在一定程度上反映了 A/D 资源的转换"细度"和"精度"等级。以 STC8H 系列单片机为例,该系列单片机的内部就集成了一个 10/12 位多通道的高速 A/D 转换器(注意:STC8H1K28、STC8H1K08 等系列单片机内部集成了一个 10 位高速 A/D 转换器,STC8H3K64S4、STC8H3K64S2、STC8H8K64U、STC8H2K64T 等系列单片机内部集成了一个 12 位高速 A/D 转换器)。

再来看看"转换速度"指标,在 STC8H 系列单片机中,ADC 单元的时钟频率是可以灵活调配的(支持 $f_{\text{SYSCLK}}/2/1 \sim f_{\text{SYSCLK}}/2/16$ 范围调整)。该系列 12 位 ADC 的时钟频率最大可达 800k(即每秒钟可以进行 80 万次 A/D 转换),该系列 10 位 ADC 的时钟频率最大可达 500k(即每秒钟可以进行 50 万次 A/D 转换)。从数据上看,STC8H 系列单片机的 ADC 单元还是挺不错的,可以满足一般要求。

除了以上两个指标外,ADC 资源还有其他的指标项。STC8H 系列单片机 10 位 ADC 资源的常规指标参数如表 17.1 所示,该系列单片机 12 位 ADC 资源的常规指标参数如表 17.2 所示,朋友们可以大致浏览一下,对参数名称和参数范围做个了解,增加知识面,便于日后的参数选型(各类专用 ADC 芯片的指标项也是类似的)。

表 17.1　STC8H 系列单片机 10 位 ADC 指标参数表

参　数	参　数　描　述	最小值	典型值	最大值	单位
RES	分辨率	—	10	—	b
E_T	整体误差	—	1.3	3	LSB
E_O	偏移误差	—	0.3	1	LSB
E_G	增益误差	—	0	1	LSB
E_D	微分非线性误差	—	0.7	1.5	LSB
E_I	积分非线性误差	—	1	2	LSB
R_{AIN}	通道等效电阻	—	∞	—	Ω
R_{ESD}	采样保持电容前串接的抗静电电阻	—	700	—	Ω
C_{ADC}	内部采样保持电容	—	16.5	—	pF

表 17.2　STC8H 系列单片机 12 位 ADC 指标参数表

参　数	参　数　描　述	最小值	典型值	最大值	单位
RES	分辨率	—	12	—	b
E_T	整体误差	—	0.5	1	LSB
E_O	偏移误差	—	-0.1	1	LSB
E_G	增益误差	—	0	1	LSB

续表

参　　数	参 数 描 述	最小值	典型值	最大值	单位
E_D	微分非线性误差	—	0.7	1.5	LSB
E_I	积分非线性误差	—	1	2	LSB
R_{AIN}	通道等效电阻	—	∞	—	Ω
R_{ESD}	采样保持电容前串接的抗静电电阻	—	700	—	Ω
C_{ADC}	内部采样保持电容	—	16.5	—	pF

　　我们以 LQFP64 封装形式的 STC8H8K64U 型号单片机为例,该单片机支持 15 路模拟电压输入到 ADC 单元,即 14 路引脚电压(P1.0～P1.1、P5.4、P1.3～P1.7、P0.0～P0.6 引脚)和 1 路芯片内部测试电压(需要特别注意:ADC 的第 15 路模拟电压输入通道只能用于检测芯片内部测试电压,这个电压值是固定的,芯片出厂时已校准为 1.19V,但由于制造误差和测量误差,实际的电压值有 ±1% 的误差)。该单片机还有一个专门的 ADC 参考电压输入引脚 ADC_VRef+(这个引脚在 STC8H 系列中很常见,几乎每个型号都有),在实际搭建单片机核心电路时千万不能悬空这个引脚,可以将其连到 VCC(适用于对 ADC 转换精度要求不高的场合)或者是接到外部电压基准源电路上(适用于对 ADC 转换精度要求较高的场合)。

17.2.1　A/D 资源配置流程

　　STC8H 系列单片机与 ADC 资源相关的寄存器共有 5 个,即 ADC 控制寄存器、ADC 转换结果高位寄存器、ADC 转换结果低位寄存器、ADC 配置寄存器和 ADC 时序控制寄存器。相关寄存器的名称及功能如图 17.5 所示。

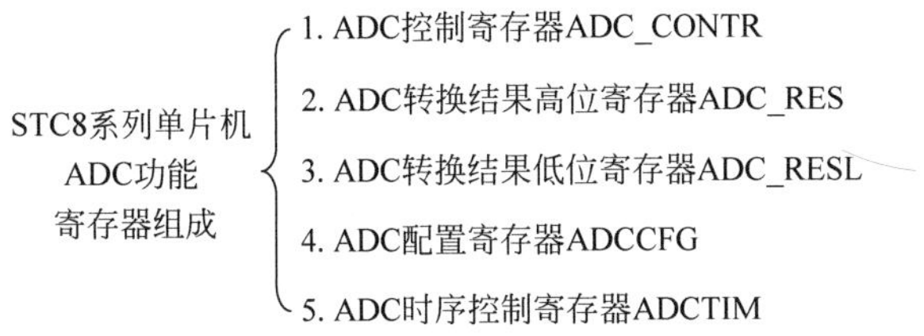

图 17.5　ADC 资源相关寄存器名称及功能

　　学习 STC8H 系列单片机 ADC 资源之前也要提出一些问题,带着问题去学习效率最高,也能把零碎的知识点进行思维串联,小宇老师向大家提出以下疑问。

　　问题 1:ADC 资源如何使能、转换?

　　问题 2:转换的是哪个引脚上的电压?

　　问题 3:ADC 转换结果有 10 位或 12 位,一个寄存器肯定装不下,难道需要两个寄存器来装?两个寄存器合在一起就有 16 位,怎么装呢?

　　问题 4:如何利用 ADC 转换结果得到输入电压?

　　问题 5:ADC 转换时钟频率怎么调节?

　　问题 6:ADC 转换过程是怎样的?

　　问题 7:ADC 转换时序中的相关时间怎么调整呢?

　　问题 8:ADC 转换速度怎么计算?

　　接下来我们逐一对问题进行解答,第 1 个问题和第 2 个问题都涉及 ADC 控制寄存器 ADC_CONTR 的相关位,所以先学习这个寄存器,该寄存器相关位定义及功能说明如表 17.3 所示。

表 17.3 STC8H 系列单片机 ADC 控制寄存器

ADC 控制寄存器（ADC_CONTR）						地址值：（0xBC）$_H$	
位 数	位 7	位 6	位 5	位 4	位 3	位 2	位 1	位 0
位名称	ADC_POWER	ADC_START	ADC_FLAG	ADC_EPWMT	ADC_CHS[3:0]			
复位值	0	0	0	0	0	0	0	0
位 名	位含义及参数说明							

ADC_POWER 位 7	ADC 电源控制位 当单片机进入待机/空闲模式（即 IDLE 模式）和掉电模式（即 PD 模式）前，可以把该位清零以进一步降低系统功耗	
	0	关闭 ADC 电源
	1	打开 ADC 电源

ADC_START 位 6	ADC 转换启动控制位	
	0	对 ADC 无影响，即使 ADC 已经开始转换，写 0 也不会让转换停止
	1	开始 ADC 转换，转换完成后由硬件自动将该位清零

ADC_FLAG 位 5	ADC 转换结束标志位	
	0	无转换动作
	1	ADC 完成了一次转换，该位被硬件自动置"1"并向 CPU 提出中断请求，该标志位必须用软件手动清零

ADC_EPWMT 位 4	PWM 实时触发 ADC 功能使能位	
	0	禁止 PWM 实时触发 ADC 功能
	1	使能 PWM 实时触发 ADC 功能

ADC_CHS [3:0] 位 3:0	ADC 模拟通道选择位			
	0000	ADC 通道为 P1.0 引脚	0001	ADC 通道为 P1.1 引脚
	0010	ADC 通道为 P5.4 引脚	0011	ADC 通道为 P1.3 引脚
	0100	ADC 通道为 P1.4 引脚	0101	ADC 通道为 P1.5 引脚
	0110	ADC 通道为 P1.6 引脚	0111	ADC 通道为 P1.7 引脚
	1000	ADC 通道为 P0.0 引脚	1001	ADC 通道为 P0.1 引脚
	1010	ADC 通道为 P0.2 引脚	1011	ADC 通道为 P0.3 引脚
	1100	ADC 通道为 P0.4 引脚	1101	ADC 通道为 P0.5 引脚
	1110	ADC 通道为 P0.6 引脚	1111	内部参考电压 1.19V

第 1 个问题是问：ADC 资源如何使能、转换？这涉及 ADC_POWER 位 ADC_START 位，若用户需要用 C51 语言编程配置 ADC 资源上电且开始转换，可编写如下语句。

```
ADC_CONTR| = 0x80;                    //打开 ADC 电源
ADC_CONTR| = 0x40;                    //启动 ADC 转换
```

第 2 个问题是问：转换的是哪个引脚上的电压？这就需要我们配置 ADC_CHS[3:0]组合位，这个组合位由 4 个二进制位组成，那就有 16 种取值。若用户需要用 C51 语言编程配置 P1.0 引脚为模拟电压输入通道，可编写如下语句。

```
//配置 P1.0 为高阻输入模式
P1M0& = 0xFE;                         //P1M0.0 = 0
P1M1| = 0x01;                         //P1M1.0 = 1
ADC_CONTR& = 0xF0;                    //将 ADC_CHS[3:0]配置为"0000"
```

朋友们在选定模拟输入通道时要注意：被选择的通道 I/O 口应配置为高阻输入模式（这样一

来就不存在拉电流和灌电流的影响,就能更加真实地反映出引脚上的实际电压)。在实际应用中,如果单片机处于掉电或时钟停振模式下,仍需要使能 ADC 通道,则需配置相关通道 I/O 端口的 PxIE 寄存器,关闭数字输入功能,以防止外部模拟电压忽高忽低对单片机产生影响引起额外功耗。

　　我们接着解决第 3 个问题的"前半部分",即 ADC 转换结果有 10 位或 12 位,一个寄存器肯定装不下,难道需要两个寄存器来装?确实,ADC 的转换结果是用两个寄存器来存放(即转换结果高位寄存器 ADC_RES 和转换结果低位寄存器 ADC_RESL),这两个寄存器的相关位定义及功能说明如表 17.4 和表 17.5 所示。

表 17.4　STC8H 系列单片机 ADC 转换结果寄存器

ADC 转换结果寄存器(高位)(ADC_RES)							地址值:$(0xBD)_H$	
位　数	位 7	位 6	位 5	位 4	位 3	位 2	位 1	位 0
位名称	ADC_RES[7:0]							
复位值	0	0	0	0	0	0	0	0

ADC 转换结果寄存器(低位)(ADC_RESL)							地址值:$(0xBE)_H$	
位　数	位 7	位 6	位 5	位 4	位 3	位 2	位 1	位 0
位名称	ADC_RESL[7:0]							
复位值	0	0	0	0	0	0	0	0
位　名	位含义及参数说明							
ADC_RES ADC_RESL 位 15:0	当 A/D 转换完成后,10 位或 12 位(具体要看我们用的是什么型号的单片机芯片,型号不同则分辨率指标也不同)的转换结果会自动保存到 ADC_RES 和 ADC_RESL 寄存器中							

表 17.5　STC8H 系列单片机 ADC 配置寄存器

ADC 配置寄存器(ADCCFG)							地址值:$(0xDE)_H$	
位　数	位 7	位 6	位 5	位 4	位 3	位 2	位 1	位 0
位名称	—	—	RESFMT	—	SPEED[3:0]			
复位值	x	x	0	x	0	0	0	0
位　名	位含义及参数说明							
RESFMT 位 5	ADC 转换结果格式控制位							
	0	转换结果左对齐						
	1	转换结果右对齐						
SPEED [3:0] 位 3:0	ADC 时钟频率控制位,计算方法:$f_{ADC} = f_{SYSCLK}/2/SPEED[3:0]+1$							
	0000	$f_{ADC} = f_{SYSCLK}/2/1$		0001	$f_{ADC} = f_{SYSCLK}/2/2$			
	0010	$f_{ADC} = f_{SYSCLK}/2/3$		0011	$f_{ADC} = f_{SYSCLK}/2/4$			
	0100	$f_{ADC} = f_{SYSCLK}/2/5$		0101	$f_{ADC} = f_{SYSCLK}/2/6$			
	0110	$f_{ADC} = f_{SYSCLK}/2/7$		0111	$f_{ADC} = f_{SYSCLK}/2/8$			
	1000	$f_{ADC} = f_{SYSCLK}/2/9$		1001	$f_{ADC} = f_{SYSCLK}/2/10$			
	1010	$f_{ADC} = f_{SYSCLK}/2/11$		1011	$f_{ADC} = f_{SYSCLK}/2/12$			
	1100	$f_{ADC} = f_{SYSCLK}/2/13$		1101	$f_{ADC} = f_{SYSCLK}/2/14$			
	1110	$f_{ADC} = f_{SYSCLK}/2/15$		1111	$f_{ADC} = f_{SYSCLK}/2/16$			

　　细心的朋友可能会考虑这个问题:两个寄存器合在一起就有 16 位,怎么装呢?这也就是第 3 个问题的"后半部分"。两个 8 位的寄存器合起来确实有 16 位,但是我们的 ADC 是 10 位或者 12 位的,也就是说,肯定有 6 位或者 4 位是要"浪费"掉的,那这个数据位要怎么排列呢?这个排列方法由 ADC 配置寄存器 ADC_CFG 中的"RESFMT"位来决定。该寄存器相关位定义及功能说明如表 17.5 所示。

朋友们要注意：在STC8H1K28、STC8H1K08等系列单片机的内部集成的是10位高速A/D转换器，转换完成后的数据位一共有10个，而STC8H3K64S4、STC8H3K64S2、STC8H8K64U、STC8H2K64T等系列单片机内部集成的是12位高速A/D转换器，转换完成后的数据位就有12个。这些数据位的排布方式有"左对齐"和"右对齐"两种。

我们将"RESFMT"位配置为"0"，则对齐方式为左对齐。若单片机的ADC是10位，则结果的高8位会放在ADC_RES寄存器中，结果的低2位会放在ADC_RESL寄存器中。若单片机的ADC是12位，则结果的高8位会放在ADC_RES寄存器中，结果的低4位会放在ADC_RESL寄存器中，这种情况下的数据位排布如图17.6所示。

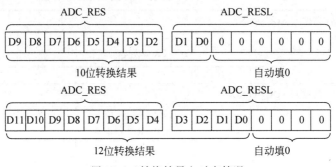

图17.6　转换结果左对齐情况

我们将"RESFMT"位配置为"1"，则对齐方式为右对齐。若单片机的ADC是10位，则结果的高2位会放在ADC_RES寄存器中，结果的低8位会放在ADC_RESL寄存器中。若单片机的ADC是12位，则结果的高4位会放在ADC_RES寄存器中，结果的低8位会放在ADC_RESL寄存器中，这种情况下的数据位排布如图17.7所示。

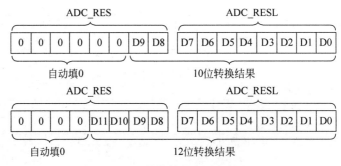

图17.7　转换结果右对齐情况

若用户需要用C51语言编程配置ADC转换结果为左对齐方式（或右对齐方式），可编写语句如下。

```
ADCCFG& = 0xDF;                          //转换结果左对齐
//ADCCFG| = 0x20;                        //转换结果右对齐
```

假定当前使用的单片机ADC单元是12位分辨率，若用户需要把左对齐方式（或右对齐方式）下的ADC转换结果加以处理（单独提取出有效的12位数据），最终存放在ADC_Val变量中，可用C51语言编写语句如下。

```
//处理左对齐格式下的ADC结果
ADC_Val = ADC_RES << 4;
//先将ADC_RES中的高8位数据左移4位（留出4个空位置）并赋值给ADC_Val
ADC_Val| = ADC_RESL >> 4;
//再将ADC_RESL中的数据右移4位后"按位或"上ADC_Val变量实现数据拼合
```

```
//处理右对齐格式下的 ADC 结果
//ADC_Val = ADC_RES << 8;
//先将 ADC_RES 中的数据左移 8 位(留出 8 个空位置)并赋值给 ADC_Val
//ADC_Val|= ADC_RESL;
//再将 ADC_RESL 中的低 8 位数据"按位或"上 ADC_Val 变量实现数据拼合
```

我们接着解决第 4 个问题,即如何利用 ADC 转换结果得到输入电压?我们知道,10 位分辨率的 ADC 单元可将输入电压量化为 2^{10} 份(也就是把输入电压"切割"为 1024 份),12 位分辨率的 ADC 单元可将输入电压量化为 2^{12} 份(即 4096 份)。若我们知道输入电压(用 V_{in} 表示)、ADC 分辨率位数和参考电压 V_{REF} 就能求解出 ADC 转换结果(即 ADC_Val)。反之,我们也能用 ADC 转换结果 ADC_Val 和参考电压 V_{REF} 反向求解输入电压 V_{in}。具体的计算关系及公式如表 17.6 所示。

表 17.6 ADC 转换结果及输入电压计算公式

参 考 电 压	分辨率	转换结果计算公式	反向求解输入电压计算公式
$V_{REF} = V_{CC}$ 电源电压	10 位	$ADC\_Val = 1024 \times \dfrac{V_{in}}{V_{CC}}$	$V_{in} = V_{CC} \times \dfrac{ADC\_Val(10b)}{1024}$
	12 位	$ADC\_Val = 4096 \times \dfrac{V_{in}}{V_{CC}}$	$V_{in} = V_{CC} \times \dfrac{ADC\_Val(12b)}{4096}$
$V_{REF} =$ 外部基准电压	10 位	$ADC\_Val = 1024 \times \dfrac{V_{in}}{V_{REF}}$	$V_{in} = V_{REF} \times \dfrac{ADC\_Val(10b)}{1024}$
	12 位	$ADC\_Val = 4096 \times \dfrac{V_{in}}{V_{REF}}$	$V_{in} = V_{REF} \times \dfrac{ADC\_Val(12b)}{4096}$

需要说明的是:这里的"V_{REF}"就是接到单片机 ADC_V$_{Ref+}$ 引脚上的电压基准(就像是一把"尺子",这个电压的精度和稳定度直接关系到 ADC 系统的指标和性能),若 ADC_V$_{Ref+}$ 引脚直接连到了 V_{CC} 电源,则 $V_{REF} = V_{CC}$,这种连接方式下的稳定度及精度一般,因为 V_{CC} 有可能不纯净且存在波动。若 ADC_V$_{Ref+}$ 引脚连接到外部电压基准源电路(如 TL431 电路),那 $V_{REF} =$ 外部基准电压,这种连接方式下的稳定度及精度较高,但是需添加额外的电压基准芯片(增加了系统成本)。

光是看公式显得有点儿枯燥,我们还是举两个实例吧!先看第一个例子:假设有一个 ADC 转换系统,ADC 单元的分辨率位数是 12 位,参考电压 $V_{REF} = 2.5V$(设定 ADC_V$_{Ref+}$ 引脚连接到了 TL431 芯片组成的 2.5V 电压基准源电路上),此时在电压转换引脚上的外部输入电压 $V_{in} = 2V$,那现在的 ADC 转换结果 ADC_Val 应该是多少呢?

这个计算很简单,直接选取如下公式即可。

$$ADC\_Val = 4096 \times \frac{V_{in}}{V_{REF}} \tag{17.1}$$

我们将相关数据代入式(17.1)后可以得到:

$$ADC\_Val = 4096 \times \frac{V_{in}}{V_{REF}} = 4096 \times \frac{2}{2.5} = 3276.8 \approx 3277$$

我们计算得到的 $(3277)_D$ 即为当前情况下 ADC 单元的转换结果,将结果转换为二进制数就是 $(110011001101)_B$,如果在程序中设定 ADC 转换结果采用"左对齐"方式,则 ADC_RES 寄存器中存放结果的高 8 位数据(即 $(11001100)_B$),ADC_RESL 寄存器中存放结果的低 4 位数据(即 $(11010000)_B$)。如果在程序中设定 ADC 转换结果采用"右对齐"方式,则 ADC_RES 寄存器中存放结果的高 4 位数据(即 $(00001100)_B$),ADC_RESL 寄存器中存放结果的低 8 位数据(即 $(11001101)_B$)。

再看第二个例子:假设有一个 ADC 转换系统,ADC 单元的分辨率位数是 12 位,参考电压 $V_{REF} = 4.95V$(设定 ADC_V$_{Ref+}$ 引脚连接到了电源电压 V_{CC},用万用表实测后的电压是 4.95V),此时 ADC

转换结果 ADC_Val 为 $(111110100)_B$(即十进制数的 500),那此时的输入电压 V_{in} 应该是多少呢?

这个问题其实就是反向求解输入电压,可采用如下公式进行求解:

$$V_{in} = V_{REF} \times \frac{ADC\_Val(12b)}{4096} \tag{17.2}$$

我们将相关数据代入式(17.2)后可以得到:

$$V_{in} = V_{REF} \times \frac{ADC\_Val(12b)}{4096} = 4.95 \times \frac{500}{4096} = 0.6042V$$

我们计算得到的 0.6042V 即为当前情况下的输入电压 V_{in}。这些公式都不复杂,稍加变换就能求解我们想要的参数。朋友们要注意,STC8H 系列单片机一般都具备 ADC_V_{Ref+} 引脚,所以计算公式中肯定存在"V_{REF}"这一项,但是对于 STC8 其他系列单片机而言,有可能不具备单独的 ADC_V_{Ref+} 引脚,那这种情况下也可以利用输入电压 V_{in} 和 ADC 转换结果 ADC_Val 反向计算出 V_{CC} 电源电压(相当于 ADC 单元的参考电压就是电源电压 V_{CC}),具体的计算方法及公式如表 17.7 所示。

表 17.7   无 ADC_V_{Ref+} 引脚反向求解电源电压公式

分 辨 率	ADC 转换结果计算公式
10 位	$V_{CC} = 1024 \times \dfrac{V_{in}}{ADC\_Val(10b)}$
12 位	$V_{CC} = 4096 \times \dfrac{V_{in}}{ADC\_Val(12b)}$

我们接着解决第 5 个问题,即 ADC 转换时钟频率怎么调节?我们可以对 ADC 配置寄存器 ADCCFG 中的 SPEED[3:0]组合位进行设置,该组合位由 4 个二进制位构成,就具备 16 种配置值,ADC 的时钟频率 $f_{ADC} = f_{SYSCLK}/2/SPEED[3:0]+1$。

我们再来看看第 6 个问题,即 ADC 转换过程是怎样的?ADC 资源想要工作,肯定先要使能 ADC 功能,然后给 ADC 单元上电,接着选好模拟电压输入通道、准备好 ADC 内部电路(即 T_{setup} 准备时间)并开始采样,经过一个采样周期之后结束采样(即 T_{duty} 采样时间)并保持一小段时间(即 T_{hold} 保持时间),随后关闭模拟电压输入通道并开始转换,等待转换完成之后(即 $T_{convert}$ 转换时间)才能得到 ADC 转换结果,其转换时序如图 17.8 所示。

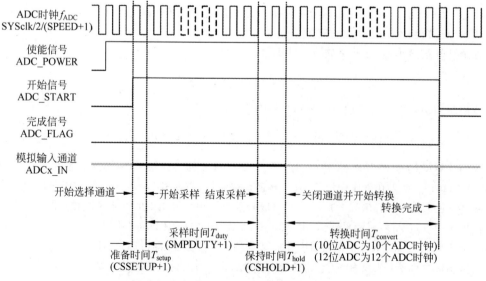

图 17.8   ADC 转换时序图

一句话总结就是：ADC 经历了准备、采样、保持和转换四个主要阶段，一个完整的转换时间就等于 $T_{setup} + T_{duty} + T_{hold} + T_{convert}$。在这几个时间中，$T_{convert}$ 时间是固定的（即不能由用户自行调节），一般来说，10 位分辨率的 ADC 单元转换时间 $T_{convert}$ 需要 10 个 ADC 工作时钟，12 位分辨率的 ADC 单元转换时间 $T_{convert}$ 需要 12 个 ADC 工作时钟。

我们接着解决第 7 个问题，即 ADC 转换时序中的相关时间怎么调整呢？T_{setup}、T_{hold} 和 T_{duty} 等时间的调整需要涉及 ADC 时序控制寄存器 ADCTIM 中的相关功能位，该寄存器相关位定义及功能说明如表 17.8 所示（一般来说，如果没有特殊的应用需求，不用去改变这个寄存器的配置，直接保持默认即可）。

表 17.8 STC8H 系列单片机 ADC 时序控制寄存器

ADC 时序控制寄存器（ADCTIM）							地址值：$(0xFEA8)_H$
位 数	位 7	位 6	位 5	位 4	位 3	位 2	位 1	位 0
位名称	CSSETUP	CSHOLD[1:0]		SMPDUTY[4:0]				
复位值	0	0	1	0	1	0	1	0
位 名	位含义及参数说明							

CSSETUP 位 7	ADC 通道选择时间控制 T_{setup}			
	0	占用 1 个工作时钟（默认）		
	1	占用 2 个工作时钟		

CSHOLD [1:0] 位 6:5	ADC 通道选择保持时间控制 T_{hold}			
	00	占用 1 个工作时钟	01	占用 2 个工作时钟（默认）
	10	占用 3 个工作时钟	11	占用 4 个工作时钟

SMPDUTY [4:0] 位 4:0	ADC 模拟信号采样时间控制 T_{duty} 注意：SMPDUTY[4:0]的配置值一定不能小于 10，即二进制的 $(01010)_B$，使用时建议配置大一些，如 $(11111)_B$			
	00000	占用 1 个工作时钟	00001	占用 2 个工作时钟
	......			
	01010	占用 11 个工作时钟（默认）	01011	占用 12 个工作时钟
	......			
	11110	占用 31 个工作时钟	11111	占用 32 个工作时钟

若用户需要用 C51 语言编程配置 ADC 通道选择时间 T_{setup} 占用 1 个工作时钟，ADC 通道选择保持时间 T_{hold} 占用 2 个工作时钟，ADC 模拟信号采样时间 T_{duty} 占用 32 个工作时钟，可编写语句如下。

```
P_SW2| = 0x80;        //允许访问扩展特殊功能寄存器 XSFR
ADCTIM = 0x3F;        //配置 Tsetup、Thold 和 Tduty 时间
P_SW2& = 0x7F;        //结束并关闭 XSFR 访问
```

我们最后来解决第 8 个问题，即 ADC 转换速度怎么计算？ADC 的转换速度由 ADC 配置寄存器 ADCCFG 中的"SPEED[3:0]"组合位及 ADC 时序控制寄存器 ADCTIM 共同控制。10 位 ADC 和 12 位 ADC 单元的转换速度计算公式如下。

$$ADC_{speed}(10b)$$

$$= \frac{f_{SYSCLK}}{2 \times (SPEED[3:0]+1) \times ((CSSETUP+1) + (CSHOLD[1:0]+1) + (SMPDUTY[4:0]+1) + 10)}$$

(17.3)

$$ADC_{speed}(12b)$$

$$= \frac{f_{SYSCLK}}{2 \times (SPEED[3:0]+1) \times ((CSSETUP+1) + (CSHOLD[1:0]+1) + (SMPDUTY[4:0]+1) + 12)}$$

(17.4)

我们来举个例子吧！假设当前单片机的 ADC 资源是 12 位分辨率,时钟频率 f_{SYSCLK} 是 24MHz,SPEED[3:0]组合位取值为"1111",此时的 T_{setup}、T_{hold} 和 T_{duty} 时间保持默认取值,那 ADC 在此种情况下的转换速度就为:

$$\mathrm{ADC_{speed}}(12b) = \frac{24\,000\,000}{2 \times (15+1) \times ((0+1) + (1+1) + (10+1) + 12)} \approx 28.85\mathrm{kHz}$$

朋友们在实际配置时需要注意:10 位的 ADC 转换速度一般不能高于 500kHz,12 位的 ADC 转换速度一般不能高于 800kHz(这是因为转换速度快了容易引发 ADC 单元的不稳定,数据就会出错,这就是该系列单片机 ADC 的速度上限)。

17.2.2　基础项目 A　查询法打印 ADC 结果实验

终于到了激动人心的动手实践环节,我们要设计一个实验,让 ADC 资源对某一模拟通道上的电压进行采集、量化,得到 ADC 转换结果 ADC_Val 之后反向计算出输入电压 V_{in},再用串口打印出来(在实验之前需要设计一个 USB 转 TTL 串口电路,这个电路在第 14 章已经学习过了,所以此处不再赘述),这个功能要怎么实现呢?

首先要搭建实验电路,选定 STC8H8K64U 型号单片机作为主控,该型号单片机的 ADC 资源是 12 位分辨率的,具备单独的 ADC_V_{Ref+} 参考电压输入引脚,具备 15 个模拟电压输入通道(第 15 个通道固定为芯片内部 1.19V 测试电压)。在硬件电路上需要解决 3 个问题,即 ADC_V_{Ref+} 引脚要接到哪里? 模拟电压输入通道要选择哪个? 怎么产生可变的模拟电压信号?

我们先来看看第一个问题,ADC_V_{Ref+} 引脚上的电压就是 ADC 单元的参考电压,这个电压一定要固定且纯净(因为这个电压相当于 ADC 量化其他电压的"尺子",尺子自身都有问题,那得到的转换结果肯定也是不准确的)。在实验中将 ADC_V_{Ref+} 引脚连接到了用 TL431 芯片构成的 2.5V 电压基准源电路上(这个电路可参见图 2.13(a),此处不再赘述),这样一来参考电压 V_{REF} 就是 2.5V,12 位分辨率的 ADC 就会把 2.5V 电压"分割"为 4096 份,每一份的电压就是 2.5/4096 = 0.000 610 351 562 5V(可以先把这个值计算出来,以常数形式直接代入程序之中,以免给单片机造成较大的计算负荷)。

我们接着看第二个问题,我们可以选择 P1.0 引脚作为模拟通道(也可由用户自行选择),选择通道后一定要将引脚模式配置为高阻输入模式(即没有拉电流和灌电流),这种模式可以减少 I/O 内部电路对引脚外部电压造成的影响,能更加真实地反映外部电压。

我们最后看看第三个问题,可变的电压可以由多种电路、传感器或仪器产生,但电位器产生可调电压无疑最为常见,我们可以在电路中添加一个 10kΩ 电位器,电位器的两个固定端分别接到 V_{REF} 参考电压和地(目的是得到 0~2.5V 范围内的可调电压,朋友们需要注意:外部电压一定不能大于当前 ADC 的参考电压 V_{REF}),中间的可调端接到 P1.0 引脚即可。

按照我们的想法搭建的实验电路如图 17.9 所示,U1 即为主控单片机,R1 即为可调电位器,P3.0 和 P3.1 引脚连接 USB 转 TTL 串口电路并与计算机 USB 口连接。在实验过程中只需调节

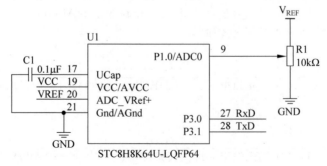

图 17.9　打印 ADC 结果实验电路原理图

R1 即可改变 P1.0 引脚上的电压。

有了实验电路后就可以开始编程了,在程序上我们要定义一个 ADC 初始化函数 ADC_Init(),函数内需要初始化模拟通道的引脚模式、配置 ADC 使能和上电、配置 ADC 数据对其方式和时钟频率等。在程序中还得定义一个 ADC_Val 变量,用于存放 ADC 转换结果,再定义一个 Vin_Val 变量,用于存放反向计算出的模拟电压值。

剩下的工作就是在 main() 函数的 while(1) 大循环中利用"ADC_CONTR|=0x40;"语句重复启动 ADC 转换、获得转换数据,然后利用查询法重复判断 ADC 转换完成标志位(即 ADC_CONTR 寄存器中的"ADC_FLAG"位),若 ADC 转换还在进行,则等待转换完成,若转换完毕,就用软件清零"ADC_FLAG"标志位,再从 ADC_RES 和 ADC_RESL 寄存器中取出有效数据并进行反向计算获得模拟电压,最后用串口打印出 ADC_Val 变量和 Vin_Val 变量的值即可。

以上想到的是 ADC 相关函数和变量,由于数据交互需要通过串口 1 进行打印输出,所以还要编写串口有关的函数,例如,UART1 串口初始化函数 UART1_Init()、UART1 发送单字符函数 U1SEND_C()、UART1 发送字符重定向函数 putchar() 等,这些函数都算是"老朋友"了,直接移植第 14 章的现成函数即可,理清思路后利用 C51 语言编写的具体程序实现如下。

```c
//芯片型号:STC8H8K64U(程序微调后可移植至 STC8A/F/C/G/H 系列单片机)
//时钟说明:单片机片内高速 24MHz 时钟
//模拟通道:选定 P1.0 引脚作为外部电压输入通道
/ ******************************************************** /
# include "STC8H. h"                       //主控芯片的头文件
# include "stdio. h"                        //程序要用到 printf() 故而添加此头文件
/ ********************** 常用数据类型定义 ********************** /
【略】为节省篇幅,相似定义参见相关章节或源码工程即可
/ ********************** 用户自定义数据区域 ********************** /
# define SYSCLK 24000000UL                  //系统时钟频率值
# define BAUD_SET  (65536 - SYSCLK/9600/4)   //波特率设定与计算
u16 ADC_Val = 0;                            //定义变量用于存放 ADC 转换结果
float Vin_Val = 0;                          //定义变量用于存放模拟电压值
/ ********************** 函数声明区域 ********************** /
void delay(u16 Count);                      //延时函数
void ADC_Init(void);                        //ADC 初始化函数
void UART1_Init(void);                       //串口 1 初始化函数
void U1SEND_C(u8 SEND_C);                    //串口 1 发送单字符数据函数
char putchar(char ch);                       //发送字符重定向函数
/ ********************** 主函数区域 ********************** /
void main(void)
{
    ADC_Init();                             //ADC 初始化
    UART1_Init();                           //串口 1 初始化
    printf("| *********************************** |\r\n");
    printf("| **** Print ADC results experiment(Query) *********** |\r\n");
    printf("| *********************************** |\r\n");
    while(1)
    {
        ADC_CONTR| = 0x40;                  //启动 ADC 转换
        delay(10);                          //延时等待转换完毕
        while(!(ADC_CONTR&0x20));           //等待 ADC 转换结束
        ADC_CONTR& = 0xDF;                  //清零 ADC 转换结束标志位
        ADC_Val = ADC_RES << 4;
        ADC_Val| = ADC_RESL >> 4;           //处理左对齐格式下的 ADC 结果
        //ADC_Val = ADC_RES << 8;
        //ADC_Val| = ADC_RESL;              //处理右对齐格式下的 ADC 结果
        printf("|ADC_Val:  % d    ",ADC_Val); //打印 ADC 转换结果(份数)
        Vin_Val = ADC_Val * 0.0006103515625; //按照 2.5V/4096 计算得到的结果
```

```
        printf("Vin_Val:    % f V\r\n",Vin_Val); //打印计算电压结果
        delay(2000);                          //控制串口数据打印速度
    }
}
/ ************************************************************************* /
//延时函数 delay(),有形参 Count 用于控制延时函数执行次数,无返回值
/ ************************************************************************* /
void delay(u16 Count)
{
    u8 i,j;
    while (Count -- )                         //Count 形参控制延时次数
    {
        for(i = 0;i < 50;i++)
        for(j = 0;j < 20;j++);
    }
}
/ ************************************************************************* /
//ADC 初始化函数 ADC_Init(),无形参和返回值
/ ************************************************************************* /
void ADC_Init(void)
{
    ADC_CONTR = 0x00;                         //选定 P1.0 引脚作为 ADC 模拟电压输入引脚
    //配置 P1.0 为高阻输入模式
    P1M0& = 0xFE;                             //P1M0.0 = 0
    P1M1| = 0x01;                             //P1M1.0 = 1
    ADCCFG = 0x0F;                            //转换结果左对齐且 ADC 转换时钟为 SYSCLK/2/16
    ADC_CONTR| = 0x80;                        //打开 ADC 电源
}
/ ************************************************************************* /
//串口 1 初始化函数 UART1_Init(),无形参,无返回值
/ ************************************************************************* /
void UART1_Init(void)
{
    SCON = 0x50;                              //181 结构,可变波特率,允许数据接收
    AUXR| = 0x01;                             //串口 1 选择定时器 2 为波特率发生器
    AUXR| = 0x04;                             //定时器时钟 1T 模式
    T2L = BAUD_SET;                           //设置定时初始值
    T2H = BAUD_SET >> 8;                      //设置定时初始值
    AUXR| = 0x10;                             //定时器 2 开始计时
    RI = 0;TI = 0;                            //清除接收数据标志位和发送数据标志位
}
/ ************************************************************************* /
//串口 1 发送单字符数据函数 U1SEND_C(),有形参 SEND_C 即为欲发送单字节
//数据,无返回值
/ ************************************************************************* /
void U1SEND_C(u8 SEND_C)
{
    TI = 0;                                   //清除发送完成标志位
    SBUF = SEND_C;                            //发送数据
    while(!TI);                               //等待数据发送完成
}
/ ************************************************************************* /
//发送字符重定向函数 char putchar(char ch),有形参 ch,有返回值 ch
/ ************************************************************************* /
char putchar(char ch)
{
    U1SEND_C((u8)ch);                         //通过串口 1 发送数据
    return ch;
}
```

程序并不复杂,将程序编译后下载到目标单片机中,打开 PC 上的串口调试助手并复位单片机芯片,看到串口打印出实验标题后快速用螺丝刀转动电位器 R1,得到了如图 17.10 所示数据。从数据上看,ADC_Val 变量和 Vin_Val 变量值在逐渐变大,这也反映了 P1.0 引脚上的电压随着电位器的调整在逐渐升高,当升高到 2.492 676V 后不管怎么拧动电位器,数据都趋于稳定,随后用万用表测量了 P1.0 引脚上的电压,与串口打印电压一致,至此说明我们的查询法实验是成功的。

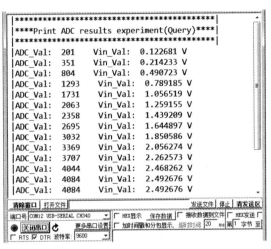

图 17.10 打印 ADC 结果实验效果

17.2.3 基础项目 B 中断法打印 ADC 结果实验

基础项目 A 是基于"查询法"实现了 ADC 数据采集、反向电压计算和结果打印。这种方法较为常见,但是程序任务一多就有明显缺陷(比如多个片上资源混合使用时可能造成数据处理延迟和逻辑混乱,若需要进行多通道 ADC 转换可能出现数据异常),所以我们可以在项目 A 的基础上换个方法,把查询法改写为中断法。

中断法实验还是采用项目 A 中的硬件电路,实验功能也与项目 A 一致,只是数据处理的机制上发生了改变,需要构造 ADC 中断服务函数,把 ADC 的相关配置和处理都放进中断服务函数,数据转换完成时才会进入中断,数据在转换时就可以安心执行 main() 函数中的常规任务。理清思路后利用 C51 语言编写的具体程序实现如下。

```
//芯片型号:STC8H8K64U(程序微调后可移植至 STC8A/F/C/G/H 系列单片机)
//时钟说明:单片机片内高速 24MHz 时钟
//模拟通道:选定 P1.0 引脚作为外部电压输入通道
/ ************************************************************************ /
# include "STC8H.h"                       //主控芯片的头文件
# include "stdio.h"                        //程序要用到 printf()故而添加此头文件
/ ********************** 常用数据类型定义 ********************** /
【略】为节省篇幅,相似定义参见相关章节或源码工程即可
/ ********************** 用户自定义数据区域 ********************** /
# define SYSCLK 24000000UL                 //系统时钟频率值
# define BAUD_SET  (65536 - SYSCLK/9600/4)  //波特率设定与计算
u16 ADC_Val = 0;                          //定义变量用于存放 ADC 转换结果
float Vin_Val = 0;                        //定义变量用于存放模拟电压值
/ ********************** 函数声明区域 ********************** /
void delay(u16 Count);                    //延时函数
void ADC_Init(void);                      //ADC 初始化函数
void UART1_Init(void);                    //串口 1 初始化函数
```

```
    void U1SEND_C(u8 SEND_C);                        //串口1发送单字符数据函数
    char putchar(char ch);                           //发送字符重定向函数
    /****************************** 主函数区域 ****************************** /
    void main(void)
    {
        ADC_Init();                                  //ADC初始化
        UART1_Init();                                //串口1初始化
        EADC = 1;                                    //使能ADC转换中断
        EA = 1;                                      //使能单片机总中断开关EA
        printf("|*********************************************** |\r\n");
        printf("|** Print ADC results experiment(Interrupt) ********** |\r\n");
        printf("|*********************************************** |\r\n");
        ADC_CONTR| = 0x40;                           //启动ADC转换
        while(1);                                    //死循环,程序"停止"
    }
    /********************** 中断服务函数区域 ********************** /
    void  ADC_ISR(void)   interrupt  5
    {
        ADC_CONTR& = 0xDF;                           //清零ADC转换结束标志位
        EADC = 0;                                    //关闭ADC转换中断
        ADC_Val = ADC_RES << 4;
        ADC_Val| = ADC_RESL >> 4;                    //处理左对齐格式下的ADC结果
        //ADC_Val = ADC_RES << 8;
        //ADC_Val| = ADC_RESL;                       //处理右对齐格式下的ADC结果
        printf("|ADC_Val:  % d  ",ADC_Val);          //打印ADC转换结果(份数)
        Vin_Val = ADC_Val * 0.0006103515625;         //按照2.5V/4096计算得到的结果
        printf("Vin_Val:  % f V\r\n",Vin_Val);       //打印计算电压结果
        delay(2000);                                 //控制串口数据打印速度
        EADC = 1;                                    //使能ADC转换中断
        ADC_CONTR| = 0x40;                           //启动ADC转换
    }
    /************************************************************************ /
    【略】为节省篇幅,相似函数参见相关章节源码即可
    void delay(u16 Count){}                          //延时函数
    void ADC_Init(void){}                            //ADC初始化函数
    void UART1_Init(void){}                          //串口1初始化函数
    void U1SEND_C(u8 SEND_C){}                       //串口1发送单字符数据函数
    char putchar(char ch){}                          //发送字符重定向函数
```

程序的重点就是 ADC_ISR()中断服务函数,该函数的中断向量号是"interrupt5",正好对应 ADC 中断入口地址。将程序编译后下载到目标单片机中,打开计算机上的串口调试助手并复位单片机芯片,看到串口打印出实验标题后快速用螺丝刀转动电位器 R1,也得到了类似如图 17.10 所示数据,这说明中断法实验也是成功的。

17.3 A/D 转换系统可靠性设计

做完了基础项目 A 和基础项目 B 之后,是不是觉得 ADC 资源其实很简单。在使用 STC8 系列单片机 ADC 时是不是直接将模拟通道引脚连到待测电压上就行了呢? 其实不对。要构建可靠的 ADC 转换系统可是一个"精细"活,有不少朋友在使用 STC8 系列单片机 A/D 资源时由于各方面的原因,实际测量的结果和专业仪器测量的结果相差甚远,这是什么原因导致的呢? 有的朋友"甩锅"给 STC 公司,说:广告上的 STC8 系列单片机 A/D 资源是一个 12 位的逐次逼近型 A/D 转换器,但是做出的效果还不如 10 位的 A/D 转换芯片,该不会是个"假指标"吧! 更有朋友说:A/D 分辨率决定了系统转换速度和测量精度。这种说法正确吗? 要解决上述问题就要学习关于 A/D 转换系

统可靠性设计的相关知识。

要知道 A/D 转换系统的整体精准度和可靠性并不只取决于 A/D 资源的分辨率指标,精准度和整个系统都是密切相关的,整体精准度和可靠性的评估需要考量 A/D 转换单元或器件的性能、参考电压质量、供电电源质量、采样电路性能、软件处理设计、通道器件质量、环境温度和电气干扰等参数,这些参数都会对 A/D 转换带来影响,并不是说 A/D 资源的分辨率越高精度就越高,比如让一个百米赛跑的冠军(高性能 A/D)穿个拖鞋(不可靠的电路)去跑比赛,估计大奖与他无缘。又比如给野猪(低性能 A/D)装上千里马的马蹄铁(高可靠性的电路)速度也不会快到哪儿去。所以 A/D 转换的可靠性设计是个"大工程"更是一个"精细活"。

17.3.1 供电及基准电压优化

A/D 资源一般都是"耗电大户",当 A/D 单元进行转换时对电源功率、电源的性能会提出较高的要求,A/D 单元"吃"的是电源供电,就像是人吃的食物,食物的营养关系到人的健康,电源的性能也关系到 A/D 单元工作的稳定性和精准度。

在 STC8 系列单片机中的电源类引脚有 V_{CC}、GND、ADC_V_{Ref+} 和 V_{Cap}(注意:V_{Cap} 引脚是单片机 USB 内核电源稳压引脚,在搭建单片机核心电路时将其连接一个 $0.1\mu F$ 电容到地处理即可)。这些引脚关系到芯片内部的数字电路供电、模拟电路供电和 I/O 端口供电,按理说应该分开连接,必须做到电源之间的滤波、隔离和共地,但是有时为了图方便,将 V_{CC} 和 ADC_V_{Ref+} 连在了一起,这样一来,芯片内部的数字电路、模拟电路和 I/O 端口电路的供电来源就变成了"一根线上的蚂蚱",当供电电源出现波动或混入了高频噪声后,这些信号和波动就会影响单片机内部电路的工作,导致单片机 A/D 转换结果不稳定,也会使单片机内部时钟源频率值出现偏差,严重的时候可能会让单片机程序"跑飞",所以正确处理供电电路是非常必要的。

我们在处理供电电路时可以在电源电路中添加 LC 低通滤波器或者加上去耦/滤波电容组,保障供电的稳定,条件允许的情况下可以选择线性稳压电源或者高质量、低纹波的开关稳压电源。系统实际电路中的 DC-DC 转换单元在性能匹配和设计允许的情况下应该尽量选择 LDO(低压差稳压)类器件而不选择高频开关稳压芯片。就算是用到了开关稳压芯片,在进行印制电路板(PCB)设计时也应该远离单片机核心电路和 ADC 采样前端电路,以免造成电气干扰,PCB 上的滤波电容应尽量靠近电源引脚,对于电路中的"数字地"和"模拟地"处理务必要慎重,以免互相串扰对相关电路造成影响。对于电源务必要保证 3 点,即"干净""稳定""满足供电要求"。

与 ADC 转换有直接关系的电源类引脚就是 ADC_V_{Ref+},若实际使用的单片机具备这个引脚就一定不能悬空,这个引脚上的电压即为 ADC 系统的"参考电压",所谓"参考"指的是 ADC 量化电压的"参照物",就像是测身高的"尺子"一样,参考电压不准确或者存在波动和干扰,A/D 转换的数值必定是不精确的。

如果需要给一个"精准"的参考电压供 AD 单元使用,就需要借助"电压基准源"芯片,电压基准源芯片负责产生一路或者多路稳定、精确、低温度漂移的电压,市面上常见的有 $1.2V$、$2.5V$、$3.3V$、$4.096V$、$5V$、$7.5V$、$10V$ 等多种电压值的电压基准芯片,市面上的常见型号有 LM4040AIM3X 系列、REF19 系列、AD584、AD588、AD586、ADR02ARZ 等,很多半导体厂商都有推出不同型号的电压基准源芯片,各芯片的价格、温度漂移参数、输出电压值、供电范围、电压精准度、引脚数量、封装形式都不尽相同,读者在具体项目设计时可以广泛选型,挑选一种符合项目要求的电压基准源。

17.3.2 采样前端电路滤波、分压、负压处理

在实际的 A/D 测量系统中很难保证输入信号一定是"纯净"的,绝大多数的场合下输入模拟信

号都混合有不同程度的干扰,若输入信号中存在高频干扰信号就会使得 A/D 采样值出现浮动,造成测量数据的不稳定,比如测量示数无规则大幅度跳动,也就是我们常说的"飘来飘去""跳上跳下"。对于这样的情况,可以在采样前端电路中引入一阶或多阶 RC 低通滤波器(如图 17.11(a)所示)或 LC 低通滤波器(如图 17.11(b)所示),这种方法属于硬件改造采样前端的方法,不需要单片机进行额外运算,滤波效果也很明显。

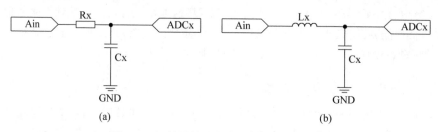

(a)　　　　　　　　　　　(b)

图 17.11　利用低通滤波电路设计采样前端

在图 17.11 中电阻"Rx"、电感"Lx"和电容"Cx"的具体取值和截止信号频率及 A/D 采样率有关,需计算后应用(滤波器的相关电路及计算可参考《模拟电子技术》类书籍,除了本节介绍的无源低通滤波电路外还有许多有源低通滤波器电路,其性能更优滤波效果更好)。模拟信号经过 Rx+Cx 或 Lx+Cx 电路后,混合的高频信号就会被衰减,这样就改善并提高了模拟通道电压采样的准确性。

客观地看,滤波器电路的引入其实是把"双刃剑",若滤波器件的取值不合理的话也会对 ADC 系统带来负面的影响,我们以 RC 低通滤波器电路为例,若增大 Cx 的取值,则截止频率会变得更低,滤波效果也会更好,但 Cx 本身是储能元件,Cx 取值过大后会引起模拟电压的"迟滞"变化,Cx 放电缓慢还会导致模拟电压的严重失真,这些问题不容忽视。

在 ADC 测量电压的场景中经常会遇到外部电压 V_{in} 大于参考电压 V_{REF} 的情况,这时候切记不能将外部电压直接连到模拟电压输入引脚(轻则加大系统功耗,重则烧毁引脚内部电路或单片机芯片),我们可以想办法把外部电压 V_{in} 进行"比例衰减",得到一个等比例缩小的电压 V_{in}',使其满足 $V_{in}'<V_{REF}$ 的约束条件,然后再将其送到模拟电压输入引脚即可。这个比例衰减要怎么做呢? 可以使用如图 17.12 所示的分压电路。

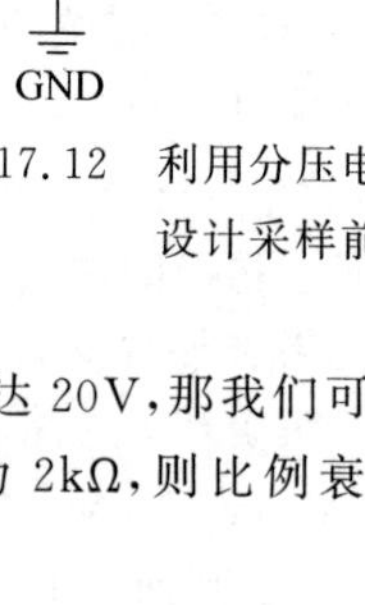

电路中的 R1 和 R2 取值就决定了分压系数,ADCx 点的电压满足如下计算关系。

$$ADCx = \frac{V_{cc} \times R2}{R1 + R2} \tag{17.5}$$

图 17.12　利用分压电路设计采样前端

假设当前 ADC 系统的参考电压 V_{REF} 是 2.5V,待测的外部电压最大可达 20V,那我们可以将其比例衰减 20 倍后再去采集,将 R1 电阻取值为 18kΩ,将 R2 电阻取值为 2kΩ,则比例衰减后 ADCx 点的最大电压就是:

$$ADCx = \frac{V_{cc} \times R2}{R1 + R2} = \frac{20 \times 2}{18 + 2} = 2V$$

很明显,衰减 20 倍后的外部电压最大也就 2V,肯定满足 $V_{in}'<V_{REF}$ 的约束条件,这时候就可以放心采集了。如果害怕外部电压突然"抖动"或出现"高压毛刺",还可以在 ADC 前端电路上做高压吸收或者限幅电路,以确保 ADC 模拟电压输入引脚的"安全"。

个别 ADC 场景中需要采集负电压(比如交流电流/电压互感器的后级电路,经过采样电阻后的交流电压就是负电压),其实也可以利用分压电路进行采集,只是电路的连接要稍作改动,可以按照如图17.13所示电路进行负压处理。分压电阻两端连接+5V和负压端输入端,当两端都是+5V时ADCx点的分压也为5V,当两端电压不一致时分压点的电压也永远为正压,这样就可以放心采集了。

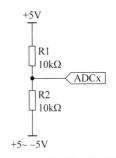

图 17.13 利用负压处理电路设计采样前端

17.3.3 采样数据软件滤波

在采样前端电路中引入低通滤波器是一种硬件方法的滤波,硬件方法的滤波器常用电感、电容、电阻、运放等器件构成形式多样的有源或者无源低通、高通、带通、带阻滤波器形式,对于模拟输入通道数量较少的情况较为适用。在某些场合,使用硬件滤波效果较好,大大减少了软件的复杂度,但是造价较高,模拟输入通道一旦增多则电路设计就会变得复杂,若硬件滤波电路的设计中存在缺陷可能会影响端口信号采集。

基于以上原因,硬件方法滤波在某些情况下具有局限性,其实可以用软件程序方法实现软件滤波,效果也比较好,有时将"软件程序滤波"也称为"数字滤波",数字滤波的方法有很多种,每一种都有各自的优缺点,开发者可以根据不同的测量参数特点进行滤波算法的选择。

说到"滤波算法"是不是感觉有点儿"高深"? 其实不然,我们从小就知道,当你打开电视看到各种选拔类节目的时候,选手的最终成绩计算方法一般都是"去掉一个最高分,去掉一个最低分",当评委比较多的时候可能是"去掉 x 个最高分,去掉 x 个最低分",然后再把剩下的分数求"平均分"即为选手的最终得分。这是什么方法? 这就是算术平均滤波法。

在计算选手成绩时采用平均数来表示一个数据的"集中趋势",如果数据中(评委打分)出现几个极端数据(过高分或者过低分),那么平均数对于这组数据所起的代表作用就会削弱,导致评分不公平,为了消除这种现象,可以将少数极端数据去掉(先排序分数然后去掉"两头"极端值),只计算余下数据的平均数,并把所得的结果作为总体数据的平均数。

按照这样的滤波方法,也可以利用 C51 语言去描述和设计一个"滤波思想",编写算术平均值滤波函数的具体实现如下。

```
void AVG_AD_Vtemp(void)
{
    u8 i,j;                           //定义排序用内外层循环变量 i 和 j
    u16 temp;                         //定义中间"暂存"变量 temp
    for(i = 10;i >= 1;i -- )          //外层循环
    {
        for(j = 0;j <(i - 1);j++)     //内层循环
        {
            if(AD_Vtemp[ j]> AD_Vtemp[ j + 1]) //数值比较
            {
                temp = AD_Vtemp[ j];        //数值换位
                AD_Vtemp[ j] = AD_Vtemp[ j + 1];
                AD_Vtemp[ j + 1] = temp;
            }
        }
    }
    for(i = 2;i < = 7;i++)            //去掉两个最低,去掉两个最高
    AD_val += AD_Vtemp[ i];           //将中间 6 个数值累加
    AD_val = (u16)(AD_val/6);         //累加和求平均值
}
```

以上程序就是 AVG_AD_Vtemp()函数的整体构成,在使用该函数时必须先定义一个 AD_

Vtemp[]数组,该数组中会存放 10 个 A/D 采样结果(10 个评委的评分),紧接着要对 A/D 采样结果(评委打分)进行排序,可以从高到低,也可以从低到高。若采用由低到高的排序方法,就可以直接忽略 AD_Vtemp[0]、AD_Vtemp[1](两个最小 A/D 采样数据)和 AD_Vtemp[8]、AD_Vtemp[9](两个最大 A/D 采样数据),然后将中间的 6 个 A/D 采样结果进行累加求和,再求平均值,最后得到的 AD_val 值就是滤波后的值(选手最终成绩)。

这是一个非常简单的算术平均值滤波方法,常见的滤波算法还有限幅滤波法、中位置滤波法、递推平均滤波法、一阶滞后滤波法、一阶低通/高通/带通滤波法、卡尔曼滤波法等,各种滤波法的滤波原理都不太一样,适用于不同的应用场合,比如偶然因素引入噪声的情况、周期性干扰的情况、快速抖动的情况等场合,所以"没有最好的滤波算法,只有最适合的滤波算法"。

由于我们使用的软件滤波方法都是基于单片机的平台进行滤波,所以滤波算法所占用的 ROM 大小、RAM 开支、对浮点数乘法、除法、数值变换运算的硬件要求就必须要考虑,读者必须按照实际情况合理选择滤波算法,以得到稳定可信的 A/D 转换结果。

17.4　A/D 转换的诸多"玩法"

在实际项目中 ADC 资源的使用非常广泛,本章项目 A 和项目 B 只能算是基础级实验,在本章末尾,小宇老师再增加两个小实验以加深朋友们对 ADC 转换的理解。

17.4.1　进阶项目 A　电压采集和低/高压等级指示器

动手之前需要先设计实验功能,在实验中要充分发挥 ADC 资源的作用,采集并显示出外部电压值,得到电压值后应该做一定的扩展,比如当测量的实际电压高于某一个电压值(高压阈值)或者是低于某一个电压值(低压阈值)时会有状态区分,还可以把 0~5V 的电压分为 100 个等级,然后用液晶显示出具体的等级数。

有了实验想法就可以开始搭建硬件电路了,仍然选择 STC8H8K64U 型号单片机作为主控制器,选择 P1.0 引脚作为外部模拟电压 V_{in} 的输入通道,ADC 的参考电压输入引脚 ADC_V_{Ref+} 直接连到了电源电压 VCC 上(实验前实测的 VCC 电压是 5.09V),实验中选用字符型 1602 液晶模块作为电压和相关信息的显示单元,分配 P2.0~P2.7 引脚连接液晶模块的数据端口 DB0~DB7,分配 P4.1 引脚连接液晶模块的数据/命令选择端 RS,分配 P4.2 引脚连接液晶模块的读写控制端 RW(因为在整个系统中只需要向液晶写入数据而不需要从液晶模块读取数据,所以将 RW 引脚直接赋值为"0",也可以在硬件上将其接地处理),分配 P4.3 引脚连接液晶模块的使能信号端 EN,搭建好的电路如图 17.14 所示。

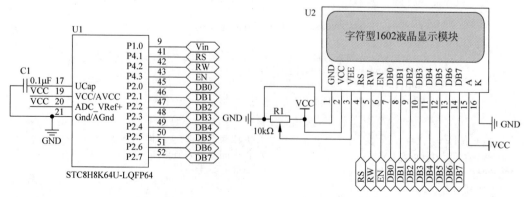

图 17.14　电压采集和低/高压等级指示器硬件电路

　　硬件平台搭建完毕后就可以编写程序实现了,考虑到项目中的具体功能,首先设定 3 个常量,常量"V_ref"为 ADC 参考电压值,这个值需要在系统硬件构建完毕后用万用表测量得到,需要注意的是:尽可能地采用精度较高的万用表,否则会影响后续的计算导致测量电压不准确。常量"Low_V"为用户设定的低电压阈值,该电压阈值应该为 0~5V,实际设定为 1V,即 1000mV。常量"High_V"为用户设定的高电压阈值,该电压阈值实际设定为 4V,即 4000mV。在常量定义时可以采用 const 定义方法(该方法和以往学习的 ♯define 方法不一样,可以自行扩展和区分,巩固 C 语言编程基础),这种方法可以约束常量的数据类型。

　　接下来需要编写功能函数,包括 1602 液晶的相关函数(在第 7 章已经学习过了,此处不再赘述)和 ADC 资源的相关函数。按照之前所学可以构建 ADC_Init() 函数实现 ADC 资源的初始化,然后再编写一个 A/D 转换函数 ADC_GET(),该函数每调用一次就会启动 10 次 ADC 转换,并将 10 次转换结果存放于 AD_Vtemp[10] 数组之中,有了结果之后还要进行"软件滤波",所以还需要构建一个滤波函数 AVG_AD_Vtemp(),该函数会去掉两个最高采集值,去掉两个最低采集值,然后取中间的 6 个结果进行累加求和,最后再算平均值并赋值给 AD_val 变量。

　　有了 ADC 转换结果 AD_val 之后还不行,还得反向计算出输入电压 V_{in},但在计算之前必须要知道 ADC 参考电压的实际值,所以需要借助万用表测量 ADC_V_{Ref+} 引脚上的实际电压。经过测试,我们在做实验时的参考电压 $V_{REF}=V_{CC}=5.09V$,所以将"V_ref"常量赋值为 5090(这是以 mV 为单位,所以进行了乘上 1000 的处理),则当前 ADC 系统的最小分辨率电压值为 5090/4096＝1.242 675 781 25mV。有了这些参数,就能计算出当前通道的实际电压(可定义 GETvoltage 变量存放电压数值),实际电压即为 A/D 采样结果 AD_val 乘上最小分辨率电压值 1.242 675 781 25,可用 C51 语言编写计算表达式如下。

```
GETvoltage = (u16)(AD_val * V_ref/4096);        //计算对应电压(mV)
```

为了减少单片机的运算量,可以将上述表达式直接写成:

```
GETvoltage = (u16)(AD_val * 1.24267578125);        //计算对应电压(mV)
```

　　得到了实际电压 GETvoltage 之后还需要将其显示到 1602 液晶模块上,由于计算出的实际电压 GETvoltage 是以 mV 为单位,所以要分别取出千位、百位、十位和个位送到 1602 液晶模块的显示地址,在千位和百位之间还需要显示一个"."小数点位。

　　若需要将 0~5V 的电压粗略量化为 100 个等级,则可以将千位和百位取出,将千位乘 10 后加上百位,所得数值乘以 2 再与 100 进行取模运算,就可以将电压等级变量"Level"的值域约束为 0~99(即 100 个等级),可用 C51 语言编写相关语句如下。

```
Level = ((qian * 10 + bai) * 2) % 100;        //计算等级并约束值域(0~99)
LCD1602_DIS_CHAR(2,10,table3[Level/10]);        //在设定地址写入十位
LCD1602_DIS_CHAR(2,11,table3[Level%10]);        //在设定地址写入个位
```

　　显示完等级之后,就开始做电压阈值判断,若实际电压在用户设定的高低阈值之间则显示"N"表示正常状态,若实际电压低于用户设定的低电压阈值"Low_V"则显示"L"表示低压状态,若实际电压既不在正常状态又不在低压状态那肯定就是在高压状态了,此时应该显示"H"表示高压状态,可用 C51 语言编写相关语句如下。

```
if(GETvoltage > Low_V && GETvoltage < High_V)    //电压阈值判断
    LCD1602_DIS_CHAR(2,15,'N');                  //在设定地址写入"N"表示正常状态
else if(GETvoltage < Low_V)                      //电压阈值判断
    LCD1602_DIS_CHAR(2,15,'L');                  //在设定地址写入"L"表示低压状态
else
```

```
        LCD1602_DIS_CHAR(2,15,'H');                    //在设定地址写入"H"表示高压状态
```

思路通了,程序编写就简单多了,利用 C51 语言编写的具体程序实现如下。

```
//芯片型号:STC8H8K64U(程序微调后可移植至 STC8A/F/C/G/H 系列单片机)
//时钟说明:单片机片内高速 24MHz 时钟
//模拟通道:选定 P1.0 引脚作为外部电压输入通道
/ ****************************************************** /
# include "STC8H.h"                                    //主控芯片的头文件
/ ********************* 常用数据类型定义 ********************* /
【略】为节省篇幅,相似定义参见相关章节或源码工程即可
/ ********************* 端口/引脚定义区域 ********************* /
sbit   LCDRS = P4^1;                                   //LCD1602 数据/命令选择端口
sbit   LCDRW = P4^2;                                   //LCD1602 读写控制端口
sbit   LCDEN = P4^3;                                   //LCD1602 使能信号端口
# define   LCDDATA P2                                  //LCD1602 数据端口 DB0~DB7
/ ********************* 用户自定义数据区域 ********************* /
const u16 Low_V = 1000;                                //使用 const 常量定义 Low_V 低电压阈值
const u16 High_V = 4000;                               //使用 const 常量定义 High_V 高电压阈值
u8 table1[] = " === ADC   GET_V === ";                 //LCD1602 显示电压和等级界面
u8 table2[] = "V:.       L:   S: ";                    //V 表示电压,L 表示等级,S 表示状态
u8 table3[] = {'0','1','2','3','4','5','6','7','8','9'}; //0~9 字符数组
static u16 AD_Vtemp[10] = {0};                         //装载 10 次 ADC 采样数据
static u16 AD_val = 0;                                 //ADC 单次采样数据
static u16 GETvoltage = 0;                             //获取到的电压
/ ********************* 函数声明区域 ********************* /
void delay(u16 Count);                                 //延时函数
void ADC_Init(void);                                   //ADC 初始化函数
void ADC_GET(void);                                    //ADC 转换函数
void AVG_AD_Vtemp(void);                               //平均值滤波函数
void LCD1602_Write(u8 cmdordata,u8 writetype);         //写入液晶模组命令或数据函数
void LCD1602_init(void);                               //LCD1602 初始化函数
void LCD1602_DIS_CHAR(u8 x,u8 y,u8 z);                 //在设定地址写入字符数据函数
void LCD1602_DIS(void);                                //显示字符函数
/ ********************* 主函数区域 ********************* /
void main(void)
{
    u8 qian,bai,shi,ge,Level;
    //配置 P4.1-3 为准双向/弱上拉模式
    P4M0& = 0xF1;                          //P4M0.1-3 = 0
    P4M1& = 0xF1;                          //P4M1.1-3 = 0
    //配置 P2 为准双向/弱上拉模式
    P2M0 = 0x00;                           //P2M0.0-7 = 0
    P2M1 = 0x00;                           //P2M1.0-7 = 0
    delay(5);                              //等待 I/O 模式配置稳定
    LCDRW = 0;                             //因只涉及写入操作,故将 RW 引脚直接置低
    LCDDATA = 0xFF;                        //初始化 P2 端口全部输出高电平
    ADC_Init();                            //ADC 初始化
    LCD1602_init();                        //LCD1602 初始化
    LCD1602_DIS();                         //显示电压采集及等级显示功能界面
    while(1)
    {
        ADC_GET();                         //启动并获取 ADC 转换数据
        AVG_AD_Vtemp();                    //求 6 次平均值(去掉两个最低,去掉两个最高)
        delay(50);                         //延时
        GETvoltage = (u16)(AD_val * 1.24267578125);  //按照 5.09V/4096 计算得到的结果
        AD_val = 0;                        //清零 ADC 转换数据
        qian = GETvoltage/1000;            //取转换电压千位
```

```
        bai = GETvoltage % 1000/100;                  //取转换电压百位
        shi = GETvoltage % 100/10;                    //取转换电压十位
        ge = GETvoltage % 10;                         //取转换电压个位
        LCD1602_DIS_CHAR(2,2,table3[qian]);           //在设定地址写入千位
        LCD1602_DIS_CHAR(2,3,'.');                    //在设定地址写入小数点
        LCD1602_DIS_CHAR(2,4,table3[bai]);            //在设定地址写入百位
        LCD1602_DIS_CHAR(2,5,table3[shi]);            //在设定地址写入十位
        LCD1602_DIS_CHAR(2,6,table3[ge]);             //在设定地址写入个位
        Level = ((qian * 10 + bai) * 2) % 101;        //计算等级并约束值域(0~100)
        LCD1602_DIS_CHAR(2,10,table3[Level/10]);      //在设定地址写入十位
        LCD1602_DIS_CHAR(2,11,table3[Level % 10]);    //在设定地址写入个位
        if(GETvoltage > Low_V && GETvoltage < High_V) //电压阈值判断
            LCD1602_DIS_CHAR(2,15,'N');               //在设定地址写入"N"表示正常状态
        else if(GETvoltage < Low_V)                   //电压阈值判断
            LCD1602_DIS_CHAR(2,15,'L');               //在设定地址写入"L"表示低压状态
        else
            LCD1602_DIS_CHAR(2,15,'H');               //在设定地址写入"H"表示高压状态
        delay(500);                                   //延时
    }
}
/ ***************************************************************** /
//ADC 初始化函数 ADC_Init(),无形参和返回值
/ ***************************************************************** /
void ADC_Init(void)
{
    ADC_CONTR = 0x00;                 //选定 P1.0 引脚作为 ADC 模拟电压输入引脚
    //配置 P1.0 为高阻输入模式
    P1M0& = 0xFE;                     //P1M0.0 = 0
    P1M1| = 0x01;                     //P1M1.0 = 1
    ADCCFG = 0x0F;                    //转换结果左对齐且 ADC 转换时钟为 SYSCLK/2/16
    ADC_CONTR| = 0x80;                //打开 ADC 电源
}
/ ***************************************************************** /
//ADC 转换函数 ADC_GET(),无形参,无返回值
/ ***************************************************************** /
void ADC_GET(void)
{
    u8 num = 0;                       //循环控制变量,用于控制次数
    while(num < 10)                   //采 10 次结果
    {
        ADC_CONTR| = 0x40;            //启动 ADC 转换
        delay(10);                    //延时等待转换完毕
        while(!(ADC_CONTR&0x20));     //等待 ADC 转换结束
        ADC_CONTR& = 0xDF;            //清零 ADC 转换结束标志位
        AD_Vtemp[num] = (u16)ADC_RES << 4;
        AD_Vtemp[num]| = (u16)ADC_RESL >> 4;   //处理左对齐格式下的 ADC 结果
        //AD_Vtemp[num] = (u16)ADC_RES << 8;
        //AD_Vtemp[num]| = (u16)ADC_RESL;       //处理右对齐格式下的 ADC 结果
        num++;                        //循环控制变量自增
    }
}
/ ***************************************************************** /
//平均值滤波函数 AVG_AD_Vtemp(),无形参,无返回值
/ ***************************************************************** /
void AVG_AD_Vtemp(void)
{
    u8 i,j;                           //定义排序用内外层循环变量 i 和 j
    u16 temp;                         //定义中间"暂存"变量 temp
```

```
    for(i=10;i>=1;i--)                        //外层循环
    {
        for(j=0;j<(i-1);j++)                  //内层循环
        {
        if(AD_Vtemp[j]>AD_Vtemp[j+1])         //数值比较
        {
            temp = AD_Vtemp[j];               //数值换位
            AD_Vtemp[j] = AD_Vtemp[j+1];
            AD_Vtemp[j+1] = temp;
        }
        }
    }
    for(i=2;i<=7;i++)                         //去掉两个最低,去掉两个最高
    AD_val += AD_Vtemp[i];                     //将中间6个数值累加
    AD_val = (u16)(AD_val/6);                  //累加和求平均值
}
/****************************************************************************/
```
【略】为节省篇幅,相似函数参见相关章节源码即可
```
void delay(u16 Count){}                       //延时函数
void LCD1602_init(void){}                      //LCD1602 初始化函数
void LCD1602_DIS(void){}                       //显示字符函数
void LCD1602_DIS_CHAR(u8 x,u8 y,u8 z){}        //设定地址写入字符函数
void LCD1602_Write(u8 cmdordata,u8 writetype){} //写入液晶模组命令或数据函数
```

将程序编译后下载到单片机中并运行,观察字符型1602液晶模块上的显示效果如图17.15所示,此时测得外部输入模拟电压值为0.638V,液晶上的电压等级显示为"12",当前电压低于低压阈值 Low_V(即1V),所以电压状态为低压状态,显示为"S:L"。

如果对外部模拟电压进行调节,使得电压慢慢升高,当外部模拟电压值大于1V时字符型1602液晶上所显示的状态"S:"会由"L"变成"N",此时测得外部输入模拟电压值为2.780V,液晶上的电压等级显示为"54",此时的电压是在低压阈值 Low_V 与高压阈值 High_V 之间,实际显示效果如图17.16所示。

若继续拧动电位器升高外部模拟电压,当电压值超过4V时,字符型1602液晶上所显示的状态"S:"会由"N"变成"H",此时测得外部输入模拟电压值为4.772V,液晶上的电压等级显示为"94",也就是说,实际测量的电压已经高于高压阈值 High_V 所定义的数值了,实际显示效果如图17.17所示。

图 17.15　低压状态电压值及　　　图 17.16　正常状态电压值及　　　图 17.17　高压状态电压值及
　　　　　　等级显示　　　　　　　　　　　　　　等级显示　　　　　　　　　　　　　　等级显示

17.4.2　进阶项目 B　"一线式"4×4 矩阵键盘设计与实现

接下来我们想做一个"一线式"4×4矩阵键盘,这里的"一线式"并不是指 1-Write 单线通信协议(这里做个拓展,感兴趣的朋友可以展开学习),而是指用一根线就能获取16个按键状态的"ADC键盘"。想法很好就要求设计很"巧",摆在我们面前的第一个问题就是如何产生16个不同的电压去对应16个不同的按键。

要解决这个问题要从最简单的电路原理开始思考,首先想到的就是分压电路,若一个电路中的电阻以串联的方式连接,每个电阻间的电位必定和电源电压存在分压关系,只要选择合适的电

阻值就可以细分电压从而得到不同按键电压各异的效果,根据这样的想法加以计算和实验,大致按照 0.3V 作为一个分隔带,可设计"一线式"4×4 矩阵键盘部分电路如图 17.18 所示。S1~S16即为 16 个按键,R1~R27 为计算取值后的电阻,ADKEY 线为 A/D 采样线(将其连接到 STC8 单片机指定的模拟通道上即可),电路中的 VCC 取 5V(VCC 的实际电压可能不是精确的 5V,最好是加以调节使其尽可能精确)。

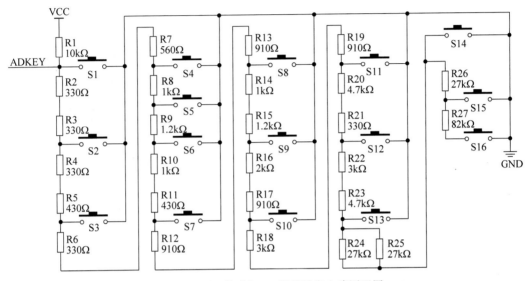

图 17.18 "一线式"4×4 矩阵键盘电路原理图

当 S1 按下时相当于直接把 ADKEY 点连接到地,全部的电压都加在 R1 上,所以 ADKEY 点电压为 0V,当 S2 按下时电路中存在 R1、R2 和 R3 这 3 个电阻,欲计算 ADKEY 点电位可以列出计算式如式(17.6)所示。

$$\text{ADKEY(K2 按下)} = \frac{V_{cc} \times (R2 + R3)}{R1 + R2 + R3} = \frac{5 \times (330 + 330)}{10000 + 330 + 330} \approx 0.31\text{V} \quad (17.6)$$

当 S3 按下时电路中存在 R1、R2、R3、R4 和 R5 这 5 个电阻,欲计算 ADKEY 点电位同样可以根据式(17.6)的计算方法代入数据得到式(17.7):

$$\text{ADKEY(K3 按下)} = \frac{5 \times (330 + 330 + 330 + 430)}{10000 + 330 + 330 + 330 + 430} \approx 0.622\text{V} \quad (17.7)$$

同理,可以计算其他按键按下电压如表 17.9 所示。

表 17.9 "一线式"4×4 矩阵键盘 5V 供电时按键电压对应关系

按 键 名 称	对 应 电 压	按 键 名 称	对 应 电 压
S1	0V	S9	2.495V
S2	0.31V	S10	2.814V
S3	0.622V	S11	3.133V
S4	0.938V	S12	3.428V
S5	1.243V	S13	3.734V
S6	1.554V	S14	4.057V
S7	1.863V	S15	4.375V
S8	2.185V	S16	4.691V

构建完按键电路后需要设计系统主控部分,我们仍然选择 STC8H8K64U 型号单片机作为主控制器,选择 P1.0 引脚作为按键电压的输入通道(将 P1.0 引脚接到我们做好的 ADC 矩阵键盘 ADKEY 引脚上),ADC 的参考电压输入引脚 ADC_V$_{Ref+}$ 直接连到了电源电压 VCC 上(实验前实测的 VCC 电压是 5.09V),ADC 的转换结果和按键情况用串口打印(在实验之前需要设计一个 USB 转 TTL 串口电路,然后对接 P3.0 和 P3.1 引脚,这个电路在第 14 章中已经学习过了,所以此处不再赘述),主控电路及键盘连接如图 17.19 所示。

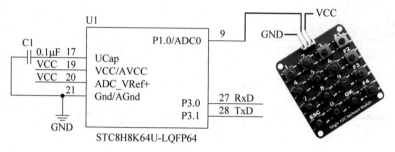

图 17.19 "一线式"4×4 矩阵键盘主控电路

硬件平台搭建完毕后就可以编写程序实现了,本项目的程序类似于进阶项目 A,也需要编写 ADC_Init()初始化函数和 A/D 转换函数 ADC_GET(),得到的结果也得送到滤波函数 AVG_AD_Vtemp()中进行平均值处理。

在硬件系统搭建完毕后,用万用表实际测量的参考电压值为 5.09V(最好是准确的 5V,若电压存在偏差最好进行微调使其接近 5V),此时的 ADC 最小分辨率电压值应为 5090/4096 = 1.242 675 781 25mV。有了这些参数,就能计算出当前通道的实际电压(可定义 GETvoltage 变量存放电压数值),实际电压即为 A/D 采样结果 AD_val 乘上最小分辨率电压值 1.242 675 781 25,得到实际电压 GETvoltage 后就可以开始判定按键键值了,在编写判定程序之前需要定义 3 个变量,首先定义"KS"变量作为按键按下标志位,当 KS=0 时表示无按键按下,反之表示有按键按下,然后定义"qian"变量和"bai"变量分别表示 GETvoltage 变量的千位和百位,要实现这些功能可以用 C51 语言编写相关语句如下。

```
GETvoltage = (u16)(AD_val * 1.24267578125);    //计算对应电压(mV)
AD_val = 0;                                    //清零 ADC 转换数据
qian = GETvoltage/1000;                        //取转换电压千位
bai = GETvoltage % 1000/100;                   //取转换电压百位
```

得到千位和百位主要是用于判断特定按键按下时所对应的电压,那么电压取多少伏代表特定按键呢? 这就需要认真分析表 17.8 中的内容。按照表中按键与电压的对应关系,我们可以划定一个按键的电压取值范围,可用 C51 语言编写按键判定语句如下。

```
if(qian == 0)
{
    if(bai < 1){KS = 1;KEY_NO = 0;}          //S1 按键电压为 0,属低于 0.1V 以下
    else if(bai < 5){KS = 1;KEY_NO = 1;}     //S2 按键电压为 0.31V,属 0.1~0.5V
    else if(bai < 8){KS = 1;KEY_NO = 2;}     //S3 按键电压为 0.622V,属 0.5~0.8V
    else{KS = 1;KEY_NO = 3;}                  //S4 按键电压为 0.938V,属 0.8~1.0V
}
else if(qian == 1)
{
    if(bai < 1){KS = 1;KEY_NO = 3;}          //S4 按键电压为 0.938V,属 1.0~1.1V
    else if(bai < 5){KS = 1;KEY_NO = 4;}     //S5 按键电压为 1.243V,属 1.1~1.5V
    else if(bai < 7){KS = 1;KEY_NO = 5;}     //S6 按键电压为 1.554V,属 1.5~1.7V
```

```
        else{KS = 1;KEY_NO = 6;}                //S7 按键电压为 1.863V,属 1.7～2.0V
}
else if(qian == 2)
{
        if(bai < 3){KS = 1;KEY_NO = 7;}         //S8 按键电压为 2.185V,属 2.0～2.3V
        else if(bai < 7){KS = 1;KEY_NO = 8;}    //S9 按键电压为 2.495V,属 2.3～2.7V
        else{KS = 1;KEY_NO = 9;}                //S10 按键电压为 2.814V,属 2.7～3.0V
}
else if(qian == 3)
{
        if(bai < 3){KS = 1;KEY_NO = 10;}        //S11 按键电压为 3.133V,属 3.0～3.2V
        else if(bai < 6){KS = 1;KEY_NO = 11;}   //S12 按键电压为 3.428V,属 3.2～3.6V
        else{KS = 1;KEY_NO = 12;}               //S13 按键电压为 3.734V,属 3.6～4.0V
}
else if(qian == 4)
{
        if(bai < 2){KS = 1;KEY_NO = 13;}        //S14 按键电压为 4.057V,属 4.0～4.2V
        else if(bai < 5){KS = 1;KEY_NO = 14;}   //S15 按键电压为 4.375V,属 4.2～4.5V
        else if(bai < 8){KS = 1;KEY_NO = 15;}   //S16 按键电压为 4.691V,属 4.5～4.8V
        else KS = 0;                            //无按键按下
}
```

思路通了,程序编写就简单多了,利用 C51 语言编写的具体程序实现如下。

```
//芯片型号: STC8H8K64U(程序微调后可移植至 STC8A/F/C/G/H 系列单片机)
//时钟说明: 单片机片内高速 24MHz 时钟
//模拟通道: 选定 P1.0 引脚作为外部电压输入通道
/ ****************************************************************** /
# include "STC8H. h"                     //主控芯片的头文件
# include "stdio. h"                      //程序要用到 printf()故而添加此头文件
/ ********************** 常用数据类型定义 ********************** /
【略】为节省篇幅,相似定义参见相关章节或源码工程即可
/ ********************** 用户自定义数据区域 ********************** /
# define SYSCLK 24000000UL               //系统时钟频率值
# define BAUD_SET  (65536 - SYSCLK/9600/4)  //波特率设定与计算
static u16 AD_Vtemp[10] = {0};           //装载 10 次 ADC 采样数据
static u16 AD_val = 0;                   //ADC 单次采样数据
static u16 KEY_NO = 0;                   //按键键值码
static u16 GETvoltage = 0;               //获取到的电压
/ ********************** 函数声明区域 ********************** /
void delay(u16 Count);                   //延时函数
void UART1_Init(void);                   //串口 1 初始化函数
void U1SEND_C(u8 SEND_C);                //串口 1 发送单字符数据函数
char putchar(char ch);                   //发送字符重定向函数
void ADC_Init(void);                     //ADC 初始化函数
void ADC_GET(void);                      //ADC 模数转换函数
void AVG_AD_Vtemp(void);                 //平均值滤波函数
void Printf_KEY(u8 keynum);              //打印模拟键盘按下位置分布函数
/ ********************** 主函数区域 ********************** /
void main(void)
{
        u16 KS = 0,qian,bai;             //KS 为按键按下标志位,qian 为千位,bai 为百位
        delay(50);                       //延时等待时钟稳定
        ADC_Init();                      //ADC 初始化
        UART1_Init();                    //串口 1 初始化
        printf("| **************************************** |\r\n");
        printf("| ******** One - line 4 * 4 ADC keyboard Test ************ |\r\n");
        printf("| **************************************** |\r\n");
```

```
        while(1)
        {
            ADC_GET();                              //启动 AD 转换获取 AD 采样数据 AD_val
            AVG_AD_Vtemp();                         //求 6 次平均值(去掉两个最低,去掉两个最高)
            delay(50);                              //延时
            GETvoltage = (u16)(AD_val * 1.24267578125);  //按照 5.09V/4096 计算得到的结果
            AD_val = 0;                             //清零 ADC 转换数据
            qian = GETvoltage/1000;                 //取转换电压千位
            bai = GETvoltage % 1000/100;            //取转换电压百位
            if(qian == 0)
            {
                if(bai < 1){KS = 1;KEY_NO = 0;}     //S1 按键电压为 0,属低于 0.1V 以下
                else if(bai < 5){KS = 1;KEY_NO = 1;}  //S2 按键电压为 0.31V,属 0.1～0.5V
                else if(bai < 8){KS = 1;KEY_NO = 2;}  //S3 按键电压为 0.622V,属 0.5～0.8V
                else {KS = 1;KEY_NO = 3;}            //S4 按键电压为 0.938V,属 0.8～1.0V
            }
            else if(qian == 1)
            {
                if(bai < 1){KS = 1;KEY_NO = 3;}     //S4 按键电压为 0.938V,属 1.0～1.1V
                else if(bai < 5){KS = 1;KEY_NO = 4;}  //S5 按键电压为 1.243V,属 1.1～1.5V
                else if(bai < 7){KS = 1;KEY_NO = 5;}  //S6 按键电压为 1.554V,属 1.5～1.7V
                else {KS = 1;KEY_NO = 6;}            //S7 按键电压为 1.863V,属 1.7～2.0V
            }
            else if(qian == 2)
            {
                if(bai < 3){KS = 1;KEY_NO = 7;}     //S8 按键电压为 2.185V,属 2.0～2.3V
                else if(bai < 7){KS = 1;KEY_NO = 8;}  //S9 按键电压为 2.495V,属 2.3～2.7V
                else {KS = 1;KEY_NO = 9;}            //S10 按键电压为 2.814V,属 2.7～3.0V
            }
            else if(qian == 3)
            {
                if(bai < 3){KS = 1;KEY_NO = 10;}    //S11 按键电压为 3.133V,属 3.0～3.2V
                else if(bai < 6){KS = 1;KEY_NO = 11;}  //S12 按键电压为 3.428V,属 3.2～3.6V
                else {KS = 1;KEY_NO = 12;}          //S13 按键电压为 3.734V,属 3.6～4.0V
            }
            else if(qian == 4)
            {
                if(bai < 2){KS = 1;KEY_NO = 13;}    //S14 按键电压为 4.057V,属 4.0～4.2V
                else if(bai < 5){KS = 1;KEY_NO = 14;}  //S15 按键电压为 4.375V,属 4.2～4.5V
                else if(bai < 8){KS = 1;KEY_NO = 15;}  //S16 按键电压为 4.691V,属 4.5～4.8V
                else KS = 0;                        //无按键按下
            }
            delay(200);                             //延时等待
            if(KS == 1)                             //判断是否有按键按下
            {
                //printf("【System】:GETvoltage = % d,",GETvoltage);
                //printf("KEY is % d,",KEY_NO);
                //printf("WAN = % d,QIAN = % d\r\n",qian,bai);
                Printf_KEY(KEY_NO);                 //打印模拟键盘按下位置分布
                KS = 0;                             //清除按键按下标志位
            }
            delay(500);                             //延时启动下一次转换和键值判断
        }
    }
/ ***************************************************************** /
//模拟键盘按下位置函数 Printf_KEY(),有形参 keynum 取值范围为 0～15,
//无返回值,无按键按下则应该为 [ ],有按键按下则应该为 [ * ]
/ ***************************************************************** /
```

```
void Printf_KEY(u8 keynum)
{
    u8 a = 0;                                               //循环控制变量
    printf("| ** ADC keyboard press position ** |\r\n");    //打印标题
    for(;a < 16;a++)                                        //循环比较 16 个按键
    {
        if(a == keynum)                                     //若循环变量与实际按键键值相等
            printf("[ * ]");                                //有按键按下标识样式
        else
            printf("[]");                                   //无按键按下标识样式
        if((a + 1) % 4 == 0)                                //打印 4 个按键标识换行一次
            printf("\r\n");                                 //回车换行
    }
    printf("| ****************************** |\r\n");        //打印分隔线
}
/ ************************************************************************* /
【略】为节省篇幅,相似函数参见相关章节源码即可
void delay(u16 Count){}                                     //延时函数
void ADC_Init(void){}                                       //ADC 初始化函数
void ADC_GET(void){}                                        //ADC 转换函数
void AVG_AD_Vtemp(void){}                                   //平均值滤波函数
void UART1_Init(void){}                                     //串口 1 初始化函数
void U1SEND_C(u8 SEND_C){}                                  //串口 1 发送单字符数据函数
char putchar(char ch){}                                     //发送字符重定向函数
```

将程序编译后下载到单片机中,打开 PC 上的串口调试助手并复位单片机芯片,若程序运行正常将会打印出如图 17.20 所示项目标题。

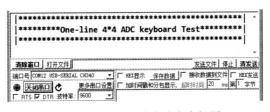

图 17.20　串口打印实验内容标题

通读程序可以发现,在程序 main()函数中关于按键标志位"KS=1"的检测语句中有几条非常重要的语句,即

```
if(KS == 1)                                                 //判断是否有按键按下
{
    //printf("【System】:GETvoltage = % d,",GETvoltage);
    //printf("KEY is % d,",KEY_NO);
    //printf("WAN = % d,QIAN = % d\r\n",qian,bai);
    Printf_KEY(KEY_NO);                                     //打印模拟键盘按下位置分布
    KS = 0;                                                 //清除按键按下标志位
}
```

在默认情况下程序中注释了第 1～3 条语句,当程序经过判断得到键值"KEY_NO"后会打印出键值内容,并且将键值内容作为实际参数送给 Printf_KEY()函数,Printf_KEY()函数接收到实际参数后送给形参"keynum",然后进入一个 16 次的循环,循环控制变量为"a",经过循环后"a"的取值为 0～15,如果传入的键值内容(当前 keynum 取值)等于"a"则打印出按键按下标识"[ ]",若键值内容不等于"a"则打印出无按键按下标识"[*]",函数打印出的标识分为 4 行,每行打印 4 个标识,函数执行完毕后即可打印出键盘按下时位置分布的信息,实测按下"0"号键和"1"号键得到的

打印情况如图17.21所示。

若实际的系统中有个别按键"失灵"或者是键值检测出错,可能是按键判别时的电压取值不正确或者是硬件电路中的电阻取值有误,最简单的方法是将 qian 变量和 bai 变量打印出来与表17.9中内容进行比较,再根据实际测得的按键电压修改主函数中键值判定的相关取值即可修正误差,可以将主函数中关于按键标志位"KS=1"的检测语句体修改如下。

```
if(KS == 1)                                    //判断是否有按键按下
{
    printf("【System】:GETvoltage = % d,",GETvoltage);
    printf("KEY is % d,",KEY_NO);
    printf("WAN = % d,QIAN = % d\r\n",qian,bai);
    //Printf_KEY(KEY_NO);                       //打印模拟键盘按下位置分布
    KS = 0;                                     //清除按键按下标志位
}
```

将程序工程重新编译后下载到单片机中,再次打开 PC 上的串口调试助手并复位单片机芯片,可以实测各按键按下时的采回数据,其效果如图17.22所示,我们可用该功能检查按键电压是否正常,从而排除按键判别程序的漏洞得到正确的键值。

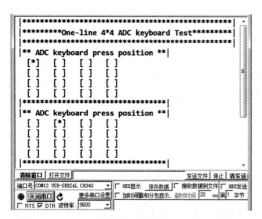

图 17.21　串口打印模拟键盘按下位置分布图

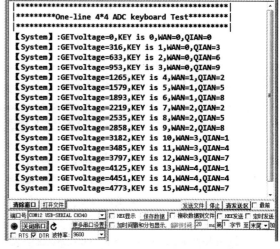

图 17.22　取回按键实际测量 AD 采样数值

说到这里本章的实验就做完了,我们可以在这些实验的基础上继续拓展功能。如果轮流开启多个模拟通道可以设计一个多通道模拟电压采集系统,如果加上继电器单元及相关电路可以制作一个过电压保护器。如果配合模拟量输出的传感器,还可以做成传感测量和控制装置。说白了,ADC 资源本身并不复杂,复杂的问题都在实际需求之中,读者朋友可以多实践、多体会,着手构建几个 A/D 转换的应用系统,自然就能熟练地掌握 ADC 资源功能了。

## 第 18 章

"公平之秤，轻重几何"电压比较器资源运用

章节导读：

本章将详细介绍 STC8 系列单片机片内电压比较器资源的相关知识点和应用，共分为 6 节。18.1 节～18.4 节都是"模电"课程中有关电压比较器的"干货"知识点，小宇老师带领大家从单限、迟滞和窗口电压比较器入手，讲解其原理、参数和特性，然后用 LM2903 芯片做出实验效果，目的是为了加深朋友们的理论基础，便于后续知识点的衔接和叠加；18.5 节正式学习 STC8 系列单片机的片内电压比较器资源，该节讲解了片内电压比较器的结构、工作流程、寄存器配置方法等内容，还引入了查询法、中断法比较器编程，基于比较器的特性，结合单片机的实际应用，又添加了掉电检测和梯级电压区分的内容；18.6 节是个小实战项目，带领大家用 RC 积分器和电压比较器做出一个廉价的"ADC"单元，在项目中渗透了很多常用知识点和电路计算，希望朋友们认真理解。

18.1 电压比较器功能及专用芯片运用

又到了新章节的学习，一如既往地要讲个小故事。小宇老师年少时看过一部电视剧叫作《宰相刘罗锅》，讲的是乾隆年间刘墉与和珅在朝廷、民间，对公事、私事发生的一系列斗智斗勇的民间传说故事。在刘墉的处事风格中，总能分清孰轻孰重，孰大孰小，让小宇老师十分敬仰，有的时候在电视机前还跟着片头曲唱起了"天地之间有杆秤，那秤砣是老百姓"这首歌。

要说这古代的"秤"啊，是一种老百姓常用的衡器，用于衡量物体的质量。我们上物理课时也学过一种衡器，那就是如图 18.1(a)所示的天平。该仪器依据杠杆原理去比较两个盘子中物品的重量，一般情况下，A 和 B 中有一个是已知重量的，另外一个是待测重量。A 和 B 的重量在天平上可能存在 3 种情况，若 A<B 则天平左侧高右侧低，若 A=B 则天平两侧同高且保持水平，若 A>B 则天平左侧低右侧高，这些情况我们都学过了。

那在电子世界中有没有这样的一杆"秤"呢？当然也有，这就是本章的"主角"——电压比较器，其电路符号及输入/输出引脚如图 18.1(b)所示。该器件用于比较两个输入电压的大小关系，一般情况下，我们会在同相输入端或反相输入端中设定一个已知电压(如 Vref)，然后和另外一个输入电压(如 Vin)进行电压大小的比较。此时也可能出现"天平"应用中的 3 种情况，若 Vin<Vref，则电压比较器的输出 Vout 为低电平；若 Vin=Vref，则 Vout 产生电平跃变最终导致电平的翻转

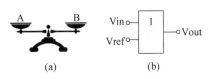

图 18.1 天平称重与电压比较器类比图

（当同相输入端与反相输入端的电压相同，导致电压比较器输出信号发生翻转的电压就叫阈值电压或转折电压（即"Ut"），此时的 Ut＝Vref；若 Vin＞Vref，则 Vout 输出高电平。这些内容在我们学习《模拟电子技术》课程的时候也讲解过（当然了，不同朋友的基础不尽相同，在学习中做到查漏补缺及时"充电"即可）。

其实，如图 18.1(b) 所示的这个"光秃秃"的连接图与电压比较器的真实工作电路还是有较大差别的，在实际应用中的电压比较器电路会考虑很多问题，比如输入信号的滤波、限流、限幅，又如比较器输出的限幅、限流、上拉和驱动电路等。这些电路的设计会随着本章学习的深入慢慢展开，现在的我们首先要"搞懂"比较器的工作过程及输出波形。

按照如图 18.1(b) 所示，电压比较器的同相输入端连接 Vin 电压（未知），反相输入端连接 Vref 电压（已知），电压比较器采用单极性电源供电（不存在负压），此时电压比较器的输入和输出关系如图 18.2(a) 所示。在"输入"坐标系部分，曲线代表 Vin 电压的变化，直线代表稳定不变的 Vref 电压，当 Vin＜Vref 时，Vout 保持低电平状态；当 Vin＝Vref 时（图中出现了两次这种情况，即 Vin 曲线与 Vref 直线有两个交点），Vout 信号也跟着发生了两次跳变，第一次是由 0 变 1（产生上升沿），第二次是由 1 变 0（产生下降沿）；当 Vin＞Vref 时，就是 Vin 电压曲线"跑"到了 Vref 直线上方的部分，此时 Vout 输出高电平。

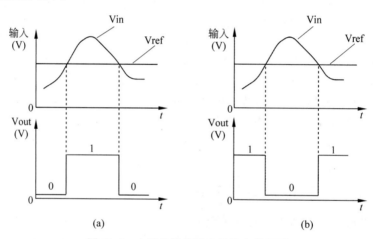

图 18.2　电压比较器输入及输出关系图

如果将图 18.1(b) 中的 Vin 输入到电压比较器的反相输入端，将 Vref 输入到同相输入端（也就是把输入互换）。Vref 仍然保持恒定，只改变 Vin 的电压值，此时电压比较器的输入和输出关系就如图 18.2(b) 所示了。可以发现此时的 Vout 输出与之前相反了。

所以说电压比较器的使用非常灵活，哪怕只是改变了信号输入端或外围的几个阻容器件，就可以导致比较器电气特性的变化。

有的朋友在看完电压比较器的电路符号之后产生了疑问：这个电路符号不就是通用运算放大器的符号吗？意思是电压比较器和通用运算放大器没啥区别？

答案是否定的。若是将电压比较器和通用运算放大器相比，无论是概念上、电压传输特性上，还是在应用场景上都是有很大区别的。就以电压传输特性来说，通用运算放大器存在"线性区域"，但是电压比较器相当于运算放大器在开环或正反馈状态下的非线性应用，几乎就没有线性区域，直接就工作在饱和区域中，也就是说，电压比较器的输出要么就是"1"要么就是"0"。再看看两者的内部电路构成其实也有差异，通用运算放大器的输出结构多用双管推挽结构，但是电压比较器的输出结构多用单管形式（有的还是开漏形式输出）。在电气指标满足需求的前提下，有朋友把通用运算放大器当作电压比较器来用，这是没问题的，但是把专用电压比较器作为运算放大器来用是不合适的。

说到这里,朋友们又有疑问了,既然通用运算放大器可以通过"改造"外围电路当成电压比较器来用,那这些半导体芯片商还做"专用电压比较器"芯片干吗呢? 这是因为通用运算放大器做成的比较器电路在电气指标和性能上不如专用电压比较器,比如输出信号的幅值问题,通用运算放大器通常不能满幅输出,但是专用电压比较器就可以;再说输出信号的边沿时间问题,通用运算放大器就很迟缓,专用电压比较器就很"陡峭",甚至有很多支持高速信号电压比较的芯片,当然,两种比较器在输出电平标准、驱动能力、动态特性等方面也都存在差异,所以专用电压比较器芯片有特长、有优势、有适用。

市面上的专用电压比较器芯片种类很多,常见的有 5 脚(SOT23-5 封装)的 LM397、TL331 芯片;8 脚(DIP8、SOP8 或 TSSOP8 封装)的 LM211、LM393、LM2903、LM293、UPC271 芯片;14 脚(DIP14、SOP14 或 TSSOP14 封装)的 LM339、LM290 芯片。这些芯片的用法大同小异,甚至有很多芯片在脚位的分布上都是相互兼容的,但在具体使用中不可胡乱替换,在方案选型前一定要从电压比较器芯片的单元数量、封装形式、响应速度、传播时延、灵敏度、电源电压范围、工作温度范围等参数上进行合理的选择。

本章实验中的电压比较器专用芯片选用了 LM2903 这一款,该芯片内置了两个电压比较器单元,共 8 个引脚,供电电压范围支持 2~36V,工作温度范围也很宽(−40~+125℃),性价比也很好,可以满足一般场景下的应用。在选型时需要注意电压比较器型号的"尾缀",这些字母的差异一般表示该芯片在封装形式及温度范围上的不同,就以 LM2903 来说,LM2903PWR 型号芯片的默认封装为 TSSOP8 形式(体积比 SOP8 更小),其实物样式如图 18.3(a)所示,LM2903DR 的默认封装为 SOP8,其实物样式如图 18.3(b)所示。LM2903 的功能脚位分布如图 18.3(c)所示,需要注意的是,Output A 和 Output B 引脚内部均为开漏形式输出,所以在做具体应用时必须外接一个上拉电阻到电源正极才能正常输出。

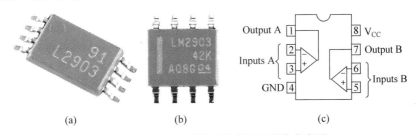

图 18.3 LM2903 芯片实物样式及脚位分布图

电压比较器的应用是非常广泛的,很多电子设备中都有它的"身影"。我们可以将其应用在传感器前端信号的处理电路上(例如,光敏电阻受光强变化引起阻值变化,继而导致分压变化,再由电压比较器判断电压大小后控制继电器的吸合与断开,就能做个光控开关);还可以将其应用在波形产生与变换上(例如,用振荡电路产生激励信号,经过电压比较器后变成方波信号,通过处理得到三角波信号,再进行处理又变成锯齿波信号等)。以此为基础的应用数不胜数,稍微改一改电压比较器的外围电路,还能做成 V/F 变换、A/D 转换、高速数据采样、电源电压监测、压控振荡器、过零检测、信号变换等应用单元,所以要以小见大,好好地从基础学起,慢慢地掌握其用法和精髓。

18.2 双路阈值均可调的单限电压比较器

在电压比较器的电路构成及应用中,最简单的当属单限电压比较器了(也可称为单门限电压比较器),所谓"单限"是指阈值电压 Ut 有且仅有一个,假设输入电压 Vin 连接比较器的同相输入端,基准电压 Vref 连接比较器的反相输入端,供电采用单极性电源且电源正极为 VCC,那么 Vin 从 0V 上升到 VCC 或者从 VCC 下降到 0V 这种单一方向的变化过程中,比较器的输出 Vout 只会产生一次翻转,且翻转时的阈值电压 Ut 是个固定值。只需要改变 Vref 电压就相当于调整了 Ut 阈值电压,这就是单门限电压比较器。

接下来就选取 LM2903 芯片作为电压比较器核心,配合外围器件搭建出如图 18.4 所示电路,构成双通道单限电压比较器(因为 LM2903 内部有两个独立的电压比较器单元,为了不造成浪费,我们就做了两个单限比较器通道)。

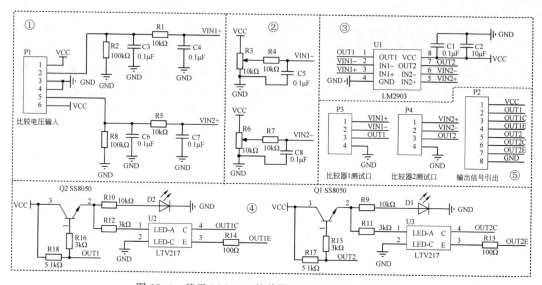

图 18.4　基于 LM2903 的单限电压比较器电路原理图

电路的供电为单极性电源,不存在负压,VCC 等于 5V。稍加分析,可以看出该电路由 5 部分组成,即输入信号滤波(图中①)、阈值电压调整(图中②)、电压比较(图中③)、状态指示及光耦控制(图中④)以及接口电路(图中⑤)等。为了让朋友们了解电路设计原理及功能,小宇老师现将这些单元逐一展开进行说明。

1. 输入信号滤波电路

输入电压 Vin 由 P1 端子接入两个通道,以 LM2903 芯片的"VIN1+"输入端为例(即 P1 第 2 引脚的后级电路),当输入电压引脚悬空时,R2 电阻会将通道电压下拉到地,这样做可以减少外部信号的干扰,使得悬空时的输入电压更接近于 0V。C3、R1 和 C4 组成了 π 型滤波电路,可以进一步减少输入电压信号中的高频干扰和波动成分,使得电压比较器的输出状态更加稳定。单看 R1 和 C4 是一级 RC 无源低通滤波器,R1 阻值为 10kΩ,C4 容值为 0.1μF,则此时的截止频率 f_c 应为:

$$f_c = \frac{1}{2\pi R1C4} \approx 159\,\text{Hz} \tag{18.1}$$

需要说明的是,该截止频率仅作为实验参考,这是小宇老师根据实验时的需求设计的,并非适用于所有场合,需要根据实际需求进行理论计算和相关参数的修改。

2. 阈值电压调整电路

在电压比较器的实验中,我们人为地确定了基准电压 Vref 的值,该电压由电位器的中间抽头分压产生(即电路中的 R3 和 R6),以 LM2903 芯片的"VIN1−"反相输入端为例(由 R3、R4 和 C5 电路产生),R3 就是一个 10kΩ 电位器,由于电路中的 VCC 等于 5V,故而 R3 中间抽头上产生的电压就在 0～5V 范围内,在实验中将 R3 调至电位器中点,此时的抽头电压就应该是 VCC 的一半,即

2.5V左右。需要说明的是，电位器类器件的输出常有噪声电压，从信号的稳定性上进行考虑，我们又为 R3 添加了 R4 和 C5 这一级 RC 无源低通滤波器，进一步保证电位器输出电压的稳定。

3. 电压比较电路

电路中的 U1 即为 LM2903 电压比较器芯片，该芯片内部有两个独立的比较器单元，由此构成了两路电压比较通道，芯片的第 8 脚为供电引脚，电容 C2 的作用是减少供电电压的波动，电容 C1 的作用是将高频干扰耦合到地。由于 LM2903 芯片的输出引脚内部是开漏结构，所以电路中添加了 R17 和 R18 作为上拉电阻（参考数据手册的推荐取值 3～15kΩ，R17 和 R18 实际取值为 5.1kΩ），使得比较器芯片的 OUT1 和 OUT2 引脚能够输出高电平。

4. 状态指示及光耦控制电路

电压比较器核心电路设计完成后还应该考虑状态指示电路的搭建，这样才能让使用者直观地"看"到实验的结果，最简单的还是用 LED 来指示输出状态，但是 LM2903 芯片输出引脚的驱动能力有限，那要怎么设计电路呢？首先我们会想到添加一级三极管驱动电路，这样就可以增强输出引脚的驱动能力，也就是原理图中的 Q1 和 Q2 相关电路。

以 OUT1 引脚为例，R18 起上拉作用，R16 是 Q2 三极管的基极限流电阻，Q2 的状态受 OUT1 引脚上的电平控制，若 Q2 正偏则 D2 就会亮起，反之 D2 保持熄灭（搭建电路时要合理计算限流电阻 R10 的取值，保证 LED 的工作电流在 3～5mA 即可）。这样一来，我们就可以通过观察 D2 的亮灭来判断 OUT1 引脚的输出结果了。

在电压比较器的实际应用中，出于对信号隔离和电平转换方面的考虑，我们希望电压比较器的输出能和外围电路或模块在电气上隔离开来，这时候就要用到光电耦合器件（实际运用时还需考虑电压比较器输出信号经过三极管和光耦电路后造成的信号延迟问题）。

还是以 OUT1 引脚为例，Q2 三极管的发射级经过限流电阻 R12 连接到了光电耦合器 LTV217 的 LED-A 引脚（搭建电路时要合理计算限流电阻 R12 的取值，保证光电耦合器芯片的正常导通），这样做是为了控制 LTV217 的导通与关断，OUT1C 就是光耦内部光电三极管的集电极，OUT1E 就是光耦内部光电三极管的发射级，有了这两个光耦输出，我们就可以连接外部电路或模块了，既实现了电气隔离，又方便我们做外围电平转换。

5. 接口电路

考虑测试环节和实际使用，我们在电路中应该添加必要的功能排针，比如 P1 为电压输入引针，P3 为 LM2903 芯片第一个比较器单元的输入/输出引针，P4 为 LM2903 芯片第二个比较器单元的输入/输出引针，P2 为电路供电及光耦相关引脚的输入/输出引针。我们在测试环节可以把示波器的探针"勾"在这些引针上，就可以探测信号了。使用时也可以用杜邦线连接相关引针到外围电路中去。

解析完电路原理图后还需要画出该模块的 PCB（印制电路文件），然后送到 PCB 生产厂家去打样制造，收到 PCB 实物后还要自己焊接相关器件。焊接的原则是：先小后大，先矮后高，先贴片后插件。制作完成的双通道单限电压比较器实物模块如图 18.5 所示。

有了模块之后就可以开始测试了，由于 LM2903 芯片内置了两个电压比较器单元，所以模块具备两个电压输入通道和两个阈值电压设定单元，我们只用分析其中一个通道即可。以 VIN1＋和 VIN1－构成的第一通道为例，我们要验证模块的两个功能，第一个就是看看比较器的输出翻转效果，我们把恒定不变的参考电压

图 18.5　基于 LM2903 的双通道单限比较器实物图

Vref 接入到 VIN1－引脚(即明确了阈值电压 Ut),然后给 VIN1＋引脚输入连续变化的电压 Vin,此时输出电压 OUT1 就应该发生翻转效果(可通过模块上的 D2 状态来观察)。第二个就是看看光耦输出是否正常(只需在光耦输出端外加 LED 指示电路即可观察。也就是一个限流电阻加一个 LED 器件,因电路过于简单,此处就不再作图了)。

在接线前一定要断电操作,模块供电为＋5V,Vin 接入 0～5V 连续变化的电压,对应通道的光耦电路需要自行添加 LED 指示电路(第一通道光耦上的 OUT1C 引脚接＋5V,OUT1E 引脚接外加的 LED 指示电路),电路连接完毕后要仔细检查,经过实测我们得到了如表 18.1 所示实验数据。

表 18.1　基于 LM2903 的双通道单限电压比较器实验测试数据

Vin/V	Ut/V	板载 LED 状态	光耦输出端外加 LED 状态
0.4	2.55	灭	灭
2.49	2.55	灭	灭
2.58	2.55	亮	亮
3.02	2.55	亮	亮

分析表格组成,Vin 这一列是我们在 0～5V 变化范围内选取的几个测试点电压,Ut 这一列就是 VIN1－引脚上的电压 Vref,这个电压是通过电位器 R3 的分压得到的,我们可以在实验前通过调节 R3 电位器来设定好这个电压,在实验过程中无须改变。表格的后面两列就是 LED 的状态指示了,可以观察到不管是板载 LED 还是光耦外加的 LED,其状态都是受控于电压比较器的 OUT1 输出,从而统一变化的。

分析实验数据,完全符合单限比较器的功能。当 VIN1＋引脚电压小于 Ut 时,比较器输出为低电平,当 VIN1＋引脚电压等于 Ut 时,比较器输出发生翻转,当 VIN1＋引脚电压大于 Ut 时,比较器输出为高电平。

为了深化理解,小宇老师在示波器上做出了一个连续过程的效果,如图 18.6 所示。实测中所用的示波器是四踪示波器(也就是说有 4 个输入通道的示波器),刚好可以满足我们的测试需求。波形界面中显示了 3 个通道的信号波形,最上面的"直线"就是 VIN1－引脚上的波形(也就是 Ut 电压值,由于电压在设定后就保持不变,所以看起来就是一条直线)。中间的像"馒头"一样的波形就是 VIN1＋引脚上的波形(因为我们输入了 0～5V 的变化电压,所以产生了像"馒头"一样的变化过程),最下面像是"冠亚军领奖台"的波形就是电压比较器的输出 OUT1 引脚上的波形(可以看到 OUT1 引脚在 VIN1＋电压两次等于 Ut 电压时均产生了翻转)。

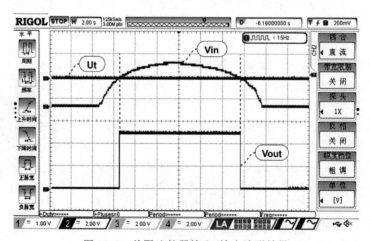

图 18.6　单限比较器输入/输出波形效果

从实验上看，我们的电路是成功的。于是小宇老师用光敏电阻搭建了一个前端分压电路，把环境光强变成了变动电压并连接到了 VIN1＋引脚上，合理调整阈值电压 Ut 后再配合继电器电路做成了一个光控开关模块。大家可别小瞧这个单限比较器电路，任何能产生电压变化的传感器都可以作为该电路的前端"变化量"进行输入，我们只需要为各种前端传感器调整不同的阈值电压 Ut 就可以轻松地得到高低电平的输出，可谓是传感器应用中的"百搭"电路了，市面上销售的土壤湿度传感器、水滴传感器、震动传感器、光敏传感器、声音传感器、避障传感器等，都有电压比较器电路的"身影"。

小宇老师满心欢喜地用作好的"光控开关模块"改造了自家照明线路，经过实际运行发现了一些"诡异"现象，每当大中午或晚上的时间段模块就很正常，可是在天蒙蒙亮和夜幕降临时，家中的照明就会产生"诡异"的闪烁，模块内部的继电器还会"啪啪啪"地响个几十下，难道说模块感应到了传说中的"变天"？我二话不说就把模块拆了继续观察输出信号，终于得到了如图 18.7 所示奇特的输出波形。

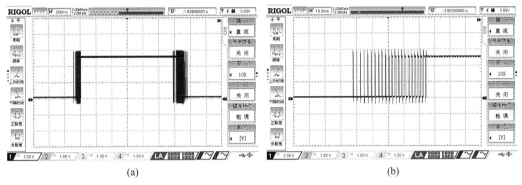

图 18.7 单限比较器中的"抖动"波形

仔细观察，我们发现图 18.7(a)中的波形跳变处存在很多"黑影"，用示波器把单侧"黑影"展开之后如图 18.7(b)所示，这些黑影其实是由多次跳变波形组成的，跳变持续的时间虽然不长但次数却不少，这就是单限电压比较器输出的"抖动"信号，也就是造成小宇老师光控开关模块产生"诡异"现象的原因。

有的朋友要问了，那这些"抖动"信号为什么会产生呢？这是因为 VIN1＋引脚上的电压在 Ut 电压值附近来回抖动导致的，VIN1＋引脚上的电压一会儿低于 Ut，一会儿又等于 Ut，一会儿又稍大于 Ut，反正就在 Ut 这条线附近"小幅波动"(这就是为什么诡异现象只发生在天蒙蒙亮和夜幕降临时的原因，因为这时候的 VIN1＋电压正好处在上升或者下降过程中，肯定要与 Ut 发生相交)，这时候电压比较器的输出就会产生一连串的跳变波形，继电器就会不停地吸合与断开，家里的灯泡就不停闪烁，最终导致了该现象的发生。

那在本电路中，这个现象能不能避免呢？这还真没办法，输入信号的临界抖动是单限比较器的一个特点，要是我为单限比较器"辩白"，我可以夸这个电路结构简单、灵敏度高、应用广泛；要是我站在应用的角度去审视，我可以说这个电路设计虽然简单，但抗干扰能力差，输出电压存在"抖动"，影响后级执行单元。看样子单限电压比较器的电路在实际应用上还是存在局限的，我们还得继续研究，看看怎么解决"抖动"问题。

18.3 临界信号防抖动的迟滞电压比较器

为了克服单限电压比较器的输出抖动问题，我们可以从电压比较器的核心电路结构上想想办法，能不能通过引入反馈去改造单限电压比较器呢？能不能降低电压比较器的"灵敏度"呢？能不能让电压比较器自己忽略掉输入电压信号中的"小幅波动"呢？

这是肯定可以的，这个电路就是今天的主角"迟滞电压比较器"电路，该电路也常被称作"滞回电压比较器"或者"施密特触发器"。该电路是在单限电压比较器的基础上引入了正反馈(即在电压比较器的同相输入端和输出端之间添加了电阻)，从而使得比较器的输入输出带有"滞回"特性。引入了正反馈机制后不仅提高了电路的抗干扰能力，也克服了临界信号输出抖动的问题。说到这里，有的朋友不禁要发问了，那为啥不用负反馈呢？这是因为正反馈相比负反馈电路而言，可以加速电压比较器输出端的信号翻转，明显提升响应速度，并能在翻转后继续保持对应的输出状态。

为了让大家更好地理解和接受，在展开具体讲解之前，先来看看如图 18.8 所示内容。分析一下当输入电压发生"小幅波动"时，单限电压比较器和迟滞电压比较器的输出信号有什么区别。

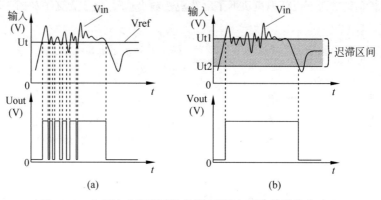

图 18.8   电压波动情况下的单限/迟滞电压比较器输出对比

先来分析图 18.8(a)单限电压比较器的输出情况，上方坐标系中的曲线就代表着"小幅波动"的 Vin，坐标系中的直线就是阈值电压 Ut(要注意，单限电压比较器中的 Ut 实际上就是给定的 Vref 电压值，这个内容在 18.2 节中已经学过)。当 Vin 围绕着 Ut 上下波动时，电压比较器的输出发生了多次跳变，不管 Vin 是由低变高向上穿越 Ut，还是由高变低向下穿越 Ut，只要 Vin 等于 Ut，那就必然产生跳变，所以输出波形上显得十分杂乱，难怪小宇老师的继电器会"啪啪啪"地响个不停。

再来看看图 18.8(b)迟滞电压比较器的输出情况(图中的内容是基于同相迟滞电压比较器电路得到的，在这里暂不展开电路及结构讲解，后续再学习)，上方坐标系中的曲线依然代表着"小幅波动"的 Vin，但是坐标系中出现了两条直线，也就是说，迟滞电压比较器中存在两个不同的阈值电压(Ut1 和 Ut2)，这两个阈值电压并不是我们给定的 Vref 电压值，它们需要经过相关计算才能得到，这一点就比单限电压比较器稍显复杂一些，这两个阈值电压组成了一个特殊的电压区间，我们将其称为"迟滞区间"，即 ΔU。有的朋友又有疑问了，Ut1 和 Ut2 是干啥的？这个迟滞区间有什么特殊的吗？为什么迟滞电压比较器的输出没有随电压抖动产生多次翻转呢？

不急不急，且听小宇老师逐一分析。迟滞电压比较器虽然有两个不同的阈值电压，但是在单一变化方向上只会翻转一次，也就是说，Vin 从 0 向 VCC 上升变化中只有 Ut1 会起作用(上限阈值)，从 VCC 向 0 下降变化中只有 Ut2 会起作用(下限阈值)。当 Vin 是由低变高向上穿越迟滞区间时，Ut2 不起任何作用，当 Vin 继续上升大于或等于 Ut1 时，电压比较器的输出产生翻转变成高电平。当 Vin 由高变低向下穿越迟滞区间时，Ut1 不起任何作用，当 Vin 继续下降小于或等于 Ut2 时，电压比较器的输出又将翻转变成低电平。也就是说，Vin 只要穿过 Ut1，哪怕仍然存在小幅波动，只要不低于 Ut2 电压，输出都不会受到影响，这就是"迟滞区间"的滞后特性，这个特性就是用两个不同的阈值电压形成了一个特殊的"惯性滞回区"，从而降低了电压比较器的灵敏度，提升了输出信号抗干扰能力。简单地说，要想让迟滞电压比较器的输出产生翻转，那 Vin 的输入就必须"高于上限阈值"或者"高于上限阈值之后再低于下限阈值"才行。

可能朋友们会问，这两个阈值电压应该如何计算呢？其实也很简单，无非就是运用几个小学生都会的加减乘除就行，但是具体的公式选择还要根据迟滞电压比较器的电路决定。按照信号接入端的差异，迟滞电压比较器又有同相迟滞电压比较器和反相迟滞电压比较器之分，接下来就对这两种电路进行分析。

1. 同相迟滞电压比较器电路

该电路连接如图 18.9(a)所示，Vin 为输入信号，经过电阻 Rin 后连接到了电压比较器的同相输入端，也就是 Vp 这个点，参考电压 Vref 连接到了电压比较器的反相输入端。图中的 Rf 为反馈电阻，Rx 为上拉电阻。从电路的构成上看还是挺简单的，根据电路的输入输出关系可以绘制出如图 18.9(b)所示的电压传输特性，该电路具有"环回"特性。

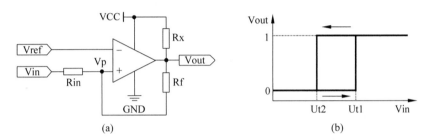

图 18.9 同相迟滞电压比较器原理图及传输特性

我们结合电路和传输特性稍做分析，这个 Vin 是输入电压（接同相端），Vref 是我们给定的参考电压（接反相端），在没接 Vin 前，Vp 点的电压几乎就是 0V，此时 Vref > Vp，则比较器的输出 Vout 就是低电平。我们慢慢增大 Vin 的输入电压，当 Vin 上升到上限阈值电压 Ut1 时，此时 Vp≥ Vref，电压比较器的输出 Vout 发生翻转变成了高电平，就算再往上增大 Vin，输出依然保持高电平不变，此时改变方向慢慢调小 Vin 的电压，当 Vin 电压刚好等于或稍低于上限阈值电压 Ut1 时，电压比较器的输出 Vout 并不会立即发生翻转，我们继续调小 Vin 直至等于或低于下限阈值电压 Ut2 时，Vout 才发生翻转变回了低电平。

由于电路中的 Vin、VCC、Rin、Rf 和 Rx 都可以测量得到，则 Vp 点的电压就可以根据叠加定理按照如下公式进行计算：

$$Vp = VCC \times \frac{Rin}{Rin + Rf + Rx} + Vin \times \frac{Rf + Rx}{Rin + Rf + Rx} \qquad (18.2)$$

当 Vp＝Vref 时电压比较器的输出就会发生翻转，此时的 Vin 即为阈值电压，但是比较器的输出结果有两种（即高电平和低电平），故而对应情况下的阈值电压共有两个（即上限阈值电压 Ut1 和下限阈值电压 Ut2），这两个阈值电压的计算方法如下。

$$Ut1 = Vref \times \frac{Rin + Rf + Rx}{Rf + Rx} \qquad (18.3)$$

$$Ut2 = Ut1 - VCC \times \frac{Rin}{Rf + Rx} \qquad (18.4)$$

知道了上限阈值和下限阈值后，迟滞区间 ΔU 就很好计算了，也就是如下的减法。

$$\Delta U = Ut1 - Ut2 = VCC \times \frac{Rin}{Rf + Rx} \qquad (18.5)$$

ΔU 越大则迟滞区间就越"宽"，此时电压比较器的灵敏度越低，抗干扰能力就越强。反之灵敏度就越高，抗干扰能力就越弱。朋友们在搭建具体电路时应该根据输入电压的波动程度合理设定迟滞区间的大小,合理确定各电阻和输入电压的范围。

2. 反相迟滞电压比较器电路

该电路连接如图18.10(a)所示,与之前讲解的同相迟滞电压比较器对比,只是把 Vin 和 Vref 互换了位置罢了,根据电路的输入输出关系可以绘制出如图18.10(b)所示的电压传输特性,该电路也具有环回特性,其实就是图18.9(b)的反转形式。

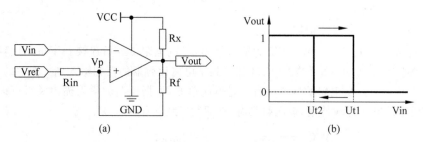

(a)　　　　　　　　　　(b)

图18.10　反相迟滞电压比较器原理图及传输特性

我们继续结合电路和传输特性稍做分析,这个 Vin 是输入电压(接反相端),Vref 是我们给定的参考电压(接同相端),在没接 Vin 前 Vref 已经给定且不为 0V,所以 Vp > Vin,此时比较器的输出 Vout 就是高电平。我们慢慢增大 Vin 的输入电压,当 Vin 上升到上限阈值电压 Ut1 时,此时 Vin = Vp,电压比较器的输出 Vout 发生翻转变成了低电平,就算再往上增大 Vin,输出依然保持低电平不变,此时慢慢调小 Vin 的电压,当 Vin 电压刚好等于或稍低于上限阈值电压 Ut1 时,电压比较器的输出 Vout 并不会立即发生翻转,我们继续调小 Vin 直至等于或者低于下限阈值电压 Ut2 时,Vout 才发生翻转变回了高电平。

我们仍然根据叠加定理,则电路中 Vp 点的电压为:

$$Vp = VCC \times \frac{Rin}{Rin + Rf + Rx} + Vref \times \frac{Rf + Rx}{Rin + Rf + Rx} \tag{18.6}$$

当 Vin = Vp 时电压比较器的输出就会发生翻转,电路中也有两个阈值电压(即上限阈值电压 Ut1 和下限阈值电压 Ut2),其计算方法如下。

$$Ut2 = Vref \times \frac{Rf + Rx}{Rin + Rf + Rx} \tag{18.7}$$

$$Ut1 = Ut2 + VCC \times \frac{Rin}{Rin + Rf + Rx} \tag{18.8}$$

明确上限阈值和下限阈值后,迟滞区间 ΔU 即为:

$$\Delta U = Ut1 - Ut2 = VCC \times \frac{Rin}{Rin + Rf + Rx} \tag{18.9}$$

基础理论铺垫完成之后就开始做实验吧!还是选取 LM2903 芯片作为电压比较器核心,配合外围器件搭建出如图18.11所示同相迟滞电压比较器电路。电路的供电采用单极性电源,不存在负压,VCC 等于 5V。该电路由 5 部分组成,即输入信号滤波(图中①)、滞回区间调整(图中②)、同相迟滞电压比较(图中③)、状态指示及光耦控制(图中④)以及接口电路(图中⑤)等,有些部分与之前学习的单限电压比较器电路是类似的,所以主要讲解差异性的部分即可(即滞回区间调整和同相迟滞电压比较部分)。

按照序号的顺序来分析电路可知,输入电压信号 Vin 通过 P1 端子接入电路,R4 为下拉电阻,C2、R2 和 C3 构成了 π 型滤波电路,单看 R2 和 C3 又是一级 RC 低通滤波电路,经过处理后的 Vin 信号连接到了 LM2903 芯片第一个电压比较器的同相输入端(即 VIN1+)。我们设定的 Vref 参考电压由 R9 电位器产生,R10 和 C6 也是 RC 低通滤波电路,处理后的 Vref 信号连接到了 LM2903

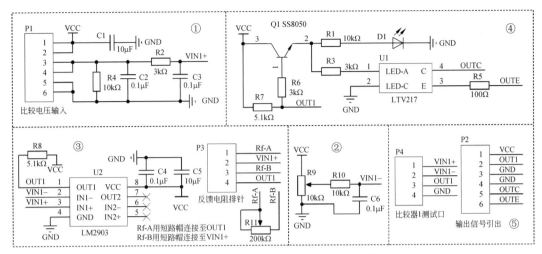

图 18.11 基于 LM2903 的迟滞电压比较器电路原理图

芯片第一个电压比较器的反相输入端(即 VIN1—)。

要是单看迟滞比较功能的话，其实只用 LM2903 芯片的其中一个比较器单元就行了，完全可以把另外一个比较器单元按照同相端接地、反相端接 VCC 的方法进行处理(可以防止未启用的电压比较器受到干扰导致误输出行为)，但这样一来就有点儿"浪费"，所以小宇老师建议大家设计电路之前仔细思考，尽可能地把 LM2903 芯片的两个比较器都用上。

电路中剩下的部分就都是"老面孔"了，状态指示及光耦控制以及接口电路等在讲解单限电压比较器电路图时就学习过了。但是说到这里，有的朋友心中还是有很多疑惑。之前小宇老师也说了，这个电路就是个同相迟滞电压比较器电路，但是根据之前的理论学习来分析该电路，输入电阻Rin 是哪一个？那个 Rx 上拉电阻我怎么没看到呢？反馈电阻 Rf 又是谁？缺了这些电阻后，我要如何计算上限阈值 Ut1、下限阈值 Ut2 以及迟滞区间 ΔU 呢？

这些问题问得很好，输入电阻 Rin 就是 R2，取值为 3kΩ，这个电阻既是 RC 低通滤波的组成部分又充当了输入电阻的角色。上拉电阻 Rx 就是 R7，取值为 5.1kΩ。

反馈电阻 Rf 就是电路中的 R11 电位器，这个电位器并没有直接连接到 VIN1＋和 OUT1 上，而是间接地通过 P3 排针连接进电路，我们需要 R11 接入电路时就用两个短路帽分别短接"Rf-A 和VIN1＋"引针以及"Rf-B 和 OUT1"引针即可。有的朋友可能感到"纳闷"，直接把 R11 固定地接入电路不是更方便吗？话是没错，但是 R11 的阻值关系到迟滞区间的计算，一旦"焊死"在模块上就不便拆卸了，更不能基于电路去测量其阻值，所以要把它做"活"，拔掉短路帽就能用万用表测量其阻值了，这样才能方便我们代入公式计算相关参量。

知道了 Rin(R2＝3kΩ)、Rx(R7＝5.1kΩ)和 Rf(R11 需要实际测量)的阻值之后就可以套用公式计算参数了，上限阈值 Ut1 的计算参考式(18.3)，下限阈值 Ut2 的计算参考式(18.4)，迟滞区间ΔU 的计算参考式(18.5)即可，具体的计算过程如下。

$$Ut1 = (VIN1-) \times \frac{R2 + R11 + R7}{R11 + R7}$$

$$Ut2 = Ut1 - VCC \times \frac{R2}{R11 + R7}$$

$$\Delta U = Ut1 - Ut2 = VCC \times \frac{R2}{R11 + R7}$$

电路分析完毕后就开始制作实物以便测试，制作完成的实物模块如图 18.12 所示。我们要基

图 18.12 基于 LM2903 的
迟滞电压比较器
实物图

于模块验证两个功能,第一个是验证迟滞电压比较的效果并获取上限阈值 Ut1 和下限阈值 Ut2(通过模块板载的 D1 状态来观察),第二个就是验证光耦的输出是否正常(即在光耦输出端外加 LED 指示电路)。

模块供电为+5V,我们可以调节 R9 电位器改变参考电压 Vref,由于这个电压值需要参与迟滞参数的计算,所以调节好之后就固定下来不再动了(小宇老师在实际实验时调节到了 2.746V)。确定好参考电压 Vref 之后,还需要获得反馈电阻 Rf 的阻值(即 R11 电位器的实际值),测量之前需要去掉 P3 排针上的两个短路帽,用万用表的电阻挡测量 Rf-A 引脚和 Rf-B 引脚之间的电阻(小宇老师在实际实验时调节到了 34.78kΩ)。根据现有参数,就可以计算出当前条件下迟滞电压比较器的上限阈值 Ut1、下限阈值 Ut2 和迟滞区间 ΔU 了,计算过程如下。

$$Ut1 = Vref \times \frac{Rin + Rf + Rx}{Rf + Rx} = 2.746 \times \frac{3000 + 34780 + 5100}{34780 + 5100} \approx 2.953V$$

$$Ut2 = Ut1 - VCC \times \frac{Rin}{Rf + Rx} = 2.953 - 5 \times \frac{3000}{34780 + 5100} \approx 2.577V$$

$$\Delta U = Ut1 - Ut2 = 0.376V$$

光是有理论计算是不够的,我们希望在实验中把 Ut1 和 Ut2 实测出来,这要怎么做呢?其实很简单,先让输入电压 Vin 等于 0V,此时模块上的 D1 是熄灭状态,我们开始慢慢加大 Vin 电压,当 D1 突然亮起后赶紧记录此时的 Vin 电压(也就是上限阈值 Ut1),在此之后若再增大 Vin 电压,D1 仍会保持点亮状态。我们又开始慢慢减小 Vin 电压,当 D1 突然熄灭后赶紧记录此时的 Vin 电压(也就是下限阈值 Ut2)。

如果将相关数据进行梳理和记录就可以得到如表 18.2 所示结果。

表 18.2　基于 LM2903 的迟滞电压比较器实验测试数据

Vin/V	Vref/V	Rf/kΩ	板载 LED 状态	光耦输出端外加 LED 状态
0	2.746	34.78	灭	灭
3.048(Ut1)	2.746	34.78	亮	亮
2.489(Ut2)	2.746	34.78	灭	灭

不看不知道,一看真奇妙。我们实测出来的 Ut1 和 Ut2 与计算得到的参数并不完全相同,这是为何呢?其实很简单,首先一点是供电电压 VCC 是以理想的 5.0V 代入计算的,实际的供电电压并不是精确的 5.0V,还有一点就是电路中的电阻值存在误差,也会影响计算结果。但是这些都算小原因,最主要的原因是因为正反馈电路会反向影响同相输入端的电位,特别是处于两个阈值电压导致输出翻转的时候,此时的正反馈电路反向影响了 Vin 线路,所以导致了细微的偏差。

为了深化理解,小宇老师又用示波器记录了调试过程,其波形变化如图 18.13 所示(波形实验中实际的 Rf 调整为 20kΩ,这样一来,滞回区间就会很大,利于波形的观察)。波形界面中显示了三个通道的信号波形,最上面的"直线"就是 VIN1−引脚上的参考电压 Vref。中间像"馒头"一样的波形就是 VIN1+引脚上的输入电压 Vin 波形(因为我们输入了 0~5V 的变化电压,所以产生了像"馒头"一样的变化过程)。最下面像是"冠亚军领奖台"的波形就是电压比较器输出引脚 OUT1 上的波形(可以看到 OUT1 引脚在 Vin 电压高于上限阈值 Ut1 时出现了上升沿跳变,随后在低于下限阈值 Ut2 时出现了下降沿跳变,共计两次翻转),我们特意把跳变边沿处的波形进行展开,发现输出电平非常稳定,也就是说,迟滞电压比较器在一定程度上克服了临界抖动问题。

所以,迟滞电压比较器的基础虽说是单限电压比较器,但这两个电路各有特点,各有适用,应

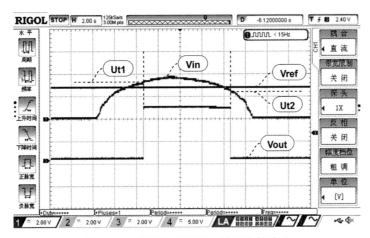

图 18.13　迟滞比较器输入输出比较波形

该根据需求合理地进行选择和设计。

18.4　双限域内求稳定的窗口电压比较器

　　仔细想想，单限电压比较器也好，迟滞电压比较器也罢，这两个电路在某一变化方向上都只存在一个阈值电压，也就是说，输入电压 Vin 从 0 变到 VCC 的过程中，比较器输出 Vout 只会翻转一次，反之亦然。说白了，这样的电压比较器就是判断个大小关系罢了，但是实际的应用需求可能多种多样。举个例子，某设备的前端有个传感器，这个传感器会输出模拟电压，正常情况下，这个输出电压存在"有效范围"，输出电压既不能太小又不能太大，只有位于 2～3V 范围内才算有效，范围外的电压算作"异常"。那这种应用下的电压比较器要怎么设计呢？

　　有朋友想了想说：那就做个"双限"电压比较器呗！这个思路没错，这就是本节的主角"窗口电压比较器"，其电路原理如图 18.14(a)所示，我们可以将其理解为两个单限电压比较器电路的"联合"形式。在电路中，Rx 是上拉电阻，Vin 为输入信号，该信号一分为二地连接到了 U1 的同相输入端和 U2 的反相输入端。UtL 是下限阈值电压，接到了 U1 的反相输入端，UtH 是上限阈值电压，接到了 U2 的同相输入端，电路又把 U1 和 U2 的输出合在一起变成了 Vout，这样一来就构成了窗口电压比较器电路，根据电路的输入输出关系可以绘制出如图 18.14(b)所示的电压传输特性，该电路具有"双限"特性。

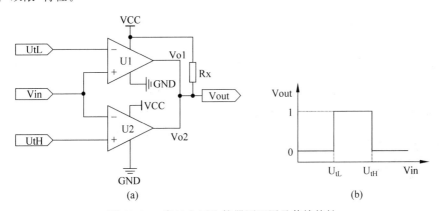

图 18.14　窗口电压比较器原理图及传输特性

　　我们结合电路和传输特性稍做分析,当输入电压 Vin<UtL 时,U1 的输出 Vo1=0,U2 的输出 Vo2=1,当输入电压 Vin>UtH 时,U1 的输出 Vo1=1,U2 的输出 Vo2=0。由于我们使用的 LM2903 芯片输出引脚的内部结构是开漏形式的,所以只要有一路输出为低电平就会把 Vout 拉低,即 Vout=0。当输入电压满足 UtL<Vin<UtH 情况时,U1 的输出 Vo1 和 U2 的输出 Vo2 均是高电平状态,在上拉电阻 Rx 的作用下,输出 Vout=1。也就是说,要想 Vout 输出为高电平,输入电压必须要在上限阈值和下限阈值之间才可以。

　　我们仍然选取 LM2903 芯片作为电压比较器核心,配合外围器件搭建出如图 18.15 所示窗口电压比较器电路。电路的供电采用单极性电源,不存在负压,VCC 等于 5V。该电路由 5 部分组成,即输入信号滤波(图中①)、上下限阈值电压设定(图中②)、窗口电压比较(图中③)、状态指示及光耦控制(图中④)以及接口电路(图中⑤)等,有些部分已经是"老面孔"了,所以我们主要讲解差异性的部分即可(即上下限阈值电压设定和窗口电压比较部分)。

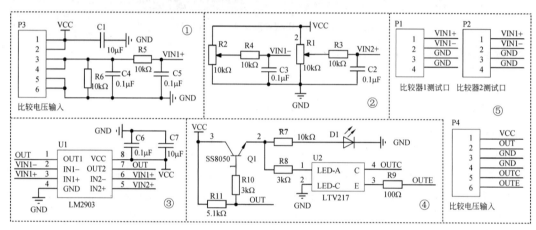

图 18.15　基于 LM2903 的窗口电压比较器电路原理图

　　按照序号的顺序来分析电路可知,输入电压信号 Vin 通过 P3 端子接入电路,R6 为下拉电阻,C4、R5 和 C5 构成了 π 型滤波电路,单看 R5 和 C5 又是一级 RC 低通滤波电路,经过处理后的 Vin 信号连接到了 LM2903 芯片第一个电压比较器的同相输入端和第二个电压比较器的反相输入端。我们设定的上限阈值 UtH 电压由 R1 电位器产生(可由用户自定义调整),R3 和 C2 也是 RC 低通滤波电路,处理后的 UtH 信号连接到了 LM2903 芯片第二个电压比较器的同相输入端(即 VIN2+)。我们设定的下限阈值 UtL 电压由 R2 电位器产生(可由用户自定义调整),R4 和 C3 也是 RC 低通滤波电路,处理后的 UtL 信号连接到了 LM2903 芯片第一个电压比较器的反相输入端(即 VIN1-)。我们在实际调整上限阈值和下限阈值时一定要满足 UtH>UtL 的关系,最好不要将两个电压调整得过于接近,以免造成输出混乱。窗口比较器的总输出为 OUT,上拉电阻就是 R11,剩下的电路都已经学习过好几遍了,此处就不再赘述了。

图 18.16　基于 LM2903 的窗口电压比较器实物图

　　根据电路制作的实物模块如图 18.16 所示。我们要基于模块验证两个功能,第一个是验证 Vin<UtL、UtL<Vin<UtH、Vin>UtH 这三种情况下窗口电压比较的输出效果(通过模块板载的 D1 状态来观察),第二个就是验证光耦的输出是否正常(即在光耦输出端外加 LED 指示电路)。

　　有了模块之后就可以开始测试了,模块供电为+5V,我们先调节 R1 电位器确定上限阈值 UtH 电压(小宇老师在实际实验时调节到了 3.218V),然后调节 R2 电位器确定下限阈值 UtL 电压

（小宇老师在实际实验时调节到了 2.142V），这样一来就符合 UtH＞UtL 的规定了。我们先让输入 Vin 电压等于 0V，此时模块上的 D1 是熄灭状态，我们开始慢慢地加大 Vin 电压，当 D1 突然亮起后赶紧记录此时的 Vin 电压（也就是下限阈值 UtL），在之后若再增大 Vin 电压，当 D1 突然熄灭后赶紧记录此时的 Vin 电压（也就是上限阈值 UtH）。如果将相关数据进行梳理和记录就可以得到如表 18.3 所示结果。

表 18.3 基于 LM2903 的窗口电压比较器实验测试数据

Vin/V	UtH/V	UtL/V	板载 LED 状态	光耦输出端外加 LED 状态
0	3.218	2.142	灭	灭
2.156	3.218	2.142	亮	亮
3.236	3.218	2.142	灭	灭

分析实验数据，Vin 这一列是我们选取的 3 个测试电压，当 Vin 为 0V 时满足 Vin＜UtL 的情况，所以窗口电压比较器的输出是低电平，LED 都熄灭了，当 Vin 为 2.156V 时刚好比 UtL 大了一点点，满足 UtL＜Vin＜UtH 的情况，所以 LED 亮了，当 Vin 为 3.236V 时就比 UtH 还要大了，此时，满足 Vin＞UtH 的情况，LED 又熄灭了。至此，双限"窗口"实验就算成功了。

为了深化理解，我们再用示波器看看调试过程，其波形变化如图 18.17 所示。波形界面中显示了四个通道的信号波形，最上面的"直线"就是上限阈值 UtH，中间一根"直线"就是下限阈值 UtL，夹在两根直线中间缓慢"上扬"的曲线就是输入电压 Vin 的波形（我们输入了 0～5V 缓慢变化的电压），最下面像是"冠亚军领奖台"的波形就是电压比较器的输出 OUT 引脚上的波形（可以看到 OUT 引脚在 Vin 电压分别与上限阈值 UtH 和下限阈值 UtL "相交"时反正了翻转，即在一个方向变化中出现了两次跳变）。

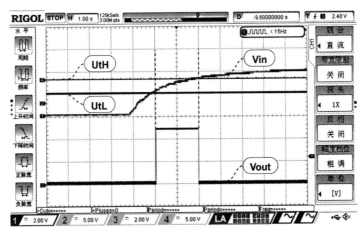

图 18.17 窗口比较器输入输出比较波形

说到这里，我们的单限电压比较器、迟滞电压比较器、窗口电压比较器的基础"铺垫"就讲完了。这三种电压比较器各有特点，朋友们要根据需求进行选择，若需参考本章相关电路，一定不要忽略了相关电压比较器芯片的电气约束（如输入共模电压的限制），我们用 LM2903 芯片搭建的这三种电压比较器电路模块可设置的阈值电压均应小于 VCC-1V 范围（也就是说，如果 VCC 为 5V，阈值电压的设定就应该在 4V 以下才行），若超过此范围，比较器的输出将固定为低电平不会再有变动。

可能有的朋友读了之前的 4 节会产生一种买了本"模电"书的感觉，其实这是小宇老师的一片苦心，在实际应用中的单片机并不是配几个寄存器就能发挥功能的，所以大家一定要重视电学基础，把模电这个"硬骨头"慢慢啃下来。不光要会单片机的编程与控制，还要自行搭建电子产品的

"肉"和"骨"才行。

18.5　STC8 系列单片机比较器资源运用

具备了单限、迟滞、窗口电压比较器的相关知识之后,我们就可以正式开始 STC8 系列单片机片内比较器资源的学习了。有的朋友肯定很好奇,为啥 STC8 系列单片机会专门搞一个片内的比较器呢? 比较器不就是个模拟电路吗,我们买个专用芯片搭建外围电路也可以啊,为什么非要集成到单片机结构中去呢?

这些问题问得非常好,小宇老师逐个进行解答。朋友们要把眼界放宽一些,其实很多单片机中都带有比较器资源,特别是一些用在消费类和工控类的单片机产品中,比较器资源算是标配,单片机的资源越丰富就越强大。单片机中的比较器算是一种灵活的"程控比较器"单元,我们可以自由地决定"谁和谁比较""比较过程的处理""比较的结果怎么表现"等问题。所以说,单片机中的比较器并不是只为了得到一个比较结果那么简单,我们可以基于比较器资源做常规电压比较、掉电行为检测、电池电量等级划分等应用,甚至可以基于比较器资源和相关外围电路自己"造"出一个"另类"的 A/D 资源来测量外部电压。是不是特别实用呢? 接下来小宇老师就向大家一一介绍。

18.5.1　片内比较器结构及工作流程

STC8 系列单片机都具备一个片内电压比较器单元,以 STC8H 系列单片机为例,其内部结构如图 18.18 所示。从功能上讲可以分为三部分(即图中的三个区域),朋友们需要稍加记忆。

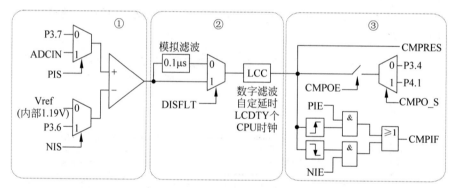

图 18.18　片内比较器内部结构图

第一部分就是"谁和谁比较"的问题,比较器的同相输入端可根据 PIS 功能位的设定选择两种信号来源,第一个来源就是 P3.7 引脚上的电压(默认选择),第二个来源就是 A/D 资源中学过的模拟通道输入电压(通过 ADC_CONTR 寄存器中的 ADC_CHS[3:0] 功能位选择具体的模拟电压输入通道,在第 17 章已经学过了)。比较器的反相输入端可根据 NIS 功能位的设定选择两种信号来源,第一个来源就是芯片内部的参考电压 Vref(默认选择),这个电压值是由芯片内部 BandGap 经过 OP 后得到的固定电压,参考电压值一般是 1.19V,但由于制造误差,实际电压可能为 1.11~1.3V。第二个来源就是 P3.6 引脚上的电压。

第二部分就是"比较过程的处理"问题。之前我们学过单限电压比较器电路,该形式的电路灵敏度很高,但是抗干扰性能较差,当输入电压或者参考电压出现临界的小幅波动时,电压比较器的输出可能出现连续抖动导致多次翻转,大多数情况下,这个抖动对于后级电路都是不利的。所以我们想要去掉这些抖动信号,STC8 系列单片机的片上比较器资源就提供了一些"去抖"的办法,例如,0.1μs 的模拟滤波单元和数字"延时"滤波配置。我们可以用 DISFLT 功能位启用或者禁止模

拟的 $0.1\mu s$ 滤波，默认情况下这个滤波是使能的，模拟滤波可以去掉输出信号中的毛刺。我们也可以通过配置比较器控制寄存器 2（CMPCR2）中的 LCDTY[5:0] 功能位启用和设置数字滤波的时长，这部分的内容后续再展开。不管是模拟的滤波还是数字的滤波都是想让后级电路得到一个相对"稳定"的输出结果。

第三部分就是"比较的结果怎么表现"的问题，STC8 系列单片机比较器资源的输出结果一般有三种表现形式。第一个形式最"直白"，其输出结果就反映在 CMPRES 功能位中，用户程序直接将其读出来再做判断即可。第二个形式也简单，就是用 CMPOE 功能位使能"比较结果输出功能"，这个功能开启后就可以通过 P_SW2 寄存器中 CMPO_S 功能位的设定来选择 P3.4 或 P4.1 引脚输出结果了，当然，不用这个功能也是可以的，我们可以通过对 CMPRES 功能位的判断指定其他的引脚输出结果也行。第三个形式就很有用了，因为涉及中断机制，若比较器的输出是从 0 变到 1，则会产生上升沿跳变，反之就会产生下降沿跳变，我们可以配置 PIE 和 NIE 功能位，当比较器的输出发生特定边沿动作时就会产生中断请求，中断一旦产生，硬件就会自动将 CMPIF 置 1，用户只需使能相应的中断再搭配上中断服务函数就能做更多有意思的应用了。

18.5.2　片内比较器寄存器配置方法

在分析比较器内部结构时，我们接触到了很多功能位，初学的时候朋友们可能"眼花缭乱"，但实际上我们压根不用去记忆，比起这些功能位的名称，比较器的结构组成和"脉络"更为重要（这就是小宇老师说的：不用去背寄存器，用到的时候再查即可）。

STC8H 系列单片机片内比较器的配置比较简单，也就用了两个寄存器就"搞定"了。先来学习比较器控制寄存器 1，该寄存器的相关位定义及功能说明如表 18.4 所示。

表 18.4　STC8H 系列单片机比较器控制寄存器 1

比较器控制寄存器1（CMPCR1）							地址值：(0xE6)ₕ	
位　数	位 7	位 6	位 5	位 4	位 3	位 2	位 1	位 0
位名称	CMPEN	CMPIF	PIE	NIE	PIS	NIS	CMPOE	CMPRES
复位值	0	0	0	0	0	0	0	0
位　名	位含义及参数说明							
CMPEN 位 7	比较器资源使能位							
	0	关闭比较器功能						
	1	使能比较器功能						
CMPIF 位 6	比较器中断标志位 　　该功能位在发生相关中断后由硬件自动置 1，同时向 CPU 提出中断请求（也就是说，必须要先使能本寄存器中的 PIE 或 NIE 功能位）。该标志位上电默认为 0，发生中断后须由用户以软件方式将其清零。 　　特别说明：在没有使能比较器中断时，硬件不会设置此中断标志位，所以不能用查询法查询该位							
	0	未发生比较器中断						
	1	发生了比较器中断						
PIE 位 5	比较器上升沿中断使能位							
	0	禁止比较器的上升沿中断						
	1	使能比较器的上升沿中断，当比较器的输出由 0 变 1 时（上升沿）产生中断请求						
NIE 位 4	比较器下降沿中断使能位							
	0	禁止比较器的下降沿中断						
	1	使能比较器的下降沿中断，当比较器的输出由 1 变 0 时（下降沿）产生中断请求						

比较器控制寄存器 1（CMPCR1）   地址值：(0xE6)_H

PIS 位 3	比较器同相输入端信号来源选择位（即连入 CMP＋端的信号）		
	特别说明：如果选择 ADC 的某一模拟通道作为同相输入端信号，则必须要打开 ADC_ CONTR 寄存器中的电源控制位 ADC_POWER 和 ADC 通道选择位 ADC_CHS[3:0]。当需 要使用比较器中断唤醒掉电模式/待机模式时，比较器的同相输入端信号只能选择 P3.7 引 脚，不能使用 ADC 输入通道		
	0	选择 P3.7 引脚作为比较器同相输入端信号来源	
	1	通过 ADC_CONTR 寄存器中的 ADC_CHS[3:0]功能位选择 ADC 的某一个模拟通道作 为比较器同相输入端信号来源	
NIS 位 2	比较器反相输入端信号来源选择位（即连入 CMP－端的信号）		
	0	选择片内基准电压 Vref 作为反相输入端信号来源（Vref 的参考电压值为 1.19V，由于 制造误差实际电压可能为 1.11～1.3V）	
	1	选择 P3.6 引脚作为比较器反相输入端信号来源	
CMPOE 位 1	比较器结果输出控制位		
	0	禁止比较器结果输出	
	1	使能比较器结果输出，比较器的结果可以输出到 P3.4 引脚或者 P4.1 引脚（具体情况由 P_SW2 寄存器中的 CMPO_S 功能位进行设定）	
CMPRES 位 0	比较器的比较结果		
	该位是只读位，软件上可以用查询法直接对其进行判断。需要注意的是，这个结果是经 过数字滤波后得到的，并非比较器的直接输出结果		
	0	表示 CMP＋端＜CMP－端的电平	
	1	表示 CMP＋端＞CMP－端的电平	

该寄存器主管相关功能的使能、相关信号的选择以及相关结果的表达，整体来说是比较简单
的，若用户需要用 C51 语言选择 P3.7 引脚作为比较器同相输入端信号来源，P3.6 引脚作为比较器
反相输入端信号来源，不使能相关中断。可编写语句如下。

```
CMPCR1& = 0xF7;                                    //P3.7 为 CMP＋信号
CMPCR1| = 0x04;                                    //P3.6 为 CMP－信号
```

比较器资源的模拟滤波、软件滤波和输出逻辑由比较器控制寄存器 2 来负责，该寄存器的相关
位定义及功能说明如表 18.5 所示。

表 18.5   STC8H 系列单片机比较器控制寄存器 2

比较器控制寄存器 2（CMPCR2）可位寻址   地址值：(0xE7)_H

位 数	位 7	位 6	位 5	位 4	位 3	位 2	位 1	位 0
位名称	**INVCMPO**	**DISFLT**	LCDTY[5:0]					
复位值	0	0	0	0	0	0	0	0
位 名	位含义及参数说明							
INVCMPO 位 7	比较器结果输出控制							
	0	比较器结果正逻辑输出，若比较器 CMP＋端＞CMP－端的电平，则 P3.4/P4.1 引脚输 出低电平，反之输出高电平						
	1	比较器结果负逻辑输出，若比较器 CMP＋端＞CMP－端的电平，则 P3.4/P4.1 输出高 电平，反之输出低电平，相当于正逻辑的"取反"						

续表

比较器控制寄存器 2(CMPCR2)可位寻址		地址值：$(0xE7)_H$
DISFLT 位 6	模拟滤波功能控制	
	0	使能 $0.1\mu s$ 模拟滤波功能
	1	关闭 $0.1\mu s$ 模拟滤波功能,可略微提高比较器的比较速度
LCDTY [5:0] 位 5:0	数字滤波功能控制	
	即数字"去抖"功能,LCDTY[5:0]由 6 个二进制位构成,取值的范围是 000000～111111(也就是十进制数的 0～63),默认状态下的 LCDTY[5:0]取值为 000000,即关闭数字滤波功能	
	××××××	由用户设定

该寄存器的模拟滤波和输出逻辑都比较容易理解,但是这个数字滤波功能需要稍微说明一下。在使用数字"去抖"功能之前,需要向 LCDTY[5:0]写入一个非零值(假定是 x),当比较器的输出发生由 0 变 1 事件后(也可以是由 1 变 0,这里分析一种情况即可),数字滤波功能开始发挥作用,必须要等比较器持续输出"$x+2$"个 CPU 时钟的高电平,才能认定本次跳变有效且输出为高电平,如果在"$x+2$"个 CPU 时钟内,比较器的输出发生波动忽 1 忽 0,则认定比较器当前跳变事件无效,仍然认为输出状态为原来的 0。

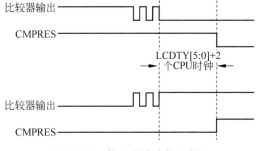

肯定有朋友要问,为啥是"$x+2$"个 CPU 时钟呢? 这是因为启用数字滤波功能后,芯片内部还需增加两个额外的切换时间才能完成参数配置,这和芯片的设计有关,大家也不必纠结。为了方便大家理解,小宇老师作图如 18.19 所示,两条虚线内的时间就是我们设定的"LCDTY[5:0]+2",在这个时间段内比较器输出是稳定的,所以才能得到 CMPRES 结果。

图 18.19 数字滤波功能示意图

18.5.3 基础项目 D 查询法验证比较器功能实验

寄存器学完了就开始做实验吧! 动手之前我们需要设计一下实验内容和电路,按照之前学过的"三步走",第一要明确"谁和谁比较",我们选定 P3.7 引脚电压作为同相端输入(CMP+),选定 P3.6 引脚电压作为反相端输入(CMP−)即可,这两个引脚分别连接到两个电位器的中心抽头,电位器的另外两个引脚分别连接到 VCC 和 GND,这样一来,P3.6 和 P3.7 引脚上就能得到一个 0～5V 的可调电压。第二要明确"比较过程的处理",我们需要用程序开启模拟滤波和数字滤波功能。第三要明确"比较的结果怎么表现",我们需要开启"比较结果输出功能",在程序中要配置 P_SW2 寄存器中 CMPO_S 功能位来选择 P3.4 或 P4.1 引脚输出比较结果,还要用查询法读取比较器控制寄存器 1 中的 CMPRES 功能位,可事先选定一个引脚作为输出,在这个引脚上搭建一个发光二极管指示电路(假定 P1.0 引脚作为输出),若 CMPRES 功能位为 1,就说明 P3.7 引脚上的电压比 P3.6 上的要大(即 CMP+>CMP−),这时候 P1.0 引脚输出高电平(熄灭),若 CMPRES 功能位为 0,就说明 P3.7 引脚上的电压小于 P3.6 上的电压(即 CMP+<CMP−),这时候 P1.0 引脚输出低电平(亮起)。按照这个功能设想和引脚分配,可以搭建出如图 18.20 所示电路。

电路中的 R1 和 D1 组成输出结果指示电路,P3.4 和 P4.1 引脚也分别搭建了发光二极管指示电路(图中省略,其连接方式与 R1 与 D1 电路一致,在程序中实际选择 P4.1 作结果输出),R2 和 R3 为 10kΩ 电位器,用于产生 0～5V 范围的变动电压输入到比较器的同相和反相端。理清思路后利用 C51 语言编写的具体程序实现如下。

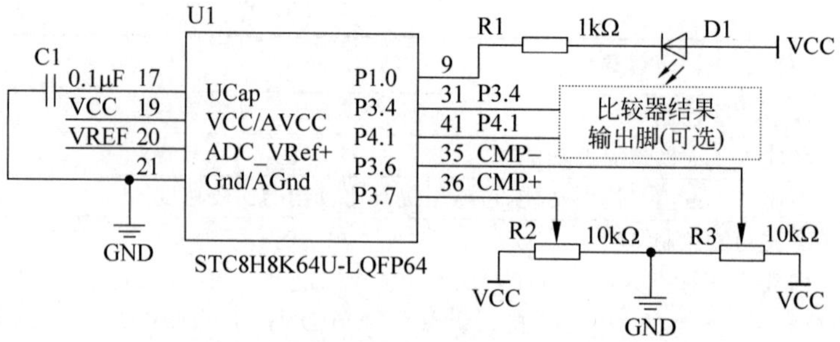

图 18.20 查询法验证比较器功能实验电路图

```
//芯片型号: STC8H8K64U(程序微调后可移植至 STC8A/F/C/G/H 系列单片机)
//时钟说明: 单片机片内高速 24MHz 时钟
/ ****************************************************************** /
# include "STC8H. h"                        //主控芯片的头文件
/ ************************* 常用数据类型定义 ********************** /
【略】为节省篇幅, 相似定义参见相关章节或源码工程即可
/ ************************* 端口/引脚定义区域 ********************* /
sbit   TEST = P1^0;                         //用户自定义比较器结果输出引脚
/ ************************* 函数声明区域 ************************* /
void delay(u16 Count);                      //延时函数
void CMP_init(void);                        //比较器初始化函数
/ ************************* 主函数区域 *********************** /
void main(void)
{
    //配置 P1.0 为推挽/强上拉模式
    P1M0 | = 0x01;                          //P1M0.0 = 1
    P1M1& = 0xFE;                           //P1M1.0 = 0
    TEST = 1;                               //上电后 LED 熄灭
    //配置 P3.4 为推挽/强上拉模式
    P3M0 | = 0x10;                          //P3M0.4 = 1
    P3M1& = 0xEF;                           //P3M1.4 = 0
    //配置 P4.1 为推挽/强上拉模式
    P4M0 | = 0x02;                          //P4M0.1 = 1
    P4M1& = 0xFD;                           //P4M1.1 = 0
    delay(5);                               //等待 I/O 模式配置稳定
    CMP_init();                             //比较器初始化
    while(1)
    {
        if(CMPCR1&0x01)                     //读比较器结果
            TEST = 1;                       //CMP + > CMP - , TEST 为高电平
        else
            TEST = 0;                       //CMP + < CMP - , TEST 为低电平
    }
}
/ ****************************************************************** /
//比较器初始化函数 CMP_init(), 无形参, 无返回值
/ ****************************************************************** /
void CMP_init(void)
{
    CMPCR2& = 0x7F;                         //比较器正逻辑输出
    CMPCR2& = 0xBF;                         //使能 0.1μs 模拟滤波功能
    CMPCR2 | = 0x3F;                        //比较器结果经过 63 + 2 = 65 个去抖时钟后输出
    CMPCR1& = 0xF7;                         //P3.7 为 CMP + 信号
    CMPCR1 | = 0x04;                        //P3.6 为 CMP - 信号
    P_SW2 | = 0x08;                         //比较结果输出到 P4.1 引脚
```

```
//P_SW2& = 0xF7;                          //比较结果输出到P3.4引脚
CMPCR1| = 0x02;                          //使能比较器输出
//CMPCR1& = 0xFD;                         //禁止比较器输出
CMPCR1| = 0x80;                          //使能比较器功能
}
/ ****************************************************************** /
【略】为节省篇幅,相似函数参见相关章节源码即可
void   delay(u16 Count){}                //延时函数
```

程序中的核心是比较器初始化函数 CMP_init(),该函数中的语句主要是对 CMPCR1 和 CMPCR2 寄存器进行配置,有的朋友可能会问,这个函数中的多条语句其实都可以"合并",直接写出两条语句不就可以了吗?话是没错的,但是这样写的话灵活性不强,分开多条语句对某些功能位进行配置会好一些,在程序移植的时候只需要更改某一功能位的配置语句即可,在程序中搭配上语句注释就更为清楚了。

在下载程序之前,先调整 R2 电位器使抽头电压约为 2V(即 P3.7 引脚电压),然后调整 R3 电位器使抽头电压约为 1V(即 3.6 引脚电压),此时满足 CMP+>CMP- 的关系。将程序下载到目标单片机中,可以看到 P1.0 和 P4.1 引脚上的 LED 均熄灭,说明引脚输出了高电平,这符合程序设定中的"正逻辑"比较结果。

保持 P3.7 引脚的 2V 电压不变,将 P3.6 引脚电压调至 3V,此时满足 CMP+<CMP- 的关系,可以看到 P1.0 和 P4.1 引脚上的 LED 均亮起,说明引脚输出了低电平。接下来保持 P3.6 引脚的 3V 电压不变,将 P3.7 引脚电压调至 4V,此时又满足 CMP+>CMP- 的关系,可以看到 P1.0 和 P4.1 引脚上的 LED 均熄灭,说明引脚又输出了高电平。

按照操作次序,可以把具体电压、大小关系和相关引脚 LED 状态等实验结果列出,如表 18.6 所示。

表 18.6   查询法验证比较器功能实验数据

次序	P3.7/V	P3.6/V	大 小 关 系	P1.0 状态	P4.1 状态
1	2	1	CMP+>CMP-	灭	灭
2	2	3	CMP+<CMP-	亮	亮
3	4	3	CMP+>CMP-	灭	灭

从实验结果上看,此时的片内比较器就是一个简单的单限电压比较器,当程序中采用正逻辑输出比较结果时,一旦出现 CMP+>CMP- 的情况,引脚 P4.1 就为高电平,反之为低电平。若程序采用负逻辑,那就需要把表 18.6 中 P4.1 的状态全部取反即可(需要说明的是,负逻辑的设定并不会影响到 P1.0 的状态,因为这个引脚是自定义的输出,其结果只与比较器控制寄存器 1 中的 CMPRES 功能位取值有关,所谓的"正逻辑"或者"负逻辑"的配置只会影响到"比较结果输出"功能规定的 P3.4 或 P4.1 引脚状态)。

18.5.4   基础项目 E   中断法验证比较器功能实验

查询法的编程实现虽然简单,但也有缺点,如果不启用"比较器结果输出功能"(也就是不用 P3.4 和 P4.1 引脚),主程序就必须不断地去读取和判断 CMPRES 功能位的取值,接着再让自定义的引脚输出比较结果,这样一来就占用和耗费了 CPU"宝贵"的时间,基于以上,我们选用中断方式重新改写程序。

STC8 系列单片机比较器单元的中断请求分为两种情况,若比较器的输出由 0 变 1 就可以产生"上升沿中断",若比较器的输出由 1 变 0 就可以产生"下降沿中断",可以看出,这两种中断都是在

输出信号跳变时产生。为了观察实验效果,我们修改了一下实验电路,用两个自定义引脚分别控制两个发光二极管,分别表达上升沿和下降沿中断的发生情况,修改后的电路如图 18.21 所示。

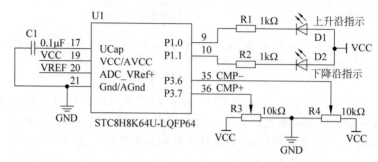

图 18.21　中断法验证比较器功能实验电路图

P3.7 作为同相端输入引脚(CMP+),R3 电位器为其提供输入电压。P3.6 作为反相端输入引脚(CMP−),R4 电位器为其提供输入电压。P1.0 引脚控制 D1 状态,用于指示上升沿中断事件,P1.1 引脚控制 D2 状态,用于指示下降沿中断事件,R1 和 R2 为限流电阻。

电路的组成上比较简单,程序上要重点改写比较器初始化函数 CMP_init(),为了能看清两种中断的现象,我们索性把两种边沿中断都使能,然后还要编写比较器的中断服务函数 CMP_ISR(),在该函数中编写相关语句实现比较结果判断和 D1、D2 的亮灭控制。理清思路后利用 C51 语言编写的具体程序实现如下。

```
//芯片型号:STC8H8K64U(程序微调后可移植至 STC8A/F/C/G/H 系列单片机)
//时钟说明:单片机片内高速 24MHz 时钟
/ ***************************************************** /
# include "STC8H.h"                          //主控芯片的头文件
/ **************** 常用数据类型定义 ********************** /
【略】为节省篇幅,相似定义参见相关章节或源码工程即可
/ **************** 端口/引脚定义区域 ******************* /
sbit   RIS = P1^0;                           //上升沿指示引脚
sbit   FALL = P1^1;                          //下降沿指示引脚
/ **************** 函数声明区域 ********************** /
void delay(u16 Count);                       //延时函数
void CMP_init(void);                         //比较器初始化函数
/ **************** 主函数区域 ********************** /
void main(void)
{
    //配置 P1.0 - 1 为推挽/强上拉模式
    P1M0 | = 0x03;                           //P1M0.0 - 1 = 1
    P1M1& = 0xFC;                            //P1M1.0 - 1 = 0
    delay(5);                                //等待 I/O 模式配置稳定
    RIS = FALL = 1;                          //上电指示灯熄灭
    CMP_init();                              //比较器初始化
    EA = 1;                                  //打开总中断允许
    while(1);                                //程序死循环"停止"
}
/ ***************************************************** /
//比较器初始化函数 CMP_init(),无形参,无返回值
/ ***************************************************** /
void CMP_init(void)
{
    CMPCR2& = 0xBF;                          //使能 0.1μs 模拟滤波功能
    CMPCR2 | = 0x3F;                         //比较器结果经过 63 个去抖时钟后输出
    CMPCR1& = 0xF7;                          //P3.7 为 CMP + 信号
```

```
        CMPCR1| = 0x04;                      //P3.6 为 CMP - 信号
        CMPCR1| = 0x30;                      //使能比较器边沿中断(包含上升沿和下降沿)
        //CMPCR1| = 0x20;                     //使能比较器上升沿中断
        //CMPCR1| = 0x10;                     //使能比较器下降沿中断
        CMPCR1& = 0xFD;                      //禁止比较器输出
        CMPCR1| = 0x80;                      //使能比较器功能
}
/ ********************* 中断服务函数区域 ********************* /
void CMP_ISR() interrupt 21
{
        CMPCR1& = 0xBF;                      //软件清零中断标志
        if(CMPCR1&0x01)
        {RIS = 0;FALL = 1;}                  //上升沿中断指示
        else
        {RIS = 1;FALL = 0;}                  //下降沿中断指示
}
/ ************************************************************* /
```
【略】为节省篇幅,相似函数参见相关章节源码即可
```
void   delay(u16 Count){}                    //延时函数
```

分析程序,比较器初始化函数 CMP_init()中的重点语句就是"CMPCR1|=0x30",该语句的作用就是将 CMPCR1 寄存器中的 PIE 和 NIE 功能位同时置 1,这样一来就同时使能了上升沿中断和下降沿中断,换句话说,只要比较器的输出产生翻转,中断请求就会产生,此时单片机的程序指针就会从 main()函数里强制性地"跳"到中断服务函数 CMP_ISR()中去。

中断服务函数主要做了两件事,第一就是把 CMPCR1 寄存器中的 CMPIF 中断标志位软件清零了,第二就是要获取 CMPCR1 寄存器中 CMPRES 功能位的取值。可能有的朋友有疑问了,明明发生了中断,直接让相关 LED 点亮或者熄灭就行了,为什么要去判断 CMPRES 功能位的取值呢?这是因为我们并不知道本次中断是上升沿导致的还是下降沿导致的。我们必须要去看"比较器的输出结果",若结果为 1,那就说明 CMP+>CMP-,那就肯定是上升沿中断,若结果为 0,那就说明 CMP+<CMP-,那就肯定是下降沿中断。知道了中断的类型就好办了,直接用 if-else 结构语句让对应的 LED 引脚取反指示即可。

将程序下载到目标单片机中即可开始测试了,我们还是规定个操作次序。先让 P3.7 引脚为 0V,P3.6 引脚为 1V,这时满足 CMP+<CMP- 的情况,比较器的输出为低电平,由于此时没有发生输出跳变,所以没有中断产生,D1 和 D2 都保持初始的高电平,均为熄灭状态。现在把 P3.7 引脚电压由 0V 上升至 1.5V,在此过程中必定发生上升沿跳变,当 P3.7 引脚上升到 1V 左右时 D1 突然亮起,D2 保持熄灭,实验现象符合预期。

接下来让 P3.7 引脚保持 1.5V 不动,把 P3.6 引脚电压从 1V 上升到 2V,在此过程中必定发生下降沿跳变,当 P3.6 引脚上升到 1.5V 左右时 D1 突然熄灭,D2 突然亮起。实验现象符合预期。

基于这些现象,我们又调整了两次,共得到 4 组实验数据,如表 18.7 所示。分析数据可知,只要是发生上升沿中断,D1 就会亮起,D2 保持熄灭,若是发生下降沿中断,则实验结果相反。

表 18.7 中断法验证比较器功能实验数据

次序	P3.7/V	P3.6/V	大 小 关 系	D1 状态	D2 状态	边沿
1	0～1.5	1	CMP+>CMP-	亮	灭	上升沿
2	1.5	1～2	CMP+<CMP-	灭	亮	下降沿
3	1.5～2.5	2	CMP+>CMP-	亮	灭	上升沿
4	2.5	2～3	CMP+<CMP-	灭	亮	下降沿

18.5.5　基础项目 F　巧用电压比较器监测系统掉电

片内比较器的用途绝不只是判断两路电压的大小那么简单,结合实际需求,我们还能做出更多有意义的功能,比如系统掉电的检测、区分电压梯级等。接下来,小宇老师就分别介绍这两种功能的实现原理及编程重点。

首先说一说"系统掉电的检测"。这个掉电事件其实和生活中的"停水"是一样的道理,我们先来看看如图 18.22 所示的"停水"场景。用户侧的供水来自于水厂,水厂把水送到小区之后才分到各家各户,如果用户侧感觉水压下降,一般都会用洗脸盆或水桶赶紧蓄水,但是能储蓄的水量特别少,高楼层用户甚至都接不到一滴水,这是为啥呢? 这是因为水压如果在用户侧下降,说明水厂那边早就欠压了,等到用户察觉的时候已经来不及了。所以要想做个用户侧水压实时监测与蓄水系统是不实际的,除非用户侧能"提前知道"水厂的水压情况,也就是说,水压传感器要安装在 A 点而不是 B 点。鉴于"停水"的原因是不可控的,有的小区开始在供水和蓄水上想办法,很多小区建立了图中"虚线框"所示单元,该单元除了分配水路和管理用水之外,还做了一个蓄水池,哪怕水厂的供水停止了,这个蓄水池还能做二次供水,以缓解用户的燃眉之急。

图 18.22　家庭生活"停水"场景及处理办法

生活"停水"的场景用在单片机电路中也是一样的道理,具体情况如图 18.23 所示。外部的供电输入需要经过稳压芯片和滤波电路后再为单片机供电,若供电输入发生"掉电",A 点的电压首先下降,一般要经过几 ms 或者几百 ms 的时间后,B 点的电压才会跟着下降(这是因为滤波电路中的电容或电感属于储能器件,它们就像是小区的"蓄水池",发生掉电之后的它们反而成为单片机和整个电路的供能单元)。

图 18.23　单片机系统"掉电"场景及处理办法

有的朋友可能又要提问了,这两个场景倒是挺简单,但是这与单片机片内电压比较器有什么联系呢? 比较器要比较哪两路电压呢? 比较器就算能工作,但这掉电后的几 ms 或者几百 ms 的时间里,单片机又能干什么呢? 在断电前的短暂运行还有意义吗?

这些问题问得很好,小宇老师要基于一个应用案例为大家解析和回答。为了讲清楚片内比较器是如何检测掉电事件的,先要搭建如图 18.24 所示电路。该电路是基于 LM2576 稳压芯片做的 DC-DC 单元(稳压芯片型号并不唯一,朋友们可以按照需求更换其他芯片方案),该单元专门为单片机系统进行供电,Vin 就是外部输入的直流电压,VCC 就是稳压后得到的 5V 电压,U2 就是单片机核心。

电路中的 C1 对输入电压 Vin 进行滤波,平滑脉动成分。C2 用于将输入电压中的高频信号耦合到地,减小高频干扰。U1 是 LM2576 稳压芯片,D1 和 L1 在 LM2576 开关状态下实现续流和滤波,C3 对输出电压进行滤波,C4 进一步衰减输出电压中的高频开关信号,R3 和 R4 用于调节 LM2576 芯片的输出电压(这两个电阻的取值一定要在设计阶段就计算好)。当 R3 为 2.4kΩ,R4

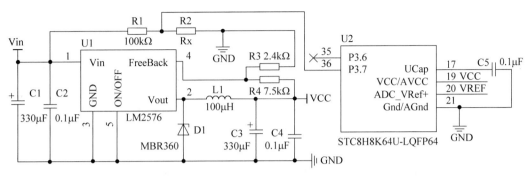

图 18.24 单片机供电及掉电检测电路原理图

为 7.5kΩ 时的输出电压 VCC 为：

$$VCC = Vref \times \left(1 + \frac{R4}{R3}\right) = 1.23 \times \left(1 + \frac{7.5}{2.4}\right) \approx 5.07V \qquad (18.10)$$

式中，Verf 电压恒等于 1.23V，这个电压是 LM2576 芯片中的基准电压，在计算时当作常数直接代入公式即可，经过 R3 和 R4 调节后的 VCC 约为 5.07V，正好在 STC8 系列单片机的工作电压范围之内。当然，公式也可以变形，可以先设定一个想要输出的电压值，返回去算出"R4/R3"的值，然后再用标准电阻表去匹配下这两个电阻的取值即可。

掉电检测的关键是 R1 和 R2 组成的分压电路，分压电路的中心抽头连接到了单片机的 P3.7 引脚(也就是片内电压比较器的 CMP+端)，这就好比是安装在水厂与小区之间的"水压检测传感器"。光有 CMP+的输入电压是不够的，必须为片内比较器指定一个 CMP-端电压。常规的做法有两个，要么就在 P3.6 引脚上做一个电位器电路产生设定电压，但这样做的意义不大还浪费额外器件。要么就启用 STC8 系列单片机内部 BandGap 经过 OP 后得到的固定电压作为 CMP-端输入，以 STC8H 系列单片机为例，这个电压值约为 1.19V(实际范围为 1.11～1.3V)，这样做的好处是无须添加外围器件和电路，直接将 P3.6 引脚悬空再用软件配置相关功能位即可。

分压电路中的 R1 为 100kΩ，但是 R2 的阻值是自定的，实验时也可以将 R2 换成一个 100kΩ 的电位器。有的朋友要纳闷了，为什么要这么做呢？这是为了灵活地根据输入电压 Vin 的大小来调整 P3.7 端的电压范围，以便按照实际情况确定掉电事件发生时的阈值电压参数。

确定了"谁和谁比较"之后，事情就好办多了，由于 CMP-端的输入电压是个固定值(约 1.19V)，所以只用关注 P3.7 引脚上的电压变化即可，这个变化直接反映了 Vin 的波动程度，若供电正常，应满足 CMP+>CMP-的条件，若 Vin 发生"掉电"则 P3.7 引脚电压会迅速下降，直至出现 CMP+<CMP-的情况，这样一分析事情就简单了，只需要在比较器资源的初始化函数中使能下降沿中断即可，只要中断被触发那就是发生了"掉电"事件(中断服务函数中的内容可以自由发挥，按需编写)，反之就一切正常。

举个例子，假定输入电压 Vin 是 22V(实际电压可能不是 22V，朋友们要灵活处理，这也就是为什么不把 R2 配为定值电阻的原因)，R1 的取值为 100kΩ(固定)，R2 的阻值为 7.5kΩ(自定)，那正常情况下 P3.7 引脚上的电压就应该是：

$$V_{P3.7} = Vin \times \left(\frac{R2}{R1 + R2}\right) = 22 \times \left(\frac{7.5}{100 + 7.5}\right) \approx 1.53V(正常供电)$$

很明显，这个 1.53V 比 STC8H 系列单片机内部参考电压 1.19V 要大，这就满足了 CMP+>CMP-的条件，这时候不会发生下降沿中断，属于正常供电状态。若输入电压发生了"掉电"事件，电压会从 22V 开始迅速下降，假设现在降低到了 12V，此时 P3.7 引脚上的电压就应该是：

$$V_{P3.7} = Vin \times \left(\frac{R2}{R1 + R2}\right) = 12 \times \left(\frac{7.5}{100 + 7.5}\right) \approx 1.05V(外部掉电)$$

很明显,1.05V 小于了 STC8H 系列单片机内部参考电压 1.19V,属于 CMP＋＜CMP－的情况,这个过程中就会产生下降沿中断,以告知 CPU 外部发生了掉电。怎么样? 现在朋友们应该清楚电压比较器的监测过程了吧!

掉电之后,电路中的 C1、C2、L1、C3 和 C4 里面还有残余储能,这些能量还会继续为负载及电路供电,虽说电量终究会耗尽,但是放电的过程为我们争取到了一个短暂且宝贵的时间(也就是之前说的几 ms 或者几百 ms)。大家可千万别觉得这个时间"无用",我们要是利用好了这个时间,那就意义非凡了(例如,在断电前保存用户设定的参数或者紧急保存设备运行过程中的记录等)。

以上内容就是电压比较器在掉电监测上的应用了,朋友们需要了解比较过程,根据实际应用设计掉电检测电路。我们完全可以在放电的宝贵时间里将相关数据写到外部存储器件中去,也可以将其写到 STC8 系列单片机的片内"EEPROM"区域中去(这部分的内容要涉及 IAP 技术应用,实际上是把 STC 单片机内部的 Flash 区域进行"切割"后得到的"EEPROM"区域,具体的操作实现会在第 21 章详细展开),比较器中断服务函数中的具体内容就交给朋友们自由发挥了。

18.5.6　基础项目 G　巧用电压比较器区分电压梯级

接下来再说说电压比较器在区分梯级电压上的应用,假设有一个输入电压 Vin 在 0～5V 范围内变动,我想用 5 个 LED 灯指示其梯级电压范围(也可以按照梯级的多少自定义 LED 的数量),若5 个 LED 都熄灭,那就说明 Vin＜2.5V(这个梯级电压值可以自定义,但是需要更改相关电路和比较器功能配置,后续再做详细解释,小宇老师在这里就暂以 2.5V 为例)。第 1 个灯亮起就说明2.5V＜Vin＜3.0V;第 1、2 个灯亮起就说明 3.0V＜Vin＜3.5V;第 1、2、3 个灯亮起就说明 3.5V＜Vin＜4.0V;第 1、2、3、4 个灯亮起就说明 4.0V＜Vin＜4.5V;第 1、2、3、4、5 个灯亮起就说明 4.5V＜Vin＜5.0V。我们还能再多做一个灯,假设 Vin＞5.0V,那第 6 个灯也能亮起。灯亮得越多,则表示 Vin 输入电压就越大,反之就越小。

如果把这个功能放在之前学的 A/D 转换中去做会简单很多,无非就是先量化 Vin 的电压,然后用程序对量化结果进行分段和判断即可。但是结合本章学习的电压比较器能不能实现这个功能呢? 当然也可以。

在做实验之前需要搭建出如图 18.25 所示电路,U1 就是主控单片机,R1～R7 构成了一个分压电路(这就是实现电压梯级区分的"核心"思想),R1～R7 的阻值都是按照之前设定的梯级特意选取的,有的朋友可能觉得这些电阻的取值很"怪异",其实它们都是标准的阻值且很容易买到,这

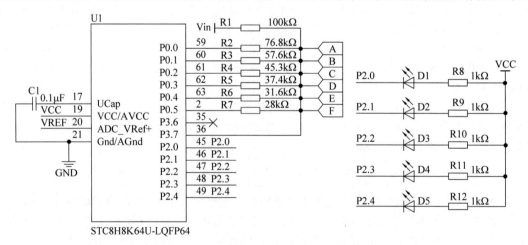

图 18.25　区分电压梯级实验电路原理图

几个电阻就用 1% 精度的 0603 贴片电阻即可。这些电阻占用了 P0 端口组的其中 5 个引脚,分压电阻的公共抽头连接到了单片机的 P3.7 引脚(也就是片内电压比较器的 CMP＋端),P3.6 引脚直接做悬空处理(这是因为在程序中选取了 STC8H 系列单片机内部参考电压作为 CMP－端输入,也就是那个 1.19V 左右的固定电压)。D1～D5 就是我们的 LED 指示灯,指示电路受 P2 端口组的 5 个引脚控制,亮得越多则表示输入电压 Vin 越大,全部熄灭则表示 Vin＜2.5V。

不看电路还好,看了电路之后整个脑袋都是问号了! 朋友们可能要问以下 3 个问题。

第 1 问:这个分压电路为什么要受 P0 端口组相关引脚的控制呢,直接把 R2～R7 合并为一个阻值再与 R1 进行分压不行吗?

第 2 问:这个电压比较器的 CMP－端怎么能接固定的参考电压呢? 那 P3.7 引脚和 1.19V 的电压做比较要么就输出 1 要么就输出 0,这还怎么区分电压梯级呢?

第 3 问:凭什么说 5 个 LED 灯熄灭就是 Vin＜2.5V 呢? 这个 2.5V 是怎么算的? 这些梯级电压是怎么"分隔"开来的呢?

这些问题的答案就是本电路的精髓,接下来,小宇老师就对这 3 个问题逐一进行解答。先来说说第 1 问,这些分压电阻并不是全部接入电路的,而是分时地逐个接入电路的,所以不能把 R2～R7 进行合并处理。在程序中,需要把 P0 端口组配置为开漏模式以便让对应引脚的电阻分时地接入电路。我们稍作分析,若 P0 端口全都输出高电平,则 R2～R7 都充当了 P0 端口组的"上拉电阻",此时不能构成输入电压 Vin 的分压电路。当程序单独让 P0.0 引脚输出低电平时,就形成了"R1 与 R2"的分压电路。当程序单独让 P0.1 引脚输出低电平时,就形成了"R1 与 R3"的分压电路,其他引脚也是同理。这么看来,P0 端口组实现了对分压电路的灵活调配,分时接入的目的就是形成不同的分压搭配,相当于为电压比较器的输入选择不同的分压"挡位"。

再来看看第 2 个问题,如果没有 P0 端口组的分压调整电路,那 CMP－端确实应该接一个变动电压去跟 P3.7 引脚做比较,但是我们做了一个灵活搭配的分压电路之后,就可以对梯度电压进行挡位选择了,这种情况下让 CMP－端电压保持固定值反而是最好的办法。这个固定的电压从哪里来呢? 可以在 P3.6 引脚上做个电压基准电路,基准电压可以自行确定,如果觉得外搭电路很麻烦,那就干脆使用 STC8H 系列单片机的内部参考电压,这个电压大致在 1.19V。

第 3 个问题实际上是对第 2 问的进一步细化,之所以这个电路能对梯度电压进行区分,主要还是靠分压电路的设计,第 3 问的本质就是想知道 R2～R7 电阻的阻值是怎么定的,不同阻值是怎么对应不同梯度的? 为了讲清楚这个问题,我们以"R1 与 R2"组成的分压电路为例展开分析。当程序单独让 P0.0 引脚输出低电平时,R2 相当于接地了,电路中"A"测试点此时的电压就应该是:

$$V_A = Vin \times \left(\frac{R2}{R1 + R2} \right) \tag{18.11}$$

这就是个简单的分压计算公式,式中的 R1 为 100kΩ 定值电阻,R2 为 76.8kΩ 定值电阻,当 Vin 为 5V 时,V_A 的计算结果就是 2.172V,这个电压比 1.19V 大,符合 CMP＋＞CMP－的情况,若是电压开始下降,降低到 2.5V 左右时,V_A 的计算结果就是 1.086V,这个电压就刚好跌落到了 1.19V 以下,刚好满足 CMP＋＜CMP－的情况,此时电压比较器的输出就会跳变。换句话说,"R1 与 R2"组成的分压电路就是为了判断 2.5V 这个电压点而设计的,只要输入电压 Vin 比 2.5V 大,电压比较器就不会跳变,当 Vin 从一个大电压变动到 2.5V 这个点以下时,电压比较器的输出就会有"动作"。

当程序单独让 P0.1 引脚输出低电平时,分压组合变为"R1 与 R3",R1 为 100kΩ 定值电阻,R3 为 57.6kΩ 定值电阻。若输入电压 Vin 为 5V 时,电路中"B"测试点的电压 V_B 就应该是 1.827V,当 Vin 下降到 3.0V 时,V_B 就从之前的 1.827V 降低到了 1.096V,正好符合 CMP＋＜CMP－的情况,比较器的输出又发生翻转,所以"R1 与 R3"组成的分压电路就是为了判断 3.0V 这个电压点而设计的。

其他的分压组合也是一样的道理,如果将测试点名称、分压组合、梯度电压阈值等参数都联系起来,可以得到如表18.8所示数据。

表 18.8　测试点正常电压与梯度电压阈值

测 试 点	分压组合	Vin 电压固定 5V 时		Vin 电压分段变化时	
		Vin 电压	测试点电压	Vin 电压	测试点电压
A	100kΩ+76.8kΩ	5V	2.172V	2.5V	1.086V
B	100kΩ+57.6kΩ	5V	1.827V	3.0V	1.096V
C	100kΩ+45.3kΩ	5V	1.559V	3.5V	1.091V
D	100kΩ+37.4kΩ	5V	1.361V	4.0V	1.089V
E	100kΩ+31.6kΩ	5V	1.201V	4.5V	1.081V
F	100kΩ+28kΩ	5V	1.094V	5.0V	1.094V

有了这个表就看得更清楚了,R2~R7 的阻值并不是"乱取"的,而是通过梯度电压点反向计算后得到的,有了这些"梯度阈值"后就可以把 Vin 电压(0~5V)"分割"为 0~2.5V、2.5~3.0V、3.0~3.5V、3.5~4.0V、4.0~4.5V、4.5~5.0V、5.0V 或以上等电压区间了。说到这里,电路的组成上我们大致了解了,那程序上要怎么控制呢?什么时候让电阻接入?什么时候把相关的 LED 点亮呢?

程序的设计其实比较简单,首先要定义一个变量 CMPOUT,这个变量有 7 种取值,正好对应刚刚说的 7 种电压区间(由于低于 2.5V 和高于 5.0V 这两个区间不用考虑也不用指示,所以 LED 的数量只用 5 个就行),接着把 P0 端口组配置为开漏模式,P2 端口组保持默认的弱上拉模式,然后初始化片内电压比较器功能即可。程序中要做个 while(1) 死循环体,先将 CMPOUT 变量清零,然后把 P0.0 引脚单独地置为低电平,等待分压电路稳定之后开始判断比较器的输出结果,若比较结果是 0 则说明 CMP+<CMP−,也就是说,此时的输入电压 Vin 小于 2.5V,那这时候就用 goto 语句调到一段"公共代码"区域,这段代码要做两件事,第一就是把 P0 端口组全部置高,以释放那些参与分压电路的电阻,第二就是把 CMPOUT 变量的值经过按位取反后送到 P2 中,实现梯级电压的指示。就拿现在的情况来说,CMPOUT 变量经过按位取反运算后得到的将是 0xFF,这个值赋予 P2 端口组后,LED 全部都会熄灭,这就满足了 Vin<2.5V 时指示灯组熄灭的需求。

接下来程序把 CMPOUT 变量置为 0x01,然后把 P0.1 引脚单独地置为低电平,等待分压电路稳定之后开始判断比较器的输出结果,若比较结果是 0 则说明 CMP+<CMP−,也就是说此时的输入电压 Vin 小于 3.0V 但大于 2.5V,那这时候再执行"公共代码"释放分压电阻并把 CMPOUT 变量的值按位取反后送到 P2 中(也就是将 0xFE 赋值给 P2),此时 D1 会亮起,以表示当前的 Vin 电压介于 2.5~3.0V。

按照这个方法,CMPOUT 变量的值还会变成 0x03 以判断 Vin 电压是不是满足 3.0V<Vin<3.5V 的情况,又变成 0x07 以判断 Vin 电压是不是满足 3.5V<Vin<4.0V 的情况,接着变成 0x0F 以判断 Vin 电压是不是满足 4.0V<Vin<4.5V 的情况,然后变成 0x1F 以判断 Vin 电压是不是满足 4.5V<Vin<5.0V 的情况,最后变成 0x3F 以判断 Vin 电压是不是满足 Vin>5.0V 的情况。所以说,CMPOUT 变量的值经过按位取反后也就是 P2 端口指示灯的赋值。如果 Vin 电压大于 4.0V 那肯定也同时大于 2.5V、3.0V 和 3.5V,那 while(1) 中的 if() 条件就出现多个满足的情况,在电阻分时接入的循环过程中,D1、D2、D3、D4 都会点亮,虽说某一时刻只有一个灯在亮,但是程序的执行速度很快,看起来就是"同时"点亮的样子,电压越高亮起的灯就越多。

理清思路后利用 C51 语言编写的具体程序实现如下。

//芯片型号:STC8H8K64U(程序微调后可移植至 STC8A/F/C/G/H 系列单片机)
//时钟说明:单片机片内高速 24MHz 时钟

```
/ ******************************************************************** /
# include "STC8H.h"                          //主控芯片的头文件
/ ************************* 常用数据类型定义 ************************** /
【略】为节省篇幅,相似定义参见相关章节或源码工程即可
/ *************************** 函数声明区域 *************************** /
void  delay(u16 Count);                      //延时函数
void  CMP_init(void);                        //比较器初始化函数
/ *************************** 主函数区域 *************************** /
void main(void)
{
    u8 CMPOUT = 0x00;                        //电压梯级指示变量
    //取值(0x00),00000000,Vin < 2.5V
    //取值(0x01),00000001,2.5V < Vin < 3.0V
    //取值(0x03),00000011,3.0V < Vin < 3.5V
    //取值(0x07),00000111,3.5V < Vin < 4.0V
    //取值(0x0F),00001111,4.0V < Vin < 4.5V
    //取值(0x1F),00011111,4.5V < Vin < 5.0V
    //取值(0x3F),00111111,Vin > 5.0V
    //配置 P0 为开漏模式
    P0M0 = 0xFF;                             //P0M0.0 - 7 = 1
    P0M1 = 0xFF;                             //P0M1.0 - 7 = 1
    P0 = 0xFF;                               //让 P0 端口组输出为"高电平"
    //配置 P2 为准双向/弱上拉模式
    P2M0 = 0x00;                             //P2M0.0 - 7 = 0
    P2M1 = 0x00;                             //P2M1.0 - 7 = 0
    delay(5);                                //等待 I/O 模式配置稳定
    CMP_init();                              //比较器初始化
    while(1)
    {
        CMPOUT = 0x00;                       //电压< 2.5V
        P0 = 0xFE;                           //P0.0 输出 0,接入 76.8kΩ 电阻
        delay(1);                            //延时等待分压稳定
        if(!(CMPCR1&0x01))goto DIS_V;        //判定比较结果
        CMPOUT = 0x01;                       //电压> 2.5V
        P0 = 0xFD;                           //P0.1 输出 0,接入 57.6kΩ 电阻
        delay(1);                            //延时等待分压稳定
        if(!(CMPCR1&0x01))goto DIS_V;        //判定比较结果
        CMPOUT = 0x03;                       //电压> 3.0V
        P0 = 0xFB;                           //P0.2 输出 0,接入 45.3kΩ 电阻
        delay(1);                            //延时等待分压稳定
        if(!(CMPCR1&0x01))goto DIS_V;        //判定比较结果
        CMPOUT = 0x07;                       //电压> 3.5V
        P0 = 0xF7;                           //P0.3 输出 0,接入 37.4kΩ 电阻
        delay(1);                            //延时等待分压稳定
        if(!(CMPCR1&0x01))goto DIS_V;        //判定比较结果
        CMPOUT = 0x0F;                       //电压> 4.0V
        P0 = 0xEF;                           //P0.4 输出 0,接入 31.6kΩ 电阻
        delay(1);                            //延时等待分压稳定
        if(!(CMPCR1&0x01))goto DIS_V;        //判定比较结果
        CMPOUT = 0x1F;                       //电压> 4.5V
        P0 = 0xDF;                           //P0.5 输出 0,接入 28kΩ 电阻
        delay(1);                            //延时等待分压稳定
        if(!(CMPCR1&0x01))goto DIS_V;        //判定比较结果
        CMPOUT = 0x3F;                       //电压> 5.0V
        delay(1);                            //延时等待分压稳定
        DIS_V:
        P0 = 0xFF;                           //释放所有分压接入电阻,P0 全高
        P2 = ~CMPOUT;                        //将电压梯级送 P2 指示电路
```

```
        }
    }
/ ************************************************************************* /
//比较器初始化函数 CMP_init(),无形参,无返回值
/ ************************************************************************* /
void CMP_init(void)
{
    CMPCR2& = 0xBF;                        //使能 0.1μs 模拟滤波功能
    CMPCR2| = 0x3F;                        //比较器结果经过 63 个去抖时钟后输出
    CMPCR1& = 0xF7;                        //P3.7 为 CMP + 信号
    CMPCR1& = 0xFB;                        //内部参考电压为 CMP － 信号
    CMPCR1& = 0xFD;                        //禁止比较器输出
    CMPCR1| = 0x80;                        //使能比较器功能
}
/ ************************************************************************* /
【略】为节省篇幅,相似函数参见相关章节源码即可
void delay(u16 Count){}                     //延时函数
```

将程序下载到单片机中,调整 Vin 输入电压后,LED 指示电路可以正常工作,Vin < 2.5V 时指示灯组全部熄灭,2.5V < Vin < 3.0V 时 D1 亮起,3.0V < Vin < 3.5V 时 D1、D2 亮起,3.5V < Vin < 4.0V 时 D1~D3 均亮起,4.0V < Vin < 4.5V 时 D1~D4 均亮起,4.5V < Vin < 5.0V 时 D1~D5 均亮起。由于在实验中限定了 Vin 只能在 5V 范围内,所以 Vin > 5.0V 的情况就不存在了。总的来说,实验内容还是比较简单的。

18.6　有了比较器,自己也能"造"个 ADC

接下来要讲解的内容就比较"神奇"了,小宇老师用电压比较器芯片作为核心(考虑到有的单片机可能不具备片上比较器单元,故而使用电压比较器芯片),搭配相关外围电路,做了一个"ADC"单元出来。这个单元用单极性 5V 电源供电,可以测量 0~30V 的直流输入电压(该范围可以自行更改,只需微调电路元件的取值和几条程序语句即可,电路和程序修改都很灵活),测量的精度在经过硬件校准和软件补偿后可以优于 1%,电路的用料很常规,构成也很简单,性价比较高,程序上也不难,特别适合于那种没有 A/D 功能只有常规资源的单片机做一般要求的电压测量应用(此处的常规资源是指 I/O 资源和定时/计数器资源)。

看到这里,有的朋友肯定又该连环式发问了。上一个梯级电压区分的实验仅仅是把 0~5V 进行"分割"得到 6 个电压区间就费了不少劲,现在又要搞 0~30V 的电压"分割"吗? 那分压电路又要多少个"奇怪"阻值的电阻呢? I/O 引脚怕是需要很多吧? 这个设计到底是做梯级电压的区分还是整个电压范围的 A/D 转换呢? 做出来的 ADC 能和专门的 A/D 芯片进行比较吗?

这些问题都挺好,小宇老师逐一进行解答。首先,我们要做的这个设计并不是把 0~30V 的电压进行梯级"分割",所以不需要搭建复杂的分压电路,也不需要分配很多引脚去控制电路连接,也就用不到什么"奇怪"阻值的电阻了。以电压比较器芯片作为核心设计出的"ADC"单元可以对输入电压进行全范围的量化和转换,单片机仅需为其分配 2~4 个 I/O 引脚即可(至少分配两个引脚),该设计会用到单片机的 I/O 资源和定时/计数器资源,这些资源在一般的单片机上都是具备的(特别是很多廉价的 OTP 型单片机上也具备),所以本设计有一定的应用价值。

当然,我们设计的"ADC"单元和专门的 A/D 芯片肯定是没法比的,专用 A/D 芯片的性能指标较高,分辨率和转换速度都不错,但价格会在几元至几十元区间内波动。考虑某些电子产品可能无须快速转换且对精度要求不高,但非常注重性价比又或者使用了不带 A/D 功能的单片机作为主控,那这种情况下就可以尝试使用本设计方案。话又说回来,STC8 系列单片机本身就有 A/D 资源

且性能不错,所以读者朋友们也可以把小宇老师设计的这个"ADC"方案作为知识点的融合案例去学习,就算不用在实际项目中仅是体验下理论结合实践的过程也是好的。

18.6.1　一阶 RC 积分器＋比较器＝廉价 ADC

小宇老师设计的"ADC"组成结构如图 18.26 所示,整个设计由模拟电压输入(图中①部分)、电压比较器及外围(图中②部分)、单片机控制(图中③部分)3 个单元组成。

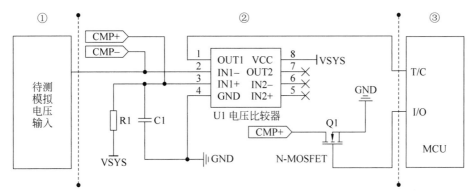

图 18.26　小宇老师电压比较器"ADC"组成结构

模拟电压输入单元需要对输入电压进行"预处理"(比如分压衰减和低通滤波等),处理后的输入电压连接到了 U1 电压比较器芯片的反相输入端(即 CMP－)。电路中的电阻 R1 和电容 C1 组成了一阶 RC 积分器电路,该电路的中间抽头连接到了 U1 电压比较器芯片的同相输入端(即 CMP＋,这个"积分器"电路看着简单,实则是整个设计的关键之处),电压比较器的输出结果(OUT1 引脚)连接到了单片机定时/计数器相关引脚上(需要用定时/计数器资源对输出电平进行脉宽测量)。

U1 芯片内含两个独立的电压比较器单元,在"ADC"功能中只需要其中一个即可,另外一个电压比较器可以另作他用(比如用来判断外部输入电压的有无状态)。Q1 是个 N 沟道 MOS 管,用来控制 C1 的往复"充电-泄放"过程。这个 Q1 的漏极连接到了 CMP＋端(也就是 RC 积分器电路的中间抽头),源极接地,栅极受单片机 I/O 引脚控制。若 I/O 控制引脚输出低电平则 Q1 截止,此时不影响 CMP＋端电位,若 I/O 控制引脚输出高电平则 Q1 导通,CMP＋端电压被拉低,C1 电容开始快速放电,RC 积分电路就会产生零状态响应过程(也就是 C1 从完全泄放到重新充电的过程,该过程的变化电压用来和 CMP－端做比较)。

设计结构和相关电路虽说不难,但朋友们肯定还是会产生疑问。这个输入电压为什么要进行分压衰减?这个"RC 积分器"用来干吗,不能加个固定电压吗?电压比较器的输出不是 1 和 0 吗,为啥要把输出结果送到定时/计数器资源,按我理解,不应该是送到 I/O 引脚去读取电平状态吗?

饭要一口一口吃,问题也要逐一进行解决。按照我们的设定,输入电压的范围是 0～30V,但是 RC 积分器充电电压 V_{SYS}(同为 U1 的供电电压)是在 5V 范围内的(为了匹配单片机单元的电压)。这样一来,30V 就比 5V 大得太多了,必须要比例缩小输入电压的范围才能和 CMP－端电压范围相匹配,所以要对输入电压进行分压衰减处理。

电路上电后的 CMP－端电压(也就是预处理后的输入电压)在某个时刻内是保持稳定的,我们暂且把它看作是个"固定电压"(此处称其为 U_{CMP-})。电路上电后的 CMP＋端电压(也就是 RC 积分器抽头电压)是个变化电压(此处称为 U_{CMP+})。

我们稍作分析,电路一通电,RC 积分器就进入零状态响应过程,V_{SYS} 电压就会通过限流电阻 R1 向电容 C1 充电,此时的 U_{CMP+} 会由 0V 开始上升。初始状态时 $U_{CMP-} > U_{CMP+}$,则电压比较器的输出为低电平,若 U_{CMP+} 缓慢上升直到 $U_{CMP-} = U_{CMP+}$,这时电压比较器的输出就会发生翻转继而输出高电平,在电压比较器输出翻转的过程中,一个"奇妙"的关系诞生了,这个低电平持续的时间长短间接反映了输入电压的大小(输入电压大小与低电平持续的时间是线性正比关系,虽说 RC 积分器的充电波形并非线性,但是我们可以单看充电波形的其中"一小段",这样就大致呈线性关系了)。根据 RC 电路充放电时间计算公式,电压比较器的输出在发生翻转时的 $U_{\text{CMP}-}$ 和 $U_{\text{CMP}+}$ 应为:

$$U_{\text{CMP}-}=U_{\text{CMP}+}=V_{\text{SYS}}\left(1-\mathrm{e}^{-\frac{t_x}{\tau}}\right)$$

(18.12)

式中的充电电压 V_{SYS} 和 τ(即 RC 时间常数,可以通过 R1 和 C1 的具体取值计算得到)是已知的,那么 t_x 就是低电平的持续时间,这个时间可利用单片机的定时/计数器测量得到。为了方便朋友们理解,小宇老师将 $U_{\text{CMP}+}$ 电压变化、电压比较器的输出 Vout 以及 t_x 时间长度等关系一并体现

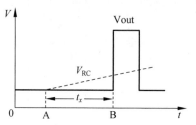

图 18.27 关键参数 t_x 时间的测量关系图

在图 18.27 中,t_x 时间要从 Q1 泄放 C1 直至放完停止时开始计时(即图中 x 轴的 A 点),一直计到比较器 U1 翻转输出高电平时停止(即图中 x 轴的 B 点),只要我们得到了这个关键的 t_x 时间,就能通过相关公式反向求解输入电压值。

看到这里就比较明显了,小宇老师的这个特殊"ADC"实际上是把输入电压通过 RC 积分器和比较器电路转变成一个特殊"时长",这个时间长度反映了输入电压的大小。这属于测量方法上的变化,这与之前学习的梯度电压区分实验是完全不同的。

18.6.2 进阶项目 A 基于 RC 积分器与比较器的 ADC 实验

有了实验设想和理论铺垫之后就可以着手搭建电路了,基于 RC 积分器与电压比较器的"ADC"电路原理如图 18.28 所示。该电路共由 6 部分组成,即输入电压预处理电路、一阶 RC 积分器及充放电控制电路、电压比较器电路、电压基准源电路、校准按键及供电指示电路、功能引针电路等。

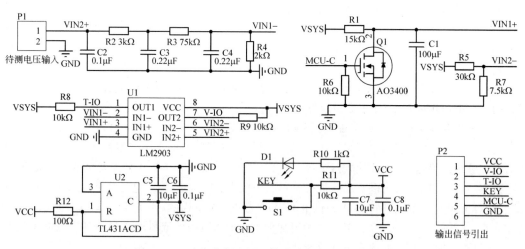

图 18.28 小宇老师电压比较器"ADC"电路原理图

接下来,按照设计脉络对这 6 个组成单元的电路设计逐一展开讲解。

1. 电压基准源电路设计

在第一版电路的设计中,其实并没有添加这部分,小宇老师当时直接用单片机系统的 VCC 电压充当 RC 电路的充电电压和 U1 的供电电压,结果发现单片机单元显示出的测量电压有较大波动,分析原因后才发现 VCC 存在浮动,导致 RC 积分器的充放电时间产生变化,继而导致电压比较

器的输出脉宽不稳定,最终导致了测量电压数值的跳动。所以在电路改版时添加了电压基准源电路,即图 18.28 中 U2 芯片及其外围。U2 芯片型号为 TL431ACD,该芯片内建了 2.495V 电压基准,输出电压误差在 ±0.4% 以内,温漂系数适用于一般需求,性价比较高,搭建完成的电路可以向后级提供 100mA 内的供电电流,C5 和 C6 用作滤波和去耦,R12 为限流电阻,V_{SYS} 就是我们得到的 2.495V 基准电压。

2. 输入电压预处理电路设计

在实验中我们设定的输入电压范围是 0~30V(此处称其为 Vin),该电压远大于 RC 积分器的充电电压(即电路中 VIN1＋端电压),所以需要把输入电压做分压衰减,考虑到充电电压 V_{SYS} 为 2.495V,又考虑 RC 积分器充电区间的线性度问题,通过实验测定,我们最终将衰减后的输入电压定在 1V 范围内,衰减系数定为 40 倍。在图 18.28 中,输入电压由 P1 端子接入,R2、R3 和 R4 为分压电阻,此处取 R2=3kΩ、R3=75kΩ、R4=2kΩ、Vin=30V,则衰减后的输入电压 Vin′ 为:

$$\text{Vin}' = \frac{R4 \times \text{Vin}}{R2 + R3 + R4} = 30 \times 0.025\text{V} = 0.75\text{V} \tag{18.13}$$

考虑到输入电压可能存在抖动和干扰,故而在分压电路中增加了 π 型 RC 无源低通滤波器电路,R2 与 C3 构成了第一级 RC 低通滤波,R3 与 C4 又构成了第二级 RC 低通滤波,以第一级 RC 低通滤波器为例,其截止频率应为:

$$f = \frac{1}{2\pi R2 C3} \approx 241.3\text{Hz} \tag{18.14}$$

按照式(18.14)也可以计算出第二级 RC 低通滤波器的截止频率为 9.7Hz,实测经过两级 RC 低通滤波器后的输入电压更加纯净,电压波动明显改善。

按理说,我们设计的"ADC"只要一个电压比较器单元就可以了,但 LM2903 芯片内含两个相互独立的电压比较器,为了不造成资源浪费,我们用另一个"闲置"电压比较器单元做了一个辅助功能:当输入电压接入 P1 端子后,直接将其连接到 U1 芯片的 VIN2＋端,VIN2－端连接 R5 与 R7 构成的分压电路中间抽头(实际参数为:R5=30kΩ、R7=7.5kΩ、V_{SYS}=2.495V),计算出来的抽头电压约为 0.5V,也就是说,当输入电压大于 0.5V 时,U1 的输出引脚 OUT2 就会由低电平跳变为高电平,以此指示输入电压的有无状态。

3. 一阶 RC 积分器及充放电控制电路设计

在电路中 R1 和 C1 构成了一阶 RC 积分器电路,Q1 和 R6 组成的电路控制 C1 电量的泄放,其目的是为了让 RC 电路往复产生零状态响应过程。R1 和 C1 的取值十分重要,若 τ 值较大则充放电时间较长,非线性度凸显,送往单片机的脉宽参数变大,转换时间变长。若 τ 值较小则充放电时间缩短,线性度较好,转换速率也随之提升,相比之下 τ 的取值较小为宜,但又不能太小,否则会导致单片机采集到的脉宽参数过小,则时间辨识度就不够细化,损失的分辨率再乘以之前输入电压衰减的 40 倍系数所得到的实测电压误差就会很大。

经过理论计算与实验测量,设计中选择的最大充电时间范围在 500ms 以内(即 RC 积分器从 0V 上升到 0.75V 所用时间大约在 500ms 左右)。根据式(18.12)所示的积分器零状态响应公式,已知充电电压为 2.495V,设衰减后的外部输入电压为 0.75V 且时间 t 为 0.5s,则有如下计算关系。

$$0.75 = 2.495(1 - e^{-\frac{0.5}{\tau}})$$

稍加计算可知 $\tau = R \times C \approx 1.4$,若将 R1 阻值定为 15kΩ,则 C1 的取值就应该是 τ/15kΩ,约为 93.3μF,考虑到 93.3μF 并非常容值,故而选用了大于该容值的 100μF 电解电容(最好是用足容量且低 ESR(等效电阻)参数的电解电容)。

充放电控制电路中的 Q1 选用了 AO3400 型号的 N 沟道 MOS 管控制 C1 的泄放,AO3400 的内阻约为 28mΩ,当 Q1 导通后短时间内相当于将 C1 对地,可以确保放电的快速和安全。若 C1 容值过大,则需要在 Q1 的漏极连接限流电阻,以免泄放电流过大导致 Q1 损坏。

4. 电压比较器电路设计

电路中的 U1 实际选用了 LM2903 芯片,IN1-与 IN1+负责衰减后的输入电压与 RC 充电电压进行比较,得到的结果由 OUT1 引脚输出,该结果送到单片机定时/计数器单元中进行测量,用于量化输入电压的大小。IN2-与 IN2+负责判定输入电压的有无,得到的结果由 OUT2 引脚输出,该结果可连接至单片机普通 I/O 引脚,进行简单的电平判定即可。由于 LM2903 芯片的输出引脚均为开漏形式,无法凭借自身输出高电平,故而在电路设计时把 OUT1 与 OUT2 引脚上都添加了 10kΩ 大小的电阻用于上拉(即 R8 与 R9)。

5. 校准按键及供电指示电路设计

在物料选取阶段,电路中的电阻可以选用 1‰ 精度 0603 封装形式的贴片电阻,但电解电容的误差范围较大,故而 τ 值较理论计算的偏差也大,为减少误差提升测量精度,电路在使用前需要校准,我们可将 U2 基准源产生的 2.495V 电压当作输入电压接入到 P1 端口,然后送入比较器电路中。电路中设置了一个按键 S1,其输出电路 KEY 可由用户连接到单片机的 I/O 引脚,充当"校准按键"。校准信号产生后,可用程序按照式(18.15)计算当前电路的真实 τ 值。

$$\tau = \frac{t_x}{\log_e\left(\dfrac{1}{1-\dfrac{U_{VIN1-}}{V_{SYS}}}\right)} \tag{18.15}$$

式中 V_{SYS} 为 2.495V,V_{SYS} 衰减 40 倍后得到了 U_{VIN1-},即 0.0623V,t_x 为校准信号脉宽时间,确定了这 3 个参数后就可以反向计算出当前电路的 τ 值,在程序中可以将其保存在单片机内部 EEPROM 单元中,用于修正时间常数 τ 值,以提升测量精度。

6. 功能引针电路设计

电路中的 P2 就是相关功能引针,VCC 引脚就是模块供电(实际采用单极性 5V 电压),V-IO 引脚用于判断输入电压的有无,若引脚为低电平则表示无输入电压,反之就是有输入电压。T-IO 引脚用于输出低电平的持续时间,这个引脚需连接到单片机的定时/计数器相关引脚上。KEY 引脚是用于校准的按键,这个按键也可以由单片机系统单元自行搭建。MCU-C 引脚受单片机 I/O 控制,用于泄放 C1 电量。GND 引脚就是电源地。

基于整体电路制作出的实物模块如图 18.29(a)所示,在实物模块上引出 PCB 探针,将 U1 核心的 VIN1+和 T-IO 网络连接至双踪示波器的 CH1 和 CH2 通道可以得到如图 18.29(b)所示波形,Vout 波形为比较器的输出波形(即 T-IO 波形),V_{RC} 波形为 RC 积分器充电曲线(即 VIN1+波形)。V_{RC} 与 Vout 一起开始直到 Vout 发生跳变之前的时间 t_x 即为待测脉宽,该脉宽长度即可反映出输入电压的大小,这个实测波形和之前的实验设想是一致的(朋友们可以将图 18.29(b)与图 18.27 进行比较)。

测试完硬件模块之后就可以将其接入到单片机系统中去了,但光有模块和单片机还不行,还得把测量的电压值显示出来看到效果,所以又加入了 1602 字符型液晶模块,这 3 个单元的连接电路如图 18.30 所示,U1 是 STC8H8K64U 单片机芯片,U2 是我们做好的"ADC"功能模块,U3 就是 1602 液晶模块。单片机分配了相应的 I/O 引脚到另外两个单元中去,Vin 即为输入电压(范围是 0~30V),R1 和 D1 组成了 LED 指示电路,用于指示校准动作,R2 用来调节 1602 液晶的显示对比度。

硬件部分搭建完成后就开始软件部分的设计,软件编程的重点在 t_x 时间的获取、τ 值的获取、

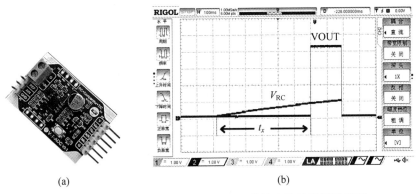

图 18.29　小宇老师电压比较器"ADC"模块实物及测量波形图

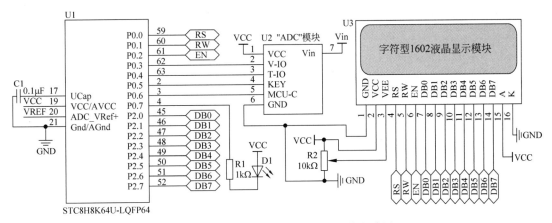

图 18.30　单片机与"ADC"模块的连接电路图

脉宽与电压的转换及计算、N 沟道 MOS 管的泄放控制、校准过程的参数调整等方面。理清思路后利用 C51 语言编写的具体程序实现如下。

```
//芯片型号: STC8H8K64U(程序微调后可移植至 STC8A/F/C/G/H 系列单片机)
//时钟说明: 单片机片内高速 24MHz 时钟
/*********************************************************/
# include "STC8H.h"                    //主控芯片的头文件
# include "math.h"                      //需用到指数运算函数 exp()
/*******************常用数据类型定义*********************/
【略】为节省篇幅,相似定义参见相关章节或源码工程即可
/*******************端口/引脚定义区域*******************/
sbit   LCDRS = P0^0;                    //LCD1602 数据/命令选择端口
sbit   LCDRW = P0^1;                    //LCD1602 读写控制端口
sbit   LCDEN = P0^2;                    //LCD1602 使能信号端口
# define  LCDDATA   P2                  //LCD1602 数据端口 D0~D7
sbit   V_IO = P0^3;                     //输入电压有无指示引脚
sbit   T_IO = P0^4;                     //tx 持续时间引脚
sbit   KEY = P0^5;                      //校准按键
sbit   MCU_C = P0^6;                    //电容泄放控制引脚
sbit   LED = P0^7;                      //校准行为指示灯
/*******************用户自定义数据区域*******************/
# define  VSYS   2.495                  //充电电压(来自 TL431 基准电压)
# define  Vin   0.0623                  //40 倍衰减后的输入电压(校准电压)
float RC_tao = 1.5;                     //RC 时间常数 τ(初始设定值)
u16 tx = 0;                             //低电平持续时间(待测时间)
```

```
    u8 DIS_tao[16] = "RC :          ";        //τ值显示界面
    u8 DIS_VIN[16] = "Vin:          ";        //测量电压值显示界面
/ ****************************** 函数声明区域 ****************************** /
    void delay(u16 Count);                    //延时函数
    void TIM0_init(void);                     //定时计数器 0 初始化函数
    void LCD1602_init(void);                  //LCD1602 初始化函数
    void LCD1602_Write(u8 cmdordata,u8 writetype);
//写入液晶模组命令或数据函数
    void LCD1602_DIS(void);                   //LCD1602 字符显示函数
    void V_tao_process(float tao);            //处理电压及 τ 值函数
    u16 GET_tx(void);                         //获取低电平持续时间函数
    float GET_tao(u16 time);                  //获取实际 τ 值函数
/ ****************************** 主函数区域 ****************************** /
    void main(void)
    {
        u16 temp_tx = 0;                      //低电平持续时间临时变量
        //配置 P0 为准双向/弱上拉模式
        P0M0 = 0x00;                          //P0M0.0 - 7 = 0
        P0M1 = 0x00;                          //P0M1.0 - 7 = 0
        //配置 P2 为准双向/弱上拉模式
        P2M0 = 0x00;                          //P2M0.0 - 7 = 0
        P2M1 = 0x00;                          //P2M1.0 - 7 = 0
        delay(5);                             //等待 I/O 模式配置稳定
        LCDRW = 0;                            //因为只涉及写入操作,故而将 RW 引脚直接清零
        LCD1602_init();                       //初始化 LCD1602 液晶
        TIM0_init();                          //初始化定时计数器 0 功能
        V_tao_process(RC_tao);                //计算电压及 τ 值
        while(1)
        {
            if(KEY == 0)                      //若检测到校准触发行为
            {
                delay(20);                    //软件延时"去抖"
                if(KEY == 0)                  //确定存在校准触发行为
                {
                    if(V_IO == 1)             //检测到输入电压(大于 0.5V)
                    {
                        LED = 0;              //指示校准过程开始
                        temp_tx = GET_tx();   //获取低电平持续时间
                        RC_tao = GET_tao(temp_tx);//校准 τ 值
                        LED = 1;              //指示校准过程完成
                    }
                    tx = 0;                   //清零时间变量,等待下一次计数
                }
            }
            if(V_IO == 1)                     //检测到输入电压(大于 0.5V)
            {
                V_tao_process(RC_tao);        //计算电压及 τ 值
                LCD1602_DIS();                //显示电压及 τ 值
            }
            else                              //未检测到电压输入(小于 0.5V)
            {
                DIS_VIN[5] = 0x30;            //清零电压值显示
                DIS_VIN[6] = 0x30;            //清零电压值显示
                DIS_VIN[7] = '.';             //显示出小数点
                DIS_VIN[8] = 0x30;            //清零电压值显示
                DIS_VIN[9] = 0x30;            //清零电压值显示
                DIS_VIN[10] = 0x30;           //清零电压值显示
                LCD1602_DIS();                //显示电压及 τ 值
```

```
        }
    }
}
/ ******************************************************************* /
//定时计数器 0 初始化函数 TIM0_init(void),无形参,无返回值
/ ******************************************************************* /
void TIM0_init(void)
{
    //0.1ms@24.00MHz
    AUXR| = 0x80;                         //定时器时钟 1T 模式
    TMOD& = 0xF0;                         //设置定时器模式
    TL0 = 0xA0;                           //设置定时初值
    TH0 = 0xF6;                           //设置定时初值
    TF0 = 0;                              //清除 TF0 标志
    TR0 = 0;                              //定时器 0 开始计时
    ET0 = 1;                              //开启定时器 0 中断
    EA = 0;                               //开总中断
}
/ ******************************************************************* /
//显示字符函数 LCD1602_DIS(),无形参和返回值
/ ******************************************************************* /
void LCD1602_DIS(void)
{
    u8 i;                                 //定义控制循环变量 i
    LCD1602_Write(0x80,0);                //选择第一行
    for(i = 0;i < 16;i++)
    {
        LCD1602_Write(DIS_tao[i],1);      //写入 DIS_tao[]内容
        delay(5);
    }
    LCD1602_Write(0xC0,0);                //选择第二行
    for(i = 0;i < 16;i++)
    {
        LCD1602_Write(DIS_VIN[i],1);      //写入 DIS_VIN[]内容
        delay(5);
    }
}
/ ******************************************************************* /
//处理电压及 τ 值函数 V_tao_process(float tao),有形参 tao,用于接收
//送入的 τ 值,无返回值.该函数做了 3 件事(补偿,处理电压,处理 τ 值)
/ ******************************************************************* /
void V_tao_process(float tao)
{
    u16 tao_value;                        //τ 值变量(用于显示)
    u16 VIN_value;                        //电压值变量(用于显示)
    u16 t1 = 0;                           //低电平持续时间暂存变量
    u16 t2 = 0;                           //校准后的低电平持续时间暂存变量
    float t3,v;                           //运算过程中间变量
    t1 = GET_tx();                        //获取低电平持续时间
    //【1】程序分段补偿部分:
    //if 语句中的数值是测量到的时间长短,单位是 0.1ms
    //具体的修正系数是根据测量值反向计算进行调整
    if(t1 > 4324)                         //大于 25V 区间补偿
        t2 = t1 - (t1 * 0.045);
    else if(t1 > 3354&&t1 < = 4234)       //20～25V 区间补偿
        t2 = t1 - (t1 * 0.04);
    else if(t1 > 2443&&t1 < = 3354)       //15～20V 区间补偿
        t2 = t1 - (t1 * 0.035);
```

```
        else if(t1 > 1584&&t1 <= 2443)              //10~15V 区间补偿
            t2 = t1 - (t1 * 0.030);
        else if(t1 > 600&&t1 <= 1584)               //5~10V 区间补偿
            t2 = t1 - (t1 * 0.017);
        else if(t1 > 300&&t1 <= 600)                //2~4V 区间补偿
            t2 = t1;
        else if(t1 > 150&&t1 <= 300)                //1~2V 区间补偿
            t2 = t1 + (t1 * 0.015);
        else                                        //小于 1V 区间补偿
            t2 = t1 + (t1 * 0.020);
        //【2】电压值计算与取位,放进数组 DIS_VIN[ ]
        t3 = (float)(t2 * 0.0001);                  //缩小单位为 s
        v = VSYS * (1 - (1.0/exp(t3/tao)));         //零状态响应公式计算电压值
        VIN_value = (v * 40.0) * 1000;              //放大 40 倍还原真实电压值
        DIS_VIN[5] = (VIN_value/10000) + 0x30;      //测量电压(十位)
        DIS_VIN[6] = (VIN_value % 10000/1000) + 0x30;  //测量电压(个位)
        DIS_VIN[7] = '.';                           //小数点
        DIS_VIN[8] = (VIN_value % 1000/100) + 0x30; //测量电压(小数 1 位)
        DIS_VIN[9] = (VIN_value % 100/10) + 0x30;   //测量电压(小数 2 位)
        DIS_VIN[10] = (VIN_value % 10) + 0x30;      //测量电压(小数 3 位)
        DIS_VIN[11] = 'V';                          //显示出电压单位
        //【3】τ 值计算与取位,放进数组 DIS_tao[ ]
        tao_value = (u16)(tao * 1000);             //把 τ 值放大 1000 倍便于取位
        DIS_tao[5] = (tao_value/1000) + 0x30;       //当前 τ 值(个位)
        DIS_tao[6] = '.';                           //小数点
        DIS_tao[7] = (tao_value % 1000/100) + 0x30; //当前 τ 值(小数 1 位)
        DIS_tao[8] = (tao_value % 100/10) + 0x30;   //当前 τ 值(小数 2 位)
        DIS_tao[9] = (tao_value % 10) + 0x30;       //当前 τ 值(小数 3 位)
        tx = 0;                                     //清零时间变量,等待下一次计数
}
/ ***************************************************************** /
//获取低电平持续时间函数 GET_tx(void),无形参,有返回值 tx
//即为实际测量得到的低电平持续时间
/ ***************************************************************** /
u16 GET_tx(void)
{
    MCU_C = 1;                                      //开始泄放电容电量
    delay(1000);                                    //延时等待确保泄放完全
    EA = 1;                                         //开总中断
    TH0 = 0xF6;                                     //重新赋值,避免原有计数的干扰
    TL0 = 0xA0;                                     //重新赋值,避免原有计数的干扰
    TR0 = 1;                                        //允许 T0 计数
    tx = 0;                                         //清零时间变量
    MCU_C = 0;                                      //结束泄放
    while(T_IO == 0);                               //计数等待 T - IO 引脚电平翻转
    TR0 = 0;                                        //关闭计数
    EA = 0;                                         //关闭总中断
    return tx;                                      //返回低电平时间长度(即 tx 的值)
    //提示: tx 的值是在 T0 的中断服务函数中不断自增的
}
/ ***************************************************************** /
//获取实际 τ 值函数 GET_tao(u32 time),            //有形参 time 表示低电平持续时间
//这个时间是调用 GET_tx(void)函数获得的,有返回值 tao
/ ***************************************************************** /
float GET_tao(u16 time)
{
    float REAL_tao,time_S;                          //定义运算暂存变量
    time_S = (float)(time * 0.0001);                //缩小单位为 s
```

```
REAL_tao = time_S/log(1.0/(1 - (Vin/VSYS)));   //获取校准后的τ值
return (float)REAL_tao;                         //返回校准后的τ值
}
/ *************************** 中断服务函数区域 *************************** /
void TIM0_ISR(void) interrupt 1
{
    tx++;                                       //计数值自增
    //实测 0~30V 输入电压下的定时时间小于 1000ms
}
/ ******************************************************************* /
```

【略】为节省篇幅,相似函数参见相关章节源码即可

```
void delay(u16 Count){}                          //延时函数
void LCD1602_init(void)                          //LCD1602 初始化函数
void LCD1602_Write(u8 cmdordata,u8 writetype)    //写入液晶模组命令或数据函数
```

程序源码就是按照我们的实验设想来编写的,整体难度不高。将程序编译后下载到目标单片机中,将"ADC"模块的 V_{SYS} 基准电压接入到输入电压端子中,此时按下校准按键进行校准过程,单片机的 D1 指示灯点亮后又熄灭,说明校准过程完成,此时 1602 液晶上的显示效果如图 18.31 所示,第一行显示出了校准后的 τ 值,第二行显示出了当前输入电压值(也就是 V_{SYS} 基准电压值)。

图 18.31 "ADC"模块
实测效果图

校正成功且显示正常后,我们就把 V_{SYS} 基准电压从输入电压端子上移除,然后接入待测电压进行实际测试(推荐使用 0~30V 线性实验电源提供输入电压,尽量不要用开关电源,因为开关电源的输出纹波较大,可能造成实测电压值的严重跳动)。测试的过程中需要选取多个电压值作为测试点,然后把万用表测量值(即输入电压)和实测值(即测量电压)进行比对,得出测量精度值,为了凸显软件补偿的效果,还可以把测试点数据分为两组,一组是未加软件补偿的结果,另一组是添加软件补偿后的结果。按照设想,得到了如表 18.9 所示实测数据,可以观察出软件补偿后的精度值明显提升,在 0~30V 直流输入电压范围内的测量精度优于 0.5%。

表 18.9 小宇老师电压比较器"ADC"实验数据表

未加软件补偿的结果			软件补偿后的结果		
输入电压/V	测量电压/V	精度/%	输入电压/V	测量电压/V	精度/%
1.4721	1.459	0.89%	0.947	0.945	0.21%
2.1855	2.187	0.07%	1.5114	1.518	0.44%
3.692	3.729	1.00%	2.488	2.489	0.04%
5.248	5.339	1.73%	5.167	5.155	0.23%
7.29	7.448	2.17%	7.22	7.239	0.26%
10.062	10.336	2.72%	10.473	10.443	0.29%
15.095	15.596	3.32%	15.231	15.279	0.32%
20.029	20.774	3.72%	20.385	20.395	0.05%
25.23	26.302	4.25%	25.66	25.624	0.14%
29.88	31.174	4.33%	29.3	29.379	0.27%

从测试数据上看,我们设计的这个"ADC"模块可以满足一些对成本要求严苛、测量精度要求一般、转换速度要求不高的应用场合。特别适用于片内不带 A/D 资源的 MCU,例如很多消费类、简单工控类产品中常用的 1 元以下的 OTP 型 MCU,此类 MCU 片内就具备 T/C 资源和电压比较器单元,基于实验原理,我们甚至可以取消 LM2903 核心芯片,直接将相关阻容和外围电路搭建在单片机片内比较器的相关引脚上,再辅助一些电子开关芯片一并构成单/多通道"ADC"单元。

　　说到这里,小宇老师想让朋友们学习的有关电压比较器的基础知识点就讲述完成了。但是朋友们还需继续加深和拓宽对电压比较器的理解与应用,做了这么多个实验,有的朋友可能产生了这样的感觉:这个电压比较器真不好用啊,还是自带 A/D 资源的单片机好用! 如果有这样的感觉,那就辜负了小宇老师的"一片苦心"了,我的本意并不是让朋友们非得把电压比较器当作 ADC 用,这些实验的设立是为了引入更多的知识点,从而凸显出电压比较器的灵活与多变。

　　静下心来思考一下,小宇老师在本章内容上花费了不少篇幅,目的是为了给大家做一碗"十全大补汤",这碗汤里包含电压比较、阈值电压、正反馈、单门限、临界抖动、滞回区、同相迟滞、同相迟滞、窗口区、三极管驱动电路、光电耦合器电路、分压电路、π 型滤波、RC 低通滤波、截止频率、掉电检测、LM2576 稳压电路、电压梯度区分、程控分压电路、RC 时间常数、一阶 RC 积分器、RC 零状态响应过程、电压基准源、TL431 应用电路、MOS 管应用电路、参数校准方法、软件分段补偿方法和指数运算方法等"营养物质",要是没有这些实验的融合,这些"营养"就没有办法被大家"吸收"和"消化",所以我常给自己的学生说,单片机的应用是有大学问的,一定要从零碎的知识点入手,提升理论水平,这样才能做出更多的创新。

## 第 19 章

"一键还原，跑飞重置"系统复位与看门狗运用

章节导读：

本章将详细介绍 STC8 系列单片机复位源的相关知识和应用，共分为 6 节。19.1 节提出问题，再"自问自答"，主要讲解复位行为对于单片机而言的具体意义和复位源的分类；19.2 节讲解了上电复位(POR 方式)，提示大家要注意合理的上电延时才能保证系统复位的有效性；19.3 节讲解了人工复位(MRST 方式)，也就是 P5.4 引脚的配置及复位电路的处理；19.4 节讲解了低压复位(LVR 方式)，引入了 LVD 单元功能和使用方法介绍，结合案例实现了低压复位验证和 4 格电量指示；19.5 节讲解了看门狗复位(WDR 方式)，论述了这种"特殊"定时器的适用、计算和配置过程；19.6 节讲解了软件复位(SWR 方式)，结合案例实现了复位验证和下载约束实验，体现了软件复位的"灵活"性。综上，复位源的多样化使得 STC8 系列单片机在实际应用中更加自由和便捷，这些复位源在很多微控制器产品中都有体现，所以我们要逐一学习触类旁通，看清其本质，掌握其用法。

19.1 单片机非得要复位吗

回想小宇老师上学那会儿，也开设了《单片机原理及应用》这门课，那时候还在用 AT89S52 单片机作为讲解对象(这是一款由 Atmel 公司生产 MCS-51 内核的早期单片机，现在已经被淘汰了)。课堂上老师"敲着黑板"给我们强调单片机最小系统有三大必备电路(即电源电路、复位电路和时钟电路)。随着单片机技术的发展，现在的单片机最小系统形态已经发生了较大变化，很多单片机已经不需要外搭复位电路了，有的单片机甚至连复位引脚都没有。有的单片机又把时钟单元做到了芯片内部，时钟引脚在经过配置后还能当成普通 I/O 去用。这样看来"三大必备"电路的形态已经发生了变化。

那有朋友要问了，那些不需要搭建复位电路的单片机难道就不用复位了？那倒不是，单片机其实都需要复位，只是很多单片机的芯片内部自带了"上电复位"单元罢了。所以说，单片机复位的来源可能很多，形式也不相同，本节要解决的就是有关复位的三大问题。

第一问：单片机非得要复位吗，其意义是什么？

在大学专业课程中，《数字电子技术》是门必学的基础课，我们在学习"数电"时肯定知道触发器和时序逻辑电路的相关内容(有的朋友没有学习过也无妨，此处只是借此说明"复位"的作用)。举个例子，RS 触发器为啥要叫"RS"呢？这是因为这里的"R"就是复位脚或者叫清零端(即"Reset")，"S"就是置 1 脚或者叫置位端(即"Set")。这里的复位端就会影响 RS 触发器的输出状态。

再来举个例子,我们在时序逻辑电路中学过"计数器",先不谈计数器的结构和类别,这类芯片中除了输入脚和进位脚之外,往往还有清零脚(也是复位端),当我们在清零脚上给予对应的电平或边沿信号时,计数器就会回归到初始值。

由此看来,"复位"这个词有两方面的含义,从操作结果的角度看,复位更多的像是把相关电路、相关信号、相关配置进行"初始化"设定。从操作步骤的角度看,复位更多的像是初始化参数的具体操作和处理过程。

那说来说去,"数电"和我们学习的单片机有啥关系呢?这关系可就密切了,我们在第1章就讲解过,单片机芯片其实是个数字/模拟的混合系统,很多片内资源和相关寄存器都需要一个默认的起始状态。"复位"动作产生后,单片机会进行一系列的重置操作,例如,程序指针PC的指向、I/O引脚默认的模式和电平状态、相关寄存器的默认取值、所有标志位的状态重置、通信/定时相关的参数设定等。由此可见,复位对于单片机而言是必要的,其意义就是让单片机相关单元进行初始化,得到一个"确定"状态,让程序"从头执行"。

第二问:单片机复位的过程中具体做了什么事情?

很多朋友在初学单片机的时候觉得复位部分的知识点"不值一提",这是因为由一个电阻和一个电容组成的电路没什么难点,经过ms级的延时之后单片机就开始正常工作了,很少有人会去思考这ms级的时间内单片机到底做了哪些事情。

这个时间对于开发者而言太短了,我们甚至都没有察觉到单片机在上电复位过程中的具体变化,但是这段时间内单片机可是真的"忙"。单片机的程序指针PC指向了0000H,目的是让单片机从ROM区域起始地址处执行程序。数据指针DPTR也变成0000H,为数据存取做好准备。工作寄存器组默认选定为第0组,堆栈指针SP默认指向了07H,即堆栈从08H单元开始。所有I/O端口寄存器的初值为0xFF,各级中断标志位被清零,中断优先级恢复为硬件默认优先级。片内时钟源开始启动,初始化时钟参数配置,等待时钟源稳定之后为单片机提供工作节拍。定时/计数器、PCA、CCP、PWM、UART、SPI、I^2C、A/D、电压比较器等片上资源的控制位、使能位、模式位、标志位全部被重置,资源涉及的特殊功能寄存器SFR回归到初始状态。

为了方便大家理解,小宇老师以STC8H系列单片机为例,选取了一些常规的寄存器,列出了如表19.1所示内容,带领朋友们一起看看这些寄存器在复位后的初始取值(需要说明的是:个别复位初始值中的"x"代表该位数值无效或随机,即该位是空位或保留位,我们无须对该位参数进行配置)。

表19.1 STC8H系列单片机常规寄存器复位初始值

寄存器名称	复位初始值	寄存器名称	复位初始值
PC	$(0000\ 0000)_B$	TMOD	$(0000\ 0000)_B$
ACC	$(0000\ 0000)_B$	TCON	$(0000\ 0000)_B$
PSW	$(0000\ 0000)_B$	PCON	$(0011\ 0000)_B$
SP	$(0000\ 0111)_B$	SCON	$(0000\ 0000)_B$
P_SW1	$(nn00\ 000x)_B$	P_SW2	$(0x00\ 0000)_B$
DPL 和 DPH	$(0000\ 0000)_B$	CKSEL	$(xxxx\ xx00)_B$
P0	$(1111\ 1111)_B$	SBUF	$(0000\ 0000)_B$
IP	$(x000\ 0000)_B$	AUXR	$(0000\ 0001)_B$
IE	$(0000\ 0000)_B$	B	$(0000\ 0000)_B$
TH0	$(0000\ 0000)_B$	TL0	$(0000\ 0000)_B$
P0M0	$(0000\ 0000)_B$	P0M1	$(1111\ 1111)_B$

第三问：STC8 系列单片机常见的复位源有哪些？

要是把 STC8 系列单片机与最早的 STC89 系列单片机产品做比较的话，STC8 系列单片机肯定"完胜"。早期的 STC89 系列单片机在复位源的设计上显得非常单一，常见的也就只有基于复位引脚的"上电复位＋人工复位"方式，但那毕竟是二十多年前的经典设计了。

回归到我们学习的 STC8 系列单片机，该系列单片机的复位来源较为丰富，大体上可分为硬件复位和软件复位这两种。硬件复位里面又包含 4 种复位方式，分别是 POR 方式的"上电复位"、MRST 方式的"人工复位"、LVR 方式的"低压复位"以及 WDR 方式的"看门狗复位"。软件复位即 SWR 方式的复位。这些复位方式各有特点和适用，小宇老师会在接下来的讲解中逐一展开。

19.2　常规的 POR 方式"上电复位"

先来说一说"上电复位"方式，也就是"Power On Reset"即 POR 方式。该方式是 STC8 全系列单片机都具备的，有很多文献上也将其称作"上电延时复位"，这属于单片机的冷启动复位方法。STC8 系列单片机之所以不加外部复位电路也能正常工作，就是因为在芯片内部集成了一个 MAX810 高可靠复位单元，这个单元电路会在单片机上电后产生一个约 180ms 的复位延时，单片机就能有效复位（对于那些片内不具备"上电复位电路"的单片机，就需要依靠复位引脚和复位电路去实现复位动作）。

在 STC8 系列单片机中，与"上电复位"有关的寄存器就是电源控制寄存器 PCON（本章暂不展开该寄存器的学习，放在第 20 章进行讲解），该寄存器中的第 4 位就是上电标志位（即 POF 位），该标志位会在上电复位后由硬件自动置 1。在实际编程中，几乎不怎么用到这个标志位，所以此处做个了解即可。

朋友们需要注意，在 STC-ISP 软件的"硬件选项"卡中也有一个关于"上电复位"的功能选项，该选项如图 19.1 箭头处所示。勾上该选项后，单片机内部上电复位电路的复位时间就会变长，更能确保复位动作的有效性。

图 19.1　STC-ISP 上电复位使用较长延时选项

小宇老师也反复试过这个"神奇"的选项，但发现在正常情况下勾与不勾都感觉不到什么明显的区别，莫非这个选项的作用不大？其实不然，曾有朋友就在这个选项上经历过"波折"。这位朋友使用 STC15F104E 这个型号的单片机做产品主控，买了第一批芯片下载后没有遇到任何问题，后来又采购了该型号的另一批次芯片，发现下载的成功率很低（10 片里面起码有 2～3 片下载不进去）。这就奇怪了！产品的电路没有发生变化，外围器件的用料也和上一批次相同，单片机程序也没有修改。经过分析和尝试，最后是在 STC-ISP 软件中勾选了"上电复位使用较长延时"选项之后才下载成功。这是因为不同批次的单片机中可能存在电气特性的微小差异，虽说这个"小插曲"并不影响产品量产，但还是推荐大家在烧录程序时勾上这个选项。

19.3　经典的 MRST 方式"人工复位"

我们再来谈一谈"人工复位"方式，也就是"Manual Reset"，即 MRST 方式。该方式是所有 STC 单片机都具备的，在各种《单片机原理及应用》类书籍上都有介绍，也就是在单片机特定的引脚上搭建外部复位电路（阻容复位电路最为常见）。在电路中常添加"轻触按键"用作手动复位（该方式属于单片机热启动复位）。这部分的电路早在 2.6.4 节就已经讲解过了，所以此处不再赘述了。

STC8H 系列单片机的复位引脚是 P5.4 引脚,该引脚既可以用作复位又能用作普通 I/O,其功能配置需要用到复位配置寄存器 RSTCFG 中的 P54RST 功能位(该位在单片机上电复位后默认为 0,即 P5.4 引脚默认为普通 I/O),该寄存器的相关位定义及功能说明如表 19.2 所示。

表 19.2 STC8H 系列单片机复位配置寄存器

复位配置寄存器(RSTCFG)							地址值:(0xFF)H
位 数	位 7	位 6	位 5	位 4	位 3	位 2	位 1	位 0
位 名 称	—	ENLVR	—	P54RST	—	—	LVDS[1:0]	
复位值	x	0	x	0	x	x	0	0
位 名	位含义及参数说明							

ENLVR 位 6	低压复位控制位	
	0	禁止低压复位
		当系统检测到低压事件时,仅产生低压中断不产生低压复位
	1	使能低压复位
		当系统检测到低压事件时,直接产生低压复位

P54RST 位 4	复位引脚功能选择	
	0	P5.4 引脚用作普通 I/O 口
	1	P5.4 引脚用作复位脚(注意,STC8G 和 STC8H 系列为低电平复位)

LVDS[1:0] 位 1:0	低压检测门槛电压设置			
	00	门槛电压为 2.0V	01	门槛电压为 2.4V
	10	门槛电压为 2.7V	11	门槛电压为 3.0V
	注意,STC8H8K64U 型号单片机的门槛电压有点不同,具体如下			
	00	门槛电压为 1.9V	01	门槛电压为 2.3V
	10	门槛电压为 2.8V	11	门槛电压为 3.7V

若用户需要用 C51 语言编程配置 P5.4 引脚为普通 I/O,可编写语句:

RSTCFG& = 0xEF;   //将 P54RST 位清零

若用户需要用 C51 语言编程配置 P5.4 引脚为复位引脚,可编写语句:

RSTCFG| = 0x10;   //将 P54RST 位置 1

图 19.2 STC-ISP 复位脚用作
I/O 口选项

在 STC-ISP 软件的"硬件选项"卡中也有一个关于"复位脚"的功能选项,该选项如图 19.2 箭头处所示。我们以 STC8H8K64U 单片机为例,若该项不勾选,则 P5.4 引脚仅作复位之用。若勾选,则 P5.4 引脚不再是复位引脚,也不需要连接复位电路,可以将其当作普通 I/O 去使用,这样还能多出一个可用的引脚。

有的朋友产生了疑问,这个硬件选项难道不会和程序配置产生冲突吗?假设勾选了这个选项(即 P5.4 引脚当作普通 I/O 引脚来用),然后又在程序中让 P54RST 这个功能位置 1(即 P5.4 引脚当作复位脚),那单片机要"听"谁的命令呢?

这个问题提得很好,单片机最终会按程序的配置来操作,也就是说,当 STC-ISP 软件中的选项与程序配置产生冲突时,还是以程序的配置为准。当然,如果程序中压根没有对 P54RST 这个功能位进行配置,那就还是以 STC-ISP 软件的配置为准。

19.4　实用的 LVR 方式"低压复位"

单片机的很多应用场景中都是用电池来供电的，比如酒店前台的 POS 机、快递员手持的扫描枪、电动车/汽车的遥控器、穿戴设备（智能手环、智能手表）等。在这些电子设备中电池的种类也很多，常见的有碱性干电池，还有可充电的锂电池、镍氢电池、磷酸铁锂电池等。不管电池的材质是哪种、容量有多大，只要是用电池供电的设备，就肯定存在供电电压下降的问题，设备运行的时间越长则电压跌落越多，当电压降到一定值后，单片机核心和外围电路就不能维持正常的工作了。

对于这种单片机应用场景，就应该添加"低压复位"机制，也就是"Low Voltage Reset"即 LVR 方式，有的文献上也将其称作"Brown-Out Reset"即 BOR 方式。在单片机的供电电压即将或刚好降低至"低压门槛电压"时就会触发单片机的中断或者复位动作，甚至可以把单片机锁定在复位状态上。

有的朋友难免会有疑问：电池的电量耗费、电压下降不是很正常吗？我觉得添加什么"低压复位"完全没有意义，就算是单片机不能工作，那设备停止运行就行了，总会有人为设备更换电池吧？所以这个机制感觉是没啥用的。

其实不然，单片机的供电电压在下降的过程中并不像朋友们想象的那么简单。当供电单元的输出电压低于单片机维持正常工作的电压值之后，单片机的程序指针 PC 可能出现随机指向，导致程序"跑飞"，特殊功能寄存器 SFR、堆栈数据区域、片内或片外 RAM 区域中的关键内容都有可能会被破坏和改写，I/O 引脚的输出状态可能产生跳变和误触发，这些情况会让单片机进入"混乱"逻辑状态。

假设这些单片机是用在医疗电子或者工业控制设备上的，那后果将无法想象。所以说"低压复位"机制是有用的，若是低压事件产生了至少能提前通知单片机，可以让单片机赶紧把重要数据写入掉电非易失性单元中（例如，单片机片内 EEPROM 区域或者外部存储芯片），也可以让单片机停在复位状态（保证单片机不会出现逻辑混乱）。

那供电电压要怎么检测呢？是要用到电压比较器芯片还是用 A/D 功能去实时采集？其实不用那么麻烦，低压检测有专门的单元去做，我们将其称为"Low Voltage Detector"即低压检测器（LVD）。在早期的 MCS-51 内核单片机中没有集成这个功能，所以那时候的产品必须要在单片机片外搭建带有电压阈值检测和复位控制的电路，但是分立器件搭建电路太麻烦，一致性也不太好，所以有很多半导体器件商基于这个需求开发了各种各样的"电压监测"芯片、"电源管理"芯片、"μP监控"芯片（也就是一类芯片的不同叫法罢了），这些芯片可以对供电电压的波动进行实时监控，在发生电压跌落时产生中断和复位，有的甚至还支持"双电源"供电结构（也就是当主电源电压下降时自动切换到后备电源，继续向系统供电）。

举个例子，我国台湾合泰半导体公司生产的 HT70xxA-1 系列芯片就能实现低压检测功能，该系列芯片能检测 2.2～8.2V 范围内的电压，内部集成了高精度、低功耗的标准电压源、比较器、迟滞电路以及输出驱动器等单元，性价比较高，常用于单片机系统中的供电监测。

在 STC8 系列单片机中，与"低压复位"功能有关的寄存器有两个，第一个是复位配置寄存器 RSTCFG（该寄存器内容已经学过了），第二个是电源控制寄存器 PCON（本章暂不展开该寄存器的学习，放在第 20 章进行讲解）。

配置"低压复位"相关功能之前，小宇老师要提出以下三个疑问。

第一个问题：供电电压低于多少才算是"低压状态"？

第二个问题：低压事件发生之后单片机要怎么做，是直接复位还是产生中断？

第三个问题：低压事件到底发生没有，我怎么才能知道呢？

　　这三个疑问的背后就是三种功能位的配置。第一个疑问的本质是"设定门槛"问题,我们需要为单片机指定一个低压"门槛",当供电电压低于门槛电压时就会产生低压中断或者低压复位。门槛电压的大小需要配置 RSTCFG 寄存器中的 LVDS[1:0]功能位,这两个二进制位形成了四种组合,我们以 STC8H8K64U 单片机为例,对应的门槛电压为 1.9V、2.3V、2.8V 和 3.7V 可选。为了编程方便,可以用宏定义将这 4 种门槛电压定义出来以备使用,具体语句如下。

```
#define  LVD1V9    0x00              //LVD 门限为 1.9V
#define  LVD2V3    0x01              //LVD 门限为 2.3V
#define  LVD2V8    0x02              //LVD 门限为 2.8V
#define  LVD3V7    0x03              //LVD 门限为 3.7V
```

　　第二个疑问的本质是"结果处理"的问题,处理形式由 RSTCFG 寄存器中的 ENLVR 功能位决定,若用户想让供电电压低于 3.7V 时,产生低压中断而不产生低压复位,可用 C51 语言编写语句:

```
RSTCFG& = 0xBC;                       //禁止 LVD 复位,仅产生 LVD 中断,清零门槛电压设置
RSTCFG| = LVD3V7;                     //门槛电压设置为 3.7V
```

　　如果变更一下需求,用户想让供电电压低于 2.8V 时,直接产生低压复位,则可用 C51 语言编写语句:

```
RSTCFG| = 0x40;                       //使能 LVD 复位
RSTCFG& = 0xFC;                       //清零门槛电压设置
RSTCFG| = LVD2V8;                     //门槛电压设置为 2.8V
```

　　第三个疑问的本质是"事件标志"的问题,在电源控制寄存器 PCON 中的第 5 位就是低电压检测标志位(即 LVDF 位),该标志位会在系统发生低压事件时由硬件自动置1(需要软件清零),并向CPU 提出低压中断请求。在实际编程中,这个标志位不怎么使用,因为用查询法去做标志位判断不如中断高效,所以此处只做了解即可。

　　在 STC-ISP 软件的"硬件选项"卡中也有一个关于"低压复位"的功能选项,该选项如图 19.3 箭头处所示。低压复位的门槛电压在箭头处的下拉列表中,若我们在程序下载时勾选了"允许低压复位"复选框,则单片机发生低压事件时会直接复位,若不勾此项,则单片机发生低压事件时仅产生中断请求,不会复位。当然,如果我们的程序对 RSTCFG 寄存器中的 LVDS[1:0]和ENLVR 功能位进行过配置,那 STC-ISP 软件上的配置就"不算数"了,这时候就得"听"程序的具体操作了。

图 19.3　STC-ISP 允许低压复位
(禁止低压中断)选项

19.4.1　基础项目 A　验证 LVD 低压复位功能实验

　　其实低压复位的功能不用编程就能实现,我们直接在 STC-ISP 软件上"打个钩"就行,这就是为什么大家都喜欢 STC-ISP 软件的原因。为了加深理解,我们还是做个实验吧! 毕竟要编过程序心里才"踏实"。

　　在做实验之前需要搭建出如图 19.4 所示电路,该电路较为简单,P1.0 引脚控制一个 LED 指示电路,P1.1 引脚用于获取按键 S1 的状态。需要说明的是,单片机 U1 的供电不是"VCC"(固定不变的电压),我们故意将其取名为"V-battery",目的是为了告知朋友们,此时的供电电压是由外部电池组提供,可能会随着耗电过程从 5V 下滑到 2V 左右。

　　实验的功能设计也很简单,我们等电路上电工作后先让 D1 亮起(P1.0 引脚输出低电平),如果没有人为干预 D1 会一直点亮,此时按下按键 S1 使 P1.0 输出取反,D1 会熄灭,随后再让 S1 无效

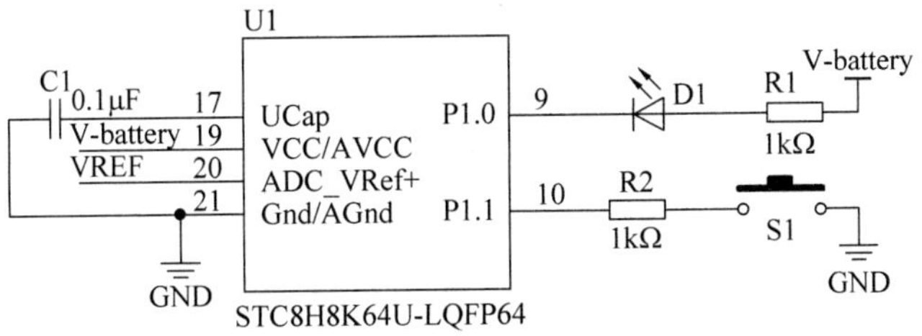

图 19.4 验证 LVD 低压复位功能实验电路图

（也就是说，S1 只能按一次，按了之后就没有功能了）。简单地说，D1 只要熄灭了就不会再点亮，除非让系统重新复位。

那剩下的操作就很明显了，我们需要在程序中启用"低压复位"功能，接着选定一个门槛电压（如 3.7V），然后配置 ENLVR 功能位，让单片机发生低压事件后直接复位即可验证实验功能（若实验环境下没有电池组也没事，我们直接用个可调直流稳压电源为其供电即可，到时候将输出电压从 5V 下调到 3.7V 以下即可验证实验功能）。理清思路后利用 C51 语言编写的具体程序实现如下。

```
//芯片型号: STC8H8K64U(程序微调后可移植至 STC8A/F/C/G/H 系列单片机)
//时钟说明: 单片机片内高速 24MHz 时钟
/********************************************************* /
# include "STC8H.h"                        //主控芯片的头文件
/******************** 常用数据类型定义 ********************* /
【略】为节省篇幅,相似定义参见相关章节或源码工程即可
/******************** 端口/引脚定义区域 ******************* /
sbit    LED = P1^0;                         //定义 LED 指示引脚
sbit    KEY = P1^1;                         //定义按键引脚
/***************** 用户自定义数据区域 ******************** /
# define   LVD1V9   0x00                    //LVD 门限为 1.9V
# define   LVD2V3   0x01                    //LVD 门限为 2.3V
# define   LVD2V8   0x02                    //LVD 门限为 2.8V
# define   LVD3V7   0x03                    //LVD 门限为 3.7V
/******************** 函数声明区域 ********************** /
void   delay(u16 Count);                    //延时函数
void LVD_init(void);                        //低压检测初始化函数
/******************** 主函数区域 ********************** /
void main(void)
{
    //配置 P1.0 为推挽输出模式
    P1M0| = 0x01;                           //配置 P1M0.0 = 1
    P1M1& = 0xFE;                           //配置 P1M1.0 = 0
    //配置 P1.1 为准双向/弱上拉模式
    P1M0& = 0xFD;                           //配置 P1M0.1 = 0
    P1M1& = 0xFD;                           //配置 P1M1.1 = 0
    delay(5);                               //等待 I/O 模式配置稳定
    LED = 0;                                //上电后默认点亮 LED
    LVD_init();                             //初始化低压检测
    EA = 1;                                 //打开总中断允许
    while(1)
    {if(KEY == 0)LED = 1;}                  //按键熄灭 LED
}
/********************************************************* /
//低压检测初始化函数 LVD_init(),无形参,无返回值
/********************************************************* /
void LVD_init(void)
{
```

```
    //【1】直接产生复位
    RSTCFG| = 0x40;                       //使能 LVD 复位
    RSTCFG& 0xFC;                         //清零门槛电压设置
    RSTCFG| = LVD3V7;                     //门槛电压设置为 3.7V
    //【2】不产生复位,仅产生中断
    //RSTCFG& = 0xBC;                      //禁止 LVD 复位,仅产生 LVD 中断,清零门槛电压设置
    //RSTCFG| = LVD3V7;                    //门槛电压设置为 3.7V
    ELVD = 1;                             //使能 LVD 中断(位于 IE 寄存器的第 6 位)
}
/ ************************ 中断服务函数区域 ************************ /
void LVD_ISR() interrupt 6
{
    PCON& = 0xDF;                         //软件清零低压检测标志 LVDF
    //可自行添加中断服务内容
}
/ ***************************************************************** /
【略】为节省篇幅,相似函数参见相关章节源码即可
void delay(u16 Count){}                    //延时函数
```

程序并不复杂,编程重点就是 LVD_init()函数,小宇老师在该函数内部提供了两种配置语句,第一种是低压直接产生复位(程序中就采用这种操作);第二种是低压不产生复位,仅产生中断(这种配置下就需要朋友们细化低压中断服务函数 LVD_ISR()中的内容,以实现更多的自定义功能)。

给定目标板供电电压为 5V,此时将程序下载到目标单片机中,D1 正常亮起,按下 S1 按键后 D1 按照设想正常熄灭,随后再按 S1,D1 的状态始终保持熄灭。此时将供电电压从 5V 降低到 3.7V 以下(最好是比 3.7V 低一些,比如直接跌落到 3V 以下),随后又把电压回升至 5V,此时 D1 又亮了,说明单片机在低压事件产生后确实发生了低压复位。

19.4.2　进阶项目 A　巧用 LVD 实现电量指示实验

在 STC8H8K64U 单片机中,LVD 单元的"门槛电压"共有 4 级,分别是 3.7V、2.8V、2.3V 和 1.9V。稍加设想,要是我们做 4 个 LED 灯对应 4 级门槛会是什么效果呢?假设当前的供电电压在 3.7V 以上则 4 个灯全亮,要是电压下降到 3.7V 以下则指示灯熄灭一个,下降到 2.8V 以下那就熄灭两个,下降到 2.3V 以下那就熄灭三个,要是下降到了 1.9V 以下那就全部熄灭了。按照这样的设想,我们就做成了一个供电电量指示功能(用于指示电池电压跌落过程,如果只剩下一两盏灯,那就该充电或者更换电池了)。

用 LVD 单元实现这个功能不算难事(当然,这种电量指示功能用电压比较器或者 A/D 转换也能做,但是有点儿"大材小用"的感觉),我们甚至可以把这 4 个 LED 灯换成市面上的一种"特殊"数码管,其实物样式如图 19.5(a)所示(这种数码管的叫法很多,如"电量数码管""条状数码管""光条管"等,常见的有 4、5 和 10 格(段)形式,发光颜色也有红、蓝、绿、白等)。本实验的电路如图 19.5(b)所示,为了方便讲解,还是把电量指示部分做成了 D1～D4 这 4 个 LED,分配了 P2 端口组的低 4 位引脚进行控制。

电路搭建完成之后就开始构思程序部分,由于该程序是基于多个门槛电压去做判断,所以在供电电压低于门槛的时候千万不能让单片机产生复位(也就是说,STC-ISP 软件上的"允许低压复位"选项不应该勾选且程序里面 RSTCFG 寄存器中的 ENLVR 功能位也应该清零)。

为了简化程序,可以不启用低压中断,直接用查询法去判断电源控制寄存器 PCON 中的第 5 位即可(即低电压检测标志位 LVDF)。如果该位为 1 就是发生了低压事件,反之就是没有发生低压事件。由于 LVDF 功能位的清零必须依靠手动,所以程序中要多次对 LVDF 功能位进行清零操作。

门槛电压的设定、LVDF 标志位的手动清零、LVDF 标志位的结果判断等语句就是本程序的核

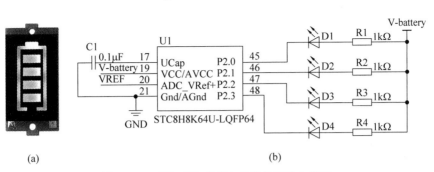

图 19.5 巧用 LVD 实现电量指示实验电路图

心操作，我们只需要按照前后关系把这些语句用"层叠"结构合在一起就行，最后会形成一个很"大"的 if 语句(if 里面还有 if)，然后在每个电压段内控制 LED 的点亮个数即可。理清思路后利用 C51 语言编写的具体程序实现如下。

```c
//芯片型号：STC8H8K64U(程序微调后可移植至 STC8A/F/C/G/H 系列单片机)
//时钟说明：单片机片内高速 24MHz 时钟
/ ***************************************************** /
# include "STC8H.h"                          //主控芯片的头文件
/ ******************** 常用数据类型定义 ******************* /
【略】为节省篇幅，相似定义参见相关章节或源码工程即可
/ ******************** 端口/引脚定义区域 ****************** /
# define   LED    P2                         //定义 LED 引脚端口(4 格电量)
/ ******************** 用户自定义数据区域 ***************** /
# define   LVD1V9   0x00                      //LVD 门限为 1.9V
# define   LVD2V3   0x01                      //LVD 门限为 2.3V
# define   LVD2V8   0x02                      //LVD 门限为 2.8V
# define   LVD3V7   0x03                      //LVD 门限为 3.7V
/ ******************** 函数声明区域 ********************* /
void delay(u16 Count);                        //延时函数
/ ******************** 主函数区域 ********************** /
void main(void)
{
    u8 power = 0x0F;                          //定义变量用于控制 LED 灯组
    //配置 P2.0－3 为推挽输出模式
    P2M0 | = 0x0F;                            //配置 P2M0.0－3 = 1
    P2M1 & = 0xF0;                            //配置 P2M1.0－3 = 0
    delay(5);                                 //等待 I/O 模式配置稳定
    PCON& = 0xDF;                             //软件清零低压检测标志 LVDF
    RSTCFG = LVD3V7;                          //LVD 门槛电压设置为 3.7V
    while(1)                                  //开始不断检测供电电压并显示电量
    {
        power = 0xF0;                         //LED 全亮(满格)，电压在 3.7V 以上
        RSTCFG = LVD3V7;delay(1);             //门槛电压设置为 3.7V
        PCON& = 0xDF;delay(1);                //软件清零低压检测标志 LVDF
        if(PCON&0x20)                         //查询是否有低压事件产生
        {
            power = 0xF8;                     //熄灭 P2.3(3 格)，电压在 3.7V 以下
            RSTCFG = LVD2V8;delay(1);         //门槛电压设置为 2.8V
            PCON& = 0xDF;delay(1);            //软件清零低压检测标志 LVDF
            if(PCON&0x20)                     //查询是否有低压事件产生
            {
                power = 0xFC;                 //熄灭 P2.3、P2.2(2 格)，电压在 2.8V 以下
                RSTCFG = LVD2V3;delay(1);     //门槛电压设置为 2.3V
                PCON& = 0xDF;delay(1);        //软件清零低压检测标志 LVDF
```

```
                    if(PCON&0x20)                    //查询是否有低压事件产生
                    {
                        power = 0xFE;                //熄灭 P2.3～P2.1(1 格),电压在 2.3V 以下
                        RSTCFG = LVD1V9;delay(1);    //门槛电压设置为 1.9V
                        PCON&= 0xDF;delay(1);        //软件清零低压检测标志 LVDF
                        if(PCON&0x20)                //查询是否有低压事件产生
                        {
                            power = 0xFF;            //LED 全灭(0 格),电压在 1.9V 以下
                        }
                    }
                }
            }
            LED = power;                             //把变量值赋值给 P2 端口
            delay(10);                               //延时观察 P2.0～P2.3 引脚的 LED 状态
        }
    }
/ ***************************************************************** /
【略】为节省篇幅,相似函数参见相关章节源码即可
void delay(u16 Count){}                              //延时函数
```

给目标板提供 5V 电压,此时将程序下载到目标单片机中,D1～D4 全部亮起(这是因为供电电压比 3.7V 大,相当于满格电量),然后将供电电压从 5V 缓慢降低到 2V 左右,我们观察到电路中的 4 个 LED 灯一个接一个地熄灭,当电压跌落到 1.9V 以下时 4 个 LED 灯全部熄灭,我们重新又将供电电压缓慢上升到 5V,LED 灯又逐一点亮最终恢复到满格电量。至此,我们用 LVD 单元作的 4 格电量指示实验就成功了。

19.5　特殊的 WDR 方式"看门狗复位"

一说起"看门狗",很多初学单片机的朋友都会感到好奇,这是啥品种的"狗"啊?哈士奇还是萨摩耶,泰迪还是金毛啊?其实都不是,本节要讲的"看门狗"就是个特殊的定时/计数器而已,其本质就和第 12 章讲解的资源差不多。

普通的定时计数器在发生计数溢出时一般是产生中断事件并让相关标志位置 1,但是"看门狗"发生计数溢出时就很"特殊"了,它的溢出会导致单片机直接复位。这么看来"看门狗"功能就像是埋藏在程序中的一枚"定时炸弹",这样的功能有什么意义呢?朋友们别急,且听小宇老师慢慢道来。

拿我们熟悉的单片机系统来说,系统的构成并不简单,一个功能完备的系统一般由硬件资源和软件程序紧密结合而成。若是系统在运行过程中受到了电气干扰、电网波动、电磁辐射、串入噪声等情况,就有可能影响单片机程序的执行,使得系统出现死循环、程序跑飞、执行操作混乱等"异常"情况,那么单片机靠什么样的机制去检测这样的"异常"状态并且恢复系统正常呢?这就要使用到"看门狗"技术。

看门狗是 STC8 系列单片机的"监察官",如果程序运行正常,相关程序就会在规定的时间内"喂狗"(也就是清零看门狗计数值,使其从头开始计数),保证看门狗计数器不会发生超时溢出导致系统复位。看门狗又是 STC8 系列单片机的"执行官",如果程序运行异常,出现了程序"卡死",超过了看门狗规定的时间范围还未"喂狗",看门狗就会强制性地执行系统复位。简言之,看门狗就是一种在发现程序执行异常后强制让系统"热启动"复位的机制。

看门狗技术适合解决瞬时的、突发的、通过复位操作一般可以得到恢复的故障,通过强制复位机制使系统重新运行。但如果是系统硬件损坏了,或者是单片机电气故障了,看门狗也无能为力了。就像是软件冲突使得操作系统"蓝屏"了,重启一下计算机,有的时候就能恢复正常,如果导致

"蓝屏"的故障是硬件损坏或者是操作系统本身的程序崩溃,哪怕是重启也未必能恢复正常。

在 STC8H 系列单片机中,与"看门狗复位"功能有关的寄存器只有一个,即看门狗控制寄存器 WDT_CONTR,该寄存器中的功能位全都与看门狗资源有关,相当于一个看门狗功能的"专用"寄存器,该寄存器的相关位定义及功能说明如表 19.3 所示。

表 19.3 STC8H 系列单片机看门狗控制寄存器

看门狗控制寄存器(WDT_CONTR)							地址值:(0xC1)_H
位 数	位 7	位 6	位 5	位 4	位 3	位 2	位 1	位 0
位名称	WDT_FLAG	—	EN_WDT	CLR_WDT	IDL_WDT	WDT_PS[2:0]		
复位值	0	x	0	0	0	0	0	0

位 名	位含义及参数说明
WDT_FLAG 位 7	看门狗定时器溢出标志位 　　当看门狗定时器发生溢出时,硬件会自动将此位置1,该位的清零需要手动,程序上也可以用查询法判断该位状态 0 没有发生看门狗溢出事件 1 发生了看门狗溢出事件
EN_WDT 位 5	看门狗定时器使能位 　　注意:编程者除了用软件启动看门狗外,还可以在 STC-ISP 软件中去使能看门狗,这个操作后续会讲解 0 对单片机无影响 1 启动看门狗定时器
CLR_WDT 位 4	看门狗定时器清零位(也就是"喂狗"功能) 0 对单片机无影响 1 清零看门狗定时器,硬件自动将此位复位
IDL_WDT 位 3	IDLE 模式时(待机模式)的看门狗定时器控制位 　　这里的 IDLE 模式是 STC8 系列单片机的一种"特殊"运行状态,这部分的内容会在第20章展开讲解 0 待机模式时看门狗停止计数 1 待机模式时看门狗继续计数
WDT_PS [2:0] 位 2:0	看门狗定时器时钟分频系数 <table><tr><td>配置值</td><td>分频数</td><td>12M 主频下的溢出时间</td><td>20M 主频下的溢出时间</td></tr><tr><td>000</td><td>2</td><td>约 65.5ms</td><td>约 39.3ms</td></tr><tr><td>001</td><td>4</td><td>约 131ms</td><td>约 78.6ms</td></tr><tr><td>010</td><td>8</td><td>约 262ms</td><td>约 157ms</td></tr><tr><td>011</td><td>16</td><td>约 524ms</td><td>约 315ms</td></tr><tr><td>100</td><td>32</td><td>约 1.05s</td><td>约 629ms</td></tr><tr><td>101</td><td>64</td><td>约 2.10s</td><td>约 1.26ms</td></tr><tr><td>110</td><td>128</td><td>约 4.20s</td><td>约 2.52ms</td></tr><tr><td>111</td><td>256</td><td>约 8.39s</td><td>约 5.03ms</td></tr></table>

该寄存器中的标志位、使能位和控制位都很好理解,不太好理解的是"清零位"和"时钟分频系数"。其实对清零位的操作就实现了"喂狗"的过程,我们必须要赶在看门狗定时器溢出之前对 CLR_WDT 位进行写1操作,如果操作的时间晚了一步,那单片机就可能被强制性复位了,可用 C51 语言编写语句如下。

```
WDT_CONTR = 0x10;                        //执行"喂狗"操作
```

时钟分频系数的配置决定了看门狗超时溢出的最大时间,看门狗的溢出时间与系统时钟频率 f_{SYSCLK} 和分频系数 WDT_PS[2:0] 有关,其计算方法为:

$$t_{溢出时间} = \frac{12 \times 32\,768 \times 2^{(\text{WDT\_PS}[2:0]+1)}}{f_{\text{SYSCLK}}} \tag{19.1}$$

举个例子,假设我的单片机系统时钟频率是12MHz,程序中将分频系数 WDT_PS[2:0] 配置为"011"(分频系数配置值转换过来就是十进制的3,对应的分频数就是16),那此时看门狗溢出时间的最大值就是:

$$t_{溢出时间} = \frac{12 \times 32\,768 \times 2^{(3+1)}}{12\,000\,000} = \frac{6\,291\,456}{12\,000\,000} = 0.524\,288\text{s}$$

需要说明的是,系统时钟 f_{SYSCLK} 的实际频率往往存在误差(如果系统时钟源选用了单片机片内高速 RC 时钟单元,那误差就会更大一些),所以看门狗实际的溢出时间和我们计算出来的时间不可能完全吻合,我们只需要知道一个大概的时间上限就可以了。

在 STC-ISP 软件中有两个关于"看门狗复位"的功能选项,第一个选项如图 19.6(a)箭头处所示。勾选该项后就使能了看门狗计数功能,看门狗定时器的分频系数可在箭头旁边的下拉列表中进行选择,该选项默认不勾选(即禁止看门狗,该选项对应 EN_WDT 功能位)。

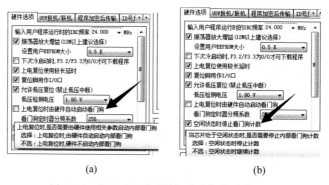

(a)   (b)

图 19.6   STC-ISP 启用/停止看门狗功能选项

第二个选项如图 19.6(b)箭头处所示,该选项默认是打钩的,也就是说,当单片机进入 IDLE 模式(待机模式)时,看门狗定时器将停止计数(该选项对应 IDL_WDT 功能位)。当然,如果我们的程序对 WDT_CONTR 寄存器中的 EN_WDT 功能位和 IDL_WDT 功能位进行过配置,那 STC-ISP 软件上的配置就"不算数"了,这时候就得"听"程序的具体操作了。

学习完理论知识就开始动手实践吧!在编程之前需要构思实验功能,如何才能验证看门狗的溢出复位呢?我想到了用 I/O 引脚输出电平的方法做对比观察,实验电路如图 19.7 所示。电路中的单片机 U1 分配出两个 I/O 引脚(P1.0 和 P1.1)分别对 LED 指示电路进行控制(D1 和 D2),随后将其连接到逻辑分析仪的两个通道便于观察电平变化。

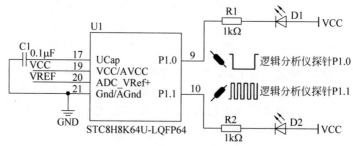

图 19.7   验证看门狗溢出复位实验电路图

　　单片机上电运行后先要初始化看门狗功能(配置时钟分频系数且使能看门狗计数)，然后让 P1.0 和 P1.1 输出高电平(D1 和 D2 都会熄灭)，随后进入一个 while(1)死循环，在循环内让 P1.0 引脚输出低电平(D1 会常亮)，如果系统没有复位则 P1.0 引脚恒为低电平，若该引脚的电平产生跳变则表示单片机被复位了。

　　循环内还要让 P1.1 引脚做取反操作使 D2 闪烁起来，这个闪烁的时间间隔就是验证看门狗溢出的"重点"了。闪烁的时间间隔要用 delay()函数去控制，但是我们给 delay()函数送入的实参不是一个定值，而是一个在不断自增的变量，也就是说，每一次的闪烁间隔都在"变长"。在每一次执行闪烁的过程中都要"喂狗"(即对 CLR_WDT 位进行写 1 操作)，随着延时时间的慢慢变长，"喂狗"的间隔也在变长，这个间隔一旦超过看门狗溢出时间上限(也就是"喂狗"不及时)，看门狗就会强制性地让单片机复位，这时候只需要在逻辑分析仪上对比两个引脚的波形就能看到复位的过程。

　　理清思路后利用 C51 语言编写的具体程序实现如下。

```c
//芯片型号: STC8H8K64U(程序微调后可移植至 STC8A/F/C/G/H 系列单片机)
//时钟说明: 单片机片内高速 24MHz 时钟
/* ************************************************************ */
#include "STC8H.h"                   //主控芯片的头文件
/* ********************* 常用数据类型定义 ********************* */
【略】为节省篇幅，相似定义参见相关章节或源码工程即可
/* ******************** 端口/引脚定义区域 ******************** */
sbit LED1 = P1^0;                     //定义 D1 灯引脚
sbit LED2 = P1^1;                     //定义 D2 灯引脚
/* ********************* 函数声明区域 ********************* */
void delay(u16 Count);                //延时函数
void WDT_init(void);                  //看门狗初始化函数
/* ********************* 主函数区域 ********************* */
void main(void)
{
    u16 time = 0;                     //定义循环控制变量 time
    //配置 P1.0-1 为推挽输出模式
    P1M0| = 0x03;                     //配置 P1M0.0-1 = 1
    P1M1& = 0xFC;                     //配置 P1M1.0-1 = 0
    delay(5);                         //等待 I/O 模式配置稳定
    LED1 = 1;                         //P1.0 引脚输出高电平(D1 熄灭)
    LED2 = 1;                         //P1.1 引脚输出高电平(D2 熄灭)
    WDT_init();                       //初始化看门狗功能
    while(1)
    {
        LED1 = 0;                     //P1.0 引脚输出低电平(D1 点亮)
        ++time;                       //先自增 time,每次自增后导致延时时间也变长
        delay(time);                  //送入实参 time 至 delay()函数执行延时
        WDT_CONTR| = 0x10;            //执行完成 delay()函数后"喂狗"
        LED2 = !LED2;                 //喂狗完毕 P1.1 引脚状态取反(D2 闪烁)
    }
}
/* ************************************************************ */
//看门狗初始化函数 WDT_init(),无形参,无返回值
/* ************************************************************ */
void WDT_init(void)
{
    WDT_CONTR& = 0xF8;                //清零 WDT_PS[2:0]分频数,默认 2 分频
    //WDT_CONTR| = 0x01;              //分频数为 4
    //WDT_CONTR| = 0x02;              //分频数为 8
    //WDT_CONTR| = 0x03;              //分频数为 16
    //WDT_CONTR| = 0x04;              //分频数为 32
```

```
    //WDT_CONTR| = 0x05;          //分频数为64
    //WDT_CONTR| = 0x06;          //分频数为128
    //WDT_CONTR| = 0x07;          //分频数为256
    WDT_CONTR| = 0x20;           //使能看门狗
}
/********************************************************/
```
【略】为节省篇幅,相似函数参见相关章节源码即可
void delay(u16 Count){}   //延时函数

将程序下载到目标单片机中并运行,我们观察到 D1 产生了闪烁,D2 的亮度发生了变化(往复产生从暗到亮的过程),这样看的话没有办法分析出两个引脚的实际变化(肉眼看不到跳变过程),所以打开了逻辑分析仪的上位机进行电平采集,最终得到了如图 19.8 所示波形。

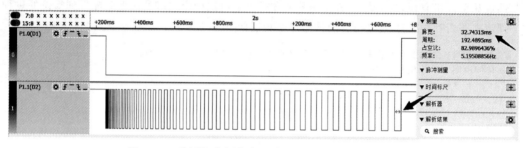

图 19.8　看门狗分频数为 2 时的溢出时间和实验波形

逻辑分析仪的通道 0 就是 P1.0 引脚的状态(图中上半部分),通道 1 就是 P1.1 引脚的状态(图中下半部分)。分析 P1.0 波形可知,上电后该引脚为高电平,随后很长一段时间内都是低电平,最后突然发生了跳变又成了高电平,这就说明单片机产生了复位。

P1.1 的波形很有意思,开始的时候比较"密集",后来慢慢变得"稀疏",这是因为闪烁的间隔时间在"变长"。最后一次闪烁的时间长度是 32.743 15ms(图中箭头处实测的脉宽值),这个时间有什么含义呢? 让我们稍加计算。我们设定的单片机系统时钟频率 f_{SYSCLK} 是 24MHz,分频系数 WDT_PS[2:0]是"000"(也就是十进制的 0,对应表 19.3 中的分频数就是 2),那根据式(19.1)的计算方法,此时看门狗的溢出时间应该是:

$$t_{\text{溢出时间}} = \frac{12 \times 32\,768 \times 2^{(0+1)}}{24\,000\,000} = \frac{786\,432}{24\,000\,000} = 32.768\text{ms}$$

看到这个计算结果后,我们才"恍然大悟"。最后一次闪烁时间已经非常接近我们的计算值了,也就是说,这个时间再"变长"一点儿就会超过看门狗的溢出时间上限,这样一来就会导致"喂狗"不及时。果不其然,单片机在最后一次闪烁之后被看门狗强制复位了。

打铁要趁热,我们稍微修改下 WDT_init()函数中的语句,去掉"WDT_CONTR|＝0x01;"语句前面的注释符号,则看门狗的分频系数就变成了 4。重新编译程序并下载到目标单片机中运行,采集得到的电平波形如图 19.9 所示。

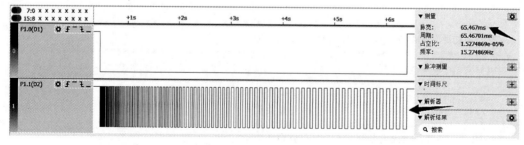

图 19.9　看门狗分频数为 4 时的溢出时间和实验波形

观察可知，P1.1 引脚的波形较之前波形更为"密集"，这是因为闪烁的次数变多了，我们把时间轴进行"挤压"后看起来就比较密集，最后一次闪烁的时间长度是 65.467ms（图中箭头处实测的脉宽值），这个值是不是也接近当前配置下的看门狗溢出时间呢？让我们稍加计算。已知单片机系统时钟频率 f_{SYSCLK} 是 24MHz，分频系数 WDT_PS[2:0] 是"001"（也就是十进制的 1，对应表 19.3 中的分频数就是 4），那根据式（19.1）的计算方法，此时看门狗的溢出时间应该是：

$$t_{溢出时间} = \frac{12 \times 32\,768 \times 2^{(1+1)}}{24\,000\,000} = \frac{1\,572\,864}{24\,000\,000} = 65.536\,\text{ms}$$

通过计算印证了我们的猜想。至此，STC8H 系列单片机的看门狗含义、寄存器配置、溢出时间计算、程序验证过程就讲解完毕了。这些内容很简单，不得不说，STC8 系列单片机的看门狗挺好用的，我们以后可能还会接触一些其他的单片机（如 STM8 系列、STM32 系列或者其他），这些单片机中的看门狗结构、种类、计算和配置可能更复杂，当然功能也会更强大，所以朋友们要基于所学慢慢扩展知识面，不管是什么"狗"，"套路"都是一样的。

19.6 灵活的 SWR 方式"软件复位"

在单片机的应用场景中有时需要程序"自己"触发单片机的复位，比如当某个引脚或某几个引脚同时出现低电平时，那就让用户程序重头执行一次。又如单片机接收到了远程控制命令，需要"自己复位自己"以配合串口下载和程序更新等。在这种需求下，就要用到"软件复位"方式，也就是"Software Reset"即 SWR 方式。

STC8H 系列单片机就支持软件复位，使用非常灵活。但是软件复位方式和之前学习的硬件复位方式有点儿区别，在软件复位方式下，与时钟相关的寄存器不会被重置（也就是说，复位之后，时钟源的选择和相关配置不会变化），剩下的寄存器才会被初始重置，这一点需要朋友们稍加注意。

在 STC8H 系列单片机中，与"软件复位"功能有关的功能位有两个，它们都在 IAP 控制寄存器 IAP_CONTR 之中，该寄存器的相关位定义及功能说明如表 19.4 所示（由于本节只涉及软件复位功能，所以只介绍 SWBS 和 SWRST 功能位的配置即可）。

表 19.4　STC8H 系列单片机 IAP 控制寄存器

IAP 控制寄存器（IAP_CONTR）							地址值：$(0xC7)_H$
位　数	位 7	位 6	位 5	位 4	位 3	位 2	位 1	位 0
位名称	**IAPEN**	**SWBS**	**SWRST**	**CMD_FAIL**	—	—	—	—
复位值	0	0	0	0	x	0	0	0
位　名	位含义及参数说明							
SWBS 位 6	软件复位启动选择							
	该位的配置需要与本寄存器中的 SWRST 位搭配使用							
	0	软件复位后从用户代码区启动程序，用户数据区的数据保持不变						
	1	软件复位后从系统 ISP 监控代码区启动程序，用户数据区的数据会被初始化						
SWRST 位 5	软件复位触发位							
	该位用于触发软件复位动作，复位后程序的启动区域选择由本寄存器中的 SWBS 位来决定							
	0	无动作						
	1	产生软件复位动作						

若用户想让单片机产生"单纯"的软件复位，只是让程序重头执行一遍，那可以用 C51 语言编写语句：

```
IAP_CONTR| = 0x20;                          //产生软件复位从用户代码区域运行
```

若用户让单片机产生软件复位的目的是用来做程序下载和更新的(也就是说,复位之后,单片机串口就会接收到相应的下载数据流,单片机内置的 ISP 代码会引导数据流更新片内程序),那就用 C51 语言编写语句:

```
IAP_CONTR| = 0x60;                          //产生软件复位从 ISP 监控代码区域运行
```

这里的"ISP 监控代码"用于引导串口方式下的程序烧录过程,在 STC 全系列单片机出厂时,这段特殊的代码就已经"固化"在单片机中了,在 3.3.1 节就曾简单地了解过。

终于又到了实践环节,我们也和之前一样用一些 I/O 引脚去验证实验效果。为了匹配 STC 官方的选定(其中涉及 P3.2 和 P3.3 引脚在 STC-ISP 软件中的"特殊"配置,此处也选择这两个引脚来做实验,朋友们暂且收起"好奇心",先跟随陈小宇老师往下学习),我们把基础项目 B 中(见图 19.7)的电路进行了"引脚变更",修改后的电路如图 19.10 所示。

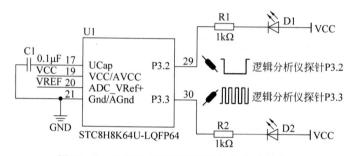

图 19.10　验证软件复位及下载约束实验电路图

实验电路比较简单,我们把工作重心放在程序设计上。在程序的编写上需要实现两个功能,第一个是验证"IAP_CONTR|＝0x20;"这样的语句能不能让单片机产生复位动作? 第二个是思考如何用程序实现相关"约束"去控制程序的下载动作? 这其中就包含软件复位的控制过程。

先来说说第一个功能,在验证过程中可以编写一个函数,如 SWR_FUN1()。这个函数先让P3.2 和 P3.3 引脚输出低电平,然后延时等待一会儿,此时电路中的 D1 和 D2 就应该亮起,随后让两个引脚输出高电平,此时 D1 和 D2 就应该熄灭,最后再执行"IAP_CONTR|＝0x20;"语句即可。我们把这些功能语句全部都封装在 SWR_FUN1()函数中,让 main()函数调用一次该函数(不是放在 while(1)结构之中,即 SWR_FUN1()函数只会执行一次),然后观察实验效果。若"IAP_CONTR|＝0x20;"语句不能让单片机复位,则 P3.2 和 P3.3 上的 LED 点亮后就熄灭,从此不再亮起,反之 D1 和 D2 会发生周期性闪烁(说明每一次语句的执行都让单片机产生了复位)。

接着看看第二个功能,我们也可以为其编写一个函数,如 SWR_FUN2()。这个函数里面就是一个 if 结构,P3.2 和 P3.3 引脚必须同时出现低电平,才能执行"IAP_CONTR|＝0x60;"语句。换句话说,此时 P3.2 和 P3.3 引脚的电平状态就成了程序下载行为的"约束"条件,若两个引脚都是低电平,则单片机就能正常复位并执行片内"固化"好的 ISP 监控代码,程序才能下载进去,反之单片机无法复位,程序将不能通过 ISP 方式下载到单片机中。

理清思路后利用 C51 语言编写的具体程序实现如下。

```
//芯片型号：STC8H8K64U(程序微调后可移植至 STC8A/F/C/G/H 系列单片机)
//时钟说明：单片机片内高速 24MHz 时钟
/******************************************************************************/
#include "STC8H.h"                          //主控芯片的头文件
/************************* 常用数据类型定义 *************************/
【略】为节省篇幅,相似定义参见相关章节或源码工程即可
```

```
/*************************** 端口/引脚定义区域 ************************/
sbit Test1 = P3^2;                    //定义控制引脚 1
sbit Test2 = P3^3;                    //定义控制引脚 2
/*************************** 函数声明区域 ***************************/
void delay(u16 Count);                //延时函数
void SWR_FUN1(void);                   //软件复位功能 1 函数
void SWR_FUN2(void);                   //软件复位功能 2 函数
/*************************** 主函数区域 ****************************/
void main(void)
{
    //配置 P3.2-3 为准双向/弱上拉模式
    P3M0& = 0xF3;                     //配置 P3M0.2-3 = 0
    P3M1& = 0xF3;                     //配置 P3M1.2-3 = 0
    delay(5);                         //等待 I/O 模式配置稳定
    SWR_FUN1();                       //软件复位让用户程序重新执行
    while(1)
    {
        //SWR_FUN2();                 //验证下载约束条件
    }
}
/**********************************************************************/
//软件复位功能 1 函数 SWR_FUN1(void),无形参,无返回值
/**********************************************************************/
void SWR_FUN1(void)
{
    Test1 = 0;Test2 = 0;delay(100);   //P3.2 和 P3.3 为低电平
    Test1 = 1;Test2 = 1;delay(100);   //P3.2 和 P3.3 为高电平
    IAP_CONTR| = 0x20;                //软件复位单片机到用户代码区域(重新运行)
}
/**********************************************************************/
//软件复位功能 2 函数 SWR_FUN2(void),无形参,无返回值
/**********************************************************************/
void SWR_FUN2(void)
{
    if(!Test1&&!Test2)                //若 P3.2 和 P3.3 同时为低电平
    {
        IAP_CONTR| = 0x60;            //软件复位单片机到 ISP 监控代码区域(进行下载)
    }
}
/**********************************************************************/
```
【略】为节省篇幅,相似函数参见相关章节源码即可
```
void delay(u16 Count){}               //延时函数
```

在程序的 main()函数中,先调用 SWR_FUN1()函数,把 while(1)结构中的 SWR_FUN2()函数进行注释。将修改好的程序编译后下载到目标单片机中,我们发现 D1 和 D2 发生了周期性闪烁,实现现象证明了"IAP_CONTR|＝0x20;"语句确实能让单片机产生复位。为了保证实验的严谨,我们又把 SWR_FUN1()函数中的"IAP_CONTR|＝0x20;"语句进行单行注释,将工程重新编译后再一次下载到目标单片机中,此时 D1 和 D2 不再闪烁,P3.2 和 P3.3 引脚一直输出高电平,至此说明我们的设想是正确的。

我们继续修改程序,在 main()函数中直接注释掉 SWR_FUN1()函数的调用语句,然后启用 while(1)结构中的 SWR_FUN2()函数调用语句。将修改好的程序编译后下载到目标单片机中,此时把 P3.2 和 P3.3 引脚都连接到单片机的电源正极上,打开 STC-ISP 软件,单击"下载/编程"按钮后程序无法下载到单片机中(注意:此实验无须冷启动)。此时又把 P3.2 和 P3.3 引脚都连接到单片机的电源地上,STC-ISP 下载恢复正常。这样一来,我们就见证了下载"约束"的效果。

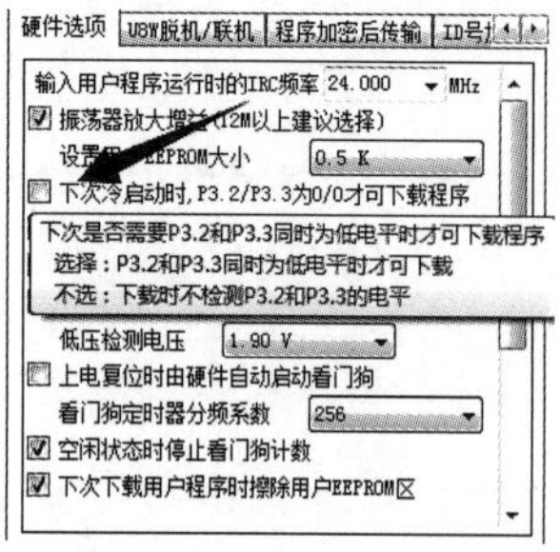

图 19.11　STC-ISP 下载动作
"约束"条件选项

其实在 STC-ISP 软件中也有一个下载动作的"约束"条件,该选项如图 19.11 箭头处所示。默认情况下该选项是不勾选的,若用户在下载程序时勾选了此项,则下一次程序下载时就必须要先把 P3.2 和 P3.3 引脚都接地才能正常下载。不少朋友误操作勾选了此项,导致程序无法正常下载,其实也不用着急,只需要在下载前将相关的"约束"引脚接地处理就行了。这种"约束"适用于一些特殊的场景,所以该选项一般都不用勾选。当然,我们也不一定非要用 P3.2 和 P3.3 引脚来约束程序下载,"约束"引脚完全可以自己定,在程序中进行修改即可。

说到这里,STC8H 系列单片机的四种硬件复位方式和一种软件复位方式就介绍完毕了。这些复位方式各有特点和适用,大家要认真学习才行。其实复位源的形式有很多,我们学习的这些方式并非 STC 系列单片机独有,这些内容更像是单片机学习中的"共性"知识点。我们也可以自己"动脑筋",用软件的办法、硬件的办法或者软硬结合的办法自己"创造"出新型的复位形式。

举个例子,假设小宇老师选用的 STC8 单片机片内 ROM 区域一共是 64KB 大小,但是我的程序只用了 50KB,那剩下的程序存储器区域就是"闲置"的,完全可以在这些区域内"做文章"。我们在这些区域里加上"跳转"指令(如汇编语言中的 LJMP 指令),只要程序指针 PC 指向了这些区域(即发生了程序"跑飞"事件),就让 PC 重新指向 0000H 地址(也就是复位后 PC 指针的初始化地址),那单片机就相当于复位了。小宇老师说的这种方法就是一种简单的软件陷阱技术应用。当然,单片机的运行并不是改变 PC 指针的指向那么简单,还要涉及中断机制、各类片上资源的配置、状态量和中间量的暂存等,工程中的软件陷阱应用要考虑很多问题才行,这部分的内容可由朋友们自行拓展和提高。

再举个例子,我们可以在单片机的某个引脚外部做一个"特殊"电路,只要这个引脚输出一个电平变化,该电路就会产生一定时长的高电平或者低电平去反向控制 RST 复位引脚,最终导致单片机复位。这种方法就属于软硬件联合的复位形式,这个"特殊"的电路可以用分立器件去做(比如三极管加上阻容器件搭建出积分器或者微分器电路),也可以借助一些专用的芯片去做(例如 MAX812 系列微处理器电压监视器芯片,这种芯片就支持手动复位和外部信号输入,稍加改动就能做成很多有意思的复位控制电路),这些内容也交给朋友们自行"折腾"。

第20章

"摇身一变睡美人"电源管理及功耗控制

章节导读:

本章将详细介绍 STC8 系列单片机电源管理及功耗控制的相关知识和应用,共分为 5 节。20.1 节要让朋友们知道单片机的各种运行状态及特性,了解其切换过程;20.2 节以机器人瓦力的"生命"这一故事引入系统功耗问题,让大家思考功耗控制的意义;20.3 节以 STC8H 系列单片机运行功耗为例,说明了单片机功耗特征和控制方法;20.4 节结合笔者经验,从硬件体系、软件体系这两方面提出常规的功耗调整和优化方案;20.5 节切入正题,对 STC8 系列单片机的省电模式配置和唤醒方法展开讲解。本章内容是电子产品设计中必须要考虑的问题,望读者朋友们在实践中多累积电源管理及功耗控制的经验。

20.1 单片机工作状态及迁移过程

又到了新的一章,小宇老师祝朋友们开篇快乐!这一章我们来学习单片机的工作状态、迁移过程、电源管理及功耗控制。回想我们平时做单片机实验时,单片机核心的状态就只有三个,板子没供电的时候单片机不工作,我们将其称为"无电状态"。若给板子上电,则单片机会经历上电复位过程,我们将其称为"复位状态",等待复位过程完成之后,单片机就开始正常工作了,我们将其称为"正常状态"。那也就是说,在整个实验过程中无非就是这三种状态来回切换,这样看来所谓的"状态及迁移"貌似也没啥讲解的必要啊!

其实不然,很多单片机产品的工作态不止这三种,就拿我们学习的 STC8 系列单片机来说,其使用过程中的状态就有五种之多,为了方便朋友们理解,小宇老师将状态内容及迁移关系作图如图 20.1 所示。朋友们能否先不看讲解,自己跟着线路箭头解释一遍图中内容呢?

接下来小宇老师和朋友们一起分析该图,看看我们能发现些什么。

我们发现图中的"状态"采用不同的形状去表达。"无电稳态"是圆角矩形,这是因为从严格意义上说,这个状态不算是单片机的工作状态。剩下的几种状态属于工作状态,所以都用圆形去表达。在这些圆形中唯一一个"同心圆"就是"复位暂态",这是因为该状态最为特殊,其产生的过程是短暂的,且不能一直维持,所以我们将其定义为"暂态",那些可以自维持的状态则称为"稳态"。看到这里,有朋友就要为复位暂态"打抱不平"了,谁说复位状态是短暂的?我要是用手一直按住复位键或者干脆把复位引脚接到复位信号上,那单片机就可以长期处于复位状态了!话是不错,但正常的应用中不存在这样的操作,因为在复位暂态下单片机什么事情都不能做。

我们还发现图中状态的迁移比较简单。单片机从"无电稳态"开始只有一个箭头能到"复位暂

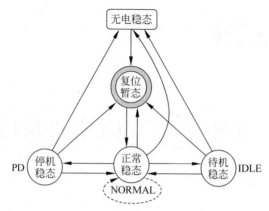

图 20.1　STC8 系列单片机运行状态与迁移图示

态"，这说明上电复位过程是单片机必须经历的。复位过程之后首先到达"正常稳态"并自行维持（也就是 NORMAL 状态），除非出现复位动作才会回归到"复位暂态"。在"正常稳态"的圆圈上有个虚线回环，这个虚线代表了 STC8 系列单片机的软件复位方式，也就是程序自己让自己产生复位的过程。正常稳态下通过对电源控制寄存器 PCON 的相关配置可以切换为"停机稳态"（也就是PD 状态）或"待机稳态"（也就是 IDLE 状态）（这些内容将在本章后续小节中进行学习，此处先做了解，暂不展开），这两种特定状态就像是让单片机进入了"深度睡眠"和"浅表睡眠"，我们也能通过"唤醒"机制让这两种状态重新回到"正常稳态"。

　　当然，正常、停机和待机这三种稳态下都可以通过复位操作切换到"复位暂态"（通常是给 RST引脚加一个复位信号），也能通过断电操作直接变成"无电稳态"。

　　通过对图 20.1 的分析，我们大致了解了 STC8 系列单片机的各种工作状态及迁移过程，随着知识的更新，我们又产生了新的疑惑，这个"深度睡眠"和"浅表睡眠"难道是让单片机停止运行？我也学过单片机，我压根就没用过掉电和待机模式啊！为什么要这样做呢？其实很好理解，这两种特殊的运行模式是为了降低单片机自身的运行功耗而设计的。

　　举个例子，我们天天在用的智能手机就有完备的电源管理机制。当手机电量充足时，手机的CPU 和相关外围单元都工作在"高性能"模式下，目的是为了带给用户更好的体验、更快的速度和更高的性能。随着手机的持续运行，电池的电量会慢慢下降，手机中的电源管理单元会去"感知"电池的状态，这时候手机会提示用户是否开启"节电模式"，用户同意之后，手机将通过降低屏幕亮度、关闭蓝牙和部分射频单元、调小手机音量、清除后台应用程序、降低 CPU 工作频率、间歇式唤醒部分外设等方法让手机尽可能地再"撑"一段时间。在这样的应用场景中，我们就能感受到电源管理及模式切换的必要性了。

20.2　为什么要注重单片机系统功耗

　　小宇老师记得在 2008 年的时候看过一部电影，中文名称是《机器人总动员》，故事讲述了地球上的清扫型机器人"瓦力"偶遇并爱上了机器人"伊娃"后，追随她进入太空历险的一系列故事。电影里有好多的情节打动了我，其中有个情节是瓦力每天定时起床到太阳下充电，然后开工，到垃圾场把垃圾放进"肚子"里，然后一使劲儿把垃圾压成方块再"吐"出来，最后再把这些方块都摞在一起。晚上按时下班回家，准时休眠等待第二天起床继续工作。看完电影后，我深深地爱上了这个可爱的机器人"瓦力"，也对故事里的诸多情节产生了一些感悟。

　　我在想，在"瓦力"的身体里一定会有一个蓄电单元，也一定会有电池的耗电时间，所以电量能维持多久就代表瓦力能"活"多久。晚上瓦力为什么不工作呢？因为夜晚没有阳光,就不能充电,这时的"瓦力"就必须休眠,等待第二天的阳光赐予瓦力"生命"。这个故事让我们深深地感悟到,电能对于电子产品来说就是"生命",如图20.2所示,可爱的"瓦力"若一直有电,就能一直"活"下去。

现代的电子产品中集成了各类IC和外围电路,制造商根据市场需求研发出了各种电子产品以实现不同功能。在这些电子产品中,单片机微处理器的身影随处可见,单片机应用已经走进了各式各样的领域,在这些领域中不乏电池供电的设备、小型便捷移动设备或穿戴设备等。对于这类设备而言,单片机的选型、外设资源的设计、电能功耗的控制显得尤为重要。

图20.2 电能就是机器人"瓦力"的"生命"

就拿智能手机来说,手机中的操作系统、CPU、各种App应用程序、手机的大屏幕都是"耗电大户"。所以现在的智能手机几乎都是一天一充,如果通话次数较多,再看看电影、听听歌、玩玩手机游戏,那电池电量可能在几个小时内就能消耗殆尽。这不是我们所希望的,我们希望手机运行速度快、耗电少、使用时间长。这么看来,功耗问题就是瓶颈了,要采用低功耗CPU、优化操作系统、降低屏幕亮度或优化制作工艺去实现系统节能。

又比如一些小型的无线终端、探测设备、小型传感器单元等,这些小模块的内部也有电池,这类设备的安装位置可能在野外或不具备电网连接的场合,对于这类产品而言,一旦投放运行就不可能重新更换电池了,说白了就是"一次性"设备,电池耗电时长也就是"生命周期"。

由此可见,降低电子产品系统功耗显得十分必要,通过优化产品设计达到便携、低功耗和高可靠性。而在其中的单片机选型环节就显得更加重要,单片机低功耗设计并不仅仅是为了省电,同时也降低了电源模块和散热模块的成本,使产品小型化,有效地延长了电池的工作时间,减少了电磁辐射和热噪声,随着设备耗能产热的降低,设备的寿命也可以得到延长。

20.3 STC8H 系列单片机功耗指标及调控优势

说了这么多,那我们的STC8系列单片机运行功耗如何呢？小宇老师给朋友们看点儿"真货",有数据才有真相！表20.1给出了STC8H系列单片机在25℃且5V供电条件下在掉电模式(也可称为"停机模式、停电模式、时钟停振模式")、待机模式(也可称为"空闲模式")和正常模式的功耗范围。请朋友们稍加分析,看看能不能从表格的参数和功耗电流上看出点儿"门道"？

表 20.1　STC8H 系列单片机各模式下的功耗对比

类型	标号	参　　数	参数值范围			
			最小	典型	最大	单位
掉电模式	I_{PD}	掉电模式电流	—	0.6	—	μA
	I_{PD2}	掉电电流(使能电压比较器)	—	460	—	μA
	I_{PD3}	掉电电流(使能低压检测)	—	520	—	μA
	I_{WKT}	掉电唤醒定时器	—	4.4	—	μA
	I_{LVD}	低压检测模块	—	30	—	μA
	I_{CMP}	电压比较器	—	90	—	μA
待机模式	I_{IDL}	待机模式电流(片内32kHz)	—	0.58	—	mA
		待机模式电流(6MHz)	—	0.98	—	mA
		待机模式电流(12MHz)	—	1.10	—	mA
		待机模式电流(24MHz)	—	1.25	—	mA

续表

类型	标号	参 数	参数值范围			
			最小	典型	最大	单位
正常模式	I_{NOR}	正常模式电流(片内 32kHz)	—	0.58	—	mA
		正常模式电流(6MHz)	—	1.59	—	mA
		正常模式电流(12MHz)	—	2.19	—	mA
		正常模式电流(24MHz)	—	3.27	—	mA

分析表 20.1,容易看出各模式在不同条件下的差异,从中可以"提炼"出两个重要发现。

发现 1:模式选择直接影响了功耗等级。在同等频率值参数下,单片机正常运行模式时的功耗普遍要比待机模式大,在这 3 种常见的工作状态中,掉电模式算是"最省电"的。

发现 2:时钟频率越高功耗越大。以表格中的"正常模式电流"和"待机模式电流"做观察,在同一种模式下时钟频率越高则功耗就越大。

这两个发现较为简单,在 STC8 系列单片机的实际使用中,我们还发现了几点。例如,不同的片上资源对电流的消耗是不一样的(掉电唤醒定时器和低压检测模块耗电量就很小,但是 A/D 转换和 T/C 资源都是"耗电大户")。又如,供电电压也会影响运行功耗(供电电压取 5.0V 的时候要比供电电压取 3.3V 时的功耗更高)。再如,代码执行位置也会影响运行功耗(代码从 RAM 中执行时的电流在其他条件参数一致的情况下要比代码从 Flash 中执行时的电流小,说明 RAM 存取速度快,执行效率高)。

综上数据分析和数据比对,我们就能初步了解影响单片机运行功耗的因素,在实际的单片机系统构建时可以合理降低供电电压,选择低电压供电的外围芯片和电路。合理处理变量和数据类型,优化程序结构和编译器优化等级,合理分配程序代码存储位置。按照实际需求选择时钟源并配置时钟频率。

如果在工作中需要构建低功耗的单片机系统,必须选择支持功耗调整的单片机核心,核心功耗调节的灵活度就决定了开发的难易程度。本书所涉及的 STC8 系列单片机芯片也支持简单的功耗调整,具备一些常规的功耗控制方法。

首先,STC8 单片机支持宽泛的供电电压,以 STC8H 系列单片机为例,其供电电压支持 1.9~5.5V,其中就包含常见的 3.3V 和 5.0V 的供电电压标准。同等条件下,选取 3.3V 电压供电时的功耗比 5.0V 略有下降。

然后,STC8 单片机具备灵活的模拟配置功能,如 I/O 引脚可以配置为输入模式或者输出模式,每种模式下的电气特性皆不相同,针对具体的需求,用户可以自行选择,对于闲置未启用的 I/O 引脚也可以配置相应的模式来降低功耗(例如高阻输入模式)。

最后,STC8 单片机支持电源管理,我们可以将单片机配置为运行模式、待机模式或掉电模式等,灵活多变的运作模式为单片机的功耗调整提供了支持。

20.4　如何降低单片机系统功耗

体会到了单片机系统功耗的重要性后,我们就需要对系统进行优化,降低其运行功耗。要想对系统进行优化,首先要抓住"罪魁祸首",分析功耗控制突破点,按照实际需求自定义功耗控制策略,分对象进行功耗控制。

那么在常规单片机系统中的"耗电大户"是哪一些呢?这就需要从系统组成上进行排查。在核心控制部分,首先想到的就是单片机微处理器本身的功耗,还有在系统中的软硬件外设资源,简单归纳可以分为硬件和软件这两个对象。

20.4.1 功耗控制之硬件调整

在单片机硬件系统中存在非常多的电能消耗,如图20.3所示,在硬件系统中可以通过优化电路设计、优化电源供电、调节单片机时钟频率、选择单片机或者外围的工作电压、管理单片机片上资源、自定义电源管理方案、管理模拟或者数字外设、配置I/O引脚模式、合理进行功能分析和单片机处理器选型等手段实现硬件系统的功耗调整。

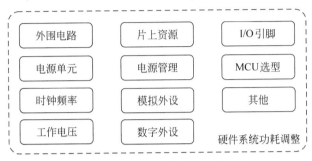

图20.3 单片机硬件系统功耗调整

对单片机硬件系统进行分析,我们发现硬件系统非常庞大,如图20.3所示的功耗调整项也只是常见的一些较为基础的调整项,读者朋友可以结合实际系统进行功耗分析。下面,小宇老师就结合自己在单片机系统开发过程中遇到的硬件系统功耗问题列举以下几方面进行简要分析。

(1) **电源单元的低功耗设计**:电源是单片机系统中必不可少的重要核心,电源的效率和质量直接关系到单片机系统的功耗和稳定性。在电源设计中应该合理分析系统的用电需求,选取效率高、发热损耗低、纹波参数合理、电源性能满足的供电单元。不用追求电源的个别性能,必须按照需求合理规划,合理使用稳压电路、变换电路综合提升电源性能并降低损耗。

(2) **功能外设的低功耗设计**:功能外设是单片机系统构成的主体,外设电路中常常包含数字单元、模拟单元,通过搭配和设计实现译码、编码、存储、通信、传输、变换、调制、解调、放大和滤波等功能。在外设电路中应该尽量选择低功耗的集成化电路或者器件,合理设计供电路、散热单元。对于数字芯片应合理控制片选引脚,合理配置和使用芯片端口,注重拉电流、灌电流影响。对于模拟芯片应尽量选择单电源供电,降低电源设计的复杂度,选用效率高、供电电压相对较低的器件,仔细查找并分析耗电较多的电路单元予以改进。

(3) **注重电路设计上的小细节**:例如,上/下拉电阻应当慎用,确实需要的情况下才使用,并且应该合理选择阻值,以免造成不必要的电源消耗。暂未使用的I/O端口需要合理配置,不能随意连接到VCC或者GND,端口的模式也需要根据实际需求进行配置。还有一些常见的指示灯电路、蜂鸣器驱动电路、继电器驱动电路、液晶屏背光控制电路等都可以"动脑筋"让其正常发挥作用的同时消耗最小的电能。

(4) **合理选型单片机核心**:选择一款适用的单片机就可以让低功耗系统构建变得简单。在系统构建时并不是一味地追求性能最好、资源最丰富、CPU位数最高的单片机型号,而是应该选择最合适的单片机型号,因为随着单片机晶圆制作复杂度的提升,单片机芯片的静态功耗(如芯片漏电流)参数也会增加。观察低功耗系统中的单片机芯片,都具备一些共同的特点,例如,支持宽电源电压范围、具备多种时钟源、时钟源参数可配置、片上资源可选择、具备多种电源管理模式、支持唤醒或休眠、端口模式可自定义配置等。

20.4.2　功耗控制之软件优化

在单片机系统中有一部分功耗是"间接"导致的,为啥这么说呢?这是因为不合理的控制逻辑或低效率的程序导致的,这就需要我们对单片机的软件系统进行优化。如图20.4所示,在软件系统中可以通过编译器优化程序代码、用软件替代部分简单功能的硬件、合理调配运算速度和时长、采用"中断法"替代"轮询法"、减少复杂运算、优化编程思路、优化通信协议或参数、合理使用电源管理模式、合理配置 A/D 采样速度等手段实现软件系统的功耗优化。

图 20.4　单片机软件系统功耗优化

对单片机软件系统进行分析,我们发现软件系统和硬件系统不一样,软件是在硬件的层次之上,软件程序的效率和策略对功耗影响非常大。所以要求编程人员站在系统和资源的角度去思考,不能只注重功能的实现。下面,小宇老师也结合自己的感悟列举以下几方面进行分析。

(1) **注重程序的结构优化和编译优化**:部分单片机程序员认为只要程序能运行,在板子上能有现象就可以了,不需要刻意进行优化,其实不然。程序的正常运行,只是最基本的要求。更多的还要考虑程序的性能、运行效率、健壮性、组织结构、实时性、复杂度和重用性等。所以要求单片机程序员们在程序编写中选用合适的算法和数据结构、优化程序控制逻辑、注重程序的时间/空间复杂度、选择合适的编程语言和开发环境等,这也是提高程序综合性能的主要方法。

朋友们写的源码最终都要转换为单片机能"读懂"的机器代码,这个过程中编译器的优化十分关键。编译器会对源代码进行优化,以提高程序的质量。例如,Keil C51 开发环境中的编译器就支持软件开发人员自行调整编译器优化等级,一般情况下,随着编译器优化等级的升高,对源程序编译所得到的文件质量就越好。但是话又说回来,世上没有万能的东西,编译器也一样。对于给定的代码,编译器也不能保证得到最好的性能,它也有局限性,所以才需要程序员写出让编译器易于理解和优化的代码。

注重程序结构和编译优化才能使程序更为简洁、高效,指令执行更快,存储器的存取时间更短,单片机的运行功耗更低。

(2) **尝试将功能简单的硬件单元"软件化"**:也就是说,用程序代替简单的硬件单元。在我们的单片机系统中经常有编码、译码、滤波等电路单元,其中不少电路是由硬件搭建的,这样一来功耗就比较大。这时候可以尝试软件方法,例如,去掉编码/译码的数字芯片,换成单片机程序控制I/O引脚来实现。去掉硬件滤波电路,改为程序滤波法来实现。但是这样的方法有利有弊,一般地,采取硬件方法速度较高、响应性好,而采取软件方法速度较低、响应性不好、CPU 性能要求高。所以读者朋友可以考虑实际情况之后再权衡处理速度和功耗这两者的关系,选择性地对系统进行改造,可以尝试硬件单元的"软件化",也可以尝试软件单元的"硬件化"。

(3) **注重"劳逸结合",擅用事件驱动机制**:在单片机系统中,CPU 的运行时间与系统功耗紧密相关,如果 CPU 一直在进行大量数据运算和操作,功耗就会居高不下。所以应该采取一种"劳逸结合"的运行策略。有数据需要处理时,应该中断唤醒 CPU,让它"起床工作"并且在短时间内完成数据的处理,然后就进入"休息"状态,即待机或掉电方式。在关机状态下让它完全进入掉电状态,可用定时中断、外部中断或系统复位将它唤醒。除了 CPU 本身运行策略的优化外,还有一些程序设计上的小细节,比如查询法可用中断法来代替,使用中断方式时 CPU 可以"抽身"做另外的工作或干脆"休息",等待事件发生之后再去处理,这就比查询法要好很多。

(4) 少让 CPU"动脑子",多在程序上想办法:这一方法主要是优化复杂计算,减少 CPU 的运算工作量。在单片机中经常会连续处理非常多的数字信号,以数字滤波器为例,滤波方法多种多样,常见的有限幅滤波法、中位值滤波法、算术平均值滤波法、一阶滞后滤波法、加权递推平均滤波法等,处理方法很多,处理效果也不尽相同。这时候就要权衡 CPU 运算量和滤波效果这两者,在精度允许的情况下,使用简单滤波代替复杂滤波,这样就可以有效地减轻 CPU 运算负担,从而降低 CPU 运行功耗。单片机系统中能在程序上想办法的远不止滤波,例如,程序中需要反复计算某个相同或者相近的数据,这种情况下可以采用查表法去实现,又例如,在精度允许的情况下可以尽量避免浮点数运算等。

(5) 做好程序小细节,"省"出电量:要构成功能完备的系统需要外围电路的支持,需要芯片间的相互通信。常见的小细节有很多,例如,两个单片机或者多个单片机需要串行通信,此时应该采用中断接收机制,不需要轮询发送/接收状态,可以采用合适的通信速率来减少传输时间。又如,A/D 转换中可以选择合适的采样速率,避免采样过快导致功耗过高。再如,连接在单片机外围的驱动单元和显示单元,可以采用"间歇性控制",在满足功能要求的前提下适当减少控制持续时间以节省功耗。

总之,降低单片机系统功耗的方法有很多,朋友们需要立足实际去思考,找到功耗与性能的"平衡点"。在整个系统的设计过程中分析功耗来源,反向优化设计,最终研发出符合功能要求和功耗要求的产品。

20.5　STC8 系列单片机省电模式配置与唤醒

通过前几节知识的学习,我们体会到了功耗控制的必要性,现代电子产品也正是向着易操作、高性价比、微体积、低功耗、多种类的方向在不断进化,各种微控制器生产商也都看准了发展趋势,推出了各种内核、架构、资源、性能的单片机芯片。本书所讲解的 STC8 系列单片机家族中也会涉及电源管理和功耗调控。

20.5.1　省电模式(PD/IDLE 模式)配置方法

在 STC8 系列单片机中,掉电模式和待机模式下的功耗要比正常模式低很多,所以这两种模式是当之无愧的"省电模式",这两种模式的配置都要涉及电源控制寄存器 PCON,我们以 STC8H 系列单片机为例,该寄存器的相关位定义及功能说明如表 20.2 所示。

表 20.2　STC8H 系列单片机电源控制寄存器

电源控制寄存器(PCON)							地址值:(0x87)ₕ
位　数	位 7	位 6	位 5	位 4	位 3	位 2	位 1	位 0
位名称	SMOD	SMOD0	LVDF	POF	GF1	GF0	PD	IDL
复位值	0	0	1	1	0	0	0	0
位　名	位含义及参数说明							
SMOD 位 7	串口 1 波特率加倍控制位(在第 14 章已经学过)							
	0	串口 1 各个模式下的波特率都不加倍						
	1	串口 1 模式 1、模式 2、模式 3 下的波特率加倍						

续表

电源控制寄存器（PCON）		地址值：$(0x87)_H$
SMOD0 位 6	帧错误检测控制位（在第 14 章已经学过）	
	0	没有帧错误检测功能
	1	使能帧错误检测功能，此时 SCON 寄存器中的 SM0/FE 功能位发挥 FE 功能（即帧错误检测标志位功能）
LVDF 位 5	低压检测标志位，复位后该位默认为"1" 　　当系统检测到低压事件时，硬件会自动将该位置 1 并向 CPU 提出中断请求，该位需要用户用软件手动清零	
	0	未发生低压事件
	1	发生了低压事件
POF 位 4	上电复位标志位，正常复位之后，该位默认为"1"	
GF1 和 GF0 位 3;2	通用工作标志位，供用户使用（一般不会用到，可以忽略）	
PD 位 1	掉电模式控制位（或称"停机"模式）	
	0	对单片机的运行状态无影响
	1	单片机进入掉电模式，CPU 以及全部外设均停止工作。当出现唤醒行为时，硬件会自动将该位清零（特别说明：该模式下的 CPU 和全部外设均停止工作，但 SRAM 和 XRAM 中的数据是保持不变的）
IDL 位 0	IDLE 待机模式控制位（或称"空闲"模式）	
	0	对单片机的运行状态无影响
	1	单片机进入 IDLE 待机模式，仅 CPU 停止工作，其他外设依然在运行。当出现唤醒行为时，硬件会自动将该位清零

单片机上电运行后，首先会经历复位过程，然后进入正常状态，我们只需在程序中对 PCON 寄存器的"PD"功能位或"IDL"功能位进行置 1 操作即可让单片机从正常状态切换到掉电状态或待机（空闲）状态。

若用户想要单片机从正常运行状态切换到待机或者掉电状态，可用 C51 语言编写如下程序语句。

```
PCON& = 0xF0;              //清除 PCON 寄存器的低 4 位
PCON| = 0x01;              //MCU 进入待机（空闲）模式
//PCON| = 0x02;            //MCU 进入掉电（停机）模式
```

单片机一旦进入"省电"状态就会一直维持下去（也就是 20.1 节中讲到的"停机稳态"和"待机稳态"），在稳态下只有采用"唤醒"的方式才能让待机或者掉电状态下的单片机重新恢复到正常运行状态。可将 CPU 从"省电"模式下唤醒的是外部中断、定时/计数器、掉电唤醒定时器、低电压检测器、电压比较器和串口的相关引脚或事件（这部分的内容朋友们务必要掌握，小宇老师会在后续的小节中逐一展开讲解，配合实验项目让大家了解唤醒过程）。

这里再补充一个知识点：在单片机产品的电气指标中还有一个与功耗相关的参数项，那就是单片机的"静态电流"参数，这个参数项是所有单片机产品乃至于集成电路 IC 都有的，静态电流的大小反映了集成电路自己"吃掉"的电流大小。STC8H 系列单片机中没有与静态电流相关的寄存器，但 STC8A 和 STC8F 系列单片机中却有一个，其名称为电压控制寄存器 VOCTRL，该寄存器的相关位定义及功能说明如表 20.3 所示。

表 20.3 STC8A/STC8F 单片机电压控制寄存器

电压控制寄存器（VOCTRL）							地址值：$(0xBB)_H$	
位 数	位 7	位 6	位 5	位 4	位 3	位 2	位 1	位 0
位名称	SCC	—	—	—	—	—	Test *	Test *
复位值	0	x	x	x	x	x	0	0
位 名	位含义及参数说明							
SCC 位 7	静态电流控制位,复位后默认为 0							
	0	选择内部静态保持电流控制线路,静态电流一般为 1.5μA 左右						
	1	选择外部静态保持电流控制线路,选择此模式时功耗更低,此模式下 STC8A 系列的静态电流一般为 0.15μA 以下,STC8F2K 系列的静态电流一般为 0.1μA 以下。注意：选择此模式进入掉电模式后,VCC 管脚的电压不能有较大波动,否则会对 MCU 内核造成不良影响						
Test * 位 1:0	内部测试位,必须写入 0							

该寄存器中对我们"有用"的功能位就是最高位 SCC,我们在使用这个寄存器时务必要将最低的两个位清零才行。若用户想要单片机在"省电"模式下选择内部静态保持电流控制线路,可用 C51 语言编写如下程序语句。

```
VOCTRL& = 0x7C;          //掉电模式时使用内部 SCC 模块,功耗约为 1.5μA
```

这么看来,STC8 系列单片机"省电模式"的配置方法倒也不难。朋友们在实际应用中可以按需选择,虽说待机状态或掉电状态确实省电,但也是付出"代价"换来的(即停止 CPU 运作或禁止相关片上资源功能)。所以对于"低功耗"这一追求必须是建立在系统能够正常完成功能所需的前提下,否则单方面地追求"不耗电"就会导致系统"没作用"。

20.5.2 基础项目 A 验证省电模式下的系统功耗实验

光说不练假把式,我们要看到现象才相信! 那现在小宇老师就和朋友们一起设计一个功耗测量实验。我们选定了 STC8H8K64U 单片机作为实验对象,实验之前首先要搭建一个该型号单片机的最小系统(实验中最好是选择"纯粹"的小系统,即电路中只由单片机芯片和必要的阻容器件组成),然后按照如图 20.5 所示串接万用表到电路中以便测量系统功耗(万用表打到直流电流毫安挡位,注意区分红黑表笔)。在实际实验中,VCC 选用了直流 5V 电源,实验环境温度为 25℃(环境温度会影响单片机的运行功耗)。万用表选用了普源精电公司生产的 DM3068 这款六位半精度的台式万用表。

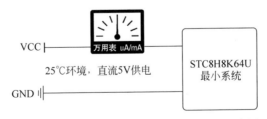

VCC

25℃环境, 直流5V供电

GND

万用表 uA/mA

STC8H8K64U 最小系统

图 20.5 验证省电模式下的系统功耗连接示意图

实验电路连接完成后就开始编写功能代码,我们需要测量单片机系统在 24MHz 时钟频率下的正常运行状态、待机状态和掉电状态功耗值(此处的时钟频率来自于单片机内部高速 IRC,当然,具体的频率也可以自定义,朋友们只需在下载程序时用 STC-ISP 软件稍加配置即可),那程序上就编写 3 个功能函数与之对应。第 1 个函数叫作 SYS_NORMAL(),该函数中直接放两个 for 循环,嵌套起来执行空语句即可,其目的是让单片机"别闲着",一直处于正常运行状态下即可。第 2 个函数叫作 SYS_IDLE(),这个函数要让单片机进入待机状态。第 3 个函数叫作 SYS_PD(),这个函数要让单片机进入掉电状态。

我们只需在 main()函数中单独执行某个函数并测量对应功耗即可。理清思路后利用 C51 语言编写的具体程序实现如下。

```
//芯片型号:STC8H8K64U(程序微调后可移植至 STC8A/F/C/G/H 系列单片机)
//时钟说明:单片机片内高速 24MHz 时钟
/* ****************************************************************** */
# include "STC8H. h"                          //主控芯片的头文件
# include "intrins. h"                        //因程序中用到了 nop()函数,故包含此头文件
/* ********************** 常用数据类型定义 *********************** */
【略】为节省篇幅,相似定义参见相关章节或源码工程即可
/* *********************** 函数声明区域 *********************** */
void SYS_NORMAL(void);                         //正常运行状态函数
void SYS_IDLE(void);                           //待机状态函数
void SYS_PD(void);                             //掉电状态函数
/* *********************** 主函数区域 *********************** */
void main(void)
{
    //配置 P0 为准双向/弱上拉模式
    P0M0 = 0x00;                               //P0M0.0 - 7 = 0
    P0M1 = 0x00;                               //P0M1.0 - 7 = 0
    //配置 P1 为准双向/弱上拉模式
    P1M0 = 0x00;                               //P1M0.0 - 7 = 0
    P1M1 = 0x00;                               //P1M1.0 - 7 = 0
    //配置 P2 为准双向/弱上拉模式
    P2M0 = 0x00;                               //P2M0.0 - 7 = 0
    P2M1 = 0x00;                               //P2M1.0 - 7 = 0
    //配置 P3 为准双向/弱上拉模式
    P3M0 = 0x00;                               //P3M0.0 - 7 = 0
    P3M1 = 0x00;                               //P3M1.0 - 7 = 0
    //配置 P4 为准双向/弱上拉模式
    P4M0 = 0x00;                               //P4M0.0 - 7 = 0
    P4M1 = 0x00;                               //P4M1.0 - 7 = 0
    //配置 P5 为准双向/弱上拉模式
    P5M0 = 0x00;                               //P5M0.0 - 7 = 0
    P5M1 = 0x00;                               //P5M1.0 - 7 = 0
    //配置 P6 为准双向/弱上拉模式
    P6M0 = 0x00;                               //P6M0.0 - 7 = 0
    P6M1 = 0x00;                               //P6M1.0 - 7 = 0
    //配置 P7 为准双向/弱上拉模式
    P7M0 = 0x00;                               //P7M0.0 - 7 = 0
    P7M1 = 0x00;                               //P7M1.0 - 7 = 0
    while(1)
    {
        SYS_NORMAL();                          //单片机正常运行状态
        //SYS_IDLE();                          //单片机待机状态
        //SYS_PD();                            //单片机掉电状态
    }
}
/* ****************************************************************** */
//正常运行状态函数 void SYS_NORMAL(void),无形参,无返回值
/* ****************************************************************** */
void SYS_NORMAL(void)
{
```

```
        u8 i,j;
        for(i = 0;i < 100;i++)
        for(j = 0;j < 100;j++);
}
/ ******************************************************** /
//待机状态函数 void SYS_NORMAL(void),无形参,无返回值
/ ******************************************************** /
void SYS_IDLE(void)
{
        _nop_();_nop_();                        //延时等待配置稳定
        PCON& = 0xF0;                           //清除 PCON 寄存器的低 4 位
        PCON| = 0x01;                           //MCU 进入待机(空闲)模式
        _nop_();_nop_();                        //延时等待配置稳定
}
/ ******************************************************** /
//掉电状态函数 void SYS_PD(void),无形参,无返回值
/ ******************************************************** /
void SYS_PD(void)
{
        //VOCTRL& = 0x7C;                        //掉电模式时使用内部 SCC 模块,功耗约为 1.5μA
        //VOCTRL 寄存器仅适用于 STC8A 和 STC8F 系列单片机
        _nop_();_nop_();                        //延时等待配置稳定
        PCON& = 0xF0;                           //清除 PCON 寄存器的低 4 位
        PCON| = 0x02;                           //MCU 进入掉电模式
        _nop_();_nop_();                        //延时等待配置稳定
}
```

在 main()函数 while(1)结构中单独调用 SYS_NORMAL()函数时,单片机工作在正常运行状态下,其功耗电流如图 20.6(a)所示;单独调用 SYS_IDLE()函数时,单片机工作在待机状态下,其功耗电流如图 20.6(b)所示;单独调用 SYS_PD()函数时,单片机工作在掉电状态下,其功耗电流如图 20.6(c)所示。

图 20.6　三种运行状态下的功耗电流实测

经过实测,我们发现正常运行状态下的电流约为 4.383mA,待机状态下的电流约为 2.125mA,掉电状态下的电流约为 2.58uA,这些电流参数与 20.3 节中表 20.1 的对应内容基本相符,说明实验是成功的。值得一提的是,有个别朋友在做"省电"效果实验时没有把单片机所有 I/O 引脚置为准双向弱上拉模式,反而导致单片机整体功耗偏高(特别是停机模式下的功耗也能达到 mA 级别),所以实验中要注意 I/O 模式的配置也会影响到芯片功耗(主要是因为 IC 设计时的内部电路影响)。

20.5.3　基础项目 B　利用 WKT 唤醒 MCU 实验

单片机一旦进入"省电"模式后,相关功能就会受到限制,所以需要用"唤醒"方法让单片机重新回到正常运行状态去处理相关事务,等到事务处理完了,我们又让单片机"睡眠"(也可以在唤醒之后一直保持正常稳态),从而形成单片机的"作息"规律,最终达到降低系统功耗和延长设备运行时间的目的。

可将单片机从"省电"模式下唤醒的资源或引脚有很多,我们先来认识"掉电唤醒定时器"资源。我们可以将其理解成一个专门用于"掉电唤醒"的单元,其计数时钟由 STC8 系列单片机的 32kHz 片内低速时钟源 f_{IRC_L} 提供(要注意这个低速时钟源的频率误差很大,温漂也不小,所以我们配置得到的掉电唤醒时间只是一个"大致"的时间,不可能太精确),朋友们要是想知道当前单片机片内

低速时钟源 f_{IRC_L} 的实际频率值,可以通过读取单片机 RAM 区域的 F8H 和 F9H 中的内容来获取(F8H 存放频率值的高字节,F9H 存放频率值的低字节),这个操作类似于 9.7 节中的实验内容。但是话又说回来,这个操作太麻烦了,有没有更为简单的办法呢? 当然有,我们在用 STC-ISP 软件

图 20.7　程序下载信息窗口
中的 f_{IRC_L} 频率值

下载程序时,位于软件右下方的下载信息窗口中就有 f_{IRC_L} 频率值的信息,其显示界面如图 20.7 所示,可以看出,小宇老师手头上这个单片机在实验环境(5V 供电,25℃室温)下的频率值为 34.375kHz。朋友们需要了解 f_{IRC_L} 频率值的获取方法,以便后续计算所需。

掉电唤醒定时器是一个 15 位的计数器(由 WKTCH[6:0] 和 WKTCL[7:0] 这两个寄存器一同构成,这两个寄存器的相关位定义及功能说明如表 20.4 所示)。计数值的设定范围是 0~32 767,用户可将设定计数值分成"两半",低 8 位赋值给 WKTCL[7:0] 寄存器,高 7 位赋值给 WKTCH[6:0] 寄存器。该定时器一旦使能(即让 WKTCH 寄存器中的最高位 WKTEN 置 1),就会在单片机进入"省电"模式之后开始计数,当计数值与用户设定值相等时,单片机就被唤醒了,此时程序会从上一次进入"省电"模式处的下一条语句开始往下执行。

表 20.4　STC8 单片机掉电唤醒定时器计数(低位/高位)寄存器

掉电唤醒定时器计数寄存器低 8 位(WKTCL)							地址值:(0xAA)$_H$
位　数	位 7	位 6	位 5	位 4	位 3	位 2	位 1	位 0
位名称	WKTCL[7:0]							
复位值	1	1	1	1	1	1	1	1

掉电唤醒定时器计数寄存器高 8 位(WKTCH)可位寻址							地址值:(0xAB)$_H$
位　数	位 7	位 6	位 5	位 4	位 3	位 2	位 1	位 0
位名称	WKTEN	WKTCH[6:0]						
复位值	0	1	1	1	1	1	1	1
位　名	位含义及参数说明							
WKTEN 位 7	掉电唤醒定时器的使能控制位							
	0	禁止掉电唤醒定时器						
	1	使能掉电唤醒定时器						

设掉电唤醒的时间长度为 t_w,则掉电唤醒定时器的计数值与 t_w 之间就有如下关系(要注意公式中的 t_w 单位应该为 μs,f_{IRC_L} 的频率单位为 Hz):

$$t_w = \frac{10^6 \times 16 \times 计数值}{f_{IRC\_L}} \tag{20.1}$$

如果将式(20.1)稍加变形,则计数值就应该等于:

$$计数值 = \frac{t_w \times f_{IRC\_L}}{10^6 \times 16} \tag{20.2}$$

这个计算非常简单,小宇老师要"趁热打铁",举个例子给朋友们看看。若我们想让单片机进入"省电"模式后经过 3s 就被唤醒,则计数值就应该是(根据如图 20.7 所示内容,此处将 f_{IRC_L} 时钟频率 34 375Hz 代入公式进行计算):

$$计数值 = \frac{3\,000\,000 \times 34\,375}{10^6 \times 16} \approx 6445$$

在设定计数值的时候需要注意,我们向 WKTCH[6:0] 和 WKTCL[7:0] 寄存器中写入的值必须比实际计数值少 1。也就是说,我们要把计算得到的计数值 6445 减 1 变成 6444 后再进行赋值,6444 对应的十六进制数是 0x192C,那 WKTCH[6:0] 寄存器就应该赋值为 0x19+0x80,即 0x99(这

里的 0x80 必须要加,相当于把 WKTCH 寄存器中的最高位 WKTEN 置 1),WKTCL[7:0]寄存器就赋值为 0x2C。

需要特别说明的是,WKTCH[6:0]和 WKTCL[7:0]寄存器中不要全部写 0 或者全部写 1,这样会导致掉电唤醒定时器的"异常"。例如,我们向 WKTCH[6:0]和 WKTCL[7:0]寄存器全部写 1 (两个寄存器都赋值为 0xFF),那单片机将在进入掉电模式后立即被唤醒。

如果朋友们觉得先计算再赋值很麻烦,也可以让单片机"自己"计算,我们可以用 C51 语言编写如下程序语句(语句中的"%256"就是取出低 8 位的意思,"/256"就是取出高 8 位的意思,"| 0x80"就是按位或运算,等同于加上了 0x80)。

```
WKTCL = 6444 % 256;                    //唤醒时间约为 3s
WKTCH = (6444/256)|0x80;               //唤醒时间约为 3s
```

明白了掉电唤醒定时器的配置方法后就可以开始做实验了。为了方便大家观察实验现象,我们可以按如图 20.8 所示搭建实验电路。U1 为单片机芯片,分配 P1.0 引脚和 P1.1 引脚外接 LED 指示电路。D1 用作唤醒动作指示,若 D1 熄灭就说明单片机在"省电"模式下,若 D1 亮起就说明单片机重新回到了正常运行状态。D2 用作闪烁灯控制,单片机一旦恢复到正常运行状态后 D2 就会不断闪烁,这个电路同样适用于本章后续小节实验。

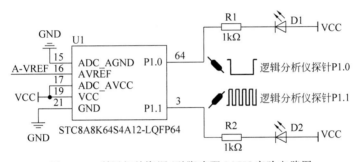

图 20.8 利用相关资源/引脚唤醒 MCU 实验电路图

电路搭建完毕后即可开始编程,在 main()函数中首先配置掉电唤醒定时器的计数值(就以之前设定的 3s 时间为例),然后让单片机进入掉电模式。在掉电模式语句后面需要让 D1 亮起(用于指示唤醒动作)并编写一个 while(1)死循环,循环体内让 P1.1 引脚在适当的延时后进行取反操作。若单片机能在 3s 之后顺利唤醒并重新恢复正常运行状态,则 D1 就会常亮,D2 就会不停闪烁。理清思路后利用 C51 语言编写的具体程序实现如下。

```
//芯片型号: STC8H8K64U(程序微调后可移植至 STC8A/F/C/G/H 系列单片机)
//时钟说明: 单片机片内高速 24MHz 时钟
/ ****************************************************** /
# include "STC8H. h"                   //主控芯片的头文件
/ **************** 常用数据类型定义 ******************* /
【略】为节省篇幅,相似定义参见相关章节或源码工程即可
/ ***************** 端口/引脚定义区域 **************** /
sbit   WKTEST = P1^0;                   //唤醒指示引脚
sbit   LED = P1^1;                      //LED 闪烁灯控制引脚
/ ***************** 函数声明区域 ******************** /
void delay(u16 Count);                  //延时函数
/ ***************** 主函数区域 ********************* /
void main(void)
{
    //配置 P1.0-1 为推挽/强上拉模式
    P1M0 | = 0x03;                      //P1M0.0-1 = 1
```

```
    P1M1& = 0xFC;                          //P1M1.0 - 1 = 0
    delay(5);                              //等待 I/O 模式配置稳定
    WKTEST = 1;                            //上电后熄灭 D1
    LED = 1;                               //上电后熄灭 D2
    WKTCL = 6444 % 256;                    //唤醒时间约为 3s
    WKTCH = (6444/256)|0x80;               //唤醒时间约为 3s
    PCON& = 0xF0;                          //清除 PCON 寄存器的低 4 位
    PCON| = 0x02;                          //MCU 进入掉电模式
    delay(5);                              //延时等待配置稳定
    WKTEST = 0;                            //唤醒指示灯亮起
    while(1)                               //正常运行状态下 LED 将不断闪烁
    {LED = !LED;delay(500);}
}
/ ******************************************************************** /
【略】为节省篇幅,相似函数参见相关章节源码即可
void delay(u16 Count){}                    //延时函数
```

将程序下载到目标单片机中,重新上电后观察到 D1 和 D2 均保持熄灭状态,心里"默数 3 个数"之后 D1 常亮,D2 也开始闪烁。从实验现象上看,掉电唤醒功能已经成功实现了,但是唤醒的时间究竟是多少还需要用逻辑分析仪去测量(心里默数的时间不好把握,还是得找个"靠谱"的数据作为依据)。于是我们将 P1.0 和 P1.1 接入逻辑分析仪的相应通道,打开逻辑分析仪上位机开始采样,此时按下单片机复位按键并等待单片机唤醒,在此过程中的实测波形如图 20.9 所示。

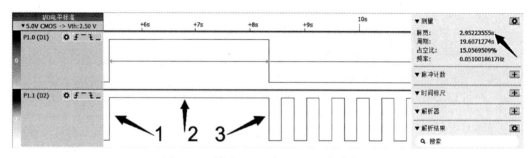

图 20.9　利用 WKT 唤醒 MCU 实验波形

波形图的箭头 1 是单片机上电后的起始波形,这里就是唤醒时间测量的"起点"。箭头 2 就是掉电后的持续时间,经过实测大致是 2.952 235 55s,这个唤醒时间与我们预设的 3s 是有一定偏差的(是因为 f_{IRC_L} 的频率误差和温漂导致的)。箭头 3 就是单片机被唤醒的时候,此时 P1.0 和 P1.1 同时跳变为低电平,P1.0 保持低电平不变(即 D1 常亮),P1.1 开始往复跳变(即 D2 闪烁)。至此,掉电唤醒定时器的验证就顺利"拿下"了。

20.5.4　基础项目 C　利用 INT 唤醒 MCU 实验

外部中断源的相关引脚也可以用作唤醒功能,这些引脚分别是: INT0 的 P3.2、INT1 的 P3.3、INT2 的 P3.6、INT3 的 P3.7 和 INT4 的 P3.0 引脚(这部分内容在第 11 章已经学习过了)。这些引脚上出现特定触发信号时就可以让"省电"模式下的单片机重新恢复到正常运行状态。

本实验的电路仍采用图 20.8。在编程时首先要配置外部中断引脚的模式(准双向模式)和触发方式(仅下降沿触发或者上升/下降沿均可触发),然后使能外部中断源及总中断允许,最后让单片机进入掉电模式即可。理清思路后利用 C51 语言编写的具体程序实现如下。

```
//芯片型号:STC8H8K64U(程序微调后可移植至 STC8A/F/C/G/H 系列单片机)
//时钟说明:单片机片内高速 24MHz 时钟
/ ******************************************************************** /
```

```
# include "STC8H. h"                          //主控芯片的头文件
/ *************************** 常用数据类型定义 *************************** /
【略】为节省篇幅,相似定义参见相关章节或源码工程即可
/ *************************** 端口/引脚定义区域 *************************** /
sbit   WKTEST = P1^0;                         //唤醒指示引脚
sbit   LED = P1^1;                            //LED 闪烁灯控制引脚
/ *************************** 函数声明区域 *************************** /
void delay(u16 Count);                        //延时函数
/ *************************** 主函数区域 *************************** /
void main(void)
{
    //配置 P1.0-1 为推挽/强上拉模式
    P1M0| = 0x03;                             //P1M0.0-1 = 1
    P1M1& = 0xFC;                             //P1M1.0-1 = 0
    //配置 P3.0/2/3/6/7 为准双向/弱上拉模式
    P3M0& = 0x32;                             //P3M0.0/2/3/6/7 = 0
    P3M1& = 0x32;                             //P3M1.0/2/3/6/7 = 0
    delay(5);                                 //等待 I/O 模式配置稳定
    WKTEST = 1;                               //上电后熄灭 D1
    LED = 1;                                  //上电后熄灭 D2
    IT0 = 0;                                  //使能 INT0 上升沿和下降沿中断
    IT1 = 0;                                  //使能 INT1 上升沿和下降沿中断
    IE0 = 0;                                  //清除外部中断 0 中断标志位
    IE1 = 0;                                  //清除外部中断 1 中断标志位
    AUXINTIF& = 0x67;                         //清除外部中断 2 中断标志位
    AUXINTIF& = 0x57;                         //清除外部中断 3 中断标志位
    AUXINTIF& = 0x37;                         //清除外部中断 4 中断标志位
    EX0 = 1;                                  //使能 INT0 中断
    EX1 = 1;                                  //使能 INT1 中断
    INTCLKO| = 0x10;                          //使能 INT2 下降沿中断
    INTCLKO| = 0x20;                          //使能 INT3 下降沿中断
    INTCLKO| = 0x40;                          //使能 INT4 下降沿中断
    EA = 1;                                   //打开总中断允许
    PCON& = 0xF0;                             //清除 PCON 寄存器的低 4 位
    PCON| = 0x02;                             //MCU 进入掉电模式
    delay(5);                                 //延时等待配置稳定
    while(1)                                  //正常运行状态下 LED 将不断闪烁
    {LED = !LED;delay(500);}
}
/ *************************** 中断服务函数区域 *************************** /
void INT0_ISR() interrupt 0                   //外部中断 0 服务函数
{WKTEST = 0;}                                 //唤醒指示灯亮起
void INT1_ISR() interrupt 2                   //外部中断 1 服务函数
{WKTEST = 0;}                                 //唤醒指示灯亮起
void INT2_ISR() interrupt 10                  //外部中断 2 服务函数
{WKTEST = 0;}                                 //唤醒指示灯亮起
void INT3_ISR() interrupt 11                  //外部中断 3 服务函数
{WKTEST = 0;}                                 //唤醒指示灯亮起
void INT4_ISR() interrupt 16                  //外部中断 4 服务函数
{WKTEST = 0;}                                 //唤醒指示灯亮起
/ *************************************************************** /
【略】为节省篇幅,相似函数参见相关章节源码即可
void delay(u16 Count){}                       //延时函数
```

　　将程序下载到目标单片机中,若在 P3.2 或 P3.3 引脚上产生边沿信号(上升沿或者下降沿),以及 P3.6、P3.7 和 P3.0 引脚上产生下降沿信号,单片机就会进入外部中断服务函数之中,中断服务函数让唤醒行为指示灯 D1 亮起,单片机也从掉电状态下重新恢复到正常运行状态,D2 也开始

闪烁。

20.5.5　基础项目 D　利用 T/C 唤醒 MCU 实验

基础型 T/C 资源的相关计数引脚也可以用作唤醒功能,这些引脚分别是:T0 定时器的 P3.4、T1 定时器的 P3.5、T2 定时器的 P5.4、T3 定时器的 P0.4 和 T4 定时器的 P0.6 引脚(这部分内容在第 12 章已经学习过了)。这些引脚上出现低电平或下降沿时就可以让"省电"模式下的单片机重新恢复到正常运行状态。

本实验的电路仍采用图 20.8。在编程时首先要配置基础型 T/C 资源相关计数引脚的模式(准双向/弱上拉模式),然后配置 T/C 资源的"角色"为定时器,然后配置定时器的计数初值(在实验中定时 1ms,这个定时时长可自行设定),然后让 T/C 资源开始运行,接着使能溢出中断及总中断允许,最后让单片机进入掉电模式即可。

需要特别注意:单片机掉电唤醒后并不会立即进入 T/C 资源的中断服务函数中,而是要等到定时器发生一次溢出后(也就是设定的 1ms)才会进入中断服务程序。理清思路后利用 C51 语言编写的具体程序实现如下。

```
//芯片型号: STC8H8K64U(程序微调后可移植至 STC8A/F/C/G/H 系列单片机)
//时钟说明: 单片机片内高速 24MHz 时钟
/ ************************************************************** /
# include "STC8H.h"                         //主控芯片的头文件
/ *********************** 常用数据类型定义 *********************** /
【略】为节省篇幅,相似定义参见相关章节或源码工程即可
/ *********************** 端口/引脚定义区域 *********************** /
sbit   WKTEST = P1^0;                       //唤醒指示引脚
sbit   LED = P1^1;                          //LED 闪烁灯控制引脚
/ *********************** 函数声明区域 *********************** /
void delay(u16 Count);                      //延时函数
/ *********************** 主函数区域 *********************** /
void main(void)
{
        //配置 P1.0 - 1 为推挽/强上拉模式
        P1M0| = 0x03;                       //P1M0.0 - 1 = 1
        P1M1& = 0xFC;                       //P1M1.0 - 1 = 0
        //配置 P0.4/6 为准双向/弱上拉模式
        P0M0& = 0xAF;                       //P0M0.4/6 = 0
        P0M1& = 0xAF;                       //P0M1.4/6 = 0
        //配置 P3.4/5 为准双向/弱上拉模式
        P3M0& = 0xCF;                       //P3M0.4/5 = 0
        P3M1& = 0xCF;                       //P3M1.4/5 = 0
        //配置 P5.4 为准双向/弱上拉模式
        P5M0& = 0xEF;                       //P5M0.4 = 0
        P5M1& = 0xEF;                       //P5M1.4 = 0
        delay(5);                           //等待 I/O 模式配置稳定
        WKTEST = 1;                         //上电后熄灭 D1
        LED = 1;                            //上电后熄灭 D2
        TMOD = 0x00;                        //配置 T0/T1 为定时模式 0
        TL0 = 0x40;                         //设置 24MHz 下定时 1ms
        TH0 = 0xA2;                         //设置 24MHz 下定时 1ms
        TR0 = 1;                            //启动 T0 定时器
        ET0 = 1;                            //使能 T0 定时器中断
        TL1 = 0x40;                         //设置 24MHz 下定时 1ms
        TH1 = 0xA2;                         //设置 24MHz 下定时 1ms
        TR1 = 1;                            //启动 T1 定时器
        ET1 = 1;                            //使能 T1 定时器中断
```

```
        T2L = 0x40;                              //设置 24MHz 下定时 1ms
        T2H = 0xA2;                              //设置 24MHz 下定时 1ms
        AUXR = 0x10;                             //启动 T2 定时器
        IE2 = 0x04;                              //使能 T2 定时器中断
        T3L = 0x40;                              //设置 24MHz 下定时 1ms
        T3H = 0xA2;                              //设置 24MHz 下定时 1ms
        T4T3M = 0x08;                            //启动 T3 定时器
        IE2| = 0x20;                             //使能 T3 定时器中断
        T4L = 0x40;                              //设置 24MHz 下定时 1ms
        T4H = 0xA2;                              //设置 24MHz 下定时 1ms
        T4T3M| = 0x80;                           //启动 T4 定时器
        IE2| = 0x40;                             //使能 T4 定时器中断
        EA = 1;                                  //开启总中断允许
        PCON&= 0xF0;                             //清除 PCON 寄存器的低 4 位
        PCON| = 0x02;                            //MCU 进入掉电模式
        //掉电唤醒后不会立即进入中断服务程序,
        //而是等到定时器溢出后才会进入中断服务程序
        delay(5);                                //延时等待配置稳定
        while(1)                                 //正常运行状态下 LED 将不断闪烁
        {LED = !LED;delay(500);}
}
/************************** 中断服务函数区域 ************************** /
void TIM0_ISR() interrupt 1                      //定时器 0 中断服务函数
{WKTEST = 0;}                                    //唤醒指示灯亮起
void TIM1_ISR() interrupt 3                      //定时器 1 中断服务函数
{WKTEST = 0;}                                    //唤醒指示灯亮起
void TIM2_ISR() interrupt 12                     //定时器 2 中断服务函数
{WKTEST = 0;}                                    //唤醒指示灯亮起
void TIM3_ISR() interrupt 19                     //定时器 3 中断服务函数
{WKTEST = 0;}                                    //唤醒指示灯亮起
void TIM4_ISR() interrupt 20                     //定时器 4 中断服务函数
{WKTEST = 0;}                                    //唤醒指示灯亮起
/******************************************************************** /
【略】为节省篇幅,相似函数参见相关章节源码即可
void delay(u16 Count){}                          //延时函数
```

将程序下载到目标单片机中,若在 T0/P3.4、T1/P3.5、T2/P5.4、T3/P0.4 或 T4/P0.6 引脚上产生低电平或下降沿信号,单片机就会在 1ms 定时时长后进入 T/C 资源中断服务函数之中,中断服务函数让唤醒行为指示灯 D1 亮起,单片机也从掉电状态下重新恢复到正常运行状态,D2 也开始闪烁。

20.5.6 基础项目 E 利用 RxD 唤醒 MCU 实验

STC8 系列单片机一般都具备多个串口资源,就以 STC8H8K64U 型号单片机为例,该芯片具备 4 个串口资源,这些串口的数据接收引脚也可以用作唤醒功能。这些引脚分别是:RxD 的 P3.0、RxD_2 的 P3.6、RxD_3 的 P1.6、RxD_4 的 P4.3、RxD2 的 P1.0、RxD2_2 的 P4.0、RxD3 的 P0.0、RxD3_2 的 P5.0、RxD4 的 P0.2 和 RxD4_2 的 P5.2 引脚。这些引脚的选择和切换需要外设端口切换控制寄存器 1(P_SW1)和外设端口切换控制寄存器 2(P_SW2)来配置。串口 1 的收/发引脚由 P_SW1 寄存器中的 S1_S[1:0]功能位决定,可有四种配置选择。串口 2、串口 3 和串口 4 的收/发引脚由 P_SW2 寄存器中的 S2_S、S3_S 和 S4_S 功能位决定,每个功能位均对应两种选择(这部分内容在第 14 章已经学习过了)。

当串口数据接收引脚 RxDx(这里的"x"代表了 4 个串口的数据接收引脚)出现下降沿信号时就可以让"省电"模式下的单片机恢复到正常运行状态。

　　本实验的电路本想采用图 20.8,但是串口 2 的默认收/发引脚与图 20.8 的引脚分配产生了"冲突"(串口 2 的数据接收引脚 RxD2 是 P1.0,数据发送引脚 TxD2 是 P1.1),所以我们需要重新分配引脚去驱动 D1 和 D2 指示电路(实际分配 P2.0 驱动 D1,P2.1 驱动 D2)。

　　在编程时首先要配置 RxDx 相关引脚的模式(准双向模式),然后配置外设端口切换控制寄存器 1 和外设端口切换控制寄存器 2 的相关功能位,明确 RxDx 引脚的具体选定,然后使能串口 1～串口 4 的中断允许及单片机总中断允许,最后让单片机进入掉电模式即可。理清思路后利用 C51语言编写的具体程序实现如下。

```c
//芯片型号:STC8H8K64U(程序微调后可移植至 STC8A/F/C/G/H 系列单片机)
//时钟说明:单片机片内高速 24MHz 时钟
/ ****************************************************** /
#include "STC8H.h"                                    //主控芯片的头文件
/ *********************** 常用数据类型定义 ********************** /
【略】为节省篇幅,相似定义参见相关章节或源码工程即可
/ ********************* 端口/引脚定义区域 ********************** /
sbit   WKTEST = P2^0;                                //唤醒指示引脚
sbit   LED = P2^1;                                   //LED 闪烁灯控制引脚
/ ********************* 函数声明区域 ********************** /
void delay(u16 Count);                               //延时函数
/ ********************* 主函数区域 ********************** /
void main(void)
{
    //配置 P2.0-1 为推挽/强上拉模式
    P2M0 | = 0x03;                                   //P2M0.0-1 = 1
    P2M1 & = 0xFC;                                   //P2M1.0-1 = 0
    //配置 P0.0/2 为准双向/弱上拉模式
    P0M0 & = 0xFA;                                   //P0M0.0/2 = 0
    P0M1 & = 0xFA;                                   //P0M1.0/2 = 0
    //配置 P1.0/6 为准双向/弱上拉模式
    P1M0 & = 0xBE;                                   //P1M0.0/6 = 0
    P1M1 & = 0xBE;                                   //P1M1.0/6 = 0
    //配置 P3.0/6 为准双向/弱上拉模式
    P3M0 & = 0xBE;                                   //P3M0.0/6 = 0
    P3M1 & = 0xBE;                                   //P3M1.0/6 = 0
    //配置 P4.0/3 为准双向/弱上拉模式
    P4M0 & = 0xF6;                                   //P4M0.0/3 = 0
    P4M1 & = 0xF6;                                   //P4M1.0/3 = 0
    //配置 P5.0/2 为准双向/弱上拉模式
    P5M0 & = 0xFA;                                   //P5M0.0/2 = 0
    P5M1 & = 0xFA;                                   //P5M1.0/2 = 0
    delay(5);                                        //等待 I/O 模式配置稳定
    WKTEST = 1;                                      //上电后熄灭 D1
    LED = 1;                                         //上电后熄灭 D2
    //RxD 相关配置语句 ********************************
    P_SW1 = 0x00;                                    //配置 RxD 的 P3.0 下降沿唤醒
    //P_SW1 = 0x40;                                  //配置 RxD_2 的 P3.6 下降沿唤醒
    //P_SW1 = 0x80;                                  //配置 RxD_3 的 P1.6 下降沿唤醒
    //P_SW1 = 0xC0;                                  //配置 RxD_4 的 P4.3 下降沿唤醒
    //RxD2 相关配置语句 ********************************
    P_SW2 = 0x00;                                    //配置 RxD2 的 P1.0 下降沿唤醒
    //P_SW2 = 0x01;                                  //配置 RxD2_2 的 P4.0 下降沿唤醒
    //RxD3 相关配置语句 ********************************
    P_SW2 = 0x00;                                    //配置 RxD3 的 P0.0 下降沿唤醒
    //P_SW2 = 0x02;                                  //配置 RxD3_2 的 P5.0 下降沿唤醒
    //RxD4 相关配置语句 ********************************
    P_SW2 = 0x00;                                    //配置 RxD4 的 P0.2 下降沿唤醒
```

```
        //P_SW2 = 0x04;              //配置 RxD4_2 的 P5.2 下降沿唤醒
        ES = 1;                     //使能 UART1 中断
        IE2| = 0x01;                //使能 UART2 中断
        IE2| = 0x08;                //使能 UART3 中断
        IE2| = 0x10;                //使能 UART4 中断
        EA = 1;                     //打开总中断允许
        PCON& = 0xF0;               //清除 PCON 寄存器的低 4 位
        PCON| = 0x02;               //MCU 进入掉电模式
        delay(5);                   //延时等待配置稳定
        WKTEST = 0;                 //唤醒指示灯亮起
        while(1)                    //正常运行状态下 LED 将不断闪烁
        {LED = !LED;delay(500);}
}
/ ******************** 中断服务函数区域 ******************** /
void UART1_ISR(void) interrupt 4   //UART1 中断服务函数
{}                                 //唤醒实验中不用写服务代码
void UART2_ISR(void) interrupt 8   //UART2 中断服务函数
{}                                 //唤醒实验中不用写服务代码
void UART3_ISR(void) interrupt 17  //UART3 中断服务函数
{}                                 //唤醒实验中不用写服务代码
void UART4_ISR(void) interrupt 18  //UART4 中断服务函数
{}                                 //唤醒实验中不用写服务代码
/ ************************************************************ /
【略】为节省篇幅,相似函数参见相关章节源码即可
void delay(u16 Count){}            //延时函数
```

将程序下载到目标单片机中,若在 RxD 的 P3.0、RxD2 的 P1.0、RxD3 的 P0.0 和 RxD4 的 P0.2 引脚上产生下降沿信号,单片机就会从掉电语句处往下执行,重新恢复到正常运行状态,D1 会常亮,D2 也开始闪烁。

20.5.7　基础项目 F　利用 SDA 唤醒 MCU 实验

I²C 通信接口的 SDA 串行数据引脚也可以用作唤醒功能,这些引脚分别是: SDA/P1.4、SDA_2/P2.4 和 SDA_4/P3.3 引脚(这部分内容在第 16 章已经学习过了)。这些引脚上出现低电平或下降沿时就可以让"省电"模式下的单片机重新恢复到正常运行状态。

本实验的电路仍采用图 20.8。在编程时首先要选择好 SDA 的具体引脚(配置外设端口切换控制寄存器 2(P_SW2)中的"I2C_S[1:0]"位实现引脚选择),然后将 SDA 串行数据引脚配置为准双向/弱上拉模式,接着使能 I²C 模块的从机模式并使能起始信号中断。最后让单片机进入掉电模式即可。理清思路后利用 C51 语言编写的具体程序实现如下。

```
//芯片型号:STC8H8K64U(程序微调后可移植至 STC8A/F/C/G/H 系列单片机)
//时钟说明:单片机片内高速 24MHz 时钟
/ ******************************************************** /
# include "STC8H.h"                //主控芯片的头文件
/ ****************** 常用数据类型定义 ******************** /
【略】为节省篇幅,相似定义参见相关章节或源码工程即可
/ ****************** 端口/引脚定义区域 ******************** /
sbit   WKTEST = P1^0;              //唤醒指示引脚
sbit   LED = P1^1;                 //LED 闪烁灯控制引脚
/ ****************** 函数声明区域 ******************** /
void delay(u16 Count);             //延时函数
/ ****************** 主函数区域 ******************** /
void main(void)
{
    //配置 P1.0 - 1 为推挽/强上拉模式
```

```
        P1M0| = 0x03;                          //P1M0.0 - 1 = 1
        P1M1& = 0xFC;                          //P1M1.0 - 1 = 0
        //配置 P1.4 为准双向/弱上拉模式
        P1M0& = 0xEF;                          //P1M0.4 = 0
        P1M1& = 0xEF;                          //P1M0.4 = 0
        //配置 P2.4 为准双向/弱上拉模式
        P2M0& = 0xEF;                          //P2M0.4 = 0
        P2M1& = 0xEF;                          //P2M0.4 = 0
        //配置 P3.3 为准双向/弱上拉模式
        P3M0& = 0xF7;                          //P3M0.3 = 0
        P3M1& = 0xF7;                          //P3M0.3 = 0
        delay(5);                             //等待 I/O 模式配置稳定
        WKTEST = 1;                           //上电后熄灭 D1
        LED = 1;                              //上电后熄灭 D2
        P_SW2 = 0x00;                         //SDA/P1.4 下降沿唤醒
        //P_SW2 = 0x10;                        //SDA_2/P2.4 下降沿唤醒
        //P_SW2 = 0x30;                        //SDA_4/P3.3 下降沿唤醒
        P_SW2| = 0x80;                        //允许访问扩展特殊功能寄存器 XSFR
        I2CCFG = 0x80;                        //使能 I2C 模块的从机模式
        I2CSLCR = 0x40;                       //使能起始信号中断
        P_SW2& = 0x7F;                        //结束并关闭 XSFR 访问
        EA = 1;                              //打开总中断允许
        PCON& = 0xF0;                         //清除 PCON 寄存器的低 4 位
        PCON| = 0x02;                         //MCU 进入掉电模式
        delay(5);                            //延时等待配置稳定
        WKTEST = 0;                           //唤醒指示灯亮起
        while(1)                              //正常运行状态下 LED 将不断闪烁
        {LED = !LED;delay(500);}
}
/ *********************** 中断服务函数区域 *********************** /
void I2C_ISR(void) interrupt 24              //I2C 中断服务函数
{
        P_SW2| = 0x80;                        //允许访问扩展特殊功能寄存器 XSFR
        I2CSLST& = 0xBF;                      //清零 STAIF 标志位
        P_SW2& = 0x7F;                        //结束并关闭 XSFR 访问
}
/ ********************************************************************* /
【略】为节省篇幅,相似函数参见相关章节源码即可
void delay(u16 Count){}                       //延时函数
```

将程序下载到目标单片机中,若在 SDA/P1.4、SDA_2/P2.4 或 SDA_4/P3.3 引脚上产生下降沿信号,单片机就会从掉电语句处往下执行,重新恢复到正常运行状态,D1 会常亮,D2 也开始闪烁。

20.5.8　基础项目 G　利用 LVD 唤醒 MCU 实验

STC8 系列单片机的低压检测器 LVD 单元也可用作唤醒功能,当单片机的供电电压低于 LVD 单元设定的"门槛电压"时就会触发低压中断或复位动作(这部分内容在第 19 章已经学习过了)。

本实验的电路仍采用图 20.8。在编程时首先要禁止 LVD 单元产生低压复位,在发生低压事件时仅产生 LVD 低压中断即可。然后设定 LVD 的"门槛电压"为 3.7V(朋友们可以根据需要自行修改),接着使能 LVD 中断和总中断允许,最后让单片机进入掉电模式即可。理清思路后利用 C51 语言编写的具体程序实现如下。

```
//芯片型号: STC8H8K64U(程序微调后可移植至 STC8A/F/C/G/H 系列单片机)
//时钟说明: 单片机片内高速 24MHz 时钟
```

```
/ ***************************************************************** /
# include "STC8H. h"                          //主控芯片的头文件
/ ********************** 常用数据类型定义 ********************** /
【略】为节省篇幅,相似定义参见相关章节或源码工程即可
/ *********************** 端口/引脚定义区域 *********************** /
sbit   WKTEST = P1^0;                         //唤醒指示引脚
sbit   LED = P1^1;                            //LED 闪烁灯控制引脚
/ ********************** 用户自定义数据区域 ********************** /
# define   LVD1V9   0x00                      //LVD 门限为 1.9V
# define   LVD2V3   0x01                      //LVD 门限为 2.3V
# define   LVD2V8   0x02                      //LVD 门限为 2.8V
# define   LVD3V7   0x03                      //LVD 门限为 3.7V
/ *********************** 函数声明区域 *********************** /
void delay(u16 Count);                        //延时函数
/ *********************** 主函数区域 *********************** /
void main(void)
{
    //配置 P1.0 - 1 为推挽/强上拉模式
    P1M0| = 0x03;                             //P1M0.0 - 1 = 1
    P1M1& = 0xFC;                             //P1M1.0 - 1 = 0
    delay(5);                                 //等待 I/O 模式配置稳定
    WKTEST = 1;                               //上电后熄灭 D1
    LED = 1;                                  //上电后熄灭 D2
    PCON& = 0xDF;                             //软件清零低压检测标志 LVDF
    RSTCFG& = 0xBC;                           //禁止 LVD 复位,仅产生 LVD 中断,清零门槛电压设置
    RSTCFG| = LVD3V7;                         //门槛电压设置为 3.7V
    ELVD = 1;                                 //使能 LVD 中断(位于 IE 寄存器的第 6 位)
    EA = 1;                                   //打开总中断允许
    PCON& = 0xF0;                             //清除 PCON 寄存器的低 4 位
    PCON| = 0x02;                             //MCU 进入掉电模式
    delay(5);                                 //延时等待配置稳定
    while(1)                                  //正常运行状态下 LED 将不断闪烁
    {LED = !LED;delay(500);}
}
/ ********************** 中断服务函数区域 ********************** /
void LVD_ISR() interrupt 6                    //低压检测中断服务函数
{
    WKTEST = 0;                               //唤醒指示灯亮起
    PCON& = 0xDF;                             //软件清零低压检测标志 LVDF
}
/ ***************************************************************** /
【略】为节省篇幅,相似函数参见相关章节源码即可
void delay(u16 Count){}                        //延时函数
```

将程序下载到目标单片机中,若单片机供电电压产生波动跌落到 3.7V 以下时,单片机就会进入 LVD 中断服务函数之中,中断服务函数让唤醒行为指示灯 D1 亮起,单片机也从掉电状态下重新恢复到正常运行状态,D2 也开始闪烁。

20.5.9　基础项目 H　利用 CMP 唤醒 MCU 实验

STC8 系列单片机的片内电压比较器资源也可以用作唤醒功能,该资源的 CMP＋端可以是 P3.7 引脚或 A/D 模拟输入通道引脚,该资源的 CMP－端可以是 P3.6 引脚或内部固定参考电压(以 STC8H 系列单片机为例,该系列单片机的内部参考电压值一般是 1.19V,但由于制造误差,实际电压可能为 1.11～1.3V)。CMP＋和 CMP－这两个端子上的电压大小决定了电压比较器的输出结果(这部分内容在第 18 章已经学习过了)。

　　本实验的硬件电路仍采用图 20.8。在编程时首先要确定"谁和谁比较"的问题,我们实际选定 P3.7 引脚作为比较器的 CMP＋端,选定内部固定参考电压作为比较器的 CMP－端,若 P3.7 引脚上的电压从下往上穿越 1.19V 或者从上往下跌落到低于 1.19V 时,电压比较器的输出就会翻转。

　　接着要确定"比较过程的处理"问题,在程序上我们开启了电压比较器的 0.1μs 模拟滤波功能,然后设定了数字滤波时间(朋友们可按需设置,小宇老师在实验中选择了 63 个 CPU 周期的数字滤波时间)。

　　然后要确定"比较的结果怎么表现"的问题,我们使能了电压比较器的边沿中断(包含上升沿和下降沿),电压比较器的输出结果一旦产生翻转就会触发中断,我们在中断服务函数中让 D1 亮起即可指示唤醒行为。

　　最后我们要使能电压比较器功能和总中断允许,接着让单片机进入掉电模式即可。理清思路后利用 C51 语言编写的具体程序实现如下。

```c
//芯片型号：STC8H8K64U(程序微调后可移植至 STC8A/F/C/G/H 系列单片机)
//时钟说明：单片机片内高速 24MHz 时钟
/ ******************************************************* /
# include "STC8H.h"                          //主控芯片的头文件
/ ********************** 常用数据类型定义 ********************** /
【略】为节省篇幅,相似定义参见相关章节或源码工程即可
/ ********************** 端口/引脚定义区域 ********************** /
sbit   WKTEST = P1^0;                        //唤醒指示引脚
sbit   LED = P1^1;                           //LED 闪烁灯控制引脚
/ ********************** 函数声明区域 ********************** /
void delay(u16 Count);                       //延时函数
/ ********************** 主函数区域 ********************** /
void main(void)
{
    //配置 P1.0 - 1 为推挽/强上拉模式
    P1M0| = 0x03;                            //P1M0.0 - 1 = 1
    P1M1& = 0xFC;                            //P1M1.0 - 1 = 0
    delay(5);                                //等待 I/O 模式配置稳定
    WKTEST = 1;                              //上电后熄灭 D1
    LED = 1;                                 //上电后熄灭 D2
    CMPCR2& = 0xBF;                          //使能 0.1μs 模拟滤波功能
    CMPCR2| = 0x3F;                          //比较器结果经过 63 个去抖时钟后输出
    CMPCR1& = 0xF7;                          //P3.7 为 CMP + 信号
    CMPCR1& = 0xFB;                          //内部参考电压为 CMP - 信号
    CMPCR1| = 0x30;                          //使能比较器边沿中断(包含上升沿和下降沿)
    CMPCR1& = 0xFD;                          //禁止比较器输出
    CMPCR1| = 0x80;                          //使能比较器功能
    EA = 1;                                  //打开总中断允许
    PCON& = 0xF0;                            //清除 PCON 寄存器的低 4 位
    PCON| = 0x02;                            //MCU 进入掉电模式
    delay(5);                                //延时等待配置稳定
    while(1)                                 //正常运行状态下 LED 将不断闪烁
    {LED = !LED;delay(500);}
}
/ ********************** 中断服务函数区域 ********************** /
void CMP_ISR() interrupt 21                  //电压比较器中断服务函数
{
    WKTEST = 0;                              //唤醒指示灯亮起
    CMPCR1& = 0xBF;                          //软件清零中断标志
}
/ ******************************************************* /
```

【略】为节省篇幅,相似函数参见相关章节源码即可

```
void delay(u16 Count){}                          //延时函数
```

将程序下载到目标单片机中,我们在 P3.7 引脚上接入可调电压,当电压向上穿越或向下跌落到 1.19V 时,电压比较器的输出结果产生了翻转,单片机就会进入电压比较器中断服务函数之中,中断服务函数让唤醒行为指示灯 D1 亮起,单片机也从掉电状态下重新恢复到正常运行状态,D2 也开始闪烁。

做完 LVD 低压检测和 CMP 电压比较器唤醒 MCU 实验后,小宇老师还想提醒朋友们:虽说这两个资源都能用作掉电唤醒,但不建议大家使用。这是为啥呢? 因为这两个资源都要用到 STC8 系列单片机的片内参考电压(以 STC8H 系列为例,就是这个 1.19V 的参考电压单元)。这个参考电压单元在 IC 设计时自带了均衡温漂和自调校电路,这些辅助电路自己就会"吃掉"一部分电流产生额外功耗(约 $300\mu A$),所以大家要综合考虑。

若系统非要用这两个资源也行,只是在使用过程上要动动脑筋。我们可以先启用掉电唤醒定时器(因为这个单元仅有 $1.4\mu A$ 左右功耗,一般的系统都能接受),每 5s 就唤醒单片机一次(这个时间大家自己定,此处仅作举例使用),单片机回归正常模式后再用 LVD、CMP 或者 ADC 去检测相关电压,检测完毕后再次进入掉电模式即可。说白了就是定个"闹钟"定点起来"巡查",没有异常就继续睡觉,这种方法得到的平均功耗很小,也值得探索和实际使用。

做完这个实验本章的内容就算结束了,虽说电源管理与功耗控制的知识点并不难,但在实验上涉及的资源比任何一章都多,看上去就像是 STC8 系列单片机片上资源程序的"大杂烩"。从另一方面去思考,唤醒单片机的资源越是丰富则单片机的灵活度就越高,我们可以根据实际需求去选择具体的唤醒方法。小宇老师希望朋友们深刻理解单片机的运行状态和迁移过程,掌握单片机系统中常见的功耗控制手段,在平时的小制作、小项目中也把系统功耗考虑进去,看看自己能不能在保证系统功能的情况下进一步降低系统功耗,说不定这些手段和经验就会用在今后的产品设计中。

第21章

"修房子，搞装修" ISP/IAP及EEPROM编程

章节导读：

本章将详细介绍 STC8 系列单片机 ISP/IAP 技术应用和 EEPROM 区域编程的相关知识，共分为 3 节。21.1 节带领大家了解 ISP 和 IAP 技术，指出这两种技术的差别，并解释 STC8 系列单片机为啥要用到这些技术；21.2 节把那些支持 IAP 技术应用的 STC8 单片机 Flash ROM 区域比作买房时的"大通间"结构，说白了就是可以由用户自行"分区"，划分得到一个单独的"EEPROM"区域，用于存放那些重要的数据；21.3 节给大家介绍了 STC8 系列单片机中有关 IAP 操作和 EEPROM 区域编程的相关寄存器，明晰配置方法之后又做了几个实验，体会 IAP 方式和 MOVC 方式下的 EEPROM 操作。本章内容算是现代单片机产品中的"通识"内容，希望朋友们好好掌握。

21.1 单片机系统中的 ISP/IAP 技术应用

不知不觉间，本书已经临近尾声了。读者朋友们用手指翻动这块"厚砖头"的前面章节，看到满书的笔记和勾画，是不是突然开始佩服自己的毅力了？通过对以往章节的学习，我们大致了解了 STC8 系列单片机各类资源和用法，也算是达到了单片机的入门、进阶层级，现在再来看看如图 21.1 所示的内容就会有不一样的感悟了(该图第一次出现是在 2.5 节，那时候的我们还什么也不知道呢)。

在这个框图中的大部分内容我们都能看懂了，但是有几个小地方还是有点儿"疑惑"。例如，左上角有个叫"E²PROM Data Flash"的方框是啥意思？为啥那么多的箭头里面都没有字母，唯独指向这个方框的箭头里面却写着"IAP"？再看看最上面的一行，有个方框叫"硬件 USB 内置系统 ISP 监控程序"，这个箭头上也写了一个"IAP"。"ISP"和"IAP"是啥呢？内置系统还有监控程序，"监控"谁啊？稍加联想，我们还能发现下载 STC 系列单片机程序的上位机软件叫作"STC-ISP"，那为啥不叫"STC-IAP"呢？这么看来，疑惑还真不少。所以小宇老师要在本章揭开它们的神秘面纱，也想告诉大家：那些被我们一晃而过的"小名词"里可能有一片"新天地"。

21.1.1 什么是 ISP/IAP 技术

带着疑问去学习是最好的方法，在这种场景下的学习效率也会最高。"ISP"和"IAP"其实是两个英文缩写词，它们代表着两种不同的技术，技术的目的是通过不同的方法去更新单片机的内部程序，这两种技术并不是某个公司的独创和特有，几乎在所有单片机上都有这两种技术应用的"身影"，我们必须先要了解这一点。

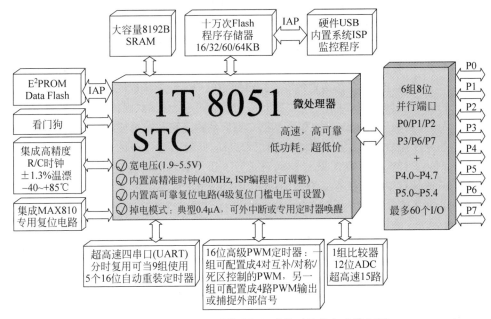

图 21.1 STC8H 系列单片机组成单元及特色功能框图

在没有 ISP 和 IAP 技术之前，单片机的程序烧录非常麻烦，在烧录前一般要把单片机从电路板上拆下来，然后放在专用的硬件烧录器上（也叫编程器），随后用上位机软件载入"固件"文件，下载才行，最后还要把烧录完成的单片机重新安装到电路板上。若所用单片机是直插封装的还好办（用 IC 起拔器操作即可），要是贴片封装的还得用风枪吹下来，接着找专门的烧录座，烧写后再用烙铁"拖焊"或用风枪和锡膏"吹焊"到电路板上才行。这无疑是麻烦的过程，这样烧录的效率也很低。

随着单片机技术的不断升级，ISP 和 IAP 技术相继出现并普及开来。我们先来说说"ISP"，其全称是"In System Programing"，直译过来就是"在系统里编程"。这种编程就是平常用 STC-ISP 软件通过计算机给开发板上的单片机"烧写"代码的过程。这个过程中并不需要专门的硬件烧录器，也不用把单片机从开发板上拔下来，计算机的 USB 口通过线缆连接到开发板的 USB 接口，然后又通过"USB 转串口"芯片把 USB 数据进行转换，最后对接到 STC 单片机的 P3.0 和 P3.1 引脚即可。STC 全系列的单片机都支持 ISP 方式的程序烧写，所以 STC 公司的烧录软件叫作"STC-ISP"。用这种方式烧录程序十分"省心"，我们都不用关心单片机的实际编程情况，单片机里有没有程序都无所谓，一旦开始下载，单片机中的内容就会被全部改写重新编程。所以这种方式"简单粗暴"，通俗地说，ISP 方式就像是用推土机把旧房子直接铲掉，重新在原来的地基上盖新房。

接下来再看看"IAP"，其全称是"In Application Programing"，直译过来就是"在应用中编程"。该方式中的"A"是指在单片机中事先编写好的启动引导程序（简称为 Bootloader 程序），该方式的本质就是用"特定程序"去引导"下载程序"实现更新，和 ISP 方式类似，IAP 方式不用去破坏系统板卡和拆卸单片机芯片，整个更新过程都发生在芯片内部，所以用户操作起来特别简单。但是 IAP 又有 ISP 方式不具备的优点，那就是下载端和目标板卡不一定非要连在一起，比如说我们研发的电子产品在非洲运行，由于一些系统功能的变更，我们需要远程更新单片机的内部程序，在这种场景中，总不可能让我们跑到非洲去"烧录"程序吧！其实不用那么复杂，只要这个设备能在非洲联网，那就可以远程传送一个固件文件到设备端，再由设备端用 IAP 方式自行更新固件即可，这就是远程"烧录"了。

IAP 与 ISP 方式的差别还不止这些，支持 IAP 功能的单片机允许用户对 Flash 区域进行"改造"，比如我们可以把 Flash 区域"切"成 A、B、C 三个空间（类似于计算机的硬盘分区），其中，A 空间较小,里面存放了 Bootloader 启动引导程序,B 空间用来存放用户程序(简称"AP"程序),C 空间容量大于或等于 B 空间,可以用来接收新的"固件"程序,相当于是个"程序文件"的临时仓库。

在一定的配置下,我们可以规定单片机的启动顺序,可以让单片机上电后从 B 空间正常启动,这就是"普通模式"。也可以让单片机上电后从 A 空间启动,这就是一种"引导-存储-覆盖-更新"的过程,属于 IAP"自更新模式"。怎么理解呢? A 空间中的 Bootloader 程序会引导外来数据(也就是新的程序文件)到 C 空间里存放,引导完毕后 C 空间就装了一个新的"固件"程序,经过数据校验和相关判断确保固件正确后,Bootloader 程序又把 C 空间的内容覆盖掉 B 空间,然后通过软件方法让单片机复位,重新上电后的单片机就从 B 空间正常启动,此时 B 空间中的用户程序就完成了更新。是不是很神奇呢? 当然,这里的 A、B、C 空间只是为了让大家理解,真实场景中的 Flash 划分可能不是这样的,有的场景中甚至没有 C 空间,直接让 Bootloader 程序引导下载数据覆盖 B 空间即可。通俗地说,IAP 方式就像是在一个现成的"毛坯房"里搞"装修",除了"空间结构"不变,空间的内容可以随意更改。

说到这里,可能很多朋友都对"Bootloader 程序"产生了"神秘感",同时也对这样的"引导关系"产生了质疑,小宇老师为啥这么说呢? 因为 Bootloader 程序的作用是引导相关数据更新内部程序的,所以在更新过程中 Bootloader 程序是不发生变化的。但很多时候,Bootloader 程序本身也需要被升级,这咋办呢? 莫非真的要去非洲取回设备进行烧录吗? 答案是否定的,聪明的工程师们可以采用"双向烧录机制"去解决这种需求,也就是用"用户程序"反向更改 Bootloader 程序。当 Bootloader 程序需要更新时,先要下载一个特殊的"用户程序",这个程序先去修改 Bootloader 程序,然后再用新的 Bootloader 程序去引导用户程序的更新即可。这种程序一般比较商业化,其源码框架也要按照具体的单片机平台去编写,几乎没有通用的范例,市面上的很多"脱机烧录器"内部就要用到这些程序和技术。

所以说单片机行业内的技术还是很多的,我们现在接触到的"ISP""IAP"等名词还很局限,随着学习的深入我们还会遇到"ICP"技术(即基于电路编程),还会看到一些特殊的"协议编程"技术(如 JTAG、SWD、SWIM 等),朋友们要丰富认知,在学习和工作中不断积累。

21.1.2 简析 ISP/IAP 在 STC8 单片机中的应用

了解了 ISP/IAP 技术的基本概念之后,我们就来讨论下这两种技术在 STC8 系列单片机中的

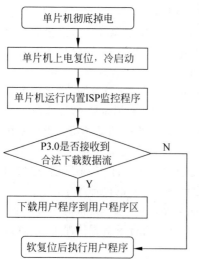

图 21.2 STC 系列单片机 ISP 下载
程序流程图

具体应用。"ISP"技术的应用其实讲解过,就是用 STC-ISP 软件下载程序到单片机中的过程。这个过程需要让单片机经历"冷启动",其目的就是要让单片机内部的 ISP 监控程序在重新上电后运行起来,然后去"监测"P3.0 串行数据接收引脚上是否出现合法的下载命令数据流(实际是一串以多个 0x7F 十六进制数为首的字节流),其运作流程如图 21.2 所示(这个图也是"老面孔"了,早在 3.3.1 节就简单了解过)。

说到这里我们就解决了本节开头提出的 3 个疑问,那个叫"内置系统 ISP 监控程序"的方框就是想表达 STC8 系列单片机支持 ISP 方式升级程序,这个内置程序"监控"的是 P3.0 引脚上的下载数据流,由于这个过程采用了"ISP"方式,所以 STC 公司把烧录程序所用的上位机软件命名为了"STC-ISP"。有的朋友可能会疑惑,这个内置的 ISP 监控程序是怎么编写的呢? 其实这个程序是基于 IAP 技术编写的,在单片机出厂后就被固化了单片机内部。有的朋友还

有疑惑,这个内置程序在每个STC的单片机里都存在并一致吗?确实都存在,但不完全一致(这部分代码和单片机硬件及底层有关,所以在不同系列和型号之间存在差异),朋友们可以将其理解为官方芯片"预装程序",所以所谓的"空片"也不是完全空的芯片。

接下来再看看"IAP"技术的运用,该技术其实是本章内容的核心,正是有了IAP的应用,我们才能把STC8系列单片机的Flash空间进行划分,把Flash区域"切开"成两部分,一部分用来装程序,另外一部分当成"EEPROM"区域,用来存放一些重要的数据,这些数据在断电后不会丢失且能长时间保存(需要注意的是,EEPROM也是ROM类型中的一种,但这里的"EEPROM"并不是真正意义上的EEPROM,而是把部分Flash区域"分割"出来之后形成的存储区域)。

说到这里我们又解决了本节开头提出的1个疑问,图21.1中左上角那个叫"E^2PROM Data Flash"的方框和印着"IAP"字母的箭头就是想表达STC8系列单片机中允许使用IAP技术将Flash分割出"EEPROM"区域。

基于IAP技术应用,我们甚至可以编写个性化的"ISP监控程序"去"替代"掉STC官方内置的ISP监控程序,这个程序就能引导单片机内部程序的更新。所以说,"IAP"让单片机的存储资源"活"了起来,让程序代码的更新方法多了起来,只要我们敢想敢做,还有好多玩法都可以尝试,例如,可以基于以太网转串口的通信,把下载端的固件以远程的方式更新到目标单片机中。又如,从事汽车电子产品开发时,使用CAN总线和IAP技术将下载端的多个固件分发到CAN总线的对应结点模块中去,让它们自己更新程序。所以说知道名词只能叫学概念,会用技术才能够做应用。

21.2 "样板房/大通间"说EEPROM区域划分

之前我们说过"IAP"技术可以把STC8系列单片机的Flash区域进行划分,这样就可以得到一个用于存放重要数据的EEPROM区域。为了讲清楚这个过程,小宇老师特地搬出了如图21.3所示的"样板房"和"大通间"来做比喻。房间的面积就相当于是不同型号单片机的Flash大小,这个大小可以通过查询该系列单片机的数据选型表来获得,以STC8H系列单片机为例,该系列单片机的Flash/EEPROM区域划分存在两种形式,第一种形式是已经分割好的,这种型号的单片机Flash和EEPROM区域大小出厂时就已经固定,就像我们购房时看到的"样板房"(如图21.3(a)所示),内部结构和功能划分都做好了,买来就用即可。还有一种形式是没有事先分割的,需要编程人员自定义区域的划分,这种情况就像是我们购房时看到的"大通间"(如图21.3(b)所示),开了门进去就是一整间,里面什么结构都没有,全由我们自己设计和划分。

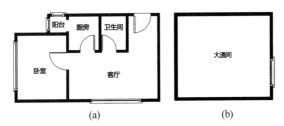

图21.3 房间结构比喻Flash/EEPROM区域划分

为了让大家看到不同,我们选取了STC8H系列的"STC8H8K32U"和"STC8H8K64U"这两款单片机做个区域划分的比较。"STC8H8K32U"这款单片机的ROM区域总共是64KB(即0000H~FFFFH,这里的"H"表示十六进制的地址形式),这个ROM区域是由32KB的Flash程序存储区域(即0000H~7FFFH)和32KB的EEPROM区域(即8000H~FFFFH)一同构成的,整体结构如图21.4左侧所示,看得出来这款单片机就像是"样板房"结构,在出厂时Flash/EEPROM区域就已经设计好了,编程者无法对其进行二次更改和调整。与之相比"STC8H8K64U"型号的单片机就显得"特殊"一些,这款单片机的 ROM 区域也是 64KB,但是出厂时并没有明确划分 Flash/EEPROM 区域大小,这种情况就像是"大通间"结构,用户可以根据实际需求去分割这 64KB 的空间,整体结构如图 21.4 右侧所示。

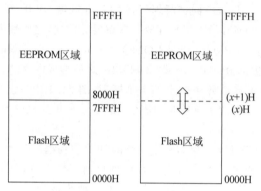

图 21.4　Flash/EEPROM 区域的固定划分和自定义划分

朋友们肯定"好奇",对于"大通间"这种单片机,是要编写程序去划分 Flash 和 EEPROM 区域大小吗? 这倒不用,我们只需要在程序下载时利用 STC-ISP 软件的硬件选项去自定义 EEPROM 区域大小就可以了,ROM 区域的总大小减去我们设定的 EEPROM 大小剩下的就是 Flash 区域的大小。

以"STC8H8K64U"单片机为例,其配置方法如图 21.5(a)箭头处所示。用户 EEPROM 空间最小可以配置为 0.5KB,最大可以配置为 64KB,这个范围内都是按 0.5KB 递增,这是为啥呢? 不能配置出一个 0.8KB 或 8.7KB 的 EEPROM 空间吗? 确实如此,通过 IAP 方式"切割"Flash 得到的 EEPROM 区域是"扇区"结构的,每个扇区就是 512B,所以配置值一定是 0.5KB 的倍数关系。

对于那些"样板房"形式的单片机而言,Flash 和 EEPROM 区域在出厂前就已经固定好了,所以这种型号的单片机不需要用户设定 EEPROM 区域大小,以"STC8H8K32U"单片机为例,STC-ISP 软件的硬件选项中就不具备"设置用户 EEPROM 大小"的选项,实际界面如图 21.5(b)所示。

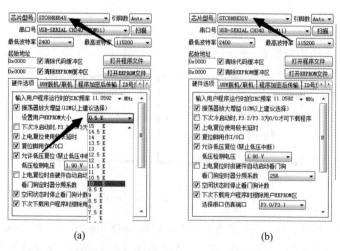

图 21.5　利用 STC-ISP 软件进行 Flash/EEPROM 区域划分

在 STC8 系列单片机中,"样板房"形式的单片机型号远比"大通间"形式的单片机型号要多,可供用户调整 EEPROM 大小的型号也就那么几种,它们是 STC8A 系列中的"STC8A8K64S4A12"和

"STC8A4K64S2A12"；STC8F 系列中的"STC8F2K64S4"和"STC8F2K64S2"；STC8C 系列中的"STC8C2K64S4"和"STC8C2K64S2"；STC8G 系列中的"STC8G1K17/A/T"和"STC8G2K64S4"以及 STC8H 系列中的"STC8H1K17""STC8H1K28""STC8H1K33""STC8H3K64S2""STC8H3K64S4""STC8H8K64U""STC8H2K64T""STC8H4K64T""STC8H4K64R4"，朋友们简单了解即可。

EEPROM 区域的访问也有"讲究"，访问方式有 IAP 方式和 MOVC 方式这两种（这里的"MOVC"是汇编语言中的一个指令，其目的是对整个 ROM 区域进行数据操作，早在第 9 章就学习过了）。两种方式的差异也就在于怎么看待目标地址的"位置"问题。为了方便大家理解，小宇老师给出了如图 21.6 所示内容，图中选用了"STC8H8K64U"单片机，在程序下载时利用 STC-ISP 软件划分了 48KB 的用户 EEPROM 区域，剩下的 16KB 就是 Flash 区域。假定程序现在要访问 EEPROM 区域中的一个"目标地址"，图片左侧是用 IAP 方式访问目标地址的图示（即图中 1234H 这个位置），图片右侧是用 MOVC 方式访问目标地址的图示（即 4000＋1234H，也就是 5234H 这个位置），其实两种方式下访问的目标地址"位置"是一样的，但是地址的表示方法却不相同。朋友们切莫心急，且听小宇老师慢慢道来。

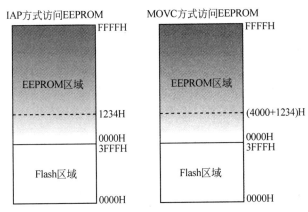

图 21.6 对比 IAP 及 MOVC 方式下的访问地址差异

IAP 方式下访问 EEPROM 区域时可以对其进行读操作、写操作和擦除操作，这种方式下的功能最为全面，这种方式相当于对 EEPROM 区域进行"单独"管理，其区域地址也重新编排，从 0000H 开始一直到 EEPROM 的上限地址结束。用户用这种方式设定的"目标地址"与 EEPROM 区域重新排列的"管理地址"是一致的，也就是说，这个地址与 Flash 区域的地址是没有关系的。

与 IAP 方式相比，MOVC 方式下访问 EEPROM 区域时的功能就很局限了，仅支持读操作，不允许写操作和擦除操作。有的朋友要问了：那要这种方式干吗呢？这种方式也有优点，那就是读操作的速度很快且操作语句也比较简单。这种方式把 Flash 区域和 EEPROM 区域统一"看待"，区域地址不进行隔断和重排，默认从 0000H 开始到整个 ROM 区域的上限地址结束。用户在这种方式下设定的"目标地址"就必须要加上 Flash 区域的地址。

说到这里，Flash/EEPROM 区域的划分和基础知识我们就清楚了，需要提醒朋友们，不同型号的单片机内部 EEPROM 容量及访问地址存在差异，在编程之前一定要看清我们使用是哪款单片机，看它属于"样板房"形式还是"大通间"形式，还得注意不同访问方式下的"目标地址"差异问题，为了深化理解，小宇老师以 STC8H8K 系列单片机为例，将相关内容列表，如表 21.1 所示。

因为 1KB 就是 1024B，EEPROM 区域中的一个扇区就是 512B，所以表 21.1 中的"扇区总量"在数值上就等于"EEPROM 容量"乘以 1024 再除以 512，以"STC8H8K60U"单片机为例，该单片机的"扇区总量"就等于 4×1024/512，即 8 个扇区，这个计算还是很简单的。

表 21.1　STC8H8K 系列单片机 EEPROM 容量和不同方式下的访问地址

单片机型号	EEPROM 容量	扇区 总量	IAP 方式读/写/擦除		MOVC 方式只读	
			起始地址	结束地址	起始地址	结束地址
STC8H8K32U	32KB	64	0000H	7FFFH	8000H	FFFFH
STC8H8K60U	4KB	8	0000H	0FFFH	F000H	FFFFH
STC8H8K64U	用户可用 STC-ISP 软件在下载时自定义 EEPROM 区域大小					

21.3　STC8 系列单片机 EEPROM 编程运用

有了前面知识的铺垫,我们就可以正式开始学习 STC8 系列单片机的 EEPROM 资源了。在 STC8 系列单片机中,EEPROM 区域主要用来存放一些重要数据(例如一台机床上设定的相关参数,又如空调遥控设定的温度和模式参数,再如回流焊机里设定的加热曲线及控制参数,还如一些加密设备中存储在芯片内部的产品序列号和密钥等),这些重要数据在单片机掉电后还能长时间保存,STC8 系列单片机 EEPROM 区域的擦写寿命在 10 万次以上,可以满足一般应用场景需求。

EEPROM 区域的结构是由若干个扇区组成的,每个扇区有 512B,所以 EEPROM 区域的大小都是 0.5KB 的整数倍关系。用户可以对 EEPROM 区域进行读操作、写操作和擦除操作,读操作和写操作是以单字节为单位,每次可以读出 1B 或者写入 1B(写入操作之前必须要保证目标地址中的内容是"0xFF",如果不是就无法正常写入,所以我们在写操作之前最好先擦除再写入)。但擦除操作是以扇区为单位,一次操作就必须清除一个扇区 512B 的内容(其本质是将该扇区内容中所有的"0"变成"1")。

看到这里,有的朋友开始疑惑了,难道说 STC8 系列单片机不支持单字节的擦除?难道说我想擦除几字节数据还非得把一个扇区中的剩下几百个数据一起清除?确实如此,EEPROM 区域的相关操作中没有单字节擦除功能,所以 IAP 方式切割 Flash 区域形成的 EEPROM 空间并不算是"真的"EEPROM 单元,但是我们也不必困惑,若是我们需要擦除扇区内的个别数据,也可以先把整个扇区的数据读出来放到数组里进行暂存,然后执行扇区擦除操作,接着按需改动数组里面的数据,最后再把数组内容写回该扇区即可。

基于 EEPROM 区域的一些操作规则,小宇老师也给朋友们一些使用上的建议:其实 STC8 系列单片机的 EEPROM 区域并不算小,扇区的数量也足够使用,在条件允许的情况下,可以把同一批次需要改写和更新的内容放在新的扇区里面,这样就不用把原有数据"取出来"再"转回去",扇区实在不够用的时候再考虑擦除原来的一些过期数据,重新启用该扇区。一个扇区虽有 512B,但不一定非要一次性用完,用的字节数越少,操作反而越容易,就像是自己的"公寓"一样,经常在网上买一大堆杂七杂八的东西放进去,等到"搬新家"的时候就特别头疼,就开始埋怨自己当初为啥要置办这么多"物件"。

使用 EEPROM 资源时还要注意的就是单片机的工作电压,当电压浮动或者电压偏低时最好不要进行扇区擦除或者读写操作,因为操作过程中会产生功耗,电压进一步降低时就会读写异常或者数据残缺。

21.3.1　相关寄存器功用及配置方法

为了方便控制和管理 IAP 技术下的 EEPROM 区域,STC8 系列单片机设立了一些专用寄存器分管不同的功能,以 STC8G 和 STC8H 系列单片机为例,IAP/EEPROM 资源共有 7 个寄存器,其名称如图 21.7 所示(需要说明的是:STC8A、STC8F 和 STC8C 系列单片机的 IAP/EEPROM 资源只有 6 个寄存器，在该系列单片机中没有单独的 IAP_TPS 寄存器）。

$$
\text{STC8系列单片机}\atop{\text{IAP/EEPROM功能}\atop\text{寄存器组成}}
\left\{
\begin{array}{l}
\text{1. IAP控制寄存器IAP\_CONTR}\\
\text{2. IAP命令寄存器IAP\_CMD}\\
\text{3. IAP高地址寄存器IAP\_ADDRH}\\
\text{4. IAP低地址寄存器IAP\_ADDRL}\\
\text{5. IAP数据寄存器IAP\_DATA}\\
\text{6. IAP触发寄存器IAP\_TRIG}\\
\text{*7. IAP等待时间控制寄存器IAP\_TPS}
\end{array}
\right.
$$

图 21.7 IAP/EEPROM 资源寄存器种类及名称

这些寄存器怎么使用，怎么配置呢？我们先不忙着解释。现在，让小宇老师扮演一次 STC 公司的设计工程师，带着朋友们一起从以下几点去思考我们需要为 IAP/EEPROM 资源提供什么样的寄存器。

(1) **操作使能的考虑**：EEPROM 区域可以支持读操作、写操作和扇区擦除操作，这些操作能不能进行，应该要由"使能位"决定。这些功能应该由一个寄存器去管理，于是有了 IAP 控制寄存器"IAP_CONTR"。

(2) **操作时间的考虑**：在进行相关操作时还要考虑不同系统时钟频率下的操作时间间隔问题，如读/写的间隔，又如擦除的间隔，这些功能应该设立"功能位"或者做一个专门的寄存器去管理，于是有了 IAP 等待时间控制寄存器"IAP_TPS"，需要说明的是：STC8A、STC8F 和 STC8C 系列单片机里没有这个寄存器。这就奇怪了，难道说这类单片机的 EEPROM 操作不需要进行间隔控制吗？当然不是，这些系列的单片机也需要配置时间间隔，只是没有设立专门的寄存器而已。这些单片机中的时间间隔功能位"IAP_WT[2:0]"默认放在了 IAP 控制寄存器 IAP_CONTR 之中。

(3) **操作类型的考虑**：应该有功能位或者寄存器用于指定操作的类型，要让 EEPROM 区域知道，我是想要读还是写，还是想擦除？于是有了 IAP 命令寄存器"IAP_CMD"。

(4) **要对"哪里"进行操作的考虑**：EEPROM 区域里有很多字节地址，某些字节地址又是扇区的起始地址。在具体操作时，应该指定欲操作的"目标地址"，但是这些地址都是"0xABCD"的形式，也就是说，这些地址是由 16 个二进制数构成的，那这种情况对于只有 8 个二进制位的单个寄存器来说根本"装不下"，那咋办呢？其实也好办，直接把"0xABCD"地址拆分为"0xAB"和"0xCD"就行了！用两个寄存器来装地址即可，于是有了 IAP 高地址寄存器"IAP_ADDRH"和 IAP 低地址寄存器"IAP_ADDRL"。

(5) **读出数据和写入数据的考虑**：EEPROM 区域也相当于一个"图书馆"，我们也可以为其设立一个"借书/还书台"，借出的书（读数据）和还回的书（写数据）都在此处办理。于是有了 IAP 数据寄存器"IAP_DATA"，这个寄存器就好比是个"缓冲区"，读出的数据会先存放到该寄存器中，随后再去"取"。写入的数据也会先存到这个寄存器中，随后再完成写入过程。

(6) **操作行为"合法性"的考虑**：之前也说了，EEPROM 区域中往往存放着重要数据，对这些数据的操作应该"谨慎"，如果因为程序的误操作（如指针操作的失误）改写了某些数据，那就麻烦了，所以在每次操作 EEPROM 时都应该有个操作行为的"触发"机制作为"二次确定"，于是有了 IAP 触发寄存器"IAP_TRIG"，不管用户下达的什么操作，操作的时候都要向该寄存器中依次写入 0x5A 和 0xA5 这两个数值（顺序不能交换，数值不可变更）才能让操作得以执行。

经过这样的考虑，朋友们是不是更加了解这些寄存器的作用了呢？接下来，我们就开始相关寄存器功能位和程序配置的学习。首先以 STC8H 系列单片机为例，学习 IAP 控制寄存器"IAP_

CONTR"，该寄存器的相关位定义及功能说明如表 21.2 所示。

表 21.2　STC8H 单片机 IAP 控制寄存器

IAP 控制寄存器（IAP_CONTR）						地址值：（0xC7）ₕ	
位　数	位 7	位 6	位 5	位 4	位 3	位 2	位 1	位 0
位名称	**IAPEN**	**SWBS**	**SWRST**	**CMD_FAIL**	—	—	—	—
复位值	0	0	0	0	x	x	x	x
位　名	位含义及参数说明							

IAPEN 位 7	EEPROM 操作使能位	
	该位决定了 EEPROM 区域能否被操作，上电默认为禁止	
	0	禁止 IAP 读/写/擦除 Flash/EEPROM 操作
	1	允许 IAP 读/写/擦除 Flash/EEPROM 操作
SWBS 位 6	软件复位选择控制位	
	该位的配置需要与本寄存器中的 SWRST 位搭配使用	
	0	软件复位后从用户代码区域开始执行程序
	1	软件复位后从系统 ISP 监控代码区域开始执行程序
SWRST 位 5	软件复位控制位	
	该位用于产生软件复位动作，复位后程序的运行区域选择由本寄存器中的 SWBS 位决定	
	0	无动作
	1	产生软件复位动作
CMD_FAIL 位 4	EEPROM 操作状态位	
	该位为 EEPROM 操作结果的标志位，若程序中设定的目标地址指向了非法地址或无效地址，且下达了相关操作命令，并对 IAP_TRIG 寄存器写入 0x5A 和 0xA5 后触发失败，这些情况下该位被置"1"，表示 EEPROM 操作失败，该位需要软件对其清零	
	0	EEPROM 操作成功
	1	EEPROM 操作失败
位 3	无功能保留位（用户无须读写该位）	
无功能保留位 或 IAP_WT[2:0] 位 2:0	无功能保留位（用户无须读写该位）	
	特别说明：在 STC8G 和 STC8H 系列单片机中，位 2 至位 0 都是无功能保留位，我们直接将其忽略即可。但在 STC8A、STC8F 和 STC8C 系列单片机中，位 2 至位 0 被用作 EEPROM 操作等待时间的配置，即 IAP_WT[2:0]功能位	

　　观察整个寄存器的功能位设定，应该说比较简单，其中还有两个复位有关的功能位之前在第 19 章已经学习过了。如果朋友们实际使用的单片机是 STC8A、STC8F 和 STC8C 系列，那么在 IAP_CONTR 寄存器中就存在"IAP_WT[2:0]"功能位，通过配置该功能位可以得到 8 种操作等待时间，用于选定不同系统时钟频率下的 EEPROM 操作等待时间，这个时间的配置非常重要，配置错误可能导致相关操作的失败，小宇老师将其单独列出，如表 21.3 所示（也方便大家查询）。

表 21.3　IAP 控制寄存器操作等待时间配置表

IAP_WT[2:0] 功能位配置			读字节时间 （2 个时钟）	写字节时间 （约 7µs）	擦除扇区时间 （约 5ms）	CPU 系统 时钟频率
1	1	1	2 个时钟	7 个时钟	5000 个时钟	1MHz
1	1	0	2 个时钟	14 个时钟	10 000 个时钟	2MHz
1	0	1	2 个时钟	21 个时钟	15 000 个时钟	3MHz

续表

IAP_WT[2:0] 功能位配置			读字节时间 （2个时钟）	写字节时间 （约7μs）	擦除扇区时间 （约5ms）	CPU系统 时钟频率
1	0	0	2个时钟	42个时钟	30 000个时钟	6MHz
0	1	1	2个时钟	84个时钟	60 000个时钟	12MHz
0	1	0	2个时钟	140个时钟	100 000个时钟	20MHz
0	0	1	2个时钟	168个时钟	120 000个时钟	24MHz
0	0	0	2个时钟	210个时钟	150 000个时钟	30MHz

注意：按照计算，当CPU系统时钟频率达到或高于30MHz时，写字节时间应为210个时钟，擦除扇区时间应为150 000个时钟，但计算结果却与官方数据手册不符。原因是官方认为CPU系统时钟频率达到或高于30MHz时最好把写字节时间和擦除扇区时间加大，写字节时间推荐301个时钟或以上，擦除扇区时间推荐215 000个时钟或以上，这样做是为了保证写入和擦除动作的有效性

因为"IAP_WT[2:0]"功能位是由3个二进制位构成的，那最多就有2^3种设定值，即8种不同的操作等待时间选择。从配置表的内容上看，用户程序对EEPROM区域的操作都应遵照一定的"操作等待时间"去进行，这个时间的把握和配置决定了操作的有效性，也关系到操作的结果。读字节操作的时间需要两个CPU系统时钟，写字节操作需要约7μs，擦除扇区的操作所需时间要"久"一些，大致需要5ms，这些时间参数务必要保证，不能太短也不能太长，需要编程人员根据具体的CPU系统时钟频率去合理选择。

不知道读者朋友们看到这里是不是能完全理解表21.3的内容，也不怕朋友们笑话，小宇老师当初在做这个表的时候还确实产生过不少疑问，我比较喜欢自问自答，这样的方式有助于梳理问题、清晰思路。现在就和朋友们一起看看我当初产生过的几个疑问吧！

疑问1：IAP方式和MOVC方式下的操作时间有差异吗？

这两种方式下的操作类型和操作时间都存在差异，IAP方式是"全能"的，可以支持读操作、写操作和扇区擦除操作，其操作等待时间分别为2个时钟、7μs左右和5ms左右。与之相比MOVC方式就很"单一"了，只能实现读操作，但在读操作上无须等待2个时钟，所以读取的速度很快，我们可以用指针访问目标地址的形式去编程实现，这部分的实验会在本章基础项目B中展示给朋友们。

疑问2：不同CPU系统时钟频率下的"写字节时间"和"擦除扇区时间"所用时钟数都不相同，是官方给出的固定数据还是自己也能算出来呢？

这个时间是可以自己算出来的，不要这个表其实也可以。我们就以CPU系统时钟在24MHz频率下所对应的168个时钟"写字节时间"和120 000个时钟的"擦除扇区时间"为例，因为EEPROM区域写字节的操作时间需要7μs左右，这个时间是固定的，又已知24MHz时钟频率下所对应的时钟周期为1/24 000 000s（根据频率与周期互为倒数关系去计算即可），那现在的计算就太简单了，也就是求解"多少个时钟周期加起来能等于7μs"的问题，那计算结果就是168个。同理，EEPROM区域擦除扇区的操作时间需要5ms左右，多少个时钟周期加起来又能等于5ms呢？计算出来就是120 000个。依据这样的关系，我们自己完全可以求解EEPROM的操作等待时间。

疑问3：若我的CPU系统时钟频率为22.1184MHz，不在现有参数之内，操作时间要怎么选定呢？

表格中只有8种操作时间，其取值大致覆盖了STC8系列单片机系统时钟频率的上限和下限，如果我们选择的时钟频率（如22.1184MHz）并不在表格中也没有关系，可以选择比实际频率稍稍大一点儿的频率（如24MHz）即可。

我做个简单的运算给朋友们看一看，如果程序中想对某一个EEPROM的扇区进行擦除操作，则擦除等待时间应该在5ms左右，若单片机实际CPU系统时钟频率为22.118 4MHz，我们故意为

程序错选表 21.3 中"20MHz"频率下的等待时间参数"010",那么此时的擦除操作等待时间应该是 $100\,000×(1/22\,118\,400)$,计算出来就是 4.5ms 左右,这个时间比要求的 5ms 要小一些,朋友们别小看这点儿时间,有可能就会造成数据擦除的不彻底。所以我们在操作等待时间的选择上宁愿选大一点的较好。

疑问 4:编程时间和擦除时间一定要很精确吗?

这个疑问相当于是对疑问 3 的补充和延续,其实编程时间和擦除时间有一个范围,只要不要偏差太多都是可以的。

编程的等待时间(即写字节时间)推荐为 $6\sim7.5\mu s$,若等待时间过小(小于最短时间 $6\mu s$),则被编程的目标单元内部的数据就可能"不可靠"(即数据的保存期限可能达不到 25 年),若等待时间过长(大于最长时间 $7.5\mu s$ 的 1.5 倍,即大于 $11.25\mu s$),也可能由于有数据干扰而导致写入的数据不正确。所以这个时间短了也不行长了也不好,写入字节数据后我们还可以将其读出来进行校验,若校验一致,就说明数据已经被正确写入了。

擦除的等待时间推荐为 $4\sim6$ms,若擦除等待时间过小(小于最短的时间 4ms),则目标扇区可能没有被擦干净;若等待时间过长(大于最长时间 6ms 的 1.5 倍,即大于 9ms),则会缩短 EEPROM 的使用寿命,即原本 10 万次的擦除寿命可能会缩短为 5 万次。

疑问 5:为啥要给操作时间搞个功能位,程序里用 delay() 延时不行吗?

这个疑问比较重要,市面上很多专用的 EEPROM 器件中,操作等待时间都是由程序中执行相应的"软件延时"去完成的,为啥 STC8 系列单片机要专门做个等待时间的配置呢? 这实际是给我们的编程带来了方便,如果我们选定了相应 CPU 系统时钟频率下的操作等待时间,在进行 EEPROM 操作时,CPU 就会停止工作(也就是单片机不对 CPU 进行时钟供应了,CPU 就被暂停了,当然,单片机的串口、定时器、SPI、I²C 等资源的时钟不受影响,仍然正常工作),相当于是单片机硬件自动完成了"延时"等待,这个过程压根就不需要我们干预,所以显得很便捷。

需要注意的是,表格中的系统时钟频率值就是 CPU 实际的工作时钟频率(即主时钟进行分频后得到的系统时钟),若单片机使用内部高速 IRC 作为时钟源,则频率值就是 STC-ISP 下载时设定的时钟频率。若单片机使用外部晶振作为时钟源,则频率值就是外部晶振频率经过 CLKDIV 寄存器分频后的时钟频率(例如:外部晶振的频率为 24MHz,CLKDIV 寄存器的值设置为 4,则 CPU 工作时钟频率为 $24/4=6$MHz,此时的等待时间参数应选择"100"而不能选择"001")。

说到这里,STC8A、STC8F 和 STC8C 系列单片机的 EEPROM 操作时间配置就讲解完毕了。在整个配置过程中有不少细节需要我们注意,朋友们在配置 IAP_WT[2:0]功能位时一定要细心,避免错误配置导致操作失败。STC 公司也考虑到了这些问题,为了进一步降低操作的复杂度,在 STC8G 和 STC8H 系列单片机中对 EEPROM 操作等待时间的配置过程进行了"优化",单独设立了一个等待时间控制寄存器 IAP_TPS,该寄存器的相关位定义及功能说明如表 21.4 所示。

表 21.4 STC8H 单片机 EEPROM 等待时间控制寄存器

EEPROM 等待时间控制寄存器(IAP_TPS)							地址值:$(0xF5)_H$
位 数	位 7	位 6	位 5	位 4	位 3	位 2	位 1	位 0
位名称	—	—	IAP_TPS[5:0]					
复位值	x	x	0	0	0	0	0	0
位 名	位含义及参数说明							
位 7:6	无功能保留位(用户无须读写该位)							
IAPTPS [5:0] 位 1:0	EEPROM 擦除等待时间配置 　　EEPROM 操作等待时间由硬件自动控制,用户只需正确设置 IAP_TPS 寄存器取值即可,IAP_TPS[5:0]=系统工作频率/1 000 000(小数部分四舍五入进行取整即可)							

有了这个寄存器之后，操作等待时间的配置就很简单了，例如，我的单片机系统时钟频率为22.1184MHz，则IAP_TPS应设置为22，又如我的单片机系统时钟频率为11.0592MHz，则IAP_TPS应设置为12，整个过程中，用户只管"告诉"IAP_TPS寄存器系统时钟的整数部分取值就行，剩下的工作由单片机自己完成。

接下来要讲解的寄存器就比较简单了，用于明确EEPROM操作命令的寄存器就是IAP命令寄存器，该寄存器的相关位定义及功能说明如表21.5所示。

表 21.5　STC8H 单片机 IAP 命令寄存器

IAP 命令寄存器（IAP_CMD）						地址值：(0xC5)H	
位 数	位 7	位 6	位 5	位 4	位 3	位 2	位 1	位 0
位名称	—	—	—	—	—	—	CMD[1:0]	
复位值	x	x	x	x	x	x	0	0
位 名	位含义及参数说明							
位 7:2	无功能保留位（用户无须读写该位）							
CMD[1:0] 位 1:0	发送 EEPROM 操作命令 　该寄存器支持 EEPROM 区域的常规操作，即：读操作、写操作和擦除区域操作，使用时可以根据需求选择，也要注意操作的等待时间设定							
	00	空操作						
	01	读命令，读取目标地址的 1B 的内容						
	10	写命令，对目标地址写入 1B 的内容						
	11	擦除目标地址所在的 1 页内容（即 1 个扇区，也就是 512B）						

若用户需要用 C51 语言对 EEPROM 区域进行擦除扇区操作，可编写语句：

```
IAP_CMD = 0x03;                      //下达擦除 EEPROM 扇区命令
```

用于 EEPROM 目标地址配置的寄存器有两个，IAP_ADDRH 寄存器用于存放目标地址的高 8 位，IAP_ADDRL 寄存器用于存放目标地址的低 8 位，这两个寄存器的相关位定义及功能说明如表 21.6 所示。

表 21.6　STC8H 单片机 IAP 高位/低位地址寄存器

IAP 高位地址寄存器（IAP_ADDRH）							地址值：(0xC3)H
位 数	位 7	位 6	位 5	位 4	位 3	位 2	位 1	位 0
位名称	IAP_ADDRH[7:0]							
复位值	0	0	0	0	0	0	0	0

IAP 低位地址寄存器（IAP_ADDRL）							地址值：(0xC4)H
位 数	位 7	位 6	位 5	位 4	位 3	位 2	位 1	位 0
位名称	IAP_ADDRL[7:0]							
复位值	0	0	0	0	0	0	0	0
位 名	位含义及参数说明							
IAP_ADDRH[7:0] IAP_ADDRL[7:0] 位 15:0	联合指定欲操作的目标 EEPROM 区域地址 　这两个寄存器中的数据用于指定 EEPROM 目标地址，地址形式是 0x1234 这样的，总共是由 16 个二进制位构成。在高位地址寄存器中可以存放 0x12，在低位地址寄存器中可以存放 0x34。这样就完成了目标地址的指定，接下来就可以对目标 EEPROM 区域进行读、写和擦除等操作了							

假设我们要对某个目标地址的 EEPROM 单元进行数据读取,可以在程序中设定一个变量 "RADD"用于存放目标地址值,接下来就要用程序去把这个地址值拆分为高 8 位和低 8 位,然后赋值给相应的寄存器。

运用 C51 语言可有两种常规写法,第一种方法是运用"移位"运算,先将 RADD 直接赋值给 IAP_ADDRL 寄存器,由于寄存器只能存放 8 位二进制数,这样的赋值就会把 RADD 的低 8 位传递过去,高 8 位就丢失了。接着再把 RADD 进行右移(>>)8 位,得到的值(也就是高 8 位部分)再赋值给 IAP_ADDRH 寄存器即可。编程语句如下。

```
IAP_ADDRL = RADD;                    //设置目标地址低 8 位
IAP_ADDRH = RADD >> 8;               //设置目标地址高 8 位
```

第二种方法是运用"除法"和"取模"运算,将 RADD 当作一个数字,若除以 256(即 2^8)就得到了 RADD 的高 8 位部分,若与 256 进行取模运算就得到了 RADD 的低 8 位部分,编程语句如下。

```
IAP_ADDRL = RADD/256;                //设置目标地址低 8 位
IAP_ADDRH = RADD % 256;              //设置目标地址高 8 位
```

这两种方法都可以选用,小宇老师更偏向于第一种方式,运算也较为简单。EEPROM 单元读操作与写操作的目的地址设定比较简单,我们需要特别注意擦除操作所对应的目标地址问题,因为擦除操作并不是擦除单字节而是擦除目标地址所在的扇区,所以这个目标地址的低 9 位(9 位二进制数能表达的就是 0~511,即 512B 的空间)实际上是毫无意义的。举个例子,执行擦除命令时,若设定的目标地址为 0x1234、0x1200、0x1300 或 0x13FF,这些地址所执行的擦除动作及区域范围都是一样的,都是擦除 0x1200~0x13FF 区域的这 512B。

在操作 EEPROM 区域内容时,不管是写操作还是读操作,数据都会经过 IAP 数据寄存器,该寄存器的相关位定义及功能说明如表 21.7 所示。

表 21.7　STC8H 单片机 IAP 数据寄存器

IAP 数据寄存器(IAP_DATA)							地址值:(0xC2)$_H$
位　数	位 7	位 6	位 5	位 4	位 3	位 2	位 1	位 0
位名称	IAP_DATA[7:0]							
复位值	1	1	1	1	1	1	1	1
位　名	位含义及参数说明							
IAP_DATA [7:0] 位 7:0	存放 IAP 操作 EEPROM 时的数据 　　该寄存器就像是一个"缓冲区"或者"暂存器"。当用户对 EEPROM 区域进行读取时,读到的数据会先保存到该寄存器中,然后由用户"取走"。当用户对 EEPROM 区域进行写入时,先要把欲写入的数据送到该寄存器中,然后再执行写入命令。需要说明的是,擦除 EEPROM 扇区数据的命令与该寄存器无关							

为保证 EEPROM 操作的"合法性",我们需要向 IAP 触发寄存器中送入特定顺序、特定取值的数据去"触发"相关操作的执行,相当于对相关操作进行"二次确定",这个过程需要用到 IAP 触发寄存器,该寄存器的相关位定义及功能说明如表 21.8 所示。

特别要注意,每次进行 EEPROM 操作时都要对该寄存器依次写入 0x5A 和 0xA5 这两个数值,操作命令才能生效。这两个特定的数值好比是"密钥",每次写入的动作好比是"解锁",以确保操作的谨慎(防止用户误改 EEPROM 中的重要数据)。写完"密钥"后 CPU 会处于 IDLE(空闲模式)状态,直到相应的 IAP 操作执行完成后 CPU 才会恢复到正常运行状态继续执行程序指令。

表 21.8 STC8H 单片机 IAP 触发寄存器

IAP 触发寄存器（IAP_TRIG）							地址值：(0xC6)H
位 数	位 7	位 6	位 5	位 4	位 3	位 2	位 1	位 0
位名称	IAP_TRIG[7:0]							
复位值	0	0	0	0	0	0	0	0
位 名	位含义及参数说明							
IAP_TRIG [7:0] 位 7:0	对 EEPROM 操作进行确认 　　若用户已经完成了对 IAP 命令寄存器、IAP 地址寄存器、IAP 数据寄存器和 IAP 控制寄存器的配置，那最后关键的一步就是向该寄存器中依次写入 0x5A 和 0xA5 这两个数值（顺序不能交换，数值不可变更），这样才能允许读、写或擦除操作的触发和执行。 　　相应操作执行完毕后，IAP 高位/低位这两个地址寄存器和 IAP 命令寄存器中的内容不会发生变化。若程序还要继续对其他 EEPROM 区域进行操作，则需要我们手动更新 IAP 高位/低位这两个地址寄存器中的值							

21.3.2　基础项目 A　自增数据掉电记忆实验（IAP 方式）

了解了寄存器的功能和使用之后，我们就可以开始实战编程了。我们先基于 IAP 方式进行 EEPROM 编程，考虑到 EEPROM 的编程本质是读、写和擦除，所以实验的内容一定要"套"上一个应用，这样才能让朋友们有所感悟并看到效果。

实验之前我们需要搭建如图 21.8 所示实验电路，U1 为 STC8H8K64U 单片机，DS1 是一个 1 位 8 段共阴单色数码管，公共端"A"连接到电源地，段引脚 a～DP 经过限流电阻 R1～R8 连接到了单片机的 P2 端口组。若 P2 端口组某引脚输出高电平，则 DS1 的相关数码段就会亮起。

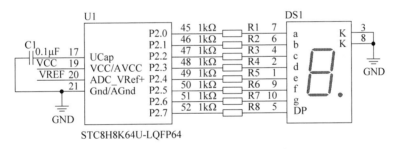

图 21.8　自增数据掉电记忆实验电路图

在实验中，单片机选择内部高速时钟 IRC 作为时钟源，时钟频率配置为 24MHz。由于 STC8H8K64U 单片机属于一种"大通间"形式的单片机，所以需要在 STC-ISP 软件中为其指定 EEPROM 区域大小，在本实验中我们选定 4KB 即可，这样的结构划分下就类似于 STC8H8K60U 单片机了（该单片机属于"样板房"结构，出厂时已经分割好了，EEPROM 区域大小就是 4KB，剩下的 Flash 区域有 60KB）。

实验的程序和功能上是这样考虑的，单片机在第一次上电时数码管 DS1 应该显示"0"，然后程序中有一个变量"i"在做自增运算（限定其值域范围在 0～9，自增到 9 时又归零重新自增），i 的值每自增一次，DS1 就会显示出来，并把 i 的值写入到一个指定的 EEPROM 目标地址中去，若 DS1 显示出"4"之后突然给单片机断电，那么 DS1 会熄灭，二次上电时数码管 DS1 应该直接显示"4"，然后接着自增。

实验功能应该说不复杂，无非就是利用了 EEPROM 中的数据掉电不丢失的性质，要想在断电前保存变量 i 的值就必须要编写"擦除扇区函数"和"写入字节函数"，先要对目标地址进行扇区擦除操作,然后在 i 每一次自增后将其写入目标地址单元中。要想在二次上电时接着上一次掉电时的数值接着自增,那就还要编写一个"读取字节函数"。在 main()函数开始的时候就先执行读取目标地址内容的操作,并将读取回来的数值做个判断,若数值刚好为"0",则 DS1 显示出"0"且 i 的值也为 0,若数值不为"0",则 DS1 应显示对应数码且 i 的值也要变成该数值,在后续的程序中,i 的值要以该数值作为初始值继续自增。

说白了,程序的重点就是要实现"擦除扇区函数""写入字节函数""读取字节函数"等功能函数。这些函数的编写其实不难,也就是用好之前学习的寄存器知识就可以了。小宇老师当初也是这么想的,当我用 STC8A 系列单片机做实验时高高兴兴地就编写了 IAP_READ()函数用于读取 EEPROM 数据,IAP_WRITE()函数用于写入 EEPROM 数据,IAP_ERASE()函数用于擦除 EEPROM 扇区数据,眼瞅着程序就这么轻松完成了,一编译"坏了",调试窗口出来了好多项错误,看了一会儿终于发现了"端倪",为啥调试信息中的错误在语法上根本检查不到呢?这是因为小宇老师自定义的这几个函数名称居然与如图 21.9 所示的 STC 官方头文件"STC8. H"中的定义"重名"了,所以导致了编译错误。

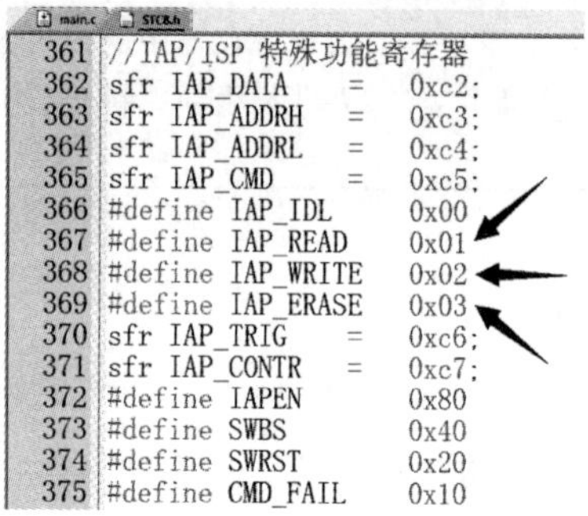

基于这个问题,我又尝试用 STC8G 和 STC8H 系列单片机编写了同样名称的函数,结果却不报错,这是为啥呢?原因就在于 STC 官方头文件"STC8. H""STC8G. H""STC8H. H"在内容上存在差异,我们定义的函数名与某些头文件中的定义产生了"冲突"。其实这个问题也很好解决,只需将"冲突"

图 21.9　忽略头文件已有定义造成的程序错误

的函数名进行更改即可,在程序中用 EEPROM_OFF()函数禁止 EEPROM 操作,用 EEPROM_READ()函数实现读取操作,用 EEPROM_WRITE()函数实现写入操作,再用 EEPROM_ERASE()函数实现擦除扇区操作即可。理清思路后利用 C51 语言编写的具体程序实现如下。

```c
//芯片型号:STC8H8K64U(程序微调后可移植至 STC8A/F/C/G/H 系列单片机)
//时钟说明:单片机片内高速 24MHz 时钟
//EEPROM 空间说明:在 STC - ISP 软件中设定为 4KB 大小
/*********************************************************************/
#include "STC8H. h"                                 //主控芯片的头文件
#include "intrins. h"                                //程序要用到 nop()故而添加此头文件
/********************* 常用数据类型定义 *************************/
【略】为节省篇幅,相似定义参见相关章节或源码工程即可
/********************** 端口/引脚定义区域 ***********************/
#define   LED   P2                                   //1 位数码管段引脚端口
/********************** 用户自定义数据区域 **********************/
u8 tableA[] = {0x3F,0x06,0x5B,0x4F,0x66,0x6D,0x7D,0x07,0x7F,0x6F,\
  0x77,0x7C,0x39,0x5E,0x79,0x71};                    //共阴数码管段码 0~F
/********************** 函数声明区域 ***************************/
void delay(u16 Count);                              //延时函数
void EEPROM_OFF(void);                              //禁止 EEPROM 操作函数
u8 EEPROM_READ(u16 RADD);                           //IAP 方式读取 EEPROM 数据函数
void EEPROM_WRITE(u16 WADD,u8 WDAT);                //写入 EEPROM 数据函数
void EEPROM_ERASE(u16 EADD);                        //擦除 EEPROM 扇区数据函数
/********************** 主函数区域 ****************************/
void main(void)
{
    u8 EEPROM_RDAT = 0;                             //定义读 EEPROM 操作变量
    u8 i = 0;                                       //定义循环自增变量
```

```
    //配置 P2 为推挽/强上拉模式
    P2M0 = 0xFF;                            //P2M0.0-7 = 1
    P2M1 = 0x00;                            //P2M1.0-7 = 0
    delay(5);                               //等待 I/O 模式配置稳定
    LED = 0x00;                             //P2 全部输出低电平(上电数码管段全熄灭)
    EEPROM_RDAT = EEPROM_READ(0x0200);      //首先读取操作地址处内容
    if(EEPROM_RDAT!= 0)                     //如果地址内容不为 0
    {
        LED = tableA[EEPROM_RDAT];          //显示出上次断电时的计数值
        i = EEPROM_RDAT;                    //将计数值赋值给 i
        delay(1500);                        //延时观察
    }
    else
        LED = 0x3F;                         //若地址内容为 0 则显示'0'
    while(1)
    {
        LED = tableA[i];                    //将 0~9 段码送到数码管显示
        EEPROM_ERASE(0x0200);               //擦除 0x0200 所在扇区内容
        EEPROM_WRITE(0x0200,i);             //将自增数值存入 EEPROM
        delay(1500);                        //延时观察
        i = (i + 1) % 10;                   //限定 i 的取值范围在 0~9
    }
}
/ ***************************************************** /
//禁止 EEPROM 操作函数 EEPROM_OFF(),无形参,无返回值
/ ***************************************************** /
void EEPROM_OFF(void)
{
    IAP_CONTR& = 0x7F;                      //禁止 EEPROM 操作
    _nop_();                                //等待配置稳定
    IAP_CMD = 0x00;                         //清除命令寄存器,空操作
    IAP_TRIG = 0x00;                        //清除触发寄存器,无动作
    IAP_ADDRH = 0x04;                       //将地址设置到非 IAP 区域(高 8 位)
    IAP_ADDRL = 0x00;                       //将地址设置到非 IAP 区域(低 8 位)
}
/ ***************************************************** /
//IAP 方式读取 EEPROM 数据函数 EEPROM_READ(),有形参 RADD 用于设定欲
//读取数据的 EEPROM 目标地址,有返回值 RDAT 用于返回读到的内容
/ ***************************************************** /
u8 EEPROM_READ(u16 RADD)
{
    u8 RDAT = 0;                            //定义变量用于取回读到的数据
    IAP_CONTR| = 0x80;                      //使能 EEPROM 操作
    IAP_TPS = 24;                           //配置等待时间
    IAP_CMD = 0x01;                         //下达读 EEPROM 命令
    IAP_ADDRL = RADD;                       //设置目标地址低 8 位
    IAP_ADDRH = RADD >> 8;                  //设置目标地址高 8 位
    IAP_TRIG = 0x5A;                        //写触发命令(0x5A)
    IAP_TRIG = 0xA5;                        //写触发命令(0xA5)
    _nop_();                                //等待配置稳定
    RDAT = IAP_DATA;                        //取回数据寄存器内容
    EEPROM_OFF();                           //关闭 IAP 禁止 EEPROM 操作
    return RDAT;                            //返回读到的数据内容
}
/ ***************************************************** /
//写入 EEPROM 数据函数 EEPROM_WRITE(),有两个形参 WADD 用于设定欲写入
//数据的 EEPROM 目标地址,WDAT 是需要写入的数据内容,无返回值
/ ***************************************************** /
```

```
void EEPROM_WRITE(u16 WADD,u8 WDAT)
{
    IAP_CONTR| = 0x80;                          //使能 EEPROM 操作
    IAP_TPS = 24;                               //配置等待时间
    IAP_CMD = 0x02;                             //下达写 EEPROM 命令
    IAP_ADDRL = WADD;                           //设置目标地址低 8 位
    IAP_ADDRH = WADD >> 8;                      //设置目标地址高 8 位
    IAP_DATA = WDAT;                            //向数据寄存器写入数据
    IAP_TRIG = 0x5A;                            //写触发命令(0x5A)
    IAP_TRIG = 0xA5;                            //写触发命令(0xA5)
    _nop_();                                    //等待配置稳定
    EEPROM_OFF();                               //关闭 IAP 禁止 EEPROM 操作
}
/ ************************************************************* /
//擦除 EEPROM 扇区数据函数 EEPROM_ERASE(),有形参 EADD 用于设定欲擦除
//数据的 EEPROM 目标地址,擦除目标地址所在的 1 个扇区内容,无返回值
/ ************************************************************* /
void EEPROM_ERASE(u16 EADD)
{
    IAP_CONTR| = 0x80;                          //使能 EEPROM 操作
    IAP_TPS = 24;                               //配置等待时间
    IAP_CMD = 0x03;                             //下达擦除 EEPROM 命令
    IAP_ADDRL = EADD;                           //设置目标地址低 8 位
    IAP_ADDRH = EADD >> 8;                      //设置目标地址高 8 位
    IAP_TRIG = 0x5A;                            //写触发命令(0x5A)
    IAP_TRIG = 0xA5;                            //写触发命令(0xA5)
    _nop_();                                    //等待配置稳定
    EEPROM_OFF();                               //关闭 IAP 禁止 EEPROM 操作
}
/ ************************************************************* /
```
【略】为节省篇幅,相似函数参见相关章节源码即可
```
void delay(u16 Count){}                         //延时函数
```

将程序编译后下载到目标单片机中,程序上电运行后得到了如图 21.10 所示效果。首次上电运行时 DS1 显示出"0",在 DS1 自增到"4"时执行了第一次掉电,二次上电后 DS1 依然从"4"开始自增,自增到"7"时又来了一次人为掉电,再次上电时 DS1 仍能从"7"开始自增,这个操作过程说明了实验功能满足预期设定。

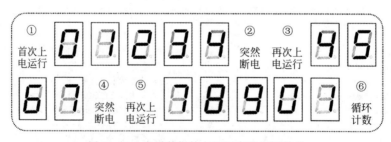

图 21.10　自增数据掉电记忆实验实测效果

21.3.3　基础项目 B　自增数据掉电记忆实验(MOVC 方式)

之前我们学过,IAP 方式下对 EEPROM 单元的操作类型最为丰富(支持读、写和扇区擦除),MOVC 方式与之相比就只能实现读操作,但是 MOVC 方式也有优点,那就是编程实现很简单,读取速度也很快。故而本实验将在基础项目 A 的程序上进行改写,保留大部分的功能函数和语句,也采用与基础项目 A 相同的实验电路。

在实验中，单片机选择内部高速时钟 IRC 作为时钟源，时钟频率配置为 24MHz。我们在 STC-ISP 软件中为 STC8H8K64U 单片机指定 4KB 大小的 EEPROM 区域，这样的结构划分就类似于 STC8H8K60U 单片机(该单片机的 EEPROM 区域大小就是 4KB，剩下的 Flash 区域有 60KB)。

程序改写的重点有两个，第一个是要明确 MOVC 方式和 IAP 方式下"目标地址"的差异问题，我们需要把 EEPROM 区域的"起始地址"定义出来写在程序中，例如：

```
#define  IAP_OFFSET  0xF000                    //定义 EEPROM 起始地址(实验选定 4KB)
```

改写的第二个重点就是要将 IAP 方式下读取数据的 EEPROM_READ() 函数进行改写，要自己构造一个 MOVC 方式下的新函数"MOVC_READ()"，这个函数中要做两件事，第一个就是计算出 MOVC 方式下目标地址的"真实地址"(也就是 EEPROM 区域起始地址加上欲操作的目标地址)，第二个就是要用指针的方式去读取这个真实地址中的内容，并将内容返回给调用者。

由于 MOVC 方式只能实现读操作，所以写字节操作和擦除扇区操作的功能函数仍然使用 IAP 方式，不必对其进行改写。理清思路后利用 C51 语言编写的具体程序实现如下。

```c
//芯片型号：STC8H8K64U(程序微调后可移植至 STC8A/F/C/G/H 系列单片机)
//时钟说明：单片机片内高速 24MHz 时钟
//EEPROM 空间说明：在 STC-ISP 软件中设定为 4KB 大小
/ ******************************************************* /
#include "STC8H.h"                          //主控芯片的头文件
#include "intrins.h"                         //程序要用到 nop()故而添加此头文件
/ ********************** 常用数据类型定义 ********************* /
【略】为节省篇幅，相似定义参见相关章节或源码工程即可
/ ********************** 端口/引脚定义区域 ********************* /
#define  LED  P2                             //1 位数码管段引脚端口
/ ********************** 用户自定义数据区域 ********************* /
u8 tableA[] = {0x3F,0x06,0x5B,0x4F,0x66,0x6D,0x7D,0x07,0x7F,0x6F,\
0x77,0x7C,0x39,0x5E,0x79,0x71};              //共阴数码管段码 0~F
#define IAP_OFFSET 0xF000                    //定义 EEPROM 起始地址
//(4KB 容量对应 0xF000 至 0xFFFF)
/ ********************** 函数声明区域 ********************* /
void delay(u16 Count);                       //延时函数
void EEPROM_OFF(void);                        //禁止 EEPROM 操作函数
u8 MOVC_READ(u16 RADD);                       //MOVC 方式读取 EEPROM 数据函数
void EEPROM_WRITE(u16 WADD,u8 WDAT);          //写入 EEPROM 数据函数
void EEPROM_ERASE(u16 EADD);                  //擦除 EEPROM 扇区数据函数
/ ********************** 主函数区域 ********************* /
void main(void)
{
    u8 EEPROM_RDAT = 0;                      //定义读 EEPROM 操作变量
    u8 i = 0;                               //定义循环自增变量
    //配置 P2 为推挽/强上拉模式
    P2M0 = 0xFF;                            //P2M0.0-7 = 1
    P2M1 = 0x00;                            //P2M1.0-7 = 0
    delay(5);                               //等待 I/O 模式配置稳定
    LED = 0x00;                             //P2 全部输出低电平(上电数码管段全熄灭)
    EEPROM_RDAT = MOVC_READ(0x0200);        //首先读取操作地址处内容
    if(EEPROM_RDAT!= 0)                     //如果地址内容不为 0
    {
        LED = tableA[EEPROM_RDAT];          //显示出上次断电时的计数值
        i = EEPROM_RDAT;                    //将计数值赋值给 i
        delay(1500);                        //延时观察
    }
    else
    LED = tableA[i];                        //若地址内容为 0 则显示'0'
```

```
    while(1)
    {
        LED = tableA[i];                //将 0～9 段码送到数码管显示
        EEPROM_ERASE(0x0200);           //擦除 0x0200 所在扇区内容
        EEPROM_WRITE(0x0200,i);         //将自增数值存入 EEPROM
        delay(1500);                    //延时观察
        i = (i + 1) % 10;               //限定 i 的取值范围在 0～9
    }
}
/ *************************************************************** /
//MOVC 方式读取 EEPROM 数据函数 MOVC_READ(),有形参 RADD 用于设定
//欲读取数据的 EEPROM 目标地址,有返回值,返回内容是读回的数据
/ *************************************************************** /
u8 MOVC_READ(u16 RADD)
{
    RADD += IAP_OFFSET;                 //目标地址需加上 Flash 区上限地址
    return * (u8 code * )(RADD);        //使用 MOVC 方式读回数据
}
/ *************************************************************** /
【略】为节省篇幅,相似函数参见相关章节源码即可
void delay(u16 Count){}                 //延时函数
void EEPROM_OFF(void){}                 //禁止 EEPROM 操作函数
void EEPROM_WRITE(u16 WADD,u8 WDAT){}   //写入 EEPROM 数据函数
void EEPROM_ERASE(u16 EADD){}           //擦除 EEPROM 扇区数据函数
```

将程序下载到目标单片机中,得到了与基础项目 A 一致的实验效果,可以看出我们的"改写"是成功的,MOVC 方式下的读取函数是可以正常发挥作用的。整个程序的重点就在 MOVC_READ()这个函数中,函数中的"RADD + = IAP_OFFSET;"语句就是为了得到欲操作 EEPROM 单元的"真实地址",后面的 return 语句是为了将读取到的内容返回给调用者,语句中用到了"code"这个关键字去修饰指针,这是为啥呢? 其实,code 的作用是为了让这个指针指向单片机的 ROM 区域(相关内容在第 9 章已经学习过了),因为 EEPROM 区域就是由 ROM 区域划分出来的一部分。

21.3.4 进阶项目 A 数据读写与串口打印实验

做完了两个基础项目,我们大致了解了 EEPROM 区域的相关编程和操作实现,接下来就结合之前学过的串口知识,做一个多字节数据写入和读出打印的实验。实验之前要搭建相关电路,我们仍然选定 STC8H8K64U 单片机作为主控,选择内部高速时钟 IRC 作为时钟源,时钟频率配置为24MHz,用串口 1 资源以 9600b/s 的速率去打印数据(即 P3.0 引脚和 P3.1 引脚),在 STC-ISP 软件中为单片机指定 4KB 大小的 EEPROM 区域,由于本实验中并不需要除核心电路外的其他电路,故而此处省略电路原理图展示和讲解。

在 main()函数中,我们想做两个 for()循环,第一个 for()要循环 10 次,目的是为了把循环自增变量值0～9 依次写入到 EEPROM 目标地址为首及往后的 9 个单元中进行存储,第二个 for()也要循环 10 次,目的是把 EEPROM 目标地址为首及往后的 9 个单元中的数据读取出来,并通过串口 1资源打印出去,我们只需打开串口调试助手去观察写入的 10 个数和读出的 10 个数是否相同即可验证实验结果。理清思路后利用 C51 语言编写的具体程序如下。

```
//芯片型号:STC8H8K64U(程序微调后可移植至 STC8A/F/C/G/H 系列单片机)
//时钟说明:单片机片内高速 24MHz 时钟      波特率说明:9600b/s
//EEPROM 空间说明:在 STC - ISP 软件中设定为 4KB 大小
/ *************************************************************** /
# include "STC8H. h"                    //主控芯片的头文件
# include "intrins. h"                   //程序要用到 nop()故而添加此头文件
```

```
/*************************** 常用数据类型定义 ***************************/
【略】为节省篇幅,相似定义参见相关章节或源码工程即可
/*************************** 用户自定义数据区域 ***************************/
#define   SYSCLK  24000000UL                    //系统时钟频率值
#define   BAUD_SET  (65536 - SYSCLK/9600/4)      //波特率设定与计算
/*************************** 函数声明区域 ***************************/
void delay(u16 Count);                           //延时函数
void EEPROM_OFF(void);                           //禁止 EEPROM 操作函数
u8 EEPROM_READ(u16 RADD);                        //IAP 方式读取 EEPROM 数据函数
void EEPROM_WRITE(u16 WADD,u8 WDAT);             //写入 EEPROM 数据函数
void EEPROM_ERASE(u16 EADD);                     //擦除 EEPROM 扇区数据函数
void UART1_Init(void);                           //串口 1 初始化函数
void U1SEND_C(u8 SEND_C);                        //串口 1 发送单字符数据函数
void U1SEND_S(u8 * SEND_S);                      //串口 1 发送字符串数据函数
/*************************** 主函数区域 ***************************/
void main(void)
{
    u8 i;                                        //定义循环控制变量
    UART1_Init();                                //初始化串口 1
    U1SEND_S(" ------------------------------------------------------ \r\n");
    U1SEND_S("[1]UART1 OK..........\r\n");
    EEPROM_ERASE(0x0200);                        //擦除 0x0200 所在扇区内容
    U1SEND_S("[2]EEPROM ERASE OK...\r\n");
    U1SEND_S(" ------------------------------------------------------ \r\n");
    U1SEND_S("[W]EEPROM WRITE:");
    for(i = 0;i < 10;i++)                         //循环写入 0~9 到目标区域中
    {
        U1SEND_C(i + '0');                       //打印出 0~9 字符
        EEPROM_WRITE(0x0200 + i,i);              //向目标地址写入自增变量值
                                                 //目标地址也要自增,依次写入
    }
    U1SEND_S("\r\n");                            //输出回车换行
    U1SEND_S(" ------------------------------------------------------ \r\n");
    U1SEND_S("[R]EEPROM READ:");
    for(i = 0;i < 10;i++)                         //循环读出目标 EEPROM 内容
    {
        U1SEND_C(EEPROM_READ(0x0200 + i) + '0');
        //读出变量值并转为对应字符,目标地址也要自增,依次读出
    }
    U1SEND_S("\r\n");                            //输出回车换行
    U1SEND_S(" ------------------------------------------------------ \r\n");
    U1SEND_S("[3]EEPROM W/R OK.....\r\n");
    U1SEND_S(" ------------------------------------------------------ \r\n");
    while(1);                                     //程序"停止"于此处
}
/***********************************************************************/
【略】为节省篇幅,相似函数参见相关章节源码即可
void   delay(u16 Count)                          //延时函数
void   EEPROM_OFF(void)                          //禁止 EEPROM 操作函数
u8 EEPROM_READ(u16 RADD)                         //IAP 方式读取 EEPROM 数据函数
void   EEPROM_WRITE(u16 WADD,u8 WDAT)            //写入 EEPROM 数据函数
void   EEPROM_ERASE(u16 EADD)                    //擦除 EEPROM 扇区数据函数
void UART1_Init(void)                            //串口 1 初始化函数
void U1SEND_C(u8 SEND_C)                         //串口 1 发送单字符数据函数
void U1SEND_S(u8 * SEND_S)                       //串口 1 发送字符串数据函数
```

　　程序语句应当说没什么难度,但是有两个地方需要说明一下。在 main()函数第一个 for()循环中有一条语句是"EEPROM_WRITE(0x0200+i,i);",函数调用送出的第一个实参是"0x0200+

i",这个写法是为了让 EEPROM 地址实现递增,因为 i 在第一次循环时为 0,所以第一次指定的目标地址就是 0x0200 本身,但随着循环次数的自增,这个目标地址也从 0x0200 开始自增。函数调用的第二个实参是 i,这个 i 就是循环控制变量,相当于把 0~9 的数值送到了相应的 EEPROM 单元之中(共计写入 10 个数据)。

第二个 for()循环中有一条语句是"U1SEND_C(EEPROM_READ(0x0200+i)+'0');",这条语句其实是两个函数互相配合的过程。从里面看起,"EEPROM_READ(0x0200+i)"是用于读取目标地址中的数据内容,由于 i 在循环过程中不断自增,所以目标地址也是从 0x0200 开始往后自增(共计读回 10 个数据)。读到的返回值又变成了 U1SEND_C()函数的实际参数,该函数会把"返回值+'0'"从单片机串口 1 打印出去,有的朋友会纳闷了,这个"'0'"是什么意思呢?这里加上'0'这个字符其实是想把阿拉伯数字形式的返回值变成对应的 ASCII 码字符形式,这样才能在串口助手中看到这个数值内容(也就是说,阿拉伯数字的 0 和字符'0'是不一样的,所以要进行转换)。

将程序下载到目标单片机中,打开 PC 上的串口调试助手,设定串口号为 COM12(具体串口号要根据用户计算机的实际端口分配来定),通信波特率为 9600b/s,数据位为 8 位,无奇偶校验位,停止位为 1 位,显示内容为 ASCII 码方式。打开串口成功后复位单片机芯片,得到了如图 21.11 所示返回结果。

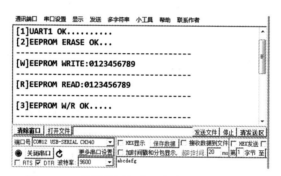

图 21.11　数据读写与串口打印实验效果截图

观察串口打印结果可知,我们向 EEPROM 区域写入的 10 个数字和读出的 10 个数字一致,说明实验成功了。有的朋友还有疑问,若是把程序中的 for()循环次数变多,循环写入 10 个、100 个、500 个数据到 EEPROM 连续地址中,是不是也可以用这个程序框架进行修改呢?当然是可以的,但是要注意,若循环次数大于 10 次,那循环控制变量 i 的位数就不是单纯的"个位数"了,有可能产生十位和百位,这时候就要用到"取位"运算,在串口打印时将 i 的百位、十位和个位都加上'0'这个字符,将其转换为对应的 ASCII 码形式再进行打印即可。若写入的数据大于 512B,还得考虑重新制定扇区地址的问题,因为原有扇区已经装不下了,这样一来就要重新涉及扇区擦除、写入等问题。

当然,在实际应用中欲写入 EEPROM 的数据并不是变量 i 的值那么简单,这种情况下可以建立两个数组,第一个数组里面存放欲写入的数据,第二个数组当作"暂存区域",存放读出来的数据,我们只要对比这两个数组中的元素是否一致就可以校验数据写入和重新读出的正确性了。

以上实验内容都是为了让大家进一步熟悉 EEPROM 的编程和操作,朋友们还需在实际应用中继续深化,将 ISP、IAP、EEPROM 资源的相关知识逐步"内化"才行。

第22章

"千头万绪，分身有术" RTX51操作系统运用

章节导读：

本章将详细介绍 RTX51 实时操作系统的原理及应用，共分为 7 节。22.1 节分析了"前后台编程框架"中的任务处理；22.2 节从 while(1) 死循环结构入手，分析了顺序执行的局限，还通过实验验证了顺序执行的"异常"，虽说改进程序可以优化事件处理，但还是不能解决任务并行处理和实时性的需求；22.3 节引入了 RTOS，讲解其意义和作用，也对大家是否要用 RTOS 的"争议"展开了讨论；22.4 节介绍了 RTX51 系统的版本、机制、风格和部署，重点解析汇编核心参数配置和库函数使用方法；22.5 节通过实例体现了 RTX51 的便捷；22.6 节教大家用 Keil C51 环境自带的仿真/调试工具对 RTX51 进行理解和观察；22.7 节展现了 RTOS 在嵌入式领域的广泛运用，希望朋友们掌握一款主流的 RTOS 以便工程所需。

22.1　常规"前后台编程框架"中的任务处理

终于到了本书的最后一章，本章将学习 RTX51 实时操作系统的原理及运用。这一章是小宇老师特意加入本书的，这些内容属于基础中的基础，初学者也能看得懂，故而希望大家一定要好好消化本章的知识点，为后续的学习打好基底。有的同学一听"操作系统"就觉得不理解，莫非 STC8 系列单片机上还能装个 Windows 10 不成？那倒不是，我们要讲的 RTX51 实时操作系统是一个能在单片机上运行的"小系统"，这个系统包已经集成在 Keil C51 开发环境里面了，使用起来很简单，原理也不复杂。但在讲解其机理和部署之前，我们还是要循序渐进地展开学习才行。

首先让我们回顾一下常规的编程框架，编程的重点就是 main() 函数和相关的中断服务函数。一般来说，当中断事件发生的时候，单片机会从 main() 函数中"跳出来"跑到中断入口，然后再跳转到中断服务函数，这种场景下的中断服务程序就相当于"前台"系统，此时的 main() 函数内容就是"后台"系统。中断来临时，前台获得最高优先权，可以打断后台运行，当前台程序执行完毕后再把运行权还给后台即可。这种"前后台编程框架"较为普通，也最为常用。

我们暂且抛开中断前台系统，只研究后台内容。就拿闪烁灯为例，程序进入 main() 函数后一般要初始化相关的 I/O 引脚（我们将其称为"初始工作"），然后会进入一个 while(1) 死循环，循环体内就让 LED 控制引脚不断取反电平并延时，最终实现闪烁效果。这种程序就是后台编程中的"单任务"情况（即 LED 闪烁控制），其处理流程如图 22.1 所示。

如果程序稍微复杂一些，"任务"的数量就会相应增多。我们以电压采集卡的程序为例，进入 main() 函数后也要进行初始工作（包含 I/O、串口、A/D、液晶等资源或外设模块的初始化），然后进

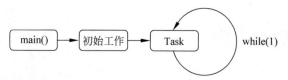

图 22.1　后台编程中的单任务情况

入 while(1)死循环。循环体内主要做四件事（即电压采集、数据处理、液晶显示和串口打印），这种场景就相当于"多任务"情况，其处理流程如图 22.2 所示。

图 22.2　后台编程中的多任务情况

后台编程中的"任务"并不算是真正意义上的任务，无非就是把相关功能语句封装成了函数罢了（如电压采集 Get_V()函数、数据处理 Process_V()函数、液晶显示 LCD_display()函数和串口打印 UART_Print()函数），然后再把这些函数全部放进 while(1)循环结构中顺序调用就可以了，这种"大循环"的写法是大家学习单片机编程时的常见形式，该方法非常适合处理那种"过程"事件，每个任务都有先后且相对独立，互相不会冲突，每个任务的执行时间也没有太多要求和约束，按部就班地执行即可。

22.2　while(1)死循环编程形式有局限吗

但是一个 while(1)"写到底"的方法对于每种场景都适用吗？会不会遇到什么问题呢？让我们带着"质疑"的态度看看如图 22.3 所示内容。这个图中的 Task1～Taskn 表示 n 个"任务"，这些任务函数都包含在一个 while(1)循环体内往复执行，任务函数执行的时间不一定相同，每个任务在每次执行时的时间消耗也不一定等长。

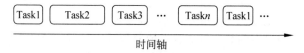

图 22.3　顺序任务执行的时间耗费与局限

我们从 Task1 看起，假设这个任务函数在 1s 后执行完毕，接着进入 Task2 任务之中，但不巧的是 Task2 被一些事件"卡住"了（例如，等待外部芯片的应答信号、等待外部电路的电平变化、等待数据的读写和运算过程、等待中断服务程序的数据传递等），这导致本该 3s 就完毕的任务执行了半天都无法结束，那这种情况下的 Task3 就"倒霉"了，注定要等很久才能被 CPU 执行了，假设 Task3 是负责串口数据打印的，那这种情况下串口就什么也打不出来了，上位机接收不到串口数据的话，看起来就像是"死机"了一样。这无疑会影响系统功能，如果这种事经常发生，那整个程序就都乱了。

由此，我们发现了后台编程"大循环"方法的局限，while(1)死循环只能顺序执行任务函数，无法解决任务"卡住"导致的超时问题，无法统筹全局、合理地进行任务调度（例如，在 Task2 被"卡住"时抽身出来先执行 Task3），也无法保证 CPU 能够在预定时间点处理预定的事务，只要是前面的任务被"卡住"了，那后面的任务就统统"遭殃"，一个 while(1)循环体内的最后一个任务最受"欺负"，非要等到前面的任务全部执行完毕了才能轮得到它执行。

22.2.1 基础项目 A 键控灯的"困扰"实验

光是从时间轴上进行理论推测不符合一个理工科学生的态度和习惯，所以我们必须要做实验去验证这些推测。那要怎么设计实验内容呢？我们想到了用简单的按键和 LED 去做验证，实验之前需要搭建出如图 22.4 所示电路(该电路适用于本章所有实验，后续不再赘述)。电路中 R1~R6 皆为限流电阻，D1~D3 为指示灯，S1~S3 为轻触按键。

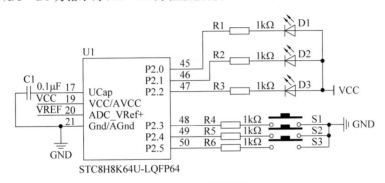

图 22.4 键控灯的"困扰"实验电路图

我们需要为轻触按键设置相应功能，若单独 S1 按下(不松手)，则 D1 发生闪烁且亮灭时间等长(即高电平脉宽＝低电平脉宽)。若单独 S2 按下(不松手)，则 D2 发生闪烁且亮的时间长，灭的时间短(即高电平脉宽＜低电平脉宽)。若单独 S3 按下(不松手)，则 D3 发生闪烁且亮的时间短，灭的时间长(即高电平脉宽＞低电平脉宽)。

这个功能要怎么写呢？其实很简单，也就用 3 个 if() 语句就可以搞定。按照常规编程方式，需要在 main() 函数中初始化相关 I/O 引脚，然后写一个 while(1) 死循环，在循环体内做 3 个 if() 判断，若 S1(KEYA) 按下，就让 P2.0(LEDA) 延时取反，这样一来亮的延时和灭的延时就是等长的。若 S2(KEYB) 按下，就让 P2.1(LEDB) 点亮且长延时，然后熄灭且短延时。若 S3(KEYC) 按下就让 P2.2(LEDC) 点亮且短延时，然后熄灭且长延时即可。理清思路后利用 C51 语言编写的具体程序实现如下。

```
//芯片型号：STC8H8K64U(程序微调后可移植至 STC8A/F/C/G/H 系列单片机)
//时钟说明：单片机片内高速 24MHz 时钟
/ ******************************************************** /
# include "STC8H.h"                    //主控芯片的头文件
/ *********************** 常用数据类型定义 **************************** /
【略】为节省篇幅，相似定义参见相关章节或源码工程即可
/ *********************** 端口/引脚定义区域 *************************** /
sbit LEDA = P2^0;                      //定义 LEDA 灯引脚
sbit LEDB = P2^1;                      //定义 LEDB 灯引脚
sbit LEDC = P2^2;                      //定义 LEDC 灯引脚
sbit KEYA = P2^3;                      //定义 KEYA 按键引脚
sbit KEYB = P2^4;                      //定义 KEYB 按键引脚
sbit KEYC = P2^5;                      //定义 KEYC 按键引脚
/ *********************** 函数声明区域 ***************************** /
void delay(u16 Count);                 //延时函数
/ *********************** 主函数区域 ***************************** /
void main(void)
{
    //配置 P2.0~P2.2 为推挽输出模式
    P2M0 | = 0x07;                     //P2M0.0 - 2 = 1
    P2M1 & = 0xF8;                     //P2M0.0 - 2 = 0
```

```
//配置P2.3～P2.5为准双向/弱上拉模式
P2M0& = 0xC7;                              //P2M0.3 - 5 = 0
P2M1& = 0xC7;                              //P2M0.3 - 5 = 0
while(1)                                   //死循环编程结构
{
    if(KEYA == 0)                          //若按键A按下
    {
        delay(10);                         //软件延时"去抖"
        if(KEYA == 0)                      //按键A确实按下
        {
            LEDA = !LEDA;delay(600);       //LEDA亮灭时间等长
        }
    }
    if(KEYB == 0)                          //若按键B按下
    {
        delay(10);                         //软件延时"去抖"
        if(KEYB == 0)                      //按键B确实按下
        {
            LEDB = 0;delay(700);           //点亮LEDB(长时间)
            LEDB = 1;delay(100);           //熄灭LEDB(短时间)
        }
    }
    if(KEYC == 0)                          //若按键C按下
    {
        delay(10);                         //软件延时"去抖"
        if(KEYC == 0)                      //按键C确实按下
        {
            LEDC = 0;delay(100);           //点亮LEDC(短时间)
            LEDC = 1;delay(700);           //熄灭LEDC(长时间)
        }
    }
}
}
/ ************************************************************************** /
【略】为节省篇幅,相似函数参见相关章节源码即可
void delay(u16 Count){}                    //延时函数
```

这个程序真是"过于"简单了,我们将其下载到目标单片机中,然后单独按住S1,此时在P2.0(LEDA)引脚输出的波形如图22.5所示。

图 22.5　单独按住 S1(KEYA)时的输出波形

我们可以看到 P2.0 的波形中高电平脉宽和低电平脉宽是相等的,占空比为 50%。此时松开 S1,单独按住 S2,可以在 P2.1(LEDB)引脚上观察到如图 22.6 所示波形。

图 22.6　单独按住 S2(KEYB)时的输出波形

该波形的高电平脉宽很短,低电平脉宽较长,实测高电平的占空比约为 13.6% 左右,所以 D2 是亮的时间长,灭的时间短。此时松开 S2,单独按住 S3,可以在 P2.2(LEDC)引脚上观察到如

图 22.7 所示波形。

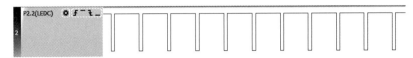

图 22.7　单独按住 S3(KEYC)时的输出波形

该波形的高电平脉宽很长,低电平脉宽较短,实测高电平的占空比约为 87.6% 左右,所以 D3 是亮的时间短,灭的时间长。

通过观察,单独按下按键的波形都挺正常,但小宇老师在实验时同时按下 3 个按键后,"奇怪"的事情发生了,D1、D2 和 D3 的闪烁情况全部发生异常,实测 P2.0~P2.2 引脚的波形如图 22.8 所示,这些波形与图 22.5~图 22.7 的波形完全不同。

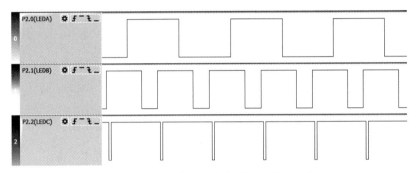

图 22.8　同时按住三个按键时的输出波形

此时的 P2.0(LEDA)波形虽说还是 50% 的占空比,但是周期长了很多(是原来的 3.6 倍左右)。P2.1(LEDB)的波形占空比不再是原来的 13.6%(实测变化到了 68.6% 左右),P2.2(LEDC)的波形占空比不再是原来的 87.6%(实测变化到了 95.5% 左右)。这些变化都印证了 while(1) 死循环结构下,任务处理的局限。

22.2.2　基础项目 B　改进版键控灯实验

有没有办法阻止输出波形的"异常"呢? 当然是有的! 我们重新考虑按键全部按下时的情况,这时候 while(1) 循环体内的 3 个 if() 条件全都被满足了,3 个 if() 语句块都会被执行,这样一来,P1.0~P1.2 的输出信号就会互相等待、互相影响,最终导致了波形的异常。

如果我们换个结构,在 if() 语句块中引入"直到型循环"(即 do-while 结构)是否能解决这个问题呢? 因为 do-while 结构可以用来检测按键状态,只要某个按键不松手,程序就会停在对应的语句块中无法跳出,这样一来其他程序就不会被执行,即某个按键不松手的过程中只能执行唯一的一个 if() 内容。理清思路后利用 C51 语言编写的具体程序实现如下。

```
//芯片型号: STC8H8K64U(程序微调后可移植至 STC8A/F/C/G/H 系列单片机)
//时钟说明: 单片机片内高速 24MHz 时钟
/ ******************************************************* /
# include "STC8H.h"                                //主控芯片的头文件
/ *************** 常用数据类型定义 *************** /
【略】为节省篇幅,相似定义参见相关章节或源码工程即可
/ *************** 端口/引脚定义区域 *************** /
【略】为节省篇幅,相似定义参见本章基础项目 A
/ *************** 函数声明区域 *************** /
void delay(u16 Count);                             //延时函数
/ *************** 主函数区域 *************** /
```

```
void main(void)
{
    //配置 P2.0～P2.2 为推挽输出模式
    P2M0| = 0x07;                               //P2M0.0 - 2 = 1
    P2M1& = 0xF8;                               //P2M0.0 - 2 = 0
    //配置 P2.3～P2.5 为准双向/弱上拉模式
    P2M0& = 0xC7;                               //P2M0.3 - 5 = 0
    P2M1& = 0xC7;                               //P2M0.3 - 5 = 0
    while(1)                                    //死循环编程结构
    {
        if(KEYA == 0)                           //若按键 A 按下
        {
            do
            {
                LEDA = !LEDA;delay(600);        //LEDA 亮灭时间等长
            }
            while(!KEYA);                       //直到按键 A 松手才能退出
        }
        if(KEYB == 0)                           //若按键 B 按下
        {
            do
            {
                LEDB = 0;delay(700);            //点亮 LEDB(长时间)
                LEDB = 1;delay(100);            //熄灭 LEDB(短时间)
            }
            while(!KEYB);                       //直到按键 B 松手才能退出
        }
        if(KEYC == 0)                           //若按键 C 按下
        {
            do
            {
                LEDC = 0;delay(100);            //点亮 LEDC(短时间)
                LEDC = 1;delay(700);            //熄灭 LEDC(长时间)
            }
            while(!KEYC);                       //直到按键 C 松手才能退出
        }
    }
}
/ *************************************************************** /
【略】为节省篇幅,相似函数参见相关章节源码即可
void delay(u16 Count){}                         //延时函数
```

把改写后的程序烧录到目标单片机中,单独按下某一按键后对应输出波形正常,同时按下两个或三个按键时只有先按下的按键起效,输出波形任何情况下都只有一路。这样做虽然解决了输出波形"异常"的问题(约束了按键状态),但还是没有达到小宇老师的要求。

我的想法是让 3 个 if()语句块(可以理解为 3 个小"任务")都可以同时被执行且输出波形不会产生互相等待和互相影响,哪怕是三个按键全部按住,三路波形也应该正常。

这种情况怎么办呢? 莫非要找个内部"多核"的单片机,每个"内核"单独处理一个任务才行吗? 想来想去还是改程序比较简单,但这个程序并不太好改,虽说可以引入"有限状态机"的方法,但是按键数量变多后就很复杂了,编程上也变得很烦琐。要不就自己写个"调度器"程序,利用堆栈和 PC 指针操作去实现"任务切换"? 实话实说,初学者直接写调度器也头疼啊! 这种情况下,试试 RTOS 实时操作系统吧!

22.3 RTOS 实时操作系统的引入

啥叫 RTOS 呢？它是实时操作系统"Real Time Operating System"的缩写。也就是相关公司、团队编写的代码产品（当然，我们自己也可以写出来，只是稳定性和功能性方面比不上成熟的 RTOS 产品）。实时性操作系统具备高响应和高可靠的特点，一般是运行在一些单片机/嵌入式设备上，特别是在物联网领域的应用更为广泛。引入操作系统之后，系统的资源管理、任务调度、代码维护等方面都会变得容易，我们可以侧重应用程序的编写，通过相关 API（应用程序接口）丰富系统功能使其具备很多优点。

22.3.1 怎么理解系统的实时性

与非实时操作系统、分时操作系统（Time Sharing Operating System，TSOS）相比，实时操作系统对时限参数的要求更为严格。这里说的"时限"就是时间的限制，即 RTOS 系统中的相关任务都必须在有限的时间内执行完成，不允许超过截止时间的上限。下面举个例子，切实体会下某些应用场景中对"实时性"的要求。

现在的生活越来越好，人民群众的生活也变得富裕，买车的朋友越来越多。现在的汽车大都属于"智能车"，在车体的控制上引入了众多传感器单元、电路单元和执行器单元，这些需求和应用造就了当下的汽车电子行业。要知道一辆汽车上的微控制/微处理单元可不止一个，很多主控核心中都加入了操作系统以方便管理和调配相关任务及资源。

假设我给汽车加油（液晶式多合一汽车参数显示仪如图 22.9 所示），等加满了之后要等待 3～5s 油表的读数才发生变化，虽然感觉有点儿"迟钝"但并不影响观察油量。在这个小单元中，我们对油量检测、油量显示等任务的实时性要求就不太高，或者说我们对这类任务的截止时间上限有个"柔性"的接受范围，就算是不那么及时或存在超时（毫秒级或者秒级），对系统整体而言问题不大，故而我们将此类应用算作"软实时"场景。这类场景中的任务优先级可以不用设得太高，任务调度机制也可以随意一些，任务大致在预定时间范围内完成即可，常见于消费类产品应用需求。

又假设我开车等红绿灯的时候忘记拉手刹（这属于违规行为，朋友们一定不能这样做），在我没有察觉的时候车子开始下滑，眼看着就要和前面的汽车发生追尾了，突然间汽车自带的自动刹车系统启动了（又叫自动紧急制动系统"AEB"，这个系统几乎成了智能汽车的标配，其应用场景如图 22.10 所示，系统利用车前雷达和图像采集器来侦测前方行驶道路的情况，以确定车辆前方是否有障碍物。如果检测到障碍物车辆就会提示甚至自动制动），在很短的时间内紧急制动汽车，避免与前方车辆发生追尾。

图 22.9　液晶式多合一汽车参数显示仪

图 22.10　自动紧急制动系统应用场景

再假设我开车的时候低头看了一眼手机（这也属于违规行为，朋友们一定不能这样做），等我放下手机时已经来不及了，车都压上马路牙子了，眼看就要撞墙了，就在车前保险杠撞墙的一刹那，方向盘下方的安全气囊快速地弹了出来了（安全气囊应用场景如图 22.11 所示），所幸只造成了头部轻伤。

图 22.11　安全气囊系统应用场景

在自动刹车系统和安全气囊系统中,我们对道路障碍物判断、汽车紧急制动、撞击行为检测、安全气囊弹出等任务的实时性要求就非常高,或者说我们对这类任务的截止时间上限有个"刚性"的范围要求,决不能产生超时(纳秒级或者微秒级),否则就会造成不可挽回的后果(例如,汽车没有紧急制动发生追尾,造成了经济损失,安全气囊没有及时弹出造成人身伤亡),故而我们将此类应用算作"硬实时"场景。这类场景中的任务优先级必须要为最高,任务调度机制肯定要支持"抢占"才行(也就是高优先级任务可以剥夺低优先级任务的执行权),必须确保任务在约定时间内完成,常见于工业精密控制、运动控制系统、医疗医护设备、航空航天电子产品应用需求。

不管系统是"软实时"还是"硬实时",只要这个系统有实时性的要求就应该满足以下几条。第一,肯定要支持多任务"准并行"式处理。第二,应该支持任务优先级划分和"抢占"式调度机制。第三,就是在程序的执行中可以预测延时并控制。第四,就是可以预知任务执行的时间,尽可能地避免超时情况。第五,就是对中断保持高响应,必须保证中断服务能被及时处理。

22.3.2　有必要在 51 单片机上加操作系统吗

要说的话,RTOS 并不是一个新名词、新技术。实时操作系统老早就有了,只是在中低端单片机(如传统的 MCS-51 内核单片机或者其他低端单片机产品)上的应用存在很多争议罢了。这些争议人群大多由单片机开发人员组成,大致可以分为"两派",一派排斥使用 RTOS,另外一派推荐使用 RTOS。接下来小宇老师就担任这两派的"发言人",看看这两派的立场和理由。

先来说说"排斥使用 RTOS"的一派,他们的大致观点如图 22.12 所示。这类开发人员认为在中低端单片机上加 RTOS 是不明智的,甚至觉得 RTOS 有点儿"绣花枕头"的意思。首先,中低端单片机的 RAM 和 ROM 容量都很小,这些内部存储资源是很宝贵的,但是 RTOS 对 ROM 的占用和 RAM 的消耗都很大(RTOS 本身就是代码,也要消耗内存),这样一来就把存储资源都"吃掉了",导致用户程序区间变小,这就得不偿失了。

图 22.12　"排斥使用 RTOS"一派观点

RTOS 内核的运行还必须有个专门的时间管理(我们将其叫作内核周期、滴答时间),这就非得让单片机"牺牲"掉一个定时/计数器专门做这个事(比如固定占用 51 单片机中的 T0 资源),如果我们误操作了这个定时/计数器资源或者影响了这个定时/计数器中断服务函数,那操作系统就必定会异常。这对于单片机开发人员而言,心里会有诸多不爽,中低端单片机的定时/计数器资源本来就少,这还得占用一个,剩下的工作就不好开展了。

退一步说 RTOS 的学习也有"门槛",对于很多单片机初学者而言并不是想象中的那么"友好"。RTOS 是要在具体的单片机上"跑"的,这就需要涉及单片机硬件的资源管理,要求开发人员至少要了解底层。很多 RTOS 源码中都有用汇编语言写的核心文件(主管时间控制、任务调度、任务切换等重要事务),有的 RTOS 干脆就是全汇编语言写的(汇编语言非常精炼,执行效率较高,所以汇编语言经常出现在 RTOS 的核心代码中),这些文件和汇编代码对于初学者而言会有一定的难度。就拿 RTOS 本身来说,也会涉及《操作系统》类课程的基本原理和名词(如任务管理、实时调度、时间管理、中断管理、内存管理、异常处理、软件定时器、链表、消息队列、进程、线程、内存池、邮箱、信号量、互斥锁、事件标志等),这些内容对于初学者而言也不一定学过(特别是对于电子信息类专业的学生,有的学校就没有开过《操作系统》这门课)。

从 RTOS 本身来说,其代码量也不小,在 RTOS 基础之上再加入用户代码,那这个代码规模就变大了，调试起来就比较麻烦，参数也会增多，而且程序代码可能会有BUG(或隐藏的BUG)，这些情况可能就是暗埋的"地雷"。引入RTOS后，设备在某些场景下可能很正常，遇到某些突发事件时就可能引发异常(如堆栈异常、中断异常、重入性问题等)，最终可能造成灾难性的后果。

怎么样？朋友们是不是觉得"排斥使用RTOS"一派说得确实有道理？确实！要是放在几年前，小宇老师也赞同他们的观点，在一个性能较低、资源有限的单片机上强加RTOS确实不好，这就好比要在奔腾2处理器+256MB内存条+10GB硬盘的计算机上非要装个Windows高端操作系统一样，那系统就会"卡"得什么事都做不了。但是时代在进步，科技在发展，现在的单片机已经不是AT89S52那个时代了，RAM和ROM都变大了，执行速度也提升了，定时/计数器资源动不动就好几个，完全够用了(特别是现在的32位单片机，如STM32系列，RTOS已经变成了标配，官方团队甚至把某些RTOS集成到了此类单片机的库函数中)。现在的RTOS把汇编语句封装得很好，我们只用调整几个汇编参数即可使用，《操作系统》这些课程就算学校不开，我们也能在网上找到名校名师的线上教程，"门槛"问题也没有那么尖锐了。RTOS越是主流，用的人就越多，隐藏的BUG肯定会被大家"揪"出来，BUG排查得越多则RTOS的安全性和稳定性就越好，所以大家也不用有什么顾虑了。

接下来，再谈谈"推荐使用RTOS"的一派，他们的大致观点如图22.13所示。这类开发人员认为RTOS的规模有大有小，应用场景也很多，我们总能为现有单片机找到合适的RTOS产品，随着相关行业的发展(特别是IOT物联网领域的应用)，RTOS是今后的主流形态，是单片机/嵌入式领域开发工程师的基本技能。

图22.13 "推荐使用RTOS"一派观点

放眼当下的电子行业，物联网、人工智能技术都在快速发展，人们对电子产品的要求和需求也在提高。举个例子，"智能家居"的时代已经来了，有些朋友家里的台灯早就不是"白炽灯"或"节能灯"了，台灯不仅支持多种控制(如语音识别、手机APP控制等)，还能自己感知周围环境或记录用户使用习惯从而自行调节(明暗、色调等方面)。又比如"智能穿戴"电子产品的时代也来了，很多朋友为了随时掌握身体健康状况，可能穿戴各种智能手环、手表、智能运动鞋(内有传感器)，这些设备可以记录心跳、监控睡眠、实现定位、手机联用、记录步数等。

面对这些应用和需求，程序的复杂性呈指数级暴增，单靠原始的"前后台编程框架"可能不行了。那这时候就要引入RTOS，它就好比一座"大厦"的地基，只有构筑在坚固可靠的基石之上，我们的物联网产品才能应对各种考验。

引入RTOS之后，原有的单线程任务变成了多线程执行，任务处理机制变成了"准并行"模式(就是说任务看起来都在执行，其实某一时刻下，只有一个任务在执行，任务会在调度器的管理下进行切换，轮流获得执行权)，充分发挥了CPU的处理能力，也降低了系统的开发难度，我们可以直接使用RTOS做好的API进行编程，即可完成系统资源的申请、多任务的配合(例如，基于优先级的实时抢占调度，同优先级的时间片调度)以及任务间的通信等(例如锁、事件等机制)。在RTOS框架下的代码可读性也较强，移植性也很好，便于产品维护和升级。

上面说的这些就是"推荐使用RTOS"一派的观点，小宇老师也赞同。随着单片机的性能不断提升，原有的老方法、老框架、老认知、老思想也该换一换了。

22.4 Keil C51里的"好宝贝"：RTX51实时操作系统

生活中的我们天天照镜子，却很难说得清楚人体的内部构造，看到的也就是表面罢了。小宇老师学习51单片机时天天用Keil C51环境，但是打开选项卡也有好多东西没用过。假设Keil C51

环境下所有的功能算作 100%，那我们在初级开发阶段常用的功能也就只有不到 30%。今天我们要说的 RTX51 实时操作系统就是隐藏在 Keil C51 环境下的"好宝贝"。

22.4.1 话说 RTX51 Full 与 RTX51 Tiny

RTX51 是 Keil 团队专门为 51 单片机做的一款实时操作系统（只要是基于 MCS-51 内核的单片机产品就可以使用，具体应用的时候只需根据实际情况做下微调即可），大家可以登录"www.keil.com/rtx51tiny"网址查询相关内容，其官网介绍页如图 22.14 所示。RTX51 产品有 RTX51 Full 和 RTX51 Tiny 这两个版本，Tiny 版本就相当于 Full 版本的进一步"裁剪"，Tiny 版本更为精简、易用（适用于某些内存资源非常紧张的单片机型号），截至 2021 年 1 月，Tiny 系统最新版本号为 2.02。这两个系统本身是用纯汇编写的（但是朋友们不要害怕，Keil C51 已经把汇编代码封装成一个库了，我们只需要调用相关函数名称就行）。

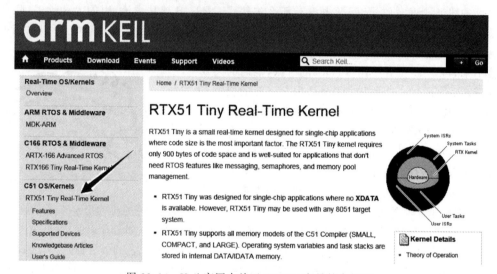

图 22.14 Keil 官网中关于 RTX51 产品的介绍页

需要注意的是，RTX51 Full 版本已经在 2007 年停产了，最后发布的版本号是 7.00，官网不再对其更新和提供源码、文档。这是为啥呢？想想也能明白，现在的中高端产品应用里 51 单片机的占比在缩小，就算再投入精力把 Full 版本做出"花样"来，其应用面和用户群也不会有多大，那这种"费力不讨好"的事情谁都不愿意做了，所以在 Keil 团队被 ARM 公司收购之后，就把精力放在 32 位处理器上了。

虽说 Full 版本停产了，但我们还是有必要对其进行比较和了解。Full 版本和 Tiny 版本的技术参数对比如表 22.1 所示。

表 22.1 RTX51 Full 与 RTX51 Tiny 的技术参数对比

参 数 项	RTX51 Full 系统	RTX51 Tiny 系统
任务数量	最大支持 256 个，可同时激活 19 个	最大支持 16 个
RAM 占用	需 40～46B 的 data 空间，需 20～200B 的 idata 空间（用户堆栈），最小 650B 的 xdata 空间（外部扩展 RAM 空间）	需 7B 的 data 空间，3 倍于任务数量的 idata 空间（用户堆栈）
ROM 占用	6～8KB	900B 左右
资源占用	默认占用 T0 或 T1	默认占用 T0
系统时钟	1000～40 000 个时钟周期	1000～65 535 个时钟周期

续表

参 数 项	RTX51 Full 系统	RTX51 Tiny 系统
中断请求时间	小于 50 个时钟周期	小于 20 个时钟周期
任务切换时间	7～100 个时钟周期（快速任务），180～700 个时钟周期（标准任务），具体的时间耗费取决于堆栈的负载	100～700 个时钟周期（标准任务），具体的时间耗费取决于堆栈的负载
任务优先级	4 个优先级	不支持
邮箱系统	8 个分别带有整数入口的邮箱	不支持
内存池	最多 16 个内存池	不支持
信号量	8 位	不支持

从参数项和指标上来看，两者有如下明显区别。

Full 版本支持 4 个任务优先级，代码规模比 Tiny 大很多。内核支持时间片轮转调度和抢先任务切换。任务与系统间的信息传递可以通过邮箱系统来实现，支持内存池分配和释放，对内存资源的占用稍微大一些（需要用到片外扩展 RAM 区域，即 xdata 区域。ROM 的占用有点儿大，可能要耗费有些单片机一半以上的空间）。

Tiny 版本不支持任务优先级、邮箱系统和内存池分配。内核仅支持时间片轮转调度（形式确实单一了一些，但是从另外一个角度去想，系统也简单了不少）。代码规模比 Full 小了很多，"瘦身"和"裁剪"后的 Tiny 系统在响应速度上比 Full 更快。虽说支持的任务数量最多只能有 16 个，但也满足一般的应用了。关键是代码规模变小后，内存资源的占用就不大了（不再需要用到 xdata 区域，操作系统核心变量和任务堆栈都在内部 data 和 idata 区域，这样就变得更通用了，几乎可以适配所有 MCS-51 内核的单片机产品）。

不管是 Full 还是 Tiny 都是免费使用的，大家可以将其应用到自己的产品之中。

22.4.2 RTX51 系统的任务处理与编程

引入 RTX51 实时操作系统之后，我们的程序框架就不再是"前后台"形式了。RTX51 系统之下的任务处理如图 22.15 所示。假设我们现在有 n 个任务，每个任务的优先级都不一样，任务 1 的优先级最高，任务 n 的优先级最低（当然，RTX51 Full 版本中只有 4 个优先级，Tiny 中不支持优先级，即所有任务都是"平级"）。CPU 会在 RTX51 任务调度器的控制下产生时间"分片"，这个时间

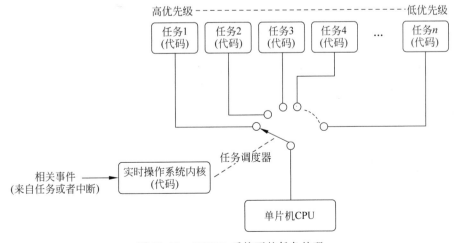

图 22.15 RTX51 系统下的任务处理

片大致是 ms 级的时间,当任务 1 得到时间片后就开始执行任务 1,时间片耗费完之后任务 1 就被"暂停"了,CPU 又把时间片分给任务 2,任务 2 又开始执行。这样的话,每个任务都会按照优先级的高低(或一定的顺序)得到切换和执行,这时候 CPU 的做法就是"雨露均沾"。虽说某一时刻只有一个任务被执行,但是从整体上来看,所有任务都像是得到了执行,这就是一种"准并行"模式。

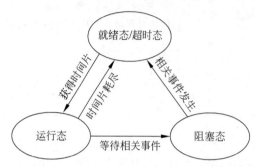

图 22.16　RTX51 系统下的任务状态转换

这样看来,实时操作系统内核的关键就是"任务调度器"了,控制任务调度和切换的就是内核周期和相关事件。在调度器的调度下,各种任务会产生不同的状态(例如,运行态、就绪态、超时态、阻塞态、休眠态/删除态),这些状态又在不同条件下相互转换,其状态转换流程如图 22.16 所示。

最简单的是运行态(Running),这种状态下任务获得了时间片,拥有执行权。CPU 开始处理这个任务,任何时刻下只能有 1 个任务被 CPU 处理。当该任务的时间片耗尽时就会从运行态切换到就绪态(Ready),等待下一次得到时间片时再运行。

有的任务在运行时需要等待特定事件的发生就会转为阻塞态(Blocked),当特定事件发生时又能从阻塞态转换为就绪态,等待时间片的到来即可再次运行。当然,任务的处理存在不确定性,我们当然希望任务能在一个时间片内执行完毕,但是系统是复杂的,有的任务可能需要多个时间片累加在一起才能执行完成,但是 CPU 又不能"偏心"一次性给你很多时间片,所以这种遇到事务"卡顿"的任务就会在时间片耗尽后变成超时态(Timeout),任务若想继续支持,那只能等待时间片的再次到来。这里的超时态其实和就绪态差不多,区别在于超时态是耗尽时间片后都没执行完的任务。

在整个任务状态里还有一种特殊的状态就是休眠态(Sleeping),这种状态不在任务处理之中,是那些被声明过,但还没有开始运行的任务。有的任务被运行过,但是被系统删除了也算作休眠态,有的文献上也称为删除态(Deleted)。

处于运行态、就绪态、超时态和阻塞态的任务都算是被"激活"的状态,这些状态之间是可以转换的。但是这个休眠态或删除态就属于"非激活"状态了,这些任务没有被 CPU 执行或者执行过后被删除了。朋友们要对任务处理状态进行理解,这些知识在 RTOS 系统中都是通用的、常规的知识点。

这些任务在编程阶段要怎么写呢? 还是写成一般函数,再放到 main() 函数中吗? 当然不是,当项目工程中引入 RTX51 Tiny 系统之后,编程方法也会产生变化。第一个变化就是程序中不再需要 main() 函数了。你没有听错,main() 函数相当于集成到了操作系统核心代码之中,所以不需要再写。我们的主要工作就是写出任务函数内容即可,其形式如下。

```
/********************** RTX51 任务代码区域 **********************/
void Task0(void)  _task_ 0              //任务 0
{
    os_create_task(1);                 //创建任务 1
    //添加其他操作代码
    os_delete_task(0);                 //删除任务 0
}
void Task2(void)  _task_ 1              //任务 1
{
    while(1)                           //内部也是死循环结构
    {}                                 //添加任务 1 代码
}
```

在函数定义的语句后面用到了"_task_"这个关键字，它属于 C51 语言在标准 C 语言基础之上扩充的关键字，用来修饰任务函数(这让我们想起了中断服务函数的"interrupt n"的写法，和这个"_task_ n"是一样的形式)。_task 后面的这个数字就是任务 ID，因为 RTX51 Tiny 系统中最多只能定义 16 个任务，所以这个 ID 只能为 0～15。

任务 0 函数中调用了两种特殊的函数，"os_create_task(1)"的意思是创建任务 1，要是我们想创建任务 2，那就再写一行并把括号里的 1 改为 2 就行了。"os_delete_task(0)"的意思是删除任务 0，因为在本程序中任务 0 的工作就是创建其他函数，创建完毕后它自己就没啥用了，所以要进入删除态(这些函数的用法后续再详细展开讲解)。

在任务函数的内部结构中，都是一个独立的 while(1)死循环，这是固定写法，朋友们只需把相关内容补全在这个 while(1)里面就行了，我们都不用关心 RTOS 内部的切换和调度过程，RTX51操作系统就会自动按照时间片的分配进行任务轮转，这些任务都会以"准并行"的方式得到执行。

22.4.3 如何部署 RTX51 Tiny 系统到项目工程

有了理论基础就可以开始部署系统了，要怎么给我们的 STC8 系列单片机"装系统"呢？第一步要打开 Keil C51 开发环境，然后打开项目工程，接着打开项目工程的选项配置页，最后在 Target 选项卡中的 Operating system 下拉列表中选择 RTX51 Tiny 即可，具体的操作界面如图 22.17 所示(注意箭头处的选择，此处以 Tiny 系统为例)。

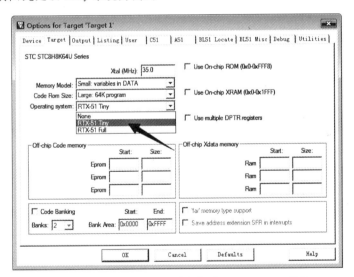

图 22.17　工程选项配置页中启用 RTX51 Tiny 系统

难道这就配置好了？当然不可能这么简单，要想正常使用 RTX51 Tiny 系统，还需要为其添加运行所需的"三大文件"。第一个文件是 RTX51 Tiny 的源码(也就是本质内容)，之前也提到过，Tiny 系统的源码是全汇编写的，但是 Keil C51 已经把这些内容进行了"封库"操作，这样一来就看不到系统的源码了，只能看到一个".LIB"文件，这样做其实也蛮好，不需要去看汇编的源码，也防止我们误操作改动核心程序，当然，"封库"的方法也可以保密源码，只提供给用户进行二次开发即可。这个库文件就在 Keil C51 开发环境的根目录下(路径为 C:\Keil_v5\C51\LIB\RTX51TNY.LIB)。

第二个文件是管理 Tiny 系统的参数配置文件 Conf_tny. A51，这个文件也是用汇编写的，但是大家不用害怕，我们只需要根据实际应用微调该文件中的个别参数即可，完全没有汇编语言功底也是可以的。这个文件也在 Keil C51 开发环境的根目录下(小宇老师使用的 Keil C51 版本为

Version 9.60a,文件路径为 C:\Keil_v5\C51\RtxTiny2\SourceCode\Conf_tny.A51)。

　　我们把这个库和这个汇编核心配置文件都添加到工程中(建议在工程目录里单独建个文件夹以示区分,比如叫"RTX51",养成文件源码划分的习惯,工程看起来更为清晰)。

　　第三个文件就是调用库函数必须要的头文件了,既然库文件是对 Tiny 系统源码的封装,就应该给出函数接口,能让我们调用相关函数才行。所以要在工程源码中包含 RTX51TNY.H 头文件,该头文件的路径是 C:\Keil_v5\C51\INC\RTX51TNY.H。

　　具备这三大文件之后 RTX51 Tiny 就算部署成功了,其工程界面如图 22.18 所示。

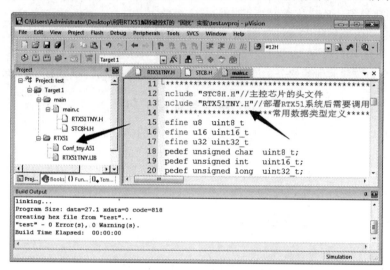

图 22.18　添加 RTX51 Tiny 系统运行所需的三大文件

　　部署三大文件的过程看似很简单,但是小宇老师当初也被"折腾"过。我当时把 Keil C51 开发环境默认路径下的 RTX51TNY.LIB、Conf_tny.A51 和 RTX51TNY.H 文件单独复制出来了一份,还为相关源码加上了中文注释,放在工程文件夹的根目录下,我当时天真地以为这样使用起来比较方便,但是在修改源码参数时(后续我们会展开讲解,主要是修改 Conf_tny.A51 文件的相关代码),发现怎么改程序都没啥反应,也看不到变化。冥思苦想了很久才发现我改的内容是复制出来的三大文件,但是 Keil C51 开发环境仍然引用了 Keil C51 默认路径下的三大文件,那我做的修改就是"白费"的,Keil C51 开发环境压根就没有把我复制出来的文件当作工程的组成部分。

　　所以还得认真仔细才行,对待这个问题,小宇老师推荐大家两个办法。要么就直接使用 Keil C51 默认路径下的三大文件,在此基础上进行修改(最为保险)。如果非要复制出来也行,只需把 C:\Keil_v5\C51\路径下的"RtxTiny2"文件夹改个别名,这样一来 Keil C51 开发环境就找不到默认文件了,这时候只能是以我们复制到工程文件夹下的"三大文件"作为代码组成了。

22.4.4　轻松解读 Conf_tny.A51 汇编核心

　　Conf_tny.A51 是 RTX51 Tiny 操作系统内核参数调整文件,这个文件的组成比较简单。为了方便理解,小宇老师干脆把这些汇编源码进行了翻译,逐一对其进行讲解。

　　先来看看如图 22.19 所示的源码所有权声明部分,这部分的内容可以跳过,因为命令行工具用起来麻烦,所以直接把该文件添加到了工程目录中,修改参数即可。

　　往下看就看到了如图 22.20 所示的第一个参数配置区域(基本参数调整),这个区域的内容主要用于选择工作寄存器组(默认为工作寄存器组1)、滴答时间(默认 10 000 个机器周期)、时间片长度(默认 5 个滴答时间长度)以及长中断情况的配置。

```
1   $NOMOD51 DEBUG
2
3   ;  This file is part of the RTX-51 TINY  Real-Time Operating System Package
4   ;  Copyright KEIL ELEKTRONIK GmbH and Keil Software, Inc. 1991-2002
5   ;  Version 2.02
6
7   ;  本文件对Conf_tny.A51的内容稍加注解，以方便朋友们学习研究
8   ;  注解人：龙顺宇，配套书籍《深入浅出STC8增强型51单片机进阶攻略》
9
10  ;  朋友们可以通过这部分代码配置RTX51 Tiny实时操作系统核心参数，在使用时朋友们需
11  ;  要把这个文件复制到工程文件夹根目录下，然后添加到工程项目文件里。
12  ;  如果我们使用命令行工具，请使用以下命令转换此文件：
13  ;  Ax51 CONF_TNY.A51
14  ;  如果我们使用命令行工具，请使用以下命令将修改后的CONF_TNY.OBJ文件
15  ;  链接到您的应用程序：
16  ;  Lx51 〈您的目标文件列表〉，CONF_TNY.OBJ 〈控件〉
17
```

图 22.19　Conf_tny.A51 源码所有权声明

```
18  ;【1】RTX51 Tiny实时操作系统（基本参数调整区域）
19  ;  该部分语句通过汇编语言中的伪指令EQU定义参数，这些参数涉及到了硬件定时器的初
20  ;  始化（RTX51 Tiny默认占用单片机的T0资源）
21  ;  语句1：定义用于定时器0中断的工作寄存器组
22     INT_REGBANK EQU 1          ;默认选定工作寄存器组1（一般不改）
23  ;  语句2：定义T0溢出所需的机器周期数，用来产生滴答时间
24     INT_CLOCK EQU 10000        ;默认是10000个机器周期（可按需修改）
25  ;  语句3：定义时间片轮转调度机制的时间间隔（也就是内核周期）
26     TIMESHARING EQU 5          ;默认是5个T0溢出时间（可按需修改）
27  ;  注意：该项要是配置为0，那就禁止了时间片轮转调度
28  ;  语句4：需要根据用户中断服务函数执行的时间长短来配置该语句
29     LONG_USR_INTR EQU 0        ;默认为0，即用户中断服务函数可以在有限的时间内被快
30  ;  速执行完成（一般不改），若用户中断服务函数需要很长的执行时间（长到超过内核周期）
31  ;  那这时候就该将该参数配置为1，RTX51 Tiny会增加代码去保护内核的T0中断服务程序
32
```

图 22.20　基本参数调整区域

这里的滴答时间究竟有多长呢？默认情况下，Tiny 系统的滴答时间就是 10 000 个机器周期。那机器周期又是多少呢？假设我们使用了 STC8 系列单片机，因为该系列单片机是 1T 型单片机，即单片机的时钟频率不需要经过固定的预分频，那 1 个机器周期就等于 1 个时钟周期，我们又知道时钟周期就等于时钟频率的倒数，那机器周期的大小就好算了。

举个例子，假定 STC8 单片机的主时钟采用了内部高速时钟源 IRC，时钟频率配置为 24MHz，那时钟周期就应该是 1/24 000 000（约为 $0.042\mu s$），由于 1T 型单片机的机器周期就等于时钟周期，那机器周期也是 $0.042\mu s$。又因为 Conf_tny.A51 汇编文件中"INT_CLOCK"这一项默认是 10 000 个机器周期，那滴答时间就是 $420\mu s$ 左右，也就是说，单片机每过 $420\mu s$ 就会产生一次滴答时间中断（即定时/计数器 0 的中断）。

这样计算滴答时间对不对呢？从理论上讲，我们的计算是正确的，但从实验反向验证，这个结果居然是错的（后续会学到任务等待函数 os_wait()，函数调用后可以产生等待事件，这就类似于"延时"程序，由此验证滴答时间的长短）。一次滴答时间并不是 $420\mu s$ 而是 5ms 左右，这是为啥呢？当初想过是不是片内高速时钟源 IRC 的误差问题，但是这误差也不可能这么大啊！后来从 RTX51 Tiny 系统的设计上找到了问题，传统的 MCS-51 内核单片机大多数都是 12T 型的，也就是说，一个机器周期应该等于 12 个时钟周期才对，那我们把 $420\mu s$ 乘以 12 会是多少呢？正好是 5ms 左右，这就验证了我们的猜想。

参数中的时间片会通过轮转的方式分配给任务使用，默认为 5 个滴答时间长度，如果还以刚刚的条件代入计算，那时间片长度就是 5ms×5，约为 25ms。

又往下看就到了如图 22.21 所示的第二个参数配置区域（T0 定时器中断服务程序内容调整），这个区域的内容是要明确当 T0 溢出时单片机要做什么。其实 T0 的溢出是为了产生滴答时间和时间片，所以溢出了产生中断就行，不需要做什么事情，故而这里用到了汇编语言的"RETI"指令，

```
33  ;【2】RTX51 Tiny实时操作系统（T0定时器中断服务程序内容调整区域）
34  ;  以下语句是个宏指令，定义了在T0中断服务函数中要执行的内容
35     HW_TIMER_CODE MACRO ;默认是个空的宏指令内容，也就是个中断返回操作（一般不改）
36     RETI
37     ENDM
```

图 22.21　T0 定时器中断服务程序内容区域

即中断返回。

再往下看就到了如图 22.22 所示的第三个参数配置区域(代码分页参数调整),这个代码分页技术可以把代码块分成代码段,然后再通过切换代码空间去执行分割后的代码内容。但是在常规场景中一般不会用到,这个参数项默认也是禁止的。如果需要使用该技术就要把"CODE_BANKING"参数改为 1,同时把 RTX51 Tiny 系统部署时"三大文件"中的 RTX51TNY.LIB 库文件改为 RTX51BT.LIB 库文件即可(两个文件的默认路径相同)。

```
38
39  :【3】RTX51 Tiny实时操作系统(代码分页参数调整区域)
40  : 以下语句决定了RTX51 Tiny是否使用代码分页
41  :    CODE_BANKING EQU 0;默认配置为0,即禁止代码分页(一般不改)
42  : 若该项配置为1就是启用代码分页,那L51_BANK.A51文件的版本就应该在2.12以上才行
43
```

图 22.22　代码分页参数调整区域

还往下看就到了如图 22.23 所示的第四个参数配置区域(堆栈空间参数调整),这个"堆栈"在第 9 章就学习了,它是 RTX51 操作系统中的重要单元,所有数据的暂存和恢复都是通过堆栈来实现的。这里的参数不推荐修改,稍不注意就会引起系统的异常。栈顶地址、堆栈大小和堆栈空间耗尽时的处理都保持默认即可。

```
44  :【4】RTX51 Tiny实时操作系统(堆栈空间参数调整区域)
45  : 以下语句定义了堆栈区域的栈顶及可用空间,用宏指令给出了堆栈空间不足的时候应该
46  : 执行的相关代码。
47  : 语句1: 定义栈顶地址(位于RAM中)
48  :    RAMTOP EQU 0FFH;默认就是255(即256-1)地址(一般不改)
49  : 语句2: 定义堆栈空间大小
50  :    FREE_STACK EQU 20;默认是分配20个字节的自由空间给堆栈使用(一般不改)
51  : 注意; 这个语句的值若配置为0,那就会禁止堆栈检查
52  : 语句3: 堆栈空间过小(发生堆栈错误)时的宏指令内容
53  :    STACK_ERROR MACRO
54  :    CLR EA;默认把EA清零,这样就关闭全部的中断允许
55  :    SJMP $;若堆栈空间已耗尽(或者不够用了),则开始死循环
56  :    ENDM
57
```

图 22.23　堆栈空间参数调整区域

Conf_tny.A51 汇编文件用户配置区域的最后一项如图 22.24 所示,这是第五个参数配置区域(待机(空闲)任务调整),Tiny 系统的 2.02 版本支持在操作系统所有任务均为空闲时(既不在运行态又不在就绪态),让单片机进入待机状态(到时候再用相关资源进行唤醒),这个功能主要是为了降低系统的运行功耗,默认情况下是不进待机状态的。

```
58  :【5】RTX51 Tiny实时操作系统(待机(空闲)任务调整区域)
59  : 许多8051内核单片机都提供了待机(空闲)模式,在该模式下可以降低系统功耗和EMC。
60  : 语句1: 当所有任务都不在就绪或运行态时,单片机是否进入待机(空闲)模式
61  :    CPU_IDLE_CODE EQU 0;默认配置为0,即任务都不在就绪或运行态时单片机也不会进
62  : 入待机(空闲)模式,(一般不改)。若该语句配置为1,则会进入待机(空闲)模式。
63  : 语句2: 设定单片机电源控制寄存器地址(PCON)
64  :    PCON DATA 087H;电源控制寄存器地址设定(不用更改)
65  : 语句3: 以下是宏指令(CPU_IDLE)的具体代码(一般不改)
66  :    CPU_IDLE MACRO
67  :    ORL PCON, #1;让单片机进入待机(空闲)模式
68  :    ENDM
69
70  : 不建议初学者对以下代码进行改动,官方"可爱"的打了12个感叹号提醒我们,是因为这些
71  : 代码关系到RTX51 Tiny实时操作系统的具体实现,改得不好就会出现系统异常和灾难性错误
72  : 我们看看代码的大致实现过程是可以的,但还是别改为妙! ——小宇老师
73
74  :------------ !!! End of User Configuration Part !!! ------------
75  :------------ !!! Do not modify code sections below !!! ------------
76
77  ; SFR Symbols
78  PSW    DATA    0D0H
```

图 22.24　待机(空闲)任务调整区域

需要说明的是,Conf_tny.A51 汇编文件在第五个参数配置区域之后还有很多汇编代码,这些代码涉及具体的任务切换和调度过程,官方注释也打了 12 个感叹号来提醒我们,所以初学阶段不要去更改为妙。

22.4.5　灵活运用 RTX51TNY.H 现成函数

在 RTX51 Tiny 系统部署时的"三大文件"中,库文件 RTX51TNY.LIB 是核心内容,汇编文件

Conf_tny. A51 用于核心参数配置,还有一个头文件 RTX51TNY. H 就是做库函数声明的。这个头文件的内容我也做了翻译和注释,文件的内容可以分为参数项宏定义区域和库函数声明区域,参数项宏定义区域如图 22.25 所示。

```
1 /*-
2 RTX51TNY.H
3 Prototypes for RTX51 Tiny Real-Time Operating System Version 2.02
4 Copyright (c) 1988-2002 Keil Elektronik GmbH and Keil Software, Inc.
5 All rights reserved.
6                                                                    -*/
7 #ifndef __RTX51TNY_H__
8 #define __RTX51TNY_H__
9 //本文件对RTX51TNY.H的内容稍加注解,以方便朋友们学习研究
10 //注解人: 龙顺宇, 配套书籍《深入浅出STC8增强型51单片机进阶攻略》
11 //
12 //系统等待函数os_wait()的形式参数值
13 #define    K_SIG    0x01    //等待信号参数
14 #define    K_TMO    0x02    //等待超时参数
15 #define    K_IVL    0x80    //等待滴答时间参数
16 //
17 //库函数返回值参数
18 #define    NOT_OK    0xFF    //参数错误
19 #define    TMO_EVENT    0x08    //超时事件
20 #define    SIG_EVENT    0x04    //信号事件
21 #define    RDY_EVENT    0x80    //就绪事件
22 //
```

图 22.25   参数项宏定义区域内容

这些参数项主要是库函数调用后的返回值以及系统等待函数 os_wait() 的形式参数。说白了就是用 #define 语句把参数项名称与相关数值进行对应替换罢了。文件往下的库函数声明区域如图 22.26 所示。这里一共有 13 个库函数,函数的开始都用"extern"关键字加以修饰,就是为了说明函数的具体实现是在外部文件之中,这些函数名也有"意思",凡是 os 开头的函数就只能用在任务代码中,以 isr 开头的函数只能用在中断服务函数里。

为了简化讲解、缩小篇幅,我们从头文件中挑选几个常用的函数进行讲解。先来看看创建任务函数 os_create_task(),该函数有一个形参"task_id",在 Tiny 系统中这个参数的取值范围是 0~15,该函数就是为了创建一个对应任务号的任务,

```
23 //创建任务函数 (任务中调用)
24 extern unsigned char os_create_task    (unsigned char task_id);
25 //删除任务函数 (任务中调用)
26 extern unsigned char os_delete_task    (unsigned char task_id);
27 //等待函数 (任务中调用)
28 extern unsigned char os_wait    (unsigned char typ,
29                                  unsigned char ticks,
30                                  unsigned int dummy);
31 //等待函数1 (任务中调用)
32 extern unsigned char os_wait1    (unsigned char typ);
33 //等待函数2 (任务中调用)
34 extern unsigned char os_wait2    (unsigned char typ,
35                                   unsigned char ticks);
36 //发送信号函数 (任务中调用)
37 extern unsigned char os_send_signal    (unsigned char task_id);
38 //清信号函数 (任务中调用)
39 extern unsigned char os_clear_signal    (unsigned char task_id);
40 //发送信号函数 (中断内调用)
41 extern unsigned char isr_send_signal    (unsigned char task_id);
42 //设定任务就绪态函数 (任务中调用)
43 extern void    os_set_ready    (unsigned char task_id);
44 //设定任务就绪态函数 (中断内调用)
45 extern void    isr_set_ready    (unsigned char task_id);
46 //获取当前运行任务号ID函数 (任务中调用)
47 extern unsigned char os_running_task_id (void);
48 //任务暂停与调度函数 (任务中调用)
49 extern unsigned char os_switch_task    (void);
50 //调整与检定时器时钟数函数 (任务中调用)
51 extern void    os_reset_interval    (unsigned char ticks);
52 #endif
53 //
```

图 22.26   库函数声明区域内容

创建完毕后任务就进入就绪态,其调用形式为"os_create_task(1);",如果任务被成功创建,那函数会返回 0,如果创建失败或者任务没有成功启动则返回 -1。

再来看看删除任务函数 os_delete_task(),这个函数用于删除一个任务,刚好与 os_create_task() 是对应的,它的作用是让一个任务进入删除态。其调用形式为"os_delete_task(1);",如果任务被成功删除,那函数会返回 0,如果任务不存在或任务没有启动则返回 -1。

执行这两个函数之后,RTX51 Tiny 系统就会进入如图 22.27 所示流程,这与之前学习的任务状态切换就"联系"在一起了。

发送信号函数 os_send_signal() 也很常用,啥叫"信号"呢? 举个例子,假设操作系统之中有多个任务,其中任务 2 的运行必须要等待任务 0 的某一状态(比如出现低电平,又如处理完什么数据,再如等待按键动作等),也就是说,任务 2 的运行受控于任务 0,要是任务 0 给任务 2 发送了一个信号(相当于说"你可以运行了"),那这时候的任务 2 才能执行,反之就会一直处于等待信号事件的阻塞态。

发送信号函数 os_send_signal() 的调用形式很简单,要是任务 0 要给任务 2 发信号,那就写"os

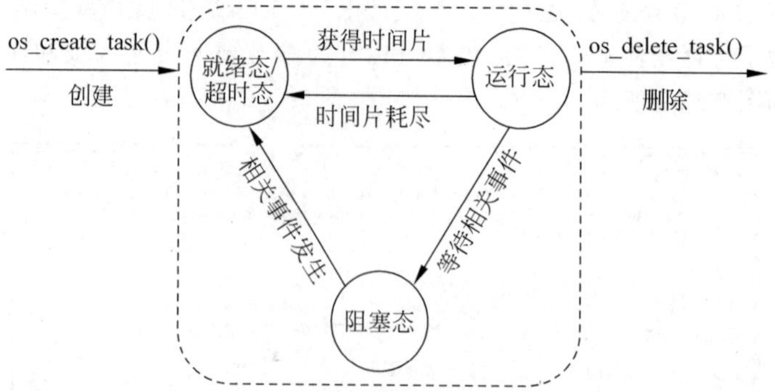

图 22.27   库函数调用下的任务运作过程

_send_signal(2);"就好了,该函数有一个形参"task_id",用于指定要给谁发信号,若信号发送成功,函数将返回 0,若指定的任务不存在,函数将返回—1。

最后再讲一讲系统等待函数,这类函数有 3 个,分别是 os_wait()、os_wait1()和 os_wait2(),其函数定义如下。

```
os_wait(unsigned char typ,unsigned char ticks,unsigned int dummy);        //有 3 个形参
os_wait1(unsigned char typ);                                              //有 1 个形参
os_wait2(unsigned char typ,unsigned char ticks);                         //有 2 个形参
```

小宇老师在接触到这类函数的时候产生过疑惑,第一个疑惑是:为啥要整 3 个等待函数呢?第二个疑惑是:这个函数具体等待的是什么呢?

我们先来看看第一个疑惑,Tiny 系统提供的 3 个等待函数各有不同。os_wait()函数有 3 个形参(在 RTX51 Tiny 操作系统中,第 3 个形参"dummy"是没有用的),而 os_wait1()函数只有 1 个形参,该函数只是对"信号事件"进行处理。与 os_wait()函数相比,os_wait2()函数具有完全一样的功能,差别只是少了一个无用的形参"dummy",所以小宇老师建议大家在 RTX51 Tiny 系统中使用 os_wait2()函数而不是 os_wait()函数,这样的话程序量会减小一些,因为只需要传递两个形参就可以了。

我们再来看看第二个疑惑,该类函数属于"多功能"函数,等待的具体事件类型有 3 种,事件的具体选择要看函数中"typ"形参的配置("typ"形参与"ticks"形参也有联系,"ticks"形参代表滴答时间的个数)。

若将"typ"形参配置为"K_IVL"则表示当前任务必须等待 n 个滴答时间之后才能执行,这就相当于软件"延时",写法如"os_wait2(K_IVL,1);",这样就延时了 1 个滴答时间的长度,这种写法类似于传统的 delay()函数。

若将"typ"形参配置为"K_SIG"则表示当前任务必须等待信号的到来才能继续执行(也就是说,别的任务要给这个任务发信号才),这就是之前举例说的"任务 2 的运行受控于任务 0",要实现这个功能,只需在任务 0 中写一句"os_wait2(K_SIG,2);"即可。

若将"typ"形参配置为"K_TMO"则表示当前任务必须要等待一个超时事件之后才能继续执行,在功能上也有"延时"的作用,其写法如"os_wait2(K_TMO,1);"。

说到这里又引出来一个新的问题,这个"K_IVL"和"K_TMO"是一样的作用吗?其实不然,两者存在很大的区别:"K_TMO"是等待一个超时信号,只有时间到了才会产生一次信号,它产生的信号不会累计,产生信号之后任务就会进入就绪态。而"K_IVL"是个周期信号,每隔一个指定的滴答时间就会产生一次信号,产生的信号可以累计,这样就使得在指定事件内没有被响应的信号,通过信号的不断产生,在以后的信号处理时得以重新响应,从而保证了信号不会丢失。而通过"K_TMO"方式进行延时的任务,可能由于某种原因信号没有及时响应,这就有可能丢失一部分未响应

的信号。不过这两者都是有效的任务等待方式,朋友们可以根据应用情况确定选择(在一般的情况下差别不大)。

这13个库函数的使用方法大同小异,调用示例在 Keil C51 开发环境的帮助文档中讲解得很详细(进入 Keil C51 环境的 Help 选项,单击 μVision Help 子选项,这时候在打开的文档中查看"RTX51 Tiny User's Guide"内容即可),朋友们可以自行展开学习。

22.5 体现 RTX51 带来的编程优势

RTX51 实时操作系统的版本也了解了,部署过程的"三大文件"也就位了,核心汇编文件的参数也配置好了,头文件中的库函数调用方法也清楚了,那就开始体验 RTX51 Tiny 操作系统带来的便捷吧!

22.5.1 进阶项目 A 利用 RTX51 解除键控灯的"困扰"实验

小宇老师念念不忘的还是这个键控灯的"困扰"实验,我们现在能不能用 RTX51 Tiny 系统做出我们想要的结果呢? 答案是肯定的。我们需要把 3 个按键的功能做成 3 个任务,然后交给任务 0 去创建,至于说任务的时间片轮转和切换过程就全权交给 RTX51 Tiny 系统吧! 理清思路后利用 C51 语言编写的具体程序实现如下。

```
//芯片型号:STC8H8K64U(程序微调后可移植至 STC8A/F/C/G/H 系列单片机)
//时钟说明:单片机片内高速 24MHz 时钟
/ ***************************************************** /
# include "STC8H.H"                        //主控芯片的头文件
# include "RTX51TNY.H"                      //部署 RTX51 系统后需要调用相关库函数
/ ********************** 常用数据类型定义 ******************** /
【略】为节省篇幅,相似定义参见相关章节或源码工程即可
/ ********************** 端口/引脚定义区域 ****************** /
【略】为节省篇幅,相似定义参见本章基础项目 A
/ ********************** 函数声明区域 ******************* /
void delay(u16 Count);                      //延时函数
/ ****************** RTX51 任务代码区域 **************** /
void Task0(void)    _task_   0              //任务 0
{
    os_create_task(1);                      //创建任务 1
    os_create_task(2);                      //创建任务 2
    os_create_task(3);                      //创建任务 3
    //配置 P2.0～P2.2 为推挽输出模式
    P2M0| = 0x07;                           //P2M0.0 - 2 = 1
    P2M1& = 0xF8;                           //P2M0.0 - 2 = 0
    //配置 P2.3～P2.5 为准双向/弱上拉模式
    P2M0& = 0xC7;                           //P2M0.3 - 5 = 0
    P2M1& = 0xC7;                           //P2M0.3 - 5 = 0
    os_delete_task(0);                      //删除任务 0
}
void Task1(void)    _task_   1              //任务 1
{
    while(1)                                //内部也是死循环结构
    {
        if(KEYA == 0)                       //若按键 A 按下
        {
            delay(10);                      //软件延时"去抖"
            if(KEYA == 0)                   //按键 A 确实按下
            {
```

```
                LEDA = ! LEDA;delay(600);          //LEDA 亮灭时间等长
            }
        }
    }
}
void Task2(void)  _task_  2                 //任务 2
{
    while(1)                                //内部也是死循环结构
    {
        if(KEYB == 0)                       //若按键 B 按下
        {
            delay(10);                      //软件延时"去抖"
            if(KEYB == 0)                   //按键 B 确实按下
            {
                LEDB = 0;delay(700);        //点亮 LEDB(长时间)
                LEDB = 1;delay(100);        //熄灭 LEDB(短时间)
            }
        }
    }
}
void Task3(void)  _task_  3                 //任务 3
{
    while(1)                                //内部也是死循环结构
    {
        if(KEYC == 0)                       //若按键 C 按下
        {
            delay(10);                      //软件延时"去抖"
            if(KEYC == 0)                   //按键 C 确实按下
            {
                LEDC = 0;delay(100);        //点亮 LEDC(短时间)
                LEDC = 1;delay(700);        //点亮 LEDC(长时间)
            }
        }
    }
}
/ ***************************************************************** /
【略】为节省篇幅,相似函数参见相关章节源码即可
void delay(u16 Count){}                     //延时函数
```

程序编译完成之后代码体积发生了较大变化。我们之前在做键控灯的"困扰"实验时没有引入操作系统,所以代码很小,代码长度如图 22.28(a)所示(只有 0x0092)。引入 RTX51 Tiny 操作系统之后程序就"变胖"了,代码长度如图 22.28(b)所示(有 0x0339)。

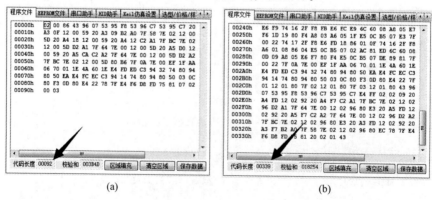

(a)   (b)

图 22.28　裸跑和引入操作系统后的代码长度对比

但是话又说回来，代码体积变大也并非不能接受，关键点还是引入 RTOS 之后能不能解决原有的"困扰"。我们将程序烧录到目标单片机中，单独按下 S1～S3 时，D1～D3 的效果正常，当我们同时按下 3 个按键之后，小宇老师的脸上露出了微笑！这不就是我要的效果吗？P2.0～P2.2 引脚上的电平波形如图 22.29 所示。

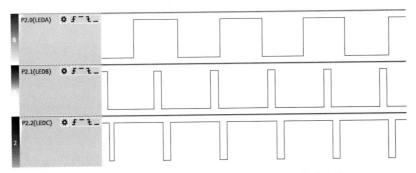

图 22.29 利用 RTX51 解除键控灯的"困扰"实验波形

从波形上看，输出的信号都比较正常，没有像"前后台编程框架"那样产生互相影响。算是解决了困扰。但是程序中的 delay()函数看起来比较别扭，在 RTX51 Tiny 系统中完全可以用等待函数（如 os_wait2()函数）去解决延时问题，基于这个想法，我们继续做实验。

22.5.2 基础项目 C 利用 os_wait2()替换 delay()延时实验

本项目是对进阶项目 A 进行改写，用 os_wait2()函数去代替进阶项目 A 中的 delay()函数，我们要让 os_wait2()函数等待"K_TMO"超时事件的发生（此处用"K_IVL"事件也是可以的），滴答时间数可以自定义（程序中实际选择了 30 个滴答时间作为"延时"，实验中单片机的主时钟源为片内高速 IRC 时钟，频率设定为 24MHz，那 30 个滴答时间就大约是 $5ms \times 30 = 150ms$，具体的计算和汇编文件参数配置请参考 22.4.4 节的内容）。理清思路后利用 C51 语言编写的具体程序实现如下。

```
//芯片型号：STC8H8K64U(程序微调后可移植至 STC8A/F/C/G/H 系列单片机)
//时钟说明：单片机片内高速 24MHz 时钟
/******************************************************/
#include "STC8H.H"                      //主控芯片的头文件
#include "RTX51TNY.H"                    //部署 RTX51 系统后需要调用相关库函数
/*********************** 常用数据类型定义 *************************/
【略】为节省篇幅，相似定义参见相关章节或源码工程即可
/********************** 端口/引脚定义区域 ***********************/
【略】为节省篇幅，相似定义参见本章基础项目 A
/********************** RTX51 任务代码区域 **********************/
void Task0(void) _task_ 0               //任务 0
{
    os_create_task(1);                  //创建任务 1
    os_create_task(2);                  //创建任务 2
    os_create_task(3);                  //创建任务 3
    //配置 P2.0～P2.2 为推挽输出模式
    P2M0 | = 0x07;                      //P2M0.0-2 = 1
    P2M1 & = 0xF8;                      //P2M0.0-2 = 0
    //配置 P2.3～P2.5 为准双向/弱上拉模式
    P2M0 & = 0xC7;                      //P2M0.3-5 = 0
    P2M1 & = 0xC7;                      //P2M0.3-5 = 0
    os_delete_task(0);                  //删除任务 0
}
void Task1(void) _task_ 1               //任务 1
```

```
    {
        while(1)                                     //内部也是死循环结构
        {
            if(KEYA == 0)                            //若按键 A 按下
            {
                os_wait2(K_TMO,5);                   //软件延时"去抖"
                if(KEYA == 0)                        //按键 A 确实按下
                {
                    LEDA = !LEDA;
                    os_wait2(K_TMO,30);              //LEDA 亮灭时间等长
                }
            }
        }
    }
    void Task2(void) _task_ 2                        //任务 2
    {
        while(1)                                     //内部也是死循环结构
        {
            if(KEYB == 0)                            //若按键 B 按下
            {
                os_wait2(K_TMO,5);                   //软件延时"去抖"
                if(KEYB == 0)                        //按键 B 确实按下
                {
                    LEDB = 0;os_wait2(K_TMO,30);     //点亮 LEDB(长时间)
                    LEDB = 1;os_wait2(K_TMO,1);      //熄灭 LEDB(短时间)
                }
            }
        }
    }
    void Task3(void) _task_ 3                        //任务 3
    {
        while(1)                                     //内部也是死循环结构
        {
            if(KEYC == 0)                            //若按键 C 按下
            {
                os_wait2(K_TMO,5);                   //软件延时"去抖"
                if(KEYC == 0)                        //按键 C 确实按下
                {
                    LEDC = 0;os_wait2(K_TMO,1);      //点亮 LEDC(短时间)
                    LEDC = 1;os_wait2(K_TMO,30);     //点亮 LEDC(长时间)
                }
            }
        }
    }
```

　　程序改写后下载到目标单片机中,运行的效果与进阶项目 A 一致,延时的长度很好把控,所以说用 os_wait2()函数去做延时等待显得非常的方便。

22.5.3　基础项目 D　验证任务间的信号传递实验

　　接下来再做一个实验,我们要把发送信号函数 os_send_signal()和 os_wait2()的"K_SIG"事件联合起来使用,体会一下任务间信号的传递。实验的想法是这样的:先用任务 0 中的 os_create_task()函数创建 3 个新的任务(任务 1~任务 3),这些任务都不能自主运行,其原因是在这 3 个任务中都有个"os_wait2(K_SIG,0);"语句,这个语句的作用就是等待"信号",只有当信号到来的时候这 3 个任务才能执行。

　　但是这个信号要从哪里来? 什么时候来呢? 那我们就在任务 0 里面加 3 个判断,要是 S1 按键

(KEYA)按下，那就用"os_send_signal(1)；"语句给任务 1 发出信号，此时任务 1 就能运行了，S2 按键(KEYB)对应任务 2，S3 按键(KEYC)对应任务 3 即可。理清思路后利用 C51 语言编写的具体程序实现如下。

```c
//芯片型号：STC8H8K64U(程序微调后可移植至 STC8A/F/C/G/H 系列单片机)
//时钟说明：单片机片内高速 24MHz 时钟
/************************************************************/
#include "STC8H.H"                       //主控芯片的头文件
#include "RTX51TNY.H"                    //部署 RTX51 系统后需要调用相关库函数
/*********************** 常用数据类型定义 ********************/
【略】为节省篇幅，相似定义参见相关章节或源码工程即可
/*********************** 端口/引脚定义区域 ********************/
【略】为节省篇幅，相似定义参见本章基础项目 A
/*********************** RTX51 任务代码区域 ********************/
void Task0(void) _task_ 0                //任务 0
{
    os_create_task(1);                  //创建任务 1
    os_create_task(2);                  //创建任务 2
    os_create_task(3);                  //创建任务 3
    //配置 P2.0～P2.2 为推挽输出模式
    P2M0 |= 0x07;                       //P2M0.0 - 2 = 1
    P2M1 &= 0xF8;                       //P2M0.0 - 2 = 0
    //配置 P2.3～P2.5 为准双向/弱上拉模式
    P2M0 &= 0xC7;                       //P2M0.3 - 5 = 0
    P2M1 &= 0xC7;                       //P2M0.3 - 5 = 0
    while(1)                            //内部也是死循环结构
    {
        if(KEYA == 0)                  //若按键 A 按下
        {
            os_wait2(K_TMO,5);         //软件延时"去抖"
            if(KEYA == 0)              //按键 A 确实按下
            os_send_signal(1);         //给任务 1 发信号
        }
        if(KEYB == 0)                  //若按键 B 按下
        {
            os_wait2(K_TMO,5);         //软件延时"去抖"
            if(KEYB == 0)              //按键 B 确实按下
            os_send_signal(2);         //给任务 2 发信号
        }
        if(KEYC == 0)                  //若按键 C 按下
        {
            os_wait2(K_TMO,5);         //软件延时"去抖"
            if(KEYC == 0)              //按键 C 确实按下
              os_send_signal(3);       //给任务 3 发信号
        }
    }
}
void Task1(void) _task_ 1                //任务 1
{
    while(1)                            //内部也是死循环结构
    {
        os_wait2(K_SIG,0);             //若接收到信号事件
        LEDA = !LEDA;                  //执行 LEDA 引脚取反(为了产生闪烁)
        os_wait2(K_TMO,30);            //延时
    }
}
void Task2(void) _task_ 2                //任务 2
```

```
    {
        while(1)                              //内部也是死循环结构
        {
            os_wait2(K_SIG,0);                //若接收到信号事件
            LEDB = ! LEDB;                    //执行 LEDB 引脚取反(为了产生闪烁)
            os_wait2(K_TMO,30);               //延时
        }
    }
    void Task3(void)  _task_  3               //任务 3
    {
        while(1)                              //内部也是死循环结构
        {
            os_wait2(K_SIG,0);                //若接收到信号事件
            LEDC = ! LEDC;                    //执行 LEDC 引脚取反(为了产生闪烁)
            os_wait2(K_TMO,30);               //延时
        }
    }
```

将程序编译后下载到目标单片机中,给单片机重新上电后,D1～D3 都是熄灭的状态,当我们按下 S1 轻触按键(KEYA)后 D1 开始闪烁,按下 S2 后 D2 闪烁,按下 S3 后 D3 闪烁,这就说明按键动作的同时任务 1～任务 3 成功接收到了"信号",这时候任务内容才能得以执行。其实 RTX51 Tiny 系统中还有很多功能函数,但受限于篇幅就不一一实验了,朋友们可以自行展开研究,通过相关函数的配合完成场景应用。

22.6 巧用 Keil C51 仿真/调试模式加深 RTX51 理解

引入 RTX51 Tiny 操作系统之后,明显感觉到操作简单了,编程也容易了,但是真要说清楚操作系统是怎么发挥作用的,任务是怎么切换和调度的还是不容易。操作系统貌似帮我们屏蔽了很多细节,这种程序连 main()函数都没有了,那程序是从哪里开始执行的呢? 这些问题激发了不少朋友的兴趣。撇开兴趣不谈,我们也应该有"手段"能看到操作系统中相关任务的状态、寄存器的配置、内核的运作、PC 指针的跳转、信号的传递、引脚的情况、数据的变化才行!

其实 Keil C51 开发环境已经为我们提供了这样的"手段",那就是仿真/调试模式。我们以进阶项目 A 的源码为例,先打开项目工程然后整体编译,其界面如图 22.30 所示。编译无误后单击图中箭头处所指图标(形如一个放大镜,上面有个"d"字符),然后就可以进入系统调试界面了。

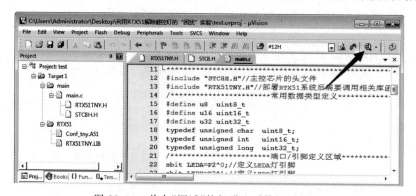

图 22.30　单击"调试"按钮进入系统调试界面

成功进入系统调试界面后的样子如图 22.31 所示。我们可以将其划分为 4 个主要区域。第一个区域是寄存器配置值显示区域,里面列出了 CPU 最核心的寄存器参数,例如,工作寄存器组(R0～

R7)、ACC 累加器、B 寄存器、堆栈指针 SP、程序指针 PC、数据指针 DPTR 以及程序状态字 PSW 等参数,这些参数在程序运行时会产生相应变化。第二个区域是反汇编代码区,也就是把工程源码"翻译"为汇编代码,如果是学过汇编语言的朋友看这个代码应该很容易,很多时候这些汇编代码对开发者有"大用处",我们可以根据这些代码进行程序查错和程序理解。第三个区域就是工程源码区域,这里显示了工程相关的文件,我们可以看到 3 个箭头所指向的就是一些任务切换的汇编程序段。第四个区域就是"Call Stack+Locals"窗口,这个窗口用来观察堆栈区的数据调用情况,也就反映了 RTX51 Tiny 系统的内核运作情况,这些内容非常关键。

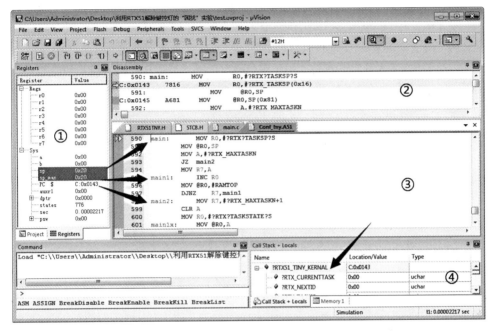

图 22.31　系统调试界面

除了这些基本的区域和窗口之外,Keil C51 环境还专门为 RTX51 操作系统做了任务列表观察工具,其运行界面如图 22.32 所示(单击 Debug 菜单下的 OS Support 就能看到 Rtx-Tiny Tasklist

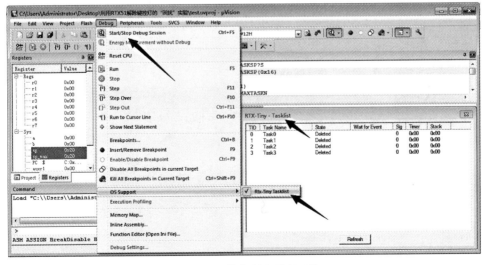

图 22.32　任务列表观察工具

选项）。这个界面中的 TID 就是任务号，Task Name 就是任务名称，State 就是任务当前的状态（运行态、阻塞态、就绪态、超时态、休眠态/删除态等），Wait for Event 就是任务正在等待的事件，Sig 就是信号标志状态（用 1 表示设置），Timer 就是定时器，表示当前任务距离超时还剩下多少滴答数，只有在该任务等待一个超时或时间间隔时才有意义，否则就是一个自由运行的定时器，没有任何意义，Stack 表示当前任务堆栈起始地址。这些参数可以反映任务的基本信息，方便朋友们观察。

　　虽说我们能"看"到操作系统中的相关任务，但是在利用 RTX51 解除键控灯的"困扰"实验中，重点其实是观察 D1～D3 这 3 个 LED 灯，说白了就是 P2.0～P2.2 这 3 个 I/O 口的跳变，那这些电平变化又在哪里去看呢？大家别着急，Keil C51 的调试环境也能"看"到 I/O 状态。我们只需在 Peripherals 菜单中选择 I/O Ports，然后再选择 Port 2 子选项即可打开单片机 P2 端口 Parallel Port 2 调试界面（朋友们也发现了，这个端口组只有 P0～P3，所以这个仿真环境还是基于经典 51 单片机产品设计的，对于 STC8 系列单片机的其他组端口而言就看不到了），其界面样式如图 22.33 所示。I/O 界面中的"√"就代表高电平状态，若显示空白就是低电平状态，该界面既可以配置电平，又可以显示出当前引脚的状态。

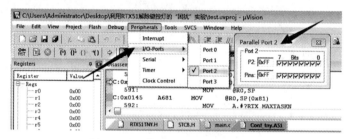

图 22.33　外设选项中的 I/O 窗口

　　有了基础界面、Rtx-Tiny Tasklist 界面和 Parallel Port 2 界面之后就可以开始调试实验代码了。如图 22.34 所示，先把箭头 1 所指 Parallel Port 2 界面中 P1.3 引脚上的"√"去掉，拉低 P2.3 引脚电平，这就相当于把 S1 轻触按键按下（因为 S1 按键就是接到 P2.3 引脚上的）。然后单击箭头 2 所指"单步调试"按钮让程序受控运行。当我们连续单击"单步调试"按钮之后，发现箭头 3 所指

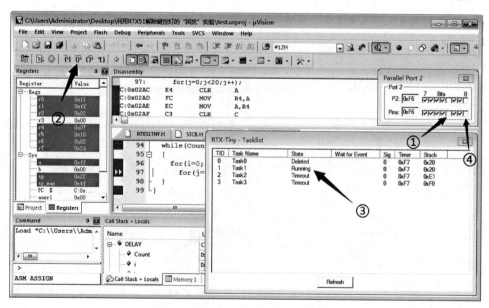

图 22.34　观察单步运行下的运行情况

Rtx-Tiny Tasklist 界面中的任务状态发生了变化(任务 0 被成功删除了,任务 1 进入了运行态,任务 2 和任务 3 处于超时态,等待下一次时间片的到来才能继续执行),还观察到箭头 4 所指 Parallel Port 2 中 P2.0 引脚位的"√"开始闪烁,这就说明 P2.0 引脚在往复输出高低电平,即 D1 在闪烁。

有了这些仿真数据之后,我们的思路会更加清晰,我们实际"看"到了寄存器的变化、任务状态的迁移、堆栈的出栈和入栈(也就是起始地址变化和堆栈指针 SP 的改变)、引脚状态的跳变等内容,这样一来,我们在使用 RTX51 Tiny 系统时就更有"底气"了,至少清楚了系统的运作,同时也熟悉了调试环境,为今后的程序查错和项目仿真积累了经验。

22.7 小宇老师寄语：熟悉一款主流 RTOS 是必要的

时代在变迁,技术在进步,现在的电子行业对单片机/嵌入式工程师的要求也越来越高。在单片机上跑个"操作系统"已经不是什么不得了的事情了,所以小宇老师建议朋友们,趁着现在还年轻,头发还浓密,赶紧学一款主流的 RTOS 吧！朋友们可能要问：学习 RTOS 的必要性是啥呢？不学就不能开发电子产品了？那倒不至于,利用空闲时间先学会 RTOS 总比工作后被"老板"逼着学要好得多,朋友们不妨听小宇老师分析一番。

有的朋友在学生时代就接触到了"RTOS"这个名词,那时候学习 RTOS 的初衷往往很单纯,有的是专业开了这门课,有的是老师布置的学习任务,有的是实验室学姐、学长的学习建议,有的就单纯是爱好或觉得在自己的作品中加入 RTOS 显得"高大上"罢了。还有更多的朋友可能在学生时代压根就不知道什么是"RTOS",这个差距在学生时代就存在了。

等到大家毕业踏入社会时就开始忙着找工作,在眼花缭乱的公司和岗位面前,你总能发现,薪资中高级的"嵌入式开发工程师""单片机开发工程师"岗位条件上赫然写着"至少熟悉一款主流RTOS"或"熟悉某 RTOS 者优先"的要求。那学生时代学过 RTOS 的同学就自信满满了,但从未接触过 RTOS 的朋友们就会心慌了。

小宇老师的很多学生在应聘时都被问过一样的问题：有没有学过 RTOS？结合 RTOS 做过哪些应用？这些面试官为啥要问这种问题呢？其实很简单,如果一个学生能自信地回答出："我使用过一款主流 RTOS",至少说明他/她在以下五方面是"过关"的。

第一就是这个同学的编程基础肯定不差(至少掌握常规 C 语言和汇编语言),因为 RTOS 的学习中对底层操作、指针运用、数据结构、操作系统原理的理解上是有一定要求的。

第二就是这个同学了解过 RTOS,知道它是用来干吗的,说明他/她并不是学校里的"井底之蛙",还知道关注行业发展和研究热点,属于大学里肯钻研、干实事的学生。

第三就是这个同学接触过"工程代码"的雏形(主流的 RTOS 代码框架一般都是成百上千行),具备开发环境运用、工程代码调试、应用程序编写的能力,不是那种学完四年还是只会"点灯"的孩子。

第四就是这个学生具备单片机/嵌入式工程师的基本能力和悟性(毕竟对 RTOS 的理解、移植、改写都需要学习、探索、积累和坚持)。

第五就是这个同学招来之后就能为公司所用,不是没发芽的"小白菜",不需要过多的岗前培训就能开始工作了,这是公司的潜在"宝藏"啊！

基于以上,小宇老师建议大家掌握一款主流 RTOS,要是你还在学校读书,那就利用课余时间给自己定个学习计划。要是你已经踏入工作岗位,那就利用闲暇时间给自己"充电"。在工程项目中用不用 RTOS 是一回事,会不会 RTOS 又是另外一回事,所以积累点儿经验、增加点儿储备总是好的。

要说这 RTOS,它并不只有一种,国内国外的 RTOS 种类有数十种之多,国外常用的轻量级

RTOS 有 FreeRTOS、μC/OS、VxWorks、μClinux、RTX 等。国内常见的轻量级 RTOS 有睿赛德 RT-Thread、华为 LiteOS、阿里巴巴 AliOS Things、腾讯 TecentOS Tiny、都江堰 DJYOS 等。接下来,小宇老师就挑选两个有代表性的 RTOS 系统做个简要介绍。

22.7.1　亚马逊 FreeRTOS 系统简介

小宇老师先对 FreeRTOS 进行简单的介绍。FreeRTOS 的作者是 Richard Barry,他在 2003 年的时候推出了 FreeRTOS 的第一版,该系统一经推出就成了行业热门,在国外 EETimes 电子工程专辑关于嵌入式操作系统的调查中,FreeRTOS 排名一直都很靠前。该系统的官方网站是"www.freertos.org",系统图标如图 22.35(a)所示。

后来 Richard Barry 加入了亚马逊(Amazon)工作。等一等! 好多同学可能会有疑惑,亚马逊不是卖书的那个吗? 并不全对,亚马逊其实是美国最大的一家网络电子商务公司,之前的亚马逊确实主营 DVD、图书、软件,后来业务范围就变大了,开始经营家电、厨房项目、工具、草坪和庭院项目、玩具、服装、体育用品、生鲜食品、首饰、手表、健康和个性项目、美容品、乐器等。

Richard Barry 在亚马逊工作期间又推出了 FreeRTOS 的 V10 版本,所以现在的 FreeRTOS 是亚马逊在推广和管理,为了紧密结合亚马逊的相关平台和业务,FreeRTOS 又推出了 Amazon FreeRTOS 版本,其应用模式如图 22.35(b)所示,引入该系统后就可以方便地连接到亚马逊公司旗下的云计算服务平台了(也就是 AWS)。

(a)　　　　　　　　(b)

图 22.35　FreeRTOS 图标与 Amazon FreeRTOS 应用

FreeRTOS 操作系统是完全免费的操作系统,具有源码公开、可移植、可裁减、调度策略灵活的特点,可以方便地移植到各种单片机上运行(主要还是 32 位单片机)。FreeRTOS 根据麻省理工学院的开源许可证协议可以免费发证,系统由内核和库组成,库的内容紧跟行业需求更新很快,所以使用者众多。据 FreeRTOS 的官网统计,每过 175s 系统的源码就会被下载一次,由此可见确实挺"火"。

那这个系统有哪些优点呢? 首先来说,FreeRTOS 系统的合作商和用户群很庞大,各种主流芯片商都与 FreeRTOS 建立了合作关系,有些公司甚至把 FreeRTOS 系统作为默认系统嵌入到了产品的库函数中,这样一来使用的人群增长得更多。接着再说,FreeRTOS 系统的可靠性较高,相关开发人员还在 FreeRTOS 的基础之上开发了一款安全型的 RTOS 叫作 Safe RTOS(该系统已通过医疗、汽车和工业领域的安全认证),可见 FreeRTOS 这个"基石"还是经得起考验的。还有就是,FreeRTOS 系统与同类 RTOS 相比,其运行所需的 ROM 和 RAM 开销都很小,通常情况下,FreeRTOS 的内核文件只有 6~12KB,这就可以适配更多的芯片和平台,哪怕是一个配置较低的单片机上都能把 FreeRTOS"跑"起来。重要的是,FreeRTOS 的使用也很简单,它的核心文件就在 3 个 C 语言文件之中,修修改改就能移植到我们自己的处理器上,源码的可读性也很好。最后,FreeRTOS 的官网做了很多库文件的支持,我们可以基于 FreeRTOS 轻松地对接各种行业应用,只需调用相应的 API 就能发挥 RTOS 的作用了。

FreeRTOS 的学习资源、案例、程序包、书籍都很多(在国内,FreeRTOS 的书籍和案例也很丰富),官网上还发布了 *Mastering the FreeRTOS Real Time Kernel-a Hands On Tutorial Guide* 和 *FreeRTOS V10.0.0 Reference Manual* 等手册,我们都可以下载学习,如果没有相应的单片机板卡

也没事，我们甚至可以去官网下载一个 Windows 端模拟器软件来调试 FreeRTOS 的源码（这是 FreeRTOS 团队基于 Visual Studio 或 Eclipse 开发的运行环境模拟器）。

22.7.2 睿赛德 RT-Thread 系统简介

接下来小宇老师为大家隆重介绍我们国产的 RT-Thread 操作系统。RT-Thread 的全称是 Real Time-Thread，顾名思义，它是一个嵌入式实时多线程操作系统，它的官方网站是"www.rt-thread.org"。该系统完全由国内团队开发和维护，系统具有完全的自主知识产权。伴随着国内物联网技术的兴起，RT-Thread 正演变成一个功能强大、组件丰富的物联网操作系统。

RT-Thread 系统完全开源，V3.1.0 及以前的版本遵循 GPL V2 ＋开源许可协议。从 V3.1.0 以后的版本开始就遵循 Apache License 2.0 开源许可协议，可以免费地在商业产品中使用，并且不需要公开私有代码，其系统图标如图 22.36 所示。

图 22.36　Real Time-Thread 系统图标

RT-Thread 与其他很多 RTOS，如 FreeRTOS、uC/OS 的主要区别之一是：它不仅是一个实时内核，还具备丰富的中间层组件，所以它已经不是个普通 RTOS 了，它算得上是一种国内物联网时代下的主流操作系统（即"IOT OS"）。

RT-Thread 有两个版本，第一个版本是完整版（全功能、组件多），还有一个版本是 Nano 版（功能裁剪、代码密度高），这两个版本都可以用在单片机产品和其他嵌入式平台中（通常是 32 位单片机）。

RT-Thread 完整版是一个嵌入式实时多线程操作系统，除了实时内核之外，还具备丰富的中间层组件，包括文件系统、图形库等较为完整的中间件，具备低功耗、安全、通信协议支持和云端连接能力的软件平台。适用于各类外设、物联网组件、软件包等场景。

RT-Thread Nano 版是一个极简的硬实时内核，是一款可裁剪的、抢占式实时多任务的 RTOS。它体积小、启动快、实时性高、占用资源少，可用于家电、消费电子、医疗设备和工业控制等领域。适用于系统资源紧张或是项目功能较为简单的场景。

因为 RT-Thread 是国产系统，所以特别"接地气"，学习起来也很轻松。在 RT-Thread 官方网站中的两个版块值得一提，那就是"文档中心"和"视频中心"。这两个中心里面详细介绍和讲解了 RT-Thread 的使用、RT-Thread Nano 的使用、RT-Thread Studio 工具软件（这个辅助软件特别好用，算得上是"一站式"的 RT-Thread 开发工具，通过简单易用的图形化配置系统以及丰富的软件包和组件资源，让物联网开发变得简单和高效，只需简单地"点几下"，相关工程和配置代码就生成了）、内核资源、Env 工具、设备和驱动、组件、软件包、应用协议开发、Demo 示例以及用户贡献的相关代码，这些材料对于学好 RT-Thread 来说已经足够了。

RT-Thread 还能在国内热门的 32 位单片机开发板上"跑"起来（例如正点原子、野火、安富莱的相关开发板）。睿赛德公司自己开发的一些 Wi-Fi 开发板、GUI 图形界面板上也能"跑"RT-Thread 系统。所以我们要学习 RT-Thread 系统的资料、板卡都是齐备的。

说到这里本章的相关知识点就讲述完毕了，此处也是本书的终点了，若读者朋友们一直坚持看到了这段文字，心里一定要明白：小宇老师已经完成了"你的小书童"的基本任务，陪伴你学习了 STC8 系列单片机的基础知识，但你的单片机开发工程师之路才刚刚开始！

长舒一口气，写作十七个多月，整合大量手册，紧跟 STC 官方最新脚步，克服和优化了传统的

图 22.37 龙老师的新书"写完了"

"死板"教学,用心梳理了每个知识点,结合原创案例和教学经验力求带给朋友们些许"干货"。这本书终于写完了,终究没有辜负那些天天催我交稿的朋友们,感谢这些朋友制作了如图 22.37 所示的"催书表情包",感谢这些朋友们天天在群里发 8 遍催我交书,这都是对我满满的爱!经过努力,我终于打破了"要等鸡吃完了米、狗舔完了面、火烧断了锁、龙老师的新书就写完了"这样的预言!着实不容易啊!

回顾实验室写书的日日夜夜,我"熬夜修仙"把键盘上的字母都磨掉了,一个人在实验室里对着录像软件手舞足蹈,讲着自创的冷笑话,说着简化后的单片机原理和故事,这一切的工作只为告诉亲爱的读者朋友们一个道理:如果一个人在该奋斗的年龄想得太多做得太少,那么在享乐的年龄,苦的就多甜的就少。人的潜力是无限的,做一行爱一行,那你会收获一个世界!最后祝愿读者朋友们身体健康、学有所成、工作开心、阖家幸福!

参 考 文 献

［1］ STC micro Ltd. STC8H 及 USB 系列用户手册［OL］. https://www.stcmcudata.com/.

［2］ STC micro Ltd. STC8A 及 STC8F 系列中文资料［OL］. https://www.stcmcudata.com/.

［3］ STC micro Ltd. STC8A8K64D4 用户手册［OL］. https://www.stcmcudata.com/.

［4］ STC micro Ltd. STC8C 系列中文资料［OL］. https://www.stcmcudata.com/.

［5］ STC micro Ltd. STC8G 系列中文用户手册［OL］. https://www.stcmcudata.com/.

［6］ STC micro Ltd. STC8G-STC8H 库函数［OL］. https://www.stcmcudata.com/.

［7］ STC micro Ltd. STC8A8K64D4 实验箱程序［OL］. https://www.stcmcudata.com/.

［8］ STC micro Ltd. STC8H 实验箱程序［OL］. https://www.stcmcudata.com/.

［9］ 龙顺宇. 深入浅出 STM8 单片机入门、进阶与应用实例［M］. 北京：北京航空航天大学出版社,2016.

［10］ 龙顺宇,杨伟,徐元哲,等. 基于 STM8 系列单片机的开放式实践教学平台设计［J］. 工业控制计算机,
2018,31(06)：140-141.

［11］ 龙顺宇,杨伟,吴路光,等. 新工科＋PBL 模式下的单片机课程项目式教学实践［J］. 物联网技术,2018,8
(11)：112-113,115.

［12］ 龙顺宇,何程,杨伟,等. 一种巴特沃斯低通滤波器构成的 PWM 转 DAC 设计［J］. 单片机与嵌入式系统
应用,2021,21(04)：64-67.

［13］ 龙顺宇,徐元哲,许禄枝,等. 一种 RC 积分器与比较器构成的廉价型 A/D 转换器［J］. 单片机与嵌入式
系统应用,2019,19(11)：82-85.

［14］ 童诗白,华成英. 模拟电子技术基础［M］. 5 版. 北京：高等教育出版社,2015.

［15］ 阎石. 数字电子技术基础［M］. 5 版. 北京：高等教育出版社,2006.